MARIO BOTTA

马里奥·博塔全建筑 1960—2015

主编

支文军　戴春

同济大学出版社
TONGJI UNIVERSITY PRESS

主编单位	《时代建筑》杂志
	马里奥·博塔建筑事务所
共同主编单位	瑞士驻上海总领事馆
	上海复旦规划建筑设计研究院
	上海方大建筑设计事务所
	大小建筑师事务所
编　委	郑时龄　常青　伍江　李振宇　李翔宁　卢永毅　支文军
	Alexander Hoffet（霍力轩）　施海涛　齐方　李瑶
主　编	支文军　戴春
策　划	支文军　徐洁
意方编辑	Elisiana Di Bernardo，Francesco Meroni，Marco Mornata
中方编辑	王秋婷　苏杭
编辑成员	黄数敏　徐希
翻　译	周希冉　陈海霞　李迅　刘琳君　贾婷婷
校　译	王月伶　翟飞　金凡　宋正正　任大任
协　助	刘畅　周子怡　施梦婷　蒲旻昊

目录 CONTENT

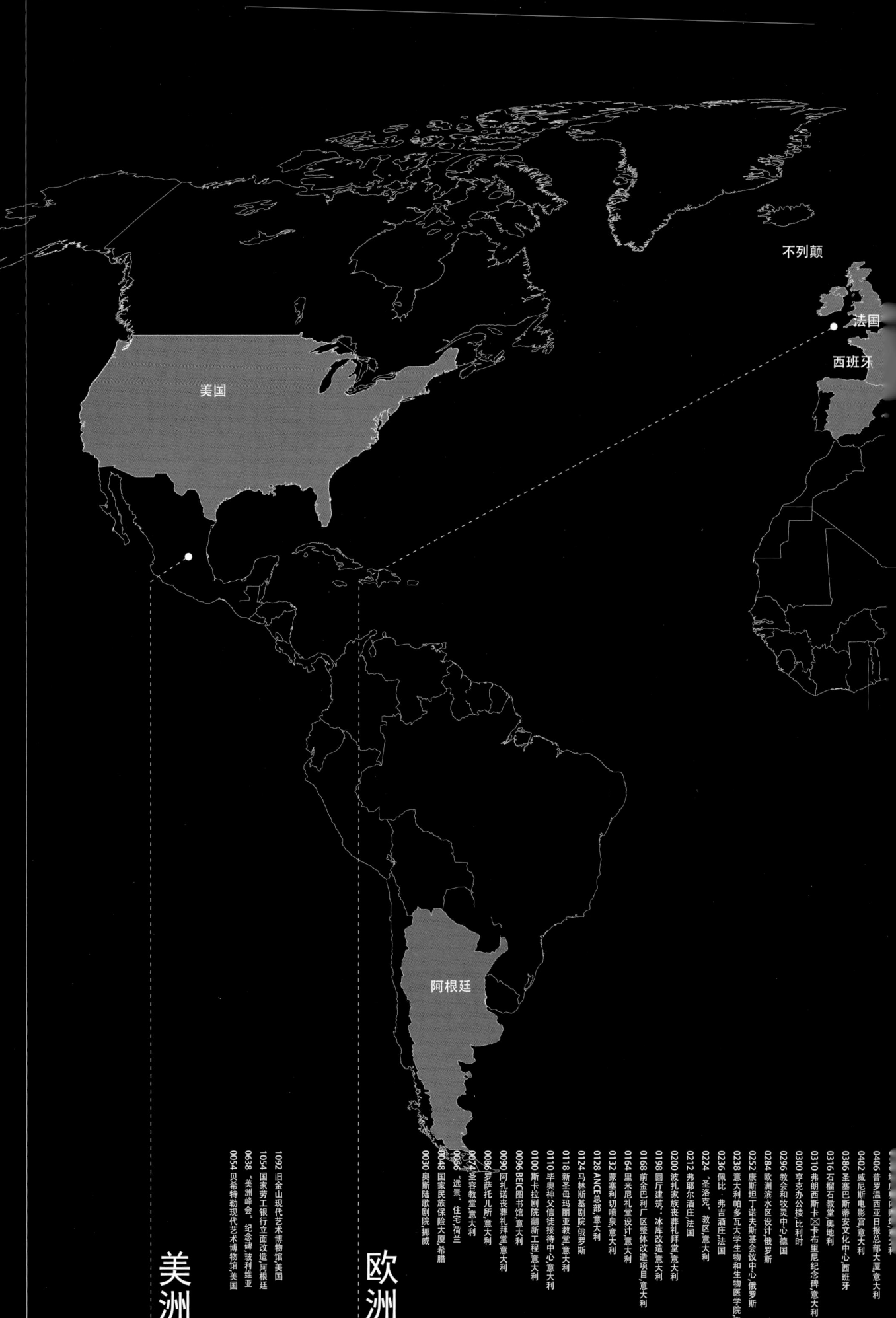

世界的马里奥·博塔
Mario Botta's Works Throughout the World
——世界作品分布图

不列颠

法国

西班牙

美国

阿根廷

意大利

以色列

沙特阿拉伯

中国

韩国

日本

亚洲

瑞士

MARIO BOTTA

马里奥·博塔全建筑　1960-2015

调和现代性与历史记忆

博塔全建筑评述

Consonance of Modernity and Historical Memory

Review of Mario Botta's Works

支文军
ZHI Wenjun

作为提契诺建筑学派（Ticino School）①的代表，马里奥·博塔（Mario Botta）始终坚持地域性与现代性相结合的探索，扎根于提契诺地区的历史及文化特点，坚持现代主义建筑的基本原理，将新理性主义与当地传统建筑融合，创作出一系列富有地域性和原创性的建筑作品，并在全球化的背景之下，结合当代精神对地域文化进行新的诠释。

博塔从事建筑创作五十年来，至今仍在不断探索与实践，其创作的作品既体现了严谨的秩序，又通过多元化的形式逻辑形成了丰富的意义表达，从中我们可以了解到现代地域建筑文化的发展脉络，并找到对于我国当前建筑实践发展的现实意义。同时，从建筑理论的角度来看，博塔的建筑创作被肯尼斯·弗兰姆普敦（Kenneth Frampton）视为批判地域主义的典范。——今天我们关注博塔，全面地观察其跨越半个世纪的建筑实践——这一实践是世界地域建筑创作发展史中不可或缺的组成部分。

一、关于提契诺

1. 交汇与融合——提契诺现代建筑之源

提契诺州位于瑞士的南部，北靠阿尔卑斯山脉，南部毗邻意大利，属于瑞士的意大

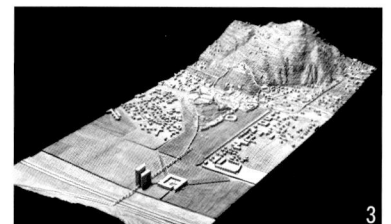

利语区。因此，提契诺地区在近代社会文化发展过程中深受意大利文化思潮的影响，始终与意大利有着紧密的联系；同时，其地处地中海与中欧的交汇处，这一优越的地理位置使得这片土地逐渐融合了多方的文化和习俗，形成了独具特色的地方文化。而提契诺地区多样化的地理环境为这里提供了丰富的材料，进一步促进了富有强烈地域特征的建筑形式的形成。

提契诺地区的传统建筑充分反映出了这一特点。以教堂为代表的纪念性建筑多为罗马风式或巴洛克式，显示出周边地区对其深刻的影响。而民居则体现出强烈的地方特色。提契诺北靠阿尔卑斯山，民居显得统一、含蓄。南部民居多呈塔形，凉廊和阳台使其充满生气。中世纪的钟楼和瞭望塔点缀其间。这都成为了提契诺建筑师取之不竭的创作源泉。

20世纪30年代末到40年代初，瑞诺·塔米（Rino Tami）②设计的卢加诺市图书馆，是提契诺地区第一个运用钢筋混凝土材料的现代建筑，这一作品既体现出源于德国包豪斯现代建筑的严谨的形式逻辑，又显示出了根植本土的精湛工艺；这可谓是提契诺早期建筑师对现代建筑与本土文化结合的最初尝试。

与之相似，提契诺前后几代建筑师广泛借鉴各种思潮的同时，始终立足于本土的地域文化。因而，提契诺的建筑始终贯穿着一种"尚古"精神，呈现出朴实、简洁、建筑技术精湛、结构构造关系明确、建筑施工精美的特点，不仅保持了完整和个性，同时又与环境融为一体。这就是孕育了"提契诺现象"的建筑文化基石。

2．致力于现代建筑创作的本土化——提契诺学派建筑师

20世纪五六十年代，以马里奥·博塔、奥利欧·加尔费第（Aurelio Galfetti）、吕基·斯诺兹（Luigi Snozzi）、利维奥·瓦契尼（Livio Vacchini）等为代表的提契诺建筑师们开始登上国际舞台，受到了世界各地建筑界的广泛关注。

1975年，在瑞士联邦苏黎世高等工业大学举办了题为"提契诺建筑新趋势"（Tendenzen Neuere Achitektur im Tessin）的展览，博塔等提契诺建筑师们引起了国际建筑界的广泛关注，为当代瑞士建筑文化走向世界奠定了坚实的基础。这一展览也标志了"提契诺学派"概念的正式形成。

提契诺学派建筑师马里奥·堪培（Mario Campi）曾这样总结他们走过的道

1. 阿尔卑斯山脚
2. 卢加诺湖畔
3. 毕业设计（1969年7月31号）
4. 斯塔比奥独栋住宅 南向外观
5. 斯塔比奥独栋住宅 手绘草图

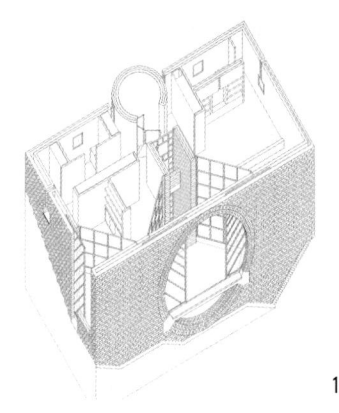

6. 英佛里奥里里学校
7. 圣维塔莱河独栋住宅
8. 里格纳图独栋住宅
9. 麦萨哥诺独栋住宅
10. 麦萨哥诺独栋住宅轴测图

路："开始，我们的工作明显地带有1950年代和60年代盛行的实验主义（Experimentation）的特征。当时，赖特、路易斯·康和勒·柯布西耶对提契诺地区产生了强烈的影响。但是随着我们的房子一幢幢竖起，我们开始把注意力转向意大利理性主义的某些方面，尤其是科摩和米兰的……我们的着重点是将一种特别的历史经验与地域文化和地理的制约相结合。"③

70年代中期之后，随着世界经济的发展，哲学、美学的变异，提契诺的建筑师们也在思索着新的问题，如建筑与基地、材料以及人的关系等。这也进一步丰富和拓展了提契诺学派的理论内涵。

20世纪90年代下半叶，博塔在提契诺的第一大城市卢加诺创立瑞士意大利语区大学（USI）门德里西奥建筑学院（Academy of Architecture of Mendrisio），并多次任职学院院长，成为提契诺建筑新的推动力量，使提契诺建筑创作呈现出多元共存的新气象。

马里奥·博塔的作品充分体现了提契诺学派的思想和理念，他以自身实践有力地推动了提契诺建筑文化的发展，为瑞士建筑文化的传承与发展作出了巨大贡献。因此，他当之无愧的成为提契诺学派的代表人物之一。

二、不同阶段的探索

五十年来，博塔创作了大量的建筑作品，我们从中选取了200余个代表性作品进行研究。这些作品以一种"全建筑"的视角，淋漓尽致地表现出他的哲理、诗意和浓厚的地方情趣，以及取之不尽的表现手法。通过对博塔五十年来的创作脉络的回顾，可以清晰地看到其设计理念的发展和变化，这对于研究提契诺学派建筑师及其理论、乃至现代建筑理论都具有重要意义。

博塔"全建筑"展示的也是以时间为轴线的全过程创作。以每十年作为一个阶段来看，博塔的创作经历了起步探索、继承与表达多样的传统、理性主义与地域主义的批判继承、个人秩序的建构甚至超越等过程。当建筑师在一个全球信息快速流动的时代中不断创作，寻求新的解决方法，或许这就是一条浸透着使命感的创作思考之路。

1. 1960-1970：起步——个人语汇的探索

1943年，博塔出生于提契诺州的门德里西奥（Mendrisio）。15岁起，他开始在卢加诺的蒂塔·卡洛尼（Tita Carloni）和凯米尼什（Camenisch）的建筑公司担任学徒，受到了第一代提契诺建筑师的影响。

1964年，博塔赴威尼斯建筑学院学习。20世纪60年代的意大利，新理性主义的思潮正在蓬勃发展。在继承意大利理性主义的基础之上，新理性主义逐渐发展出了一套独特的理论体系。1966年，阿尔多·罗西（Aldo Rossi）的《城市建筑》出版，三年以后，格拉西（Grassi）的《建筑的逻辑结构》出版，这两部奠定了意大利新理性主义的作品不约而同地提出"回到理性"的口号。尽管没有明确记录，但我们有理由相信，这种深植于意大利理性主义传统、有别于现代主义和后现代主义的思潮，对身处于意大利、且尚在求学的青年博塔产生了重要影响。不论在城市、地貌，还是历史、技术等层面之上，博塔的作品都表现了新理性主义的印记。

在威尼斯求学期间，博塔得到了卡洛·斯卡帕（Carlo Scarpa）的指导。博塔之后的设计生涯中体现出的设计思想——立足于场地环境，从自然、文化条件中收集场地资料，提取设计语汇，注重场地文脉的原型的发掘，运用材料和几何语汇，表达建筑内涵和场地的文脉等，无不体现出斯卡帕对其的深刻影响。正如博塔所述："场地环境包含了象征性的层面，包含了远古时期的艰难跋涉，包含了深藏在大地中的鲜为人知的奋斗历程。他们是摆在每一个新工程面前的技艺，是指引工作的信号和工作中艰深的组成部分。"

1965年，博塔在勒·柯布西耶的工作室参加威尼斯市立养老院的设计，勒·柯布西耶对图形的超凡直觉，对古老城市的洞察，对问题的敏锐注视和精辟分析都给博塔留下了不可磨灭的印象。此后在博塔的建筑作品中不时折射出勒·柯布西耶的影子，他对基本几何形的钟爱更是沉淀着深情的怀念和记忆。

1969年，博塔与路易斯·康合作设计了威尼斯新会议厅工程中的展览会，他们共同工作了三周。路易斯·康教导博塔："或许你有可能成为一个好的建筑师，但是必须记住你将不得不工作、工作、再工作。"路易斯·康的浪漫主义和诗一样的建筑都对博塔产生了重大影响。博塔的作品具有很强的封闭感，强调建筑与外界的界定，在重复基本几何形和自然光运用等设计手法上皆隐含着来自路易斯·康的文化继承。

1960—1970年，是博塔成长和起步的十年，尽管没有太多机会进行个人实践，但他仍通过有限的项目展开了对个人语汇的探索。1965—1967年，博塔设计了斯塔比奥镇区北部独栋住宅（Single-Family House, Stabio），从这栋建筑中，可以清晰地看到简洁而充满几何秩序的体量关系，使其在环境中清晰的确立自己的地位，完成了对基地环境的适应和区域秩序的整合。

1970年，不满三十岁的博塔在卢加诺开设了自己的建筑事务所，开始了正式的建筑师生涯。

2. 1970—1980：传统继承与多样表达

1975年，题为"提契诺建筑新趋势（Tendenzen Neuere Achitektur im Tessin）"的展览，标志着"提契诺学派"概念的正式形成。作为提契诺学派的一员，博塔逐渐受到了国际建筑界的关注，对于传统的继承与多样化的表达方式成为了他的典型特征。

意大利新理性主义对于提契诺学派的影响显而易见，博塔在这一时期的作品中也显示出了这样的特点，他的作品英佛里奥里学校（School in Morbio Inferiore, 1972-1977），以及早前的作品斯塔比奥镇区北部独栋住宅，都明显地注入了新理性主义类型学的观念。

但另一方面，博塔却并非拘泥于新理性主义，事实上，他对类型学持批判态度——"作为一种既定要素，我对它持批判态度。类型并非不可变的，我想它是可以改进的。我认为这个充满了矛盾的时代，谈论类型毫无用处。当我最终选择时，故意忽略了一些类型的变化，批判地回应城市。"

博塔有别于意大利新理性主义之处，还包括他作品中借助人文主义传统对于地域精神的彰显。深植于提契诺地区传统的建筑形式，以及对于地域材料的创造性使用，都成为了他独特的名片。

1）几何秩序特征

在博塔早期的设计尝试中，他的建筑作品就曾展现出几何秩序的特征。他常以古典几何原型及其组合作为形式构成的主要元素，注重建筑的主从关系、轴线关系、对称关系、比例关系等。他尝试从历史、地域和文化人类学等多层面深入发掘几何原型，诸如旱桥、城堡、塔、洞穴、楼梯及罗马风式建筑等，形成了以基本几何形为基础的类型结构，并通过抽象，还原建构了具有丰富内涵的空间秩序。他早期的建筑作品平面的主要题材基本是矩形、三角形这些基本几何形。从简洁、明确的完型开始，通过局部的削减与组合，增加形式上的局部变化，同时保持了建筑形态整体的完整，呈现出他在创作过程中清晰的理性逻辑思维。

在城市的公共建筑中，博塔的建筑也在以同样的手法寻求对于城市基地的融合与适应，试图运用几何关系和轴线关系以形成城市中强烈的秩序，对现代建筑无秩序的膨胀作出限制和整合。在洛桑理工学院（the Polytechnic Institute in Lausanne, 1970）总体规划和佩鲁贾的社区活动中心（Community Center at Perugia, 1971）竞赛设计中可以明显看到这种手法。这些建筑通过基本几何形和轴线关系生成平面，以表达对于周边环境的回应，同时对于局部的裁剪与拼接，在形式上创造出丰富的视觉冲击力，达到空间的最大化塑造。

圣维塔莱河独栋住宅（Single-family House, Riva San Vitale, Ticino, 1971-1973）设计，是其设计生涯真正的转折点，一直被认为是博塔最代表的住宅之一。这一作品标志着博塔正式形成了重新诠释建筑原型和重塑场所的建筑理念，以及独特的形式原则与建筑语汇。

2）材料的探索

在追寻几何秩序的同时，材料同样是博塔力求在建筑创作中表现的一个重要方面，这与他的老师卡洛·斯卡帕密不可分。"斯卡帕给我的教益就是，要仔细关注不同材料的组织结构，热爱并关注细部的设计。"博塔始终重视地理环境的特性，提契诺丰富的自然风貌是他创作的灵感，红砖、混凝土、金属的灵活运用总是将体验者带入到瑞士美

11. 瓦卡罗住宅轴侧图
12. 瓦卡罗住宅
13. 西雅尼大街住宅办公综合楼
14. 斯塔比奥圆形住宅

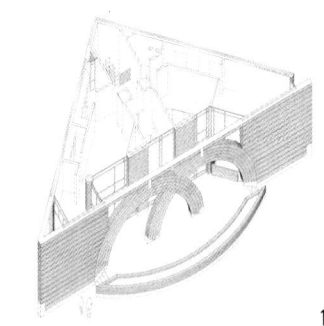

11

12

13

14

15. 艾维复活大教堂
16. 奥德利柯小教堂外景
17. 奥德利柯小教堂室内
18. 达罗独栋住宅
19. 莫比奥·苏比利欧独栋住宅

好的自然风光中。

为了追求纯净的几何形态，博塔大面积运用砖、石材等传统的建筑材料，以表达其自成一体的封闭感，透明、纯净的玻璃则与粗糙的砖、石材、混凝土形成强烈的对比。博塔擅长运用不同色彩和砌筑方式灵活地将材料"组装"在一起而使其相互协调，这源自于博塔对材料的色彩、质感、组织结构等特性的熟悉。在他1977年的农场更新项目里哥瑞格那诺农场的翻新（Farm Renovation in Ligrignano）中，博塔以砌砖的变化来产生丰富的视觉效果，给人整体、纯净的感觉。在麦萨哥诺独栋住宅（Single-family House, Massagno, Switzerland, 1979-1981）这一作品中，博塔将两种材质进行组合拼贴，水平方向红色与灰色相间的砖墙简洁、明了，造型几何秩序感强，具有浓厚的装饰感，构成富有韵律感的图案。运用两色砖材这种鲜明的装饰形式，突显出了立面的圆形开洞，赋予了立面独特的表情。同样的手法也出现在里格纳图独栋住宅（Single-family House, Ligornetto, Switzerland, 1975-1976）中，混凝土和砖石的建构逻辑突出了墙体的砌筑感和肌理，强调了建筑的坚固性。

3. 1980—1990：批判的地域主义

80年代开始的十年，随着以博塔为代表的提契诺学派日益受到世界建筑界的瞩目，博塔的设计项目中逐渐出现更多类型的公共建筑，涵盖了教堂、办公、银行、博览、学校等项目。博塔自身建筑风格越发鲜明，建筑地位得以确立。他先后被聘为洛桑联邦理工大学、耶鲁大学等名校的客座教授。

1）批判的地域主义

1981年，在《网格和路径》（The Grid and Pathway, 1981）一文中，亚历山大·左尼斯（Alexander Tzonis）和丽安·勒法维（Liane Lefa）首先提出"批判的地域主义"（Critical Regionalism）的概念。紧随其后，弗兰姆普敦在他的专著《现代建筑：一部批判的历史》（Morden Architecture: a critical History）中，将博塔的作品列为批判的地域主义的典型代表。

博塔试图在混乱中建立秩序，并因

此确立了自己的建筑风格。博塔并不执着某种"主义"，而是强调经典现代主义建筑文化的传承，借鉴当地的材料、类型和形态，并注重在特定情形下建筑的适当插入。其创作表现出的"地区性"不仅具有抵抗性，还从更基本的文明的地区性出发，体现出营造人居环境的设计理念。正如建筑历史理论家阿兰·柯尔孔（Alan Colquhoun）所述："并不是为了表现特别的地区的本质，而是在设计过程中使用当地特征作为母题，来产生有机的、惟一的和环境相关的建筑思想。"

2）秩序的建立
（1）圆形

也是从这一时期开始，博塔的建筑无论从平面布局、立面构图亦或是在形体造型上，都更趋向于活泼和丰富的造型，不会再折服于千篇一律的方盒子之中，单纯而完美的圆形以其饱满的形式成为博塔个人建筑风格的建筑语汇。在斯塔比奥圆形住宅（Round House in Stabio, 1980-1981）的设计中，博塔采用了完整的圆形平面，一条标示南北轴线的缝隙确立了建筑在峡谷之中的朝向，他用类似于从体块中做减法的方式来赋予空间形式，精确而有秩序塑造着空间与基地的关系。没有任何对立，圆柱体矗立于环境之中并成为其中的一道景色。局部消减挖空的体量所形成的灰空间，介于内部与外部，同时暗示着布局的几何秩序。同时，在建筑立面的处理上，博塔也引入了巨大的圆形的开洞，这也许是受益于路易斯·康的影响。无论是在瓦卡罗住宅（Single-family House in Vacallo, 1986-1988）亦或是曼诺住宅（Single-family House in Manno, 1987-1990），主立面巨大的圆拱成为最主要的特征，为自治性强的建筑标示出正立面。特色鲜明的几何形体给空间带来一定的开放性，同时将外部优美的自然环境引入到室内，获得了出色的采光品质，也使建筑与周边的环境融为一体。符号化的形状使得建筑回归于质朴的情怀，产生出家的原始意象，体现出博塔对于建筑形式独到的理解和特别的关注。

不仅是简单的独立住宅，对于大型的公共建筑设计，面对复杂的功能与空间品质的要求，他也多次使用了具有强烈形式感的圆形。在西雅尼大街住宅办公综合楼（Apartment and Office Block Via Ciani, Lugano, 1986-1994）这一项目中，博塔希望在不断扩张的卢加诺地区创造一座城市别墅，他以圆柱的形体与周边方形的街区形成强烈反差，表明了建筑自身的存在，希望实现对环境和街区重新诠释的效果。

这一时期，博塔所做的教堂建筑设计中，圆与方的组合使教堂建筑产生一种超越宗教本身的魅力。在艾维复活大教堂（Cathedral of the Resurrection Evry, 1988-1992）设计中，博塔创新性地将圆柱体斜切，以表现出精心设计的双墙，屋顶上双墙之间种植的24棵法国梧桐树有如一道绿色的自然光环悬于城市上空，呼唤人与自然、人与神的交流。在神圣与世俗之间，在教堂的象征空间与人们的集会空间之间，创造了一个动态的平衡。内接于圆的三角形表明了教堂的方向，同时伴随而来产生的光影为教堂的形态增加了动感。在圣乔凡尼巴蒂斯塔教堂（Church San Giovanni Battista in Mogno, 1986）和奥德利柯小教堂（Church Beato Odorico, 1987）等教堂设计中，底部矩形的空间在顶部逐步变为一个倾斜的圆形，亦或是圆锥形的体量，立方体、三角形与圆柱、圆锥相互贯通的几何形式构成建筑完整的体量。类似的设计手法多次被引入到祈祷空间之中。

（2）墙体

博塔是运用墙体的大师，他的创作擅长在完整的墙面上做出一系列的减法，通过切削、裁剪对建筑的立面进行塑造，雕琢出精致的切口和窗洞，从而表现出建筑外表的坚实与厚重，强化出体量的特征。80年代的这十年，博塔进一步突出了这一手法，开口部分的尺寸不断地扩大。在罗桑那住宅（Single-family House Losone, 1988-1989）设计中，博塔在圆柱型的体量上开出很大的切口，几乎占据了"面"的一半，透过墙面的镂空处，建筑局部形态呈现出不同高度、不同角度的变化，增加了建筑的进深层次，使建筑形式实现统一秩序与丰富细节的完美结合。

从这一时期开始，博塔的很多设计都采用了双层墙，内层混凝土墙起结构作用，外层砖或混凝土饰面起维护和装饰作用，既满足了防水和结构上的要求，又为造型留有余地。从艾维教堂（Cathedral of the Resurrection Evry, Evry, 1995）植有植物的双墙到法国维勒班图书馆（Library in Villeurbanne, France, 1985-1988）的重叠的圆弧墙形成的中庭空间，博塔以墙体的重复来增加构图的层次和韵律感，从而营造出独特的场所感。

博塔对于墙的运用并没有满足于单纯的镂空或者重复，他是一位视觉效果大师。运用砖这种具有几千年悠久历史的手工产品，他以不同的组合和砌筑法编制出精美的图案。45°角错台组砌法应用在达罗独栋住宅（Single-family House, Daro-Bellinzona, Ticino, 1989-1992）等作品中。柏林的办公、公寓综合楼（Office and Residential Building, Berlin, 1985-1991）的砖的形式则带有视觉颤动的变化。

（3）砖

在这十年中，博塔继续着对材料的探索，他的建筑始终追寻纪念性、永恒性。在砖的运用上，他精心地构画图案，手法更加丰富和娴熟。采用不同的砌筑的方法——立砌、平砌、叠涩砌法，编织出立面的图案；控制砖旋转角度的不同，产生变化的阴影，在立面上形成渐变的美。在博塔的建筑作品中，砖往往作为一种装饰材料和构图元素，而不承担任何结构作用，其表现力被发挥到叹为观止的地步。在莫比奥·苏比利欧独栋住宅中（Single-family House in Morbio Superiore, Switzerland, 1982-1983），主立面的混凝土砖以45°角砌筑，砖的排布围绕着中心巨大的洞口展开；建筑的立面通过采用多样化的砌筑方式形成了虚实的关系，强化了住宅形体的特征。

4. 1990-2000：形式的建构与建筑隐喻

进入20世纪90年代，博塔的建筑风格已然非常成熟与稳定。从事建筑设计的第三个十年，是博塔创作的巅峰时期，他的文化建筑已经遍布到世界其他地区。同时，他开始试图拓展自身的建筑语言，并非打破其原有的秩序和风格，而是探索主题的多样性，探索与环境更加自然地融合。

在这一时期，人与环境、建筑与环境成

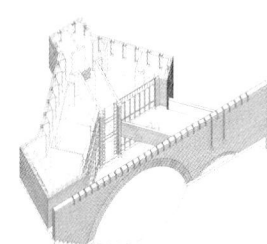

20

21

22

23

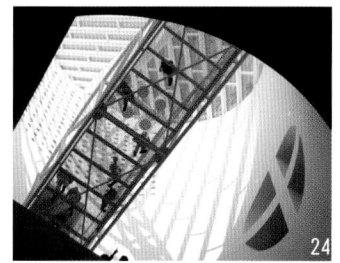

24

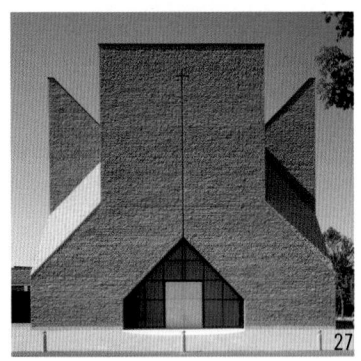

25. 让·丁格力博物馆
26. 雷达埃利别墅
27. 圣约翰二十三世教堂西南立面
28. 圣约翰二十三世教堂室内
29. 辛巴利斯特犹太教堂与犹太遗产中心

了全球建筑界讨论的热点，回归自然、创造优美的人文与居住环境成了建筑师追求的目标。有机建筑、生态城市、生态环境和生态建筑的概念越来越多被人们所重视。博塔的作品中也表现出了对这些因素的关注。

1）精神性和场所

博塔的设计更加注重场地环境的调查，他从自然、社会、经济、文化条件等多层面收集场地资料，深入研究场地环境的主导因素，并强调充分发挥建筑师的主观能动性。在这十年伊始，博塔设计了塔玛若山顶小教堂（Chapel Mount Tamaro，1990-1996），创作了一条通向神圣玛亚诺山的漫步路径。"每一件建筑的艺术作品都有自己的环境，创作时的第一步就是考虑基地"，博塔认为，"关于建筑，我喜欢的并非建筑本身，而是建筑成功地与环境构成关系。"小教堂巧妙地与山体融为一体，同时也可以让参观者俯瞰整个山谷，成为了一个观察自然的独特场所，其精神性和场所感通过空间和形态得以表达，完美诠释了"地域建筑"的理念。

博塔通过对自然环境的抽象和对历史传统、地域特征的表达，建构了文脉传承的营造认同和隐喻逻辑。他强调："我每接受一个新项目，总会看现场。在场地中漫步。我会问这块土地你想要什么呢？当然我还要问业主，甚至那些我并不认识的将来的使用者，还有那些水泥和砖，你要什么？你喜欢怎样被摆放，被建造呢？我总是在寻找这些答案，而这些答案就在我的作品中。"通过对场地环境中自然地理要素的诠释，博塔力求从地形、气候、光影等方面提炼出抽象的设计语汇，赋予简洁几何形体以变化的空间，使人与自然进行交流并产生共鸣。他认为建筑不仅要与环境、基地构成关系，更重要的是对场所进行空间、环境、文化等方面再次塑造，建筑师应当阅续场所的逻辑性和可能性，最终塑造出作为一个整体的新景观。在曼诺独栋住宅（Single-family House, Manno, Ticino, 1989-1992）设计中，博塔在外立面上设置了两层高的拱形开口，和原有住宅形成对景关系，内部空间后退形成"灰空间"，从而重建了建筑与场地的关系，营造了独特的精神性与场所感。

博塔以强烈的寻"根"意识对地方文化和历史传统进行再发掘，并赋予普遍的意义，于建筑作品中注入了多样而持久的生命活力。

2）光的营造

早在80年代末，博塔设计的建筑墙体开口面积不断地增加，往往将住宅分割为几部分，角楼和自然光越来越成为独立的元素。譬如罗桑那独家住宅（1987－1989）中一系列规则的加顶凉廊就彰显了这一特点。这些住宅作品的内部装饰大多比较简洁，朴素的材质和色彩映衬着建筑空间、光线的丰富变化，反映出对于简约形式美的追求。

博塔把自然光视为空间与氛围的唯一缔造者，围绕自然光的主题形成了天窗、边角窗、空壁、小的开口及采光中庭等设计语汇，从而通过自然光的变幻使简洁的几何形体呈现出丰富的空间形态和立面效果。一方面，充分利用太阳的循环、季节的更替这些变化的时间因素，使建筑室内空间产生了动态的光影变幻；另一方面，还借助自然光形成建筑表面的阴影和变化，烘托出建筑物的形体特征，渲染出梦幻般的立面效果。

在这一时期，博塔批判地继承了意大利理性主义的建筑传统，更加注重场地文脉的原型发掘，创造性地把普通材质和几何语汇结合起来，使形式的建构成为表述建筑内涵和隐喻场所文脉的重要手段。

5. 2000-2014：超越秩序

新世纪伊始，博塔开始尝试突破自我，在形体操作与材料运用等方面，他都进行了新的探索。

博塔在这十年中的作品形式上更为多样。在简洁凝练的几何形态基础之上，他开始尝试扭曲、变形、倾斜体量，或是使其悬空的形体操作方式。他以艺术家一般的激情进行着形体操作的实验，同时以工匠般的精准雕琢作品。自然给了他丰富的灵感，而博塔丝毫没有浪费这一馈赠，他以敏锐的体察能力，将自然的意向转化为建筑的形式。浪漫的作品仿佛山坡上的航帆，或似跃出湖面的水晶。博塔的创作热情在对秩序的超越中真正达到了升华。

对于材料的创新运用，博塔始终保持

着极大的热情。随着业务的不断拓展，他开始在全球各地的项目中探索利用当地材料。在韩国的济州岛会所（"Agora" Club House, Jeju Island, 2006-2008,）这一项目中，博塔充分利用了当地所产的火山岩石材，他创造性地将其覆满外立面、内墙、甚至天花板。石材独有的厚重感，与院落中心剔透的玻璃金字塔形成了强烈的对比。同样，在北京的清华艺术中心（Tsighua Art Gallery, Beijing, 2002）项目中，砖与玻璃这一实体与虚空各自的代言者又产生了新的碰撞。

与此同时，博塔同样勇于采用新的材料。在卢加诺中央巴士总站（Central Bus Terminal, Lugano, 2000-2001）这一改造项目中，覆盖透明顶棚材料的巴士停靠区与乘客等候区，白天尽享阳光沐浴，夜晚又以彩色灯光形成了剧院般的效果。他最大化地利用了新型材料与结构，创造出了光的戏剧性变化效果。

博塔始终以巨大的热情，投身于建筑设计工作中去，思索着对自身的超越，我们相信，他的探索仍将不断继续。

三、结语

在建筑教育事业上，博塔对当代瑞士建筑文化的发展也具有很大的推动作用。90年代中期，博塔参与筹建了瑞士意大利语区提契诺大学（USI）的门德里西奥建筑学院，成为提契诺学派建筑创作的新的推动力量，提契诺学派的建筑创作也呈现出更多样的发展。和瑞士其他大学有所不同，该学院更加侧重于人文主义的道路。提契诺州的地形被视作是研究建筑的实验室，其设计影响着在后工业时代中乡村和阿尔卑斯山两侧的地域。本着建筑基地调查、背景研究等解决实际问题的思路，该学院目标定位为培养新一代建筑师，形成新的地域建筑设计思想。博塔广泛邀请各地的教授和建筑师前来讲学授课，促进了提契诺乃至瑞士建筑文化的交流和繁荣。

回顾半个世纪以来博塔的建筑创作，他始终充满了激情与创造力，从未定守在某种"主义"之中。他从提契诺独特的历史与文化环境中走来，融合历史传统与现代精神，完整地展现了新理性主义的严谨秩序，

突出几何形态的有序性与环境无序性的对比，力求提升场地环境的品质；以简约质朴而又抽象隐喻的建筑语言体现现代建筑形式逻辑，其作品既折射出古典的影子又散发着现代的气息，并随着时代的变化对地域文化进行全新的探索与诠释。

注释

①详见下文"1970—1980：传统继承与多样表达"部分第一段。
②瑞诺·塔米（1908—1994），瑞士卢加诺建筑师，提契诺地区第一代建筑师的代表人物。
③马里奥·堪培（1936—2011），提契诺学派代表建筑师，1936年生在瑞士苏黎世，毕业于苏黎世高等工业大学。先后在美国哈佛、普林斯顿大学任客座教授。1985年被聘为苏黎世高等工业大学教授。1988年担任该校建筑系主任，并长期担任《时代建筑》杂志海外编委。

延伸阅读：

[1]肯尼斯·弗兰姆普顿. 现代建筑：一部批判的历史[M]. 张钦楠，译.北京：三联书店，2004：364-365.
[2]张彤. 现代主义：国际风格中的地区性维度[A]. // UIA《北京之路》工作组、中国建筑学会.建筑与地域文化国际研讨会暨中国建筑学会2001年学术年会论文集[C]. UIA《北京之路》工作组、中国建筑学会，2001：228.
[3]马里奥·博塔，张利. 博塔的论著[J]. 世界建筑，2001（09）：24-27.
[4]支文军，郭丹丹. 重塑场所：马里奥·博塔的宗教建筑评析[J]. 世界建筑，2001（09）：28-31.
[5]支文军，朱广宇.永恒的追求： 马里奥·博塔的建筑思想评析[J].新建筑，2000（3）：60-63.
[6]崔恺.零距离和X距离[J].时代建筑，2006（05）：46.
[7]蒋天翊.来自提契诺的声音—记马里奥·博塔上海学术交流活动[J].时代建筑，2012（3）：122-123.
[8]Pizzi E. Mario Botta.The Complete Works Voloume1[M]. Zurich: Artemis, 1993.
[9]Mirko Zardini.Interview: Mario Botta[J]. a +u，1989(1): 20-28.
[10]Alan Colquhoun. The Concept of Regionalism[A]. // G.B. Nalbantoglu, Wong Chong Thai, ed. Postcolonial Space(s)[C]. New York: Princeton Architectural Press, 1997.
[11]Tita Carloni. Introduction by Tita Carloni. Botta. The Complete Works Volume 1 (1960~1985)[C]. Birkhauser, Basel, 1993.
[12]Jacques Lucan. The Lesson of Ticino [J]. Passage, 1996(20): 37-42.

30. 韦塔餐厅
31. 楚根·阿罗萨健康温泉中心
32. 济州岛 Agora会所
33. 卢加诺中央巴士总站顶棚设计

记忆的现代性

建筑师马里奥·博塔访谈

Modernity of Memory

Interview With Architect Mario Botta

布鲁诺·佩德雷蒂 著

凯伦·里斯　贾婷婷 译

Bruno Pedretti

Translated by Karen Ries, JIA Tingting

T+A：马里奥·博塔的国际艺术名望和他非凡的职业生涯促使我们向他提出问题，关于他个人与在过去几十年中文化、建筑和社会中所发生的变化的关系。首先，我们希望他能告诉我们成功的秘诀。

博塔：我并未将自己包裹在他们所谓的成功之中，我更愿意脱离大多数公众的评价和通讯世界的逻辑。当然我知道我的名声支持我在这些调停中的想法。但是，如果要寻找成功的积极方面，我认为是在现实中，名望能够提升个人的艺术独立性，保持建筑师的文化姿态，在规划和建筑过程中维持各种角色的专业性。

T+A：您从业很早，犹如一位神童，这类天才一般在其他艺术领域还算常见，但是很少出现在建筑方面。

博塔：事实上，我第一次尝试是我十五岁的时候。后来，我自己也奇怪我的早熟，但是，我可给出的唯一答案是：这是我潜意识的选择。我开始得很早，好像被某种强大的喜好、激情所驱使，如同所有这个岁数的青年人，被不可战胜、不可抵挡的能量所滋养。　我很幸运，因为这种激情从未离开过我，我可能变得不那么冲动，但它保持了完整的伦理上的驱动力，在我每天的工作中给我最大的动力。

T+A：您的激情与伦理原则使人想起乌托邦式的热情，以及由现代主义运动大师的社会同情所建立的理想。

博塔：从这个角度说，很幸运我很早就开始了建筑实践。我有机会接近大师，有时，还可以和大师们有相处的时间，例如勒·柯布西耶、沃尔特·格罗皮乌斯、路易斯·康。前两位是现代主义运动的代表。与之相反，康则在对某些现代主义风格化和标准化的建筑概念进行了公正的批判后，向受到60年代政治意识形态影响的设计界，展现出我们学科可能的发展模式。由于我有机会不仅通过书本和学术，而且亲身接触这些大师，我享受到了近乎父子相传式的文化传递，同时接受了包含丰富专业的有关社会问题、文化期待、理想图景等方面的极大知识财富。然而，与此同时，在某种程度上也多亏了他们表达语言和理论思考的演变，我开始感知到现代主义运动伟大时代的局限性。正是在我不成熟但真诚地面对这些伟大人物时，我开始构想修正早期现代主义的那些观点。那些观点导致后来在建筑和规划领域形成一种投机式的工业化，将轻率的社会方案隐藏在看似理性的图纸之下。

1

T+A：能进一步解释一下您的设计理念是如何在超越现代主义运动的基础上发展起来的吗？

博塔：我那时就明白现代主义运动的时代已经结束，同时我觉得它的遗产需要从历史背景中梳理出来以延续现代主义运动中值得护卫的精神；附于伦理的艺术的精神，与附于形式主义的平淡的专业主义与唯美主义非常不同。事实上，这两个方面后来在建筑领域中变成了两个实际存在的弊病。我们这一代必须面对全新的不同的挑战，极端激进的现代主义引发了反传统的态度，我们不得不调和这一趋势（举例来说，想一想勒·柯布西耶的伏瓦生规划，它设想完全铲平巴黎老区），同时我们尝试新的语言，还我们的国家和社会其身份，而不落入对历史的模仿或从70年代早期开始蔓延的后现代主义夸张的模仿。

T+A：您得到评论家的称赞也是开始于那些年。

博塔：我得到评论界的注意是通过为家乡的朋友和熟人设计的一些独户住宅，我的家乡——提契诺位于瑞士边境的意大利语区。事实上，我初次吸引评论家的作品是一个相当老式的建筑方案，它几乎没有任何的场地关联性。也许，那些房子中最值得欣赏的是新的设计语言，这一语言将地域性的文化复兴包含进带有现代主义特征的设计中，使其在空间构成、建筑环境及周围的景观中再现活力，而不是在具象地模仿或与以装饰功能重新选用传统材料。

T+A：在您的许多著作和访谈中，可以认识到您在传记中的"我"和您艺术中的"我"是统一的。尽管这两个主体不应重叠，他们似乎有个共同点，即试图调和现代性和记忆。

博塔：艺术和传记的主体性必须分开，这点你是完全正确的；最好是避免任何形式的个人崇拜和对艺术家的简单心理分析。然而，毋庸置疑，专业文化总是与社会文化相交织，因此，也与塑造了我们个性的那些深沉而不为人知的内在特征相交织。否则，建筑本身只会表达其技术性的方面，而不会讲述任何关于它被构思与实现之时的社会文化和

语境。我在一个依然乡野的社会文化环境中长大，但它很快遭遇了战后现代化，如是的成长经历与我其后的设计研究有着明显的类似。现代化是必然的，它给我们文化记忆、土地、公共的历史场景带来严重创伤，我们无法通过熟识的场所重新认识自我，我们研究试图修复这些。

我经常回忆路易斯·康年代的座右铭："过往如故友。"以此强调现代性对于我们现在的生活和工作是必然合理的，但这肯定不能导致否认过去。任何艺术家，哪怕是最具前瞻性的，都在追寻一个伟大的过去，比如古希腊对于柯布西耶或黑人艺术对于毕加索，但无论如何，这种研究都在文化记忆上移植了新的事物。

T+A：由于出身于乡村与传统环境，我感觉到着重于历史和成长环境的现代性和记忆之间的关系，一直是您艺术创作的灵感之源，同时也作为一个地理条件出现。但是您在作品中却取得了国际维度，将设计活动扩展到了几乎所有的大洲：欧洲、中东、美洲、亚洲……

博塔：从这个角度来说，我只不过是从中世纪到文艺复兴，从18世纪新古典主义到20世纪理性主义，在这历史长河中的一个当代倡导者而已。许多杰出的建筑师也出生在我的家乡，离我家仅仅相隔几公里，他们的杰作遍布全世界：从科莫启娜石匠会的大师们到波洛米尼，从卡罗丰塔纳、多梅尼克丰塔纳到特拉尼…… 在这块镶嵌在意大利平原和瑞士阿尔卑斯山之间、在地中海世界和北欧领域之间的小小的乡土上，边缘的地理条件常常被转化为创造性的中心。

我想起了非凡的雕塑艺术家家阿尔贝托·贾科梅蒂，他出生在瓦尔·布雷加格利阿（Val Bregaglia）的一个乡村里，而他的作品现在被世界最重要的博物馆所热求。据说贾科梅蒂的雕塑是表现现代人的生存条件的象征作品之一，他成功地使国际观众感知到这一生存条件，但仍忠实地保留着他所走出的阿尔卑斯山谷的人性、道德和情感的印记。我认为像贾科梅蒂这样的名人提醒我们，一个有效的方式便是从自身的社会记忆和最深的文化背景开发艺术张力，然后赋予其普世价值，以吸引世界文化的注意。

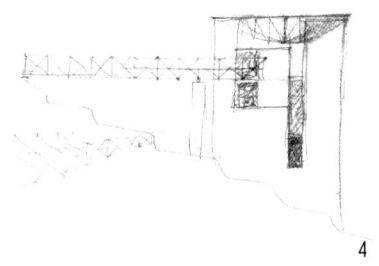

1. 国家民族保险大厦草图
2. 巴勒那手工艺中心
3. 普瑞加桑纳独栋住宅
4. 圣维塔莱河独栋住宅草图

5. 佩特拉酒庄
6. 旧金山现代艺术博物馆
7. 上海衡山路12号精品酒店

T+A：那么，您是如何在你的职业生涯中取得类似成就的？

博塔：在20世纪60年代我开始工作的初期，情况并不是很好。建筑热潮尚未开始，客户只是当地的个人，集体主题非常罕见。于是，我决定到国外参加竞赛，尤其是法国。在法国我以获奖的项目尚贝里和维勒班（Chambery and Villeurbanne）开始了真正意义上的国际职业生涯。在历史上再一次，一个来自提契诺的建筑师成为一个"移民"。即使现在的条件与我的前辈的时代非常不同，因为旅行变得更加方便，文化传播本身也非常简单，我还是觉得自己像很久以前的移民——他们背井离乡到遥远的罗马或彼得堡工作。

在这方面，我想强调，我的家乡一直是"国际主义"设计精神的发源地，从中世纪的罗马风到20世纪理性主义风格。但是，我们应当小心不要混淆国际主义与全球化。我认为前者是后者的死敌，因为国际主义的严肃精神要求建筑说明每一个项目的具体情况：其物质环境，历史背景，整体形态条件，材料和建筑技术的传统……全球化与这种严肃辩证的精神恰恰相反，它将建筑消减为能在世界任何地方都能复制的特异体，无视场所精神。然而，不幸的是现在很多客户都是建筑全球商品化的受害者。

T+A：伴随着作品在尺度和设计方面愈加复杂，您的事业也达到了国际高度，关于目前的客户您能跟我们谈一谈吗？

博塔：如果说在60年代我们见证了一个缓慢城市化的过程，那么在七八十年代，有相当大的动荡，尤其是在公共客户中。就在那时，一个全新的时期开始了，也引发了建筑师的公众形象的大大改变，不可否认，在人们眼中建筑师的形象更为艺术化。但是，建筑师形象的转变并没有带来相应的签约数目的增加。相反，除了对极少数优秀的建筑师，无论是私人领域还是公共领域，我们都目睹了客户需求的快速减缩。但这是上层阶级和中产阶级整体现代文化衰落的必然结果，他们代表设计项目的基石，特别是最为相关的建筑项目。

T+A：您认为在当代日常设计实践中，主要的困难是什么？

博塔：其中之一当然是与很多客户之间对话的困难，客户们常在两种概念中跨踌：一方面他们持有自己才是真正的设计师的傲慢想法；另一面他们在美学上又十分天真，认为建筑师就是一个艺术家，人们购买其作品的条件只是建筑师可以通过重复他的艺术风格以增加其"署名"的价值。另一个困难，在近几年愈演愈烈，则是规范变得日益复杂，达到过分甚至不幸的程度。官僚主义也越来越严重，这往往会导致人们错误地以为只要符合某些规范就能保证高品质的建筑。然而事实并非如此。其实，在世界上存在着无数的"政治上正确"的建筑，这样的建筑符合标准规定的使用材料、计算和建造方法，但在生活空间的创造上是可悲的。极度复杂的批地法规，对经济报价高度详细的要求，对于施工现场组织的复杂程度，对于建筑责任的合约化和高度细致化的分配，从长远看来，所有这些法规只能抹杀设计文化。

T+A：在这种运作条件下，建筑艺术如何能避免蜕变为平淡的官僚化的职业或成为一个唯美主义装饰角色的双重风险？

博塔：我们必须让客户和公众舆论意识到：一方面；行业文化远比专业知识复杂；另一方面，在基本技术技能方面添加形式主义并不足以产生良好的建筑作品。为了不陷入唯美主义，专业知识是必要的。但是建筑，作为卓越的公共艺术，是享有特权的历史遗产，因此承担着塑造一个时代、一个民族、一个集体的优秀文化的公民和道德义务。这意味着建筑艺术不应像许多其他行业那样在社会和知识分工的暴政之下被割裂得支离破碎。建筑师，不同于在过去的几十年数目急速增长的工程师，需要是一个通才，这一点我在门德里西奥建筑学院的一份向通才建筑师致敬出版物的开篇中也强调了。

T+A：您是否在暗示，从您的视角，作为通才的建筑师不应局限于仅仅控制项目的构图设计。您希望建筑师来承担一个更广泛的公民和学术的责任。众所周知，你是1996年创立的瑞士意大利语区大学建筑学会的主要创始人。此外，您通过演讲、出版和展览等活动，积极参与公开辩论和文化基金会领域的推广活动，卓尔不群。在您身上，可以看到强势的文化折衷派的影子，如莱昂·巴蒂斯塔、阿尔贝蒂和威廉·莫里斯。

博塔：我承受不起这样高尚的比较。不过，我觉得建筑文化的界限是宽广的，不只是局限于专业技能。毕竟，勒·柯布西耶本人在他的日常生活也如此教导我们。他不知疲倦地投身于设计和文学、出版和理论宣传，进行建筑同其他艺术的比较，以及建筑同体制和政治领域的比较等各类活动。我和这位现代主义运动的大师一样有着对建筑的挚爱。建筑作为一门公共艺术，它期盼建筑师要成为取悦者和文化推动者。这就是为什么我总是像他一样，参与学术辩论，推动学习和培训计划，承担我的文化责任，为我们学科的进步作出贡献。

T+A：通过设计大量的公共建筑您的公民维度得到了认可。您的作品中，有大量教堂、图书馆、学校和文化机构，博物馆和剧院，研究所、学会和文化等场所。从圣约翰教堂到米兰斯卡拉歌剧院，从法国维勒班图书馆到旧金山现代艺术博物馆，从Durrenmatt（迪伦马特）基金会到沈阳鲁迅美术学院新大学校区。

博塔：我非常喜欢设计公共建筑。但建筑的公民维度远远超出教堂、博物馆或学校的个体特征。事实上，我试图在我所有的项目中置入一种集体与公民的价值。当这种介入达到了城市的规模，这种精神就更为明显，即使最终产品只是住宅或商业建筑。在这种情况下，我尽最大努力去传达一个理念，通过设置原则、形态、指向语境的形式与周围景观对话，将场所的记忆和特定的集体文化投射向未来。

T+A：建筑被视为一种构建和转变人文景观的艺术，也是人类文明的标志。

博塔：的确。为了更好地理解建筑的力量，我想谈一下宗教领域。例如，让我们想想，我们的基督教堂，相当于在其他历史和地理环境里的异教或佛教寺庙、犹太教堂和清真寺。教堂不仅仅是众多建筑类型中的一种；它是一个卓越的象征，在过去几千年中，标志着一个社群的存在。在所有建筑物中，它最能表达经由建筑，人类得以从自然状态进入文明状态。教堂的每个细节在建构上都是

至高无上的：它是光、临界、极限、视觉焦点的描绘，它是语言和象征价值的回音，将空间转换成一个思考、冥想的精神之所，它使一个特定的社群能够于此识别自我。建筑师在设计建筑时，应该时刻把这种神圣的维度牢记在心，哪怕只是在做商业或住宅项目；因为每一个建筑物都会进入人类历史成为见证，呈现未来的文化记忆的痕迹。

T+A：这种把建筑看作空间神圣化姿态的视野，非常诗意，更是雄心勃勃的。然而，在我们这个注重实用又常常十分平庸的时代，这是否仅仅是一个美好的愿望？

博塔：这个愿景的任务就是要优于所处时代的现实；对建筑学来讲尤其如此，作为一个项目，它要超越当前的边界。这就是为什么为了进步，我们需要"美好愿景"，无论是公民问题还是行业问题。

确实，在我们这个时代，好像有一种在沙漠里布道的感觉，每一个优秀的建筑作品毁于荒凉的景观，犹如一朵鲜花窒息于荆棘丛中。在当代，尤其是在20世纪下半叶，建筑物的规模达到过去不可想象的尺度。在这几年，特别是亚洲国家成为越来越鲁莽的自然环境人工化的领军者。我并不认为我们在欧洲建立的分类系统可以用来解释在印度、中国及远东所发生的现象。然而，在这个我们称为"全球化"的现代化的新时期，我可以看到潜藏在我的设计和文化经验下的基本主题的回归。在亚洲国家当前迅猛的发展中，我可以再次看到那些曾经重创我们国家的于文化延续与文化断裂之间的矛盾。

我感觉现代技术与经济的发展正在造成断裂，使文化记忆无处可归，以至，又出现不合时代的建造虚假的纪念物和传统居民区的需求；这种情况在我们19世纪的历史主义和后来的后现代主义运动中都已经发生。解决当代断裂造成的破坏不应该诉诸于一个新版本的后现代主义。正如艺术史学家萨瓦托雷·塞梯斯（Salvatore Settis）所作的精辟分析，采纳将欧洲艺术最重要阶段标志出来的"节奏式记忆"（rhythmical memory）是非常必要的。这也是解决全球化在我们的文化记忆中造成的严重断裂，并再度获得全新的人文主义的希望的唯一途径，在建筑领域亦然。

8. 弗朗西斯卡·卡布里尼纪念馆
9. 贝希特勒现代艺术博物馆

朱利亚诺·格雷斯莱里 著
周希冉　陈海霞 译

Giuliano Gresleri
Translated by ZHOU Xiran, CHEN Haixia

马里奥·博塔：
过往如故友，未来即挑战
Mario Botta: "The past as a friend"
and the Future as a challenge

意大利特兰托和罗韦雷托现代艺术博物馆（MART）为庆祝马里奥·博塔的建筑实践50周年举办了展览，这一展览汇集的文献呈现了这位当代建筑界领军人物不知疲倦的"探寻"的过程。博塔自20世纪60年代以来的作品超过600件，在这个惊人的数字面前，即便最敏锐的评论家恐怕也要有所迟疑。所以若想理清博塔作品的"主线"（fil rouge），将此展览的文献作为参照是非常必要的。

有先见之明的上海同济大学出版社率先协助我们来甄选马里奥·博塔大量的重要作品，并付梓。

博塔亲自提供了重要的技术资料剖面简图，这些图纸有助于理解其作品。本书并不是按年代顺序介绍他的高水平的建筑作品，

而是作为博塔自60年代起至今的一项始终如一的研究来展示，当然也没有漏掉有趣的设计活动。

博塔阶段性地用自传式的文字来注释他的作品（从《几近于日记》到最近德·朱利的采访），以此为基础，我们认识了博塔在其研究中所使用的项目研究方法，并理解他作品中经常出现的参照、灵感和引用。

这部作品集亦是我们期盼已久的。

"过往如故友"是博塔1970年参与莫比奥英佛里奥里中学设计竞赛时采用的方案主题。在建筑史上，该项目被公认为是这位提契诺大师艺术生涯的开端。[1]

不过，研究博塔的主要文献，将他作为世界知名建筑师的成名时间定在1975年前后，即设计圣维塔莱河独户住宅项目时

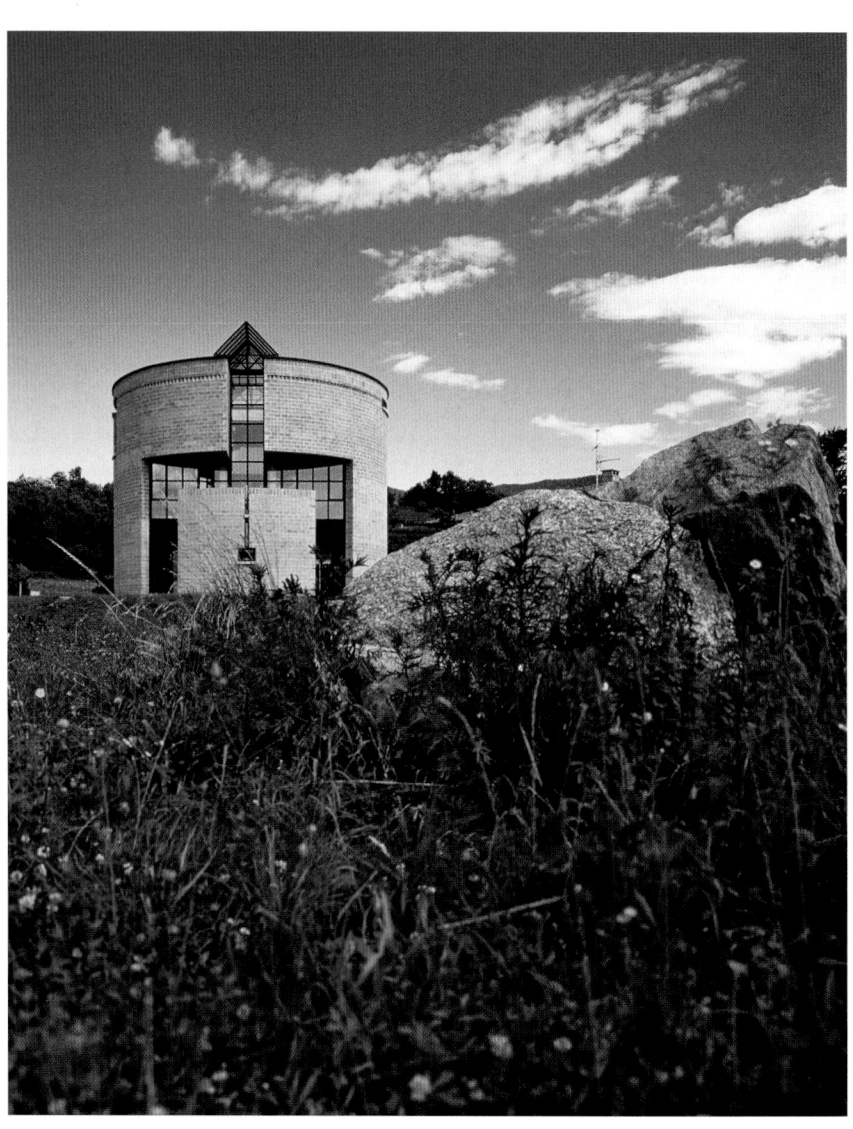

期[2]。其时，稳健的风格和精确用料的定义构成了博塔项目的特性，使得他的作品极易辨识。

2010年，在现代艺术博物馆（MART）举办的"马里奥·博塔50年"大型展览中，他本人将自己设计的开端追溯至了1961—1963年设计简耐斯特莱里奥（Genestrerio）教区教堂时期。

该建筑倚建于陡峭坡地上的一座旧教堂。旧教堂的一侧没有抹灰泥，显露出砌筑的石块，这也暗示紧邻其旁的新建筑应采用相同的材料。新建筑利用斜坡体现在垂直方向上的深度和体量。楼梯与开放空间设置在两坡屋顶下，并在体量内部交汇（不影响对原有屋顶的解读）。就表现性和空间组织来看，最终的设计就像是一个从老建筑自然生长出来的"新"建筑。博塔在提到著名的卢加诺学校设计竞赛时所谈及的古今之间的"友谊"，在这个早期作品中是明显的功能性处理方式。在比戈里奥（Bigorio）小教堂（1966—1967）中，这种类似的明显功能性的目的也很明显，石块的粗糙和古老使其合宜于礼拜仪式。

这些早期作品与历史的关系极为明显，建筑的发展有意尊崇具有时间抗性的物质性和传统。然而在此之后，即博塔的研究蓬勃开展的50年间，他的作品中的这种"友谊"变得越来越难以辨识。从这个时期开始，博塔的"过往"变成了一个时间范畴，无法通过建筑的历史将其界定，这已然超越了先前的大师们的时代。博塔明显的意图是以之前大师们的成果作为出发点，在将之整合进"他的现代性"（与之前大师们的"现代性"截然不同）的同时而有所发展与超越。

我们最初看到的马里奥·博塔的签名同其他一些设计师一起出现在朱利安·德·拉·富恩特（Jullian de la Fuente）的教堂方案的尾注中，该教堂位于勒·柯布西耶的威尼斯医院[3]内。博塔与朱利安（Jullian）的合作稍早于他的斯塔比奥独户住宅项目（1965—1967）[4]，他的毕业论文（1969）和同年的洛桑总体规划项目及两年之后建造的卡代纳佐（1970—1971）和圣维塔莱河（1971—1973）的独栋住宅等项目都见证了博塔的建筑中每一次对"过往"的揭示，也使得他与其视为导师的卡洛·斯卡帕、路易

斯·康、勒·柯布西耶之间的关系愈发复杂和不确定。

在卡代纳佐项目中的大圆窗就如同是一个欣赏美妙风景的"潜望镜"；圣维塔莱河住宅是一个矗立在斜坡上的立方体，四面开敞并由一座网桥与道路相连，用动态的手段使"地域的历史"精神化。

在实践初期，与本地场所间的密切联系（独户住宅、学校、教堂和图书馆等）对博塔来说非常重要。70年代末，他被评论家们誉为一位最成功地将语言学及类型学的可读性赋予其作品的现代建筑师。今天迪奥、帕拉第奥的设计和博塔的方形柱顶板的结合，仍然显露了这位提契诺建筑师从现代的传统风格中所获得的设计自由。

通过将建筑分解为不同部分：布局、承重墙、开口和屋顶，并研究各个元素的采光和朝向，博塔能够在每个部分都做到具有空前的创造性。

他在使用新的或传统的材料时，会格外地关注其在传统建筑中所扮演的角色。例如，在巴勒那手工艺中心修复项目中（1977—1979），这个标准似乎被永久地定义了。尽管屋顶采用了钢和玻璃，但这种手法却被进行了再创造。钢和玻璃覆盖空间，在提供遮蔽的同时，它也再现了光线从天空中照射并赋予内部的虚空以生命的奇迹。同样地，外向的开洞为内外的关系作了出人意料的诠释，这种关系亦构筑了现代建筑对19世纪建筑传统的争论。

20世纪80年代初期，博塔开始使用圆形平面。这并不是形式上的策略，而是对维护的形式、内部空间组织上的张力及建筑客体与周围景观关系的形式进行的一种转译。博塔没有趋附完美透视角度的价值取向，而是将"非立面"的形式与环境相结合，而不对之干扰。

1980—1981年建造的斯塔比奥独栋住宅（迅速被称作"圆房子"，并出现在许多出版物中）是最好的案例。博塔使用了有许多开口分割的圆形外墙，来替代传统的被垂直缝隙切割的封闭外立面，这些相互交错但并不重叠的开口也同时影响了不同的楼层。

1985年的波斯柯·卢加耐（Bosco Luganese）项目中，圆形平面被整合起来，并运用于阁楼式的居住区域，形成了特有的"半

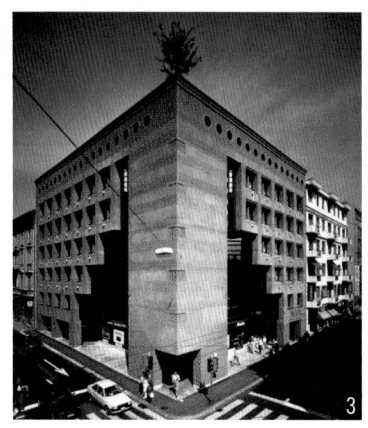

1. 斯塔比奥独栋住宅
2. 当代艺术博物馆
3. 郎西拉一号

4. 圣约翰二十三世教堂
5. 维尔纳 · 王宾纬图书馆
6. 曼诺独栋住宅

圆壁龛"式空间,这一设计也使直角布局的分布严谨性与圆形墙壁的空间可塑性得以结合。这是通过观察现实所得的进一步的结论,并作为关键性的手段来使用,它将一种建筑元素转化为另一种,带有创造性的愉悦,而不是自我重复。

圆形平面也同样运用于城市层面(1981年格尔尼卡的博物馆和1986年巴塞罗那的对角线街区)和景观层面(1986—1996年建造的新蒙哥诺教堂),以及罗桑那住宅(1987—1989)中的拱形或圆形片段。博塔在两个项目中对圆形主题进行了充分地诠释,并获得了国际认可:其一是在贝林佐纳建造的瑞士联盟700周年纪念帐篷;另一个则是现代艺术博物馆(MART),它常被认为是博塔最为知名和成熟的项目[6]。

博塔的作品需要同城市或景观环境进行对话,并符合其要求。他的建筑交织着与环境的批判性对话;它们希望被最真实地接受,而不是隐藏自己或者妥协于现状,但又将环境作为一种不断延续的材料来使用。博塔通过使用"建筑"一词的广义范畴,成功开启了一个现代建筑的新时期。对他而言,建筑是形式的探索,是对成品的技术性控制,是对城市空间的管理,是不断赋予材料新意的意愿,而同时又恪守现代传统且不偏离。他的建筑作品接受这样的矛盾,他对革新与技术的追求可与他对旧式传统的兴趣并论。作为意像的采集者和编目者(出让 · 伯蒂(Jean Petit)的《视觉记忆》),博塔得

以剖析历史,甚而允许其复原,由此,他将可识别的意向整合进了他的项目中。

尽管现代艺术博物馆(MART)的建造持续了非常长的一段时间,然而在该项目中博塔采取了对自己的设计传统的批评态度,通过在他先前大部分作品中使用的"对称性"系统中增加策略性的反对称,从而赋予了空间超越想象的自由。尽管这种反对称的原则在他先前的作品中也已经有所体现(如1986－1988年的瓦卡罗独户住宅,1987—1990年的曼诺独栋住宅,1985—1990年的东京都当代艺术博物馆),然而在现代艺术博物馆(MART)项目中,总体的组织方法及博物馆功能的复杂性都是基于一个特定平面产生的灵活变换,这种灵活性使得任何脱离于设计本身的部分都变得非常醒目。

在博塔的建筑生涯中,现代艺术博物馆(MART)可以说具有里程碑式的意义。它既是博塔此前20年研究成果的缩影;也是通向未来崭新道路的标志性起点。

1990年建造的威尼斯新影院综合体可以说是对于这些结果的逻辑发展。该项目中,博塔回想起路易斯 · 康在双年展上对一座名为"桥"的建筑的记忆。对于博塔来说,同大师看齐,意味着要去追溯其推理的过程和神秘的灵感,这二者是设计经验的基础,也是建筑文化的养料。试图"掌控历史"并不疯狂,然而要在头脑中思考大师的"地位",将其当成日常的挑战及进步的必要条件才是真正地失去理智。

在威尼斯，博塔第一次明确证实了"双生建筑"的概念，两栋建筑像棋盘上两颗相同的棋子那样建在一起；他们外观相同，但却被赋予了不同的功能，同被他们所立足的表面的水平性所包围。从这种角度来讲，特拉维夫的犹太教会堂（1996—1998）就是表现两座形状相同的建筑服务于不同的功能这一概念的最好例证。如果建筑师不能赋予这座享誉盛名的建筑一个超越其初衷的意义，无法创造出上文所提及的与城市环境[7]之间的重要对话，那便自相矛盾了。在位于德国美因茨小镇的犹太教堂项目中，博塔综合了这些手段，并将他们从线性的图像的语境中抽离了出来，这些未被注释的图像实际上充满了期待。

博塔在1990—2000年这十年间所实现的作品，都或多或少受到实验之风压力的影响。从维纳尔·王宾纬（Werner Oechslin）图书馆（1992—2004）项目（著名艺术史学家维纳尔·王宾纬也合作参与了该项目）开始，我们不难追溯到这位瑞士裔意大利大师的作品中对其早期设计决策的回归。

该图书馆自身便是一件杰作，不论从与周边环境关系的处理，对自然光线与材料的运用，还是对形式组合的玩味；此外，它还是一项"再诠释"的杰作。此处，它重释了柯布西耶在1924年设计的巴黎拉罗歇图书馆和展廊；博塔于此再创造、诠释并完成了整体的组织。

类似这种有目的的逻辑表达在塞里亚泰·贝加莫（Seriate Bergamo)的圣约翰二十三世主教教堂与教民中心（1994—2004）项目中也可以看到，该建筑成为了无序且衰败的周边地区的纪念性中心。这是博塔对其早年纯粹几何形的激进的复兴实验；一个非常复杂的建构式的体量设计的复兴。表面上有阳光在移动，产生光线的共鸣，超越了类型学装置的朴素，造出库蒂里耶神父（Padre Couturier）[8]所钟爱的景致。

如同在其他案例中一样，这个项目为使用者创造了另外一种经历——位于马尔本萨机场的教堂，尽管尺度平常，却看起来十分巨大，这佐证了博塔在研究中所基于的绝对自由的程度。

由于博塔的国际声望斐然，掩过了对他的批判性观点的微妙差异，其作品所体现的创造性始终令人惊叹。在宗教建筑中，他找到了向前跳跃和适时回归的动力，这种徘徊对大师们而言很是典型，尤其当风格转变成口头语言时。最近，一个中国甲方的项目再次证明了他对于地域特征的诠释能力，博塔既沉溺其中，同时又能将其推至现代性的河床。2002年建造的清华大学艺术中心即是一个很好的案例，其对平面布局的解决方案超乎寻常，不禁让人回想起丹下健三的香川县厅舍，或是在清华大学图书馆（2008—2011）"篮子形"的建筑所明显表达的对当地传统的专注。

要想避免对博塔艺术风格的先入为主，只需要对比分析他在特伯尔（Torbel）所建的加尔各答特蕾莎修女礼拜堂（建于2005年，后续对梯形实体的切割使得建筑形体受到了追求几何连贯性的限制）和具有复杂而线性平面的多功能建筑——2011年完工位于门德里西奥的博塔事务所（Palazzo Fuoriporta）。如果平面布局及从这一纺锤形的建筑下方穿过的道路可以让人轻易联想到德绍的格罗皮乌斯，那么覆盖建筑的珍贵材料（约旦黄金洞石），又让人回想起奥托·瓦格纳的"罩纱式"处理，它通过覆盖建筑物的裸露的结构，以使其适应于现在的城市生活以及未来的居住需求。

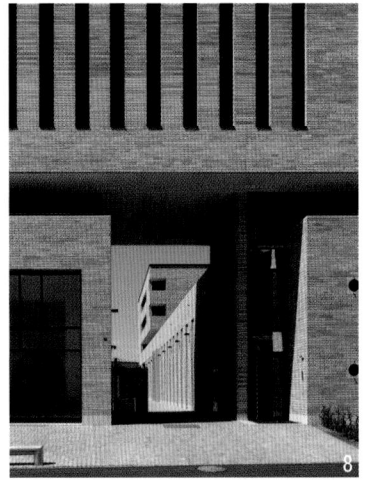

7. 圣安东尼奥·阿巴特教堂立面
8. 新马里奥·博塔建筑事务所办公楼设计

延伸阅读

[1]q.v. Frampton K. La tendenza a costruire in Mario Botta. Architettura e progetti negli anni' 70, Electa, Milano, 1979.

[2]Dal Co F. Mario Botta architetture, 1960–1985, Electa, Milano, 1985 [Engl. Ed. Mario Botta. Architectures 1960–1985, Rizzoli, New York 198 omplete works, volume 2, 1985–1990 Birkh?user Verlag für Architektur, Basel–Boston–Berlin 1994]. Cappellato G. Mario Botta Luce e Gravità, Compositori Ed., Bologna 2003 [Engl ed. Mario Botta Light and Gravity: Architecture 1993–2003, Prestel Publishing, Munich–Berlin–London–New York 2004]. Last but not least, indispensable for a chronological approach to the work of the Swiss Italian architect. 最后以年表形式展示这位瑞士意大利建筑师的作品同样不可或缺: Mario Botta, Architetture 1960–2010, exhibition catalogue of the MART in Rovereto, Milano 26]. Emilio Pizzi Mario Botta, Gustavo Gili Ed., Barcellona, 1991 [Engl. Ed. Mario Botta. Architectures 1980–1990, Editorial Gustavo Gili, Barcelona 1991]. Pizzi E. Mario Botta opere complete, volume 2 Motta Ed., Milano, 1994 [Engl. Ed. Mario Botta, The c010.

[3]G. Jullian de la Fuente's project for the Church Le Corbusier's Hospital in Venice, which Botta collaborated on, is published in "Lotus" nr. 4, 1967-68, pages 205, ff. - q.v also "CH+Q" nr. 41, May 1967, where all the project's sheets are published.

[4]The house in Stabio was published for the first time in "Lotus" nr. 5, 1969, with a presentation review by the editor himself.

[5]Botta M. La casa rotonda (a cura di Trevisiol R.), L' Erba voglio Ed., Milano 1982, with reviews by Basilico G., Sartoris A. etc.

[6]For the MART project in Rovereto q.v. Gresleri G. "Bottiana" in Mario Botta, Luce e Gravità, [Engl ed. Mario Botta Light and Gravity] quote, pages 13, ff.

[7]For the Palazzo del Cinema project q.v. Mario Botta opere complete, volume 2 [Engl. Ed. Mario Botta, The complete works, volume 2] quote, pages 196, ff.

[8]q.v. Gresleri G. L' arte liturgica nel pensiero di Padre M. A. Couturier in AA. VV., Ars Liturgica, acts of the IX international liturgical conference, Qiqajon Ed., Bose, 2011, pages 121, ff.

马里奥·博塔：
时间、记忆和内在空间

建筑创作之思考

Mario Botta: Time, Memory and the Space Within

Thoughts on Architectural Creativity

伊雷娜·萨克拉里多 著

苏杭 译

Irena Sakellaridou

Translated by SU Hang

设计是一件非常个人的事情[1]。在不同的项目中，每一次面对新的情况，建筑师如何运用个人的建筑设计对策去解决问题是一个个人化的事情。在一名建筑师的早期，当他饱含希望去创作，去发展，敞开心扉去接受新事物新思想的时候，个人的特征也许并不明显。当我们回顾一个建筑师的成长历程，这一切似乎相当清楚。当建筑师在改变那些已知的、看似自然的事物的过程中，在建筑师提出质疑、决定取舍的过程中，这些个人特征便显得十分明显了。马里奥·博塔同样如此。因为首先，马里奥·博塔是一位建筑师。

如果要研究马里奥·博塔四十余载活跃在建筑设计一线的全部作品，我们将无法避开时间这个概念。时间的流逝让记忆鲜活。记忆将潜在的想法、概念和形状转换为建筑的形式，而在建筑师开始从事设计的头几年里，设计的灵感可能来自其他案例研究。但是，一些建筑师拥有天生的探索的精神、深刻的建筑敏感性和观察力，这些可以在他们的设计表达中得以强化和保留。这种表达方式通常需要一段时间才能发展为建筑师个人的观察、处理和思维方式[2]。就是说，形成个人的建筑风格需要时间。然而，马里奥·博塔是一个特例。在他的从业生涯中，他很早便形成了充满个人色彩的建筑设计风格。

纵观马里奥·博塔四十余年的作品，我们需要回顾马里奥·博塔的成长步伐和关键的转折点，并揭示隐藏的因素。这意味着我们要提出问题，并期待能找到答案。我们不禁要问，从一个十年到下一个十年，博塔慢慢浮现的设计风格是由什么主宰的？他怎样看待那些浓缩了他全部作品特征的设计元素？亦或，是否在无序环境中创造一个有序的整体的过程中，建筑师以一种无意识的方式，悄然地建立了一个"区别化"的基础？正是在这个基础上，建筑师形成了鲜明的个人风格。因为所谓个人风格正是个人化地观察，表达想法；个人化地塑造建筑形式；在统一的环境中，以特别的形式表达不同构思的方式。诚然，博塔的建筑中含有特性和差异性，他通过建立绝对的秩序原则，将他的设计从原有的环境中区别开来。正是蕴含在建筑中的秩序，坚持对称，推敲空间体量，对立面的处理及材料的运用定义了他充满秩序的、独特的建筑世界。也正是这样，马里奥·博塔创造了一种与同时代人不同的个人化的建筑语言。

马里奥·博塔的建筑充满秩序。他仿佛要在最为私密而抽象的内部空间和其他世界之间创造一个安全的界线。在这条界线之内，他按照功能分布精确而有序地围合出一个内在的世界，这个世界往往是一个虚体空间。在博塔的秩序世界，虚体空间不仅给室内空间带来生气，还为观察和理解整体建筑提供了视角。当开敞的庭院代替围合的中庭，这条界线依然存在。在他的教堂设计

中，界线与虚体空间交织一体，他的建筑便达到了顶峰。此时，形式和空间、材料和光影、建筑和景观统一而有序，融合为一个整体。

诚然，当边界太过强势和分化时，生活带来的偶然就无法渗透到空间的内部。也就是说，有序的建筑世界与充满突发事件的现实无法相互贯通。界线可能会阻碍时间带来的必要改变。如果建筑语言太具有结构性，以至于突发的事物无法由其得到表达，这将如何？如果个人风格产生的特性太强势而成为一种风格标识，该如何是好？建筑师应该如何处理变化？

在马里奥·博塔四十多年的创作生涯中，他有值得注意的开拓性的新创作，也有跟随其后的后续作品。在多达600多个建筑和产品设计的全部作品中，情况只能如此。但总有一些作品创立了规范，另一些作品打破规则，颠覆原有的秩序性，使创造力的转变得以出现。在介绍博塔每一发展阶段时，我将把焦点集中在某些建筑设计上以引起读者的注意。因为这些作品孕育了全新的和成熟的建筑形式，为博塔鲜明的个人风格的形成起到决定性的作用。

那么，到底什么才是马里奥·博塔的建筑？什么是他最深刻的特点？我们认出博塔作品是因为它们强烈的存在感。他的建筑实在而精确，不会转瞬即逝。马里奥·博塔设计的建筑具有自主性，由其自身创造的秩序

世界组成。他的建筑和城市肌理做出对话，同时又建立自己的秩序系统，目的似乎是存异大于求同。博塔鲜明的个人风格的核心在于秩序，他的设计中总是包含着结构完整的组合秩序。秩序整合一切，就像一条隐藏的线索，将不同地点的不同的建筑都联系到了一起：山上的房屋、博物馆和教堂、银行和商业建筑，以及地上和地下的建筑。

马里奥·博塔建筑的主题是相互联系的纽带、支撑的骨架，是将一个建筑与另一个建筑联系起来的主线。他的建筑以体量著称。所以，博塔首先对建筑的体量做出定义和建立秩序便毫不奇怪了。在大部分作品中，博塔的建筑是一个或多个基本实体的体量。体量对博塔来说是先验的，在建筑设计历程的起点之前已设定。这个基本形体不会弯折、扭曲、变形，尽管它可以有多种多样的变化和转化，但它的起源将永远清晰。然而，最重要的并不是形状，形状只是一个变数，因为博塔的建筑形式本质并不是形状。建筑的空间体量会被掏空，外界空间将成为体量的一部分，体量的消减将产生正负空间的交融，但内外空间的界线始终精确、清晰、有序。

博塔的建筑有正立面。这个正立面可能是一个观察世界的静默而独特的门面，总是朝着开敞的景观或城市中的街道。这个悉心设计的正立面成为建筑自身的形象。自然光在博塔的建筑中非常重要，它创造光影以突

1. 柏林科学中心透视草图
2. 三星艺术博物馆
3. 伊波利托巴塞尔市立剧院
4. 杜伦玛特中心

出墙壁的质感，它照亮室内空间。透明的屋顶将自然光引入，创造出惊喜感。虚体空间通常作为一个参照点，在视觉上将各个楼层联系在一起，起着定位和指向的作用。在他的教堂里，虚体空间占据了所有，形成对天空开敞的宏大的中庭。有时，参照点移至室外，并形成一个负空间——庭院。博塔利用连续的视野来引导室内的运动和空间体验。

人们可以凝视探索空间，找寻边界的轮廓，关注有趣的节点或者只是环顾四周。一种在其他设计中增加空间品质的设计手法成为他教堂设计中的主要特色——强烈的光线打破圣地的沉寂，仿佛生命和自然、时间和变化的对立转译成为实与虚的空间。然而，若不是他对材料天才般的运用，他的建筑成就亦不会达到如此的高度。强烈的材料感从初期就成为博塔建筑的特征。砖或石的贴面板完全覆盖他的建筑表层，而突出与凹陷、砖石砌筑的转角、光与影、石材的色彩交替的条纹，都赋予建筑一种精致的材料感。

然后是基地的问题。博塔通过设计建筑来设计整个基地的环境，而不是仅仅在基地上设计一栋建筑。在自然景观中，他的建筑用实在的体量和有序的几何形式，明确地表达其强烈的存在感。无论重点放在水平还是垂直方向，他精心打造的正立面都与周边景观形成一种友睦关系。

在城市之中，博塔对建筑物正面的设计在保持建筑自主性的同时，还考虑和回应街面状况。为了避免破坏城市原有的肌理，建筑将延续街道的尺度而缩小自身的体量；为了保留地面现有的空间状况或与地标建立对话的关系，博塔会将建筑设于地下；当基地位于街角，他将悉心重塑这个角落；当建筑尺度宏大，他会将建筑中的院落开放，为大众提供公共空间。

然而，博塔的建筑中最鲜明的特点是一种"构图的内在逻辑"[3]为形式表达提供了基础和方向。博塔在第一批作品中就已经引入了这种主题。这些主题如何相互交织联系、如何对建筑各方面产生影响，它们如何界定建筑准则以控制建筑体量、立面、平面的构成，以及定义建筑的远景及其与外界的关系，这些正是构成逻辑的内容。存在于相互关系中的准则建立了"密集的构图结构"[4]，这种构成结构使一切都

相互关联，一切都符合整体的秩序。这种结构非常稳定，同时又处于一种求索创新和老路新走之间持续的动态平衡[5]。这个将一切统一的内在逻辑是一种万物划一的逻辑，它强化对建筑物整体的解读，并对建筑物的形式赋予深刻的内涵。博塔的建筑构图风格成熟稳定，独具个人特色，为其创造性地从一个建筑向另一个建筑的转变创造条件，并且每一次的转变都有新的主题，新的解读。一个层面上的转变将引发一系列的后果，打乱另一个层面的秩序，进而揭示一直隐藏的因素。创作[6]的两个重要方法是对已知的转换和对未知的探索，它们将背景中的因素引入前景的视野，将熟悉的事物陌生化。确实，各种规则最终或许可以是自发的，但这并不会扰乱他设计建筑时的组成逻辑，反而会将这个逻辑变成建筑中更深层次的结构[7]。

在这种时间-秩序背后，还有另一种秩序，这种秩序代表了博塔建筑中强烈的个人特色，和他独具特色的个人化建筑语言。他创作初级阶段中的对秩序的探索逐步让位于成熟期的创新转变。然而，时间-秩序仅仅是一个需求的规则，因为创造力超越时间，不会被时间秩序所局限。

博塔在创作生涯的第一个十年提出了他的创作主题，并为今后的发展奠定了基础。他一方面探索建筑之间的关系，另一方面探索建筑与城市、景观之间的关系。他找到了自己的答案，并决定设计自主的建筑。甚至他在设计一个综合体的时候，也试图在城市中建立新的秩序。在他的住宅设计中迅速形成了一种"准则结构"[8]。很早，在博塔的作品中，内在的特征开始显露出来：他总是将自然和人工区分开来，将代表自然的城市环境与新的介入区分开来。事实上，他的建筑强调的是区分而非混合。博塔以这种方式创造了他自己的世界，同时，这也只是一座建筑，或大或小，抑或是相当的大规模综合体。

在第二个十年，博塔建立了他自己的建筑语言体系。他的建筑风格中最具识别性的形式组合业已形成。为了创立独具特色的建筑语言，建筑师需要将创作中的所有元素统一为一个整体，用不同的尺度来试验，以检验不同尺度的事物是否能用相同的建筑手法来表达。博塔也是从这个时期开始了家具设计工作。在他的手法的统领下，他的家具似

5

6

7

8

5. 圣维塔莱河独栋住宅
6. 穆纳里对壶Ⅰ
7. 伊波利托巴塞尔市立剧院
8. 知识中心

乎成了使他的构图工具清晰化的方式，不同的作品间演进、变化，正如其形式的创造性转变。

博塔在第三个十年进一步探索了他的建筑语汇的变化发展。他开始用舞台设计进行试验。由于在舞台上一件事物代表着其他意象，他的设计饱含象征和诗意，同时非常简约。好像他要借此机会使用一种充满隐喻和内涵丰富的语言一样，他的舞台设计在抽象中表达场景，创造气氛，布景在其成像中浓缩了歌剧和芭蕾舞的精华。

迈入不停创作的第四个十年，博塔开始进行一些实验。以前博塔对形式表达的探索主要集于教堂设计，现在这种探索延伸到了其他类型建筑。建筑呈现的形式中，对称仍是重要的手法，偏离常规的实验也在有控制地渐进。这里体量弯曲，那里稍不对称。或许他会让建筑形式更具隐喻性。隐喻性的飞跃通过从一个领域到另一个领域的品质传输来实现，甚至更重要的是，在性质完全不同的领域之间进行品质传输来实现。例如，可以从自然到建筑，或者使个人专业的界限更为灵活且可渗透。纵观博塔四十多年的全部作品，因为隐喻具有在熟知中发现未知的潜质，促使了这一非常有趣的发展阶段——隐喻进入权威系统，并影响常规。

从我第一次分析博塔的住宅设计案例，研究其构图风格的形成到现在已经很长的时间了，我不禁要问自己一个问题：对马里奥·博塔而言，什么是对称？对称是一个建立相似性和空间关系[9]的整体秩序系统。当把重点放在对称本身的时候，比方说将对称轴赋予更多的个性，这个秩序整体将出现分级。当对称存在而轴线不明确时，情况或许不是如此。因此，秩序不仅仅是"内部相似元素"的类型，我称之为"水平的秩序"。马里奥·博塔在设计中非常强调第一种对称，这种对称很容易发现和解读。他也会考虑另一种对称手法，只是它的视觉冲击力没有前一种强烈。虽然第二种同样可以带来顺序，但是博塔希望的不仅仅是创造一个有序的世界，同时他还要传递强烈的存在感。故此，博塔的建筑不只创造空间和形式，还在传递强有力的信息，因为存在感愈强烈，则信息愈明确。这种选择将博塔建筑中持续指向的意义的定位和强大的符号化这两个问题

推向台前。因为马里奥·博塔想清晰地表达他的信息，所以他的表达不会怯弱，而是独特而有力。

博塔的设计充满了秩序，秩序控制了实体的几何形式，秩序也控制了某些部位的逐步消减，以便组织虚体空间，使自然光倾入室内。他的教堂都出类拔萃，内部空间充满诗意、永恒、静寂。此时，他强烈的形式的表达屈于诗意之后，他的教堂，或许仍然形式对称，把形式和空间、材料和基地结合在了一起，把诗意和功能融合进了拥有强大力量的结构体[10]。站在他的教堂里，在他雕刻体量来创造诗意的内部空间之路上，沐浴着顶部倾洒下的光，我感觉到，仿佛在其起源的强烈隐喻里，一个重要的建筑创造过程发生并显现：向内在世界与内部空间的转向。他强大的内部空间仿佛有所象征，仿佛在引导我们注意那些潜藏着的东西，它们要把我们吸引到内部空间，吸引到这个告知和引导创作力的无声的个人空间。

内部空间的寂静是一切创造力的源泉；这联系，连接了建筑实践之所述，是由最深记忆处涌现出的纽带。这种先例貌似比比皆是。但现实中，内在的记忆会将实际情况转换成个人化的表达。我相信，这正是创作的源泉，正是在这里，时间、记忆和内在空间携手赋予建筑以生命。

马里奥的建筑风格是他认知与实践之间的纽带，是他与时空之间非常私人化的纽带。从提契诺到欧洲各地与美国，到韩国和中国，马里奥设计出了他自己的世界，既包括外部的世界，同时又象征性地保持了无地域性。他选择自己的形式，把它们重新建构，同时又象征性地保持了无时间性。但是时间总是会给建筑师出难题：从一个作品到另一个，意味着什么？如果创造力的表现需要连续性，而它本质上又必须包含新颖和不可预期，那后续的选择即是去继续、转化和发展所现存的，使其持续与记忆的力度、深度和抗性进行对话。 然而，这仅仅来自城市和建筑的记忆，还是个人内心深处的记忆？因为建筑师的个人风格不仅仅是通过作品表达世界的方式，风格在建筑师内里衍发的过程也把建筑师与时间相联。在这种意义上，它给我们的解读带来了挑战。

延伸阅读

[1]I. Sakellaridou, (2011) Searching for order: synchronic and diachronic aspects (of a personal case). The Journal of Space Syntax, vol 2, no 2.
[2]I. Sakellaridou, (2000) Mario Botta – Architectural Poetics. London: Thames & Hudson.
[3]I. Sakellaridou, I. (1994) 'A Top-down Analytic Approach to Architectural Composition'. Ph.D Thesis, Bartlett School of Architecture. London: University College London.
[4]The issue of logic of composition and of the compositional structure is discussed in Sakellaridou (1994). See, also, I. Sakellaridou, (1997a) 'The logic of architectural composition'. In: I. Rauch, G. Carr (eds) Semiotics around the world: Synthesis in Diversity. Proceedings of the Fifth Congress of the International Association for Semiotic Studies, Berkeley. Berlin; New York: Mouton de Gruyter, pp. 561–564.
[5]For a discussion of the role of transformations see I. Sakellaridou, (1991) 'Structuring the Central Concept'. York: Colloquium 'Design in Practice', and I. Sakellaridou, (1992a) 'Looking Back at Design: The Central Concept as the Dominant Code'. In: Proceedings of the 4th ISSIS Conference. Berlin. See also the overall discussion in Sakellaridou (2011).
[6] "Foregrounding", a notion used by the Russian Formalists, is considered as the most important function of the poetic language and denotes the opposite of automatization that occurs in everyday language. See J. Mukarovsky, (1970) 'Standard Language and Poetic Language' (edited and translated by P. Garvin). In: D. Freeman (ed) Linguistics and Literary Style. New York; London: Holt, Rinehart and Winston Inc., pp. 40–56, as well as in J. Mukarovsky (1978) Structure, Sign and Function: Selected Essays, ed. and transl. by J. Burbank and P. Steiner, Yale University Press. The notion is used in an analogy in architecture. For its discussion, see A. Tzonis and L. Lefaivre (1986) Classical Architecture: The Poetics of Order. Cambridge (MA): The MIT Press, as well as Sakellaridou (1994).
[7]The "parti" is identified as the deep structure of the building, a structure that is abstract, global, and capable of many realizations, (Sakellaridou, 1994).
[8]The term "canonic" is suggested in I. Sakellaridou, (1992b) 'Has Architectural Composition a Structure? The Houses of Mario Botta'. In: P. Pellegrino (ed.) Proceedings of the AISE Colloquium, 'Culture architecturale, culture urbaine', series 'La bibliot è que des formes', Anthropos, (Economica), in order to define the formation of a stable compositional structure that underlies 19 of Mario Botta's single-family houses. Its use is being expanded in the overall discussion in Sakellaridou (1994), (1997), (2000).
[9]See the discussion in B. Hillier, (1985) 'Quite Unlike the Pleasures of Scratching'. In 9H no. 7, pp. 66–72. Also in Sakellaridou (1994), (1997a) and (2011).
[10]For a discussion of the relation between form and meaning in Mario Botta's churches, see I. Sakellaridou, (1997b) "From the underlying formal structure to the meaning: Five churches by Mario Botta," in Proceedings of VI International Conference of IASS, Guadalahara Mexico.

MARIO BOTTA

马里奥·博塔全建筑 1960-2015

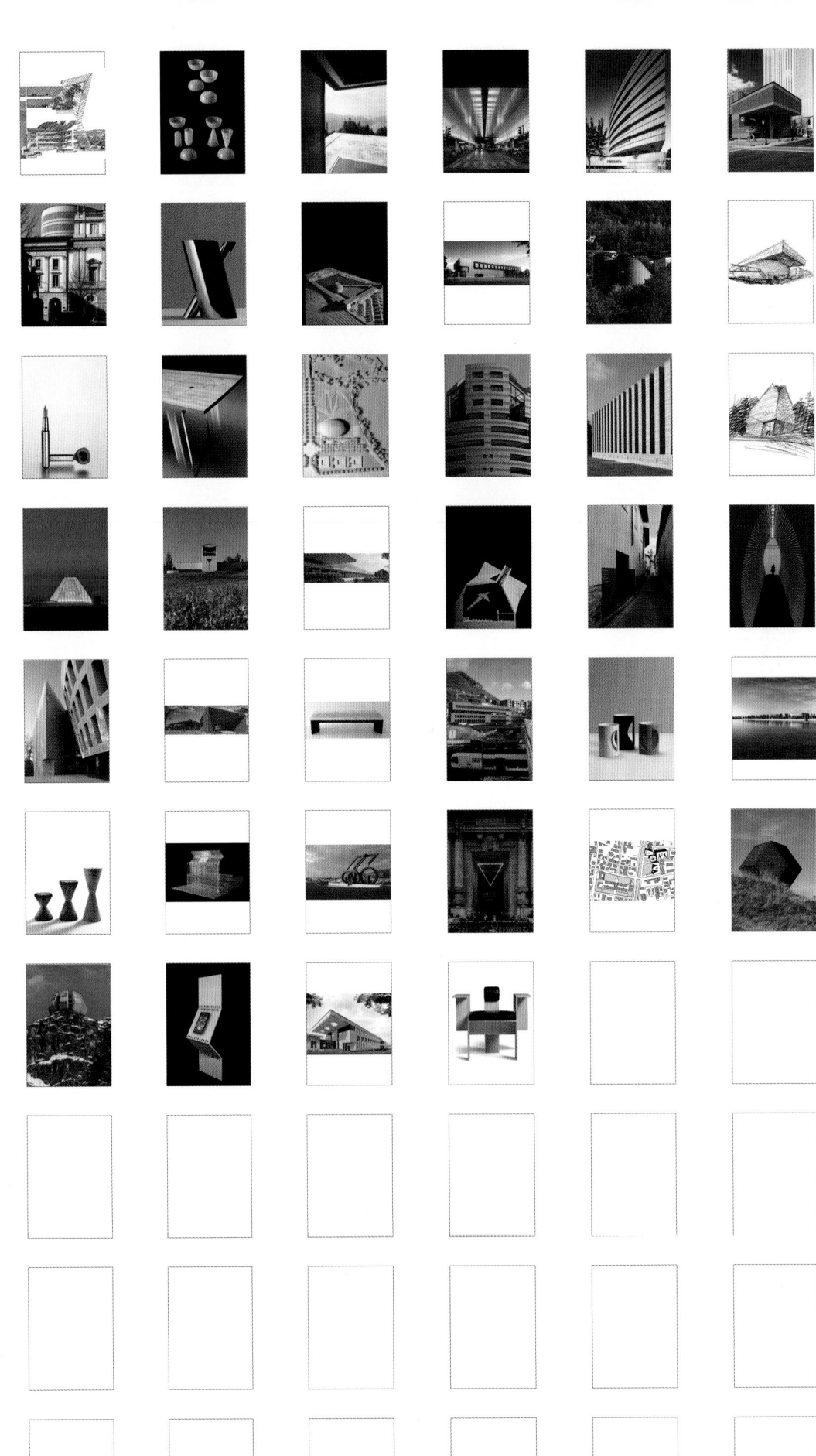

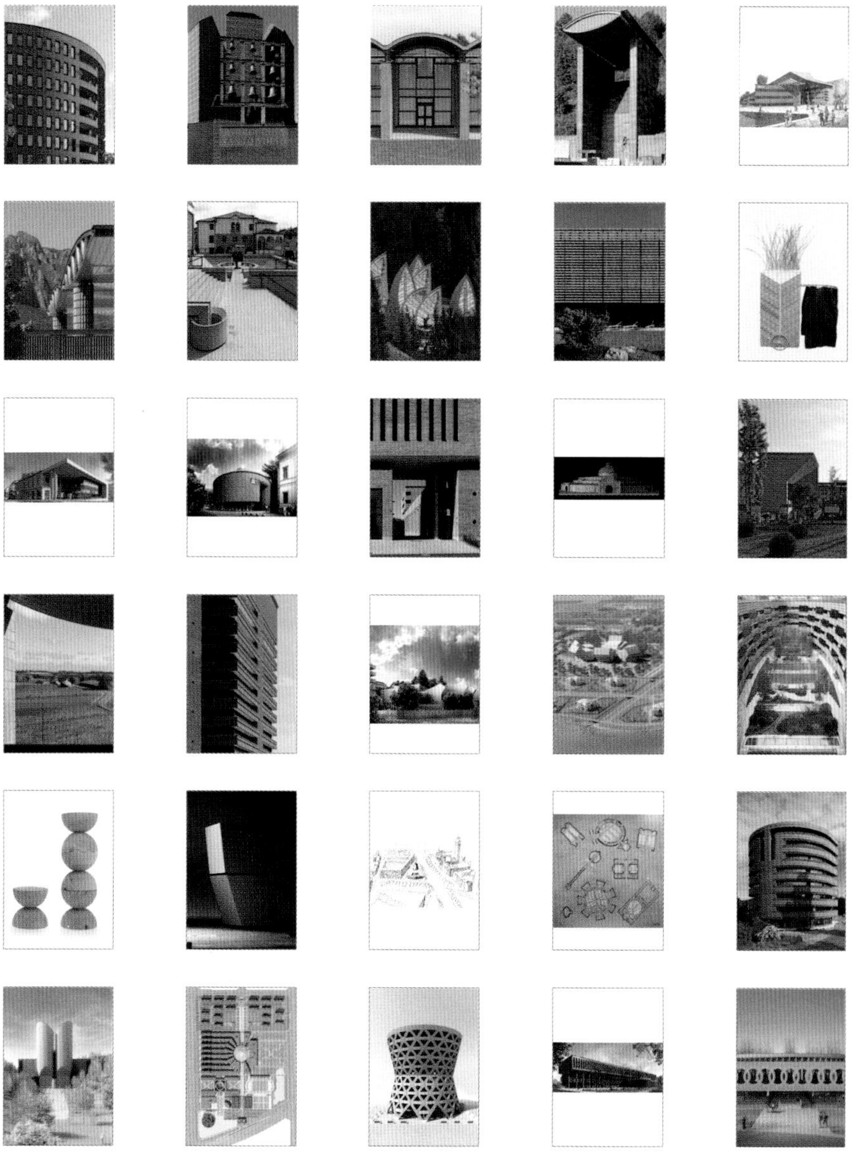

MARIO BOTTA

马里奥·博塔全建筑 1960–2015

1. 手绘草图
2. 鸟瞰图

奥斯陆歌剧院
OSLO OPERA HOUSE

挪威 奥斯陆
Oslo, Norway 1999

在基地的北侧，建筑师设计了一个170m×55m、高16m的平行六面体。在这一体量内布置大剧院的服务用房。在基地另一面，大体量中歌剧院及大厅面向大海，突出于平行六面体之外。东南侧较低的建筑设置了主入口，并连接了剧院与小礼堂的前厅。

南侧为滨水岸线，布置了大面积的步行区，步行区东边的端头设计成一个倾斜的平面，其上部提供了一个露天活动平台，下部是货物装卸码头，毗邻车辆服务通道。

该建筑强调两个体块之间的关系：北侧服务用房的矮平体块类似一个"飞机库"，以石材幕墙和木制遮阳板为立面特征。南侧，设有七层塔楼及冬季花园的大体块面向大海创造出一个塑性的造型。

项目概况

竞赛时间：1999	Competition project: 1999
项目地点：挪威，奥斯陆	Place: Oslo, Norway
业主：奥斯陆歌剧院	Client: Oslo Opera House
使用面积：22 450m²	Net building area: 22,450m²
建筑面积：37 335m²	Gross building area:37,335m²
建筑体积：270 000m³	Volume: 270,000m³

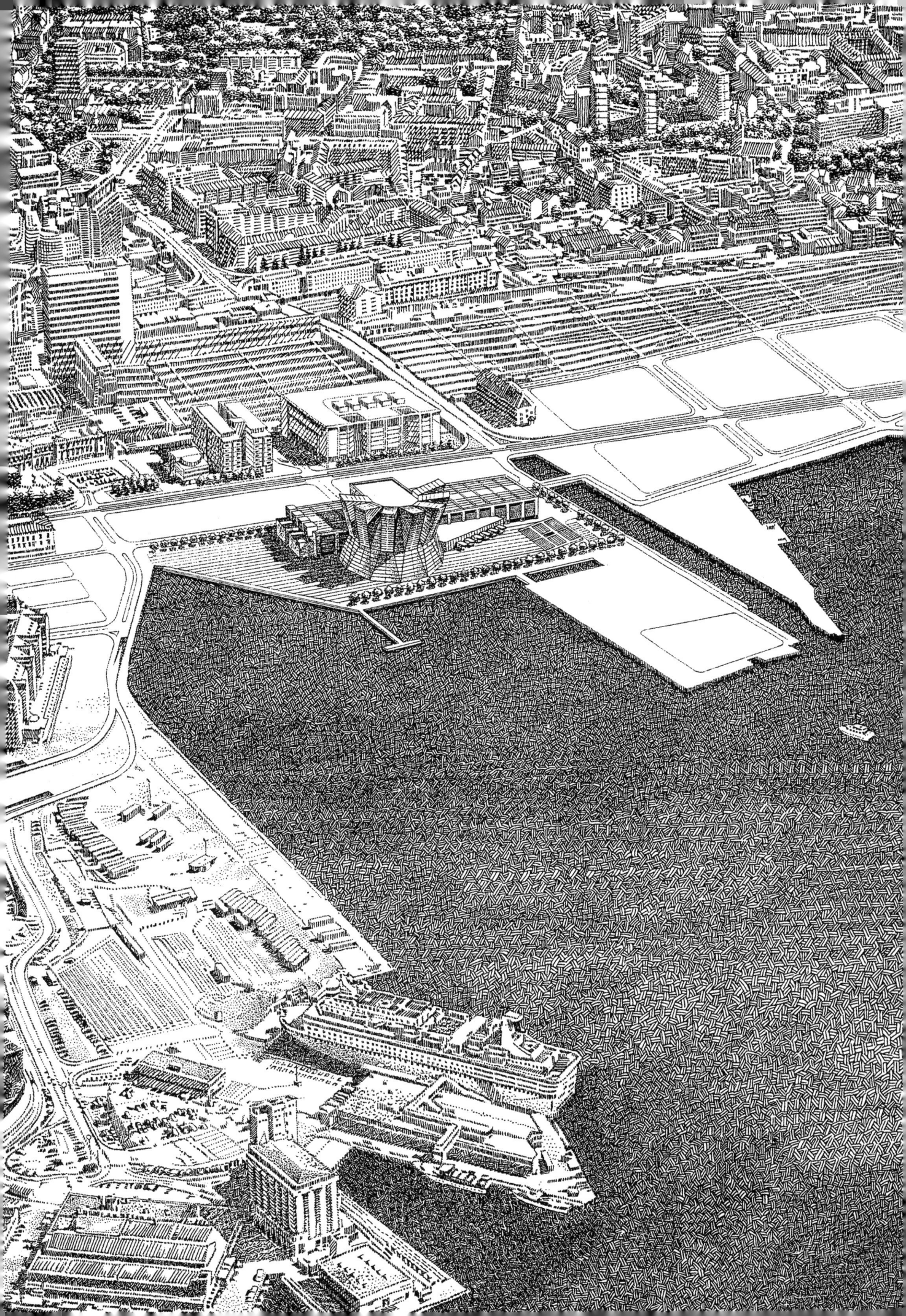

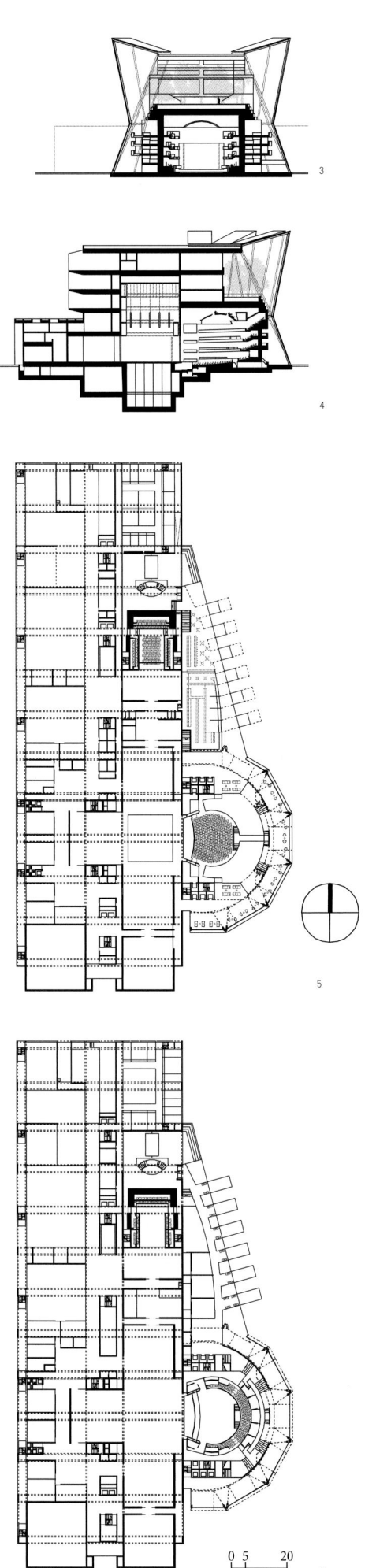

3. 大剧院横向剖面图
4. 大剧院纵向剖面图
5. 首层平面图
6. 二层平面图
7. 剧院剖透图

0 5   20

（注：本书中所有比例尺单位均为m。）

MUNARI玻璃制品设计
SET OF GLASSES MUNARI

1. 手绘草图
2. 产品照片

2000年限量版
2000 (limited edition)

这些玻璃制品表达了对穆拉诺岛玻璃工匠的敬意。原始简单的形状相互结合成高脚杯，即使把杯身上下颠倒也能正常使用。在透明玻璃中，轻盈的白色线条为基本体量的处理手法增加了丰富性。

项目概况

设计时间：2000
生产时间：2000（限量生产）
制造商：意大利，维琴察，克莱托·穆纳里
尺寸：22cm高，直径是4～11cm
材料：慕拉诺玻璃

Project: 2000
Production: 2000 (limited production)
Manufacturer: Cleto Munari, Vicenza, Italy
Dimensions: 22 cm height, diameter from 4 to 11 cm
Material: Murano glass

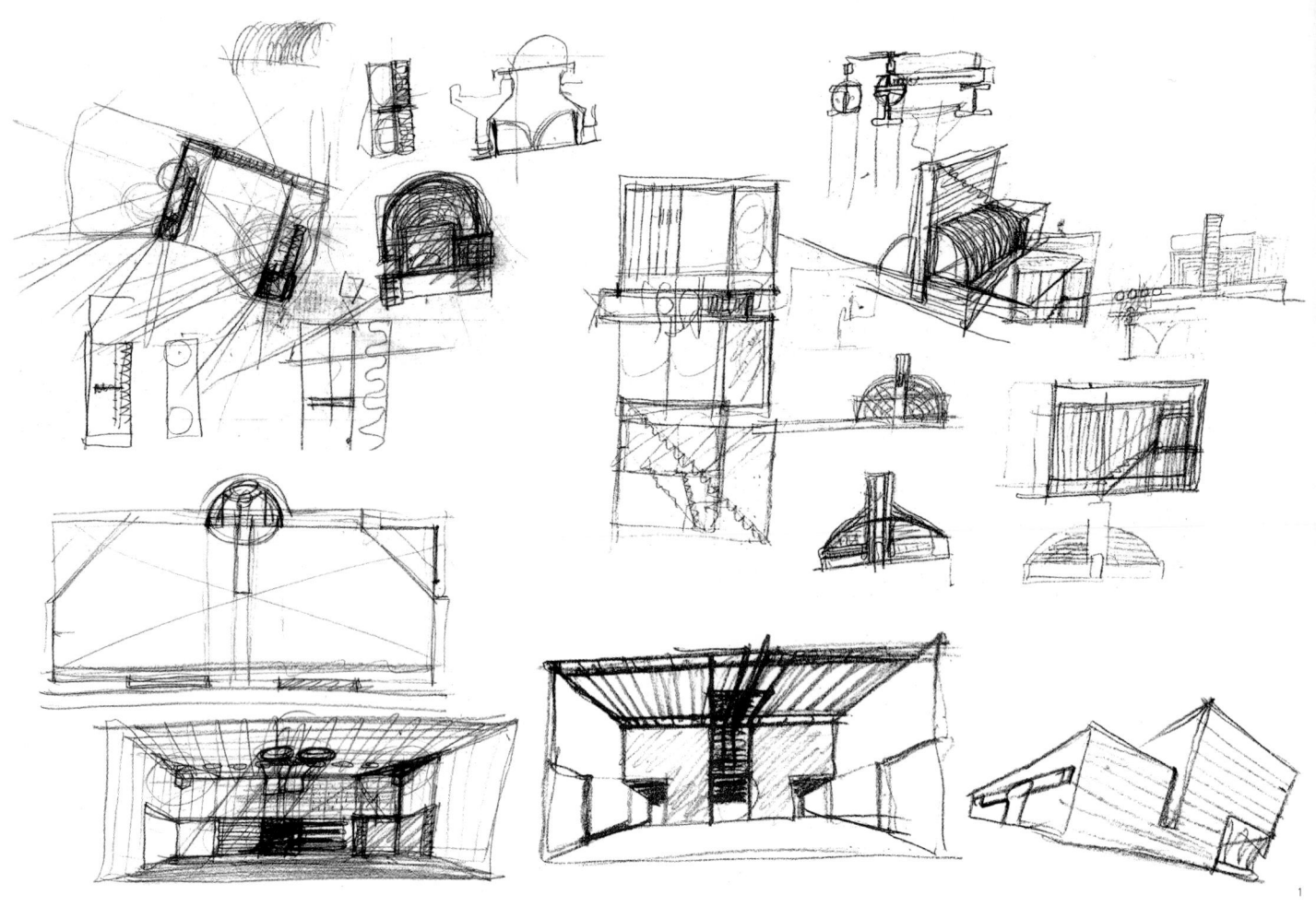

1. 手绘草图
2. 楼台远眺

卡达达山度假别墅
TWO HOLIDAY HOUSES IN CARDADA

瑞士 卡达达山
Cardada, Switzerland 2000-2002

这两栋度假别墅都位于卡达达山的库马尼丘村,村子隶属洛迦诺市政区。该基地高出韦尔巴诺湖面1 000m,可以很容易地通过奥赛里纳—卡达达索道或步行小路到达。建筑师在库马尼丘村东部的边缘设计了两个单独的建筑体量。选址的灵感来自于地形上的策略性优势,该方案除了包括两个主要的体量之外,还有两个全景露台,可把四分之三的乡村景观尽收眼底。

两个建筑物布置在同一水平标高上,并沿东西向水平分成两个相等的部分。朝北的房间为卧室和浴室,南向是一个宽敞的起居室。北向的内部空间高度为2.4m,而南向客厅高度为5m,高度对比强调了空间的分隔感。建筑物的承重结构由混凝土基座和干铺于其上的分层木砖组成,并形成露台空间。建筑的结构体系被暴露出来,以便营造一个非常温暖和舒适的室内氛围。窗子集中在角部,以提供四面八方皆无遮挡的视野,外部饰面采用非反射镀锌板。入户楼梯设置在基地西侧。

项目概况

设计时间:2000
建造时间:2001—2002
业主:克劳迪欧·克利万利,保罗·派伊尔
合作建筑师:爱纽·玛杰提
基地面积:1 035m²+2 240m²
建筑面积:每栋120m²
建筑体积:每栋900m³

Project: 2000
Construction: 2001-2002
Client: Claudio Crivelli, Paul Peyer
Project management: Arch. Ennio Maggetti
Site area: 1,035+2,240m²
Useful surface: 120m² per house
Volume: 900m³ per house

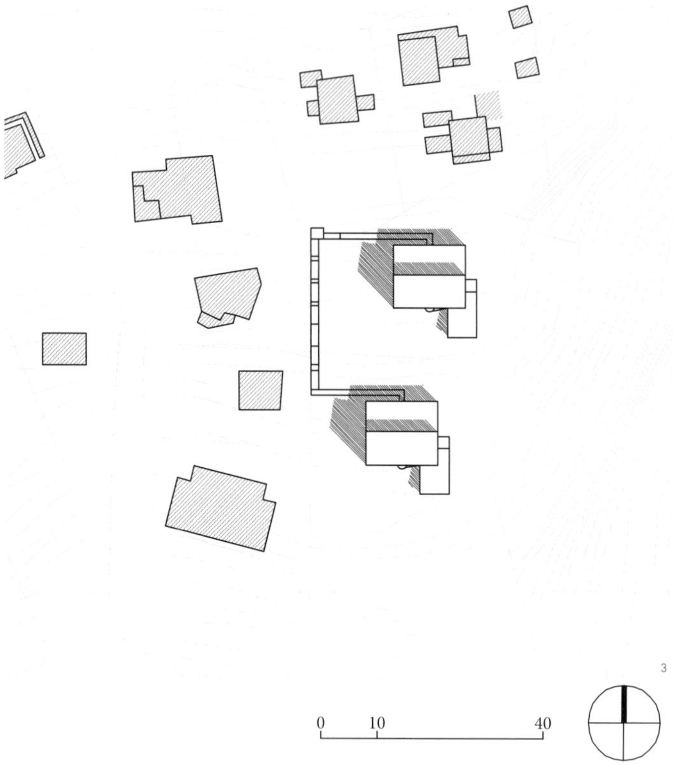

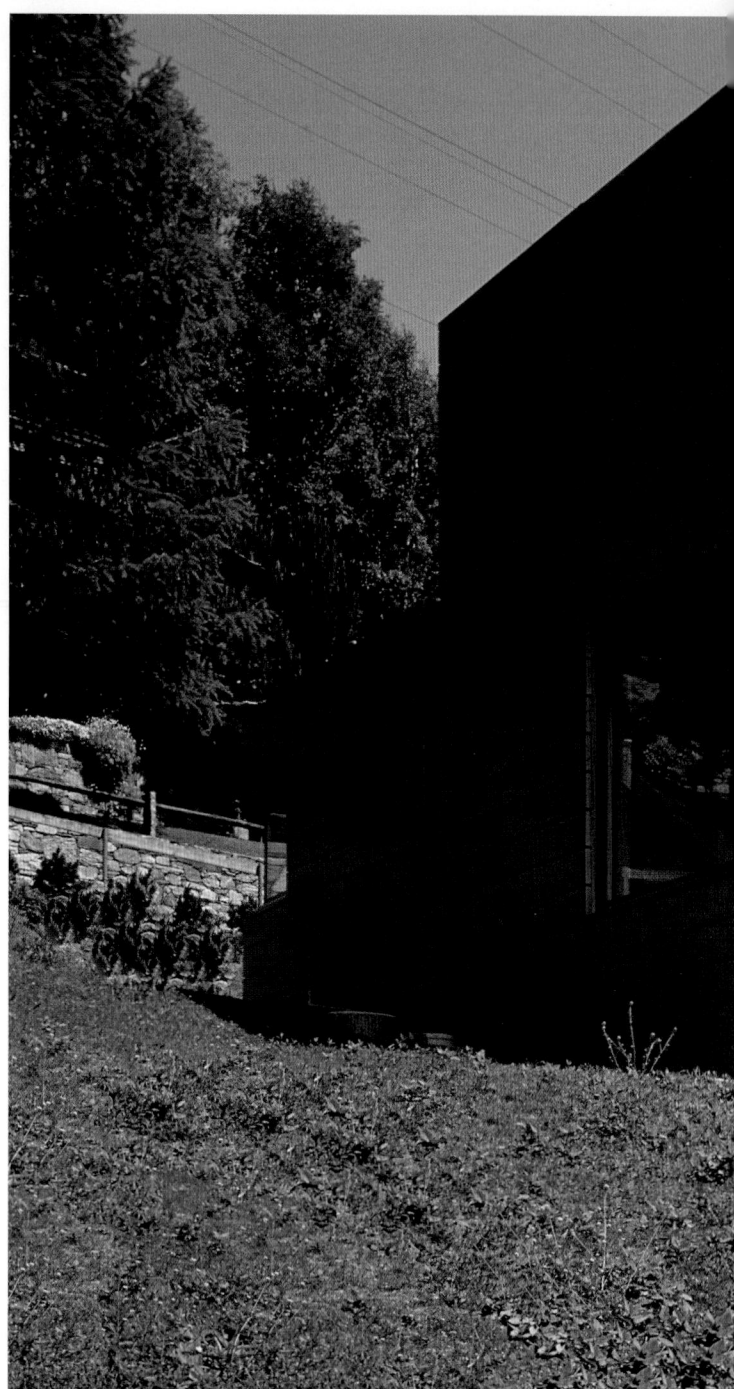

3. 基地总平面图
4.5. 轴测图
6. 南向实景

0 10 40

3

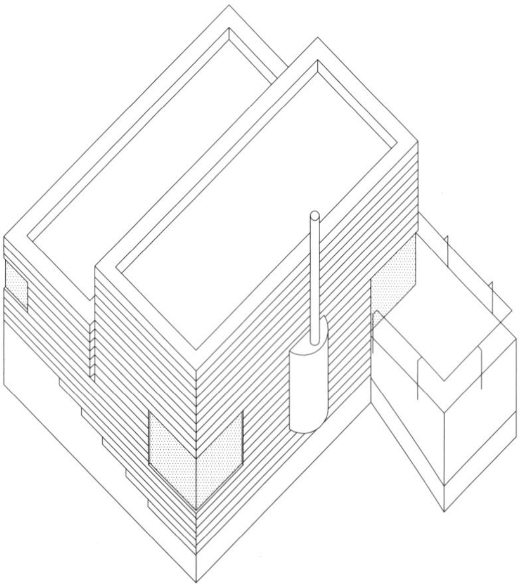

4

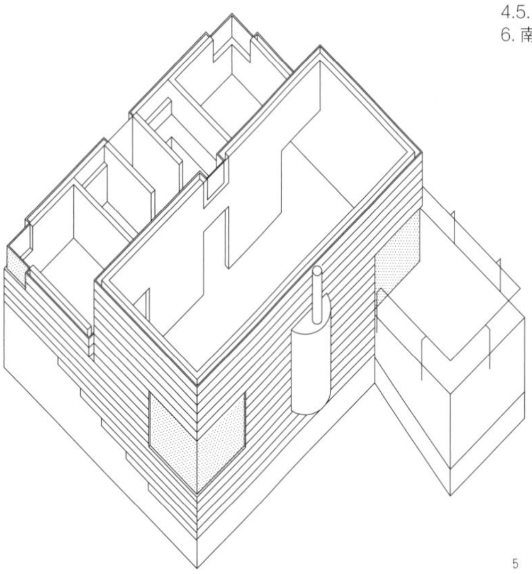

5

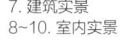

7. 建筑实景
8~10. 室内实景

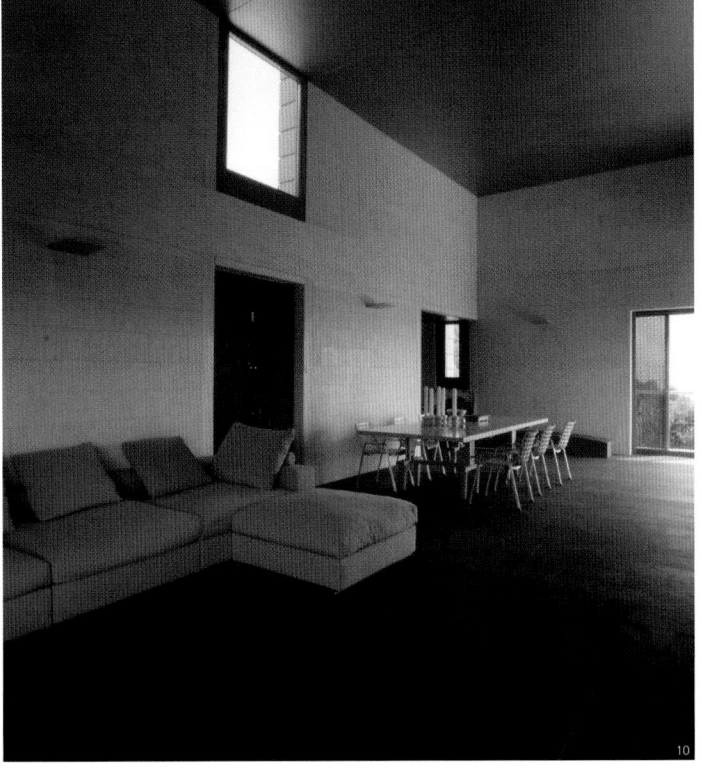

延伸阅读

- *Deux maisons de vacances dans le Tessin* in "25 maisons en bois" edited by
D. Gauzin-Müller, Editions du Moniteur, Paris 2003, pp. 90-95.
- R. Balestrieri, *Leggerezza strutturale/Light structures*, "Ville e case prefabbricate", 2005,
14, pp. 22-25.
- M. Pestalozzi, *Hoch oben*, "Architektur & Technik", 12, 2006, pp. 19-20.
- *Two Weekend Houses at Cardada*, "Maru Interior Design", Vol. 57, December 2006,
pp. 58-61.
- *Cardada Houses*, in P. Jodidio "House with a view residential mountain architecture/Vue
d'en haut résidences de montagne", The Images Publishing Group Pty Ltd,
Victoria-Australia 2008, pp. 238-241.

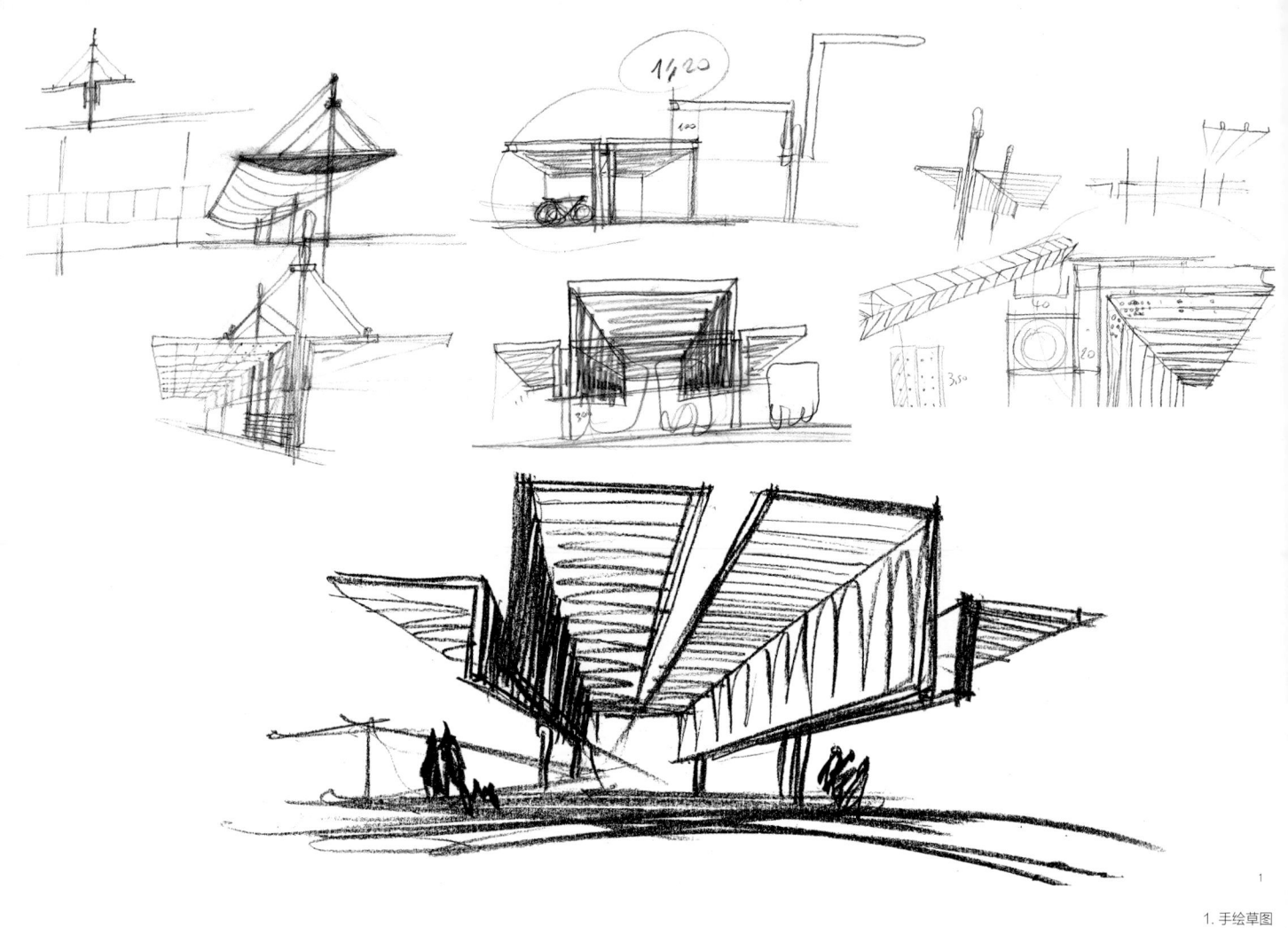

1. 手绘草图
2. 车站夜景

卢加诺中央巴士总站
LUGANO CENTRAL BUS TERMINAL

瑞士 卢加诺
Lugano, Switzerland 2000-2001

卢加诺市的中央巴士总站坐落在裴斯泰洛齐路。它的顶盖长约70m，深18m，下面形成一个高约7m的中厅和两个高约5m的侧厅。顶盖由一对型钢双横梁所支撑，横梁架在四对支柱上。横梁横向延伸，分别以5m和7m的出挑形成总站的横向屋顶。这种侧向的出挑形成了一系列新的城市空间，成为巴士站区的遮檐；在南侧与汽车停车场的连接部分，它们为自行车和摩托车停车场旁候车的乘客提供了遮蔽。钢支撑结构外层包有半透明的聚碳酸酯材料，形成了一种可以透光的半透明表面。这些半透明的表面使得车站在白天和夜晚形成交替更迭的不同外观，白天能为乘客提供宽敞明亮的庇护区，晚上通过结构内部的彩灯获得照明。每到夜晚，这个简单的设计营造出迷人的氛围：巴士总站在夏天呈白色，春天淡蓝色，秋天红色，冬天紫色。整个公交车站半透明的屋顶至少2.5m高，保证了行道上视野的清晰。沿南侧，为多种多样的活动设置了多个凉亭，同时丰富和活跃了这个新的城市界面。

项目概况

设计时间：2000	Project: 2000
建造时间：2000—2001	Construction: 2000-2001
业主：卢加诺市	Client: City of Lugano
土木工程：帕塞拉+佩德雷蒂公司，比亚斯卡（瑞士）	Civil engineering: Passera+Pedretti SA, Biasca
基地面积：4 915m²	Site area: 4,915m²
建筑面积：1 261m²	Covered surface: 1,261m²
建筑体积：10 111m³	Volume: 10,111m³

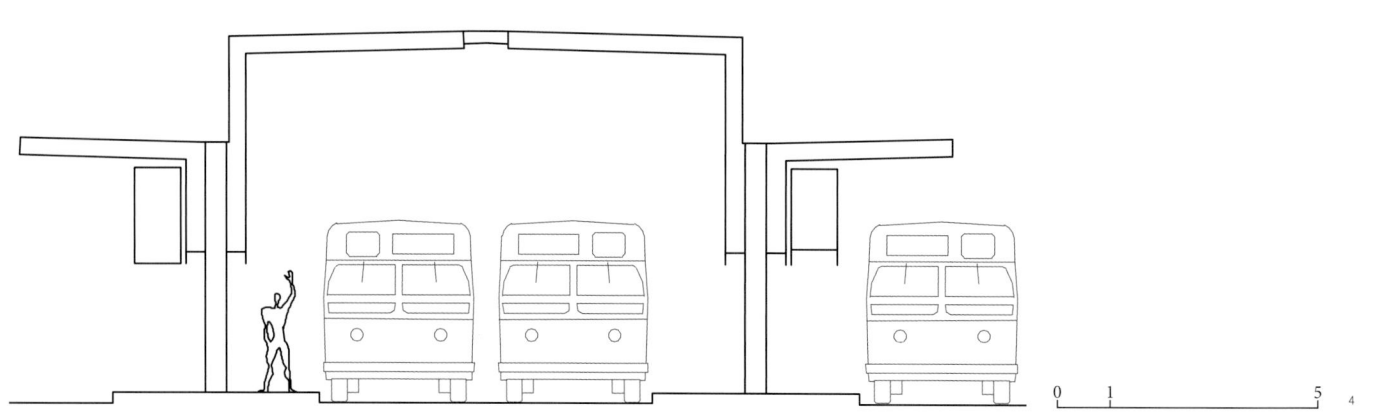

3. 建筑实景
4. 剖面图

6

5. 建筑实景
6. 建筑细部

延伸阅读

- A. Gleiniger, La Pensilina, "Bauwelt", 8, 22 February 2002, pp. 26-29.
- Platform Roof for the new central Bus Terminal in Lugano, Switzerland, "Plus", 2002, 0206, pp. 70-73.
- C. Slessor, Swiss civility, "The architectural review", 2003, 1274, pp. 63-65.
- Canopy for the Central Bus Station in "1000 European Architecture", Verlagshaus Braun, Berlin 2007, p. 720.

1. 手绘草图
2. 建筑曲线体量实景

希腊国家民族保险大厦
ETHNIKI NATIONAL INSURANCE

希腊 雅典
Athens, Greece 2001-2006

该建筑群包括公司行政办公室、会议中心及一个地下停车场。设计意在打破朝向林荫大道的建筑立面，这条林荫大道连接着历史悠久的城市和大海。城镇的形态决定着建筑造型。这个项目并不是一个单一体量，而是呈现出两个不同建筑的形态。向上抬升的广场旨在连接两个独立部分并且赋予更多的城市价值。行政大楼的二层至六层部分设计为圆弧形状，暗示这一建筑界面与雅典卫城的朝向关系。办公大楼呈线形布置，共四层，并且展示出体块的封闭感。抬高的广场之下是大空间的会议中心和可容纳550辆车的停车场，占地下五层。

项目概况
设计时间：2001—2004
建造时间：2004—2006
业主：希腊民族保险总公司
合作建筑师：伊琳娜·萨克拉利多，
         莫夫·帕帕尼克劳
基地面积：67 858m²

Project: 2001-2004
Construction: 2004-2006
Client: Ethniki Hellenic General Insurance
Partner: arch. Irena Sakellaridou,
        Morfo Papanikolaou
Site area: 67,858m²

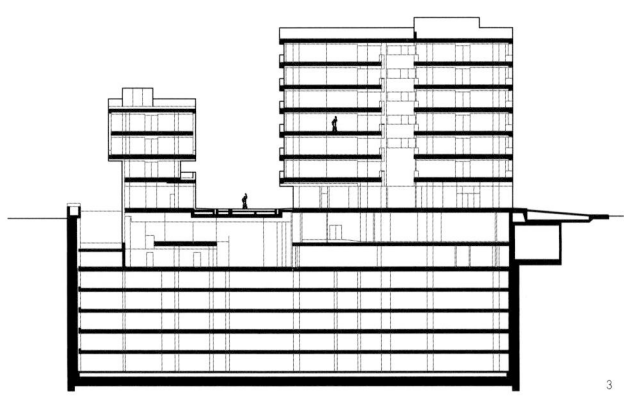

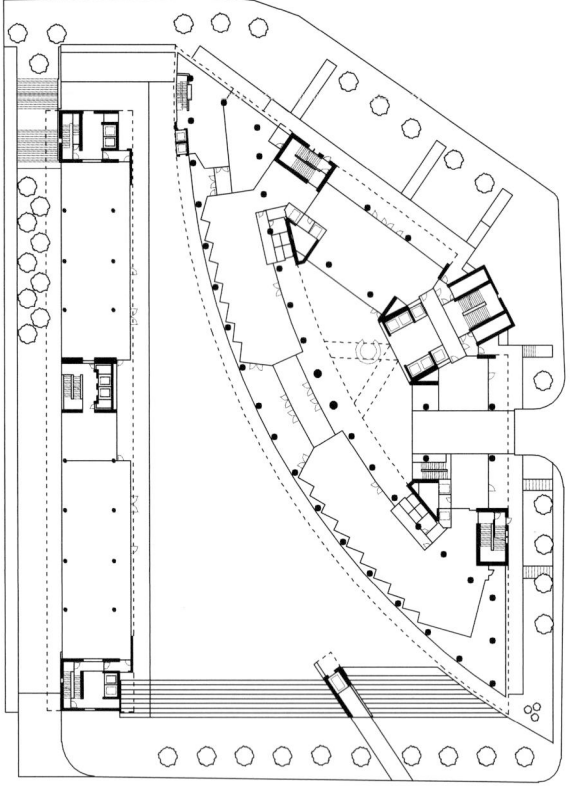

3. 剖面图
4. 首层平面图
5. 建筑实景

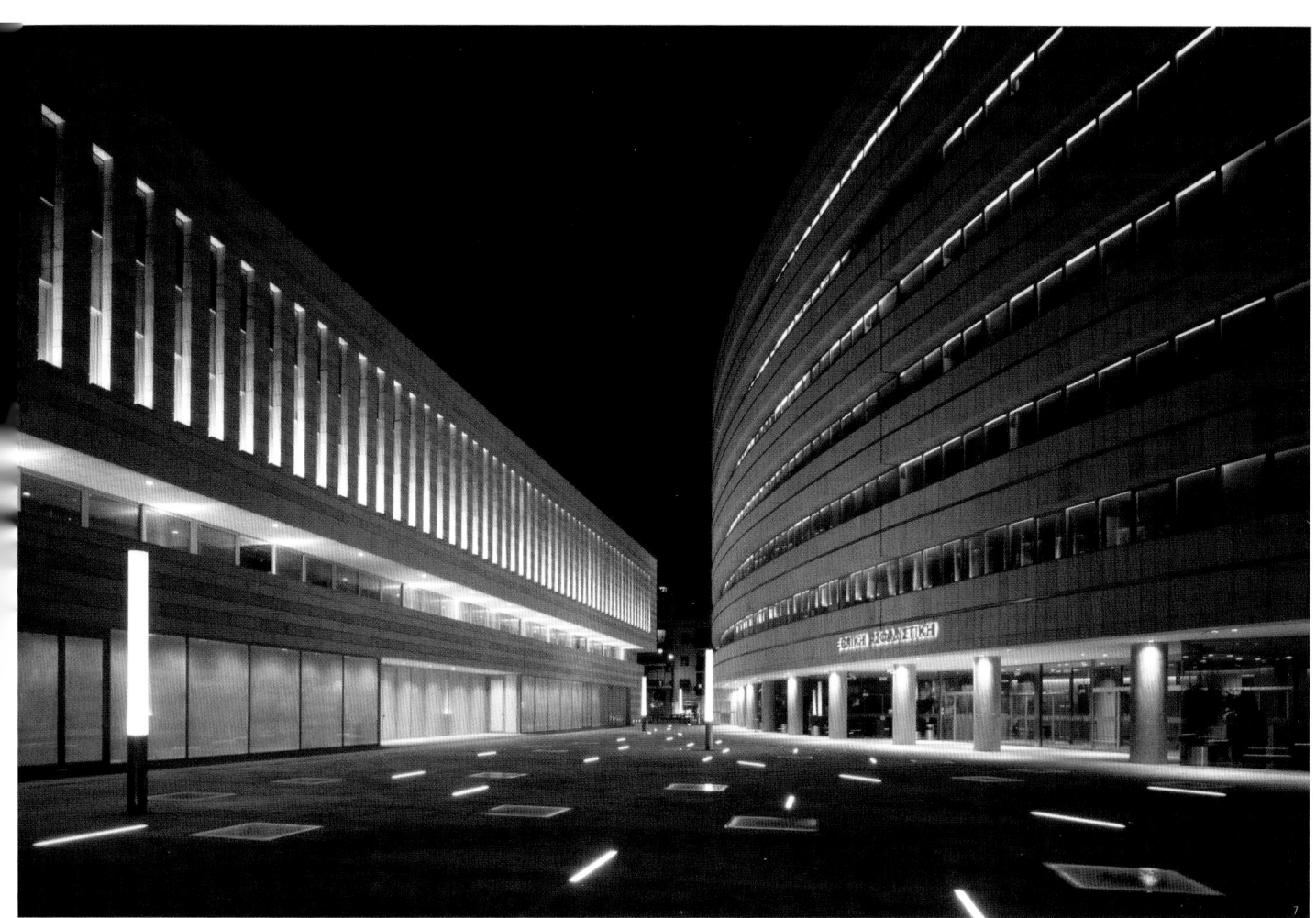

6. 建筑室内
7. 中心广场夜景

延伸阅读

- National Insurance Company Complex, "Design + Art in Greece", 2004, 35, pp. 42-43.
- Mario Botta, Irena Sakellaridou, Morpho Papanikolaou Società di assicurazione nazion-
ale "Ethniki" in "Atene Le capitali dell'architettura contemporanea", edited by
C. Rando, Il Sole 24 Ore, Hachette Fascicoli, Milan, 35, April 2013, pp. 52-57.

贝希特勒现代艺术博物馆
BECHTLER MUSEUM

美国 夏洛特（北卡罗莱纳州）
Charlotte (NC), USA 2000-2009

博物馆位于夏洛特市中心。近年来，这个城市快速发展。新馆珍藏着贝希特勒的众多艺术收藏品，如汤格利尼基、德圣法勒、毕加索、贾科梅蒂、马蒂斯、米罗、德加、沃霍尔、勒·柯布西耶、莱热等艺术大师的名品。

该建筑位于市中心的圣特赖恩街，周围被高楼大厦所围绕。充满张力的造型使它成为城市的一个亮点。建筑师的设计理念是一个保险箱，希望当人们在穿城而过的时候感觉它犹如一个藏有稀有宝石和无价艺术珍品的宝箱。

宝箱珍藏着这些宝藏，同时又把它们的美展示给公众，传递给城市。这座立方体的建筑看起来像是空心的，而后部充满张力的体量勾勒出室外的公共庭院。这个四层结构的特点是高耸的玻璃中庭，它穿过博物馆的核心部位，其拱形天窗为整个建筑提供了良好的自然采光。尽管建筑尺度不

大，但建筑师对实与虚的巧妙运用充分表现出建筑的张力。它可以说是一个建筑雕塑，从建筑四楼画廊之下出挑的虚空间形成一个新的城市空间。

项目概况

设计时间：	2000—2005
建造时间：	2007—2009
业主：安德雷亚思·贝希特勒	
合作建筑师：夏洛特，瓦格纳·慕雷建筑事务所	
基地面积：	1 912m²
建筑面积：	2 490m²
建筑体积：	16 992m³

Project: 2000-2005
Construction: 2007-2009
Client: Andreas Bechtler
Partner: Wagner Murray Architects PA, Charlotte
Site area: 1,912m²
Useful surface: 2,490m²
Volume: 16,992m³

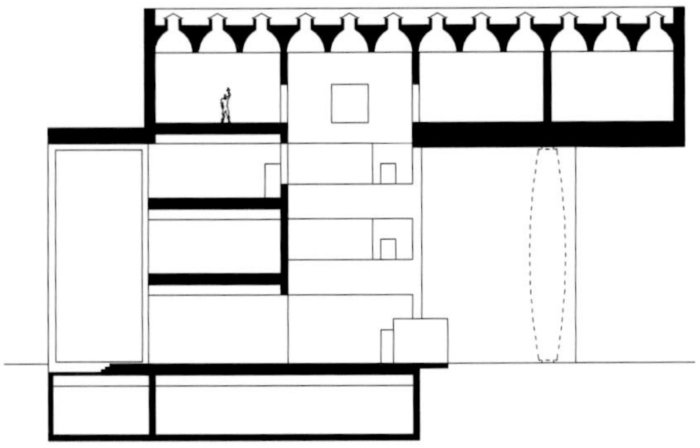

3

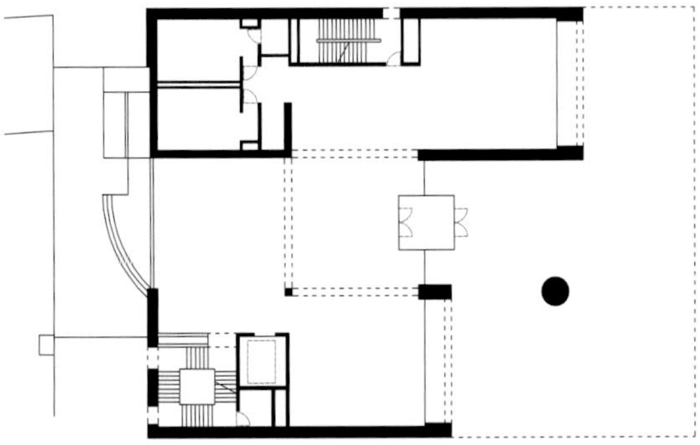

4

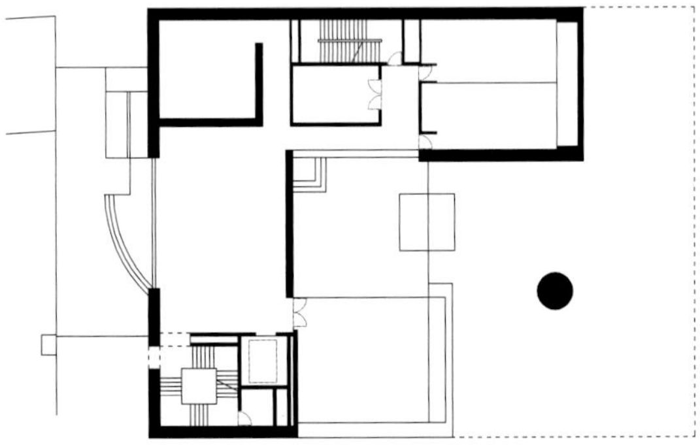

5

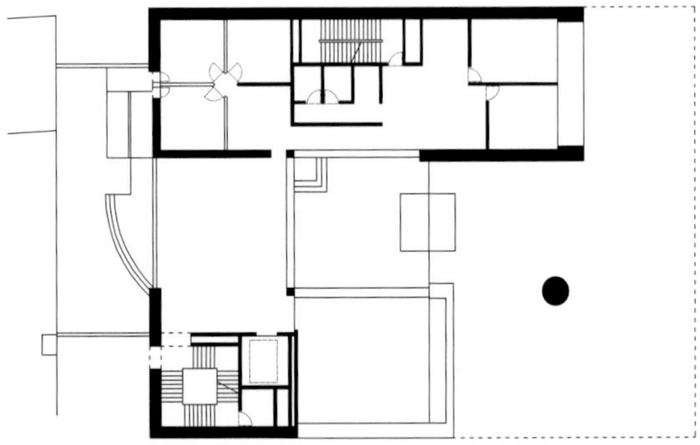

6

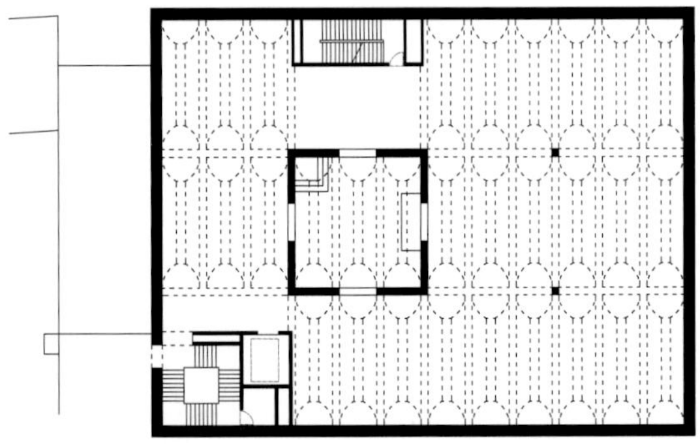

7

0 5 10

9. 建筑模型
10. 建筑入口

11. 休息厅
12. 第三层俯视中庭
13. 展厅实景
14. 楼梯细部
15. 展厅实景

延伸阅读

- J. Boyer, Preface in "Bechtler Museum of Modern Art", Charlotte North Carolina, 2009, pp. 24-31.
- G. Lacour, Bechtler behind the scenes, "Uptown Magazine", December 2009, pp. 34-40.
- D. Moffitt, The "treasure chest" on Tryon, "Southpark Magazine", December 2009, pp. 42-46.
- Museo Bechtler, Charlotte, Nord Carolina, USA, "Archi", 2, March/April 2009, pp. 22-25.
- Mario Botta Architect of Times, "Interior Architecture of China", December 2010, pp. 104-109.
- Bechtler Museum, "Ingenuity", Chengdu 7788 Culture, 2012, 14, pp. 048-053.
- Bechtler Museum in "Global Architecture Today", IV, Tianjin University Press, China June 2012, pp. 66-71.
- A. Ferraresi, Bechtler Museum a Charlotte, Stati Uniti, "Costruire in Laterizio", 152, April 2013, pp. 12-15.

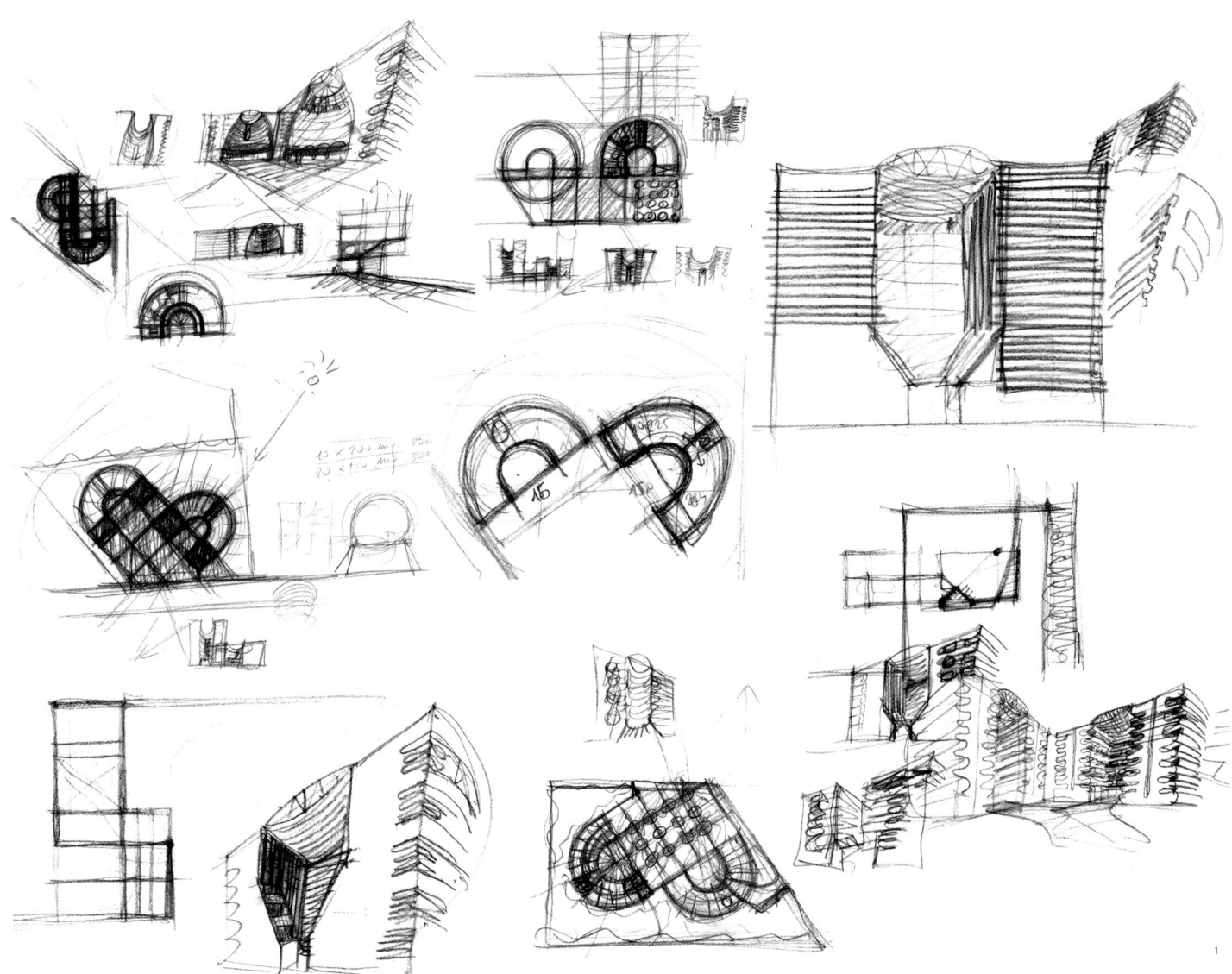

1. 手绘草图
2. 建筑细部

荷兰 "远景" 住宅
RESIDENTIAL BUILDING 'LA VISTA'

荷兰 哈勒默梅尔
Haarlemmermeer, The Netherlands 2001-2008

这两座红砖塔楼住宅位于广阔平原所包围的运河旁。建筑呈半圆柱体，它们围合形成一个面朝水面的广场。半圆柱体块外立面的窗户营造出均质的结构外形。实体和空隙之间的交替使人明显感知表面上的光影变化。两座塔楼像简单几何形体一样出现在平原风景线上，同时与周围植被的柔顺感形成鲜明的对比。邻近的旧火力发电站与塔楼这种由简单而原始的形式所迸发出的力度形成对话。

项目概况
设计时间：2001
建造时间：2008
业主：荷兰，麦尔斯希蒲发展集团，霍夫多普
合作建筑师：荷兰，PBV建筑事务所
建筑面积：9 300m²（地面部分）
建筑体积：33 500m³（地面部分）

Project: 2001
Construction: 2008
Client: OntwikkelingsgroepMeership, Hoofddorp, The Netherlands
Partner architect:PBV architecten, The Netherlands
Useful area: 9,300m² above ground
Volume: 33,500m³ above ground

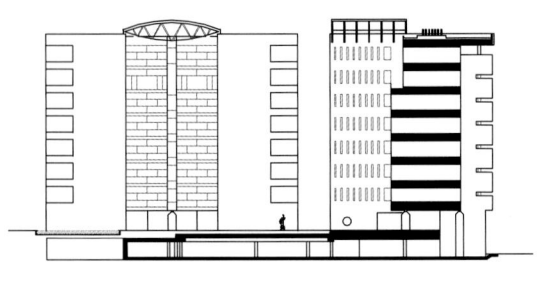

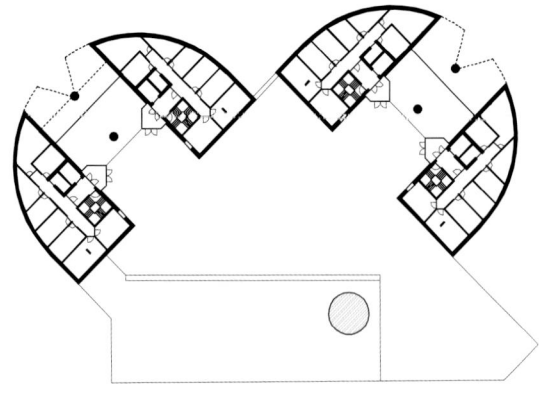

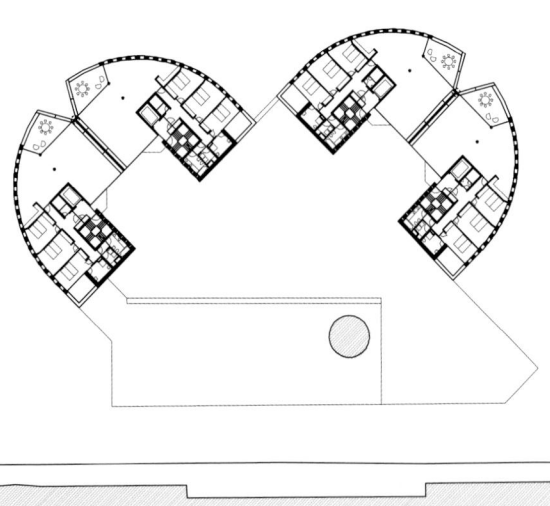

0   5   20

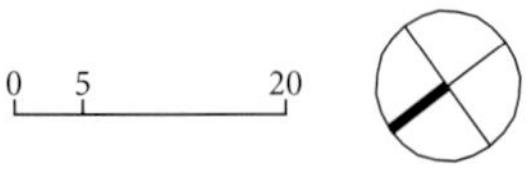

3. 剖面图
4. 首层平面图
5. 二层平面图
6. 建筑实景

7. 街景
8. 建筑实景
9.10. 建筑细部

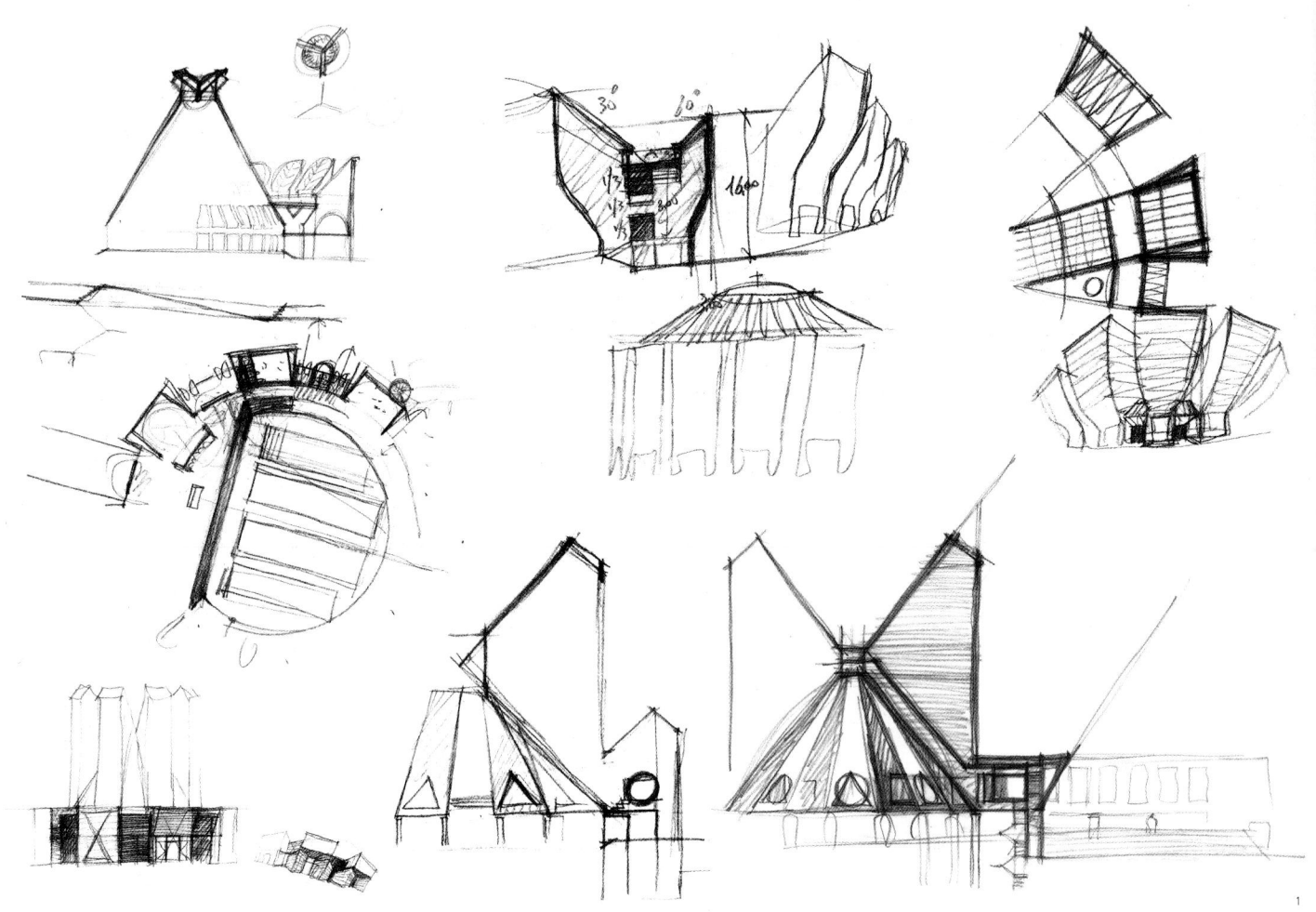

1. 手绘草图
2. 建筑细部

圣容教堂
CHURCH SANTO VOLTO

意大利 都灵
Turin, Italy 2001-2006

　　作为"城市转型计划"的成果，该建筑旨把这片废弃的19世纪70年代工业区重新融入城市的肌理，它提供了一种新的城市品质。

　　这个建筑群包括教堂、新社区的教区建筑、元老院办公空间、必要的停车设施和一个会议中心。教堂有一个由七座小塔围成的七边形底座，小礼拜堂的下部也并入了底座。建筑师通过削切处理了小礼拜堂的顶部，形成了天窗，自然光沿壁泻下。七边形的平面有利于依循指向城市的"入口—圣坛"轴线来设置教堂内殿的朝向。在内部，金字塔形的屋顶覆盖宽阔的大厅，在中央空间，通过实体和空间的交替制造出光影交错的效果。依照客户的请求，建筑师和同事通过一个巧妙的手法重塑耶稣圣像的脸部，即交错使用两种不同方式加工的石材：楔面形成阴影，平面反射光线。原钢厂的烟囱，作为工作和工人文化的象征，被改造成钟塔。不锈钢薄片制成的

螺旋上升的钢环让人联想到"荆棘"的形象，钟塔从前院到顶点十字架高度超过60m。钟很小，并安装在塔基座前矩形框架上，同主入口相呼应。

项目概况
设计时间：2001
建造时间：2004—2006
业主：都灵大主教，红衣主教塞韦里诺·珀莱托
项目管理：都灵，欧·思尼斯卡科事务所工作室
基地面积：10 000m²
建筑面积：26 300m²
建筑体积：125 000m³

Project: 2001
Construction: 2004-2006
Client: Archbishopric of Turin, Cardinal SeverinoPoletto
Project management: Studio O. Siniscalco, Turin
Site area: 10,000m²
Useful surface: 26,300m²
Volume: 125,000m³

PARROCCHIA
SANTO VOLTO

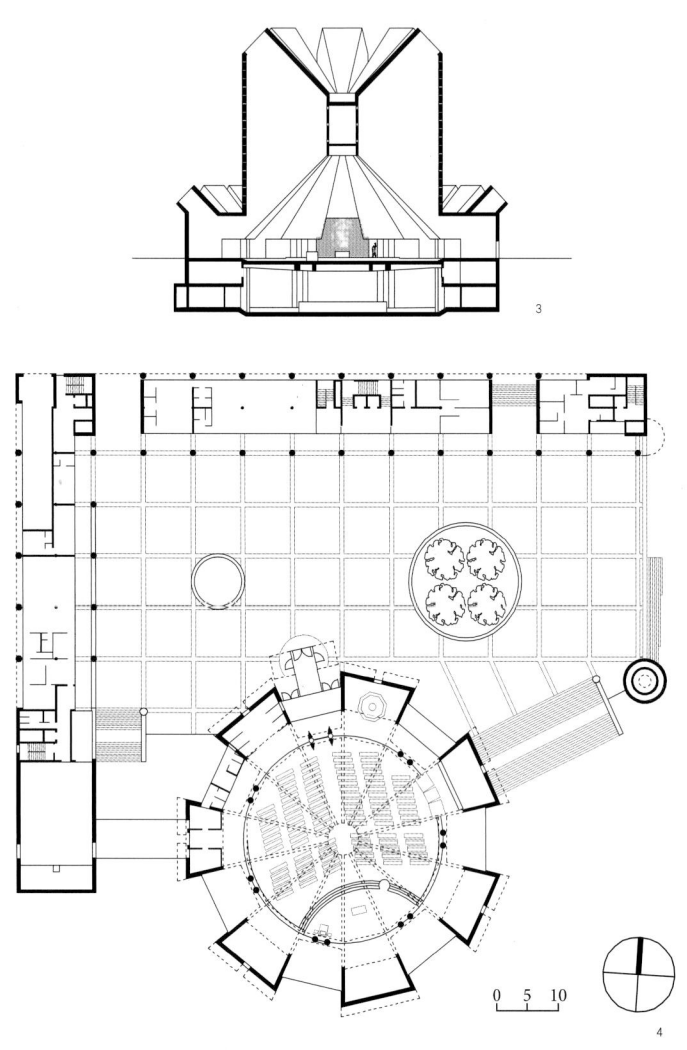

0 5 10

3. 剖面图
4. 首层平面图
5. 建筑模型
6. 建筑实景

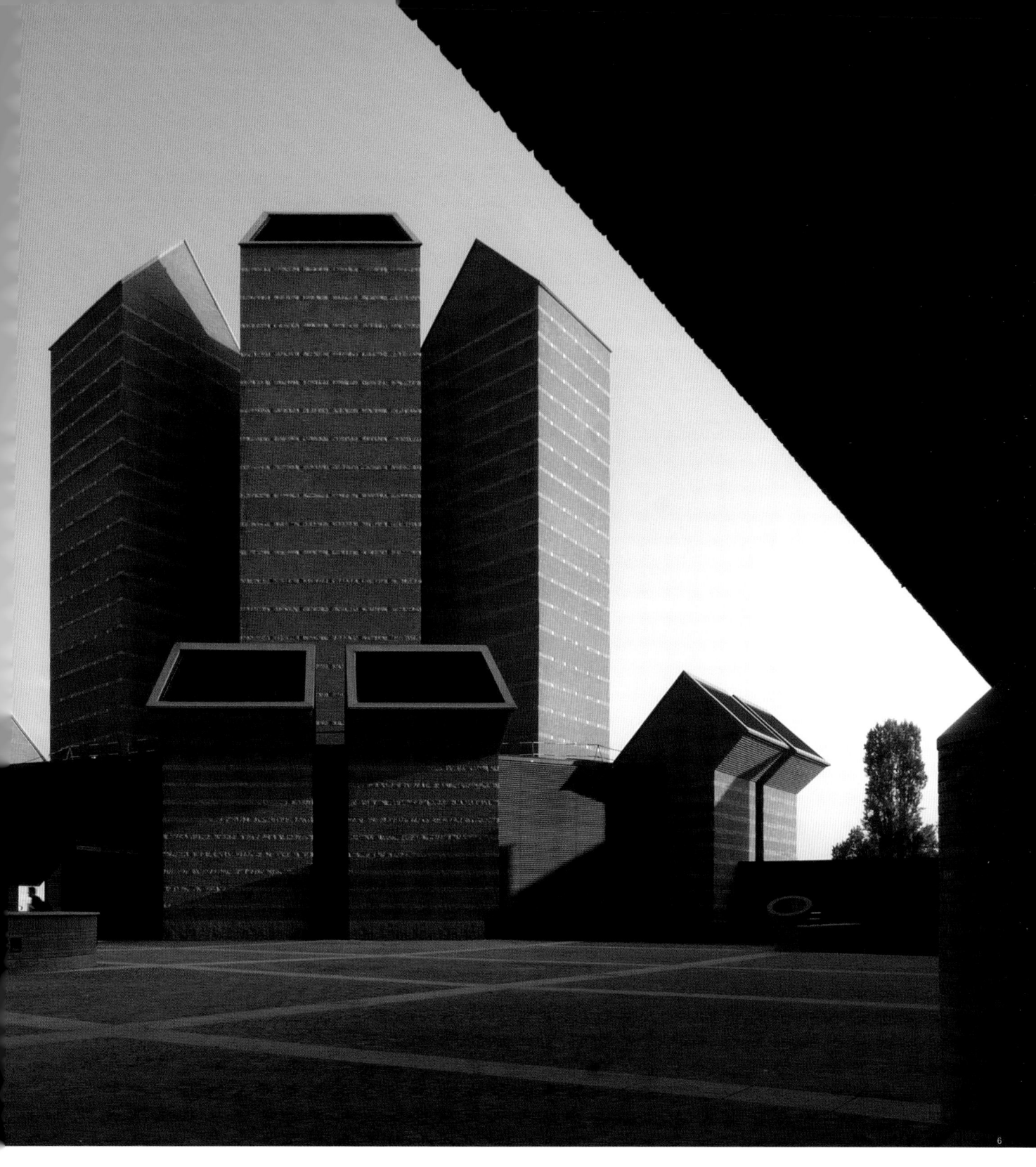

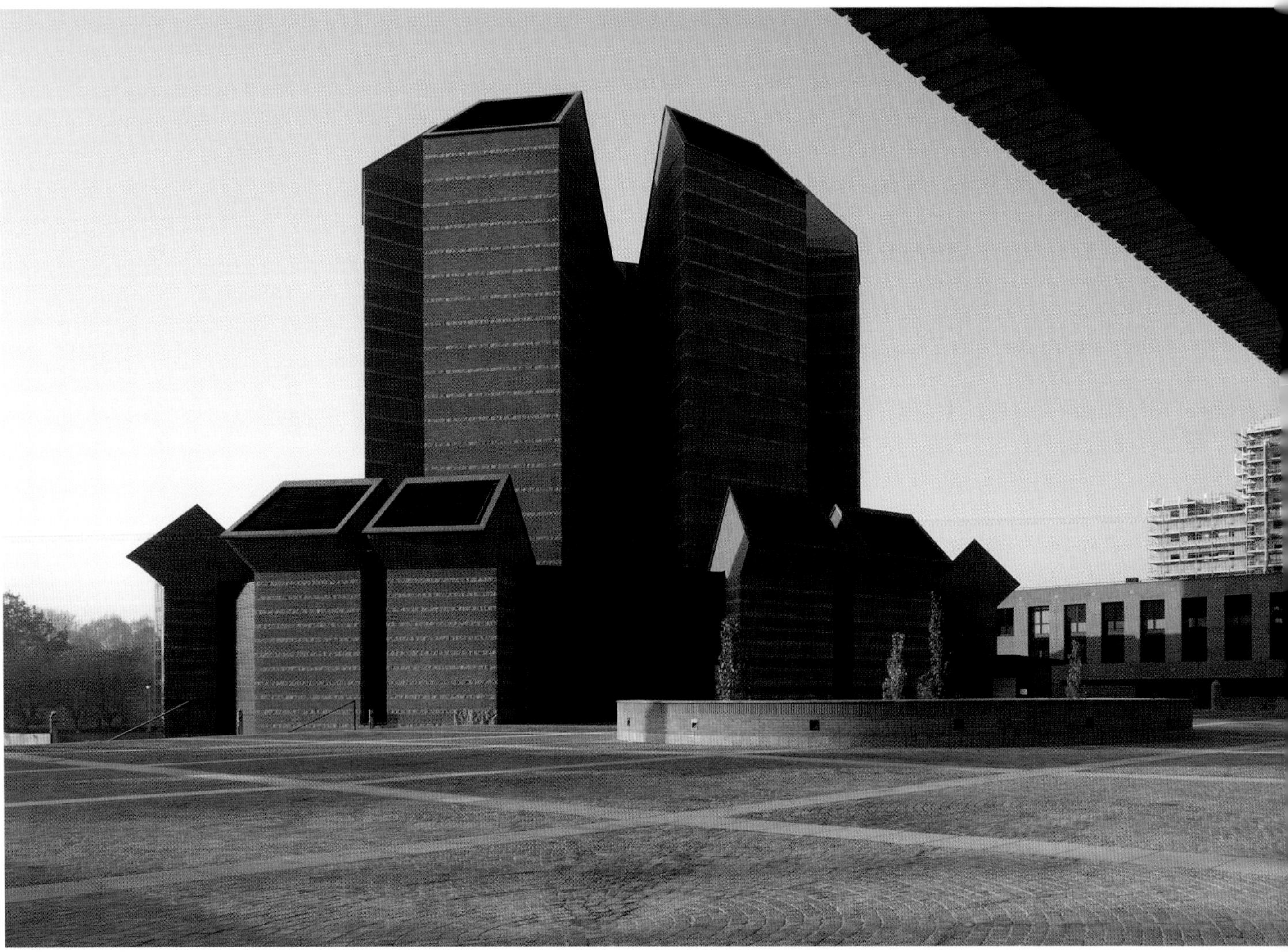

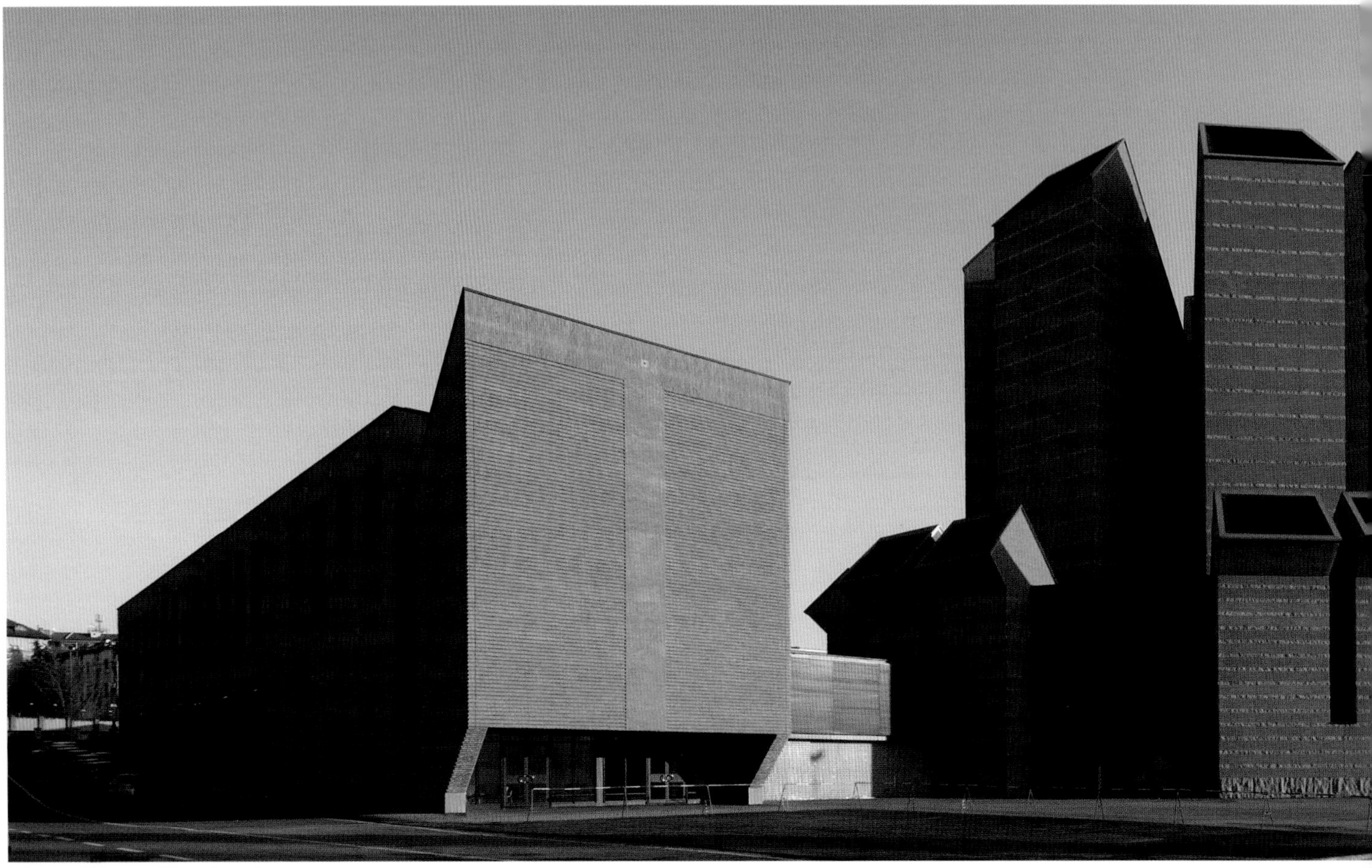

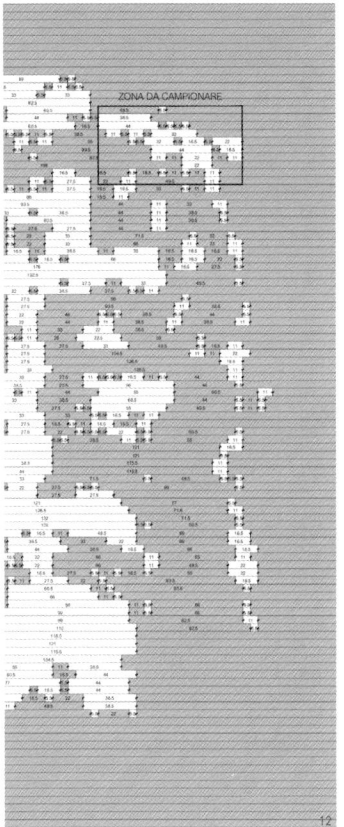

9.10. 室内实景
11. 讲台实景
12~14. 墙体细部

15. 圣坛实景

延伸阅读

- J. Bell, Best church, "Wallpaper", 96, February 2007, pp.086-088.
- N. Delledonne, La forma e il rito La chiesa del Santo Volto a Torino, "Aión", 2007, 16, pp. 70-85.
- E. Leung, Sacred spaces, "Home Journal", 320, June 2007, pp. 80-92.
- K. Long, The Santo Volto Church Mario Botta's industrial homage to the baroque, "Icon", 046, April 2007, pp. 074-081.
- D. Moffitt, The Contemporary Face of Sacred Space Mario Botta's Santo Volto Church, "Faith & Form", 2, June 2007, pp. 6-11.
- M. Pisani, I valori di una cultura/Santo Volto Church, Turin, "L, Arca", 228, September 2007, pp. 60-69.
- L. Servadio, Dove la città ritrova l'anima, "Chiesa Oggi architettura e comunicazione", 78, April 2007, pp. 26-40.
- Church of Santo Volto in Architecture Annual III, "Archiworld", Seoul 2007, pp. 246-253.

- F. D'Amico, Mario Botta e la chiesa del Santo Volto, "OFARCH", 12 March 2008, pp. 2-13.
- C. Eco, La fabbrica della Chiesa, "Design Magazine", September 2008, pp. 160-170.
- R. Gamba, Chiesa del Santo Volto a Torino, "Costruire in Laterizio", 123, May/June 2008, pp. 4-9.
- Chiesa del Santo Volto Torino, Italia, 2004-2006 in "Luoghi di culto Architetture 1997-2007", edited by Andrea Longhi, 24 Ore Motta Cultura Architettura, Milan, 2008, pp. 102-111.
- Santo Volto Church in "Faith Spiritual Architecture", Loft Publications, Barcelona 2009, pp. 120-129.
- Church Santo Volto, "Global Style Interiors & Colors", Dopress Books Ltd., Shenyang, China 2010, pp. 118-121.

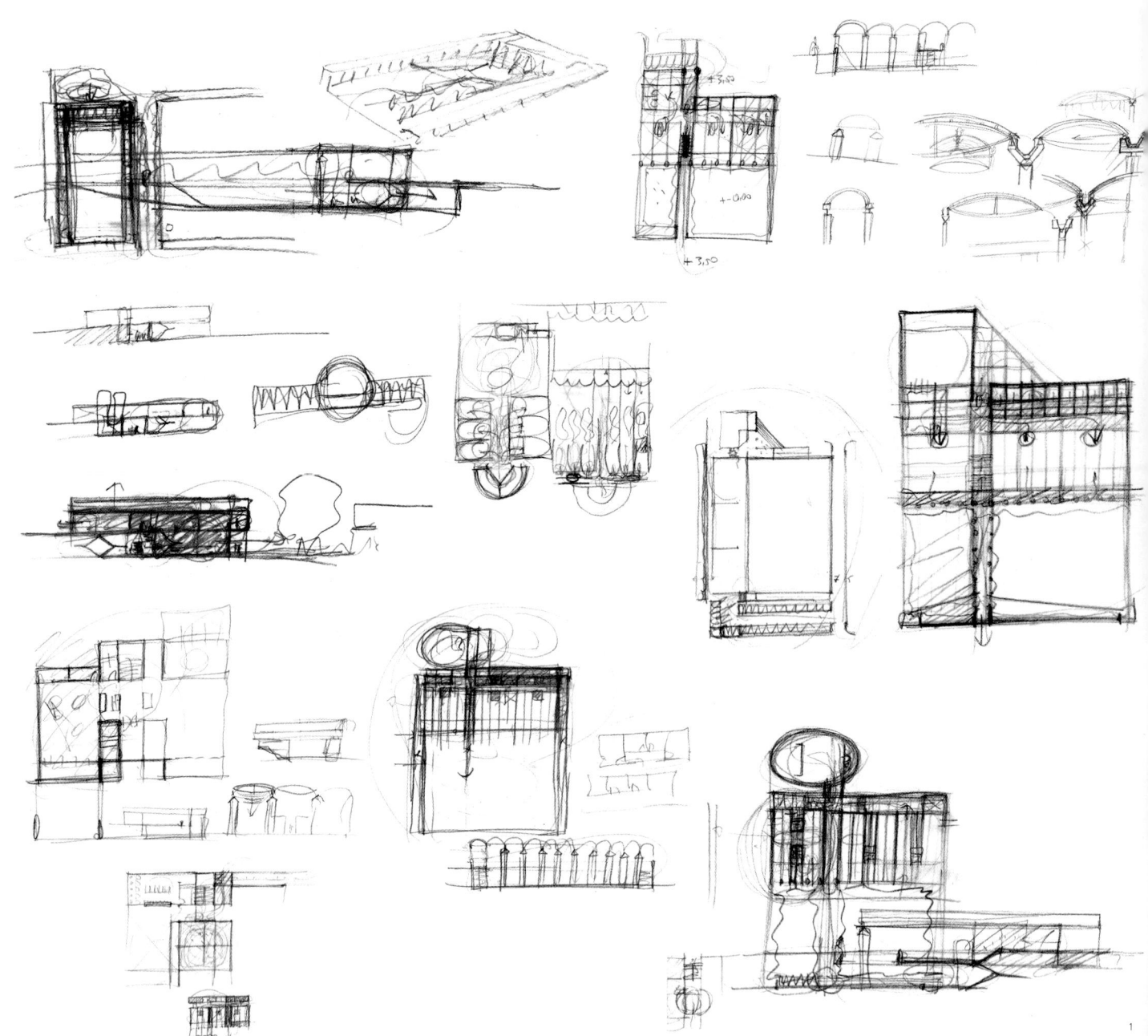

1. 手绘草图
2. 建筑细部

罗萨托儿所
NURSERY SCHOOL

意大利　罗萨(VI)
Rosà (VI), Italy 2001-2004

　　新幼儿园的基地位于罗萨。幼儿园的建筑群是由3个2层建筑组成，提供必要的服务空间，如教室、厨房、储藏室、食堂和一个多功能厅。建筑内部可以用大型滑动隔断划分成最合理的空间布局。人们可以通过一层的大门廊或外部抬高的步道进入室内。室外则布置有绿化和游戏体育活动设施。

项目概况

设计时间：2001
建造时间：2002—2004
业主：罗萨市政当局
基地面积：8 212m²
建筑体积：16 350m³

Project: 2001
Construction: 2002-2004
Client: Municipality of Rosà
Site area: 8,212m²
Volume: 16,350m³

3. 剖面图
4. 首层平面图
5. 建筑与场地关系
6. 建筑实景
7. 室内实景

3

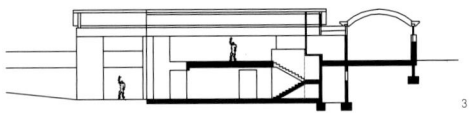

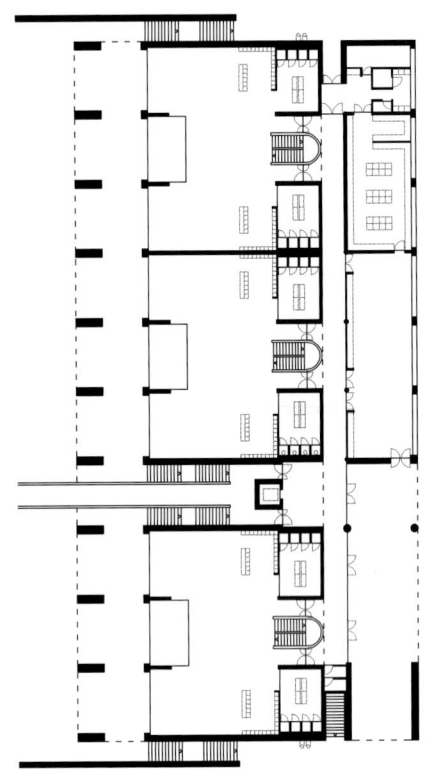

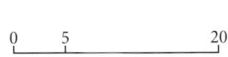

4

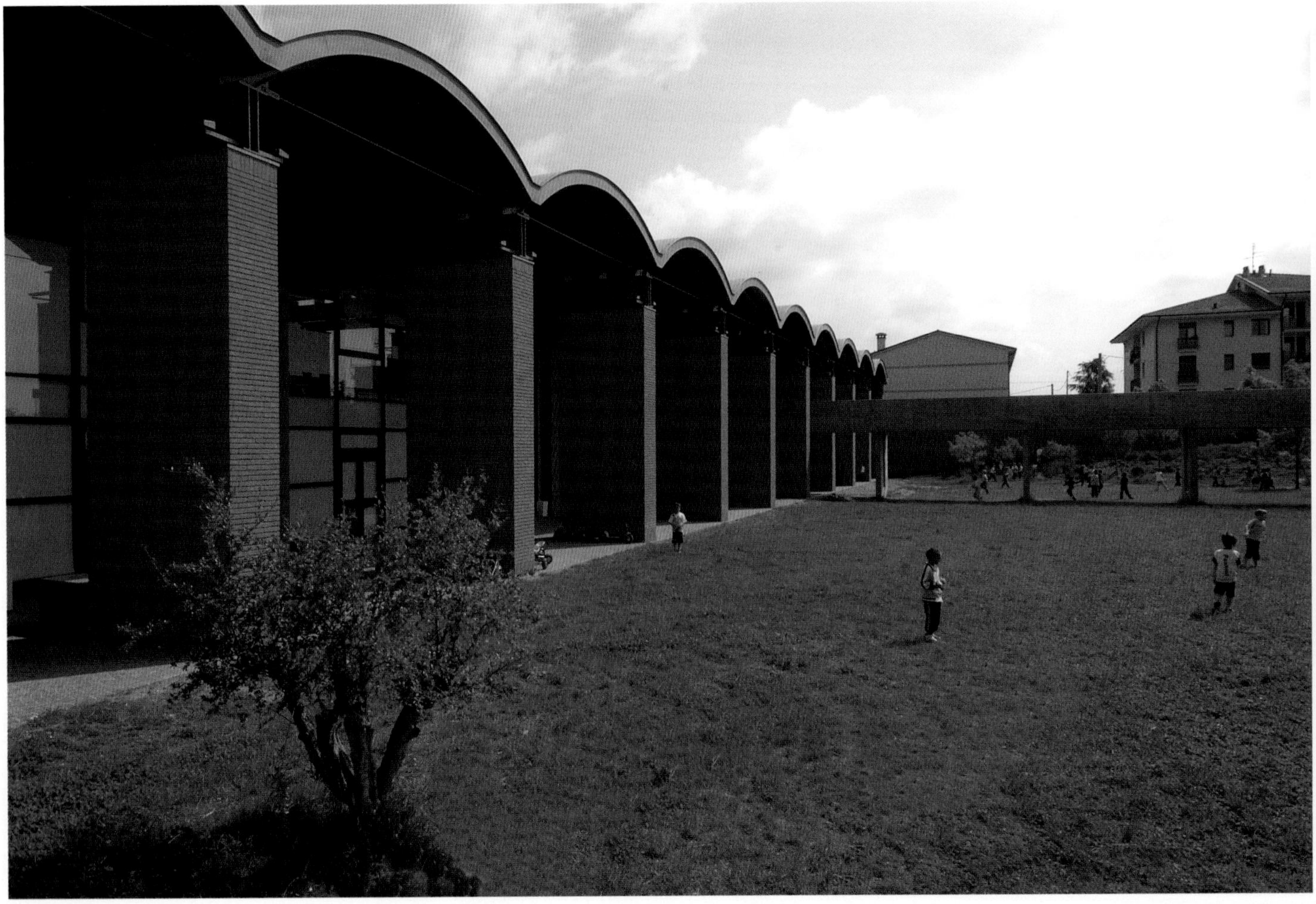

6

7

1

1. 手绘草图
2. 建筑细部

阿扎诺丧葬礼拜堂
AZZANO FUNERARY CHAPEL

意大利 塞拉韦 阿扎诺
Azzano di Seravezza, Italy 1999-2001

　　这所丧葬礼拜堂坐落在托斯卡纳的韦西利亚历史城区中塞拉韦阿扎诺圣马丁小礼堂的一片小小的墓地上。它位于阿尔蒂西莫山脚下，那里开采的大理石闻名于世，甚至得到过米开朗基罗的赞赏。葬礼圣堂与20世纪初扩建的墓地的入口齐平，背面是山脚下的挡土墙。圣坛突出于庄严礼拜堂的底座前部。礼拜堂的三面围墙赫然从地面升起，并微向山边倾斜，仿佛顺应了山势。屋面是一个轻质的凸镜状的金属结构，伸向山谷并覆盖圣坛。屋顶与承重墙之间留有缝隙，当人们走近时可以瞥见外边的天空。钢筋混凝土结构外挂本地生产的抛光大理石，色调是柔和的灰色。圣坛同样是使用大理石，而屋面材料则为不锈钢。为了保持当地礼拜场所的传统，与19世纪广泛使用的普通陶土砌砖相比，大理石材料带给墓地一种更高贵的质感。雕塑家朱利亚诺·万吉在覆于后墙的大理石上创作了一个迷人的浅浮雕肖像，描绘的是在沙漠中的圣经人物约伯，光线从侧壁的两个垂直狭缝进入，柔和地洒落在浮雕上。

项目概况
设计时间：1999
建造时间：2000—2001
业主：密特·加纳提·丹吉罗基金会
雕刻家：朱利亚诺·万吉
结构：马可和乌戈·达维尼
结构和材料：钢筋混凝土承重结构
　　　　　　外挂当地大理石；金属屋面板
建筑体积：约170m³

Project: 1999
Construction: 2000-2001
Client: Fondazione Mite Gianetti D'Angiolo o.n.l.u.s.
Sculptor: Giuliano Vangi
Structures: Marco and Ugo Davini
Structure and materials: reinforced concrete bearing structure
　　　　clad in local Bardiglio Cappella marble; metal roofing.
Volume: approx..170m³

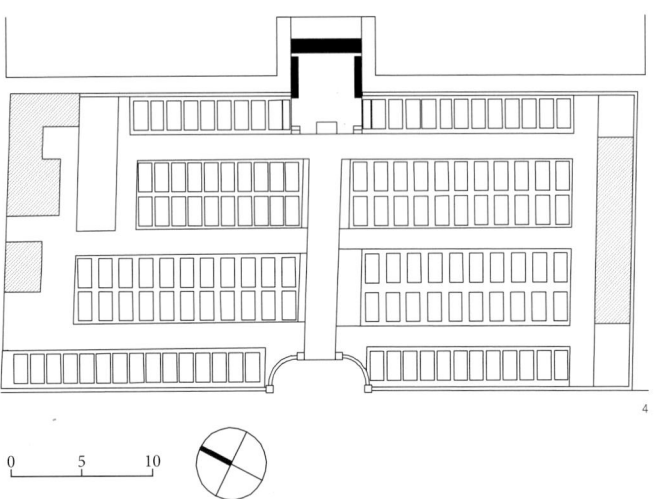

3. 建筑全景
4. 平面图
5. 建筑模型
6. 建筑实景

7.8. 建筑实景

延伸阅读

- O. Lenzi, La cappella della Fondazione Mite Giannetti D'Angiolo, "Il rintocco del campano",September/December 2002, pp. 21-26.
- Cappella D' Angiolo nel cimitero di San Martino in "L'architettura in Toscana dal 1945 a oggi", Alinea Editrice s.r.l., Florence, 2011, pp. 140-141.

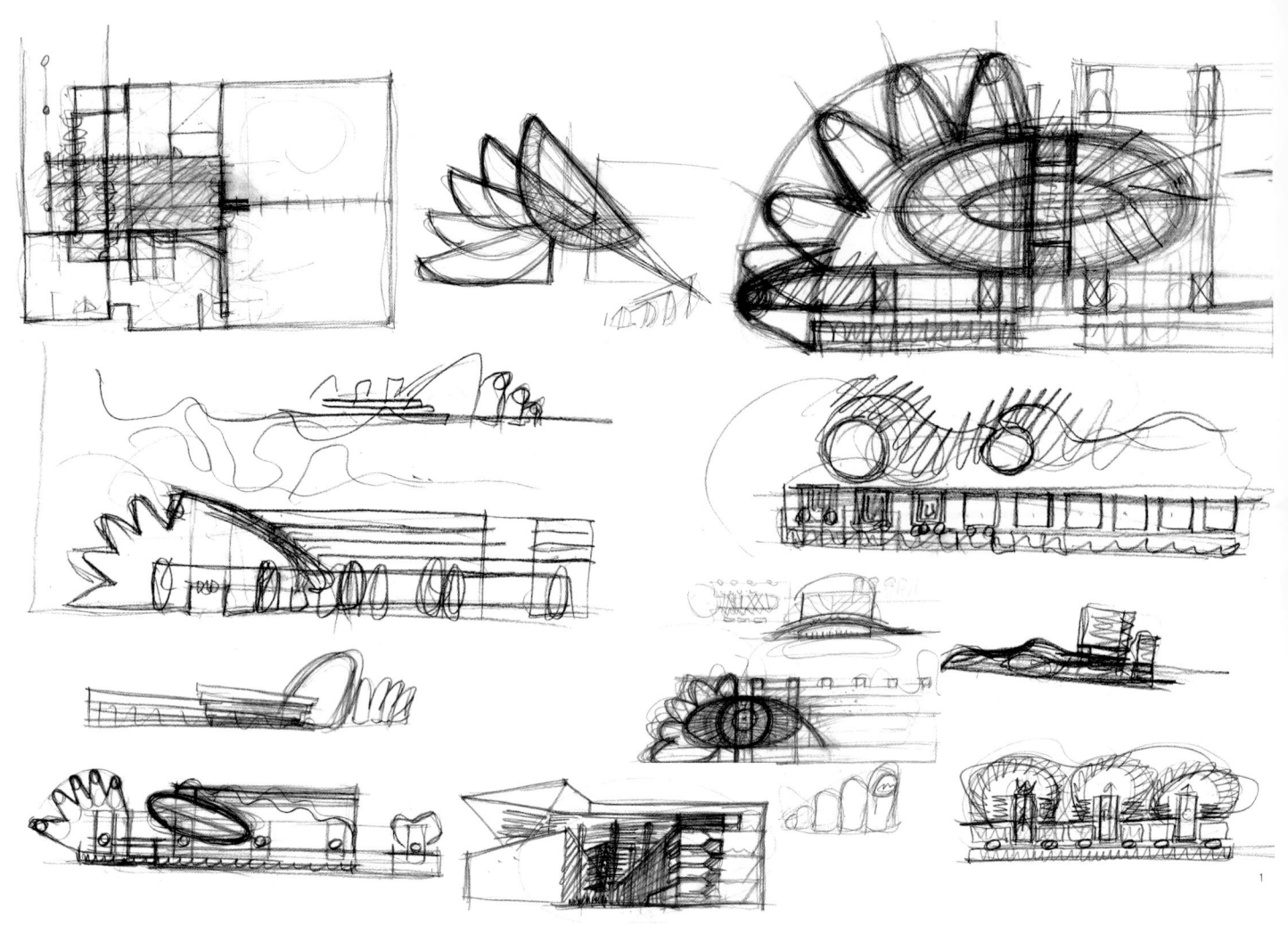

1.2. 手绘草图
3. 建筑透视图

BEIC图书馆
BEIC LIBRARY

意大利 米兰
| Milan, Italy 2001

　　这座平行六面体形状的新图书馆位于奥提加拉山路和翁布里亚大道交界处。地上有4层，底层是图书馆的配套设施，上面3层均为阅览室。

　　3组天窗构成一片连续屋顶，使建筑具有整体性，并且为朝向内部绿地的空间提供遮蔽。

　　这种布局形式为图书馆入口广场的设置提供了可能。大广场被设计成一个开放式的空间，并且分为不同的主题路径，每一个主题路径都有特定的植被类型，例如 "水-山"、"朴树道"和"绿色空间"。

　　"水-山"以规则的黄杨树阵呈现出一道绿树屏障。在图书馆的方向，山体作了一道开口，设置水墙，作为隔绝噪音的屏障。

　　"朴树道" 是一条植有很多美丽朴树的路径。在翁布里亚大道，它变成一个长长的楼梯，直达"水-山"上的观景楼，并通过一个天桥，到达马林纳德广场。

　　"绿色空间"包括四个绿化节点，它们都有大丛的角树、成行排列的桦树（白色树干与周围的绿色形成美妙的对比）、与场地以线性形式相联系水道，以及最后为其增添一把亮丽色彩的立方体造型长椅。

项目概况
竞赛时间：2001
项目地点：意大利，米兰
建筑面积：87 000m²（地下37 000m²）

Competition project: 2001
Client: City of Milan
Useful surface: 87,000m² (of which 37,000m² underground)

2

3

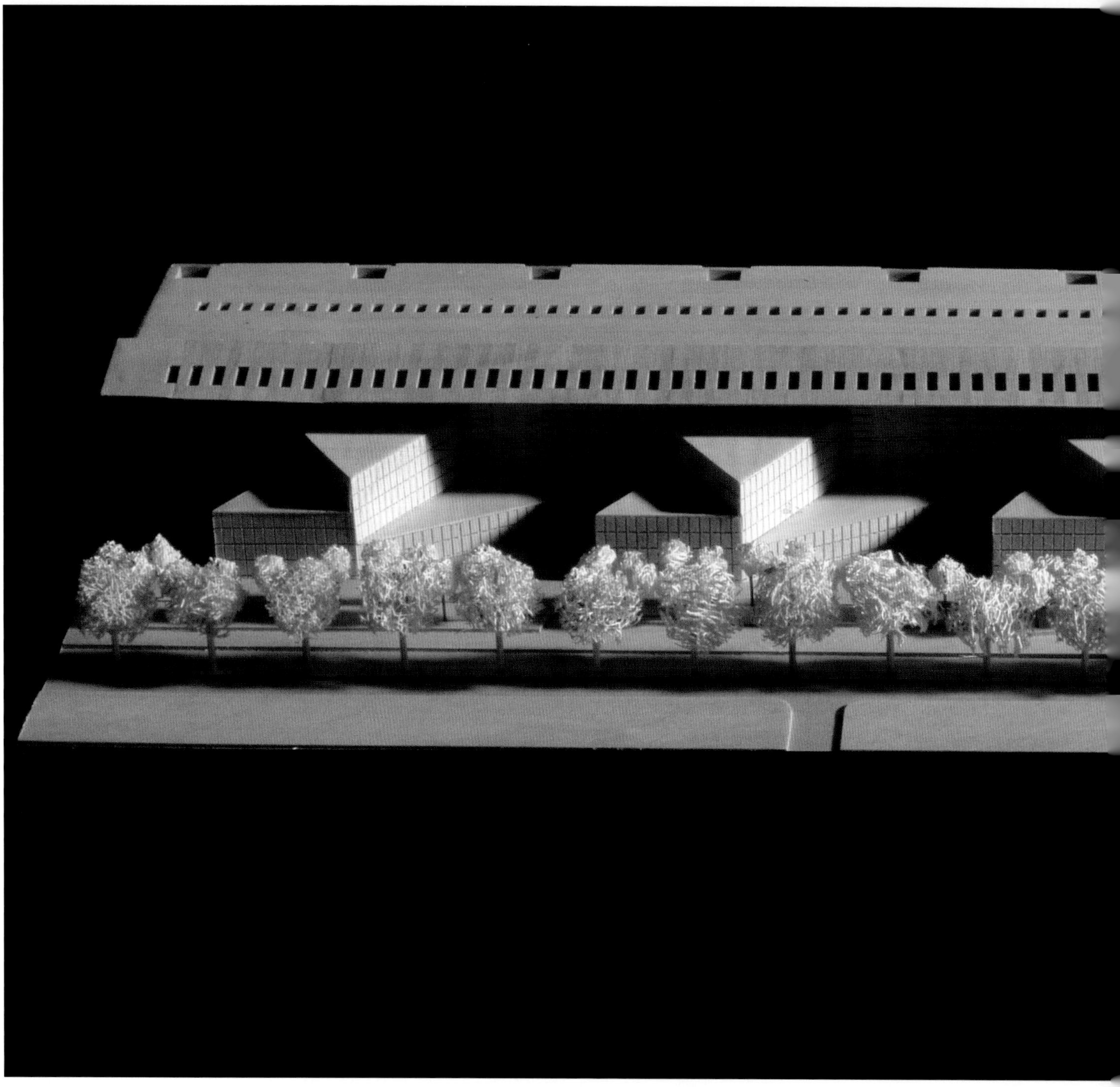

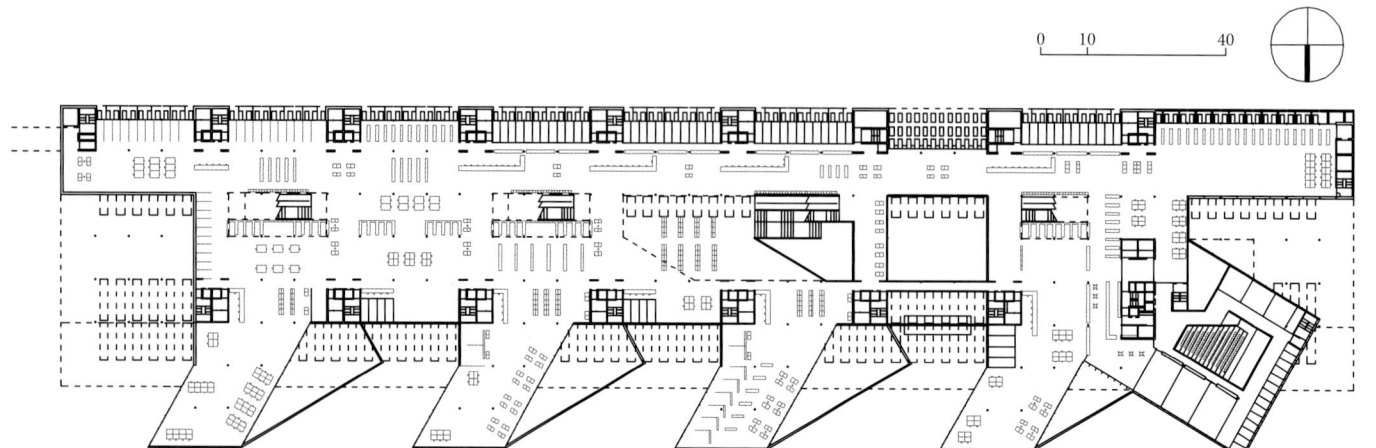

4. 建筑模型
5. 二层平面图
6. 四层平面图

0 10   40

5

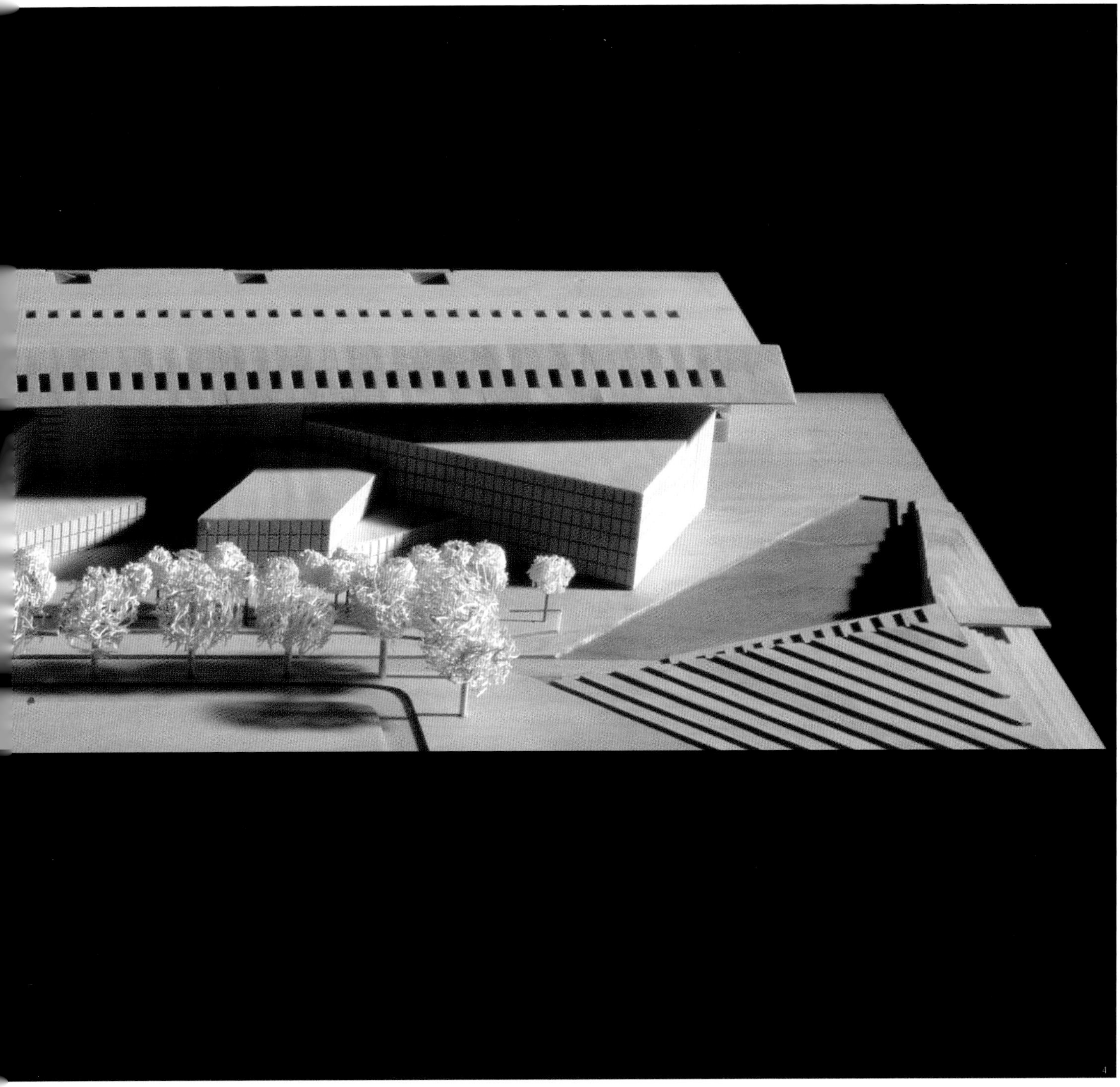

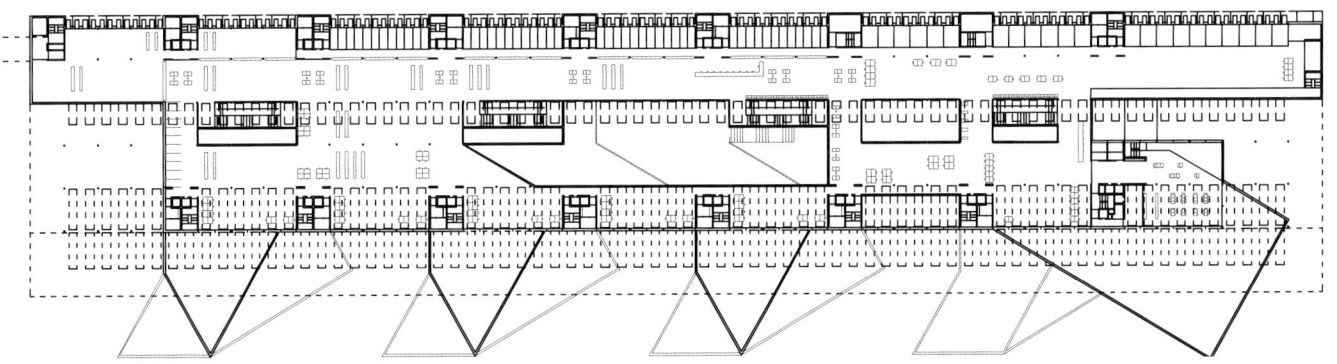

1. 手绘草图
2. 建筑细部

斯卡拉剧院翻新工程
REFURBISHMENT OF THE THEATRE LA SCALA

意大利 米兰
Milan, Italy 2001-2004

斯卡拉剧院的翻新工程对周边的一大片三角区域都产生了广泛的影响。三角区的一边是沿业余戏剧大街到中期银行广场；另一边是从威尔第街到前圣保罗银行，而三角区域的顶尖则是斯卡拉广场。翻新工程包含四个内容：保护性修复、舞台塔的建造、沿业余戏剧大街屋顶部分设备的安装，以及后期威尔第街圣保罗银行大楼的重建。保护性修复工程包括皮耶尔马里尼礼堂及19世纪的里科尔迪娱乐场，目的是拆除历年的增建部分，恢复建筑的原始结构，并完成最终的调整。过去唯一有意义的改建是抬高正厅的地面以取得更好的舞台视野。舞台塔体量的增加是最主要的内容：把屋顶抬高出街面水平标高37.8m，同时增加乐池深度到低于街面水平16m。与舞台塔屋顶等高的6间排练室布置在塔后方的空间里。舞台塔和后台空间的垂直扩展体现在威尔第街外墙后面2.5m深的平行六面体内。业余戏剧大街新安装的服务设施取代了新近屋面的增建部分，恢复了原有的外立面。在曾经是"小斯卡拉剧院"舞台的右侧建造了新的空间，以此重组临街立面后的地面空间。19世纪的里科尔迪娱乐场后边的中庭内被清空，在屋顶加建的杂乱建筑也被清除干净，并在其中设置了一个提供各种服务的椭圆形体量。

项目概况

设计时间: 2001	Project: 2001
建造时间: 2002—2004	Construction: 2002-2004
业主: 意大利, 米兰市政府	Client: City of Milano
新建体积: 130 000m³	Volume new part: 130,000m³
（地上: 95 000m³, 地下: 35 000m³）	(above ground: 95,000 m³, underground: 35,000m³)

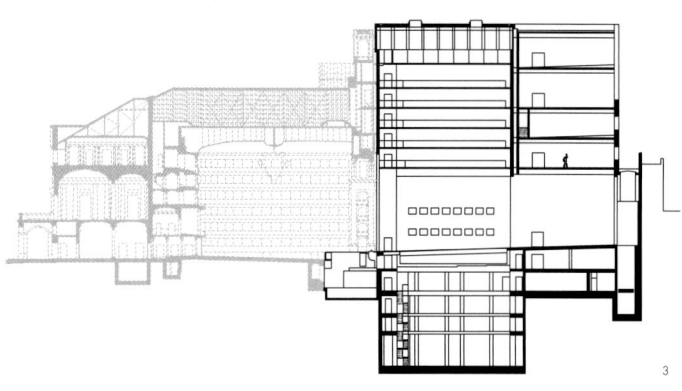

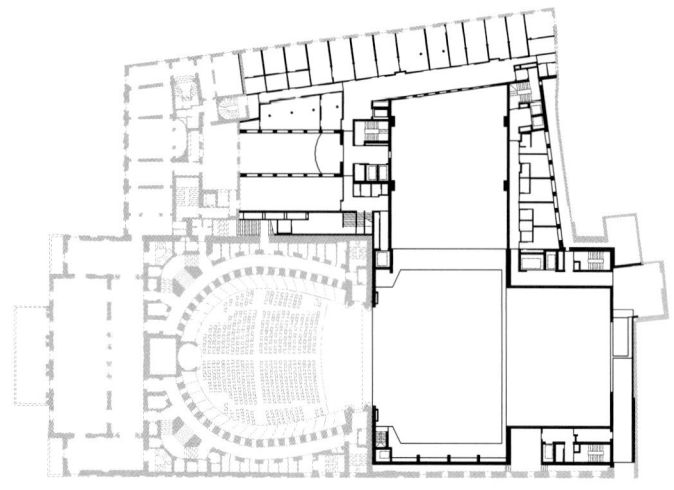

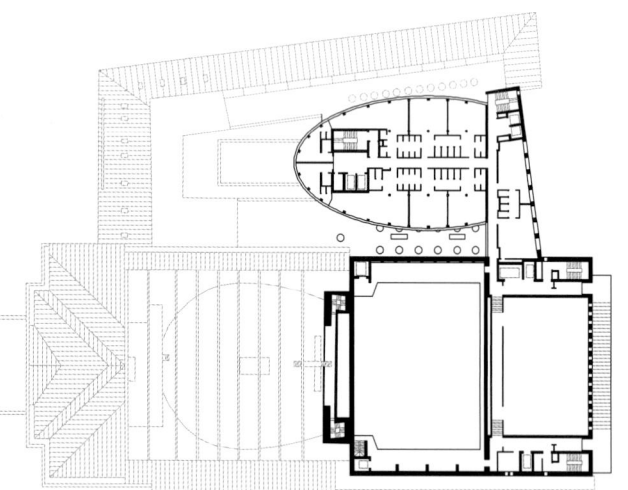

0   5   20

Ristrutturazione del Teatro alla Scala – Milano
Arch. Mario Botta – Lugano – modello di Ivan Kunz

3. 剖面图
4. 二层平面图
5. 六层平面图
6. 剖切模型

7. 建筑全景
8. 建筑细部
9. 纵向剖面图
10.11. 建筑外景

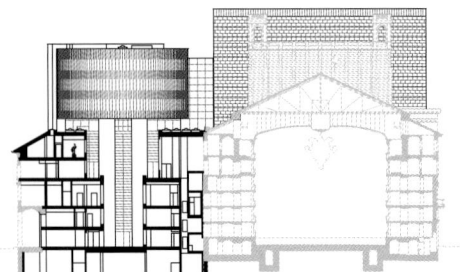

9   0 5   20
     1

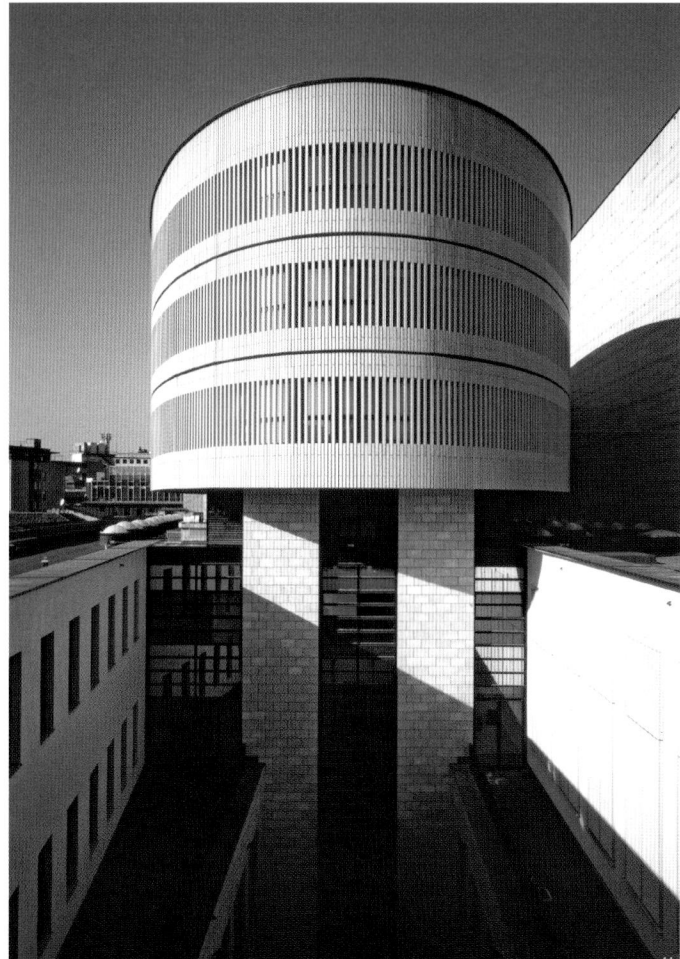

延伸阅读

- E. Pizzi, Teatro alla Scala di Milano, "Rivista Tecnica", 2002, 14, pp. 56-65.
- Mario Botta Ristrutturazione de "La Scala" di Milano/Restructuring of "La Scala" in Milan, "D'Architettura", 2003, 21, pp. 100-105.
- J. Foot, A. Frucci, Sulla Scala/About the Scala, "Domus", 2004, 876, pp. 48-63.
- S. Khodnev, Scaling la Scala, "Architectural Digest", 2004/2005, 12, pp. 40-44.
- La nuova Scala il cantiere, il restauro e l'architettura, Marsilio Editori, Venice, 2004; [Engl. ed. La Scala, its building site, restoration and architecture, Marsilio Editori, 2008].
- M. Botta, La Scala spiegata da Mario Botta, "Abitare", 446, January 2005, pp. 75-81.
- G. Cappellato, Nuovi volumi per la musica/New volumes for music, "Ottagono", 177, February 2005, pp. 130-135.
- G. Dal Magro, La nuova Scala/The new la Scala, "Capolavori", n.1/2, June 2005, pp. 126-133.
- L. Milone, Il nuovo Teatro alla Scala di Milano/The revamped La Scala in Milan, "Marmo Macchine Classic", 184, August 2005, pp. 182-202.

- Il Teatro alla Scala La Magnifica Fabbrica, edited by C. Di Francesco, Mondadori Electa, Milan 2005.
- Il nuovo Teatro alla Scala – Milano/New "La Scala" Theatre – Milan, Italy, "The Plan", 009, April/May 2005, pp. 105-112.
- Milan The renovation of La Scala by MarioBotta reconciles modernity with conservation, "Architecture Today", 158, May 2005, pp. 10-15.
- Renovation and Restructuring of The Theatre Alla Scala, "C3Korea", 250, June 2005, pp. 130-133.

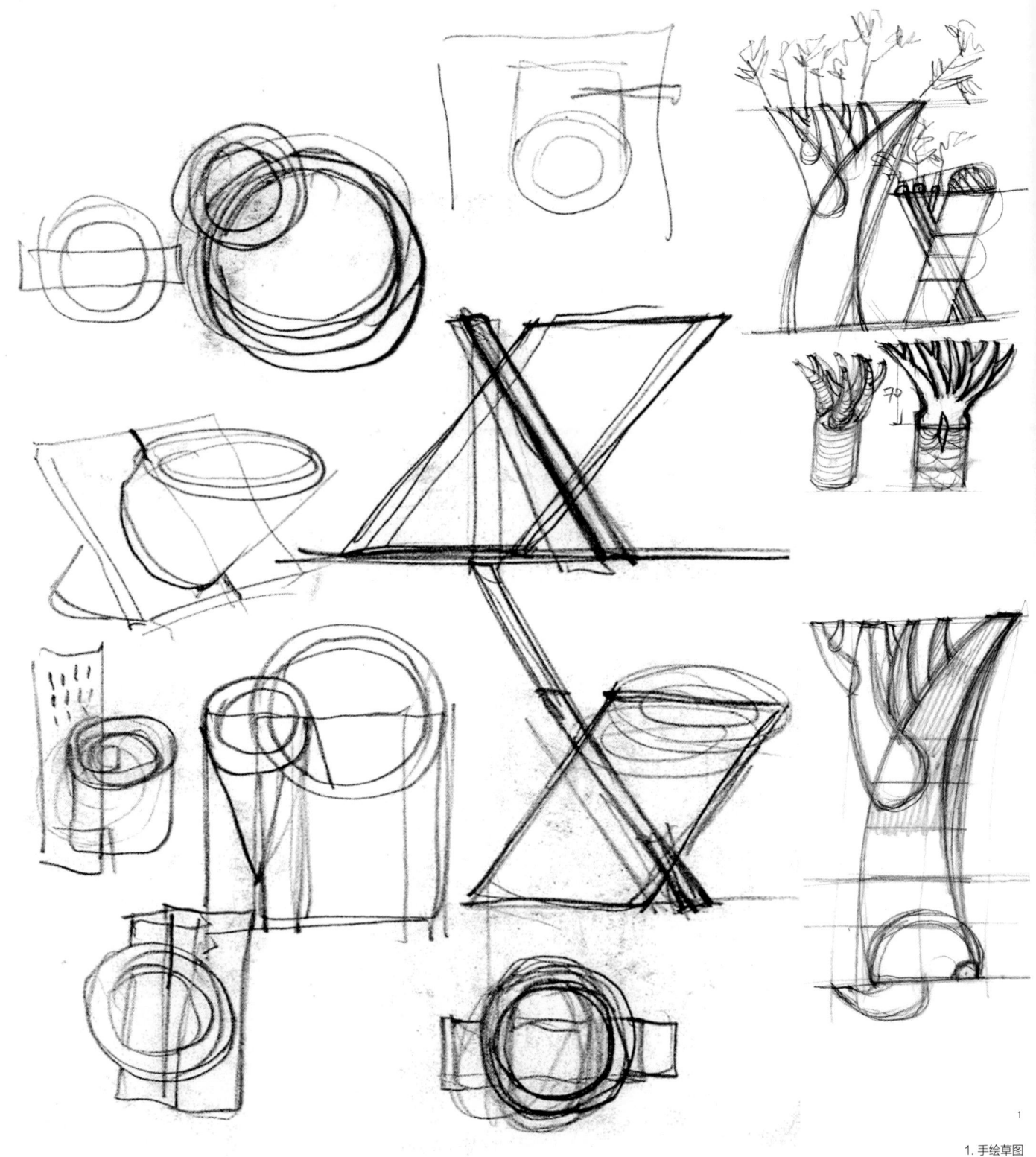

1. 手绘草图
2. 产品照片

"树干"花瓶
VASE 'TRONCO' ('TRUNK')

2001-2002

　　不锈钢花瓶借用了一个由其他设计中衍化出的主题：为表达一截树干的隐喻，设计师产生将两个圆柱体相交结合成一个整体的想法。

项目概况

设计时间：2001	Project: 2001
生产时间：2002	Production: since 2002
制造商：意大利，艾烈希有限责任公司	Manufacturer: Alessi S.p.A. Italy
尺寸：28.8cm（高）×22cm×24cm	Dimensions: H 28.8cm × 22cm × 24cm
材质：不锈钢	Material: stainless steel

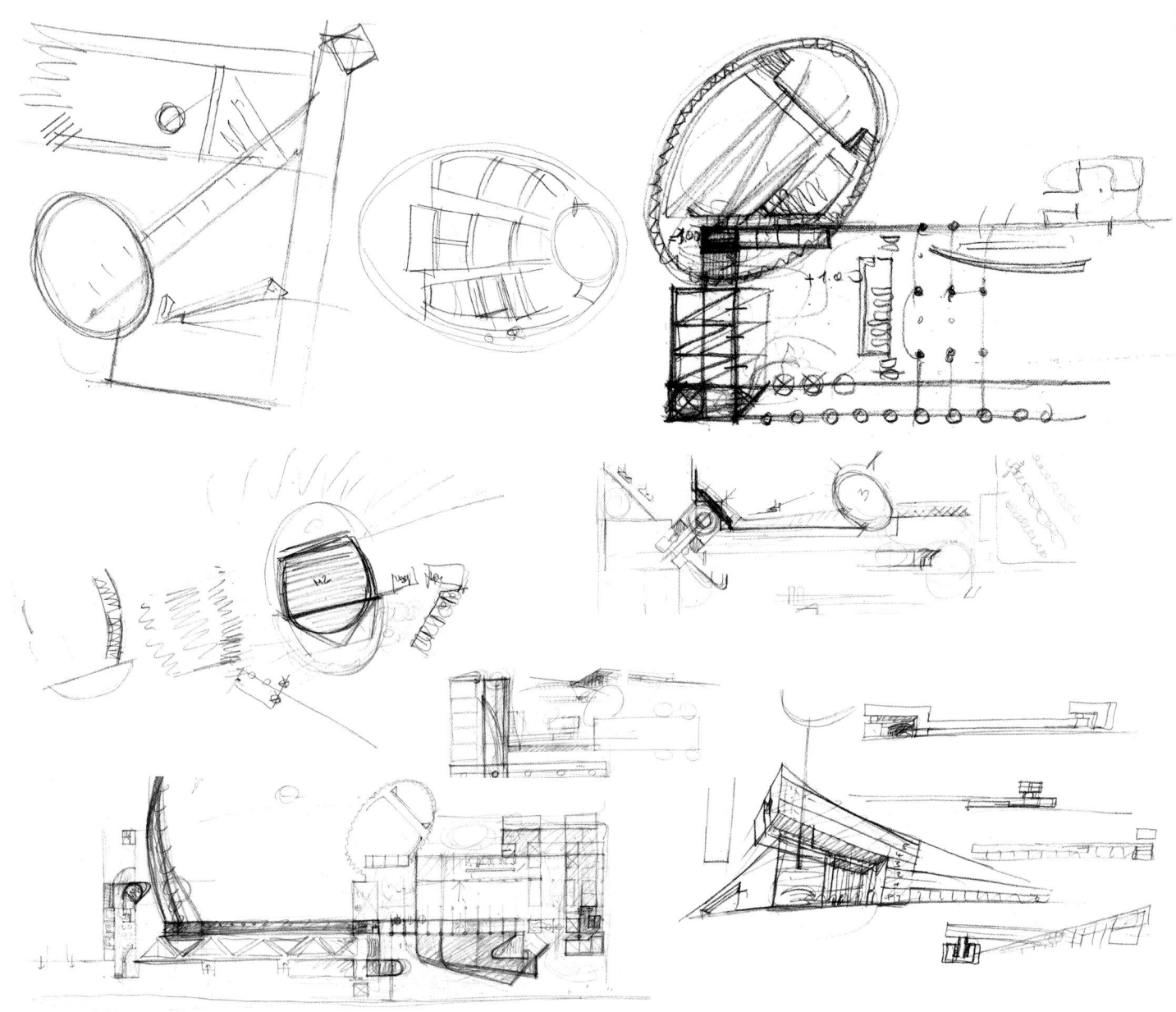

毕奥神父信徒接待中心
RECEPTION FACILITIES FOR THE FAITHFUL
DEVOTED TO PADRE PIO

意大利 皮耶特雷尔奇纳
Pietrelcina, Italy 2002

　　毕奥神父信徒接待中心的基地位于毕奥神父的家乡皮耶特雷尔奇纳北部的海角上。项目建设分为三个阶段。第一阶段要建设位于东侧区域的接待中心，它包括一个大型停车场、广场、接待大厅、介绍毕奥神父生平和作品的多媒体室、专业书店、自助餐厅、设有商店的画廊，以及一家三星级酒店。第二阶段关注基地西侧，将建造一个四星级酒店，配套有停车场、运动场和餐厅。第三阶段建造一座礼堂，完成整个工程。

项目概况
竞赛时间：2002
业主：C.I.T 意大利旅游公司
基地面积：38 400m²（地下5 300m²）

Competition project: 2002
Client: C.I.T. Compagnia Italiana Turismo
Useful area: 38,400m² (of which 5,300m² underground)

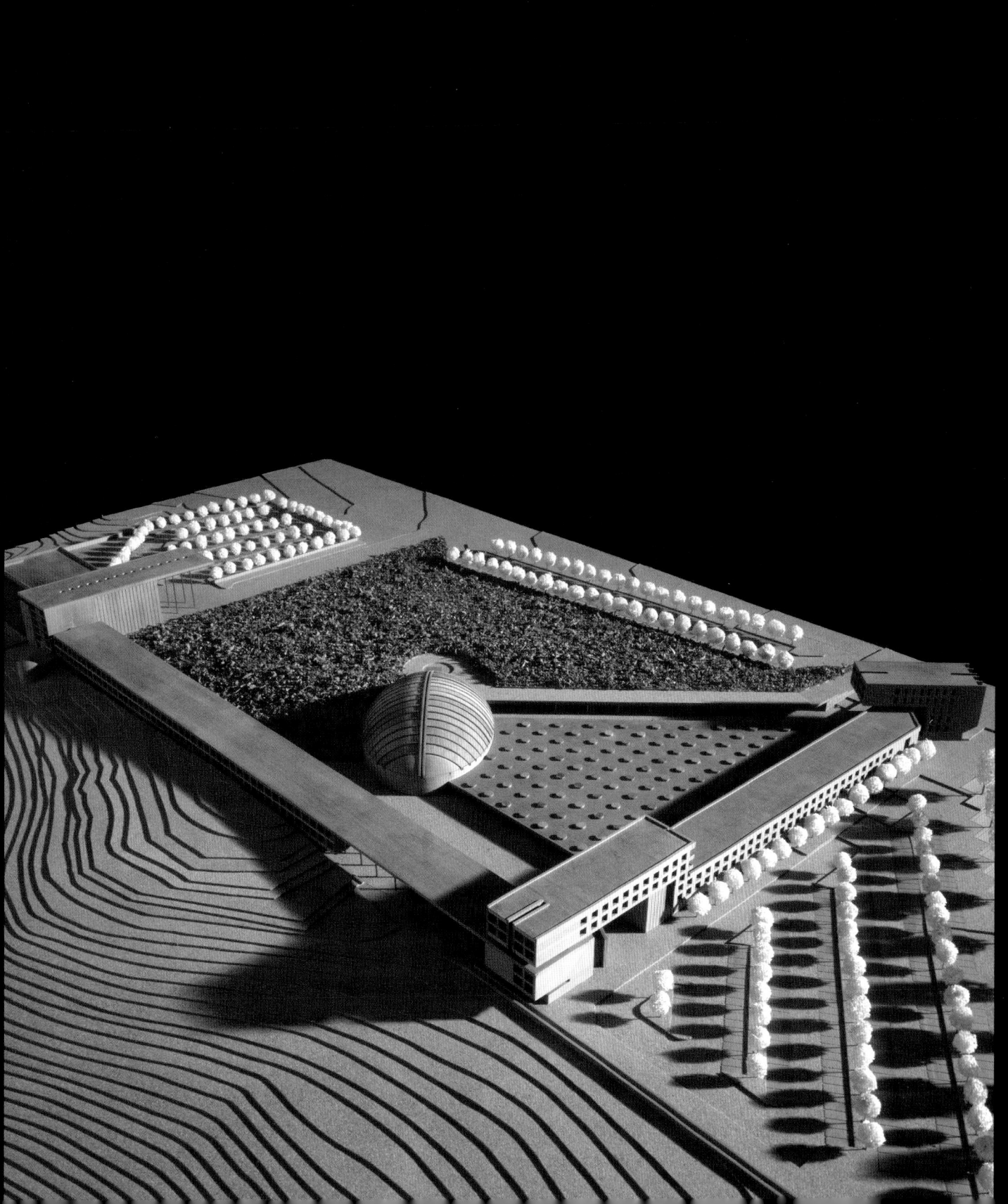

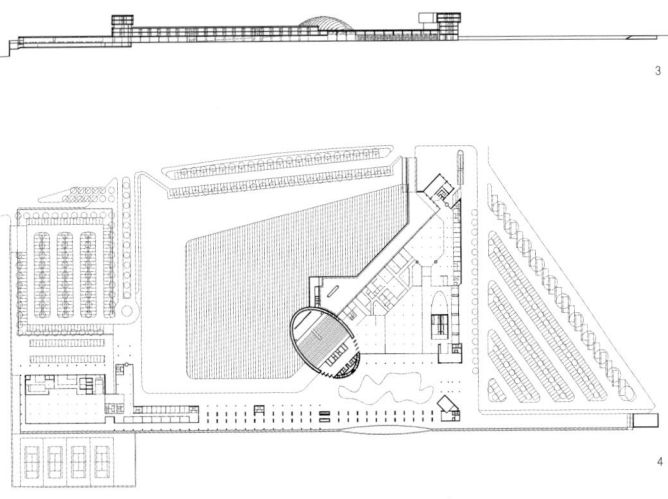

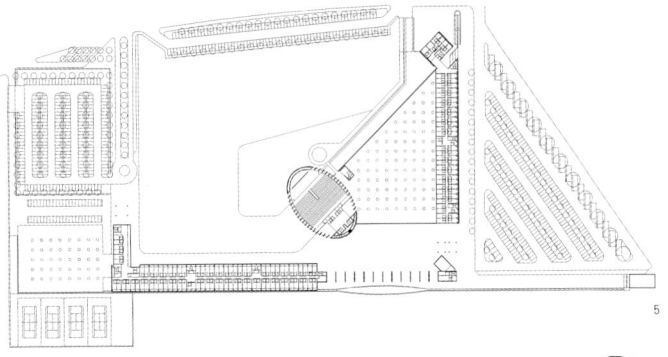

0 20   100

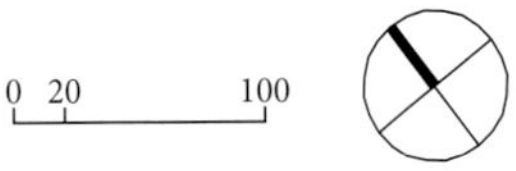

3. 横向剖面图
4. 首层平面图
5. 二层平面图
6. 建筑模型

1. 手绘草图
2. 建筑西南侧效果图

清华大学博物馆和艺术画廊
MUSEUM AND ART GALLERY, TSINGHUA UNIVERSITY

中国 北京
Beijing, China 2002/2008/2012

新大楼被设计成一个大型的游廊。画廊位于最高层,博物馆在底层,办公室、服务用房和所有的配套设施设置在大楼5层的西翼内。展厅的模数化设计带来了使用上的灵活性。屋顶被设计成一个巨大的天光调节器。

巨大的入口门廊也可兼做展览空间,在一层与主门厅相连。门厅可以直接通向博物馆和内部有顶的庭院。

项目概况
竞赛时间:2002
后续项目阶段:2008—2012
建造时间:2012
业主:北京,清华大学
建筑师:马里奥·博塔建筑师和 Ass. LLC
工程与记录:中国建筑科学研究院
基地面积:16 000m²
建筑面积:30 000m²
建筑体积:156 000m³

Competition project: 2002
Later project phases: 2008-2012
Construction: 2012-in progress
Client: Tsinghua University, Beijing
Architect: Mario Botta Architect and Ass. LLC
Architect of record and engineers: CABR Building Design Institute, Beijing
Site area: 16,000m²
Useful surface: 30,000m²
Volume: 156,000m³

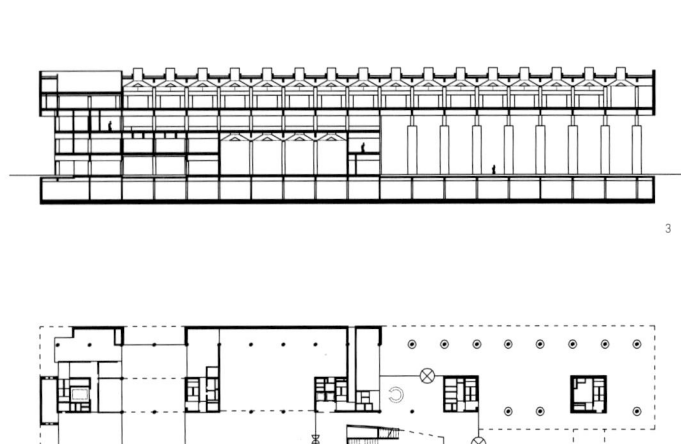

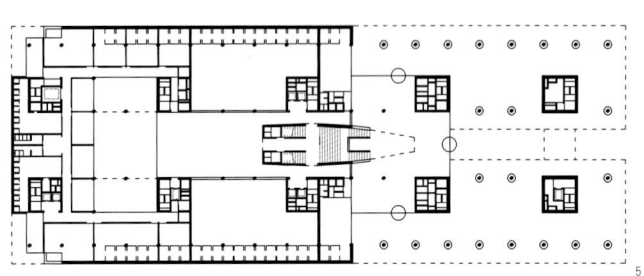

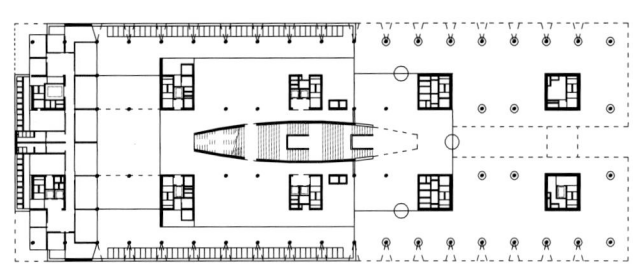

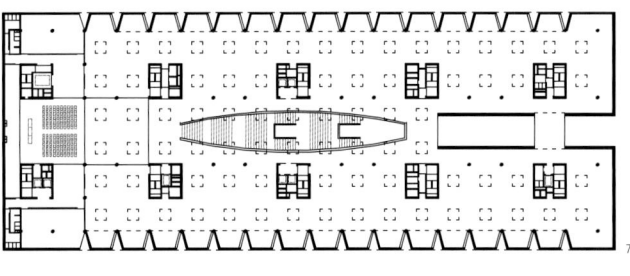

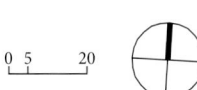

3. 剖面图
4. 一层平面图
5. 二层平面图
6. 三层平面图
7. 四层平面图
8. 建筑东南侧效果图

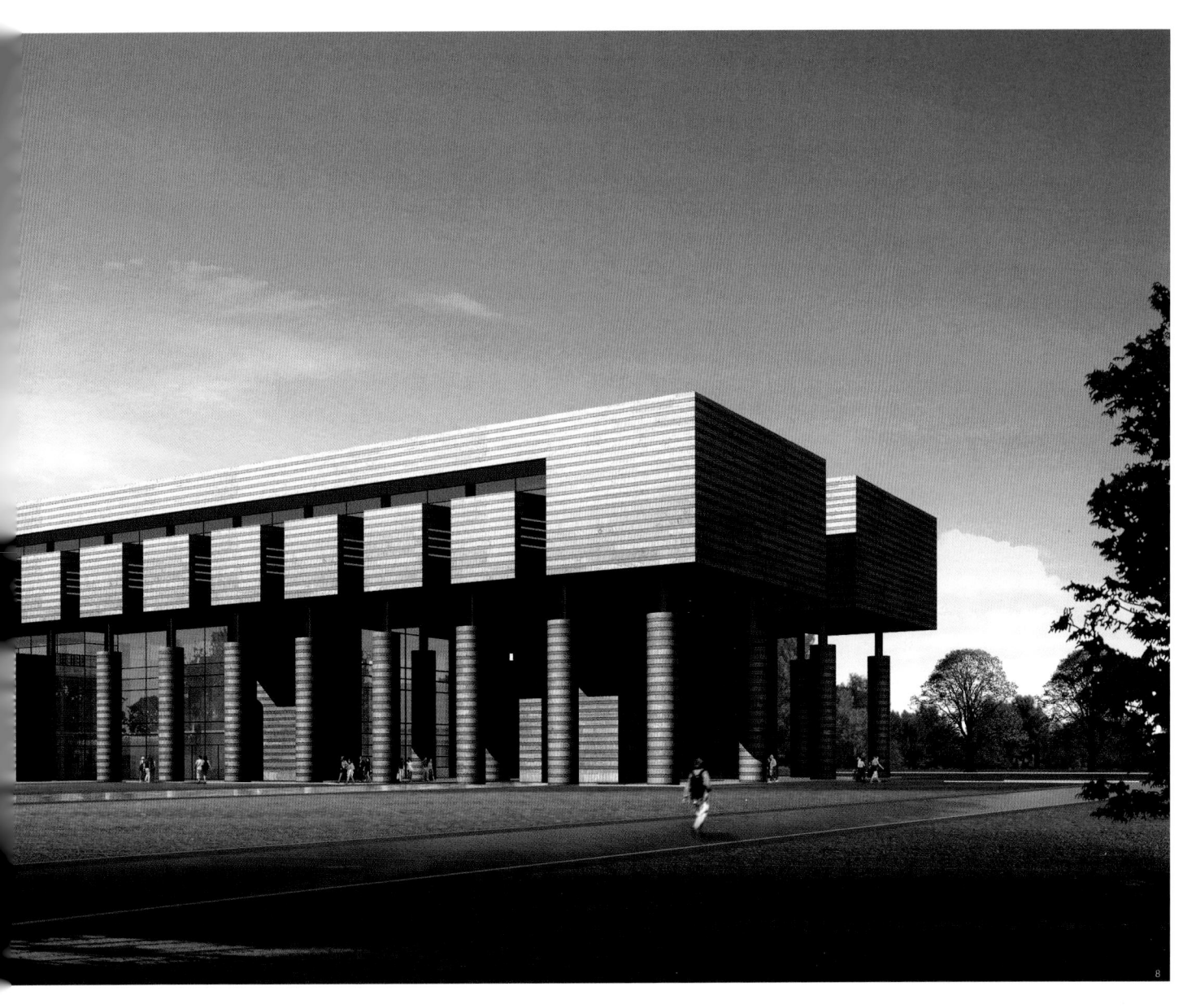

延伸阅读

- O. Sand, Mario Botta, A New Contemporary Art Museum for Beijing, "Asian Art", April 2003, pp. 2-3.
- Studio Arch. Mario Botta in "Inheritance and Exceeding" [Proposals Collection of the Planning & Design of the New Campus of the Academy of Arts & Design, Tsinghua University], Beijing 2003, pp. 40-61.
- Mario Botta Museum and Art Gallery, Tsinghua University, Beijing in "China's New Dawn", edited by Layla Dawson, Prestel Verlag, Munich 2005, pp. 142-143.

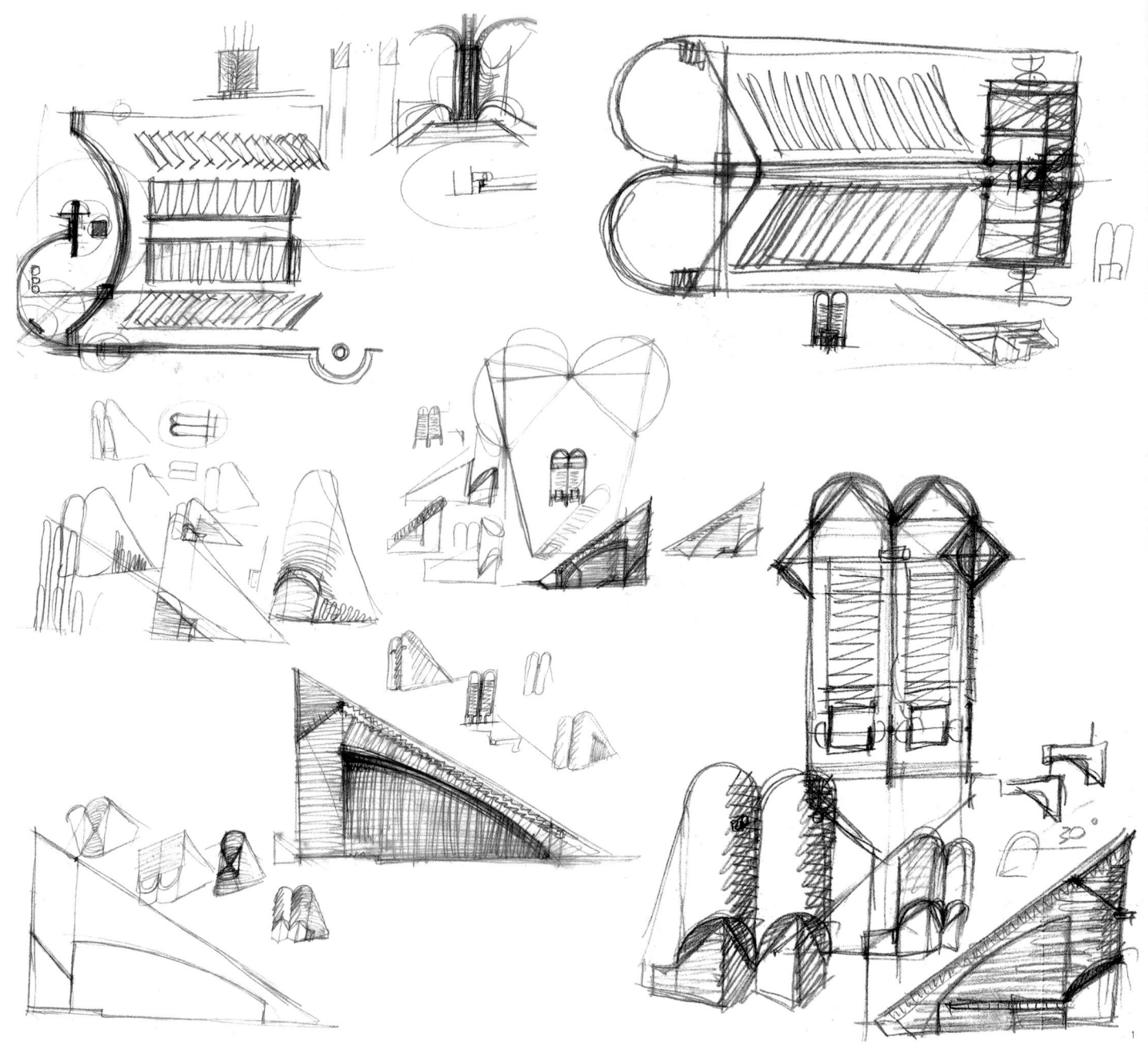

1. 手绘草图
2. 建筑全景鸟瞰

新圣母玛丽亚教堂
CHURCH SANTA MARIA NUOVA

意大利 泰拉诺瓦 布拉乔利尼
Terranuova Bracciolini, Italy 2005-2010

从历史中心街区旁的城市广场人们便可以看到这座新建筑。它简单的北向双拱线形结构形成一个单一的内部空间，纵向天窗把空间分成两个中殿。该项目旨在突出拱形体量，同时弱化中殿空间。外墙覆以陶土砖，室内为白色抹灰。版画艺术家桑德罗·凯亚创作的一系列作品沿纵向天窗展开，又勾勒出一个新的中殿。

项目概况

设计时间：2005—2007
建造时间：2007—2010
合作建筑师：马里奥·马斯基
业主：圣玛利亚圣婴，教区大主教
艺术家：桑德罗·凯亚
基地面积：2 459m²
建筑面积：595m²
建筑体积：4 700m³

Project: 2005-2007
Construction: 2007-2010
Partner architect: Mario Maschi
Client: Parish archbishopric S. Maria Bambina
Artist: Sandro Chia
Site area: 2,459m²
Useful surface: 595m²
Volume: 4,700m³

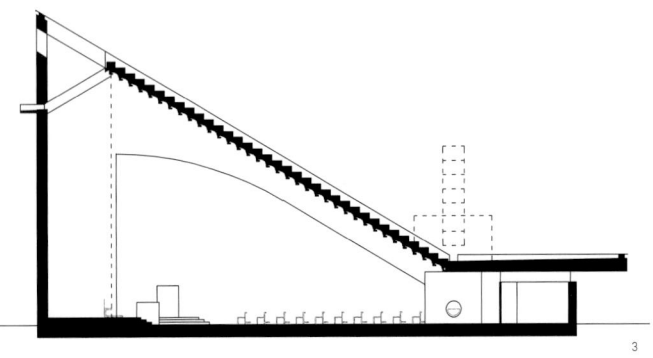

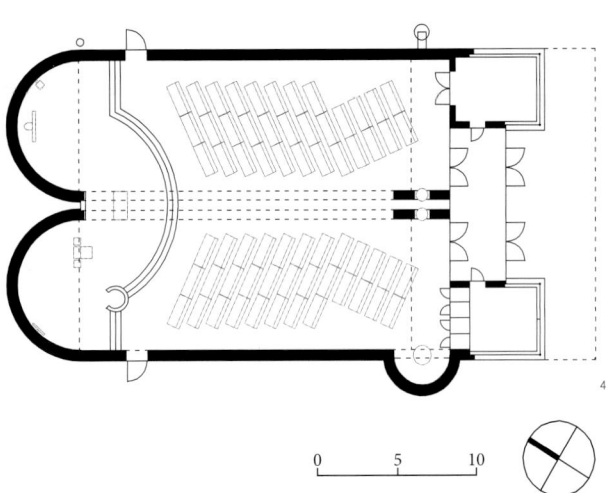

0   5   10

3. 横向剖面图
4. 首层平面图
5. 建筑入口

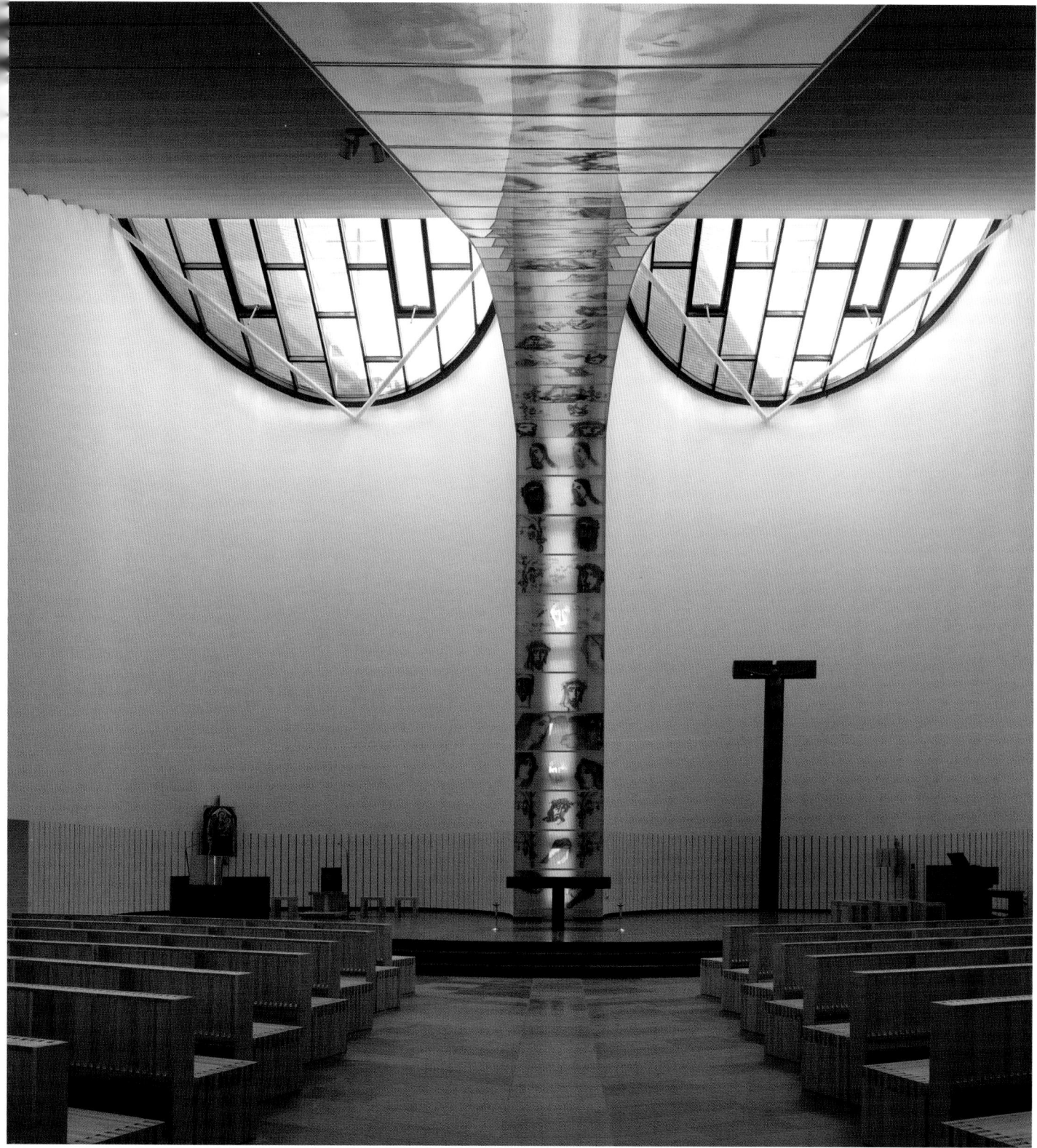

6. 北立面建筑实景
7. 室内实景

延伸阅读

- G. Ravasi, Apriamo le porte all'arte, "Luoghi dell,Infinito", 145, November 2010, pp. 8-17.
- L. Servadio, Due absidi elevate nello slancio, "Chiesa Oggi", 2011, 93, pp. 20-28.

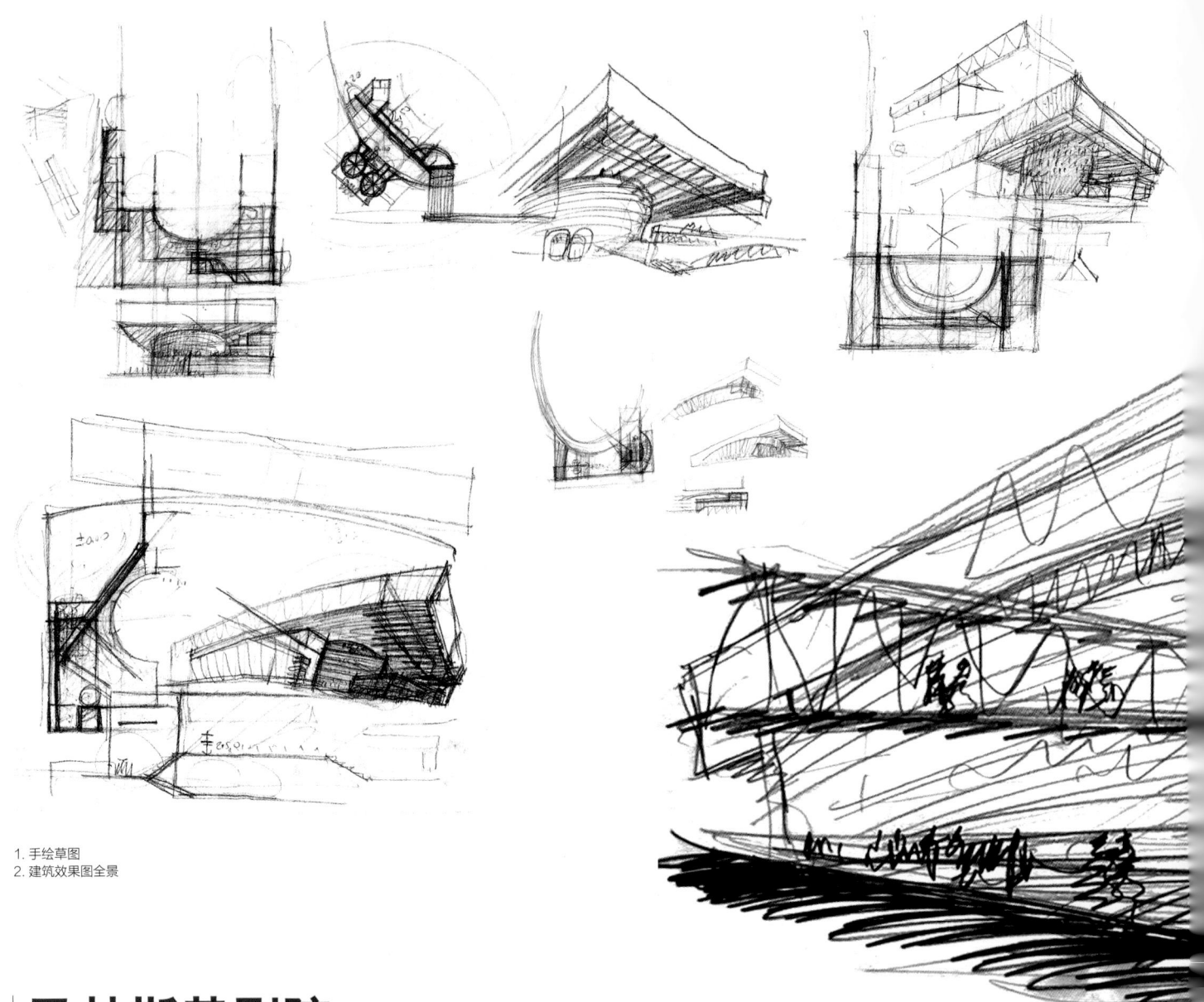

1. 手绘草图
2. 建筑效果图全景

马林斯基剧院
MARIINSKY THEATRE

俄罗斯 圣彼得堡
Saint Petersburg, Russia 2003

　　新马林斯基剧院设计不仅是对竞赛要求的一种技术上的回应，它也寻求与其周围城市环境达到特定空间上的融洽。为了与现有建筑建立关系，该设计将建筑体量分成两个不同的部分，相互叠落，通过一条玻璃走廊与现存建筑相连的基座，以及一个离地21m、高8.5m的宽阔带顶平台。这个两层高的水平体块内有排练室、行政办公室、服务设施室和餐厅。平台通过桁架结构向剧院入口处的广场上方悬挑突出，并有效地转化成一个大屋顶，限定了它下面的城市空间。建筑的枢纽部分是入口，水平分隔了悬浮的平行六面体发光体及它下面的椭圆形体块，椭圆形体块的外饰面为呈不同角度的竖直排列的金色石材砌块。这一形象将会成为参观者的参照点；而在城市尺度上，城市街区的概念通过高达18.7m的石材幕墙和纵向透明度的变化得到了表达。新马林斯基剧院和克留科夫运河与这个历史悠久的剧院之间的关系也同样通过两个体块的重叠得以实现：21m标高以上朝向天空的体块变得透亮，而它下面的部分通过其椭圆形平面与历史悠久的剧场

形成互动关系，并且与笔直的运河形成强烈对比。新马林斯基剧院通过把老剧场的新古典主义形式作为对比及对话的元素，传达给市民一幅新的图景：这是一个给城市带来希望与丰富性的非凡契机。

项目概况
竞赛时间: 2003
业主: 俄罗斯联邦国家文化部，
　　　马林斯基剧院
建筑面积: 42 750m²
建筑体积: 349 400m³

Competition project: 2003
Client: Ministry of Culture of the Russian Federation
　　　　State Academic Mariinsky Theatre
Net floor area: 42,750m²
Built volume: 349,400m³

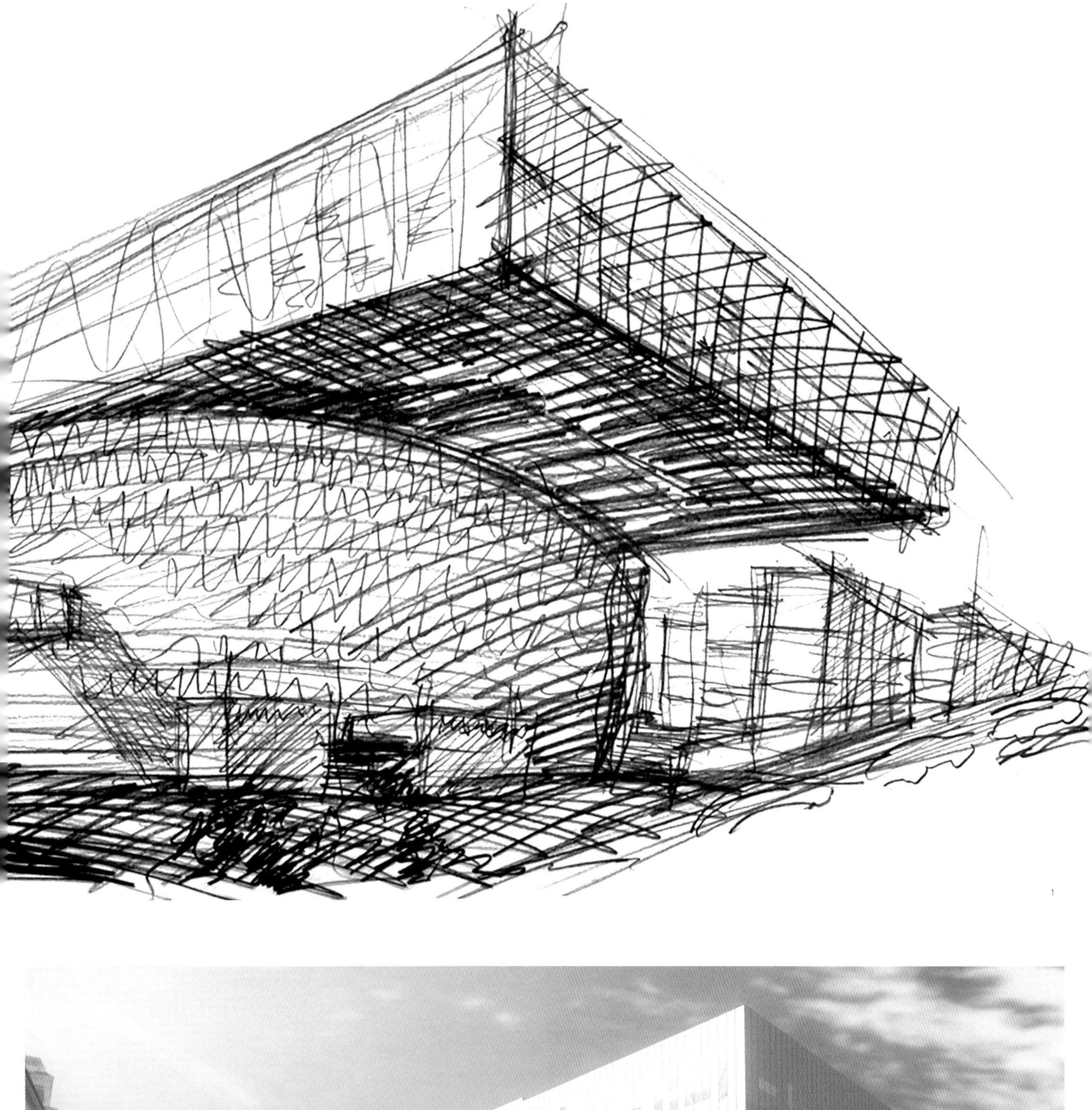

1

2

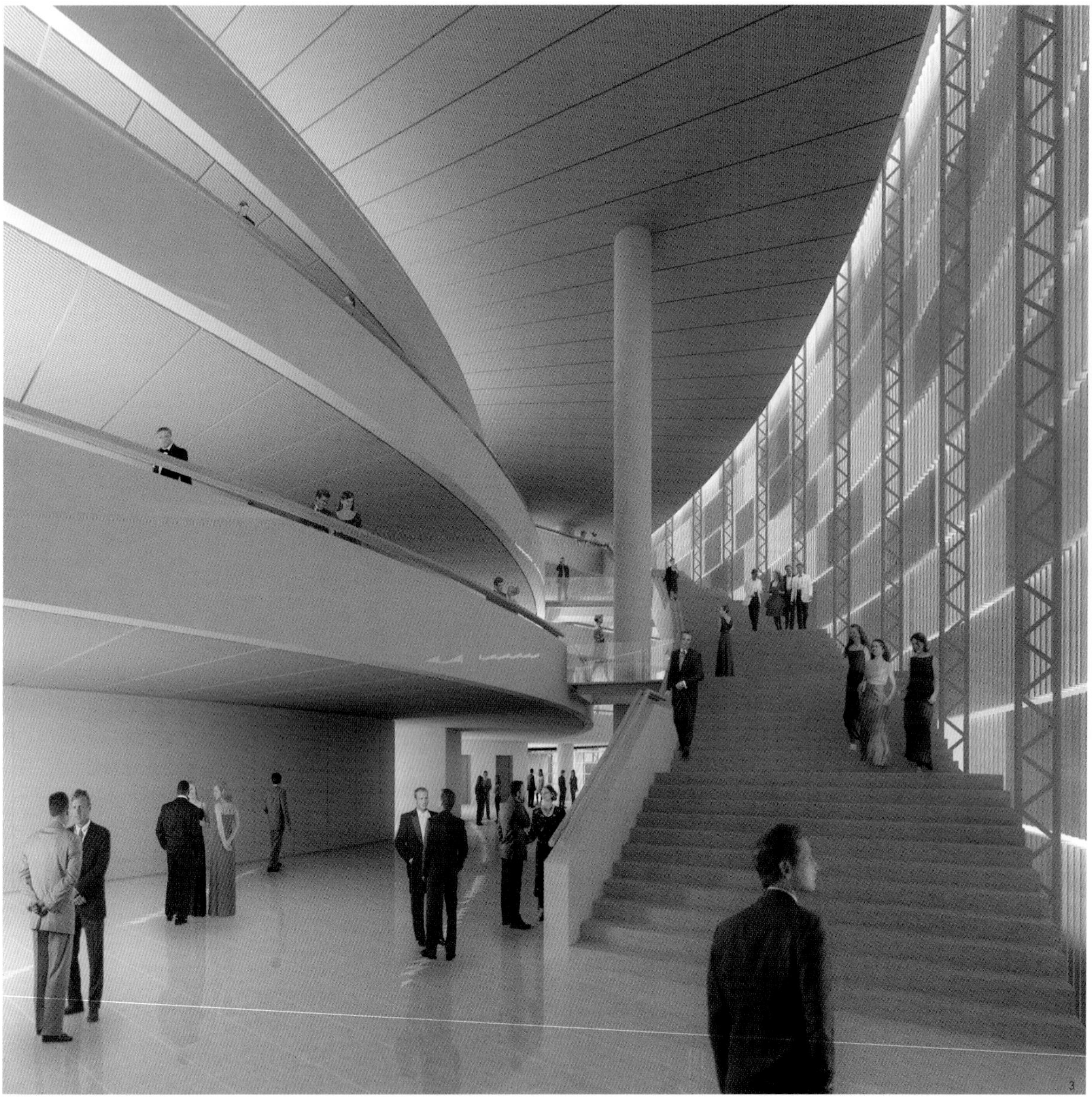

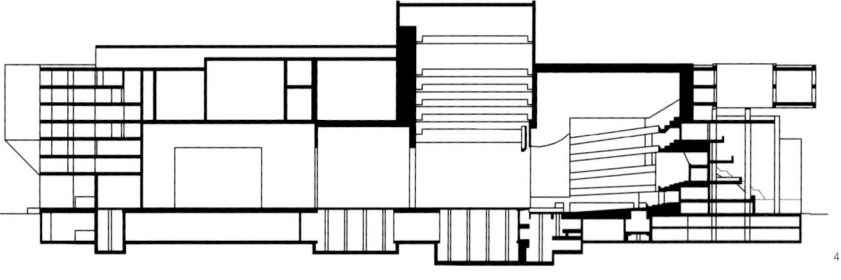

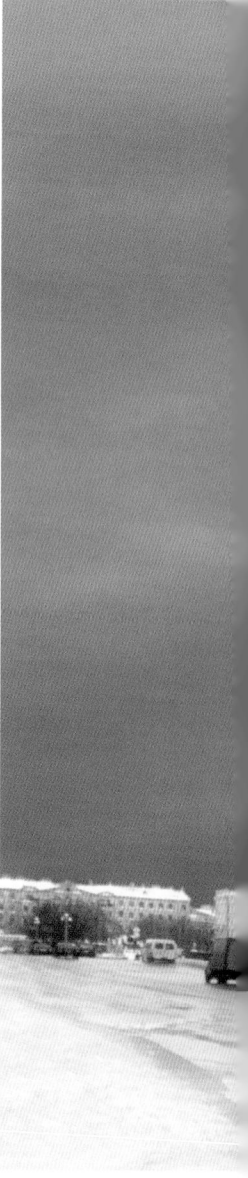

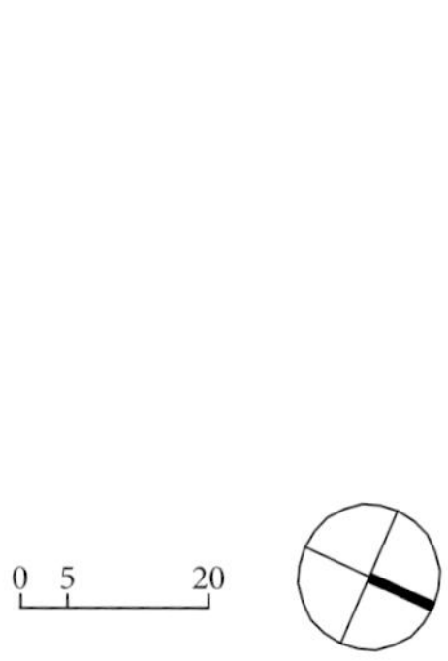

3. 门厅效果图
4. 剖面图
5. 首层平面图
6. 建筑效果图

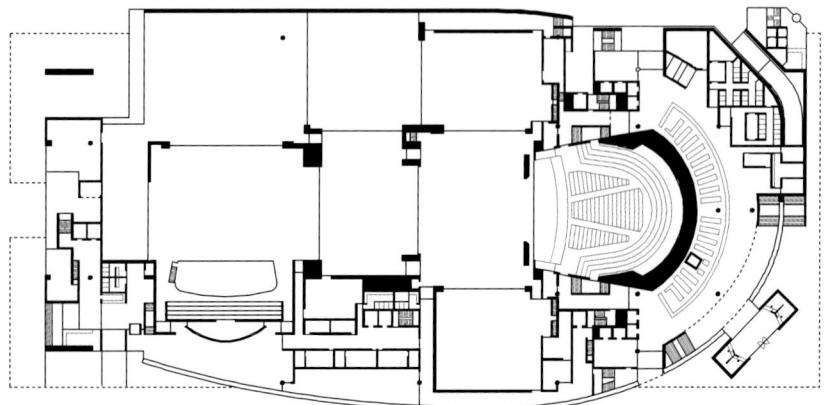

延伸阅读

- A. Kaourova, Une révolution architecturale dans une ville-musée, "Revue Tracés"
[Bulletin Technique de la Suisse Romande], 17 December 2003, pp. 25-27.
- A. Tarkhanov, The phantom of the opera, "AD magazine" [Russia], 2003, 6, pp. 82-87.
- Mario Botta Progetto per il Teatro Mariinsky, San Pietroburgo in "Città di Carta"
[exhibition catalogue], Reprodue, Brescia, 2005.
- New Mariinsky Theater St. Petersburg, Russia in "Competition Architecture",
edited by Frederik Prinz, Braun Publishing AG, Berlin 2011, pp. 184-185.

1. 手绘草图
2. 建筑细部

ANCE总部
ANCE HEADQUARTERS

意大利 莱科
Lecco, Italy 2003-2008

　　全国建筑承包商协会（ANCE）的总部坐落在阿希尔格兰迪街上的建筑学校旁边。该项目旨在改善一个由旧工厂、公寓及新建的学校设施组成的平庸而混乱的环境。该建筑由地上3层和半地下的大型停车场组成。

　　装饰性的侧翼由钢结构承重，空心陶土侧墙划分了平行竖向分区，延长了建筑的侧壁，并定义了宽阔的地下区域。最终设计形成一个给予整个结构以"形体"的单一建筑元素，并成为主体建筑、后面的住宅建筑及沿着葛朗迪街的大面积工厂区之间的重要连接元素。正对柱廊的外墙完全是由玻璃制成。毗邻三层的建筑立面后退并形成了宽阔的露台，由两个巨大的柱子支持的透镜形的金属结构覆盖了这个空间。

项目概况

设计时间：2003
建造时间：2008
业主：建筑商协会，莱科
建筑面积：2 755m²
建筑体积：4 618m³
停车场面积：1 774m²

Project: 2003
Construction: 2008
Client: ANCE (Associazione Nazionale Costruttori Edili), Lecco
Useful surface: 2,755m²
Volume: 4,618m³
Car park surface: 1,774m²

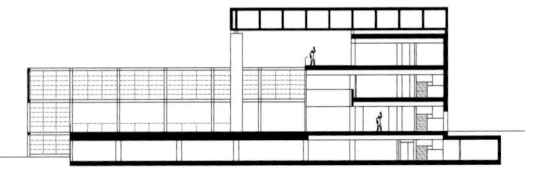

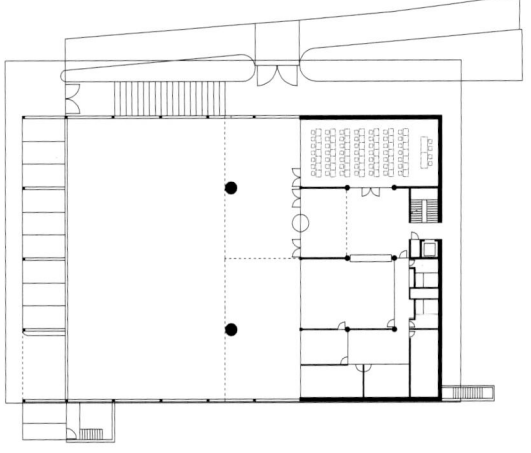

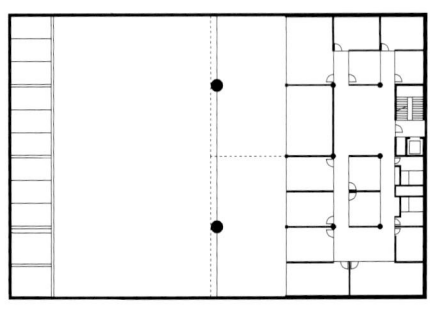

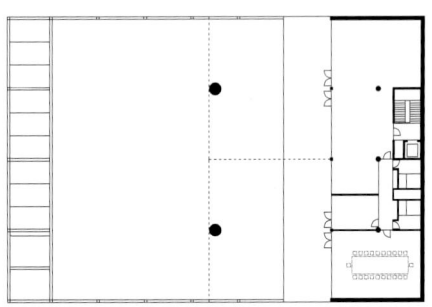

3. 剖面图
4. 首层平面图
5. 二层平面图
6. 三层平面图
7. 建筑入口
8. 建筑实景
9. 建筑灰空间

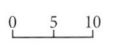

延伸阅读

- A. Coppa, La nuova casa dei costruttori lecchesi / A new home for Lecco-based builders, "Area", 98, May/June 2008, pp. 40-41.

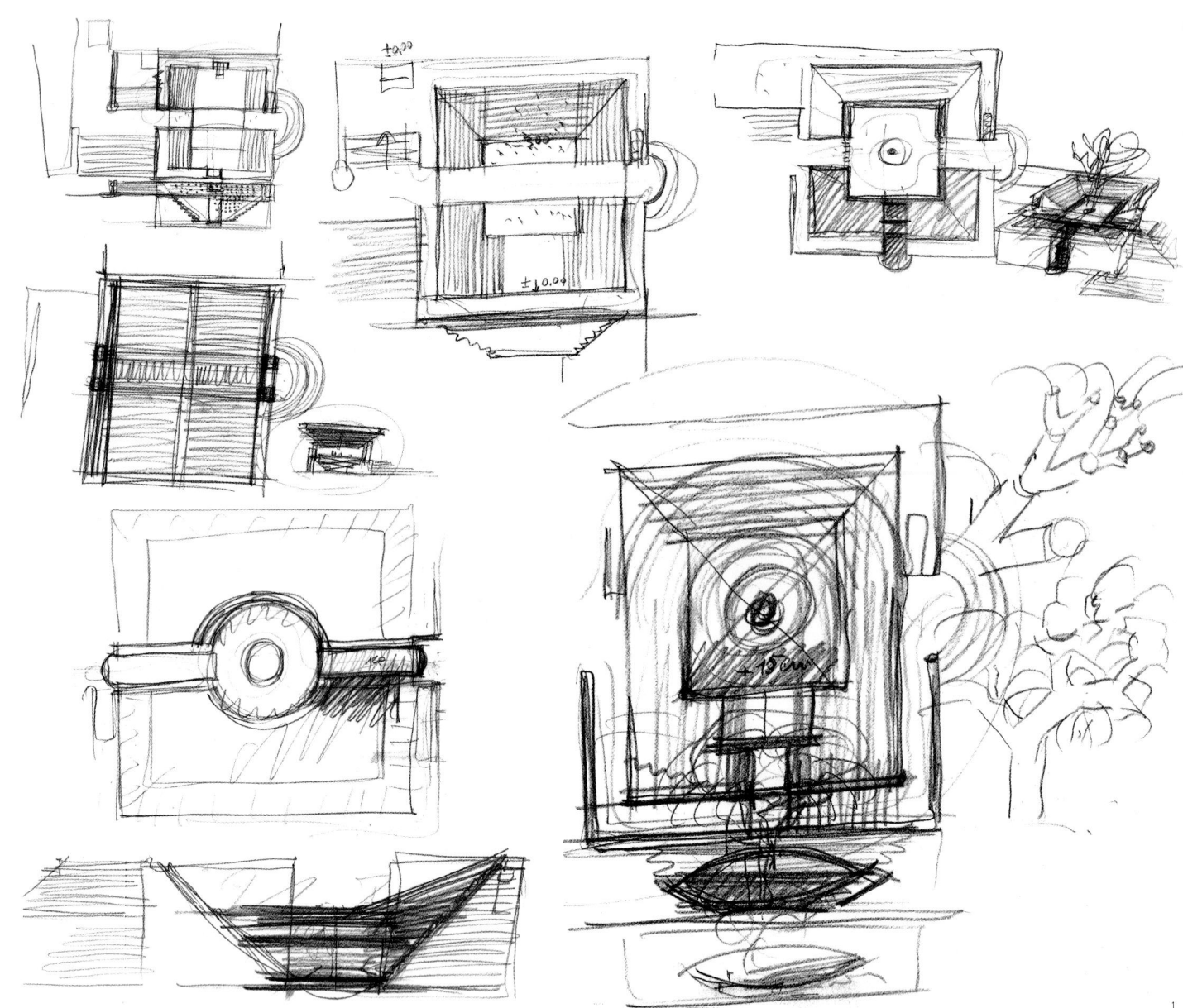

1. 手绘草图
2. 喷泉实景

蒙塞利切喷泉
FOUNTAIN IN MONSELICE

意大利 蒙塞利切
Monselice, Italy 2003-2009

该喷泉位于蒙塞利切的旧圣保罗教堂前。多年来城市发生的巨大变化深深地改变了这片区域。

该项目把这块曾经是一个凉廊和老市政厅的场地重新打造成小道穿过的一汪碧水的景致和一片中央植有橄榄树的休憩场所。

过去痕迹的重现（例如多边形的楼梯）和应用灰色粗面石材创造出的现代感，共同营造出一个特定的公共区域，作为对错综复杂的城市肌理的修补。

项目概况

设计时间：2003
建造时间：2009
业主：蒙塞利切市
基地面积：260m²

Project: 2003
Construction: 2009
Client: City of Monselice
Useful area: 260m²

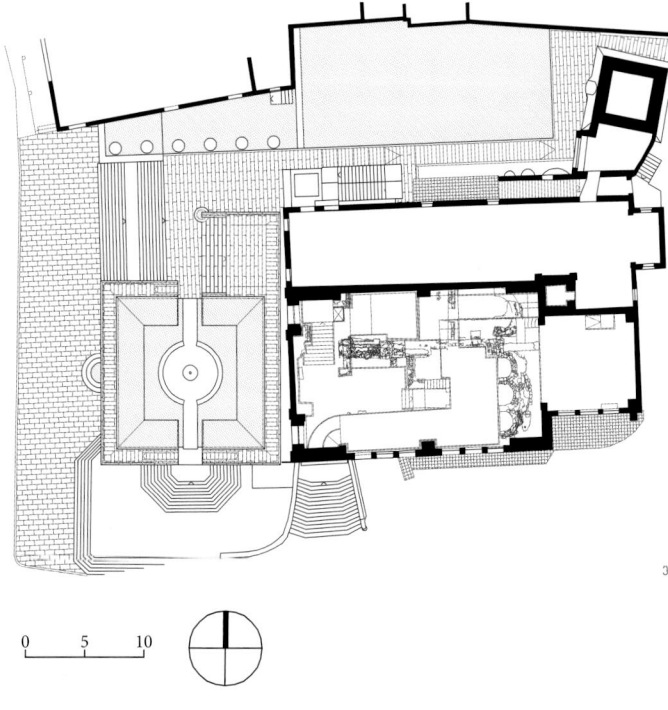

3. 首层平面图
4. 街景
5. 庭院实景鸟瞰

延伸阅读

- R. Galiotto, Dalla pietra all'arredo urbano / Stone meets urban furniture, "Ottagono", 244, October 2011, pp. 4-10.
- L. Milone, La fontana anfiteatro in pietra di Mario Botta e lo spettacolo dell,acqua, "Marmomacchine Magazine", 220, 2011, pp. 56-74.

1

1. 手绘草图
2. 建筑细部

楚根·阿罗萨健康温泉中心
SPA 'TSCHUGGEN BERG OASE'

瑞士 阿罗萨
Arosa, Switzerland 2003-2006

温泉屋毗邻阿罗萨的楚根大酒店，位于一个奇特的四面环山的天然盆地之内。基于这种特殊的周边环境，设计师拿出一个很吸引人的方案，它既具有强烈的视觉冲击力，又表示出对周围村庄的极大尊重。设计的目的是通过突出地面的九个天窗（所谓的"光之树"）来标示地下结构的位置。这些天窗既可保证充足的自然采光，又为欣赏自然风景提供了绝妙的视野；夜晚，它们又是展示度假胜地室内生活的窗口，内部的人工照明营造出一种魔幻般的氛围。

模块化的设计实现了空间分布的最大灵活性及不同区域之间的相互关联。内部空间分为4层：健身设施设置在地下一层，理疗区域设在一层，二层是所谓的"桑拿世界"及连接酒店与水疗中心的玻璃走廊，而"水世界"则设在第三层。新建筑通过天然石材墙面实现了酒店与地面之间的连接。为了把停车场也纳入方案，并营造温馨的氛围，外部的公共空间也经过重新规划。

项目概况
设计时间：2003
建造时间：2004—2006
业主：楚根·阿罗萨花园酒店
合作建筑师：基杨芳筑建筑有限公司
基地面积：5 300m²
建筑体积：27 000m²
材料：外墙和内墙覆盖杜克白色花岗岩，天花板
　　　为加拿大枫木

Project: 2003
Construction: 2004-2006
Client: AG GrandhotelTschuggen, Arosa
Partner: Arch. GianFanzun AG
Useful surface: 5,300m²
Volume: 27,000m³
Materials: exterior cladding and interior walls in Duke
White granite, ceilings in Canadian maple wood

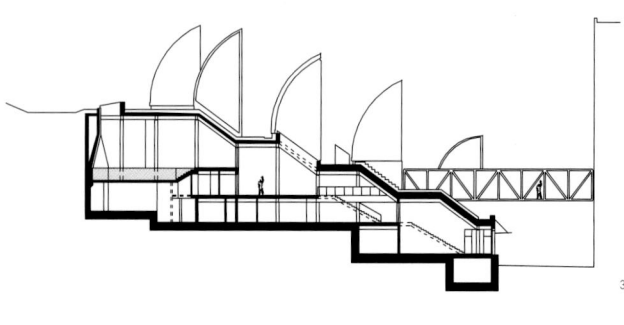

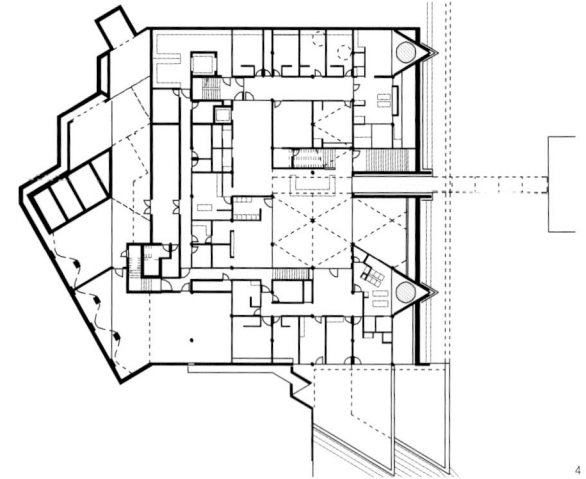

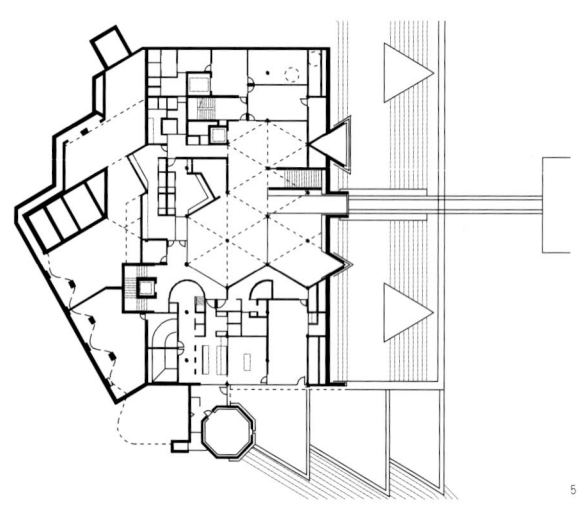

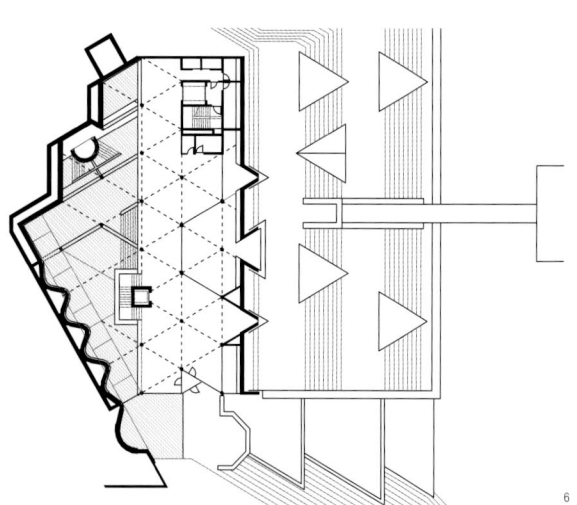

3. 横向剖面图
4. 二层平面图
5. 入口层平面图
6. 四层平面图
7. 建筑全景

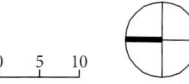

0 5 10

8. 建筑冬季实景
9. 连接建筑的走廊
10~12. 室内实景

13

13.14. 室内游泳池

15. 建筑夜景
16. 建筑细部

延伸阅读

- F. A. Bernstein, A spa for the spirit, "Interior Design", 75, April 2007, pp. 268-276.
- L. P. Gattoni, Foglie di luce, "Arketipo Il Sole 24 Ore", 16, September 2007, pp. 56-67.
- S. Tamborini, Enlightening Zeichenhaft, "md", 3, March 2007, pp. 28-33.
- Botta's Bergoase in D. Santos Quartino, "New Spas & Resorts", Collins Design, New York 2007, pp. 150-162.
- Spa Arosa / Mario Botta in "100 x 400", Vol. 2, H. K. Rihan International Culture Spread Limited, Hong Kong, 2008, pp. 603-605.
- Corpi emergenti Centro wellness Tschuggen Bergoase, "Wellness Design", 2007, 2, pp. 4-15.
- Wellness Centre, "Roc Máquina" [special edition], May 2007, pp. 28-35.
- N. Delledonne, Monumenti della terra, "Aión", 17, December 2008, pp. 63-77.
- D. Meyhöfer, Neue Zeichen im Schnee, "A&W Architektur & Wohnen", 1, February 2009, pp. 120-128.
- Y. Quan, Y. Liu, Tschuggen Bergoase by Mario Botta, "T+A Time + Architecture", 5, September 2008, pp. 140-145.
- S. Ward, Mountains of the mind, "European spa", January/February 2008, pp. 18-23.
- Tschuggen Bergoase in "Bath & Spa", edited by S. Kramer, Verlagshaus Braun, Berlin 2008, pp. 76-81.
- Tschuggen Bergoase Spa in "Extreme Architecture", edited by R. Slavid, Laurence King Publishing, London 2009, pp. 144-147.
- Soothing Light, "hdl Magazine", 22, 2010, pp. 68-72.
- Tschuggen Berg Oase, "Global Style Interiors & Colors", Dopress Books Ltd, Shenyang, China 2010, pp. 198-201.
- Tschuggen Berg Oase in "Hotel Spas & Beauty Spas / Wellness Centers Interior Design", Vol. 2, Artpower International Publishing Co., Ltd, Hong Kong 2012, pp. 102-109.

绿色温泉度假村开发及管理公司，伯尔尼

1. 建筑全景鸟瞰
2. 墙体细部

瑞吉山温泉广场及水疗中心
SQUARE AND SPA

瑞士 瑞吉卡特巴德
Rigi Kaltbad, Switzerland 2004-2012

　　从卢塞恩湖岸边的韦吉斯村乘坐索道或从维茨瑙村乘坐直达山顶的齿轮火车，可以到海拔高度1 435m的瑞吉村。这里风景如画，可俯瞰卢塞恩湖并远眺阿尔卑斯山中段的山峰。

　　该项目由两个部分组成。

　　第一部分是利用矿石材料和绿地重新组织村镇广场，绿地上矗立8个天窗，玻璃雕塑似的天窗四周围有长椅。广场从圆塔（内设游客到达索道的楼梯和电梯）由西向东水平延伸至齿轮火车站。广场的重新布置创造了一个面向下方山谷的宽阔露台。

　　第二部分是广场下方建设的温泉中心。温泉中心面向南方，有2层位于地上，提供多种设施，包括延伸到东南角的室内游泳池、桑拿浴室、淋浴房和位于二层的冥想室。冥想室通过天窗与广场形成对话。

　　覆盖于建筑外部的杜克白花岗岩也用于室内的地板、墙壁及游泳池。南立面是杜克白花岗岩板制成的遮阳棚。天花板的铺装使用的是天然枫木。

项目概况

设计时间：2004
建造时间：2012
业主：瑞士信贷投资基金，苏黎世
　　　绿色温泉度假村开发及管理公司，伯尔尼
项目管理：MLG总承包有限公司，伯尔尼
工程师：普鲁斯麦耶合伙公司，卢塞恩
建筑面积：2 400m²（其中650m²的绿化面积）
水疗面积：2 540m²
建筑体积：17 000m³

Project: 2004
Construction: 2012
Client: Credit Suisse Anlagstiftung, Zurich
User: Aqua-Spa-Resorts, Development & management AG, Bern
Project Management: MLG Generalunternehmung AG, Bern
Engineer: Plüssmeyerpartner AG, Lucerne
Square surface: 2,400m² (of which 650m² green area)
Spa surface: 2,540m²
Volume: 17,000m³

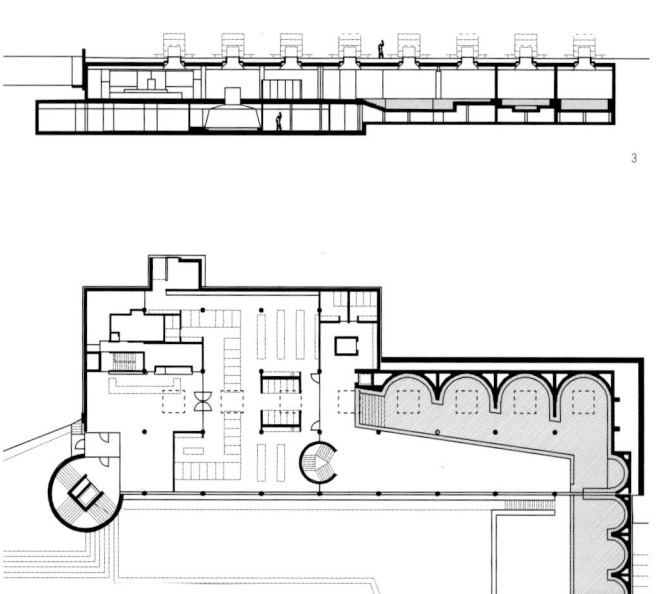

3

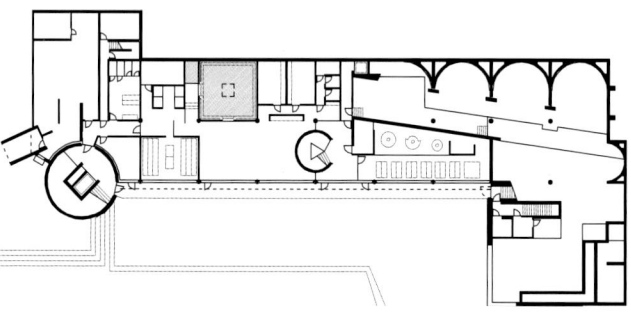

4

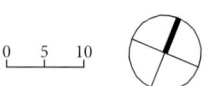
0 5 10

5

3. 横向剖面图
4. 二层平面图
5. 三层平面图
6. 建筑实景
7~9. 建筑露台

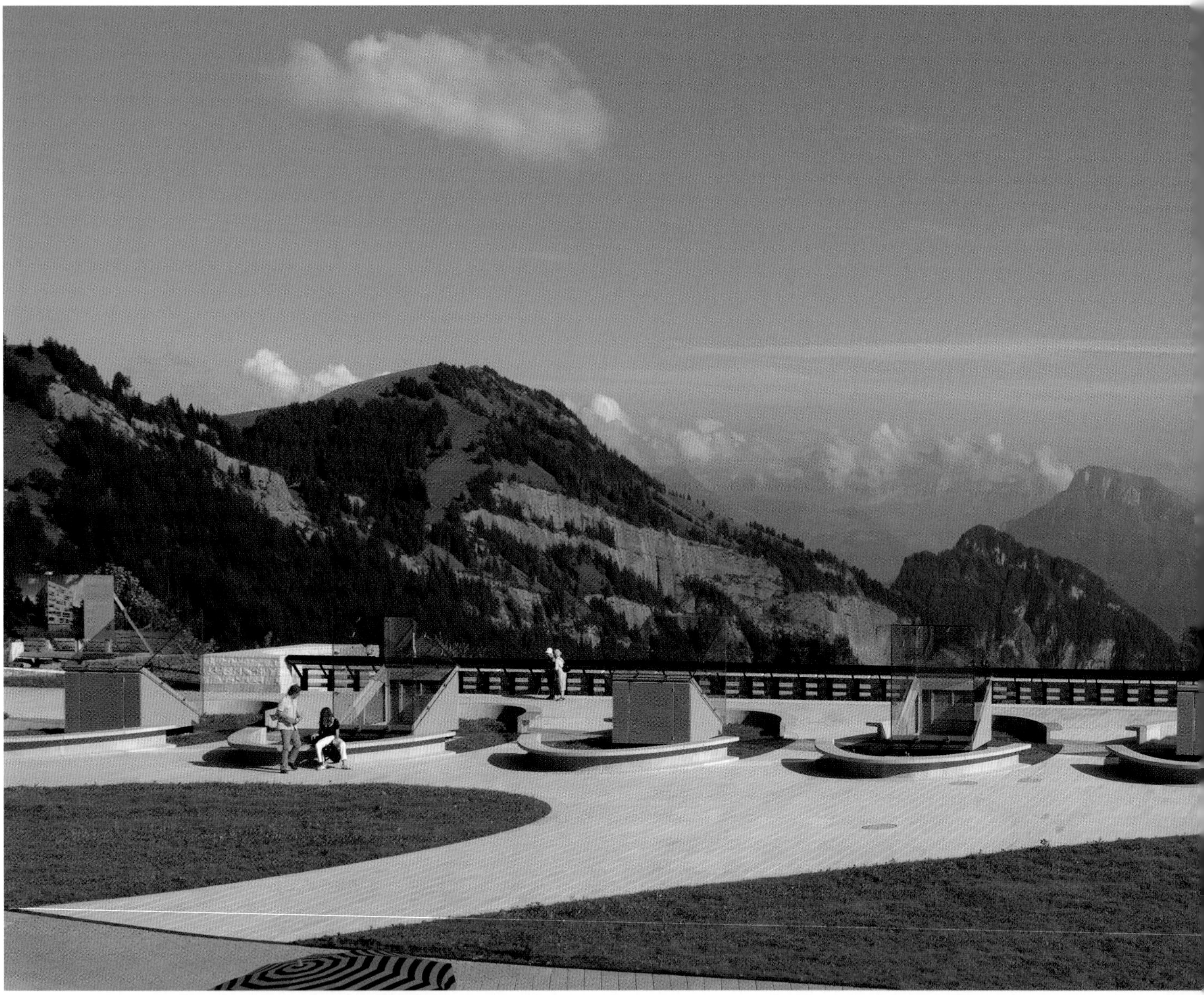

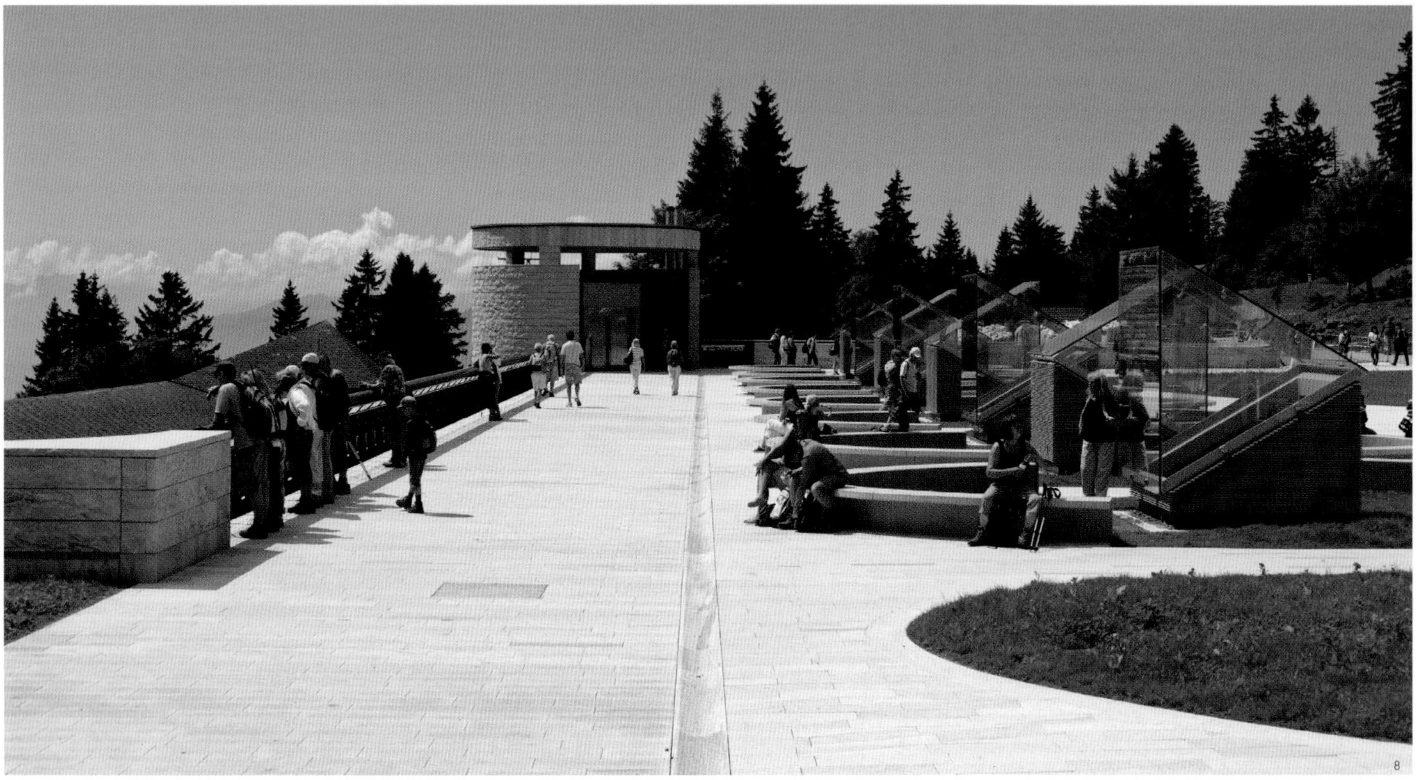

8

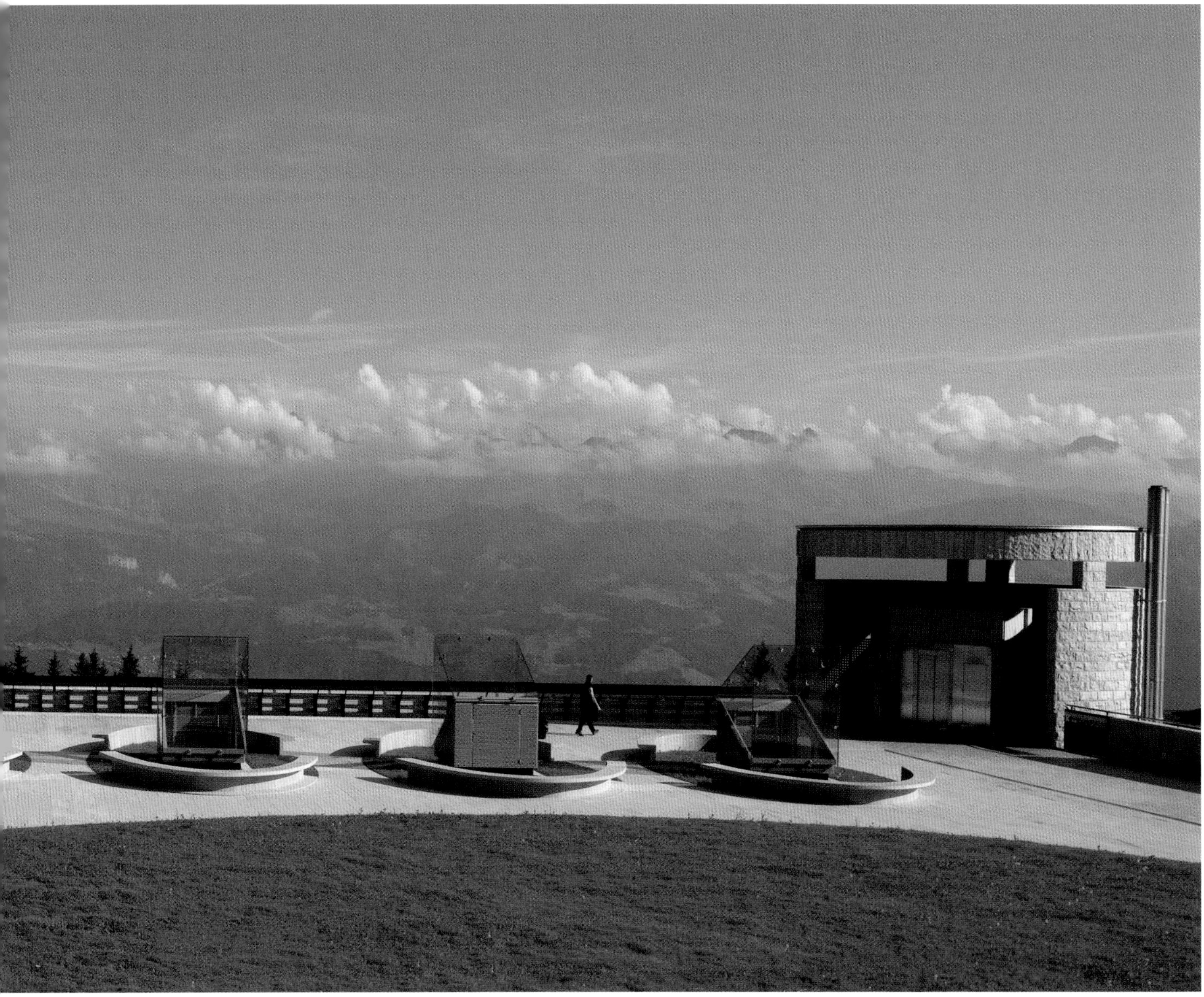

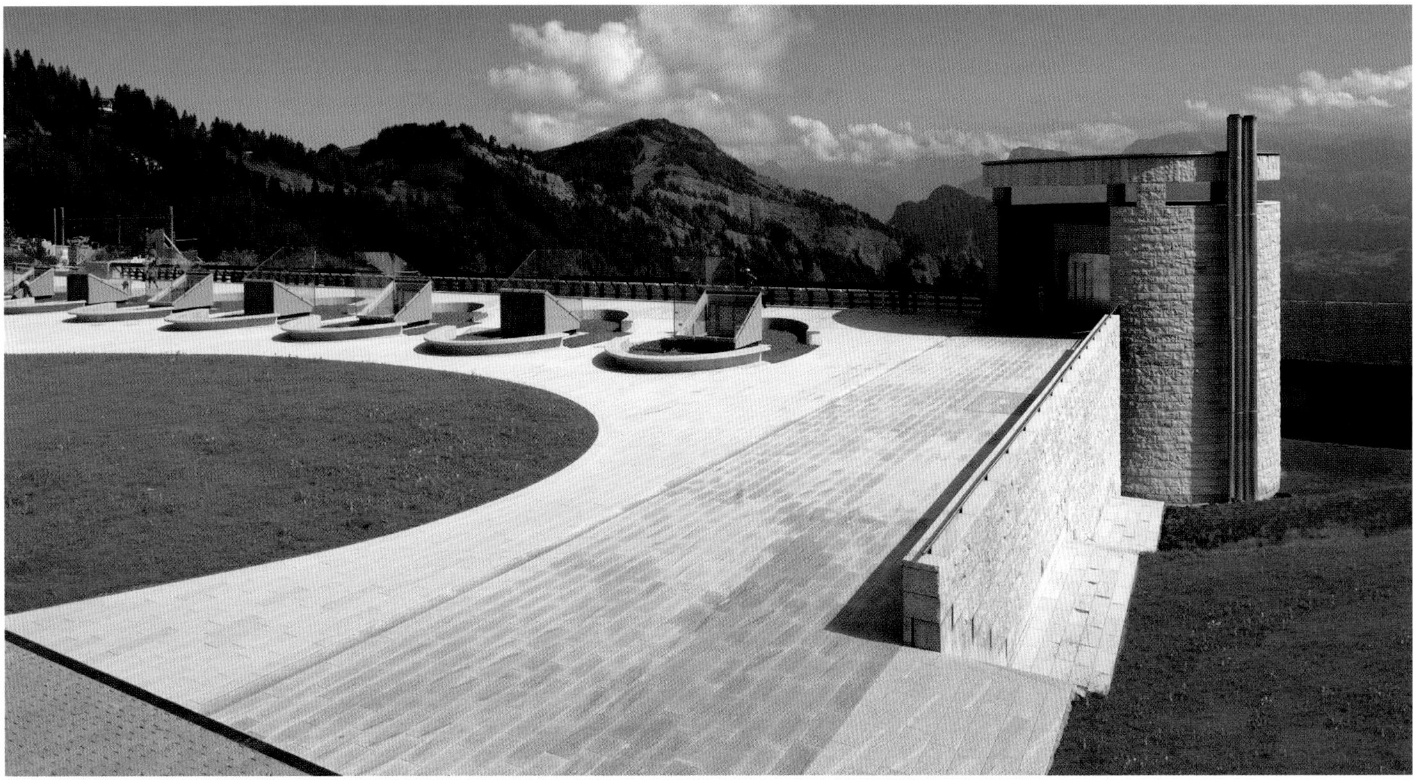

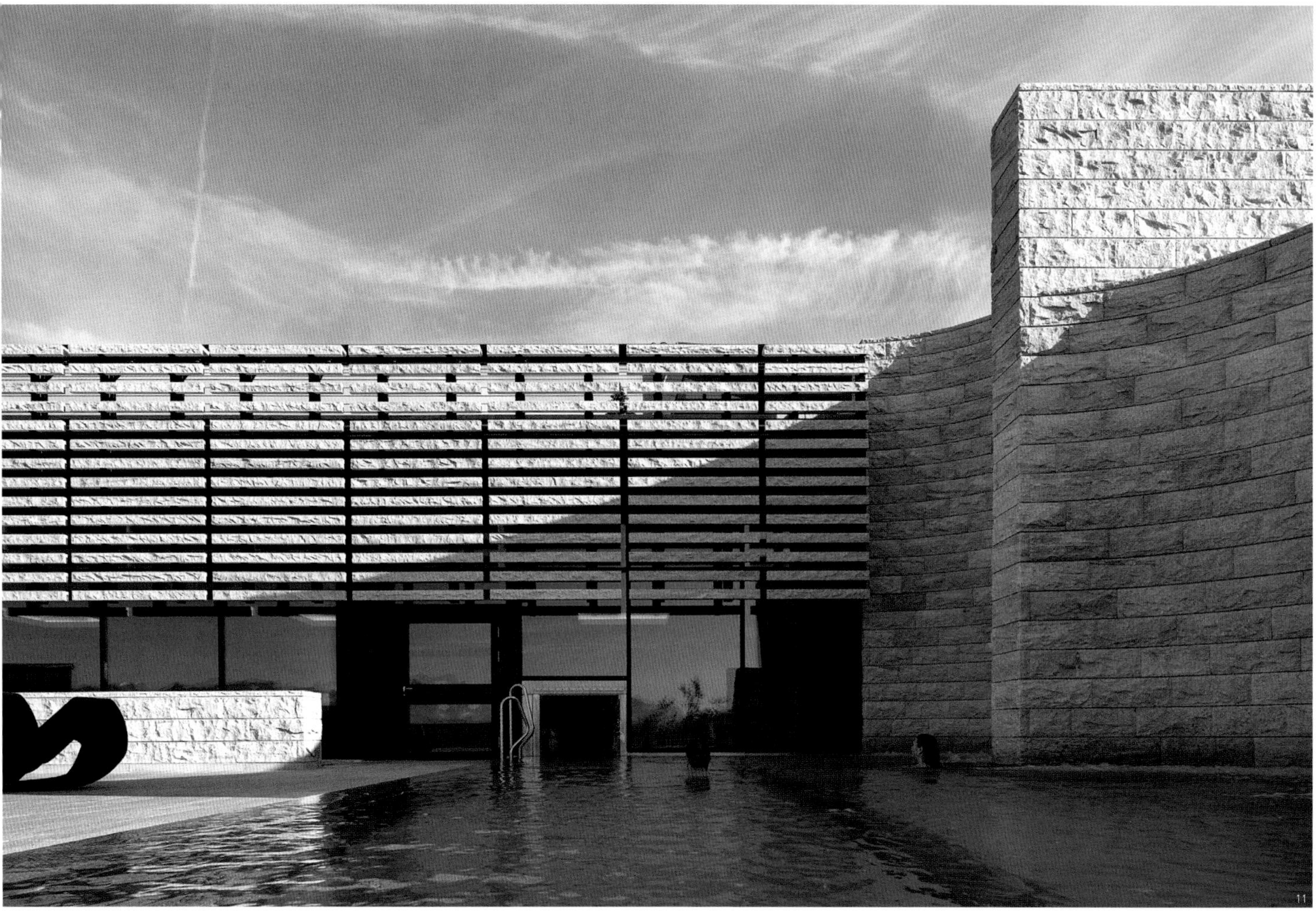

11

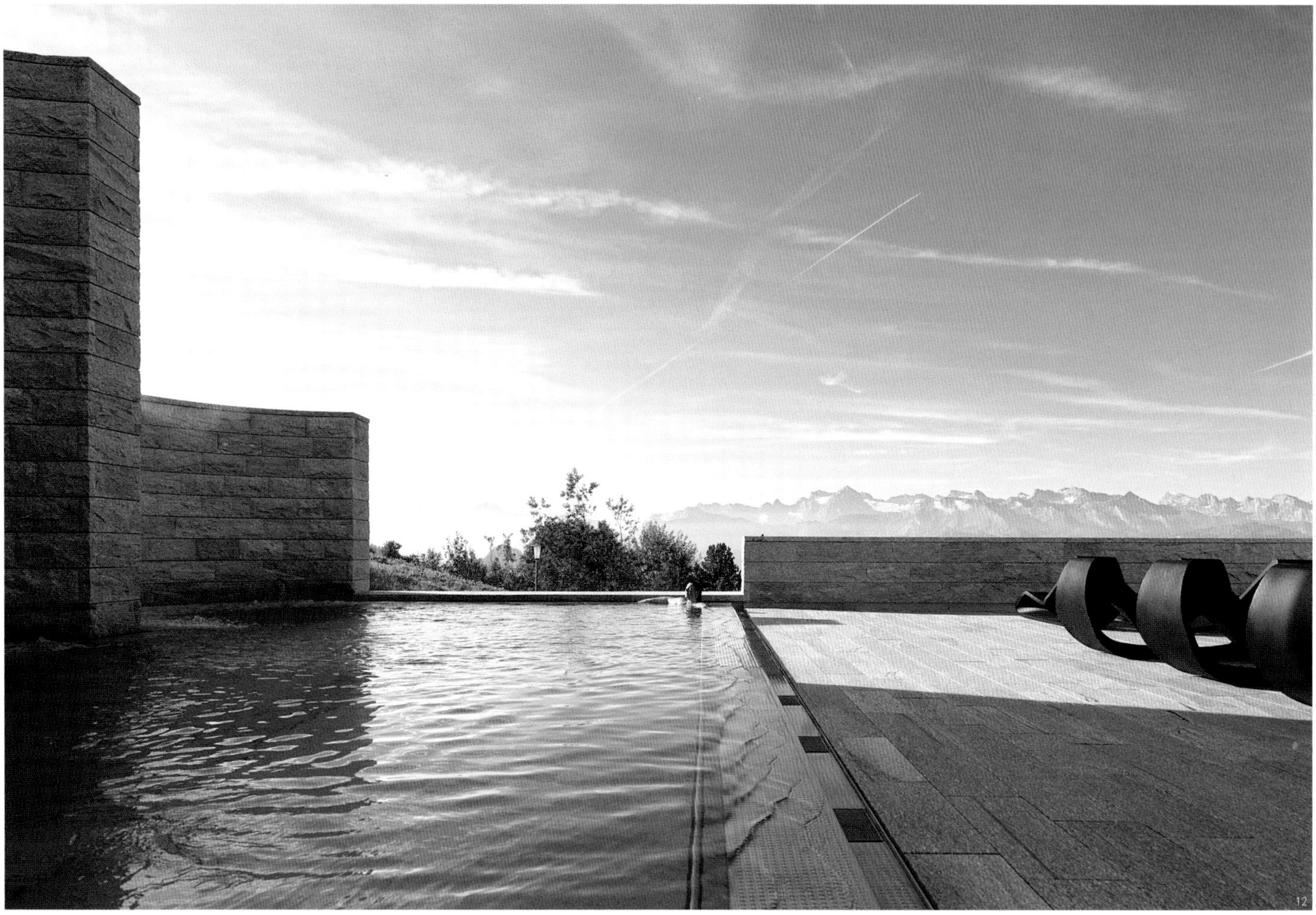

12

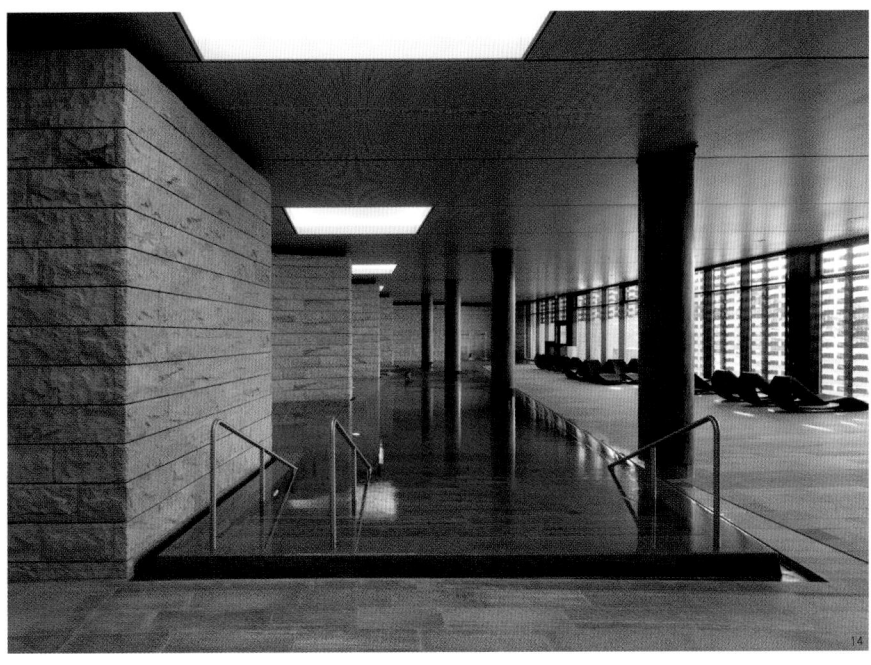

延伸阅读

- C. M. Hauger, Himmel-Stürmer, "Schweizer Illustrierte", 22, 29. May 2012, pp. 44-47.
- H. Adam, Baden auf dem Berg, "Deutsche Bauzeitung", 3, March 2013, pp. 28-35.
- L. Pianzola, Benessere ad alta quota, "Il bagno oggi e domani", 269.13, January/February 2013, pp. 46-51.
- Eröffnung Mineralbad & SPA, Dorfplatz und Hotel Rigi Kaltbad, "Bauinfo", August 2012, pp. 62-70.
- H. Adam, Baden auf dem Berg, "Deutsche Bauzeitung", 3, März 2013, pp. 28-35.
- Mineral Garden and Spa in "Hot Spring Resort & Spa", Hi-Design Publishing, Shenzhen, China, 2013, pp. 084-093.

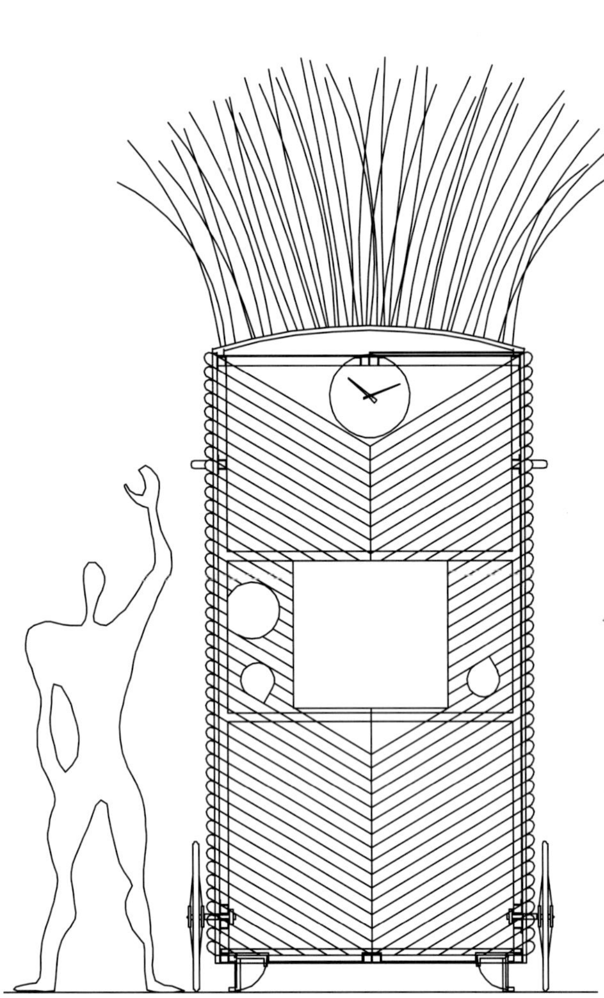

活动剧场装置设计
TRAVELLING THEATRE

2004-2007

结构和材料：钢材为主要承重结构，表面覆盖竹条材质表皮。4个自行车车轮和灯光系统。顶部为可拆卸覆盖的木丝。后方是一个可移动的踏板和幕布。装置前方的顶部设一机械时钟。

外形尺寸：宽150cm×深140cm（275开），总高度：410cm（含木丝高度）。

项目概况

设计时间：2004
构建时间：2007
业主：奎朵·色诺纳蒂

Project: 2004
Construction: 2007
Client: Guido Ceronetti

1. 手绘草图
2.3. 实体展示

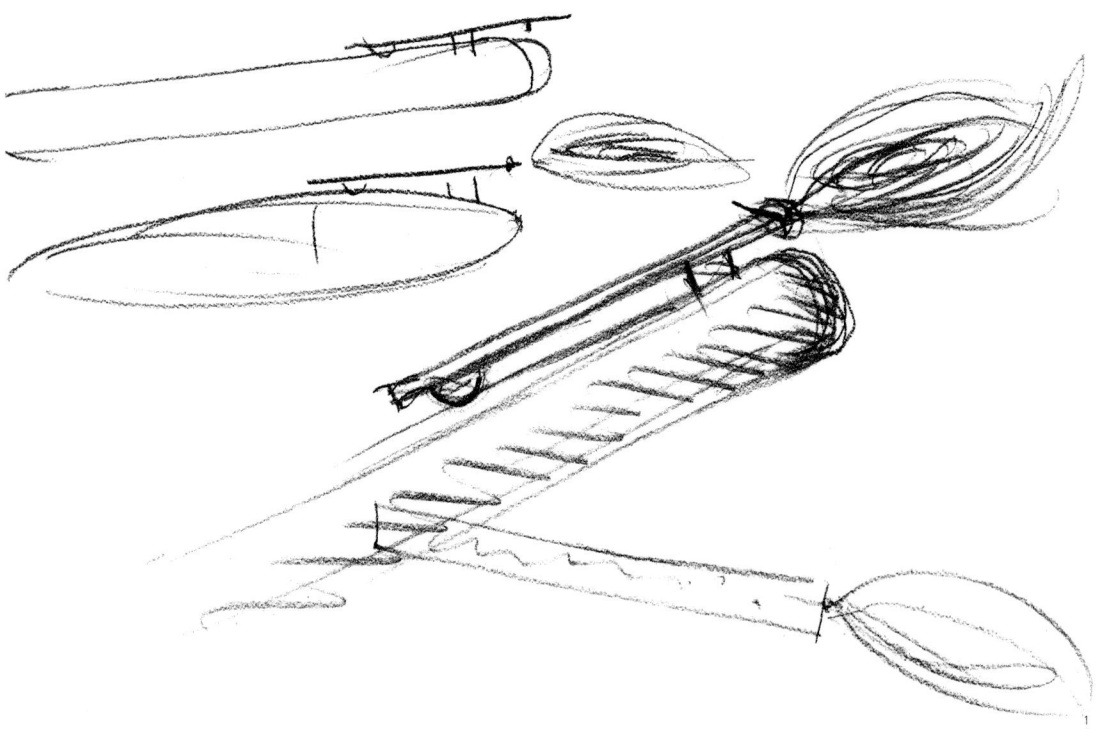

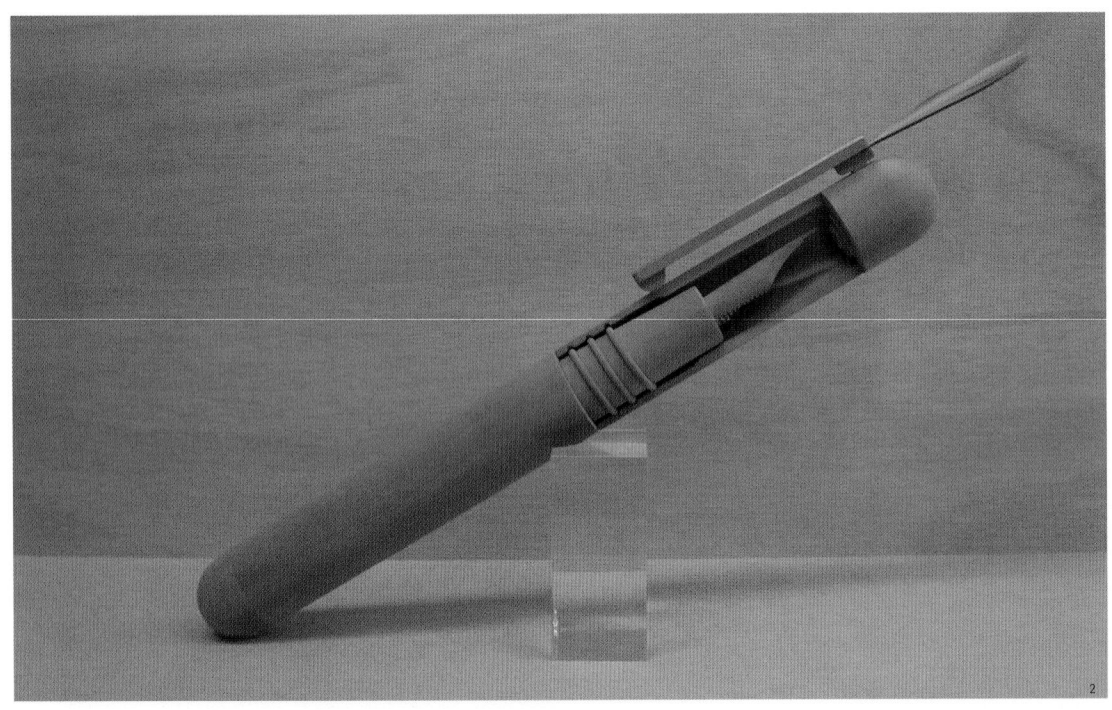

1. 手绘草图
2. 产品模型
3. 实体展示

钢笔设计
PEN FOR CARAN D'ACHE

2004-2005

"我用我的红铅笔设计了这全新限量版的卡朗·达什钢笔。我想起书写的历史中最初使用的孔雀羽毛，它那古怪而又俏皮的触感与几何形式所具有的严肃的技术性和理性形成鲜明的对比。"

项目概况
设计时间：2004
生产时间：2005（限量版）
制造商：卡朗·达什，日内瓦，瑞士
材质：镀银，铑涂层镜面笔身，铑涂层18K金笔尖，孔雀羽毛

Project: 2004
Production: 2005 (limited edition)
Manufacturer: Caran d'Ache, Geneva, Switzerland
Material: Silver-plated, rhodium-coated mirror body, rhodium coated 18 carat gold nib, peacock feather

3

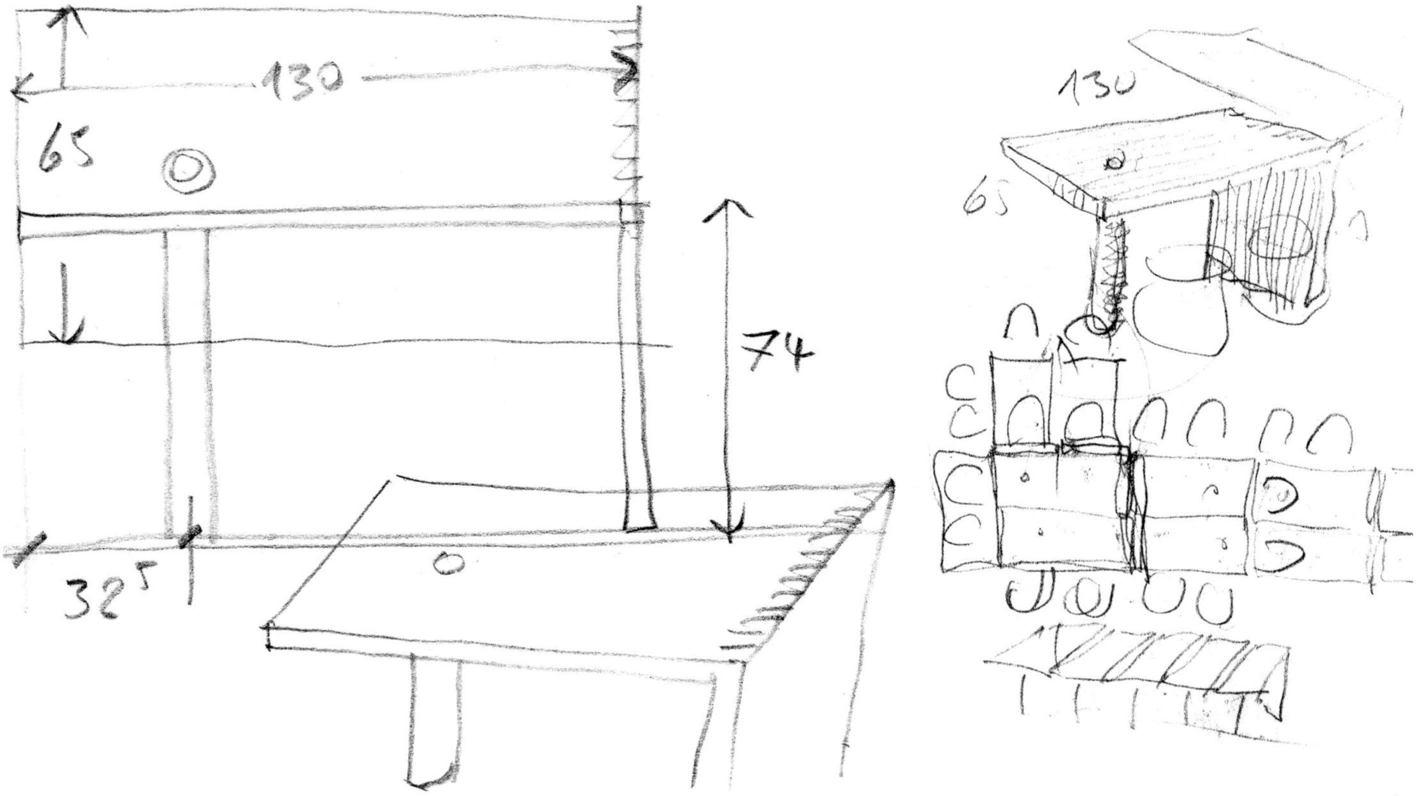

"贝洛!"桌子
TABLE 'BELLO!'

2004

桌子由实心榉木板制成，由3cm厚的134cm×67cm的水平桌面和73cm×67cm的木制支腿（厚度与桌面相同）组成。

为确保使用的舒适度，与桌子木支承相对的另一面通过一个金属支架，支在地板上，金属支架可以绕金属栓旋转。根据使用需求，可以通过旋转金属结构将它调整到一个舒适的位置。

除了简洁的结构（两个相互垂直的木板），贝洛桌精致优雅的形象还体现在其支承腿和水平桌面连接的燕尾榫上。

1. 手绘草图
2~4. 产品展示

项目概况
设计时间：2004
生产时间：2004
制造商：意大利，霍姆，阿扎诺德奇莫（波代诺内）
外形尺寸：134cm×67cm，高72cm
材料：由实心山毛榉木及钢制桌腿组成

Design: 2004
Construction: since 2004
Manufacturer: Horm, Azzano Decimo (Pordenone), Italy
Dimensions: 134 cm×67cm; H 72cm
Materials: table made of solid beech wood and steel leg

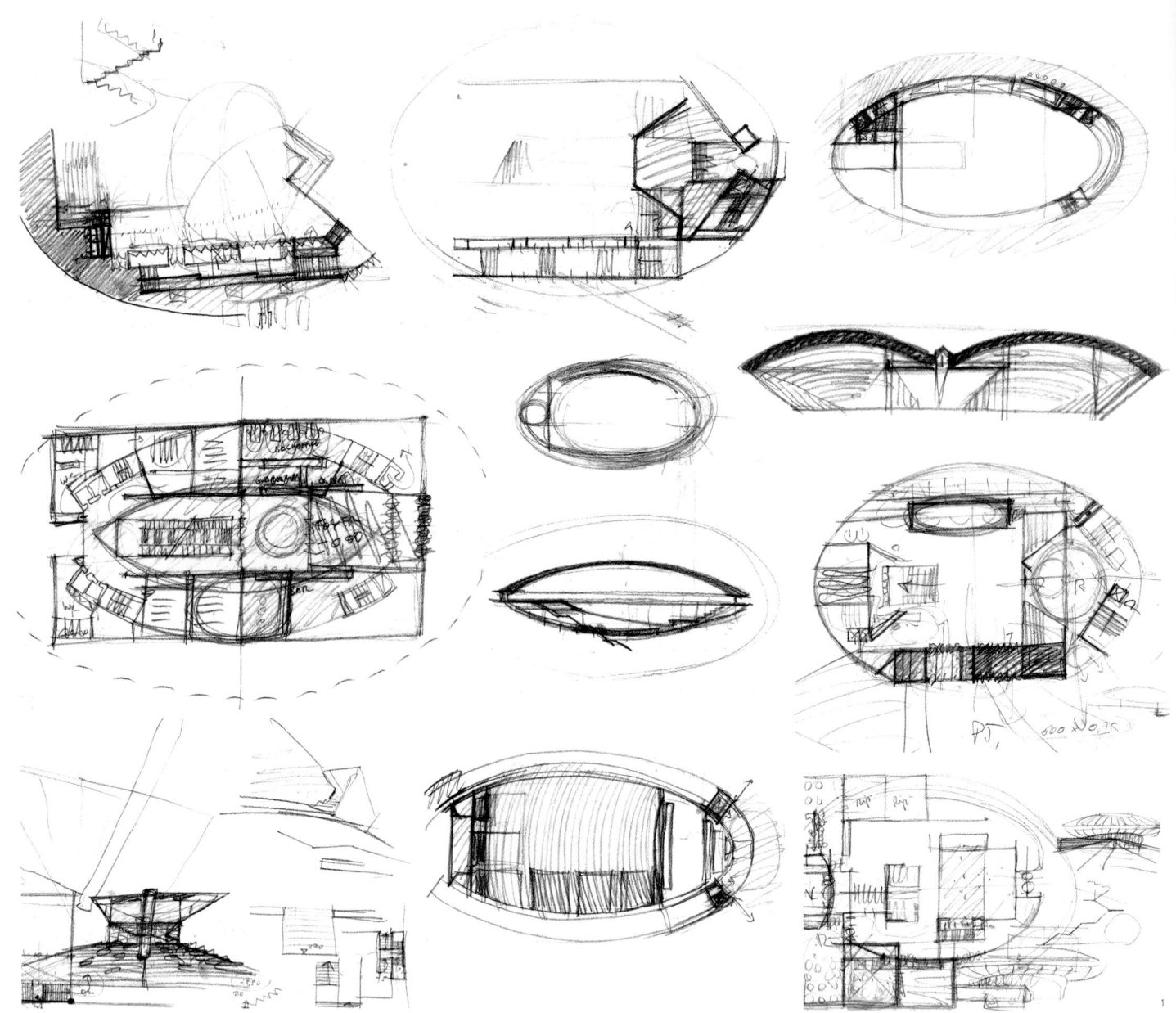

1. 手绘草图
2. 建筑模型

里米尼礼堂设计
NEW AUDITORIUM

意大利 里米尼
Rimini, Italy 2004

  处于新国会大厦前的位置决定了里米尼新礼堂的布局。新建筑将重新定义奥萨河河畔这片宽阔的空间。礼堂和地下停车场是城市肌理与新奥萨河公园之间的连接元素。这座壳状的建筑基座高于地平，约有1 400个座位，并且是专为交响乐而设计。中心水平向的切割将体块一分为二，从而使观众大厅与屋顶分离开来。这座建筑通过门厅连接到地面，犹如一座悬停在空中的悬浮雕塑。

项目概况

设计时间：2004	Project: 2004
业主：里米尼储蓄银行	Client: Savings Bank of Rimini
基地面积：7 000m²	Site area: 7,000m²
建筑体积：45 000m³	Volume: 45,000m³

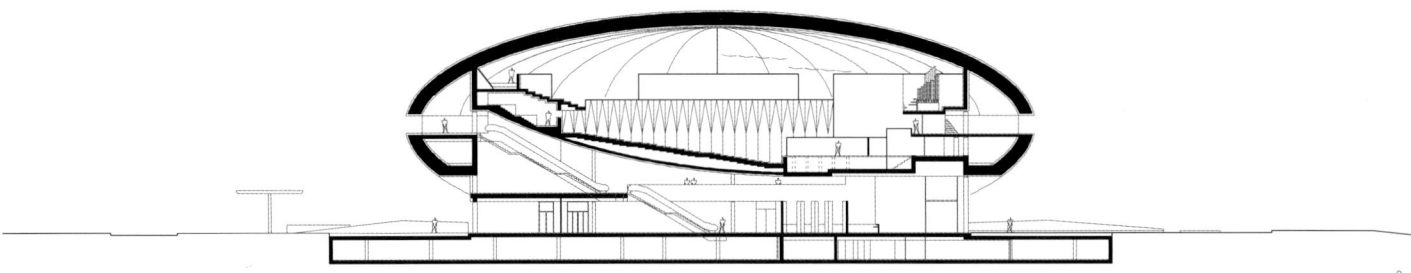

3. 横向剖面图
4. 建筑模型

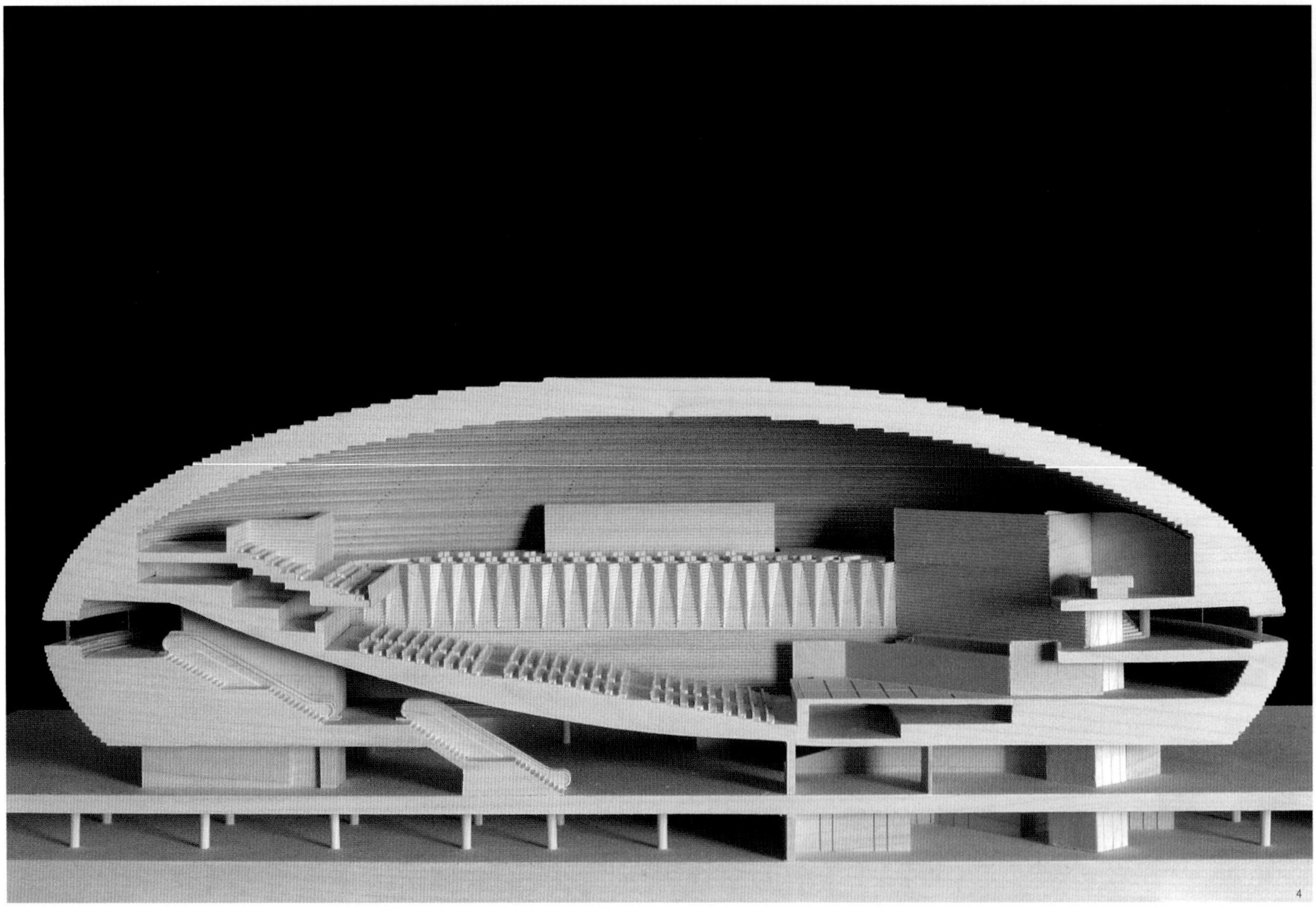

9910

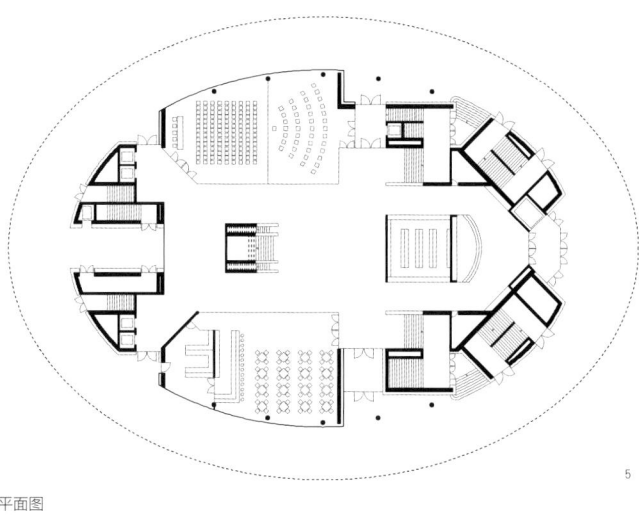

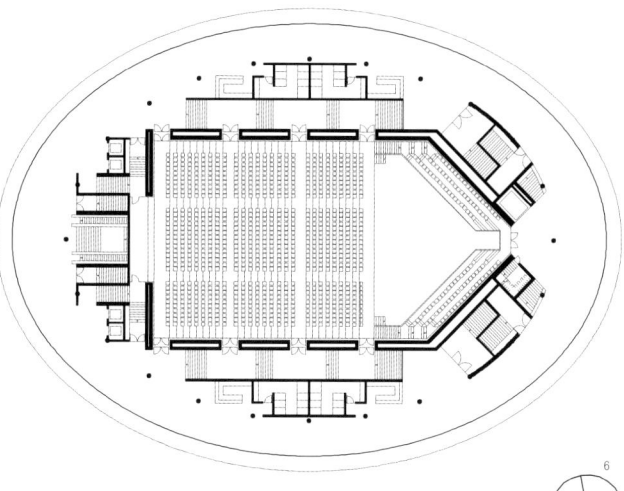

5

6

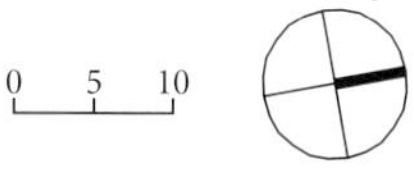

5. 首层平面图
6. 露台层平面图
7. 建筑模型

0　　5　　10

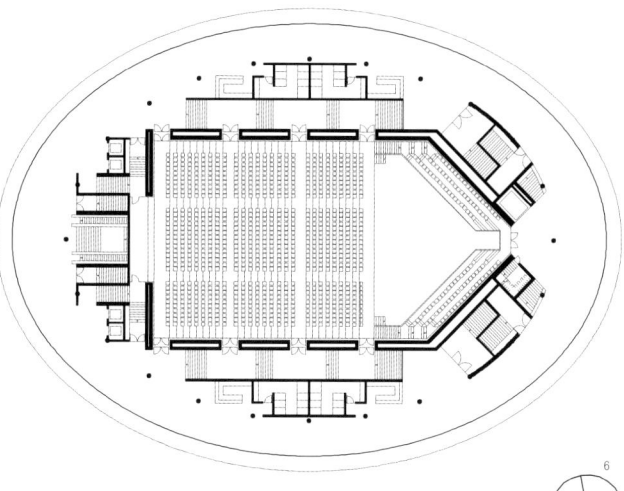

7

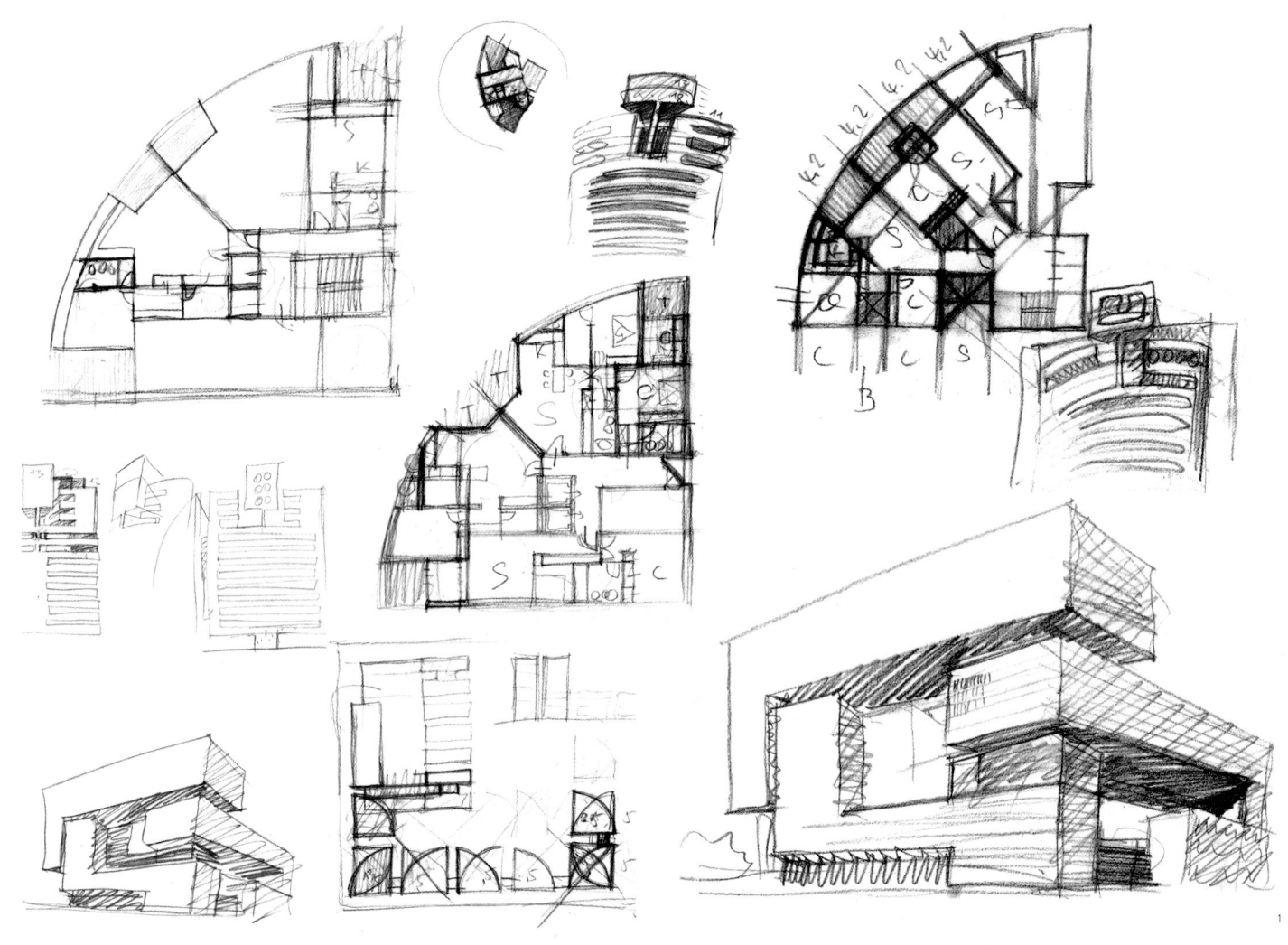

1. 手绘草图
2. 住宅塔楼细部

前金巴利厂区整体改造项目
FORMER CAMPARI AREA

意大利 塞斯托-圣乔凡尼（米兰）
Sesto San Giovanni (Milan), Italy 2004-2009

前金巴利厂区的新规划包括沿格兰西街和萨凯蒂街建造办公楼、沿金巴利大街建造一幢商住综合楼，以便把腾出来的区域作为塞斯托-圣乔凡尼市的大型公园。新的金巴利总部体量巨大，由两个主要体块相互连接而成。前部体量地上9层，地下2层，后部体量形似桥梁，地上2层，地下2层。厂区改造还包括把一幢20世纪初的旧工业大楼改造成博物馆，以及将工厂大厅改造为一个朝公园方向的巨大的覆顶广场。居住部分被分为4个1/4圆形状的塔楼，它们高度不同，以红砖饰面。这4幢塔楼包括100间公寓和首层的一些商业服务设施。

项目概况
设计时间：2004
建造时间：2007—2009
业主：戴维·金巴利公司
合作建筑师：吉安卡洛·玛佐拉迪
基地面积：22 000m²
建筑面积：10 200m²
地上体积：38 400m³
公寓建筑面积：12 400m²
建筑体积：41 500m³

Project: 2004
Construction: 2007-2009
Client Campari headquarters: Davide Campari S.p.A.
Client residences: Moretti Real Estate
Partner: arch. Giancarlo Marzorati
Site area: 22,000m²
Campari headquarters:
Useful surface: 10,200m²
Volume above ground: 38,400m³
Residences Useful surface: 12,400m²
Volume: 41,500m³

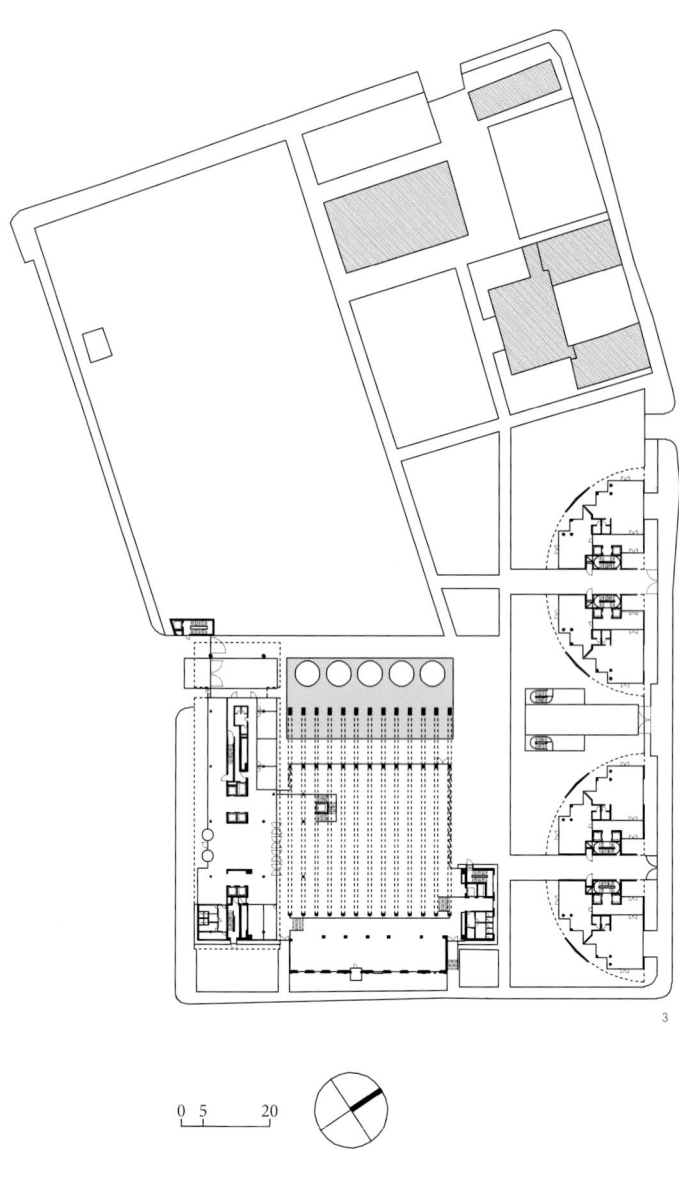

0 5 20

3. 首层平面图
4~6. 建筑实景

7. 室内实景
8. 建筑细部
9. 接待处

延伸阅读

- A. Bergamini, City, "Ottagono", 217, February 2009, pp. 158-159.
- A. Coppa, Fabbrica Campari/Campari Factory, "Materia", 63, September 2009, pp. 26-27.
- La nuova Campari a Sesto San Giovanni in "La parola prima dell'architettura/The word before architecture", edited by G. M. Jonghi Lavarini and L. Servadio, Di Baio Editore, Milan, 2009, pp. 90-95.
- Campari Headquarters, "Tracce Opere", special edition, Moretti Spa, 13, 2009.
- Comparto Campari Sesto San Giovanni (Milano), "L'Arca", 267, March 2011, pp. 58-65.
- Campari Headquarters in "Design Vision International Office Building", Ifengspace, Shenzhen Guangdong China, 2011, pp. 254-259.
- X. Zhang, Studio Arch Mario Botta/Campari Area in "World Architecture II", MDX Publishing Group Limited, Hong Kong China 2012.

莫库凯托酒庄
WINERY MONCUCCHETTO

瑞士 卢加诺
Lugano, Switzerland 2005-2010

新酒庄位于卢加诺市的最深处——莫库凯托山上。这是一个古老的农舍，现在部分被整合入新建筑。该项目旨在建立建筑和环境之间新的平衡。

该项目被分为两部分：伸出地面上的部分有着和老房子一样的曲线盖瓦屋顶；另一部分是位于地下的酿酒厂，共有3层，最上层是品酒室和厨房，中层为葡萄酒生产区和管理员公寓，下层则为技术用房和酒桶储藏室。面向山谷的外墙露出地面，看似石基。酒庄入口前面的大广场用花岗岩铺就，可以用作酒庄的装卸台。

项目概况

设计时间：2005
建造时间：2007—2010
业主：丽莎塔与尼科洛·卢基尼
基地面积：18 164m²
建筑面积：地下酒厂1 300m² / 地上建筑500m²
建筑体积：地下酒厂6 000m³ / 地上建筑2 400m³

Project: 2005
Construction: 2007-2010
Client: Lisetta and Niccolò Lucchini
Site area: 18,164m²
Useful surface: winery 1,300m² / house 500m²
Volume: winery 6,000m³ / house space between the words 2,400m³

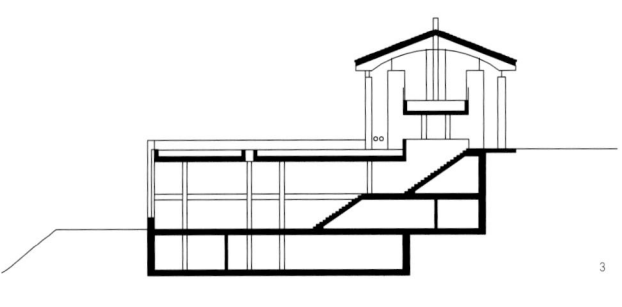

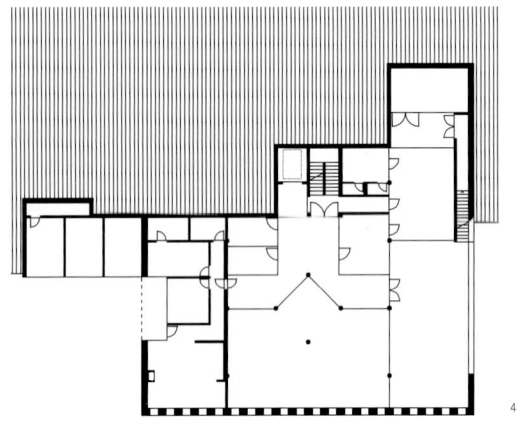

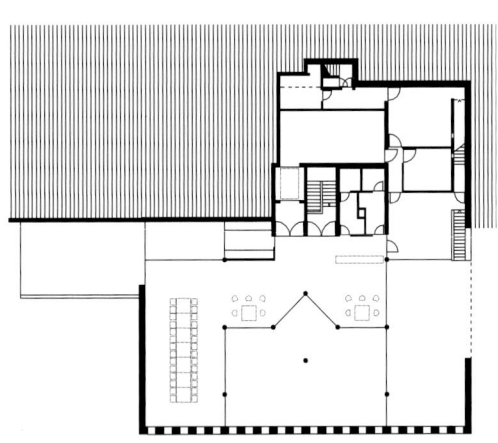

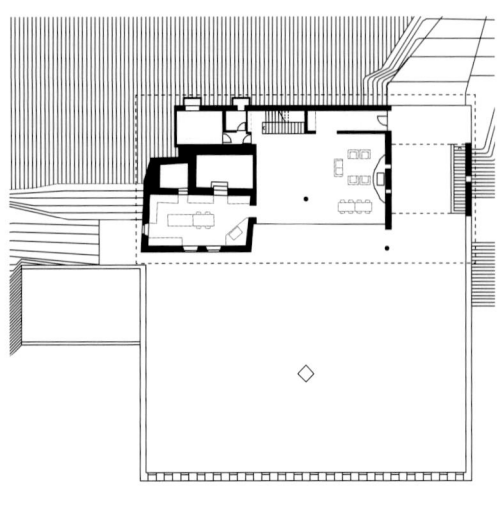

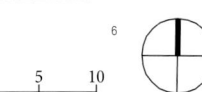

3

4

5

6

0 5 10

8~10. 室内实景

延伸阅读

- A. Dell'Acqua, Lugano Moncucchetto La fattoria by Mario Botta, "Gastronomie & Tourisme Vins", March/April 2010, pp. 49-51.
- Per la fattoria Moncucchetto una cantina firmata da Mario Botta, "Ticino Magazine", February/March 2010, pp. 41-44.

1. 手绘草图
2. 建筑效果图
3. 手绘草图

特雷莎修女小教堂
CHAPEL FOR MOTHER TERESA

瑞士 莫斯阿尔卑斯 特伯尔
Moosalp, Törbel, Switzerland 2005

　　特雷莎修女小教堂矗立在海拔2 060m的山上。建筑呈菱形，有一个正方形的坡屋顶。教堂被想象成一块从山体中伸出的大岩石。建筑的最高顶点被一个三角形天窗所切割，从而使光线进入神圣空间。室内设计的素净暗示了圣人的质朴。

项目概况
设计时间：2005
业主：特伯尔教区，莫斯阿尔卑斯教堂建设委员会
基地面积：9 500m²
建筑体积：170m³

Project: 2005
Client: Parish of Törbel, Commission for the Construction
of the Moosalp Chapel
Site area: 9,500m²
Volume: 170m³

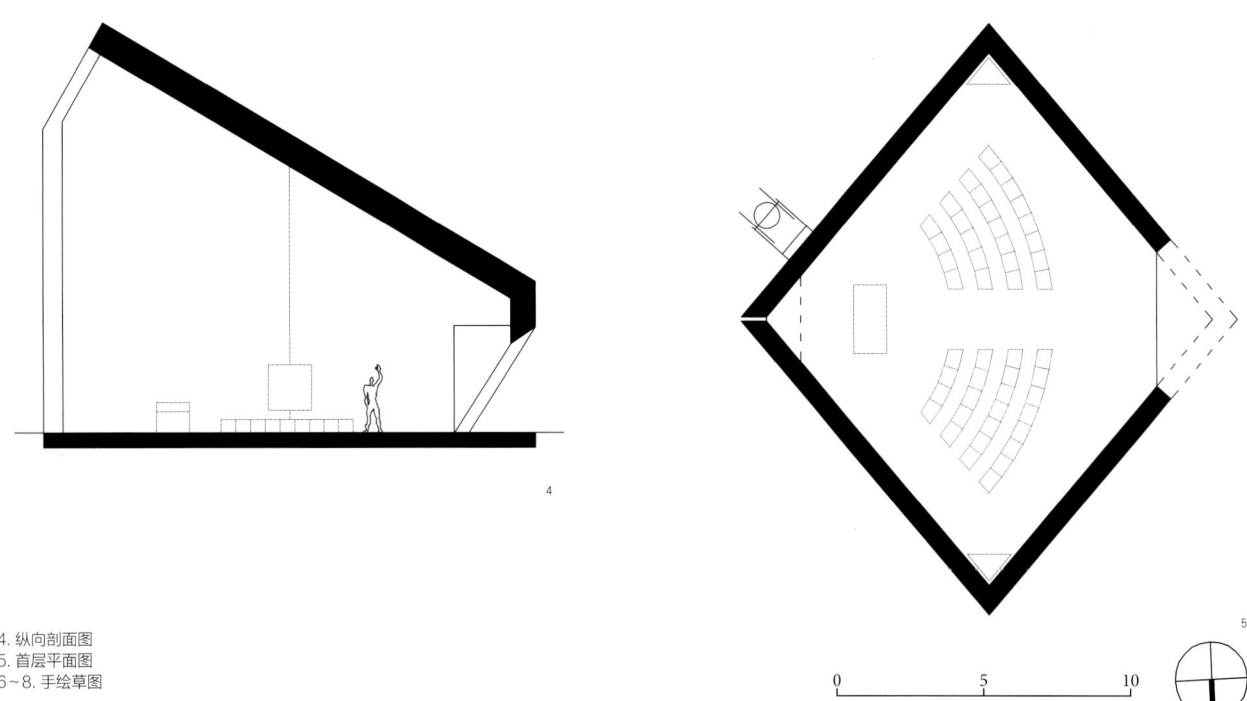

4. 纵向剖面图
5. 首层平面图
6~8. 手绘草图

0   5   10

7

8

0187

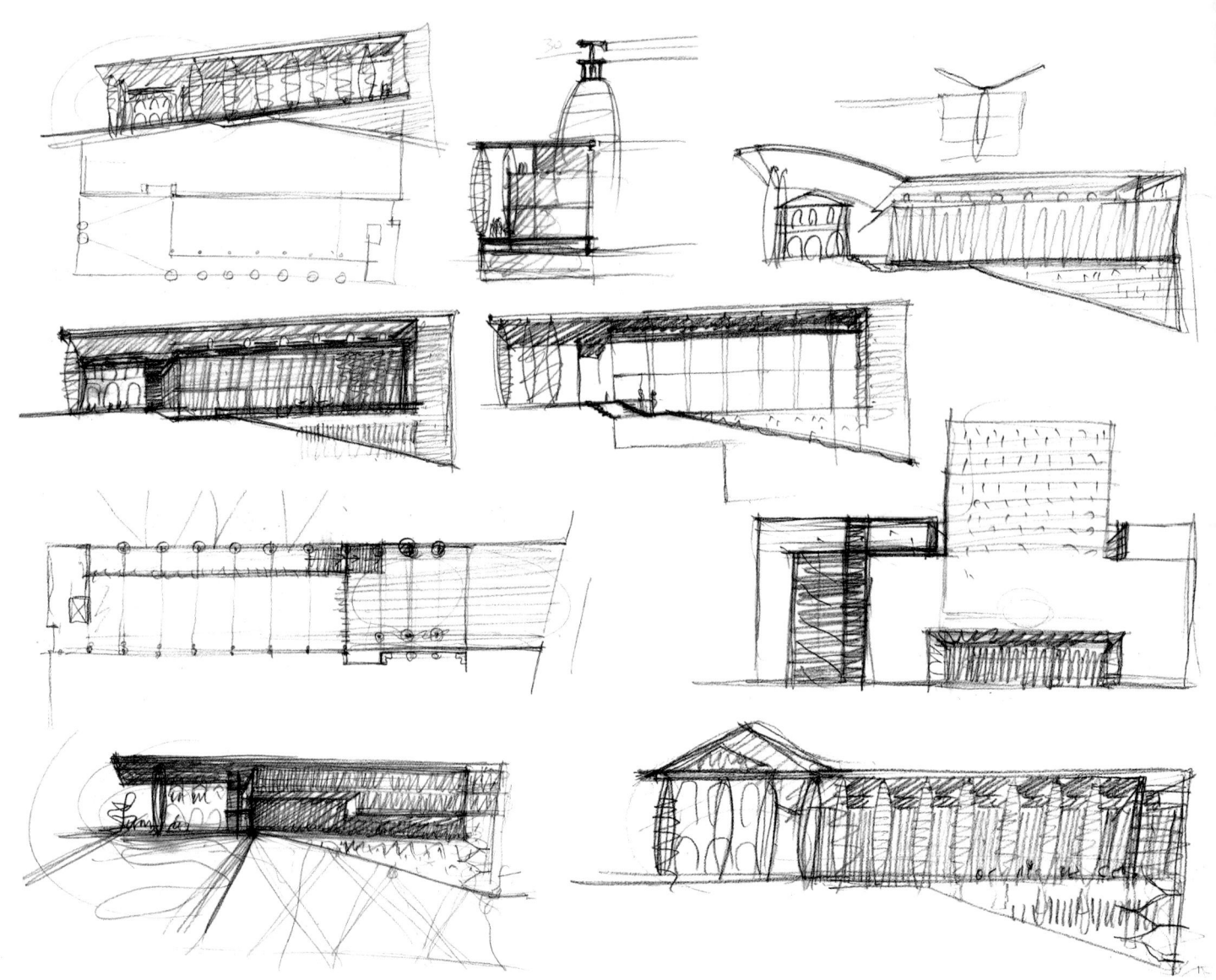

洛桑歌剧院
OPERA HOUSE

瑞士 洛桑
Lausanne, Switzerland 2005

　　为了满足任务书要求，该设计意在形成一个简洁紧凑的舞台塔体量，它围绕着中央舞台和一个毗邻公园的3层楼座。办公室设在二层和三层，餐厅设在首层，艺术家的化妆间设在地下一层。

　　该项目的目标是利用与公园相连的优势，创造一个新的歌剧院入口。新的入口设立在东南角，面对着公园，形成一个公共空间。事实上，从顶层出挑的屋顶创造出了入口处的广场，这个被遮蔽的空间由两个朝向马路的巨柱界定。

项目概况
竞赛时间: 2005
业主: 洛桑市
建筑面积: 约12 700m²
建筑体积: 约27 000m³

Competition project: 2005
Client: City of Lausanne
Useful surface: approx. 12,700m²
Volume: approx. 27,000m³

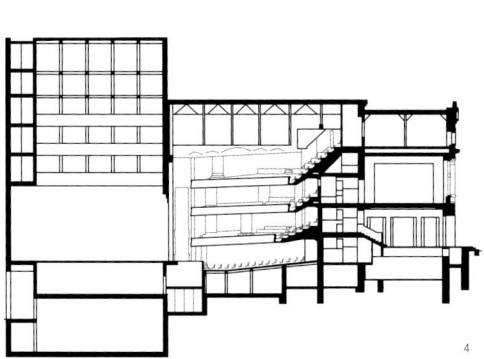

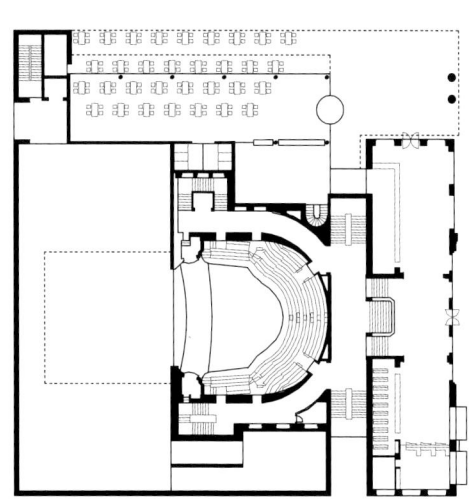

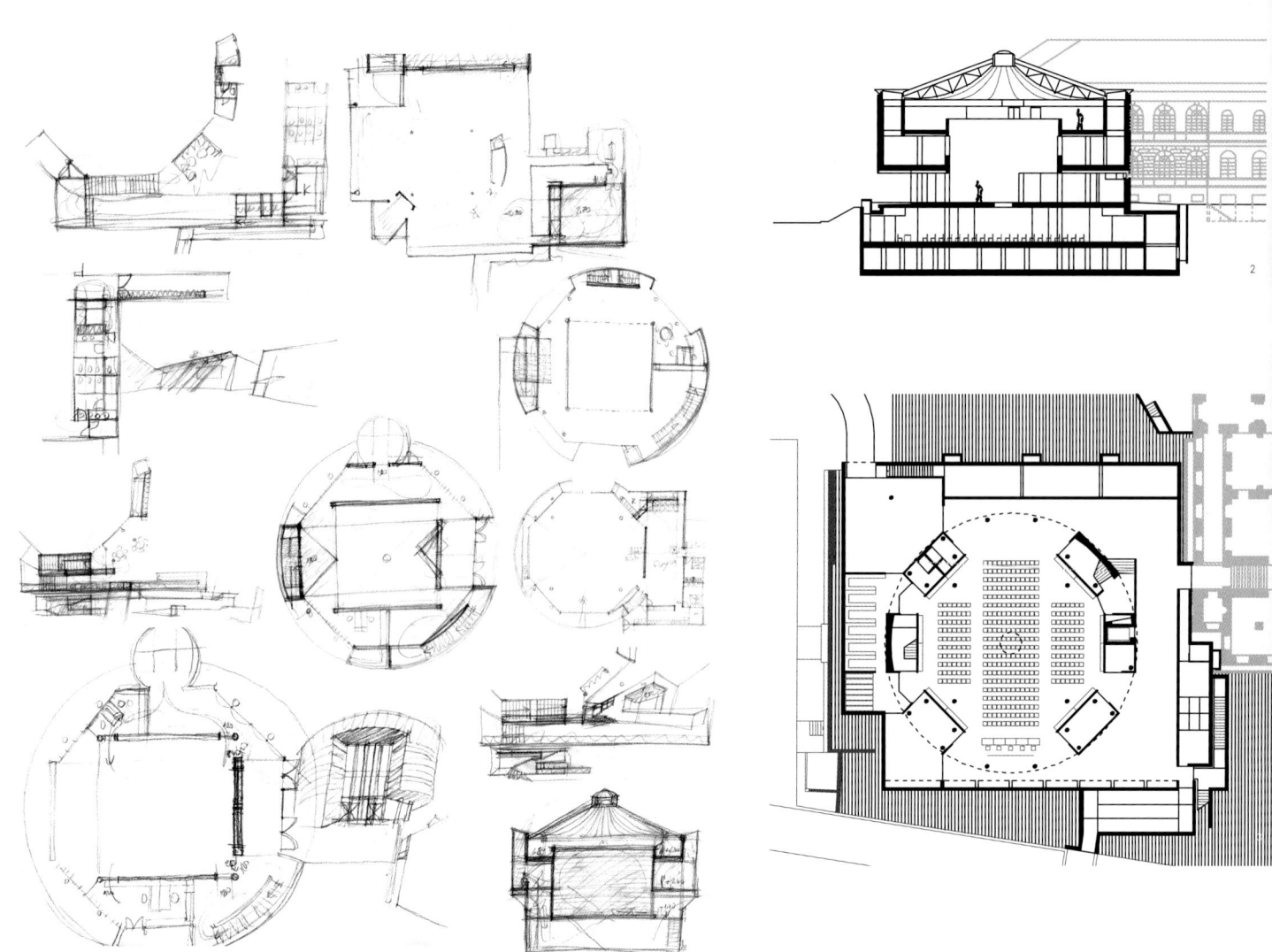

1. 手绘草图
2. 剖面图
3. 首层平面图
4. 建筑效果图
5. 二层平面图
6. 三层平面图
7. 四层平面图
8.9. 手绘草图

门德里西奥剧院
THEATRE OF THE ARCHITECTURE

瑞士 门德里西奥
Mendrisio, Switzerland 2005/2010- in progress

该项目的实施是建筑基金会博物馆以及提契诺大学共同努力的结果，他们希望以此加强门德里西奥建筑学院校区的联系。建筑剧院坐落在图尔科尼宫殿的西南角，并与在东北角的嘉布遣教堂遥相呼应。建筑的形式为一个圆柱体，地上3层，地下2层，地下层与图尔科尼宫殿和贝亚塔韦尔吉医院相连。地上部分作为展览空间，而地下部分设有报告厅、归档室和存储室。展览空间围绕圆形的中庭展开，中庭上方是一个帐篷式的屋顶。参观流线沿着建筑外圈展开。顶面中央的天窗和沿着建筑外圈走廊的天窗为室内提供了采光。

项目概况
设计时间：2005/2010
建造时间：2013至今
业主：建筑基金会博物馆，提契诺大学（USI），建筑学院
建筑面积：4 300m²（包括1230m²的展览区域及3 070m²的档案馆和大学活动中心）
建筑体积：18 350m³（包括地上7 500m³和10 850m³的地下部分）

Project: 2005/2010
Construction: 2013-in progress
Client: Foundation Museum of the Architecture, USI (Università della Svizzera Italiana), Academy of Architecture
Gross floor area: 4,300m² (of which 1230m² as exhibition space and 3070m² as archives and university activities)
Volume: 18,350m³ (of which 7,500m³ above ground and 10,850m³ underground)

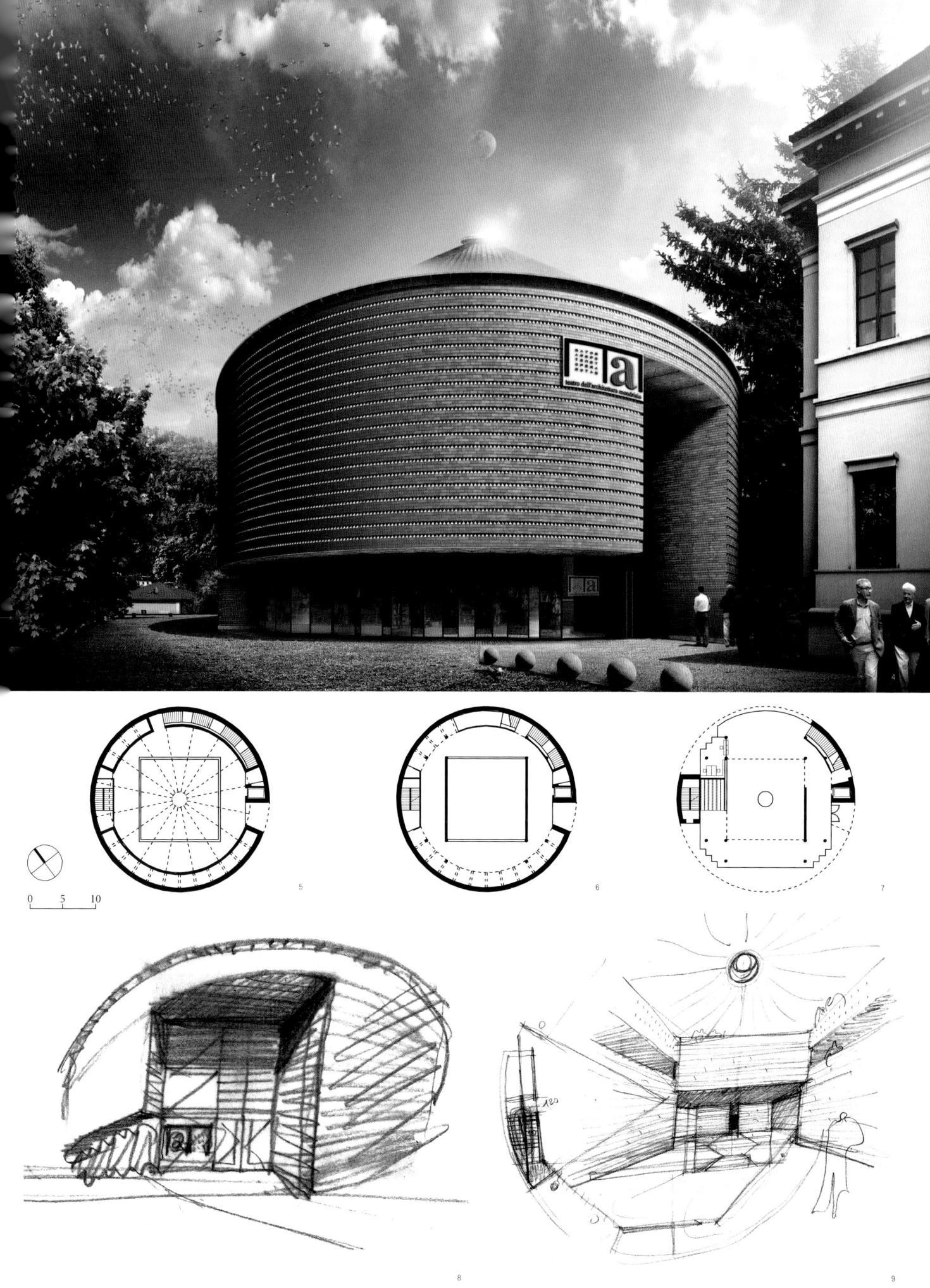

4

5

6

7

0   5   10

8

9

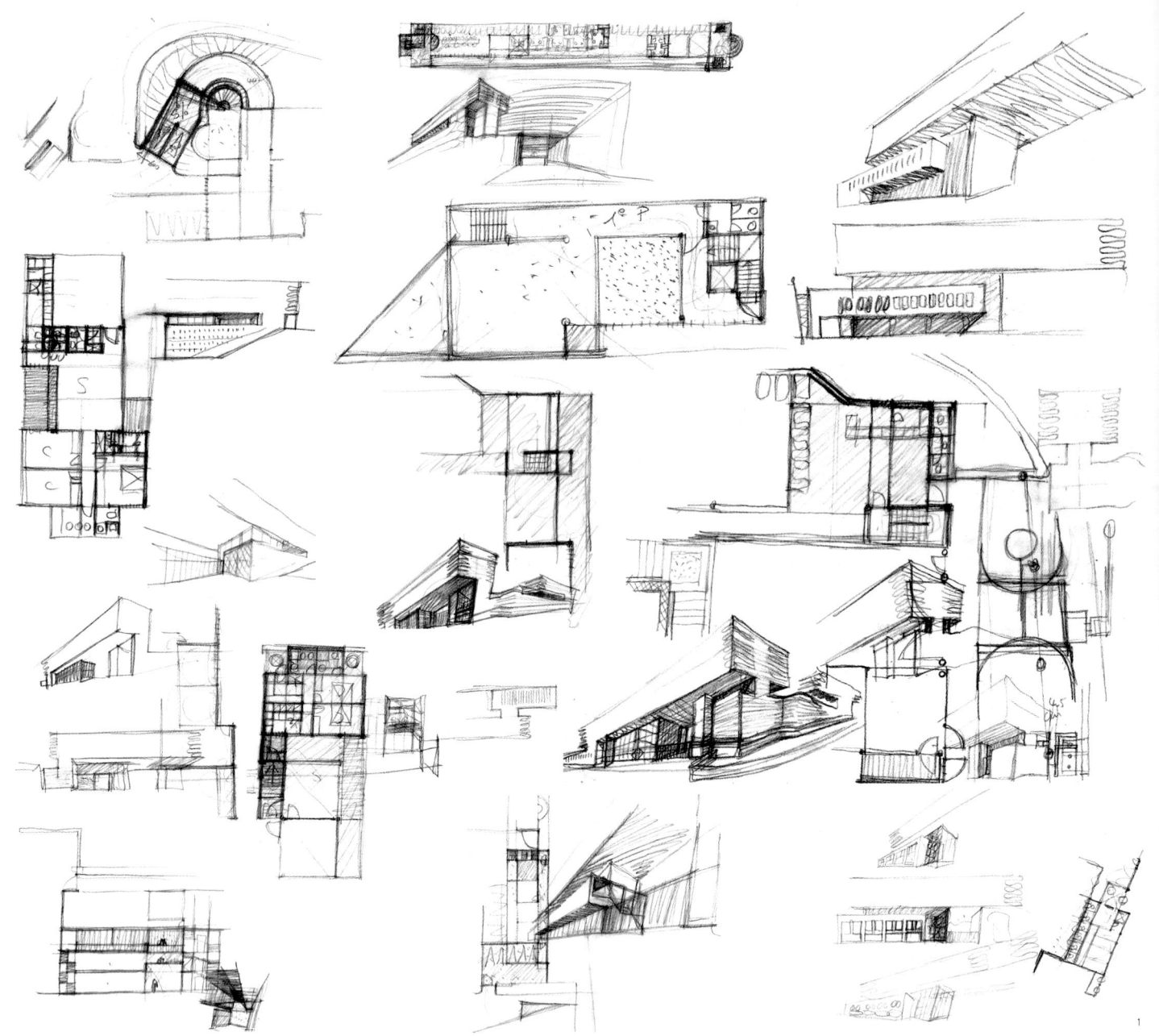

1. 手绘草图
2. 建筑细部

马里奥·博塔建筑事务所新办公楼
BUILDING FUORIPORTA

瑞士 门德里西奥
Mendrisio, Switzerland 2005-2011

　　该项目可以诠释为20世纪从老城区到周围山地的城市化进程的完成。新建筑代表着南部村镇肌理与北部交通基础设施（公路、火车站和公路）发达的圣马提诺平原的分界点。

　　这座5层的建筑呈L形，长边面向山谷并平行于通往火车站道路，短边则与通往历史中心的佐尔齐路平行。

　　马里奥·博塔建筑事务所位于建筑长边的一层，上层空间被用作办公室或公寓。

　　办公空间为一个2层通高的约长80m、宽10m的立方体。一整排通高开窗使得空间南北通透。通过室外的穿孔金属百叶控制光线照射角度以调节室内明暗。建筑外墙为约旦石灰石板。

项目概况

设计时间：2005	Project: 2005
建造时间：2007—2011	Construction: 2007-2011
基地面积：3 336m²	Site area: 3,336m²
建筑面积：3 300m²	Useful surface: 3,300m²
建筑体积：地上14 000m³;	Volume: 14,000m³ aboveground
地下6 500m³	6,500m³ underground

3

4

5

6

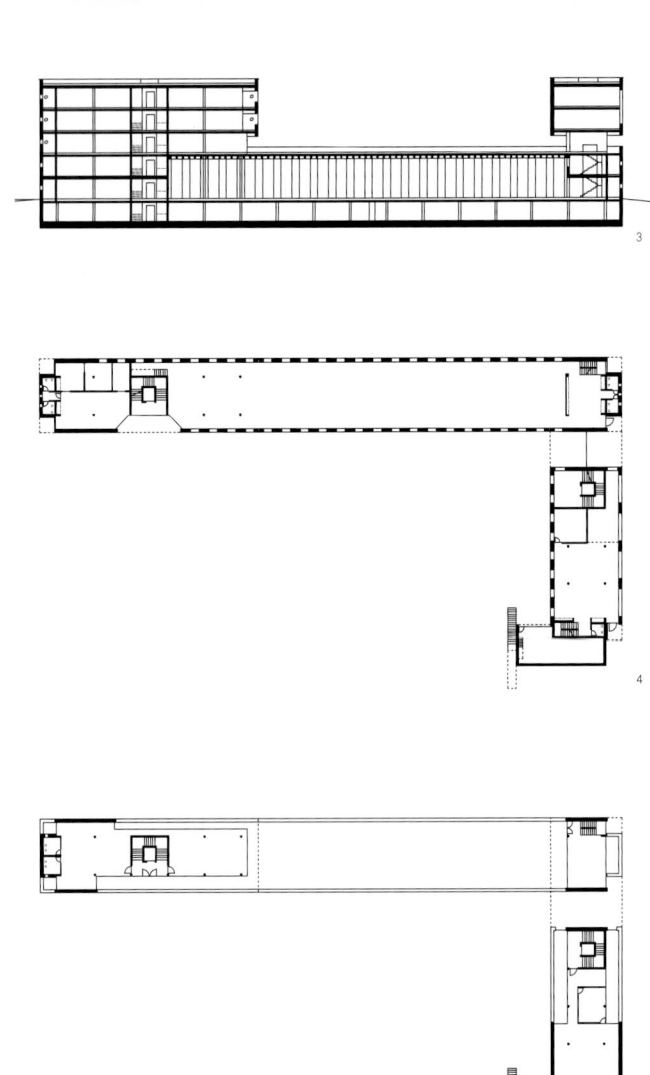

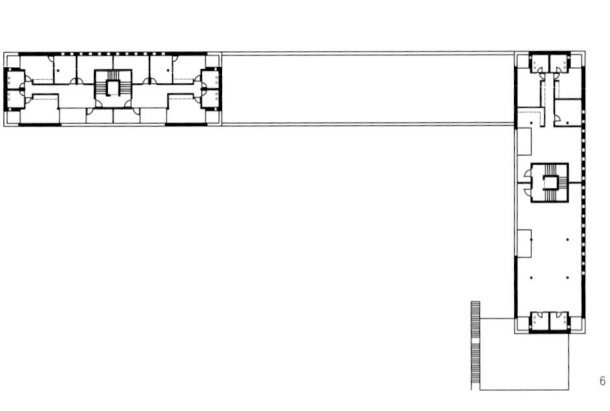

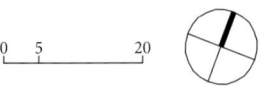

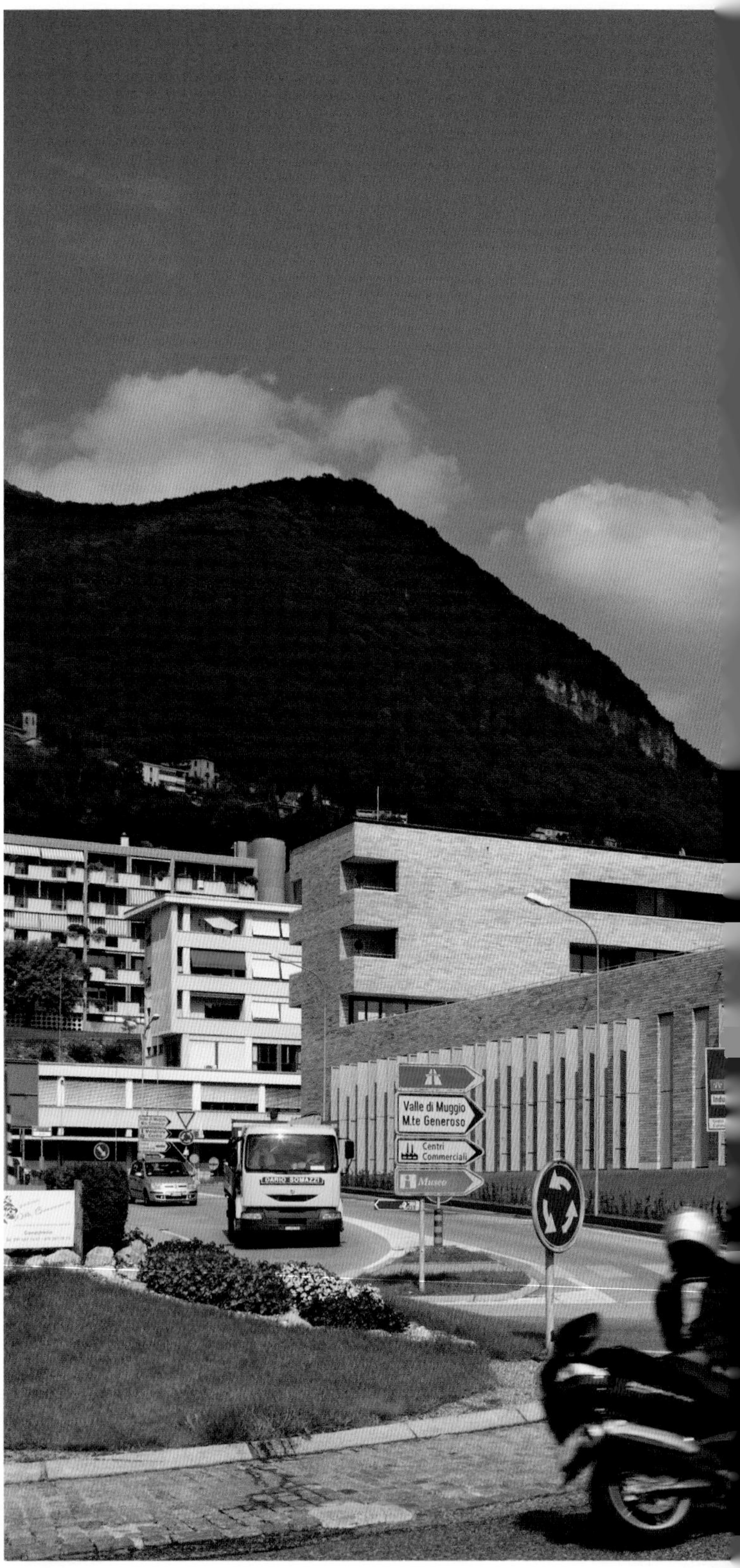

3. 纵向剖面图
4. 首层平面图
5. 二层平面图
6. 三层平面图
7. 建筑实景

8. 建筑南向外景
9. 室内实景

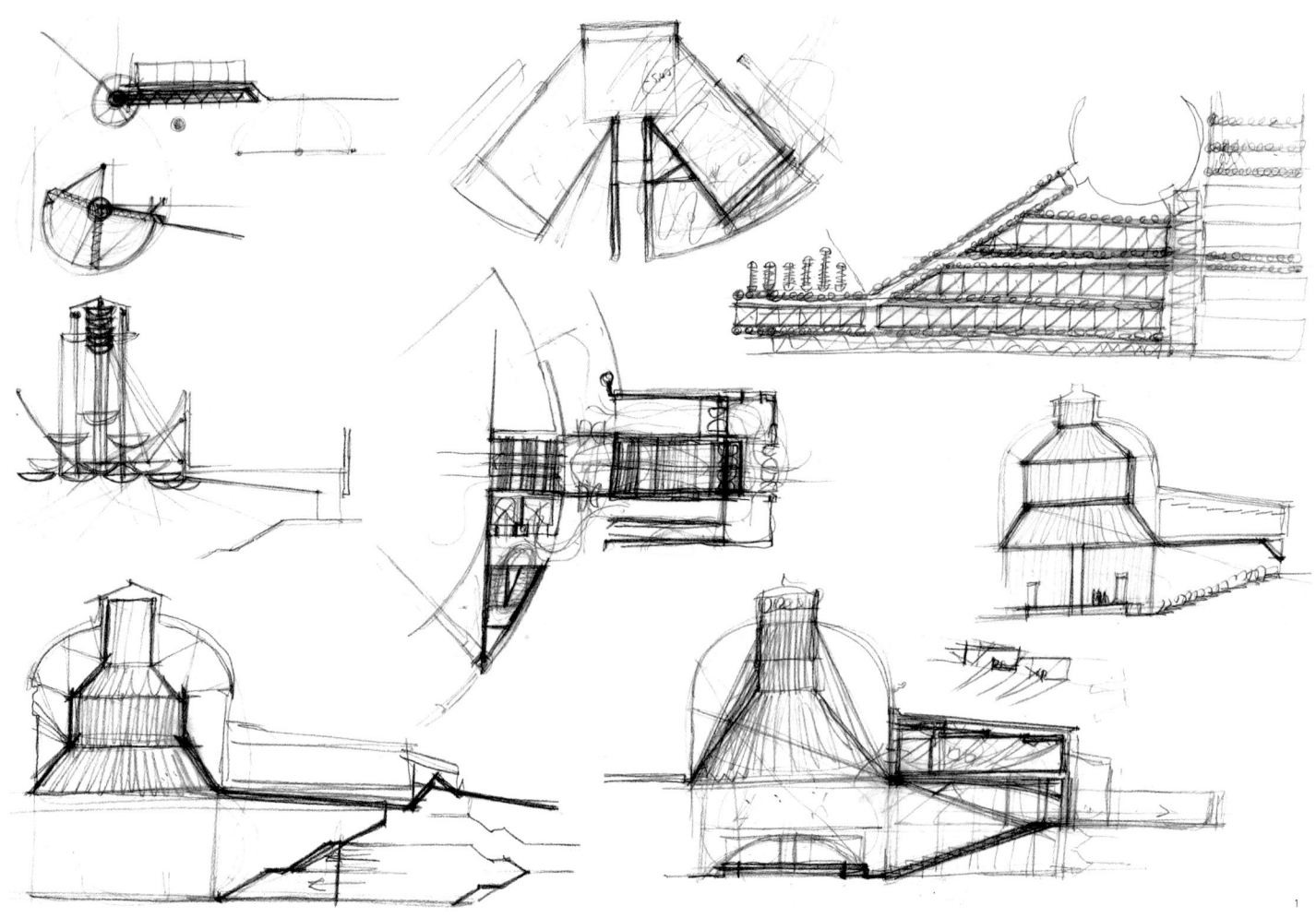

1. 手绘草图
2. 首层平面图
3.4. 建筑模型

圆厅建筑:冰库改造
ROTONDA

意大利 维罗纳
Verona, Italy 2005-2008

  这一名为"圆厅建筑"的项目对一座旧冰库进行了功能性的修复,属于"前马革基尼·基纳瑞利"地区大型项目的一部分,规划将旧工业建筑改造为公共空间。如其名称所述,"圆厅建筑"是一个圆形的结构,直径超过100m。

  这个工业建筑的特殊性在于它被设计为一个生产冰块的混凝土"机器"。现代建筑思潮主导了它"内部决定外部"的设计方式,这种激进的设计方式,使得最终的形式仅仅满足了内部的功能需要。与这种方式相反,这次改造尝试将把这个"机器"转变为一个促进人们活动的建筑。

  将内部空间进行修复是没有可能的,因为它是一个容纳设备的空间而不是一个供人使用的空间。由此,通过与当地政府的协商,采用了"创意"性的内部修复方式,既保存了外部形象,又通过增加一个完全位于地下的"剧场"改良这一区域。在一层,一个辐射状的梁系统将支承穹顶。

  建筑最终将呈现为统一的整体,一个由中央穹顶主导的大空间,它将取代现有冷冻用房的墙体布置。

项目概况
设计时间: 2005
业主: 卡利维诺娜基金会, 意大利
基地面积: 100 000m²
建筑面积: 地上12 800m², 地下7 700m²
建筑体积: 地上94 000m³, 地下45 000m³

Project: 2005
Client: Fondazione Cariverona, Italy
Site area: 100,000m²
Rotonda area: 12,800m² above ground, 7,700m² underground
Rotonda volume: 94,000m³ above ground, 45,000m³ underground

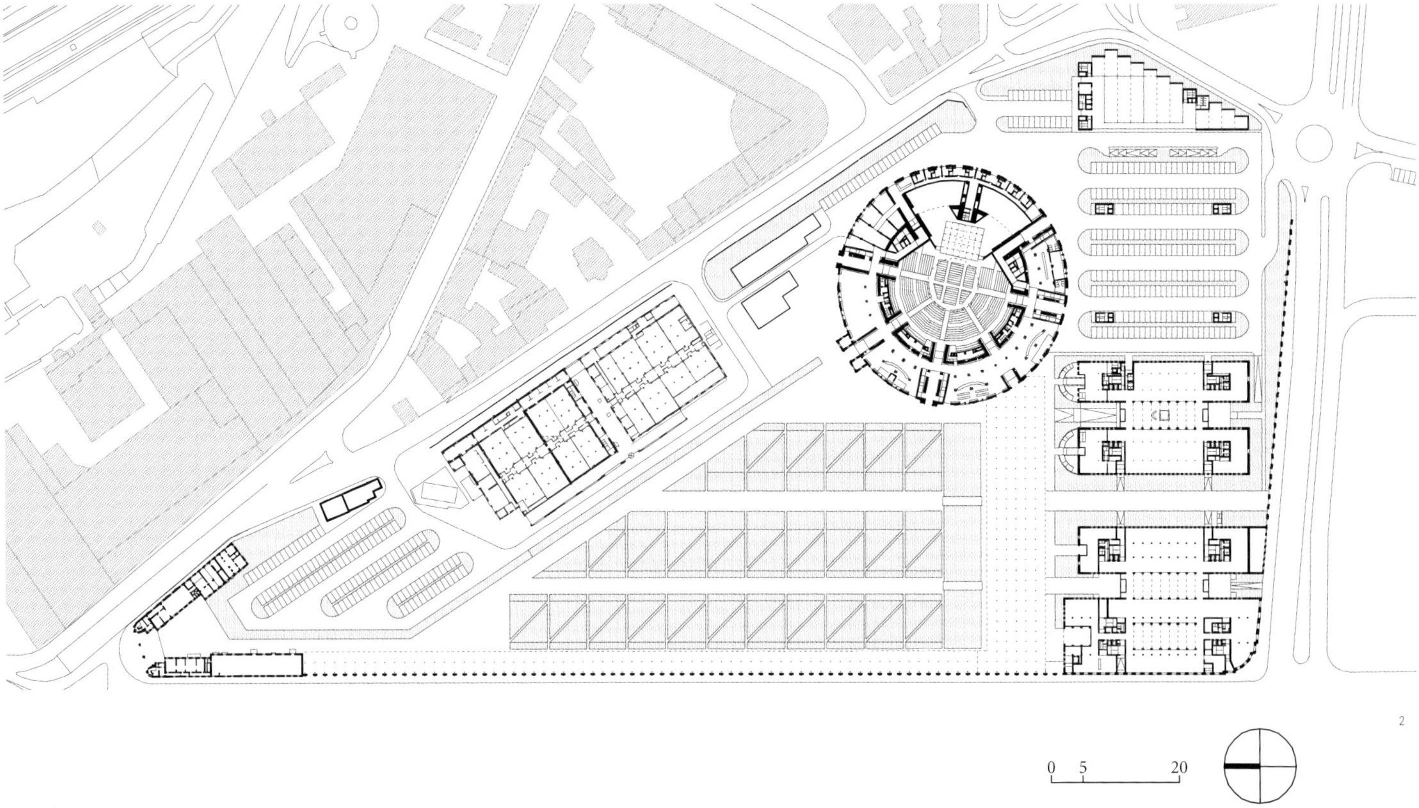

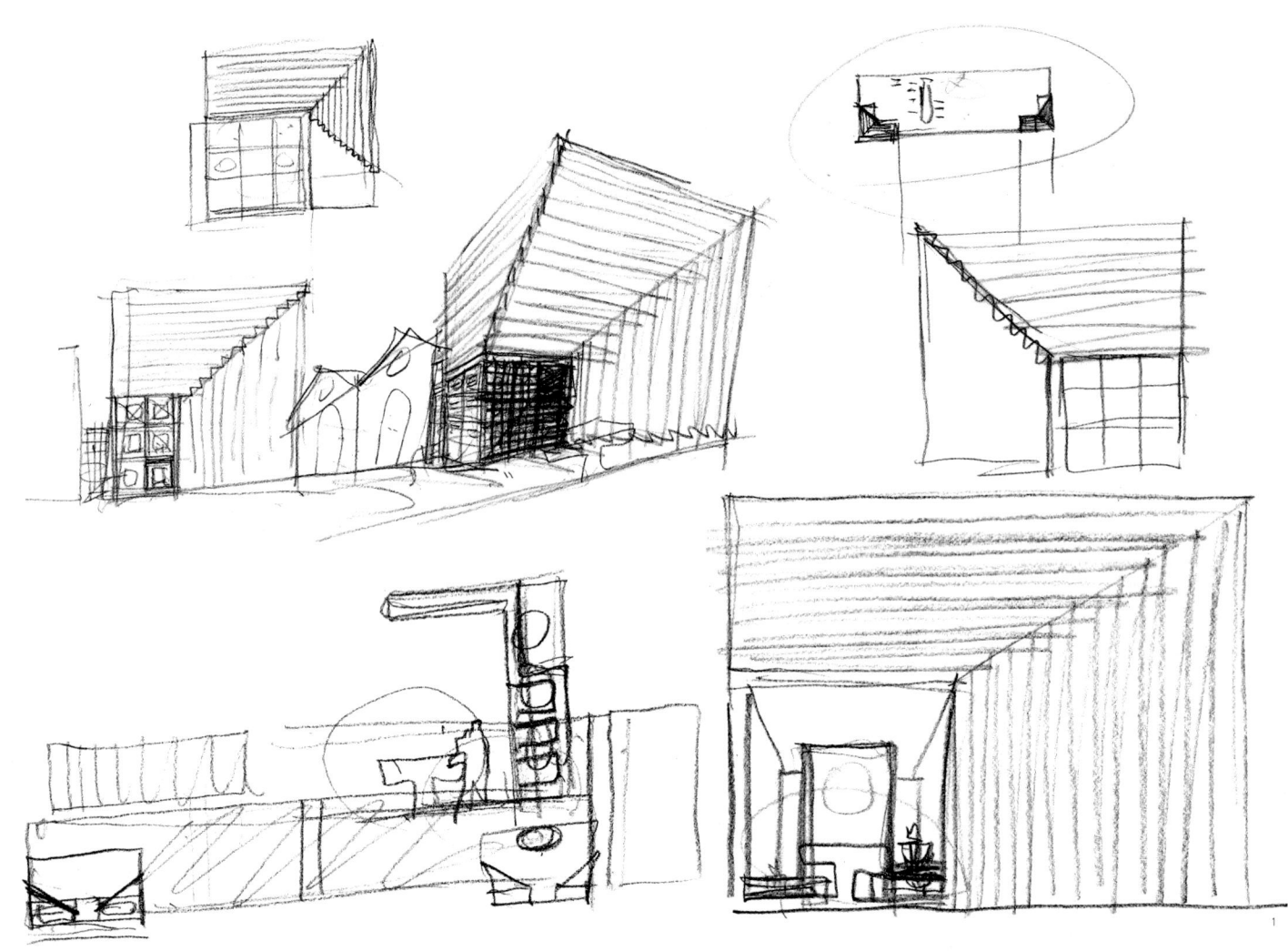

1. 手绘草图
2. 建筑实景

波扎家族丧葬礼拜堂
FUNERARY

意大利 维琴察
Vicenza, Italy 2005-2011

　　波扎家族的丧葬礼拜堂位于隆加拉公墓的老墓区中，在西翼的北侧设有家族礼拜堂。

　　这座亦被称为"波扎纪念馆"的建筑为中空的立方体。前侧两个倾斜面的设计将注意力集中到主道边上的双石棺：一座为诗人奈利波扎，另一座则是他的妻子莱雅·瓜来提。天花板及右翼石材叠层的缓变斜面让整个建筑形式具有一种雕塑感。从侧门上狭窄的窗口可以看到一个顶部采光的小中庭，中庭四周是6个壁龛，藏有骨灰瓮和12个藏骨罐。墓地对面计划建造一座同样的小礼拜堂，并设置提供殡葬服务的祭坛和一座二战空袭受害者的纪念碑。

项目概况

设计时间：2005
建造时间：2011
项目地点：意大利，维琴察，隆加拉公墓
业主：波扎家族
尺寸：长7.70m，宽5.30m，高5.70m

Project: 2005
Construction: 2011
Place: Lòngara cemetery, Vicenza, Italy
Client:Pozza Family
Dimensions: length 7.70m, width 5.30m; height 5.70m

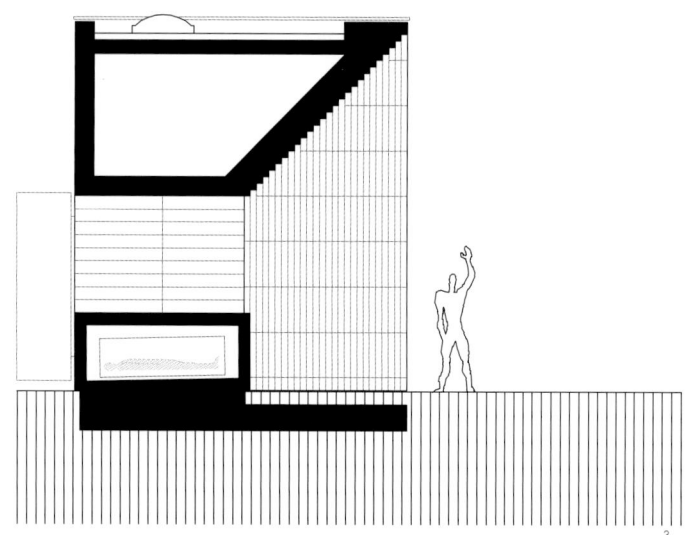

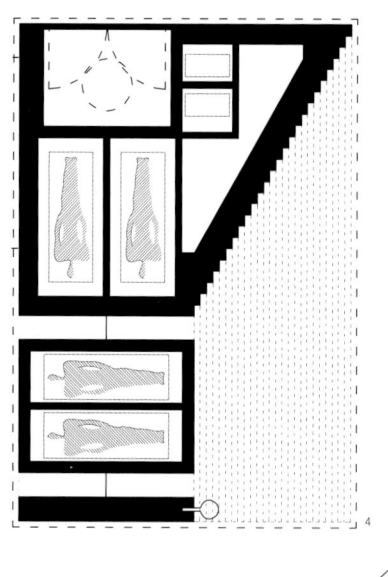

3. 剖面图
4. 首层平面图
5. 建筑入口

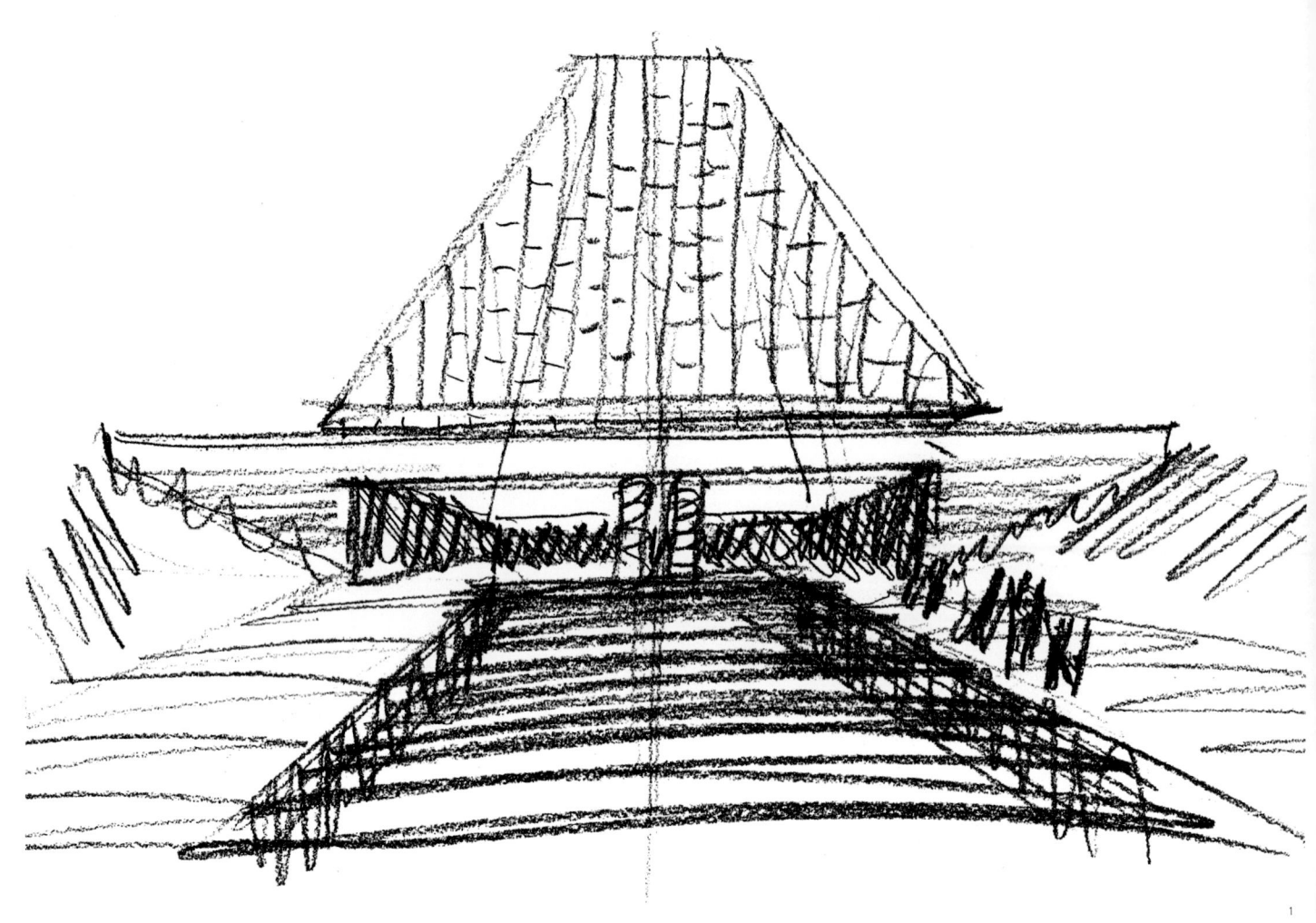

1. 手绘草图
2. 建筑夜景

AGORA会所
CLUB HOUSE AGORÀ

韩国 济州岛
Jeju Island, South Korea 2006-2008

由于其特殊的地理位置和气候条件，济州岛被认作韩国的宝地。该项目在一个新的住宅城市化背景下，通过理性的选址寻求建筑与起伏的自然景观的有机结合，并获得别具一格的滨水关系。该建筑为下榻附近的游客提供服务，除了室外游泳池，还有体育健身设施、厨房、休息厅和接待厅。建筑按正方形网格进行设计，无论是在平面上还是立面上都显示出一种立方体的序列。严谨的几何形（建筑为边长约20m的正方形）与透明的内部空间形成对比，内部空间通过透明的金字塔形玻璃棱镜体朝向广阔的地平线开放。大棱镜体将室内外同层的设施连系起来。由当地艺术家安中源汉设计的巨大不锈钢球体悬挂在透明结构中，成为度假胜地的明显标志。本岛的熔岩材料被用于制作游泳池、地板、墙壁和天花板的饰面，建筑与周围环境之间的密切关系得到了进一步加强。

项目概况

设计时间: 2006
建造时间: 2008
合作建筑师: 首尔，Samoo建筑事务所
业主: Bokwang济州岛有限公司
建筑面积: 1 000m²
建筑体积: 7 000m³

Project: 2006
Construction: 2008
Partner: Samoo Architects, Seoul
Client: Bokwang JeJu Co., Ltd
Area: 1,000m²
Volume: 7,000m³

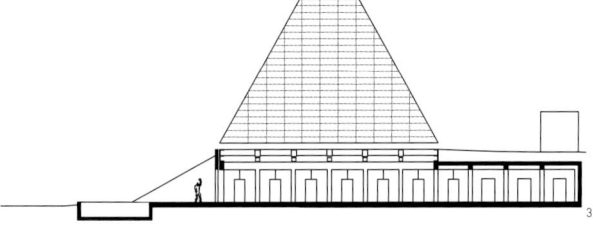

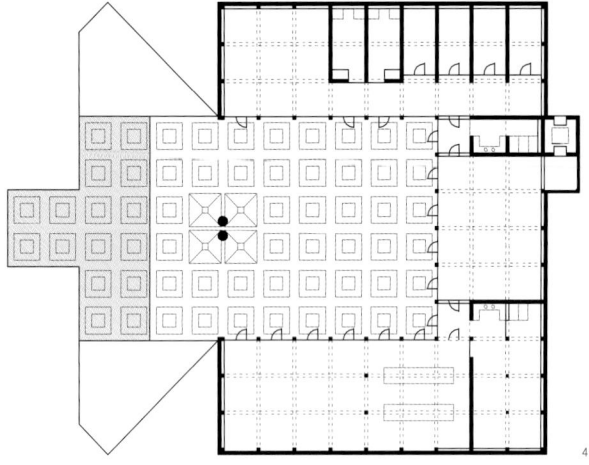

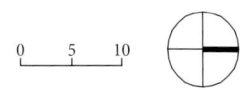

0 5 10

3. 纵向剖面图
4. 首层平面图
5. 透过大厅眺望大海
6. 建筑正立面实景

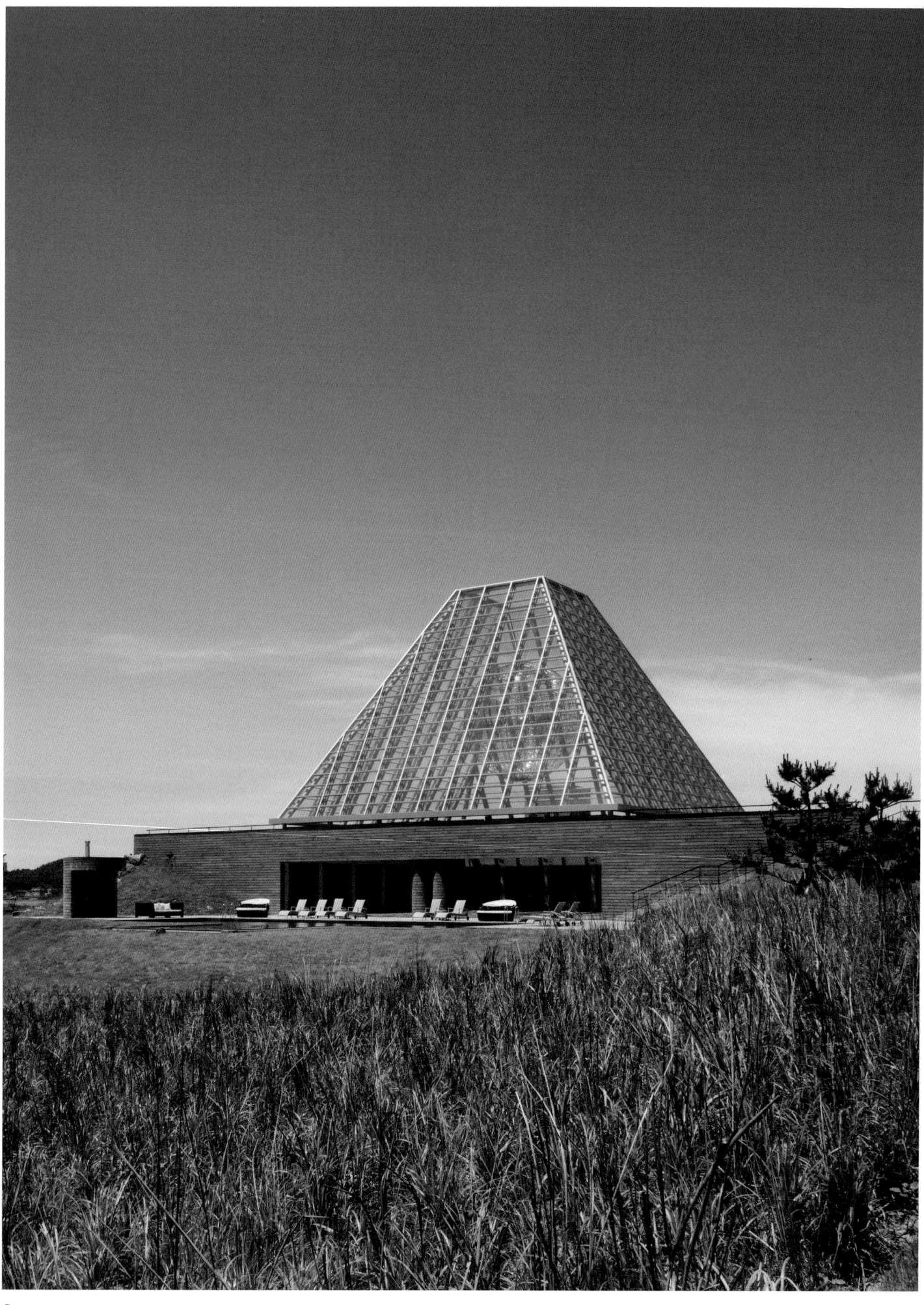

7. 建筑全景
8. 室内实景

延伸阅读

- F. Gottardo, Agorà di Luce / Agorà of Light, "Abitare la Terra", 2009, 25, pp. 16-19.
- Club house AGORA, Jeju, Corea del Sud, "Archi", 2, March/April 2009, pp. 34-37.
- Phoenix Island Villa Condo + Club House "Agora", "Archiworld", 164, January 2009, pp. 68-77.

弗耶尔酒庄
WINERY CHÂTEAU FAUGÈRES

法国 圣艾美隆
Saint-Emilion, France 2005-2009

基地位于波尔多地区圣艾美隆起伏的山峦上，向游客开放的大片葡萄园内种植着一排排整齐的葡萄树，人工种植与自然环境留下的印记和谐并存。随着季节的更迭，翠绿变为秋黄。在这凄美而散发着历史记忆的地方，希尔维奥·邓兹邀请马里奥·博塔设计一个新酒庄。

为实现这个纯粹的建筑形式，建筑有一大部分藏在地下的石构基础中。一层为榨葡萄区域，地下层为生产和陈酿葡萄酒区域。建筑中部竖起的高塔，在表面有规律地开洞，其内部设有行政服务和品尝葡萄酒的舒适空间。在顶部设有一个面向东南的有顶露台，可以俯瞰村落。天然黄石的外墙突出了建筑的几何轮廓。"理性的"建筑形式与"有机的"人工景观形成对比，增强了二者的美感。

项目概况
设计时间：2005—2006
建造时间：2007—2009
合作建筑师：法国，利布尔纳，谢尔盖罗塞卢，
　　　　　　伊普代理
业主：弗耶尔酒庄股份有限公司
基地面积：32 625m²
建筑面积：3 500m²

Project: 2005-2006
Construction: 2007-2009
Partner: arch. Serge Lansalot, agency Epure,
　　　　Libourne, France
Client: Sarl Château Faugères
Site area: 32,625 m²
Useful surface: 3,500 m²

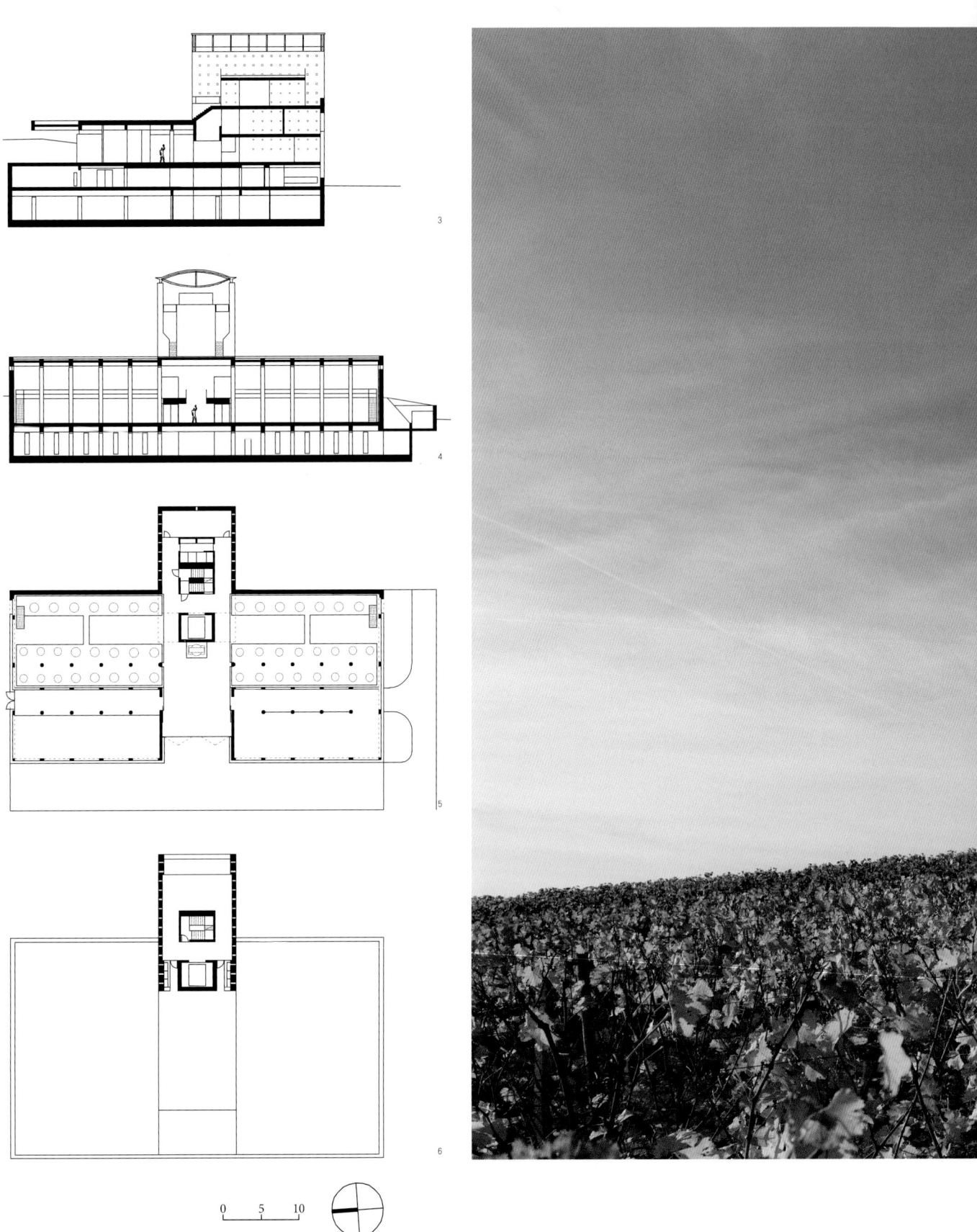

0
5
10

3. 横向剖面图
4. 纵向剖面图
5. 首层平面图
6. 二层平面图
7. 建筑实景
8. 室内实景
9. 灰空间
10. 建筑正立面实景

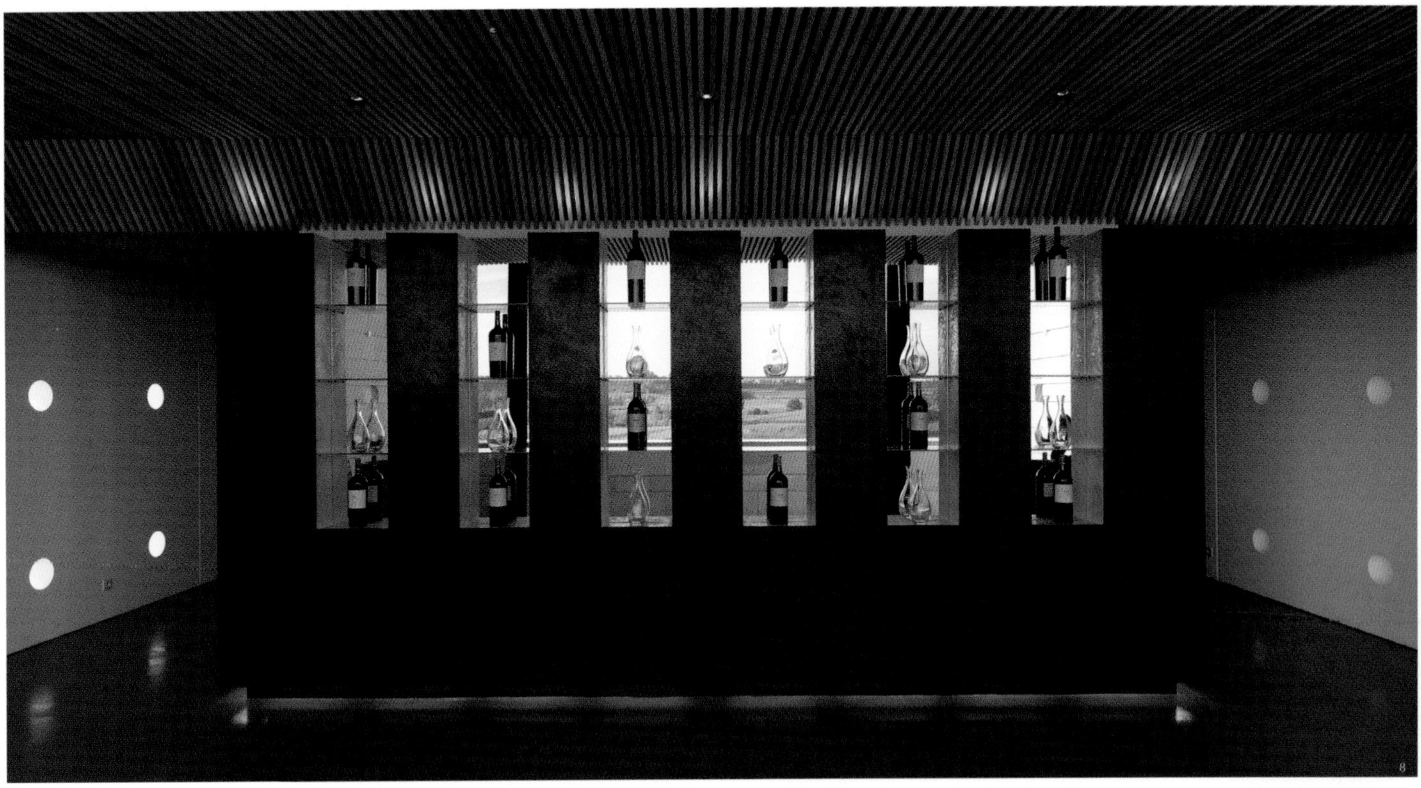

8

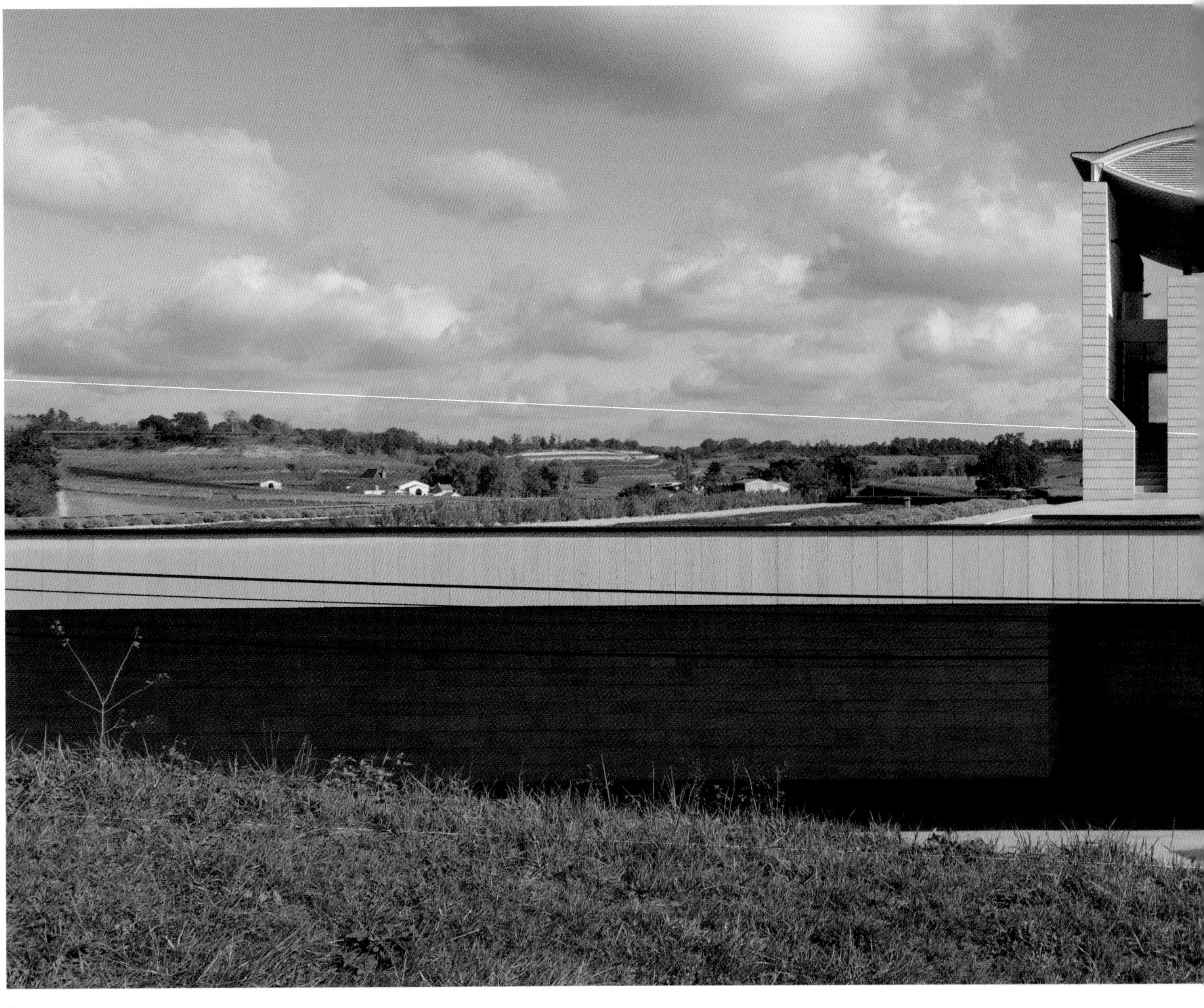

CHÂTEAU FAUGÈRES

11.12. 室内实景

延伸阅读

- F. Lamarre, Le chai de château Faugères par Mario Botta, "Archiscopie", 90, décembre 2009, pp. 18-20.
- A.C. Beaudoin, L'architecture contemporaine au service des grands vins, "Paris Match", 3203, 7 October 2010, pp. 99-101.
- C. Donati, R. Gatti, Cattedrali, organismi, fabbriche. Architettura d'autore per il vino, "Progettare", 6, 2010, pp. 51-63.
- S. Mustacich, New Wave Chais, "Wine Spectator", June 30, 2010, pp. 51-54.
- A Pilgrimage to a Wine Sanctuary in "Wine Culture Architecture. Smak architektury",

edited by K. Baumann, Architects, Foundation Warsaw, 2010, pp. 81-95.
- Château Faugères Breaking New Ground, "France Magazine", 92, winter 2009-2010, pp. 54-55.
- P. Trétiack, Les nouveaux temples du vin, "Beaux Arts Magazine", September 2011, pp. 78-83.
- Wine Cellar Château Faugères, "Area", 117, July/August 2011, pp. 58-65.
- Mario Botta in "Saint-Emilion", edited by Philippe Dufrenoy, Èditions Féret, Bordeaux, 2011, pp.60-61.

瑞士国家青年运动中心三期扩建
EXTENSION OF THE NATIONAL YOUTH SPORTS
CENTRE'PHASE3

瑞士 特纳若
Tenero, Switzerland 2006-2013

1920年，瑞士国家士兵及家属基金会（NSD）捐款购买了这块基地。1921年起这块地开始用于军方疗养，而随着20世纪50年代军事活动的减少，基地需要重新开发利用。

马科兰联邦体育学校，现在的联邦体育办公处，是一个由联邦军事部运行的机构，以体育训练来为瑞士青年的参军进行准备。他们主要通过在特纳若的军事机构中提供更多基础教育计划课程来实现这一目标。在1963年，NSD和联邦体育学校之间的合作为特纳若国家青年运动中心的诞生创造了必要条件。第一期工程在1984年完成，1990年举办了二期扩建的竞赛，并于2001年建成。2006年中心提出了新一轮竞赛来满足已转变的功能需求。全国青年运动中心的三期扩建项目将重组整个综合体，并与四期工程同步完成。这两期的建设为现有和未来的部分提供了一个统一的关键契机，并扩大基地内的绿化。第三期建设设想建造一个有可移动帐篷的露营场地和3个新足球场。一个线性的建筑提供所需的设施，如厨房、食堂、厕所、淋浴室、公共区域。它作为场地界线，将运动中心从私人露营区域分离出来。第四阶段计划建造一个新的体育馆，设立2个健身房、教室和有400个座位的食堂。所有这些设施都和第二期建设的体育场馆直接相连，以创建一个面向湖面的开放式大庭院。

项目概况
竞赛时间: 2006
建造时间: 2011—2013
业主: 联邦体育办事处
基地面积: 49 000m²
建筑体积: 8 970m³

Competition project: 2006
Construction: 2011-2013
Client: Federal Sports Office
Site area: 49,000m²
Volume: 8,970m³

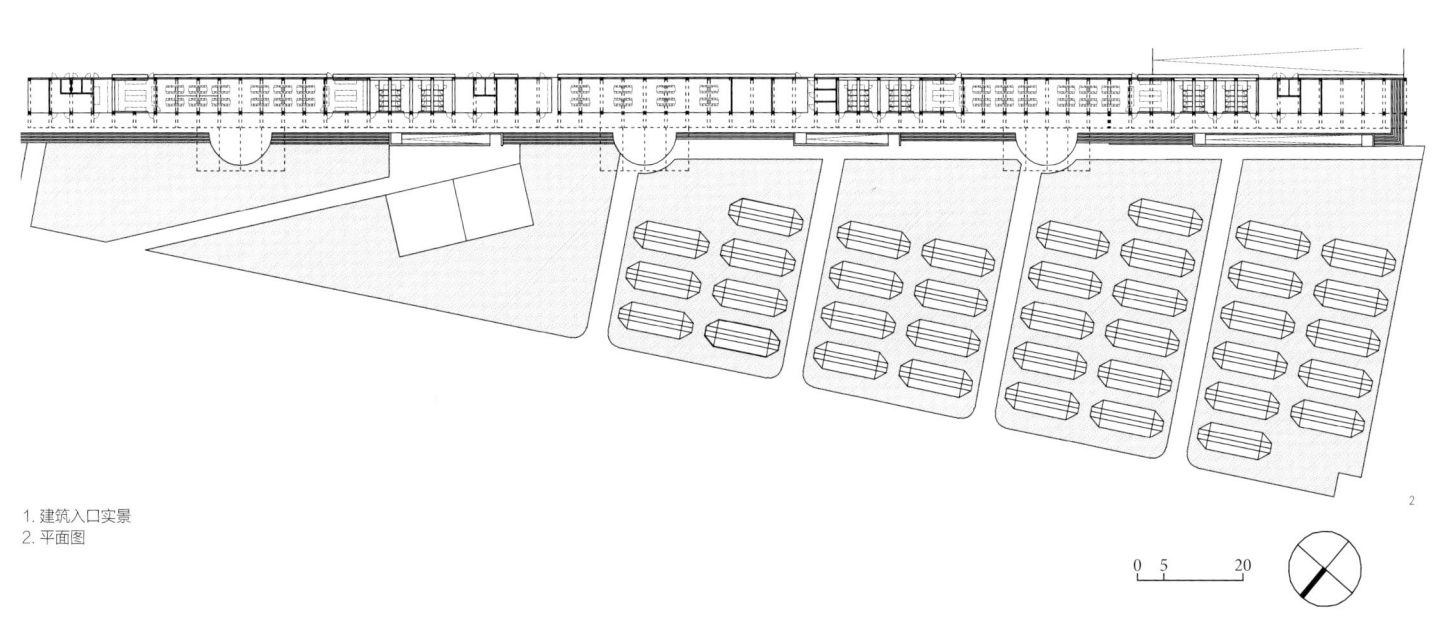

1. 建筑入口实景
2. 平面图

0   5   20

3. 建筑外景
4. 建筑细部

延伸阅读

- A. Caruso, Un confronto a grande scala (Concorso per l'ampliamento del Centro Sportivo Nazionale di Tenero), "Archi", 4, July/August 2008, pp. 50-59.

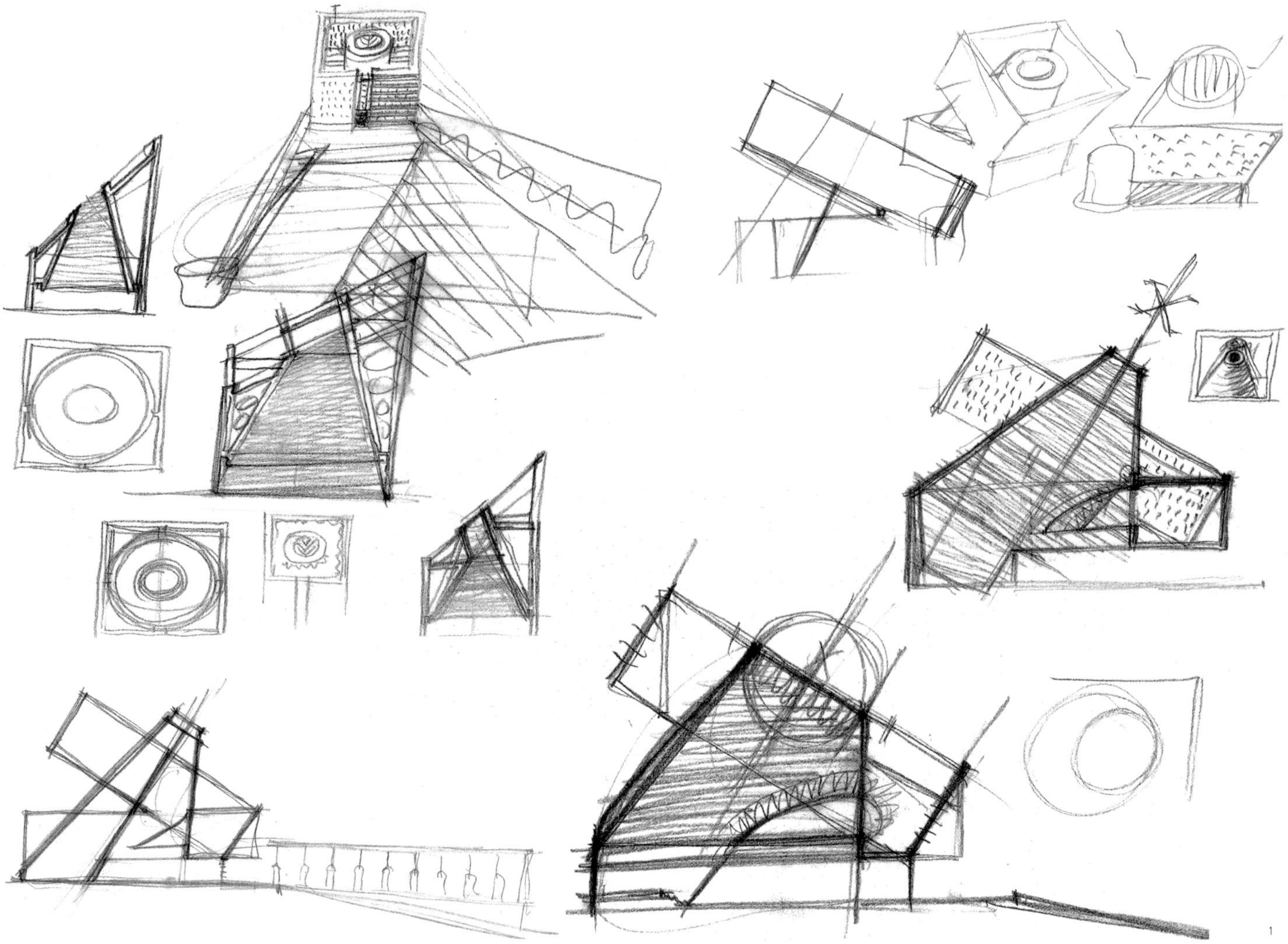

1

1. 手绘草图
2. 施工现场
3. 建筑模型

“圣洛克”教区
PARISH OF ‘SAN ROCCO’

意大利 圣焦万尼泰亚蒂诺
San Giovanni Teatino, Italy 2006- in progress

在该项目中建筑师用水平的圆形体量和纵向的塑性体量形成对比。一方面教堂连接了圣洛克教区和居住区，另一方面也强调了教会的存在感和它在城市发挥的神圣作用。

建筑位于基地的西北侧，重新定义了加富尔路和罗马路之间的街区。教堂设计为一个30m高的单独体量，并将整个体量进行了旋转，相对地面倾斜30°。它向前院伸出并在顶部设有一个庄重的十字形开口。平日的教会活动在教堂的一侧举行；教区的中心垂直于罗马大街，另一侧被柱廊覆盖，教堂的柱廊成为社交聚集点及整个体量的中心元素。

2

项目概况

设计时间：2006
建造时间：2011—在建工程
业主：基耶蒂瓦斯托主教
基地面积：7 700m²
建筑面积：3 000m²
建筑体积：25 000m³

Project: 2006
Construction: 2011 - in progress
Client: Archdiocese of Chieti-Vasto
Site area: 7,700m²
Useful surface: 3,000m²
Volume: 25,000m³

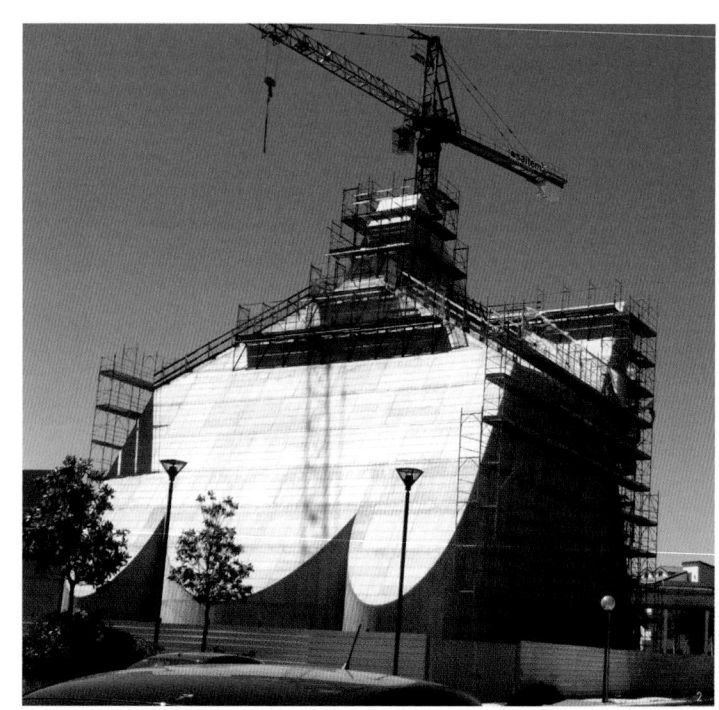

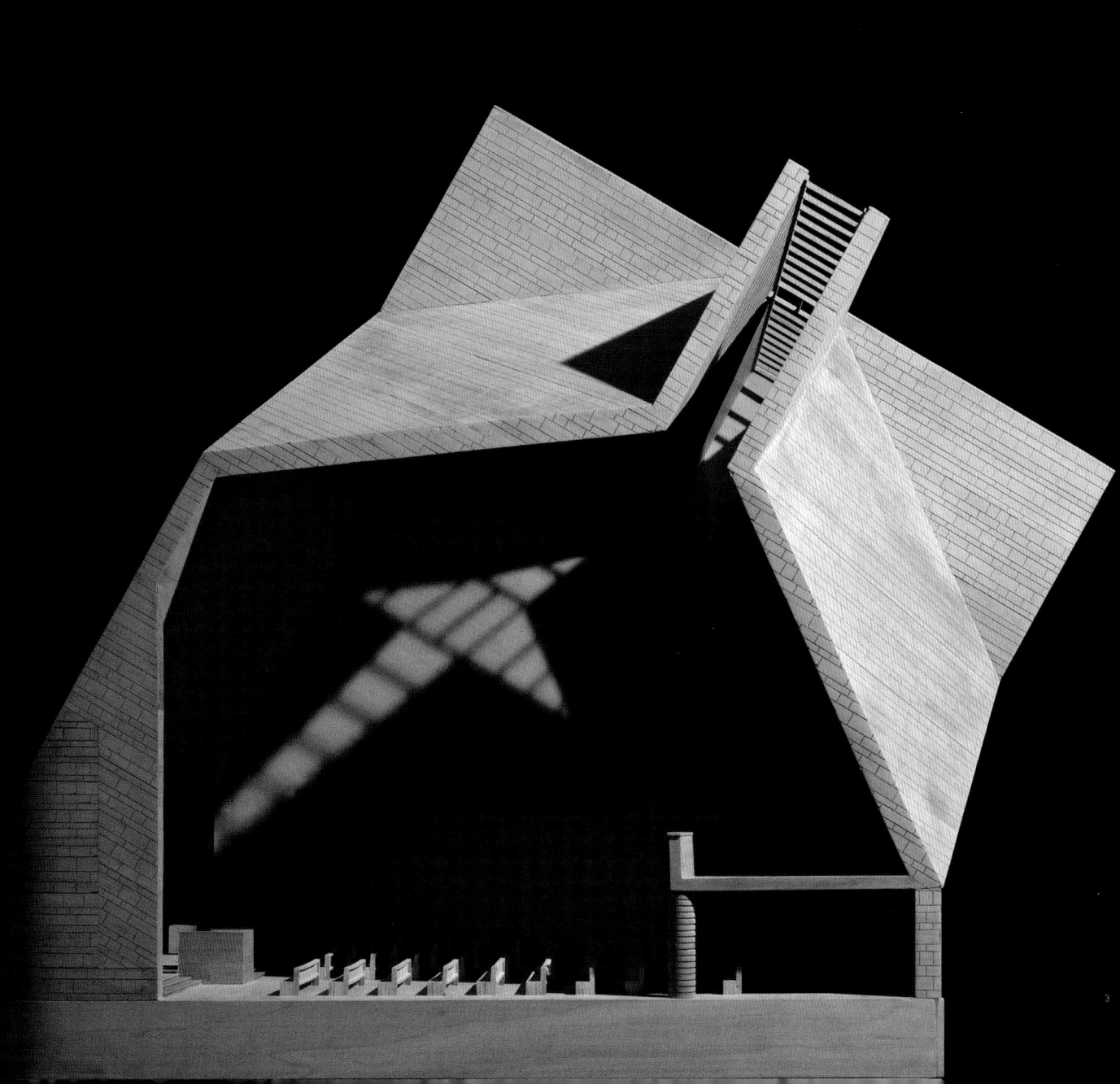

3

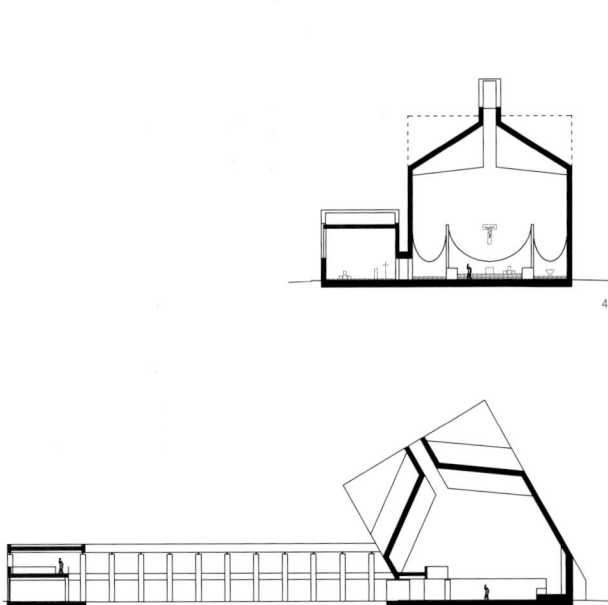

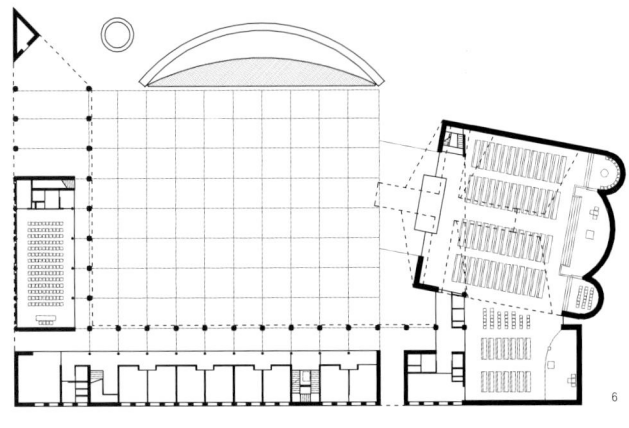

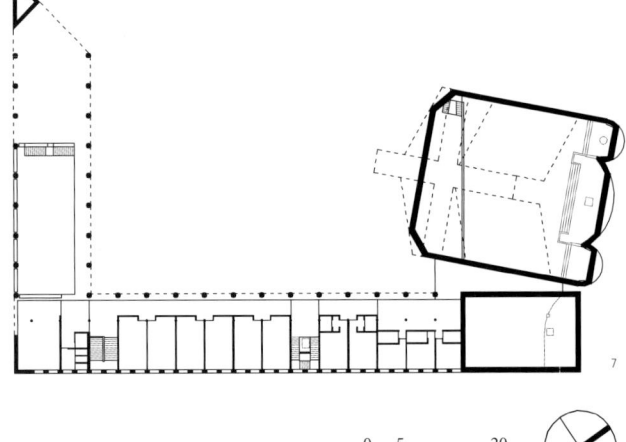

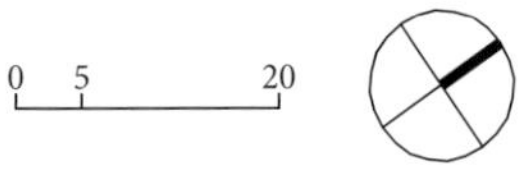

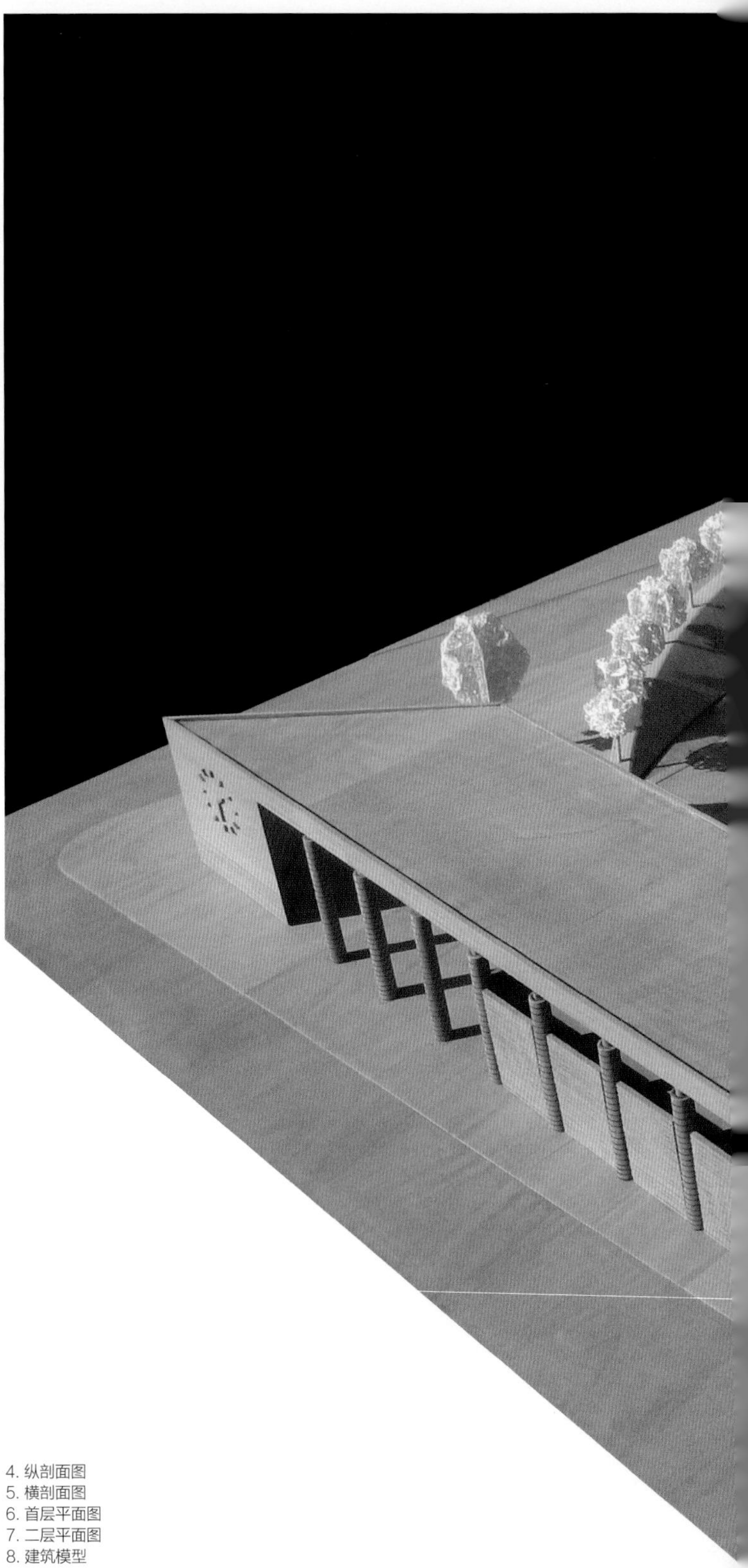

4. 纵剖面图
5. 横剖面图
6. 首层平面图
7. 二层平面图
8. 建筑模型

0 5 20

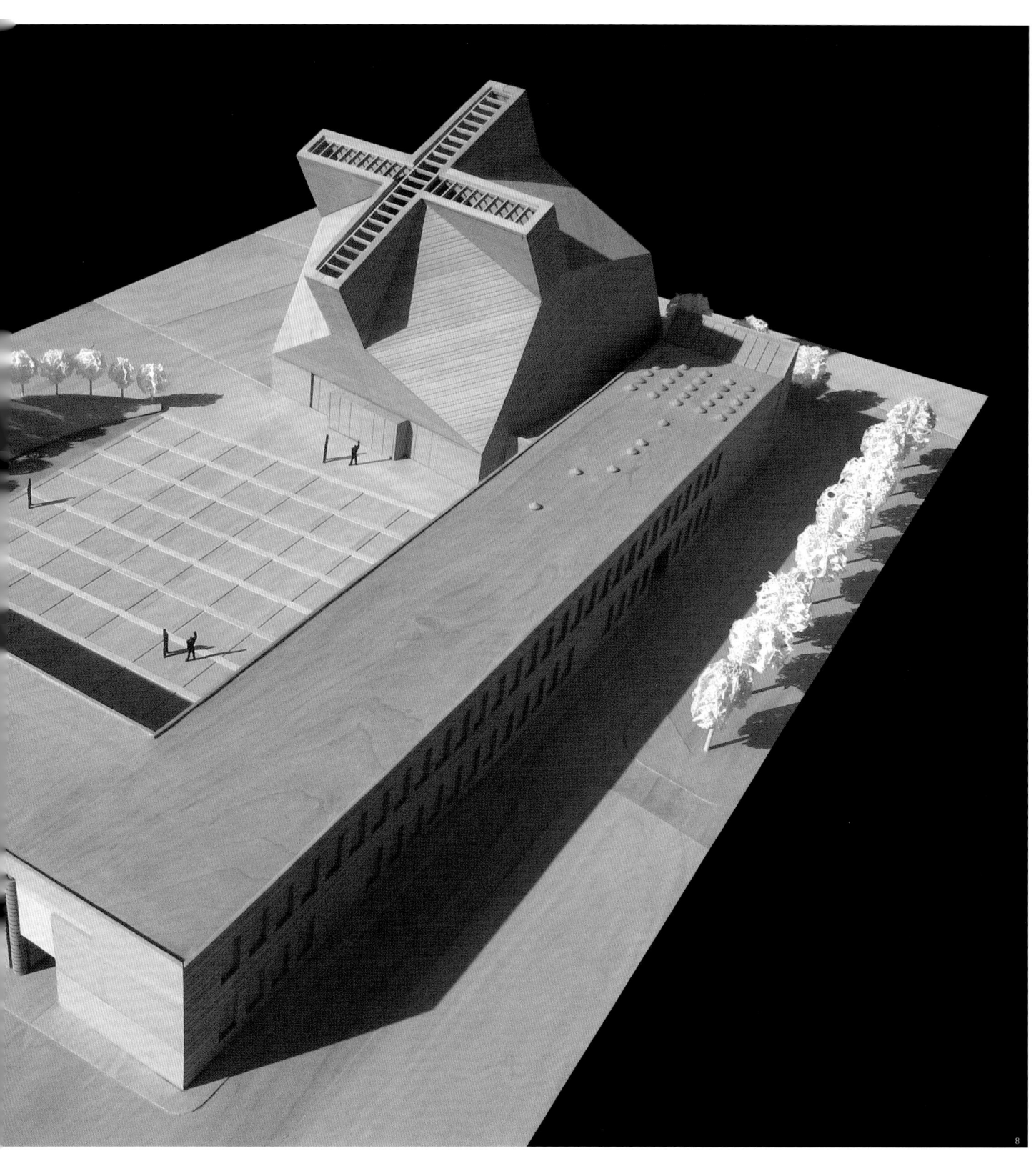

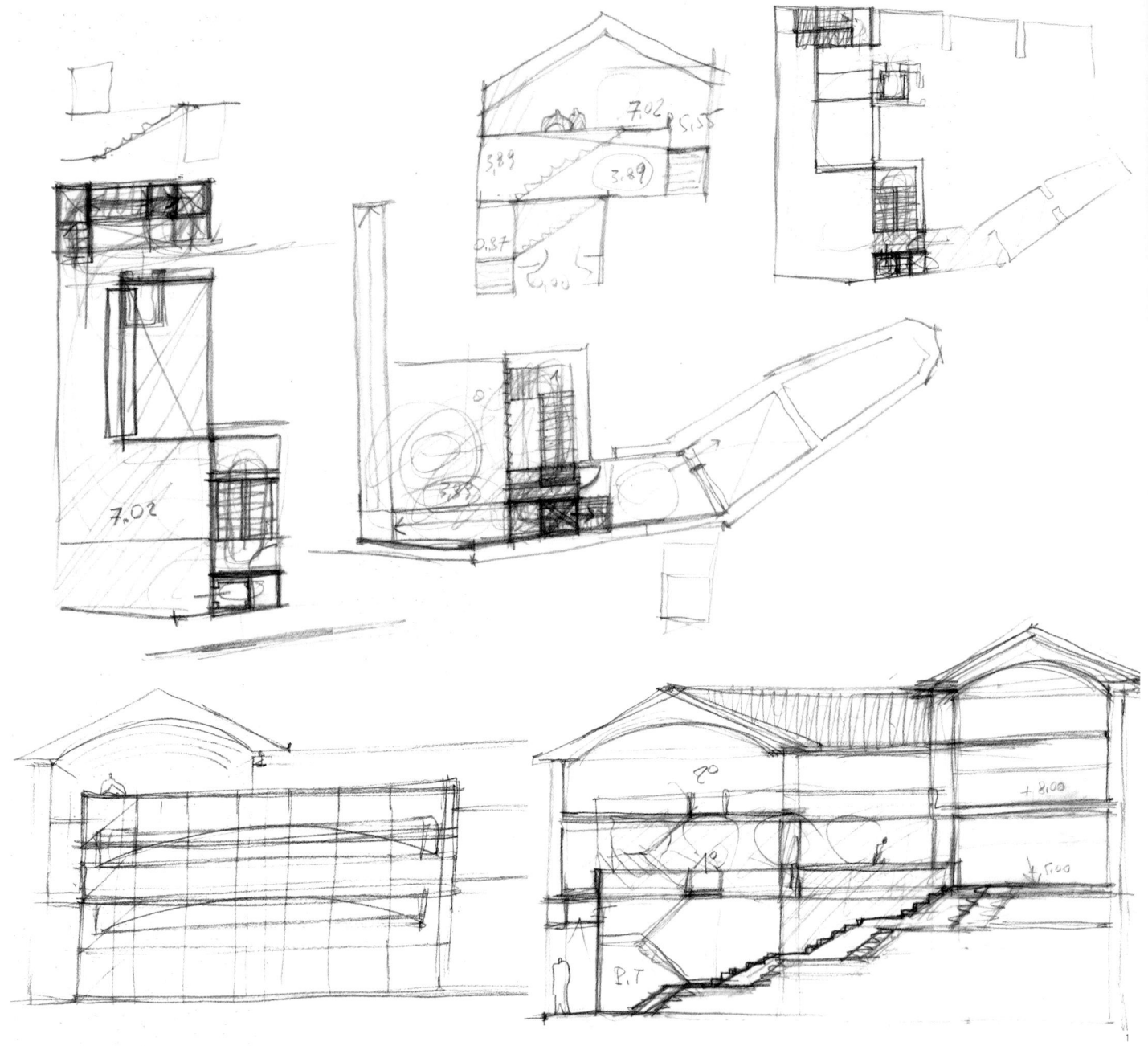

1. 初期草图
2. 博物馆入口

梅里德化石博物馆
MERIDE FOSSIL MUSEUM

瑞士 梅里德
Meride, Switzerland 2006-2012

　　新化石博物馆位于梅里德的中心。该项目需要改建庭院周围的一些建筑（一个干草阁楼和一些存储室），加固相邻建筑的基础，由此创建一个朝向派耶尔街并在纵向上穿过村庄的新入口。建筑意将"家庭式"的城市肌理转化为公共性的展览空间。方案对建筑的平面和立面进行了改造，以创造一个展览的路径。走进博物馆，广阔的空间可让游客环顾整个建筑。建筑的布局和选材实现了视觉上的冲击效果。锈铁板覆盖整个墙面，留出一个个"窗户"空间，来保护化石模具，这使展品看上去好像置于地壳之中。楼上有更多的展览空间，参观者可以沿着展览路径仔细品读展品。

项目概况
设计时间：2006
建造时间：2012
业主：梅里德市，（埃尔柯莱·杜利尼利基金会）
建筑面积：487m²
建筑体积：3 478m³

Project: 2006
Construction: 2012
Client: Municipality of Meride, (Foundation Avv. Ercole Doninelli)
Useful space between the woeds surface: 487m²
Volume: 3,478m³

Museo
dei
fossili
del
Monte
San
Giorgio

Casa
Comunale

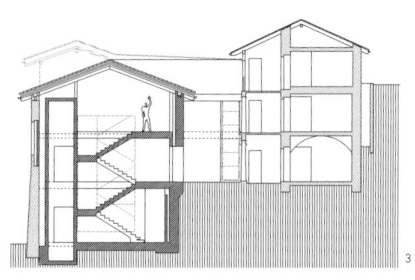

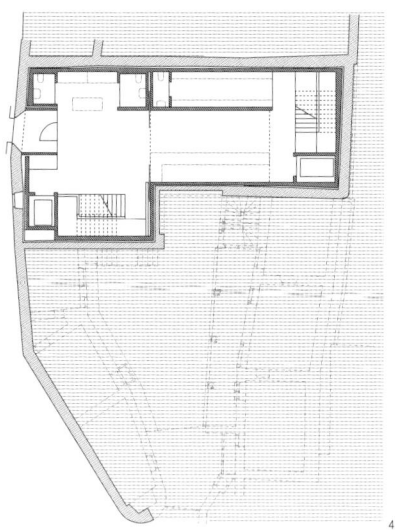

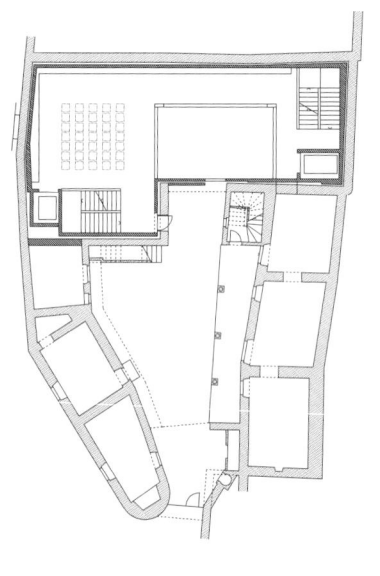

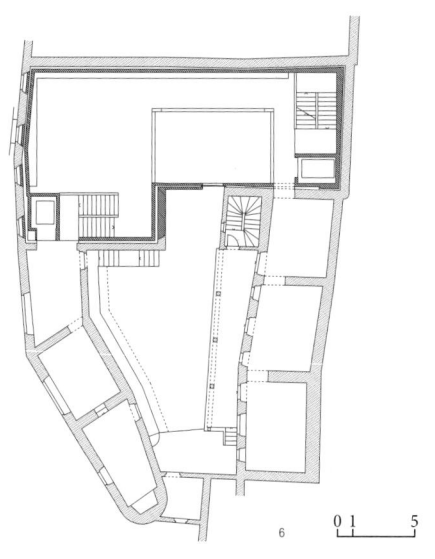

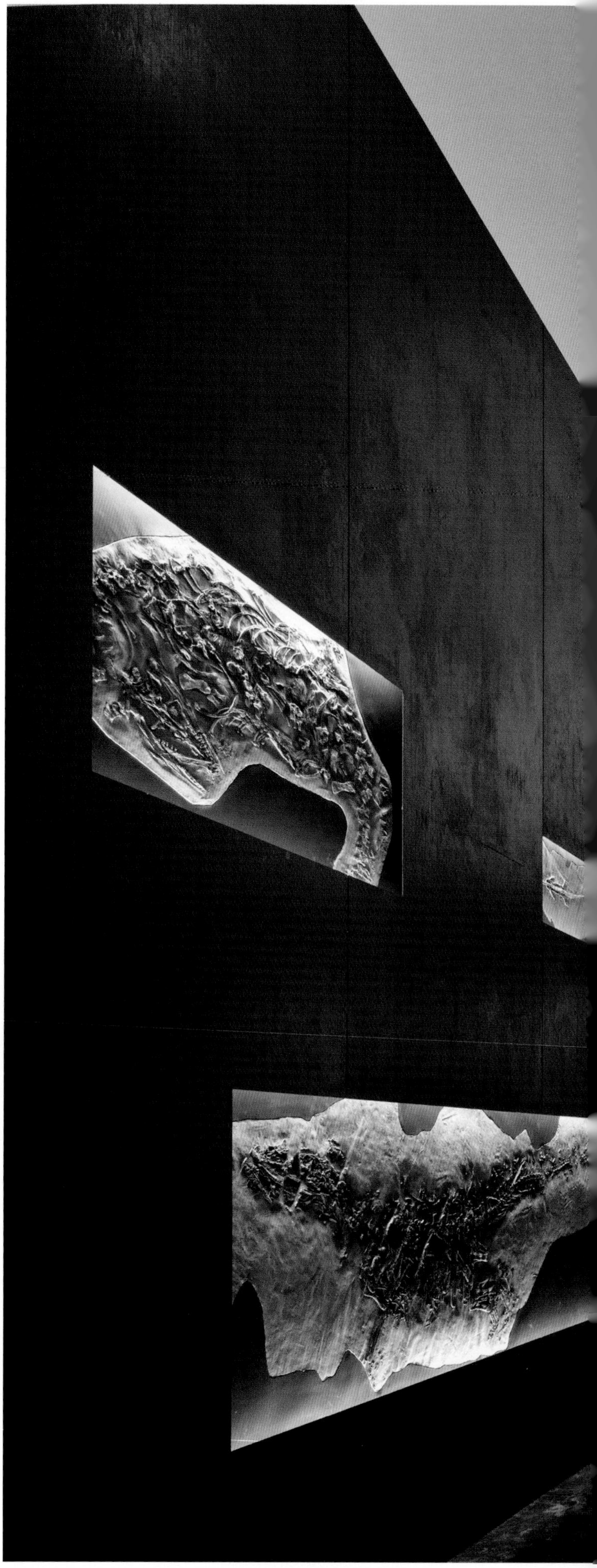

3. 剖面图
4. 首层平面图
5. 二层平面图
6. 三层平面图
7. 室内实景

0 1 5

8~10. 室内实景

10

延伸阅读

- M. Felber, Monte San Giorgio, occasione di sviluppo e di valorizzazione di una regione, «archi», 2010, 3, pp. 71-73.
- N. Fontana-Lupi, Neues Fossilienmuseum des Monte San Giorgio, "TES Magazine", Ticino, 4, October 2012, pp. 98-100.
- Il Museo dei fossili del Monte San Giorgio, Meride, "archi", 6, December 2012, pp. 72-75.

1. 手绘草图
2.3. 产品

壳体，米兰三年展
——家具展
GUSCIO, SALONE DEL MOBILE-TRIENNALE DI MILANO

意大利 米兰
Triennale di Milano, Italy 2007

博塔这样阐述该设计理念："我的设计是一个置于吉奥瓦尼·穆齐奥（Giovanni Muzio）设计的楼梯外面的壳体，它仿佛在邀请我们进入并慢慢地爬上被陶瓷材料所环绕包裹的踏步。我们可以触碰这些材料，感受到它是鲜活的而不是死气沉沉的，好像我们通过隧道穿进了地球内部。"

项目概况
设计时间：2007
建造时间：2007
制造商：格雷地板，意大利，摩德纳
材质：陶瓷（精细炻瓷）

Design: 2007
Construction: 2007
Manufacturer: Floor Gres, Modena, Italy
Material: ceramic (fine porcelain stoneware)

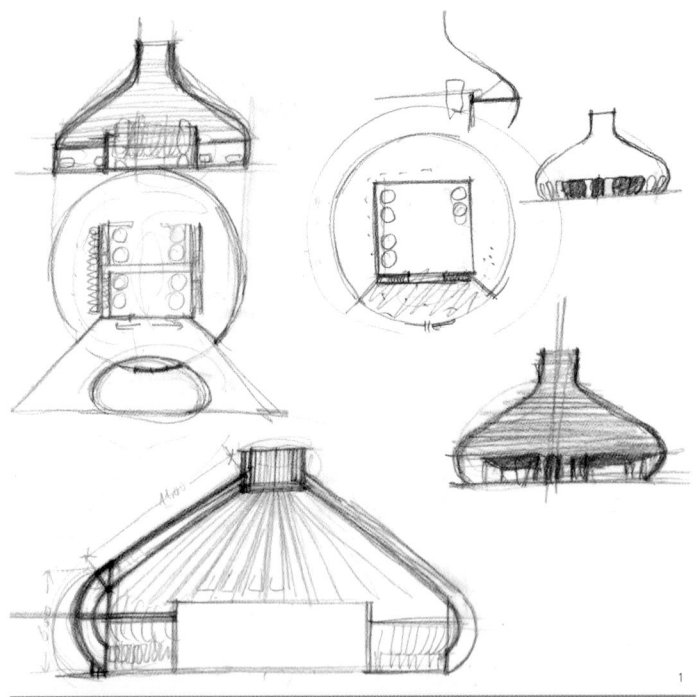

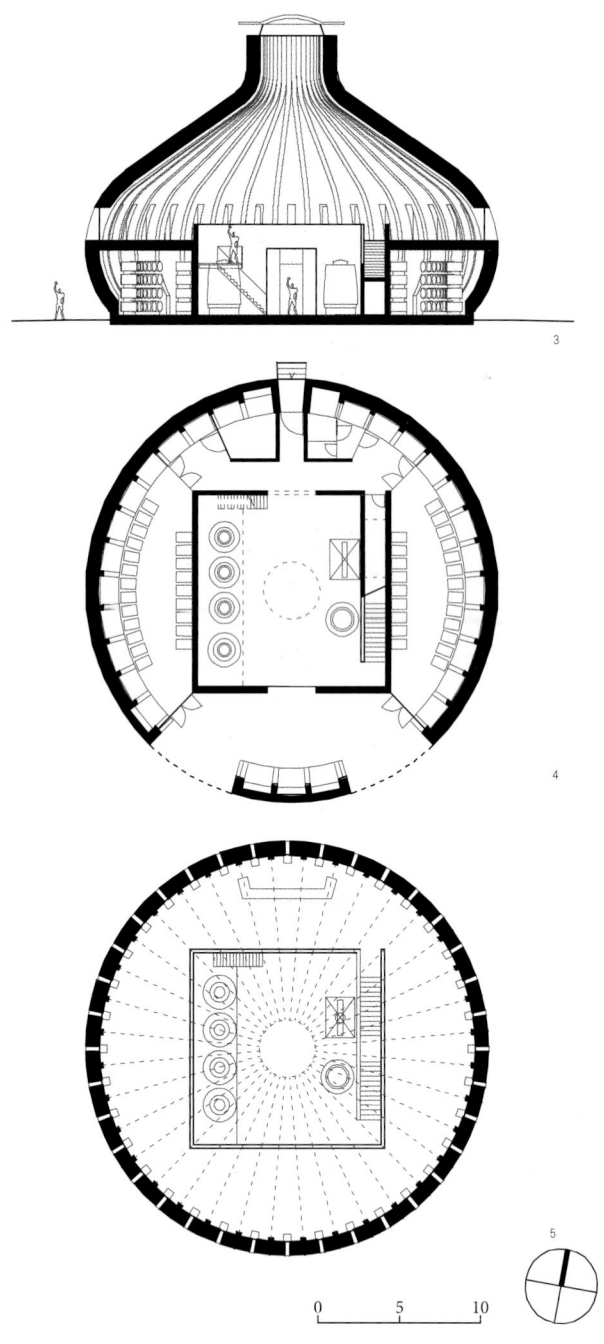

1. 手绘草图
2. 透视图
3. 剖面图
4. 一层平面图
5. 二层平面图
6. 建筑全景

佩比·弗吉酒庄
WINERY PÉBY FAUGÈRES

法国 圣埃蒂安德利斯
St Etienne de Lisse, France 2007

　　佩比·弗吉酒庄位于圣埃蒂安德利斯市一片由圣艾米利翁的贵族葡萄园组成的起伏风景中。新建筑有一套著名的农产品加工技术并成为该区域的地标。它位于弗吉堡公司酒庄的东南侧，与城镇道路和一些农村建筑毗邻。

　　这是一个酒瓶形状的小型建筑，附属于较大的弗吉堡公司酒庄，但它具有自身标志性的存在感。圆是最简单的几何形状，在建筑中较少使用，但却是最完整的，因为它使建筑直接与周围的景观建立关系。它就像一座石头雕塑，揭示了一个令人回味的内部空间。立面上的小洞口提供窥探外部优美景观的视野，一个通光井使自然光进入到建筑的心脏。建筑由钢筋混凝土结构承重，外表皮覆以阿拉贡石板，罩着一个铜制屋顶。

项目概况

设计时间：2007 / 2012	Project: 2007 / 2012
业主：西尔维奥·丹茨，弗吉堡公司	Client: Silvio Denz, Château Faugères srl
基地面积：15 600m²	Site area: 15,600m²
建筑面积：520m²	Useful surface: 520m²
建筑体积：4 800m³	Volume: 4,800m³

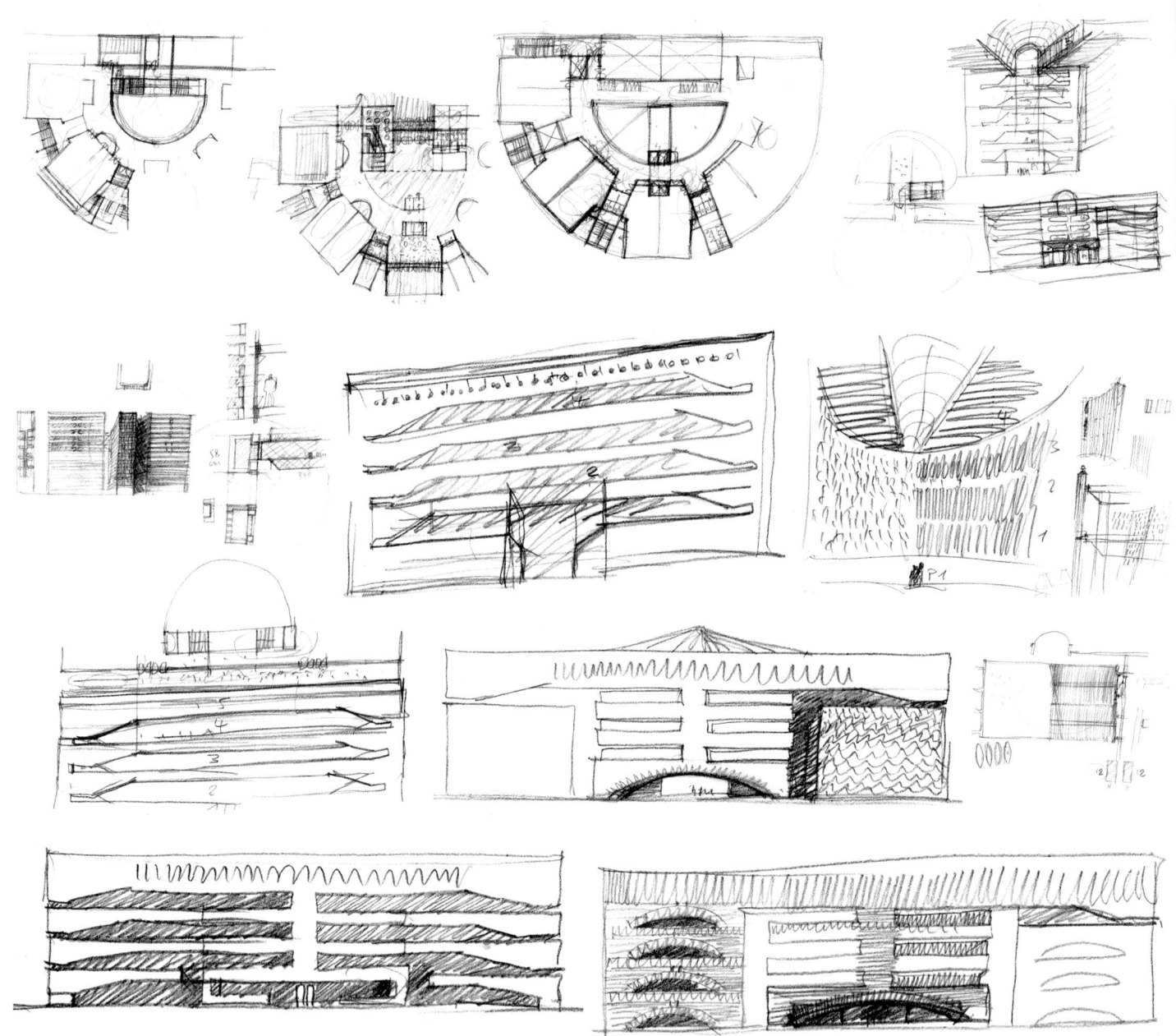

1. 手绘草图
2. 建筑细部

意大利帕多瓦大学生物和生物医学院
FACULTY OF BIOLOGY AND BIOMEDICINE

意大利 帕多瓦
Padua, Italy 2007-2014

新大楼坐落在前里扎托区域，帕多瓦大学和市政部门想要将此地改建成校园，为学生们提供一座现代化的城堡。

该项目拥有一个放射状排列的体量所组成的弯曲的形体，面向一座名为"欧罗巴公园"的新城市公园。该建筑由地下一层和地上五层组成，地下室包含100个停车位及服务设施，地上五层设有实验室和大小不同的教学用房。入口大厅是一个半圆形的通高空间，被顶层的天光照亮。入口门厅中有提供近2 000名学生使用的公共空间。

项目概况
设计时间: 2007
建造时间: 2009—2014
业主: 帕多瓦大学、帕多瓦市
设计管理: Societ à Veneta Edil Costru-
zioni S.p.A. (S.V.E.C.), Padua
基地面积: 8 800m²
建筑面积: 地上8 161.50m²
建筑体积: 地上27 899m³
结构和材料: 混凝土承重结构和饰面砖

Project: 2007
Construction: 2009 – 2014
Client: University of Padua, City of Padua
Project management: Società Veneta Edil Costruzioni S.p.A.
(S.V.E.C.), Padua
Site area: 8,800m²
Useful surface: 8,161.50m² above ground
Volume: 27,899m³ above ground
Structure and materials: bearing structure in concrete clad
with facing bricks

2

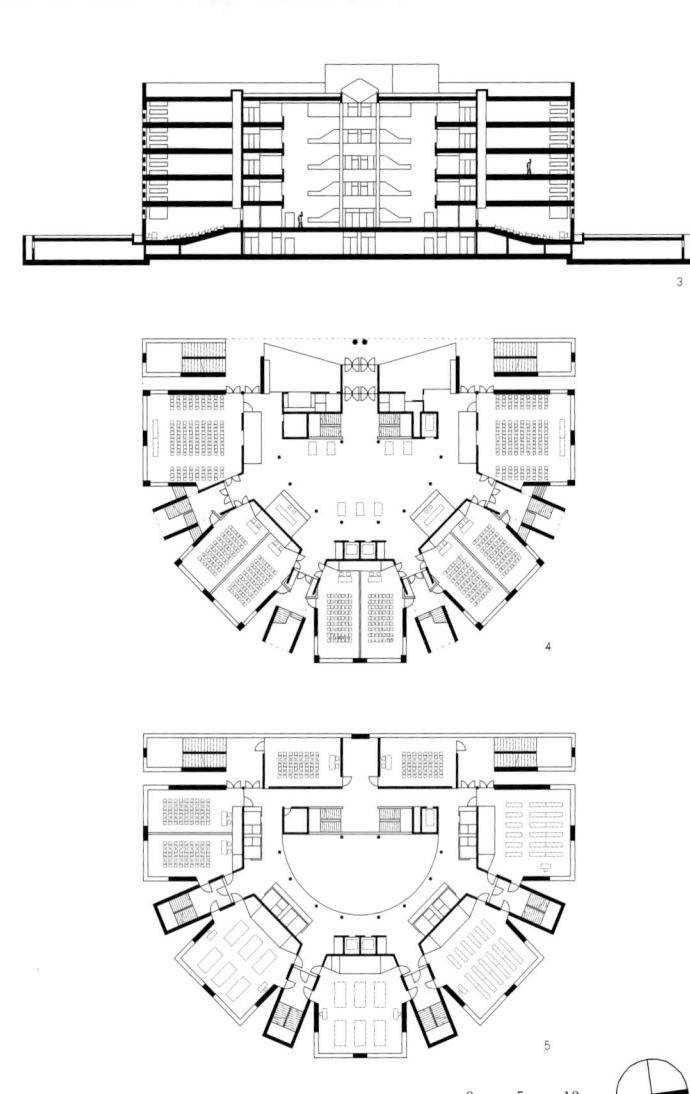

3. 横剖面图
4. 首层平面图
5. 标准层平面图
6. 建筑实景

0 5 10

7.8. 西南侧外景
9. 手绘草图
10. 建筑东立面
11. 建筑细部

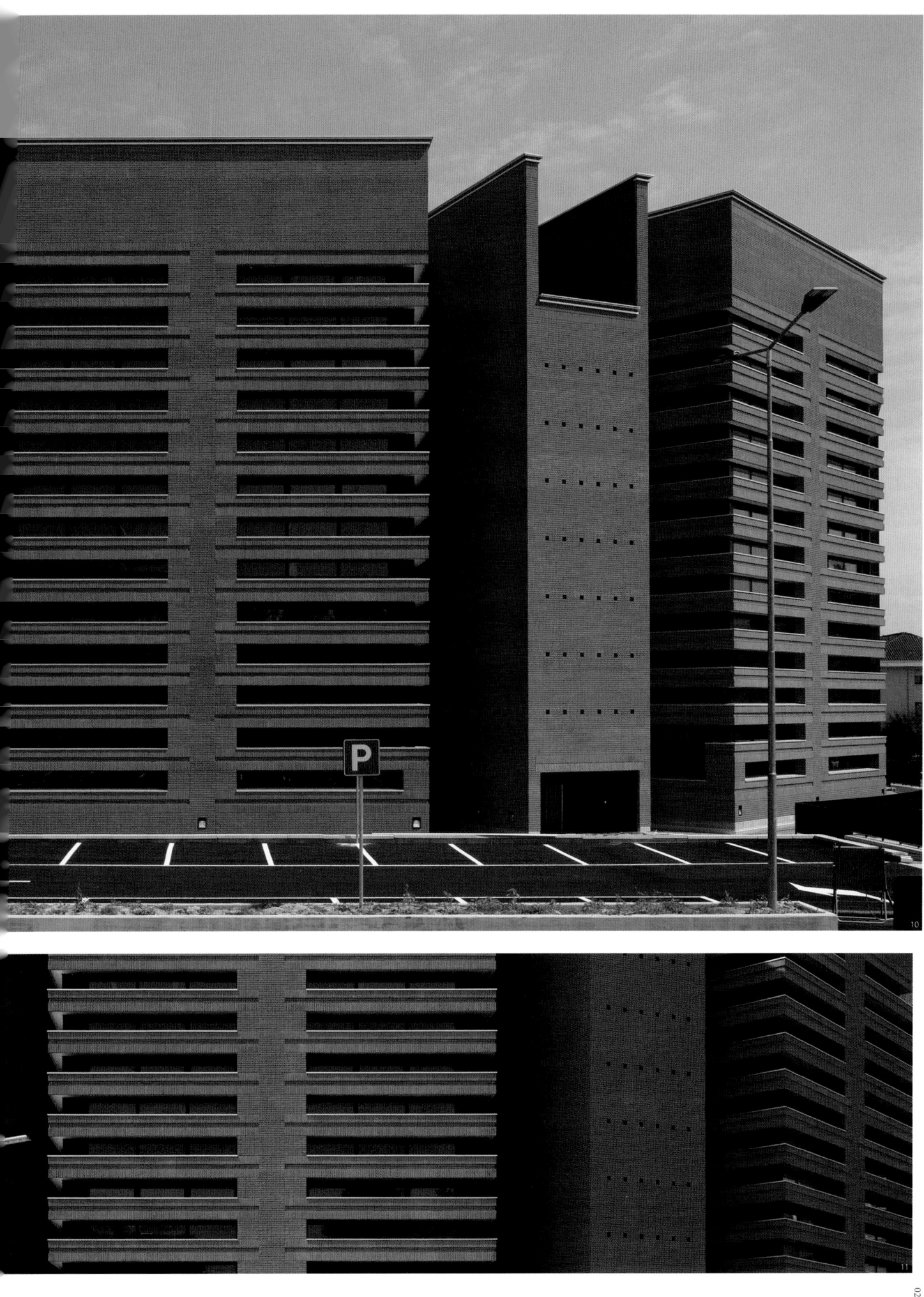

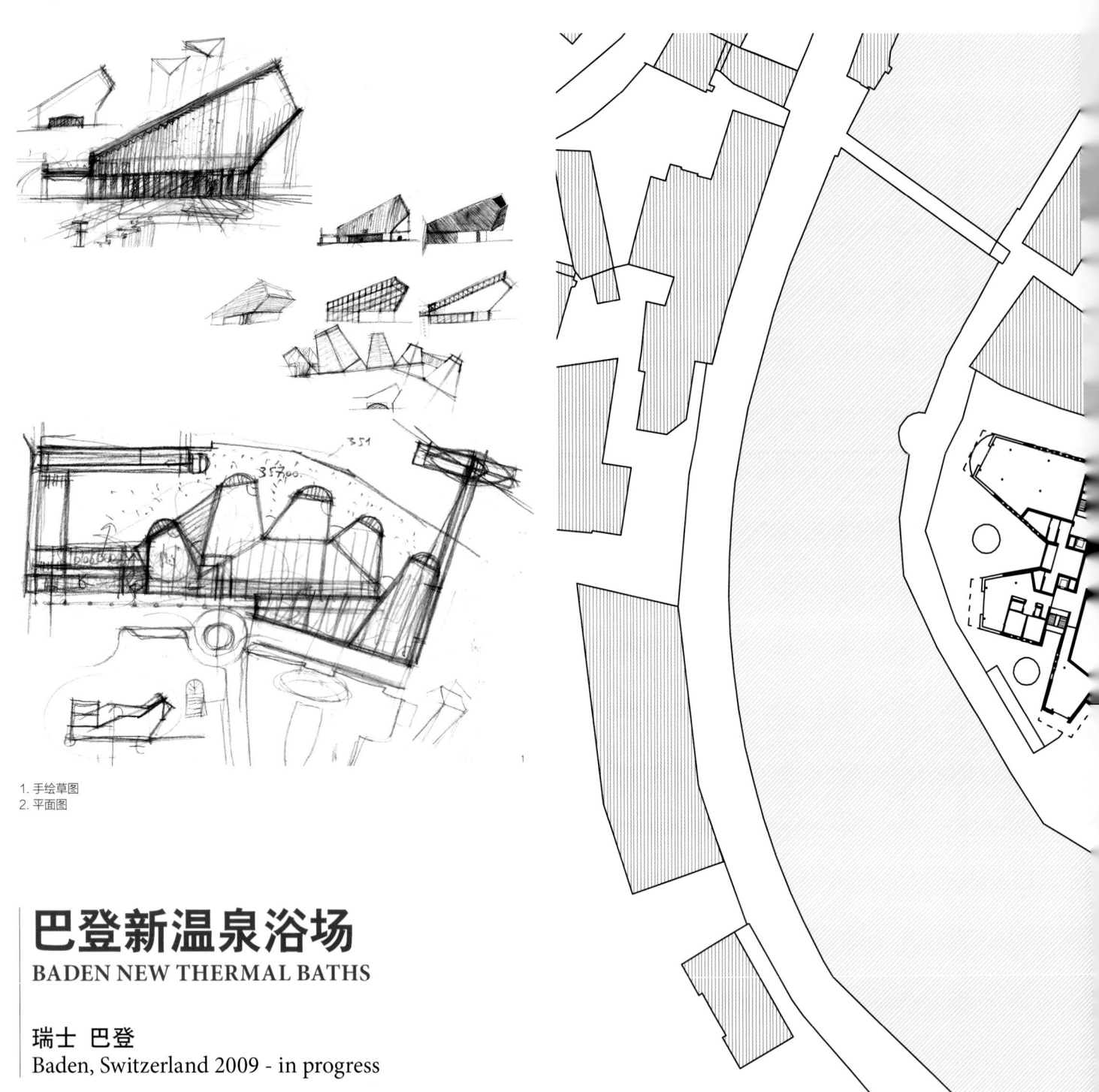

1. 手绘草图
2. 平面图

巴登新温泉浴场
BADEN NEW THERMAL BATHS

瑞士 巴登
Baden, Switzerland 2009 - in progress

巴登新温泉浴场位于临近利马特河自然弯道的重要历史区域，这里温泉水供给温泉浴场的历史已经超过2 000年。该项目设想建设一个手状的综合体，面向河道打开，并形成下游城市肌理与利马特河之间有序的通道。

新的温泉浴场包括毗邻帕克街大街的一座狭长建筑，一座通向浴场中心的较低建筑和伸向河流形似手指的四个梯形建筑。梯形建筑的顶部设有大面积的天窗，内设温泉泳池，还有一个宽阔的室外区域，可供人们享受日光浴。该项目下一步计划在东侧建造一个住宅区，使河流北岸界面更加完整，同时在北岸沿着河道设置一条步行道，一直通到新浴场旁的公园。

项目概况
设计时间：2009
业主：维安娜霍夫有限公司
建筑面积：5 000m²
建筑体积：45 000m³

Competition project: 2009
Client: Verenahof AG
Thermal baths area: 5,000m²
Thermal baths volume: 45,000m³

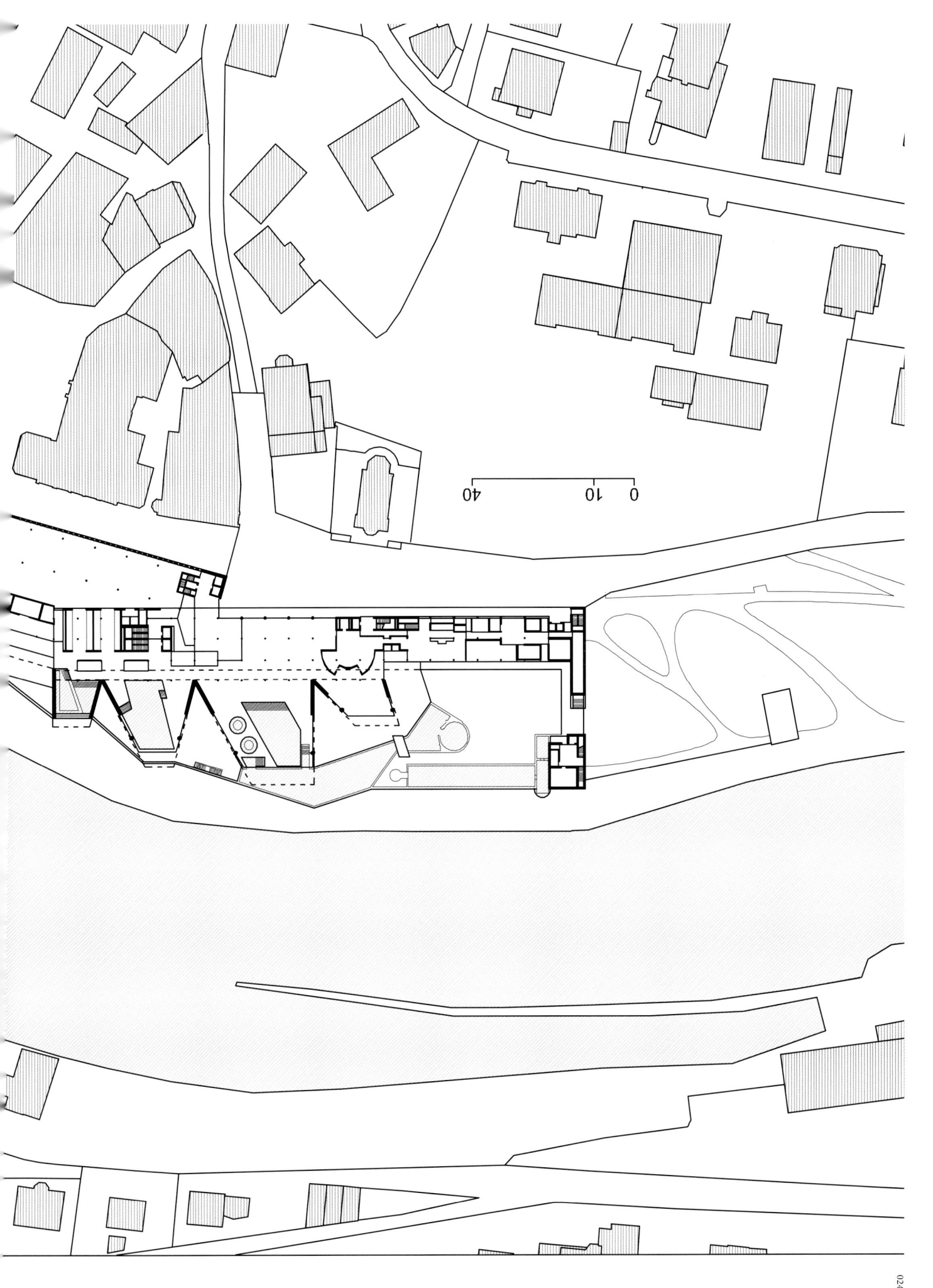

40

10

0

3. 建筑首层平面图
4~6. 建筑鸟瞰图

1. 手绘草图
2. 建筑鸟瞰图

康斯坦丁诺夫斯基会议中心
CONGRESS CENTRE KOSTANTINOVSKY

俄罗斯 圣彼得堡
St. Petersburg, Russia 2007

　　该项目基地位于圣彼得堡西南部，面朝芬兰湾。现存的历史建筑——康斯坦丁诺夫斯基行宫给予基地特殊的环境氛围。设计为新的康斯坦丁诺夫斯基国会中心创建了新的建筑与周围环境新的空间关系。它由五个相互关联的体量组成，并创建一个新的公园。位于中央的体量容纳主入口、剧场、办公大厅、议会大厅和圆形露天剧场。建筑东侧的体量内部设有会议区和新闻设施，北侧的体量设有餐厅和商店，西侧的体量内部设有企业俱乐部和水疗中心。为强调水在新的文化场地的重要性，方案设计了一个人工湖，不同的建筑体量从水中浮现，仿佛是水面上的岛屿。

项目概况
竞赛时间：2007
项目地点：俄罗斯，圣彼得堡
业主：康斯坦丁诺夫斯基国会中心
基地面积：111 500m²
建筑体积：669 000m³

Competition project: 2007
Place: Saint Petersburg, Russia
Client: Congress Centre Kostantinovsky
Useful surface: 111,500m²
Volume: 669,000m³

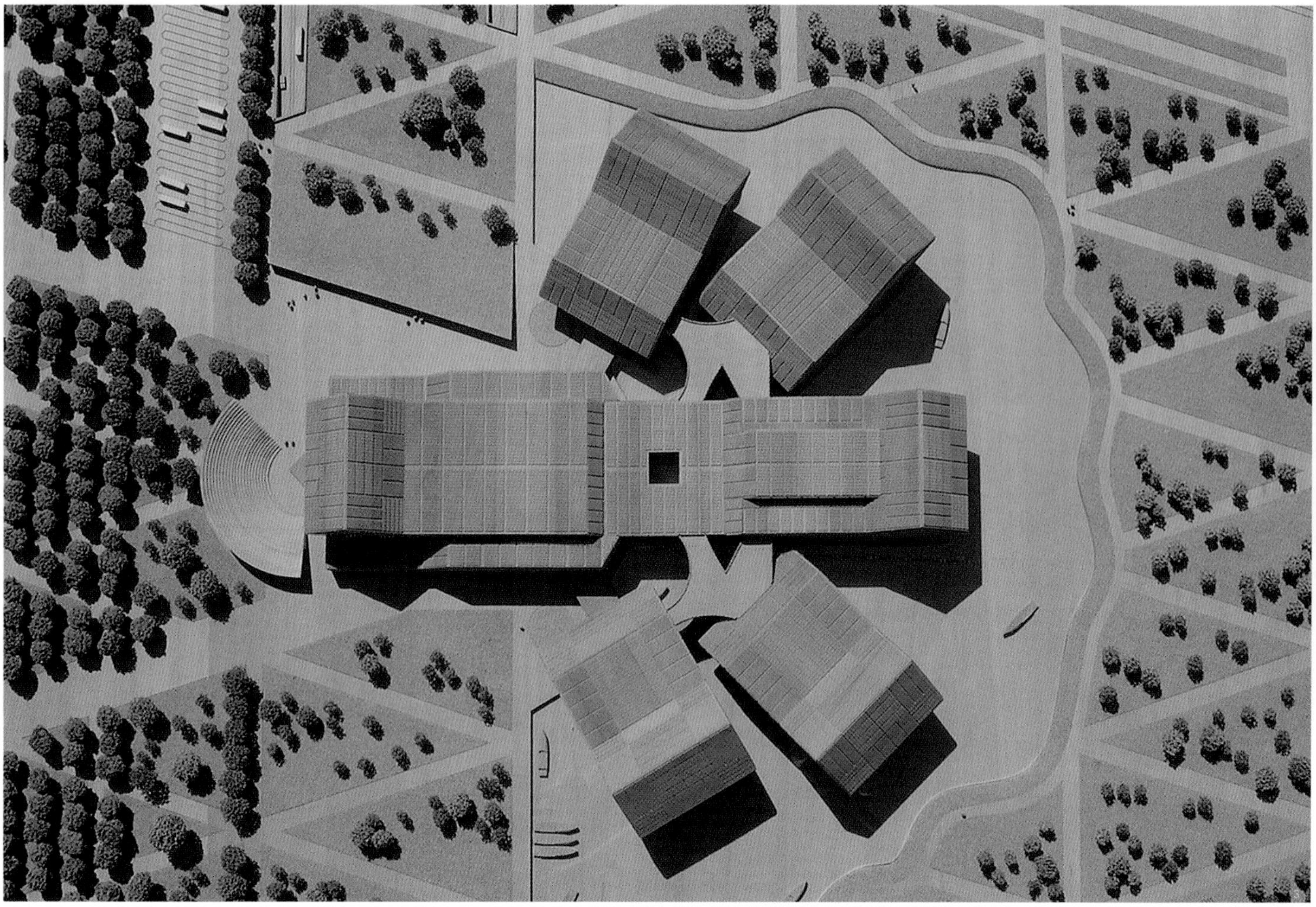

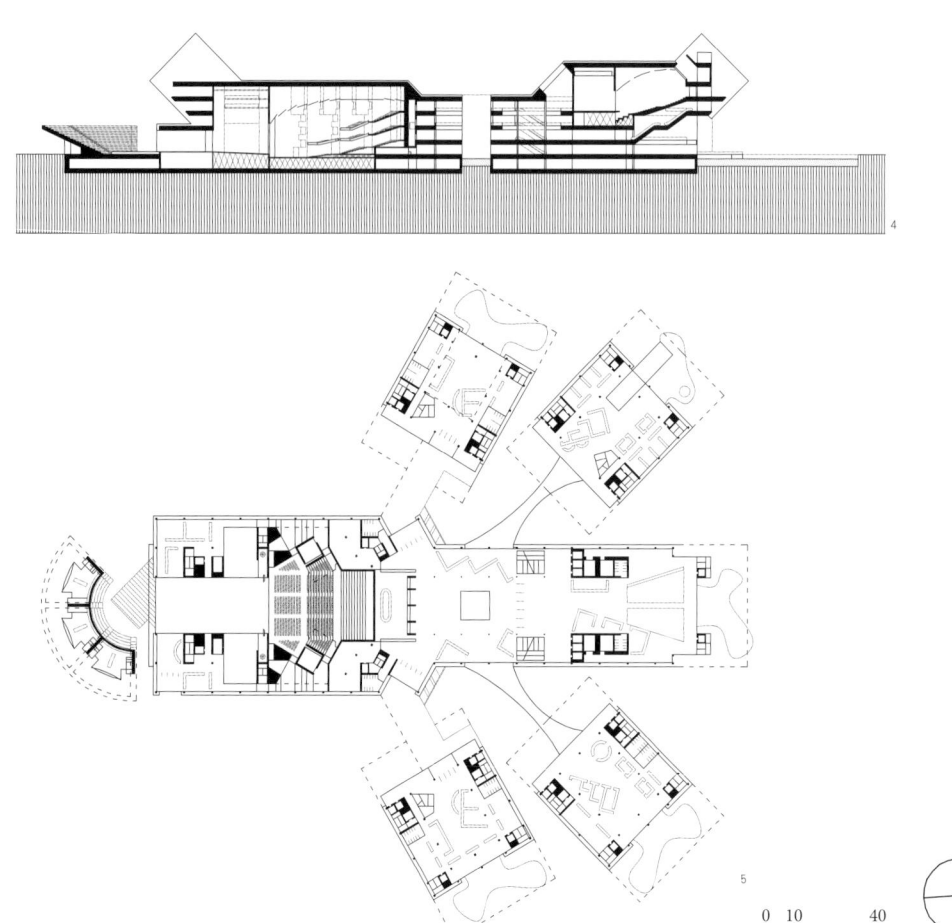

4

5

0 10   40

3. 模型
4. 剖面图
5. 首层平面图
6~8. 渲染图

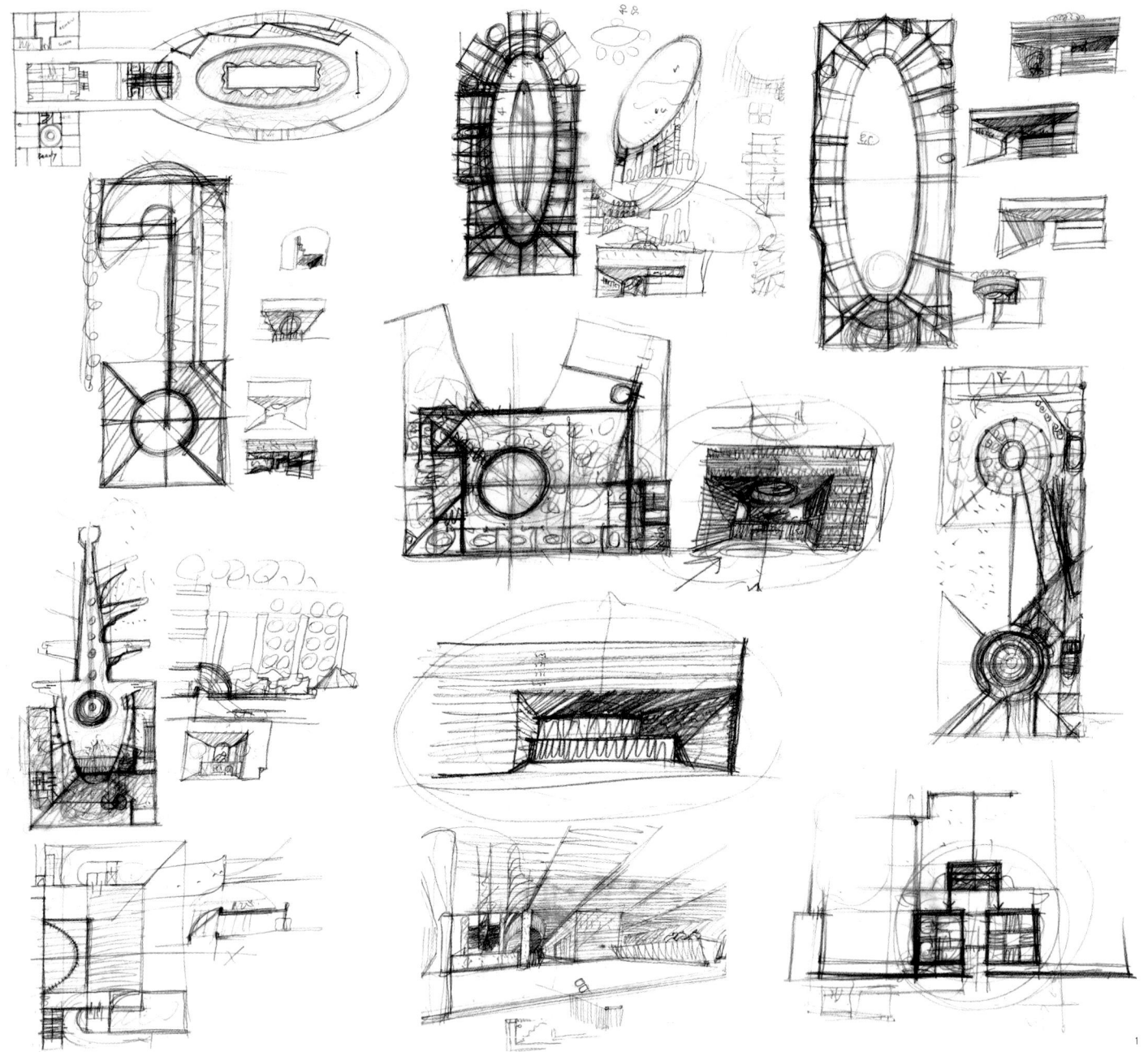

1. 手绘草图
2. 中心庭院景观

衡山路十二号酒店
TWELVE AT HENGSHAN A LUXURY COLLETIONHOTEL

中国 上海
Shanghai, China 2006-2012

　　十二号酒店坐落在衡山路—复兴路核心区，该区域中部种植了大片法国梧桐，这些梧桐自1920年就装点此地。

　　这个地区的另一特点是低建筑密度和一些带花园的独立住宅。这些原有城市空间语境，结合对尊贵感和高规格的追求，成为酒店设计的两个重点。

　　酒店的临街入口被设计为室外展台。它构筑了一个接待客人的荫蔽场所。沿衡山路的入口区域设有餐厅及宴会厅（位于首层之上）。

　　首层椭圆形内院中设置带有巨大交通厅的内花园。它环绕中心庭院展开，通过巨大的窗户与门厅相接。花园被略微抬起，以满足门厅的空间需求，并暗示出地下一层的健康中心。

项目概况
设计时间：2008—2012
建造时间：2009—2012
项目地点：中国，上海，衡山路12号
业主：上海至尊衡山酒店投资有限公司
合作设计：华东建筑设计研究院有限公司/李瑶
建筑面积：51 094m²

Project: 2008-2012
Construction: 2009-2012
Place: 12 Hengshan Road, Shanghai
Client: Supreme Hengshan Hotel INVESTMENT
　　CO.,LTD
Partner architect: ECADI / LI Yao
Built area: 51,094m²

3. 纵向剖面图
4. 横向剖面图
5. 地下一层平面图
6. 入口层平面图
7. 二层平面图
8. 建筑鸟瞰
9. 建筑入口

3

4

5

6

7

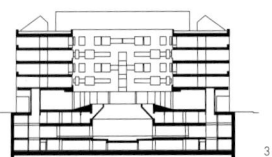

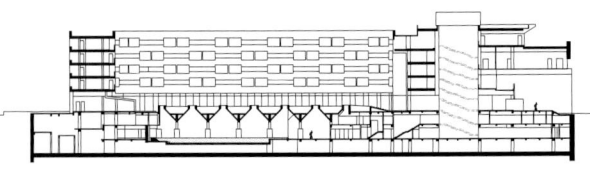

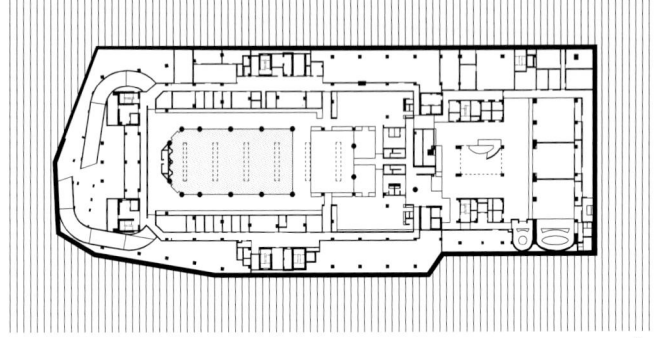

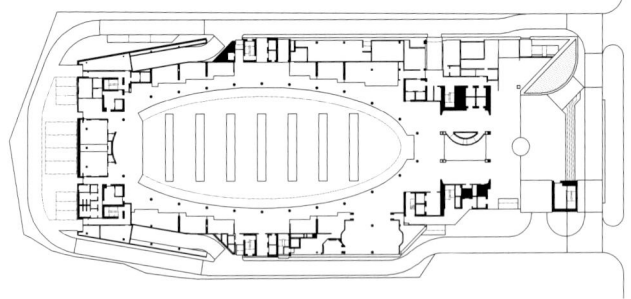

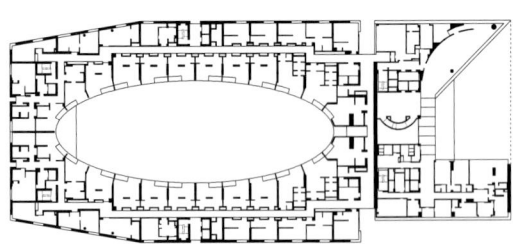

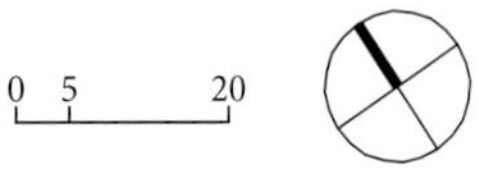

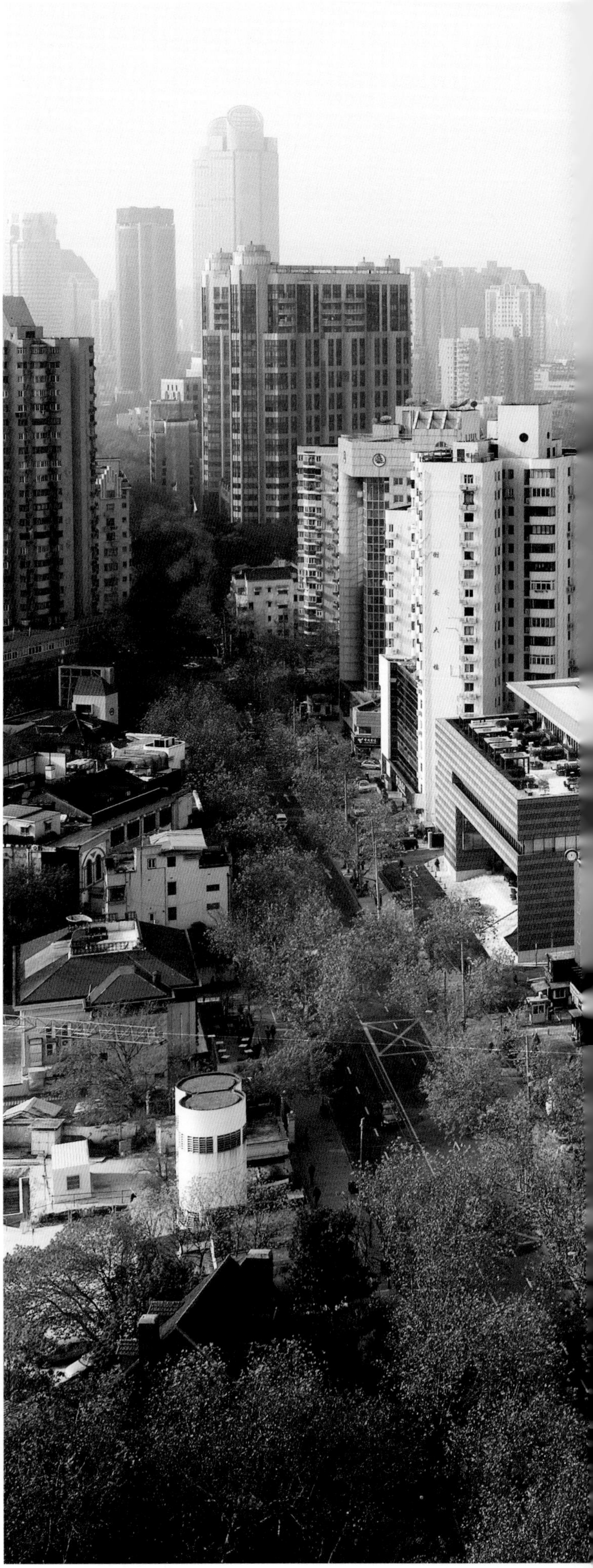

10~13. 中心花园

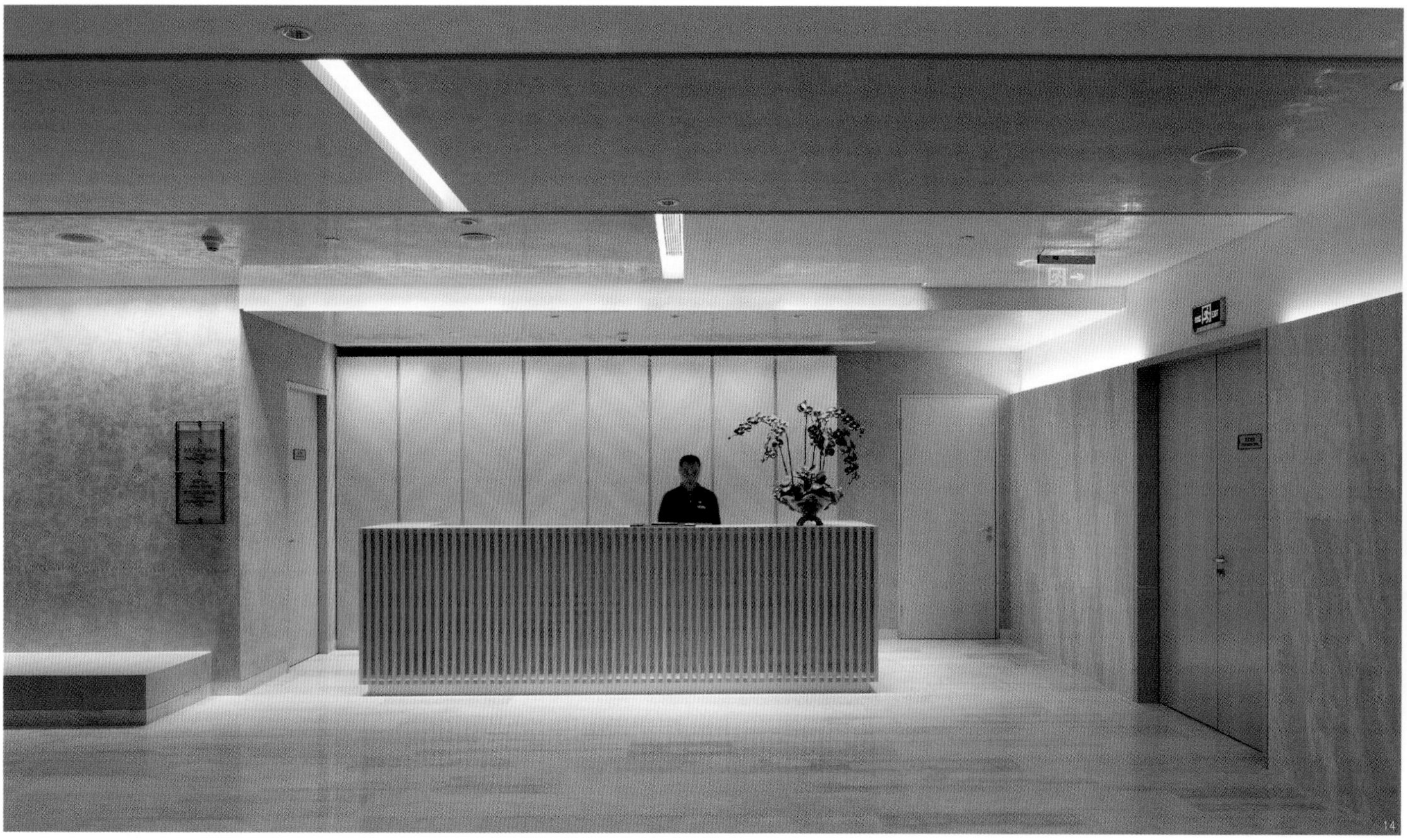
14

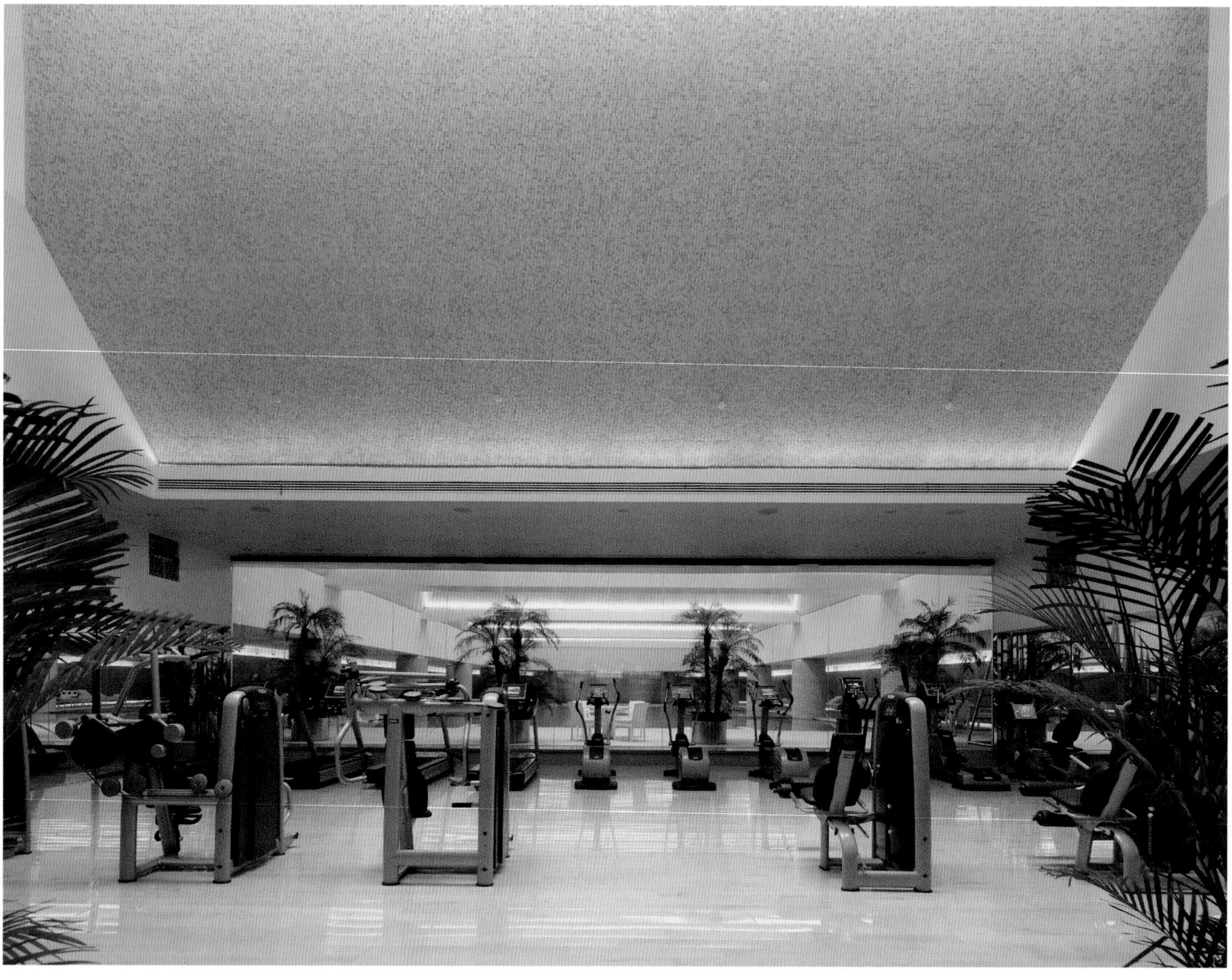
15

14. 接待处
15. 健身中心
16. 游泳池

延伸阅读

- New boutique hotel to open in historic Shanghai neighbourhood, "International Herald Tribune", 6 November 2012.

清华大学图书馆
TSINGHUA UNIVERSITY LIBRARY

中国 北京
Beijing, China 2008-2011

1. 手绘草图
2. 建筑外观细部

　　该图书馆设计为一个长方形的体量，一系列的大窗突出了立面的节奏。在这个单一的矩形体量中插入了一个带有凹陷开洞的倒锥形体量。

　　建筑向四周绿地开敞，吸引来自不同方向的学生和游客。图书馆设有一个内部的中庭空间，作为建筑的核心，顶部覆盖大面积的天窗，形成了朝向天空的视野及一个通高的中庭，中庭由3层阅览空间环绕，以木条组成的幕墙作为遮蔽。

　　绝热处理的砌体结构与石材覆盖的表皮确保了全年良好的隔热效果，以适应北京炎热的夏天及寒冷的冬天。而内部线性、柔和的材料营造了一个温馨、极致的空间氛围，以供求知、缅怀。

项目概况

设计时间：2009
建造时间：2009—2011
项目地点：中国，北京
业主：清华大学
合作设计：中国建筑科学研究院
建筑面积：20 000m²

Project: 2009
Construction: 2009-2011
Location: Beijing, China
Client: Tsinghua University, Beijing
Partner architect: CABR Building Design Institute, Beijing
Site area: 20,000m²

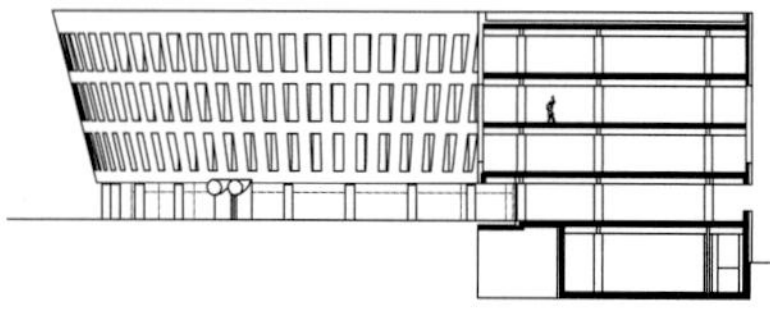

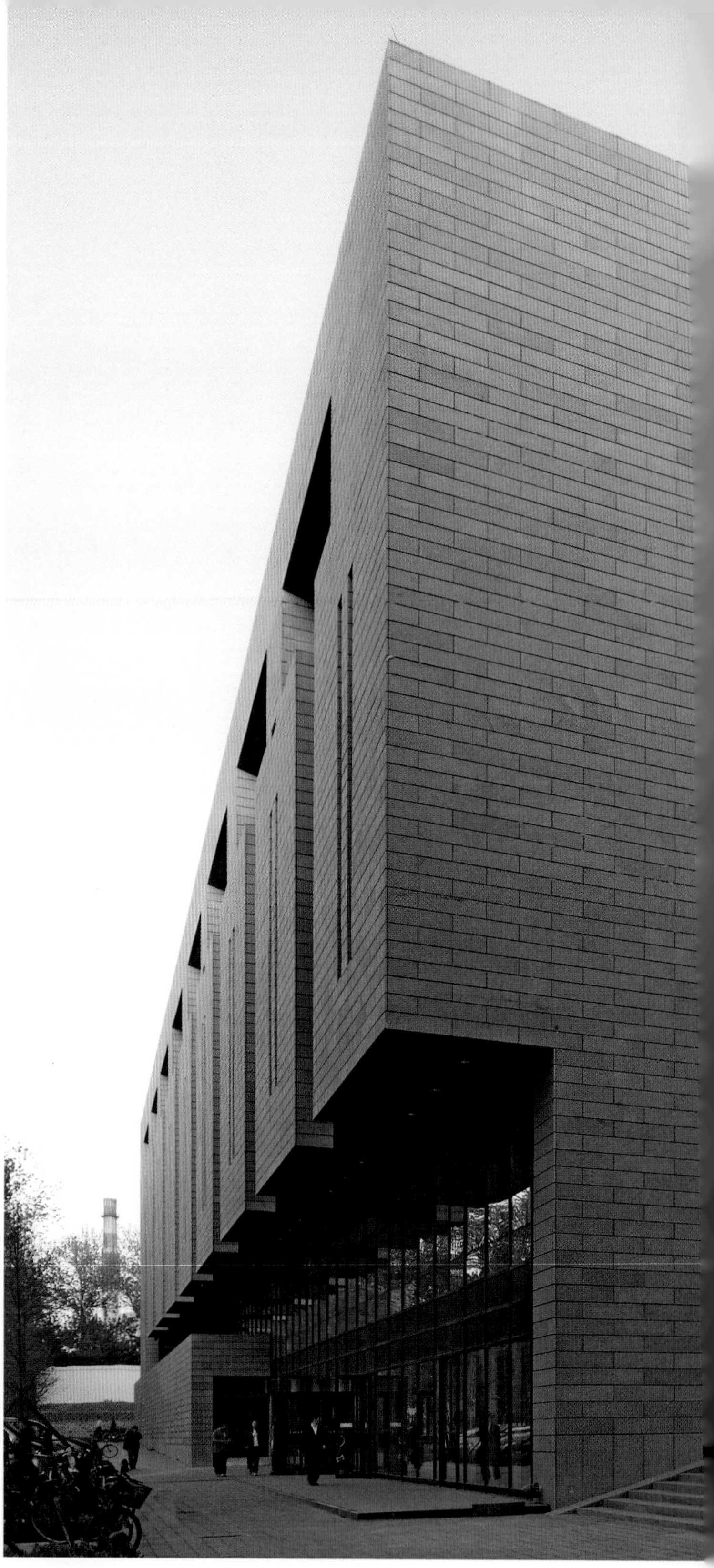

3. 横向剖面图
4. 纵向平面图
5. 首层平面图
6. 二层平面图
7. 三层平面图
8. 四层平面图
9. 建筑实景

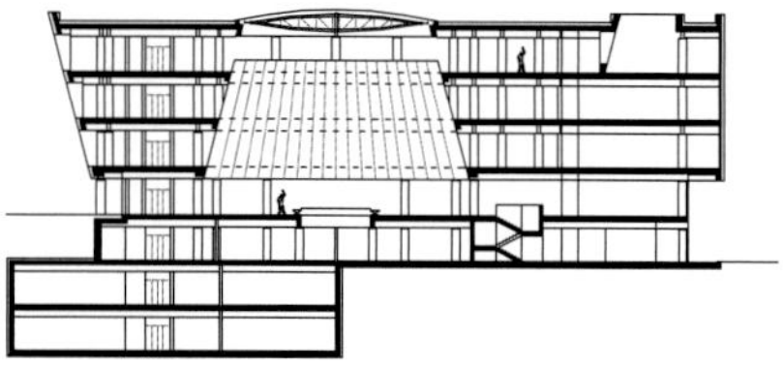

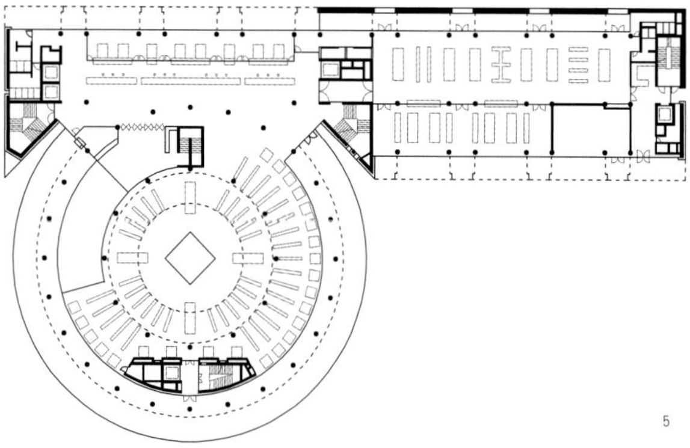

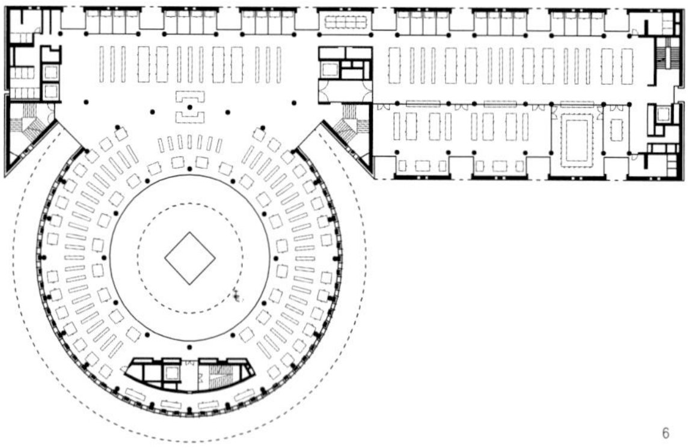

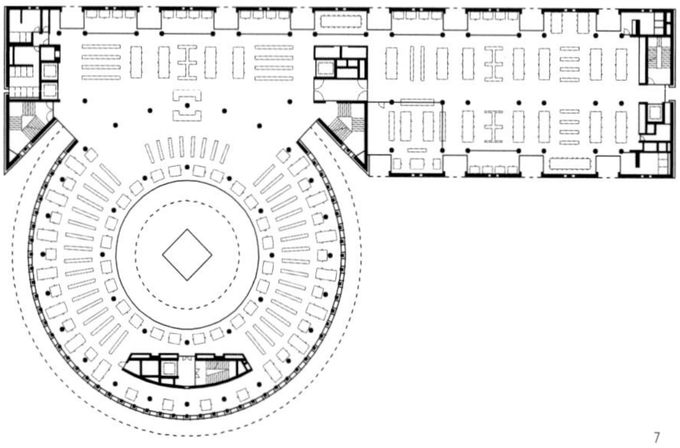

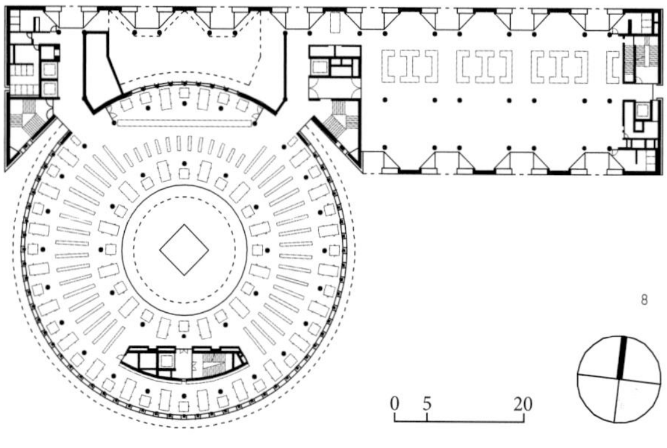

0 5 20

10. 建筑圆锥体量
11. 垂直正交的建筑体量

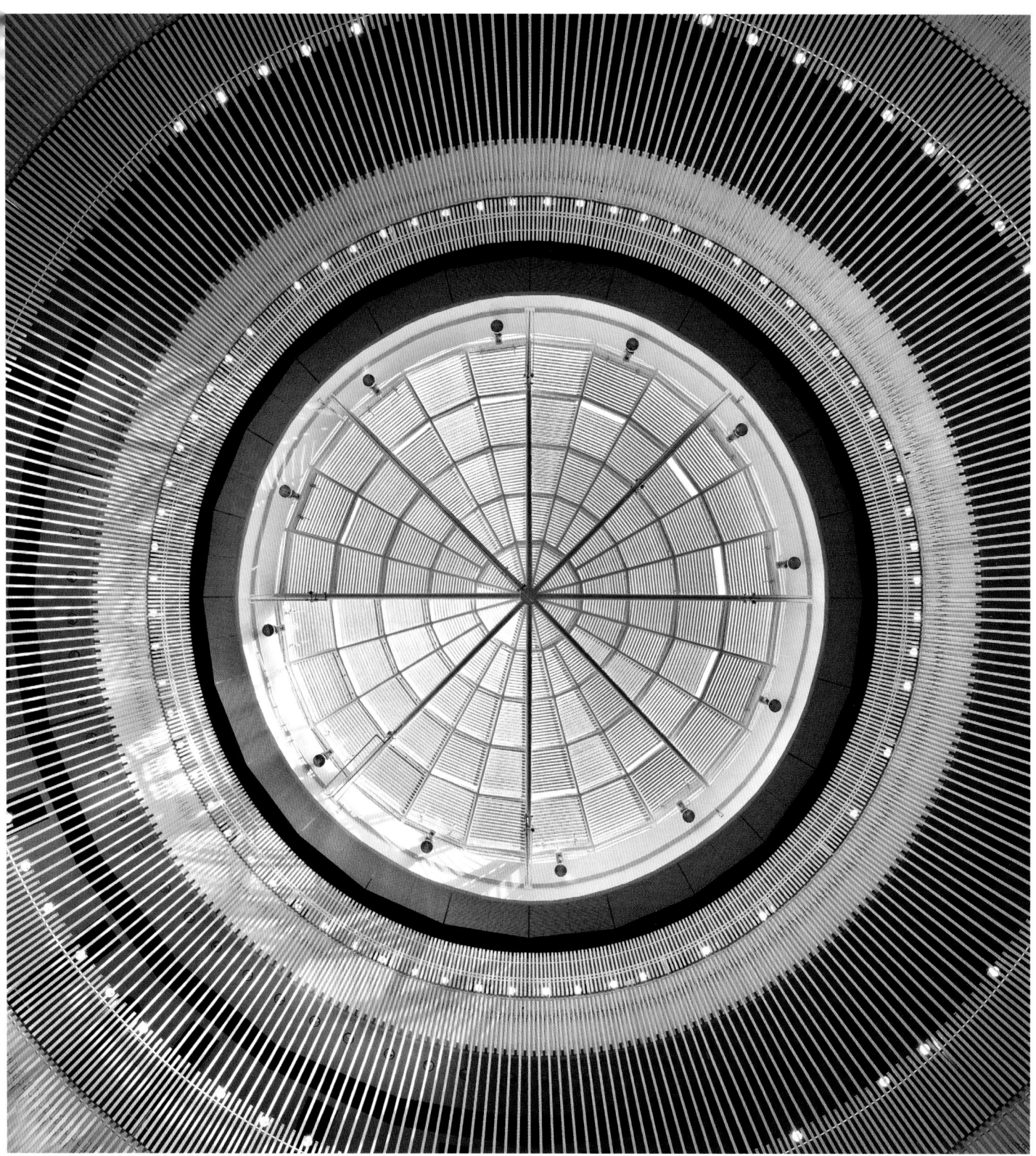

12. 门厅
13. 天窗

延伸阅读

- M. Vercelloni, Tsinghua University Campus, Buildings by Mario Botta and Mario Cucinella in "Creative Junctions" [Beijing International Design Triennial 2011, National Museum of China, 28 September – 17 October 2011], Arnoldo Mondadori Editore, Milan, 2011, pp.24-27.

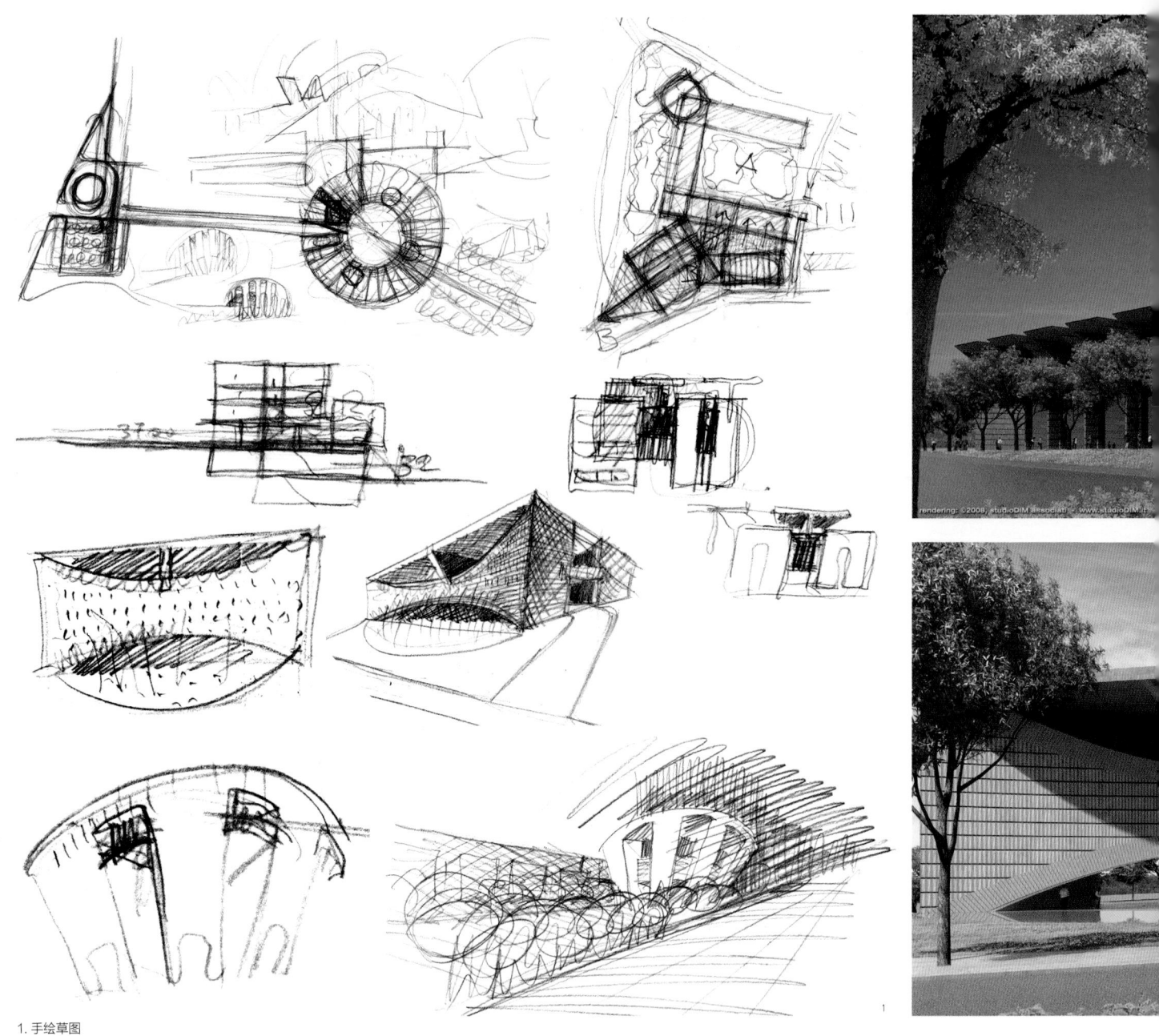

1. 手绘草图
2.3. 建筑实景
4. 首层平面图
5. 剖面图

大韩航空宋延东项目
KOREAN AIR SONGHYUN-DONG PROJECT

韩国 首尔
Seoul, South Korea 2008

　　该基地位于首尔市的中心地段，在著名的历史中心区占地约40 000m²。该项目旨在创建一片设施齐全的新城区，包括酒店、商店、住宅、水疗中心、音乐厅和活动厅、艺术画廊、会议中心及停车场。位于东南和西南角的两栋建筑作为综合体的入口，同时强调了它们的公共属性。对其他体量的碎片化处理减小了该方案模数网格的尺度，实现建筑与周围环境的相互融合。

项目概况

设计时间：2008
业主：大韩航空
基地面积：40 000m²
建筑面积：地上50 000m²；
　　　　　地下100 000m²

Project: 2008
Client: Korean Air
Site area: 40,000m²
Gross floor area: 50,000m² above ground;
　　　　　　　　　100,000m² under ground

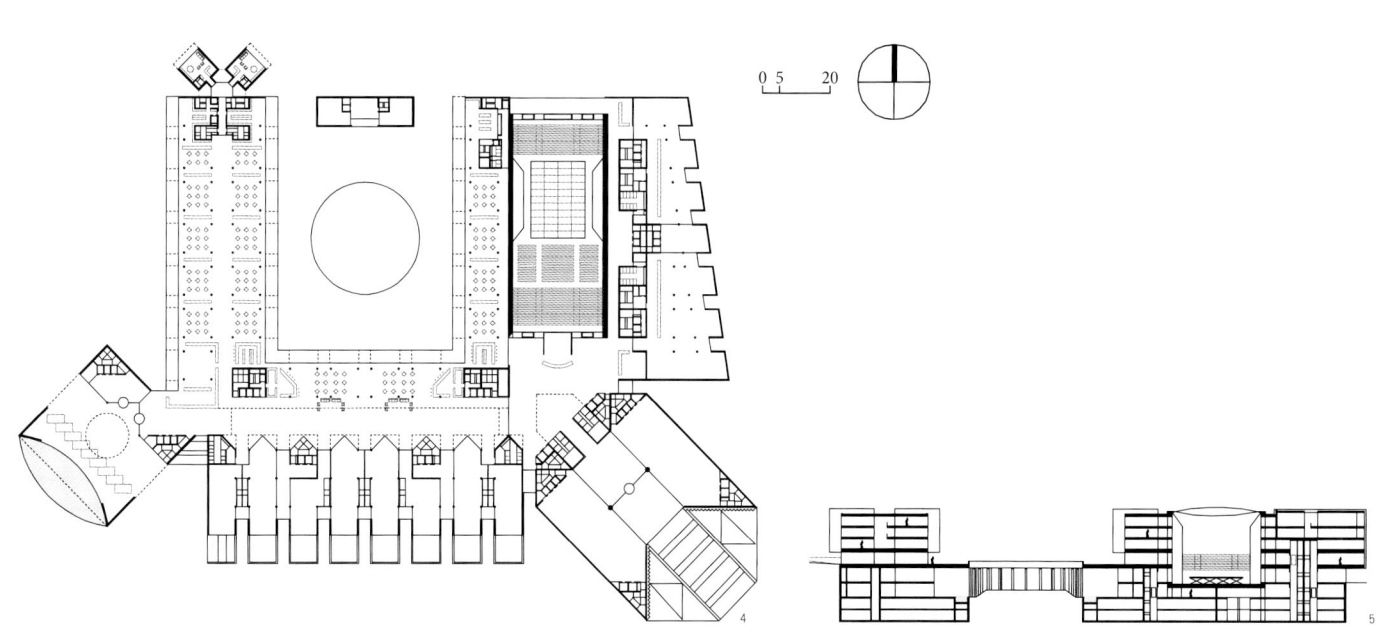

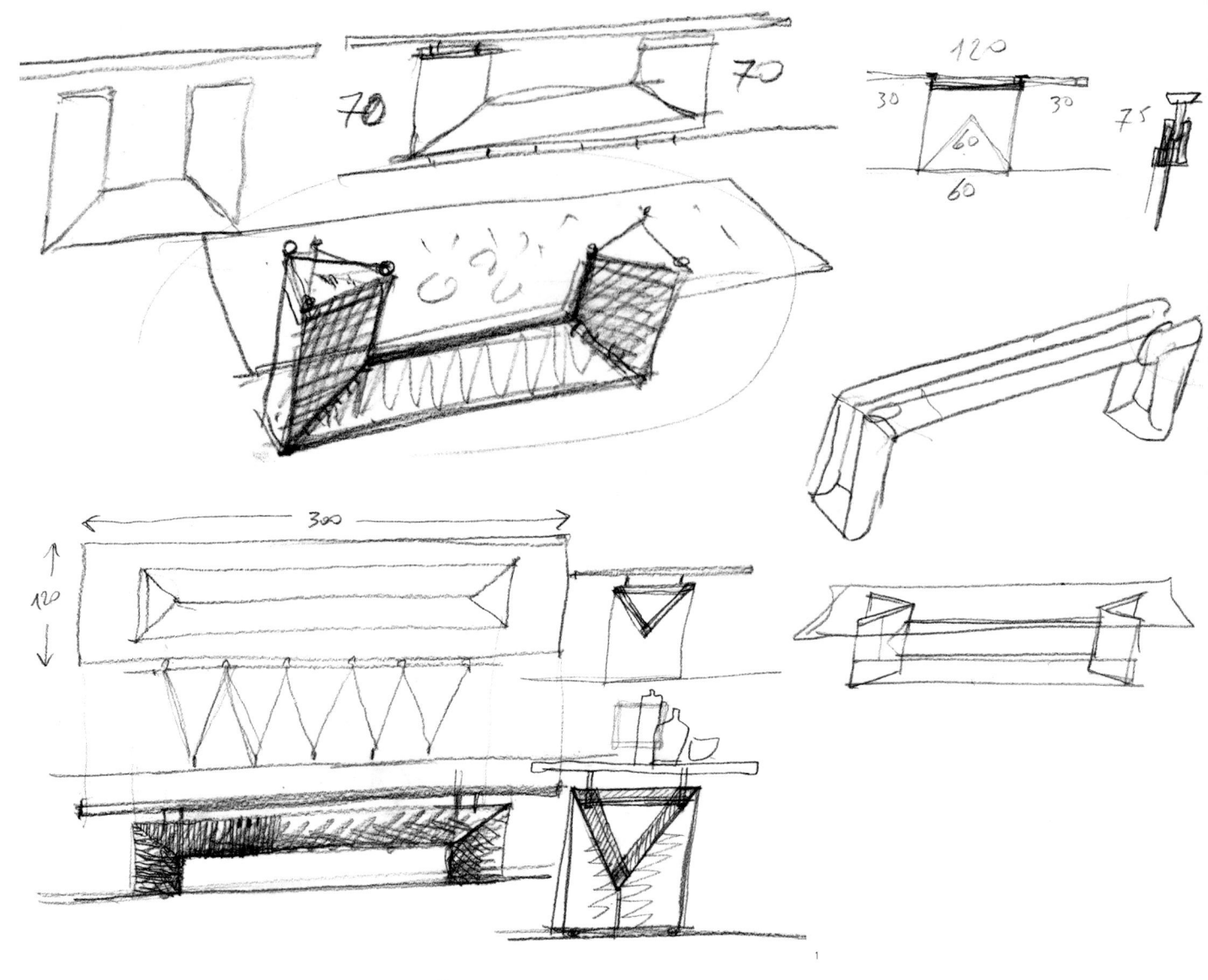

桌子（"桥"）
TABLE PONTE ('BRIDGE')

2008-2009

"克莱托·穆纳里喜欢每天创作新的东西，正是他的坚持促使我设计完成一张桌子，并将我的建筑底图印在两片玻璃上。"

——博塔

这座"桥"是以黑色亮漆面木材制成的支撑结构。

项目概况

设计时间：2008
生产时间：2009（限量99张）
生产商：克莱托·穆纳里
尺寸：底座高70cm，长宽60cm×180cm，
　　　顶部120cm×300cm
材质：底座 黑色亮漆面中密度纤维板，
　　　顶部 漆面夹层玻璃

Project: 2008
Production: 2009 (limited edition: 99 pieces)
Manufacturer: Cleto Munari
Dimensions: base H 70cm, 60cm × 180cm,
　　　　　　 top 120cm × 300cm
Material: base in black enameled MDF wood,
　　　　　 top in varnished and laminated glass

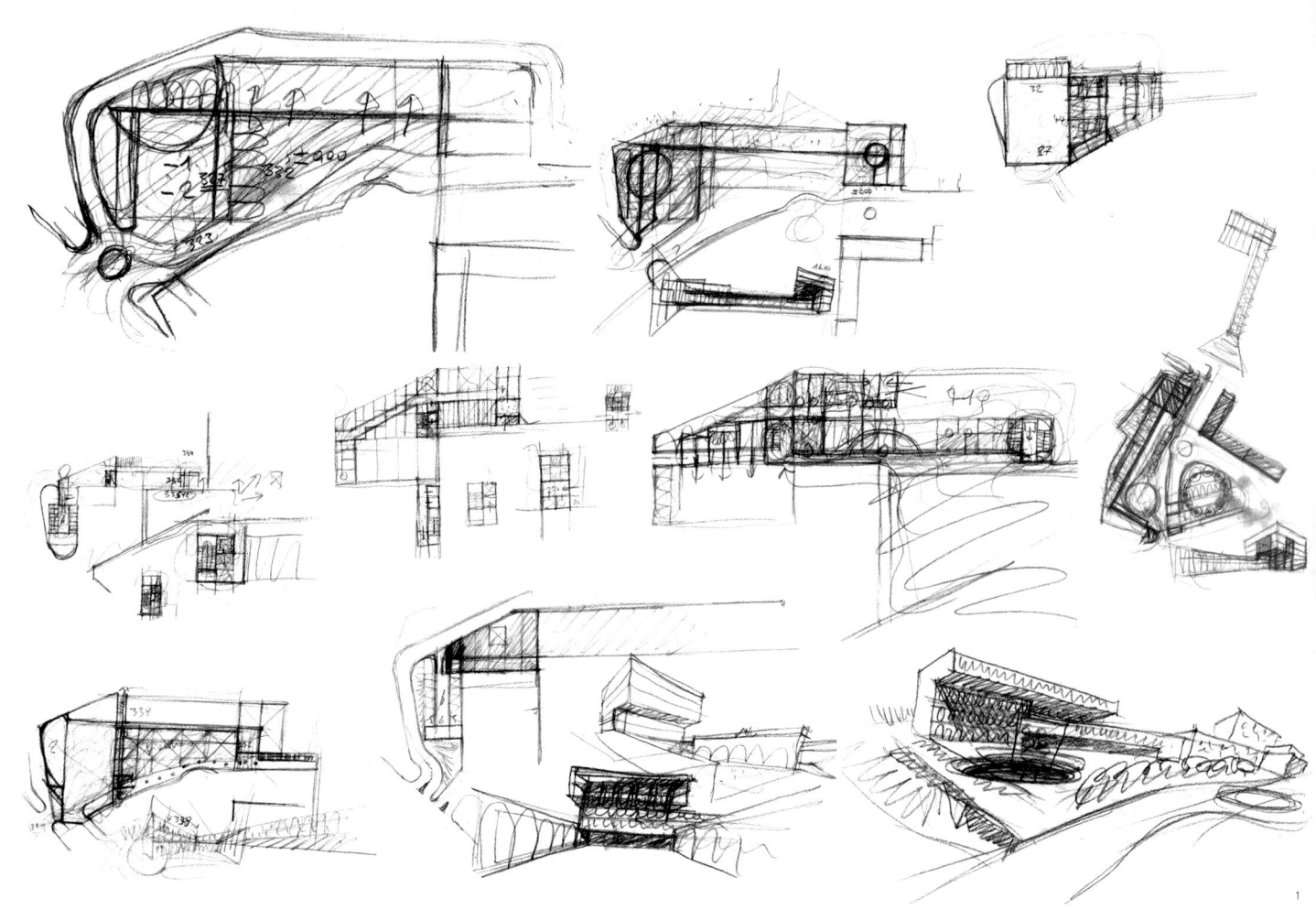

1. 手绘草图
2. 建筑实景

门德里西奥安全部队中心
SECURITY FORCES CENTER

瑞士 门德里西奥
Mendrisio, Switzerland 2008 - inprogress

新建筑位于老消防站的旧址，将容纳所有的安全部队：消防、警察和民防。该项目旨在重新规划进入门德里西奥村的"通道"，从而强调了山坡上的建成区同毗邻的山下平原上散布的城市片段之间的界限。建筑体量向北侧的山体退后，以期在主要道路边打造一片宽阔的城市空间。这个区域将变成一个城市花园，承载接待功能并作为综合体的中心节点。同时，它定义了村庄的边界，带状的城市肌理顺着道路和铁轨向外延伸。综合体中所有人行入口和服务入口设在一层；办公空间位于二层及以上，而停车空间位于地下人行入口。直径30m 的露天圆形广场低于地面，设有消防员培训区。

项目概况

设计时间：2008
业主：门德里西奥市
基地面积：9 340m²
建筑面积：10 700m²
建筑体积：49 800m³

Competition project: 2008
Client: City of Mendrisio
Site area: 9,340m²
Useful surface: 10,700m²
Volume: 49,800m³

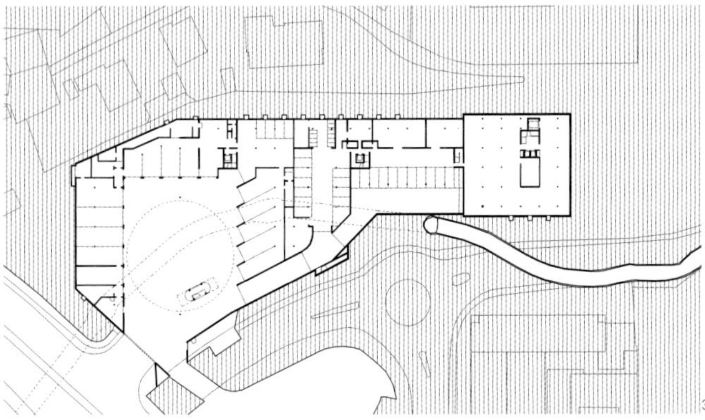
3

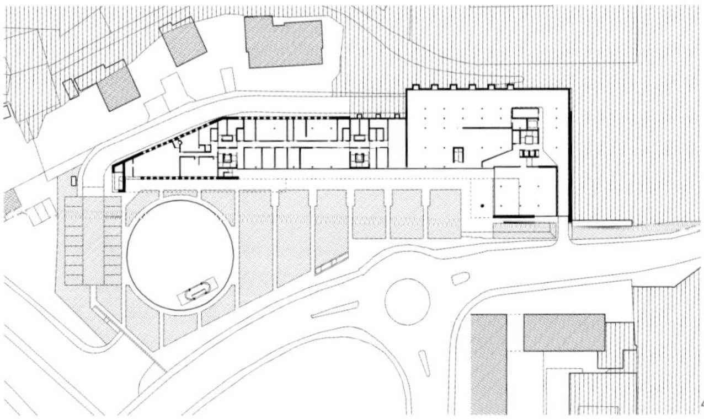
4

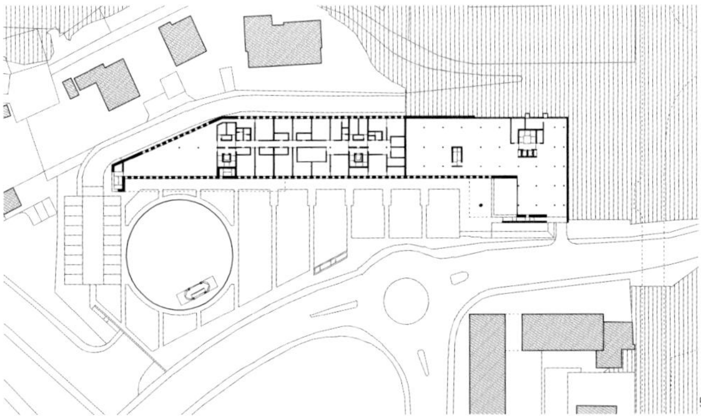
5

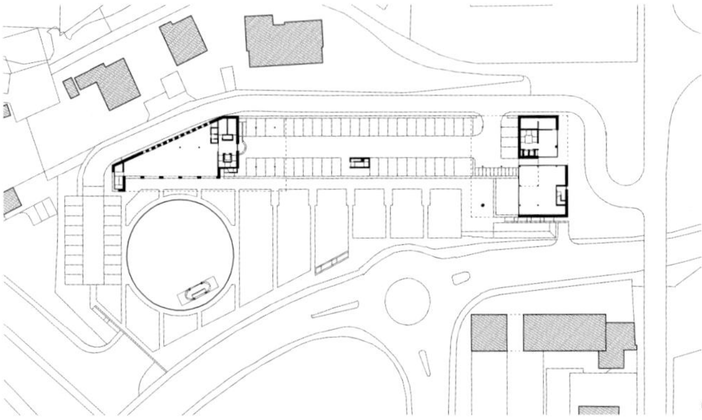
6

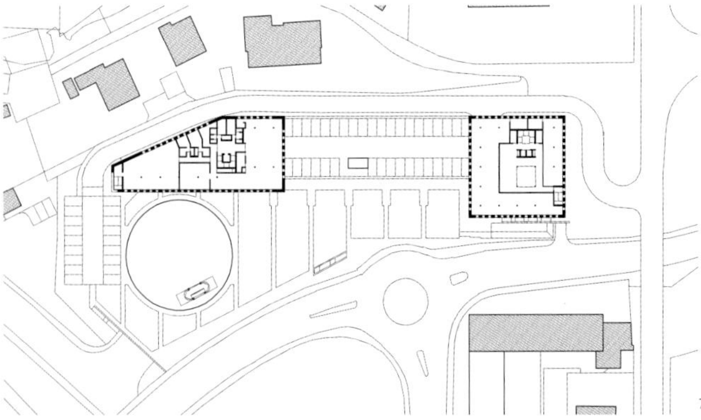
7

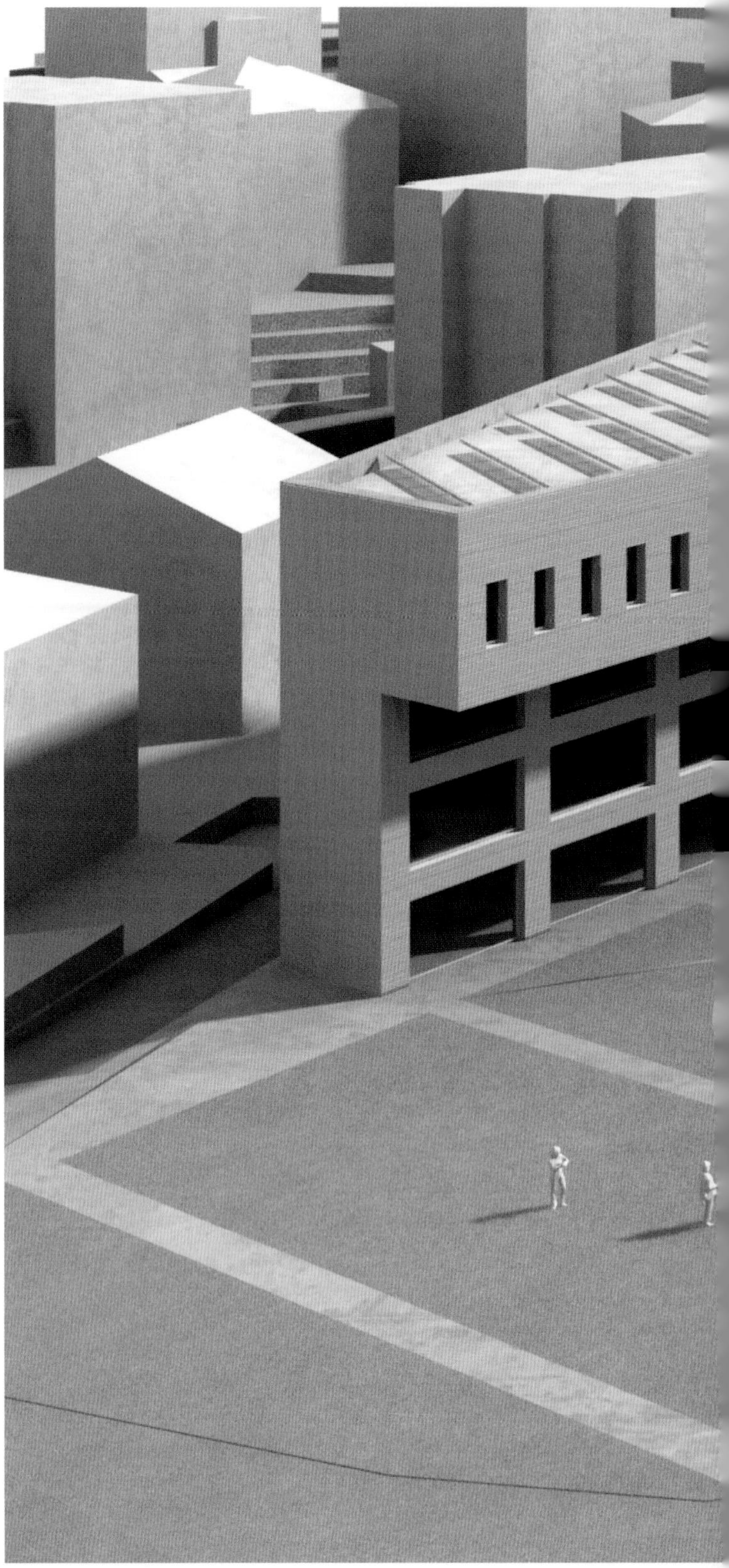

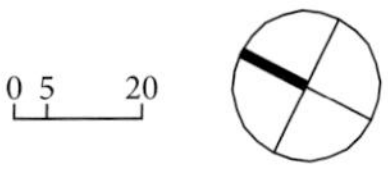

3. 地下一层平面图
4. 一层平面图
5. 二层平面图
6. 三层平面图
7. 四层平面图
8. 建筑模型

1. 手绘草图
2. 产品实景

马克杯
MUGS

2009-2010

陶瓷杯（白色、灰色、黑色）有不同的尺寸。以采用纯粹的圆柱几何形体为设计构思，手柄也被结合进几何形体之内。

项目概况
设计时间：2009
生产时间：自2010
制造商：科尼茨陶瓷马克杯公司
尺寸：高11.5cm/14.9cm，直径8cm/9cm
材料：白色、灰色和黑色瓷器。

Project: 2009
Production: since 2010
Manufacturer: Mug Company, Könitz Porzellan
Dimensions: 11.5/14.9cm height, diameter 8/9cm
Material: white, grey and black china.

1. 建筑模型
2. 手绘草图
3. 效果图

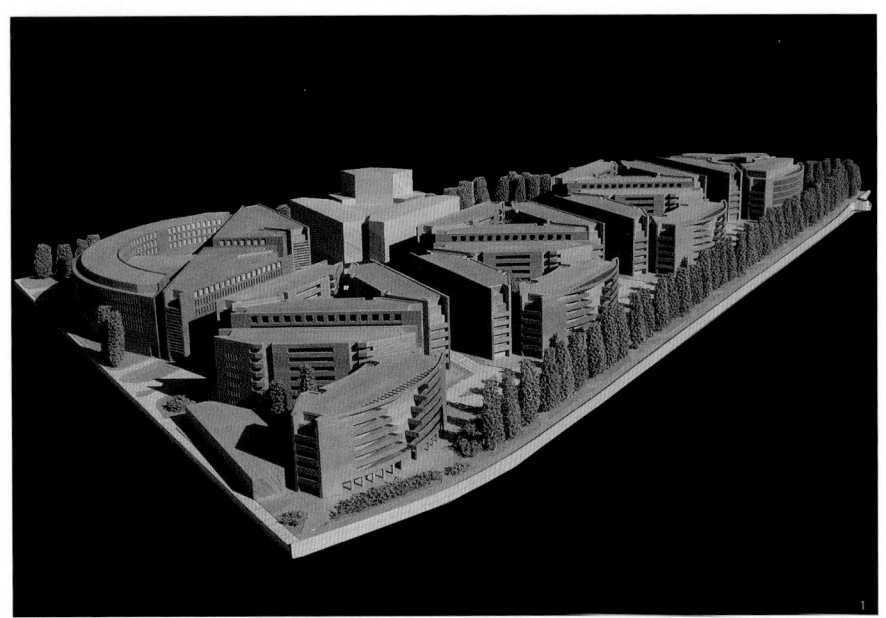

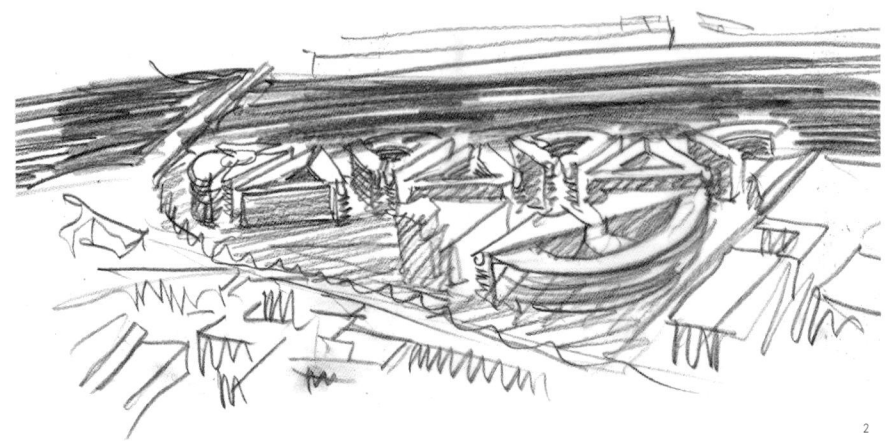

圣彼得堡滨水区设计

EMBANKMENT PROJECT

俄罗斯 圣彼得堡
Saint Petersburg, Russia 2008

三角形的基地位于圣彼得堡的中心，涅瓦河的北岸。该项目旨在实现自身的尺度和比例与周围景观之间的平衡。

项目以9个形式相同相互联系的体量代替一个单一体量。不同的体量中安置不同的功能以满足竞赛任务的要求。包括酒店、公寓、写字楼、商场、影院及停车场。平行于河岸的公路将住宅设施（酒店、公寓）与公共设施（店铺、写字楼、剧院）分离。绿化带增加了基地内及沿河的步行空间，发挥了重要的作用。

项目概况

设计时间：2008
业主：圣彼得堡市有限公司
基地面积：99 500m²
建筑面积：250 000m²

Competition project: 2008
Client: Petersburg City Limited Company
Site area: 99,500m²
Useful area: 250,000m²

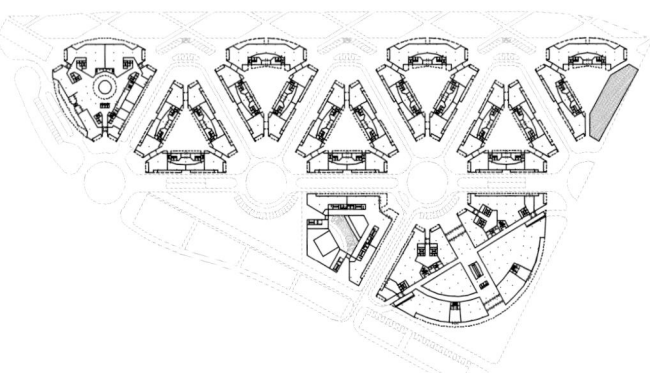

4

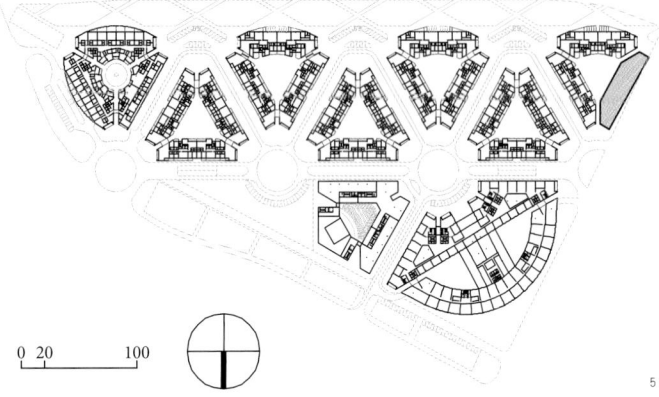

0 20   100

5

6

7

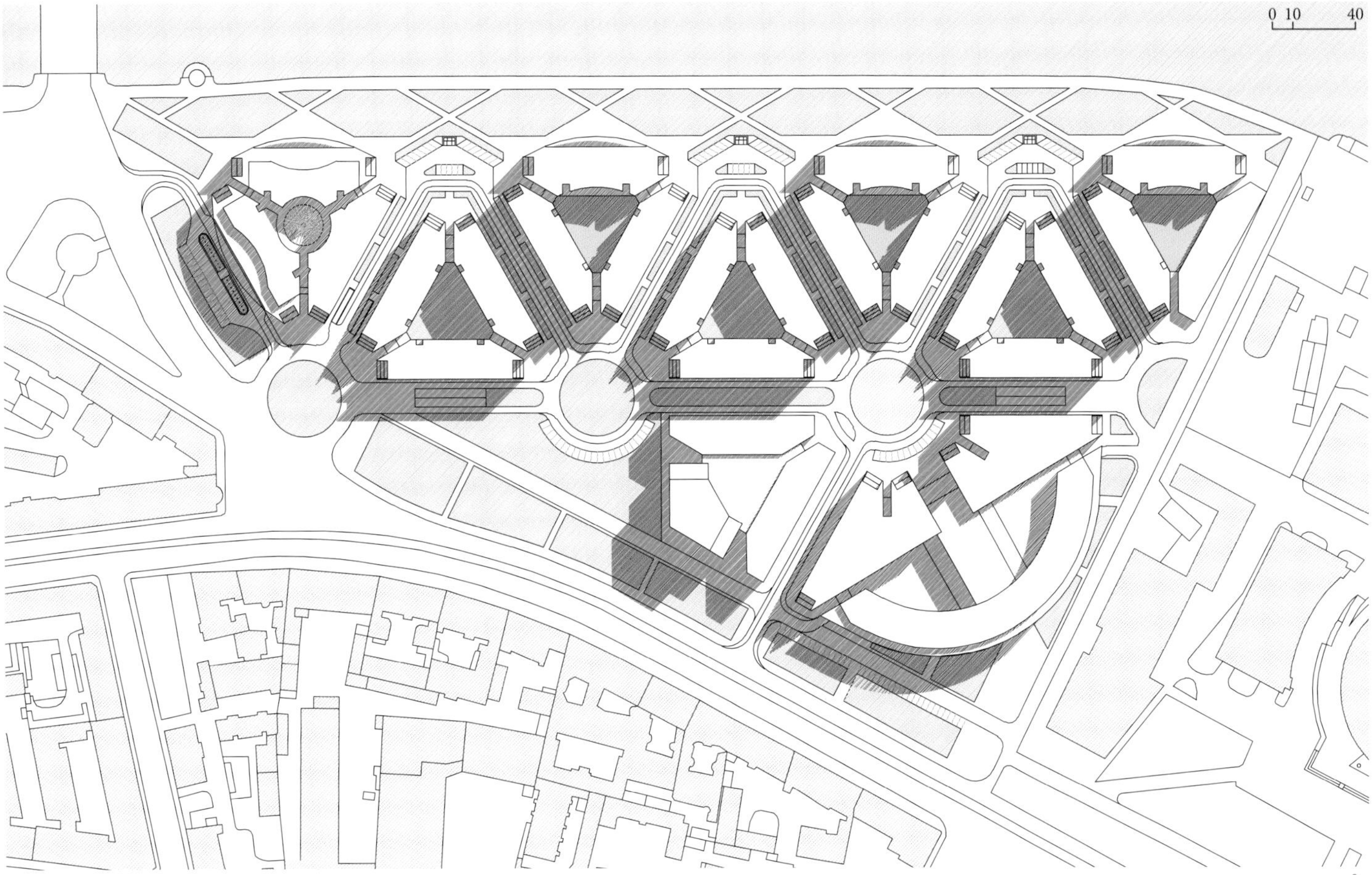

8

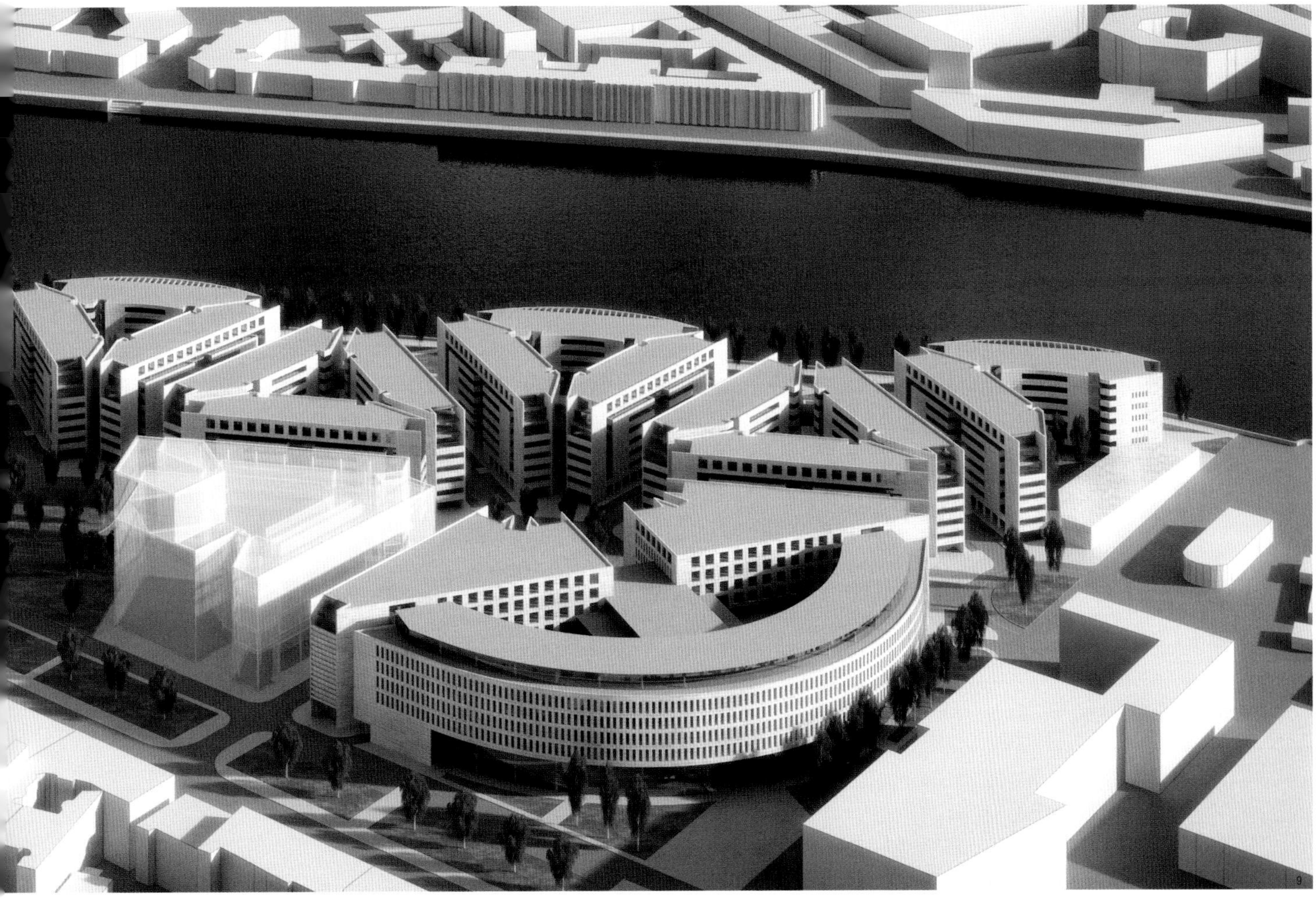
9

1. 手绘草图
2.3. 产品实景

"沙漏" 坐凳
STOOL CLESSIDRA ('HOURGLASS')

2010

整个坐凳由一块芳香的雪松木块制成。雪松木块被加工成看起来接近两个上下叠落的半球形。

坐面的中心可以嵌入金属栓，以将两个或更多的凳子叠起来。

项目概况

设计时间：2010
制造时间：自2010
制造商：丽娃·莫比利 1920，意大利坎图
尺寸：高41.5cm，直径40cm
材料：雪松木块

Project: 2010
Production: since 2010
Manufacturer: Riva Mobili 1920, Cantù, Italy
Dimensions: H 41.5cm, diameter 40cm
Material: block of cedar-wood

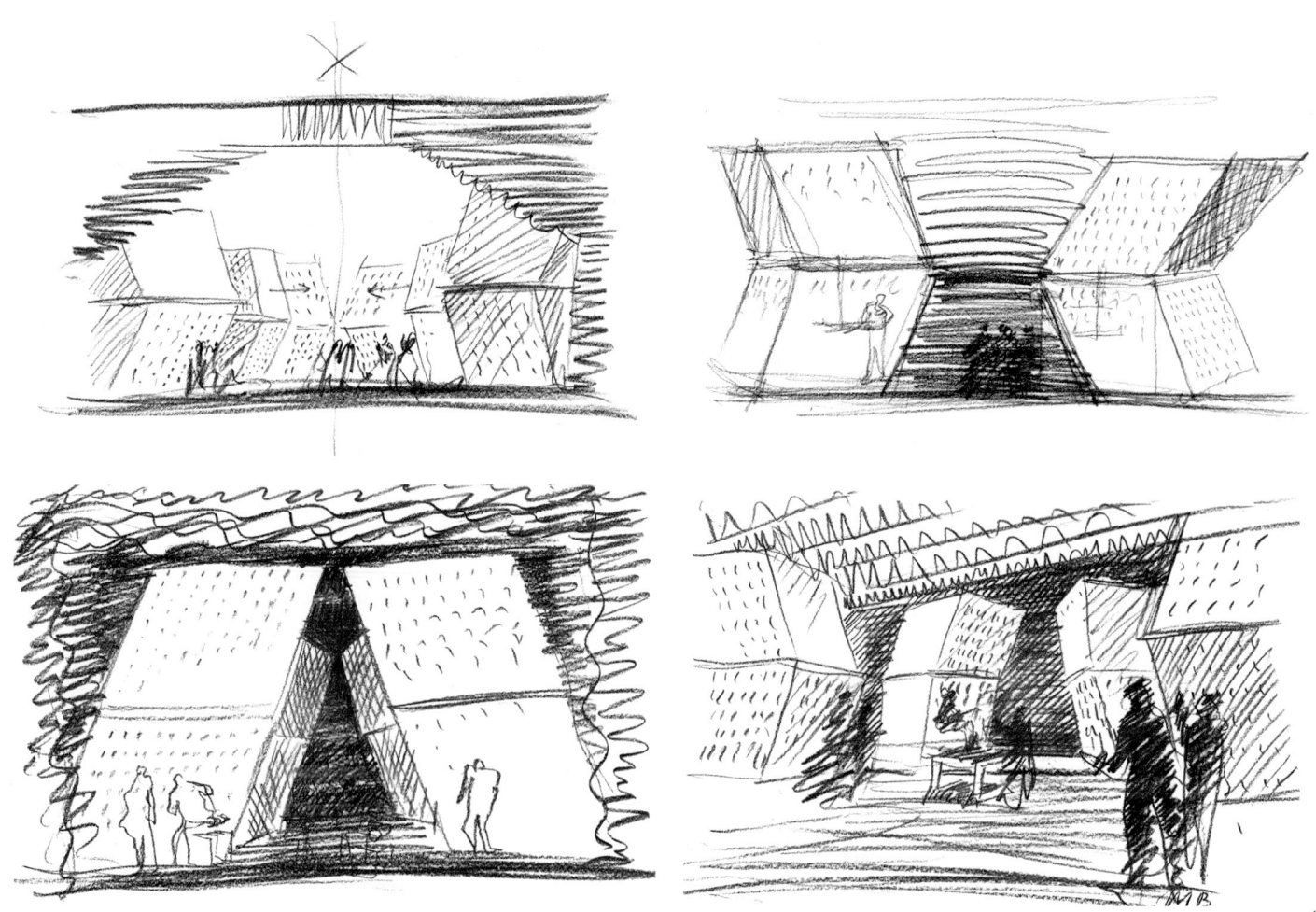

1. 手绘草图
2. 室内实景

"西维利亚的理发师"舞台设计
STAGE SET FOR 'IL BARBIERE DI SIVIGLIA'

瑞士 苏黎世
Zurich, Switzerland 2009

"西维利亚的理发师"这一苏黎世歌剧院舞台设计源于20世纪前卫艺术在苏黎世的沃土上培育的具象文化。它由简朴的形式构成：四个木块，每一个木块都由两个可动斜截面的方块叠加而成。背景中彩色窗帘由连续变化的彩色水平光带的灯光特效加以强调，这里的灯光组织设计基于艺术家罗斯科的图像。舞台有一些白色道具作为点缀，暗示立体派风格（毕加索的吉他）。这些硕大的勾勒舞台空间的可塑体块内部都装有光源，光线从表面上规则的圆孔中透出。

项目概况

音乐与剧本：乔阿基诺·罗西尼
舞台导演：切萨雷·列维
音乐总监：尼洛·桑蒂
服装：马琳娜·卢萨尔多

Music and libretto: Gioacchino Rossini
Stage director: Cesare Lievi
Music director: Nello Santi
Costume: Marina Luxardo

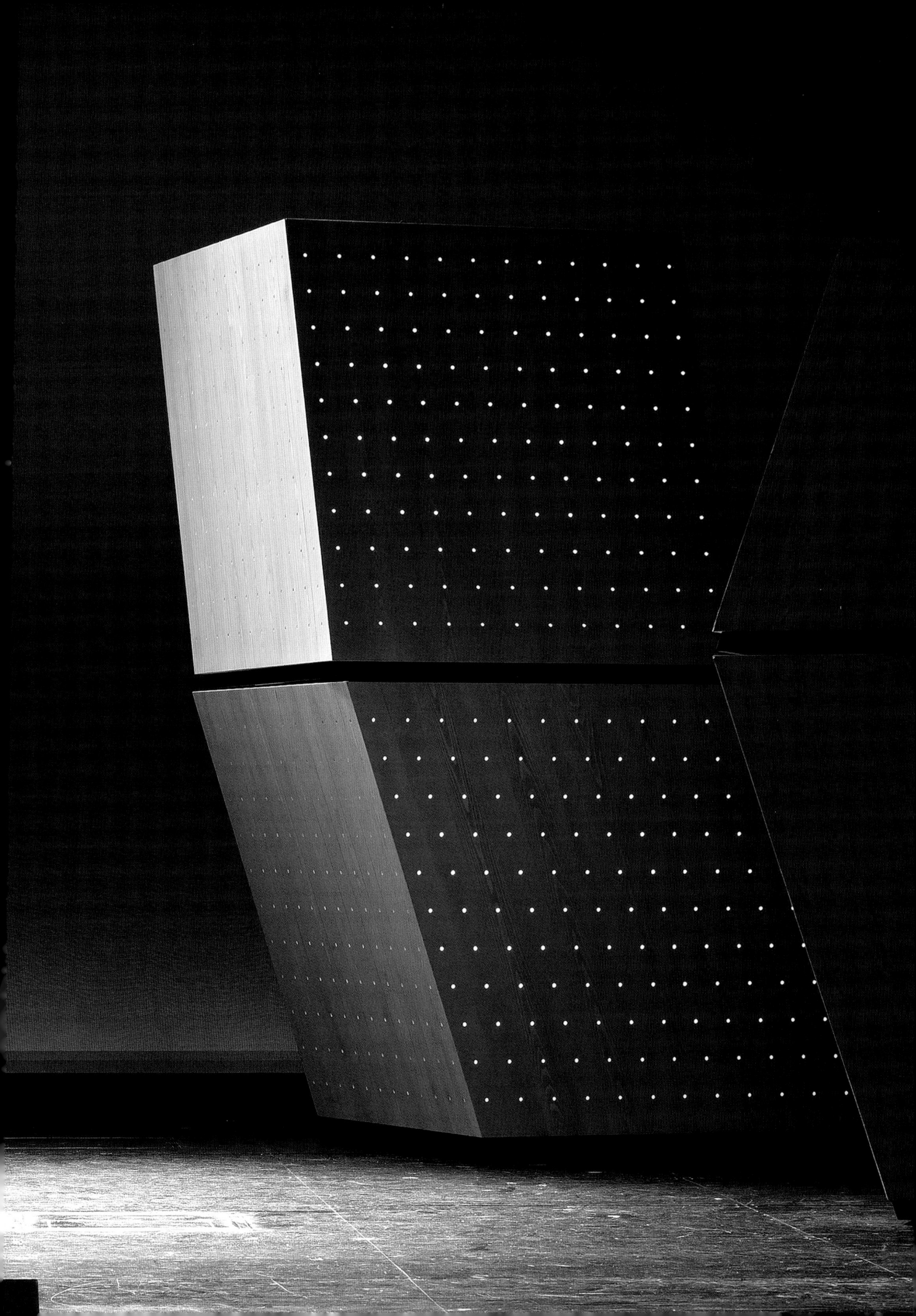

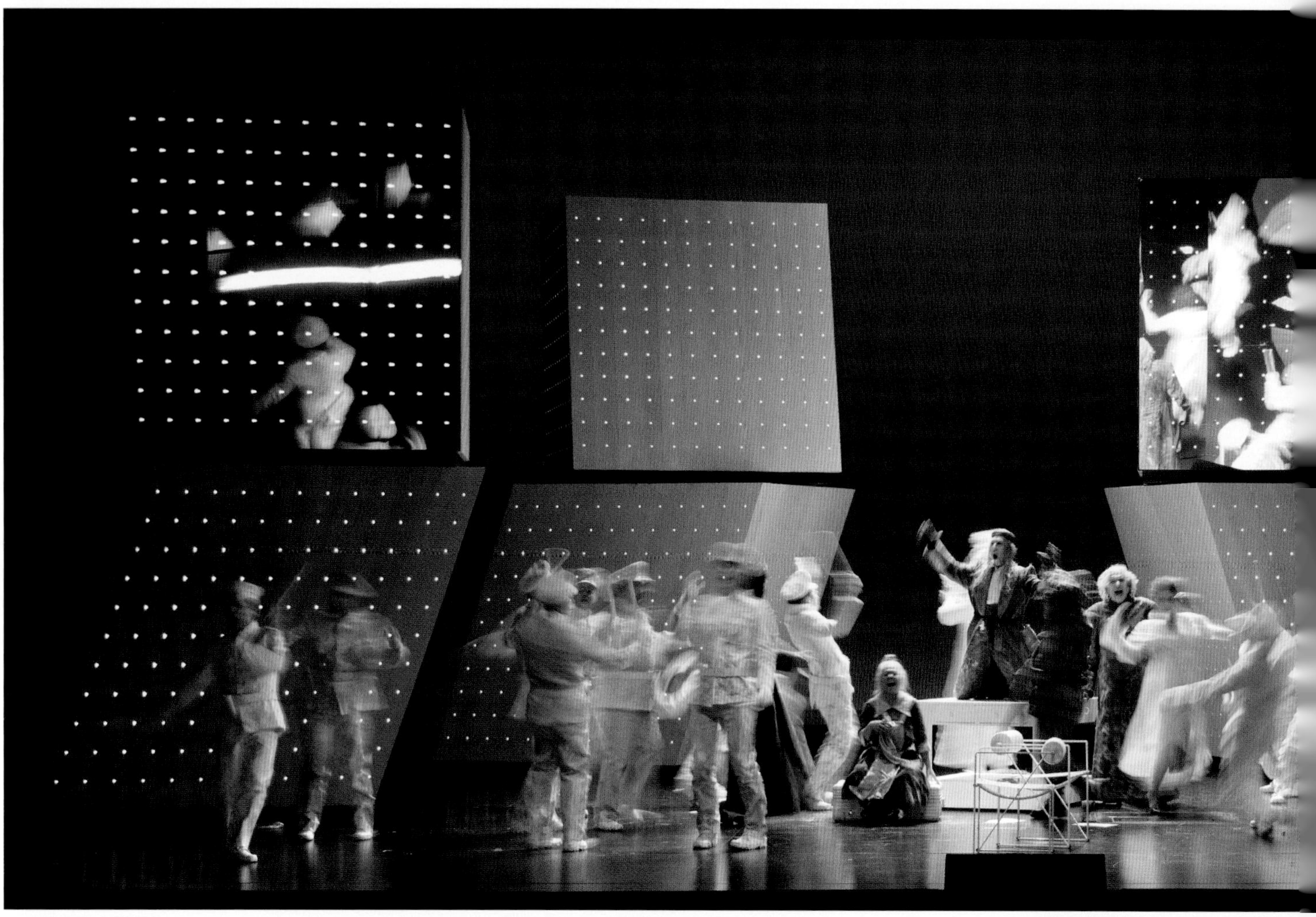

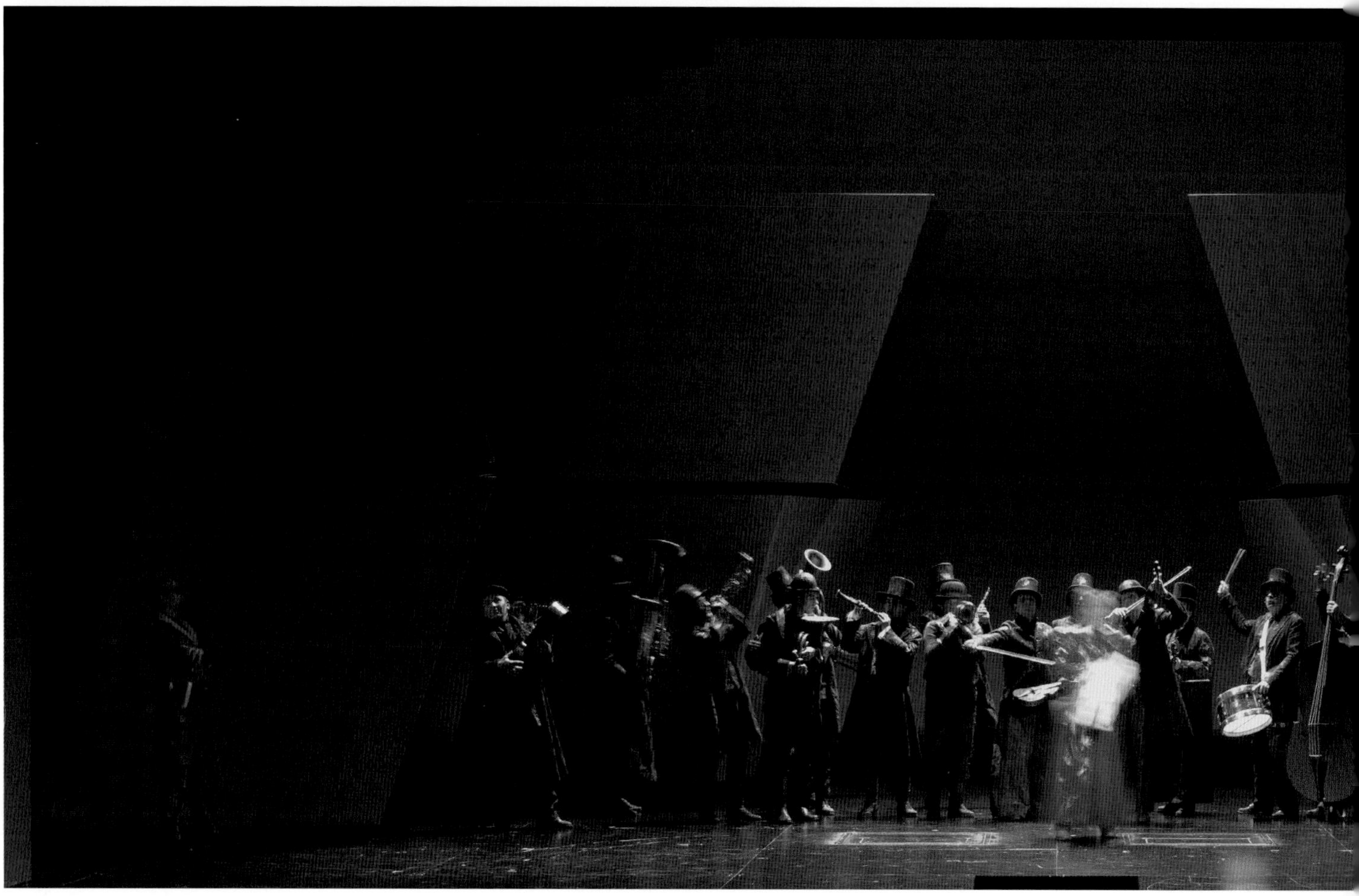

3,4. 舞台实景

5. 舞台实景

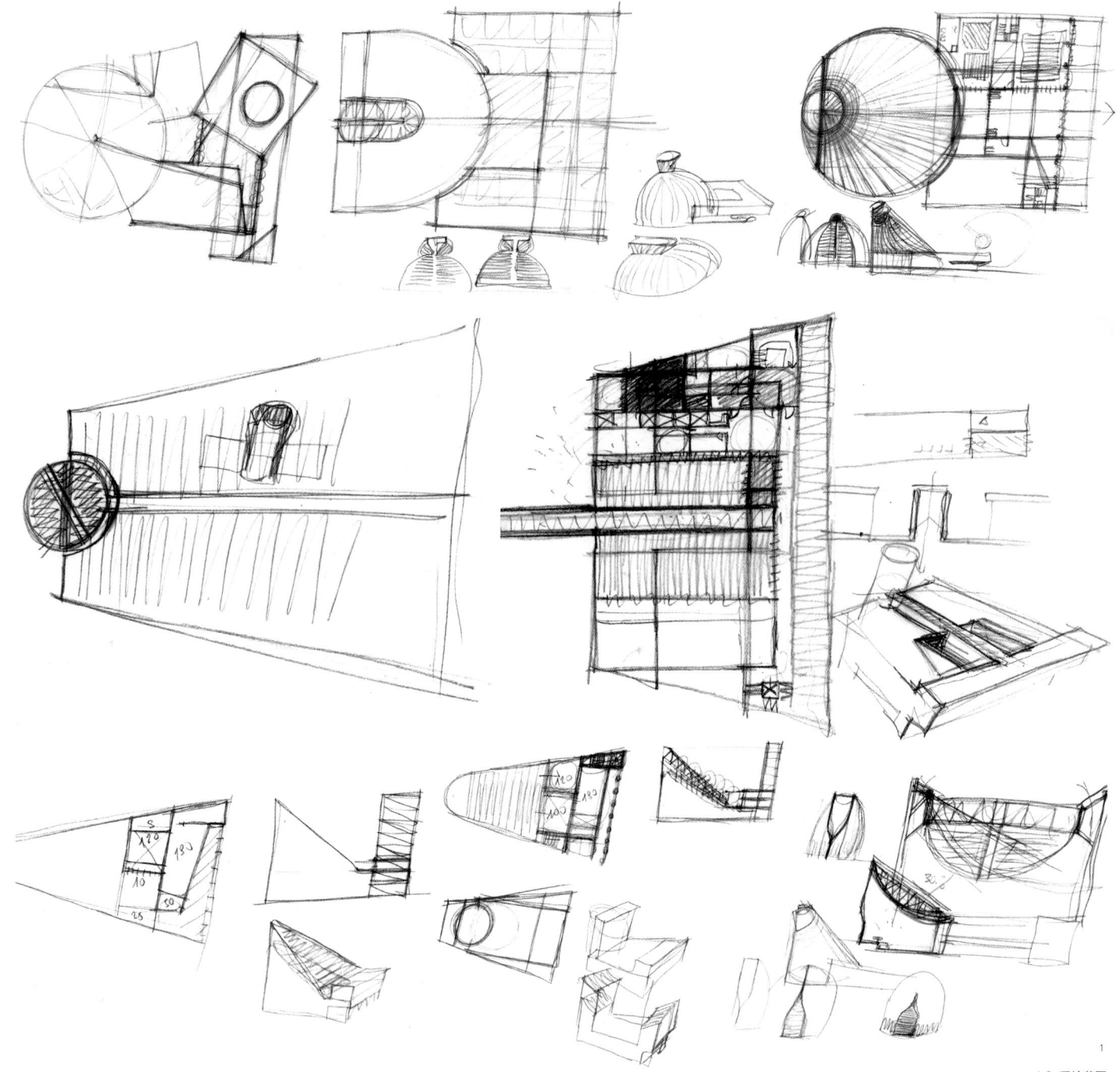

1.2. 手绘草图
3. 剖面图
4. 首层平面图

莱比锡教会和牧灵中心
LEIPZIG CHURCH AND PASTORAL CENTRE

德国 莱比锡
Leipzig, Germany 2009

　　设计构想建造两个体量：一个功能性的体量和一个高耸的教堂体量。这些几何形式受到东部的威廉劳希纳广场和北部的新市政厅钟塔的影响。

　　设计沿两个主要轴线展开：南北轴线在视觉上联系了市政厅大楼和教堂后殿，东西轴线连接了广场和入口。除了集会的房间，地面层还设有一个会议大厅和一个小礼拜堂来处理日常服务事物，这个礼拜堂通过移动隔墙，与会议室可以形成一个整体空间。

　　上层空间围绕中央庭院紧凑地组织。该层设有办公室及公寓。技术用房和年轻人的娱乐空间被安置在地下一层。

项目概况

竞赛时间：2009
项目地点：德国，莱比锡
业主：莱比锡天主教教务长圣·特里尼塔蒂斯
基地面积：2 950m²
建筑面积：2 650m²

Competition project: 2009
Place: Leipzig, Germany
Client: Katholische Propsteipfarrei St. Trinitatis, Leipzig
Site area: 2,950m²
Useful surface: 2,650m²

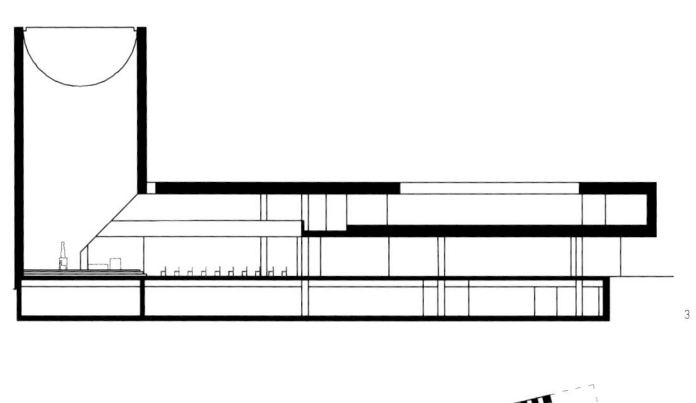

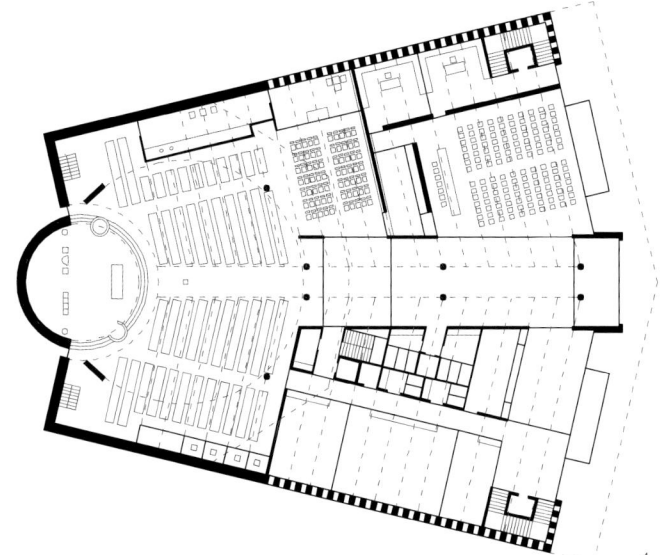

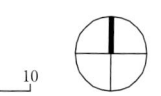

0 5 10

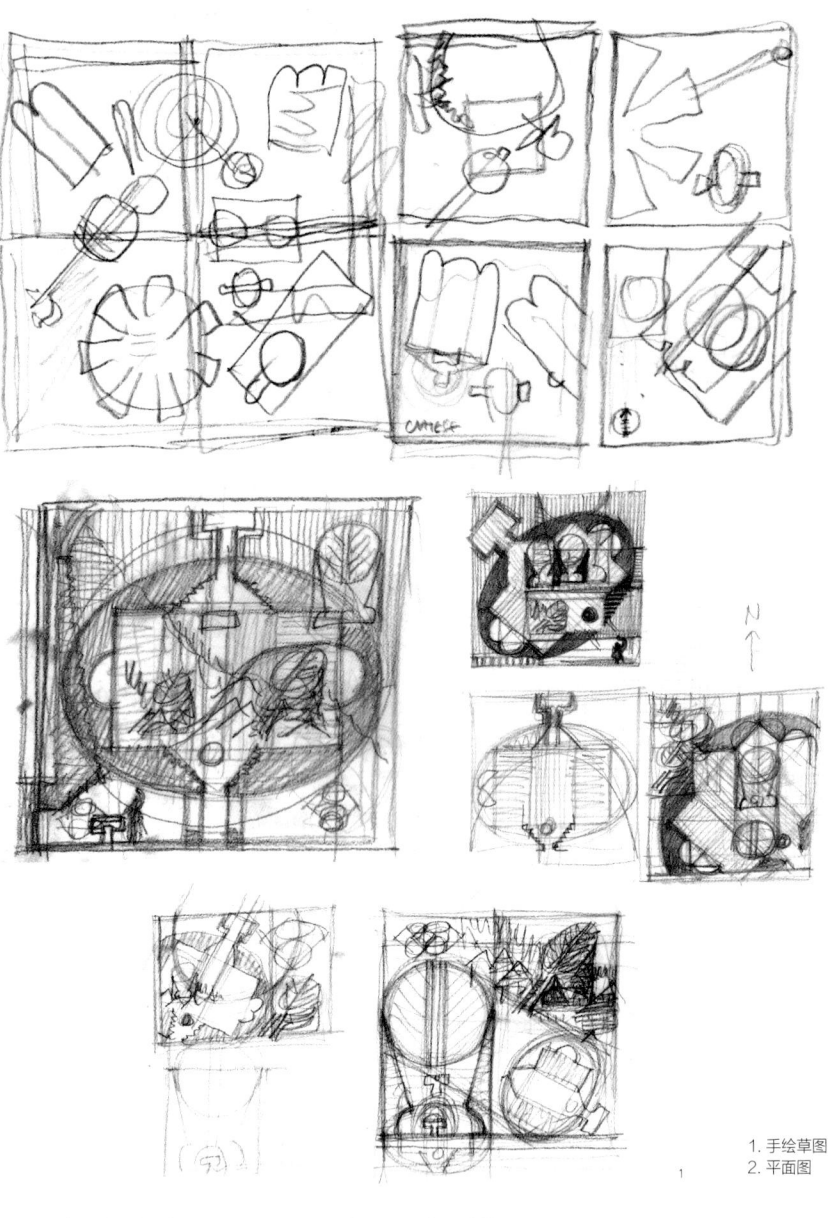

"安纳托利亚" 地毯
CARPET 'ANATOLIA'

2009-2010

　　这是一张棉与羊毛混纺的地毯，用以安放思想和理念。新的形状和物体，是现实和虚幻之间的临界点。梦幻神秘的几何形，其美感结合了不同的空间特征。尚未发现的创意游弋于地图与思想的群岛间。

　　网格承载着灵感，坠入世俗的传统，蕴藏在沧桑而智慧的双手编织的肌理之中。历史仍然见证着这样的现代人：他继续与过往对话，并继续诠释着如何取悦心灵，同时不放弃梦。

项目概况

设计时间：2009
生产时间：自2010
合伙人：克莱托·穆纳里
制造商：莫雷特
制造过程：莫雷特工作室，土耳其，乌沙克
尺寸：520cm×520cm，毛皮厚度：8mm
材料：棉，羊毛皮
技术：手工编织，吉奥迪斯结
结的数目：2 620 800
编制时间：6个月
编织人数：6人

Project: 2009
Production: since 2010
With: Cleto Munari
Manufacturer: Moret
Manufacturing process: Moret atelier, Ushak, Turkey
Dimensions: 520cm × 520cm, fur height 8mm,
Material: texture and warp in cotton; fur in Siverek wool
Technique: hand-knotted, Ghiordes knot
Number of knots: 2,620,800
Knotting time: 6 months
Number of weavers: 6 persons together

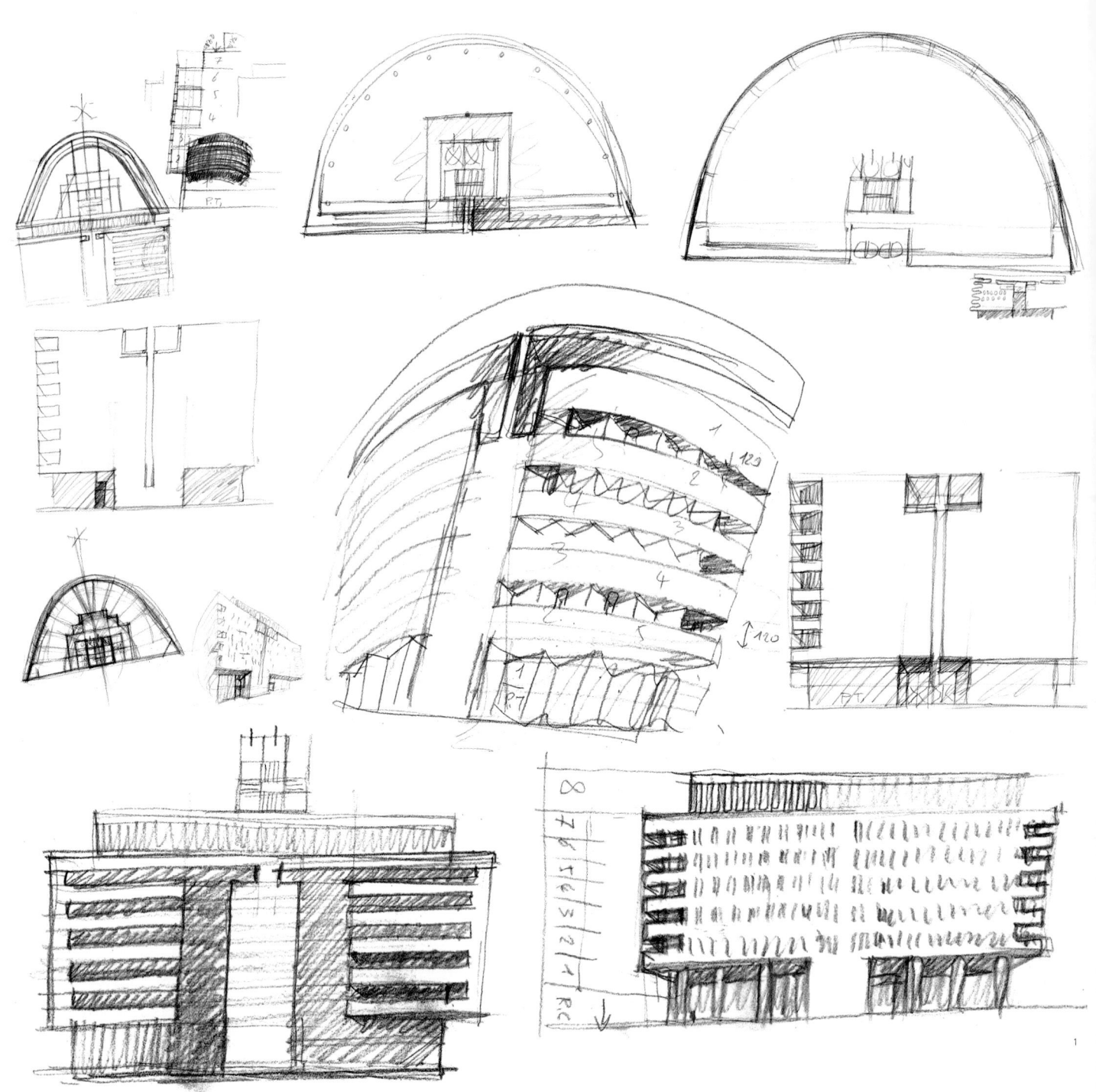

亨克办公楼
OFFICE BUILDING IN GENK

比利时 亨克
Genk, Belgium 2009-2013

该办公楼基地位于比利时亨克市开发区域。该建筑的体量为一个半圆柱体,平立面朝向北方。入口亦位于这一立面上。另一个弧形的立面以由砖饰面形成的水平向带状元素为特点,同时作为"遮阳"。这个标志性的建筑在远处沿高架桥的道路上就可望到。

项目概况

设计时间: 2009
建造时间: 2010—2013
业主: LRH-投资,亨克
项目管理: BUROB 建筑与室内设计,
亨克
建筑面积: 4 500m²
建筑体积: 18 200m²

Project: 2009
Construction: 2010-2013
Client: LRH-invest, Genk
Project management: BUROB architecteur&interieur design,
Genk
Useful surface: 4,500m² (of which 1000m² underground)
Volume:18,200m³ (of which approx. 4,000m³ underground)

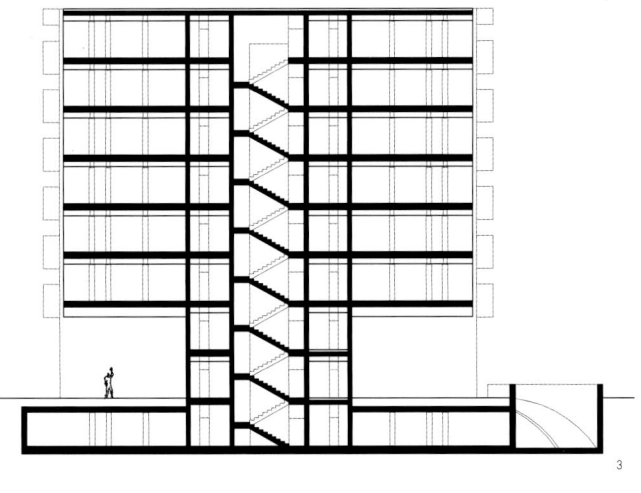

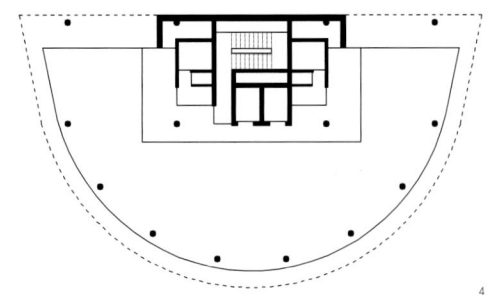

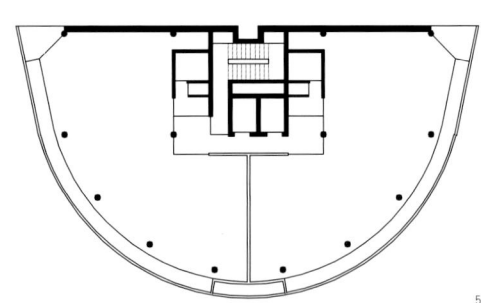

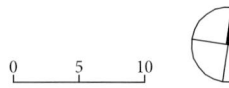

3. 横向截面图
4. 一层平面图
5. 标准层平面图
6. 现场实景
7. 立面细部

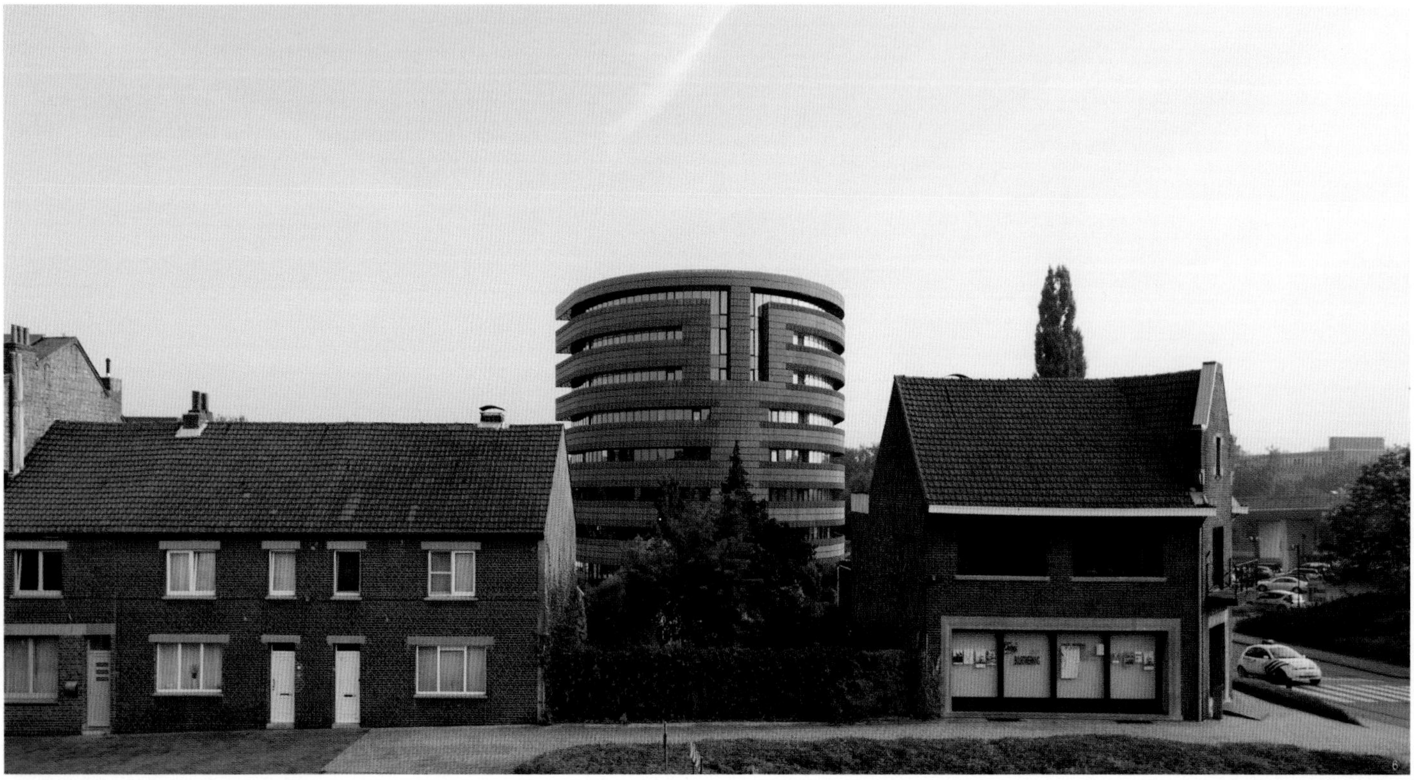

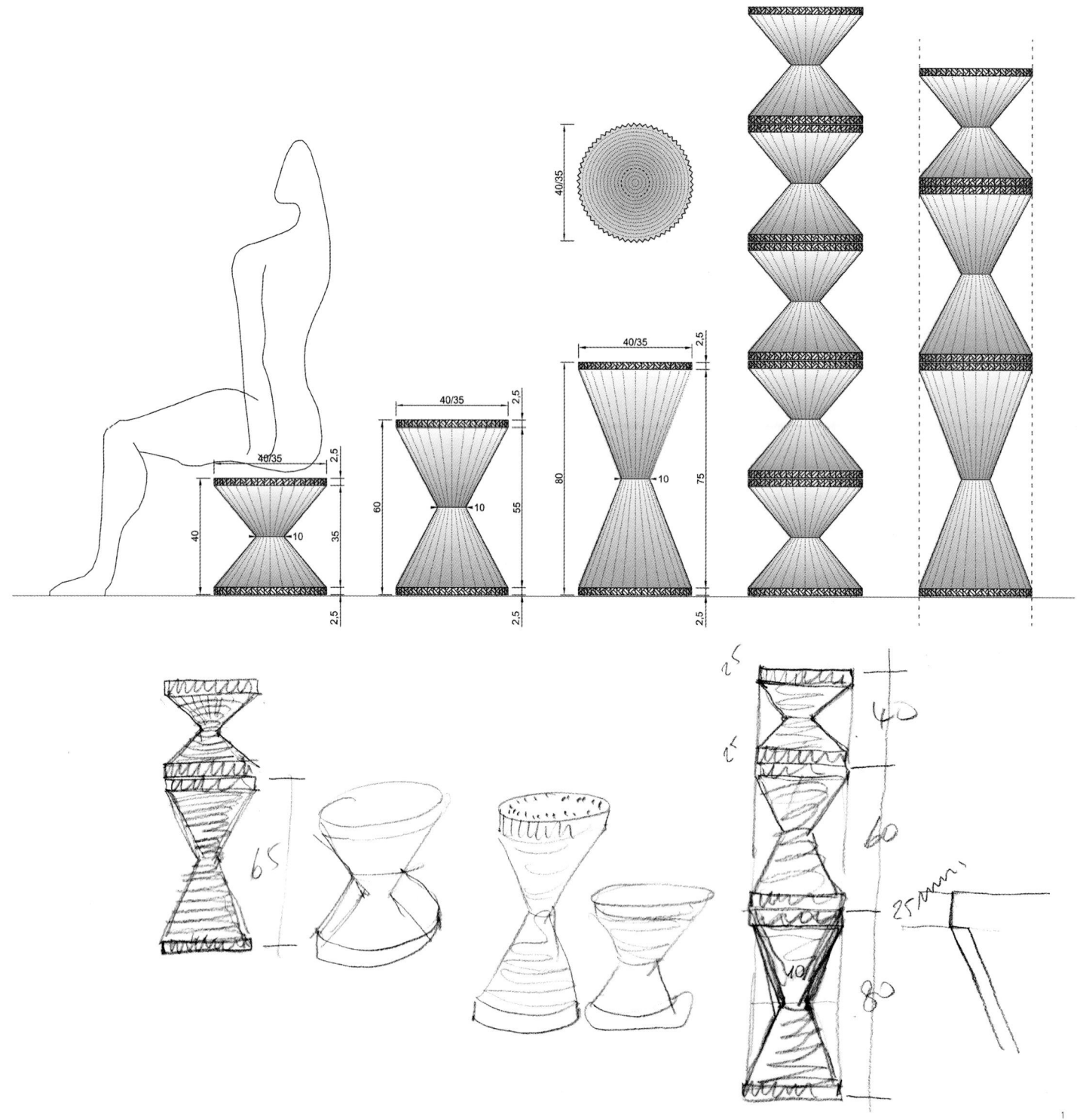

"橡木"拼贴
BRICOLAGES

2010

"橡木"拼贴，向布朗库西（著名雕塑家）致敬：座椅-凳子-小桌子。

威尼斯城的建筑建造在这些橡木桩上，它们有满满的生命，只要挖开它们的树皮你就会发现它们的灵魂。

项目概况
设计时间：2010
制造商：丽娃·莫比利 1920，意大利，坎图
尺寸：高40/60/80cm，直径35/40cm
材料：支撑威尼斯的橡木桩

Project: 2010
Production: since 2010
Manufacturer: Riva Mobili 1920, Cantù, Italy
Dimensions: H 40/60/80 cm, diameter 35/40cm
Material: "briccole", oak wood posts on which Venice was built.

1. 手绘草图
2. 产品实景

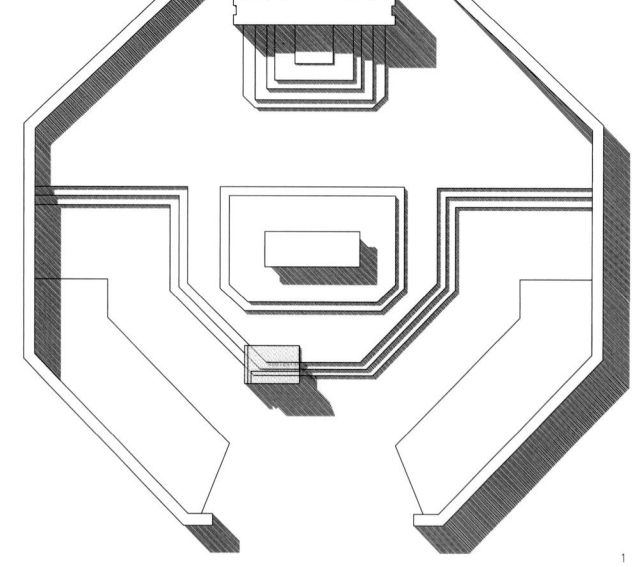

圣母百花大教堂讲道台
AMBO FOR THE BASILICA OF SANTA MARIA DEL FIORE

意大利 佛罗伦萨
Florence, Italy 2012

这个竞赛要求为佛罗伦萨的圣母百花大教堂八角形圣坛设计一个讲道台。设计构想以梳子似的肌理来组合水晶薄片。这些水晶片有12cm长，2cm厚。由于水晶结构呈现透明和反射性的表面，视觉上的平面由此出现。

项目概况
竞赛时间：2012
业主：佛罗伦萨圣玛利亚歌剧院

Competition project: 2012
Client: Opera di S. Maria del Fiore

1. 手绘草图
2. 总平面图
3.4. 建筑模型

0   1   5

3

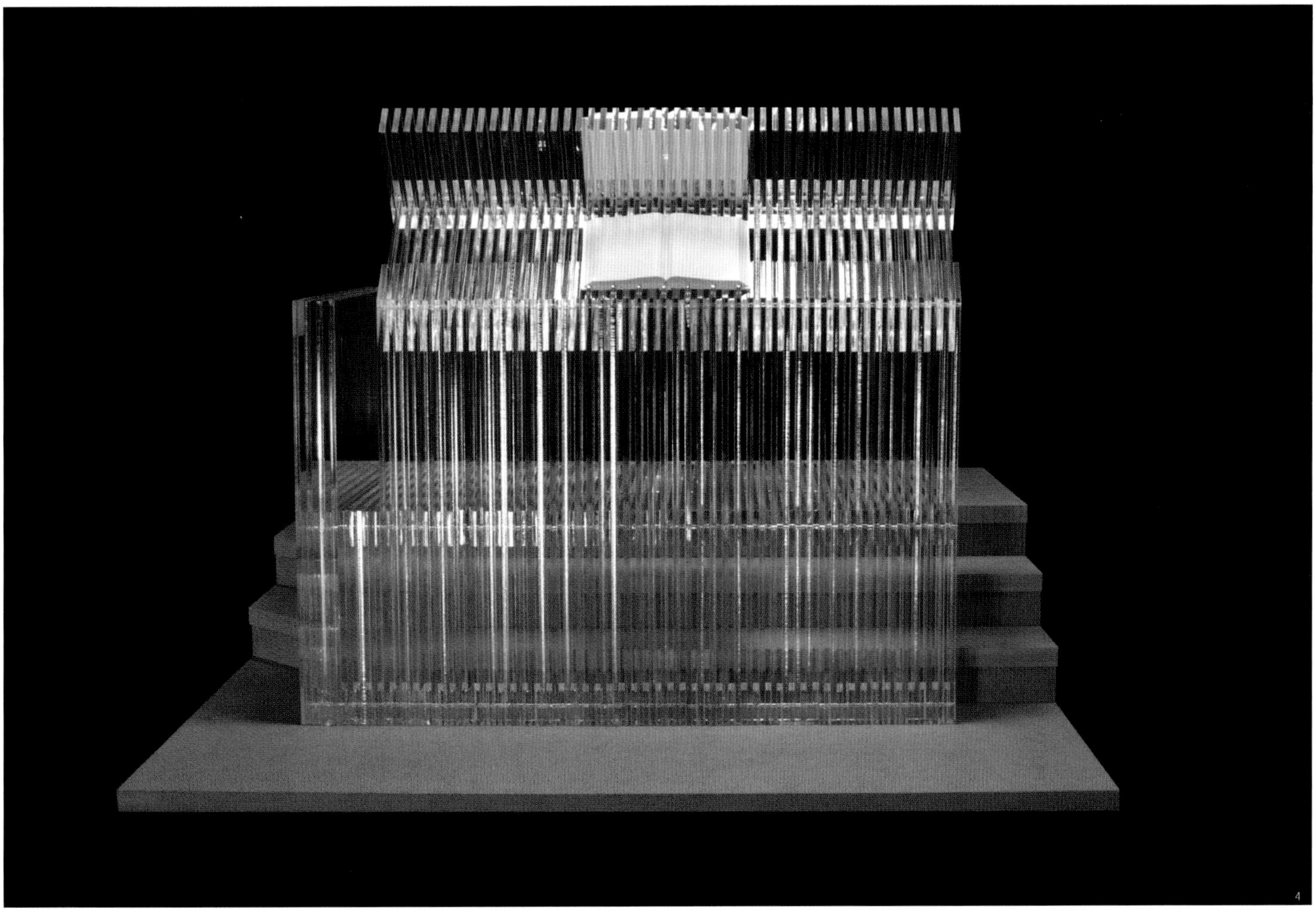

4

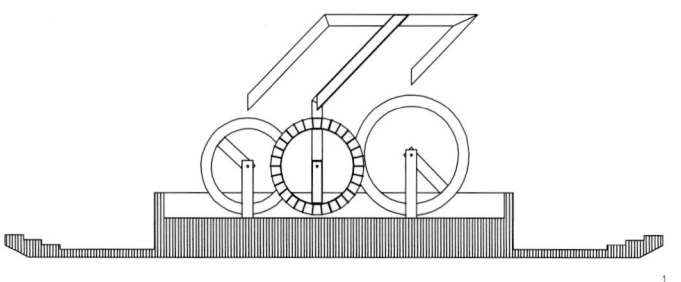

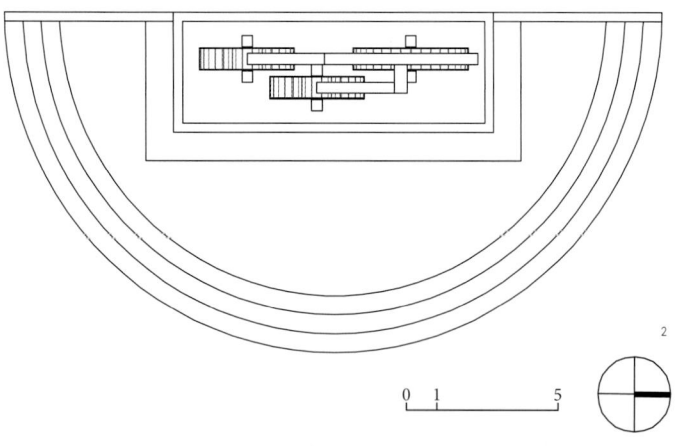

0 1 5

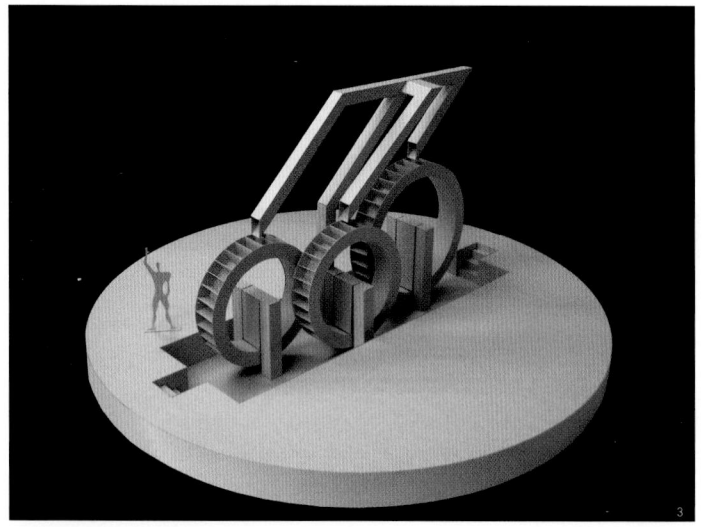

1. 横向剖面图
2. 平面图
3. 模型
4. 全景图

千禧喷泉
MILLENNIUM FOUNTAIN

瑞士 圣布莱斯
Saint Blaise, Switzerland 2010-2011

　　这个喷泉的建造是为了庆祝村庄的千禧年。它包括：三个耐候钢的轮子，一个直径为3.80m，另外两个直径为3.10m；一套耐候钢输送管，总高5.60m；一个12m×3.60m，深80cm的混凝土立方体基座；一个半径为11m，深40cm的天然石材基座。

项目概况
设计时间：2010
建造时间：2011
项目地点：圣布莱斯中心，纳沙泰尔州
业主：千禧喷泉基金会，州长弗朗索瓦·贝尔让

Project: 2010
Construction: 2011
Place: Port of Saint-Blaise, Canton of Neuchâtel
Client: Millennium Fountain Foundation, President
　　François Beljean

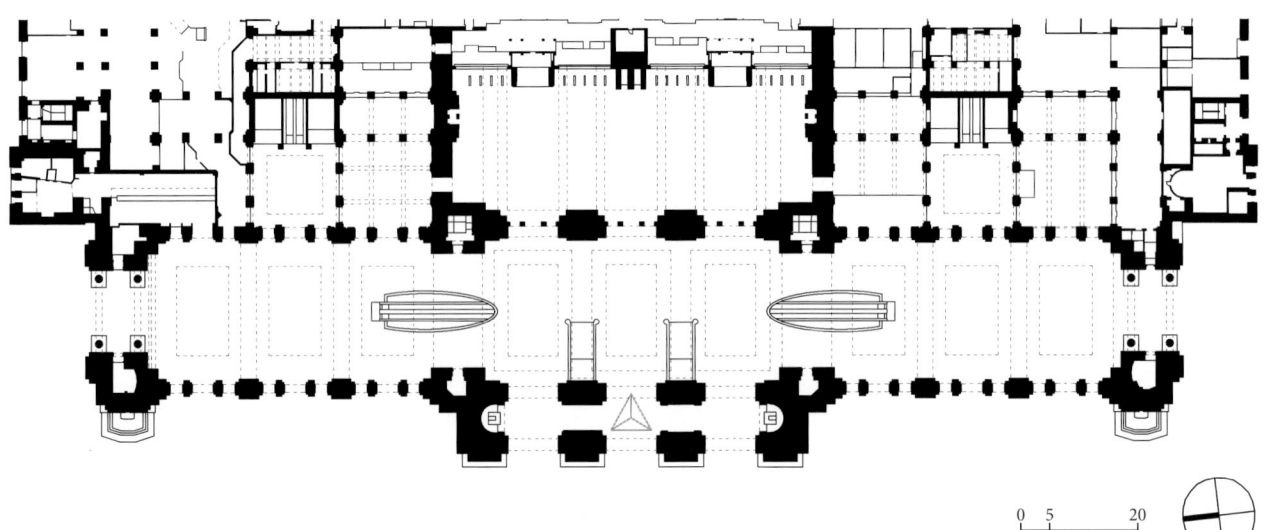

弗朗西斯卡·卡布里尼纪念碑
MEMORIAL FRANCESCA CABRINI

意大利 米兰
Milan, Italy 2010

这座纪念碑是为了纪念移民的守护神——弗朗西斯卡·卡布里尼而建造的。它被挂在米兰中央火车站的客运走廊（Galleria delle Carrozze）里。这个四面体的每边约长7m，悬挂在距离天花板1m处。它由钢和荧光灯管制成，建筑师将它设计成为一个空心翻转的金字塔。

1. 外立面实景
2. 首层平面图
3. 建筑入口的纪念碑

项目概况
设计时间：2010
建造时间：2010
业主：中央车站有限责任公司

Project: 2010
Construction: 2010
Client: Grandi Stazioni S.p.A.

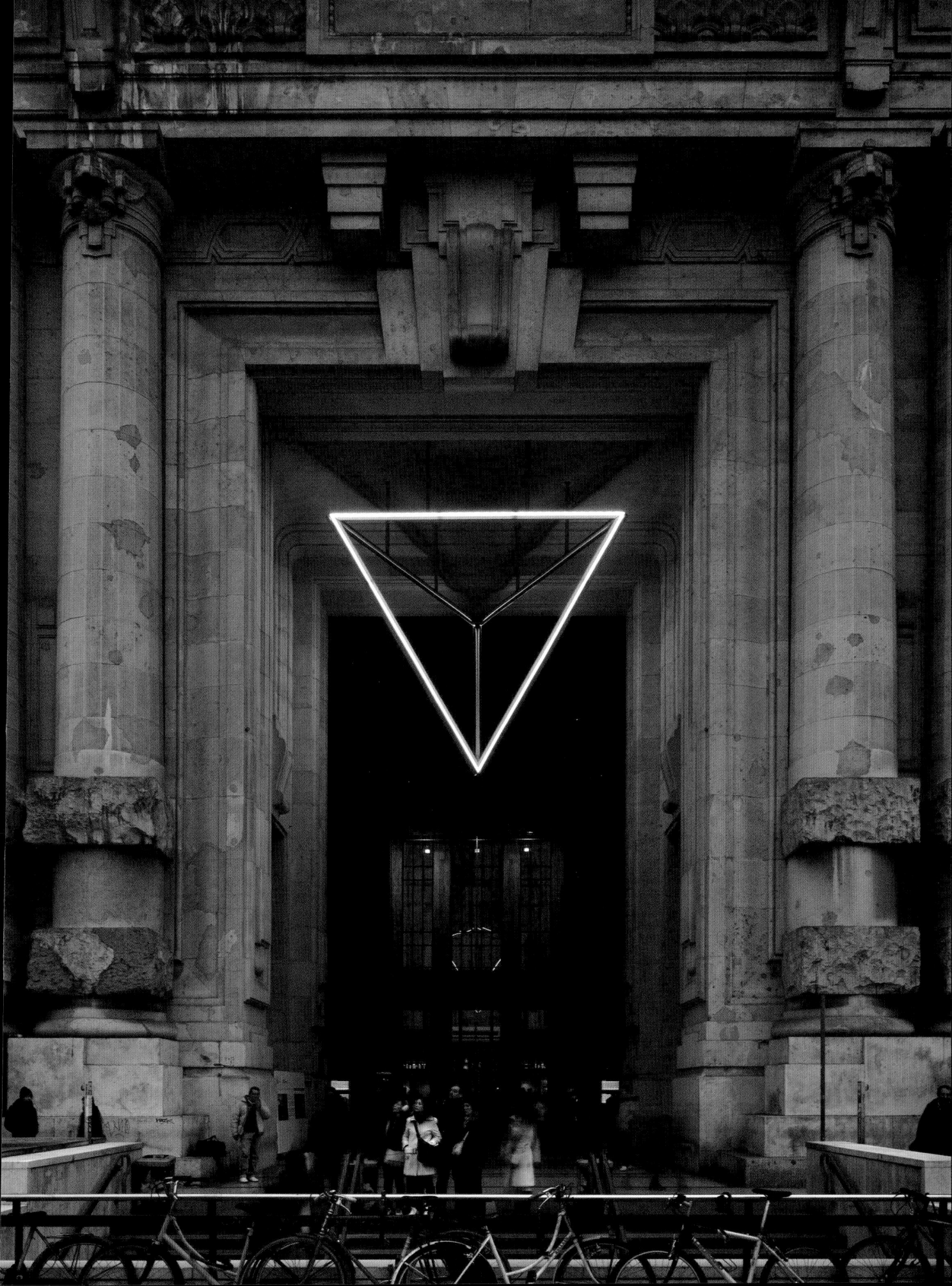

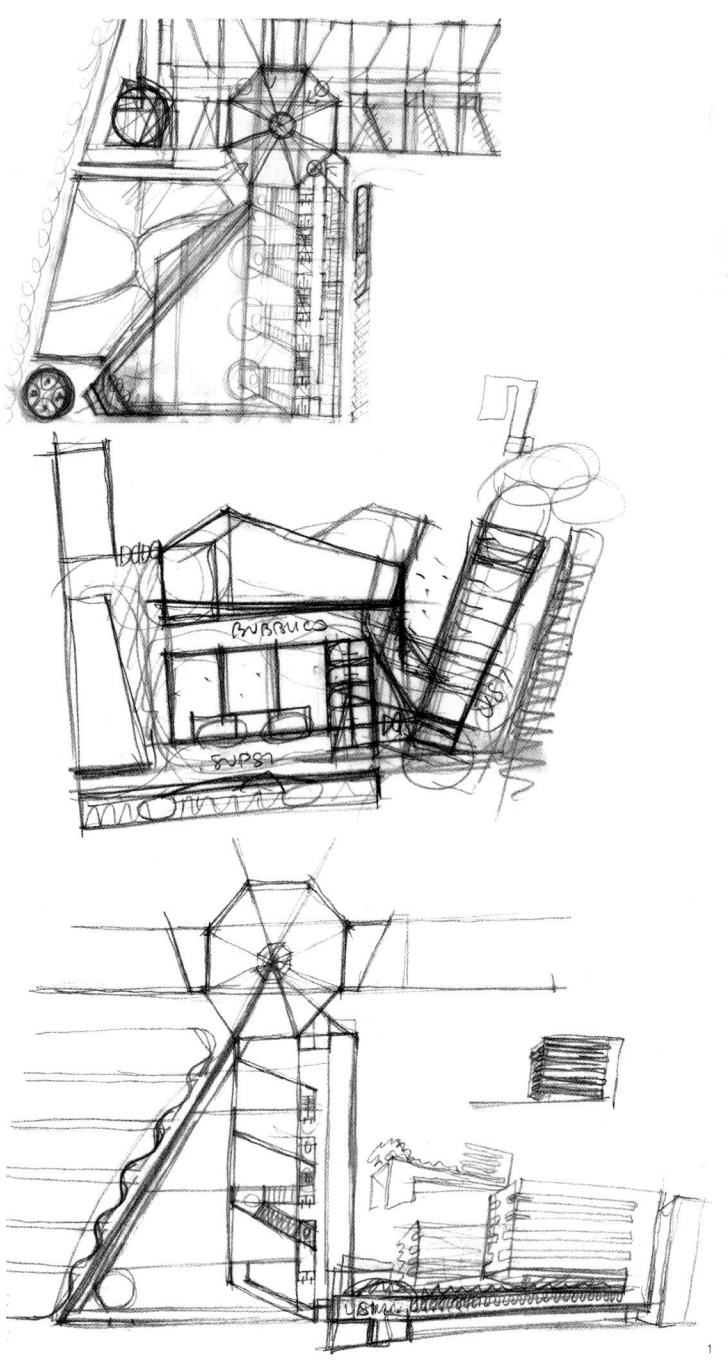

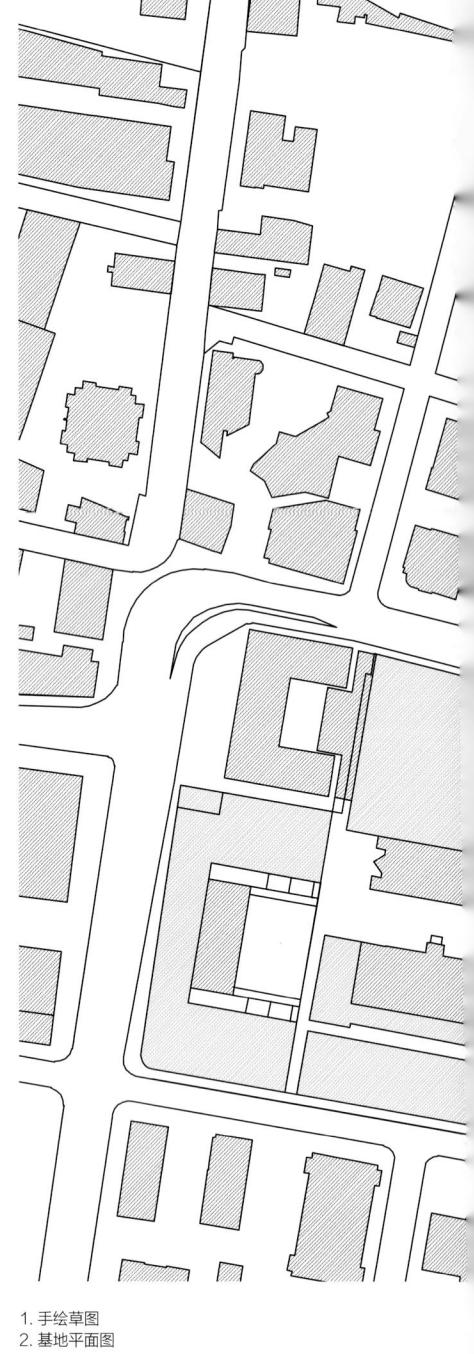

大学校园
UNIVERSITY CAMPUS

瑞士 卢加诺
Lugano, Switzerland

　　该项目目的在于重新组织基地，提供一个统一的方式去解读校园现有与未来的服务设施。沿着卡萨拉提河有宽阔的绿地，绿地旁人流可以汇聚到一个直径大于40m的圆形空间，它被称作学生广场，并成为了校园所有活动的核心。

　　该项目由三部分组成。USI大楼，位于地块的南边，有6层。该建筑地面层包含了大学的主要会堂、展览区域、接待及咨询处。建筑的首层以一个大平台为特点。实验室和其他礼堂位于建筑的二、三层，建筑最上面两层为职工用房。SUPSI大楼，位于地块的东北处，跟USI大楼的布局相同。

公共空间大楼，位于基地的西北处，在卡萨拉提河对岸，设置两所大学共用的办公室。

项目概况
设计时间：2011
业主：提契诺大学
　　　瑞士意大利语区高等专业学院
基地面积：22 440m²
建筑体积：地上120 000m³；
　　　　　地下30 000m³

Competition project: 2011
Client: USI (Università della Svizzera Italiana)
SUPSI (Scuola Universitaria Professionale della Svizzera Italiana)
Site area: 22,440m²
Volume: 120,000m³ aboveground,
　　　　30,000m³ underground

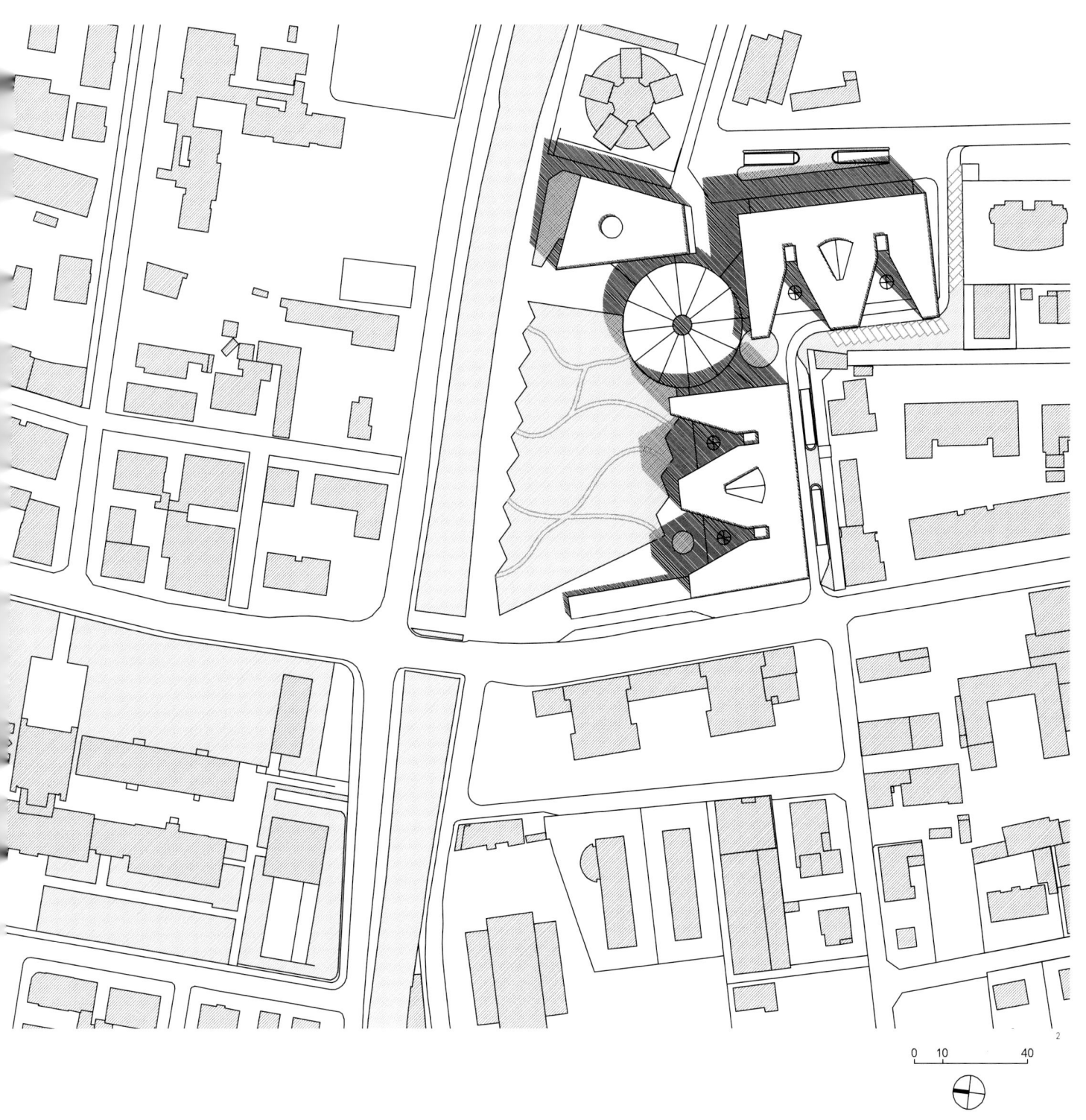

0 10   40

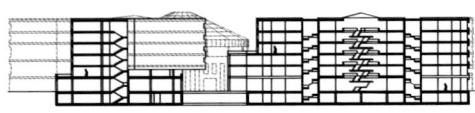

3

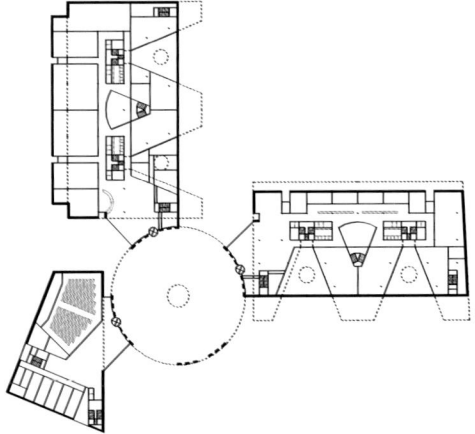

4

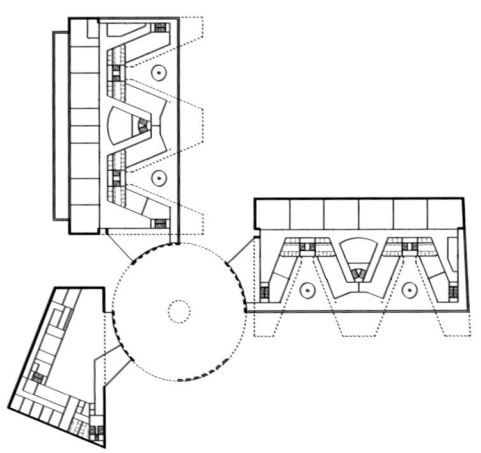

5

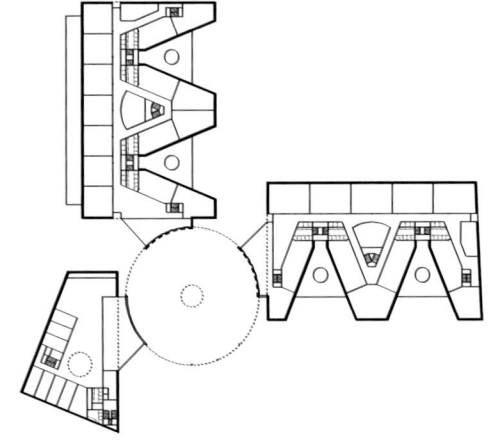

6

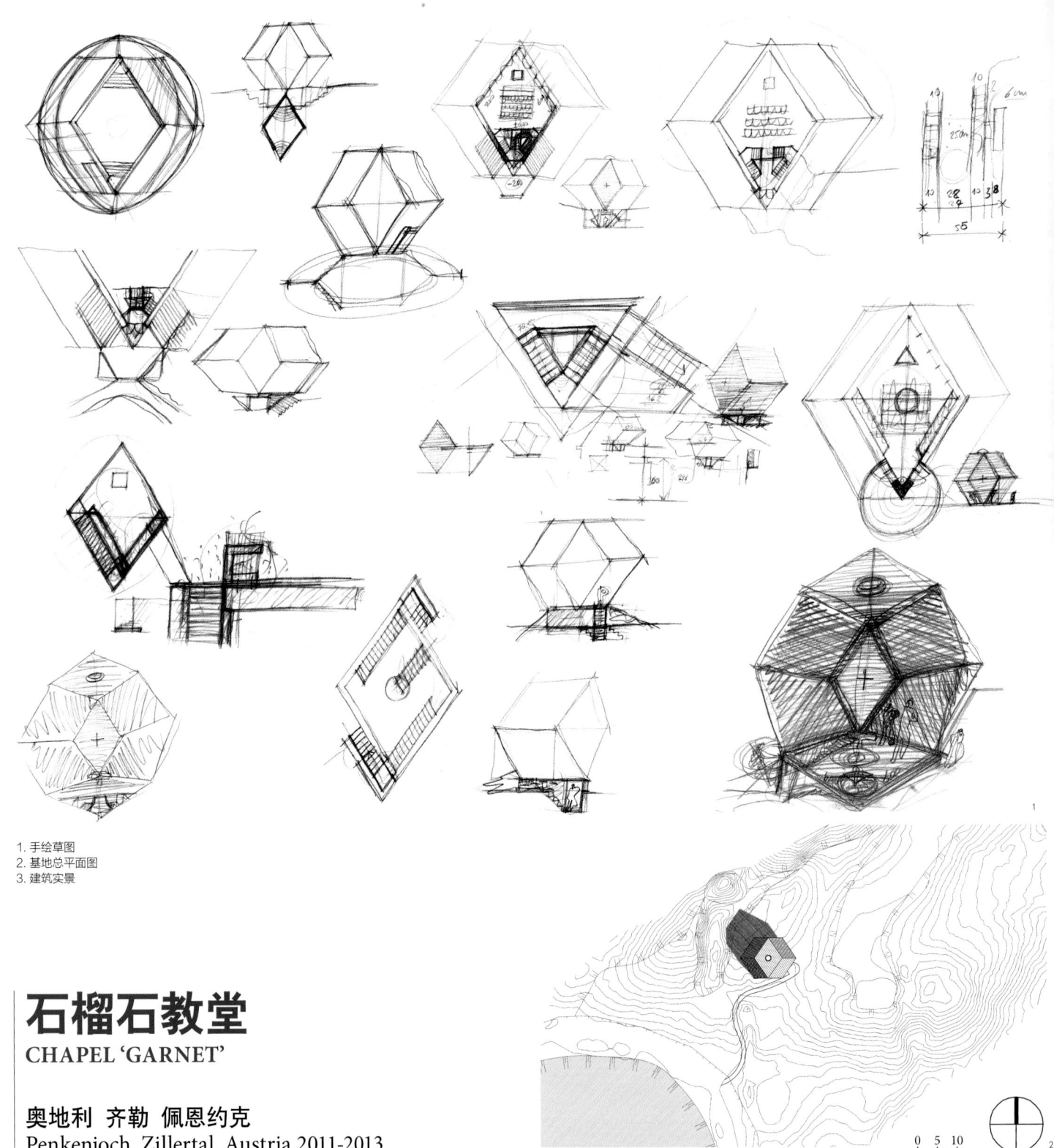

1. 手绘草图
2. 基地总平面图
3. 建筑实景

石榴石教堂
CHAPEL 'GARNET'

奥地利 齐勒 佩恩约克
Penkenjoch, Zillertal, Austria 2011-2013

　　教堂得名于一种特殊的矿物（石榴石），它在自然状态下是十二面体。该教堂坐落于山的顶部，向北俯瞰齐勒河谷。教堂向南俯瞰一个水池，该水池收集的水源用于冬季人工造雪。该地区从芬肯贝格乘索道可达，为游客提供各种滑雪与登山设施。

　　这个十二面体的新建筑矗立在一个混凝土基座上，建筑的木结构之外覆盖耐候钢板。混凝土基座上有一架楼梯将参观者带入内部空间，在这里，参观者立刻就能感知到几何空间的均匀性。

　　由上部棱镜调节后的光线将落叶松板条覆盖的墙体表面照亮。光线流淌在墙壁上，随着时间的变化而展现出不同的效果，空间的魔力延续不断。

项目概况
设计时间: 2011—2012
建造时间: 2013
项目地点: 奥地利齐勒，芬肯贝格自治区，
　　　　　佩恩约克
业主: 约瑟夫·布瑞得林格，
　　　克里斯塔和乔治·克罗·布瑞得林格
合作建筑师: 伯恩哈德·斯托克·巴斯坦姆
基地面积: 600m²
首层面积: 40m²
建筑体积: 750m³

Project: 2011-2012
Construction: 2013
Location: Penkenjoch, Municipality of Finkenberg,
Zillertal, Austria
Client: Josef Brindlinger, Christa and Georg Kroell-Brindlinger
Partner: Architect Bernhard Stoehr, Bestoztgmbh
Site area: delimited area 600m²
Floor area: 40m²
Volume: 750m³

4

5

6

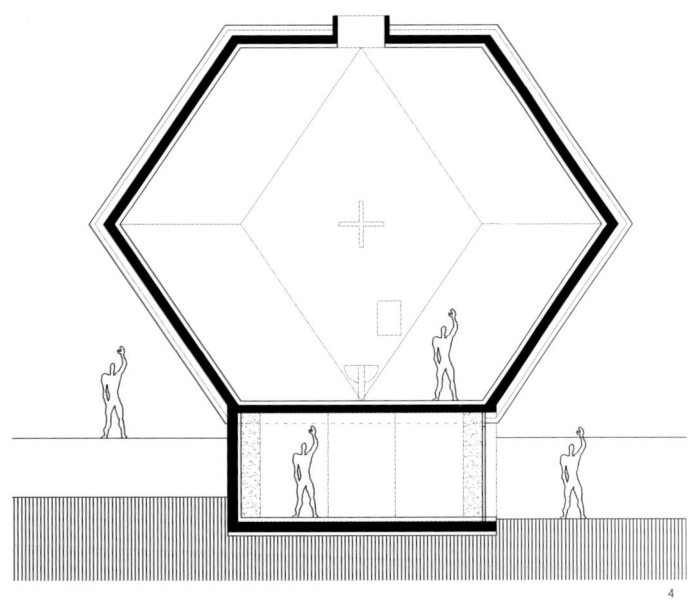

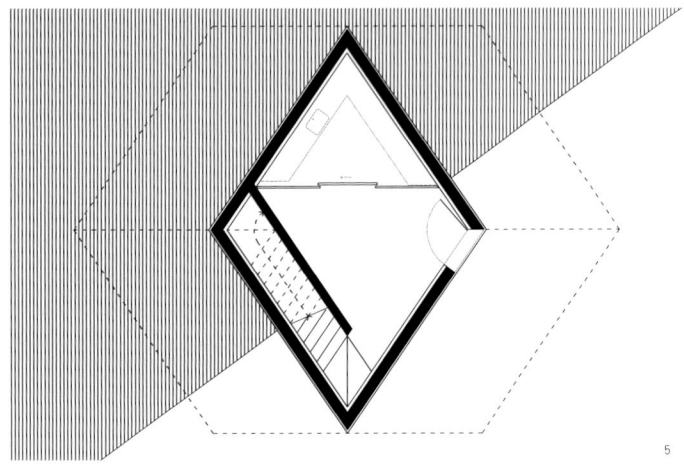

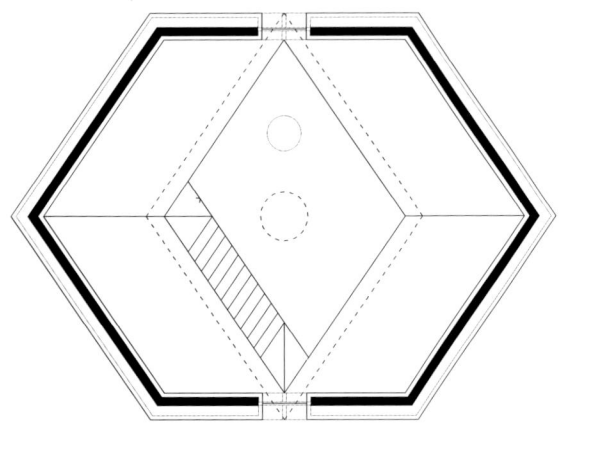

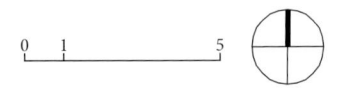

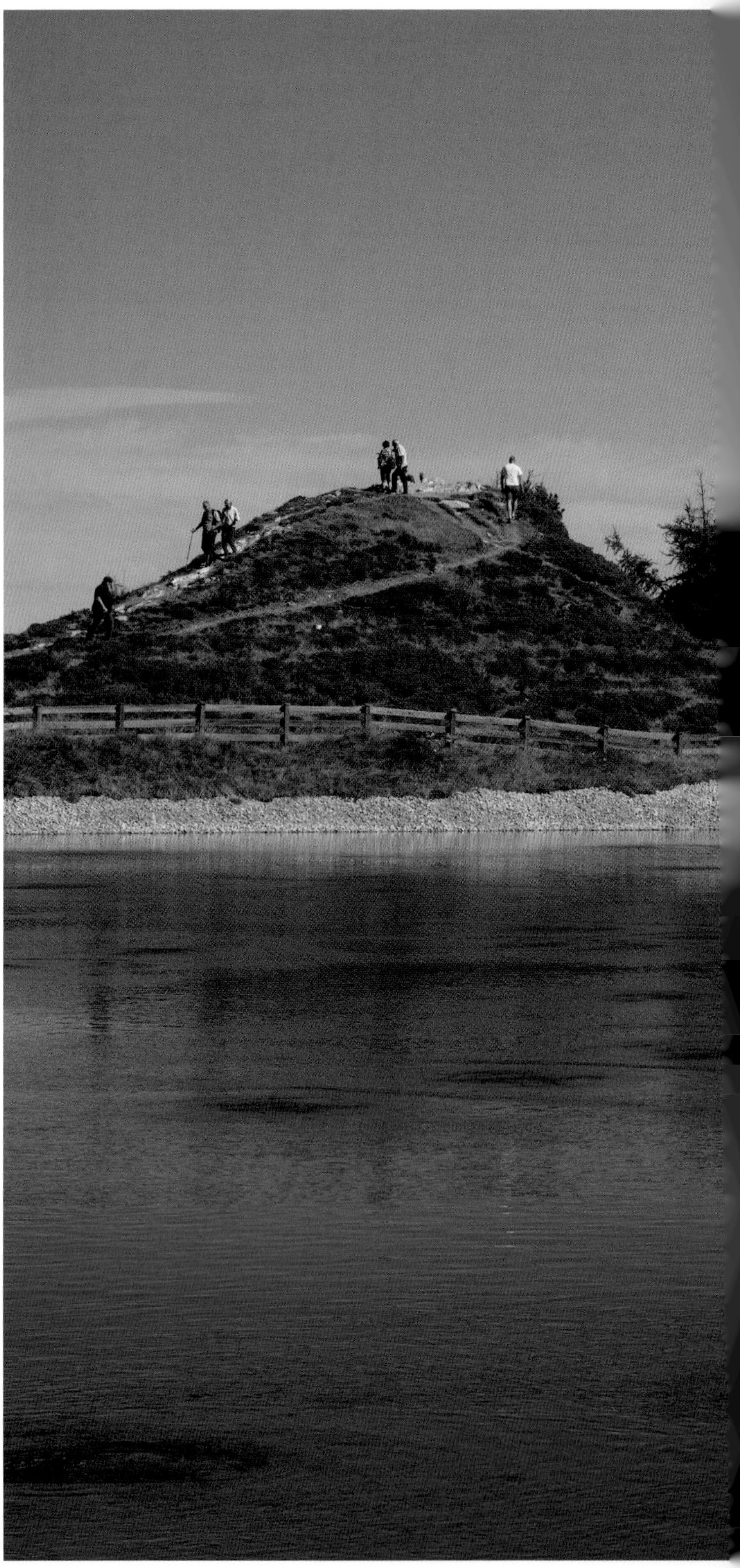

4. 剖面图
5. 一层平面图
6. 二层平面图
7~9. 建筑实景

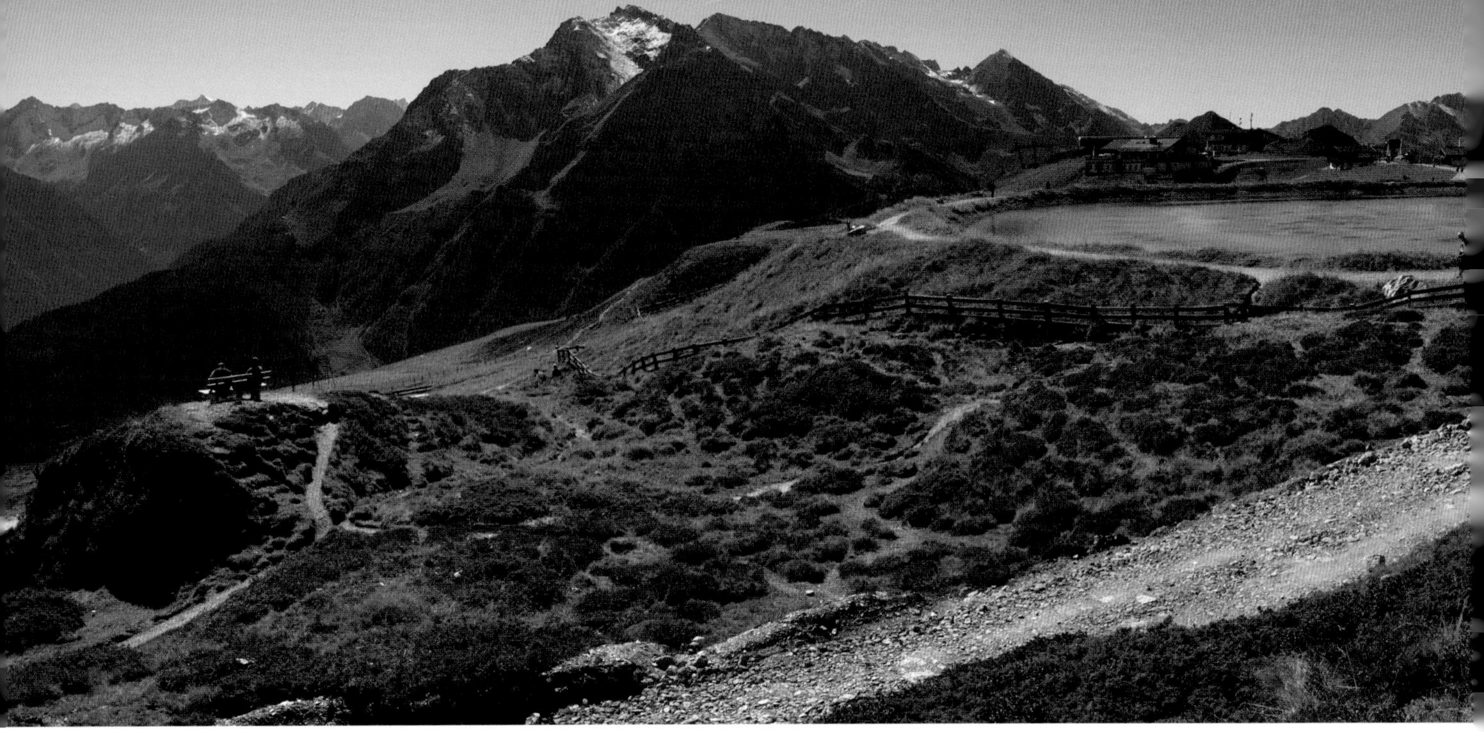

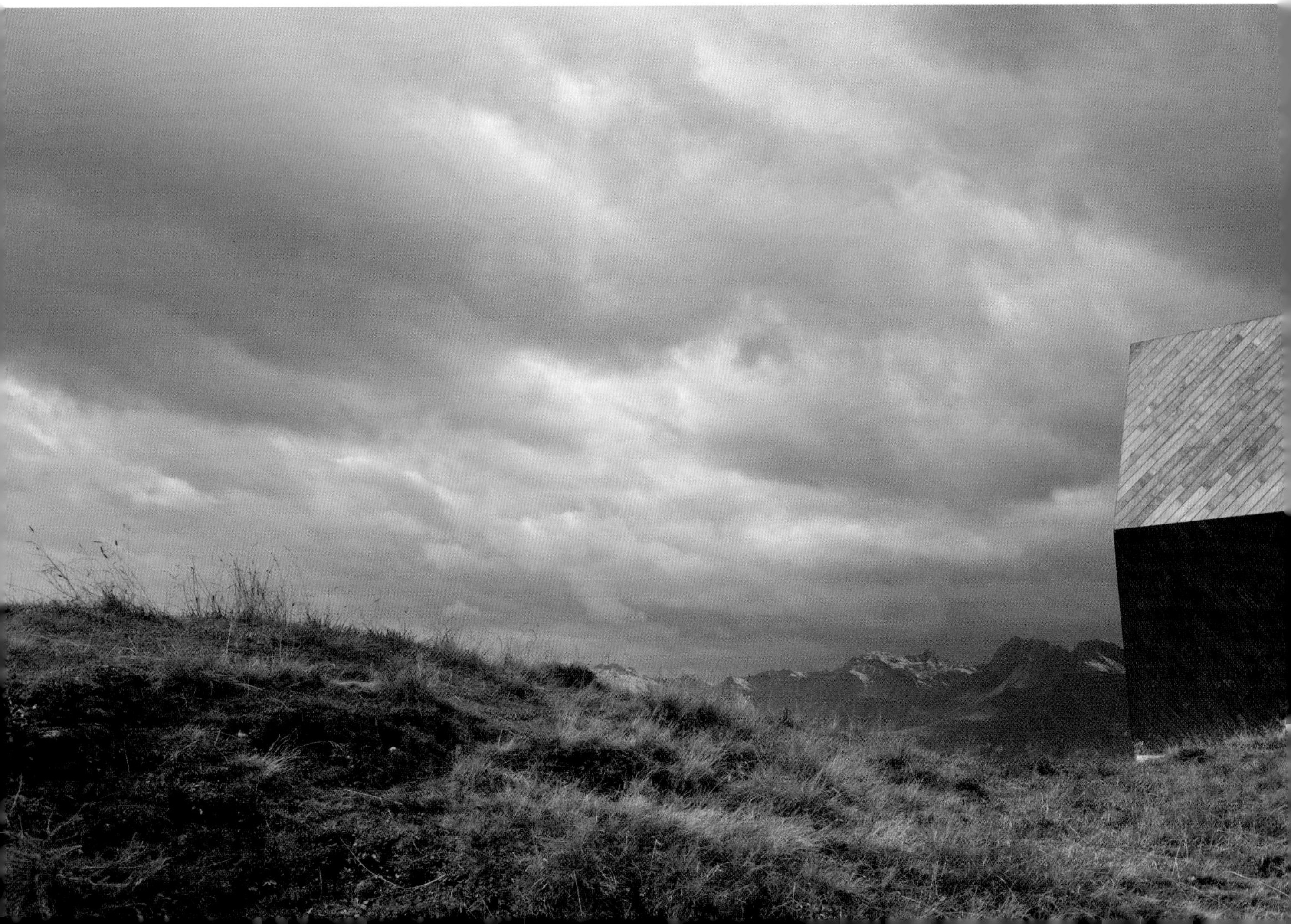

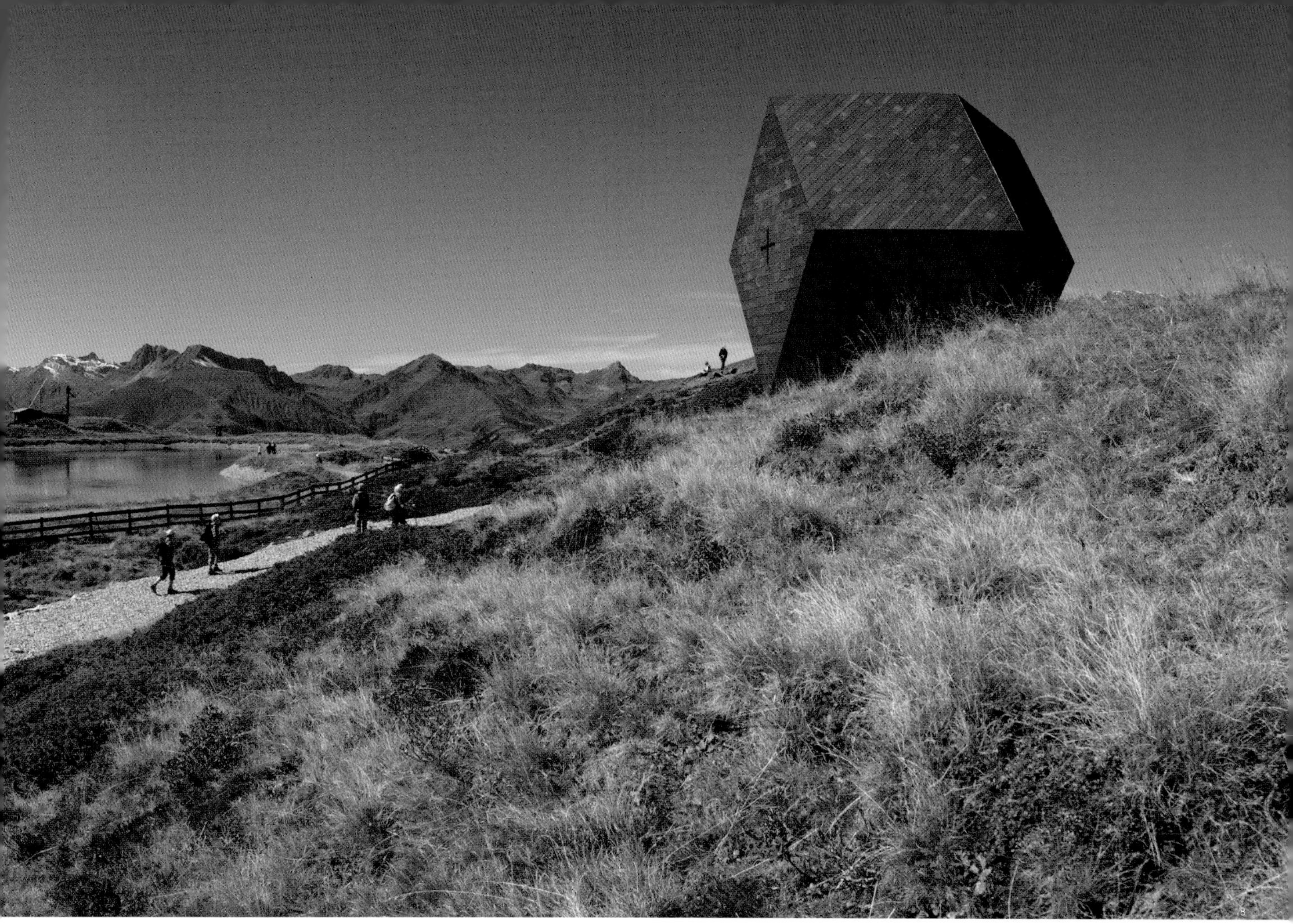
8

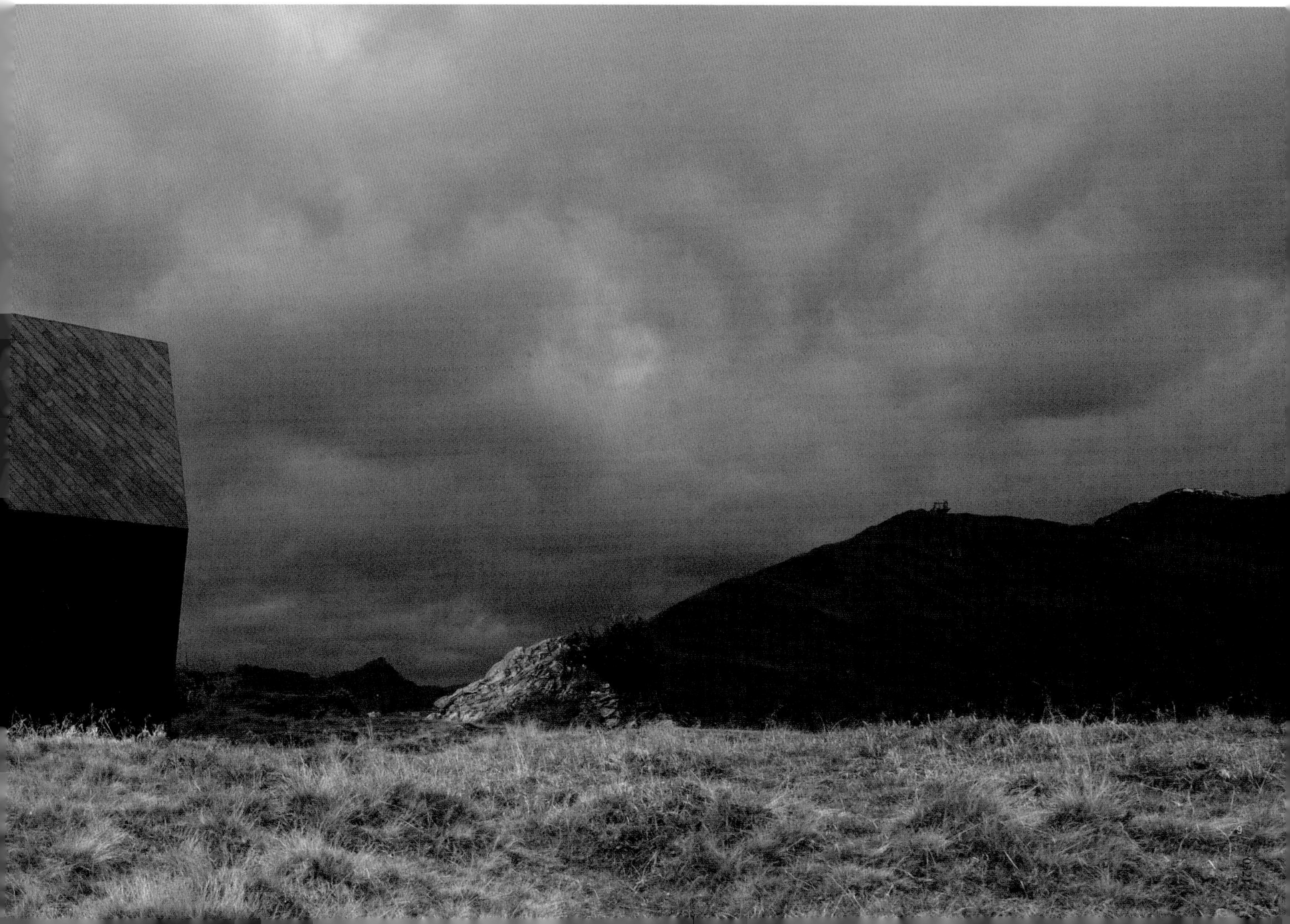
9

10. 内部实景
11. 天花实景

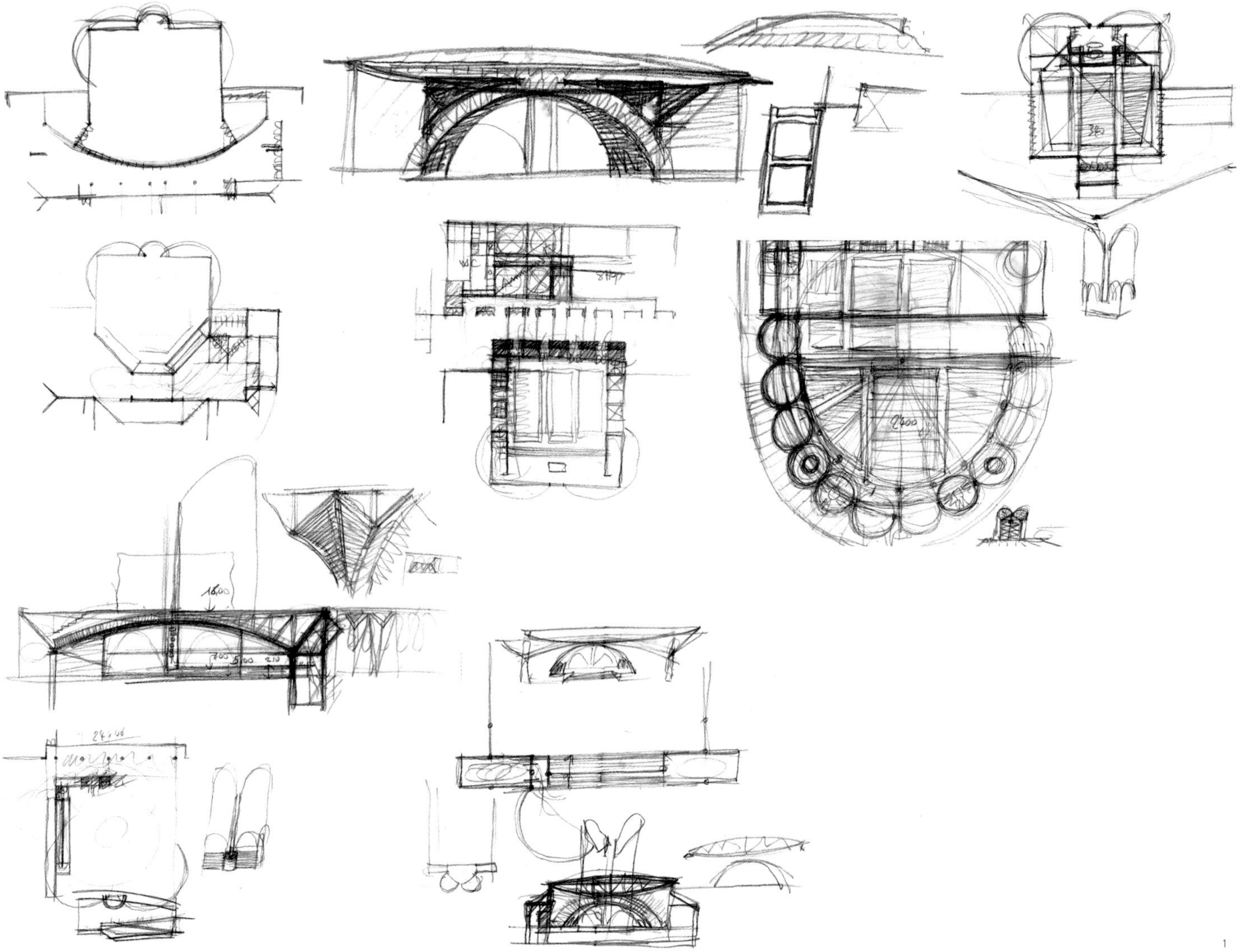

1

圣母玫瑰巴西利卡大教堂

BASILICA OF 'OUR LADY OF THE ROSARY'

1. 手绘草图
2. 剖面图
3. 建筑效果图

韩国 南阳

Namyang, South Korea 2011 - in progress

该项目计划将在2017年完成，它位于离首尔不远的南阳，大教堂将矗立在一片圣洁的土地上，供奉玫瑰圣母。建筑由一个上层可容纳2300个座位的大巴西利卡及位于底层的330座位的小礼拜堂，办公室和小商店组成。主立面面向神圣的山谷。它以两个40米高、外表皮为砖块的圆柱形教堂后殿为特征，由一个观景台彼此相连。自然光从教堂后殿顶部的两个巨大天窗倾洒进来，照亮主祭坛，主祭坛前中殿展开。顶部一道纵深方向的天窗将中殿一分为二，这个空间也可以用来举行音乐会和会议。中殿与祭坛在同一水平面上，但其后部的地面小幅抬升，使在场的人都能拥有良好的视线。

项目概况

设计时间：2011

业主：李山嘉牧师

合作建筑师：汉满文，HNS建筑师和设计师，江南区（首尔）

基地面积：4 000m²

建筑面积：6 800m²

建筑体积：55 000m³

Project: 2011

Client:Priest Lee SangGak

Partner architect: Han Manwon, HNS architects & designers, Kangnamgu (Seoul)

Site area: 4,000m²

Built-up area: 6,800m²

Volume: 55,000m³

2

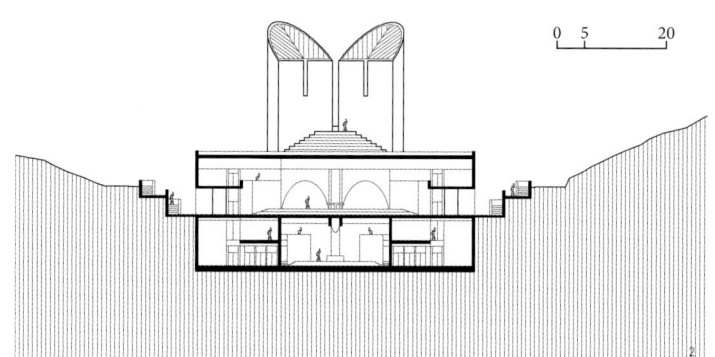

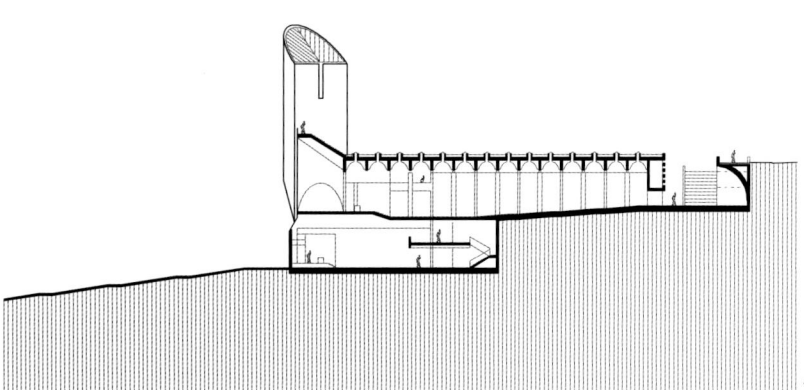

4.剖面图
5.一层平面图
6.二层平面图
7,8.室内空间效果图

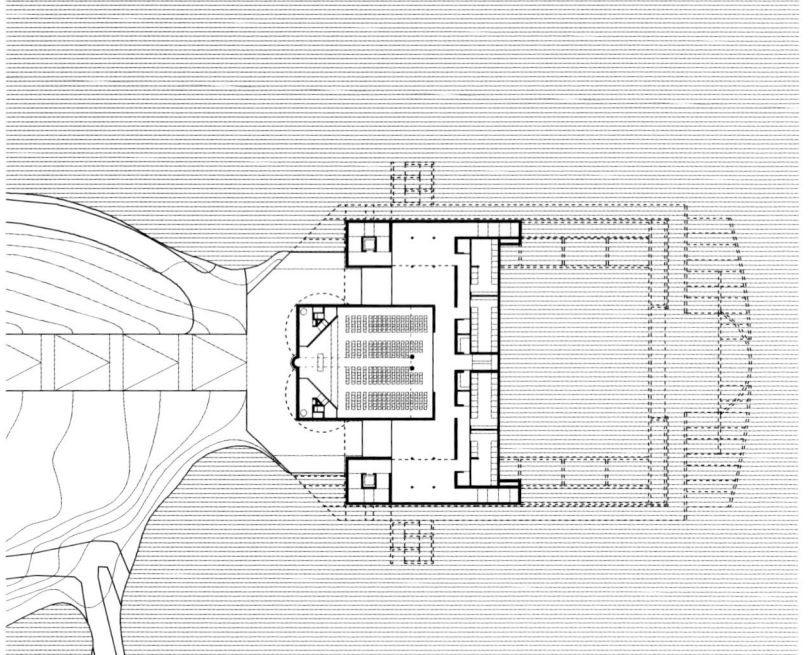

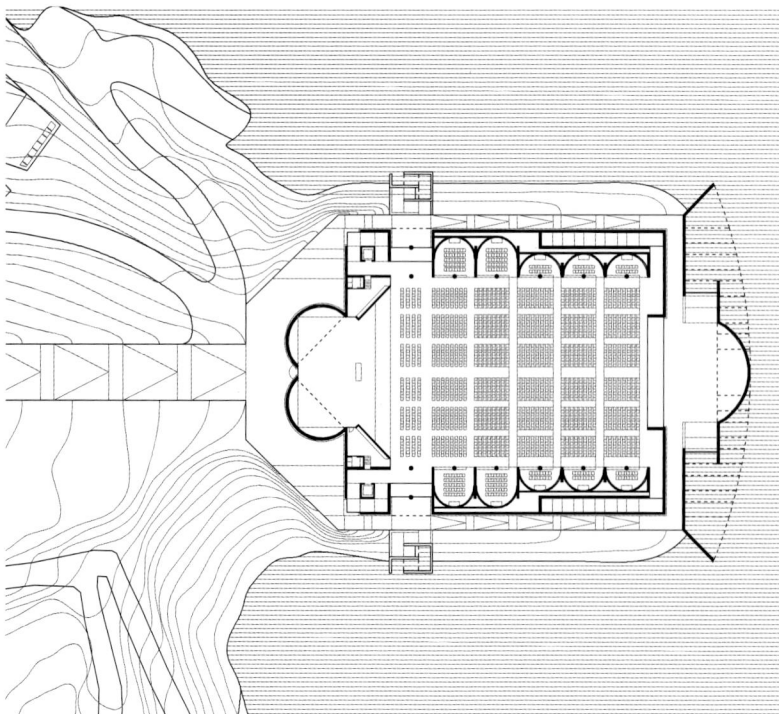

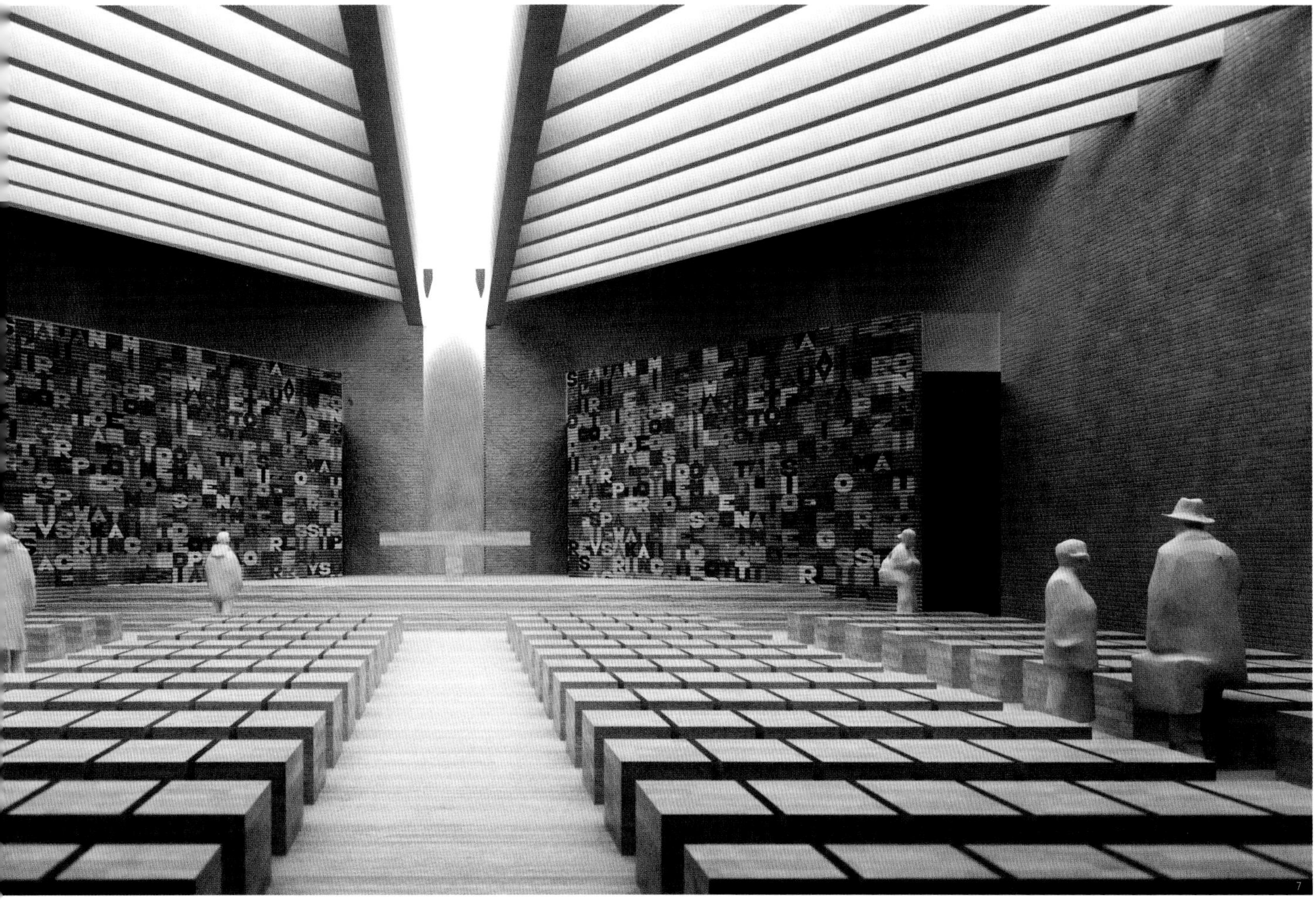

7

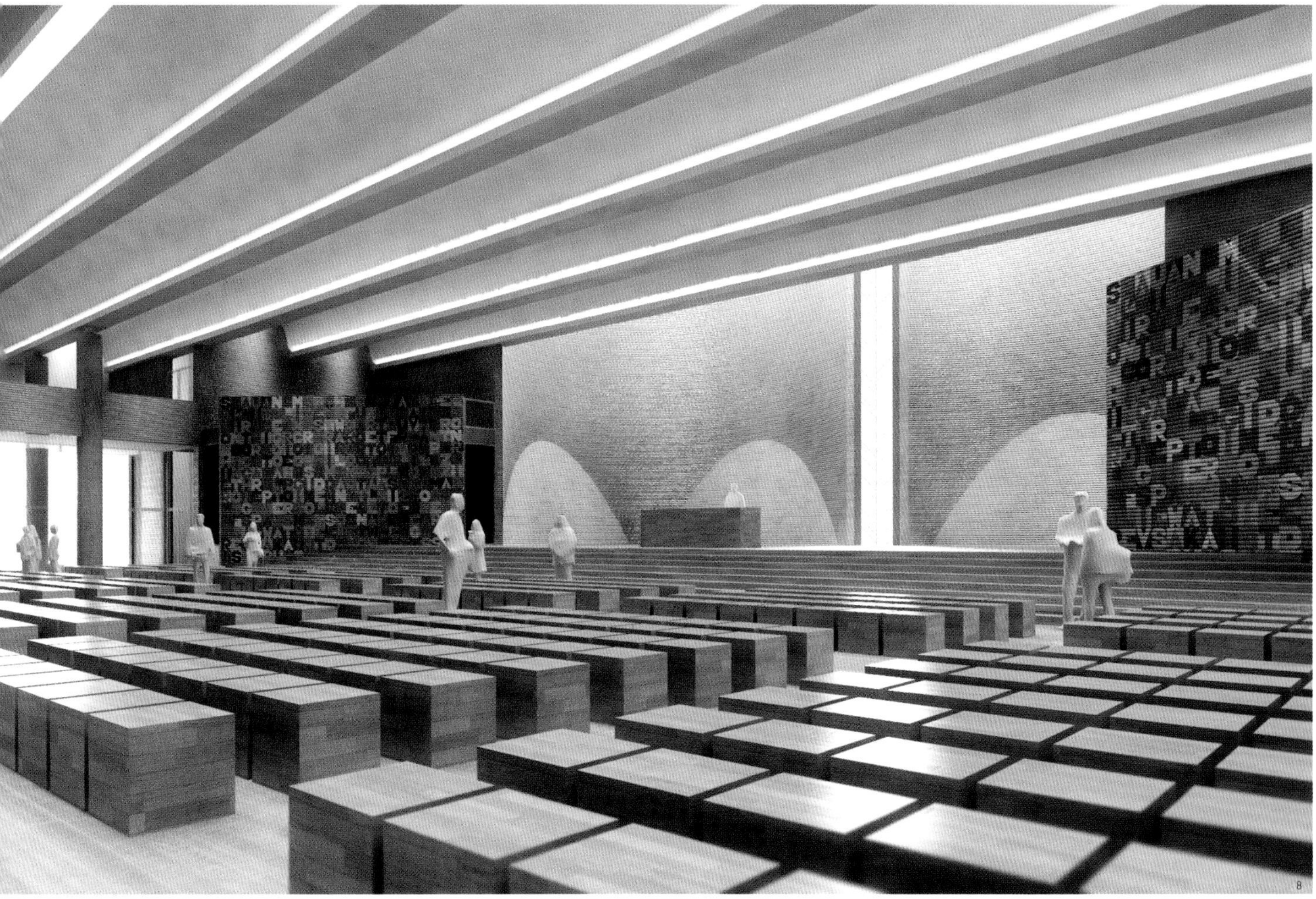

8

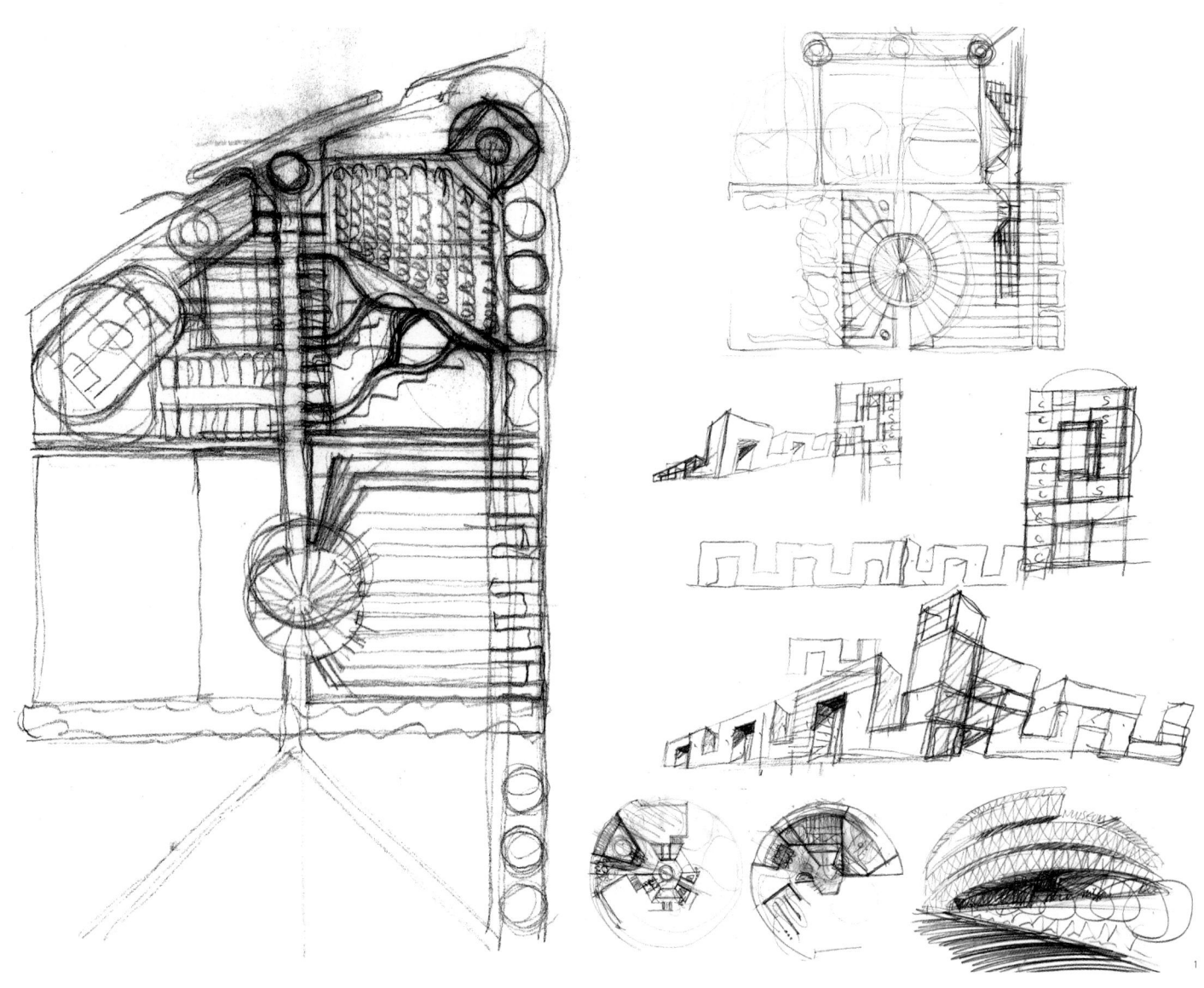

1. 手绘草图
2. 总平面图

鲁迅美术学院
CAMPUS LAFA

中国 沈阳
Shenyang, China 2011

鲁迅美术学院由中国第一代革命者于1938年创办。毛泽东亲自执笔了该校校训：紧张、严肃、刻苦、虚心。

该项目是沈阳浑河南侧新区发展的一部分，位于两条重要道路的交叉点，是沈阳未来的文化中心。规划的核心是一个大广场，由此可以通达不同院系。

与大学生活动紧密相连的配套设施均在广场附近：教室（沿着广场的圆周发散布置）、实验室和用于公共服务的多功能建筑（礼堂、图书馆、行政区、办公室）。

广场上一条带顶的通道连系南端可以容纳4 000名学生的宿舍、大食堂、国际学生楼和体育设施。

主要人流来自南门。从这里人们可以到达西南角的博物馆或进入校园。博物馆因其环形形状和经典毛面浮雕外墙而成为标志性建筑。

项目概况
设计时间：2011
项目地点：中国，沈阳
业主：鲁迅美术学院
基地面积：490 000m²
建筑面积：347 000m²
建筑体积：1 500 000m³

Project: 2011
Place: Shenyang, China
Client: LuxunAcadey of Fine Arts (LAFA)
Site area: 490,000m²
Useful surface: 347,000m²
Volume: 1,500,000m³

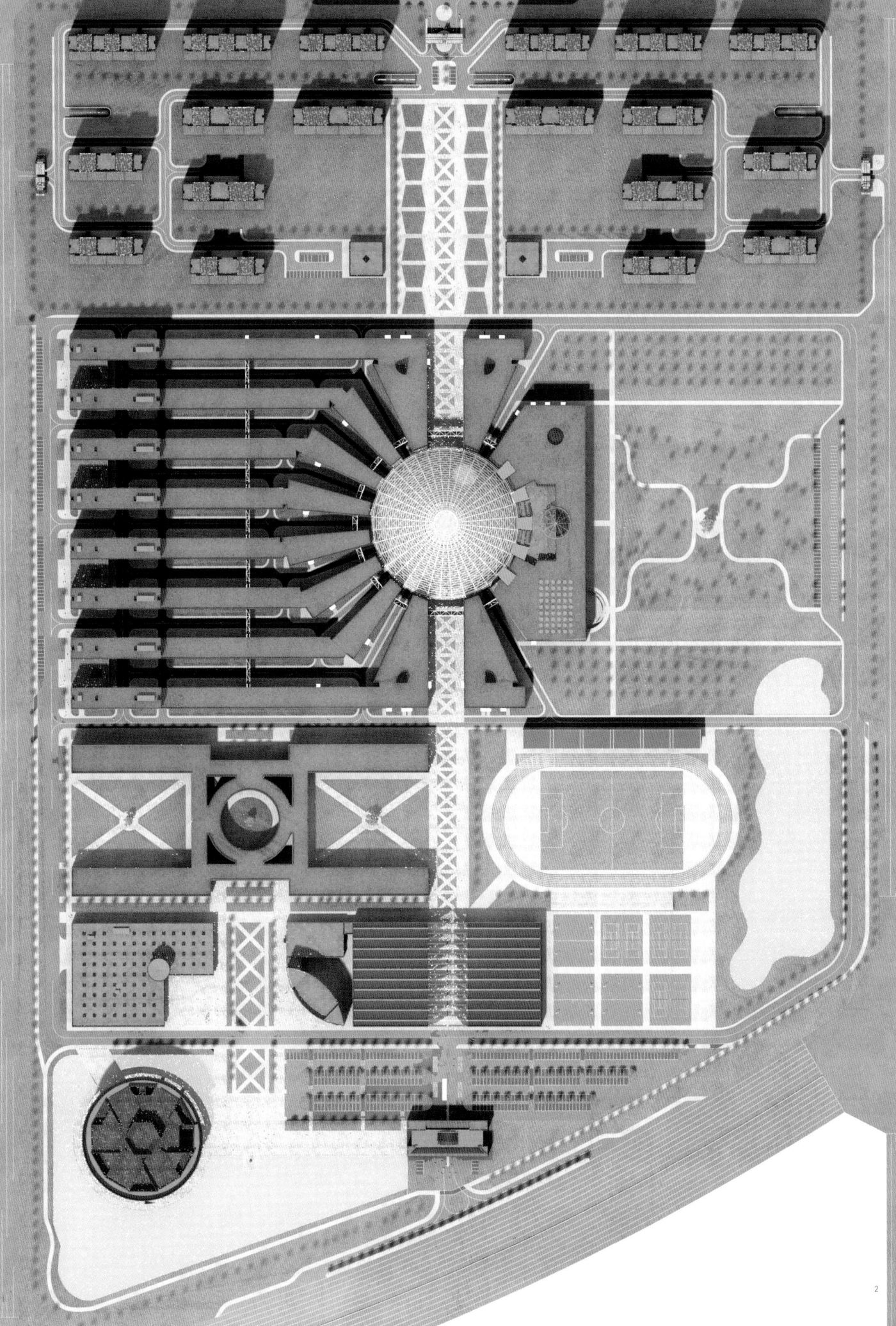

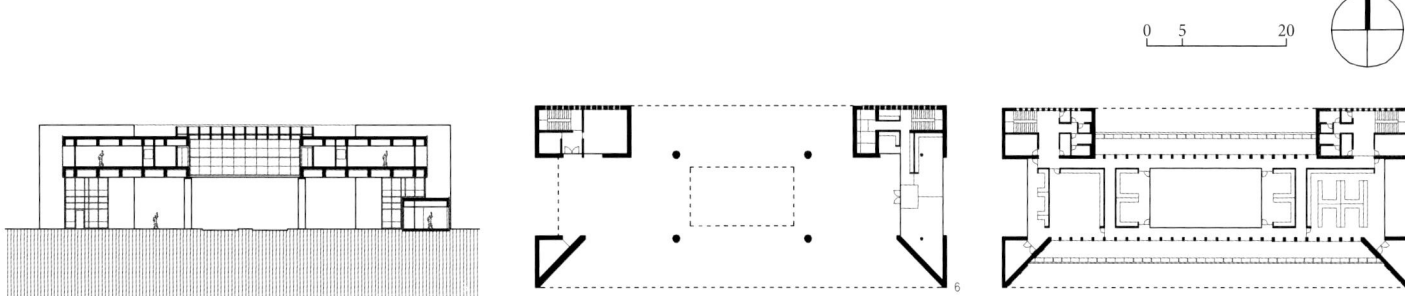

3. 主入口透视
4. 透视图
5. 横向剖面图
6. 一层平面图
7. 四层平面图

0 5 20

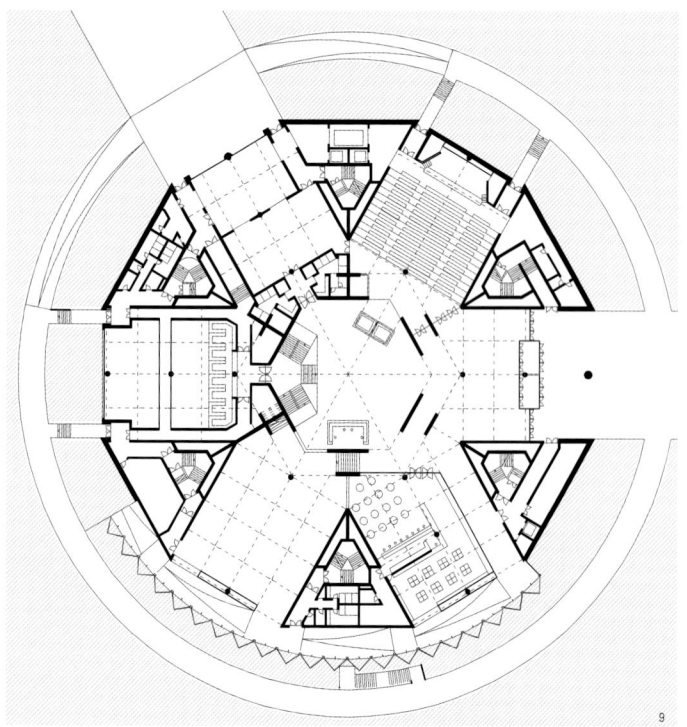

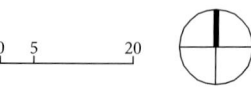

0   5   20

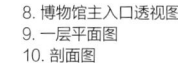

8. 博物馆主入口透视图
9. 一层平面图
10. 剖面图
11. 建筑鸟瞰图

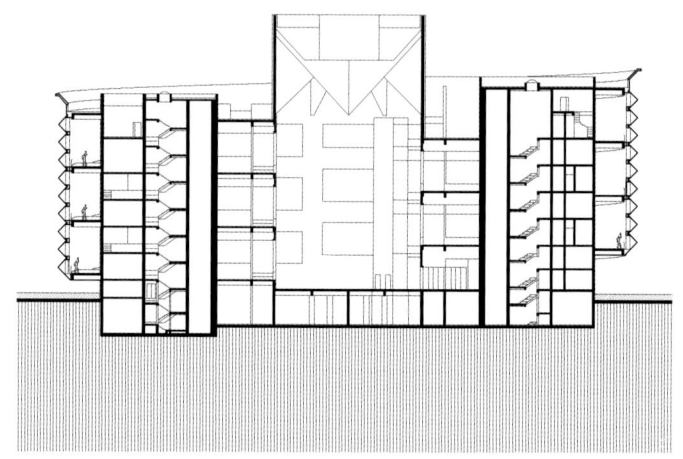

9

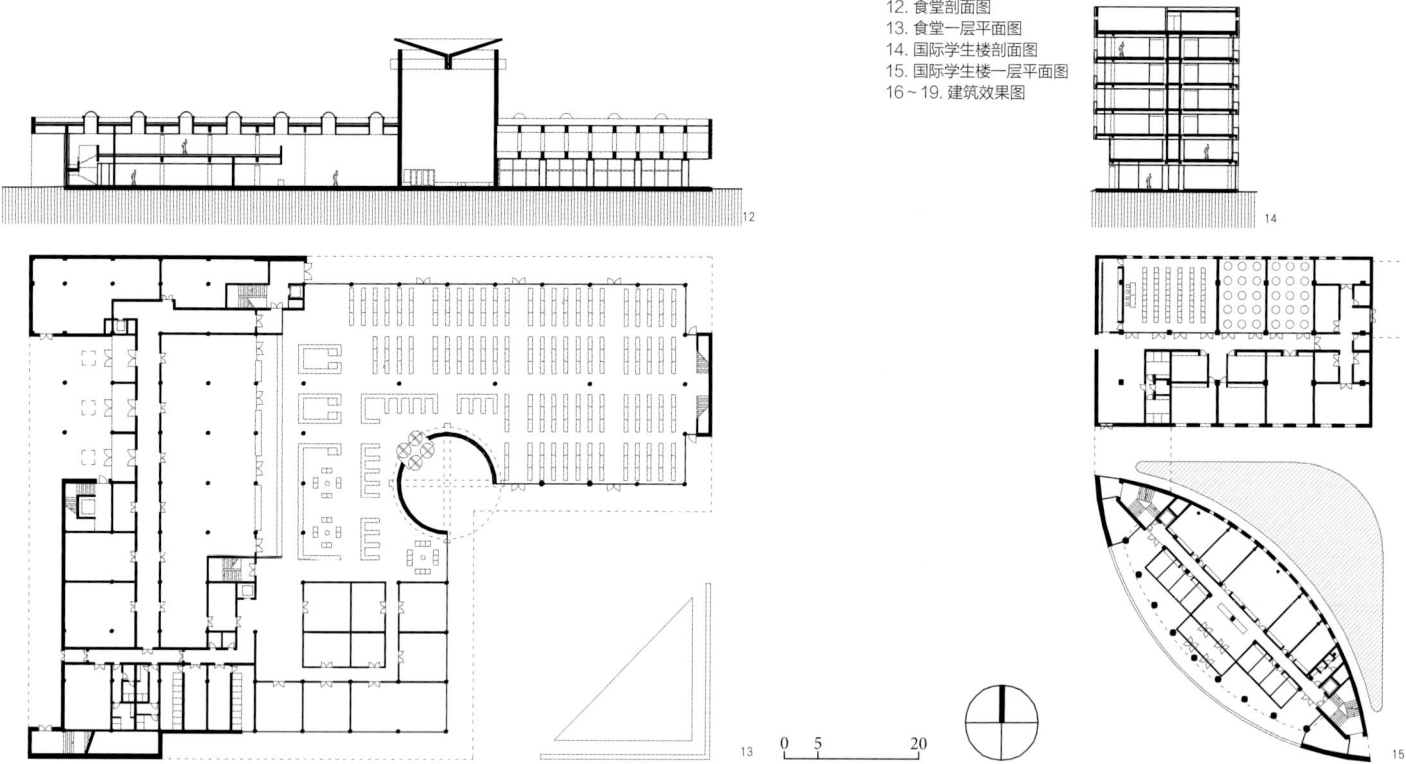

12

14

13

0　5　20

15

16

17

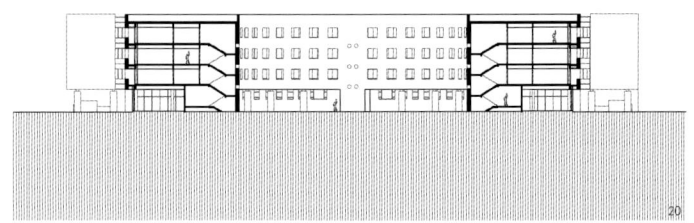

20. 学生宿舍剖面图
21. 学生宿舍一层平面图
22.23. 建筑效果图

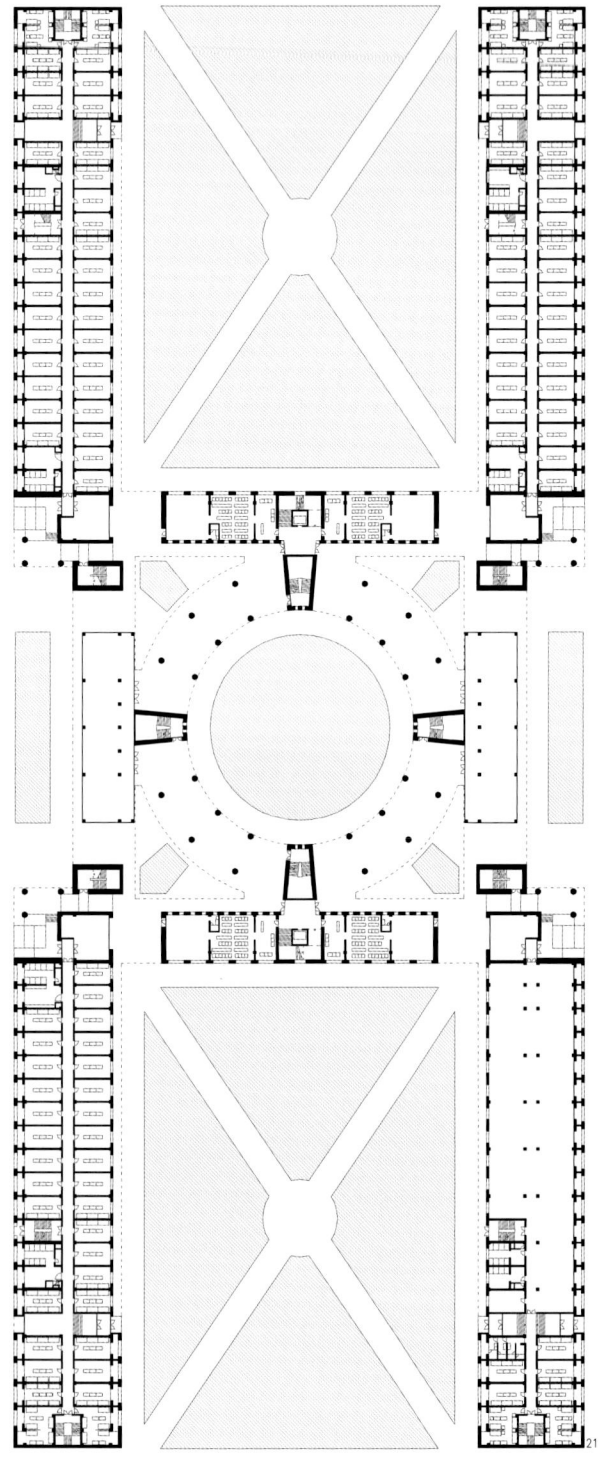

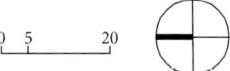

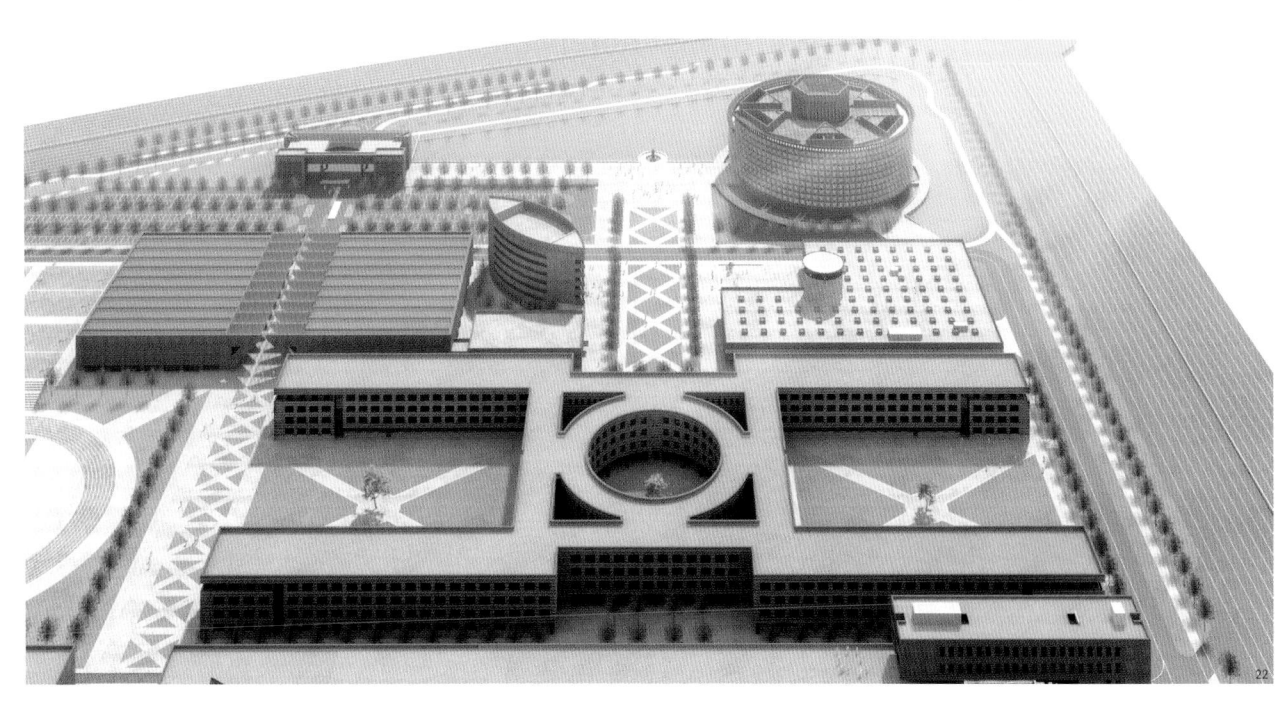

22

23

0 5 20

28. 中心广场效果图

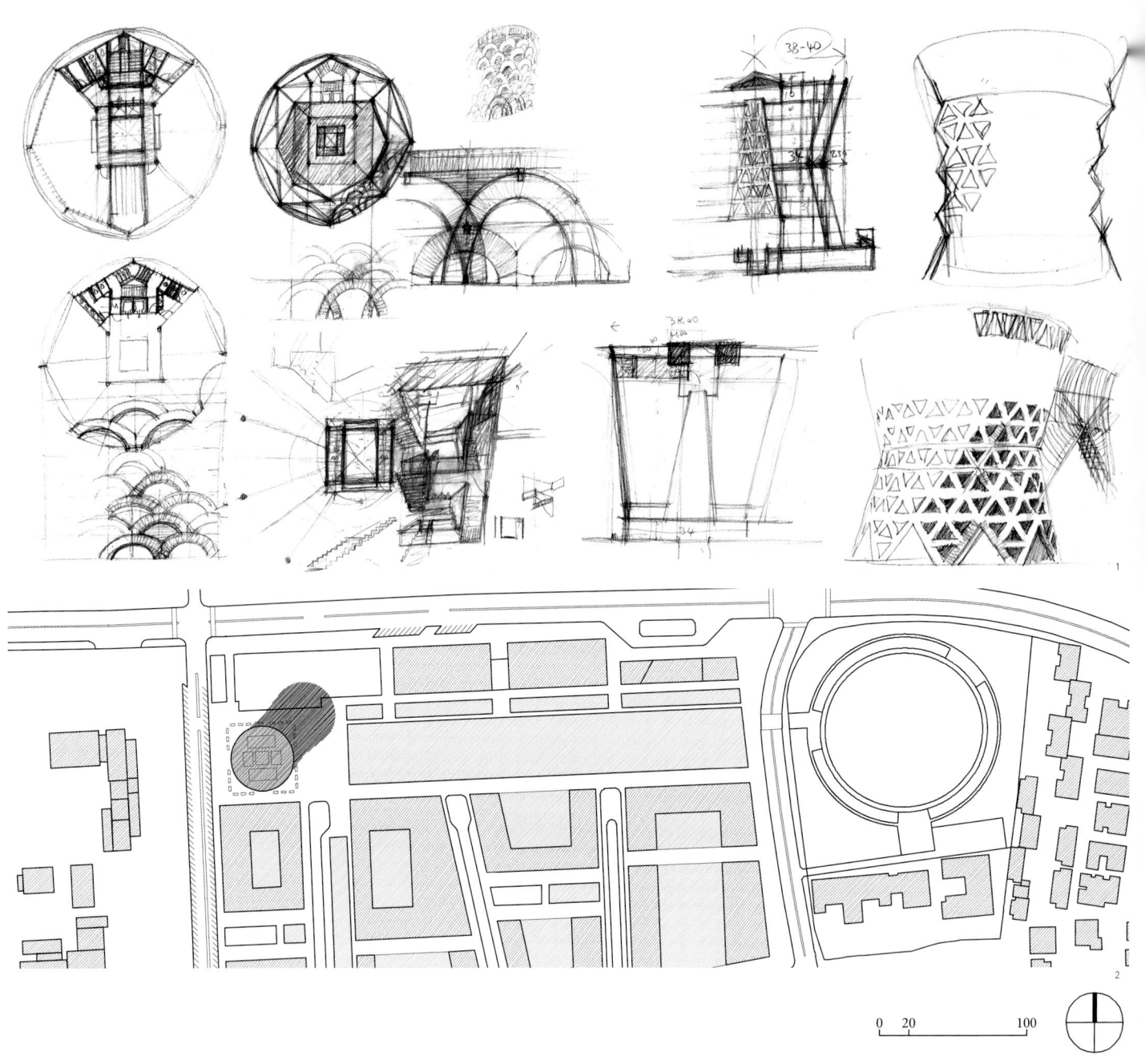

0   20   100

艾哈迈达巴德知识中心
AHMEDABAD KNOWLEDGE CENTRE

印度 艾哈迈达巴德
Ahmedabad, India 2011

    这座圆形大楼建在艾哈迈达巴德大学校园新总体规划区域的前端。它是分布在两侧校园不同学院所共用的服务设施。图书馆位于一条始于东部板球场的绿化带的末端。大学理事会要求新建筑的形象有强烈的标志性，突出其战略地位。建筑地上10层，地下2层，通过建筑外周的天窗获得自然采光。从圆形轮廓向外突出的空间及位于中心的垂直连接都起了采光井的作用。玻璃围墙从砖墙立面向后收缩，形成一系列宽敞的三角形门廊。这些门廊为室内活动的进行创造了适宜的小气候，建筑的外形以两个锥形镜像叠加为特点，从中部开始体量分别向下和向上扩大。

1. 手绘草图
2. 总平面
3. 形体透视图
4. 纵剖面
5. 剖透图
6. 一层平面
7. 二层平面
8. 四层平面
9. 九层平面图
10. 立面细部

项目概况
设计时间：2011
业主：艾哈迈达巴德教育协会
合作建筑师：辛海尔 沙阿, 艾哈迈达巴德
建筑面积：12 000m²（其中约近4 000m²地下）
建筑体积：63 100m³（其中约18 100m³地下）

Project: 2011
Client: Ahmedabad Education Society (AES)
Partner architect: Snehal Shah, Ahmedabad
Useful surface: 12,000m² (of which approx. 4,000m² underground)
Volume: 63,100m³ (of which approx. 18,100m³ underground)

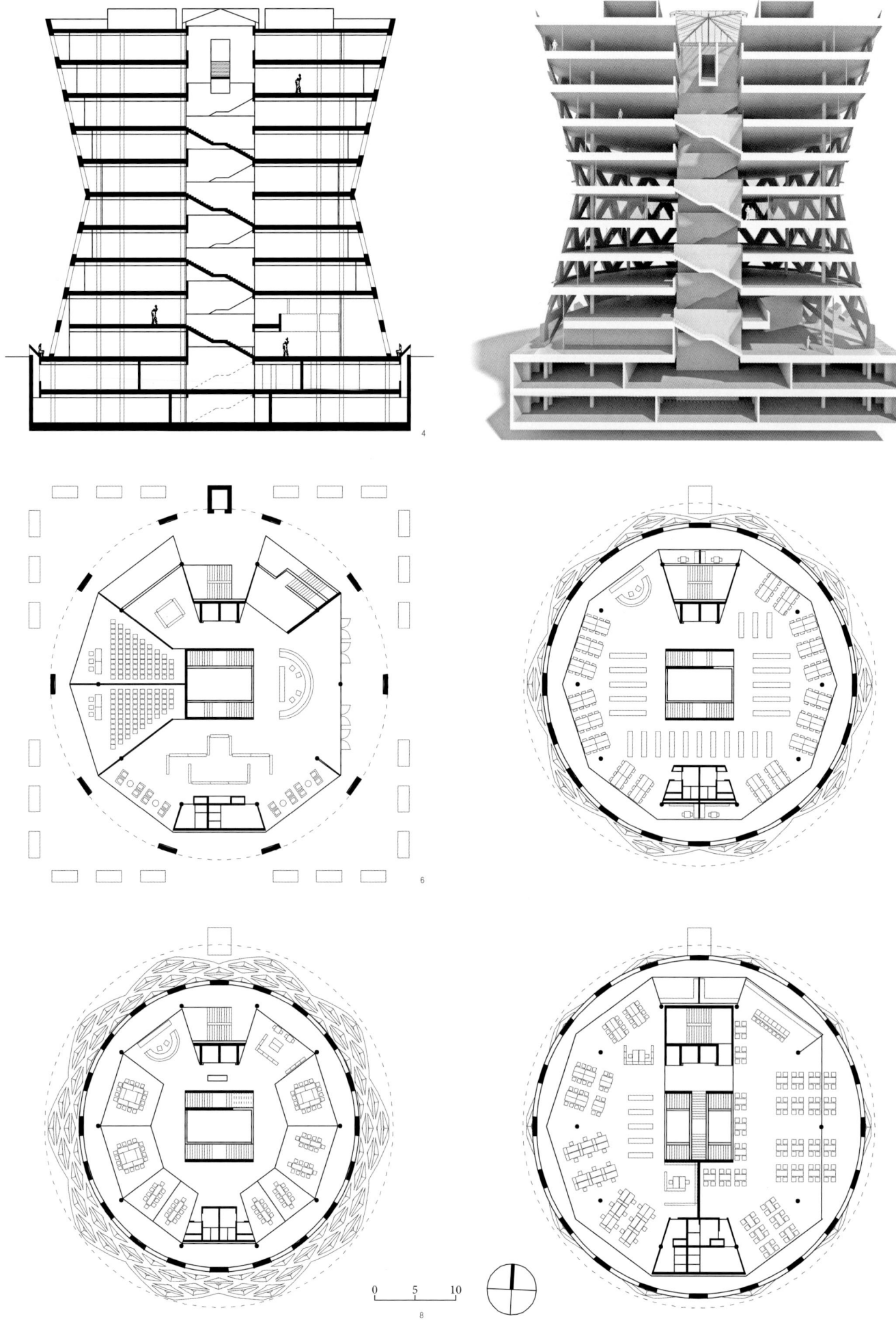

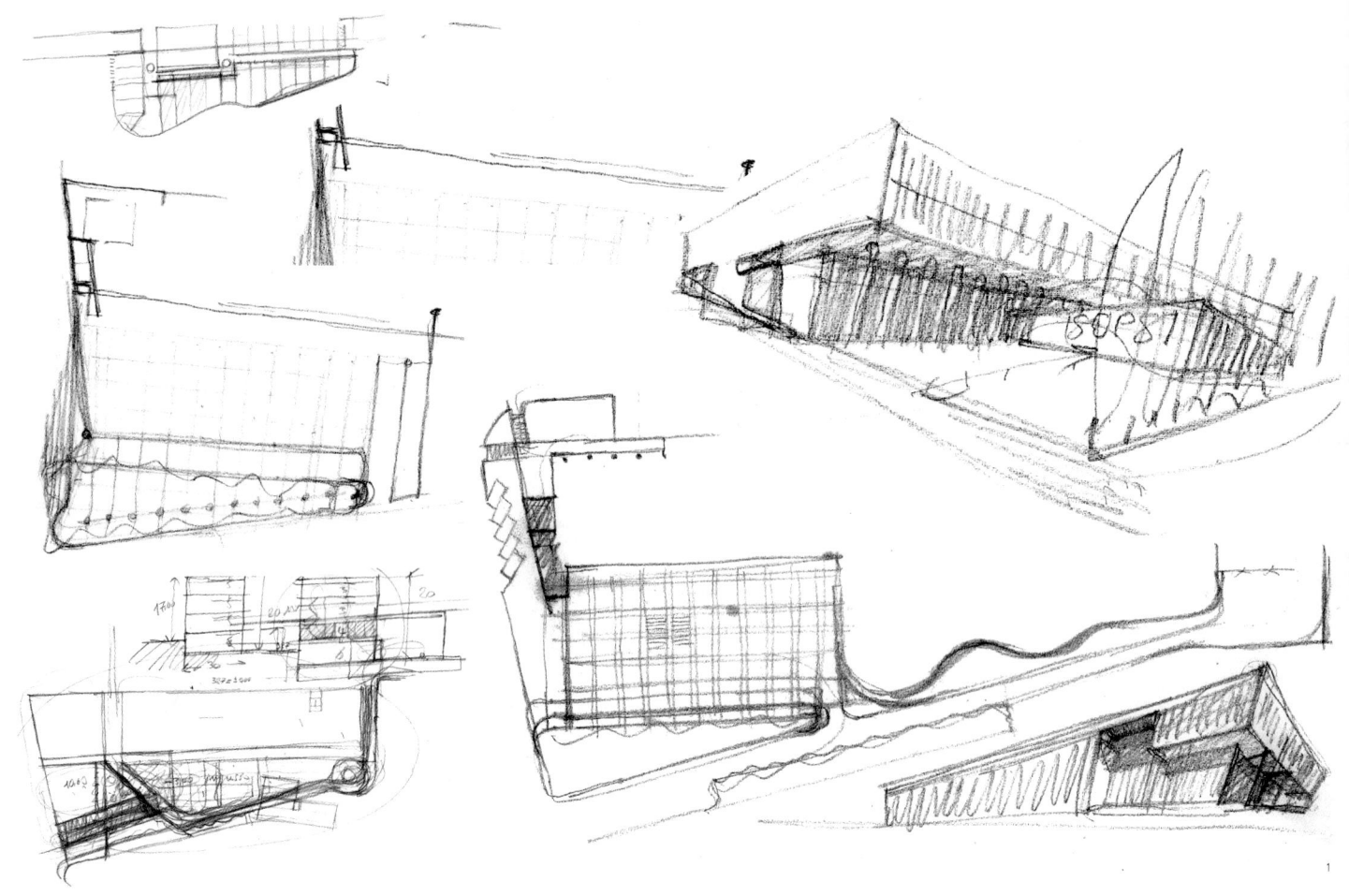

SUPSI大学校园竞赛
SUPSI UNIVERSITY CAMPUS

瑞士 门德里西奥
Mendrisio, Switzerland 2013

　　该竞赛的主题是在门德里西奥设计一个新的大学校园。这将是环境工程、结构和设计部的建筑。项目重新设计了位于门德里西奥车站背面的一块区域，以改善这个城市的边缘地带。一栋紧凑的建筑通过现有的地下通道和空中走道与城市连接，从而实现城市的修复。该建筑是平面155m×30m的独立体块，共5层，以虚实相间连续性的韵律为特点。此外，该建筑在西立面开敞，并设有公共活动空间（入口、报告厅、自主餐厅、图书馆、展览室、办公室及托儿所），由一个面朝广场的大窗和一个顶部为宽敞平台的扩建部分保障了空间的开敞性。该建筑的功能排布反映了其结构组织，在东面很清晰地进行了隔离，朝向车站的方向除了一个进入大厅的次要入口外完全没有开洞；而在西面，有一个60m×25m的大广场。广场一直延续到通往主入口的13m高的门廊。在北边，有一个通向地下停车场和卸货码头的车辆入口。承重结构和平台采用钢筋混凝土材料。饰面采用自然材料，例如红陶土或者石材。

项目概况
竞赛时间：2013（三等奖）
业主：瑞士意大利语区高等专业学院，
　　　门德里西奥
基地面积：11 350m²
建筑面积：20 400m²
建筑体积：140 800m³（其中地下41 000m³）

Competition project: 2013 (third prize)
Client: Scuola Universitaria Professionale della
　　　　Svizzera Italiana (SUPSI), Mendrisio
Site area: 11,350m²
Useful surface: 20,400m²
Volume: 140,800m³ (of which 41,000m³ under ground)

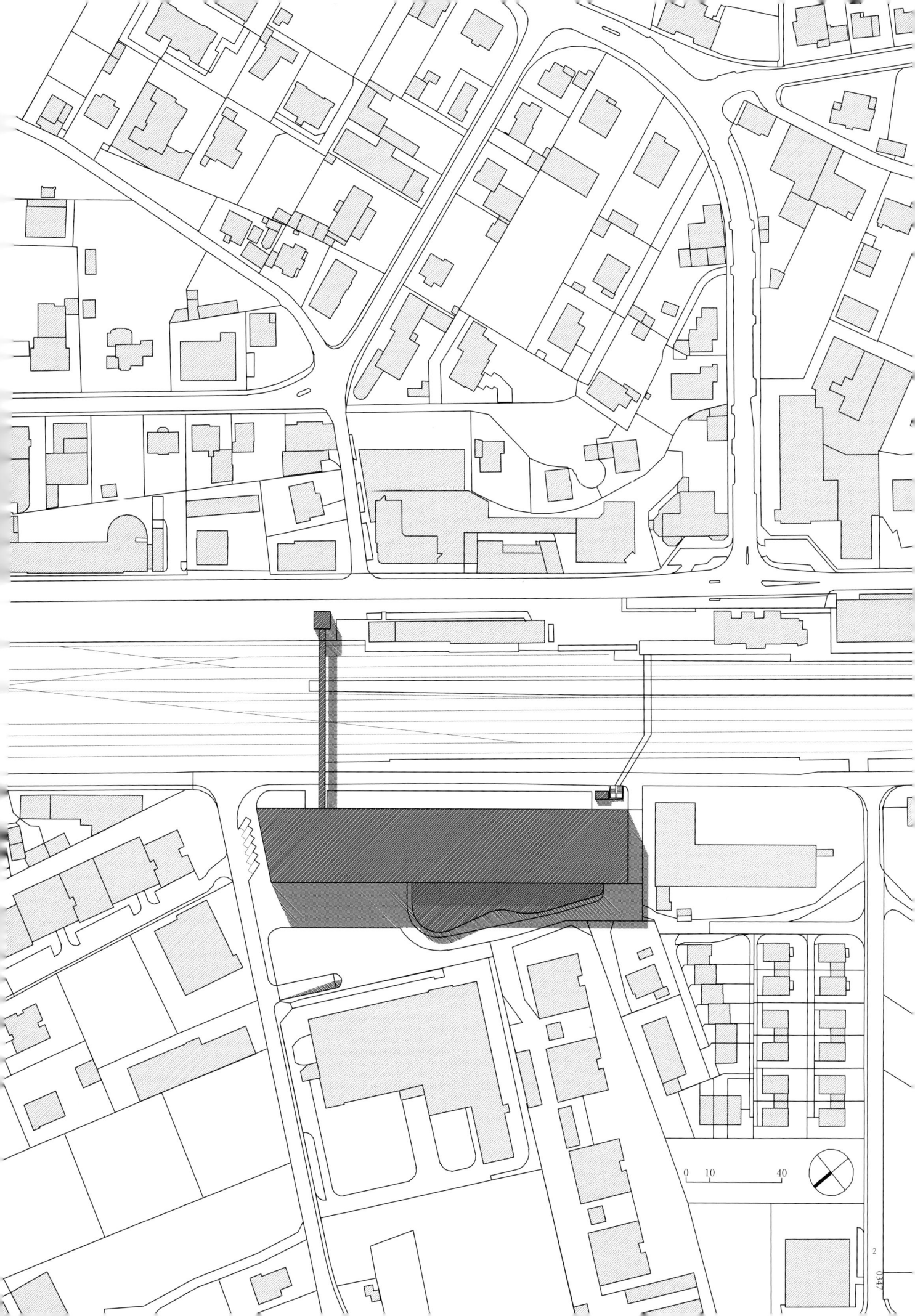

0
10
40

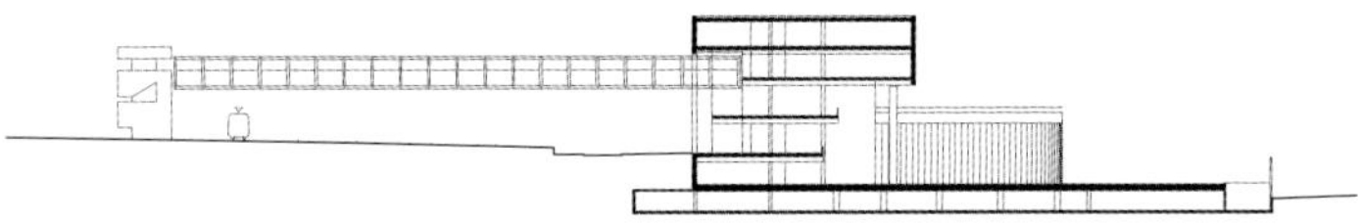

3. 一层平面图
4. 二层平面图
5. 四层平面图
6. 剖面图
7.8. 效果图

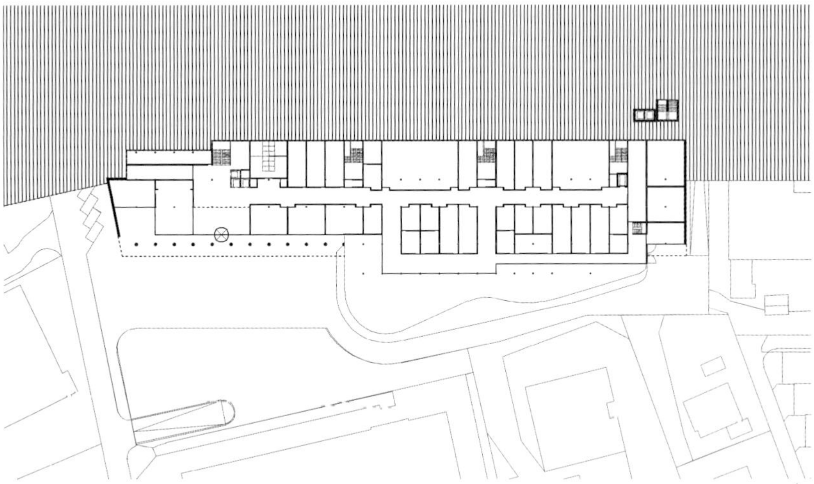

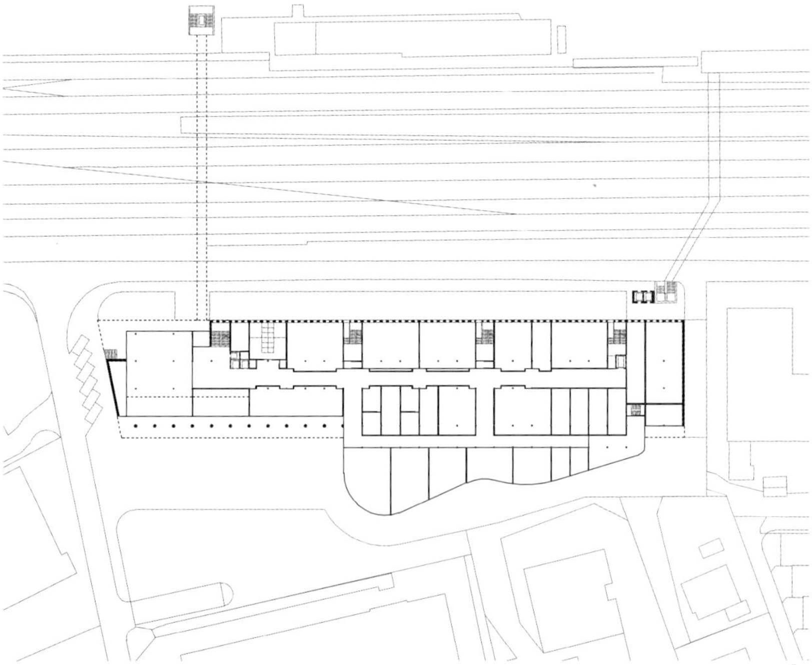

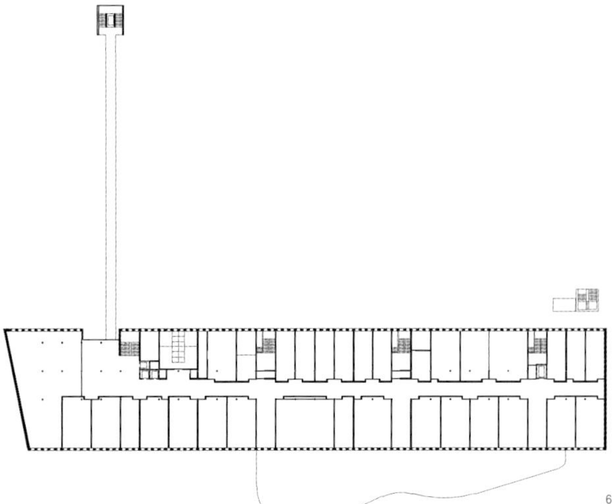

0 5   20

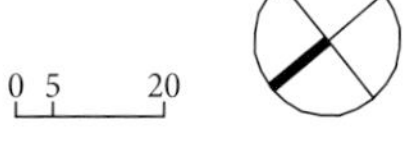

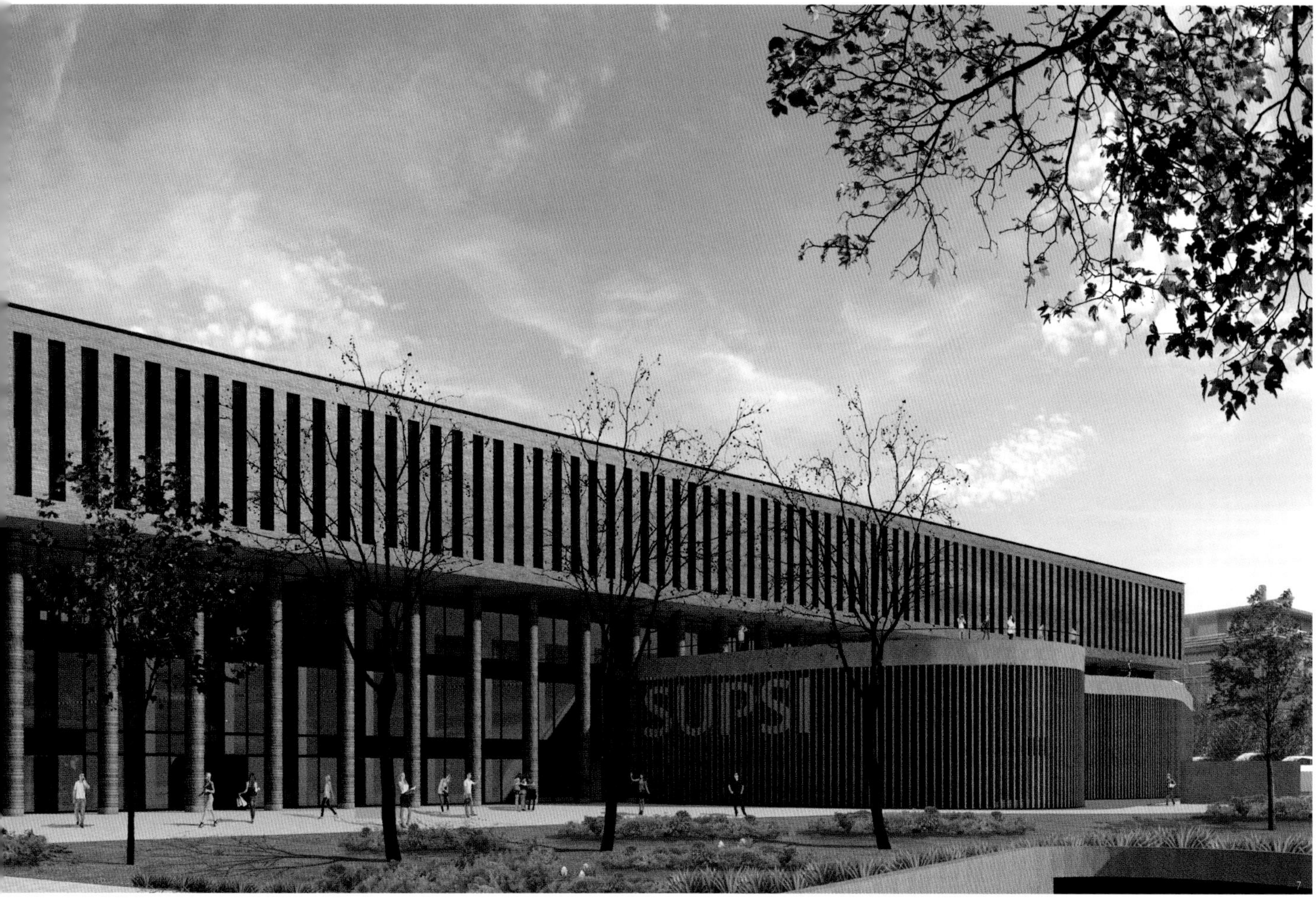

7

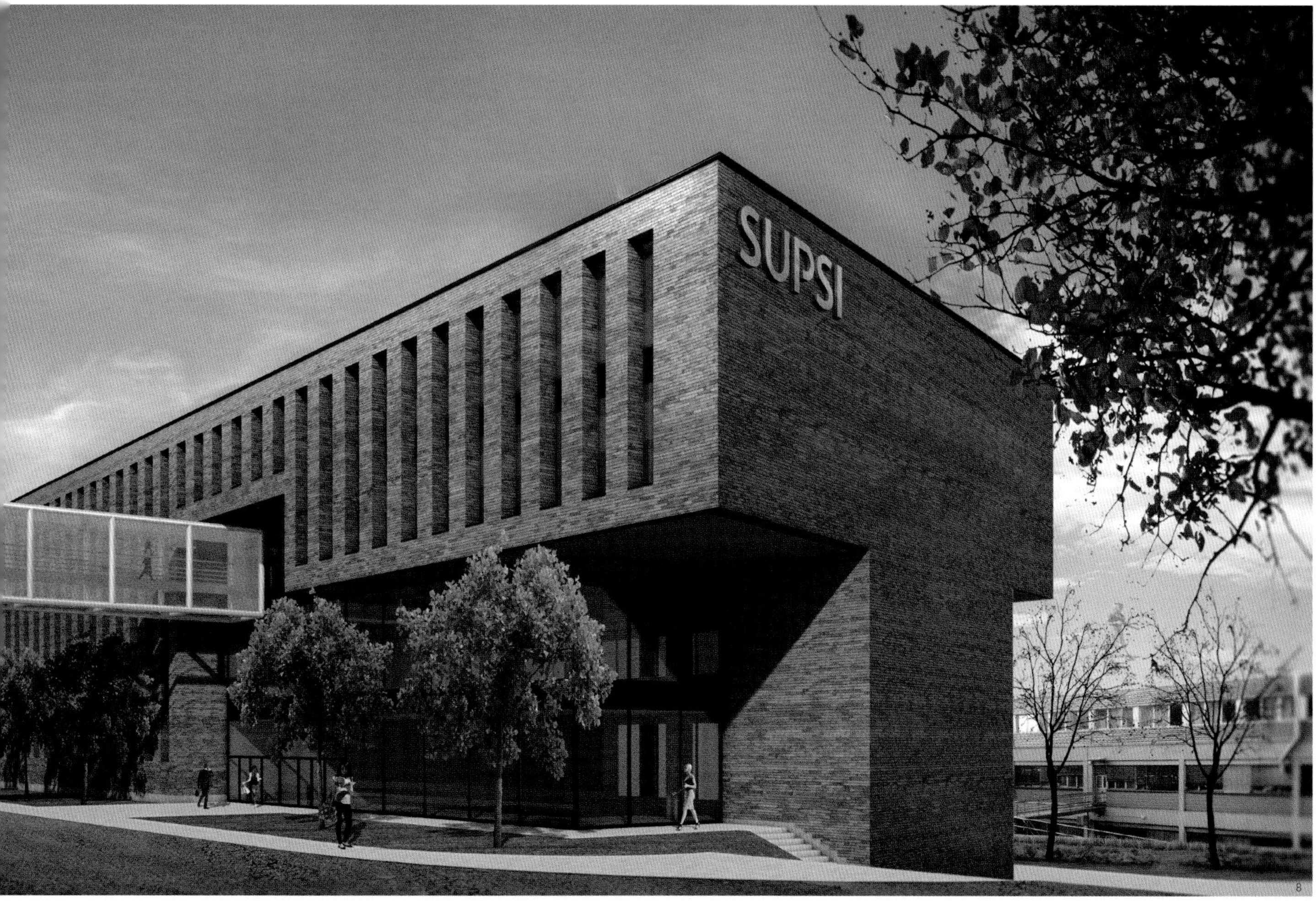

8

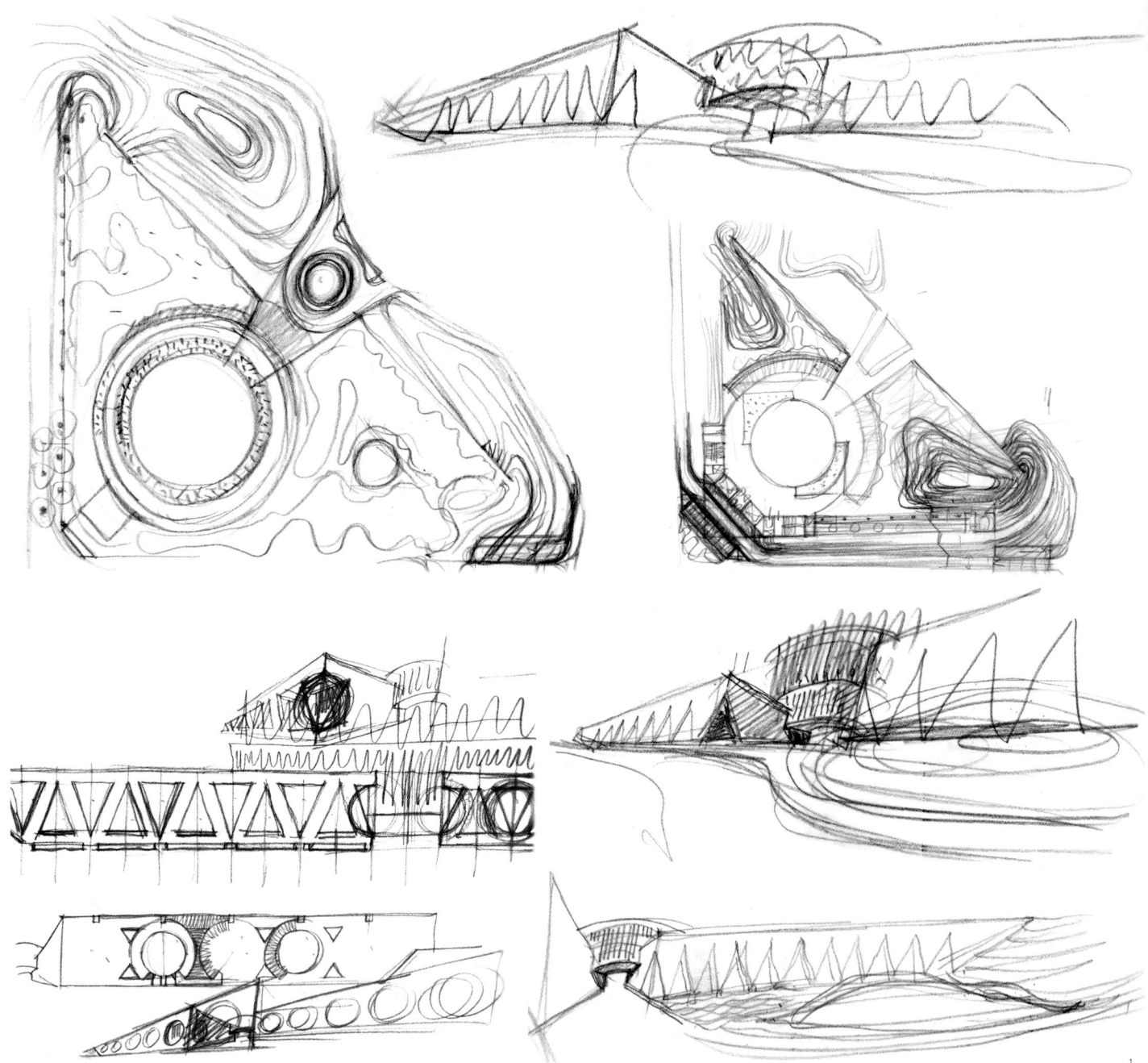

1. 手绘草图
2. 正立面效果图

南昌陶器博物馆
CERAMICS MUSEUM IN NANCHANG

中国 南昌
Nanchang, China 2012

新博物馆旨在展示和维护各类陶瓷花瓶藏品。

该建筑位于一个三角区域内,主立面朝向东北,可眺望通向梅湖的道路。这是一个水体和绿地结合的田园景观。

在东北立面上,设计构想地坪朝西南方向逐步上升,由此遮蔽西南向近年来的城市化痕迹。

通向主要道路的公众入口将博物馆分为两翼,它们通过一个圆形元素相联系。线性的两翼在地上部分有2层,包括主要展览房间和相关服务用房,如餐厅、茶室、会议室和休息室。环形体量高出的一层作为办公室。圆环的内周限定出一个宽阔的公共广场,成为建筑构图的重要元素。

项目概况
设计时间: 2012
业主: 恒茂梅湖茂艺术中心
合作设计: 上海方大建筑设计事务所
基地面积: 17 500m²
建筑面积: 地面14 000m²
建筑体积: 地上约70 000m³

Project: 2012
Client: HengmaoMeihu Art Centre
Design partner: Shanghai Fangda Architectual Design Fim
Site area: 17,500m²
Useful area above ground: 14,000m²
Volume above ground: approx. 70,000m³

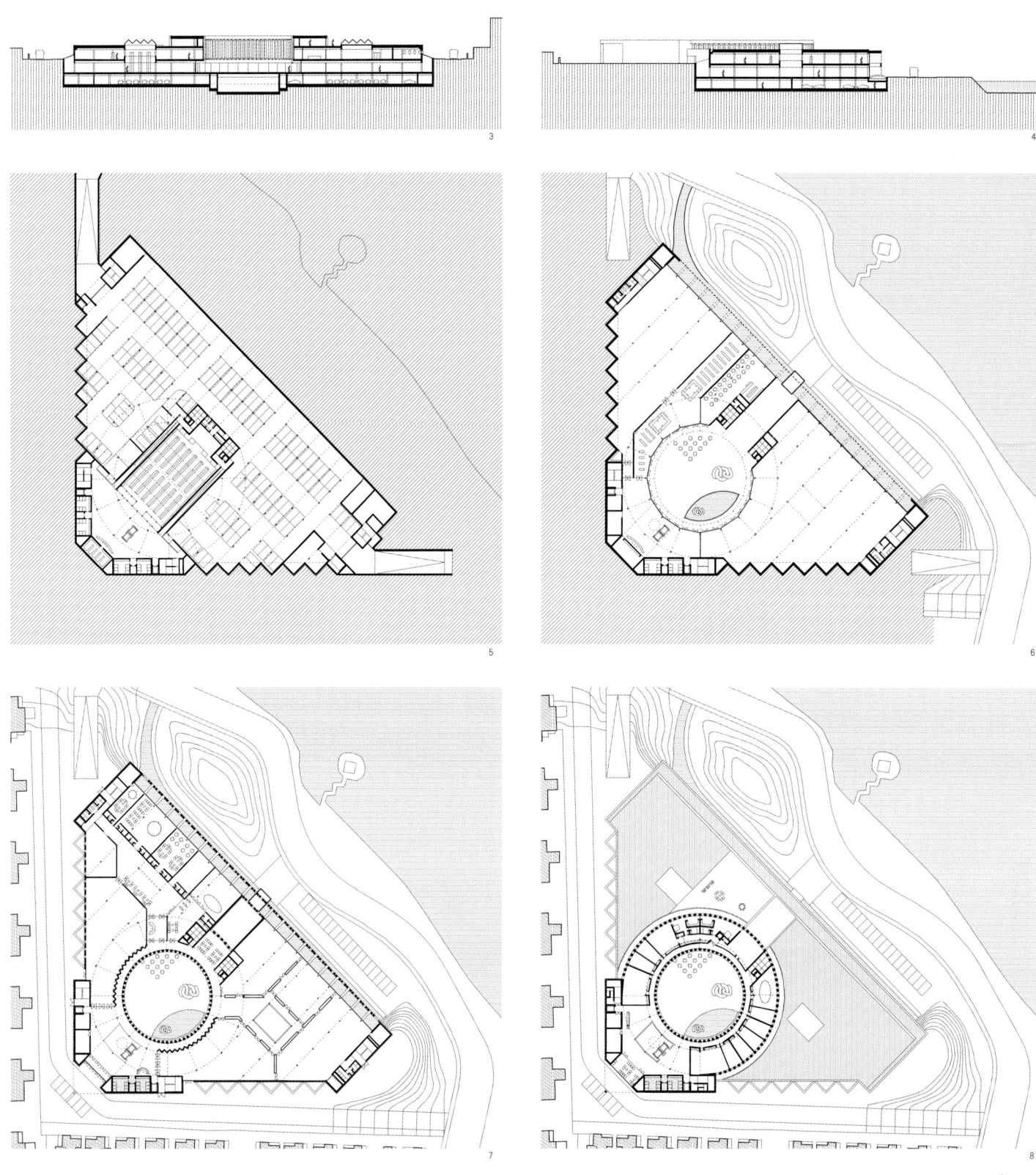

3. 横剖面图
4. 纵剖面图
5. 负一层平面图
6. 一层平面图
7. 二层平面图
8. 三层平面图
9～11. 建筑效果图

12. 天井效果图

13. 主立面效果图

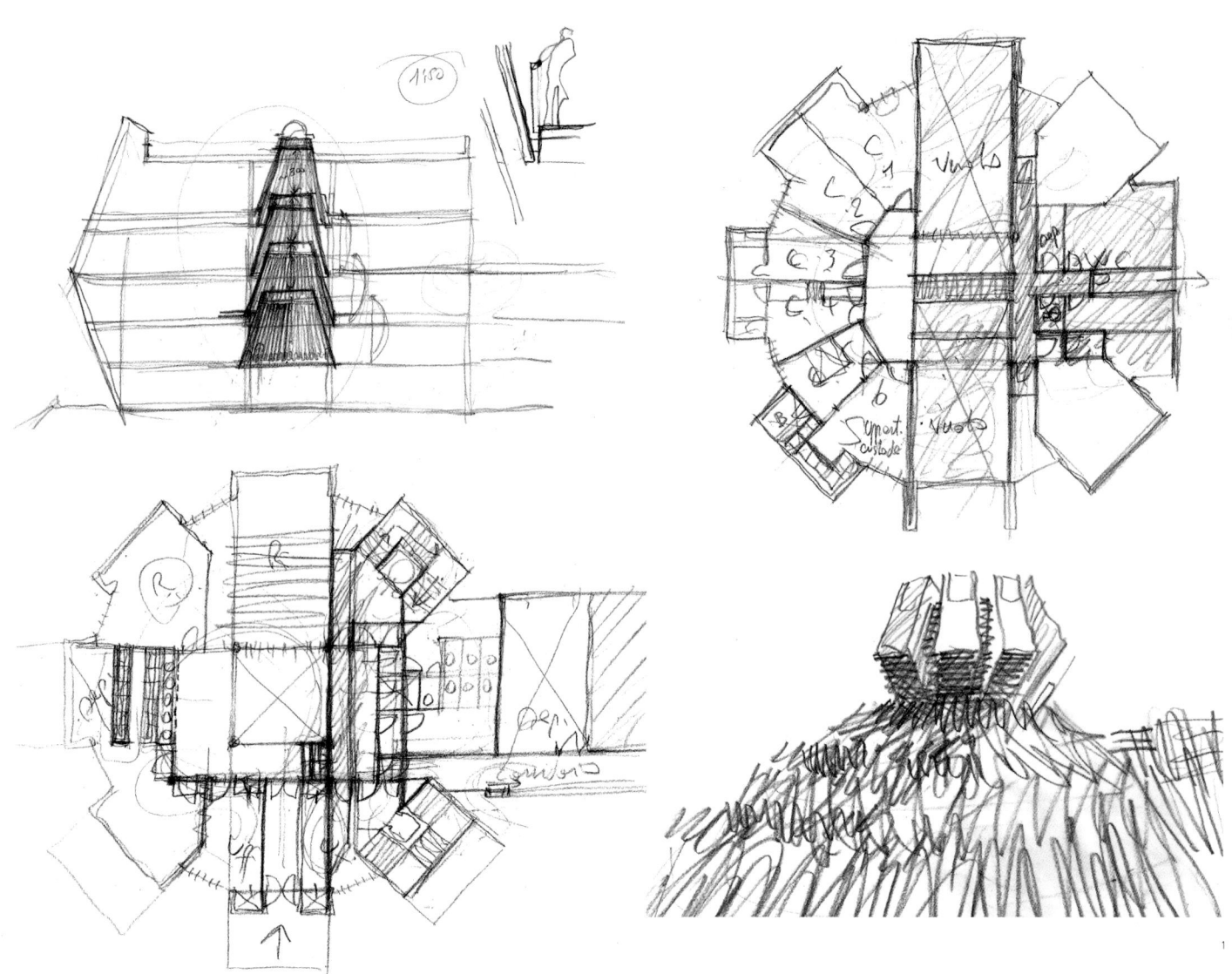

1. 手绘草图
2. 建筑效果图

韦塔餐厅
RESTAURANT VETTA

瑞士 杰内罗索山
Monte Generoso, Switzerland 2013

　　新餐厅韦塔建在杰内罗索山海拔1 600m处。建筑师设想拆除旧餐馆的一部分，并将保存部分改建为储藏室和技术用房。由于这个区域内近年来随意搭建，建筑师的这种干预也意在通过拆除搭建来重新设计这一整片区域。

　　新餐馆高出旧建筑一层，顶层变成一个瞭望台，在这里可眺望宏伟美丽的风景。花形的建筑体量覆盖灰色的石头，透过石头花瓣之间的玻璃连接人们可以欣赏周围的风景。建筑的核心是一个光井，让自然光线射入所有楼层。

　　在一层有一个咖啡厅、三个小型会议和议事厅，其中最大的一个会议室可容纳80人；在二层有卫生间、员工办公室和一些储存空间；在三层设有客房；第四层包括厨房的部分设施和一个100人自助餐厅，连接宽阔的阳台。五层有一个容纳150人的餐厅以及主厨。

项目概况
设计时间：2013
业主：杰内罗索山火车站，SA
土木工程：路易吉工程工作室
基地面积：28 000m²
建筑面积：2 500m²
　　　　　（其中2 140m² 新建+360m² 现有）
建筑体积：9 200m³
　　　　　（8 000m³ 新建+1 200m³现有）

Project: 2013
Client: Ferrovia Monte Generoso SA
Civil Engineering: Studio d,Ingegneria Luigi Brenni
Site area: 28,000m²
Useful area: 2,500m²　(of which 2,140 m² new + 360 m² existing)
Volume: 9,200m³　(of which 8,000 m³ new + 1,200 m³ existing)

3. 剖面图
4. 一层平面图
5. 二层平面图
6. 三层平面图
7. 四层平面图
8. 五层平面图
9. 建筑效果图

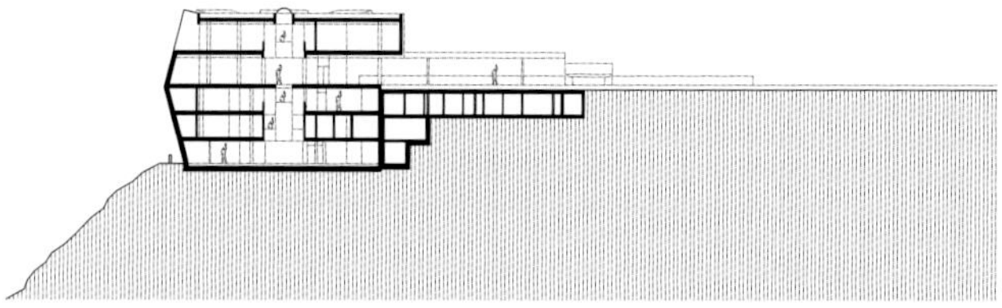

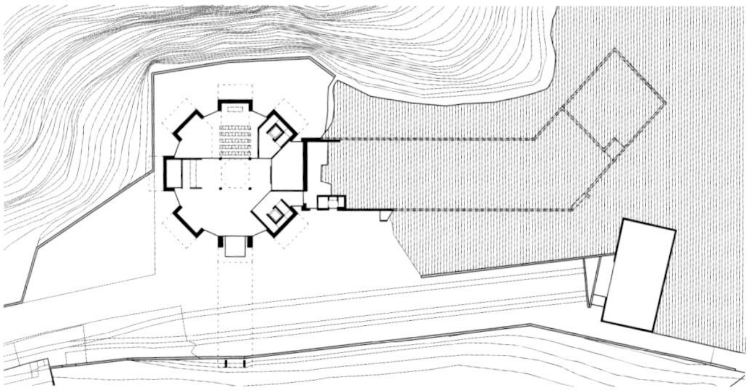

0 5 20

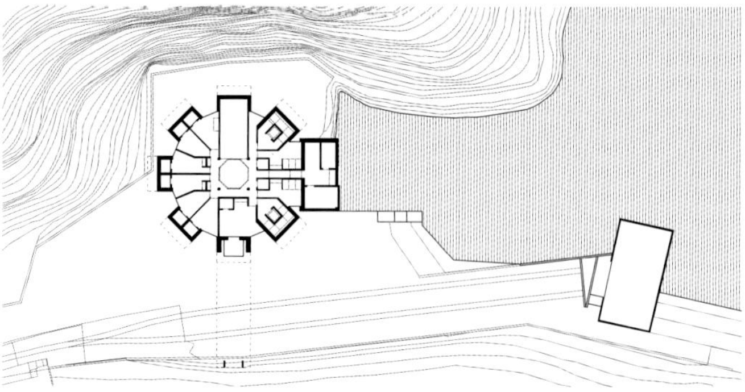

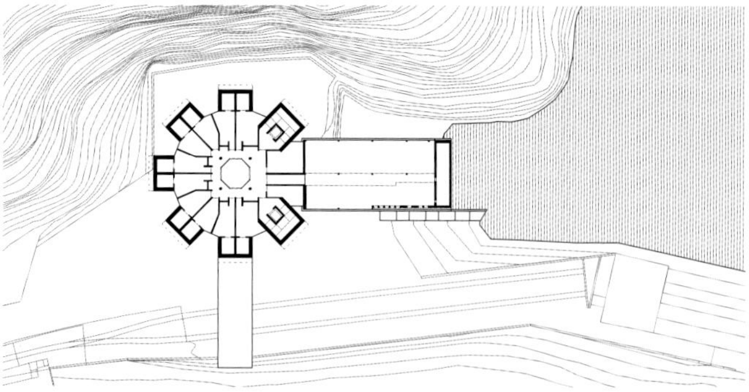

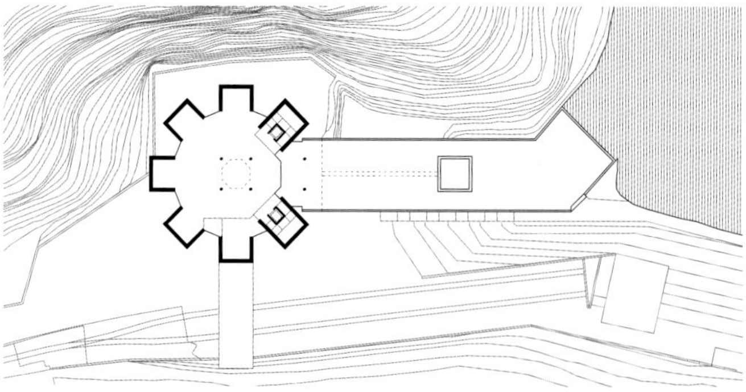

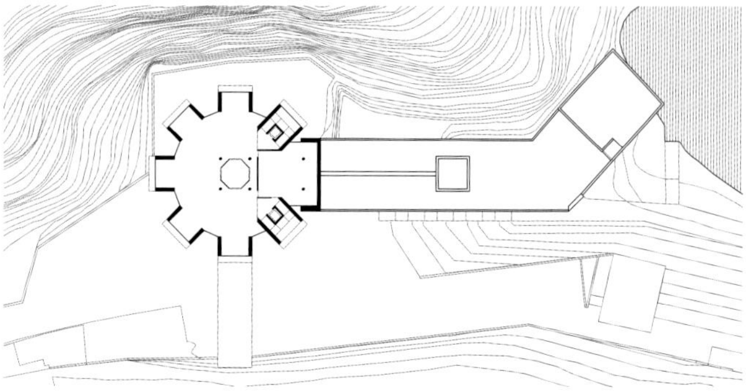

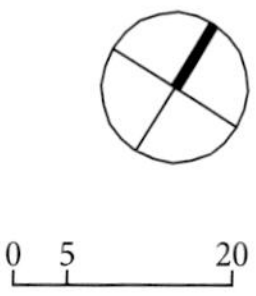

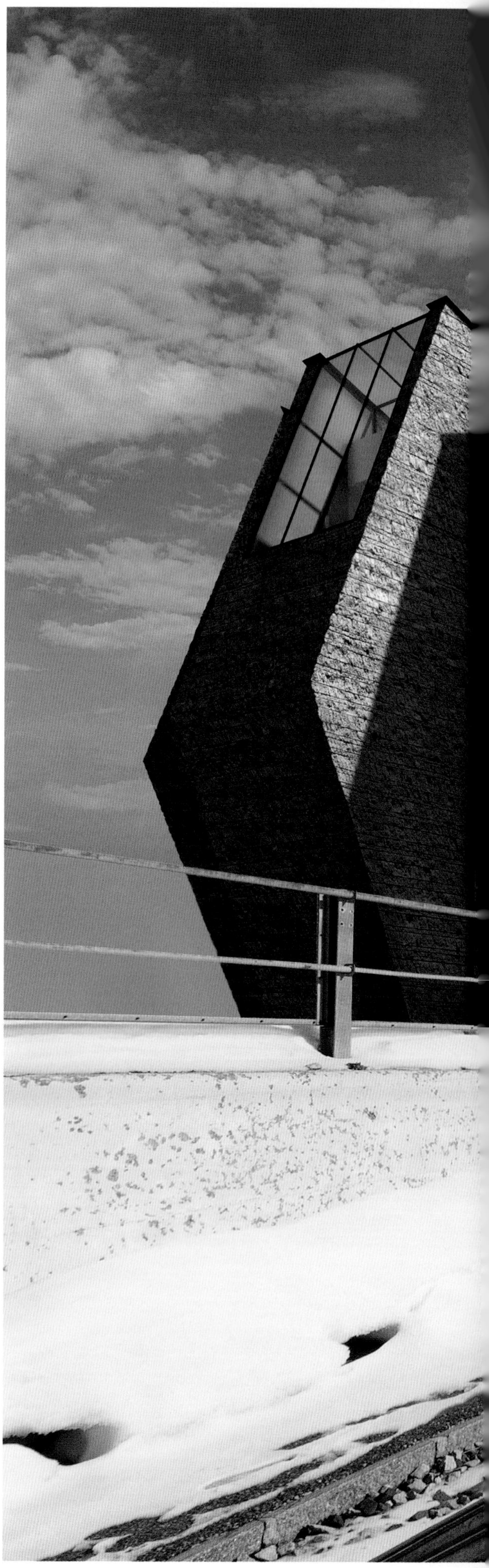

吉内斯遗传药房显示器托架
COMPUTER DISPLAY REST

瑞士 巴塞尔
Basel, Switzerland 2013

设计构想了一个电脑显示器支架,在这个电脑显示器上人们能读到自己的DNA测试结果。

吉内斯是一个总部位于巴塞尔的私人组织,致力于遗传学领域产品与服务的研究、生产和销售。公司希望设计一个表现简单、自然状态的支架。考虑到这些因素,马里奥·博塔选择使用实心的枫木,并强调了不同木板间的连接与交叠。由此,设计更为专注于制作该产品所需的手工艺,也增强了对材质的表达。

项目概况
设计时间: 2013
建造时间: 2013
业主: 瑞士,巴塞尔,基因公司
制造商: 意大利坎图丽娃·莫比利 1920
材料: 实心枫木

Project: 2013
Construction: 2013
Client: Genes Company, Basel, Switzerland
Manufacturer: Riva Mobili 1920, Cantù, Italy
Material: solid maple wood

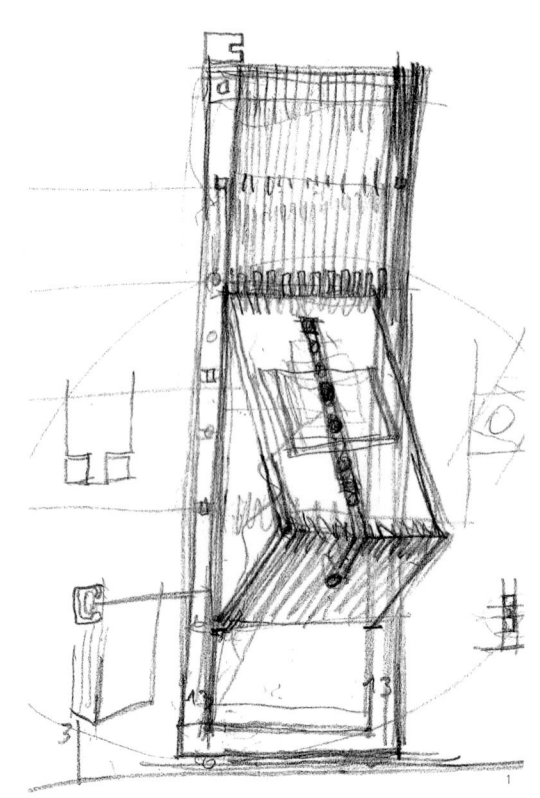

1. 手绘草图
2. 托架建模图

1

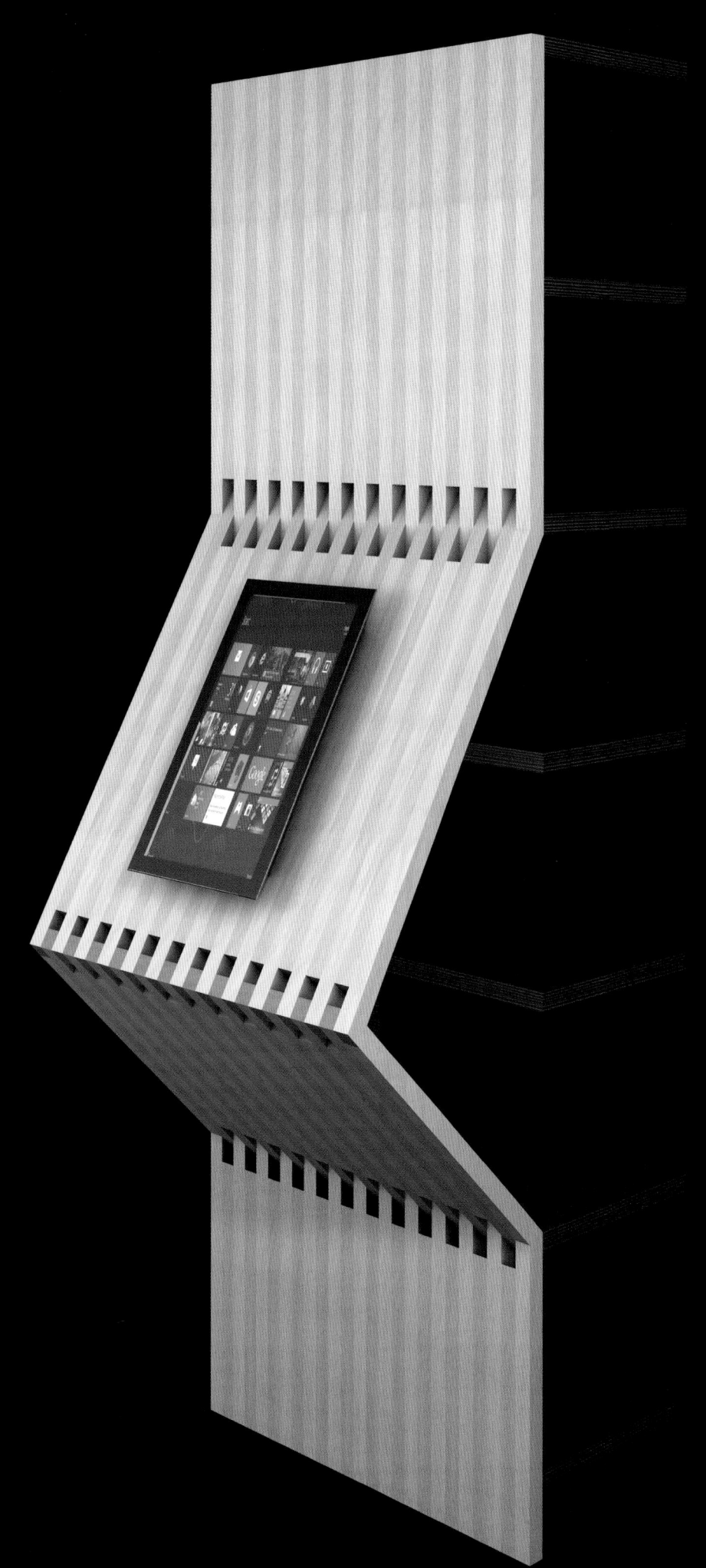

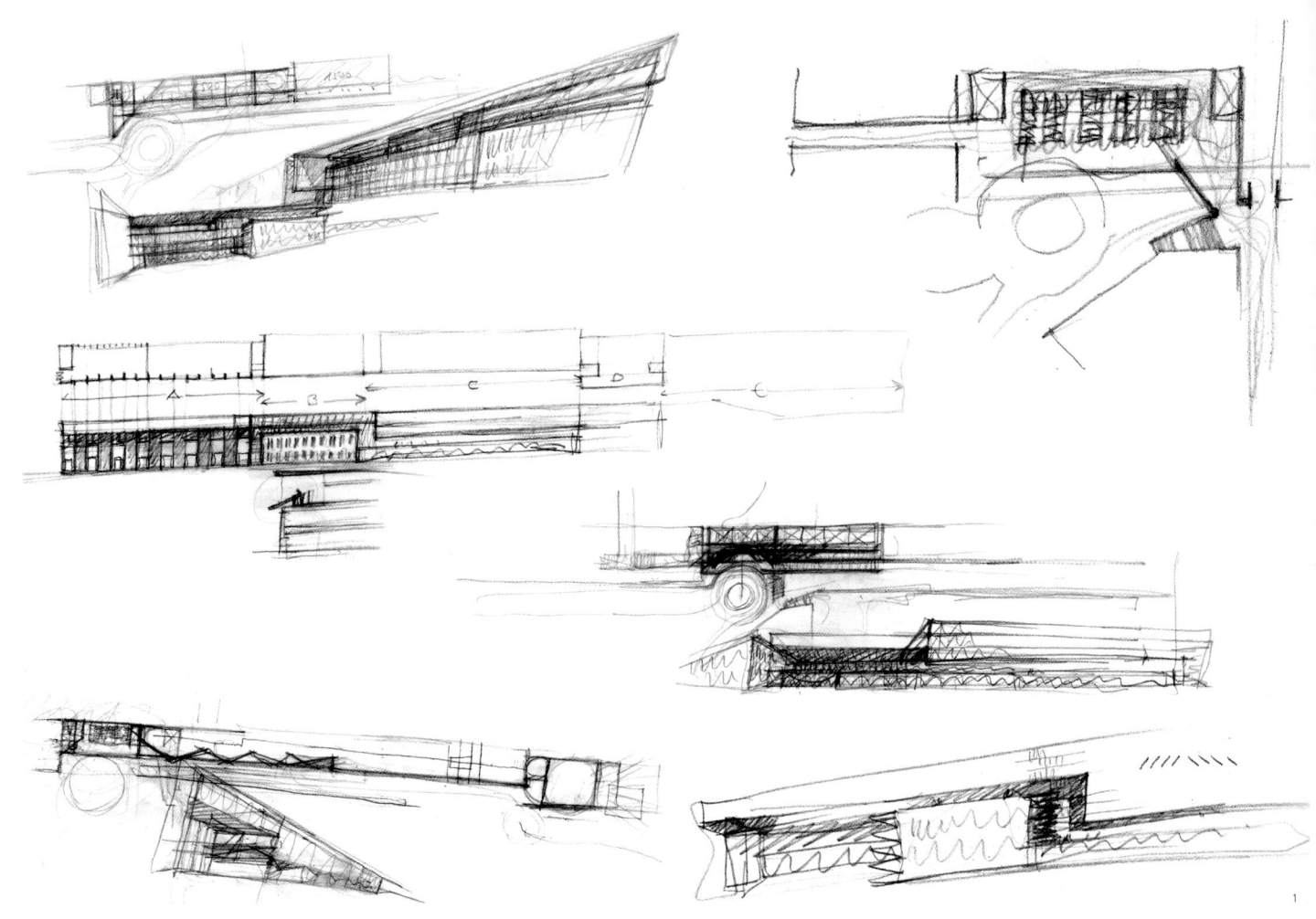

SAMS STA校园设计竞赛
SAMS STA SCHOOLS

瑞士 基亚索
Chiasso, Switzerland 2013

瑞士联邦铁路局打算在基亚索市车站的北部建设一个学校建筑群，这个综合体将会是SAMS缝纫工艺美术学校和STA州立服装技术学校的校园。

该竞赛引人关注的一点是，需要为南部的铁路和北部的城市两种肌理定义一个统一的城市界面。该项目意识到并试图改善城市中该区域的重要建筑，通过新的规划来定义东西方向的边界。

设计被分成五个部分，各自有一栋建筑。新的学校建筑位于基地的西侧。建筑地上3层，除教室之外，还设有公共用房，如图书馆、自主餐厅、报告厅及花园。

主入口可通向学校和现存的工业建筑，工业建筑翻新完成后将成为两所学校的专业车间。另一座建筑则设有行政办公室。

在铁轨背面一个大顶棚提供了一个开放空间，穿过建筑群所组成的结构。顶棚下面是一栋办公楼，楼顶为敞开的平台。除此之外，建筑师设计了一座住宅办公楼。

同时，该项目还提供了658个汽车、自行车及摩托车地下停车位置。

项目概况

竞赛时间：2013
业主：瑞士基亚索FFS Ferrovie Federali
　　　Svizzere（Swiss Federal Railways）
基地面积：8 500m²
建筑面积：13 500m²+停车12 200m²
建筑体积：56 000m³+停车38 900m³

Competition project: 2013
Client: FFS Ferrovie Federali Svizzere (Swiss Federal Railways),
　　　　Chiasso, Switzerland
Civil Engineering: Studio d'Ingegneria Luigi Brenni, Mendrisio
Site area: 8,500m²
Useful surface: 13,500m² + 12,200m² for parking
Volume: 56,000m³ + 38,900m³ for parking

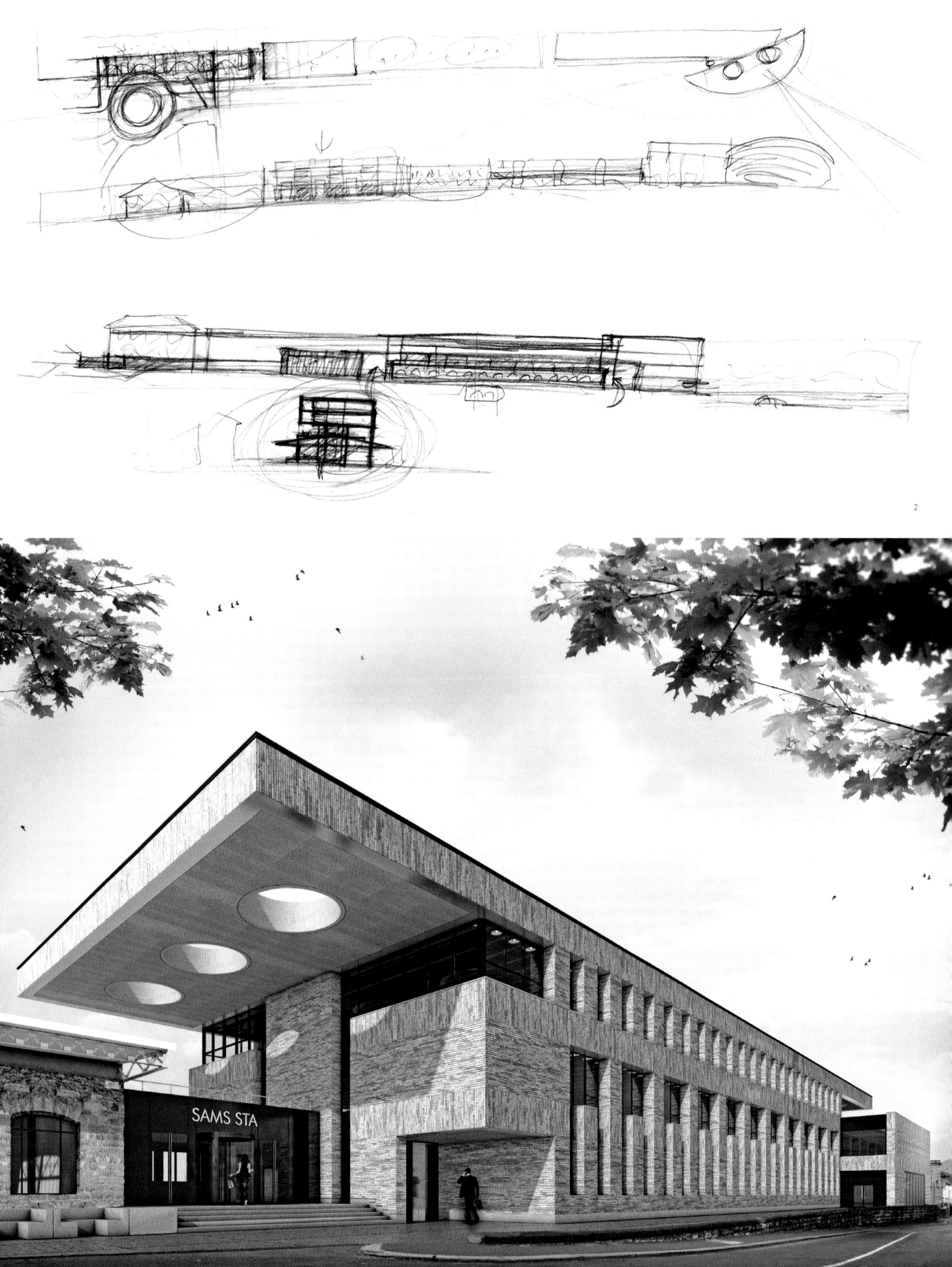

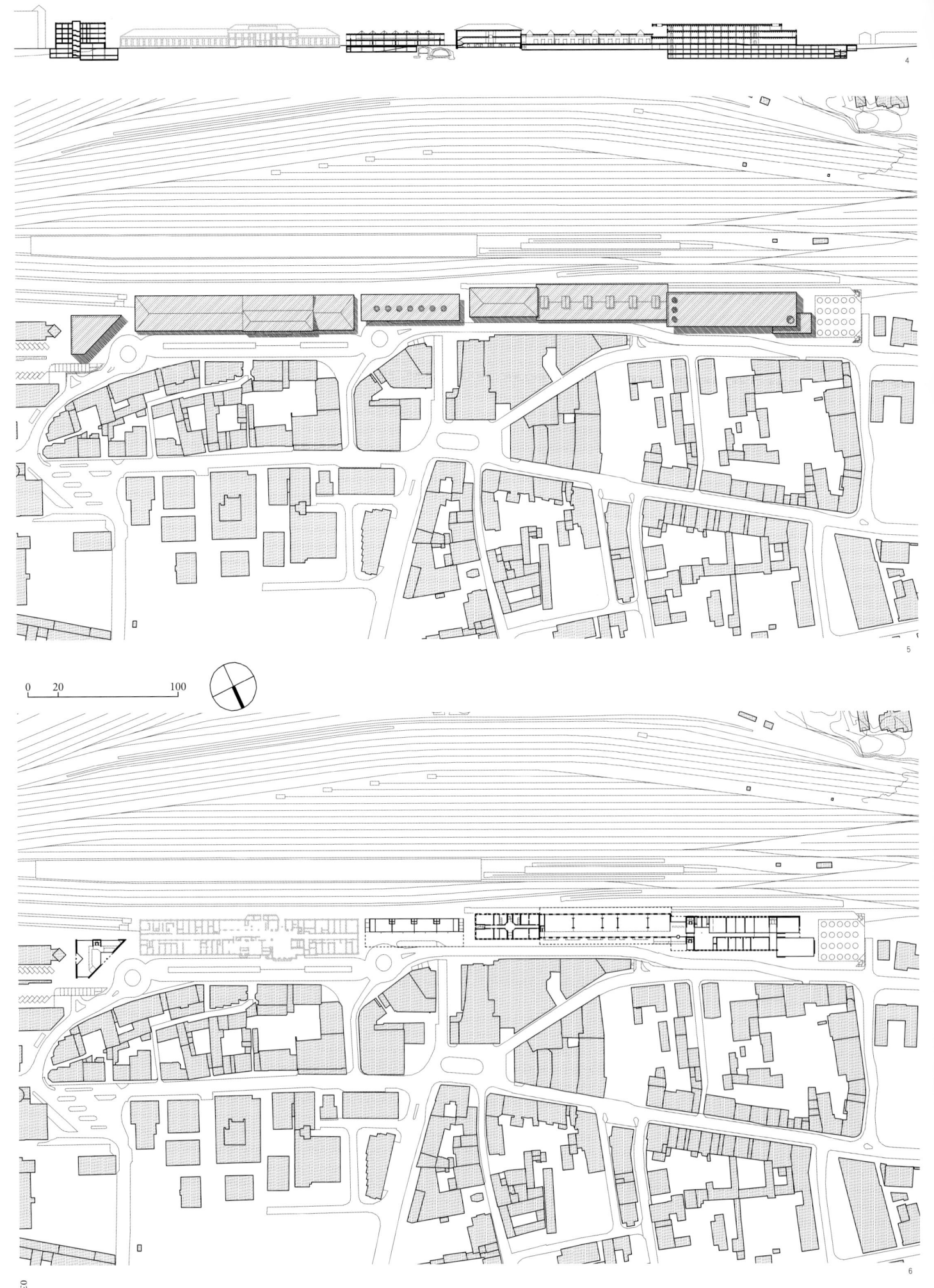

4. 剖面图
5. 总平面图
6. 一层平面图
7. 建筑透视图

16 16 16 16 16
48

椅子莫雷拉托
CHAIR MORELATO

意大利 维罗纳
Verona, Italy 2013

　　马里奥·博塔为MAAM博物馆(家具艺术博物馆)设计了这把椅子。博物馆由奥尔多·莫雷拉托基金会创办，收藏有一些家具领域的独特作品。

　　它由16mm厚的多层桦木板制作而成，枫木贴面，配有扣合组装的皮革质地的坐垫与靠背软垫。这个新的设计项目是博塔在之前设计的椅子"二号"（1982年）形状和几何形式的基础上设计而成，并应用了新材料以强调木材层次。它可以生产不同颜色，来突出木材纹理。

项目概况
设计时间：2013
生产时间：设计样品，未生产
制造商：莫雷拉托公司，屈曲(VR)，意大利
材料：16mm桦木胶合板，
　　　黑色皮革软垫座椅和靠背

Project: 2013
Production: prototype, not in production
Manufacturer: Morelato Company, Cerea (VR), Italy
Materials: beech plywood 16mm and upholstered
black leather seat and back

1. 手绘草图
2.3. 产品实样

MARIO BOTTA

马里奥·博塔全建筑 1960–2015

2000–2014

1990–1999

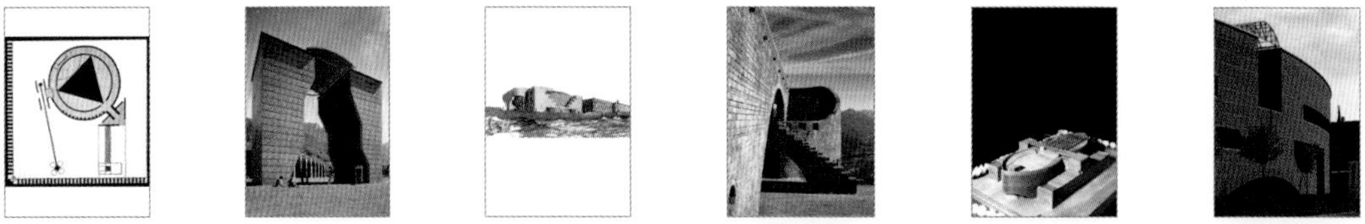

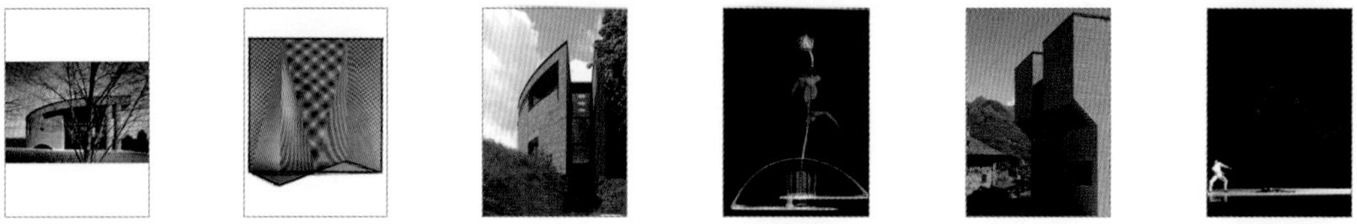

1980–1989

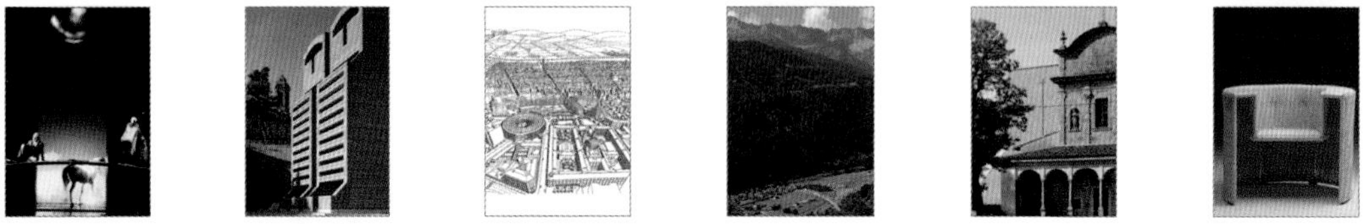

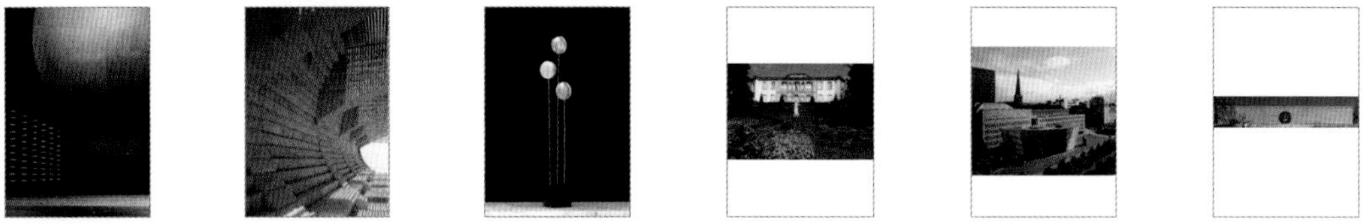

1960–1979

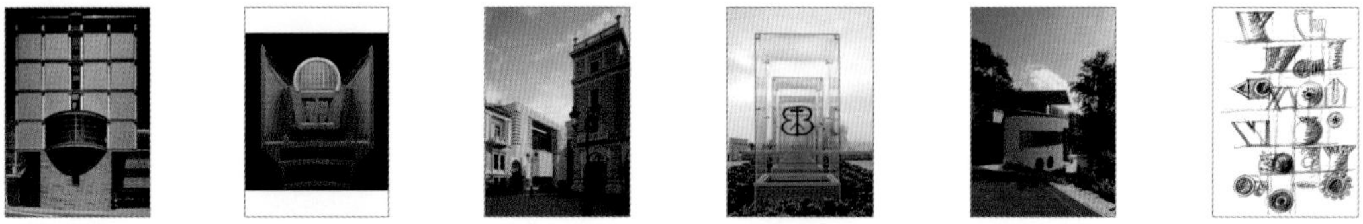

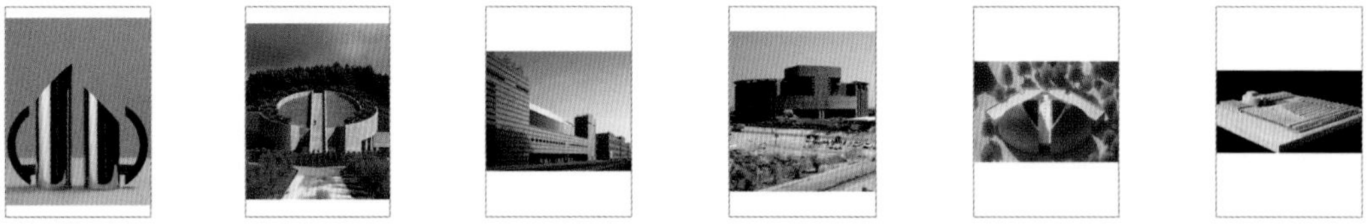

MARIO BOTTA

马里奥·博塔全建筑 1960-2015

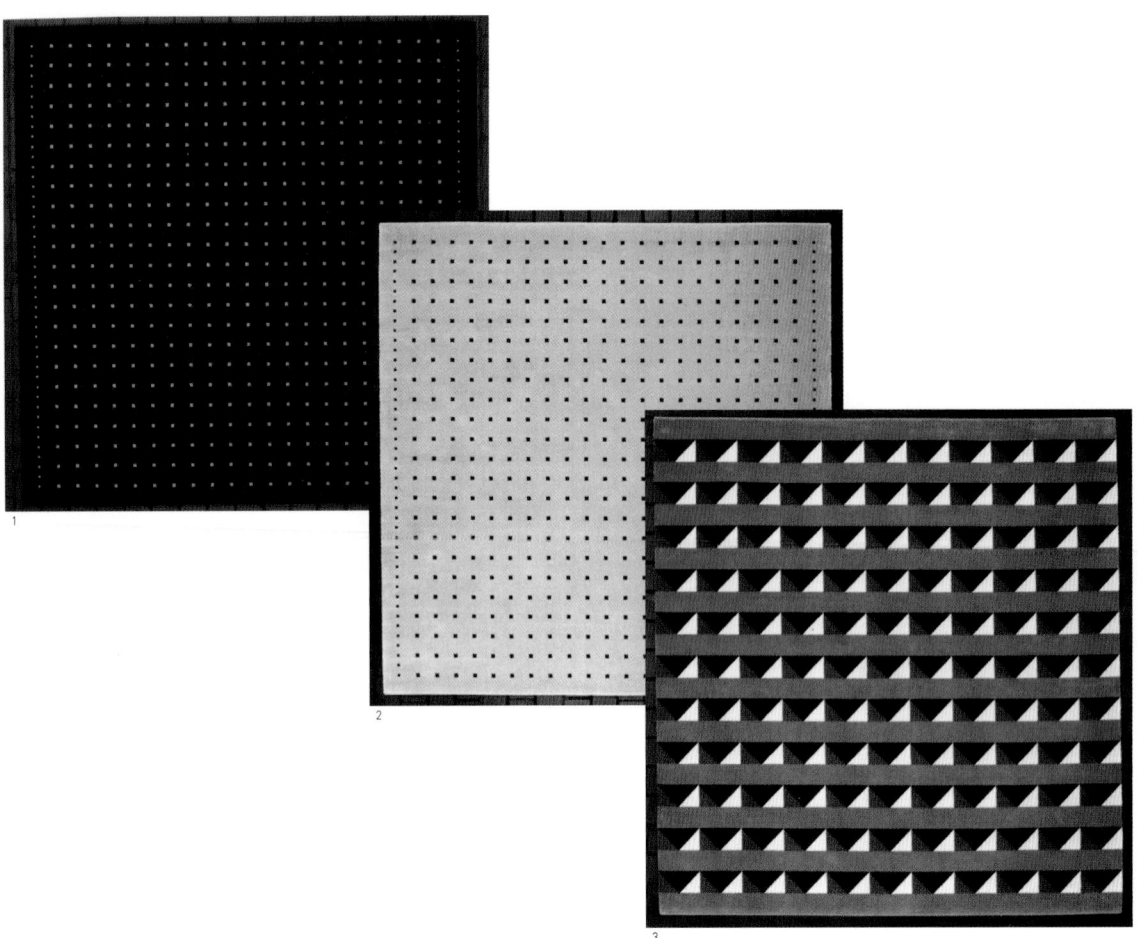

1. 地毯 "483nero"
2. 地毯 "483 Verde Rame"
3. 地毯 "Marenza"
4. 地毯 "La Cattedrale"

"洛杉矶主教堂" 地毯
CARPETS 'LA CATTEDRALE'

1990-1991

地毯是一种重新将建筑质感作为元素进行家居装饰的方法：图像由 "强烈的光感" 所条形化形成明确的图案。

项目概况
设计时间：1990
制造时间：1991
制造商：兰陶尔纺织股份公司，朗根塔尔
材质：威尔顿织羊毛

Project: 1990
Production: 1991 (Limited edition)
Manufacturer: Lantal Textiles AG, Langenthal
Material: Wilton weave wool

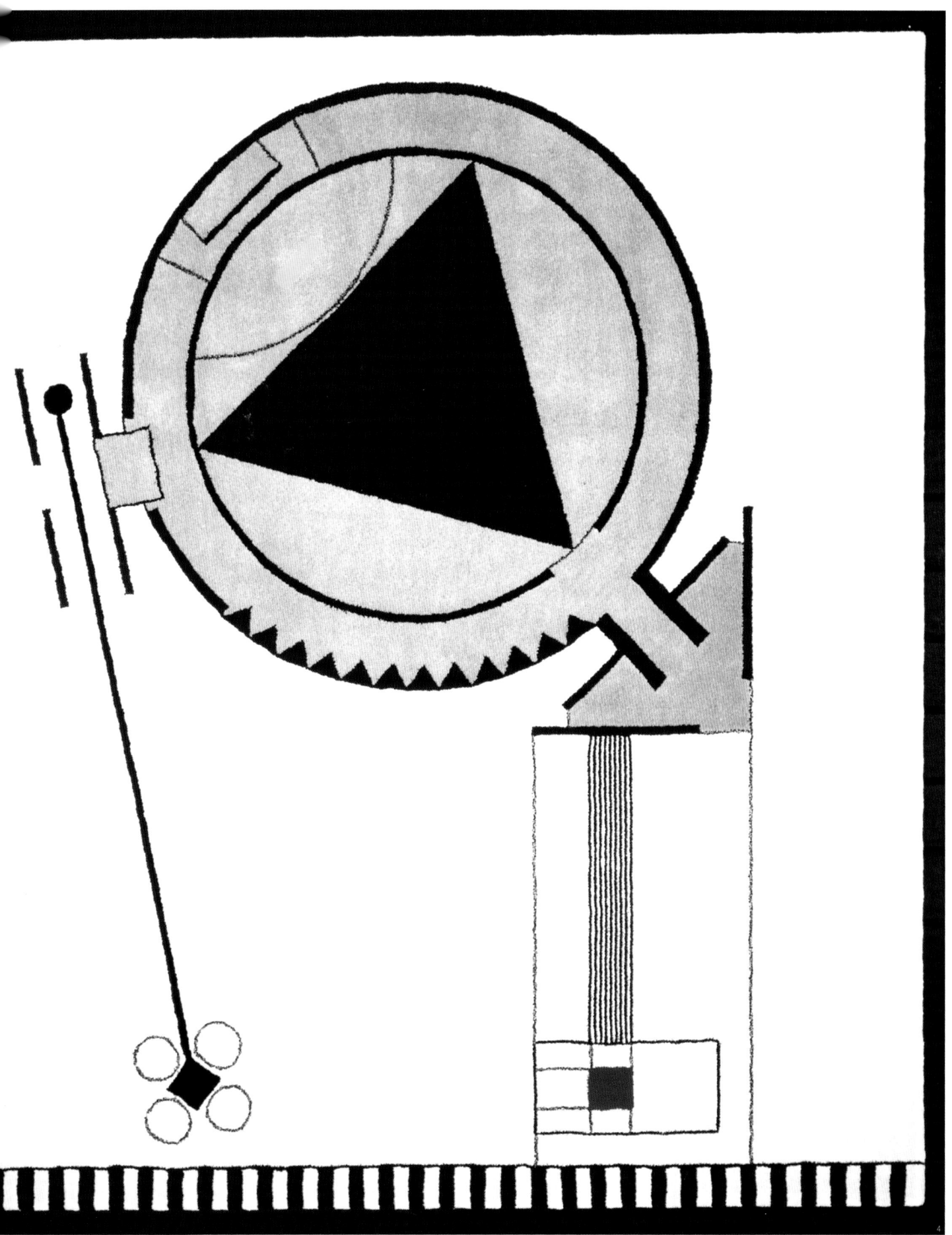

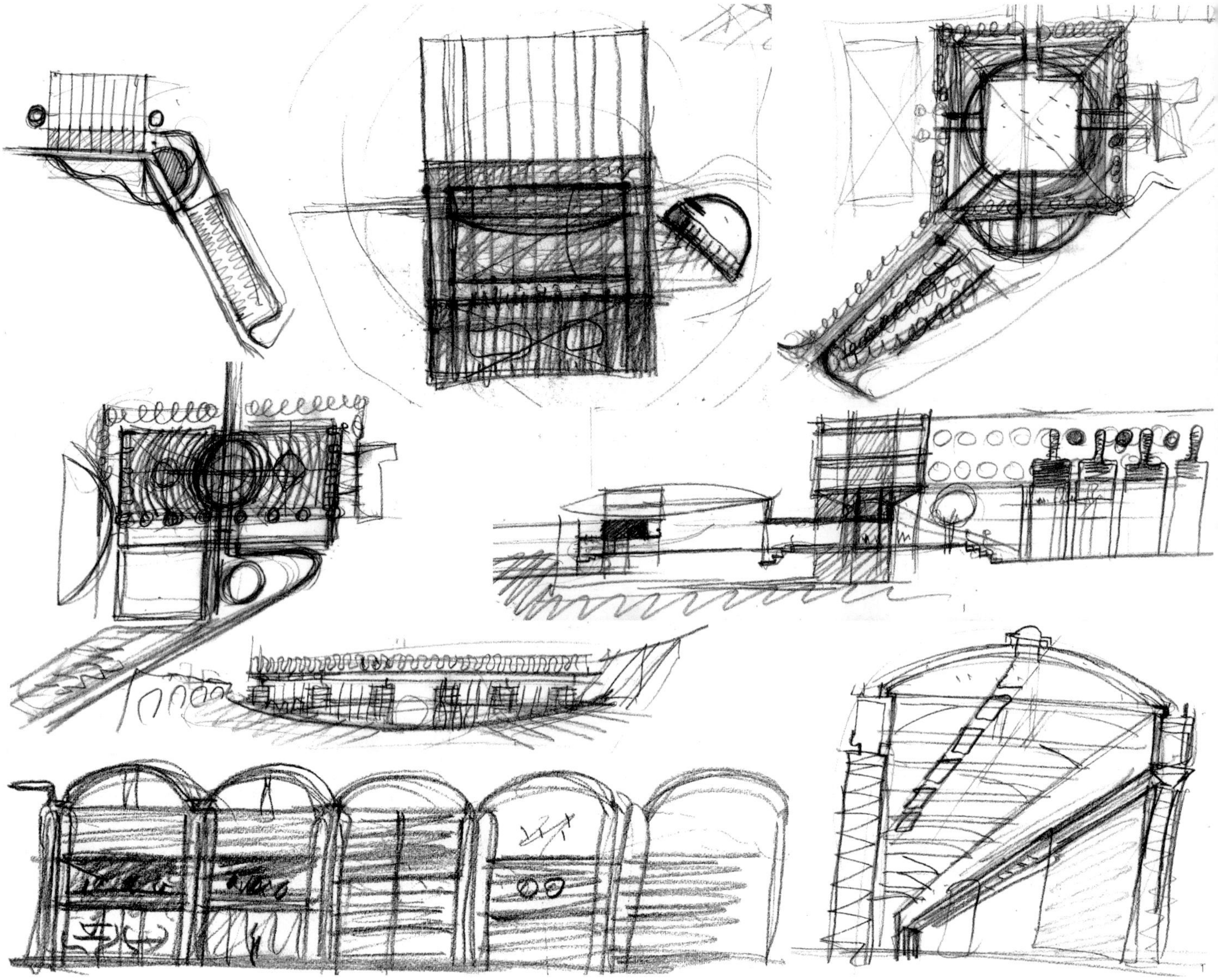

特纳若国家青年运动中心
TENERO SPORTS CENTER

1. 手绘草图
2. 总平面图
3. 攀岩墙

瑞士 特纳若
Tenero, Switzerland 1990/1998-2001

　　特纳若国家青年运动中心由运动场和行政-居住设施这两个结构紧凑的部分组成，场地精简节约，使绿化区域得到最优的安排。建筑主体包括体育馆、体育设施和自助餐厅，其形体沿南面延伸，宽阔的柱廊提供了一个阴凉的灰空间作为室内外的过渡。行政－居住部分朝南面向湖景，立面被设计成长柱廊的形式，而完全封闭的半圆形一面则朝向干道。办公部分位于一层，居住部分位于上面四层。

项目概况
设计时间：1990/1993
建造时间：1998—2001
业主：瑞士联邦国防民防体育部
基地面积：53 200m²
建筑面积：10 000m²
建筑体积：57 300m³

Competition project: 1990/1993
Construction: 1998-2001
Client: Swiss Confederation, Federal Department of Defence, Civil Protection and Sports
Site area: 53,200m²
Useful surface: 10,000m²
Volume: 57,300m³

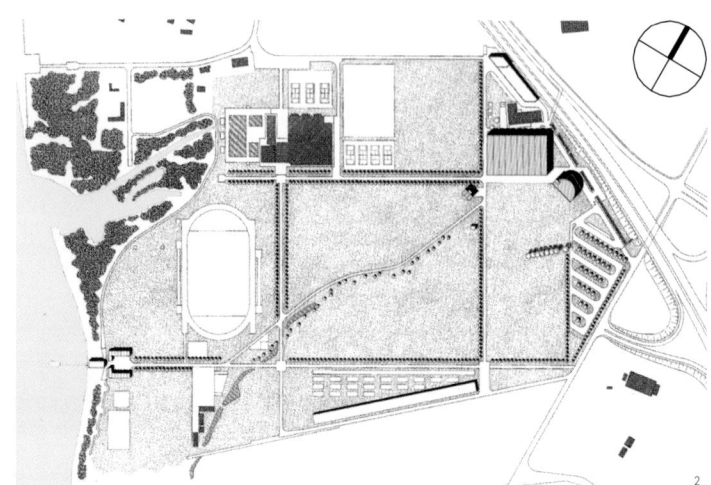

2

0376

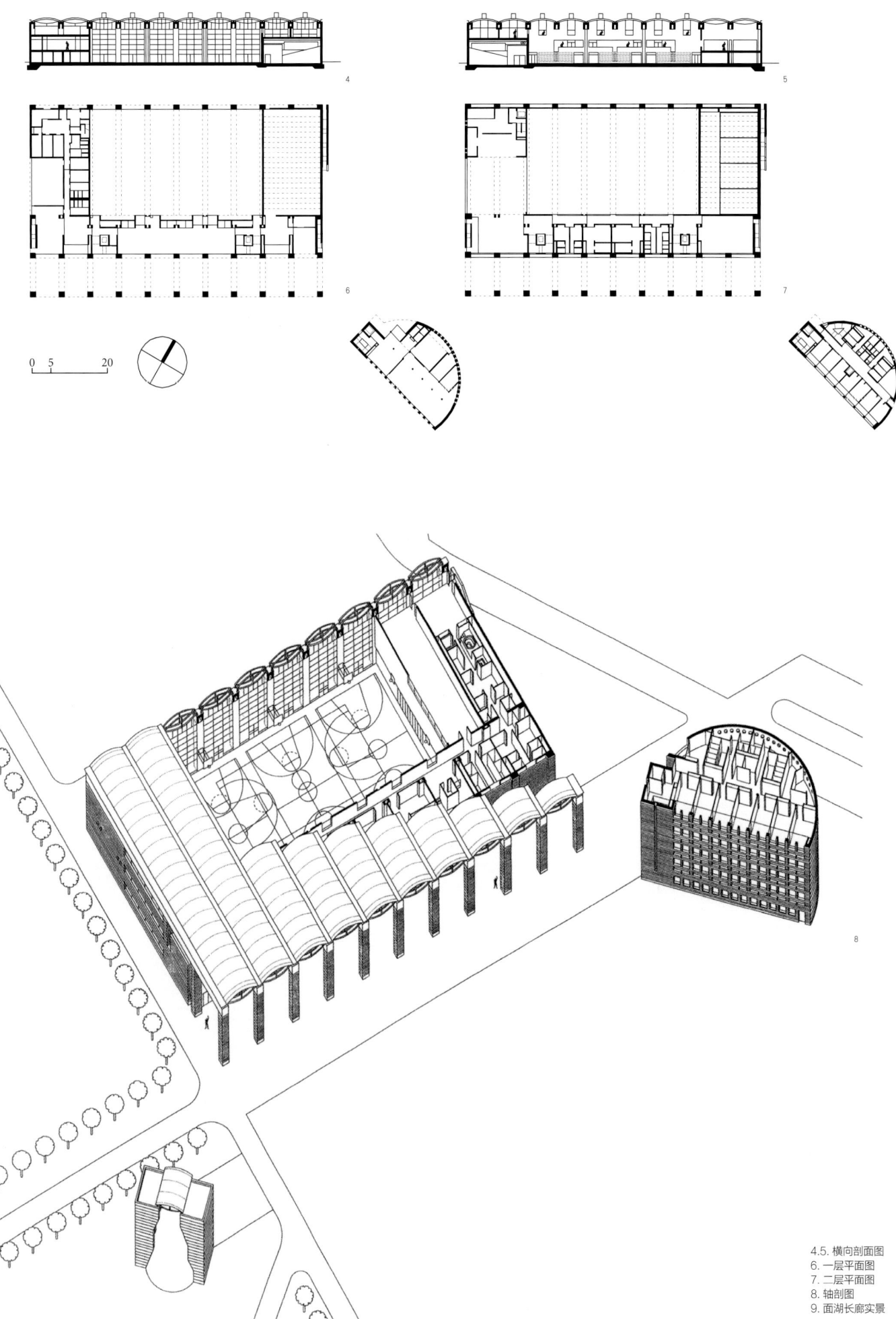

4.5. 横向剖面图
6. 一层平面图
7. 二层平面图
8. 轴剖图
9. 面湖长廊实景

10. 建筑全景
11. 立面细部
12. 室内实景

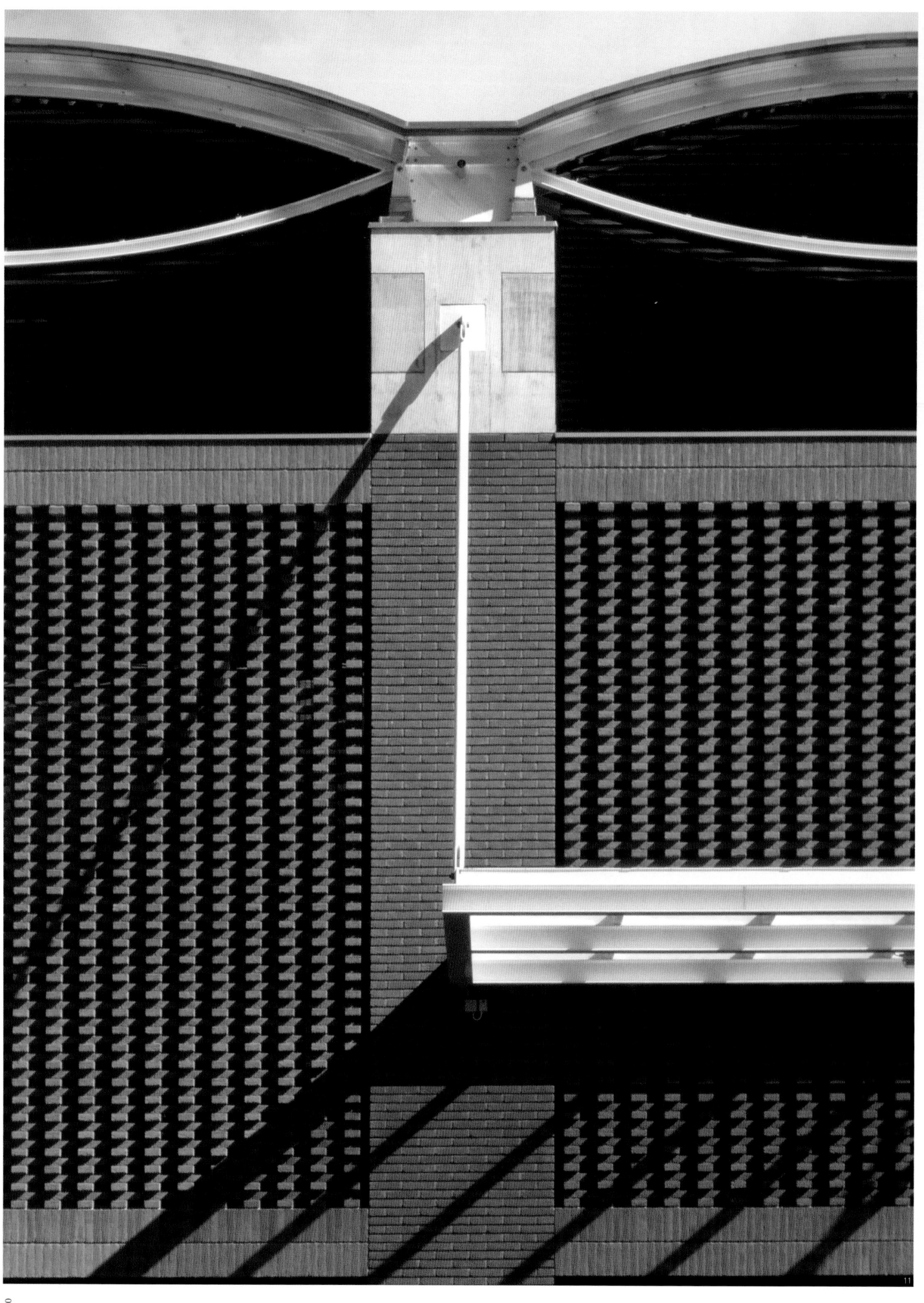

13. 体育馆室内

延伸阅读

- National Sport Center in Tenero, Switzerland, "Plus", 202, 2006, pp. 40-47.
- R. Gamba, Centro sportivo di Tenero, Canton Ticino, "Costruire in Laterizio", 2003, 91, pp. 4-11.
- A. Locher, Gute Architektur für alle/Une architecture pour tous, "Hochparterre", 2003, 31. March 2003, pp. 14-17.
- Centro sportivo nazionale della gioventù, Tenero in "Costruzioni Federali architetture 1988-1998 Circondario 2", edited by G. Zannone Milan, Edizioni Casagrande, Bellinzona 2003, pp. 74-77.
- Tenero (CH) National Youth Sport Center, "sb Sportstättenbau und Bäderanlagen", 5, September/October 2005, pp. 108-111.
- Centro Sportivo Nazionale a Tenero in Svizzera, "Impianti", 3, December 2005, pp. 3-8.

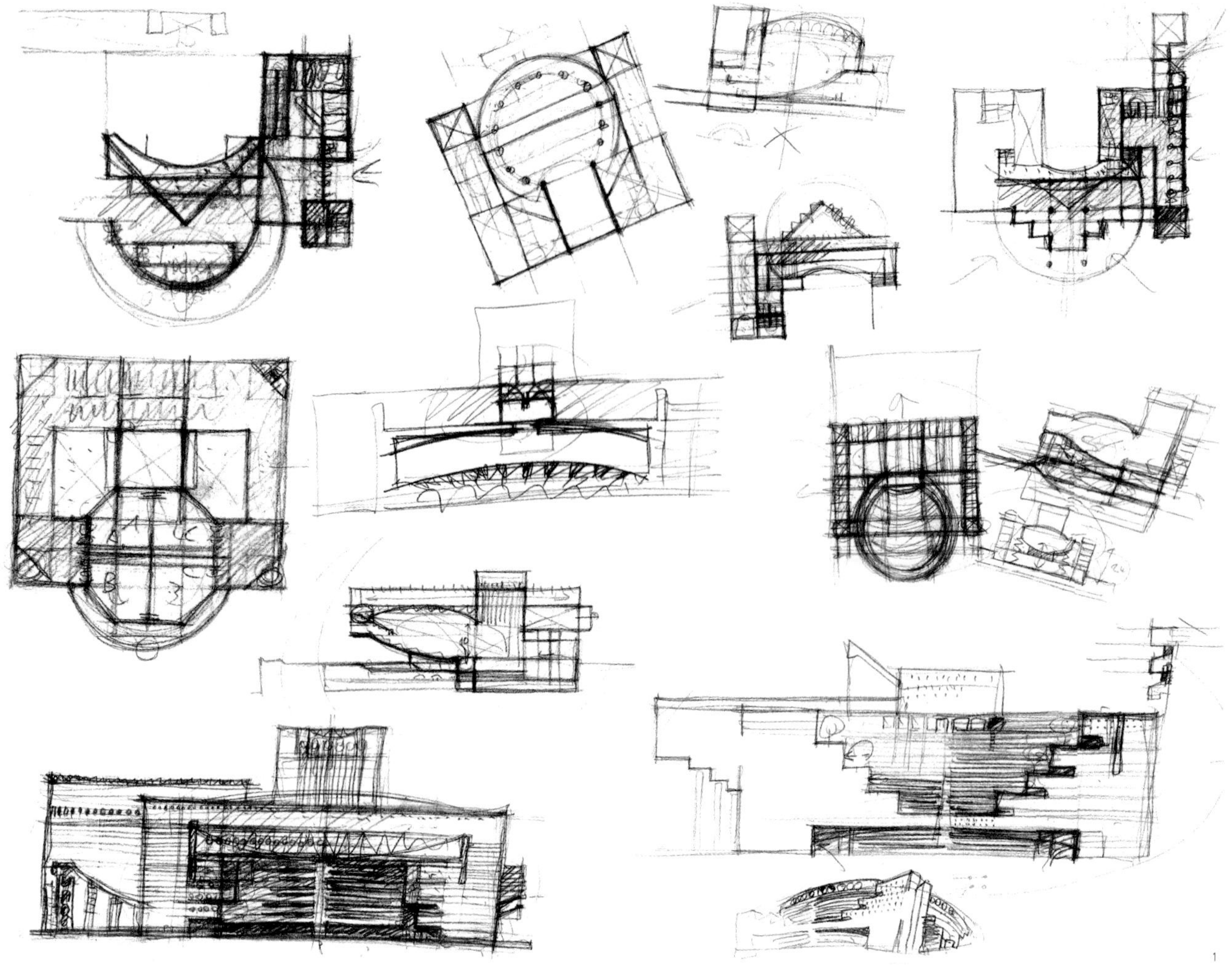

圣塞巴斯蒂安文化中心
SAN SEBASTIAN CULTURAL CENTER

西班牙 圣塞巴斯蒂安
San Sebastian, Spain 1990

　　该建筑旨在重新设计城市的滨海地带。建筑坐落于祖里奥拉桥一隅的一个狭长的城市街区，它将城市与铁路及加斯科尼海湾的边界限定出来。该设计有三个独特的处理手法：一是文化中心的三个功能元素（剧院、会议厅、多功能空间）都集结在单一的建筑体量中；二是沿祖里奥拉漫步路到"亚·德·格罗斯"海滩延伸的新街区，临街建筑全为单层，商业部分有内部通道穿过，可以通向海岸；三是建筑师对防波堤走线略做调整，以更好地展示位于城市和大海之间的新建筑。

项目概况

竞赛时间：1990
业主：西班牙，圣塞巴斯蒂安市
基地面积：11 700m²
建筑面积：地上16 220m²；
　　　　　地下11 310m²
建筑体积：地上114 350m³；
　　　　　地下46 400m³

Competition project: 1990
Client: City of San Sebastian
Site area: 11,700m²
Useful area: 16,220m² above ground;
　　　　　　11,310m² underground
Volume: 114,350m³ above ground;
　　　　　46,400 m³ underground

3

4

5

6

7

8

0 5 20

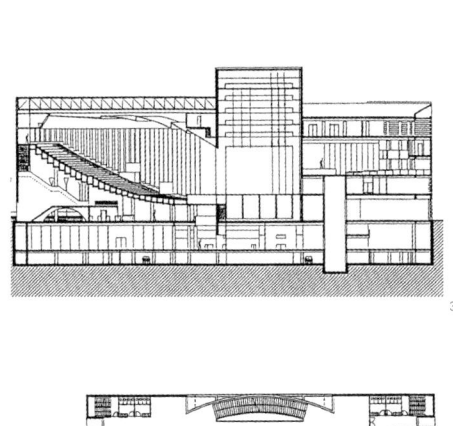

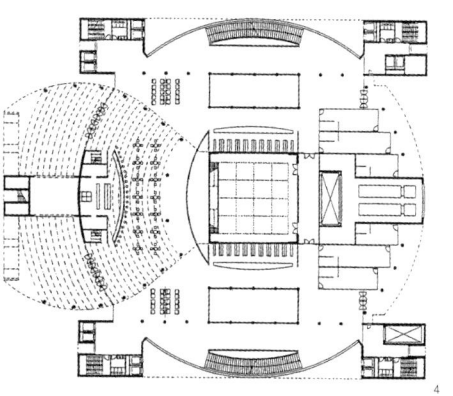

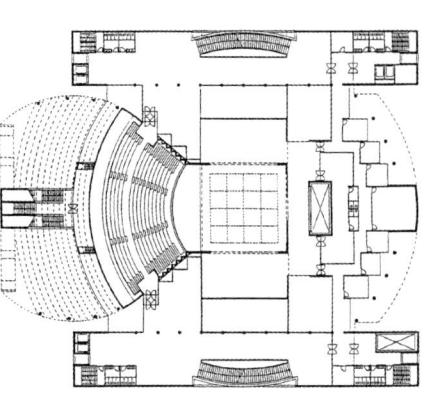

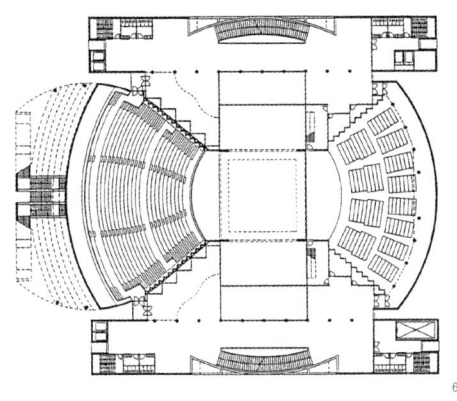

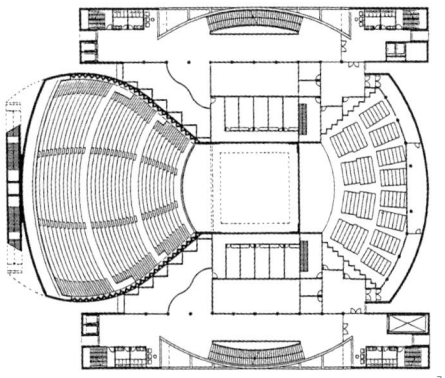

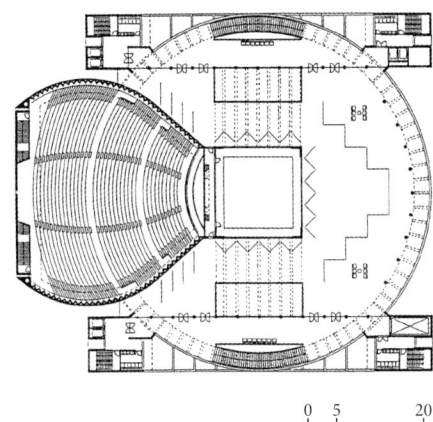

1. 手绘草图
2. 建筑透视图
3. 剖面图
4. 一层平面图
5. 二层平面图
6. 三层平面图
7. 四层平面图
8. 五层平面图

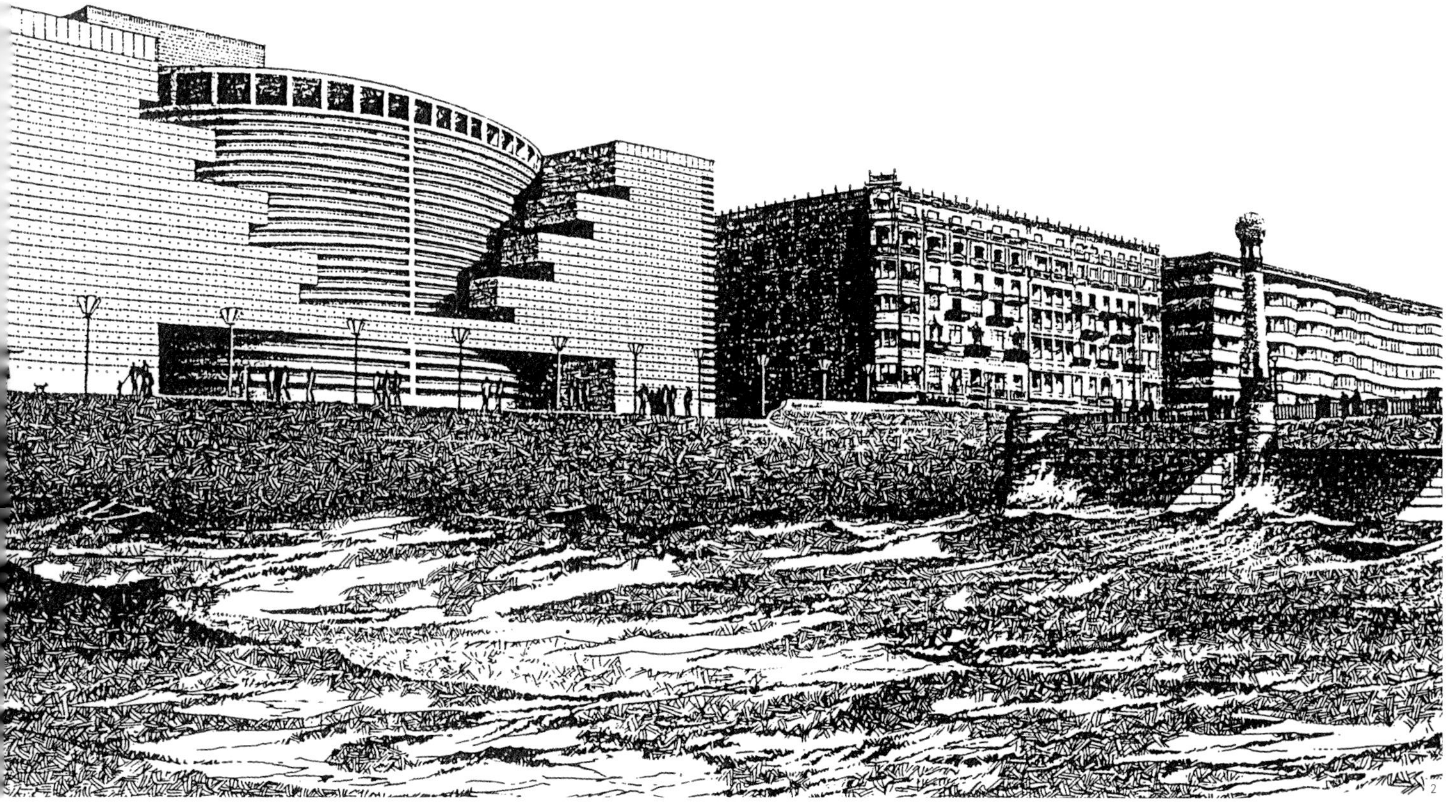

2

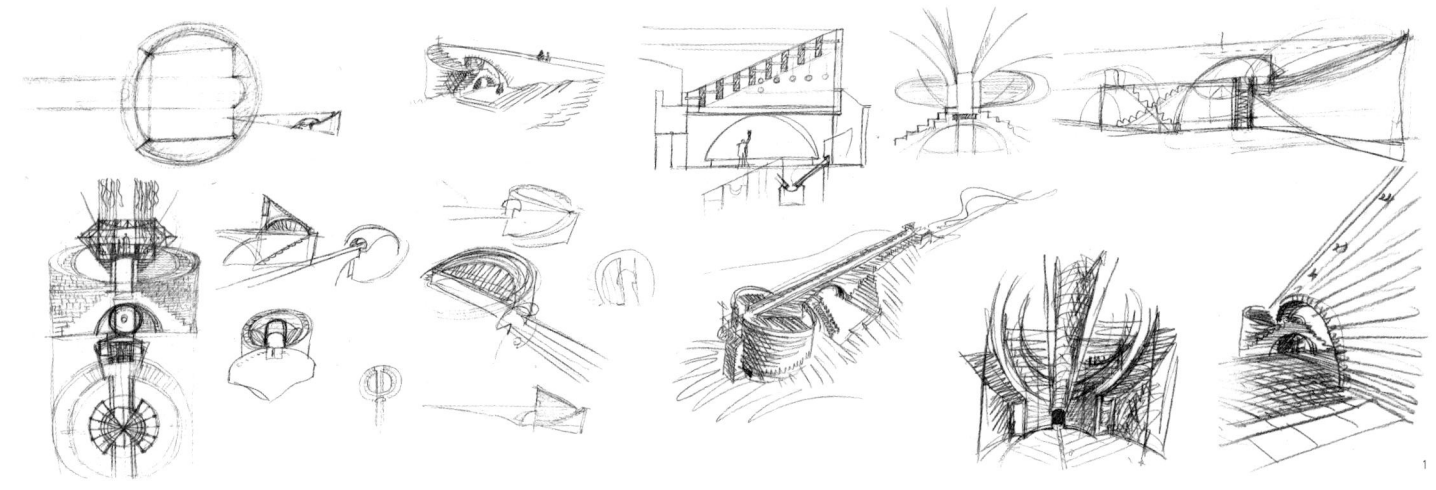

塔玛诺山顶小教堂
CHAPEL SANTA MARIA DEGLI ANGELI

瑞士 塔玛诺山
Mount Tamaro, Switzerland 1990-1996

塔玛诺山的缆车所有者为了纪念他的妻子，请博塔为其建造一座小教堂。这座小教堂除了其本质的宗教功能之外，还必须密切依托这座山，为游客创造出新的旅游路线和观光项目。最初的构想是挖开山坡将小教堂置于其上，但后来发现已有一条通向山下餐馆的道路就截止于隆起的山脊。因此，设想小教堂是这条道路的延续与终点。博塔对这座教堂的诠释是，它是塔玛诺山浑然天成的一部分，是可以俯瞰整个山谷的天然观景台，同时它还代表着"地域的创作"。由于它的存在，人们有了一个可以尽情享受自然的场所。

建筑体量随山坡逐渐向上抬起，最终以一个坚实的圆柱体结束。参观者有两条路线可以选择：一条走道通向可以远观整个山谷的观景台，另一条路经由两组踏步通向下部围墙内的教堂入口。整个项目强调建筑与周围景观之间令人着迷的互动。事实上，整个构筑物不仅仅是一座新建筑，更是对原有环境景观的处理利用。建筑的造型、横断面和几何布局一起作为人行步道水平结构下的布景和衬托。教堂内部空间被分为三个殿堂，环形墙体表面经黑灰色砂浆岩处理，白色直线造型的顶棚引入"暧昧"的光线，二者的对比形成了有特点的室内空间。两个沉重的柱子位于较低处殿堂的入口，另一头在由主体量凸出的小圆室处结束。在这样的一个小空间里，由天顶进入的强烈的光线将人们的注意力吸引到祈祷区的壁画上，那是由恩佐·库奇（意大利画家，曾精心设计了安杰利圣母堂的主题雕塑）创作的一幅手的图画。22个楔形的斜墙洞沿着小教堂内墙周边设置，向外面壮丽的山谷敞开。由于简洁的墙体和周边环境间的完美博弈，教堂创造出了一处不可思议的新景观。

项目概况

设计时间：1990—1992	Project: 1990-1992
建造时间：1922—1996	Construction: 1992-1996
业主：埃吉迪奥·卡塔尼奥	Client: Egidio Cattaneo; Artist: Enzo Cucchi
小教堂面积：184m²	Chapel: 184m²
外部走廊面积：150m²	Outer walkway: 150m²
建筑体积：2 820m³	Volume: 2,820m³

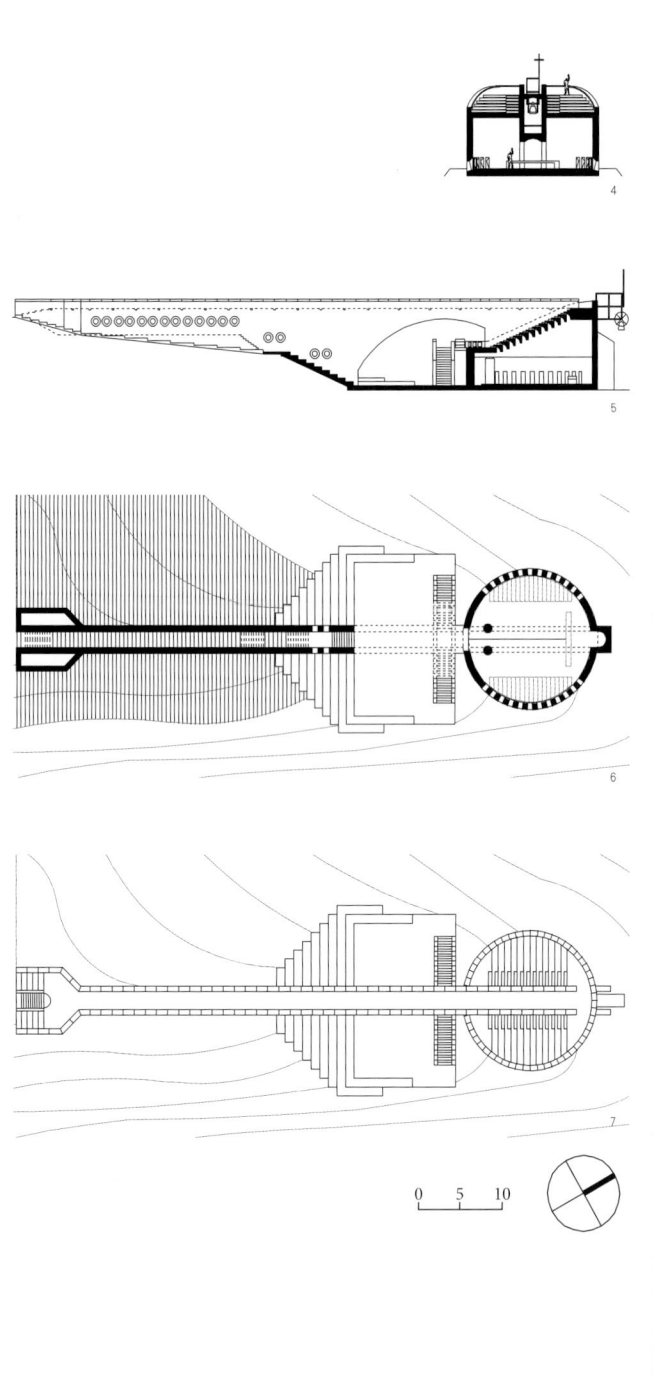

4.5. 剖立面图
6. 首层平面图
7. 屋顶平面图
8. 建筑鸟瞰实景

0 5 10

9. 建筑立面实景
10. 建筑主入口实景

11. 面向村庄的立面实景
12. 由恩佐·库奇装饰的拱形长廊

13. 屋顶实景
14.15. 室内实景

延伸阅读

- E. Heathcote, Chapel of Santa Maria degli Angeli, Monte Tamaro by Mario Botta, "Church Building", March/April 2000, pp. 56-61.
- G. Dandan, Z. Wenjun, God's Residence – Swiss Modern Churches, "Vision Magazine" China, March 2003, pp. 192-194.
- J. Dupré, Architecture of faith: an interview with Mario Botta, "Faith &Form", 2003, 2, pp. 5-11.
-Monte Tamaro Chapel in "Architecture with Landscaping. The Integration of Architecture and Environment", edited by L. Sun, J. Zhou, China Architecture & Building Press, Shanghai 2004, pp. 85-90.

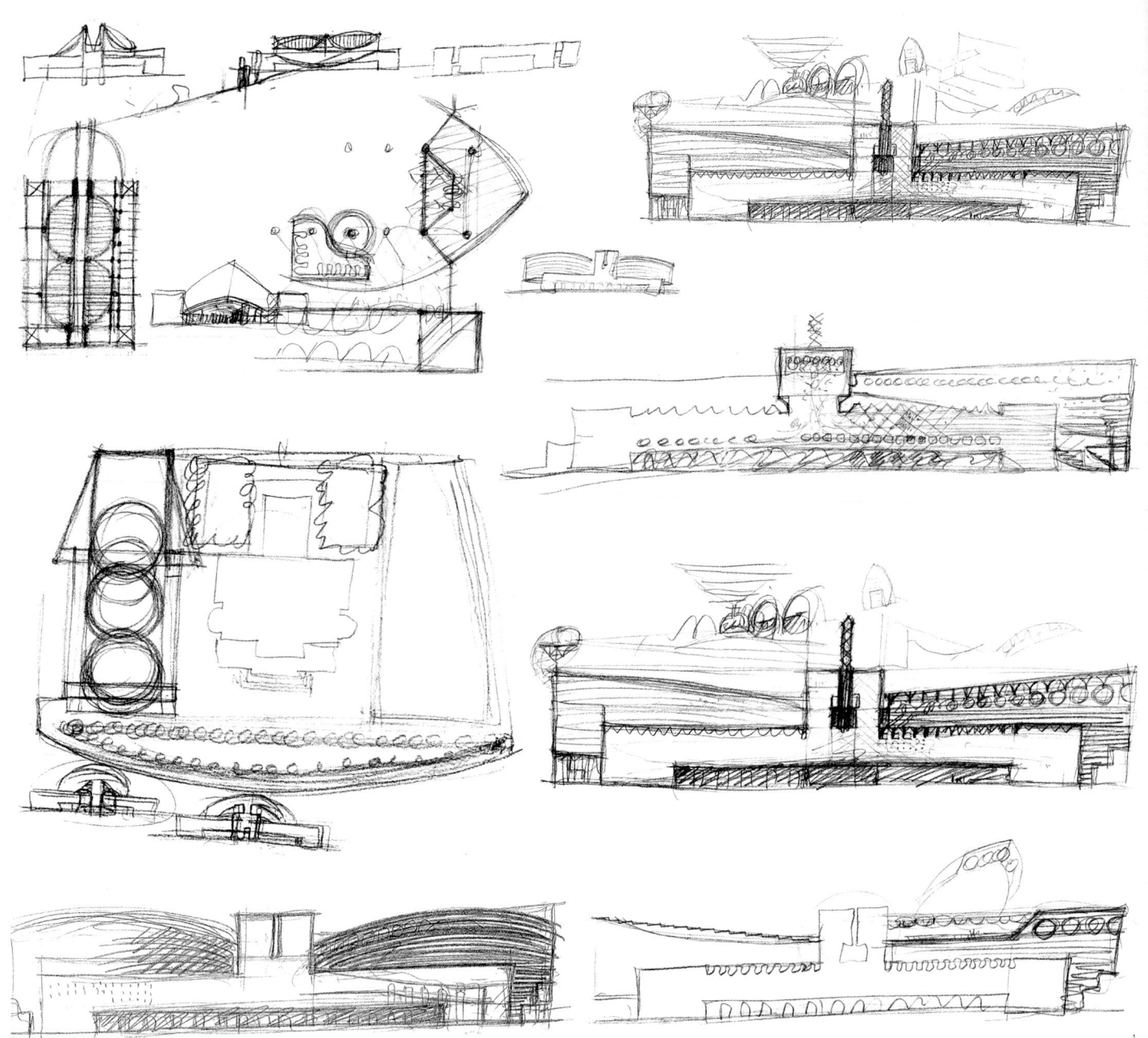

1. 手绘草图
2. 建筑模型

威尼斯电影宫
PALAZZO DEL CINEMA

意大利 威尼斯
Venice, Italy 1990

　　该设计由两座建筑体同构，各自拥有伸展并划定结构边界的天窗系统。位于建筑内部巨大的公共区域之上的是放映厅；公共区域将访客与位于横向体量中的服务用房、楼梯及大堂相联。

　　屋顶一条横跨的鞍形构筑划分出户外放映区以及承担聚会和接待功能的大露台。两端突出的外墙轮廓均以尖角收尾，似两座船头。

项目概况

竞赛时间：1990	Competition project: 1990
业主：威尼斯电影节	Client: Venice Film Festival
基地面积：23 000m²	Useful area: 23,000m²
建筑体积：24 500m³	Volume: 24,500m³

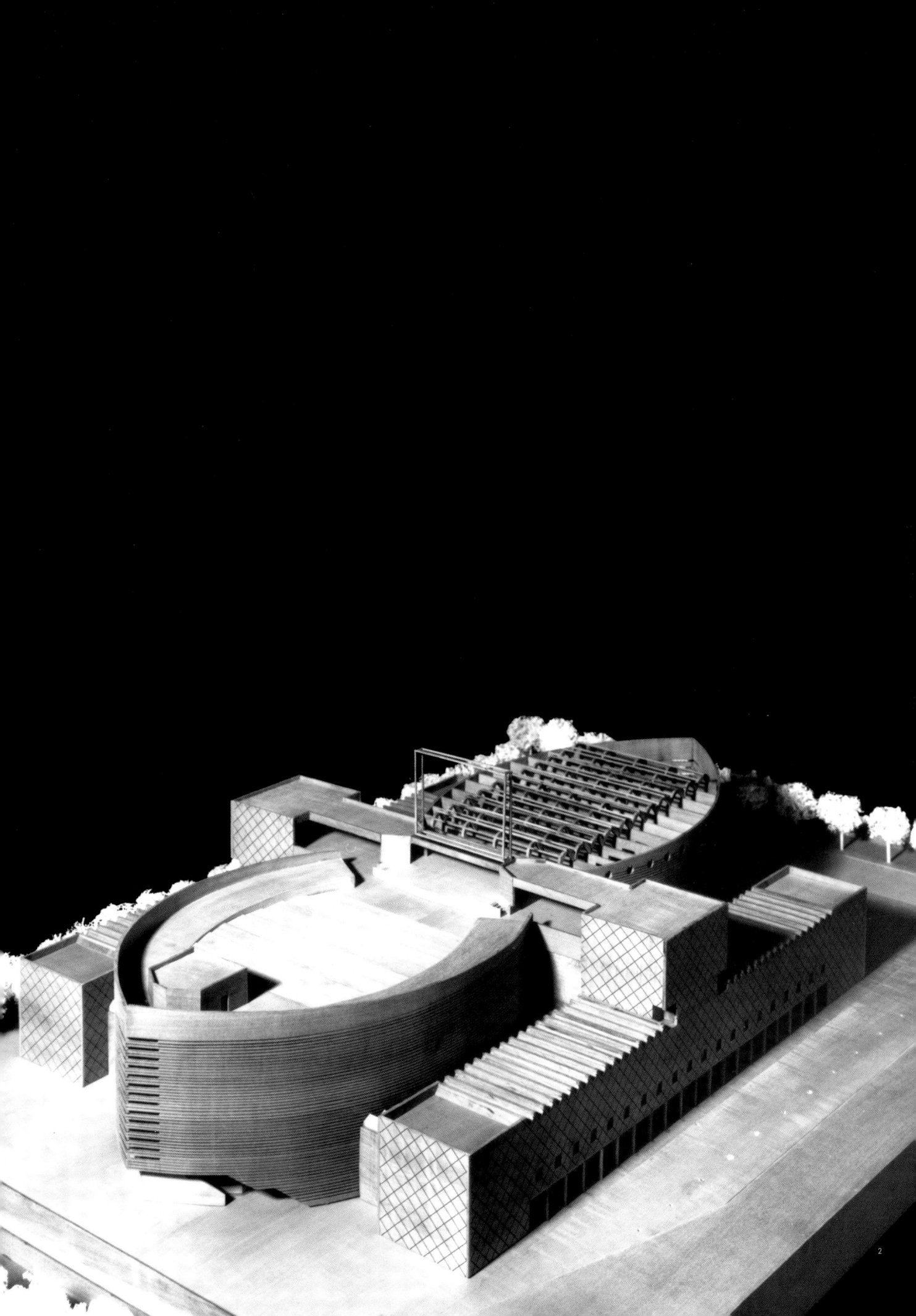

2

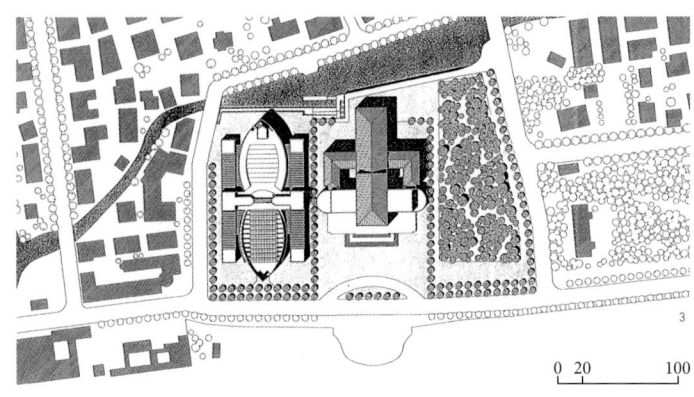

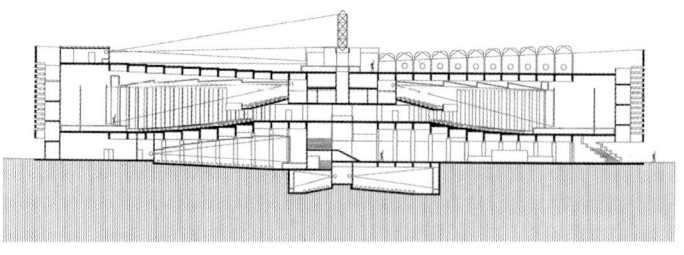

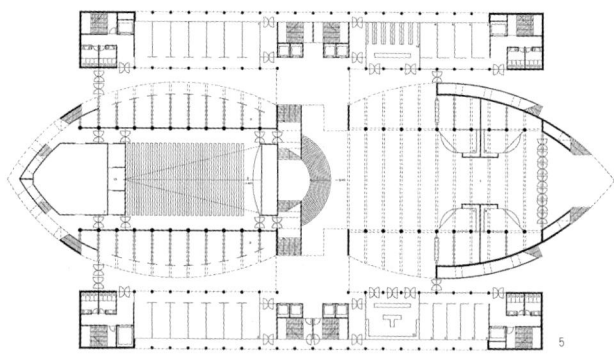

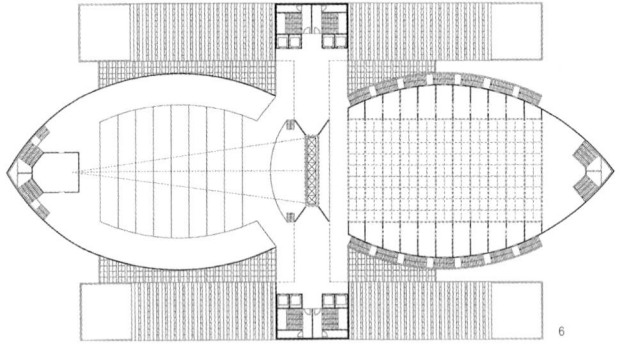

3. 总平面图
4. 横向剖面图
5. 一层平面图
6. 屋顶平面图
7. 透视图

0 5 20

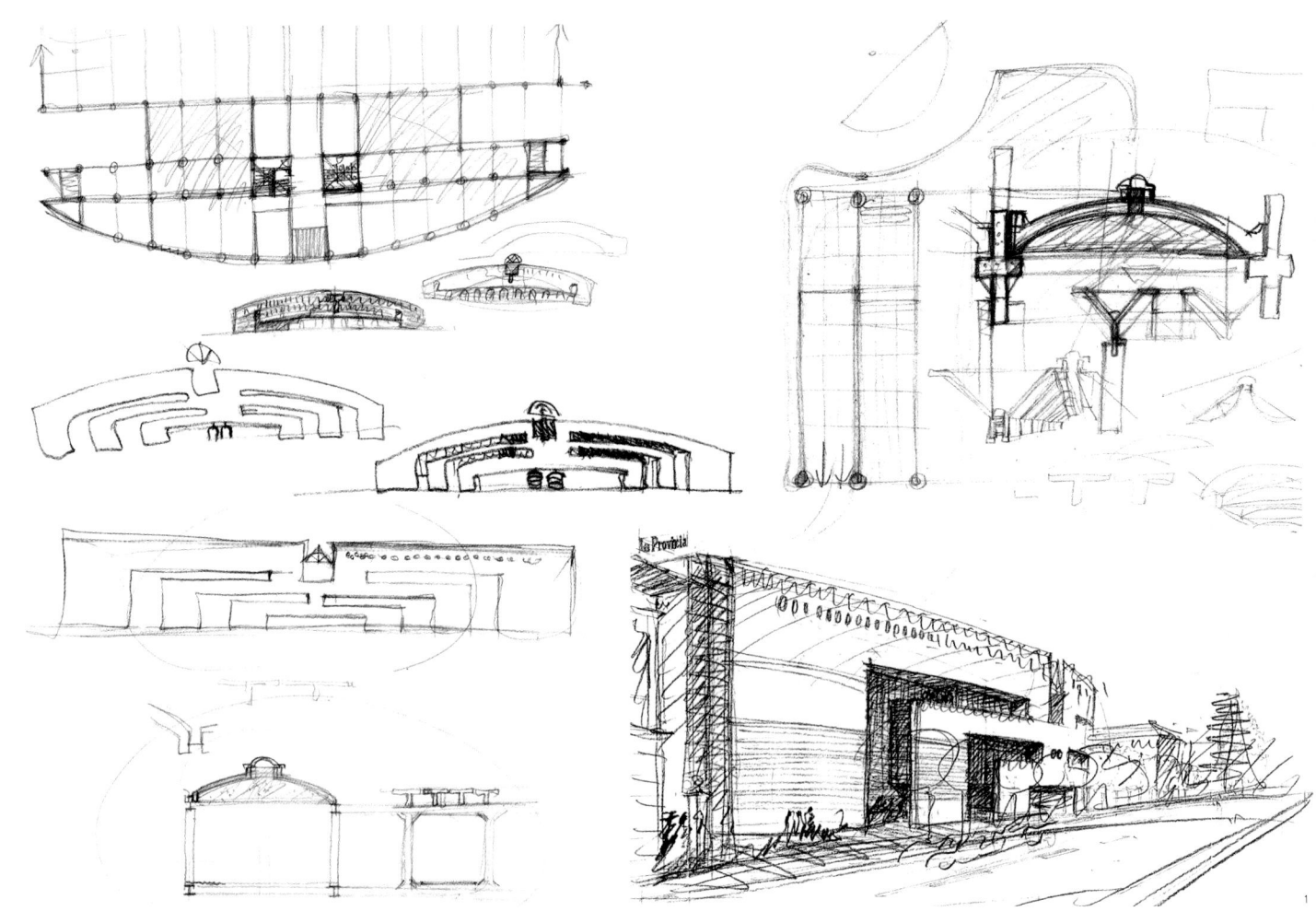

1. 草图
2. 面向道路的弧形墙立面实景

普罗温西亚日报总部大厦
HEADQUARTERS OF THE DAILY NEWSPAPER
'LA PROVINCIA'

意大利 科莫
Como, Italy 1990-1997

这个项目包含普罗温西亚报业的编辑部、行政办公楼和后部的印刷车间。建筑的主入口处一道巨大的弧形墙面正对城市，建筑两端的转角后退同路口相切，以此获得开敞的城市空间。建筑的巨大弧形体量填补了周边住宅和其他小体量建筑之间的空白，这样恰恰与20世纪沿城市干道的高密度建设趋势相反。其策略是在建筑后部制造出不同的空间关系：静谧的花园和未被外界喧嚣侵扰的城市角落。印刷车间的体量被前面弧形的办公区的体量遮挡在身后，并向地块的后部展开。巨大的正立面强调了建筑的轴线布局，首层的入口拱门进一步强化了这种轴线关系。延伸入建筑结构内的拱型架构支撑起墙体的开洞的复杂序列，并创造了附有玻璃表面的内凹灰空间。在建筑两端的竖直墙面和混凝土檐口下的连续水平墙体上沿重新建立砖墙的连续性和完整性。墙体采用清水砖砌筑，与退后的窗元素形成鲜明对比，造就出精致的表面肌理。

项目概况

设计时间：1990
建造时间：1992—1997
业主：意大利科莫 普罗温西亚
合作建筑师：乔治·奥尔西尼
基地面积：11 000m²
建筑面积：8 270m²
建筑体积：48 000m³

Project: 1990
Construction: 1992-1997
Client: La Provincia S.p.A., Como, Italy
Partner: arch. Giorgio Orsini
Site area: 11,000 m²
Useful surface: 8,270 m²
Volume: 48,000 m³

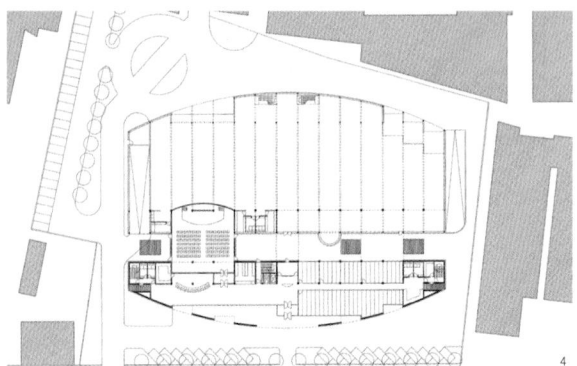

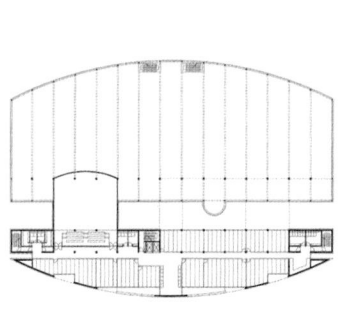

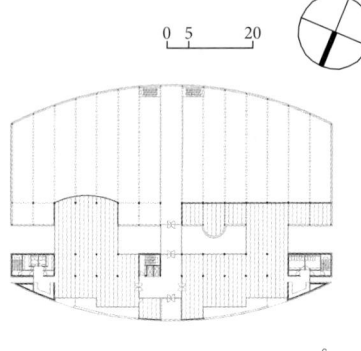

0 5   20

4   5   6

3. 立面实景
4. 一层平面图
5. 二层平面图
6. 三层平面图
7. 建筑实景

1. 手绘草图
2. 石墙细部

坎皮奥内赌场
CASINO CAMPIONE D' ITALIA,

意大利 坎皮奥内
Campione d' Italia, Italy 1990-2006

本项目中赌场的改造被视作重建城市意象的机会，它将作为构成城市肌理的不可缺少的部分。

该赌场及其配套服务所在的地区紧邻历史中心区，即在小镇发源地的山脚下。在这一地理语境中，从山边延伸至湖岸的场地，须满足结合湖边朝向不同的基础设施的需要，从而形成了非常特殊的用地组织。该地区即是一个多样化的地理和建筑肌理共存的所在：一边是老镇，另一边是在20世纪实施的新开发区。建筑划分为三个部分：中央的九层体量，两个较低的边翼。有通向湖边的大台阶，台阶的设计保留现有的滨水步道，并形成一个巨大的公共空间。建筑有两个主要入口，第一个来自米兰广场（湖边），另一个来自富西那街（山边）。侧翼通过悬桥连接到中央体量，容纳行政办公用房、技术用房和储藏空间。主体部分作为赌场，在17层设置饭店，建筑中间嵌入一个带顶的露台，视野可以渗透至建筑后部，及九层宽广的接待大厅，这使建筑图腾式的形体加了冠盖，朝向卢加诺湖。一个

三层的地下停车场放置在建筑底层。赌场集中设置在建筑的上部，下部创造出一个广阔的城市公园。城市公园与其上方的巨大建筑体量对话。这种设计将临湖的一个密集的开发区改造成为一个可以自由步行的绿色地带。

项目概况
设计时间: 1990/1998
建造时间: 1998—2006
合作建筑师: 乔治·奥尔西尼
业主: 意大利，坎皮奥内
基地面积: 15 000m²
建筑面积: 63 550m²
建筑体积: 237 830m³

Project: 1990/1998
Costructione: 1998-2006
Partner: Giorgio Orsini
Client: City of Campione d,Italia
Site area: 15,000m²
Useful surface: 63,550m²
Volume: 237,830m³

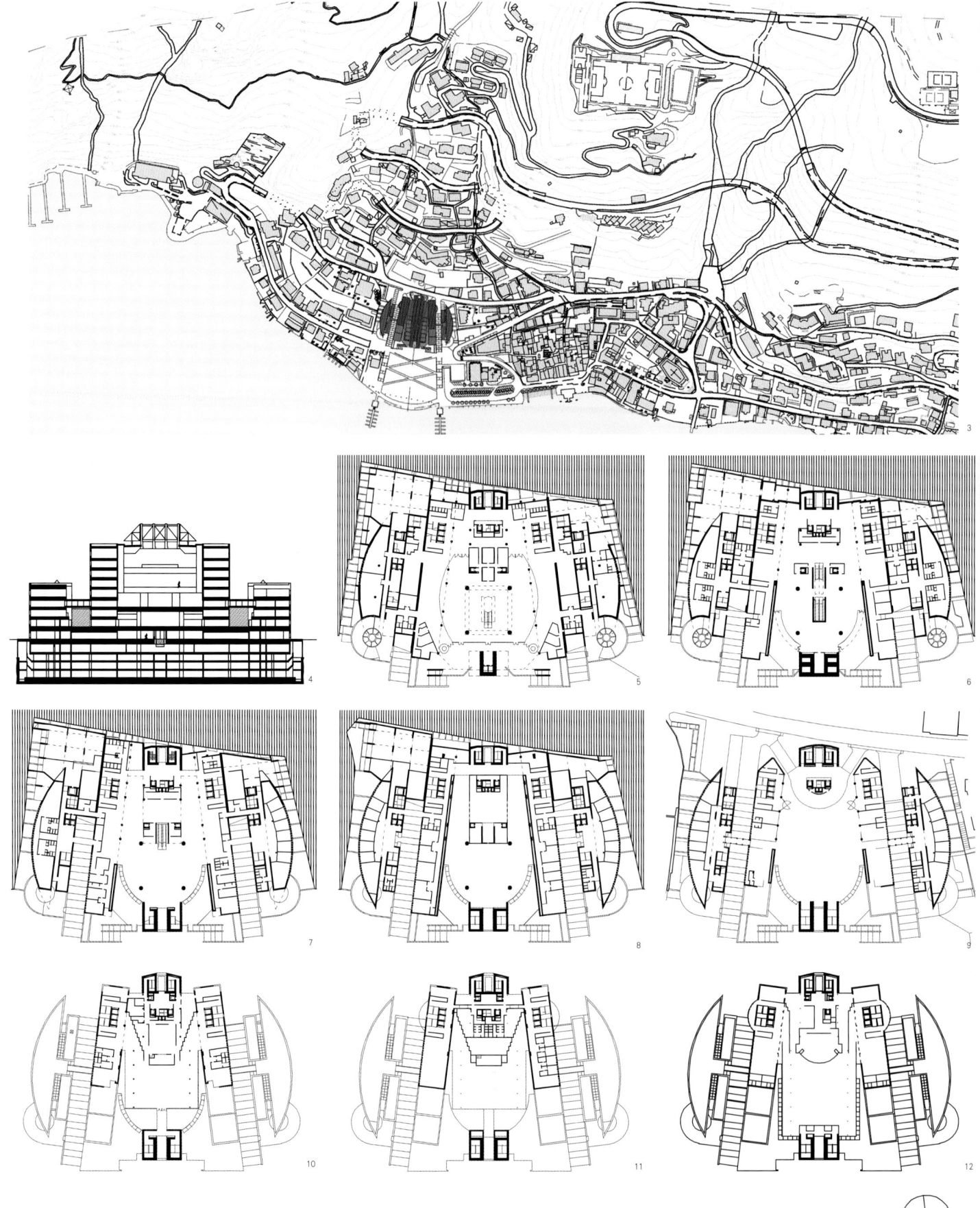

3. 总平面图
4. 纵向剖面图
5. 一层平面图
6. 二层平面图
7. 三层平面图
8. 四层平面图

9. 五层平面图
10. 七层平面图
11. 八层平面图
12. 九层平面图
13. 西立面实景
14. 西南视角实景

0   10   40

15. 南立面实景
16. 西南角建筑实景
17. 建筑鸟瞰

延伸阅读

- D. Banaudi, Il nuovo Casinò di Campione, "Rivista Tecnica", 1991, 7-8, pp. 20-30.
- L. Bossi, Un nuovo casinò per il Duemila, "Campione d'Italia", 1995, 6, pp. 13-23.
- G. Reichlin, Un nuovo Campione, "Casino & Its World", 2000, 2, pp. 30-37.
- A. Fabiani, La grande scommessa, "Il nuovo cantiere", 2004, 3, pp. 92-95.
- V. Malagutti e L. Sisti, Casinò delle libertà, "L'Espresso", 26 agosto 2004, pp. 68-70.
- A. Tragni, Casinò di Campione d,Italia / Campione d'Italia Casino, "F Stone Magazine", 2, February 2011, pp. 18-23.

1. 初期草图
2. 中间体量立面细节实景

LA FORTEZA 办公及住宅综合楼

OFFICES AND HOUSING LA FORTEZA

荷兰 马斯垂克
Maastricht, The Netherlands 1990-2000

　　由建筑师考伊恩起草的一个新城镇规划中，一个临近历史中心区的大型废弃工业区是城市再开发的重要组成部分。业主委托给马里奥·博塔的地块位于新城市规划路网轴线格局的突变处。这是一个三角形的场地，一边是一条居住区道路；另一边是车行道路。在这块三角形的地块里，建筑师通过置于中间的圆柱形体量和连接在两侧的两个线性体量回应了场地的特点。

　　圆柱形体量的住宅楼和两侧线性体量的办公楼体现了功能方面的考虑。连廊连接起三个体量，连廊上富有序列感的开窗非常有特点。圆柱形体量基本是线型体量高度的二倍，因而成为引人注目的焦点。一个方正的庭院处于圆柱体量之中，前端的两个巨大入口和圆柱体后部的巨大切口通过庭院朝向外部的车行道路。为了呼应外部的转角空间，圆柱形体量另一端的边界需要保持连续性以维护中间元素的完整性。建筑中间圆柱形体量的重要地位通过它的尺度及其特别的表面肌理得以强调。线型体量在两侧设定了一个限量，创造出一个场地边界同时形成了透视取景的角度，而圆柱形体量则占据着体量上的重心。外部体量之间的对比在建筑内部构成上得到了进一步强化。两侧线型体量的外立面在底层是通透的，在三层向后缩进，到了顶层更是只有折线形的屋顶。并且，非常突然地，整个建筑体量的末端升起双塔。竖直的开槽和顶层的凹廊被透明的屋顶所覆盖，强化了建筑整体的纪念性。

项目概况

设计时间：1990—1995
建造时间：1997—2000
业主：威尔玛瓦斯特古第·马斯垂克
合作建筑师：霍恩建筑工作室·马斯垂克
基地面积：8 000m²
建筑面积：办公面积7 500m²，
　　　　　住宅面积15 500m²
建筑体积：79 000m³

Project: 1990-1995
Construction: 1997-2000
Client: Wilma Vastgoed, Maastricht
Partner: Büro Hoen architecten,
　　　　　Maastricht
Site area: 8,000m²
Useful surface: offices 7,500m², housing 15,500m²
Volume: 79,000m³

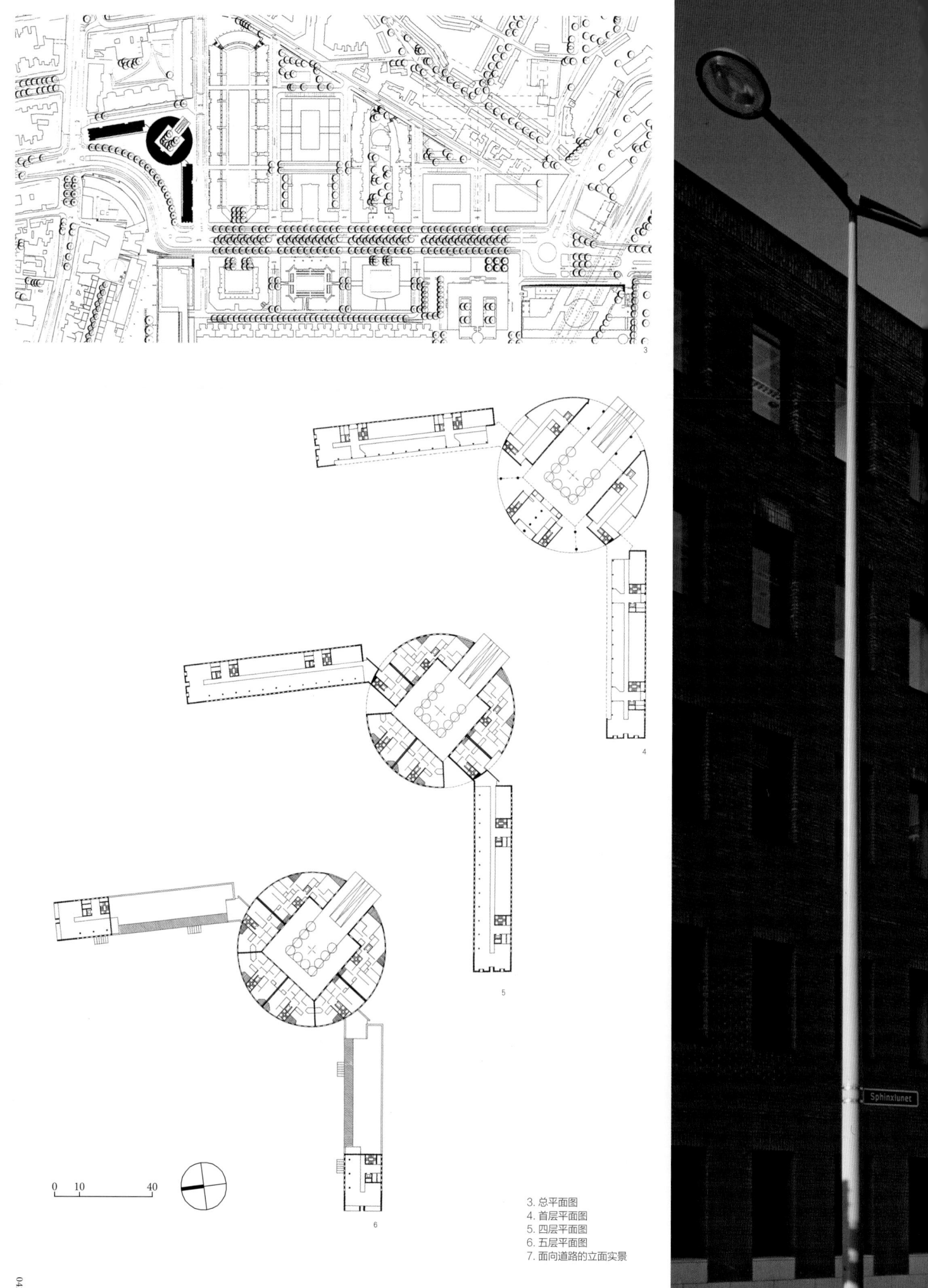

3. 总平面图
4. 首层平面图
5. 四层平面图
6. 五层平面图
7. 面向道路的立面实景

8. 圆形住宅体量和垂直办公体量之间的连接体

延伸阅读

- Maastricht maakt een stadsdeel Maastricht builds a part of the city, Cahiers Céramique I + II, 1999, pp. 121-122.
- I. Sakellaridou, "La Fortezza", complesso di abitazioni e uffici, "Abitare", 2002, 417, pp. 24-25.
- Maastricht, «Esquire», 2004, 7, pp. 104-108.
- M. Alberti, Maastricht: lungo le rive della Mosa/Along the banks of the Meuse, "OFX", 82, January/February 2005, p.101.
- W. Bruls, An Old Town Gets a Modern Face, «The Wall Street Journal Europe», New York, March 4, 2005.
- Centre Ceramique, Maastricht Jo Coenen in "Architettura contemporanea, Olanda", Il Sole 24 Ore S.p.A. Milan, 1st reprint July 2012 [1st edition May 2009], pp. 76-77.

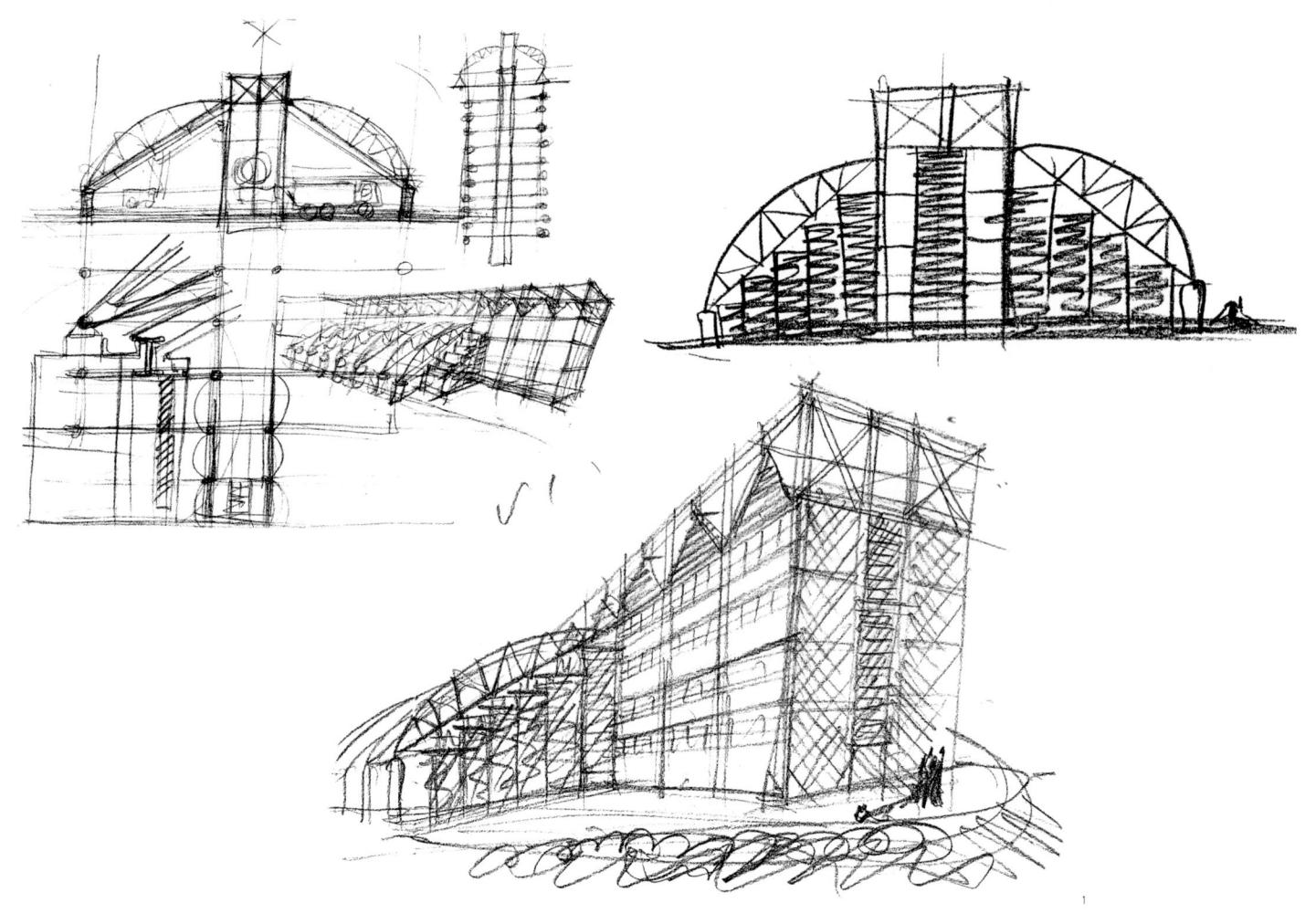

1. 手绘草图
2. 金属框架支撑细节实景

枫多托斯工厂
FACTORY THERMOSELECT

意大利 韦尔巴尼亚
Verbania, Italy 1991

这个工厂建筑表达了回顾当下社会的主题。该项目证明了在没有高科技的帮助下，也可以设计出一个技术型的建筑。每一个结构构件都有它独特的作用，同时避免出现当下高技建筑对结构过分展示的弊病。这个建筑可视为一个被包裹的房子，使用了金属框架结构从而很快被建造。最终的结果是一些类似的拱廊或是火车站式的顶棚，被分成一个中心办公部分和两个为机器和设备提供空间的走廊。它同时为钢结构在传统建筑中的应用提供了机会。在韦尔巴尼亚工业地区，刷红的框架和拉近的撑杆与工厂单调的混凝土形成了鲜明的对比，抽象地模仿了建在多岩石的山脚与平原相接处的教堂和避难所。延伸出去的必要元素强调出中庭和走廊的简单结构，弯曲的构架支撑着倾斜的屋顶和锯齿状的侧部。在内部，巨大空间在从顶部而来的天光之中得以统一。

项目概况

设计时间：1991
建造时间：1991
业主：凯斯先生，意大利韦尔巴尼亚枫多托斯
　　　煤气化集团有限公司
基地面积：18 000m²
建筑面积：3 750m²
建筑体积：42 000m³
尺度：104m×45m，高18m

Project: 1991
Construction: 1991
Client: Mr Kiss, Thermoselect, Verbania,
　　　Italy
Site area: 18,000m²
Useful surface: 3,750m²
Volume: 42,000m³
Dimensions: 104m×45m sides, 18m H.

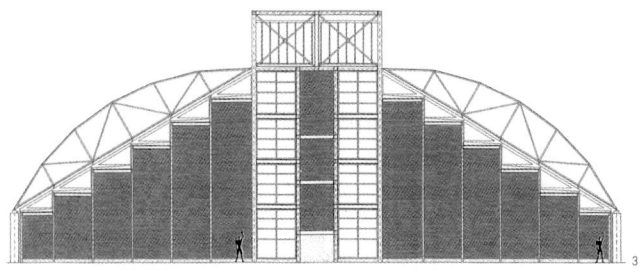

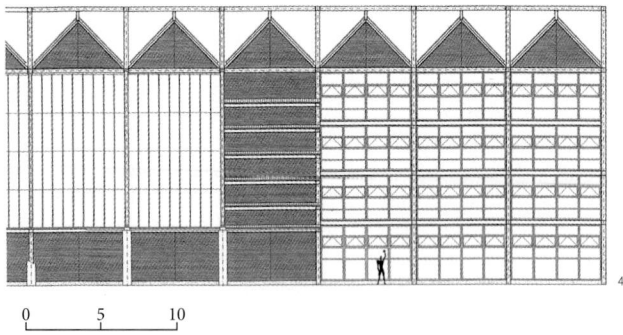

0   5   10

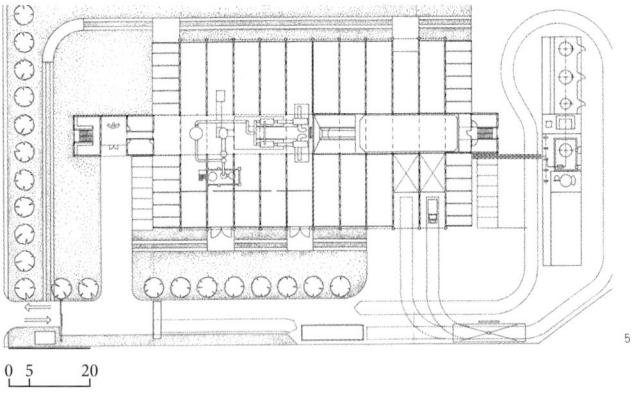

0 5   20

3. 侧立面图
4. 正立面图
5. 总平面图
6. 透明坡屋顶实景

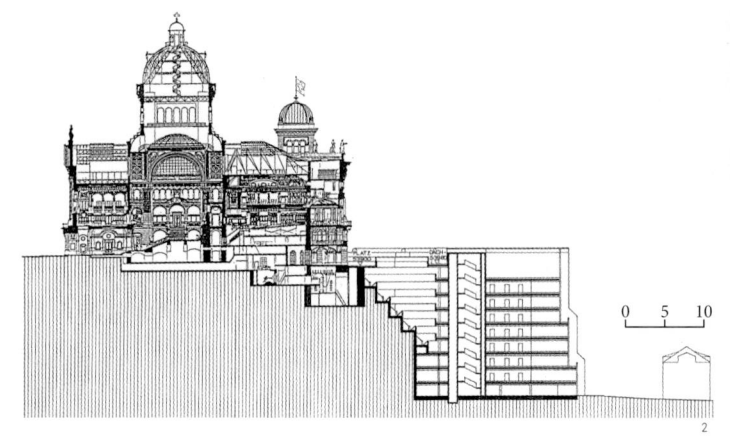

1. 手绘草图
2. 横向剖面图
3. 内部透视图

瑞士联邦宫扩建
EXTENSION OF THE FEDERAL PALACE

瑞士 伯尔尼
Bern, Switzerland 1991

　　项目设计有两个目标，实现补充和相互依存。第一个目标是为了让新建筑成为一个清晰的城市标志，对城市进行更为准确的诠释；第二个目标是为了确保新扩建的建筑能成为现有联邦宫不可分割的一部分。七个巨大的壁柱矗立于联邦宫所在的山脚下，形成一个星形图案。它们形似巨大的人造根部，同阿勒河周边的自然环境，以及山上的历史城区融为一体。增加新的办公室及为咨询公司和国会议员所设置的活动空间，这使得国会大楼的功能更趋完善。宏伟的大厅将所有交通路径和七个细长的多层建筑中的各项活动都汇总到同一空间。走廊和坡道系统汇集于"梯形座区"（露天剧场马蹄形的下半部分），又与联邦宫从意象上相连接。透过光线充盈的大琉璃屋顶，可以望见皇宫。

　　除了满足议会的功能需求，这次扩建也表达了新的文化愿景。

项目概况

设计时间：1991
业主：国家议会改革委员会，
　　　伯尔尼：国家议会工程部组织
基地面积：48 000m²
建筑面积：24 000m²
建筑体积：190 000m³

Competition project: 1991
Client: National Commission for Parliamentary Reform, Bern;
organized by the Federal Department of Construction
Site area: 48,000m²
Useful area: 24,000m²
Volume: 190,000m³

0　5　10

2

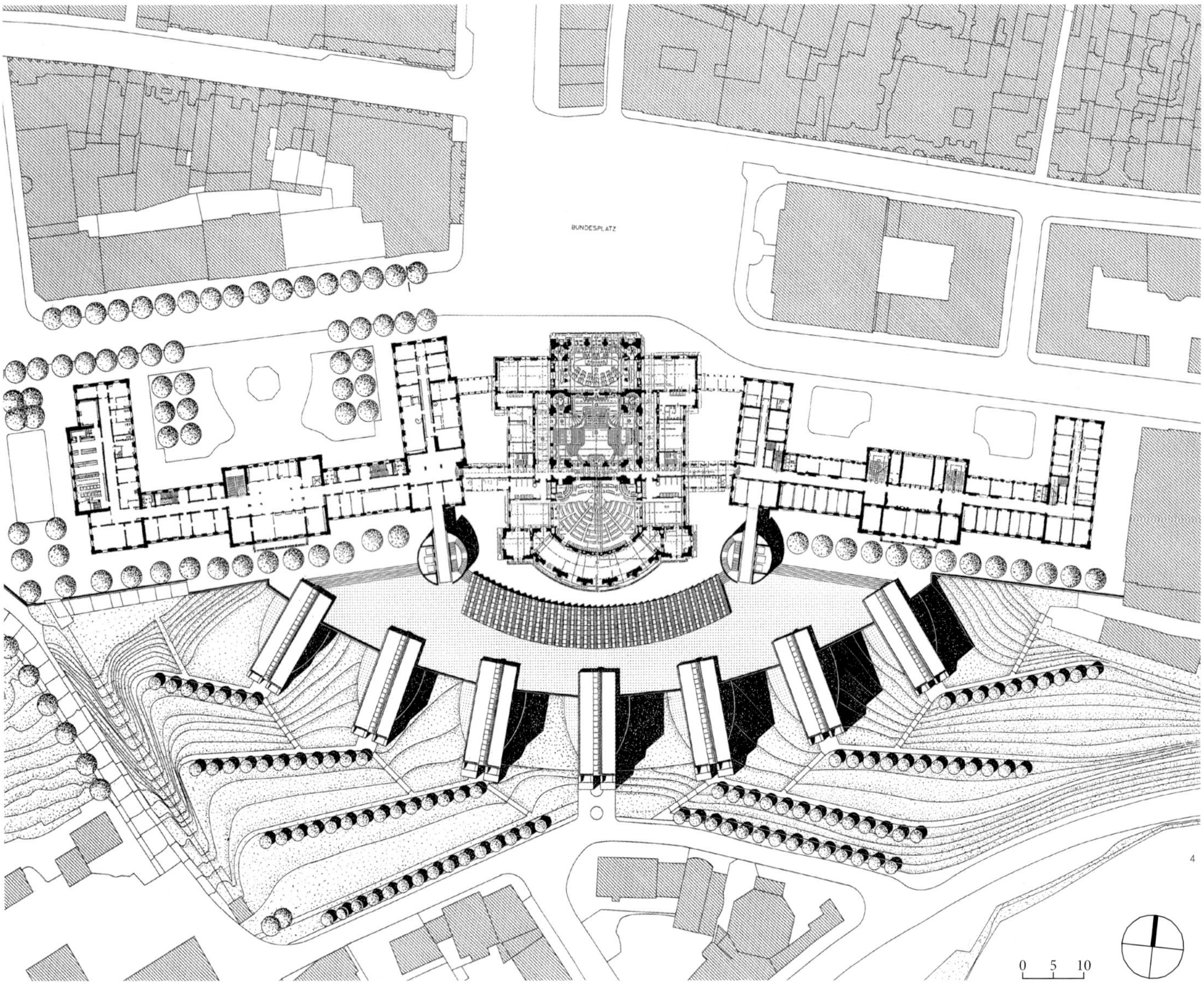

BUNDESPLATZ

4

0   5   10

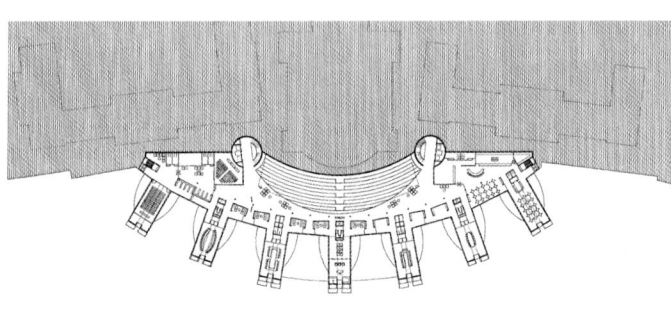

5

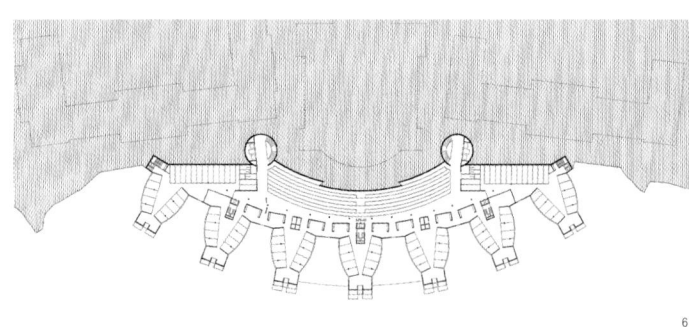

6

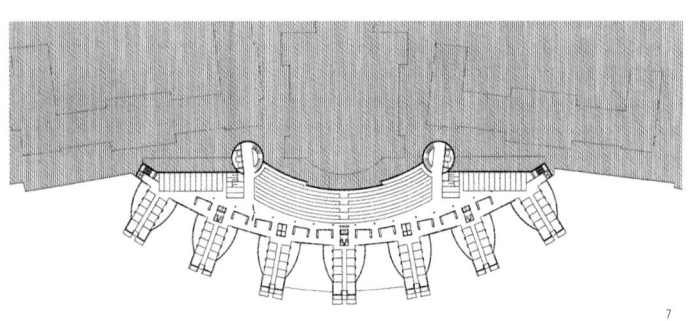

7

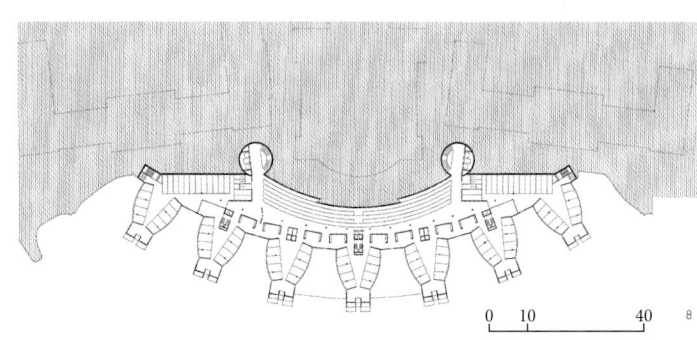

0   10   40   8

0432

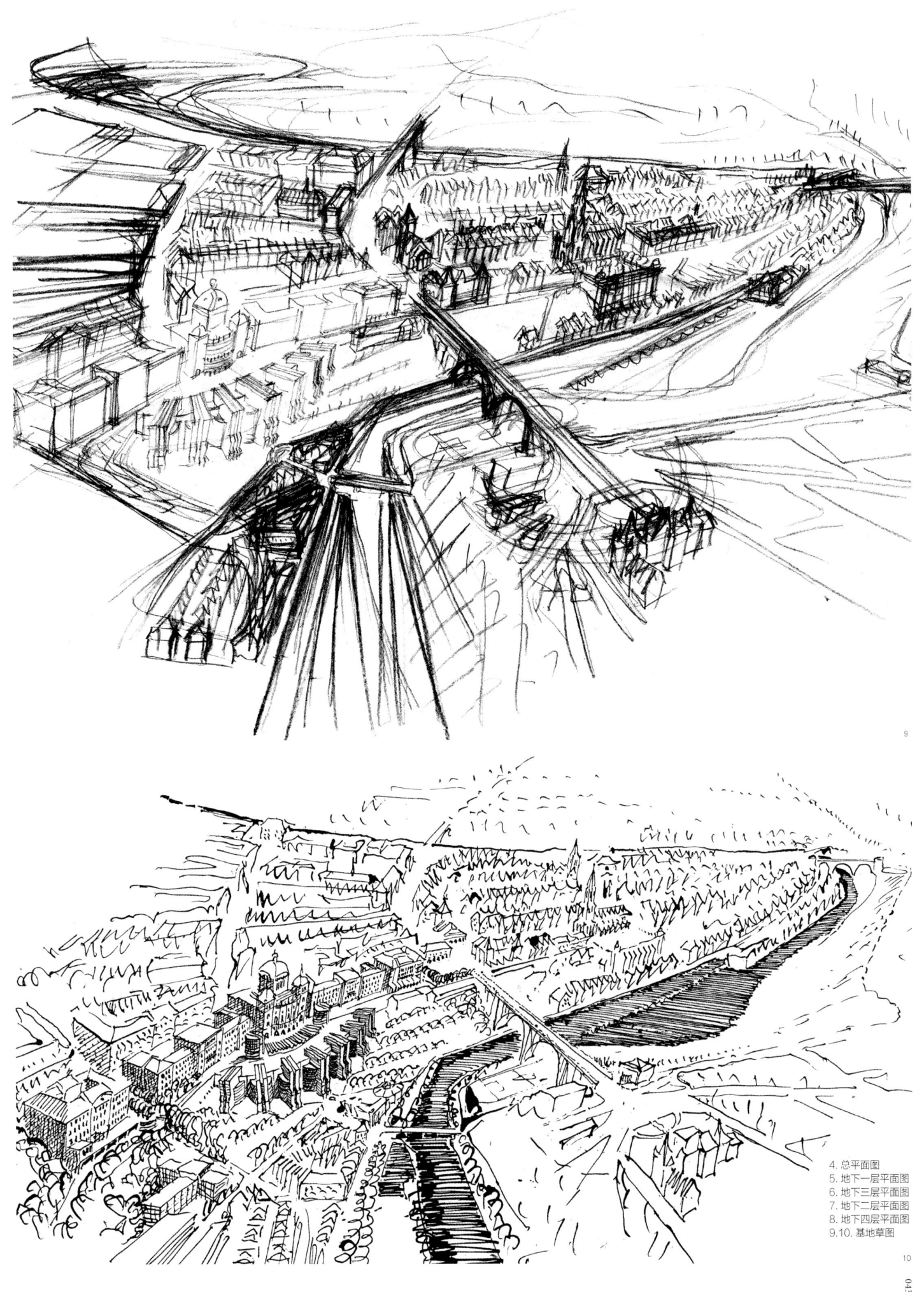

9

4. 总平面图
5. 地下一层平面图
6. 地下三层平面图
7. 地下二层平面图
8. 地下四层平面图
9.10. 基地草图

11 　　11. 建筑全景透视图

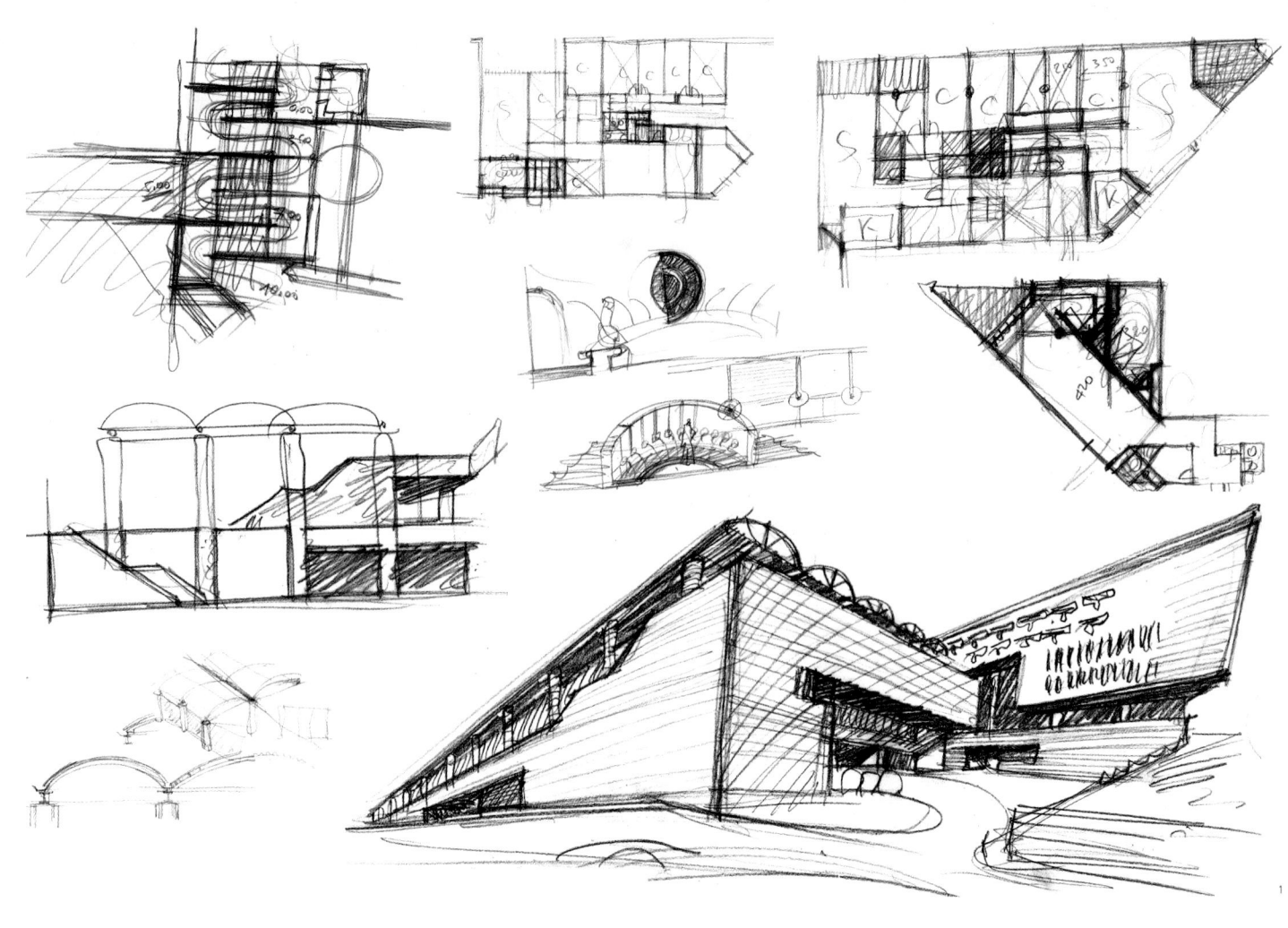

1. 手绘草图
2. 局部实景

门德里西奥办公与住宅综合楼
MENDRISIO OFFICES AND HOUSING PIAZZALE ALLA VALLE

瑞士 门德里西奥
Mendrisio, Switzerland 1991-1998

　　近几年来，门德里西奥周围独特的地质面貌发生了深刻的变化。原有的乡村聚落特征由于周边不同于传统农业结构的发展而逐渐淡化。这一地区的印象深深地植根于马里奥·博塔的记忆中：起初他以孩子的视角体验了这里的城市生长与发展，成为建筑师后他才开始完全理解这一变迁的本质。在本项目中，博塔仔细地探寻城镇的现实需求，权衡发展的各种可能性，以实现改善当地城镇肌理的意愿。

　　本项目由两栋主要建筑组成，一栋公共建筑和一栋供私人使用的建筑，他们沿着地块的边界与周边的城市肌理紧密缝合，并且创造出了一个内庭院。这个项目的建造始于小山坡上一片住宅和沿着路易吉小路的一个大街区，消化了尔庞特广场和交通环线之间地坪的10m高差。那栋私有建筑通过一个三层的大柱廊构成广场的南边界，其地上四层用于办公，地下两层用于储藏、机房、避难所和车库。首层含有商店和进入上层办公空间的入口。另一栋公共建筑限定了西向的立面，并且以一条走道将这个新的综合体与小镇的中心相连接。建筑的地下两层用于储藏、服务设施、装卸货物区、避难所以及一个多层的公共停车场。地上三层为商业。建筑顶层是一条带有拱顶的散步长廊，提供了一个观赏山谷远景的场所。内部的庭院摒弃了外界城市变化的混乱，拥有一种私密的氛围。

项目概况

设计时间：1991	Project: 1991
建造时间：1994—1998	Construction: 1994-1998
业主：INSAI	Client: INSAI
建筑面积：12 850m²	Site area: 12,850m²
建筑体积：64 500m³	Volume: 64,500m³

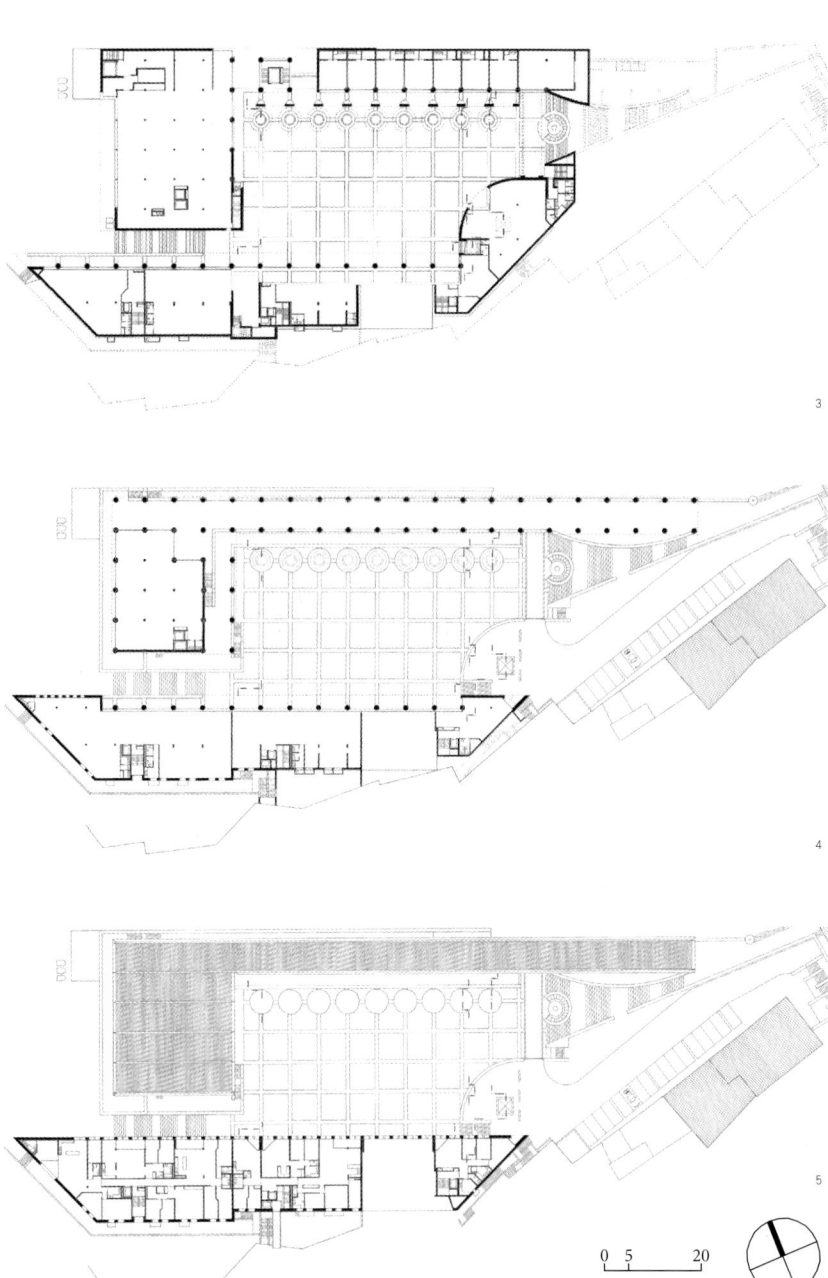

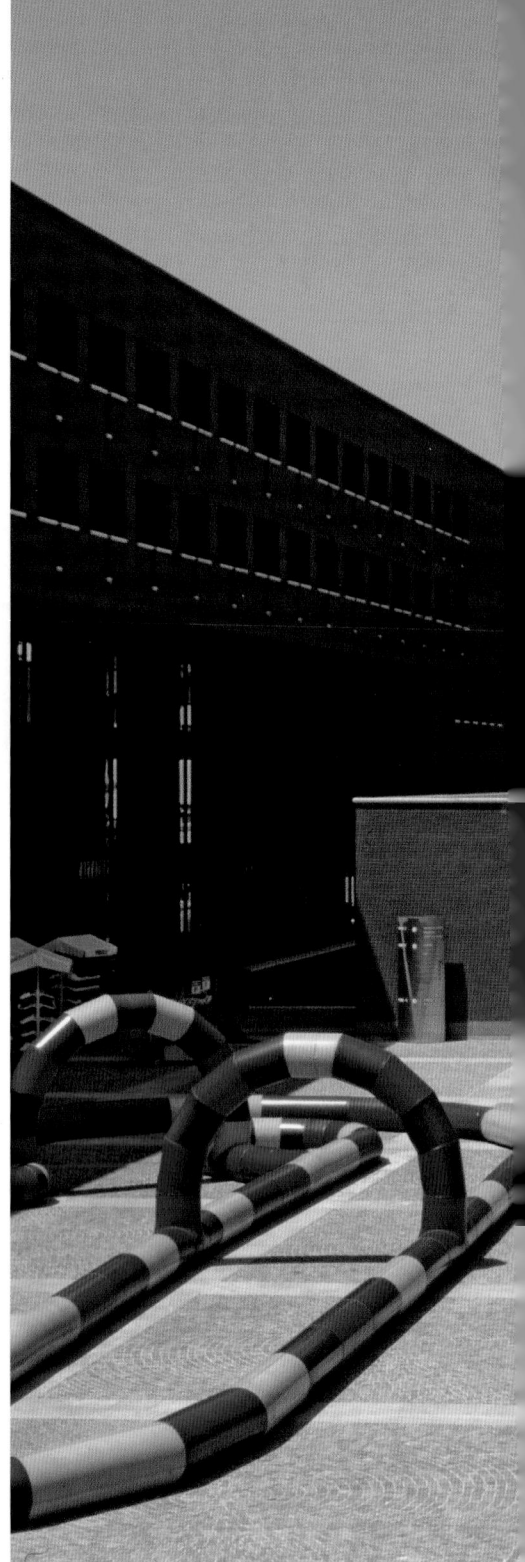

3. 首层平面图
4. 三层平面图
5. 五层平面图
6. 中心广场实景
7. 建筑实景

0 5 20

8. 居住建筑面向广场的立面实景

9.10. 建筑楼梯细部

10

延伸阅读

- Piazzale alla valle a Mendrisio, "Bau Info", 1999, 2, pp. 55-56.
- Piazzale alla Valle, Mendrisio in "Lo spazio pubblico contemporaneo", edited by Enrico
Sassi, Quaderni di cultura del territorio.01, Mendrisio Academy Press, Arti grafiche
Veladini Lugano, January 2012, pp. 82-91.

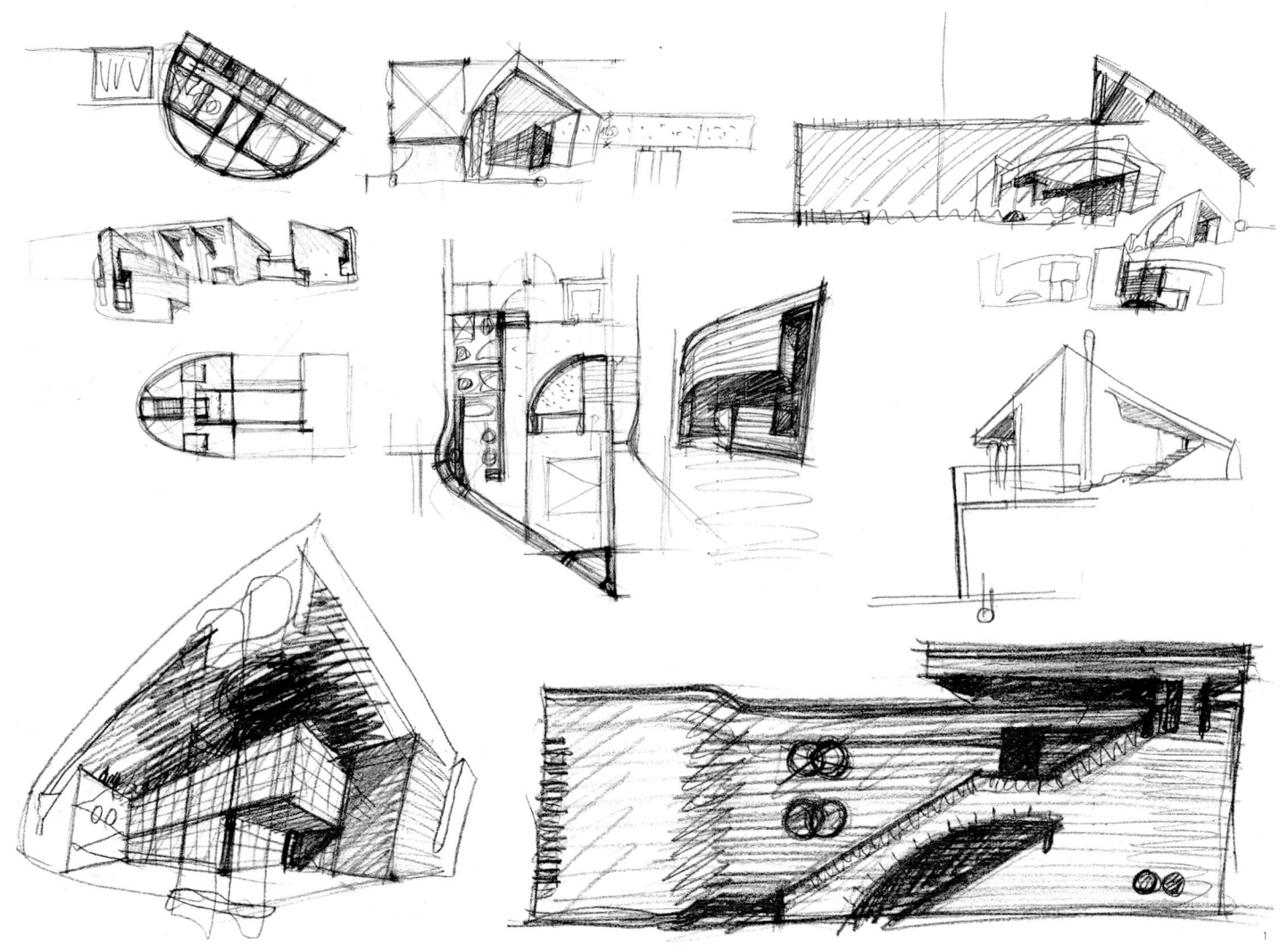

1. 手绘草图
2. 主立面洞口细节

雷达埃利别墅
VILLA REDAELLI

意大利 柏纳瑞吉奥
Bernareggio (Milan), Italy 1991-2001

别墅坐落在米兰柏纳瑞吉奥北部的居民区，周围是典型的郊区独栋住宅。这幢别墅是博塔一系列排屋设计在北部的第一个。一共三层，首层完全向花园开放，入口、室内游泳池和附属设施都非常有特色。起居空间和主卧室在二楼，图书馆和其余的睡眠区在三楼。东立面平行于道路，有红砖饰面的双墙和连接花园以及图书馆的室外楼梯。外凸的西立面面向花园，设计尤其复杂，其退让的空间结合屋檐创造出了一个宽阔的三层通高的门廊和一个顶层凉廊。

项目概况

设计时间：1991/1997
建造时间：1999—2001
业主：法比亚诺·雷达埃利和布鲁娜·威特麦提
基地面积：2 560m²
建筑面积：713m²
建筑体积：1 800m³

Project: 1991/1997
Construction: 1999-2001
Client: Fabiano Redaelli and Bruna Vertemati
Site area: 2,560m²
Useful surface: 713m²
Volume: 1,800m³

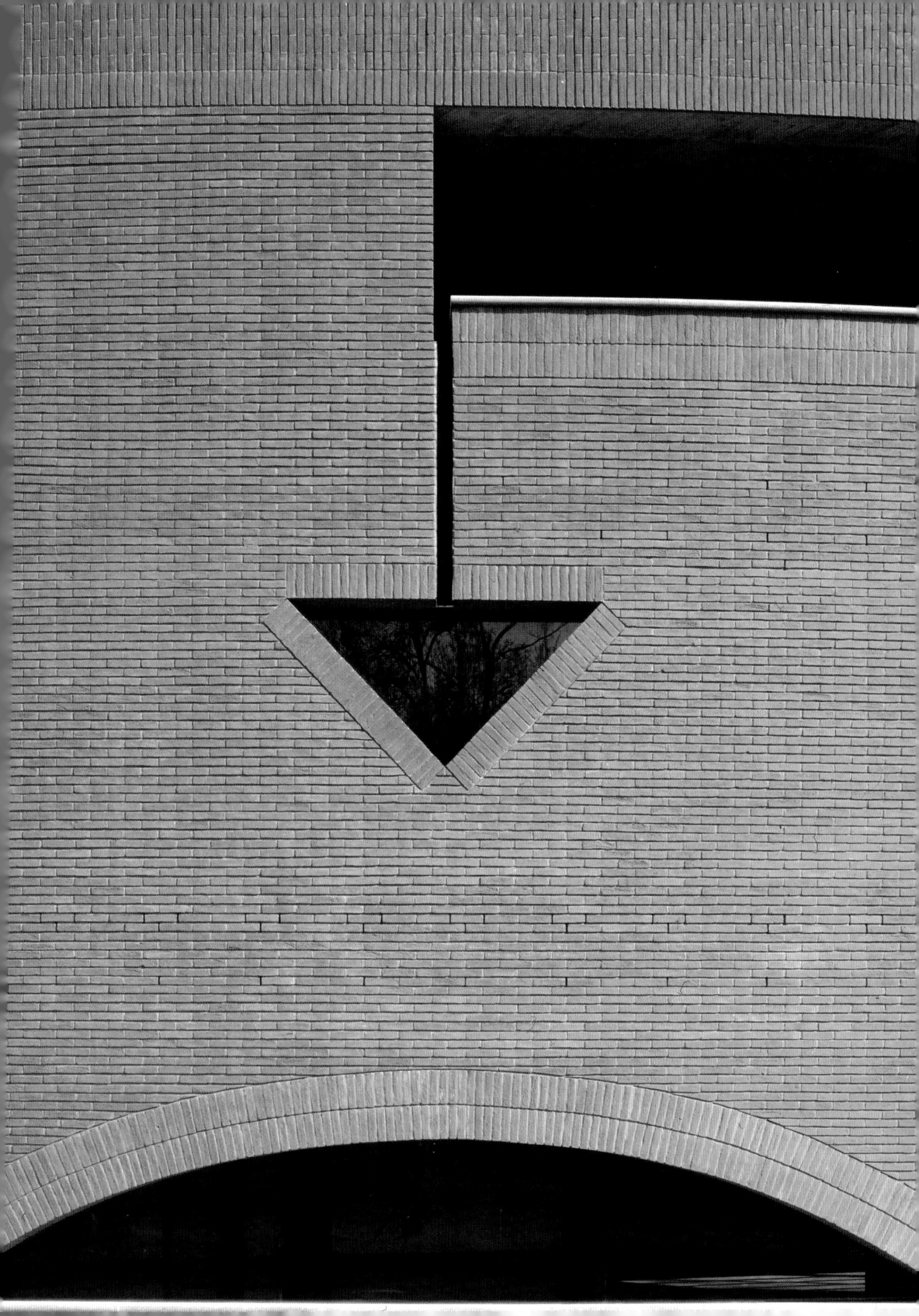

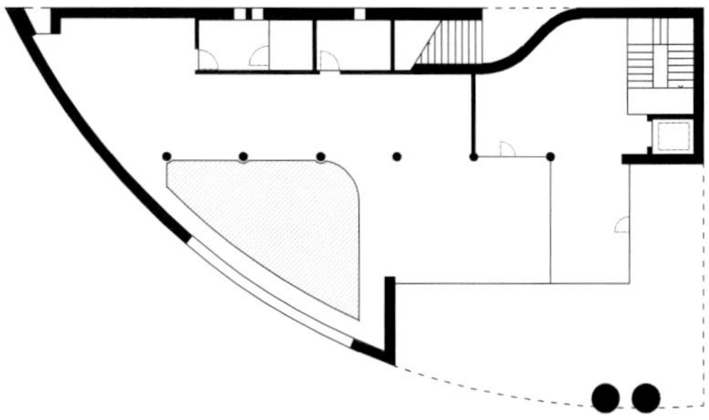

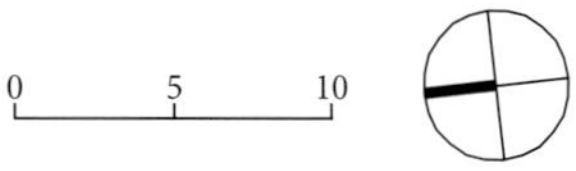

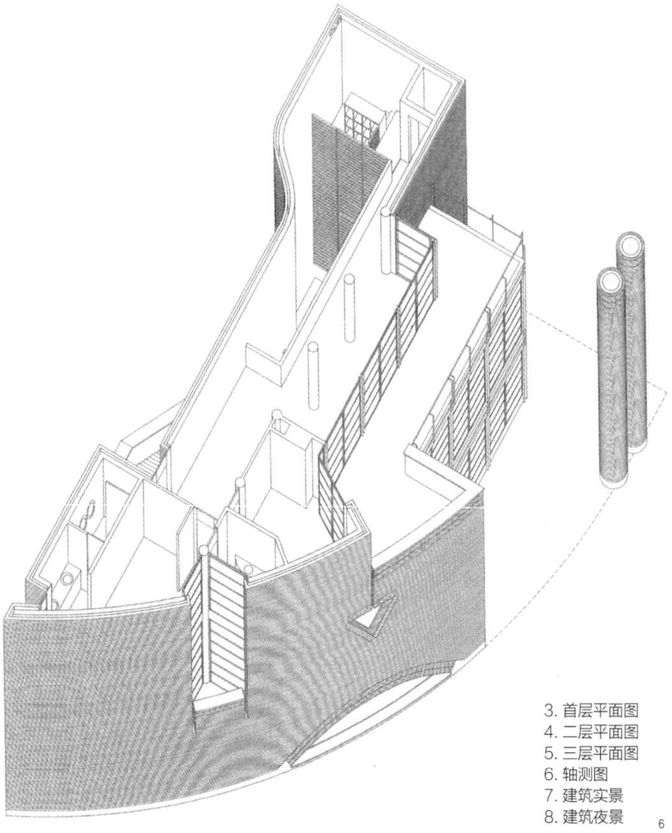

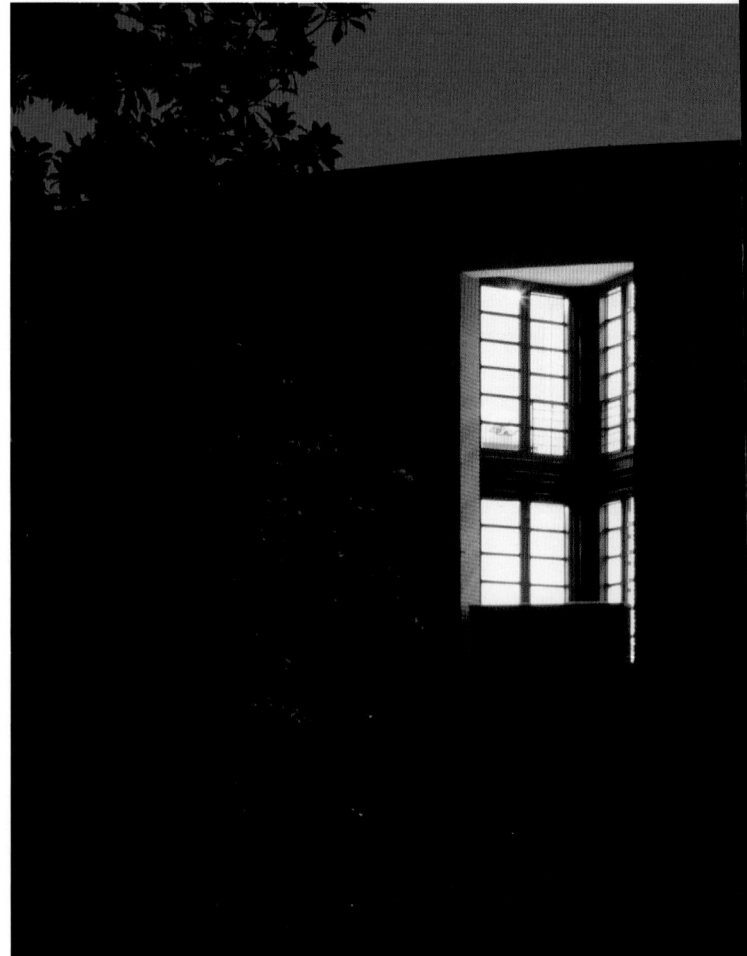

3. 首层平面图
4. 二层平面图
5. 三层平面图
6. 轴测图
7. 建筑实景
8. 建筑夜景

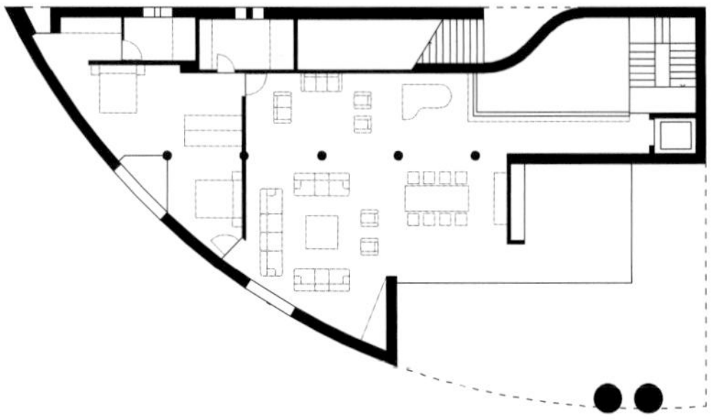

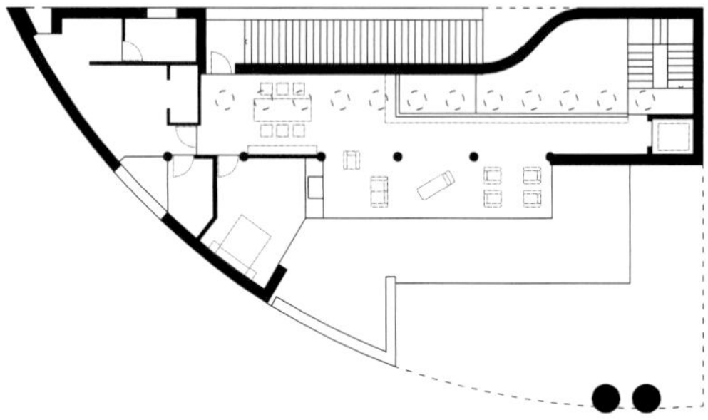

0

5

10

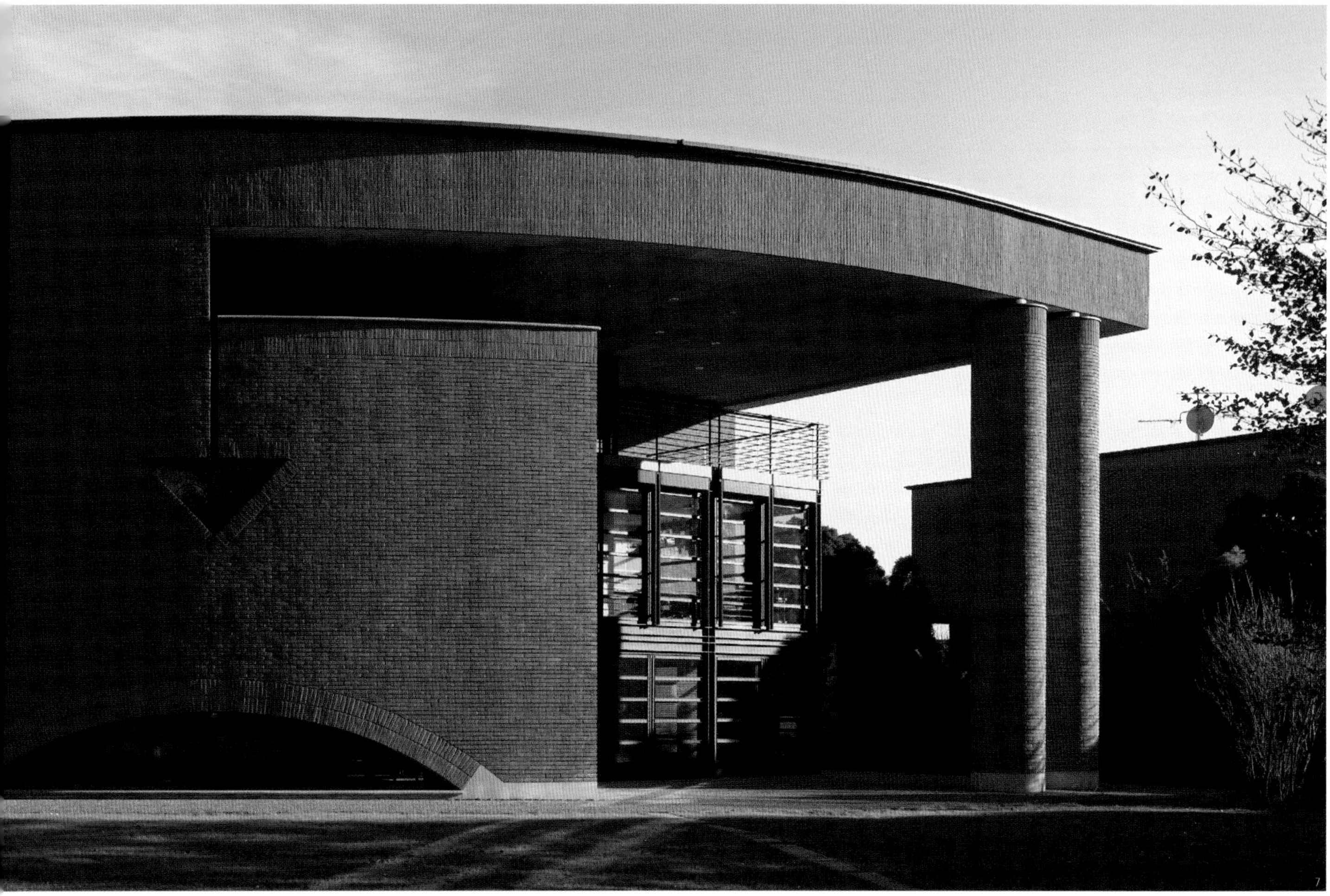

7

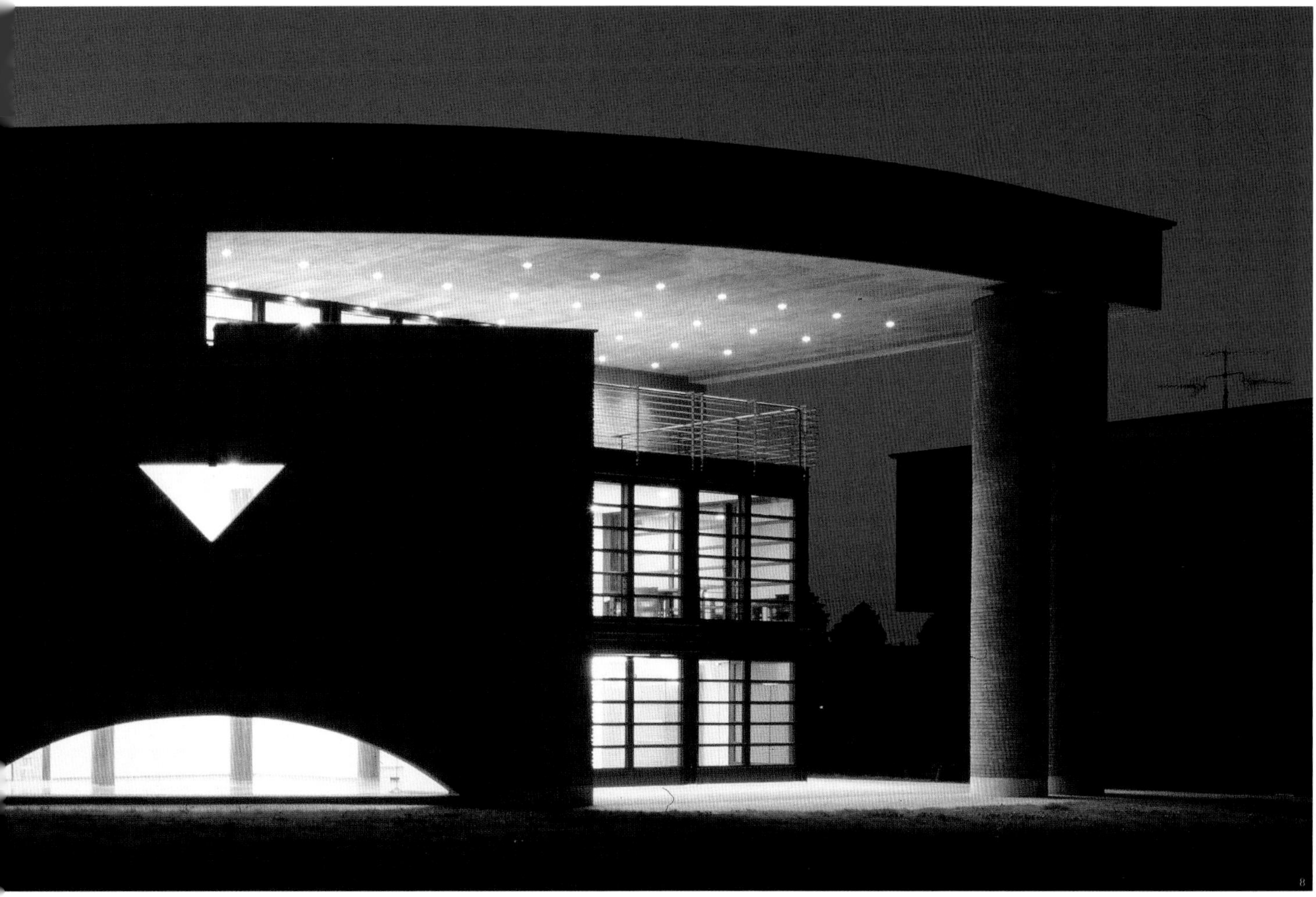

8

9. 西立面实景
10. 东立面实景

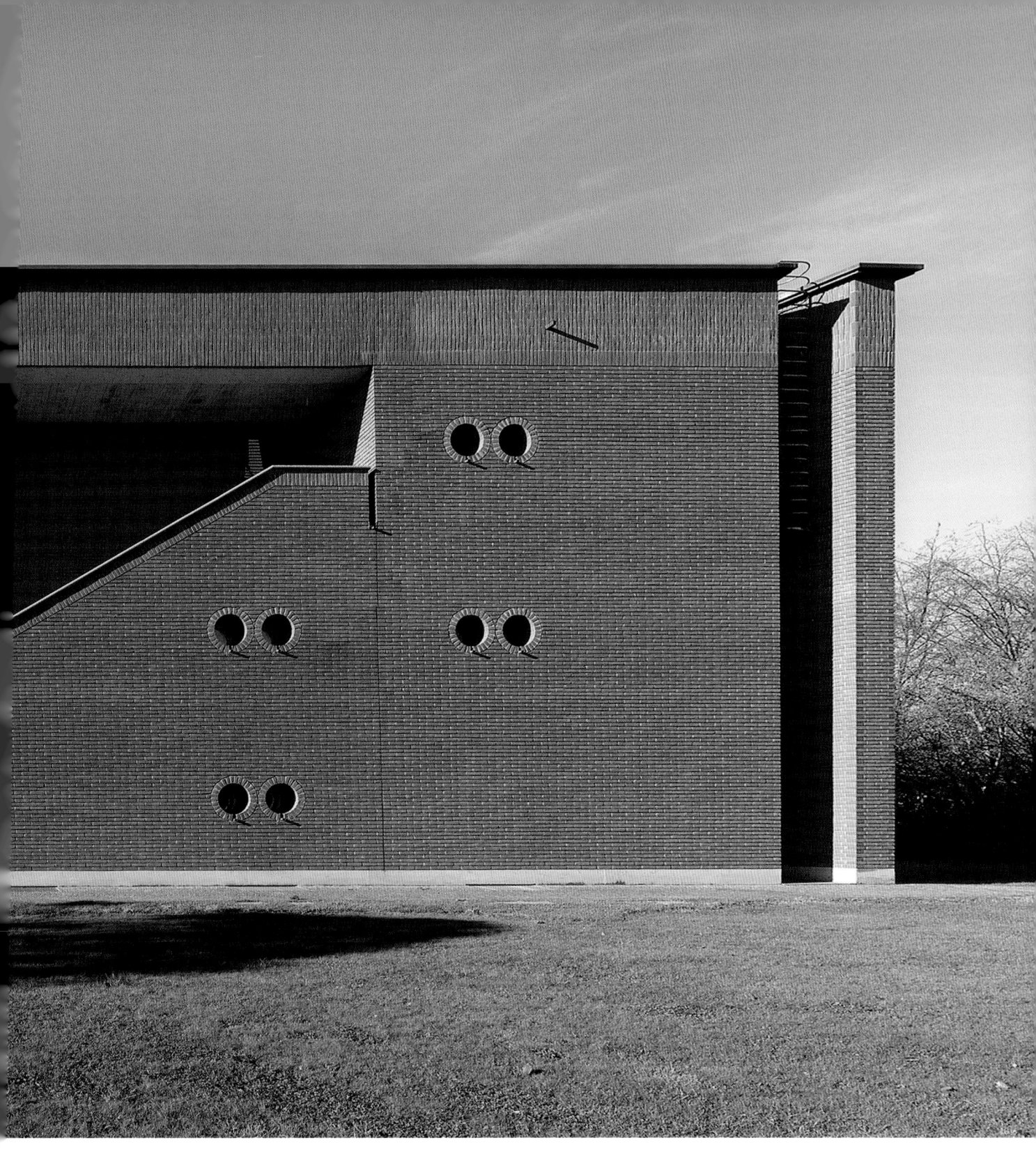

11. 室内实景
12. 三层室内实景
13. 首层中游泳池实景

延伸阅读

- M. Torres Arcila, Casas del mundo/Case del mondo/Casas do Mundo, Atrium Group Editorial Project, Me×ico D.F. 2002, pp. 32-43.
- Villa Redaelli in "M×M. Ma×imalist Houses", edited by E. Castillo, Loft Publications, Barcelona 2003, pp. 44-51.
- Villa Redaelli at Bernareggio, "Maru Interior Design", Vol. 57, December 2006, pp. 62-65.
- R. Dulio Mario Botta Villa Redaelli Bernareggio (Milano) in "Ville in Italia dal 1945", Electa architettura, Mondadori Electa, Milan 2008, pp. 192-205.
- Villa Redaelli in "Masterpiece Iconic Houses by Great Contemporary Architects", edited by Beth Browne, The Images Publishing Group Pty Ltd, Mulgrave, Victoria Australia 2012, pp. 240-245.

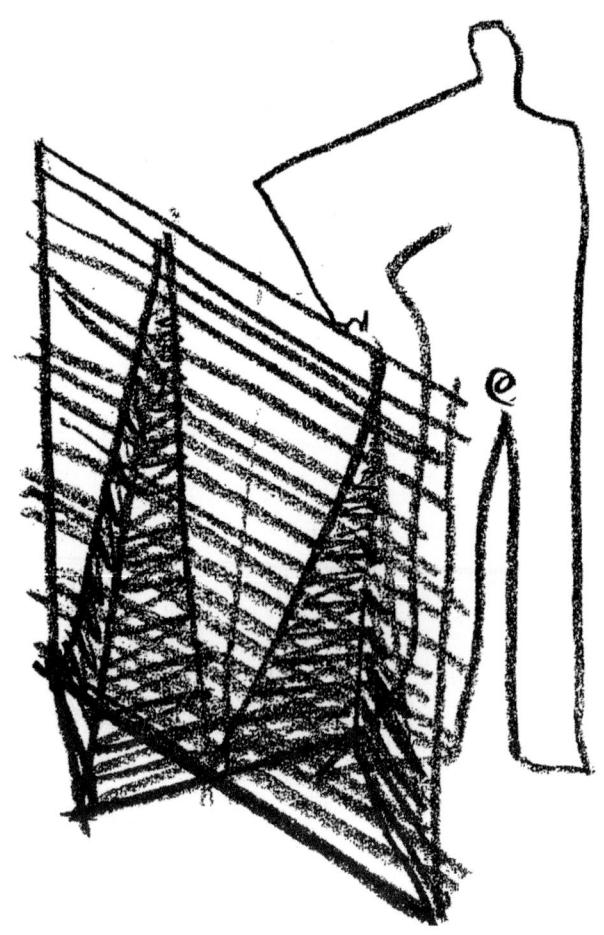

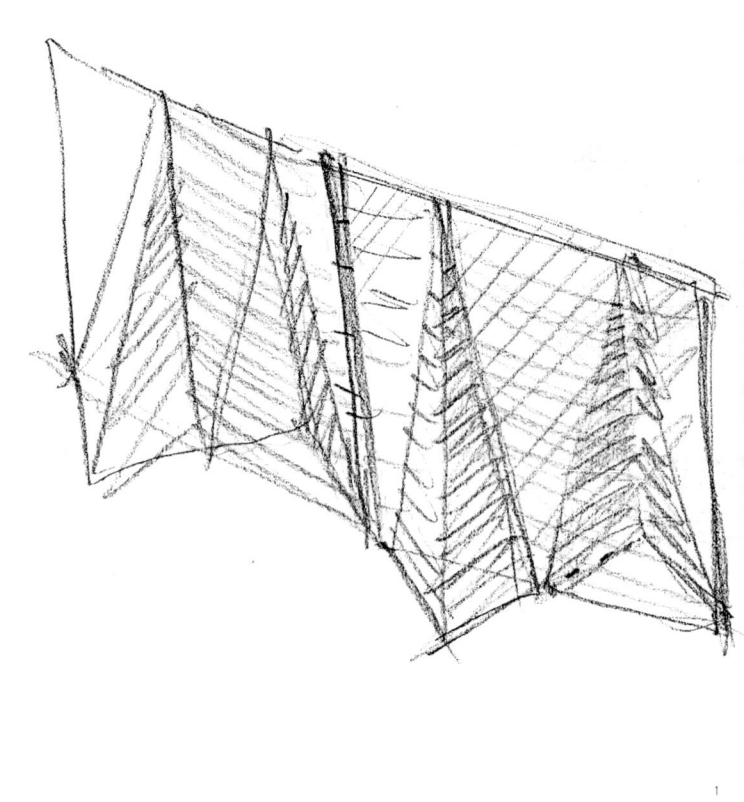

1. 手绘草图
2.3. 产品实样

"尼拉·罗莎" 屏风
SCREEN 'NILLA ROSA'

1992

这款设计产品以阿里亚斯家私秘书的祖母命名，因为这位秘书曾打电话问我想给这个产品起什么名字。该屏风是一个古怪而简约的物体，它由两面直立的金属网片相互交接而成，底部有一个稳定的基础，上方相接合。这是一个通过减少静态和功能需求来进行的图像设计的尝试。

项目概况

设计时间：1992
生产时间：1992
制造商：阿里亚斯家私
尺寸：140cm×70cm，高40cm
材质：涂黑漆或铜绿的拉伸钢板

Project: 1992
Production: since 1992
Manufacturer: Alias SpA
Dimensions: 140cm × 70cm, 40cm H
Materials: stretched steel sheet, painted black or verdigris

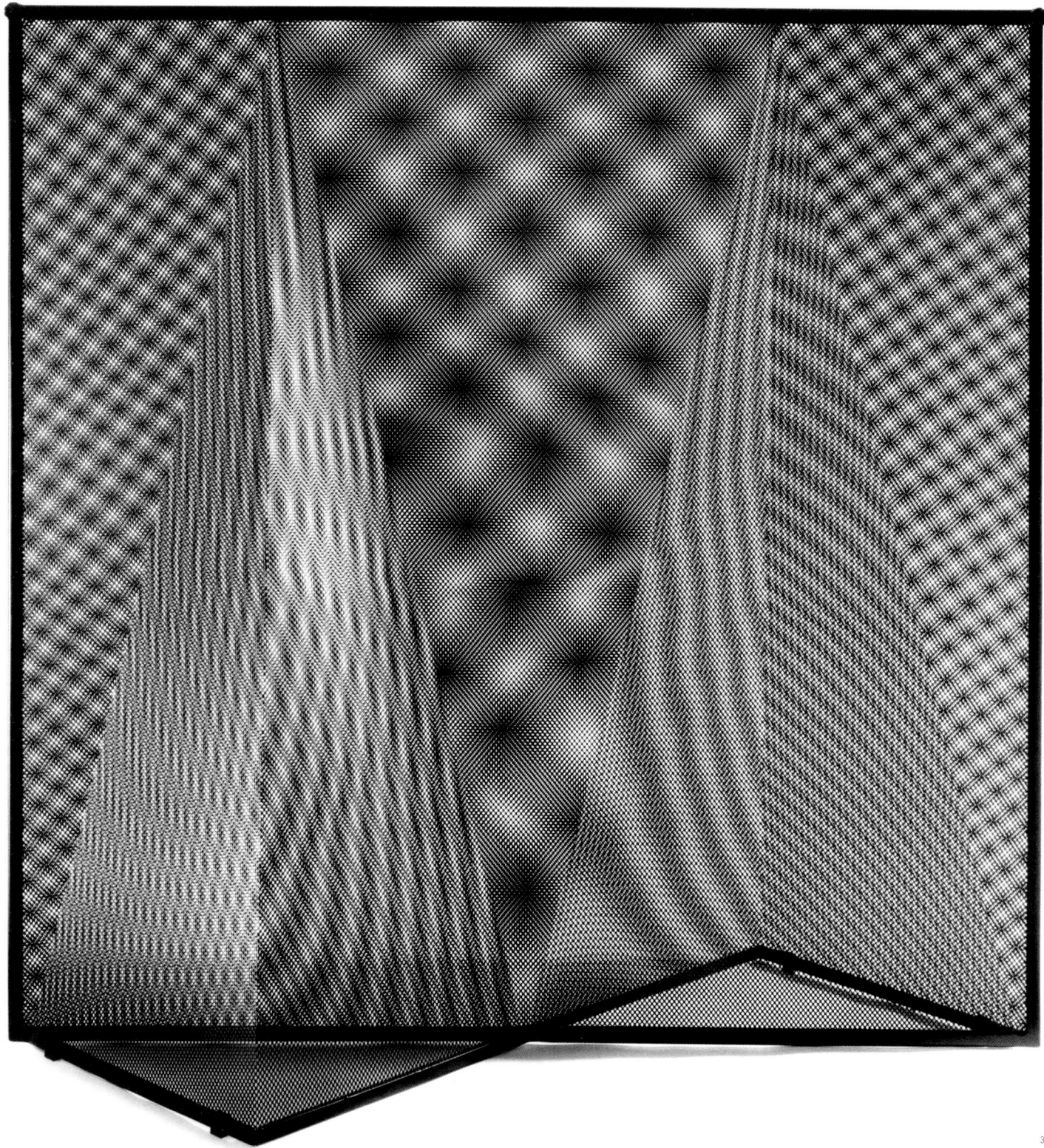

1. 手绘草图
2. 东北角建筑实景

维尔纳·王宾纬图书馆
WERNER OECHSLIN LIBRARY

瑞士 艾因西德伦
Einsiedeln, Switzerland 1992-2004

　　维尔纳·王宾纬需要为珍贵的收藏品和旧书提供一个固定的"家"，这促成了建造一个新的图书馆的想法。新建筑附属于坐落在施维茨行政区中艾因西德伦的20世纪的别墅。建筑师在别墅及其后方的图书馆之间设置了一个圆形的露台作为连接点，它处在山势最陡峭的部分，可以从那俯瞰村庄的屋顶。

　　高墙围合出两层高的体量，室内书架齐列，一排小窗嵌在其中。屋顶处的水平向光源使得室内保持着半明亮的状态。

　　一部内部楼梯通向二楼的工作室，此处弧形的建筑体量收缩成一个角，可以全景观赏坐落在对面山顶上的大修道院。

项目概况

设计时间：1992	Project: 1992
建造时间：1998—2004	Construction: 1998-2004
开幕：2006年6月9号	Inauguration: June 9th 2006
业主：维尔纳·王宾纬图书馆基金会	Client: Werner Oechslin Library Foundation
建筑面积：350m²	Useful surface: 350m²
建筑体积：3 380m³	Volume: 3,380m³

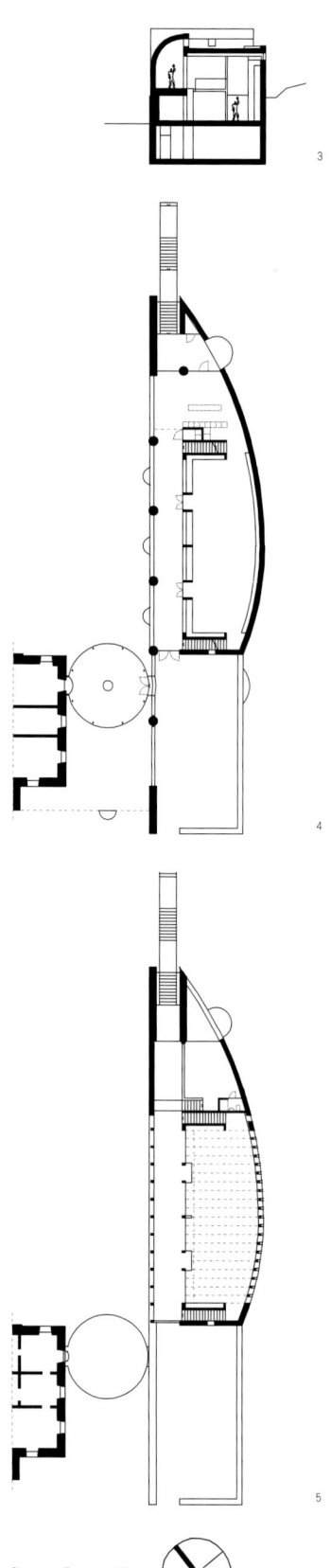

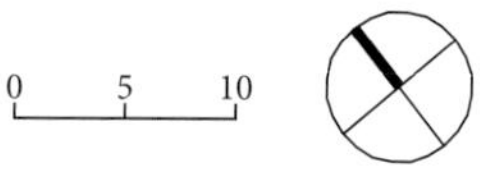

3~5. 剖面图
6. 东立面实景

延伸阅读

- H. Leiprecht, "Ich habe ihm meinen Bleistift geliehen", "Du", 1998, 1, pp. 37 -39.
- Le biblioteche di Mario Botta, "L'Erasmo. Bimestrale della civiltà europea", Vol. 13, January/February 2003, Fondazione Biblioteca di Via Senato, Milan, pp. 97-99.
- Per Werner Oechslin in "Architektur weiterdenken" [for Werner Oechslin,s 60th birthday], gta Verlag, Zurich 2004, pp. 10-11.
- R. Hollenstein, Burg der Bücher, "Neue Zürcher Zeitung", 6 June 2006.
- B. Loderer, Athene in Einsiedeln, "Hochparterre", 1 August 2006, pp. 22.
- D. Moffitt, How Botta Builds, "Architecture Week", August 30 2006, page C1.1

制造商：克莱托·穆纳里
材料：银板，水晶玻璃

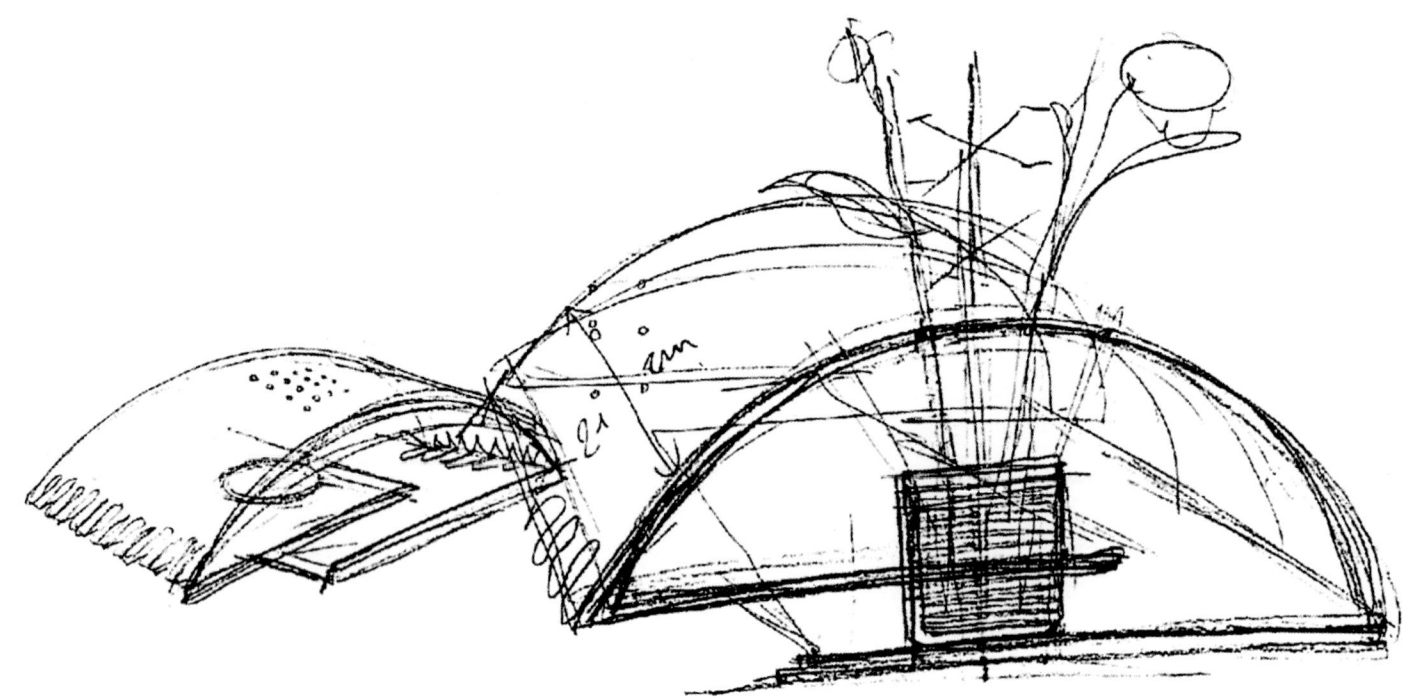

穆纳里花瓶
MUNARI FLOWER VASE

1992

一片银板优美地翻折，围绕水晶花瓶，闪耀明亮的反射光。凸起的表面上的规则圆孔使排列花茎变得更为简洁。

项目概况
设计时间：1992
生产时间：1992
制造商：克莱托·穆纳里
尺寸：高13cm，18cm×13cm
材料：银板，水晶玻璃

Project: 1992
Production: since 1992
Manufacturer: Cleto Munari
Dimensions: H 13cm, 18cm×13cm
Material: silver sheet, crystal glass

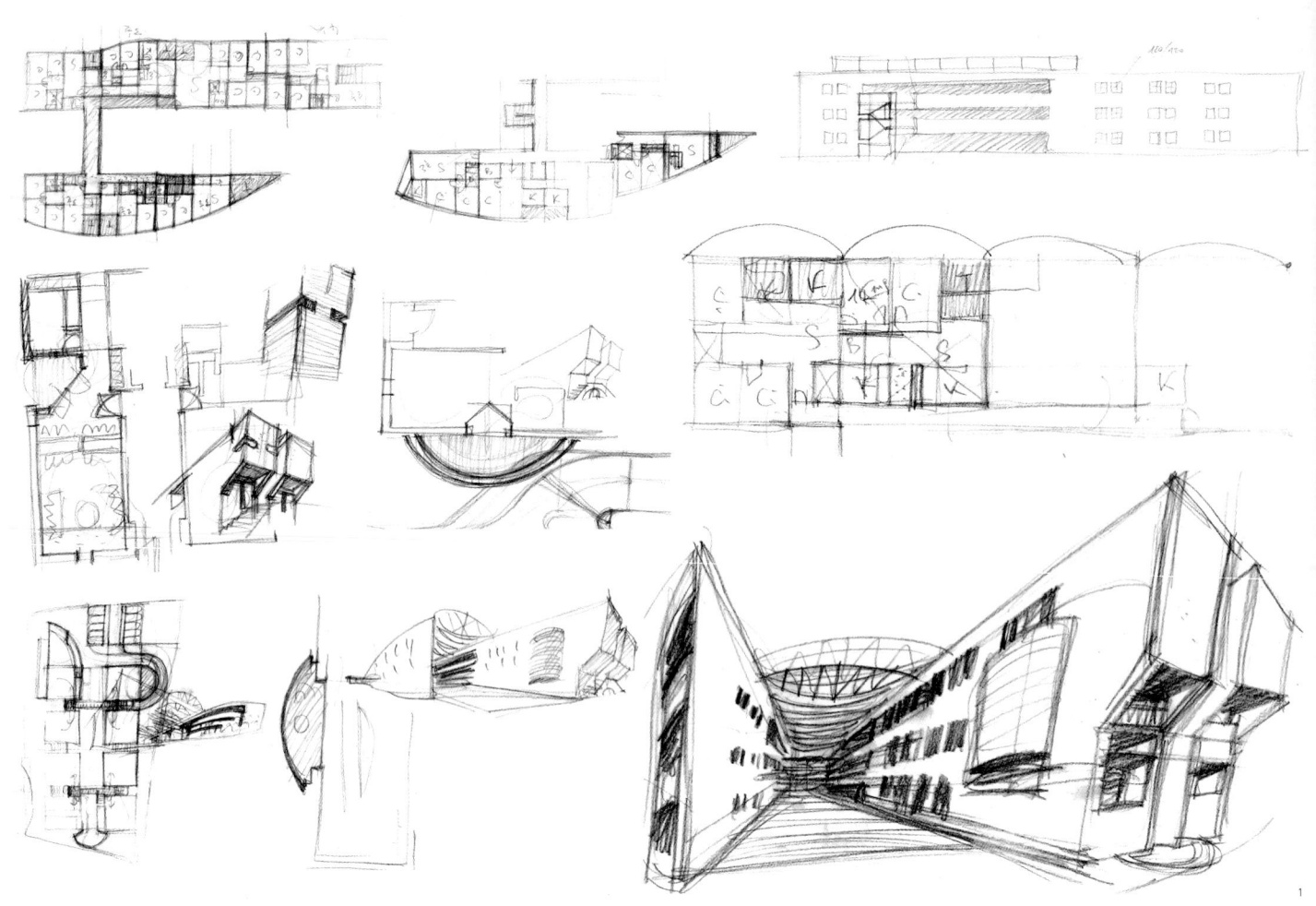

1. 手绘草图
2. 建筑实景

蒙特卡拉索公寓
MONTE CARASSO RESIDENTIAL SETTLEMENT

瑞士 蒙特卡拉索
Monte Carasso, Switzerland 1992-1996

　　这个小村庄的建筑一直由路易吉·斯诺兹负责修缮。马里奥·博塔受邀在紧邻古老的修复过的修道院场地上设计一座低成本住宅。住宅体在2 490平方米的空间里提供了30套公寓,并以浅灰色素混凝土块饰面。建筑由两部分体量构成:一个局部嵌有圆柱体的直角正交体块,和一个有一侧弧形并以尖角结束的体块。两部分体量由一个特别元素的使用而联接在一起——一个巨型的、漆成白色的、网格状覆透明聚碳酸酯带状屋顶的金属结构在入口上方架成拱顶。在建筑中央放置这样一个空的体量虽出人意料,但为游客提供了一个焦点,并强调出了某种纪念性。开放空间的尽端是一个圆柱体量的垂直通道。

　　建筑构图不是统一的,而是由两个对等又相互区别的体量构成。同样的,中间的顶蓬不是自说自话的孤立的元素,而是整个建筑体量组织的一部分。建筑师将它保留为外部空间,同属于建筑与外在环境。正交体块循着

道路线,而弧形体块则面向环境开放。两个体量端部微妙的形体处理增加了空间的丰富性。由于弧形体块较为靠后,内庭院视野朝向一侧开放,而正交体块的延长的界面将其同街道隔离开来。露台创建出了体量上连续的凹陷,在弧形体块的尖角处结束。同时,正交体量短边上相接的一对竖向元素指向了建筑的前方。但这里没有一个正面,因为两个体量的这种构图,并不需要强势的立面,其存在即有力。

项目概况

设计时间: 1992
建造时间: 1994—1996
业主: 安东尼尼和吉多西
基地面积: 2 874m²
建筑面积: 2 490m²
建筑体积: 12 775m³

Project: 1992
Construction: 1994-1996
Client: Antonini&Ghidossi
Site area: 2,874m²
Useful surface: 2,490m²
Volume: 12,775m³

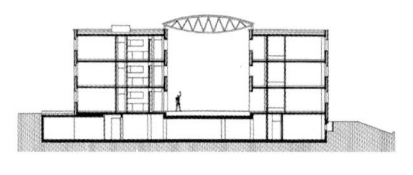

3

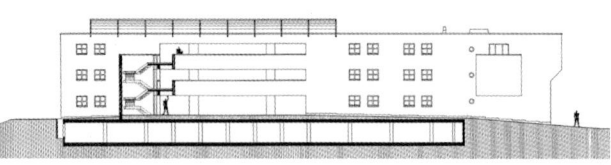

4

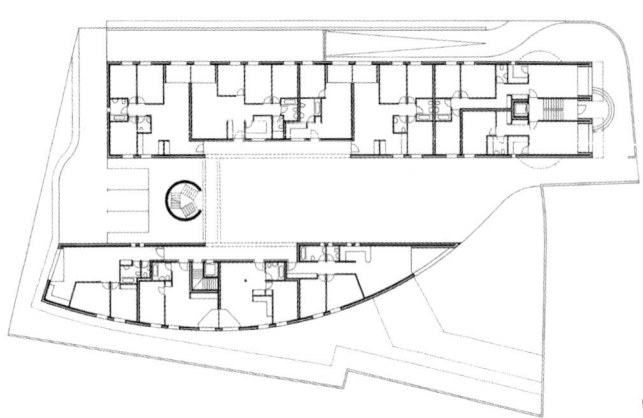

5

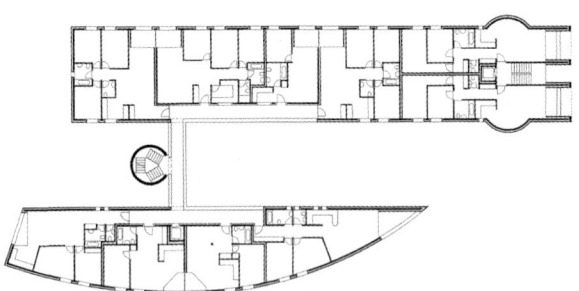

6

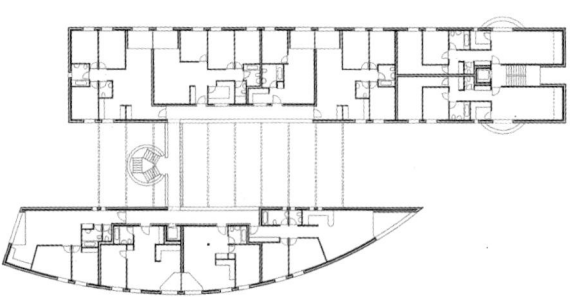

7

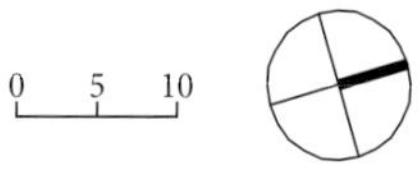

0   5   10

3.4. 剖面图
5. 首层平面图
6. 二层平面图
7. 三层平面图
8. 建筑及周边环境实景
9. 建筑实景

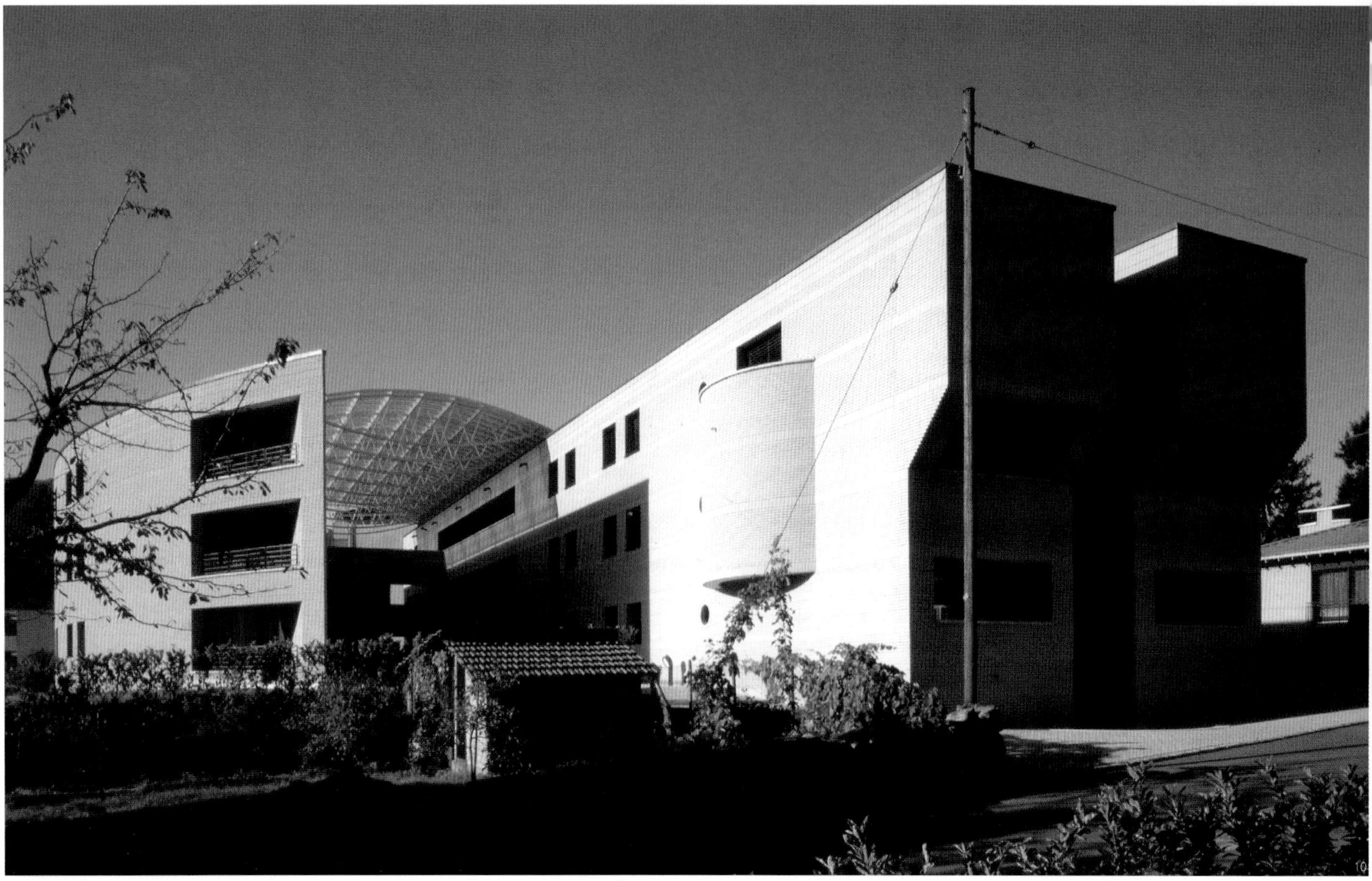
10

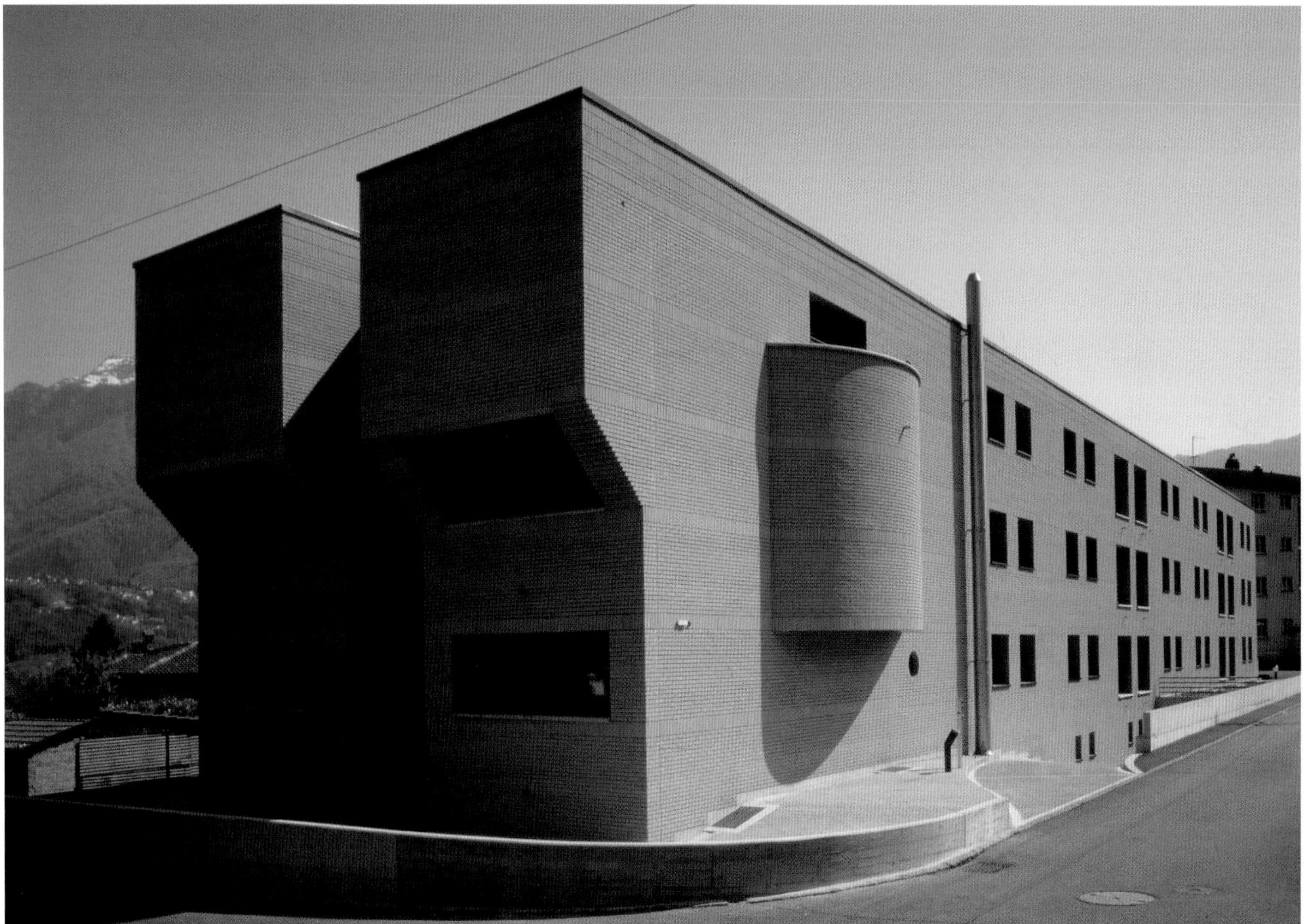
11

12

10. 东北视角实景
11. 西北视角实景
12. 半室外楼梯与金属屋顶细部

延伸阅读

- Housing in Monte Carasso, Ticino, "Korean Architects", 1997, 151, pp. 76-81.
- Monte Carasso Appartementen, "Murus", 1997, 2, pp. 12-19.
- Monte Carasso Housing in "Housing (Hundred Outstanding Architects)", edited by B. Chan, Pace Publishing Limited, Hong Kong 2002, pp. 66-71.

1. 手绘草图
2. 舞台实景

苏黎世歌剧院
ZURICH NUTCRACKER

瑞士 苏黎世
Zurich, Switzerland 1992-1993

　　"胡桃夹子"的舞台设计是马里奥·博塔第一次与戏剧界的合作。该舞台的设计堪称极致，它包括一个大的球形体量和两个悬浮的主体量。作为背景，锯齿状形体上微小开缝的肌理使得光线能以漫射的方式照亮整个舞台。通过描绘精确的几何图像（树的形态，胡桃夹子的锯齿）或作为舞蹈的背景照明，立方体的移动产生出一系列引人入胜的效果。

项目概况
设计时间：1992
建造时间：1992–1993
业主：苏黎世歌剧院
　　　基于由E.T.A.霍夫曼的故事
音乐：柴可夫斯基
音乐总监：奥列格卡尔泰妮
编舞：贝恩德·罗杰比纳特
服装：洪波德克尔
材料：天然木球，插入点光源的木制立方体，
　　　轻质金属板条

Project: 1992
Construction: 1992-1993
Client: Opernhaus Zurich
Based on the story by E.T.A. Hoffmann
Music: Pyotr Ilyich Tchaikovsky
Musical director: Oleg Caetani
Choreography: Bernd Roger Bienert
Costumes: Keso Dekker
Materials: natural wooden sphere, wooden cubes
with inserted point lights, light metal sheet strips

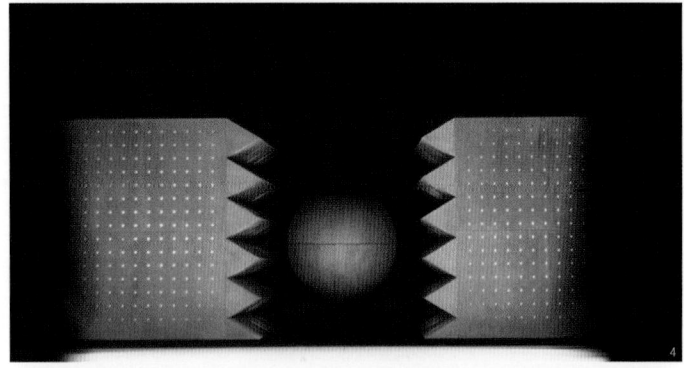

3~7. 舞台实景

延伸阅读

- S. Aeschbach, Provokateur und Musterschüler, "Schweizer Illustrierte", 1992, 10, pp. 100-103.
- B. Loderer, Botta baut in Zürich, "Hochparterre", 1992, 10, pp. 38-42.
- V. Raulino, Architekten als Bühnenbildner, "Architektur Aktuell", September 1994, pp. 48-52.
- E. Sutter, Raus aus der Ansicht, rein in die Raumplastik, "Musik & Theater", 1994, 3, pp. 6-13.
- Il progetto della scena, "Abitare", 343, 1995, pp. 204-213.
- S. Cattiodoro, Architettura scenica e teatro urbano, preface by Roberto Masiero, Serie di architettura e design Franco Angeli, Milan 2007, pp. 140-144.

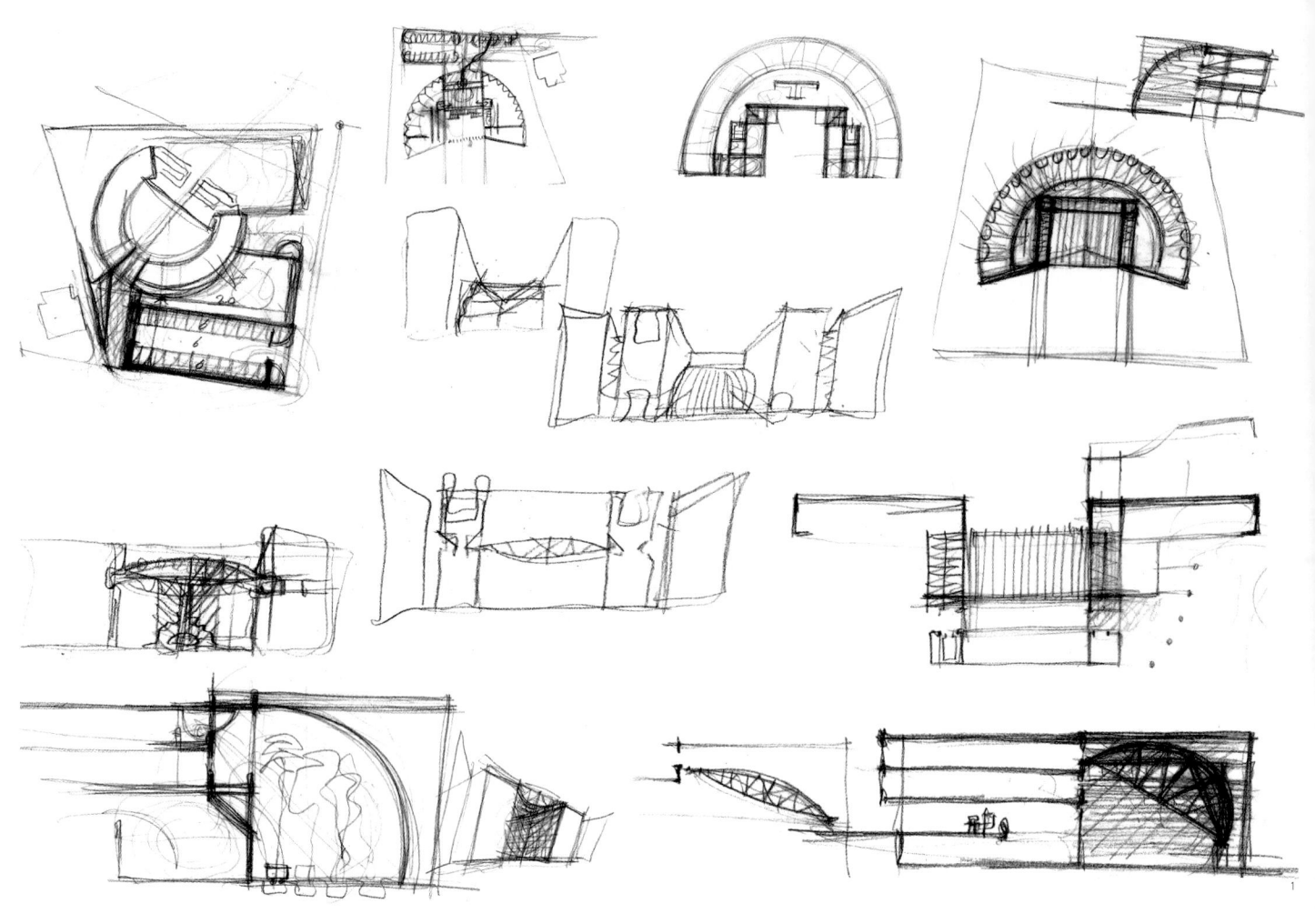

1. 手绘草图
2. 面向花园立面实景

诺瓦扎诺老年之家
NOVAZZANO REST HOME

瑞士 诺瓦扎诺
Novazzano, Switzerland 1992-1997

在缓坡之上俯瞰门德里西奥平原的城市景观，老年之家以其规则的凸面石头墙这一特色融入其中。低矮的圆柱形建筑，以砖饰面，在水平方向延伸。圆柱形有部分缺失，向景观视野展开令人印象深刻的洞口，从而创造出一个过渡性的空间。建筑从背面进入，通过前部的组织向景观视野开放。在弧形外墙及墙上斑驳光影的映衬下，高高的门廊从地面升起，显示出一种与自然环境和谐相处的姿态。在立柱的外廊中央的入口，可以进入中心的大空间，通向首层的康复室和公共区域，如餐厅和小礼拜堂。除首层外，建筑还向上生发出两层。每层沿着弧形外墙，都布置有25个房间，各配有带维护的露台，交通空间则环绕着核心。在大厅的尽头，一个巨大的窗户向上延伸，框起了杰内罗索山壮丽的风景。核心中空，形成内院。这个空间由金属屋顶结构所挑出的拱顶提供遮蔽。它延续了中央体量，并通过模仿坡地形式的坡道和楼梯系统连接到花园。虚空间似乎获得了自我的存在，负体量渗入实的空间。减法强调了体量的实体性，创造出正立面，并内外空间交融。建筑并不是扩张以侵占部分外部空间，而是使外部空间成为建筑的一部分。墙壁的表面45°角，凹入的体量，在中间的圆柱体，双圆柱形式的天窗，共同创建了一个自足的与地景对话的建筑。

项目概况
设计时间：1992
建造时间：1995—1997
业主：养老之家财团，里格内托和诺瓦札诺
基地面积：6 448m²
建筑面积：3 271m²
建筑体积：16 577m³

Project: 1992
Construction: 1995-1997
Client: Rest home consortium, Ligornetto and Novazzano
Site area: 6,448m²
Useful surface: 3,271m²
Volume: 16,577m³

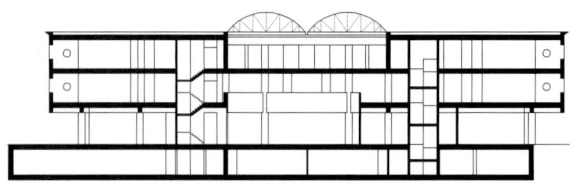

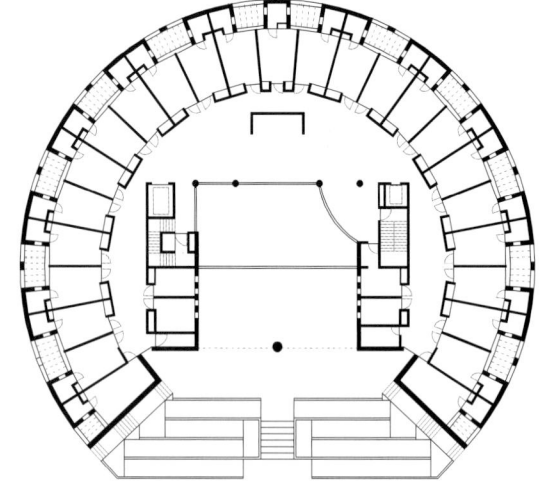

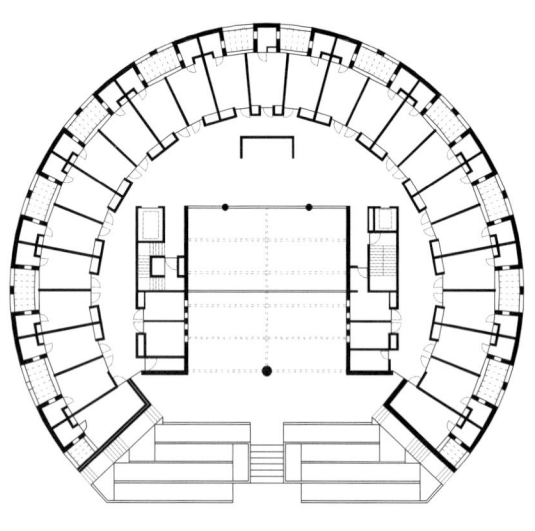

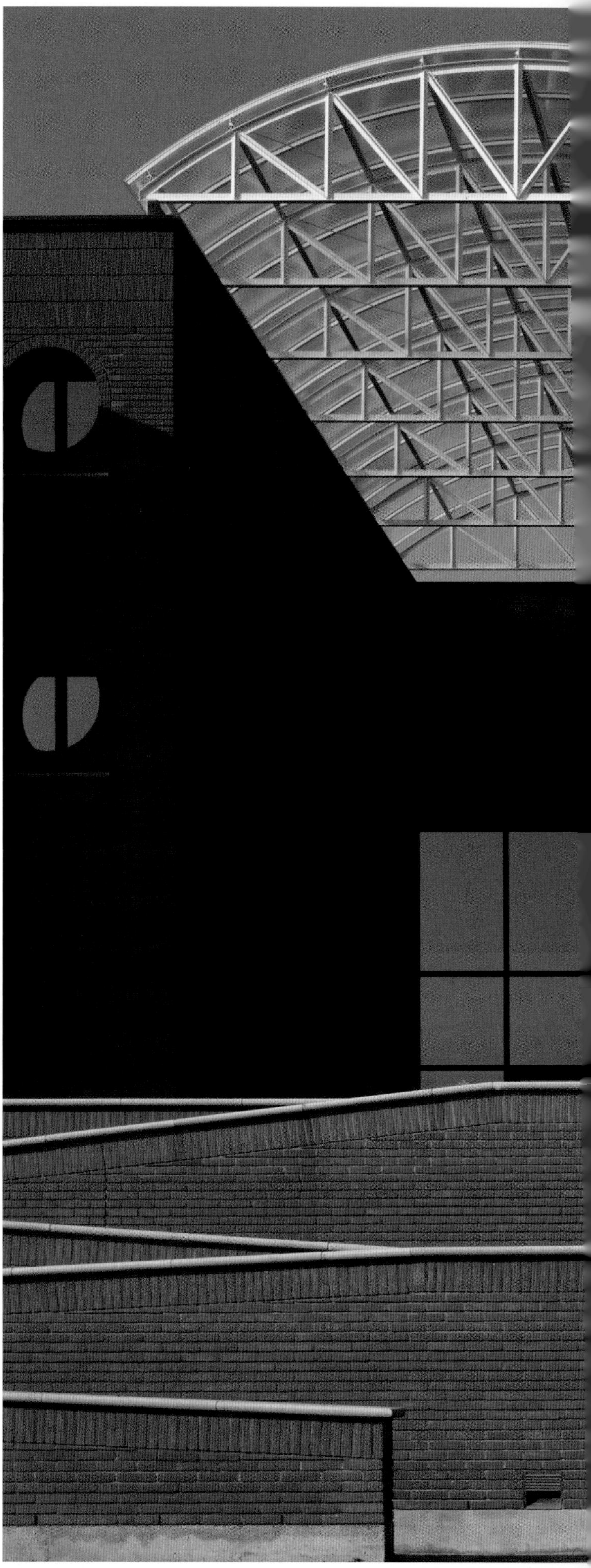

3. 纵向剖面图
4. 一层平面图
5. 二层平面图
6. 建筑入口

7. 有横向水平通道的圆柱形体量

延伸阅读

8. 在首层的两层交流空间

延伸阅读

- Mario Botta, Residential Building in Novazzano, "GA Global Architecture Houses", 1993, 39, pp. 136 – 143.
- G. Cappellato, Mario Botta, "Space", 1998, 373, 42-47.
- Casa Girotondo a Novazzano, "Bau Info", 1998, 8, p. 53-54.

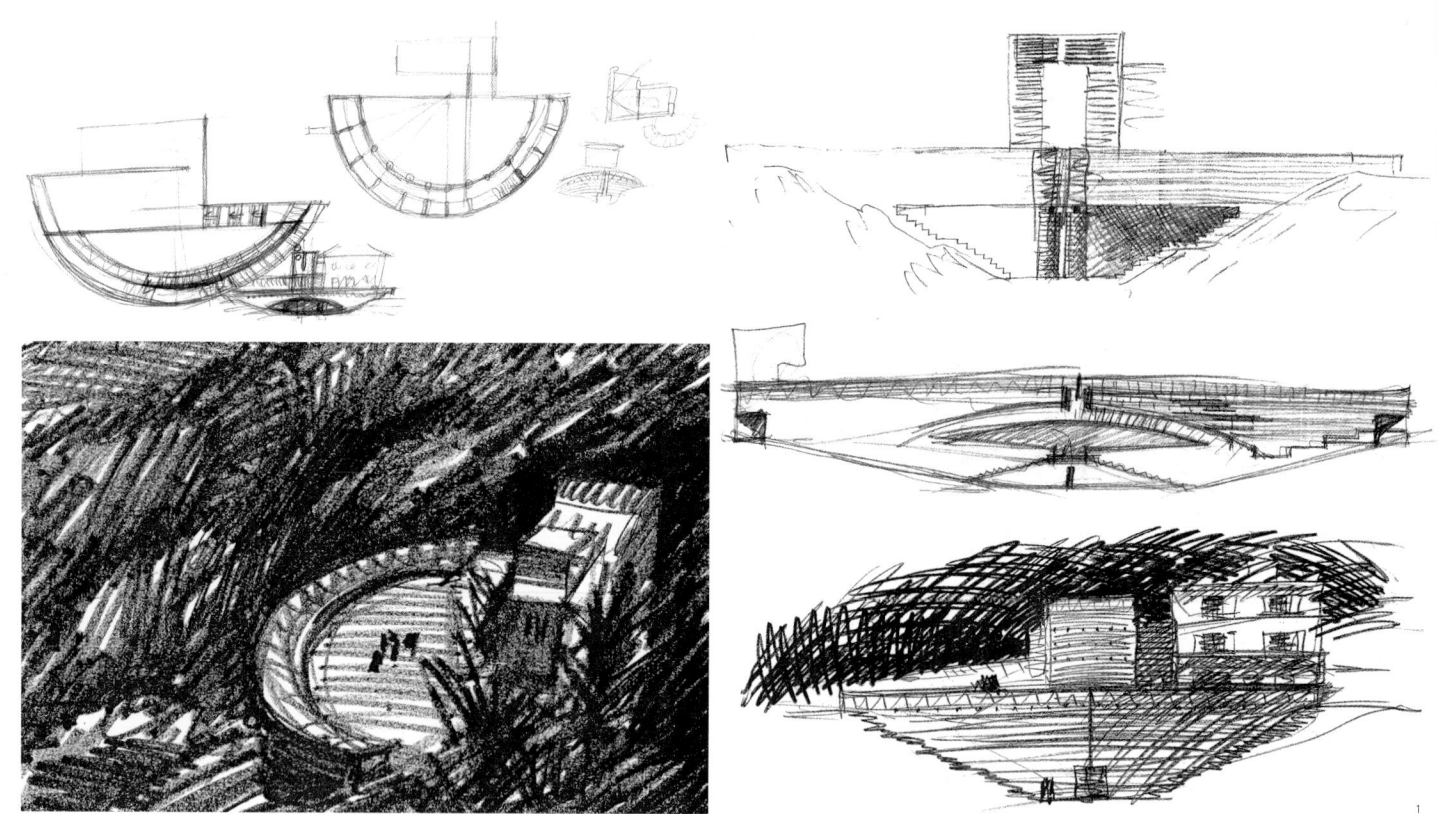

1. 手绘草图
2. 展厅内部
3. 建筑全景

杜伦玛特中心
DÜRRENMATT CENTER

瑞士 纳沙泰尔
Neuchâtel, Switzerland 1992-2000

1991年，也就是弗里德里希·杜伦马特逝世后的一年，他的遗孀夏绿蒂·克尔，邀请博塔到纳沙泰尔市评估在作家生活过的地方建造一座建筑的可能性，目的是收藏伴随他一生文学创作的图像和资料作品。为一个这样的艺术家做设计，表达他不同寻常的个性，物化他的精神和思想，是一项艰巨的任务。为了使这一审慎的作品显得谦逊，但又不致过分朴素，建筑师转而寻求室外环境中现存空间的共通关系。首先定下来的是将博物馆建在杜伦马特故居的旁边，那里面有作家的图书室和一个小咖啡厅。由此，该项目将景观融入其中，在新的空间中展开建筑与展品之间的对话。

坐落在山间坡地上的博物馆，由一段厚重的弧墙和一栋小楼组成。弧墙塑造出一个平台，一个观赏景色的露台。平台下是两层高的展廊。通过顶部天窗采光的石面塔楼标识出博物馆的存在。紧邻艺术家故居建造一个地下展览空间的设计加强了新建建筑与作家1952年搬入的这一故居之间的联系。博物馆嵌插在山体中，下降三层后以弧型朝向山谷伸展，由此创造出"内部"空间，其凸起的形式重新塑造了陡峭的地形表面。参观者可以从后部进入博物馆，通过一个位于故居和塔楼之间的小厅，然后顺着一个宽敞的楼梯到达展厅的夹层，那里有一个小放映厅和一个小讲堂。其后再

下到主要展厅。从屋顶透进来的天光照亮了展厅边缘的弧墙。10cm厚的灰色石材饰面增强了混凝土外墙的厚重感。

建筑塑造周围的环境，也被环境塑造。向弧墙中间大门逐渐降低的缓坡，与相邻故居高度相当的竖向塔楼，都是整个建筑对称轴线上的元素，导向露天平台。这栋建筑没有展示它的体量，它的立面成为挡土墙；没有任何开洞，博物馆实际上是隐藏的，塔楼和挡土墙是其存在的唯一迹象。在这里重要的是：进入的过程，从室外到室内的过程，以及下移进入所有作品陈列空间的过程。

项目概况

设计时间: 1992/1995-1997
建造时间: 1997-2000
业主: 瑞士联邦财政部
合作单位: Urscheler & Ariigo SA建筑事务所
基地面积: 4 200m²
建筑面积: 820m²
建筑体积: 4 700m³

Project: 1992/1995-1997
Construction: 1997-2000
Client: Swiss Confederation, Federal Department of Finance
Partner: arch. Urscheler & Arrigo SA
Site area: 4,200m²
Useful surface: 820m²
Volume: 4,700m³

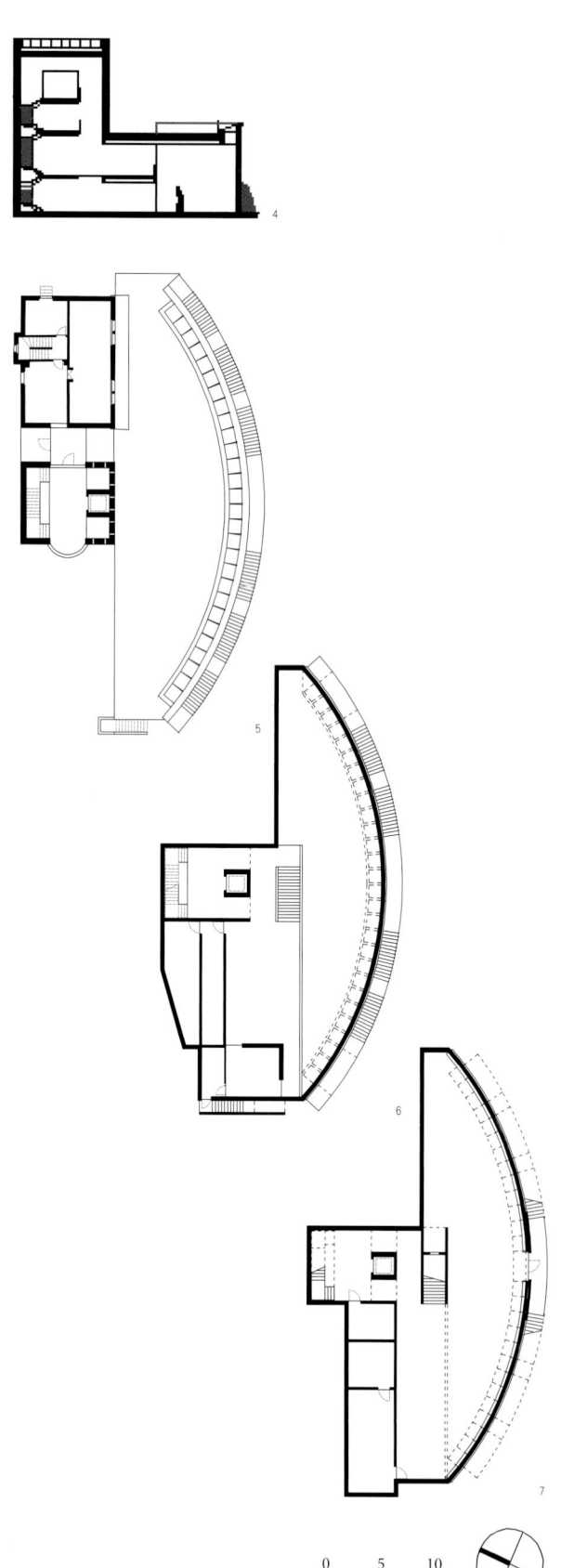

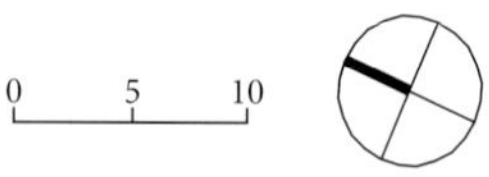

4. 剖面图
5. 首层平面图
6. 地下一层平面图
7. 地下二层平面图
8. 展厅内部
9. 室内实景

0   5   10

10. 屋顶露台
11. 地下空间的屋顶形成大阶梯
12. 面向山谷的立面实景

延伸阅读

- L. Tedeschi, Un inedito progetto di Mario Botta per Friedrich Dürrenmatt, "Architettura & Arte", 1, January/March 1998, pp. 47-51.
- C. Kerr, Das "Centre Dürrenmatt" in Neuchâtel, in "Kunstmuseen auf dem Weg ins 21. Jahrhundert, Museumskunde", G+H Verlag, Berlin, Vol. 65, 2000, 1, pp. 69-73.
- F. Irace, Mario Botta a Neuchâtel Centre Durrenmatt, "Abitare", 2001, 402, pp. 72-77.
- M. Pisani, Centro Dürrenmatt a Neuchâtel, "L,Industria delle costruzioni", 2001, 354, pp. 12-19.
- S. Tamborini, Für die Bilder des Dichters, "md", 2001, 2, pp. 42-47.
- Mario Botta Centro Dürrenmatt, "Casabella", 2001, 687, pp. 46-55.
- Centre Dürrenmatt, "AS Architettura Svizzera", 2001, 140, pp. 25-28.
- Friedrich Dürrenmatt Center, Neuchâtel, Switzerland, "World Architecture", 2001, 9, pp. 63-65.
- Centre Dürrenmatt, Neuchâtel, "plus", 2002, 0206, pp. 52-59.
- Mario Botta Il Centro Dürrenmatt a Neuchâtel in "Friedrich Dürrenmatt Dipinti e disegni", Edizioni Casagrande s.a., Bellinzona 2003, pp. 157-161.
- C. Pareja, El legado de Dürrenmatt, "Casas", 100, 22 April 2005, pp. 140-145.
- Centre Dürrenmatt in "21 Master architects in the new millennium", Shanglin A & C Limited, Beijing 2005, pp. 38-47 [in Chinese language], pp. 38-47.
- J. Fischer, Neue Schweiz, Verlagshaus Braun, Berlin 2007, p. 136.
- A. Luescher, A unit of luminous flu×: Mario Botta,s Centre Dürrenmatt, Neuchâtel, "The Journal of Architecture", Vol. 12, 3, June 2007, pp. 239-255.
- Centre Dürrenmatt, Neuchâtel, Switzerland in Folio 07 [Department of Architecture National University of Singapore], January 2007, pp. 32-35.

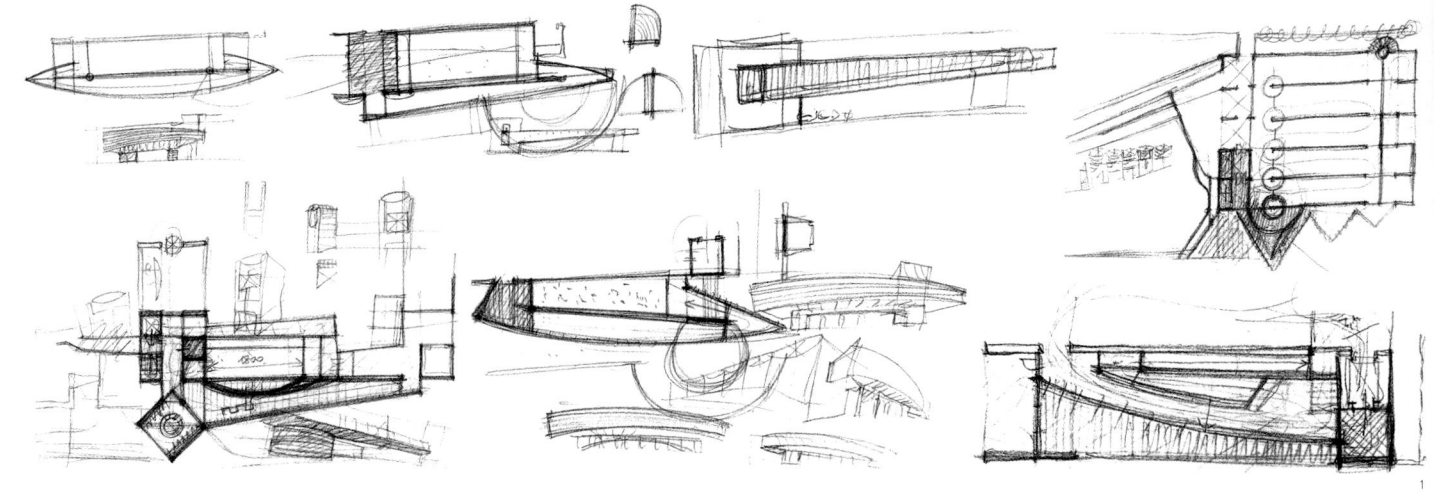

1. 手绘草图
2. 建筑全景草图
3. 博物馆南向视角俯瞰莱茵河

让·丁格力博物馆
MUSEUM JEAN TINGUELY

瑞士 巴塞尔
Basel, Switzerland 1993-1996

为瑞士杰出艺术家让·丁格力的作品建造的第一个博物馆始于1992年。建筑师的最初想法是在靠近佛伦肯多夫的巴塞尔的一座小山山体内挖筑。建筑唯一可见的部分是透明玻璃天棚,人们可以沐浴在阳光中环绕欣赏让·丁格力那大型的、充满动感的机械雕塑。

最终场地转换到了更接近于城市的环境,其相关而来的诸多限制导向了第二个亦即最终的设计。博物馆沿着19世纪幽静公园的东侧而建,紧靠莱茵河并位于高速公路大桥的一端。建筑尝试去激活这片高速公路边缘的空地,去改善20世纪的城市肌理。保留现存树木的决定迫使博物馆被建在一个大型的地下水库之上,其大跨度的屋顶结构在两端以横梁支撑,为艺术家的大型雕塑创造足够大的展览空间。

建筑平面为矩形,各边以不同的方式回应周边的城市环境。在靠近高速公路的东侧,建筑没有窗户,用架起的体量来创造屏障,以保护公园的私密性;面向公园的西立面是一排宽阔的拱形门廊,向花园完全开放;北侧是一个通向公园和博物馆的带顶盖的入口;南立面则以很庄重的形式面向河道。在进入美术馆之前,一座轻微拱起的玻璃桥会引领游客欣赏壮丽的河景。博物馆的展品空间提供了四个分隔并处于四个不同平面的区域。第一个区域在首层以上,标高2.9m,可以通过沿着莱茵河的步行桥进入。后面连接的小道一端面向一层空间开放,另一端为展厅空间。7.85m标高有一系列"经典"展厅,透过天窗的光线倾泻而下。接下来的展厅地坪标高降为-3.00m,采用人工照明。参观路线最终在首层结束。首层是一个大空间,通过隐藏在横梁之中的滑板可以被划分为五个隔间。

遵从让·丁格力的机械艺术精神,动感是这个博物馆的最主要的特色,同时也成为博物馆体验的一部分。

项目概况

设计时间: 1993
建造时间: 1994—1996
业主: 瑞士巴塞尔罗氏制药公司-霍夫曼
基地面积: 28 450m²
建筑面积: 6 057m²
展览面积: 2 866m²
建筑体积: 54 150m³

Project: 1993
Construction: 1994-1996
Client: Hoffmann-La Roche AG, Basel
Site area: park 28,450m²
Useful surface: 6,057m², of which 2,866m² for exhibition purposes
Volume: 54,150m³

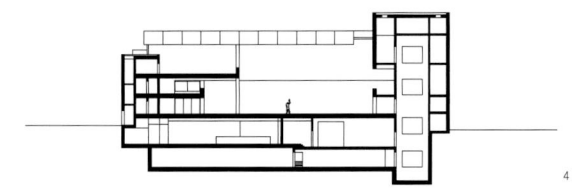

4

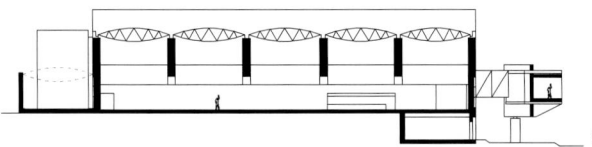

5

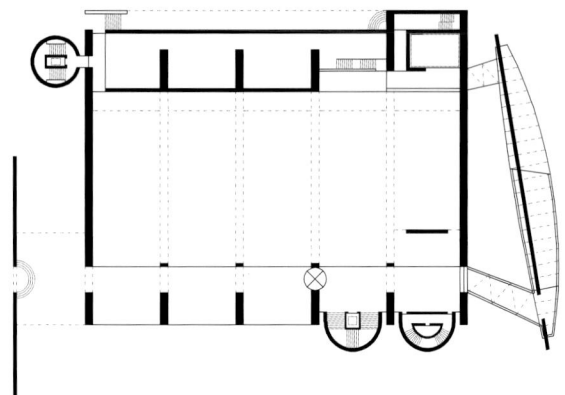

6

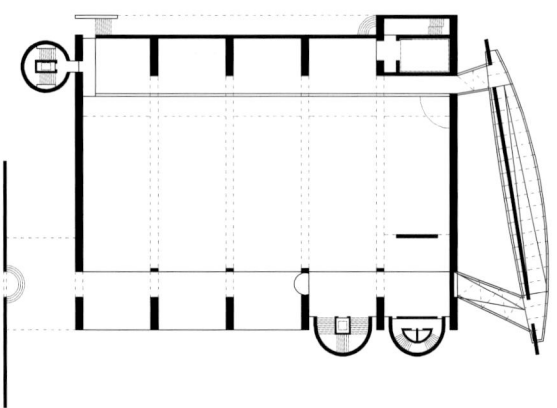

7

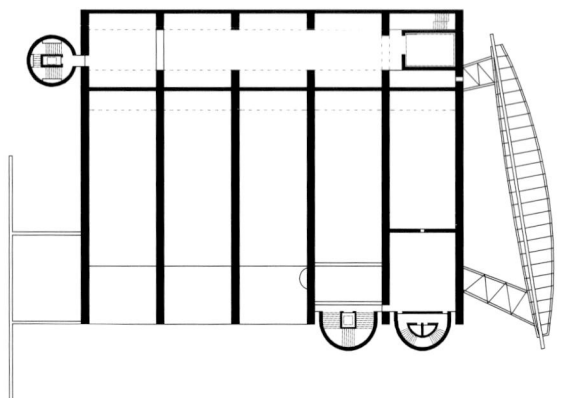

8

4. 横向剖面图
5. 纵向剖面图
6. 首层平面图
7. 二层平面图
8. 三层平面图
9. 面向公园的立面实景
10. 面向莱茵河的立面实景

11. 上层展示空间的内部实景

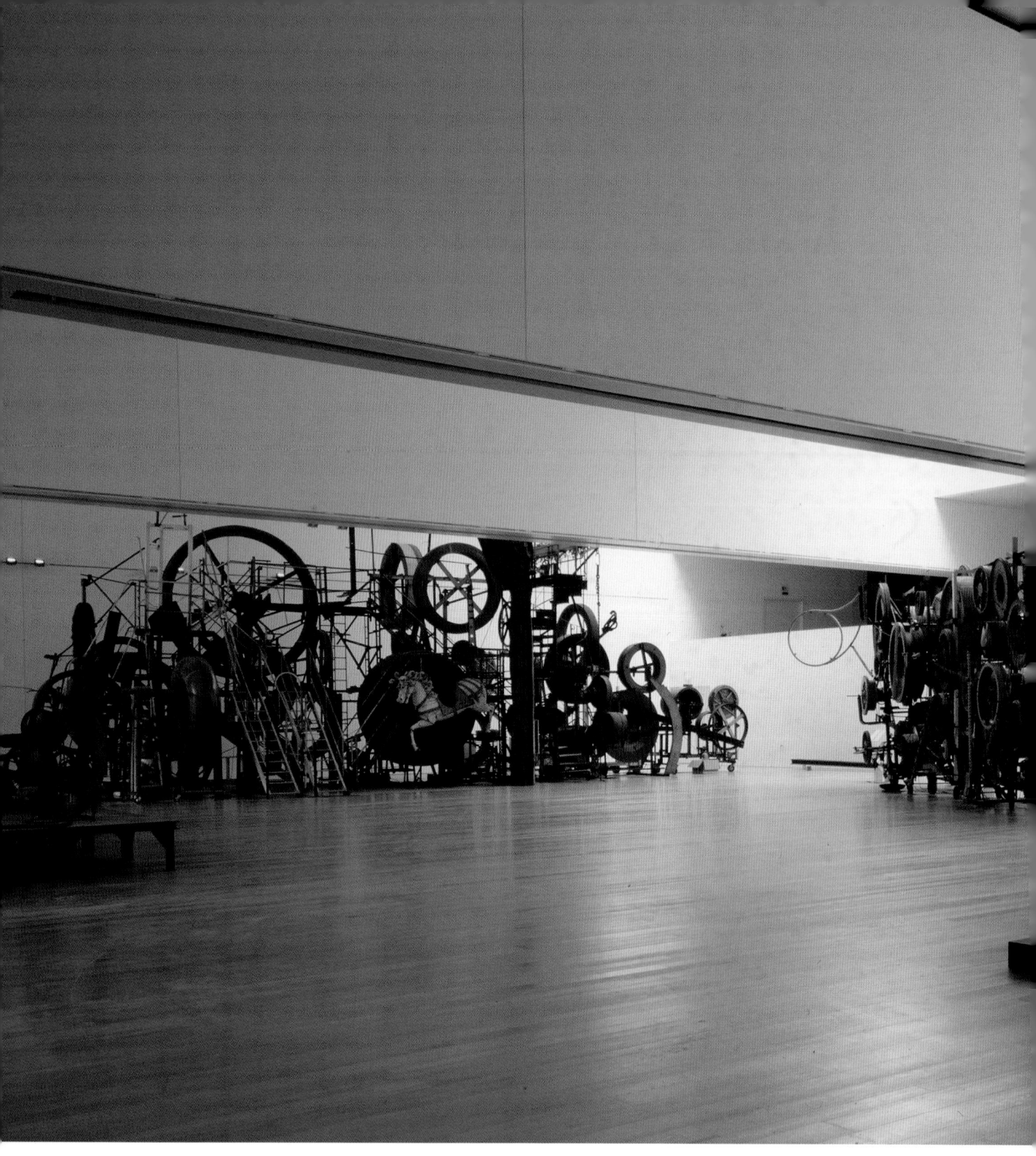

12. 安放让·丁格力艺术作品的中心展示空间

延伸阅读

- A. Gleiniger, Botta für Tinguely, "Bauwelt", 1996, 40, pp. 2288-2297.
- P. Jodidio, Tinguely le musée, "Connaissance des Arts", 1996, 533, pp. 66-73
- G. Cappellato, Museo Jean Tinguely a Basilea, "Rivista Tecnica", 1997, 9/10, pp. 7–19.
- J. F. Pousse, Forces en Présence, "Téchniques et Architecture", 1997, 431, pp. 58-61.
- G. Tolmein, Ein Museum für den Poeten des Chaos, "Häuser", 1997, 3, pp. 136-141.
- Museale Art, "Deutsche Bauzeitschrift", March 1997, pp. 49-54.
- Tinguely Museum in "Contemporary European Architects", Vol. V, edited by Philip Jodidio, Benedikt Taschen Verlag Cologne 1997, p. 22, pp. 74-79.
- Art and Architecture-Museum Jean Tinguely Basel, Switzerland, "Contemporary Architecture", 1997, 3, pp. 30-35.
- G. Cappellato, Una casa per l'arte/A house for art, "Ottagono", 1998, 127, pp. 98-105.
- M. Pisani, Il Museo Jean Tinguely a Basilea, "L'industria delle costruzioni", 1998, 320, pp. 10-18.

- Museum Jean Tinguely, Basel / Musée Jean Tinguely, "Schweizer Architektur", 1998, 128, pp. 23-34.
- Jean Tinguely Museum in M. Fuchigami "Europe: The Contemporary Architecture Guide" Vol. II, Toto Shuppan, Tokyo 1999, pp. 252-253.
- L. Tansini, L'insensata officina, "Ars", February 1999, pp. 78-83.
- Museum Jean Tinguely, Basilea, Svizzera, 1993-96 in "Musei architettura 1990-2000", edited by L. Basso Peressut, Federico Motta Editore, Milan 1999, pp. 141-145.
- N. De Ponti, Architetti a Basilea/Architects in Basel, "OF×", 87, December 2005, pp. 60-61.
- E. Fumagalli, Avanguardie svizzere, "Luoghi dell'Infinito", 96, May 2006, pp. 32-41.

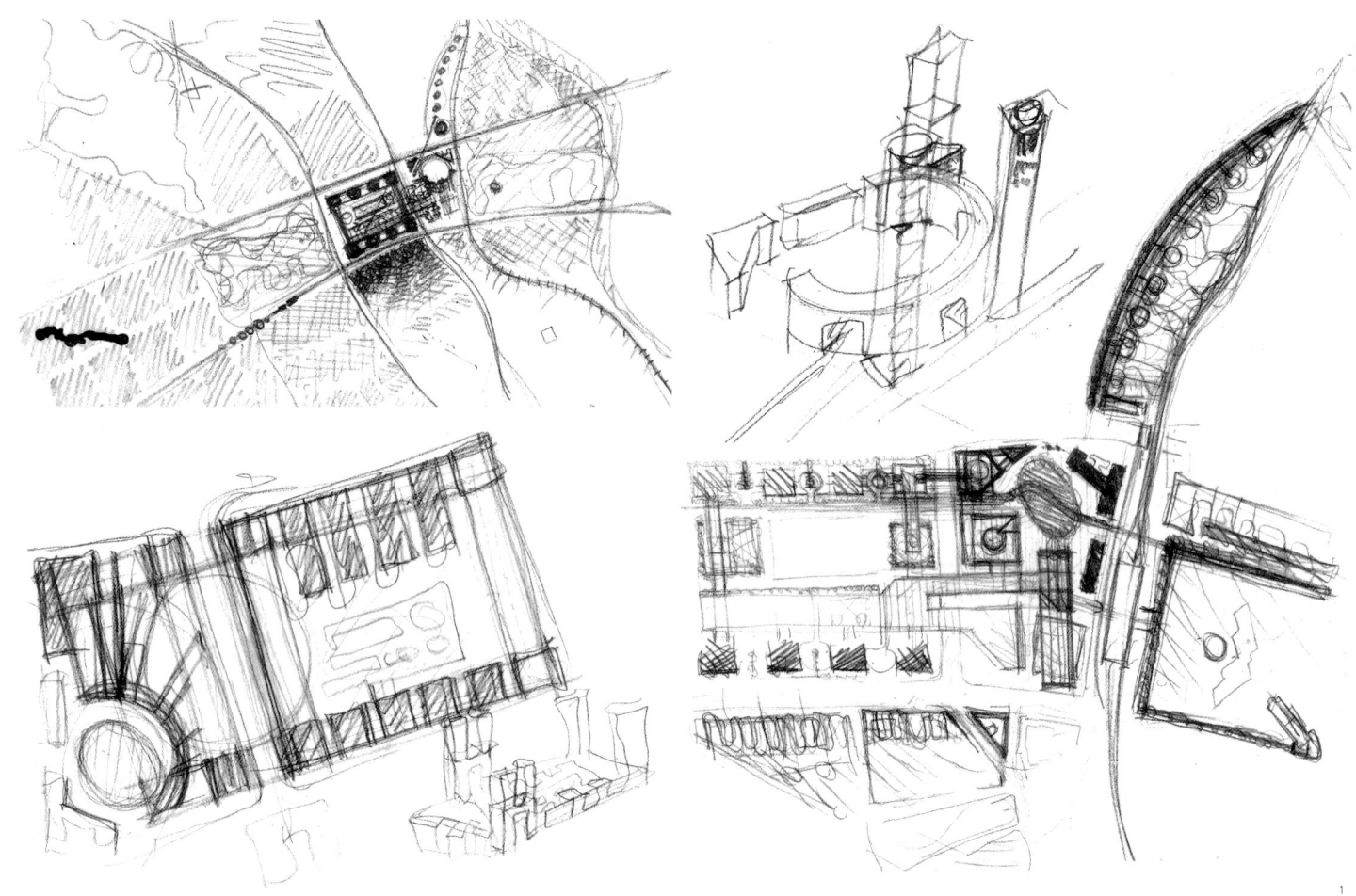

1. 手绘草图
2. 建筑总体透视图

亚历山大广场城市设计
URBAN DESIGN FOR THE ALEXANDER PLATZ

德国 柏林
Berlin, Germany 1993

　　20世纪20年代中后期，亚历山大广场区域作为具历史意义的设计竞赛对象，标志了柏林城市更新的开始。1993年这里又举办了针对相同区域的另一个国际竞赛。马里奥·博塔为这一区域提出了一个新的结构，其目的在于赋予被战争和投机的建设行为所破坏的城市肌理一个统一的外观。设计对该区域进行划分，并以不同的方式对不同区段的特点做出回应。在卡尔·马克思大道与莫尔大街之间的中央地段，建筑师设想四周围绕八座塔楼，形成一组如堡垒一般的建筑。这组建筑在周边的居民区中脱颖而出，北侧与南侧都有镶边绿化。在堡垒的中心，前警察营房为立于墩柱上的较矮的建筑建立了参照，这些较矮的建筑将被用作商店。毗邻堡垒，新亚历山大广场遵循战前的道路布局、边界与建筑高度而建。由此，该项目在不同城市境况下形成了反差：一方是以车站和贝伦斯的建筑为标志的新亚历山大广场，另一方是以高密度的八座塔楼为特点的北向堡垒。一系列17m高的多层建筑作为两个区域的过渡，由抬高的人行道连接。竞赛任务还要求在周边区域包含一些其他功能的建筑：一个剧场及配置店铺与餐厅的商业空间，它们连接了都市网络以及自亚历山大广场处沿着铁路向河延伸的新的城市公园。

项目概况
竞赛时间：1993
业主：柏林市，城市与生态发展部
基地面积：1 030 000m²

Competition project: 1993
Client: City of Berlin, Department for Urban
and Ecological Development
Site area: 1,030,000m²

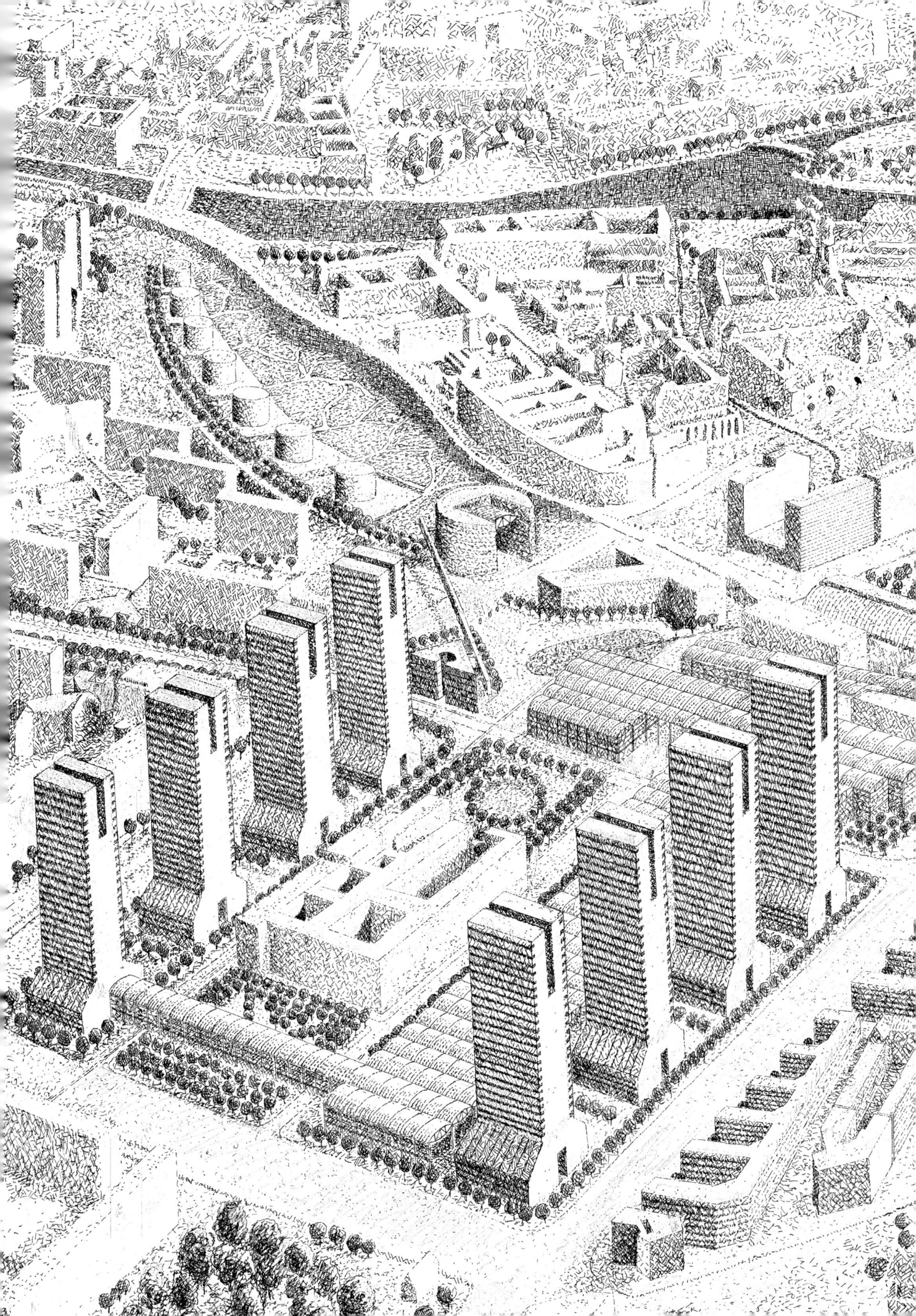

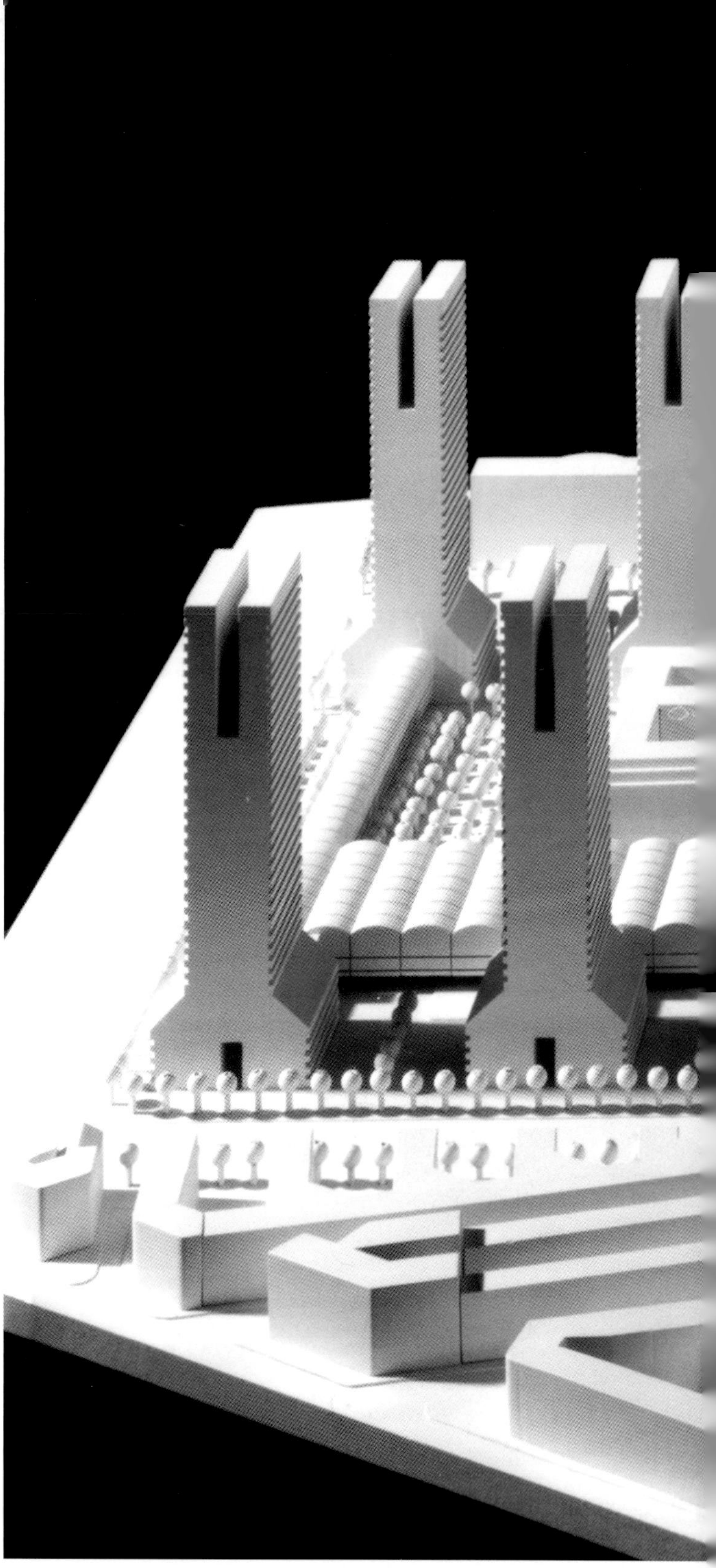

3. 基地草图
4. 轴测图
5. 建筑模型

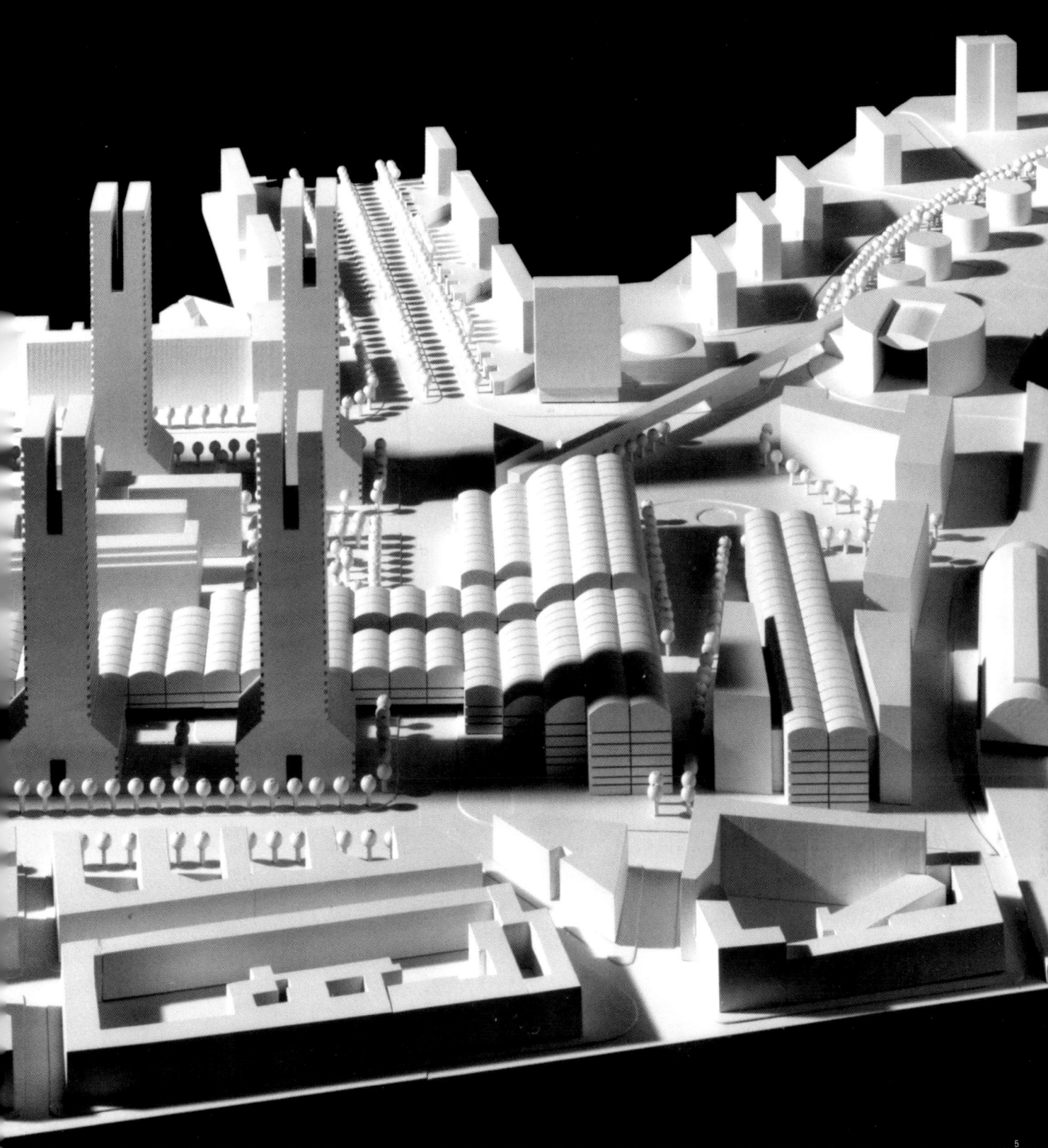

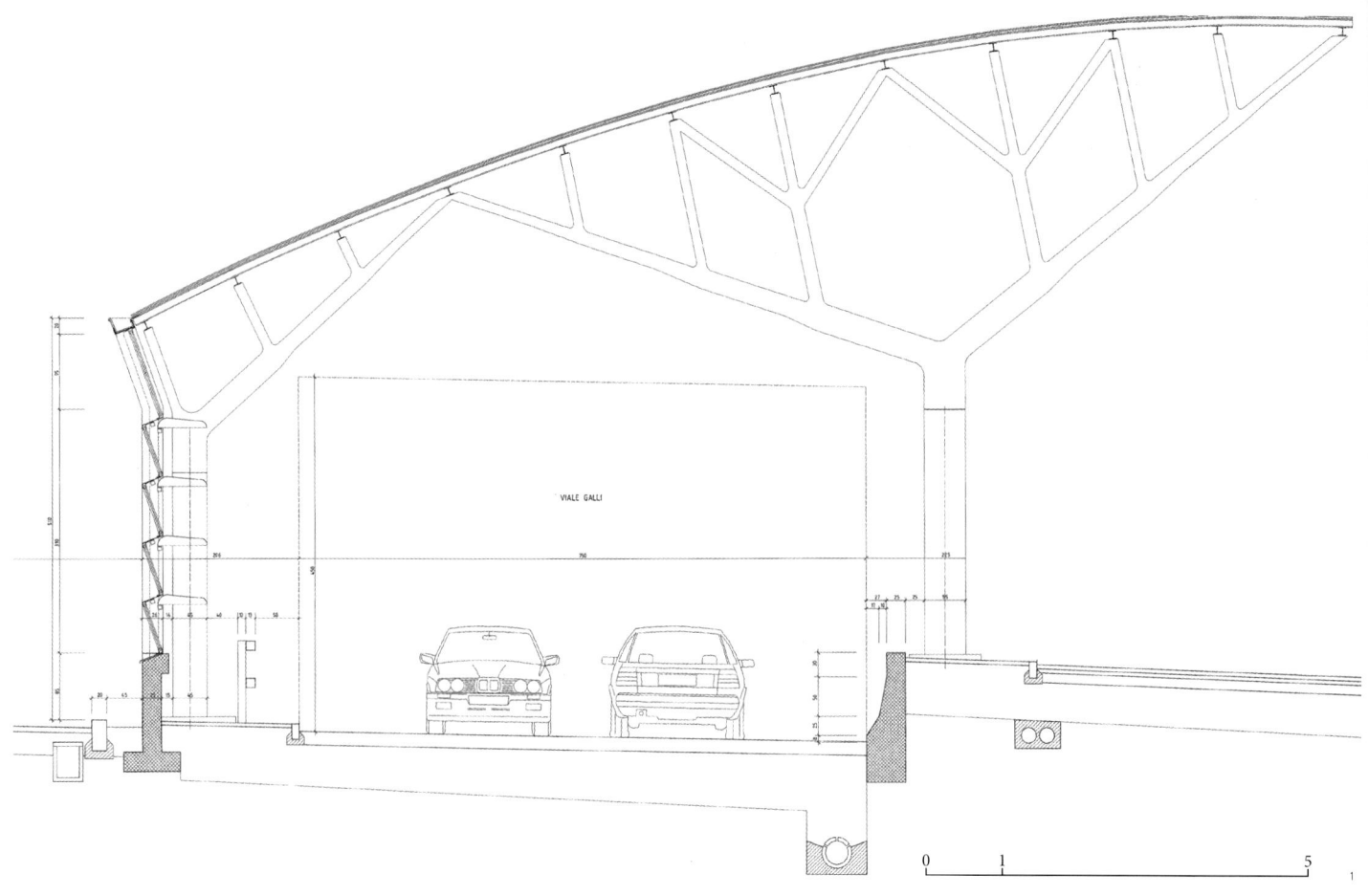

VIALE GALLI

0 1   5

1. 剖面图
2. 装置实景

基亚索降噪装置
CHIASSO NOISE PROTECTION

瑞士 基亚索
Chiasso, Switzerland 1993-2003

本装置位于N2高速公路基亚索圣哥塔德地段的最南端。装置分为两段：第一段位于基亚索的维利莱加利，长度约700m；第二段长约800m，延伸至Brogeda海关和Pontegana山坡。基亚索城市周边已经被无数障碍打断，如瑞士边境、火车站、布雷贾河和高速公路本身，因而设计的理念是要避免添加另一种"分区"。真正重新连接这个区域的解决方案是建设隧道，让高速路改变线路。然而，所涉及的陡升的成本和漫长时间限制使之成为难以实现的方案。项目的目标转为强调这一段高速公路的城市特征，同时也确保城市建筑肌理和丘陵在视野上的通透性。因此，项目设计了等距固定在地面上的模数化组件，以尽量减少在现有结构上的作业量，采用预制构件并确保快速安装。呈现出的建筑形象如同一条列植树木的城市街道，这排金属植物的枝干覆盖了维利莱加利及其后的高速公路路段，最大高度为8.5m。这些"树"是由不同直径的钢管和铸铁的节点组成的模数化构件，它们之间的中心距离为10.5m。模块之间的节点使得矫正沿途由平面

和高差所造成的差异成为可能。"树叶"和斜墙是18mm厚的玻璃隔音板，可以使噪音降低34dB。

项目概况

设计时间：1993
建造时间：2002—2003
业主：提契诺州（国土部门）
土木工程负责：Grignoli Muttoni公司
合作建筑师：格林内尔·马顿
声学专家：荷兰国际集团，博纳努米、法拉利·朱比亚斯科
结构和材料：连续钢筋混凝土基座；树形结构；铸铁连结圆钢部分
屋顶：圆钢型材（带铸铁节点）
屋面：组合式钢结构（RHS）与隔音夹层安全玻璃板材覆盖喷漆多孔铝薄膜的吸声材料面板

Project: 1993
Construction: 2002-2003
Client: State of Canton Ticino (Department of the Territory)
Civil engineering: Grignoli Muttoni Partner SA
Acoustic specialists: Ing. Bonalumi & Ferrari SA, Giubiasco
Structure and materials: continuous reinforced concrete plinth; tree structure; round steel sections with cast-iron joints; roofing: sectional steel structure (RHS) and plates of clear sound-proof laminated safety glass; sound-absorbent panels covered in lacquered perforated aluminium sheeting

3. 装置实景

延伸阅读

- Lärmschutzvorrichtung entlang der Autobahn N2 in Chiasso, "Archithese", 1994, 3, pag. 53.
- Barriere acustiche, "Modulo", 311, May 2005. pp. 441-442.
- M. Daguerre, Un sentiero tra acciaio e vetro, "Casabella", 739-740, December 2005-January 2006, pp. 74-77.
- R. Hollenstein, Neuer Realismus, "Archithese", 8. February 2006, p. 18-21.
- E. Montalti, Nuovi orizzonti autostradali, "Ottagono", 193, September 2006, pp. 116-121.
- Mario Botta Architetto Lugano/Noise protection in "Traffic Design", Daab, Cologne, 2006, pp. 296-303.
- Schallschutzwände – Chiasso/Ripari fonici–Chiasso, "Metall", 6, June 2007, pp. 16-23.
- D. Bozzolo, Considerazioni sul rumore e sul panorama sonoro, "Archi", 2010, 6, pp. 56-64.

1. 手绘草图
2.3. 舞台实景

美狄亚歌剧院舞台设计
MEDEA OPERNHAUS

瑞士 苏黎世
Zurich, Switzerland 1993-1994

几何元素、灯光和颜色共同唤起了"美狄亚"舞台设计的虚幻感。舞台由三个主体量组成：两个可以滑动的方形底幕打开时可展示舞台的深度，其上满布着小洞口，人工光源可以从中透过；一个具有神秘感的球体悬挂在底幕之后，随其移动时而消失在幕的后方，时而为舞台上方以网所结的花彩所掩盖；一座透明的桥，几乎不受机械力学原理的限制，在烟雾中若隐若现。演员轻盈的舞步和台上的白马加强了舞台梦幻般的氛围。

项目概况
设计时间：1993—1994
建造时间：1994
业主：苏黎世歌剧院
音乐：汉斯·于尔根·冯·博利
音乐总监：尼古拉斯·克里欧贝瑞
编舞和服装：罗杰·贝恩德·别内尔特
材料：黑色木装置（点光源照明），一个黑色的
　　　球体，薄的金属桥，地板上的帘幕

Project: 1993-1994
Construction: 1994
Client: Opernhaus Zurich
Music: Hans-Jürgen von Bose
Musical director: Nicholas Cleobury
Choreography and costumes: Bernd Roger Bienert
Materials: black wooden sets lit by point sources,
　　　a black sphere, thin metal bridge, nets and
　　　curtains on the floor.

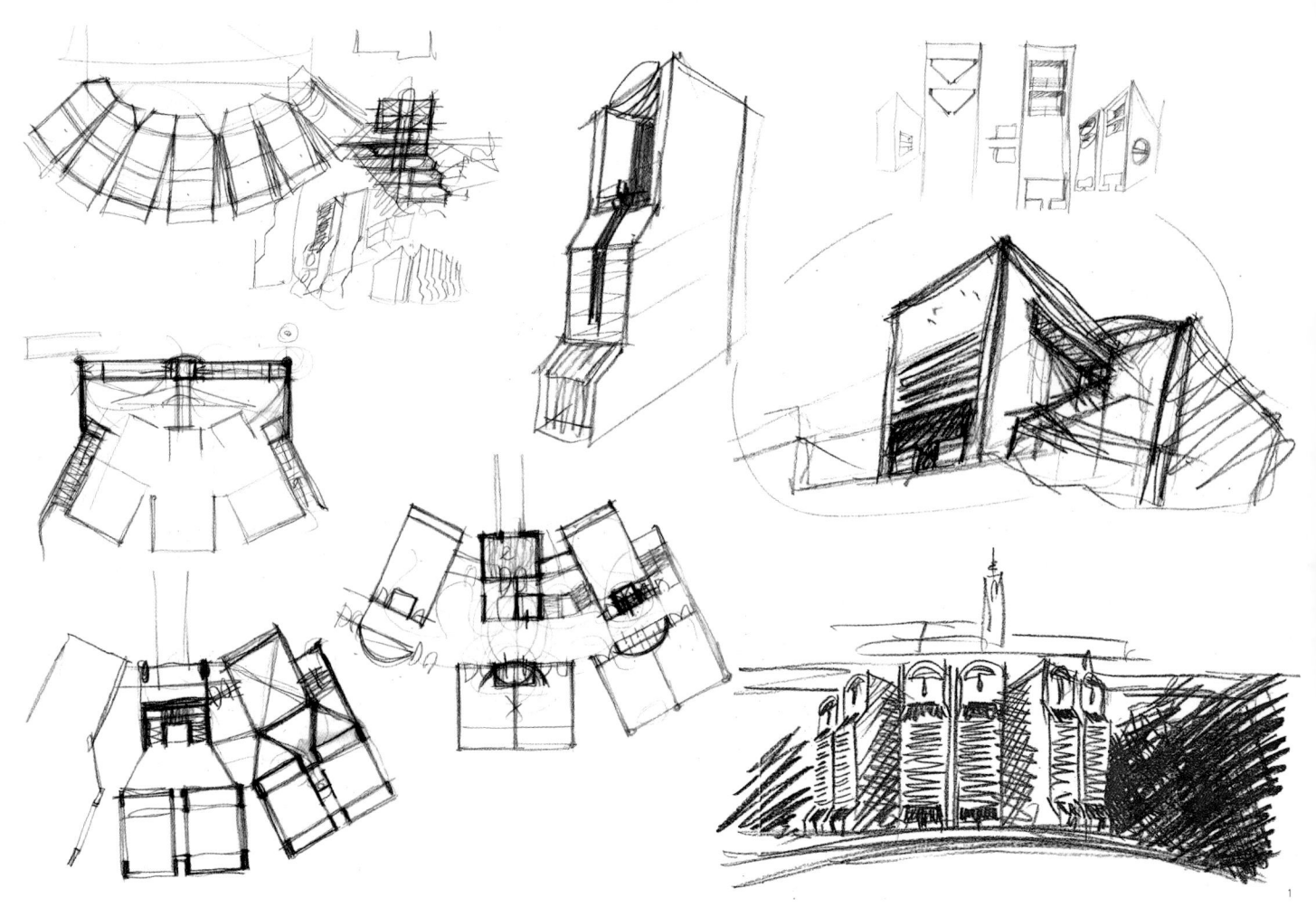

1. 手绘草图
2. 立面实景

奇塔德拉皮耶韦理科教育中学
CITTÀ DELLA PIEVE HIGH SCHOOL FOR SCIENCE EDUCATION

意大利 奇塔德拉皮耶韦
Città della Pieve, Italy 1993-2000

这个学校位于一个陡峭的山坡上,它在奇塔德拉市区范围内,靠近佩鲁贾的一个小镇,在城墙外接近圣阿戈斯蒂诺教会。这个扇形建筑的前部由三座塔楼组成,塔楼的形式分成两部分,每一部分都以圆弧屋顶覆盖,边缘互相连接。后部的三个塔楼是楼梯占用的空间。所有的塔楼是相同的,只有后部中间的塔,即主入口不同于其他的塔。基础、中间和上部三部分使每个塔楼是一个自主的个体,其顶部的密实度有别于下部的开放性。精致的塔楼外立面与其结实的侧墙有很大不同,前部是百叶窗形状。重点是考虑垂直的因素,深深的阴影强调了轮廓,从而使体量脱颖而出。垂直的状态平衡了水平方向的开口,使人产生对于楼层数目的错觉。外部形式与内部功能不一致。在建筑比例上的巧妙设计隐藏了建筑的尺寸,增强了纪念性、稳定性和垂直元素的重力感。建筑主体内部的循环路径,朝向并沿着峭壁的轮廓。塔之间的距离允许自然光线照亮双侧的室内。入口、行政

区域、一个小餐厅和会议室位于三楼。一座桥通向门廊,使人可以从后面进入一楼。贯通一层到三层空间完成了内部的组织。教室位于所有楼层前面的部分和上面两层的后面的部分。

建筑给人一个坐落在峭壁之上的堡垒的印象,它的存在定义了一个对比,描绘了在既存教堂和新复杂性建筑之间的宽敞广场的边界。

项目概况
设计时间: 1993—1997
建造时间: 1998—2000
业主: 奇塔德拉皮耶韦
合作建筑师: 乔治·奥尔西尼
基地面积: 3 450m²
建筑体积: 17 000m³

Project: 1993-1997
Construction: 1998-2000
Client: City of Città della Pieve
Partner: Giorgio Orsini
Site area: 3,450m²
Volume: 17,000m³

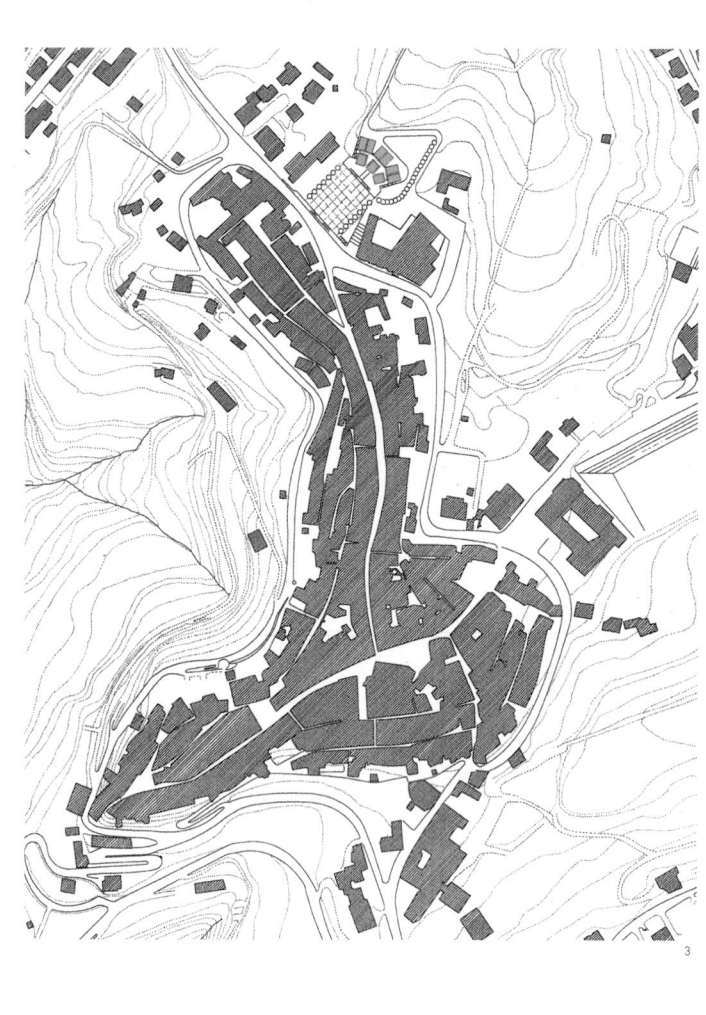

3

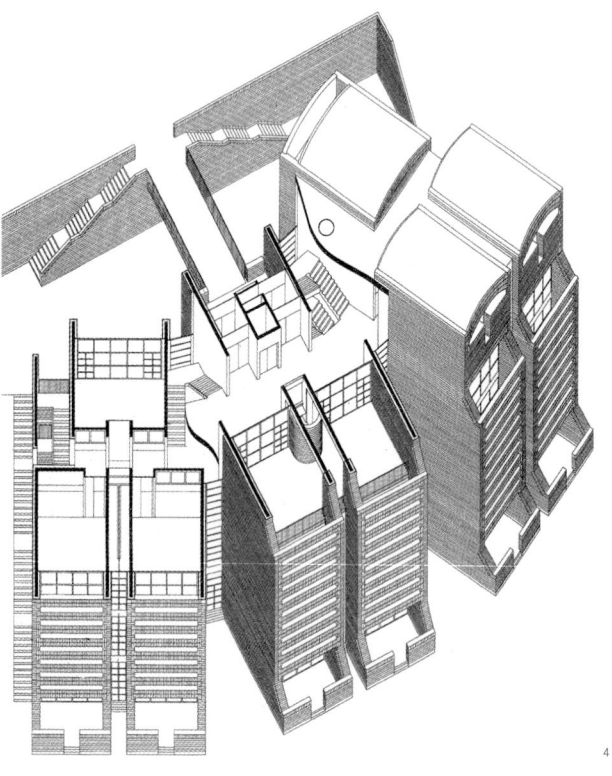

4

3. 总平面图
4. 轴测图
5. 塔楼的东部实景

6. 沿街立面实景
7. 从街道到入口的人行道

延伸阅读

- M. Pisani, Liceo scientifico a città della Pieve, Perugia, "L'Industria delle Costruzioni", 2000, 348, pp. 46-53.
- M. De Santis, Liceo scientifico a Città della Pieve, "Costruire in Laterizio", 2002, 86, pp. 4-11.
- Liceo scientifico Città della Pieve, Perugia, "Dalla ricostruzione al futuro architetture e infrastrutture in Umbria" , attachment to "Casabella", 758, September 2007, pp. 22-23.

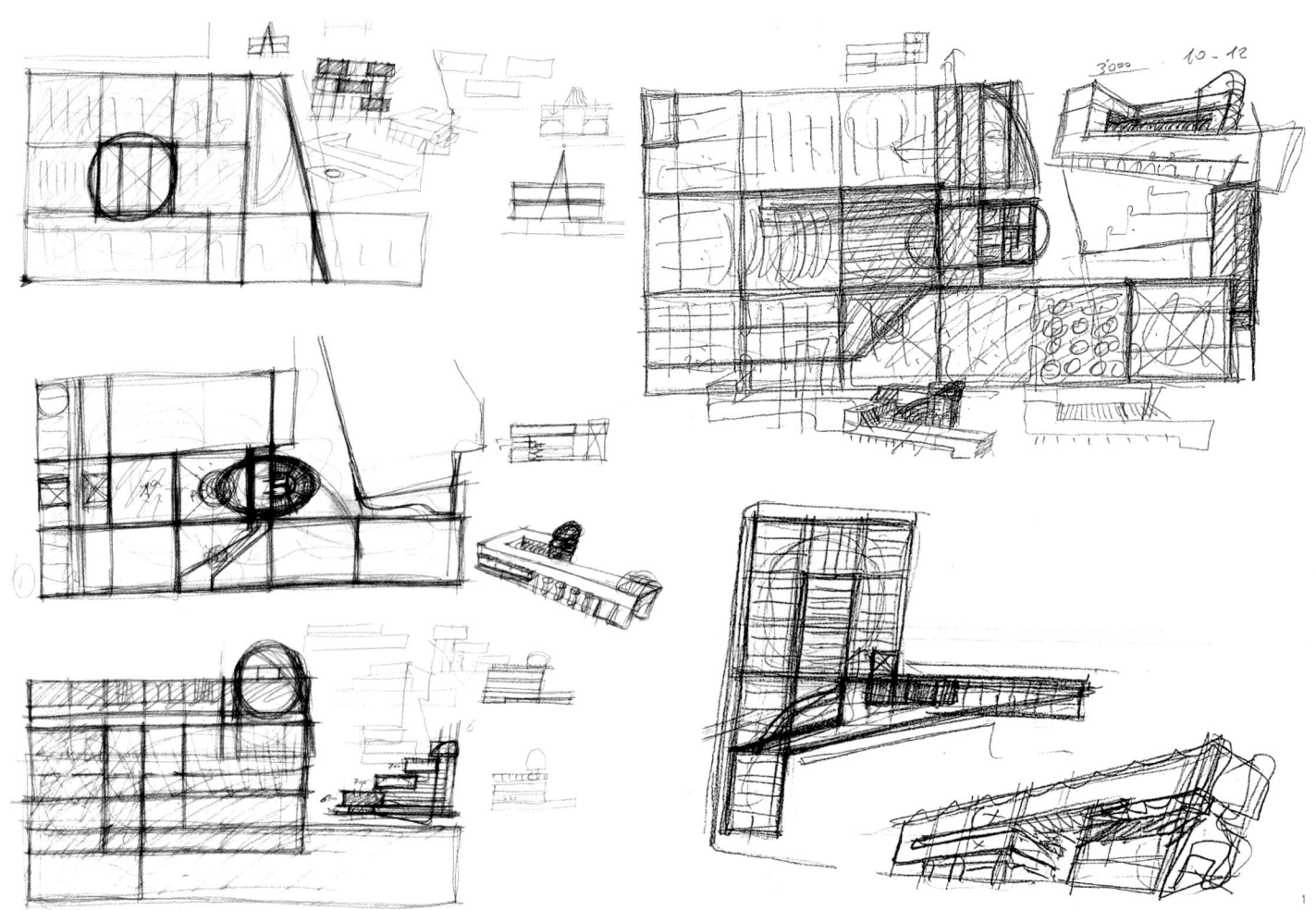

萨拉戈萨当代艺术画廊
SARAGOSSA CONTEMPORARY ART GALLERY

西班牙 萨拉戈萨
Saragossa, Spain 1993

　　当代艺术画廊的设计重新定义了基地东边现存的历史中心地带,为包括像德拉仁慈堂广场和皮尼亚泰利之家(阿拉贡政府所在地)等大型公共基础设施在内的皮尼亚泰利周边地区的城市肌理提供了重要的改良机会。画廊以"枢纽"的概念为设计出发点,它也已成为影响历史建筑和大型纪念性建筑之间尺度变化的手段。建筑以低矮的线性实墙为开端,首层一条长长的门廊伸至画廊入口。同时,建筑的另一立面使城市历史街区的内部广场获得完整性。另一个更高大的体量从这个有着漫漫长墙的结构上升起。地面层广场的大空间由于阶梯式伸出的楼层而逐渐向上收缩。一道玻璃墙将广场与博物馆内部的空间分离开来。玻璃墙后,连续琉璃瓦屋顶,将两个主要建筑体量分割开,并为巨大的门厅采光。画廊通向各种辅助设施的交通集中在通高的中庭。展览流线蜿蜒穿过建筑上层,经由交流空间连接至中心空间。展厅被位于上层的一系列天窗或由环绕其周边展墙的连续狭缝照亮。

项目概况

竞赛时间: 1993
业主: 萨拉戈萨市
基地面积: 5 164m²
建筑面积: 10 500m²
建筑体积: 63 000m³
规模: 88m × 43m; 高度 15/29m

Competition project: 1993
Client: City of Saragossa
Site area: 5,164m²
Useful area: 10,500m²
Volume: 63,000m³
Dimensions: 88m × 43m; height 15/29m

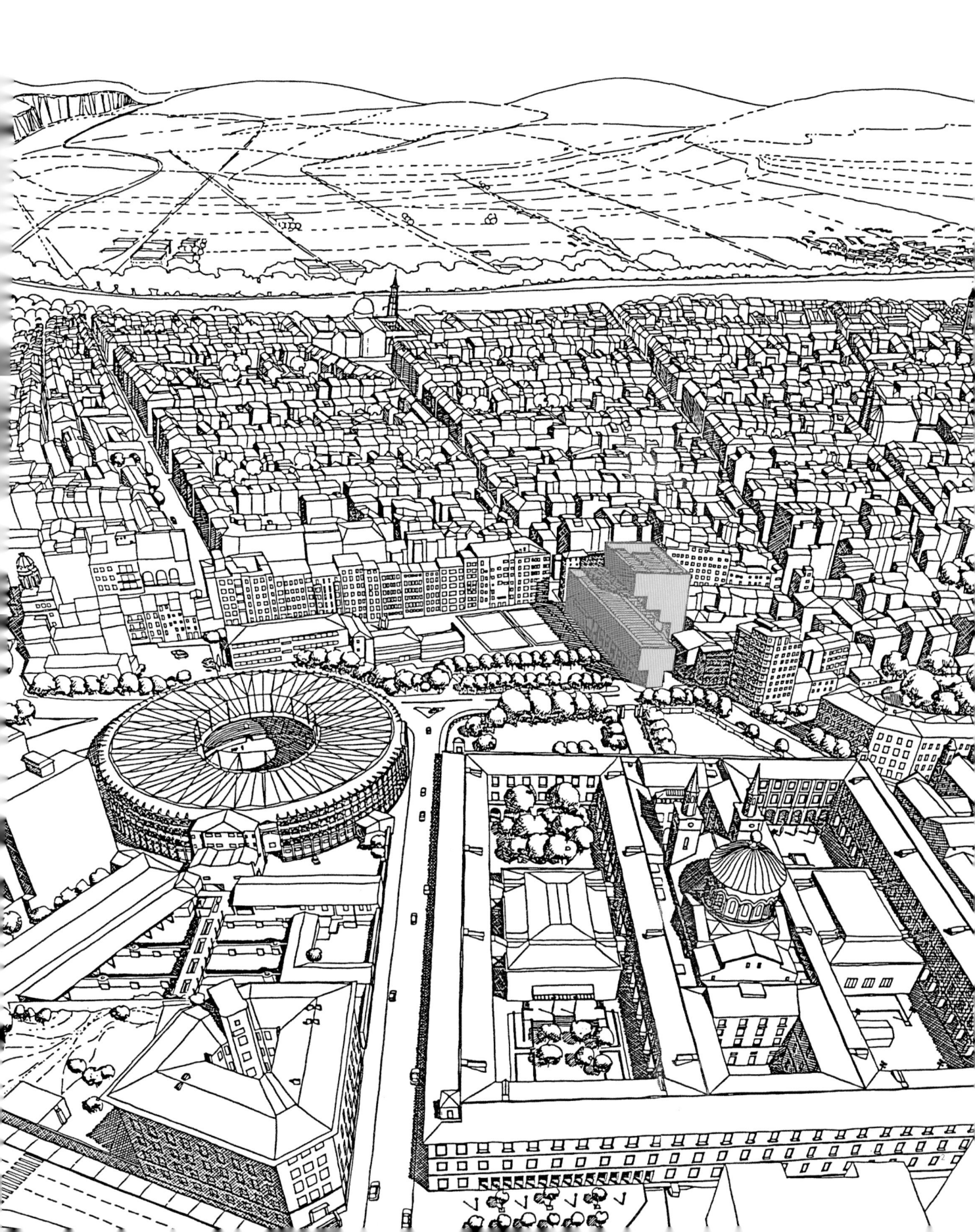

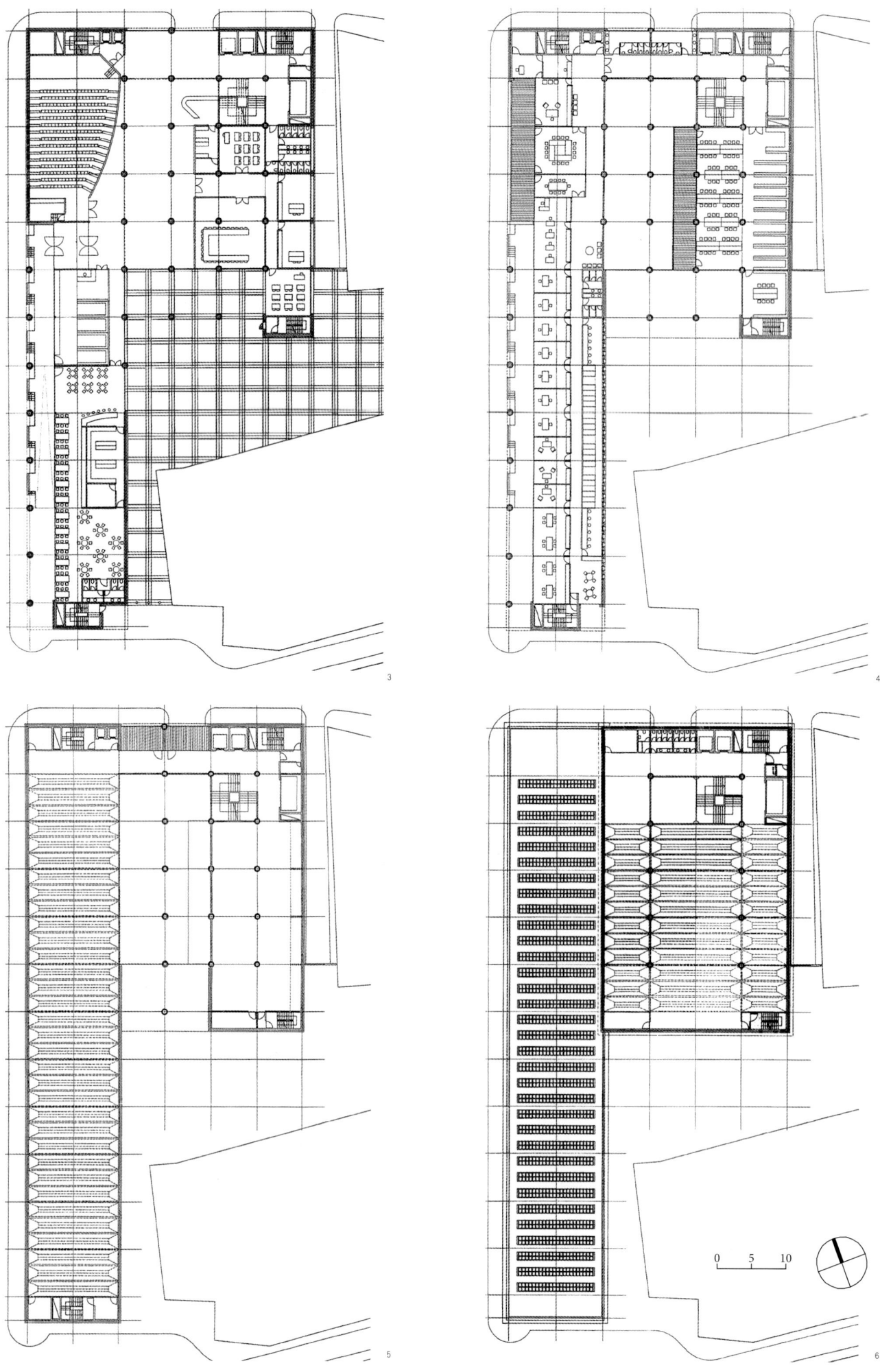

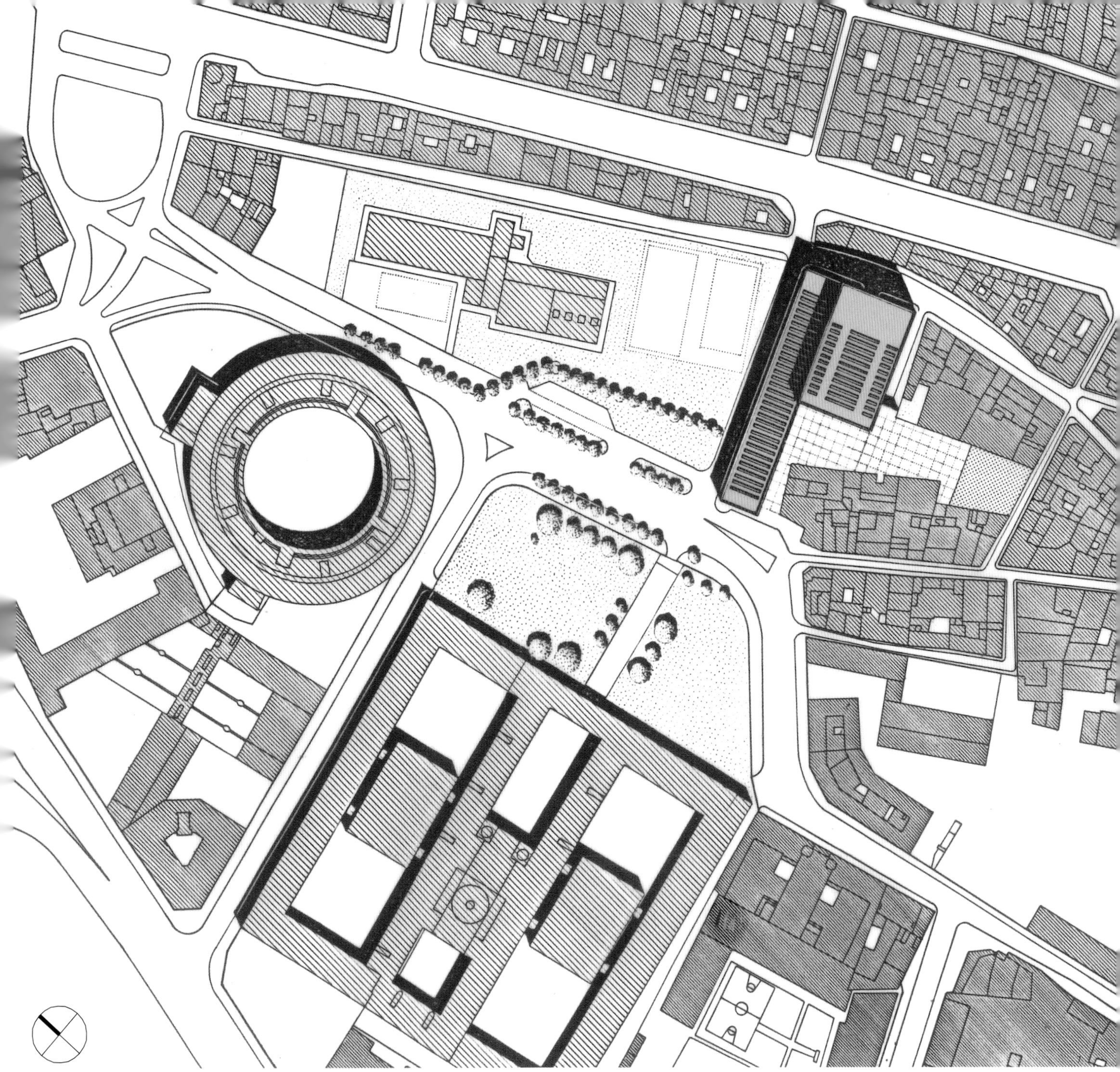

3. 首层平面图
4. 阁楼平面图
5. 二层平面图
6. 五层平面图
7. 总平面图
8. 剖透图

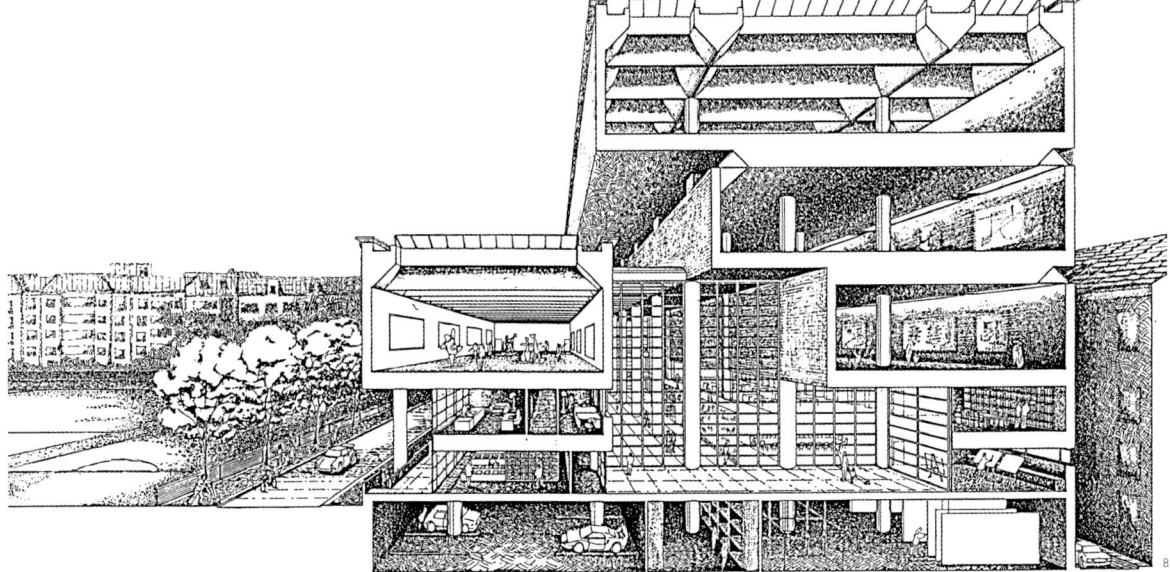

8

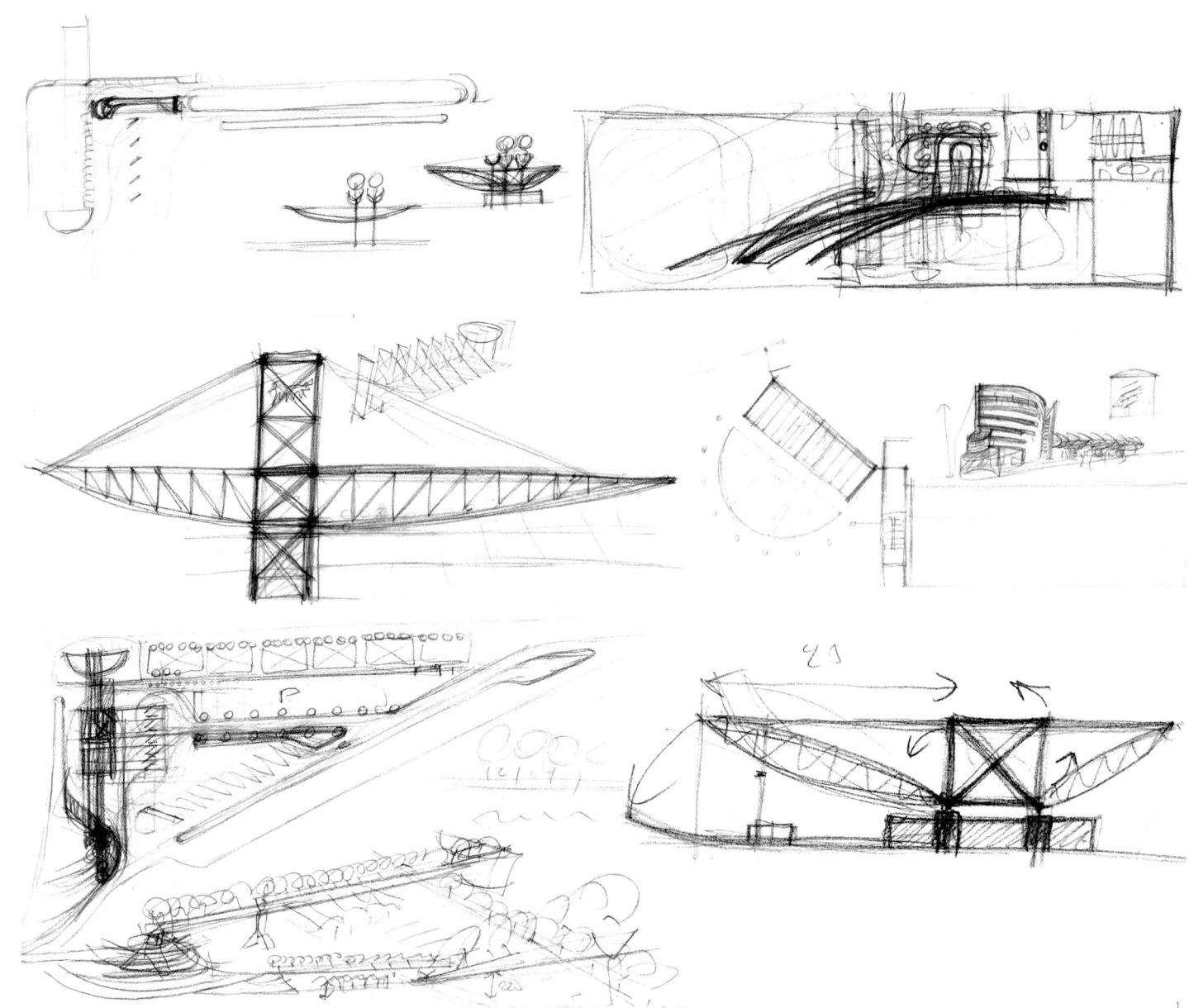

奎恩图服务站
QUINTO SERVICE STATION

瑞士 皮奥塔
Piotta, Switzerland 1993-1998

本设计坐落在山谷的入口，以其作为通往圣哥塔德的公路和皮奥塔村联系，与当地的其他元素呼应。加油站建筑机翼形的大型屋顶，由中央桥塔支撑，类似天线的几何形态。同时它与周围景观的其他人造几何元素产生共鸣。在这金属翼之下，将辅助设施放置在一栋低矮的建筑地下一层。部分降低的停车区域的设计使面向山坡的景观不会被停放的车辆阻碍。

项目概况
设计时间：1993（竞赛项目）／1996
建成时间：1997—1998
业主：奎恩图城市区域（市区）
基地面积：46 500m²
建筑面积：1 130m²
建筑体积：5 090m³（地上部分）
结构和材料：钢与玻璃和红色喷漆金属；天棚：
铁支架中心高9.6m；喷漆聚合金属板屋顶。

Project: 1993 (competition project)/1996
Construction: 1997-1998
Client: Area City Quinto
Site area: 46,500m²
Useful surface: 1,130m²
Volume: 5,090m³ above ground
Structure and materials: building in steel with glass
and red enamelled metal. Canopy: iron trestles with on
centre of 9.6m; enamelled aggregate sheet metal roof.

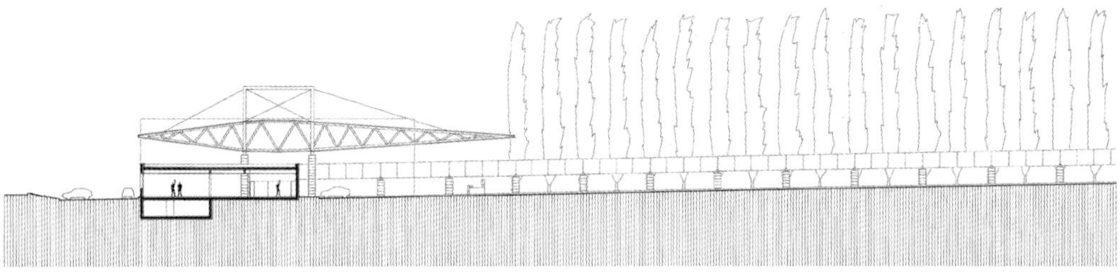

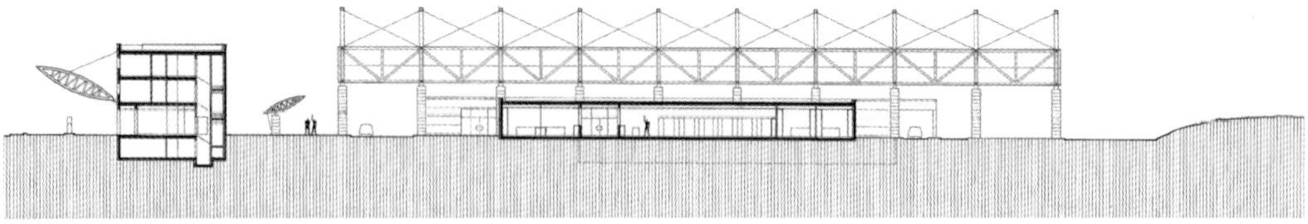

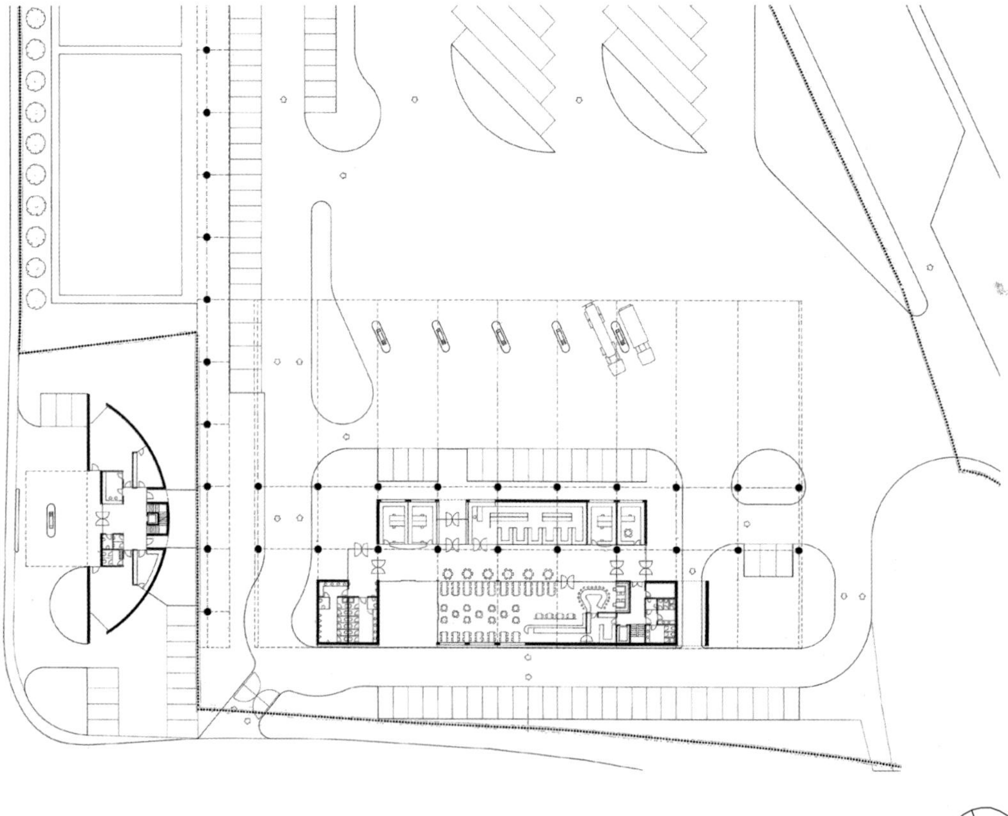

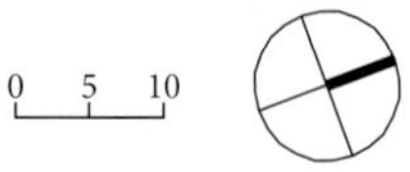

3.4. 剖面图
5. 首层平面
6. 模型

0 5 10

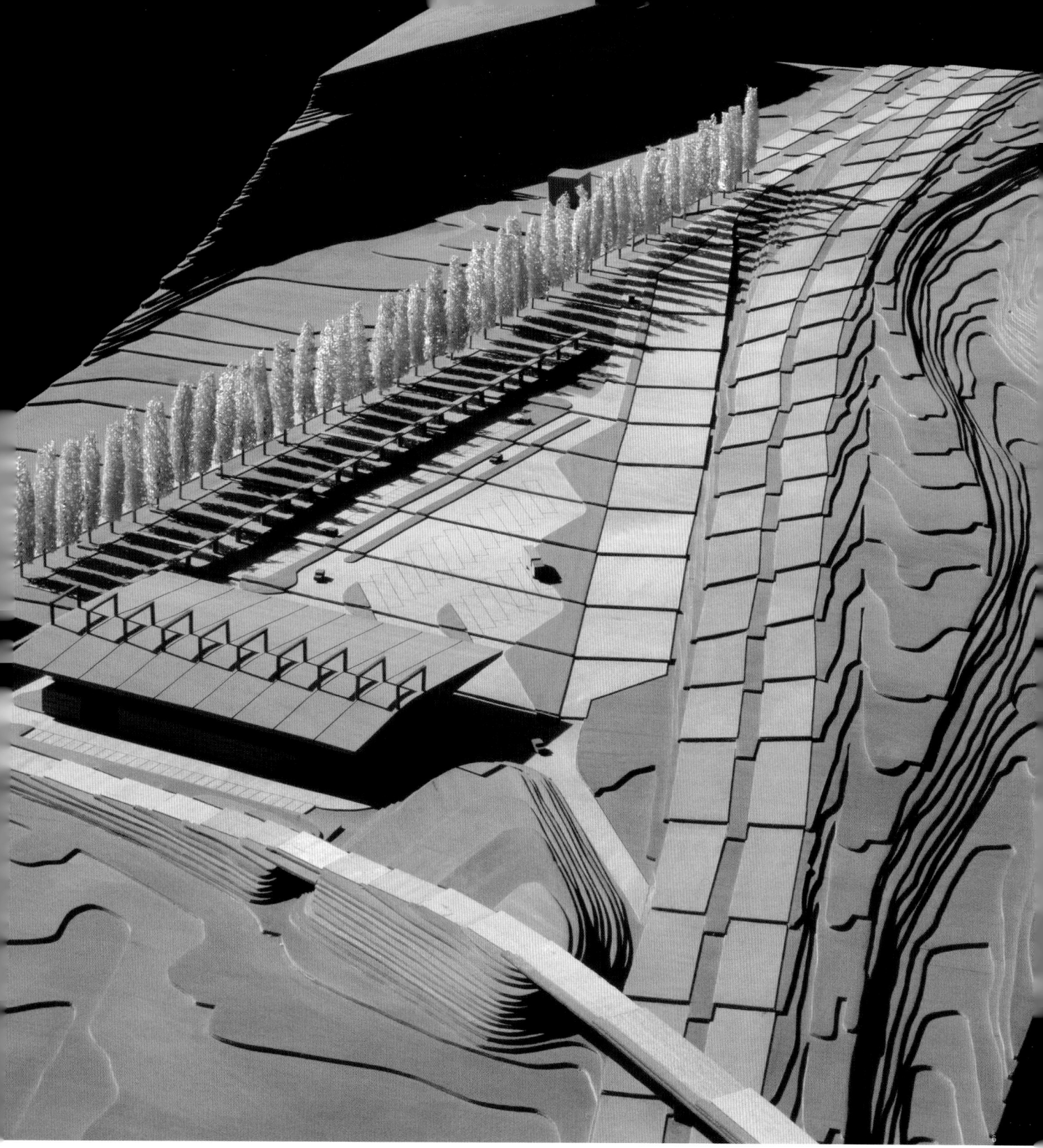

7. 北立面实景
8. 东立面实景

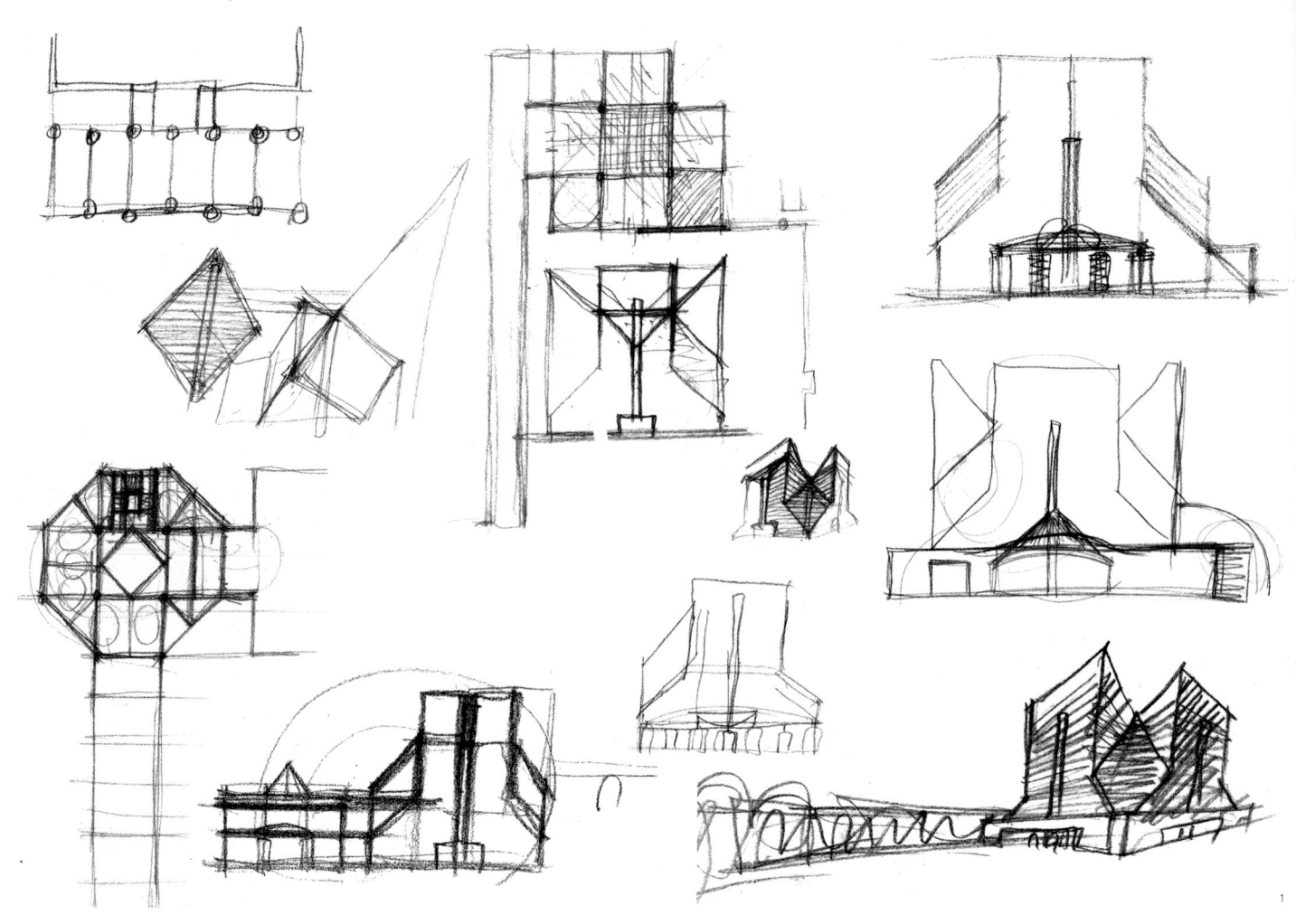

1. 手绘草图
2. 背景教堂实景

圣约翰二十三世教堂
CHURCH PAPA GIOVANNI XXIII

意大利 赛利亚特（贝加莫）
Seriate (BG), Italy 1994-2004

　　赛利亚特是位于意大利北部贝加莫市南部的一个小城镇，为神圣的教皇约翰二十三世修建的新教堂坐落于帕代尔诺区，17世纪圣·亚历山德罗烈士教堂附近。近年来修建的居住区和独立式住宅，塑造了从赛利亚特到贝加莫道路特有的边界和风貌。项目由正方形体量的教堂和两侧柱廊围绕的长条形体量复合而成，长条形体量内安排服务用房和教区工作用房。在新教堂的规划中，老教堂限定了面向新教堂的边界；在东南面是长条型单层神父宿舍和一些其他房间，二层朝向乡村的一端布置了演讲和问答教室。教堂是整个项目的中心，长25m，高度23m。教堂的承重结构是钢筋混凝土，墙壁的饰面使用的是粗糙切割的维罗纳石，而室内使用的则是贴着金箔的水平条纹木质面板，其制造工艺类似相框。室内空间由四周的墙面限定成一整体，沿墙来自屋顶四扇天窗的光倾泻下来。维罗纳石材也运用在教堂的内部装饰中，抛光的地板表面，沿四周墙面和一些礼拜仪式性的家具（祭坛、讲坛、椅子）的踢脚都由维罗纳石材制成。石材饰面的对称神龛组成了讲坛区的背景，饰面石材内陈列有一件"耶稣受难"的雕塑，由意大利艺术家朱利亚诺·樊岐雕刻而成。

项目概况
设计时间：1994/2000
建造时间：2001—2004
业主：S.S.教区雷登特教堂，赛利亚特
合作建筑师：茉莉亚诺·樊岐
基地面积：26 300m²
建筑面积：2 137m²
建筑体积：16 500m³

Project: 1994/2000
Construction: 2001-2004
Client: Parish S.S. Redentore, Seriate
Partner: Guglielmo Clivati
Sculptor : Giuliano Vangi
Site area: 26,300m²
Useful surface: 2,137m²
Volume: 16,500m³

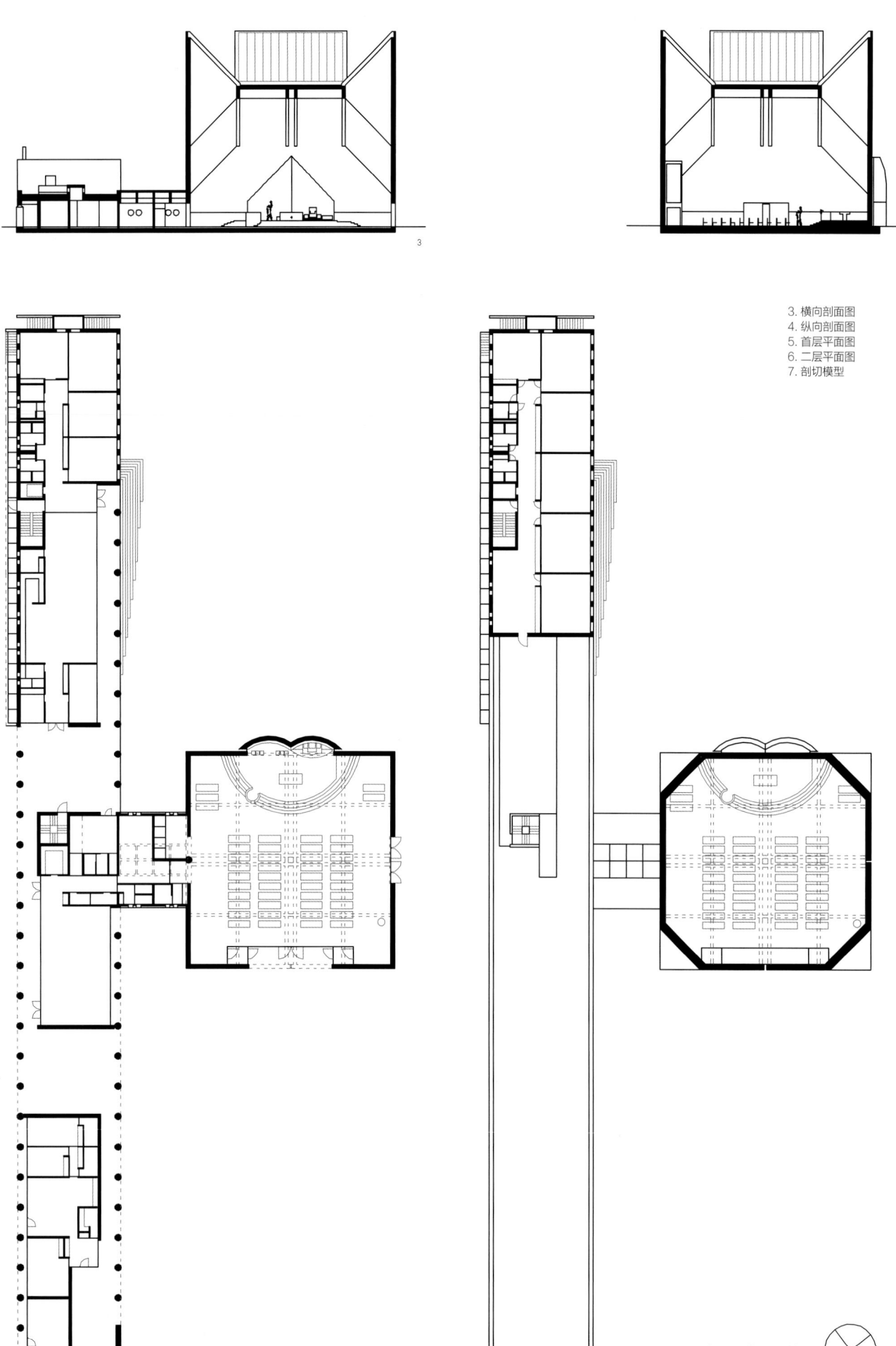

3. 横向剖面图
4. 纵向剖面图
5. 首层平面图
6. 二层平面图
7. 剖切模型

0   5   10

8. 双拱西南立面实景
9. 教堂东北立面入口实景

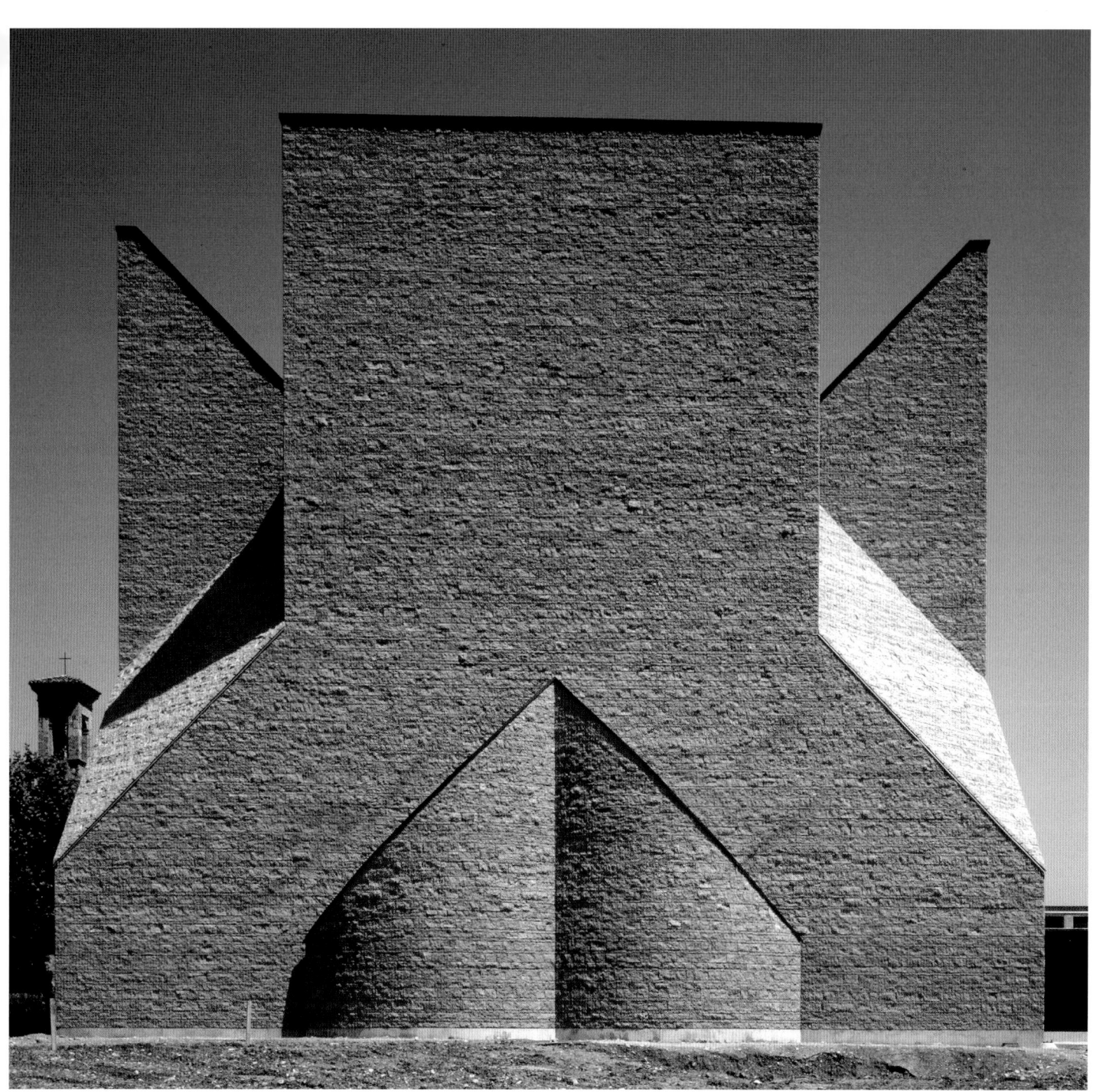

10. 室内实景

11. 从入口处看长老区
12. 室内仰视实景

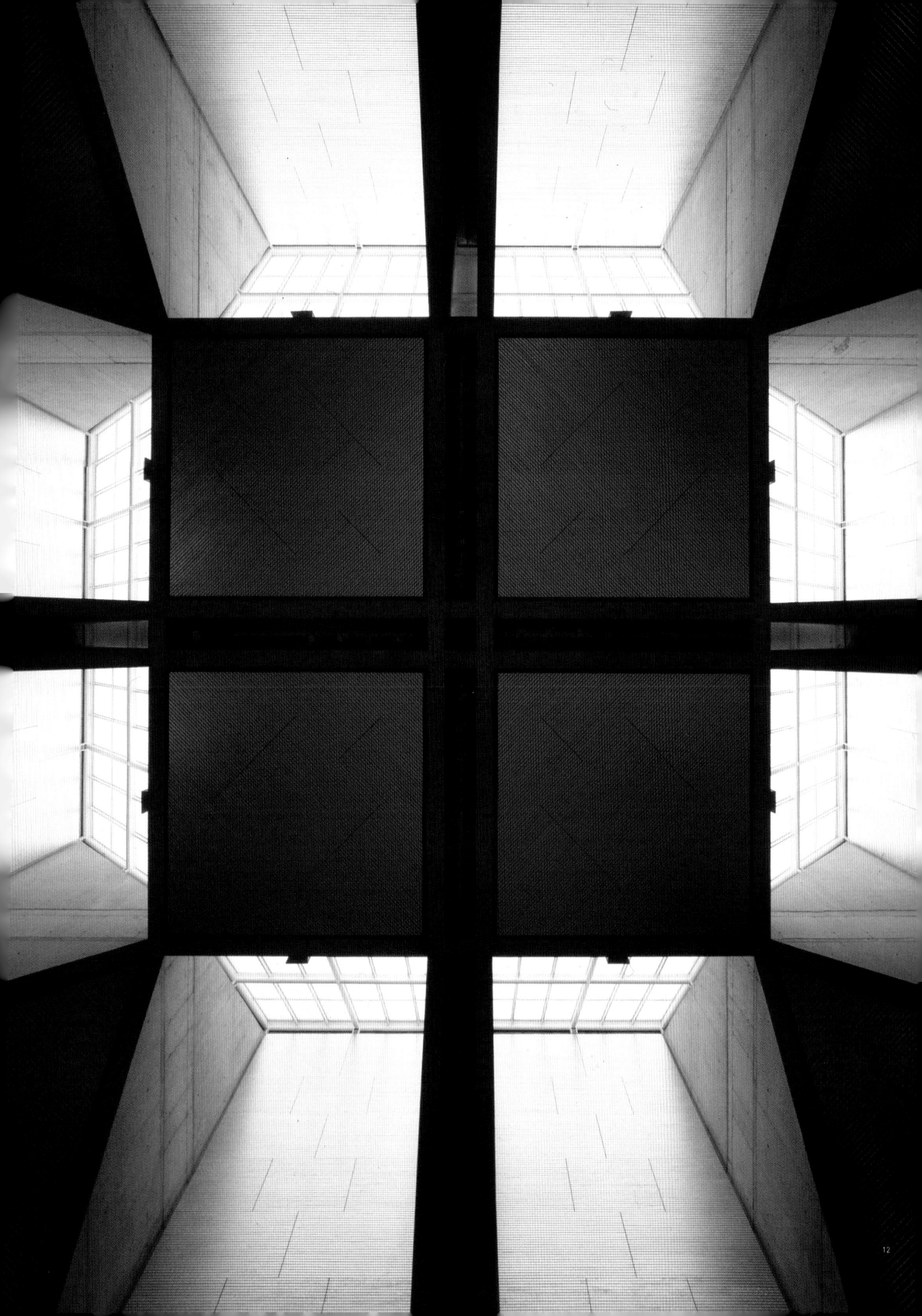

13. 拱形细部实景

延伸阅读

- L. Servadio, La porta dorata del cielo, "Luoghi dell'Infinito", October 2004, 78, pp. 60-63.
- N. Delledonne, Declinazione del sacro Due opere di Mario Botta, "Aión", 12, May/August 2006, Aión edizioni, Florence, pp. 55-63.
- J. Zhu, Mario Botta Church in Seriate, "Interior Architecture of China", January 2008, pp. 183-185.
- E. Pizzi, Mario Botta Costruire nuove speranze per la città, "Arte e Storia", Edizioni Ticino Management, 44, September/Ocotber 2009, pp. 378-385.
- Mario Botta Church and Pastoral Center Papa Giovanni ××III in "Closer to God. Religious Architecture and Sacred Spaces", edited by Lukas Feireiss, Die Gestalten Verlag, Berlin 2010, pp. 212-213.

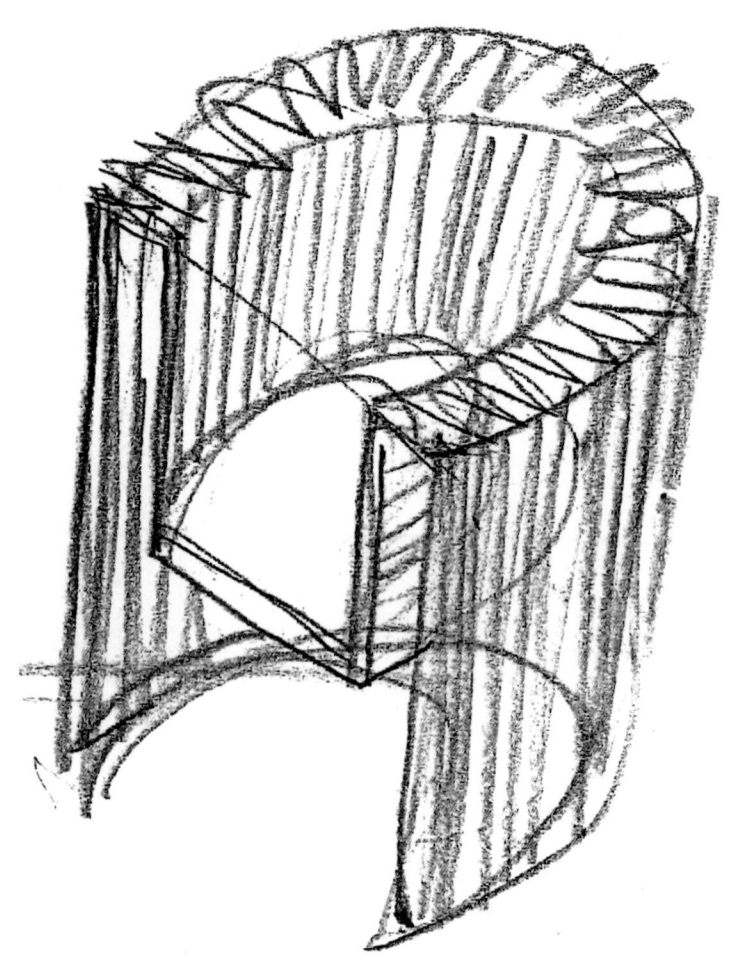

1. 手绘草图
2. 产品实样
3. 产品细部

夏绿蒂·克尔椅子
CHAIR CHARLOTTE

1994

夏绿蒂·克尔是弗里德里希·杜伦·玛特的遗孀。在苏黎世美术馆展览杜伦·玛特的平面作品期间，她希望用某样东西来纪念他。设计师用自然编制的藤条包裹钢管支架，创造出一个不容易伤人的椅子。当使用者舒适地坐在这个凳子中阅读的时候，就像处于一个平和、静谧的摇篮。

项目概况

设计时间：1994
制造商：霍恩有限公司
尺寸：90cm×72cm，高 70cm

Production: since 1994
Manufacturer: Horm srl
Dimensions: 90cm×72cm, 70cm H

1. 手绘草图
2. 建筑透视图
3. 首层平面图
4. 横向剖面图

卡的夫湾歌剧院
CARDIFF BAY OPERA HOUSE

英国 卡的夫
Cardiff, Great Britain 1994

　　基地位于加的夫港内中心区域的椭圆形盆地旁。这一城市区域因其港口逐渐衰落而遭到废弃，威尔士国家歌剧院的建造赋予这一区域新的生机。根据任务书所要求的四个功能，建筑被设计成一个分为四个体量的建筑。一座巨大的长条状停车楼封闭了建筑体量的背面。在前部，礼堂的中心体量与戏台塔楼、左边的办公室、右边的舞蹈学校一起，将椭圆形盆地对面的城市街区统一起来。建筑的主入口也在这一面，联系着门厅和一座通向主餐厅与可俯瞰港口的公共露台的疏散楼梯。建筑每8.6m设置一根承重柱，这就很大程度上开启了内部空间灵活性；在外部，一个砖饰面的承重柱体系赋予立面节奏感和个性。

项目概况

竞赛时间: 1994
业主: 卡的夫湾歌剧院信托有限公司
基地面积: 12 300m²
建筑面积: 26 400m²
建筑体积: 165 000m³
规模: 124m × 134m; 高度32.5/49.5m

Competition project: 1994
Client: Cardiff Bay Opera House Trust Ltd.
Site area: 12,300m²
Useful area: 26,400m²
Volume: 165,000m³
Dimensions: 124m × 134m; heights 32.5/49.5m

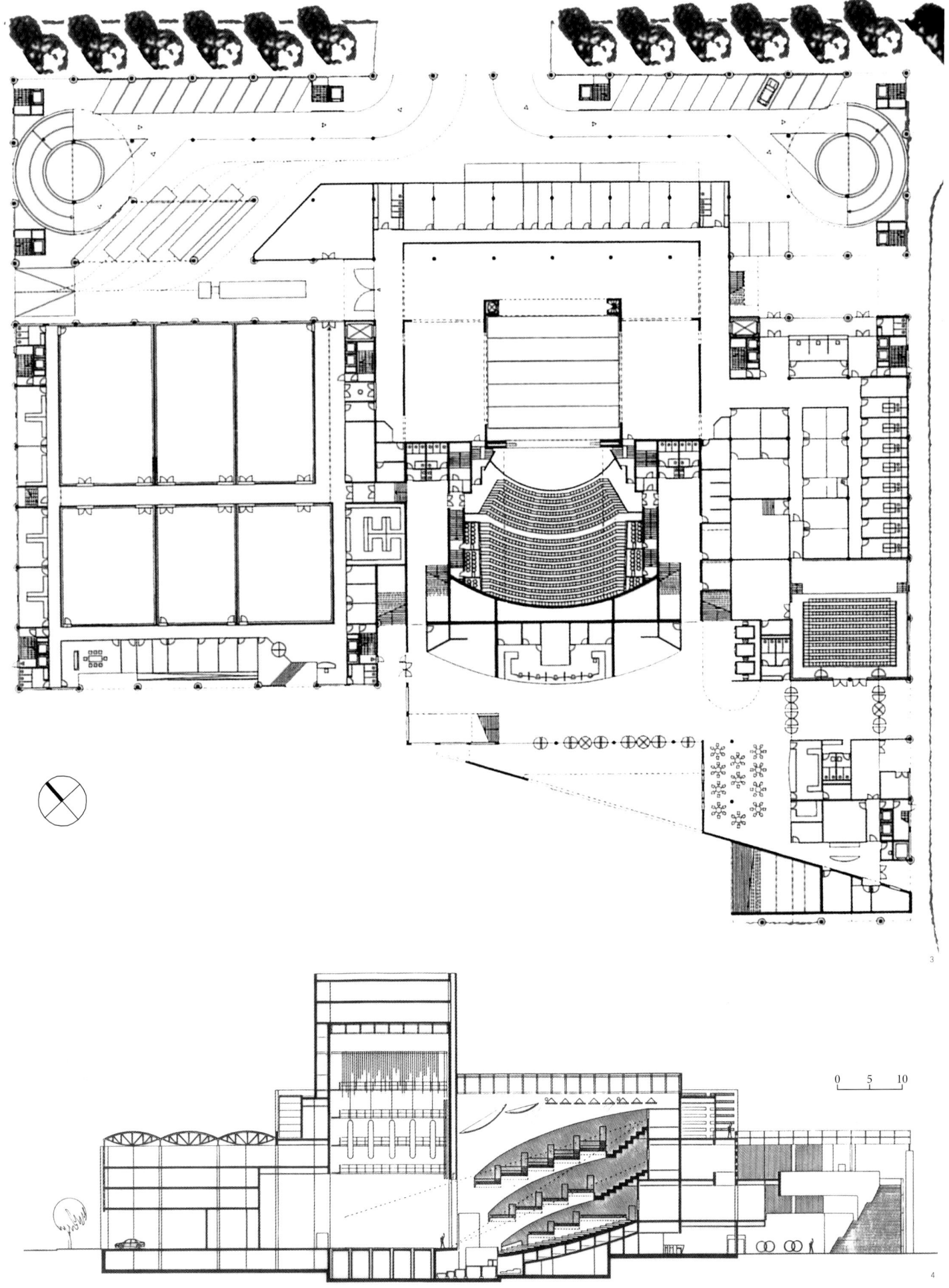

3

0 5 10

4

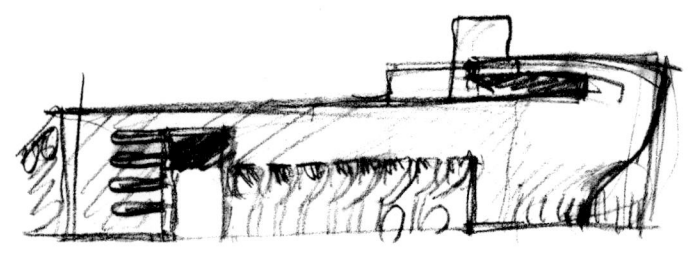

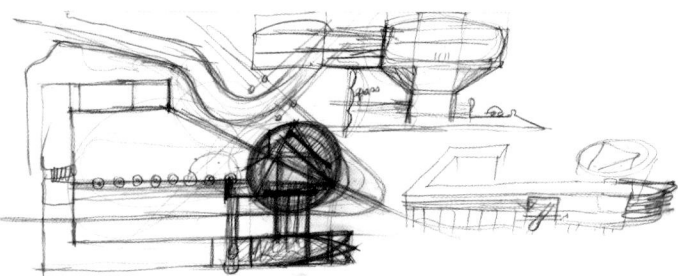

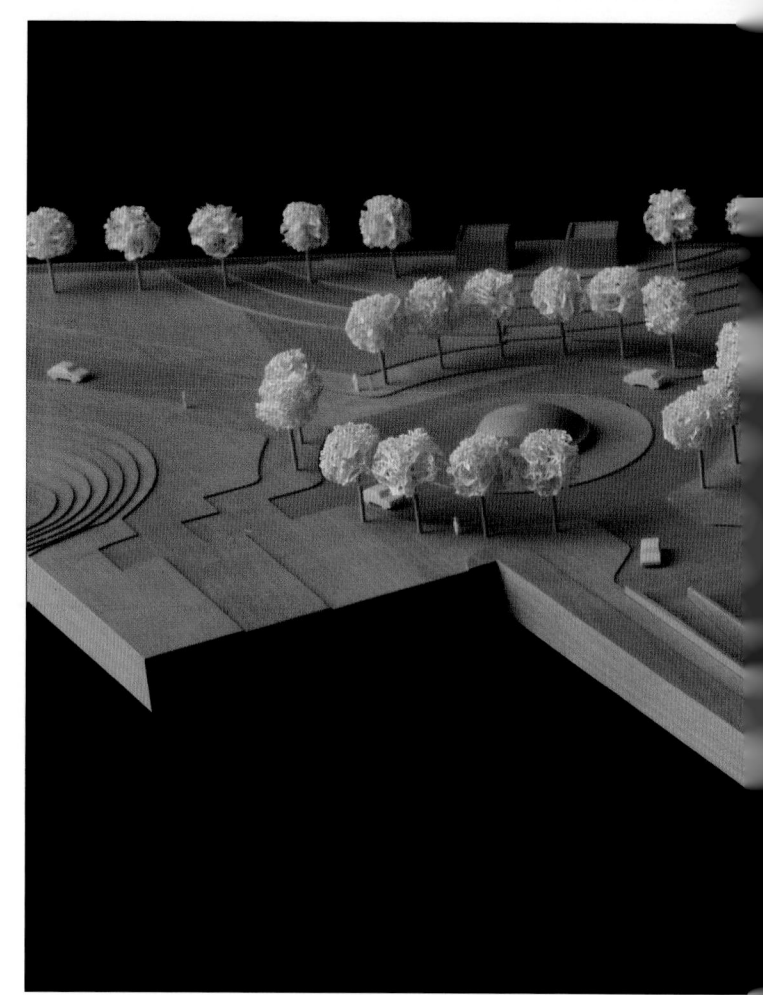

1. 手绘草图
2. 建筑模型
3. 纵向剖面
4. 首层平面
5. 二层平面
6. 三层平面
7. 五层平面

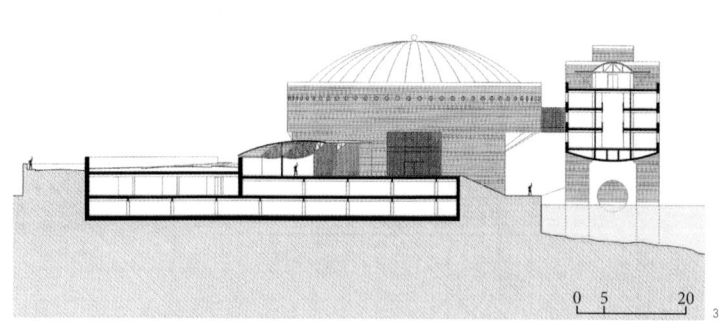

0   5   20

那慕尔国会大厦
NAMUR PARLIAMENT

比利时 那慕尔
Namur, Belgium 1994

通过将建筑安置在江心并获得引人注目的山景，新议会建筑的设计充分利用了江与山这两个主导的景观要素。在格拉尼翁半岛的端部，两条河流的交汇处，议会室的圆柱型体量具有一定的象征性，它的后方是一个宏伟的广场，像设置在默兹河上的一个露天剧场。长条形办公楼的墙壁从河中的基础上升，创造出广场空间。长条形的建筑两端通高，从水中伸展而出，像一艘船永久泊靠在岸边的新建筑旁。旁边广场的私密空间由一间酒店和低矮的商铺围合。在它们后面，河边漫步路的尽头是计划服务于博物馆和文化设施的巨型地下空间。

项目概况
竞赛时间：1994
业主：那慕尔市
项目地点：格拉尼翁区
基地面积：议会14 350m²，
　　　　　公共设施（酒店和商店）11 730m²
建筑体积：议会59 400m³，
　　　　　公共设施（酒店和商店）37 500m³
合作建筑师：让·皮埃尔·瓦尔涅

Competition project: 1994
Client: City of Namur
Site area: Grognon area
Useful surface: parliament 14,350m²; public
　　amenities (hotel and shops) 11,730m²
Volume: parliament 59,400m³; public amenities
　　(hotel and shops) 37,500m³
Partner: Jean Pierre Wargnies

2

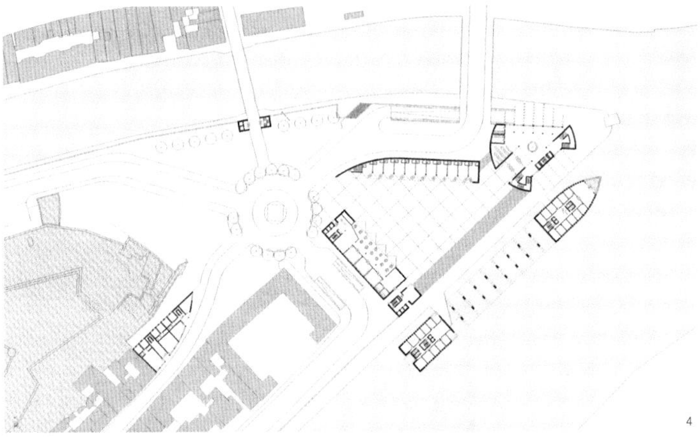

4

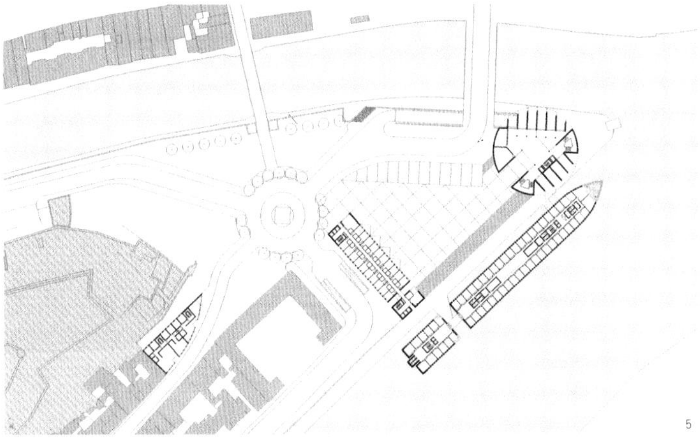

5

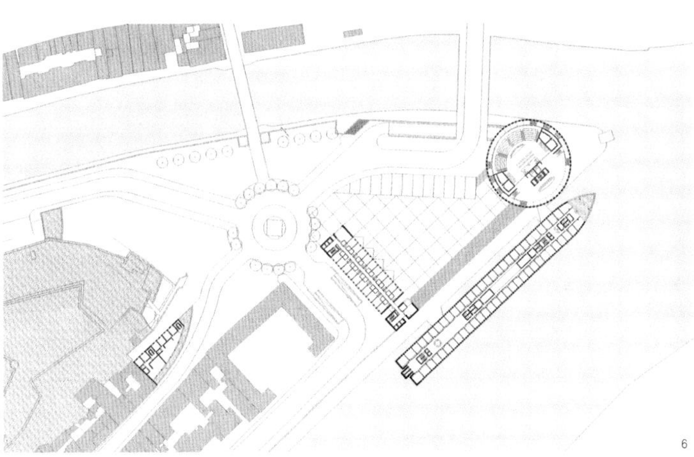

6

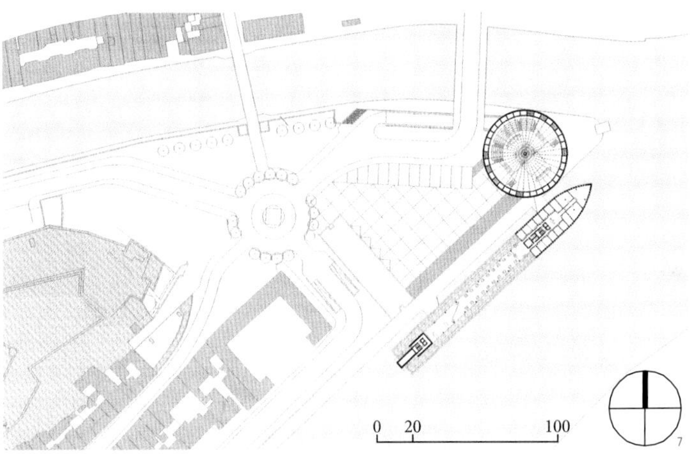

7

0   20   100

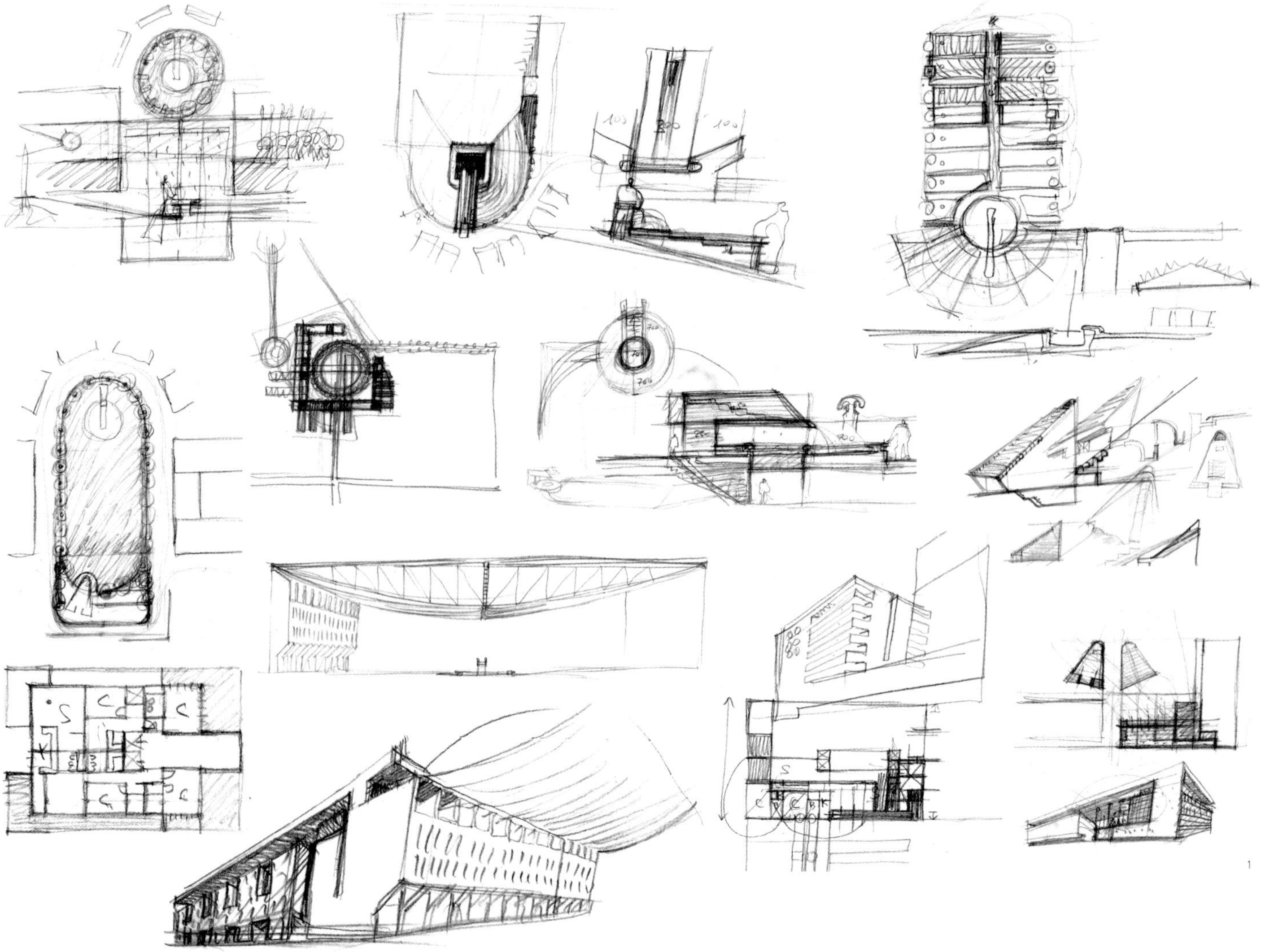

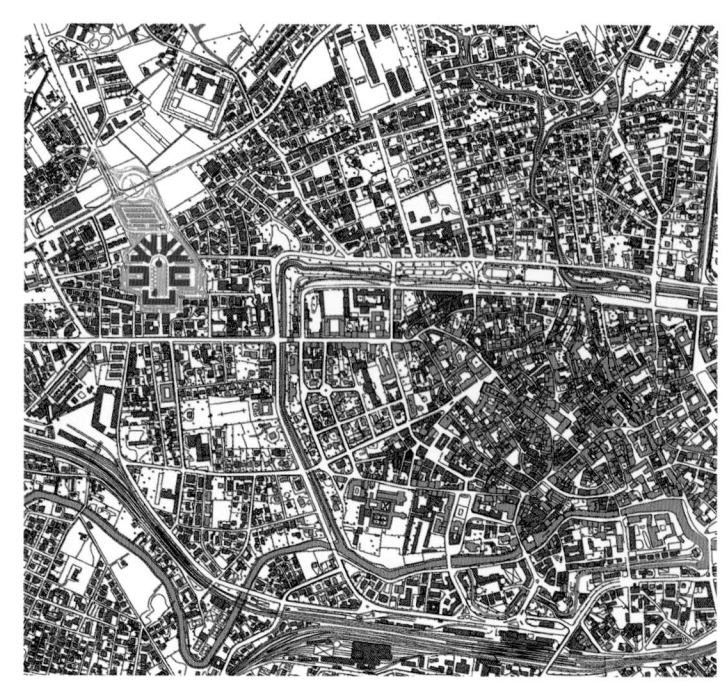

特雷维索阿比安尼区域
AREA EX-APPIANI

意大利 特雷维索
Treviso, Italy 1994-2012

　　该项目要求对在维亚莱的格拉巴山和维亚莱黛拉共和广场之间的空荡荡的城市综合体进行修复，该区域曾经是阿比安尼陶瓷工业的总部。16世纪的城墙界定了城市的历史中心，该地区位于距离城墙约400m的地方。主题是设计一个用于公共机构总部（地方警察署、金融警卫队、商会、艺匠协会及其他）、居住区和商业区这样一群类型和尺度各异的建筑物的中心广场。该项目的目的是建立一个"服务性的城堡"。此外，该项目预见会形成一个容纳约1 500个停车位的地下停车场。在未来，新区将连接到规划中的环线，以支撑其作为区域连接的可能性。

1. 手绘草图
2. 总平面
3. 广场实景

项目概况

设计时间：1994/2004	Project: 1994/2004
建造时间：2004—2012	Construction: 2004-2012
业主：特雷维索，卡萨玛卡基金会	Client: Cassamarca Foundation Treviso
项目管理：Eng. 皮耶罗·赛门扎托	Project management: Eng. Piero Semenzato
基地面积：70 000m²	Site area: 70,000m²
建筑面积：70 000m²	Useful surface: 70,000m²
建筑体积：230 000m³	Volume: above ground 230,000m³

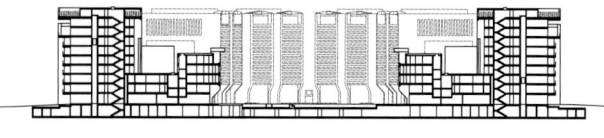

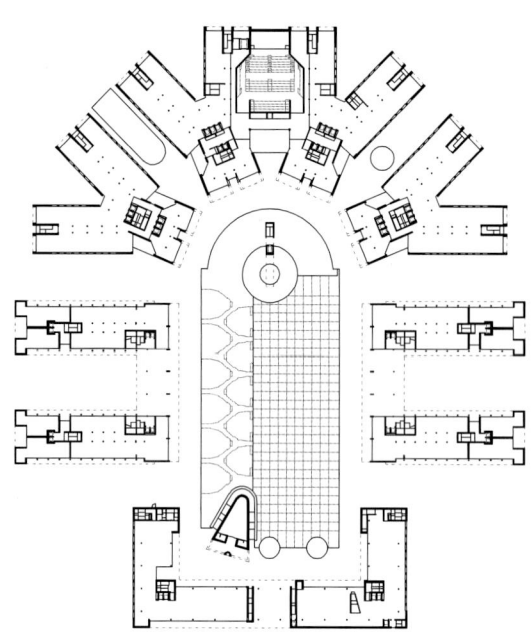

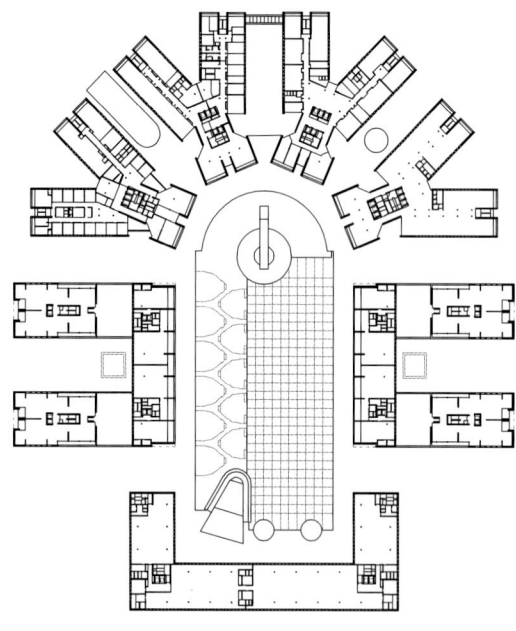

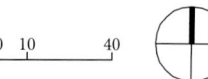

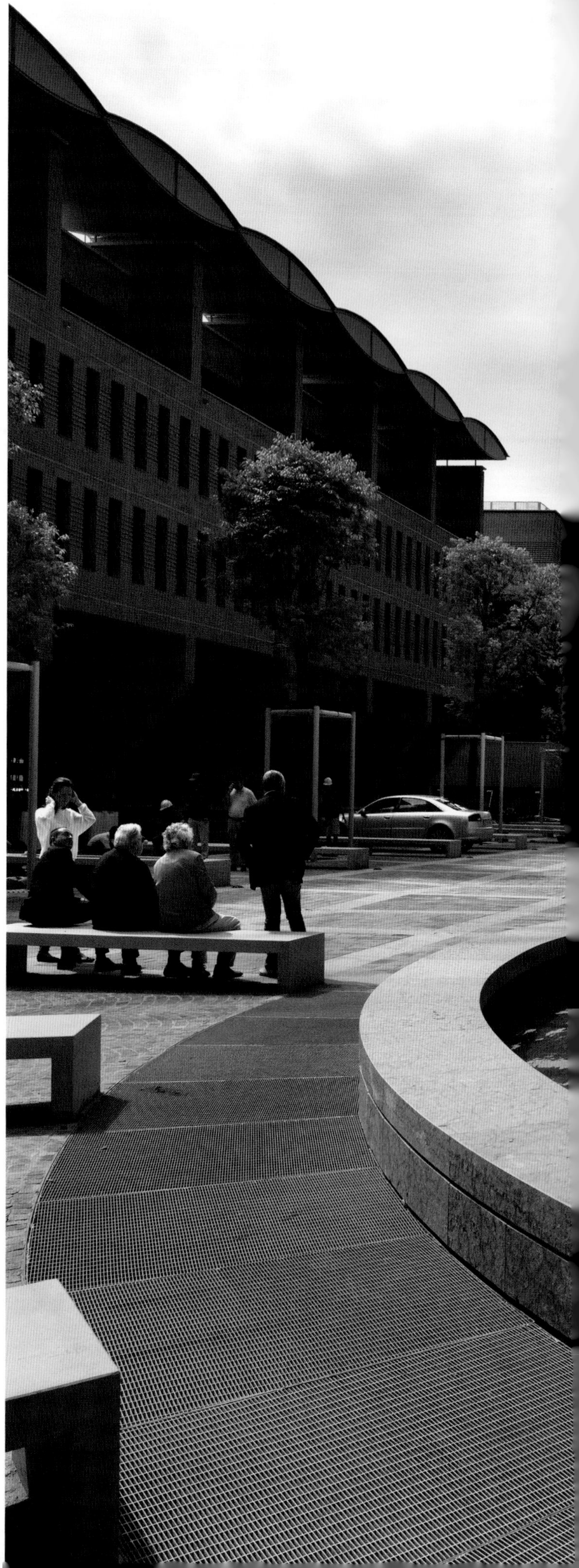

4. 纵向剖面图
5. 首层平面图
6. 五层平面图
7. 广场实景

8. 综合体南侧入口

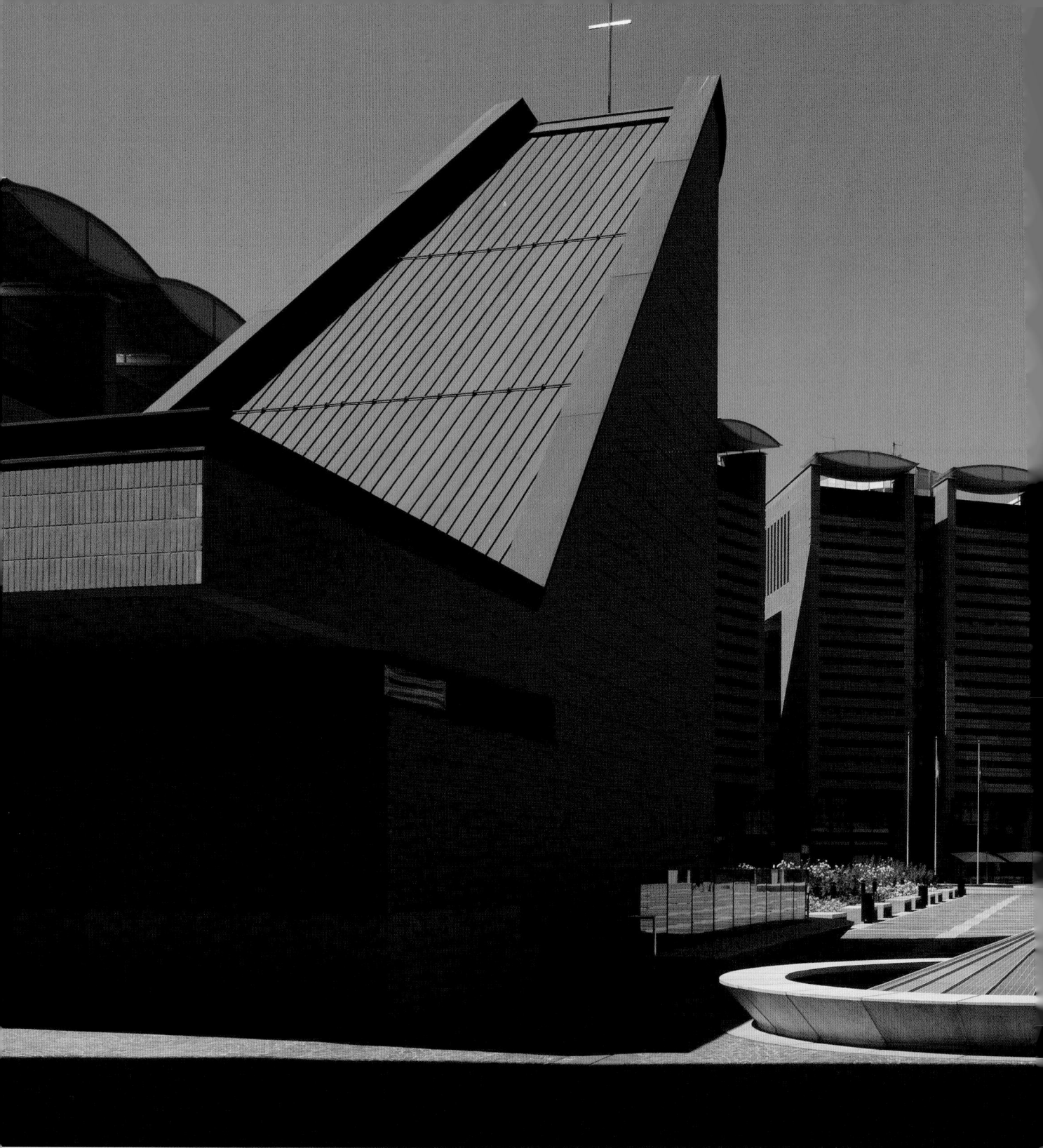

9. 入口实景
10. 内部广场

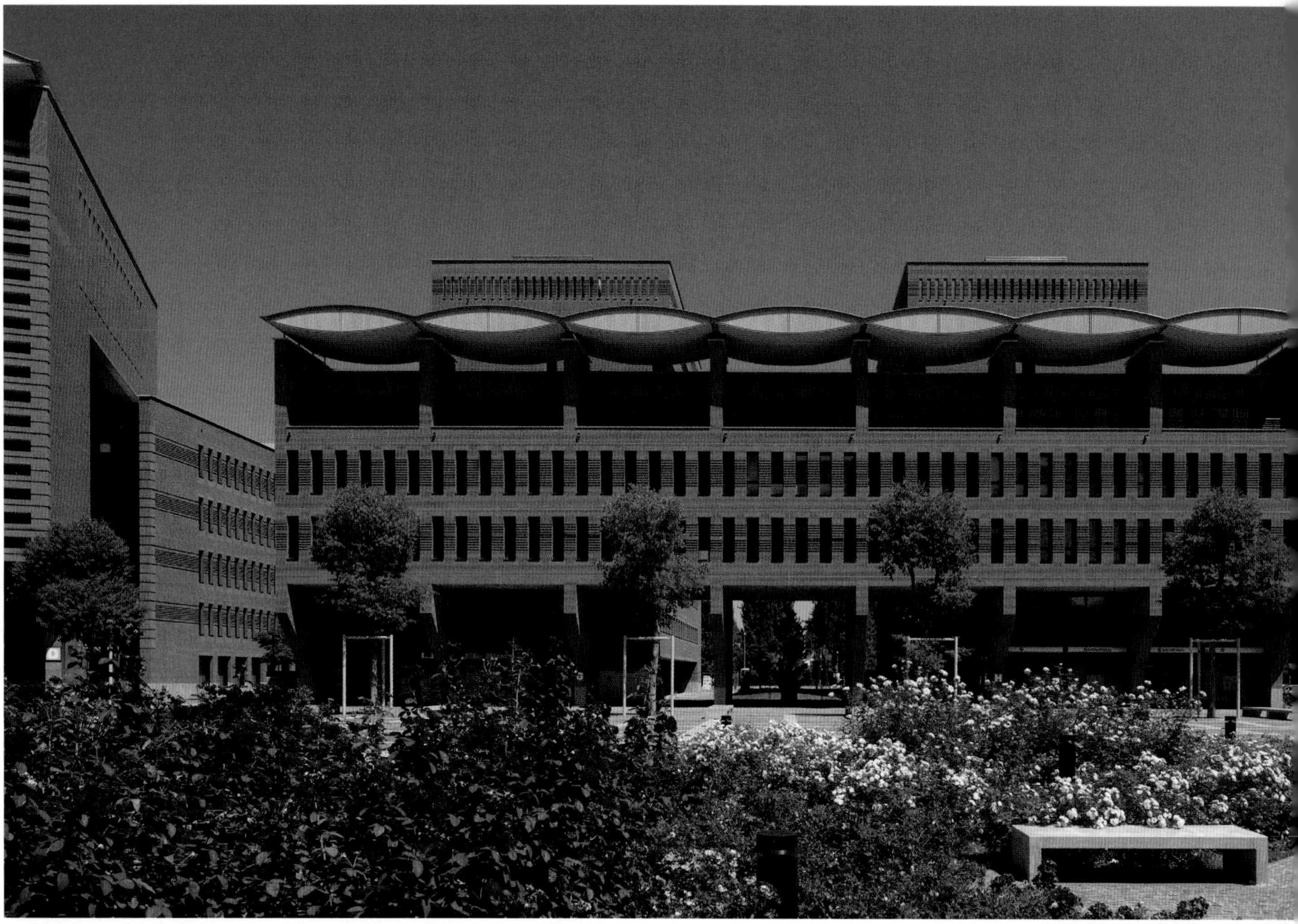

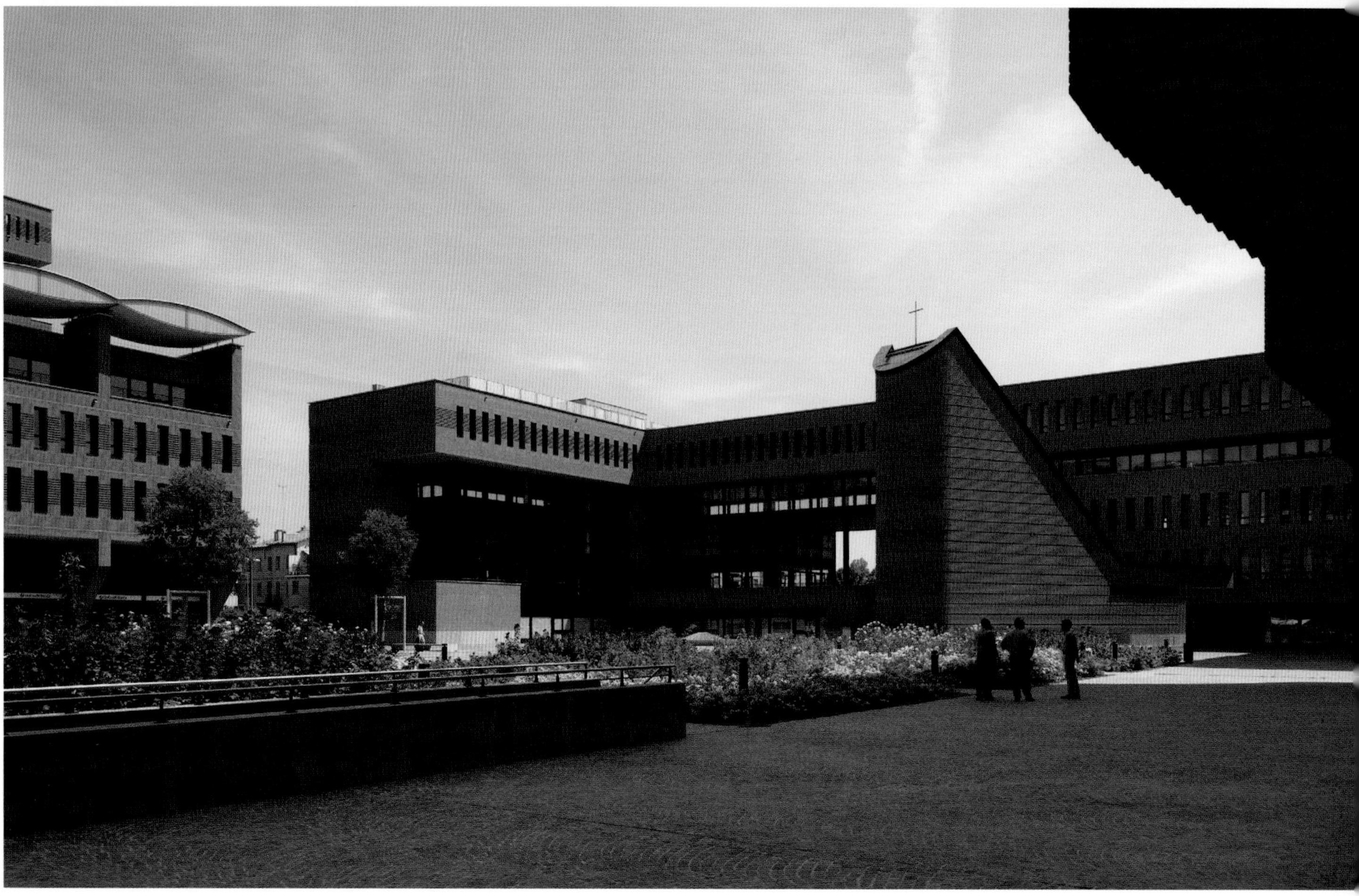

11.12. 不同角度的广场实景

13. 小礼拜堂内部
14. 观众席

延伸阅读

- Area e×- Appiani, Treviso, Italia, "Archi", 2, March/April 2009, pp. 16-21.
- L. Milone, Colmare un vuoto urbano, "Marmomacchine", 226, September 2012, pp. 60-72.
- E×-Appiani Area Treviso, "Ingenuity" [Chinese magazine], 2012, 14, pp. 039-043.

STORAGE

BOOKS STORAGE

RESTROOMS

GARDEN

OUTDOOR COURTYARD

AUDITORIUM

CAFETERIA

EXHIBITION ROOM

INDOOR COURTYARD

CONTROL ROOM

MAIN EXHIBITION ROOM

EXHIBITION ROOM

EXHIBITION ROOM

HALL

BOOKSHOP

FOYER

0   5   10

1. 手绘草图
2. 首层平面图
3. 楼梯细部实景

斯坦普利亚基金会
QUERINI STAMPALIA FOUNDATION

意大利 威尼斯
Venice, Italy 1993-2013

在拿到了可以俯瞰坎迪圣玛丽亚福尔摩沙一翼的土地后，斯坦普利亚基金会想要重新利用原有空间并进行新的空间组织。该项目提出了对基金会主入口的重新布局，增设了第三部楼梯和两个电梯，对三楼与阁楼进行修复，转移首层所有设施。从而，首层不仅仅面向图书馆和博物馆的参观者，而且面向整个城市开放。四坡玻璃顶覆盖的庭院成为整个建筑体的中心元素。

项目概况
设计时间：1993/1995
建造时间：1996/2002—2013
业主：威尼斯斯坦普利亚基金会
合作建筑师：卢西亚诺，马里奥·革明

Project: 1993/95
Construction: 1996/2002 – 2013
Client: Fondazione Querini Stampalia Onlus, Venice
Partner: Luciano and Mario Gemin

4. 庭院顶层
5. 内部庭院
6. 报告厅

7. 入口
8. 细部实景

延伸阅读

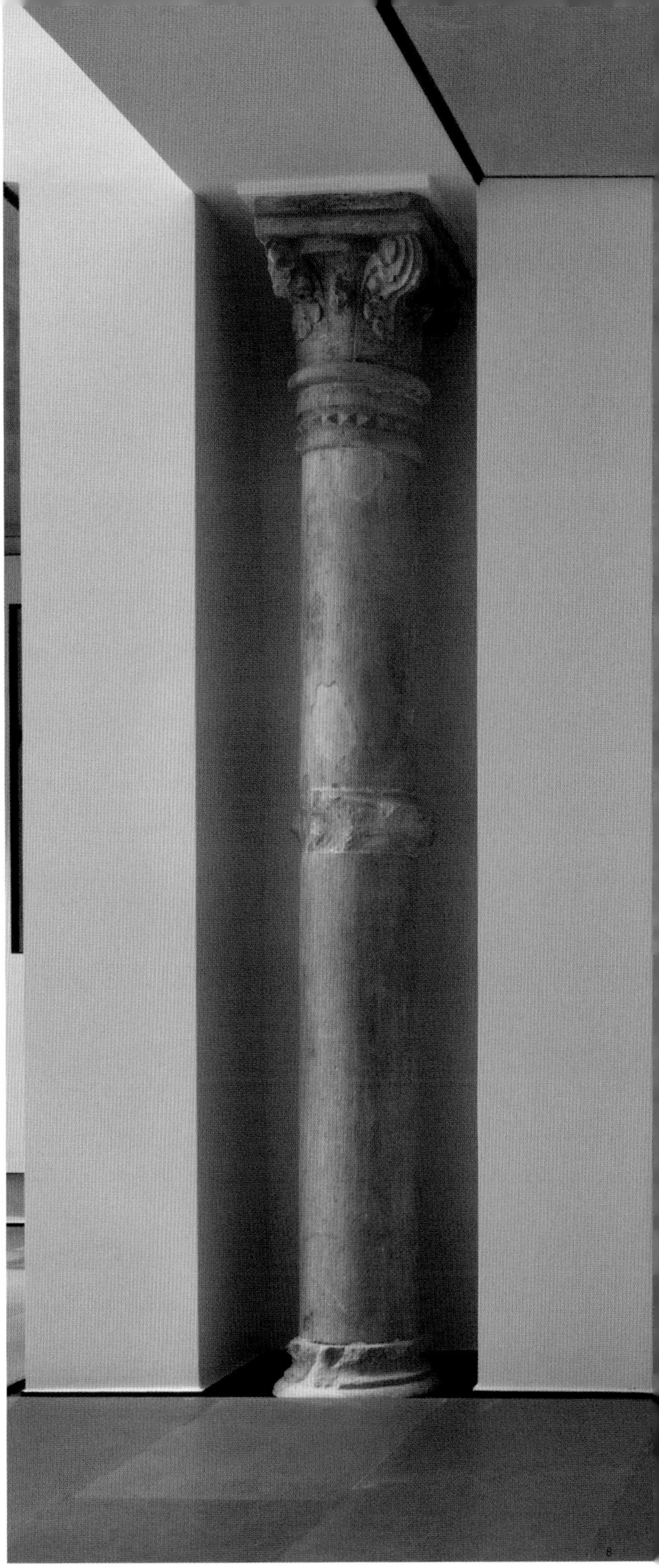

- G. Busetto, Mario Botta alla Querini Stampalia, "Arte e Storia", Edizioni Ticino Management, 40, September/October 2008, pp. 488-496.
- G. Mollisi, La Venezia dei Ticinesi, "Arte e Storia", Edizioni Ticino Management, November 2008, pp. 148-154.
- A. Albarello, Il moderno fa rivivere l'antico, Antiquariato, 384, April 2013, pp. 10-11
- F. Irace, La nuova Querini Stampalia, "Il Sole 24 Ore", 24 February 2013.

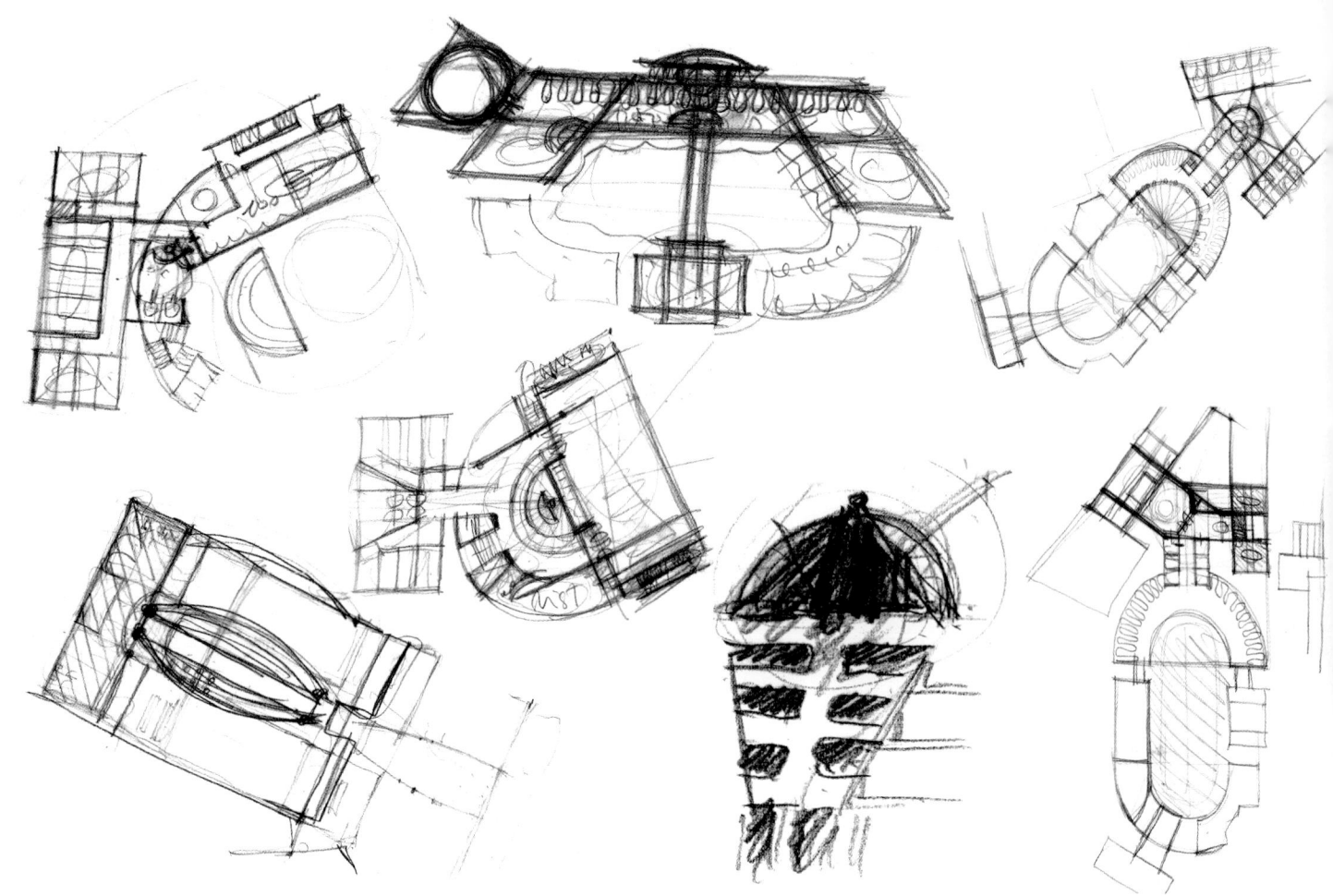

1. 手绘草图
2. 室内实景

"蒂拉博斯基" 图书馆
LIBRARY 'TIRABOSCHI'

意大利 贝加莫
Bergamo, Italy 1995-2004

蒂拉博斯基贝加莫图书馆馆际系统包含贝加莫所有的图书馆。经过九年研究，这一建筑战略性地选址在大学附近，位于一条城市主干道和绿地之间。图书馆由一个平行六面体的体量构成，其主要和次要墙壁均使用混凝土材料。在沿着主干道的一面，墙体的实体性被一个在入口处放大的切口打破。在图书馆的另一侧，入口的对面，大片沿立面通高的玻璃窗将室内空间与种植树木的庭院相连通。

图书馆五层的面积共3 200m²。光，作为一种设计元素，在这一项目中非常重要。它照亮了被阅览室环绕的中央大空间——设计师为每层保留了一个500m²的公共区域。

建筑空间以没有任何障碍或隔断为特色，保障了每一层的空间灵活性并方便使用。首层为行政管理用房、杂志阅览室、资料室、打印室和一个存放贝加莫文献的特藏区。二层留出了大面积的儿童活动空间，并设置了音响资料和音乐书籍。三层为小说（虚构类）专区，四层和五层为非虚构类图书。图书馆有500个座位和50个多媒体工作间。室内布置采用了中性材料：白色石膏墙壁、淡棕色地板和吊顶。此外，严谨、直线型性的金属家具作为框架，使这一2 100m长的多彩、随性的开架区域显得有序。金属的使用使整个环境极其灵活并强有力。

项目概况
设计时间：1995
建造时间：2004
业主：贝加莫
合作建筑师：乔治·奥尔西尼
基地面积：9 360m²
建筑面积：3 130m²
建筑体积：17 500m³

Project: 1995
Construction: 2004
Client: City of Bergamo
Partner: Giorgio Orsini
Site area: 9,360m²
Useful surface: 3,130m²
Volume: 17,500m³

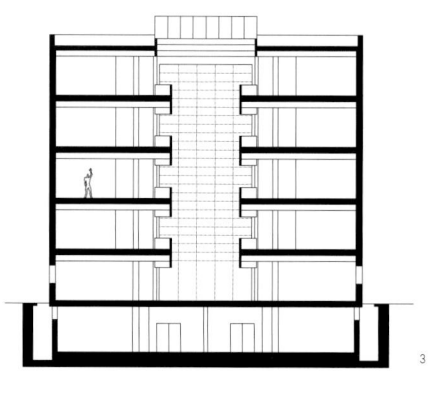

3. 纵向剖面图
4. 首层平面图
5. 二层平面图
6. 三层平面图
7. 面向花园的立面实景

3

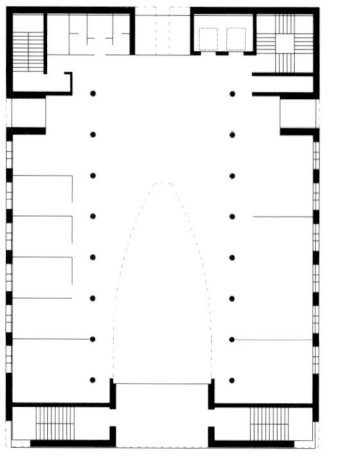

4

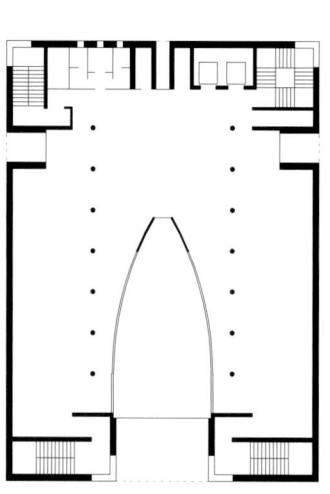

5

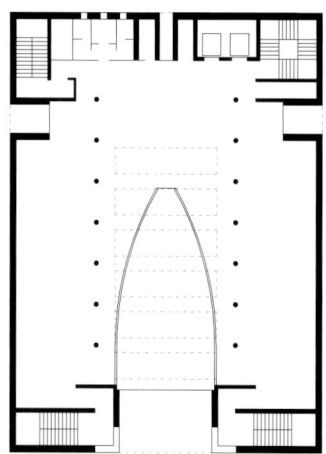

6   0   5   10

0578

8

8.9. 内部实景

延伸阅读

- G. Dolfi, Bergamo avere o leggere, "Arkitekton", 14, Sept/Oct/Nov 2004, pp. 82-89.
- C. Donati, Laterizio eccellente, "Modulo", 310, Be-Ma editrice, Milan, April 2005, pp. 268-271.
- Biblioteca Tiraboschi , "Tracce" [Quarterly magazine by Moretti Spa], 2, June 2005, pp. 10-11.
- S. Tagliacarne, La biblioteca come "cattedrale" della cultura/The library as a "cathedral" of culture, "Of×", [Supplement no. 88], January/February 2006, pp. 34-41.
- E. Pizzi, Mario Botta Costruire nuove speranze per la città, "Arte e Storia", Edizioni Ticino Management, 44, September/October 2009, pp. 378-385.

1. 手绘草图
2. 剧院室内实景

伊波利托巴塞尔市立剧院舞台设计
IPPOLITO BASEL STADTTHEATER

瑞士 巴塞尔市
Stadttheater Basel, Switzerland 1995

马里奥·博塔的第三个舞台布景设计的灵感来自古希腊欧里庇得斯的悲剧《希波吕托斯》。几何元素的设计具有清晰的建筑建构来源，它们的使用为舞台注入了活力。一系列点光源装饰的透视长柱廊给予舞台深度。在舞台的中央，一个椭圆形截面的柱体将纵深方向的外部空间与舞台前方的内部空间从视觉上分离开。圆形幕墙或升起来创建一个大拱门，或消失于锯齿状天花板中，露出背景里的楼梯及阳台的轮廓。

项目概况
设计时间：1995
建造时间：1995
音乐：罗尔夫·乌尔斯·瑞格
音乐总监：阿明·布伦纳
编舞：亨氏·史波利
服饰：万达·里氏-伏尔加时
材料：椭圆形的木质柱体（带两堵墙和内置照明）；木柱和楼梯；金属桥结构

Project: 1995
Construction: 1995
Music: Rolf Urs Ringger
Musical director: Armin Brunner
Choreography: Heinz Spoerli
Costumes: Wanda Richter-Forgach
Materials: elliptical-shaped wooden cylinder with two walls and in-built lighting; wooden columns and stairs; metal bridge structure.

3. 舞台

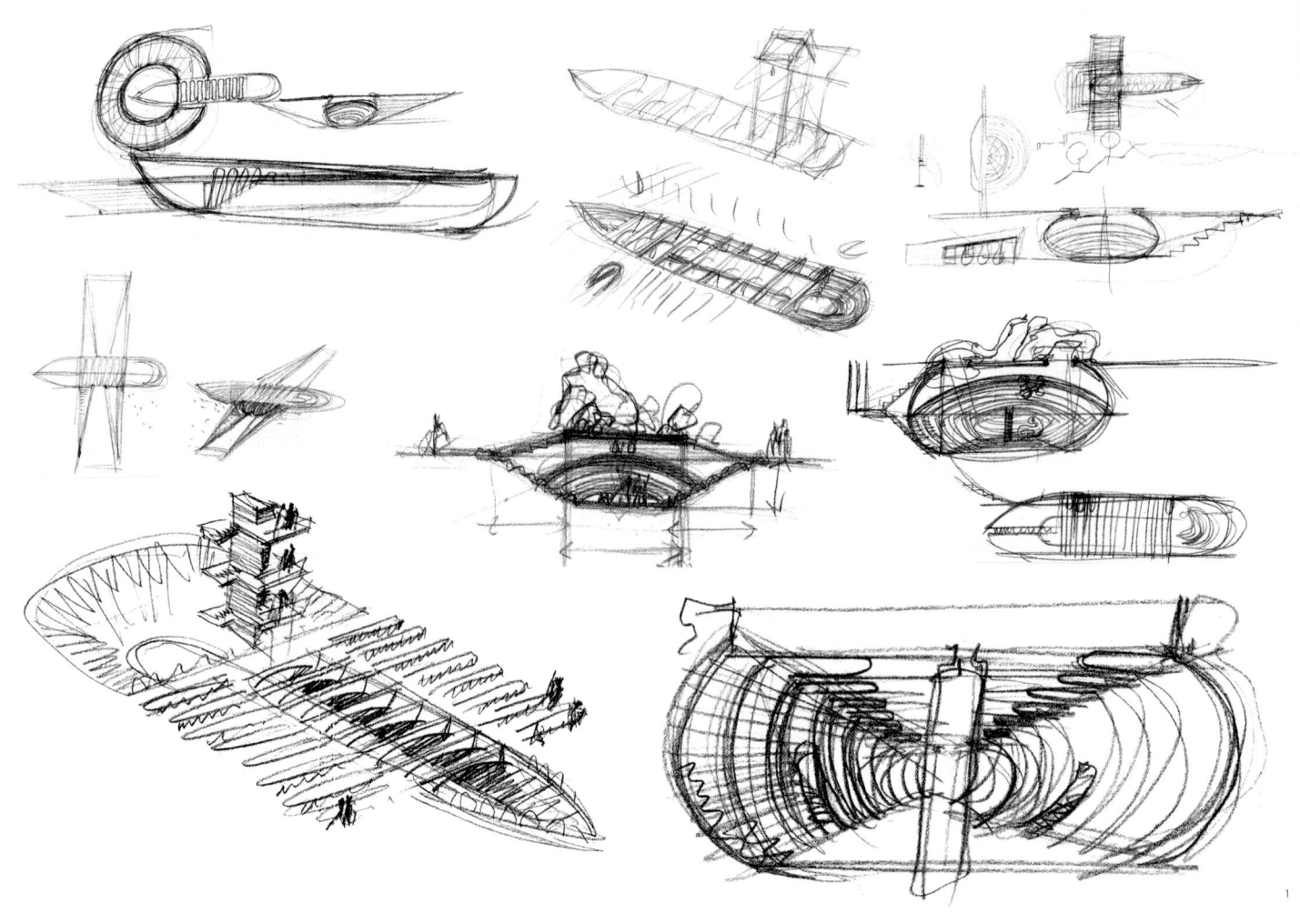

1. 手绘草图
2. 石构筑物细节

"诺亚方舟" 雕塑公园
NOAH'S PARK

以色列 耶路撒冷
Jerusalem, Israel 1995-2001

    诺亚方舟雕塑公园的设计规划源自于它被巴基斯坦"自杀式炸弹"和以色列军队的报复活动所破坏的历史时期。

    据说从这一想法产生、发展到诺亚方舟完成的期间，以色列更换了三任总理。因此，国家动乱时实行的戒严状态带来的问题影响了该项目的选址考察。马里奥·博塔和尼基·桑法勒之间深厚的友谊孕育了诺亚方舟的设计。他们都视这个设计为一次结合两人才华，来表达他们超越意识形态，探讨不同世界文化，并形成共识之契机。因此，他们以孩童般的热情来对待这个委托。从影响上来看，耶路撒冷动物园的诺亚方舟不仅是一个城市公园，也是一个非政治化的希望所在。在这里，历史、艺术和自然被融合在一个充满意义和象征的环境中。

    诺亚方舟所记录的时刻被深深印刻在地面和化石中，如此富于想象，自由自在，尼基的奇幻动物似乎从这里出现并又返回到神圣的土地。

    这件作品反映了一种无建设的建造，其设计手法是实体的虚化，正如黄色石头中所捕获的化石的痕迹。在游览路径中呈现给游客的是一系列梦幻般的时空，空间向下沉入一个阴暗的"空腔"，一条小溪穿过其中，以一系列规则而连续的拱门为标志。巨大的彩色的动物填补在雕塑周围零星的草地上。方舟的地下空间符合人体尺度，雕塑中的孔洞强化了这一理念——所想即所得。

项目概况

设计时间：1995—1998	Project: 1995-1998
建造时间：1999—2001	Construction: 1999-2001
业主：耶路撒冷基金会	Client: The Jerusalem Foundation,
耶路撒冷市	City of Jerusalem,
动物园馆长，沙伊·多伦	director of the zoological gardens, Shai Doron
艺术家：尼基·桑法勒	Artist: Niki de Saint Phalle
建筑面积：670m²	Useful surface: 670m²
建筑体积：2 700m³地下空间	Volume: 2,700m³ underground

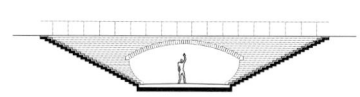
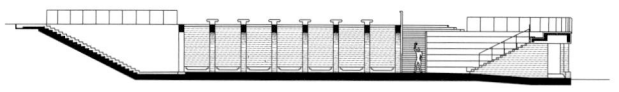
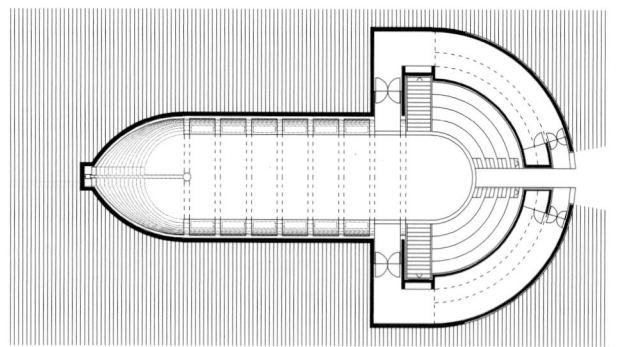
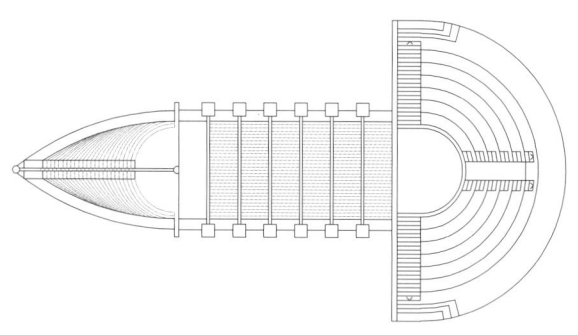
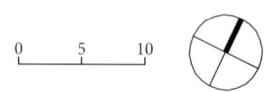

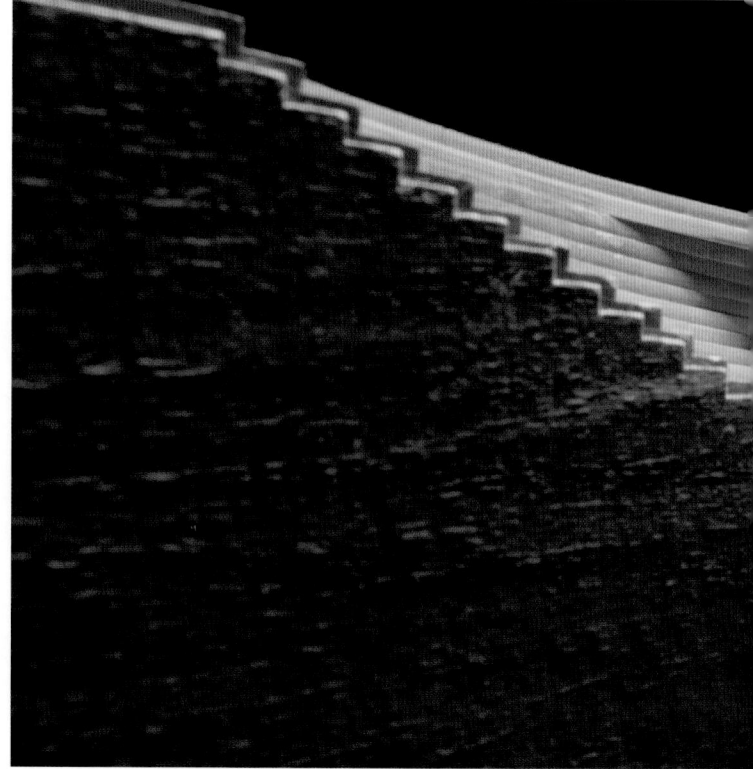

3. 横向剖面图
4. 纵向剖面图
5. 地下一层平面图
6. 首层平面图
7. 入口
8. 模型

7

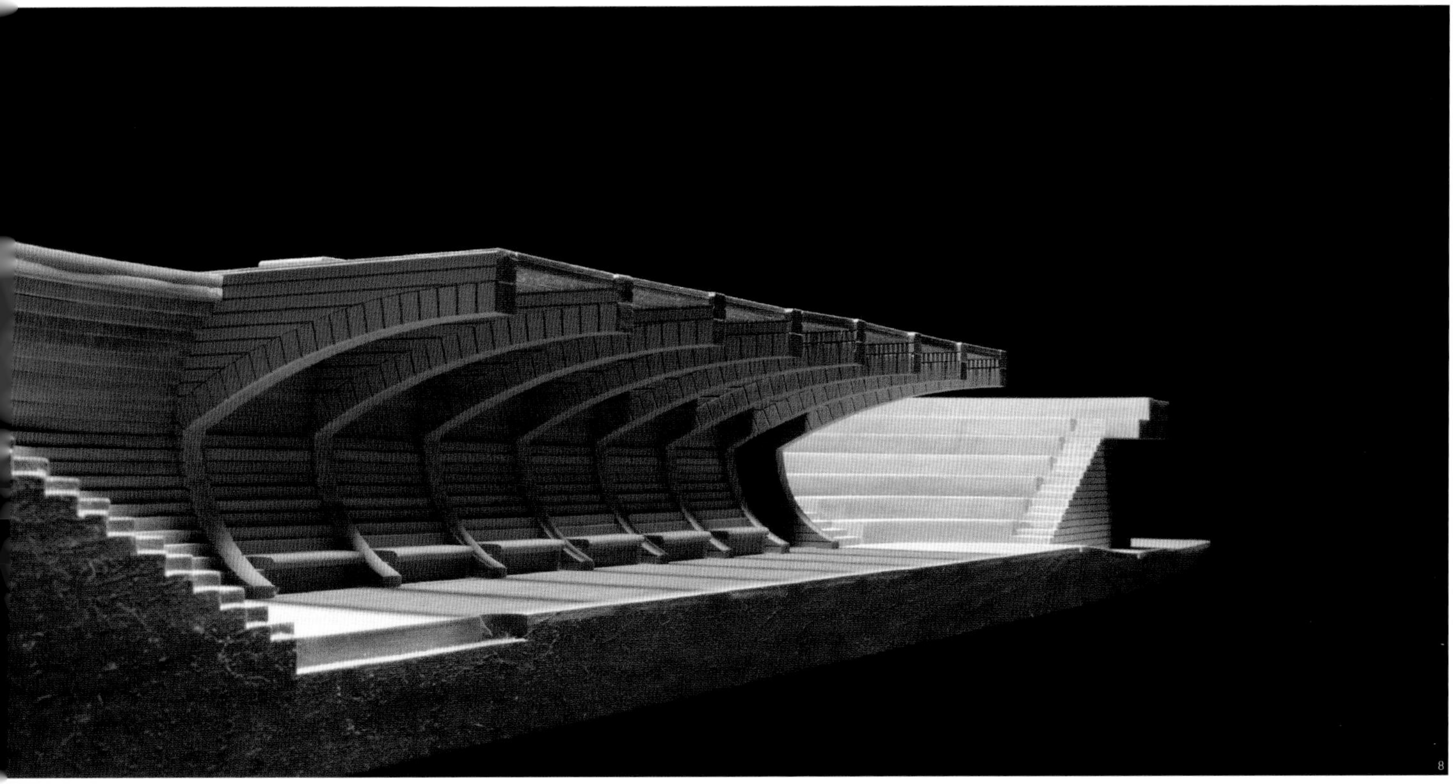

8

9.10. 地下空间

11. 地下空间中雕塑细部

12. 圆形露天剧场
13. 排列着座位的下沉空间

14. 露天剧场细节

延伸阅读

- D. D,Angelo, L,arca di Noè, parco sculture Gerusalemme, "Area", 2002, 65, pp. 78-83.
- Noah,s Ark, Sculpture Garden in Jerusalem, Israel with Niki De Saint Phalle, "Plus", 2002, 0206, pp. 48-51.
- G. Cappellato, L,arca di Niki de Saint Phalle e Mario Botta, "Ottagono", dicembre 2002 - gennaio 2003, pp. 60-63.
- Mario Botta L,Arca di Noè, «Parametro», 2003, 246/247, pp. 124-125.
- E. Hecht, Building Israel, «Hadassah magazine», December 2004, pp. 16-23.

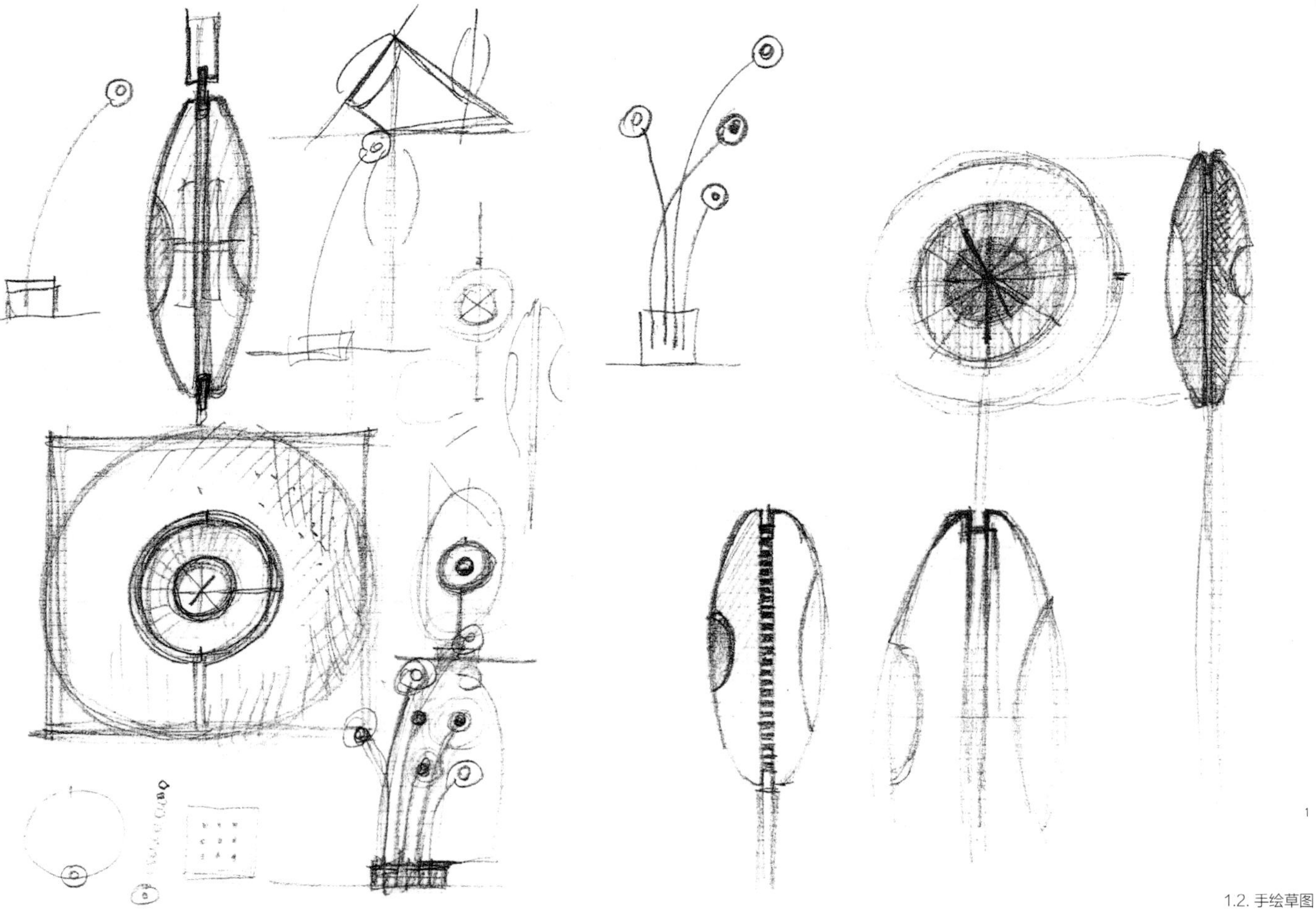

1.2. 手绘草图
3. 产品实样

"花朵时间" 手表
WATCH 'BLUMENZEIT'

1995-1996

"花朵时间"（Blumenzeit）是一个专为巴塞尔的F.霍夫曼罗氏有限公司的客户们定制的钟表，用以庆祝公司百年。设计概念是要做一组钢制的花束，长长的茎杆插在底座上，这样顶部会轻微摇晃。由此，传统的坚实固定的时钟被重新解释为一个可动的雕塑，一个温和的可以被欣赏、探索以激发幻想的物件。

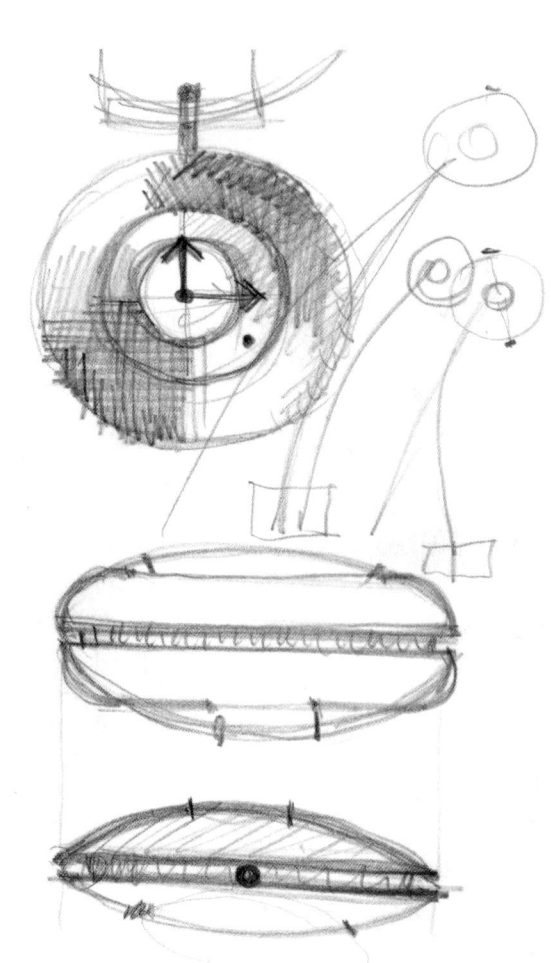

项目概况

设计时间：1995
生产时间：1996（限量版）
制造商：Mondaine手表有限公司
尺寸：50mm × 50mm × 50mm
表面直径：36mm；宽14mm；高285mm
材料：黑钢立方体；铬钢支杆和时钟

Project: 1995
Production: 1996 (Limited edition)
Manufacturer: Mondaine Watch Ltd.
Dimensions: cube 50mm × 50mm × 50mm;
clock face diameter 36mm; width 14mm; height 285mm
Materials: black steel cube;stalks and clock in chromium steel

1

2

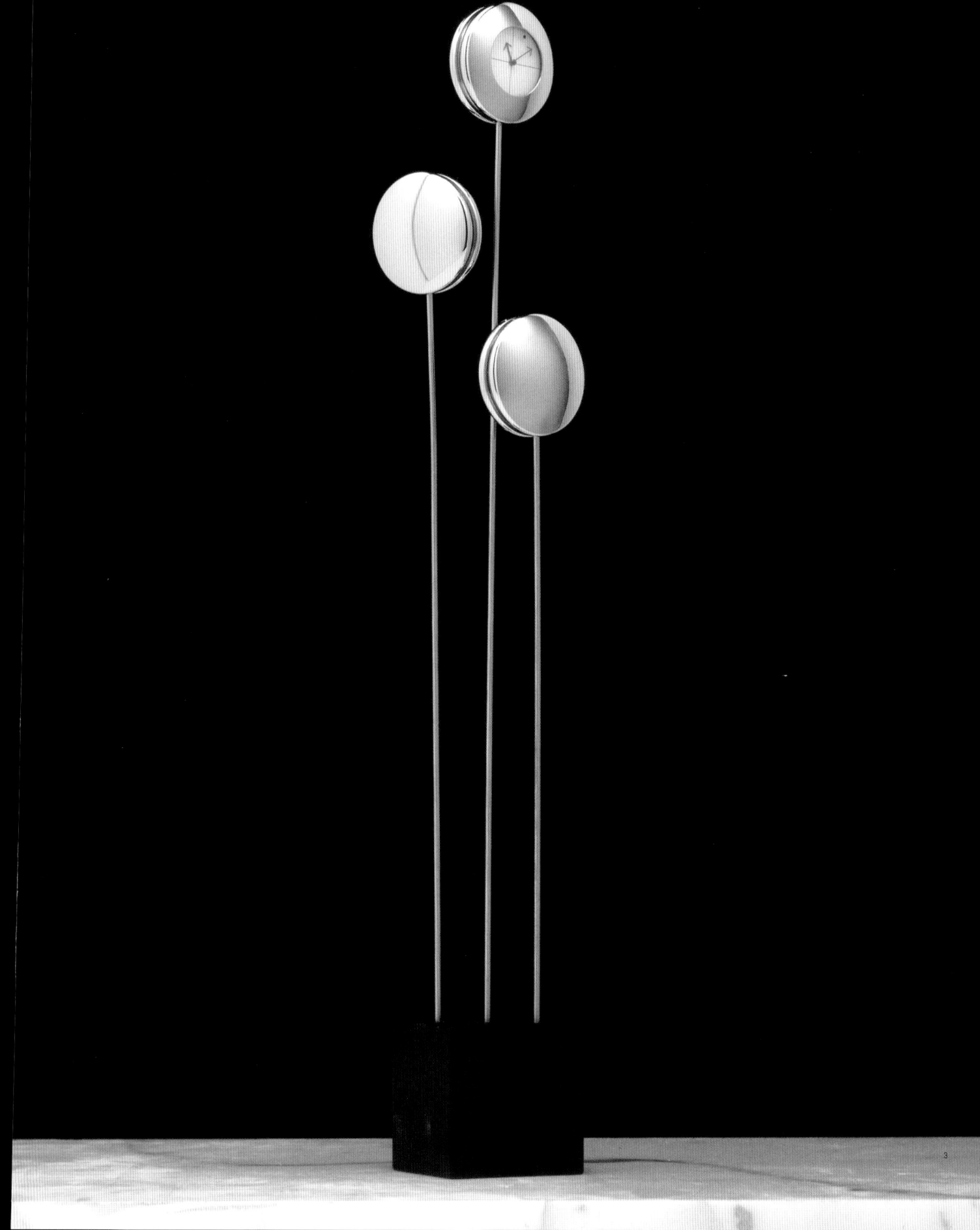

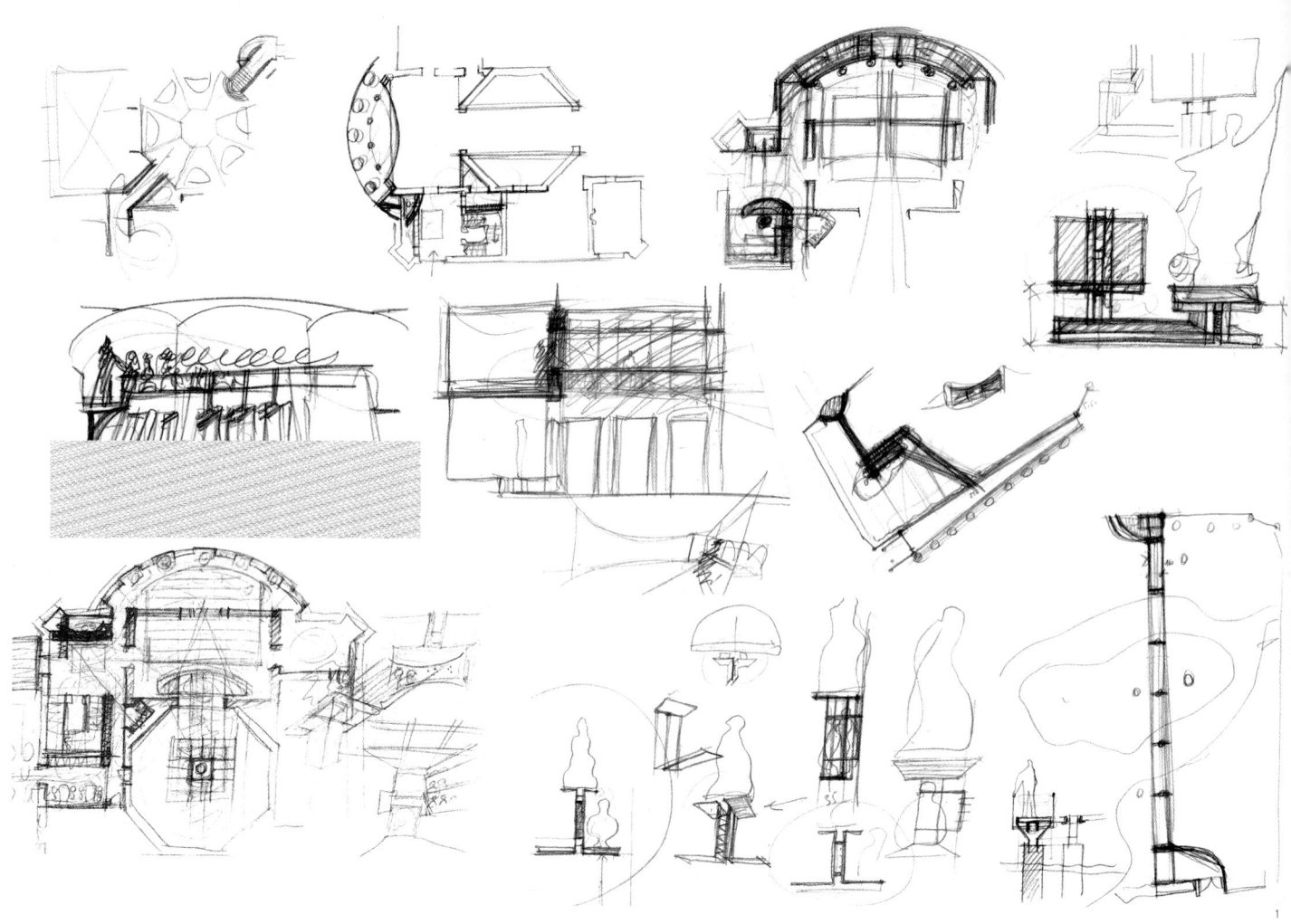

文森佐·维拉博物馆
MUSEUM 'VINCENZO VELA'

瑞士 里格纳图
Ligornetto, Switzerland 1995-2001

瑞士联邦文化部基于当代对技术与功能的要求，对18世纪建造的文森佐·维拉博物馆（1862年由西普里阿诺·艾美帝设计，伊西多罗·斯皮内利建造）进行必要的修复工程。

工作中一个重要的部分是使用技术系统为新的博物馆空间提供足够的支持。并进行一些其他的调整，如建筑师设计了一个新的竖向交通空间（楼梯和电梯）来连接3个楼层；将新的服务空间和一个大仓库设置在首层；在建筑地上部分进行了有关声学的改进；对两层高矩形顶光的自然光线进行控制，以及南侧半圆形小室进行重组，20世纪之初此处已由马莱尼对原来的"内庭"进行过重要的改造。

至于内部空间，通向中央八角形大厅的圆室开口被升高和扩大了，这一修改强调了南北纵轴的重要性。突出了别墅建筑几何中心和后部空间在视觉关系上的重要性。

一方面，改造尊重了一开始的几何化的建筑设计，另一方面它又极大地改变了原有建筑的"艺术家居所""家庭性"的特质（通过一系列的空间交替：厨房、图书馆、工作室、卧室……）勾勒其对"公共性"的周边式房间的改变，并强调中央八边形之超常的特殊性。

项目概况
设计时间：1995
建造时间：1997—2001
业主：瑞士联邦文化部
基地面积：23 270m²
建筑面积：1 442m²，展览功能1 019m²
建筑体积：10 800m³

Project: 1995
Construction: 1997-2001
Client: Swiss Confederation, Federal Department of Culture
Site area: 23,270m²
Useful surface: 1,442m², of which 1,019m² for exhibition purposes
Volume: 10,800m³

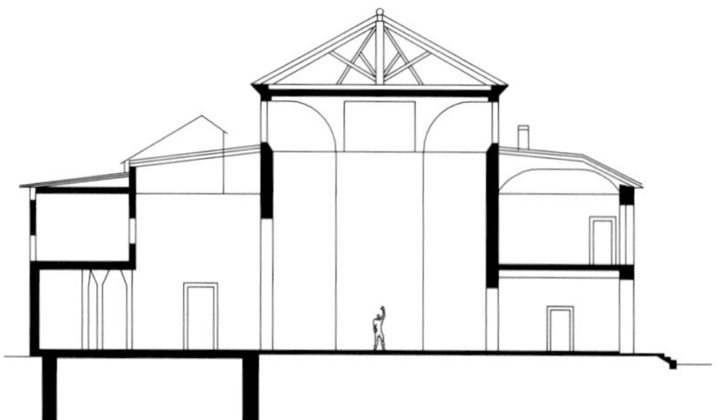

5

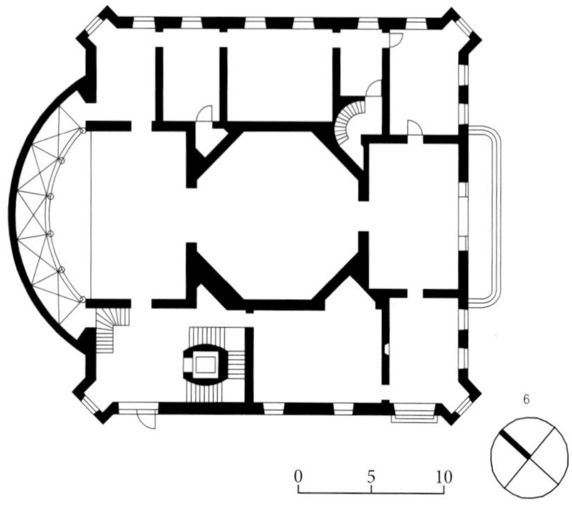

CAVALLO MONUMENTO   +2.560

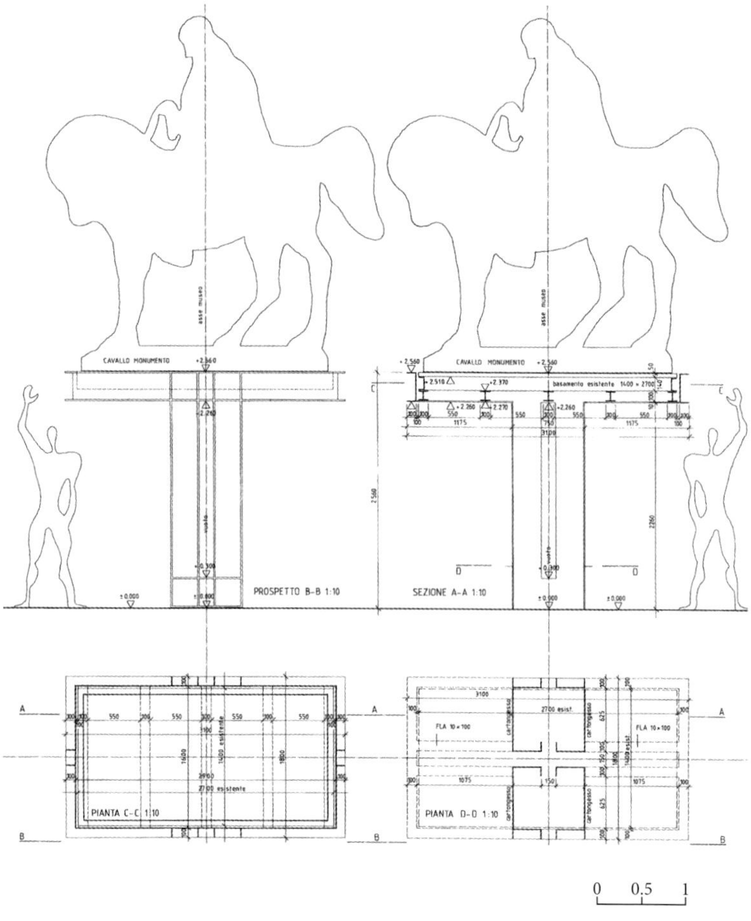

PROSPETTO B-B 1:10

+2.360

±0.000   +0.800

CAVALLO MONUMENTO   +2.560

+2.510   +2.370   basamento esistente 1400 × 2700

+2.360   +2.270   +2.260

SEZIONE A-A 1:10

±0.000   +0.800

PIANTA C-C 1:10

PIANTA D-D 1:10

6

0   5   10

0   0,5   1

7

4. 正立面实景
5. 剖面图
6. 平面图
7. 雕塑基座细部大样
8. 展示空间

9~11. 展厅

延伸阅读

- M. Bossi, Una perla bianca nel verde Mendrisiotto: il Museo Vela a Ligornetto, "Terra Ticinese", Fontana edizioni, 2002, 4, pp. 21-25.
- Il Museo Vela a Ligornetto, "archi" (with te×ts by C. Celio Binaghi, J. Gubler, G. Mina Zeni, E. Sassi), 2002, 3, pp. 10-23.
- Ristrutturazione Museo Vela, Ligornetto in "Costruzioni Federali: architetture 1988-1998 Circondario 2", edited by G. Zannone Milan, Edizioni Casagrande, Bellinzona, 2003, pp. 102-103.

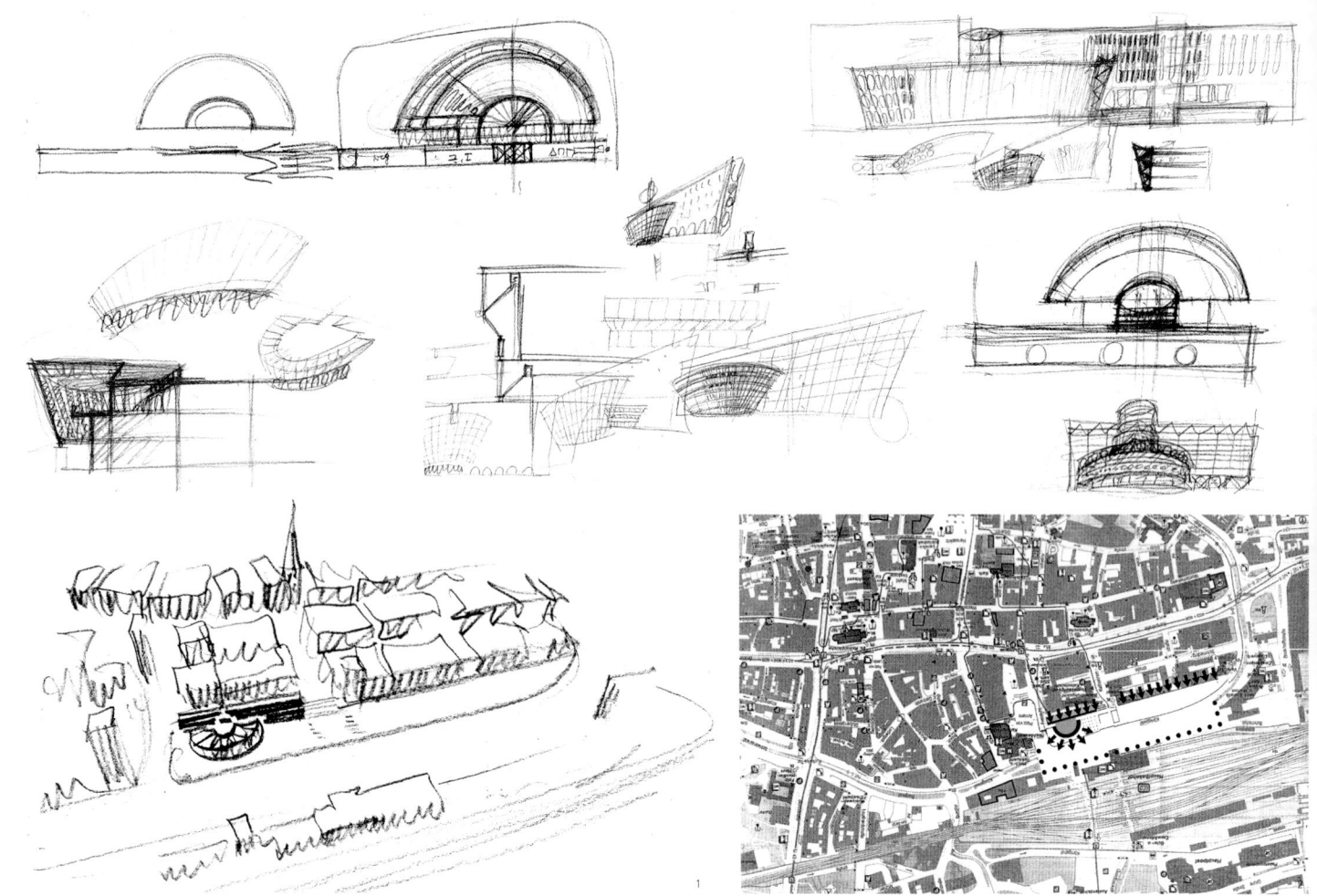

1. 手绘草图
2. 基地总平面图
3. 建筑实景

多特蒙德市图书馆
DORTMUND MUNICIPAL LIBRARY

德国 多特蒙德市
Dortmund, Germany 1995-1999

该项目荣获国际竞赛第一名。图书馆位于老城区前的空地,面对一座19世纪修建的火车站。该图书馆由两个在形式、体量、材料及功能上都相异的建筑组成。其中倒置的半锥形体量里设有咨询台、检索处和阅读室。另一个长方形的体量里则设置办公室和藏书库。不同楼层逐步后退,在立面上形成一系列的露台,提供了俯瞰城市的空间;这些突出体在将自然光线引入室内的同时也标志了场地的边界。在建筑的背面,锥形体量面对火车站并向公共广场开放。这是一个由钢和双层玻璃建造的高技建筑,双层玻璃中装有电子感应的遮阳系统来防止太阳辐射。但玻璃不仅仅是作为建筑的表皮,它同时展示其结构。玻璃和钢材相交织,形成了建筑的表面。其内,阅读与咨询空间内两层高的环形托梁,同其所支撑的表皮结构相脱离,在各层都实现了自主支撑。图书馆一层的入口处,建筑师通过一个覆顶的通道来连接两栋楼。图书馆内部的景象可以让人一窥两层空间的路径

分布:这两层设有阅读室、咨询室、电脑室。内部通过垂直交通系统连接各层,同时,悬挂的玻璃桥将长方形体量中的房间和其他功能空间联系在一起。

项目概况

竞赛时间:1995
建造时间:1997—1999
客户:多特蒙德市
合作伙伴:建筑师 维特·格尔德,
　　　　　工程师 克莱门斯·佩尔

基地面积:7 000m²
使用面积:14 130m²
体积:53 735m³

Competition project: 1995
Construction: 1997-1999
Client: City of Dortmund
Partner: arch. Gerd Vette, eng.
　　　　Klemens Pelle
Site area: 7,000m²
Useful surface: 14,130m²
Volume: 53,735m³

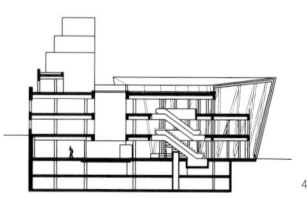

4. 纵向剖面图
5. 首层平面图
6. 二层平面图
7. 三层平面图
8. 建筑鸟瞰实景

4

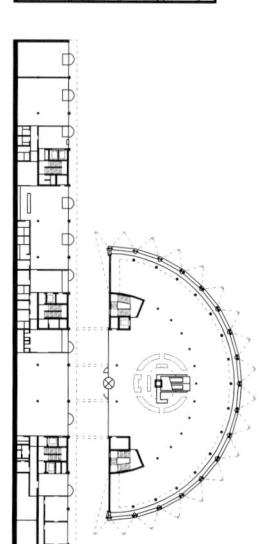

5

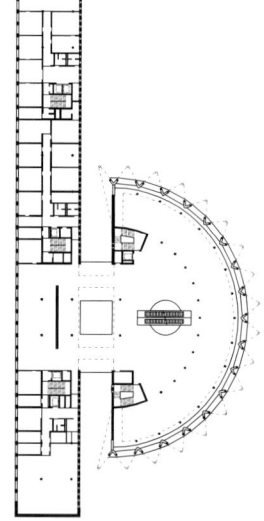

6

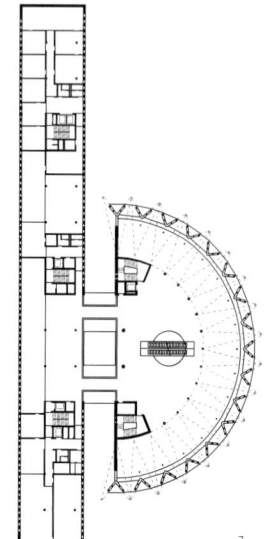

7

0 5   20

9. 阅读空间
10. 东北立面可见连接两栋建筑的走道

延伸阅读

- U. Moeske, Die neue Stadt-und Landesbibliothek Dortmund-Tor zur Stadt, Fenster zur Welt, Ort des Burgfriedens, "Buchreport", 1997, pp. 92-93.
- U. Brinkmann, Glaskegel vor Steinriegel, "Bauwelt", 1999, 17, pp. 916-923.
- A. M. Ring-Heber, Eine Bibliothek für das 21. Jahrundert, "Stein", 2000, 3, pp. 26-29.
- Mario Botta, Nuova biblioteca, Dortmund, "L'architettura", 1999, 527, pp. 520-521.
- Stadt-und Landesbibliothek in Dortmund, "Detail", September 1999, pp. 998-1001.
- Biblioteca statale e regionale Dormund, Germania in "Biblioteche architetture 1995-2005", edited by A. De Poli, Federico Motta Editore, Milan 2002, pp. 150-161.
- Municipal Library in "Libraries (Hundred Outstanding Architects)", edited by B. Chan, Pace Publishing Limited, Hong Kong 2002, pp. 54-63.
- Municipal Library (Stadt-und Landesbibliothek) in "Designing with Glass: Great Glass Buildings", edited by P. Hyatt, Images Publishing Group, Victoria 2004, pp. 160-163.
- Dortmund (Germania), Biblioteca statale e regionale in "Biblioteche. Architettura e pro-getto", edited by Marco Muscogiuri, Maggioli Editore, Santarcangelo di Romagna (RN), January 2009, pp. 307-308.
- Stadt-und Landesbibliothek in Dortmund, "[Umrisse] Zeitschrift für Baukultur", 1, January 2009, pp. 64-66.

1. 手绘草图

塔罗庭院入口
ENTRANCE TO THE 'GARDEN OF TAROTS'

意大利 维奇欧
Garavicchio, Italy 1995-1996

　　道路的尽头是一个有树的小的圆形广场，它将人行道和马路分开，并为塔罗庭院的入口创造了一个开放的空间。到访者先见到一段长砖墙隔屏迎面，墙体的顶部冠有秩序井然的T形混凝土构件。一个圆形的开洞设置在这片人工的结构正中，通向一个小的过渡空间。T形构建延伸出一系列横梁，构成凉廊，过滤光线。这个带顶的区域用两堵玻璃墙面以展示室内，室内设有一个小型展览空间、售票台和书店。墙面的第二道拱门作为这个门廊的终止，将到访者引入陈列尼基·德·圣法尔雕塑的庭院。

项目概况

设计时间：1995
建造时间：1996
业主：尼基·德·圣法尔，卡罗·卡拉乔洛
项目管理：罗伯托·奥雷利
建筑面积：118m²
建筑体积：850m³
尺寸：约42.40m×5.90m，高5.10m
结构和材料：钢筋混凝土承重结构包覆在托斯卡纳钙华砖（20cm厚）

Project: 1995
Construction: 1996
Client: Niki de Saint Phalle, Carlo Caracciolo
Project management: Roberto Aureli
Useful surface: 118m²
Volume: 850m³
Dimensions: appro 42.40m × 5.90m, 5.10m H
Structure and materials: bearing structure in reinforced concrete; cladding in Tuscan tufa blocks (20cm thick).

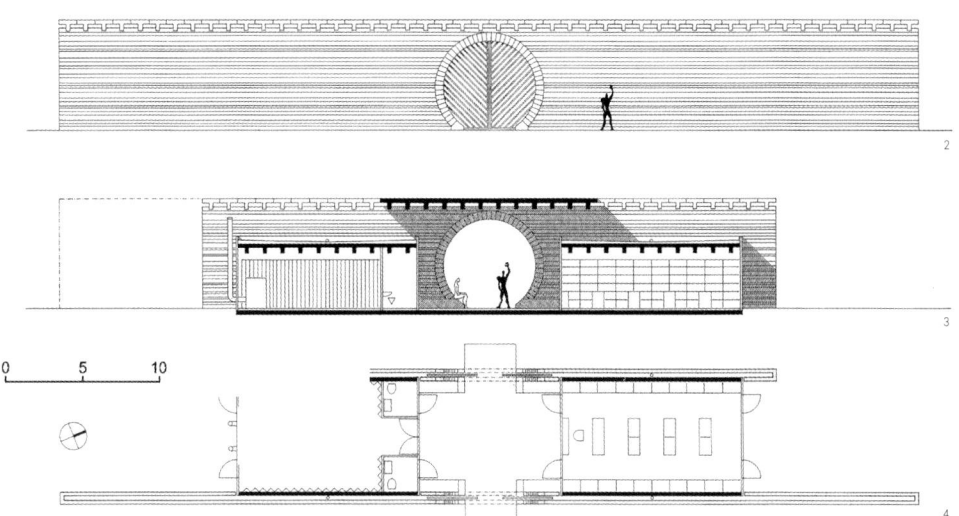

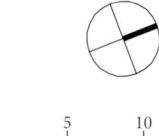

2. 东立面图
3. 剖立面图
4. 首层平面图
5.6. 立面实景

延伸阅读

- Il Giardino dei tarocchi Niki de Saint Phalle, Edizione Benteli, Bern 1997 (also French and English edition) (reprint 2007), p. 68.
- The entrance to the Tarot Garden in "Niki de Saint Phalle", edited by Anna Mazzanti, Charta Edizioni, Milan, July 1998, pp. 23-24.
- S. Bottinelli, C. Lamberti, M. Mattei, Progettare lo spazio onirico: il «Giardino dei Tarocchi» a Capalbio, tra arte e architettura, "Bollettino Ingegneri", 10, 2007, pp. 10-20.
- G. Scardi, L'allegro mondo dei tarocchi, "Bell'Italia", 275, March 2009, pp. 112-116.

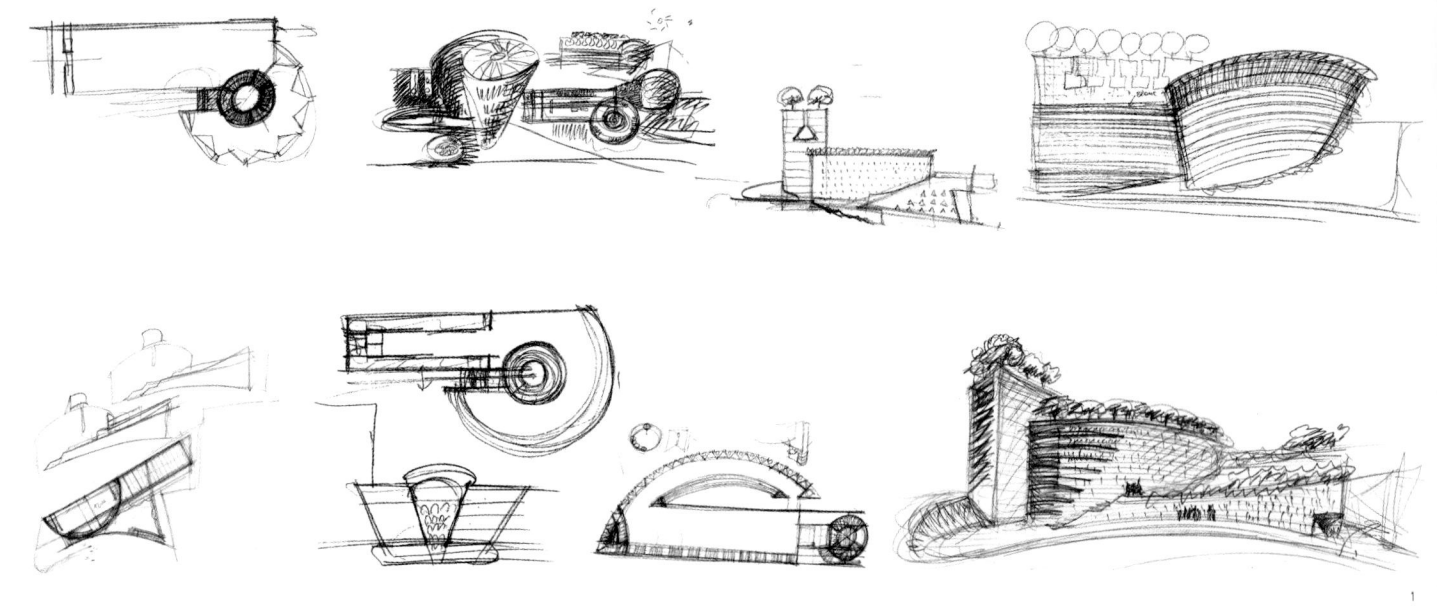

1. 手绘草图
2. 建筑实景

三星艺术博物馆
LEEUM – SAMSUNG MUSEUM OF ART

韩国 首尔
Seoul, South Korea 1994-2004

韩国首尔汉南洞的半山腰上矗立着三座不同的建筑——两个博物馆和一个儿童教育中心，它们分别由三位著名建筑师（雷姆·库哈斯、让·努维尔和马里奥·博塔）设计，并以三星美术馆为名。

古代艺术博物馆，即1号博物馆，用来展示传统艺术，因此，它的设计反映了陶器的纯粹之美。相对于综合体内的其他新建筑而言，1号馆后退并有较高的地坪，这也成为了三星基金会所提出的城市化发展规划的特征。博物馆的大部分空间被埋在地下，似一个孤立的物体从绿色的斜坡中升起，连接其上下的道路。地面之上可见的部分由两个基本形体组成：一个平行六面体和一个延伸至地下的倒锥形。建筑的外观通过立面语言的运用得到进一步强化。整个立面采用通风墙体技术，外层立面采用光滑、平整的红色陶土砖结合特殊的V形截面做法，在自然光下营造出微妙的光影效果。倒锥形的体量模拟了陶瓷花瓶的形式，光线透过圆形的屋顶洒向内部空间。首层空间是服务于整个综合体的中心大厅。倒锥形的几何形体也同时成为整个展览系统的中心。在内部，参观者通过核心锥筒被引向地下，核心锥筒被天光照亮，每一层都有环绕布置的开洞，描绘着倾斜的路径。

项目概况

设计时间：1995—1997/2002	Project: 1995-1997/2002
建造时间：2002—2004	Construction: 2002-2004
业主：三星文化基金会	Client: Samsung Foundation for Culture
合作单位：Samoo Architects & Engineers	Partner: Samoo Architects & Engineers
基地面积：2 333m²	Site area: 2,333 m²
建筑面积：10 000m²	Useful surface: 10,000 m²
建筑体积：42 000m³	Volume: 42,000 m³

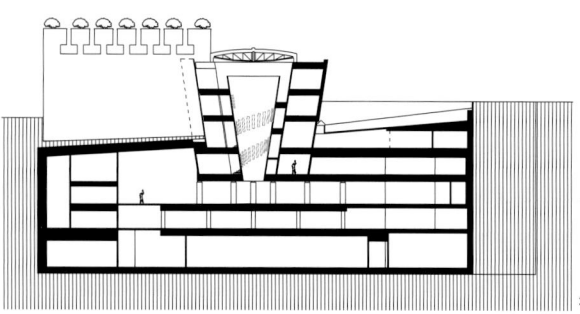

3

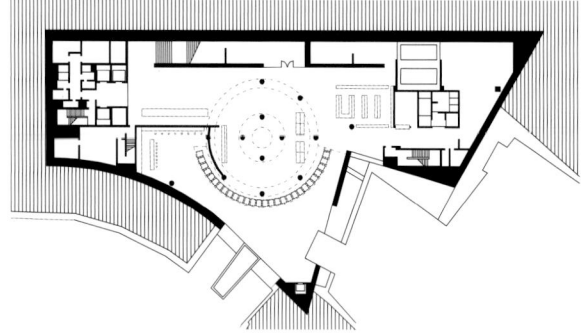

4

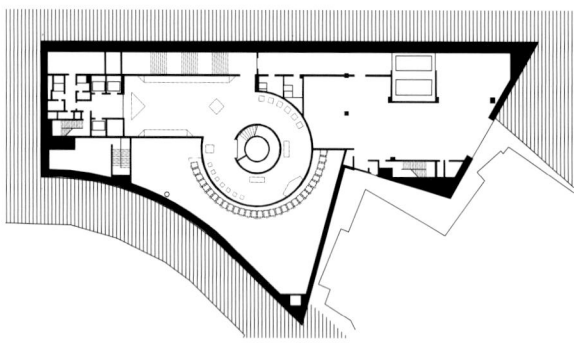

5

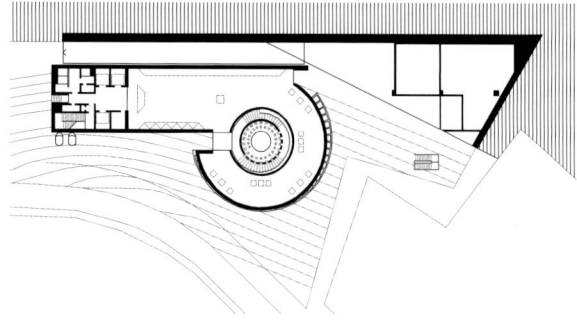

6

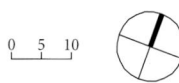

0 5 10

3. 剖面图
4. 二层平面图
5. 四层平面图
6. 横向截面图
7. 南部视角实景

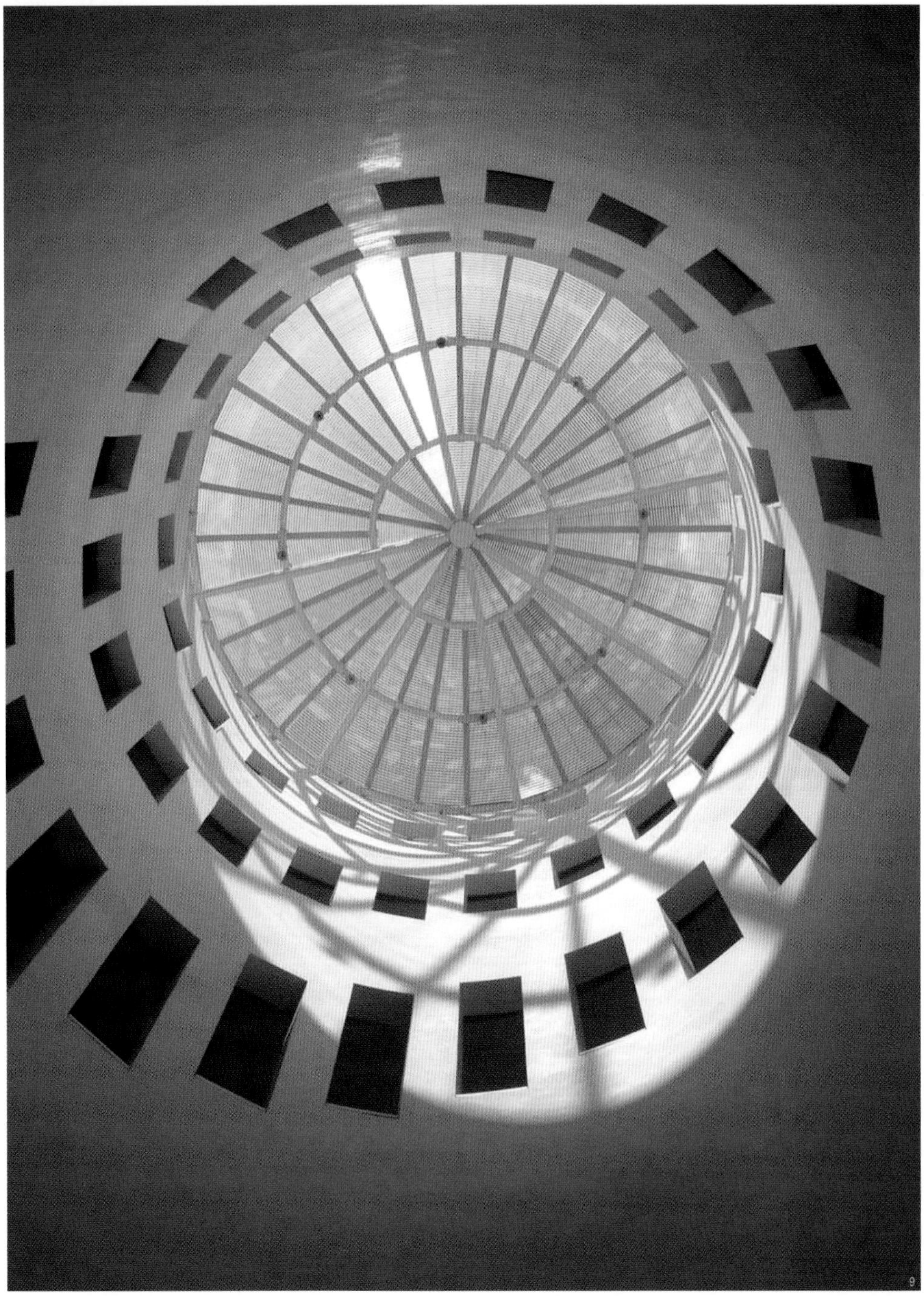

8. 大厅
9. 圆形大厅天窗
10. 圆形大厅内墙
11. 剖面模型

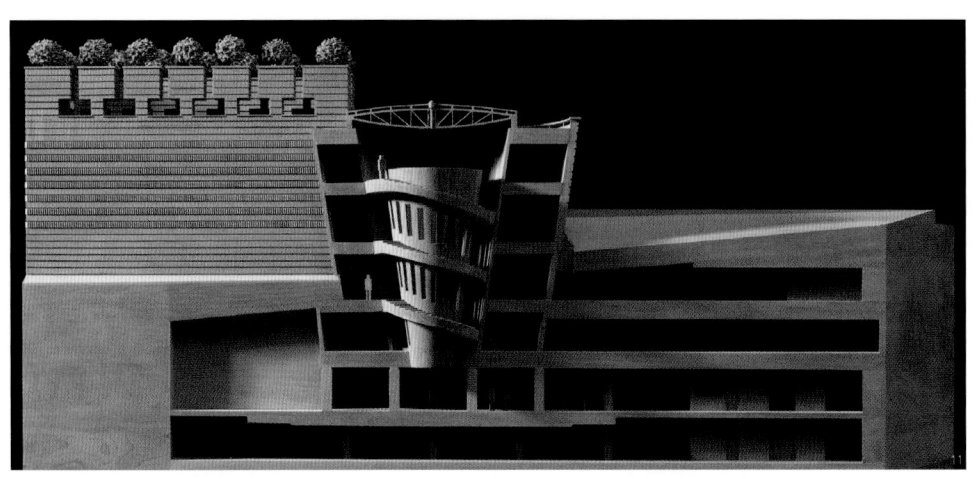

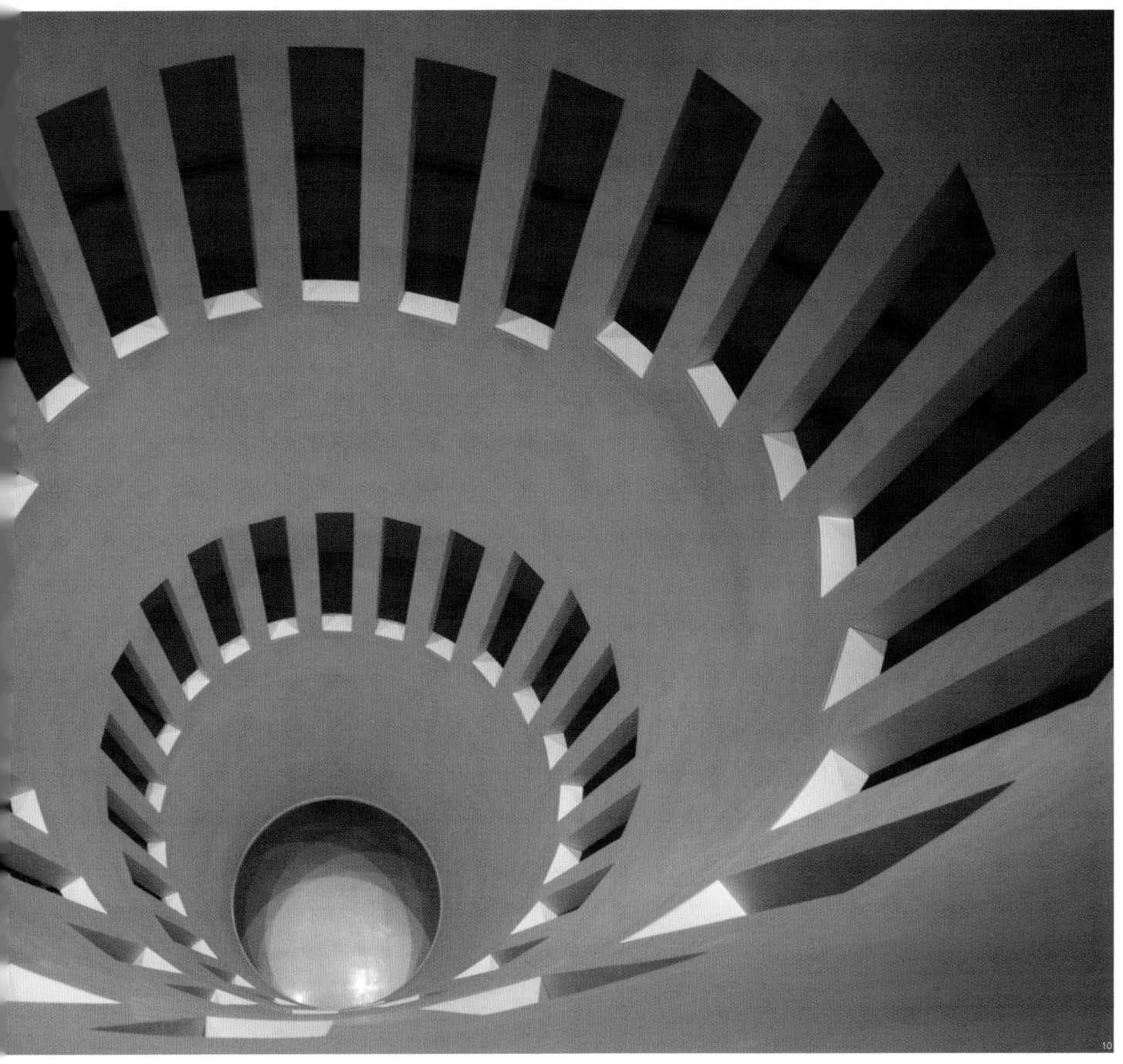

延伸阅读

- Leeum Samsung Museum of Art, "Bob", 006, Korea, December 2004, pp. 30-81.
- Mario Botta in Muse-um? Companionship of Plurality [e×hibition catalogue], Samsung Museum of Art, Seoul 2004, pp. 22-37.
- K. K. Jin, Leeum Samsung museum of art, "Architecture and Culture", 284, January 2005, pp. 98-123.
- G. Polazzi, Mario Botta Leeum: Samsung Museum of Arts, "Materia", 48, September/December 2005, pp. 74-81.
- Museum 1 by Mario Botta: Traditional Art in "Leeum Samsung Museum of Modern Art", Samsung Museum of Art, Seoul 2005.
- Leeum, Samsung Museum of Art, "GA Japan Environmental Design", 72, January-February 2005, pp. 140-141.
- OMA/Jean Nouvel/Mario Botta, «A+U Architecture and Urbanism», 422, November 2005, pp. 116-127.

- Museum of Traditional Art in "Design is Life. Life is Design 1976-2006", Samoo 30th Anniversary Special Edition, Samoo Architects & Engineers + Daonjae, Seoul 2006, pp. 102-107.
- R. Zhu, Leeum-Samsung Museum of Art, Seoul, Korea, "T+A Time + Architecture", 2, March 2007, pp. 76-83.
- Mario Botta + Jean Nouvel + Rem Koolhaas Leeum, Samsung Museum of Art, Seoul, "Dialogue", 114, June 2007, pp. 40-55.
- A. M. Prina, Architettura e identità/Architecture and Identity, "Urban Design", 22, February 2009, pp. 18-21.
- Mario Botta, Rem Koolhaas, Jean Nouvel Leeum Samsung Museum of Art in "Seoul. Le capitali dell,architettura contemporanea", edited by Paola Bertola, Il Sole 24 Ore, Hachette Fascicoli Milan, 25, February 2013, pp. 30-35.

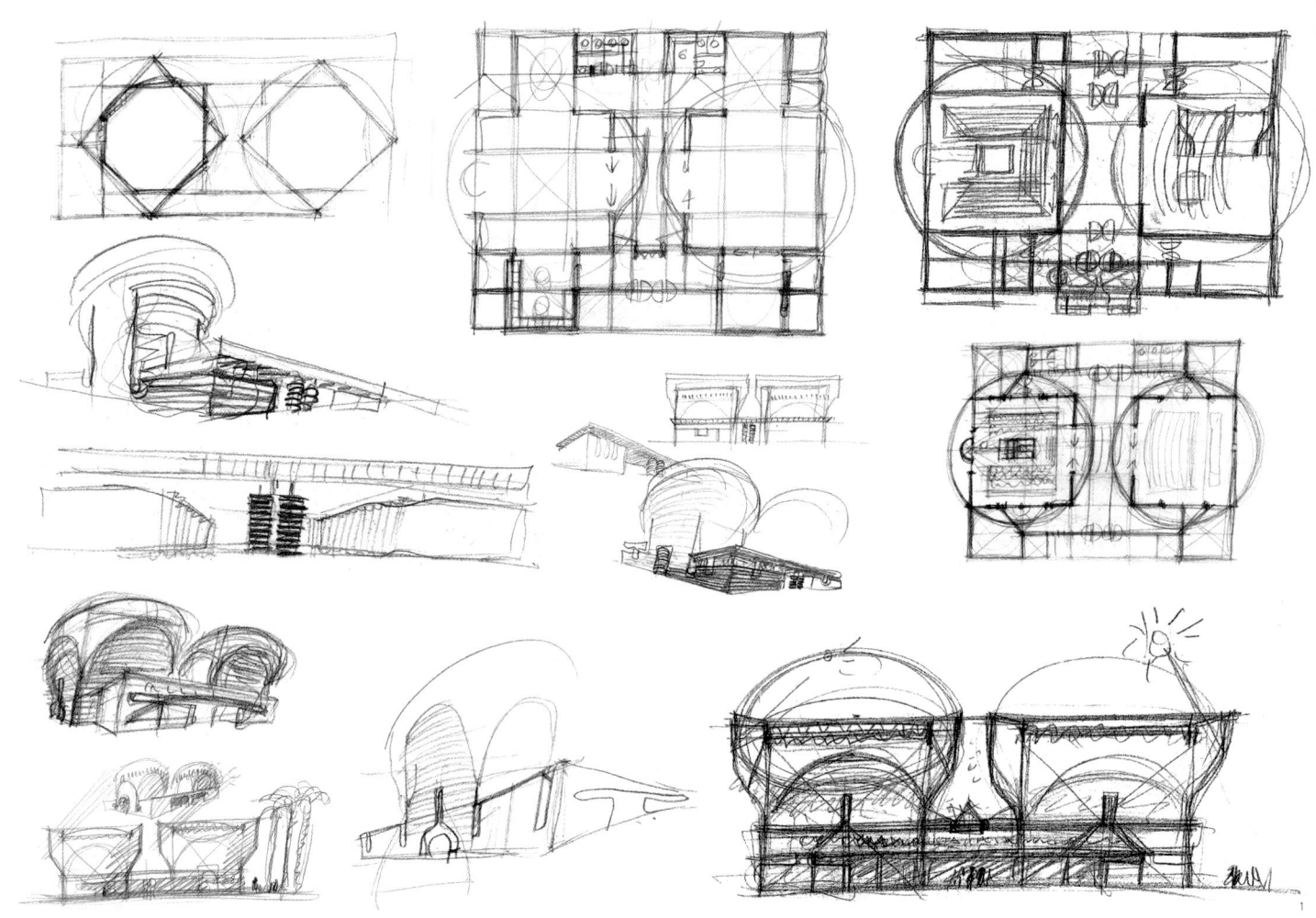

1.手绘草图
2.建筑实景

辛巴利斯特犹太教堂和犹太遗产中心
CYMBALISTA SYNAGOGUE AND JEWISH HERITAGE CENTRE

以色列 特拉维夫
Tel Aviv, Israel 1996-1998

　　一个祈祷和讨论的场所，一个犹太教堂和一个会议厅，一个宗教和世俗的十字路口，这是波莱特和诺伯特·辛巴立斯特委托马里奥·博塔在特拉维夫大学校园设计这栋建筑时提出的要求。该项目的概念得利于客户对于他们期待的建筑给出的清晰的想法：两个能满足精神需求的空间，它们在功能上分离，而在形式上统一。

　　该建筑占满基地边界，南侧是底层服务空间，北侧设有通向中庭空间的主入口，东侧可进入祈祷大厅，西侧设有文化中心。两个空间的底层平面都是方形的，但墙体围合的空间在上部逐渐扩大，形成了圆形的顶部空间。两个突起的体量有相同的尺寸，并使用相同的材料处理。

　　在圆形的筒壁和方形的屋顶之间形成了四个拱形的天窗，光线由此泻下，在墙壁和地板上流动。尽管这两个体量的尺寸适中，但它们和其他服务空间形成的非凡的尺度关系，使得它们在外部形成了一个有冲击力的形象。复杂的图腾形成了一个有神秘感的螺旋状，似乎在询问使用人关于建筑的表达问题。这个建筑不只反映了自身所处的时代，也见证了千年的记忆。

项目概况
设计时间：1996
建造时间：1997—1998
业主：波莱特和诺伯特·辛巴利斯特
合作建筑师：亚瑟·希尔博萨克
土木工程：沙玛雅·本-亚伯拉罕
建筑面积：800m²
建筑体积：7 325m³
结构和材料：钢筋混凝土承重结构；
　　　　　　外墙贴面普伦石；
　　　　　　彼得拉多洛塔石室内饰面。

Project: 1996
Construction: 1997-1998
Client: Paulette and Norbert Cymbalista
Partner: Arthur Zylberzac
Civil engineering: Shmaya Ben-Abraham
Useful surface: 800m²
Volume.: 7,325m³
Structure and materials: reinforced concrete bearing structure; cladding in Prun stone; interior finished in Pietra Dorata stone.

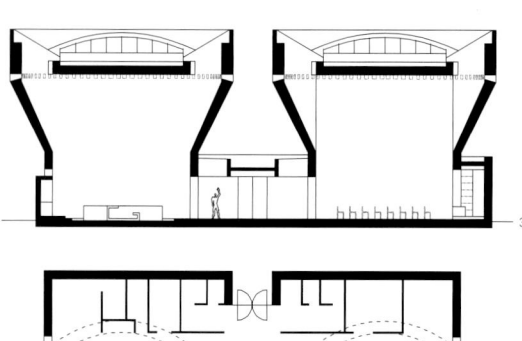

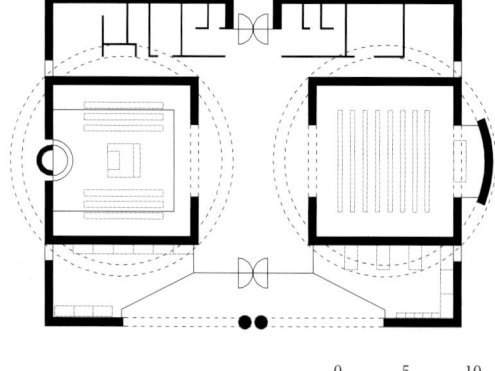

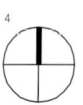

0 5 10

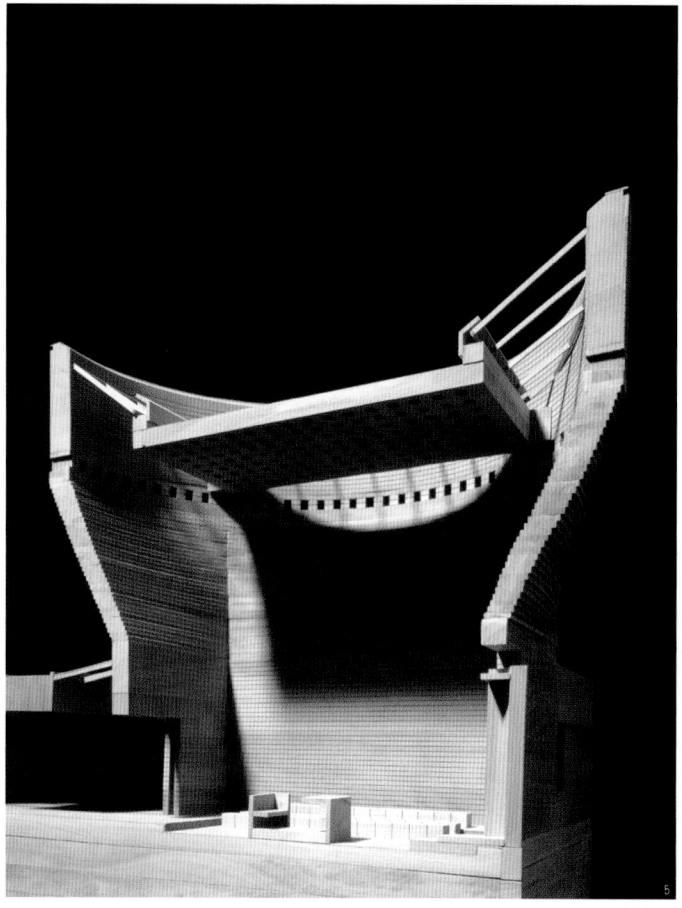

3. 纵向剖立面图
4. 首层平面图
5. 剖面模型
6. 东立面实景

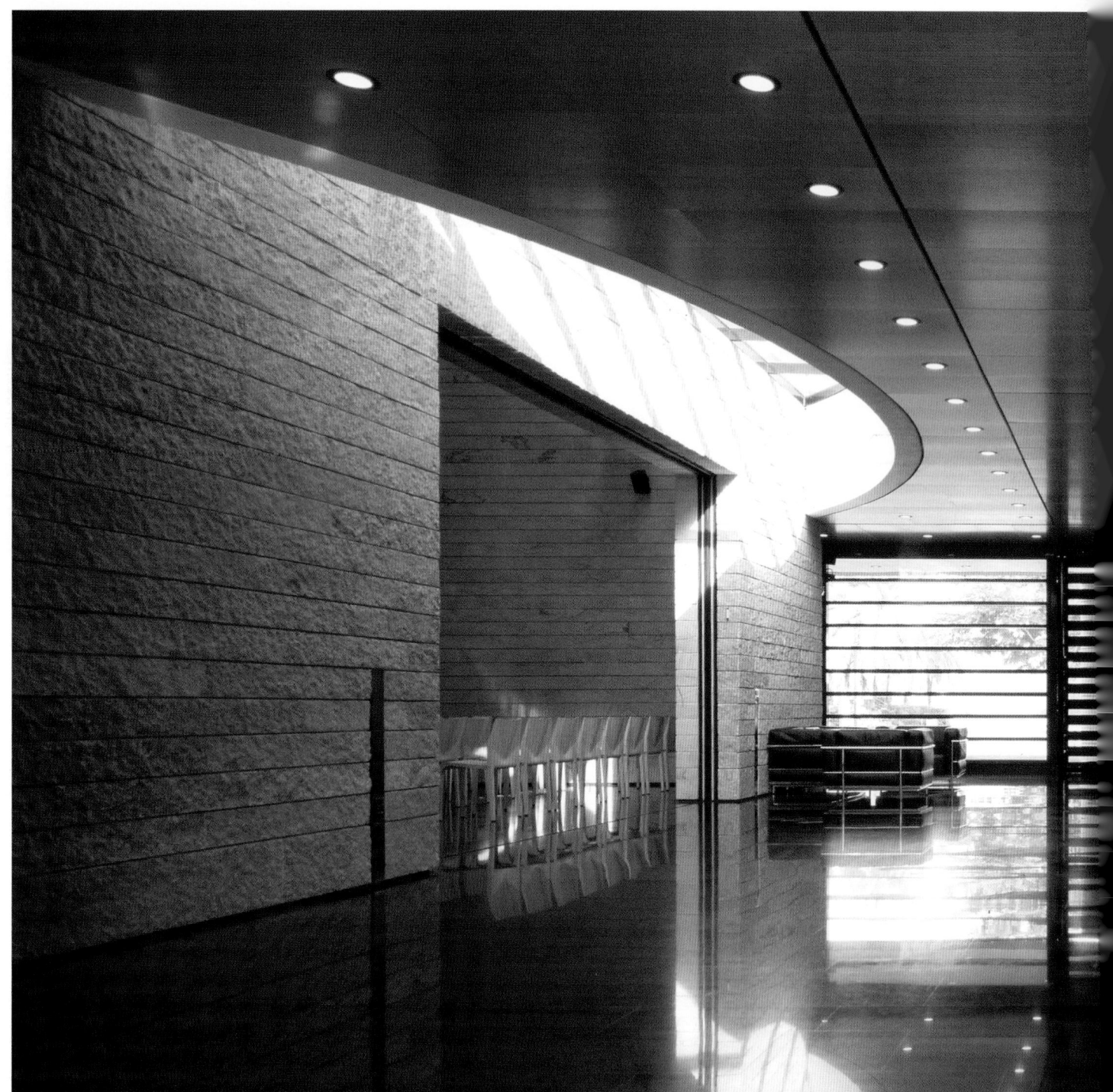

7. 建筑细部
8. 南立面实景
9. 入口室内实景

10

10. 犹太教会堂
11. 会议厅

12. 天花板

延伸阅读

- D. Steiner, Sinagoga Cymbalista e Centro della Eredità Ebraica, Tel Aviv, "Domus", 1998, 806, pp. 8-17.
- The Cymbalista Synagogue and Jewish Heritage Centre Tel Aviv, Israel, "UME", 12, 2000, pp. 52-61.
- R. Hollenstein, Cymbalista Synagogue and Jewish Heritage Center in "Jewish Identity in Contemporary Architecture", edited by A. Sachs, E. van Voolen, Prestel Verlag, Munich – Berlin – London – New York 2004, pp. 100-107.
- The Cymbalista Synagogue & Jewish Heritage Center in "Eumake Architecture in Translation", Dalian University of Technology Press, Guangdong museum of art, Guangzhou-China 2007, pp. 266-277.

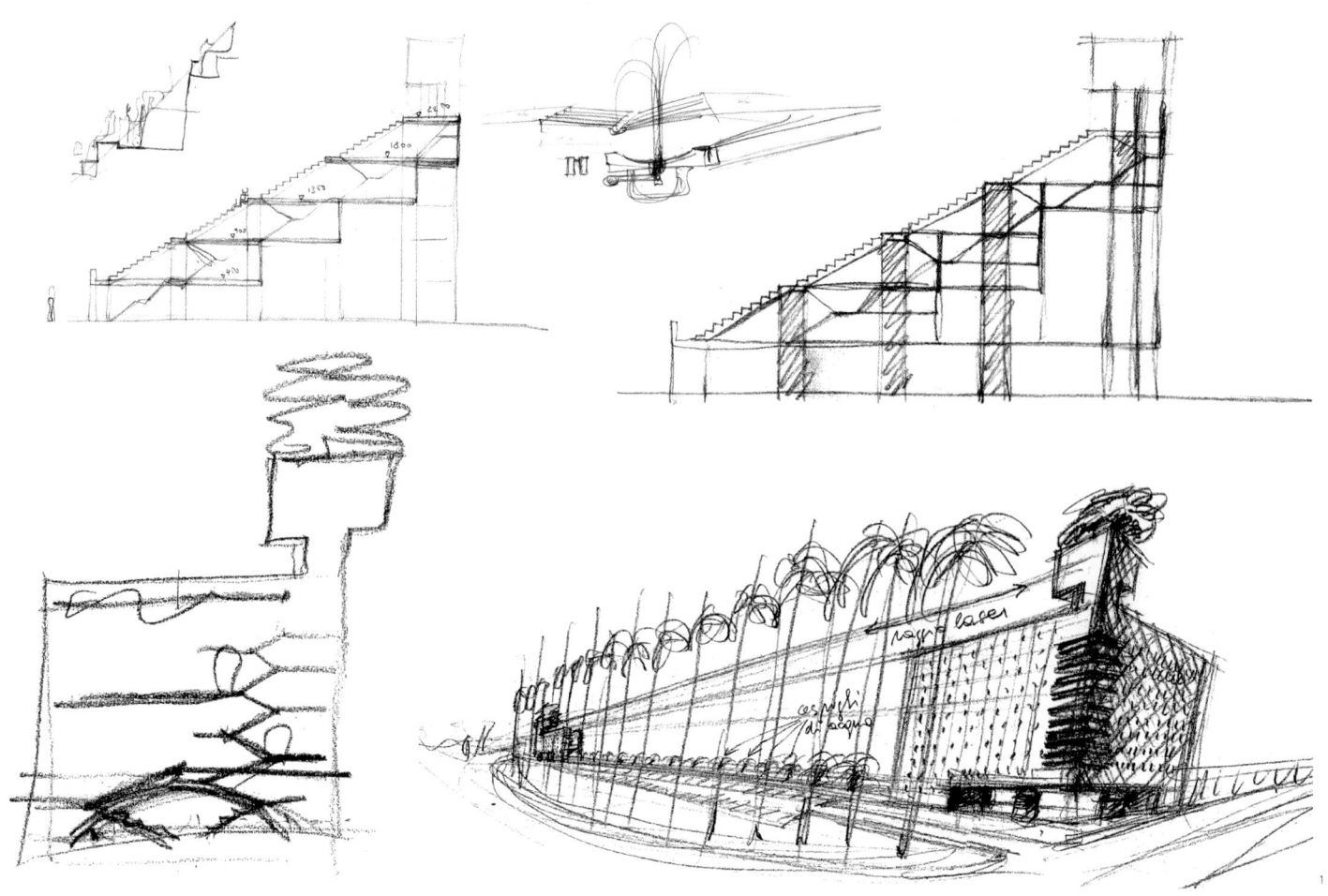

1. 手绘草图
2. 双塔中的一座

"美洲峰会" 纪念碑
MONUMENT FOR THE 'CUMBRE DE LAS AMERICAS'

玻利维亚 圣克鲁斯塞拉利昂
Santa Cruz de la Sierra, Bolivia 1996

纪念碑为1996年12月6日在圣克鲁斯市召开的可持续发展峰会而建。设计概念是为靠近城市中心的公园创造一个大门。它由两个高22m的角楼组成，角楼覆以红砖，在颜色上与周围绿色的树木形成了很好的对比。

两座塔楼行成一个转角，各自由两片墙体组成；在端部，两墙之间夹着楼梯，将游客带至塔顶。许多小洞口嵌入砖墙肌理，同时渗透景致。此外，建筑二层及屋顶还设有观景平台。建筑转角的顶部被强调并转化成"头"的形象，赋予建筑一种拟人的特征。首层墙体的部分被移除，露出两个砖饰面的圆形柱子。

孤立地看待每个立面，会发现建筑呈现一种刻意的失衡状态。当同时观看两道墙体时，平衡的状态又恢复了。双墙的主题贯穿整个构图。立于两个转角相对的双塔，也形成对话关系。每个立面都需要与它孪生的另一面一起观看才能被完整地解读。这看似是在玩弄形式，实际上是充满了符号意义的。因为立面所展示的形象是符号化的建筑语言。两个塔楼为公园隔绝了城市的喧嚣。它们的统一性不仅仅体现在它们相似的特征上，一个

点缀有23个小喷泉的人行道连接了两个体量，它们之间的距离得到弥补。

运动、空间和形式共同组成有力的构图。这栋建筑需要被探索，它将人们在公园里散步、进入自然世界、告别城市喧哗的体验转化成了对建筑的体验。

项目概况
设计时间：1996
建造时间：1996
业主：圣克鲁斯市
合作建筑师：路易斯·费尔南德斯·德·科尔多瓦
与罗达建筑事务所
建筑体积：2 300m³每塔

Project: 1996
Construction: 1996
Client: City of Santa Cruz de la Sierra
Partner: arch. Luis Fernández de Córdova e Roda s.r.l.
Volume : 2,300m³ per tower

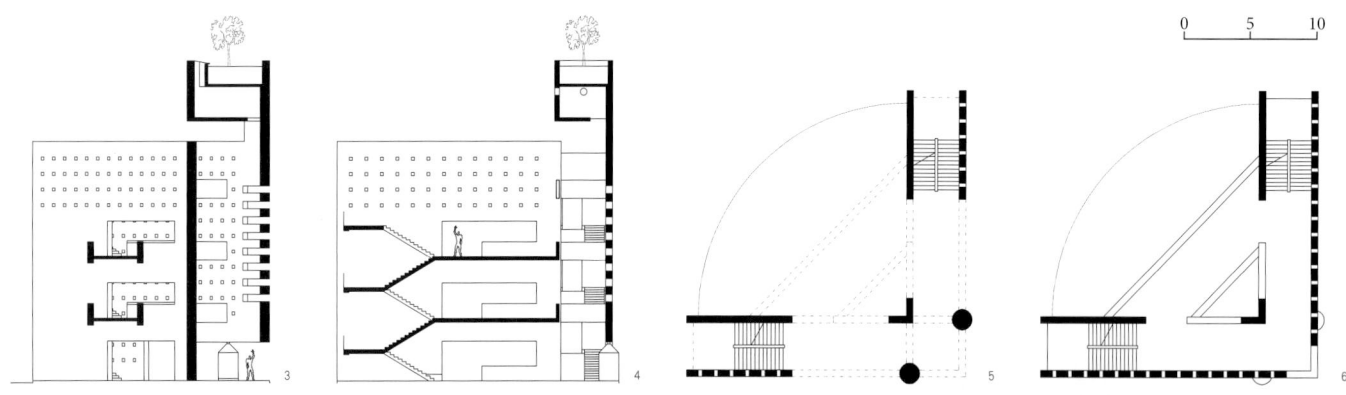

9. 正立面实景
10. 侧立面实景
11. 背立面实景

12. 连接双塔的喷泉系列步道

13. 建筑实景

延伸阅读

- W.H. Limpias, Obra comemorativa da cupula de paises americanos è alegoria otimista a
uma unidade desintegrada, "Projeto", September 1997, pp. 50-53.
- Ein Tor für den Stadtpark von Santa Cruz, "Werk, Bauen + Wohnen", 1997, 9, p. 60.
- Cumbre de las americas monument, "Space", 1998, 367, pp. 74-79.

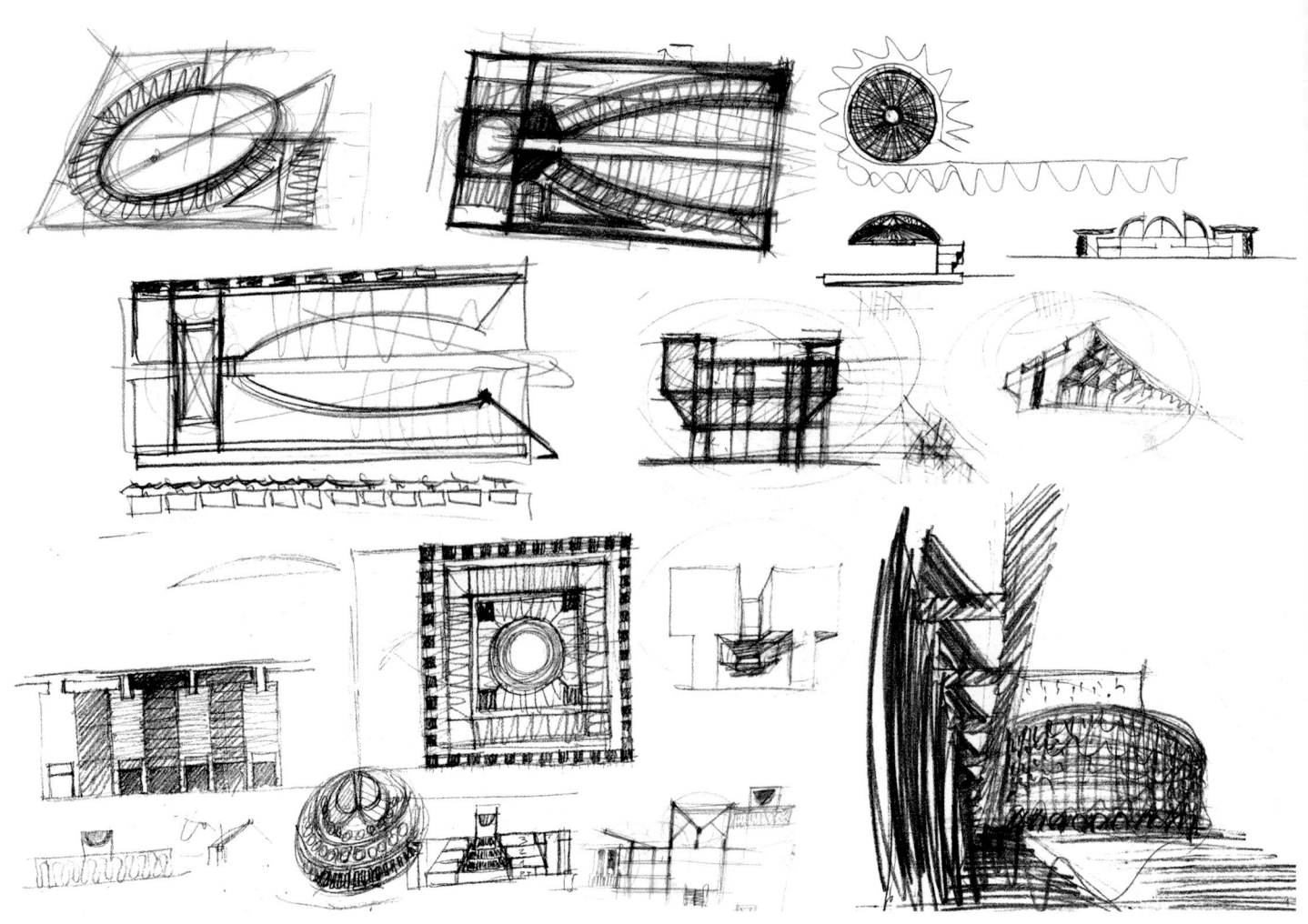

1. 手绘草图
2. 建筑外景

新德里TATA咨询服务办公楼
OFFICE BUILDING TCS

印度 新德里
New Delhi, India 1996-2002

　　这栋建筑是软件制造商TCS（塔塔咨询服务公司）的行政大楼，其总部设在诺伊达，距新德里约30km，该处有半荒废的车道，周边是空旷的乡村，稀疏点缀着居民点。为了创造出还未有的都市性，设计试图挖掘一片仍完全平坦的地域的潜能，这里唯一高起的是为了在雨季暴雨发生洪涝时保护该地区而建造的竖向的街垒。在新城区的规划中，这个屏障成为建设区和农村之间的分界。4层高的建筑垂直于此分界而建，如同一个150m长的立方体大梁悬挂在这块区域之上。在北侧，一个圆柱形的体量矗立朝向来路，与线型的建筑体量相脱离。柱体的顶部有凸出的通风塔，同时提供顶部采光。底层完全开放，提供遮荫，成为一个使用者驻足并享有特别优待的场所。线型体量里是程序员的办公空间，而圆柱体内是行政管理与教育部门。红色的阿格拉石材的外墙超出玻璃幕墙约2m远——这是室内外间最后一道物理屏障，用以避免当地恶劣的天气对室内空间的影响。

项目概况

设计时间：1996—1997
建造时间：1999—2002
业主：塔塔咨询服务公司
合作建筑师：辛海尔·沙阿
基地面积：15 340m²
建筑面积：11 300m²
建筑体积：50 000m³

Project: 1996-1997
Construction: 1999-2002
Client: Tata Consultancy Services
Partner: Snehal Shah
Site area: 15,340m²
Useful surface: 11,300m²
Volume: 50,000m³

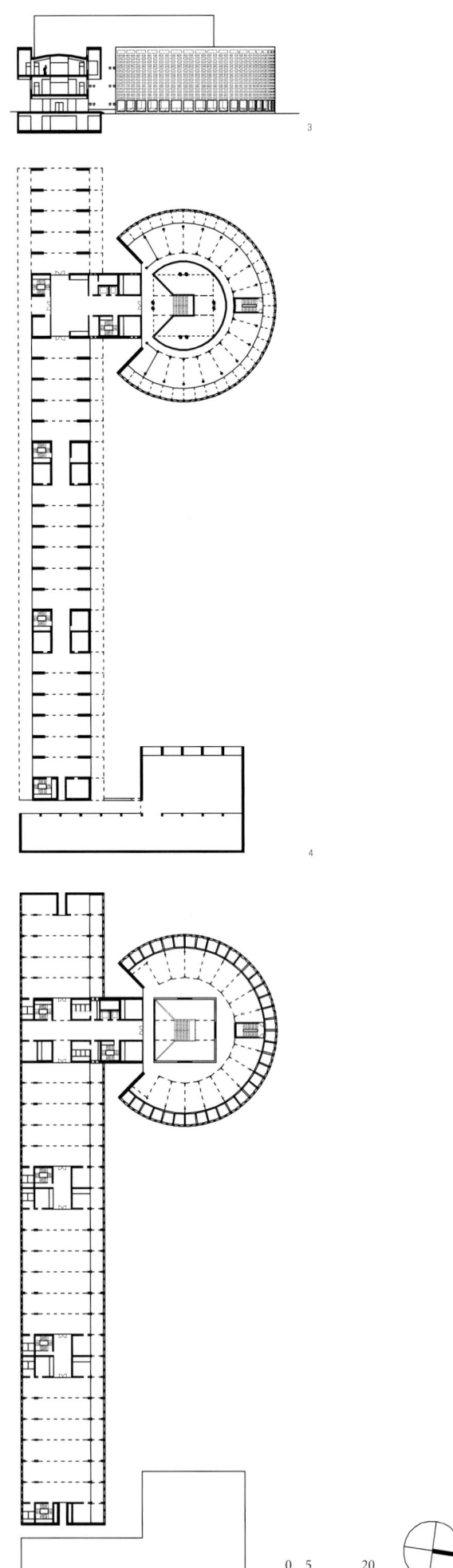

3. 纵向剖立面图
4. 首层平面图
5. 二层平面图
6. 建筑入口

0　5　　　20

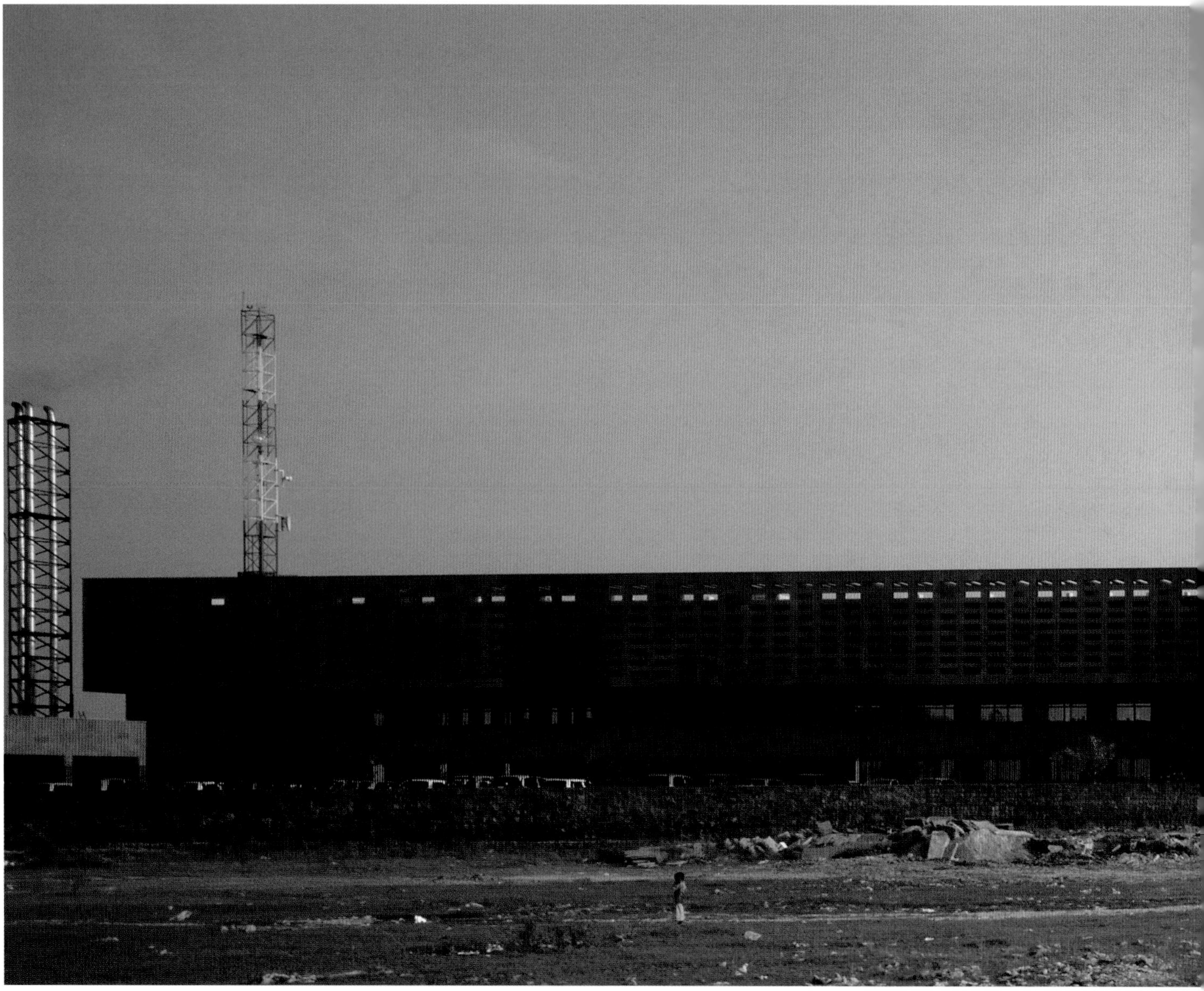

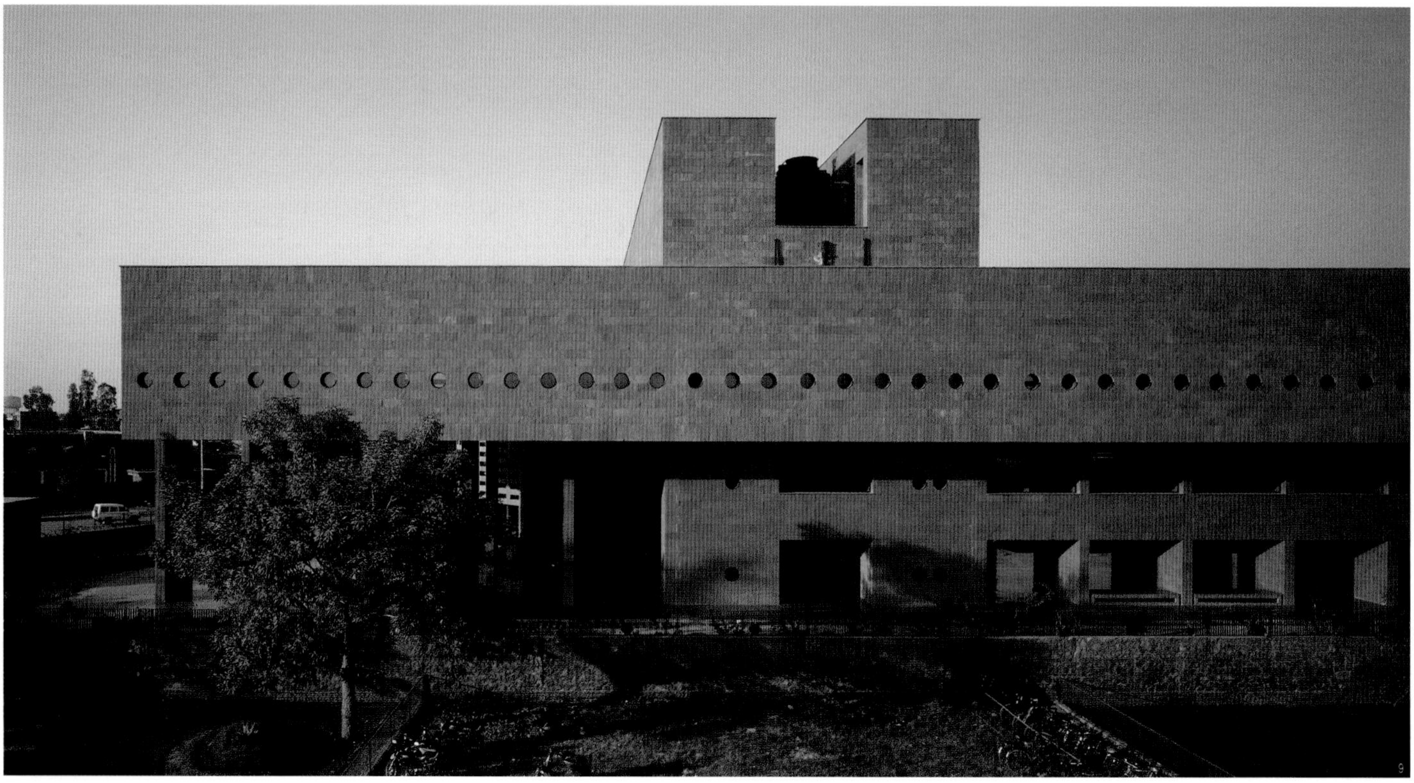

9

7~9. 立面实景

10. 首层走廊实景

11.12. 中庭实景

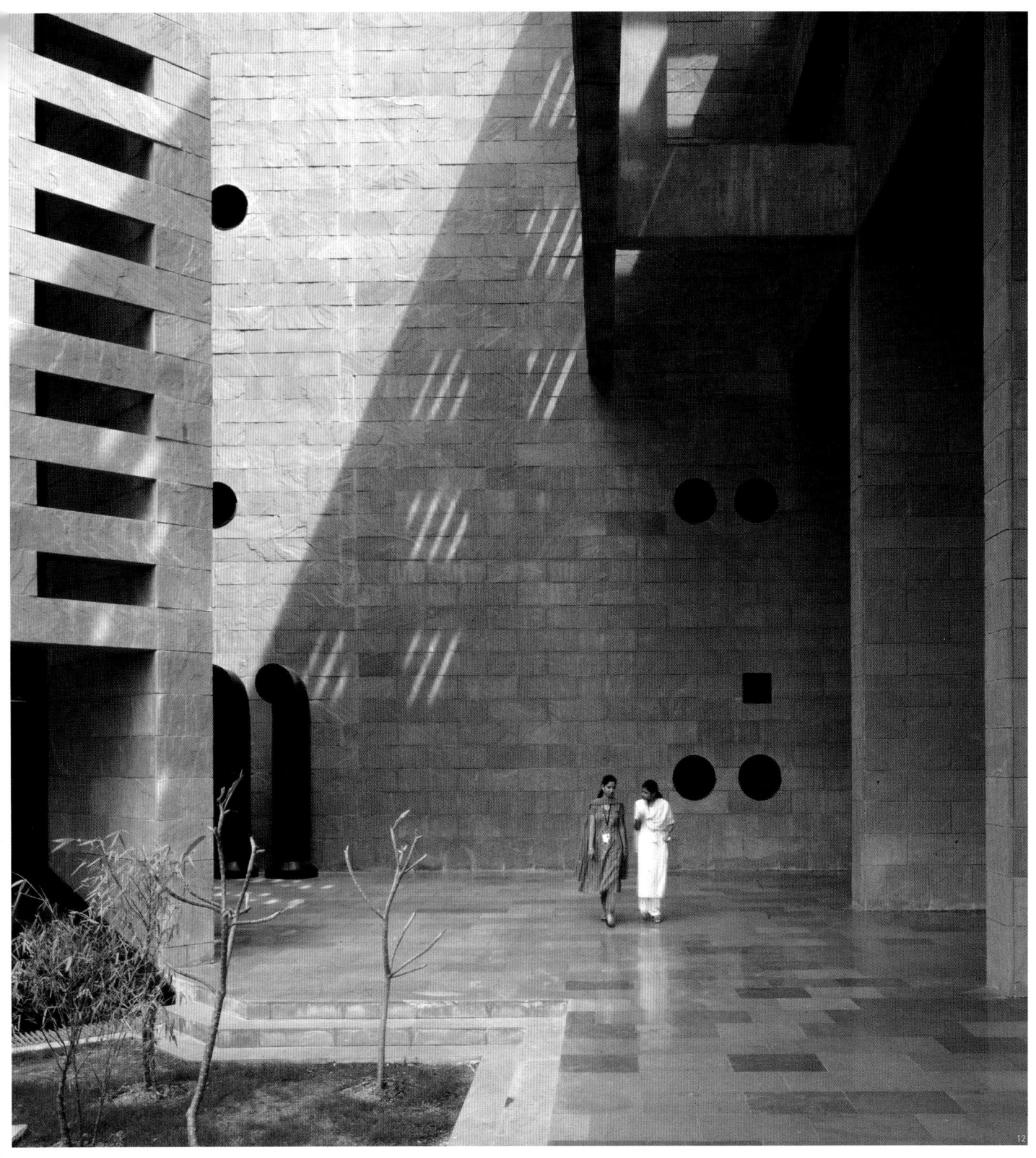

延伸阅读

- S. Storchi, Nuova Delhi il gioco della luce e dell,ombra/Game of light and shade, "Arkitekton", 8, 2003, pp. 84-86.
- Mario Botta 1996-2003 un architetto ticinese a Delhi e Hyderabad, "Abitare", 463, July/August 2006, pp. 149-151.

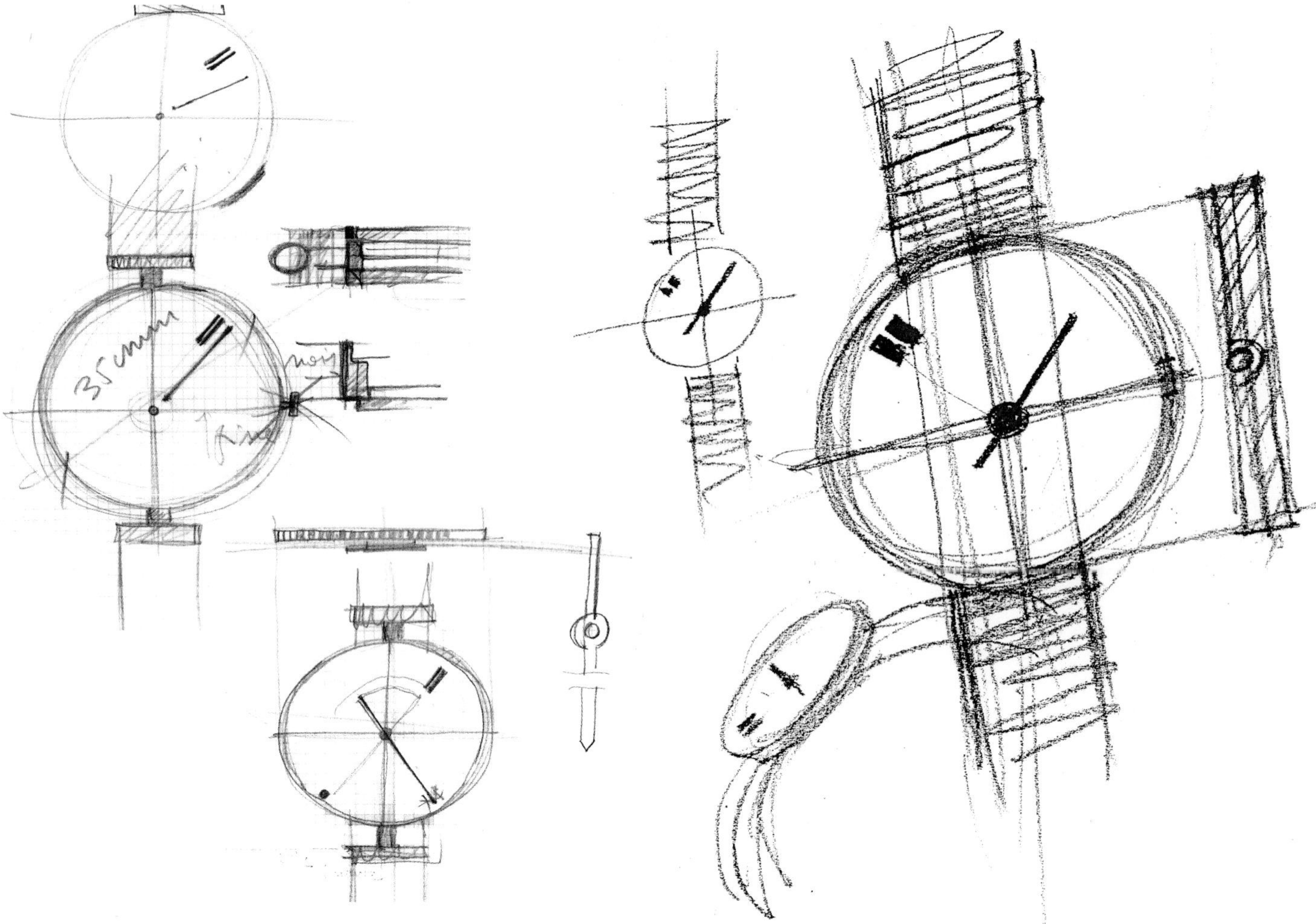

1

1. 手绘草图
2. 白色转盘MBL98
3. MBL98产品实样
4. MBL08产品实样

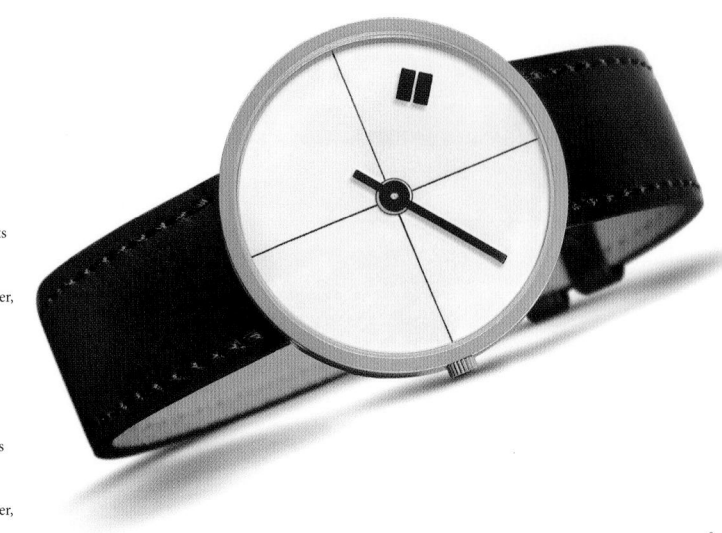

马里奥·博塔表
WATCHES MARIO BOTTA

1997-1998 / 2007-2008

项目概况
MBL 98手表
设计时间：1997
生产时间：自1998
制造商：瑞士，皮埃尔·朱诺现代产品生产事务所
尺寸：直径34 mm
材料：不锈钢、蓝宝石水晶、皮革、石英机芯

MBL08手表
设计时间：2008
生产时间：自从2008
制造商：瑞士，皮埃尔·朱诺现代产品生产事务所
尺寸：直径28 mm
材料：不锈钢、蓝宝石水晶、皮革、石英机芯

Watch MBL 98
Project: 1997
Production: since 1998
Manufacturer: Pierre Junod Production d,objets moderne, Switzerland
Dimensions: diameter 34 mm
Materials: stainless steel, sapphire crystal, leather, quartz movement

Watch MBL 08
Project: 2007
Production: since 2008
Manufacturer: Pierre Junod Production d’objets moderne, Switzerland
Dimensions: diameter 28 mm
Materials: stainless steel, sapphire crystal, leather, quartz movement

2

3

4

1. 手绘草图
2. 始发站实景

奥赛丽娜—卡达达索道站
ORSELINA-CARDADA CABLEWAY

瑞士 洛迦诺
Locarno, Switzerland 1997-2000

　　本项目意在通过创造一个有顶盖的结构来连接奥赛丽娜—卡达达的索道，使已有的设施恢复其功能。两个站点被设计为内部与外部之间的两个保护性的实体。山下的奥赛丽娜出发站是入山的门户。同时这个新的站点还限定出了供乘客中转用的小广场。在这个平台上，一部楼梯伸向有光亮金属表皮的站台，预应力混凝土和玻璃砖包裹站台的机械装置，使整个建筑看似一座灯塔。山上的卡达达站（到达站）犹如巨大的透明船帆，迎接着缆车与乘客的到来，为人们在入山体验大自然之前提供一个休憩的场所。卡达达站同样也有钢、混凝土和玻璃板建成的表皮，为服务、储藏用房，以及位于建筑中央的休息室提供围护。缆车极具表现力的设计线条使得这些箱体显得轻盈流动。

项目概况

设计时间：1997
建造时间：1998—2000
业主：Floc 有限责任公司
建筑面积：1 700m²
规模尺度：奥赛丽娜站 3 900m³，
　　　　　卡达达站 2 720m³
规模：奥赛丽娜站27.9m×12.4m 高14.4m，
　　　卡达达站 23.1m×22m，高12m
结构与材料：
山下站：钢及预应力混凝土承重结构；基座
　　　　为灰色花岗岩砌块
山上站：可见钢筋混凝土承重，薄板金
　　　　属屋顶
缆车：银色耐高温漆车身，玻璃。

Project: 1997
Construction: 1998-2000
Client: Floc SA
Gross floor area: 1,700m²
Volume: Orselina station 3,900m³, Cardada station 2,720m³
Dimensions: Orselina station 27.9m×12.4m, 14.4m H; Cardada station 23.1m×22m, 12m H
Structure and materials:
Downhill station: load bearing structure in steel and reinforced concrete; base in blocks of Riveo granite;
Uphill station: load bearing structure in visible reinforced concrete; roof in sheet metal.
Cable cars: silver heat-lacquered body and glass

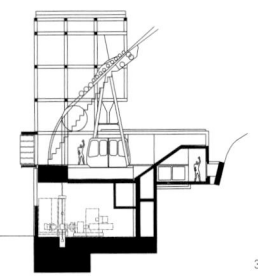

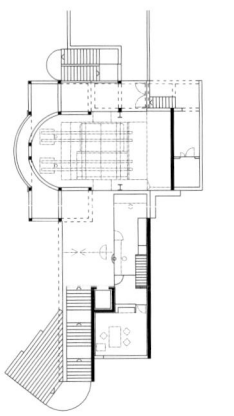

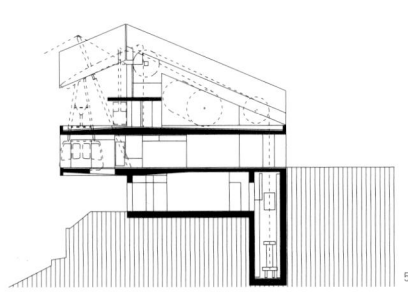

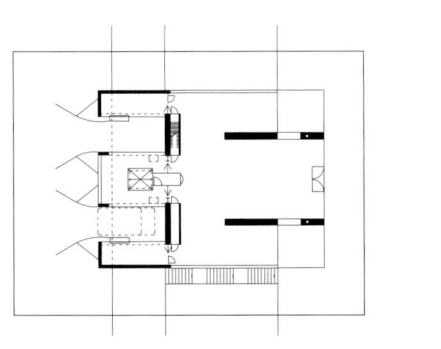

3

4

5

6

0   5   10

3. 始发站剖面图
4. 始发站平面图
5. 到达站剖面图
6. 到达站平面图
7. 俯视实景
8. 建筑实景

7

9. 室内所见景观

延伸阅读

- Nuovi percorsi di Mario Botta, "L'Arca", 2000, 153, pp. 76-81.
- La nuova Funivia Orselina-Cardada a Locarno, "Bau Info", 2000, 9,pp. 67-68.
- Locarno-Orselina-Cardada con la funicolare e la funivia in "Orselina", edited by D. Ambrosioni, Arti Grafiche Locarno, May 2001, pp. 166-171.
- G. Cappellato, Il gesto e il luogo, "Ottagono", 2001, 145, pp. 74-77.
- H. Adam, In den Bergen Bauen, "Archithese", 3, May/June 2005, pp. 12-17.
- P. Paci, Il girotondo di Mario Botta, "V&S Saper Vivere, Saper Viaggiare", 8, August 2007, pp. 114-121.

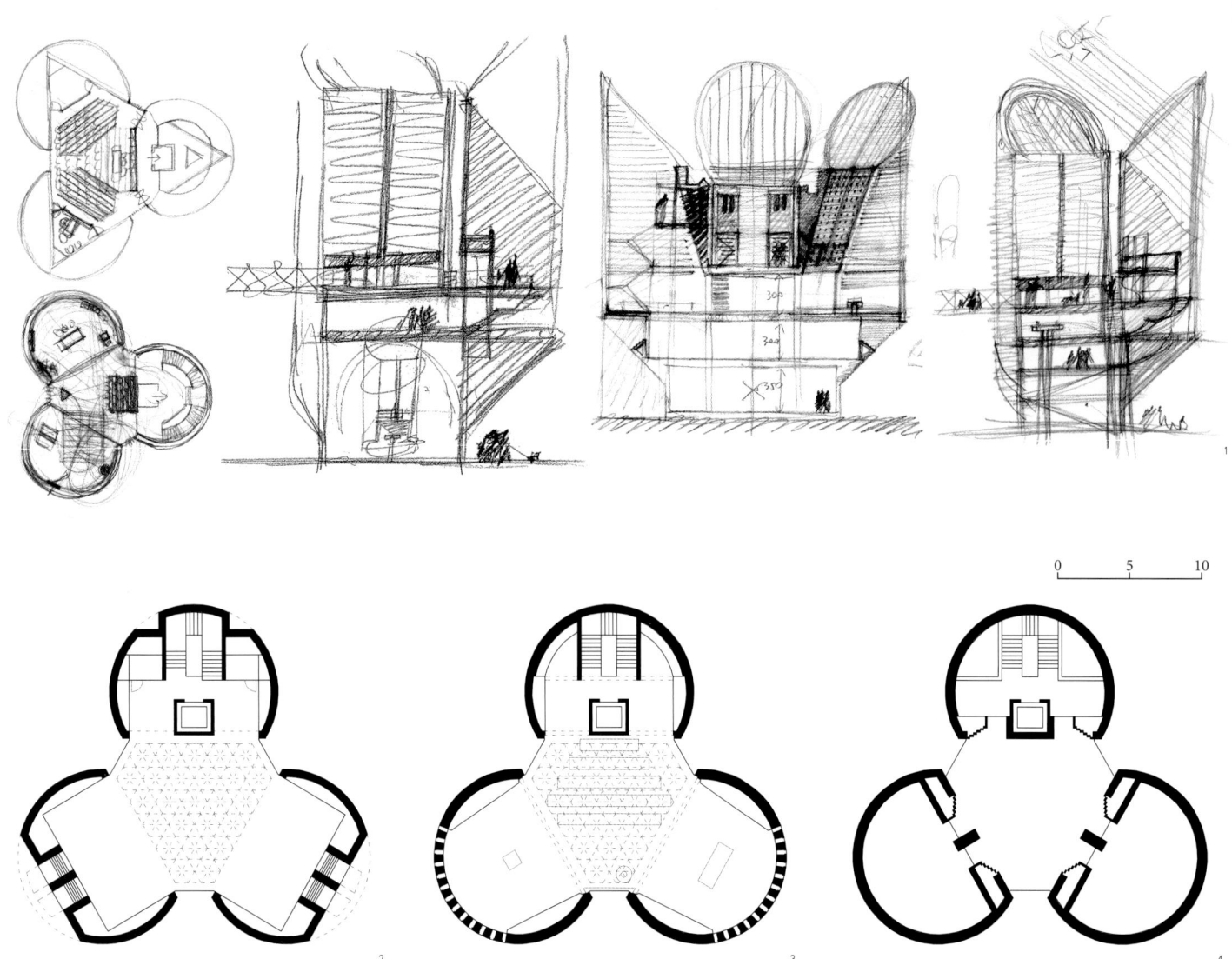

1. 手绘草图
2. 一层平面图
3. 二层平面图
4. 三层平面图
5. 剖切模型

马尔彭萨机场小教堂
CHURCH AT MALPENSA AIRPORT

意大利 米兰
Milan, Italy 1997

这座三叶草形的教堂通过一个离地14m的走道连接到国际出发大楼。建筑形体由一个各个角部被截断的三角形和环绕其周的三个半圆柱体组成。细长的圆柱体被45°平面切割，达到离地31m的高度。截面是透明的全玻璃顶。入口在最上层，入口下的4层空间，分别容纳小礼拜堂、办公室、多功能室和技术用房。作为中央基础的三角形体量高达14.5m。竖向交通设置在一个圆柱体中，另外两个则作为讲道坛和祭坛。建筑采用预应力混凝土结构，外墙以及一部分内墙表面披覆红色的维罗纳石材。

项目概况
设计时间：1997
业主：机场服务处，米兰－利纳特
建筑面积：364m²
建筑体积：14 000m³

Project: 1997
Client: Airport Services, Milan-Linate
Useful area: 364m²
Volume: 14,000m³

5

延伸阅读

- Church at Malpensa Airport, Malpensa, Milan, "Contemporary Architecture", 2000, 11, pp. 94-95.
- Ökumenische Flughafenkapelle Milano-Malpensa, "Kunst und Kirche", 2001, 3, pp. 182-183.
- Church at Malpensa Airport, "Church Building", 96, November/December 2005, p. 15.

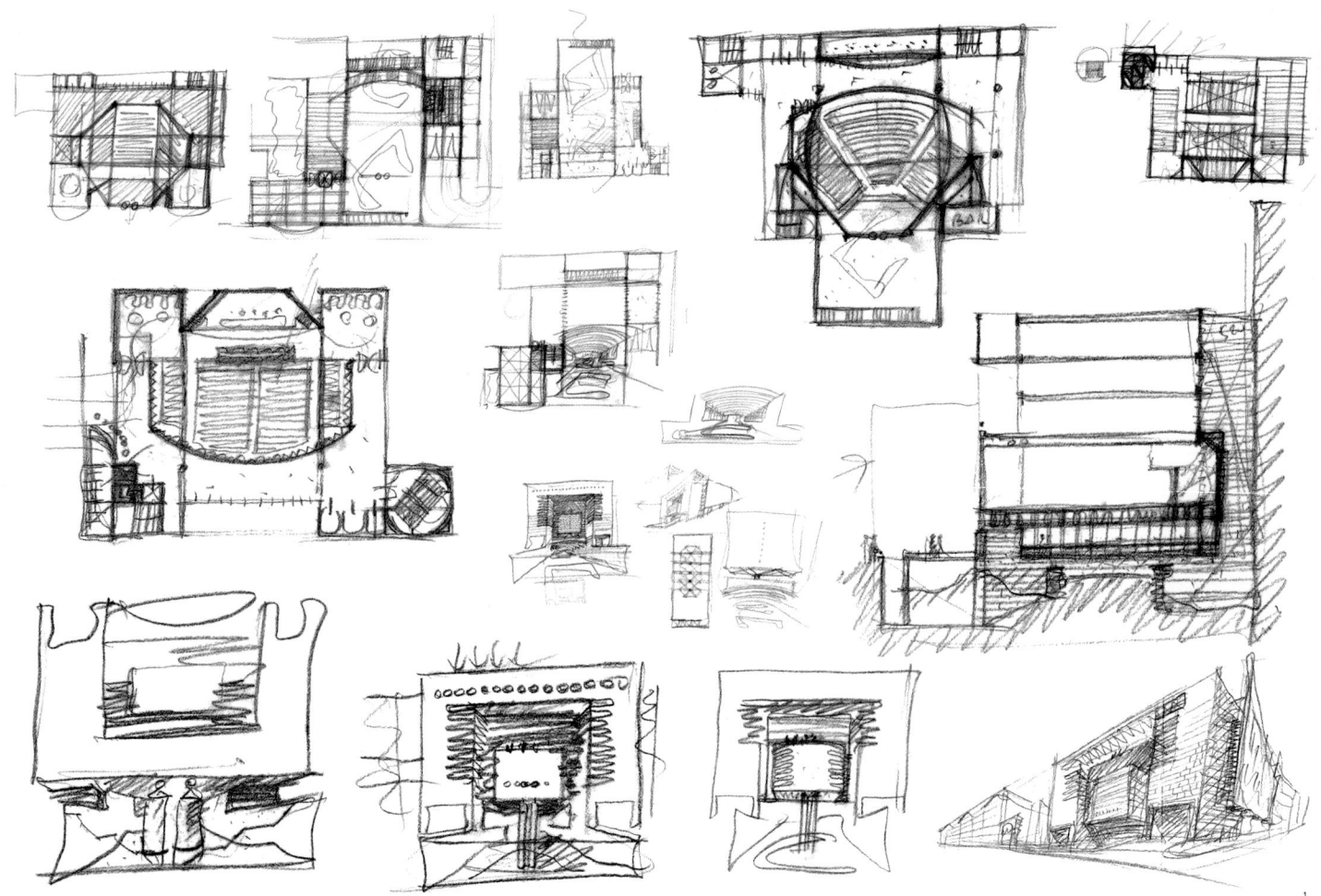

1. 手绘草图
2. 建筑实景

希腊国家银行
NATIONAL BANK OF GREECE

希腊 雅典
Athens, Greece 1998-2001

　　本设计在1998年银行总部百年之际赢得了竞赛第一名。新建建筑的基地毗邻雅典历史街区内的总部主楼，同时场地内有重要的考古发现。胜出方案强调新建筑的公众性并在地面上设置一定空间用以展示考古发现。1999年，此处又发掘出了阿哈尼基大街的古时遗址，建筑师因此修改方案，使建筑面向古街尽端考泰茨雅广场方向更开放的视野变得更为重要。建筑填补了雅典老城中心爱路街区南端的一个转角，可以望见雅典卫城。建筑形体朴实无华，立面首层位置有个开洞，并以单一立面与周围的新古典主义建筑形成对话。层次丰富的外立面、有序对称的楼层组织、简洁的造型、亲近考古发掘及自然的灯光设计为该设计的主题。建筑内部的中庭使自然光透过一列天窗，从顶层一直倾泻到底部的发掘坑，使交通空间变得流动。人们可以从金属与玻璃构建的桥上观察考古路径，有效地将室外展览的内容纳入到博物馆一层空间中来。建筑的新基础保护了阿哈尼

基大街的历史分层。除地面层外，新建筑另有地上5层和地下4层。外立面及建筑内部的公共区域以自然沙土色的石材饰面。地面使用黑色抛光花岗岩，建筑内墙和吊顶均使用木材建造。

项目概况
设计时间：1998
业主：希腊国家银行
合作建筑师：建筑师 墨佛·帕潘尼克劳，
　　　　　　艾琳娜·萨克拉利，玛丽亚·珀拉尼
基地面积：1 452m²
建筑面积：5 000m²
建筑体积：28 900m³

Competition project: 1998
Construction: 1999-2001
Client: National Bank of Greece
Partner: arch. Morfo Papanikolaou, Irena Sakel-
　　　　laridou and Maria Pollani
Site area: 1,452m²
Useful surface: 5,000m²
Volume: 28,900m³

3. 纵向剖立面
4. 首层平面图
5. 二层平面图
6. 侧面实景
7. 正立面实景

3

4

5

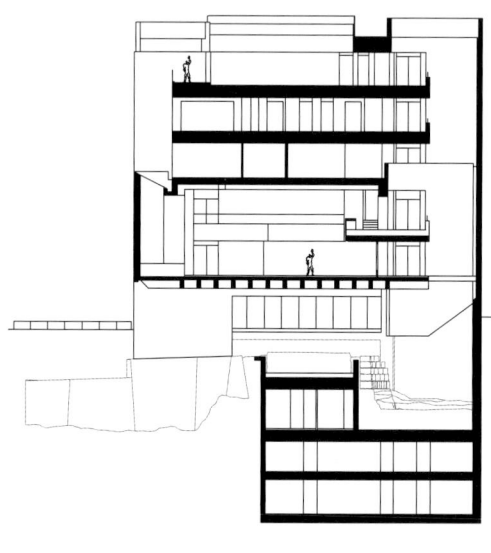

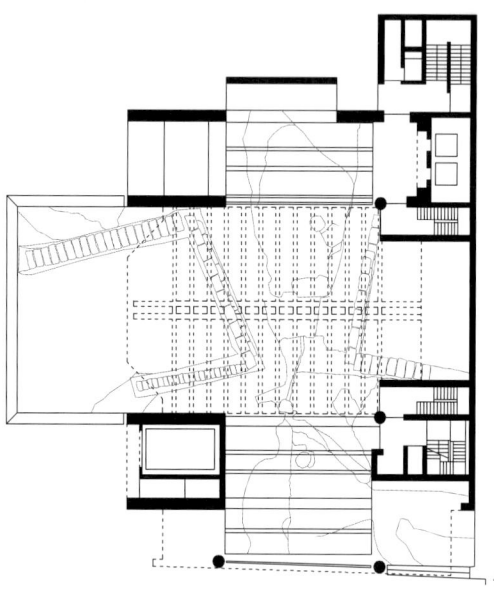

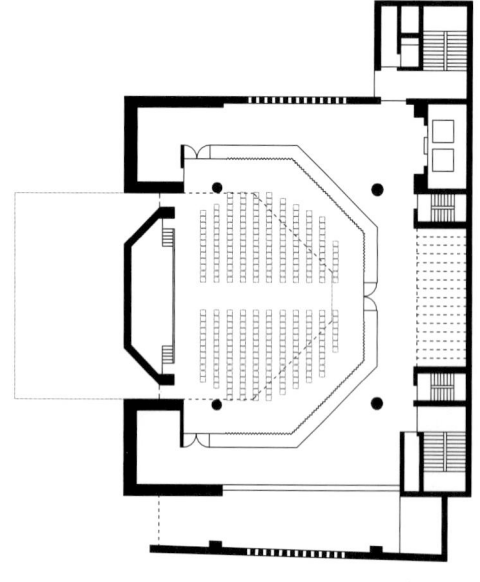

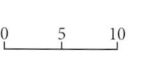

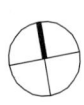

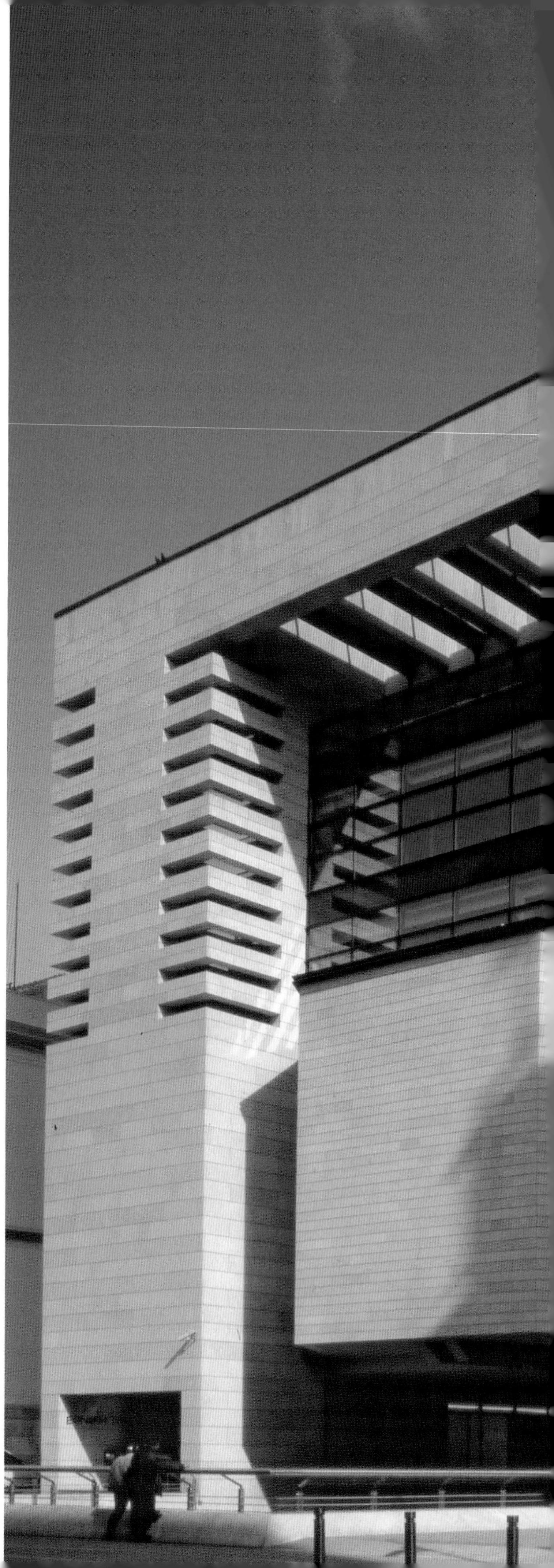

8. 四层阳台

8

延伸阅读

- New headquarters of the National Bank of Greece, Athens, "Plus", 2002, 0206, pp. 66-69.
- The new building of the National Bank of Greece, "ΥΛΗ&ΚΤΙΡΙΟ", May 2002, pp. 78-86.
- New headquarters of the National Bank of Greece, "Architecture in Greece", 2002, 36, pp. 110-116.
- Feine Adresse Griechische Nationalbank Athen, Griecheland in "Banken und Geldin-stitute", edited by P. Lorenz, S. Isphording, Verlagsanstalt Alexander Koch, Leinfelden-Echterdingen 2003, pp. 185-188.
- Il nuovo edificio della Banca Nazionale, "The World of Buildings", 2003, 27, pp. 20-27.
- G. Cappellato, Nuova sede della Banca Nazionale di Grecia, Atene/New headquarter of the National Bank of Greece, Athens, "Rivista Tecnica", 2004, 16, pp. 24-32.

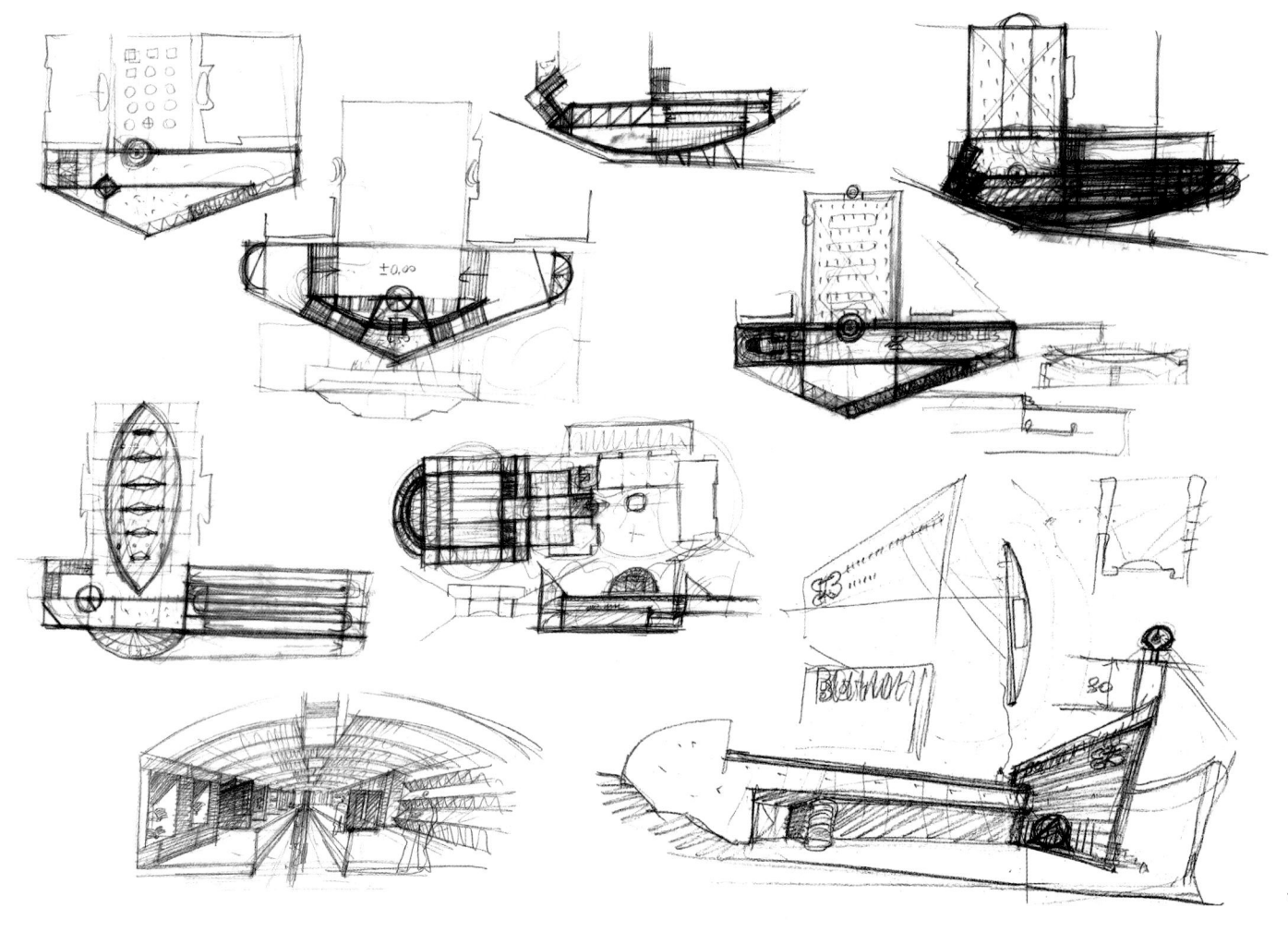

1. 手绘草图
2. 从地面升起的五个玻璃体

马丁·博德默基金会图书馆和博物馆
MARTIN BODMER FOUNDATION

瑞士 科洛尼
Cologny, Switzerland 1998-2003

马丁·博德默基金会保存的手稿，由于其卓越的品质和稀有性而成为文化遗产。基金会位于瑞士科洛尼，临近日内瓦市。它坐落于基金会创始人瑞士外交大臣马丁·博德默在此持有的大片地产上的两幢传统式样别墅之间。

建设项目旨在为这些宝贵的文档提供一个新的大型展览空间。新扩建的部分包括两座别墅之间的两层地下建筑及其连接部分。新建区域的入口位于花园中，要穿过一个庭院，庭院朝湖边一侧下沉，外墙将通向村庄的道路隔离在外。

这些保存在图书馆的文档的特殊属性暗示着一个想法：将建筑作为一个"隐匿的盒子"——在正方形底座上有五个平行六面玻璃体块突出地面，除此之外地面上就别无他物了。这些体块升高到3.5m处，正对入口，就像是一系列透视平面将游客的视野导向湖面。这些从地面升起的玻璃体块作为天窗，为地下的展示空间引入自然光。其透明性与简洁的几何形态

结合在一起，改变了对空间的感知，不经意地营造了展现不同的景观视角的氛围。同时，这些体块谨慎地揭开了地下展示空间的面纱。由于价值非凡，这些展陈的文档需要特殊保护。展柜用铸铁和防弹玻璃制造，如同一件美丽珠宝的展柜，给人以力量与简洁的印象。底盒及连接支撑件的粗糙金属材质与所展示的书籍纸页的轻盈优雅形成对比，展器和展品以此相互衬托。

项目概况
设计时间：1998
建造时间：2000—2003
业主：马丁·博德默基金会
现场监理：皮利建筑实验室
基地面积：5 500m²
建筑面积：1 280m²
建筑体积：9 000m³

Project: 1998
Construction: 2000-2003
Client: Fondation Martin Bodmer
Site supervision: Studio Archilab, Pully
Site area: 5,500m²
Useful surface: 1,280m²
Volume : 9,000m³

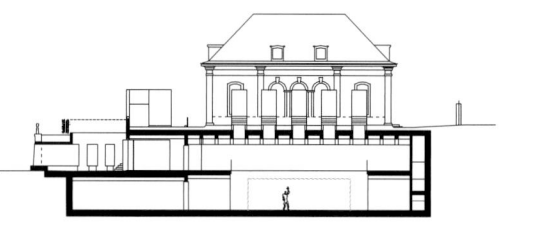

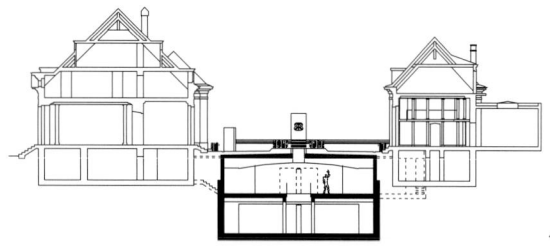

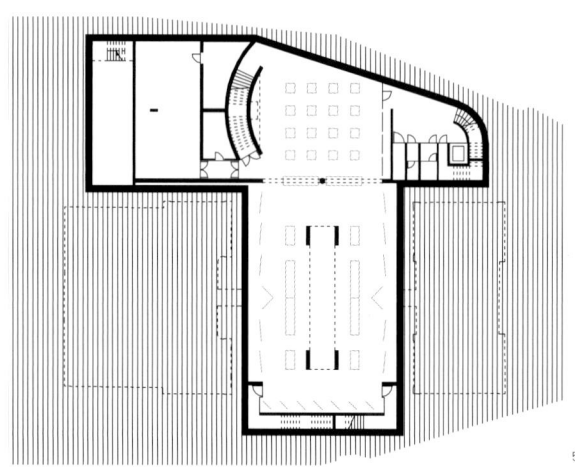

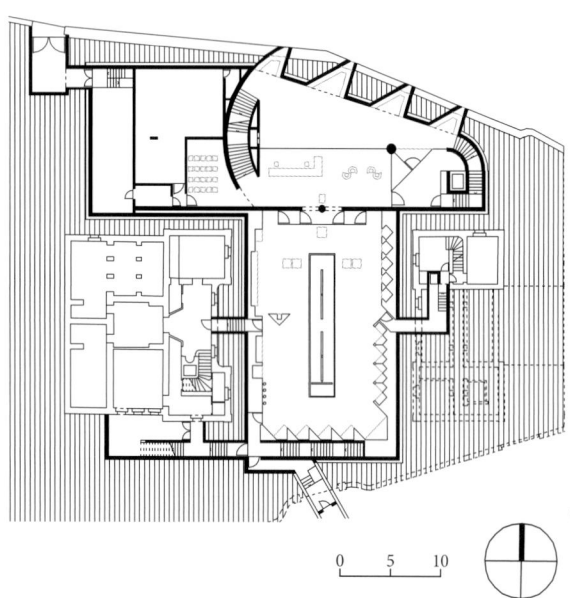

0   5   10

3. 纵向剖面图
4. 横向剖面图
5. 地下二层平面图
6. 地下一层平面图
7.8. 建筑入口

FONDATION MARTIN BODMER
DONATEURS

FAMILLE DANIEL BODMER
GASPARD BODMER
JEAN A. BONNA
MONIQUE NORDMANN
ALFRED DE SCHULTHESS
BODMER FAMILIENFONDS
FONDATION LEENAARDS
FONDATION YVES ET INES OLTRAMARE
FONDATION HANS WILSDORF
LOMBARD ODIER DARIER HENTSCH & CIE
PICTET & CIE BANQUIERS

9. 室内实景

延伸阅读

- M. Bircher, Die Bibliotheca Bodmeriana im Wandel in "Corona Nova 2", Fondation Martin Bodmer-Cologny 2003, K.G. Saur Verlag, Munchen 2003, pp. 237-239.
- Fondation Martin Bodmer Bibliothèque et Musée, "AS Architecture Suisse", 2004, 1, pp. 152-15/152-18.
- F. Möri, Le projet Bodmer revisité, "Art Passions", 1, March 2005, pp. 72-84.
- C. Fiordimela, Esporre libri. Un museo di Mario Botta/Exhibiting books. A museum by Mario Botta, "Exporre", 58, July 2006, pp. 24-25.
- Fondation Martin Bodmer, Cology (Ginevra) in "Imago Libri Musei del libro in Europa", Edizioni Sylvestre Bonnard, Milan 2006, pp. 2-37.
- Bodmer Library and Museum Cology 1998-2003 in "Architecture in Switzerland" (Italian/Spanish), edited by Philip Jodidio, Taschen GmbH, Cologne 2006, pp. 18-23.
- Fondation Martin Bodmer in "Contemporary museums architecture history collections", edited by Chris van Uffelen, Braun Publishing AG, Berlin 2011, pp. 402-403.

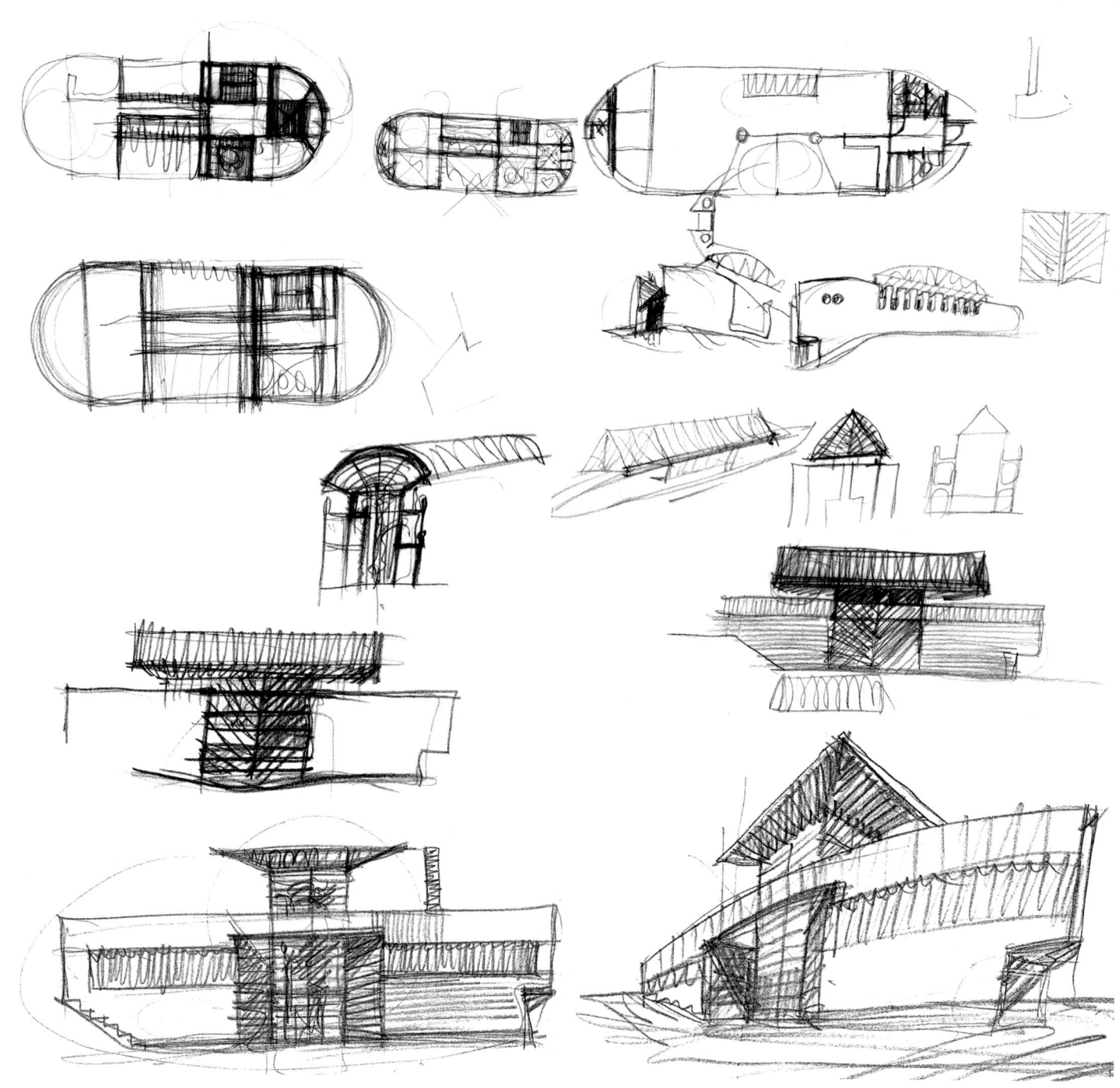

1. 手绘草图
2. 侧面实景

柯尼斯堡独栋住宅
KÖNIGSBERG SINGLE-FAMILY HOUSE

德国 柯尼斯堡
Königsberg, Germany 1998-1999

　　该建筑建在一座临近柯尼斯堡中世纪古城的山上，这座椭圆形平面的建筑南立面中央的一扇大窗非常有特色。一座玻璃塔穿过体块中的所有楼层，并形成一个灯笼般的屋顶。曲线形墙面和大窗为欣赏周边景色提供了一个极佳的视野。这幢房子有两层：起居空间位于地面层，地坪高出路面，卧室位于建筑的二层。

项目概况

设计时间：1998
建造时间：1999
业主：格哈特·本科特
建筑面积：1 700m²
建筑体积：1 000m³，天窗40m³

Project: 1998
Construction: 1999
Client: Gerhart Benkert
Useful surface: 1,700m²
Volume: 1,000m³, skylight 40m³

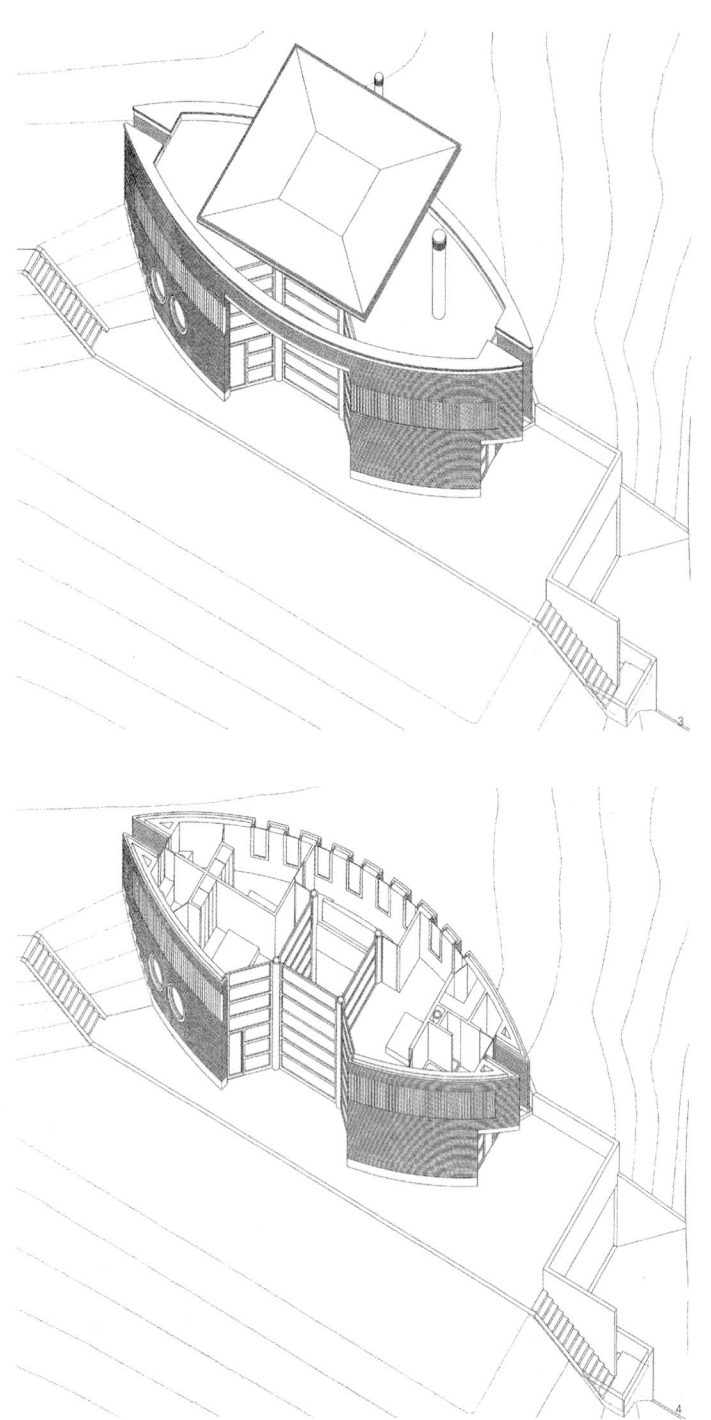

3.4. 轴测图
5~7. 建筑实景

1

1.2. 手绘草图

13只花瓶
13 VASES

这组花瓶是限量生产的。花瓶设计隐喻树的形象。这组物件在桌面陈设，展示了制作的手法、手势及工匠的手形。

项目概况

设计时间：1998
生产时间：1998/1999—2001/2005/2011—
2012
限量版
梨木原型，1998
陶器：亚光黑釉1999—2001
制造商：朱塞佩德拉当代艺术陶瓷，米兰
白蜡：铸造锡板，手工铸模焊接，2005
制造商：Numa 设计，
trademark Serafino Zani di Zani
Roberto & C，布雷西亚，意大利
大理石：法国红大理石，2011—2012
制造商：GVM La Civltà del Marmo，
卡拉拉，意大利

Project: 1998
Production: 1998/1999-2001/2005/2011-2012
Limited editions
Prototypes (1998): pear wood
Terracotta (1999-2001): matte black enamel terracotta,
Manufacturer:
Giuseppe Rossicone, Arte della ceramica, Milan
Pewter (2005): slabs of cast pewter, modelled and welded
by hand
Manufacturer:Numa design,
trademark Serafino Zani
di Zani Roberto & C., Brescia, Italy
Marble (2011-2012): marble Rosso Francia
Manufacturer:GVM La Civiltà del Marmo, Carrara, Italy

3. 手绘草图
4.5. 梨木产品展示
6. 手绘草图
7. 13只花瓶展示

quello   sei   6

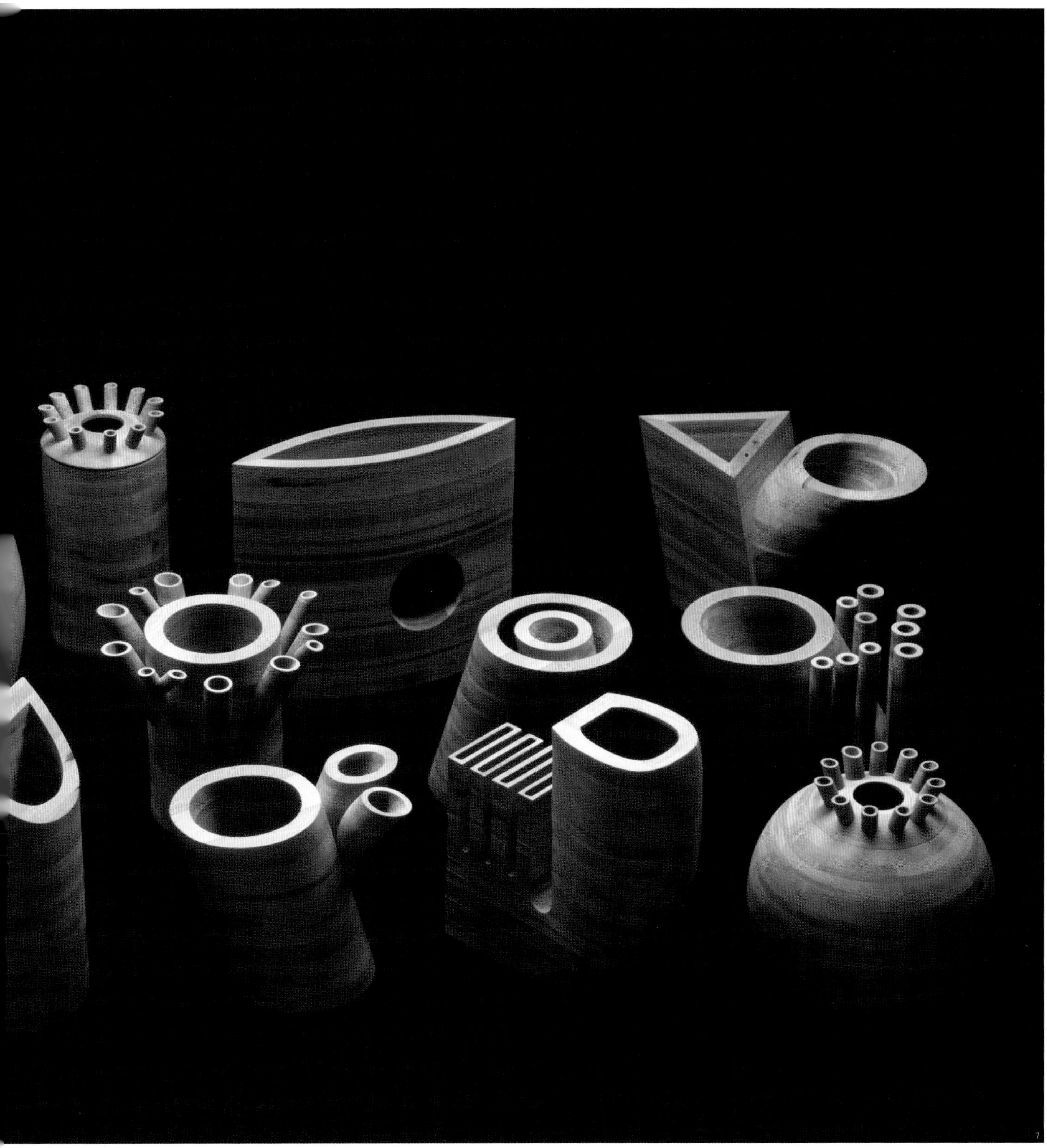

8

8. 手绘草图
9.10. 陶器产品展示
11. 手绘草图
12. 陶器产品展示

9

10

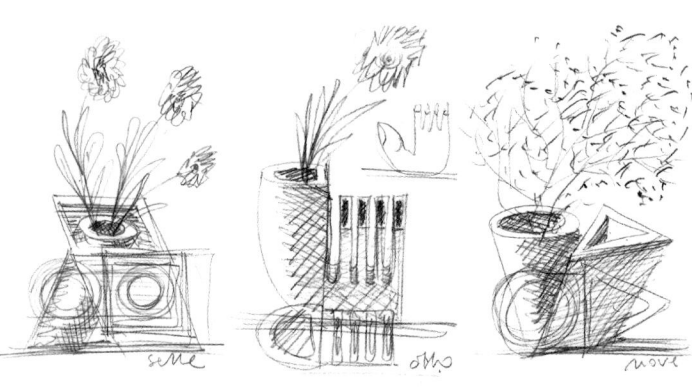

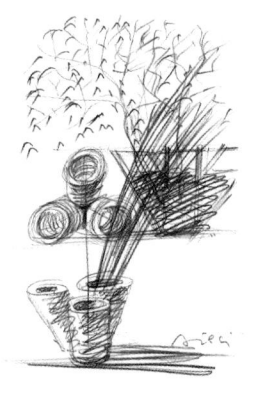

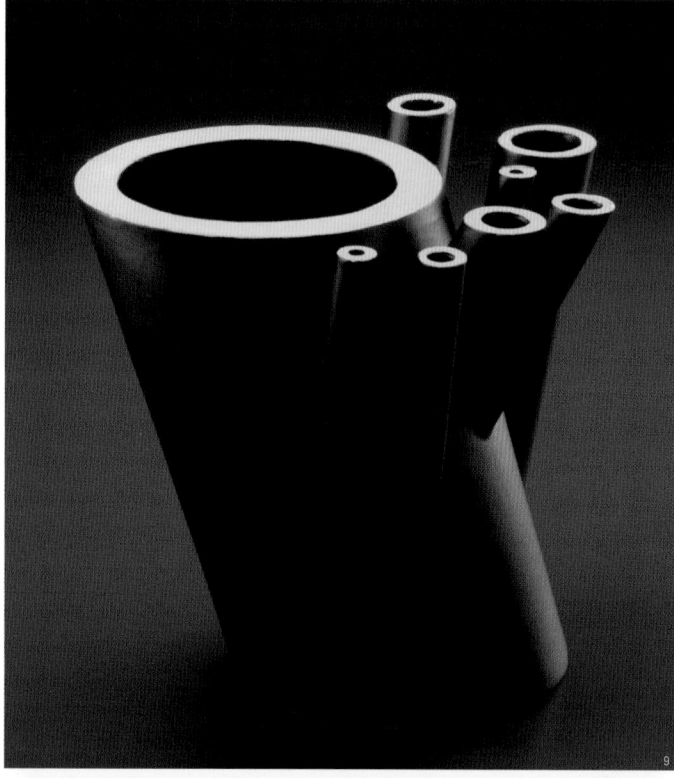

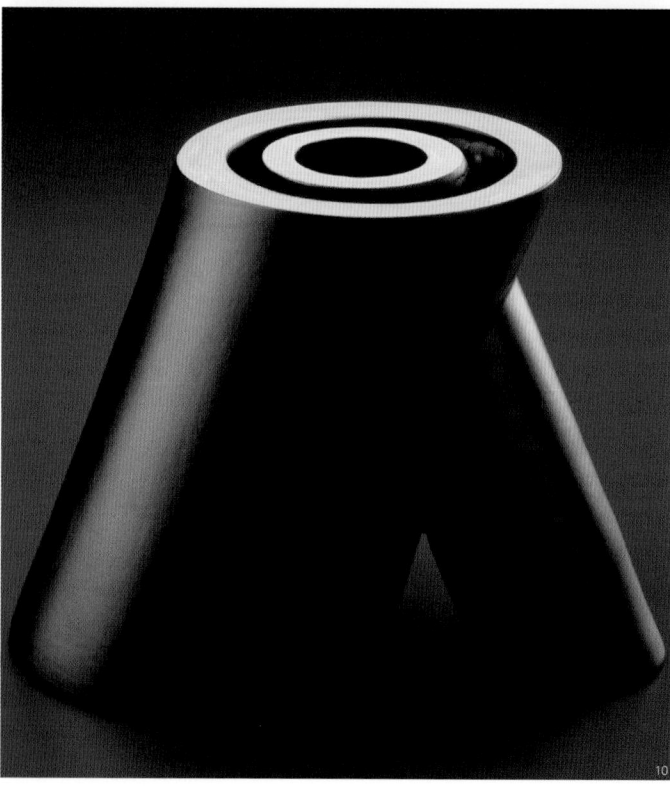

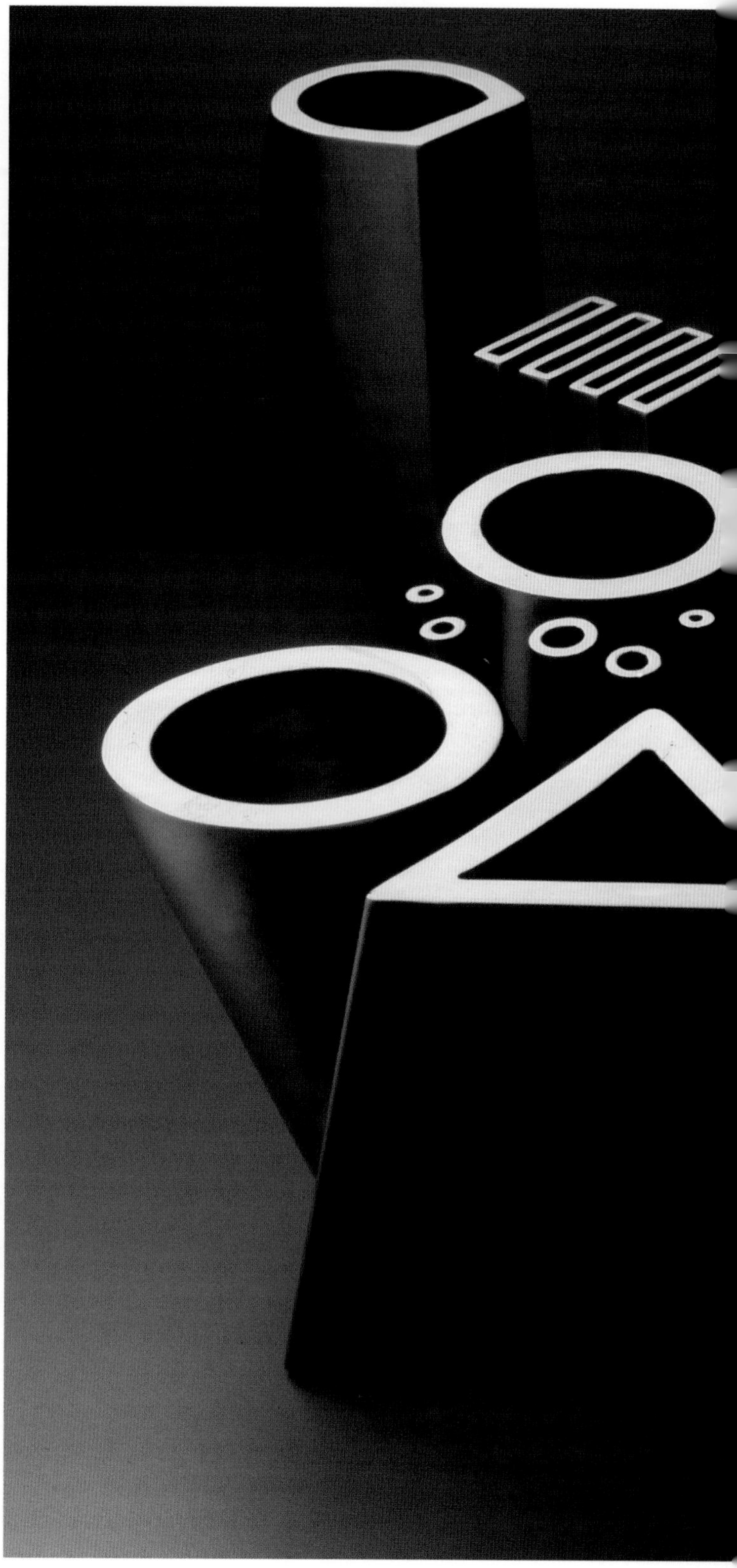

undici   dodici   tredici   11

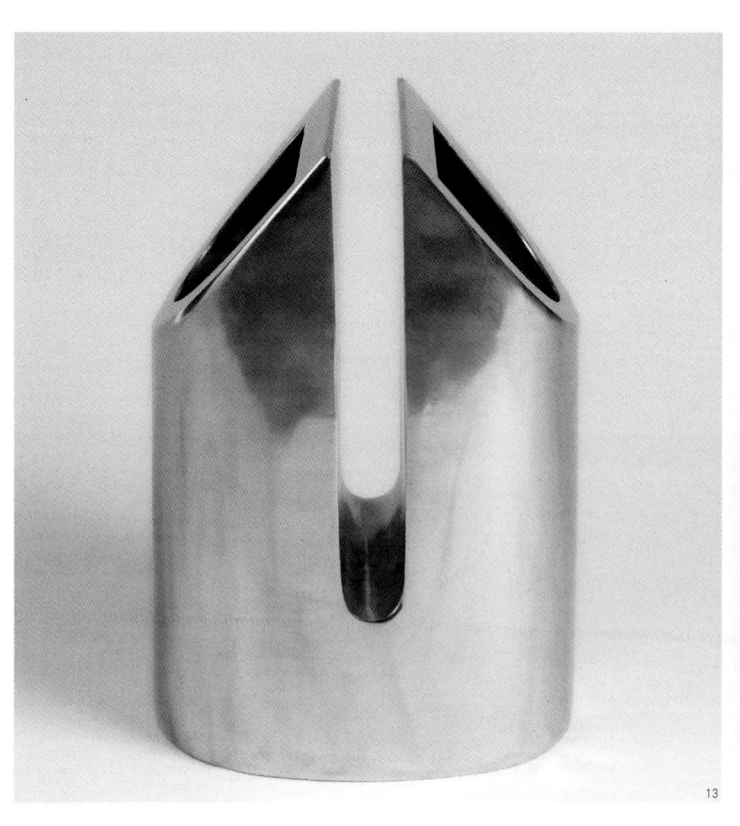

13~16. 产破品展示

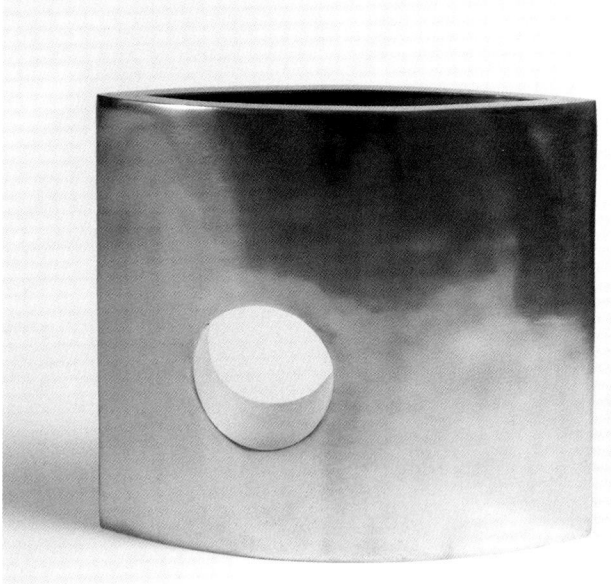

16

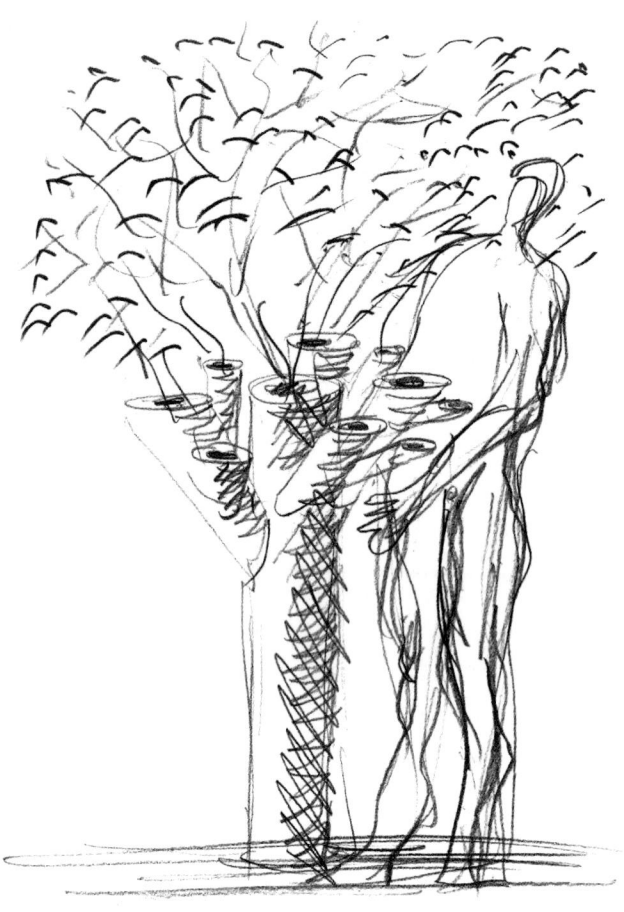

17

18

17.18. 手绘草图
19.20. 手绘产品展示
21.22. 手绘草图
23.24. 手绘

19

20

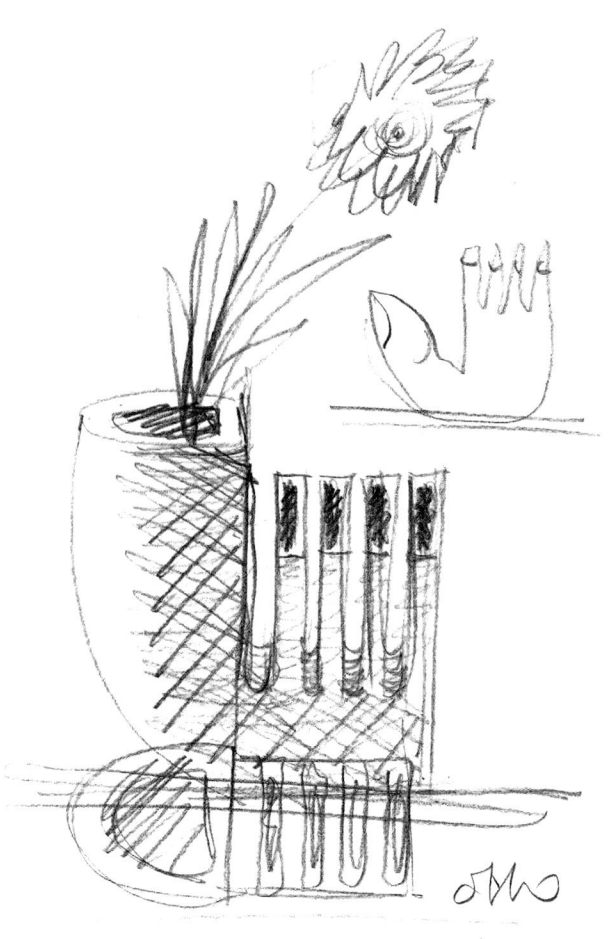

21

22

23

24

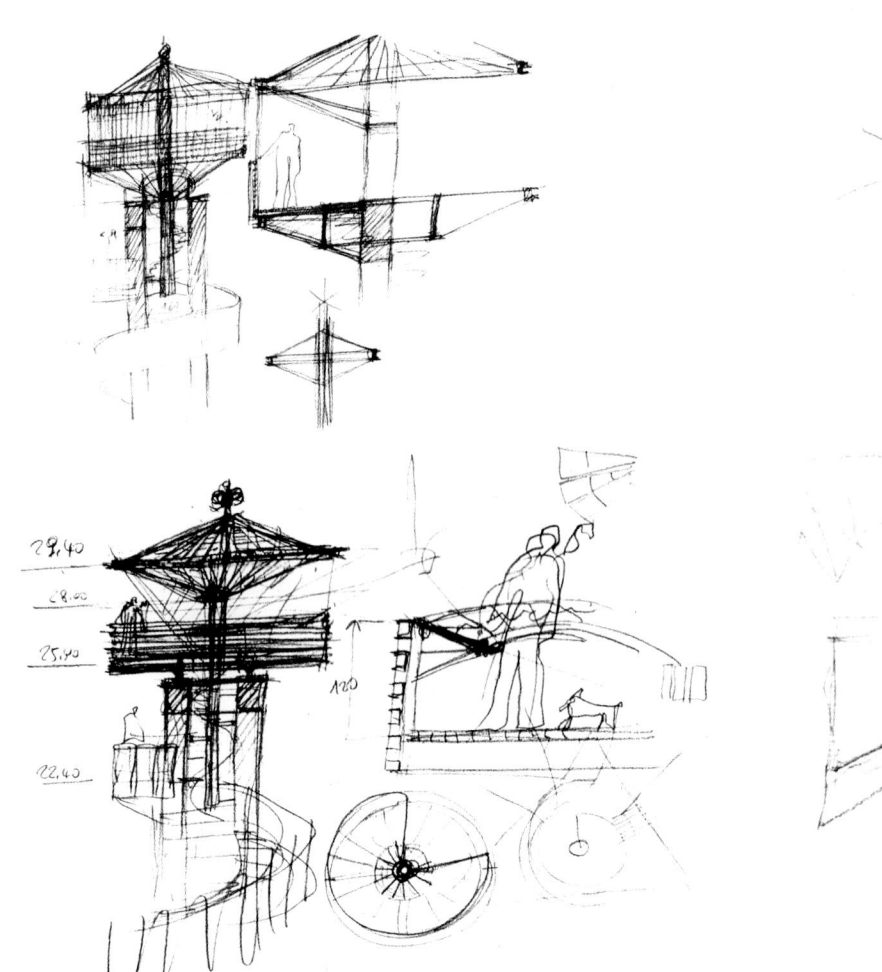

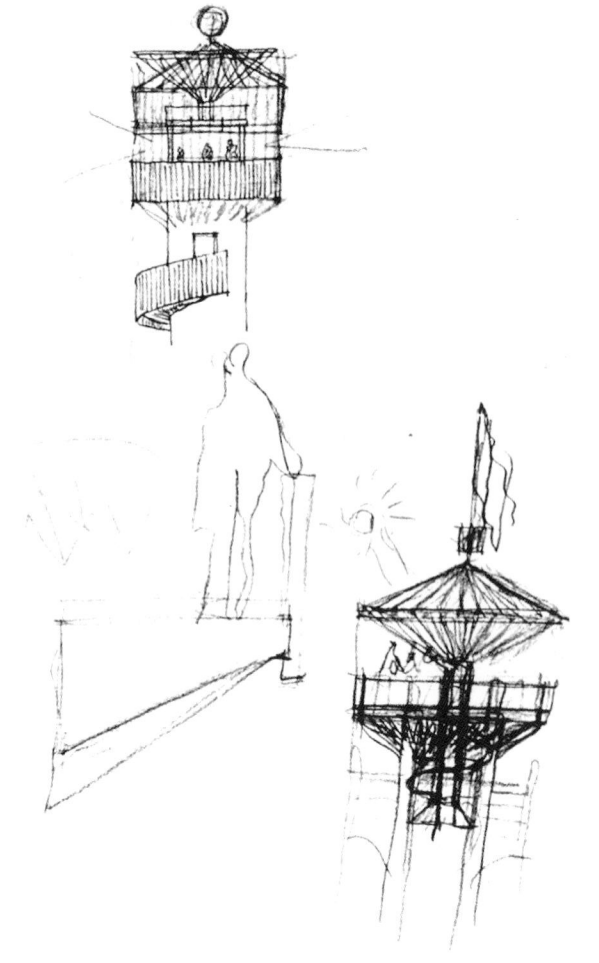

1. 手绘草图
2. 剖面图
3. 螺旋通道和瞭望平台的剖面研究

莫龙塔
MORON TOWER

瑞士 马勒赖
Malleray, Switzerland 1998-2004

　　莫龙塔位于伯尔尼的侏罗纪区域，坐落在从瑞士北部延伸至上萨瓦省和黑森林的高地上。人们可以从马勒赖村庄，沿着丛林中蜿蜒的羊肠小道到达这座塔。这座瞭望塔的建造灵感来源于数百名本地石匠学徒为建造该塔所作的构想，这是他们职业培训的一部分。在看了这些学徒的设计后，博塔接受了将专业化的职业技能在景观中表现为可触及的符号的想法，并提出建造高26m、直径6m的塔。坚实的石砌踏步环绕悬挑在中空的承重结构上。每一个台阶上都有两块楔形的石头插入用作扶手的竖板。塔以一个360°的钢制观景平台结束，可以瞭望周围的乡村景观；为了到达观景台，游客必须爬上承重圆筒内的狭窄梯级。两个扁平的锥形所组成的金属飞盘成为整个石结构的屋顶。

项目概况
设计时间：1998
建造时间：2000—2004
业主：莫伦旅行基金会
发起人：监督委员会,穆杰（Moutier）建商协会
　　　　安东尼·贝纳斯科尼.
　　　　亨利·西门，提奥·盖瑟
土木工程：Stampbach SA，德莱蒙(Del é mont)
结构和材料：
核心筒：双层钢筋混凝土充科尔登(勃艮地)
　　　　石灰岩碎石
台阶栏杆：塞纳石砌块；瞭望平台和屋面：金属
　　　　结构，锌镀层。

Project: 1998
Construction: 2000-2004
Client: Tour de Moron Foundation, Malleray
Promoter: Surveillance commission, Moutier Builders
　　　　Society Antoine Bernasconi, Henri Simon,
　　　　ThéoGeiser
Civil engineering: Stampbach SA, Delémont
Structure and materials:
Core: double masonry in split Corton (Bourgogne)
limestone filled with reinforced concrete; steps and rail-
ings in cut blocks of Seña stone;
lookout platform and roofing: metal structure and zinc
plating.

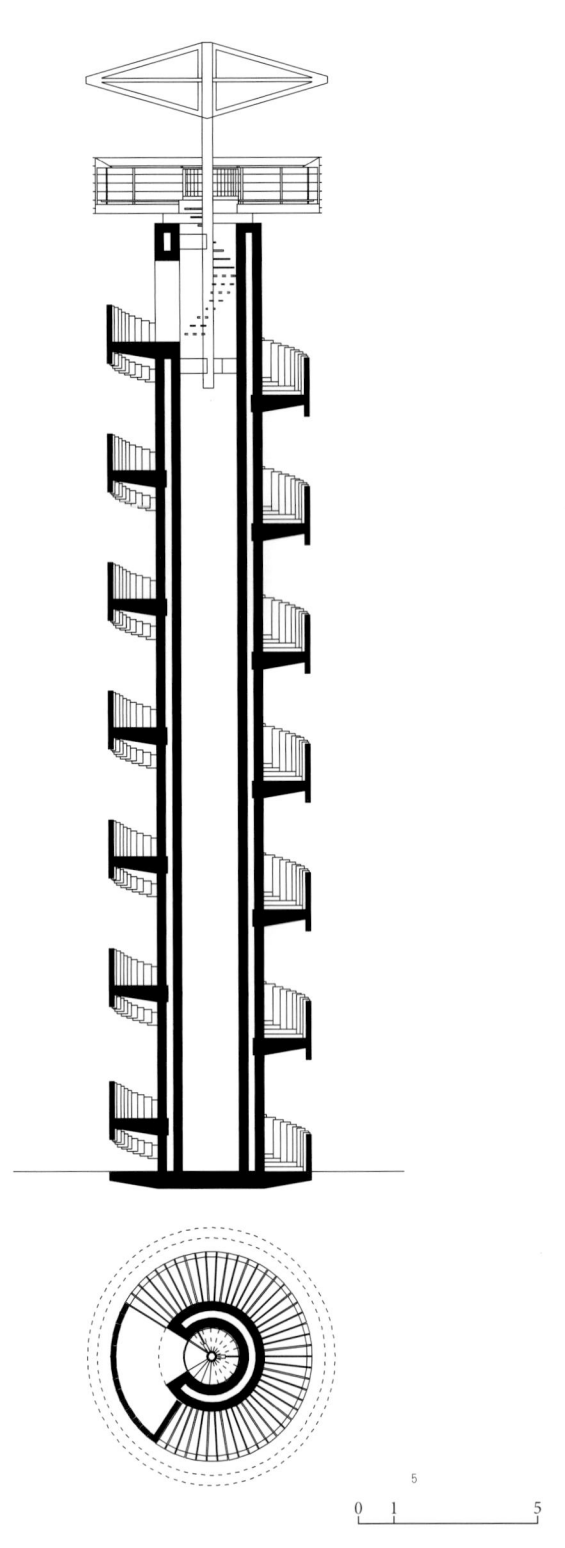

0 1   5

4. 剖立面图
5. 平面图
6. 建筑全景
7. 建筑细部

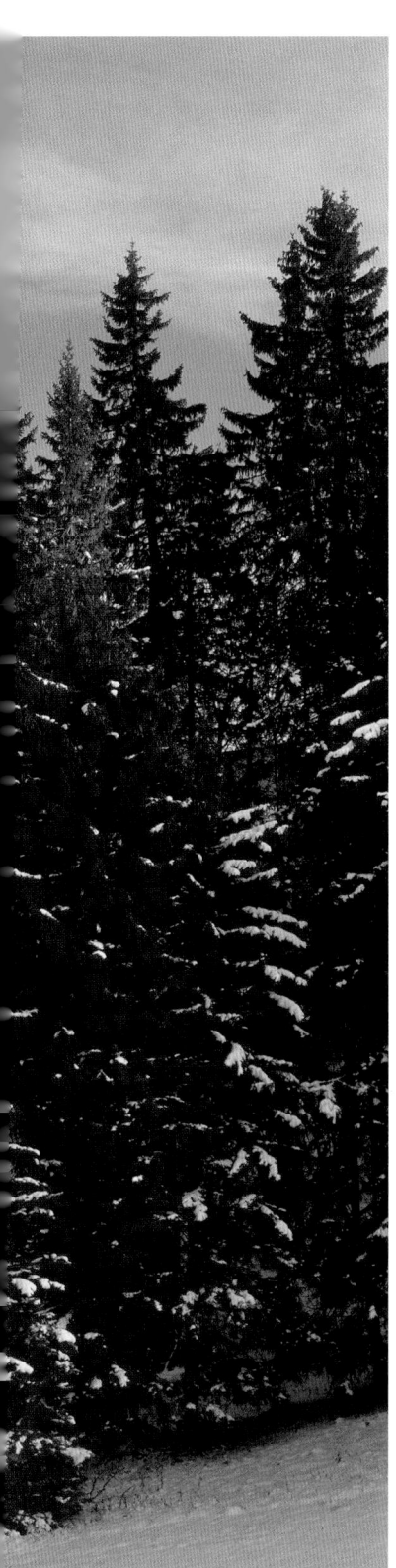

6

7

延伸阅读

- D. Sandoz, Tour du Moron. Le Monument des apprentis, "Journal de la Construction de la Suisse Romande", 10, 15 October 2000, pp. 61-64.
- R. Stadler, "Berufsbildungsturm" auf dem Moron aufgerichtet, "Baublatt", 2003, 81, pp. 10-12.
- V. Baerfuss, La Tour de Moron: un projet de formation hors du commun, "Intervalles", 2004, 68, pp. 29-50.
- R. Bruckert, La Tour de Moron, "Jura Pluriel", 2004, 45, pp. 26-29.
- Tour de Moron Mallery 1998-2004 in "Architecture in Switzerland" (Italian/Spanish), edited by Philip Jodidio, Taschen GmbH, Cologne 2006, pp. 24-27.
- C. Wehrli, Tour de Moron Une région, une histoire, un livre…, (French/German/Italian) Coéditeurs Pro Jura et D+P SA, Moutier-Delémont, 2008.

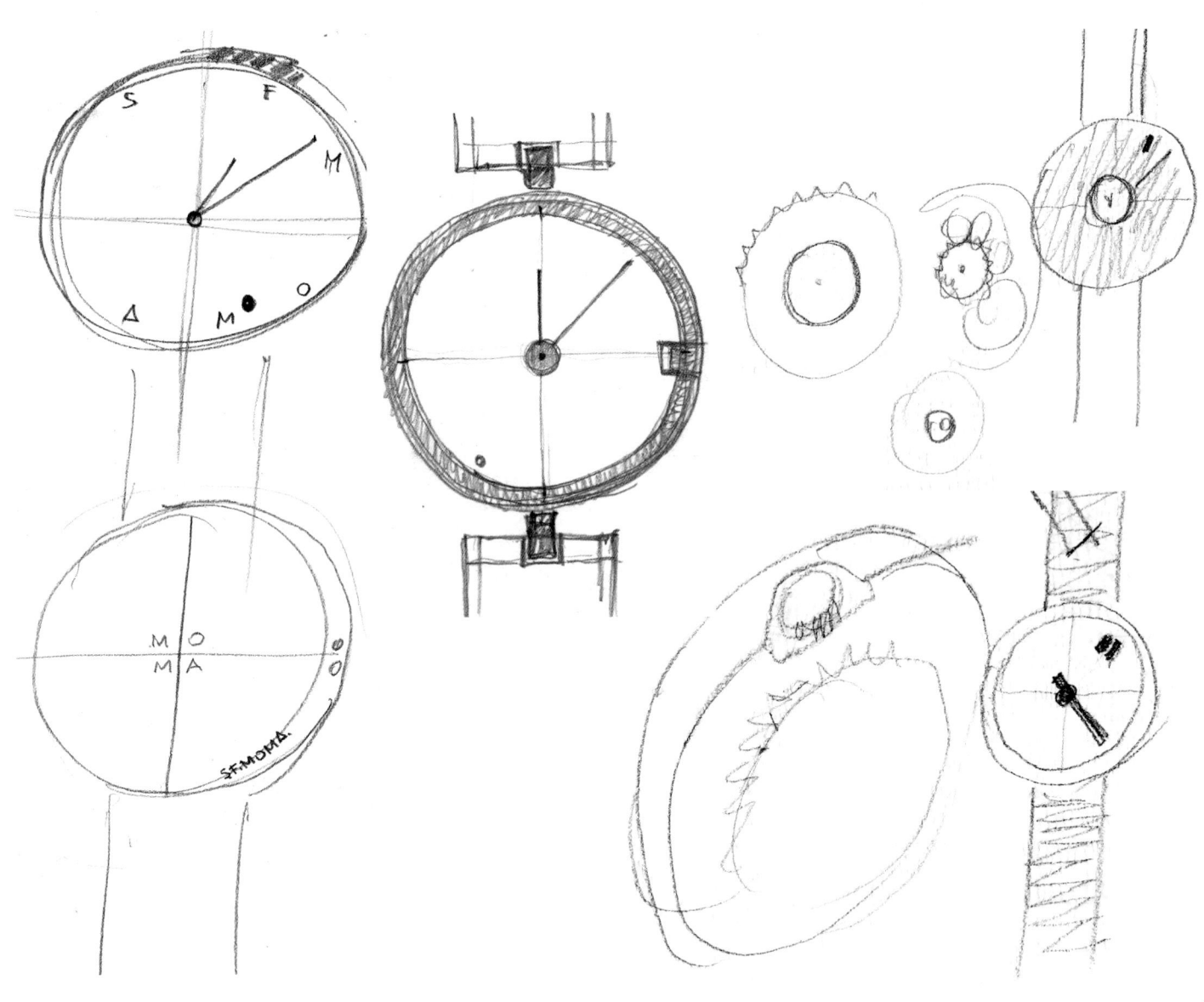

1

1. 手绘草图
2~4. 产品实样

MONDAINE 手表
WATCHES MONDAINE

1998 / 1995-1996 / 1998-1999

博塔表 旧金山现代艺术博物馆
设计时间：1998
生产时间：1999至今
制造商：瑞士国铁表
尺寸：直径32mm
材料：石英机芯，钢，无机玻璃，合金

Watch Botta SFMOMA
Project: 1998
Production: since1999
Manufacturer: Mondaine Watch, Switzerland
Dimensions: diameter 32 mm
Materials: quartz movement, steel mineral glass, metal.

博塔表 迪斯科
设计时间：1995—1996
生产时间：1996至今
制造商：瑞士国铁表
尺寸：直径35mm
材料：石英机芯，拉丝钢，无机玻璃，钢绞线

Watch Botta DISCO
Project: 1995-1996
Production: since 1996
Manufacturer: Mondaine Watch, Switzerland
Dimensions: diameter 35 mm
Materials: quartz movement, brushed steel, mineral glass, steel wires

Mondaine 瑞士国铁表
设计时间：1998—1999
生产时间：2000至今
制造商：瑞士国铁表
尺寸：直径50mm
材料：石英机芯，铝盒，无机玻璃

Table clock SFMOMA
Project: 1998-1999
Production: since 2000
Manufacturer: Mondaine Watch, Switzerland
Dimensions: diameter 50 mm
Materials: quartz movement, aluminium case, mineral glass.

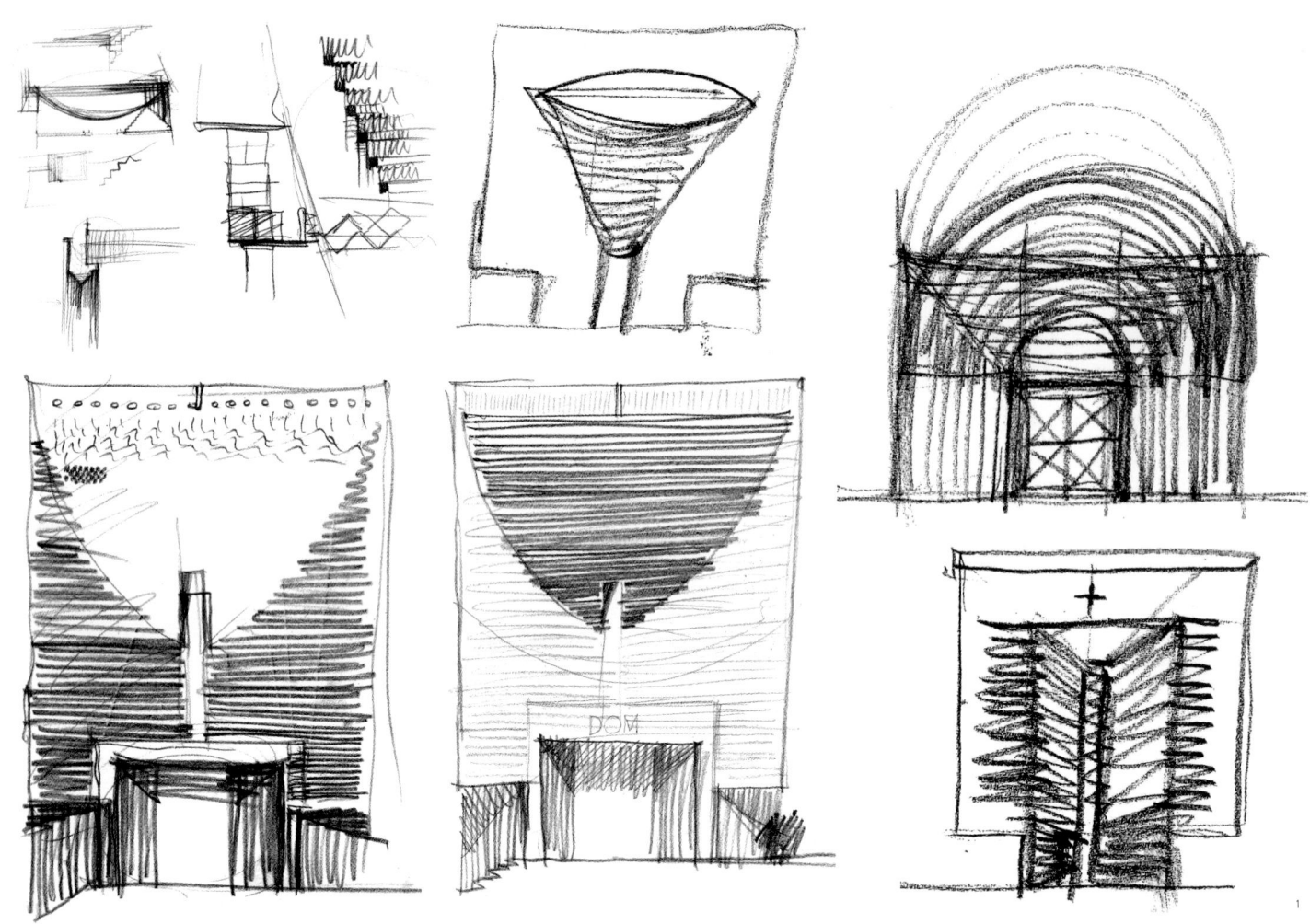

1. 手绘草图
2. 教堂入口细部

圣安东尼奥·阿巴特教堂立面
FAÇADE OF THE CHURCH SANT,ANTONIO ABATE

瑞士 杰内斯特雷里奥
Genestrerio, Switzerland 1999-2003

　　在杰内斯特雷里奥，也就是博塔的故乡，圣安东尼奥·阿巴特教区的主教堂立面处于严重的失修状态。在20世纪40年代期间，立面被重新粉刷过，但已经风化，以至于原本立面上展示教堂内部空间的透视画已无法辨识。按之前形象重新设计和粉刷立面，还是提出一个新的立面方案，杰内斯特雷里奥教区委员会在面对这两种选择时，他们选择了后者；教堂呈交了翻新工程需求，经当地的历史性纪念物委员会审核，也提出了类似的建议。

　　建筑师设计采用在现存立面外贴覆一层新的"建筑墙体"立面的手法，有效地创建了全新的教堂立面：新立面从入口的边缘开始，呈扇形朝三边（两边以及屋顶方向）展开，总宽度达到2.75m。新的立面具有当代性，它与现存教堂通过一个明确的节点分离。而随后的实际建成效果极具有说服力，这个新的入口通过与广场、主要道路和整个村庄的关联加强了小教堂的存在感。立面为混凝土结构，经裁切的维罗那大理石饰面。新入口与现有广场衔接的前院地坪改造，与立面改造同期进行。台阶旁边建造的巨大的花坛也是此连接节点的一个重要部分。

　　2009年，艺术家塞利姆·阿卜杜拉铸造了一座青铜门来代替原来的木门。

项目概况
设计时间：1999
建造时间：2002—2003
业主：杰内斯特雷里奥教区
土木工程：伊拉多·皮亚尼迪，瓦卡罗，瑞士
施工管理：弗拉维奥·珀茨，杰内斯特雷里奥，瑞士
结构和材料：钢筋混凝土承重结构，分割的维罗纳石砌块饰面。

Project: 1999
Construction: 2002-2003
Client: Parish of Genestrerio
Civil engineering: Eraldo separate words Pianetti, Vacallo, Switzerland
Construction management: FlavioPozzi, Genestrerio, Switzerland
Structure and materials: reinforced concrete bearing structure; cladding in blocks of split Verona stone.

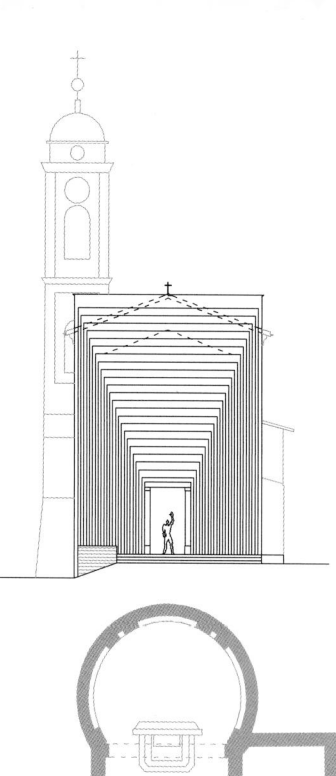

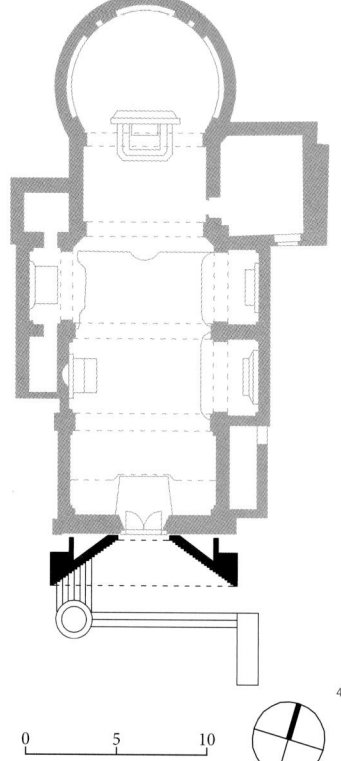

0   5   10

3. 南立面图
4. 首层平面图
5. 建筑实景

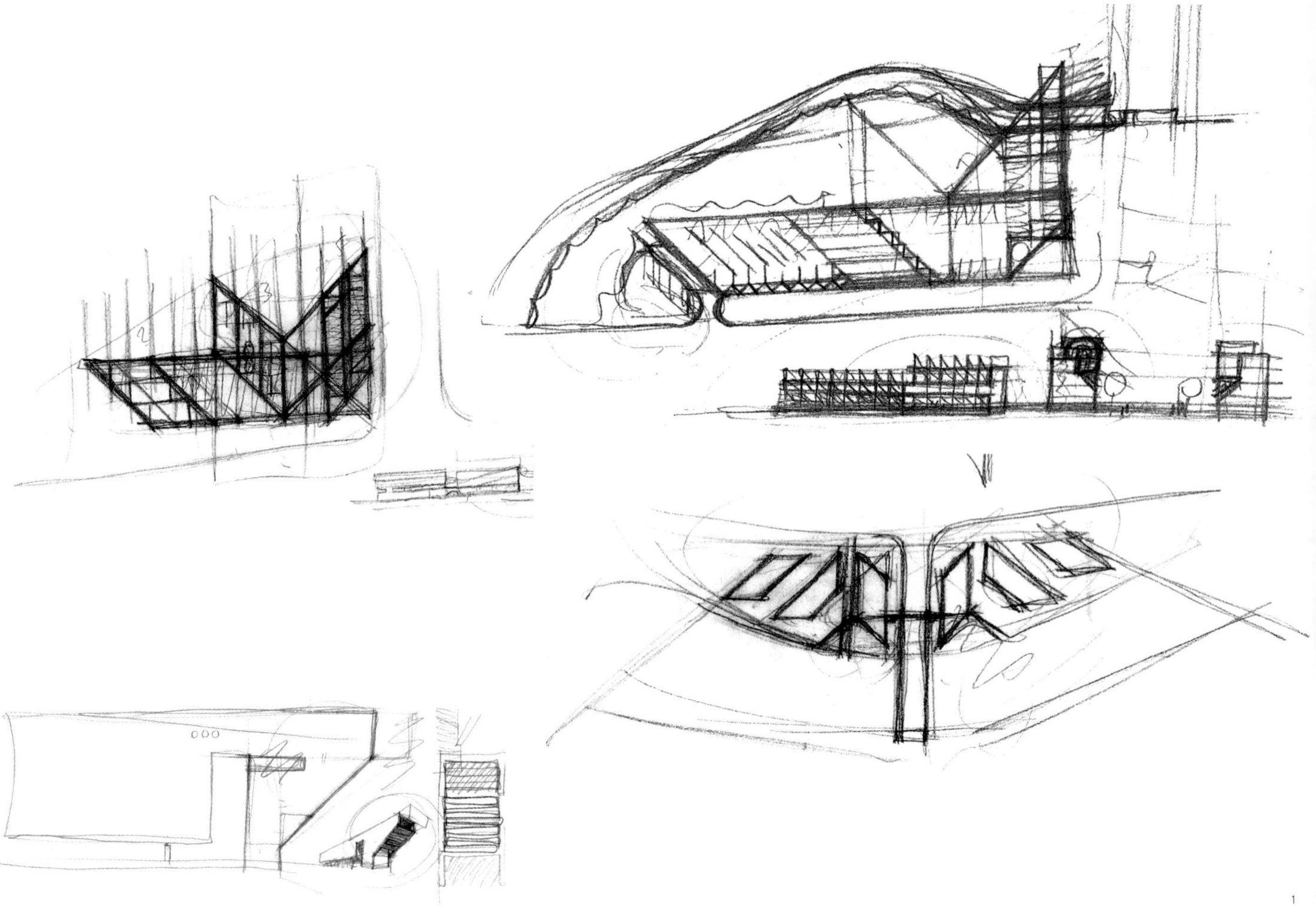

1.2. 手绘草图
3. 建筑实景

新港
DE NIEUWE POORT

荷兰 代芬特尔
Deventer, The Netherlands 1998/2006-2009

该项目计划建造二十二栋行列式布置的住宅和两幢行政楼，选址位于"贝婷拉扎"桥两岸，是一个非常有战略意义的区域。新建综合体沿着运河两岸，成为了城市的门户。

项目概况
设计时间：1998/2006
建造时间：2006—2009
业主：勒·克勒克规划公司
合作单位：I，M Architects
基地面积：16 365m²
建筑面积：5 600m²

Project: 1998/2006
Construction: 2006-2009
Client: Le Clercq Planontwikkeling b.v.
Partner architect: I, M Architects, Deventer
Area: 16,365m²
Useful surface: 5,600m²

2

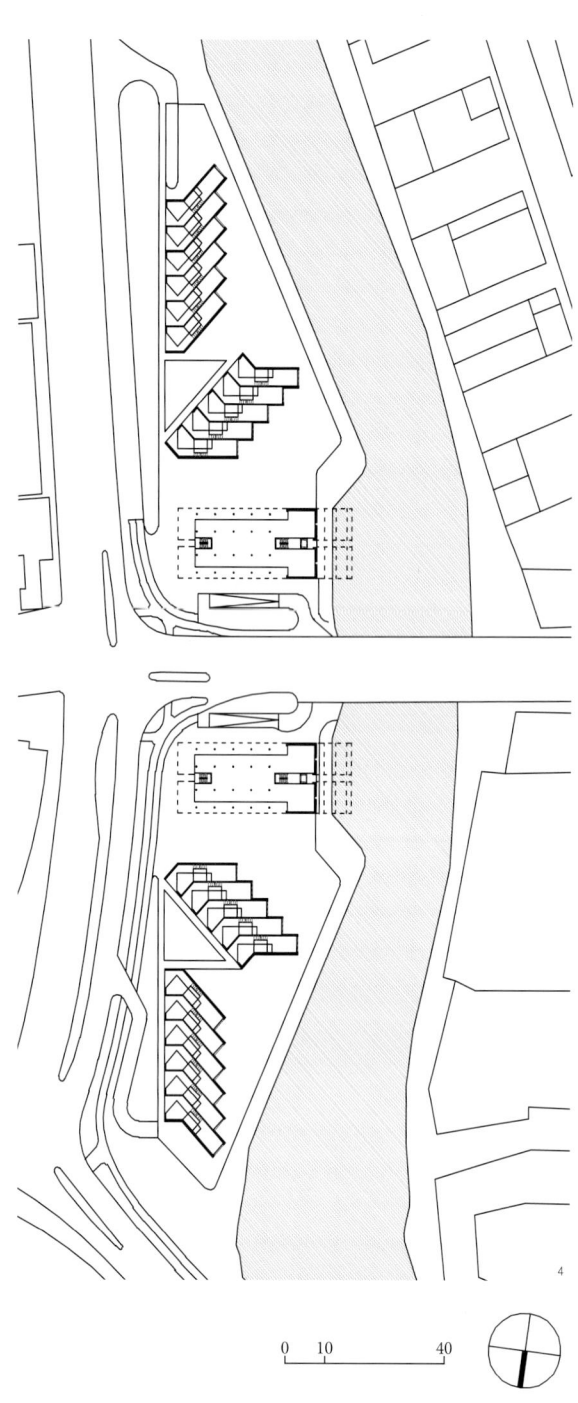

4

0   10   40

4. 总平面图
5. 建筑全景

6. 建筑实景

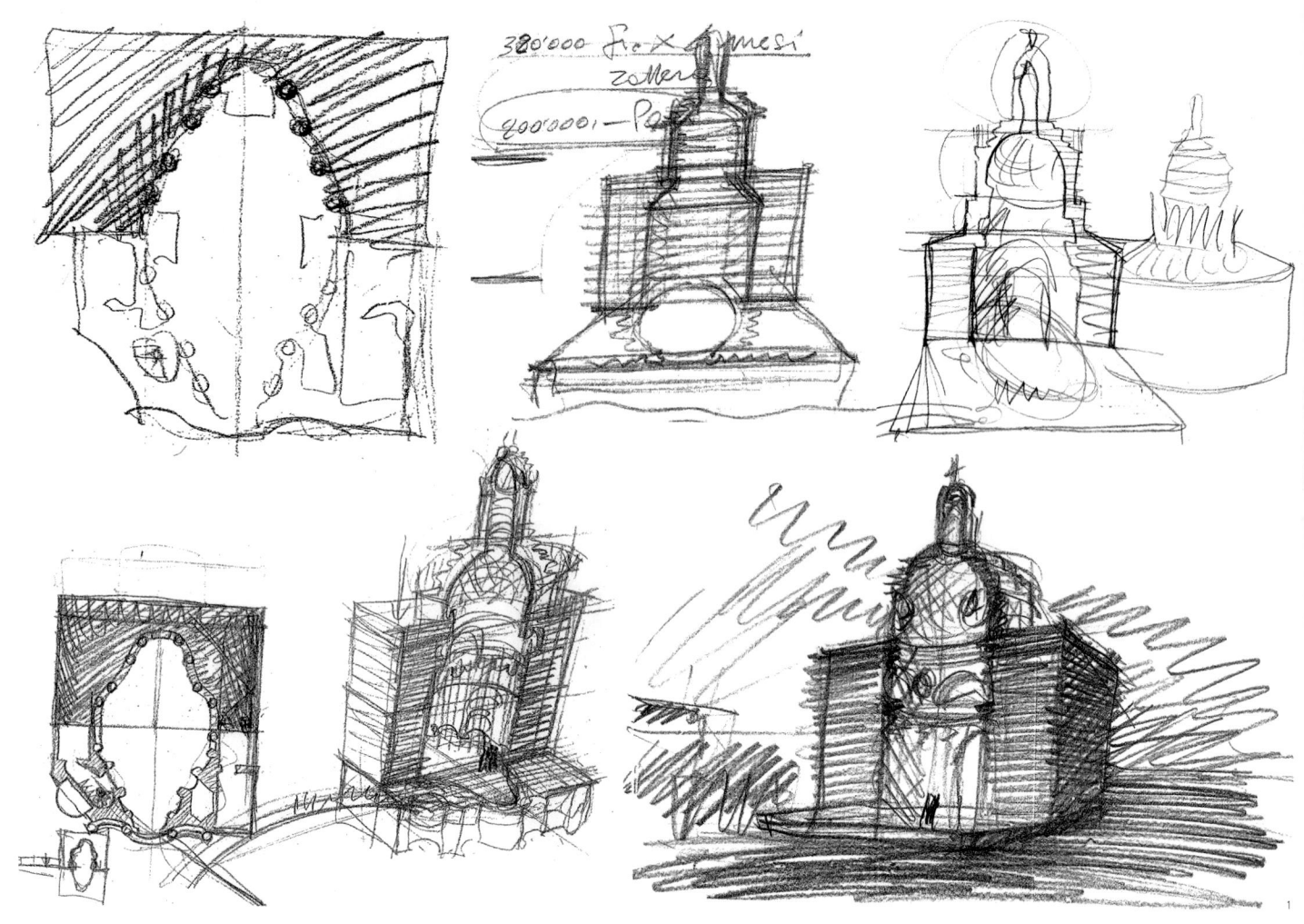

1. 手绘草图
2. 剖切模型

波洛米尼的圣·卡尔利诺教堂木制模型
SAN CARLINO MODEL

瑞士 卢加诺湖
Lake Lugano, Switzerland 1999-2003

　　这个跟实物一样大小的木制模型展示了罗马四喷泉圣·卡尔利诺教堂的剖面。该教堂建于1999年，是为了纪念波洛米尼诞辰400周年，也是为举办卢加诺州立艺术博物馆的展览而建成的模型。这个将近33m高的木制结构，由35 000块4.5cm厚的木板构成，以一厘米的分割进行模块化的组装并用钢索固定到重达90 t的钢框架上。虽然最初是打算让这个结构漂浮于湖上，但是这个模型最后被放置在了一个离岸几米远的平台上。

　　基于卢加诺大学和门德里西奥建筑学院支持的招募计划，在数十名非就业的工人，以及建筑师、工匠、木匠的参与下，这一项目取得了非凡的成就。这个同时承载教学内容的项目开端是建筑学院受罗马的萨尔托尔教授委托进行四喷泉圣·卡尔利诺嘉禄堂综合体的测绘成果，项目涵盖了从图像处理到测绘到模型的执行图纸，从采购到制作单块模板及不同的部件，最后，现场组装建造。该模型在卢加诺湖边一直优雅地陈列到2003年10月。

项目概况
设计时间：1999
建造时间：1999
拆除时间：2003
发起人：卢加诺大学，门德里西奥建筑学院
土木工程：卢加诺，奥雷里奥·幕托尼
施工管理：基亚索，埃利奥·奥斯特里尼
施工人员："威尼斯凤凰剧院"协会协办、州际就业办事处组织竞赛的招募计划；贝林佐纳测量中心；卢加诺区域就业办公室；伯尔尼经济事务秘书办公室。

Project: 1999
Construction: 1999
Dismantling: 2003
Promoters: University of Lugano; Academy of architecture of Mendrisio
Civil engineering: Aurelio Muttoni, Lugano
Construction management: Elio Ostinelli, Chiasso
Construction staff: employment programme coordinated by "La Fenice" Association and conducted through the competition of the Canton Employment Offices; the Bellinzona Centre for Active Measures; the Regional Employment Office in Lugano; the Office of the Secretary of State for Economic Affairs in Berne.

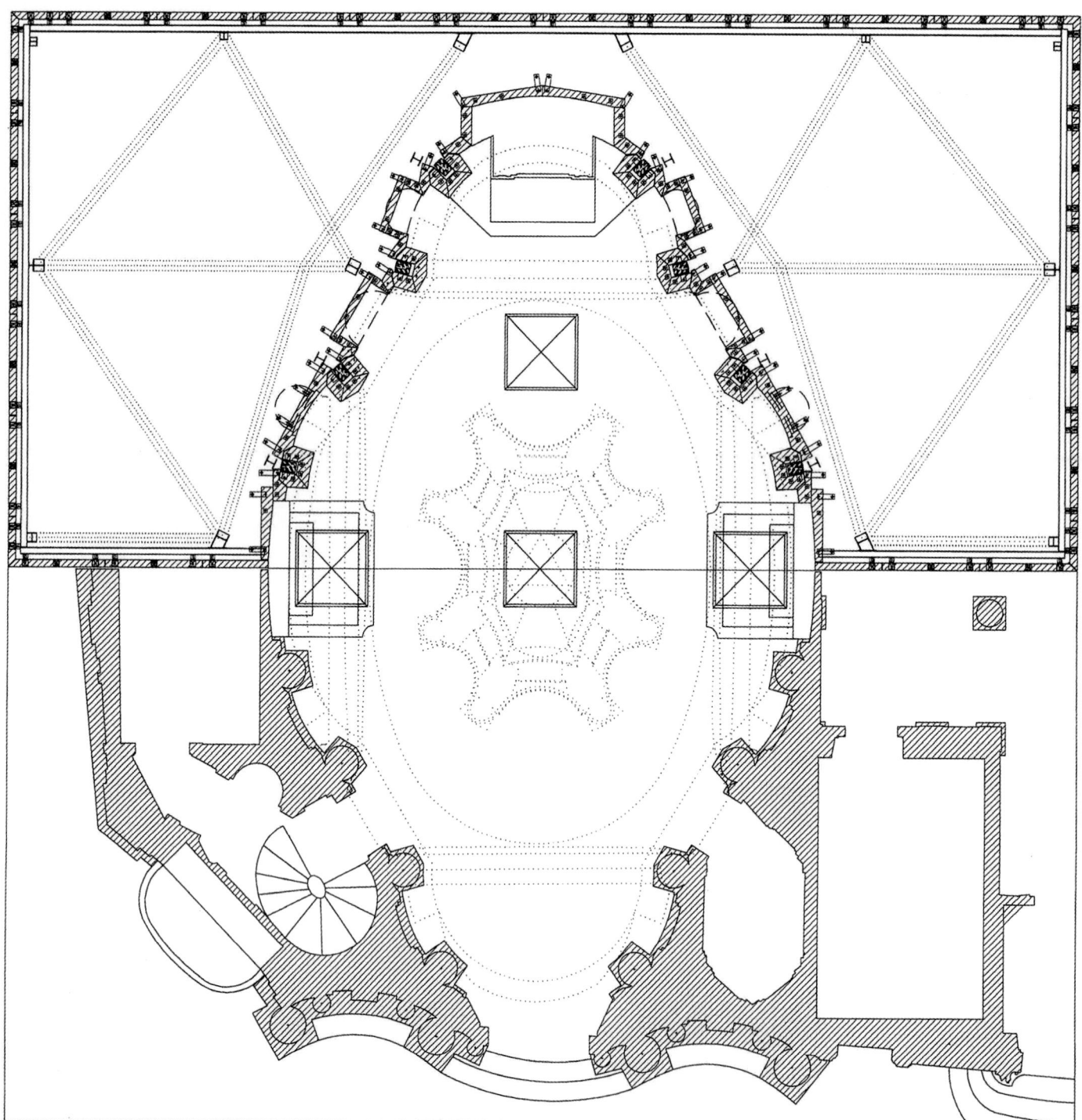

3. 平面图
4. 模型透视

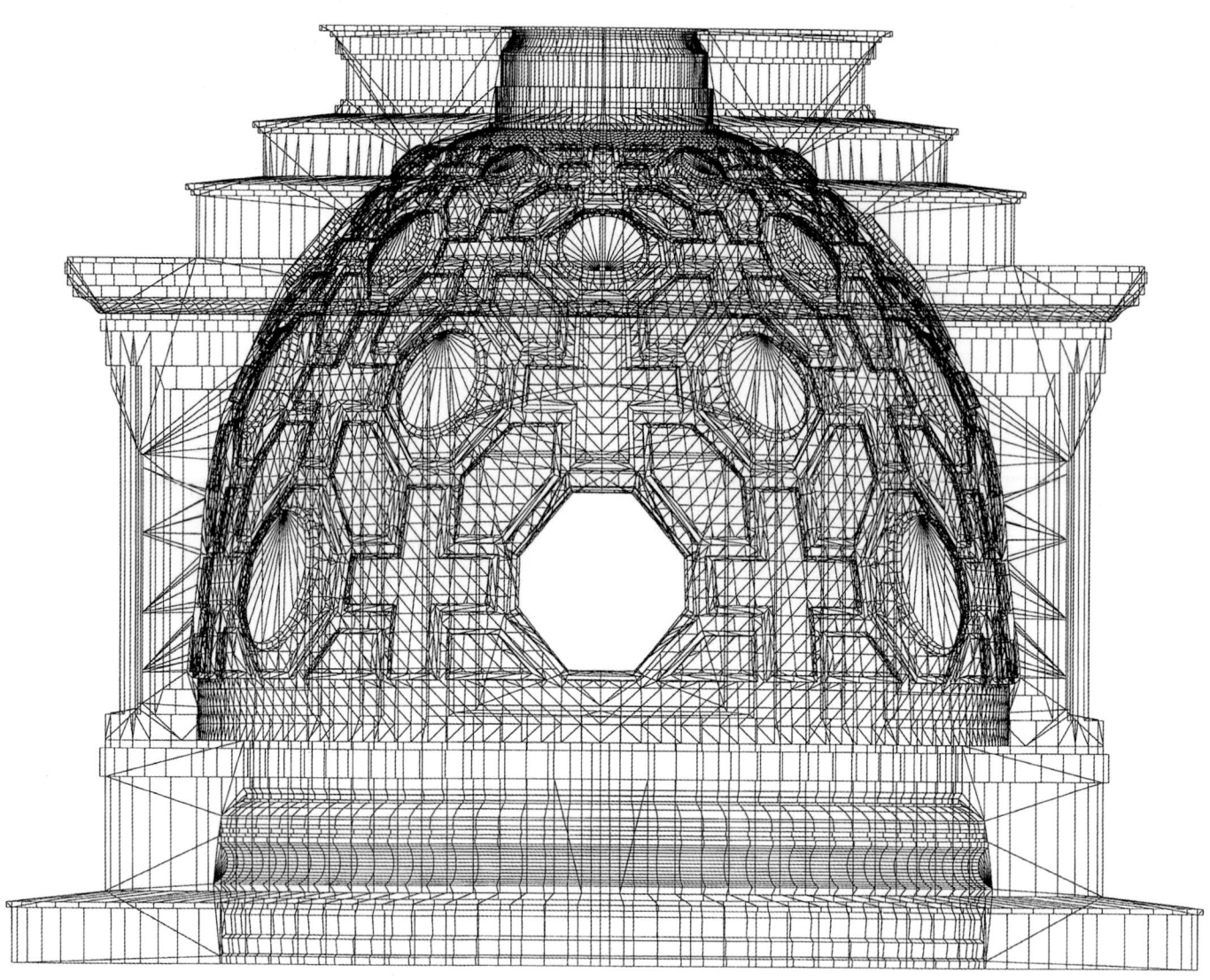

5

5. 圆屋顶模型横向截面图
6. 实景

7

9. 整体效果

10. 全景
11. 外景
12. 细部

延伸阅读

- R. Bellini, Mario Botta per Borromini: il San Carlino sul lago, "Architettura & Arte", 1999, 8, pp. 61-66.
- L. Gazzaniga, L'hommage de la Suisse à Francesco Borromini, "amc", 1999, 102, pp. 16-18.
- F. Irace, Borromini sul lago, "Abitare", 1999, 388, pp. 202-207.
- A. Rocca, Questo non è un modello: il San Carlino di Lugano/This is not a Model: the San Carlino of Lugano, "Lotus International", 103, December 1999, pp. 28-39.
- Borromini sul lago, "Space", 1999, 384, pp. 134-137.
- Model of San Carlo alle Quattro Fontane edited by P. Jodidio, "Architecture now!", Taschen, Cologne 2001, pp. 116-119.
- Wooden Model of the church of San Carlo Designed by Borromini alle Quattro Fontane, Lugano, Switzerland, "World Architecture", 2001, 9, pp. 61-62.
- M. Vercelloni, Architettura e spazi galleggianti: appunti per una storia, "Interni", 2004, 8, pp. 2-9.
- Wooden model of Borromini,s Church of San Carlo alle Quattro Fontante, Rome – on Lakeshore Lugano, "Church Building", 96, November/December 2005, p. 14.
- N. Delledonne, Declinazione del sacro Due opere di Mario Botta, "Aión", 12, May / August 2006, pp. 64-71.
- F. Collotti, Der Zauber von San Carlino, "Werk, Bauen + Wohnen", 12, December 2010, pp. 20-25.

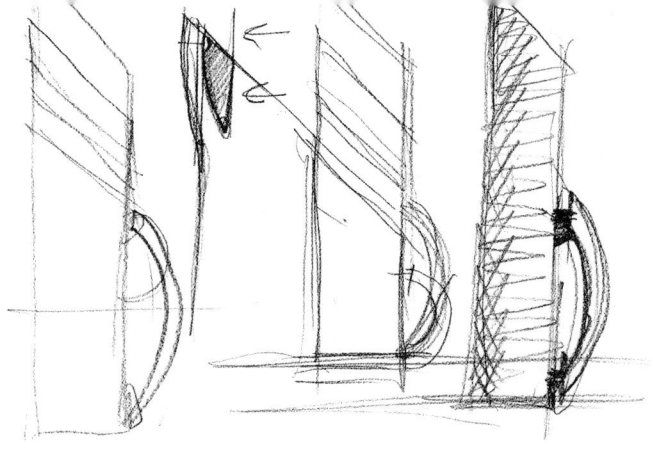

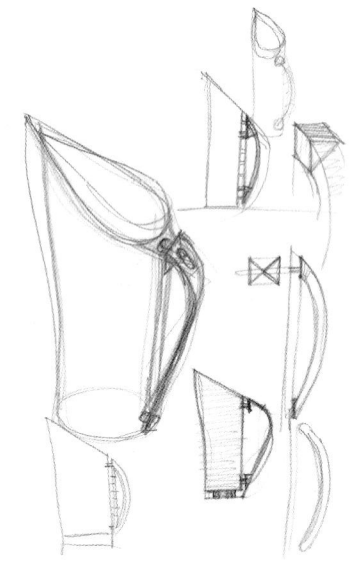

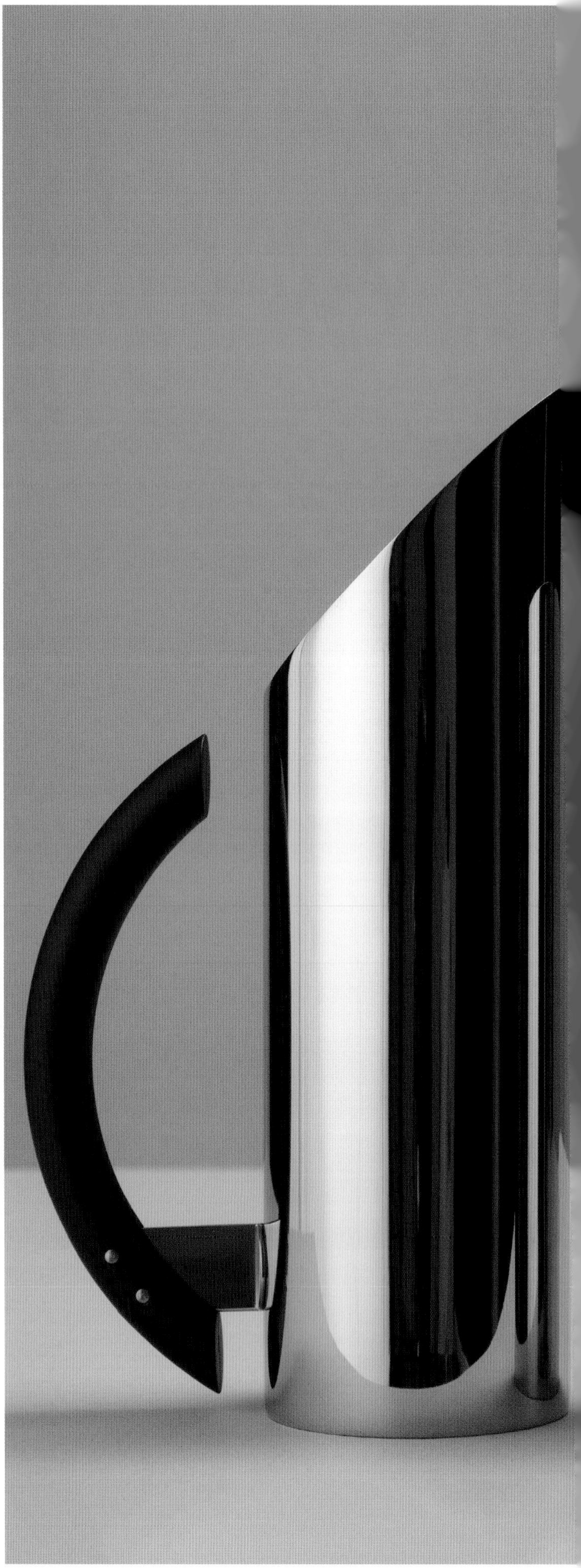

米娅和图阿壶
JUGS 'MIA & TUA'

1997

这是为阿莱希公司设计的桌面微建筑——米娅和图阿，盛放葡萄酒和水的不锈钢壶。

项目概况

设计时间：1997
生产时间：自1998
制造商：阿莱希公司
尺寸：
米娅（葡萄酒壶）高 23.5cm，直径9cm，70cl
图阿（水壶）高29cm，直径9cm，100cl
材料：抛光不锈钢18／10，黑色尼龙手柄

Project: 1997
Production: since 1998
Manufacturer: Alessi S.p.A.
Dimensions:
Mia (wine jug) H 23.5cm, diameter 9 cm, cl 70
Tua (water jug) H 29 cm, diameter 9 cm, cl 100
Material: polished stainless steel 18/10, handle in black polyamide

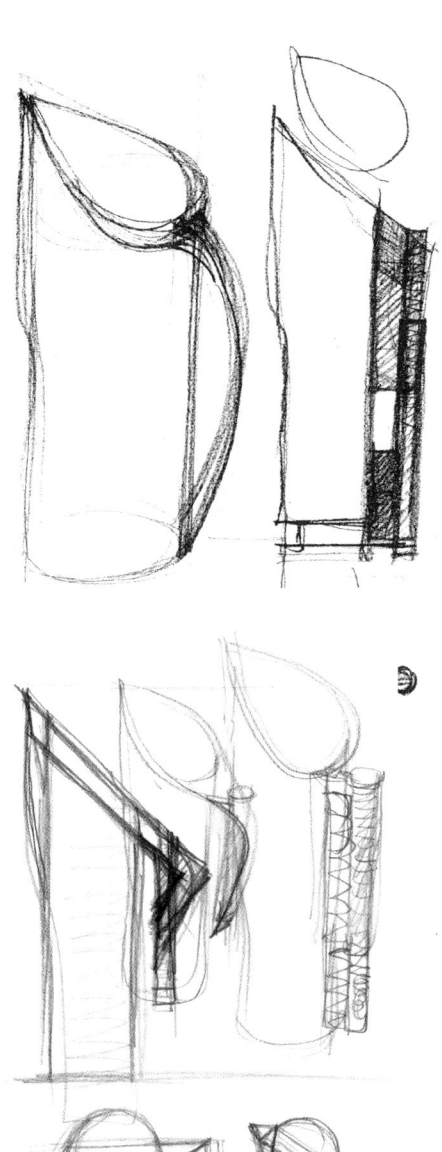

1.2. 手绘草图
3. 实物展示

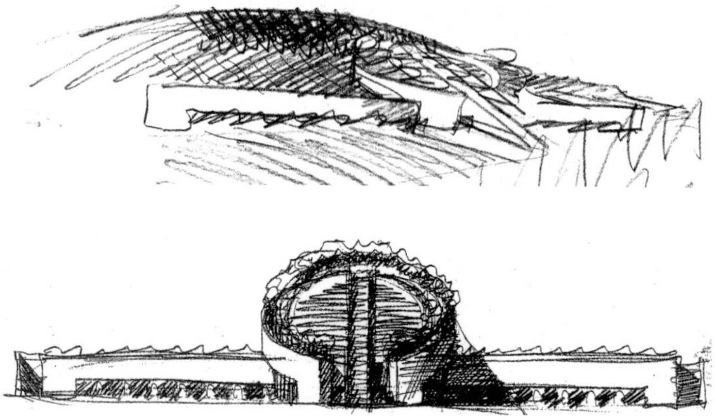

佩特拉酒庄
PETRA WINERY

意大利 苏维雷特
Suvereto, Italy 1999-2003

　　坐落在山坡上的佩特拉酒庄，位于皮奥恩比诺的内陆地区，可以俯瞰苏维雷特的大片葡萄园。酒庄首先展现在游客面前的是以普兰石为材料的圆柱形体量，这个柱体被一个平行于山坡的斜面切割并朝向大海张开两翼。具有强烈可塑形象的中心体量与两侧门廊的造型重新诠释了托斯卡纳村庄中典型的平面伸展别墅的特征；此处，更有葡萄园为土地"绣上"图案，吸引游客更近地审视这个建筑作品。建筑构筑中心的石材圆柱体以及一个栽植橄榄树的圆环，如同一朵"设计之花"使山坡生色。正是这幅图景，延伸至望不尽的葡萄园，指向山中酿造葡萄酒的所在，那里包含从榨汁到灌瓶的全套工序。在纵向上，除了首层中央的圆柱外，还有存放橡木酒桶的区域，还有一条通向山里一道石墙前的长通道，此处作为山的"心脏"扮演着中心角色，激起了一直盘绕于这片土地上的祖先的价值，这些价值也是酿酒的绝对秘密的一部分。建筑师将游客引入山中，让他们消除一切关于酒的起源的疑虑。为了给佩特拉酒庄一个具体的形象，建筑师选择创造一个有力的象征符号，而不是建造传统的工业综合体。建筑师参考了泰拉·莫雷蒂酒厂的宽宏，同时在追求高品质产品的同时，还抓住了时机以令人信服的方式重新设计了周边的景观。

1. 手绘草图
2. 中心圆柱体正立面实景

项目概况

设计时间：1999
建造时间：2001—2003
业主：Vittorio Moretti
结构设计：Moretti Industrie delle Costruzioni，Brescia, Italy
基地面积：10 000m²
建筑面积：7 200m²
建筑体积：63 000m³
结构和材料：预制预应力构件轴承结构；普兰石饰面。

Project: 1999
Construction: 2001-2003
Client: Vittorio Moretti
Structural design: Moretti Industrie delle Costruzioni, Brescia, Italy
Site area: 10,000 m²
Useful surface: 7,200 m²
Volume: 63,000 m³
Structure and materials: bearing structure in precast reinforced elements; cladding in split Prun stone.

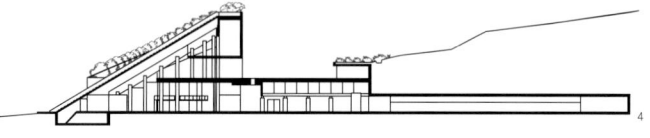

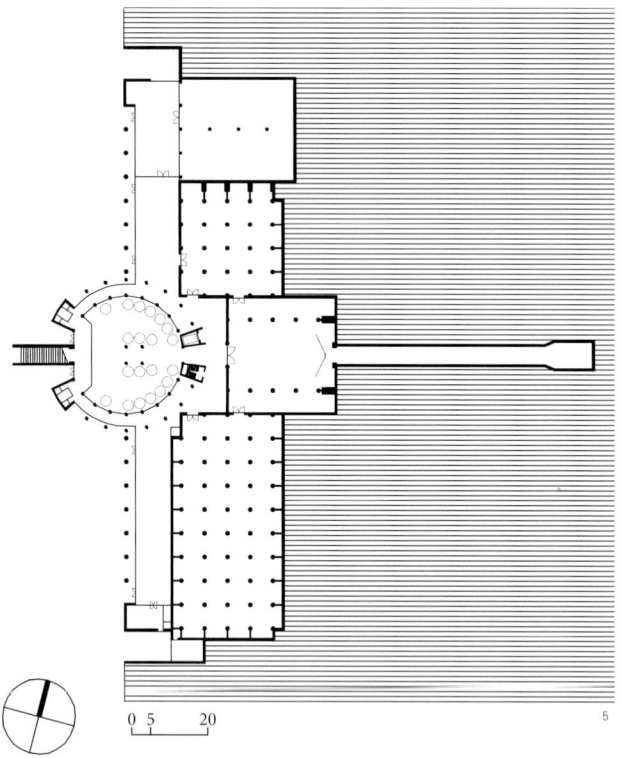

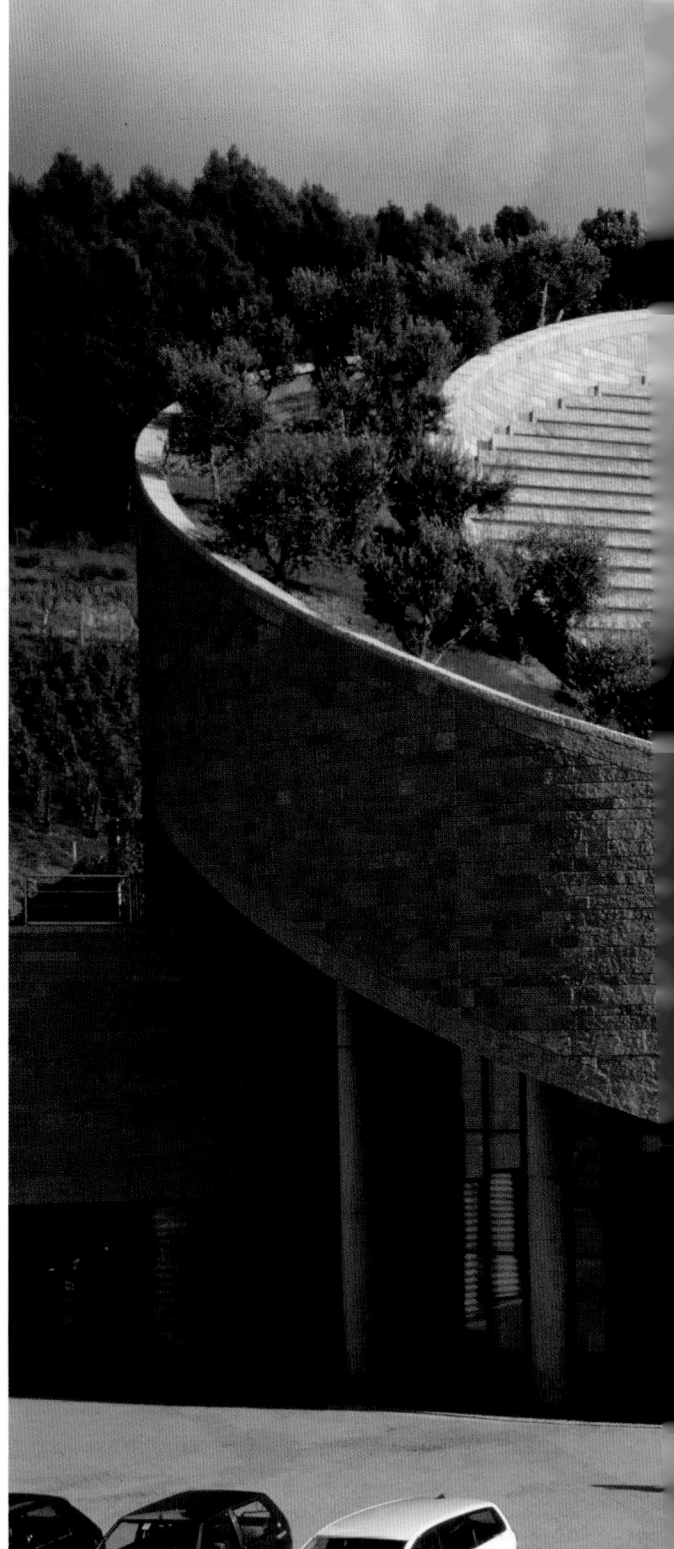

3.建筑细部
4.横向剖面图
5.首层平面图
6.建筑实景

0736

7. 建筑入口
8. 建筑全景

9. 背立面实景
10. 侧面实景
11. 内部实景

延伸阅读

- S. Storchi, Suvereto. I giorni del vino e delle rose, "Arkitekton", 2003/04, pp. 78-84.
- Cantina Petra, Suvereto in "Cantine architetture 1990-2005", edited by M. Casamonti, V. Pavan, Federico Motta Editore, Milan 2004, pp. 224-235.
- C.E. Norberg-Schulz, P. Stringa, Cantina Petra, "Mur", 2005, 2, pp. 4-11.
- L. Milone, "Petra"… like "pietra" stone: the Petra winery in Suvereto, Italy, in pietra di Prun, designed by Mario Botta, "Marmo Macchine International", 63, 2008, pp. 44-56.
- Cantina Petra Italia 2003 in "Architettura e vino. Nuove cantine e il culto del vino", edited by F. Chiorino, Mondadori Electa S.p.A, Milan, 2007, pp. 60-69.
- Light and Gravity in Vineyards Petra Winery, Suvereto (Livorno), Italy, "Dialogue", Taiwan, 118, October 2007, pp. 76-85.
- Una bodega en Suvereto, "Revista Rd2", Capba d2, Buenos Aires, 2007, 60, pp. 42-43.
- N. Delledonne, Monumenti della terra, «Aión», 17, dicembre 2008, pp. 52-64.
- L. Servadio, Metti in cantina un progetto d'autore, "Luoghi dell'Infinito", 116, March 2008, pp. 28-35.
- Cantina Petra in "Cantine", edited by V. Pirazzini, 24 ORE Motta Cultura, Milan, 2008, pp. 78-93.
- Petra Mario Botta in "Cantine d'Autore. Un viaggio in Toscana", DNA Editrice, Florence, 2010, pp. 56-61.
- A Pilgrimage to a Wine Sanctuary in "Wine Culture Architecture. Smak architektury", edited by K. Baumann, Architects, Foundation Warsaw, 2010, pp. 81-95.

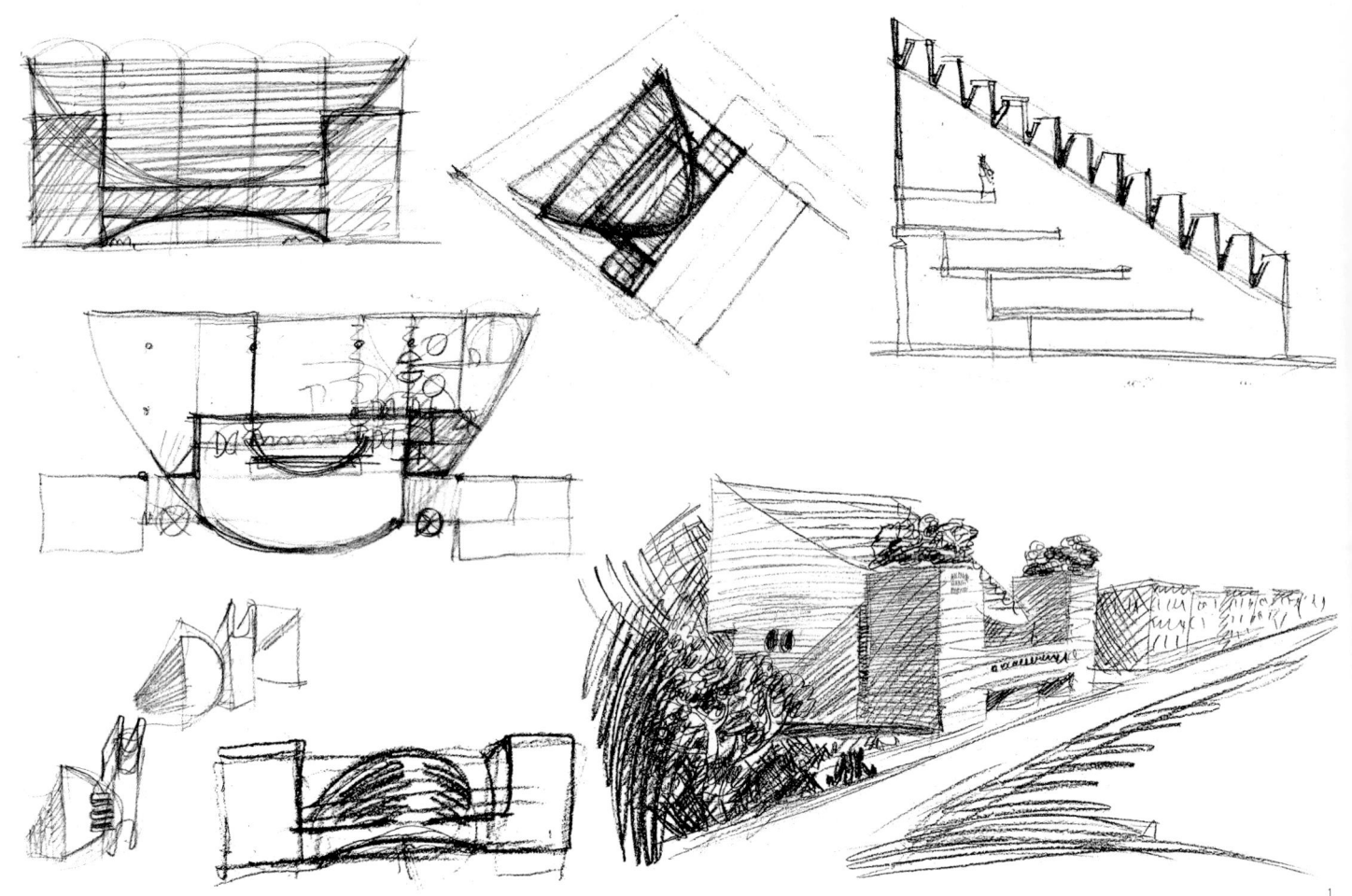

1. 初期草图
2. 内部效果图

哈丁销售总部
HARTING SALES HEADQUARTERS

德国 明登
Minden, Germany 1999-2001

德国哈丁公司销售总部坐落在一座旧普鲁士堡垒场地的战略性位置上，那里现在依然有一大片绿地，即西米恩斜坡，正好在新建建筑附近。沿着通往明登市历史中心的主干道波尔塔街，新建筑力求将其当代的内在空间与现有的历史环境相衔接。西米恩广场周边强势的新古典主义建筑一部分对齐波尔塔街，勾勒出了特定的城市语境，使得后续建设都须与之对话。新的体块与沿波尔塔街的建筑对齐，通过使用传统材料建立起与现存结构的对话，同时通过表达体块的重力感创造出了引人注目的形象。其结果是在建筑之间产生一种城市共鸣：新建筑的在场强化了现有建筑的存在，反之，新建筑也被现有建筑所强化。建筑向南沿主要道路打开，巨大的倾斜屋顶形成了第五立面，同时也是主要立面。这个立面，值得注意的是其尺度（约1 000m²），呈现出为棚形截面，它获取并滤过自然光，加强了下方阶梯式的工作区域的舒适度。北向的大窗户使南侧光自上倾泻之独特品质得以加强，并在建筑物内部提供了朝向西米恩斜坡的视野。设计特别关注对自然采光的使用、令人眼花缭乱的内部表面处理及使用天然材料和被动能源的反复利用（例如供内部使用的雨水回收），就此创造了积极的能源效果，以上这些对此类建筑是非常重要的。

项目概况
设计时间：1999
建造时间：2000—2001
业主：玛格丽塔和迪特马·哈丁，
　　　哈丁爱斯佩尔坎帕公司
合作单位：名登建筑规划公司
土木工程：多特蒙德，克雷门斯·佩勒工程公司
技术工程：弗伦斯堡，彼特逊工程公司
基地面积：5 000m²
建筑面积：2 800m²
建筑体积：22 000m³
结构和材料：钢筋混凝土承重结构；红色万加花岗岩饰面（克里斯蒂安·斯塔特瑞典）

Project: 1999
Construction: 2000-2001
Client: Margrit and Dietmar Harting, Harting
　　Espelkamp Company
Partner: Planungsgruppe Minden
Civil engineering: Klemens Pelle, Dortmund
Technical engineering: Petersen Ingenieure,
　　Flensburg
Site area: 5,000m²
Useful surface: 2,800m²
Volume: 22,000m³
Structure and materials: reinforced concrete bearing
　　structure; cladding in slabs of red Vanga
　　granite (Kristiansstad/Sweden)

3

4

5

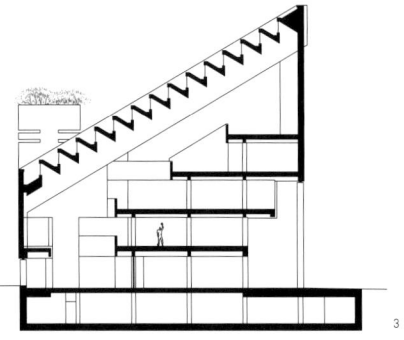

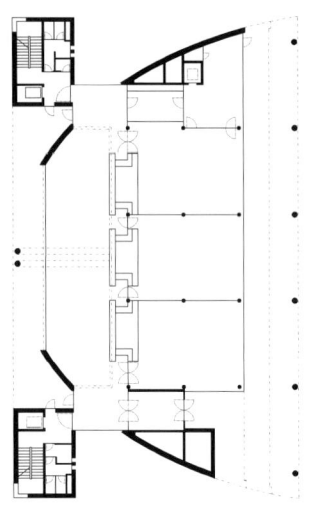

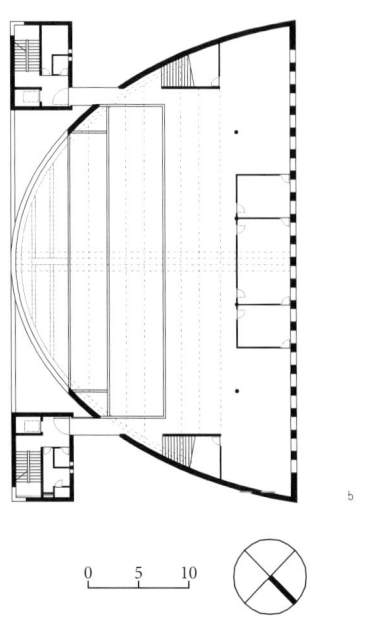

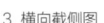

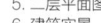

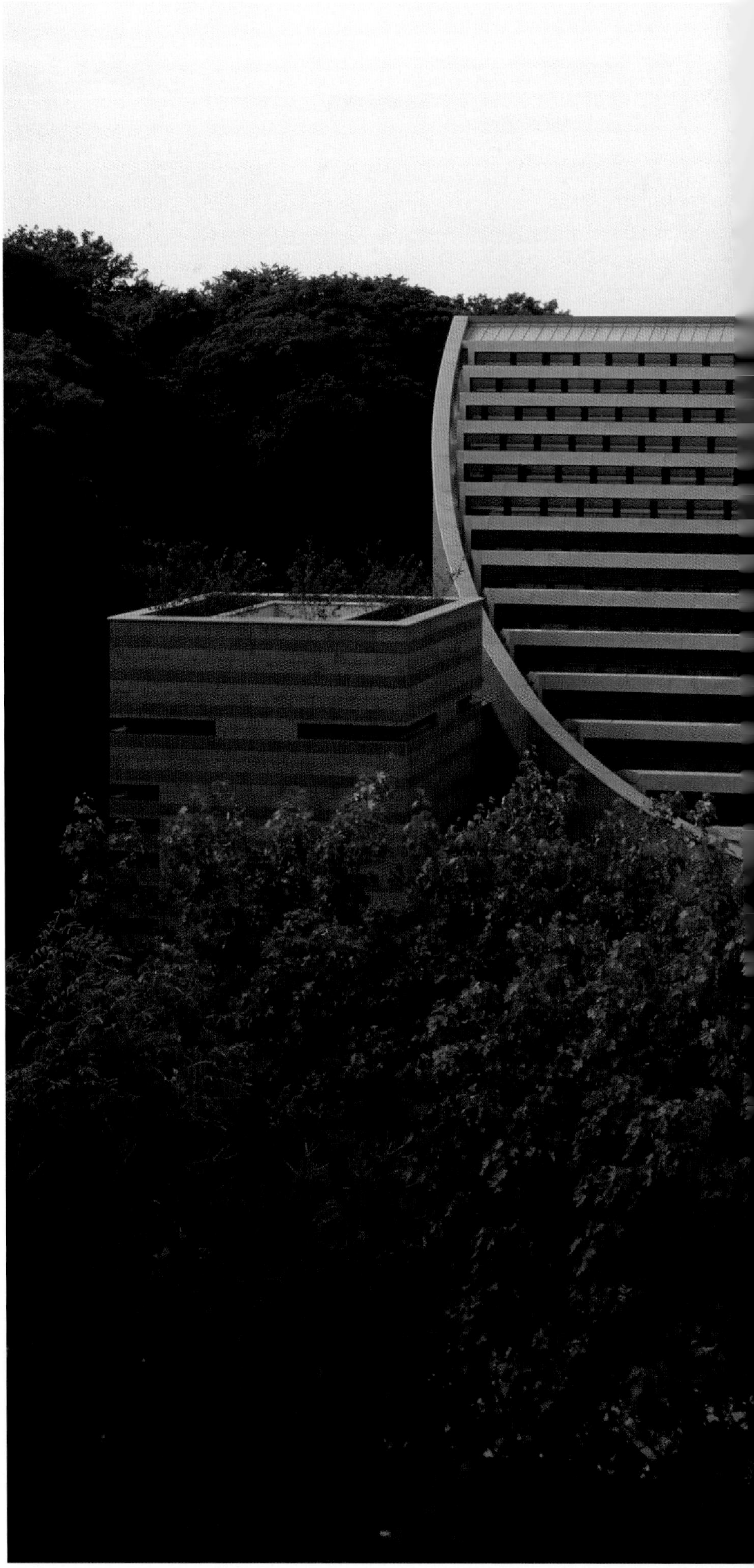

3. 横向截侧图
4. 首层平面图
5. 二层平面图
6. 建筑实景

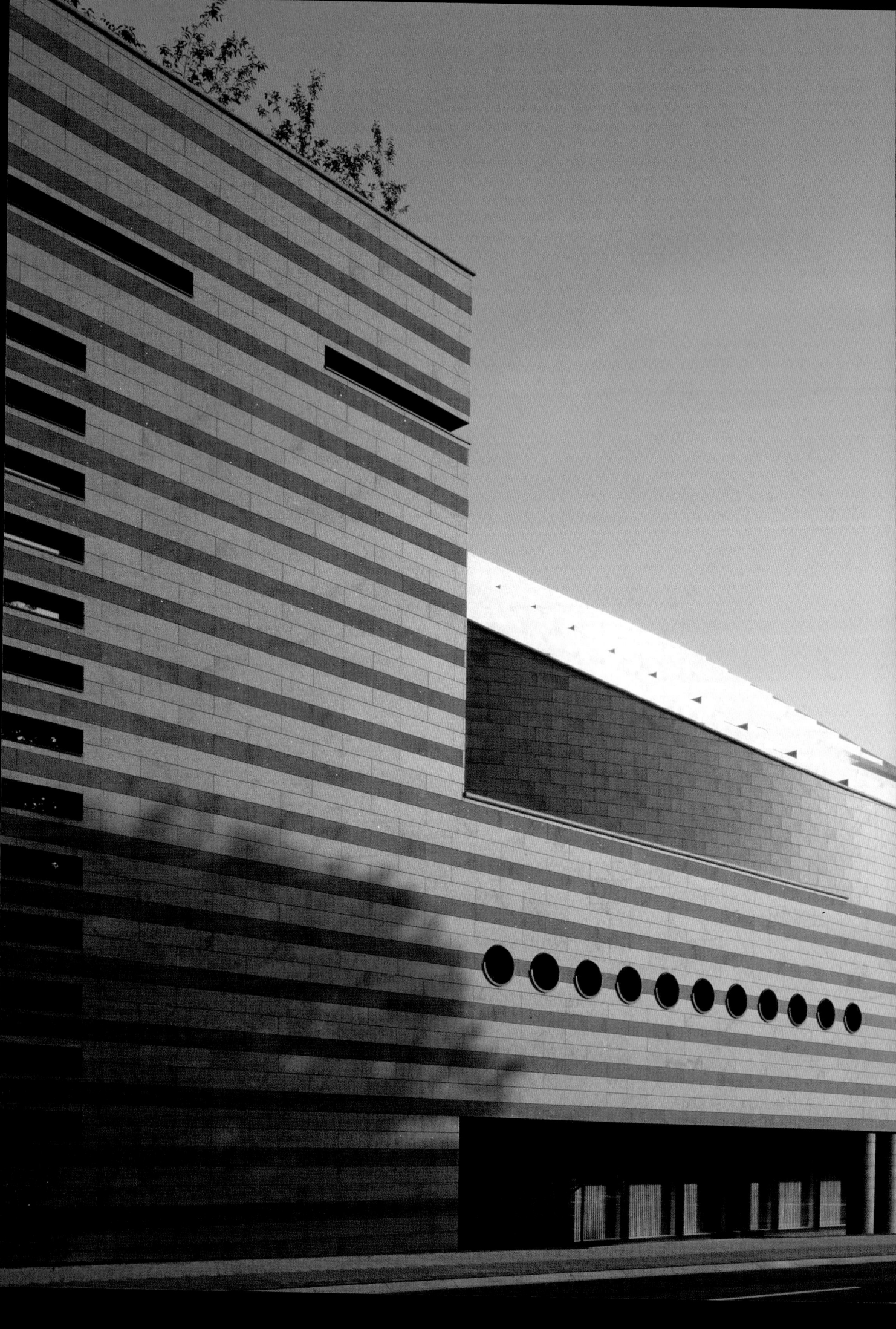

8. 天花板细部
9. 室内实景

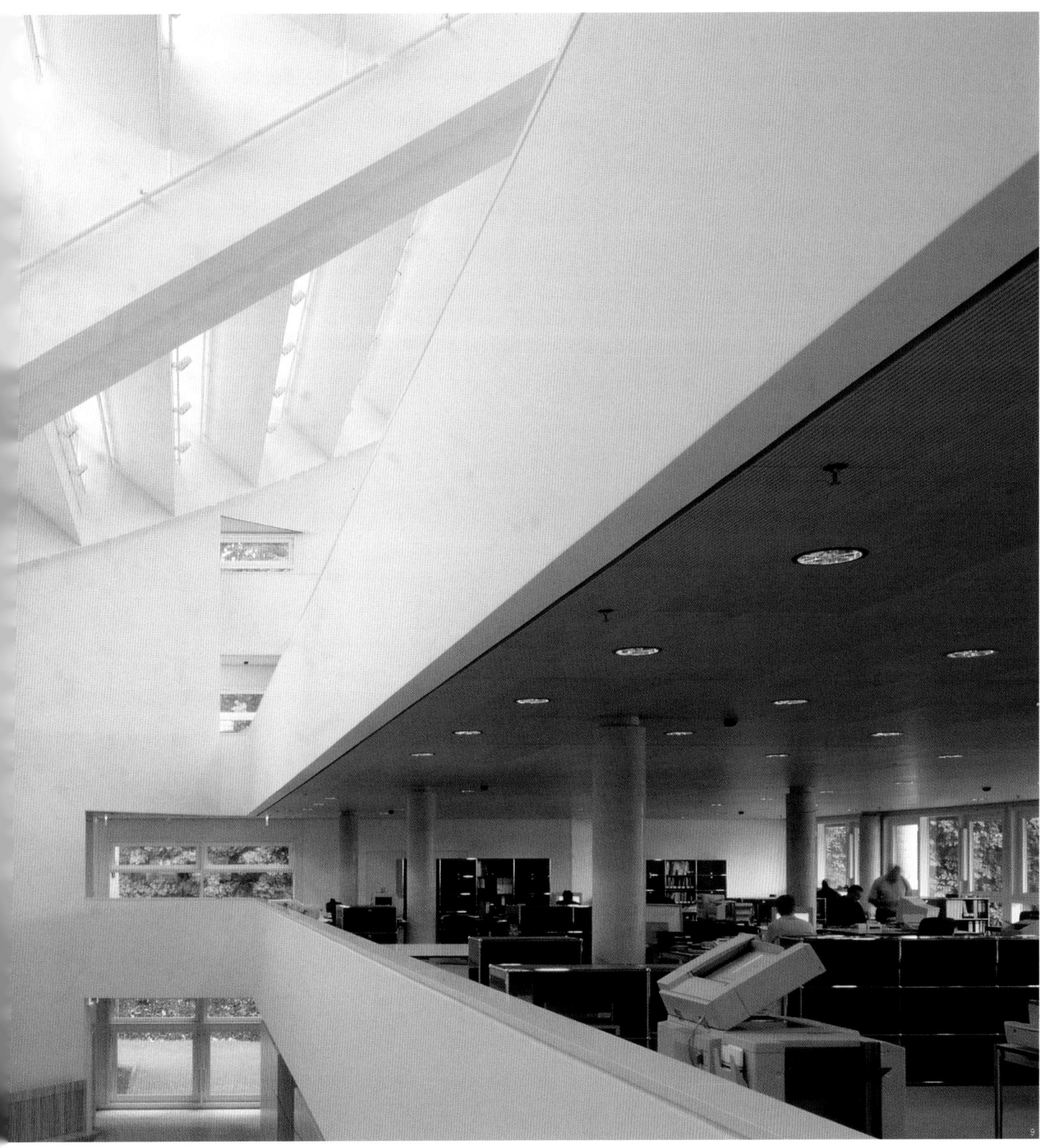

延伸阅读

- Harting office building in Minden, Germany , "Plus", 2002, 0206, pp. 60-65.
- Harting Offices in "21 Master architects in the new millennium", Shanglin A & C Limited, Beijing 2005, pp. 30-38 [Chinese language], pp. 30-37.
- Firmengebäude Harting Deutschland, Minden in "Architektur in Ostwestfalen-Lippe Ausgewählte Bauten ab 1990", Delius Klasing Verlag, Bielefeld 2005, pp. 06-07.
- Uffici Harting Minden Germania in "Atlante dell'architettura contemporanea in Europa", edited by Christian de Poorter, Mondadori Arte, Mondadori Electa, Milan, 2008, pp. 236-237.

1. 初期手绘草图
2. 墙面细部

海得拉巴 "TATA咨询服务" 办公楼
OFFICE BUILDING TCS

印度 海得拉巴
Hyderabad, India 1999-2003

该项目位于海得拉巴市的一个区，这个新的技术中心被称为"高科技之城"，印度的硅谷，自20世纪90年代开始迅速发展。在杂乱无章的软件生产中心建设泛滥之前，质朴自然的平原景观是这里的基调。Tata咨询服务办公楼设计的基本意图是创造一个巨大的内部虚空间并对城市开放。作为一个单一的体量，建筑增强了基地的特点，突出了现有的地形，并且将它变成建造中的不可分割的一部分，无论从形式还是材料上。

例如，基地内挖出的石头用于铺路和砌筑围墙。各方面的共融促成了景观和建筑之间的互动，于这种密切的关系中每一要素都是理性存在的。圆柱形的建筑体块从山区地形转向之处生出，它通过参与高科技城市天际线的塑造而成为区域的视野上的支点。红色阿格拉石的统一饰面处理，强调了新的建筑。宽而深的垂直线条合乎立面的模度，并保证了高窗墙比，让自然光能够进入室内空间。与此同时，它们也提供了在郊外恶劣的气候条件下所要求的必要的保护和良好的独立。建造这个高科技建筑只利用了

少量的机械力，但调动了大量的劳动力，不论男女都参与建造或运送材料，他们激发建筑师去思考建造的基本原则，如地心引力及场所精神。

项目概况
设计时间：1999
建造时间：2000—2003
业主：孟买，Tata咨询服务公司首席执行官
　　　RS Ramadorai
合作建筑师：建筑师沙希·杜墨　（孟买）
　　　　　　肖巴·博帕卡（普纳）
　　　　　　卡梯克·本杰比（孟买）
土木工程：Pangasa Semac，New Delhi
机械工程：TCE Tata Consultancy Engineering，
　　　　　Mumbai
建筑面积：30 000m²
结构和材料：红色阿格拉石外皮，钢筋混凝土承重结构；

Project: 1999
Construction: 2000-2003
Client: Tata Consultancy Services Mumbai, CEO
　　　R.S. Ramadorai
Partner: arch. Shashi Dhume, Mumbai; Shoba
　　　Bhopatkar, Pune; Kartik Punjabi, Mumbai
Civil engineering: Pangasa Semac, New Delhi
Mechanical engineering: TCE – Tata Consultancy
　　　Engineering, Mumbai
Useful surface: 30,000m²
Structure and materials: reinforced concrete
　　　bearing structure; clad with slabs of red
　　　Agra stone

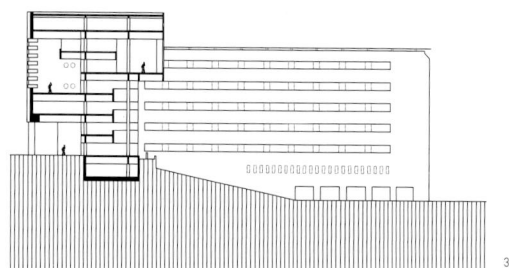

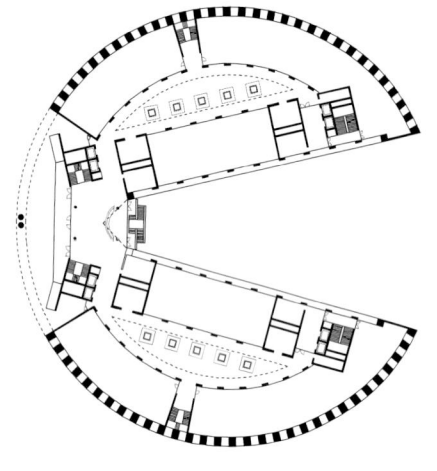

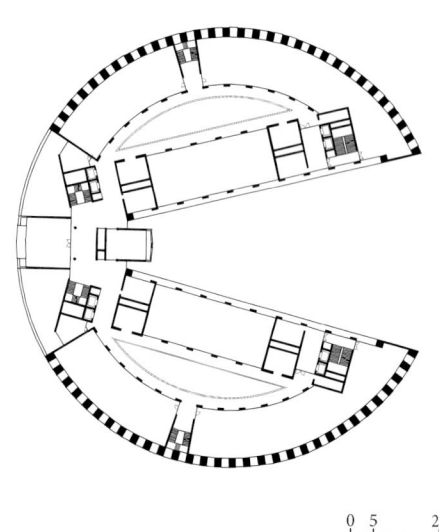

```
0  5        20
└──┴────────┘
1
```

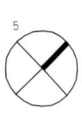

3. 横向截面图
4. 首层平面图
5. 五层平面图
6. 南立面实景

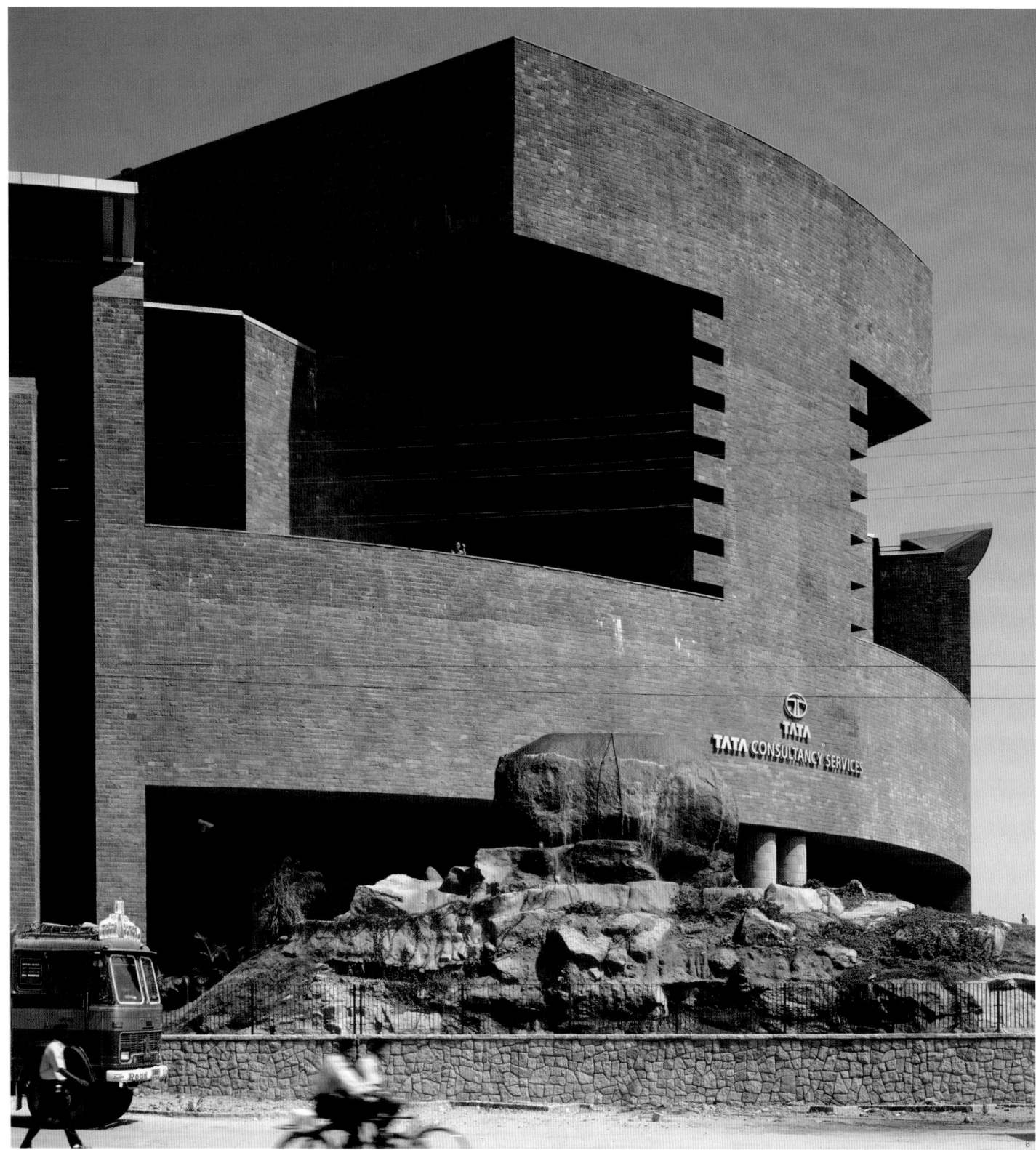

7. 西南立面实景
8. 建筑实景
9. 室内实景

延伸阅读

- L. Ceresini, Hyderabad passaggio in India, "Arkitekton", 2004, 12, pp. 102-111.
- Mario Botta 1996-2003 un architetto ticinese a Delhi e Hyderabad, "Abitare", 463, July/August 2006, pp. 149-151.
- TCS Tata Consultancy Service in Hyderabad, Andhra Pradesh, 1999-2003 in "Architettura Contemporanea India", edited by S. Rössl, 24 Ore Motta Cultura, Milan 2009, pp. 114-115 [1st reprint June 2012].
- Mario Botta, "Arhitekton", 04, April/May 2010, pp. 28-39.

1. 手绘草图
2. 首层平面图
3. 建筑模型

犹太社区中心
JEWISH COMMUNITY CENTRE

德国 美因茨
Mainz, Germany 1999

　　美因茨的犹太社区中心项目建于约瑟夫和兴登堡两条大街交叉口现有的拐角空地。两个侧翼平行于两侧道路，于此交汇，延伸的部分限定了通向新建筑的视觉通廊。

　　该项目由两部分组成：两翼采用砖石饰面以延续街道界面，后面的部分——犹太教会堂和活动室的形态则很具有象征性。两个主体空间的外形暗示一只张开的贝壳。大玻璃表面呈45°向上，光线由此倾泻入室内。一个大门厅连接了位于约瑟夫大街和兴登堡大街转角处的主入口和一侧临近停车场的次入口，作为犹太教会堂和活动室之间的空间。

项目概况
竞赛时间：1999
业主：美因茨市
建筑面积：2 285m²
建筑体积：17 524m³

Competition project: 1999
Client: City of Mainz
Useful area: 2,285 m²
Volume: 17,524 m³

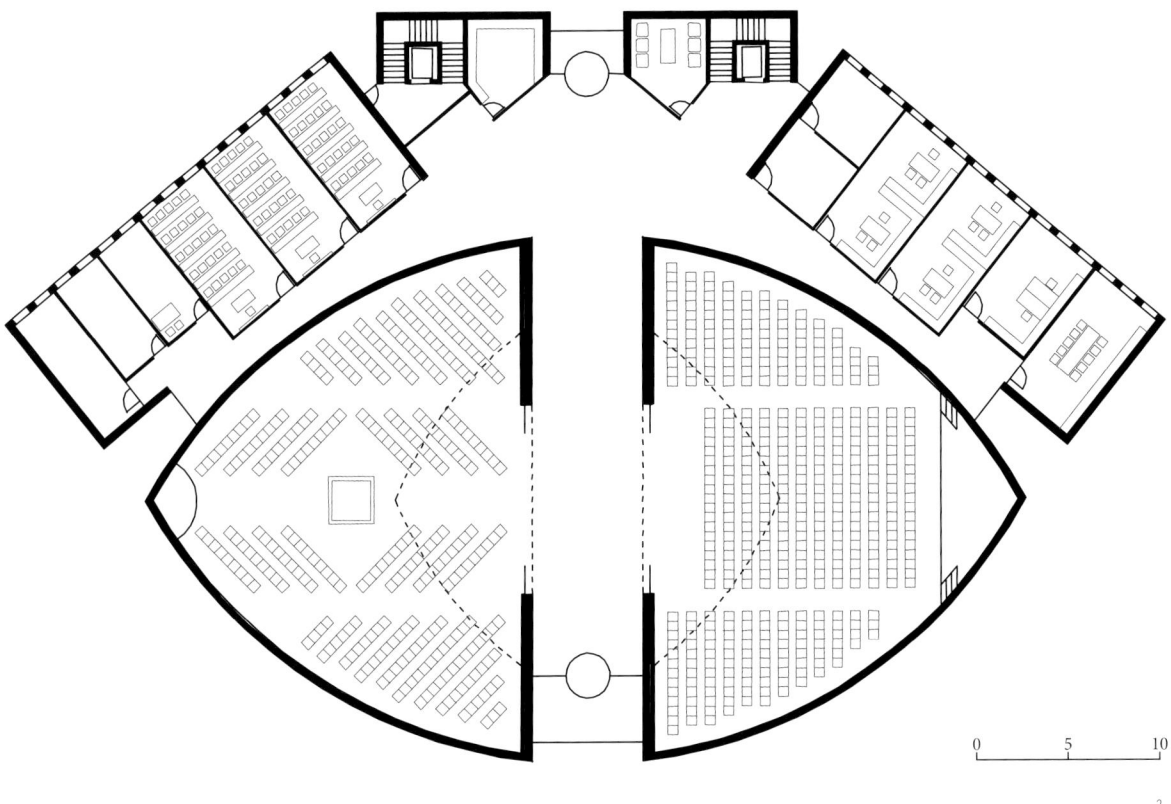

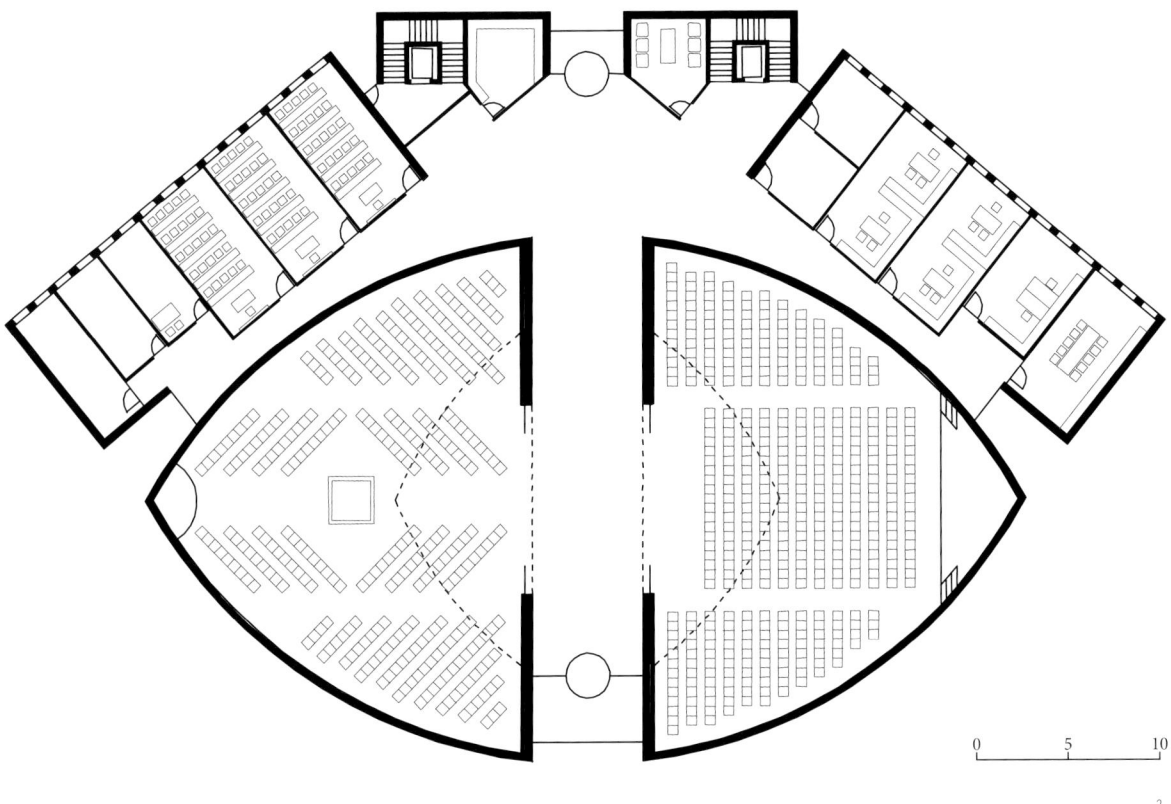

0   5   10

2

3

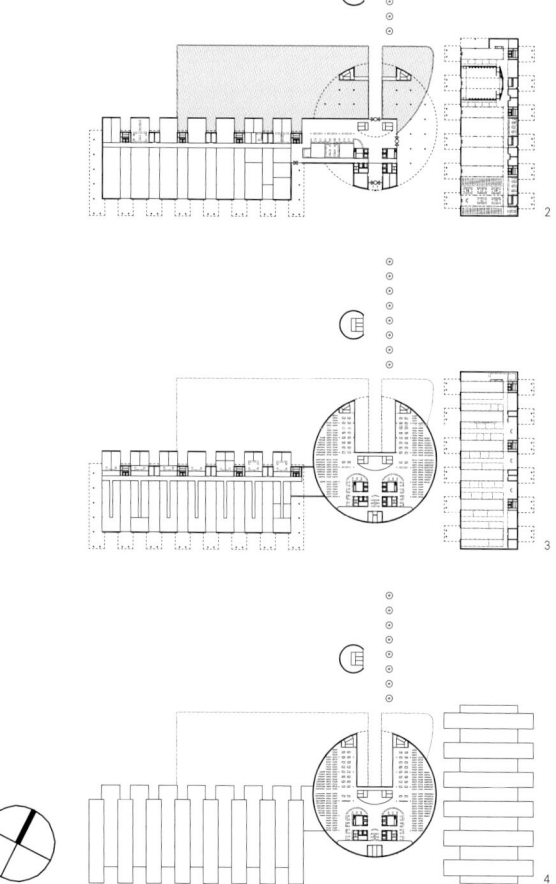

1. 手绘草图
2. 首层平面图
3. 二层平面图
4. 三层平面图
5. 剖立面图
6. 建筑模型

法赫德国王国家图书馆
KING FAHAD LIBRARY

沙特阿拉伯 利雅得
Riyadh, Saudi Arabia 1999

　　该项目位于萨拉赫地区，任务书的要求是建造一个由六个部门组成的
新图书馆、一个文化中心、一个大广场（国王广场）和一个停车场。项目
的目标是建造一个由城墙限定出的类似城堡的空间。不同的项目元素构成
一张三维的"地毯"，在建筑实体和开敞空地之间创造出一种平衡。所有的
建筑有相同的高度，唯有图书馆的圆柱体量高出了水平方向的屋顶结构。
建筑师通过合理组织整个项目，来保障建筑内外的方向感。三个主要体量
容纳三个主体设施：图书馆、内部用房（行政与配套设施）、对外服务用
房（文化中心、信息中心和沙特阿拉伯图书管理联盟）。

项目概况

竞赛时间：1999
项目地点：沙特阿拉伯利雅得
业主：利雅得发展高级专员公署；
　　　利雅得发展局
建筑面积：46 500m²
建筑体积：245 600m³

Competition project: 1999
Place: Riyadh, Saudi Arabia
Client:High Commission for the Development of
Arriyadh; Arriyadh Development Authority
Grossarea: 46,500m²
Volume: 245,600m³

0 10　　40

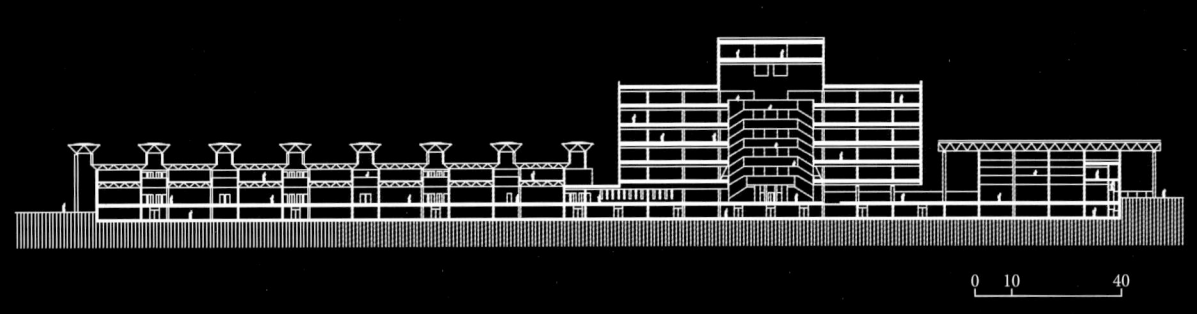

0 10   40

5

6

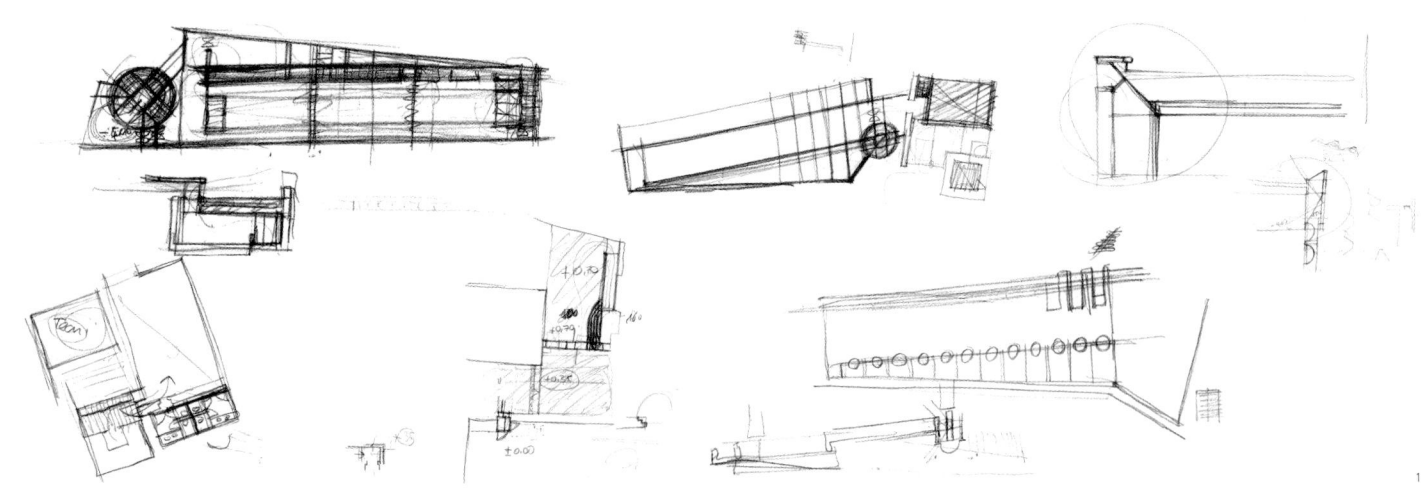

1

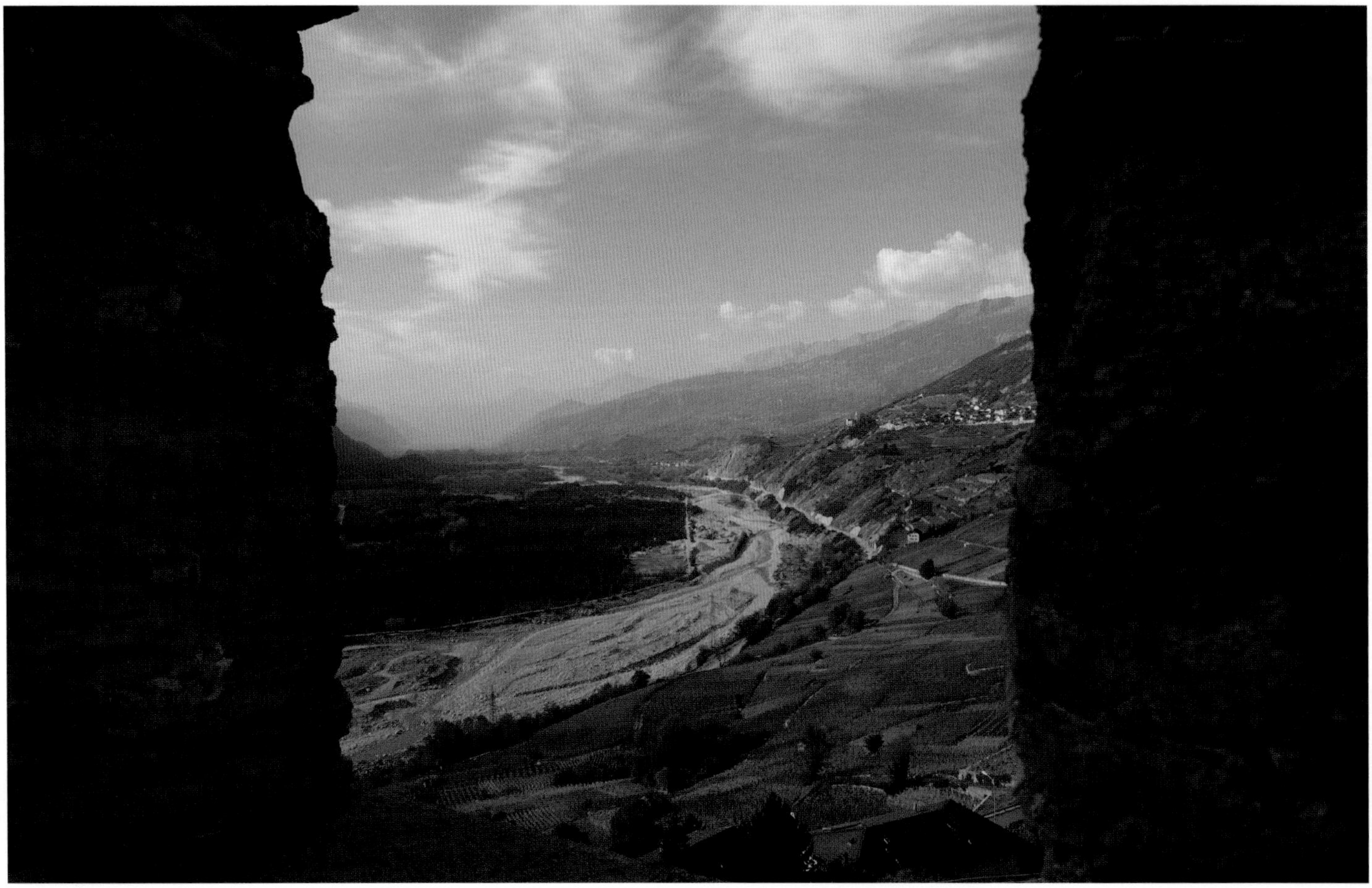

2

洛伊克城堡
LEUK CASTLE

1. 手绘草图
2. 从城堡看向山谷的景象
3. 建筑全景

瑞士 洛伊克
Leuk, Switzerland 1999-2003

洛伊克城堡位于罗纳河的河段上游。它形似一座紧凑的堡垒，有高耸的防御塔，但其内部已被腾空并进行了重组，现在通过一条展览路线可以到达玻璃尖顶上。城堡内部的修复工作仍在进行。

项目概况

项目时间：1999
建造时间：2003年，在建工程
客户：宫洛伊克基金会
合作者：Archpark，洛伊克
基地面积：2 048m²

Project: 1999
Construction: 2003-in progress
Client: Schloss Leuk Foundation
Partner: Archpark, Leuk
Site area: 2,048m²

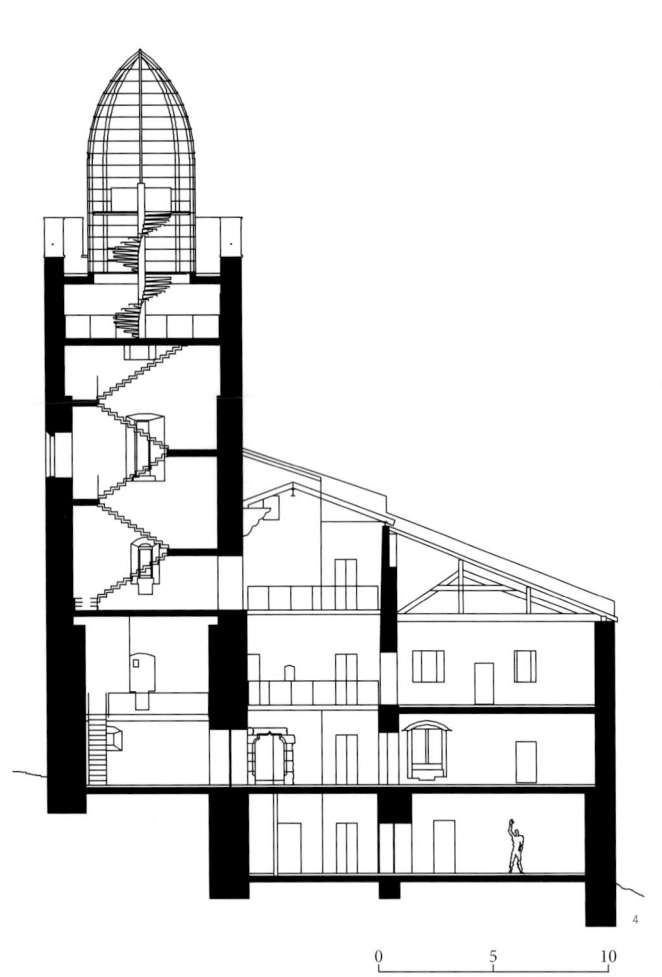

4. 横向剖面图
5. 内部楼梯
6. 城堡内景

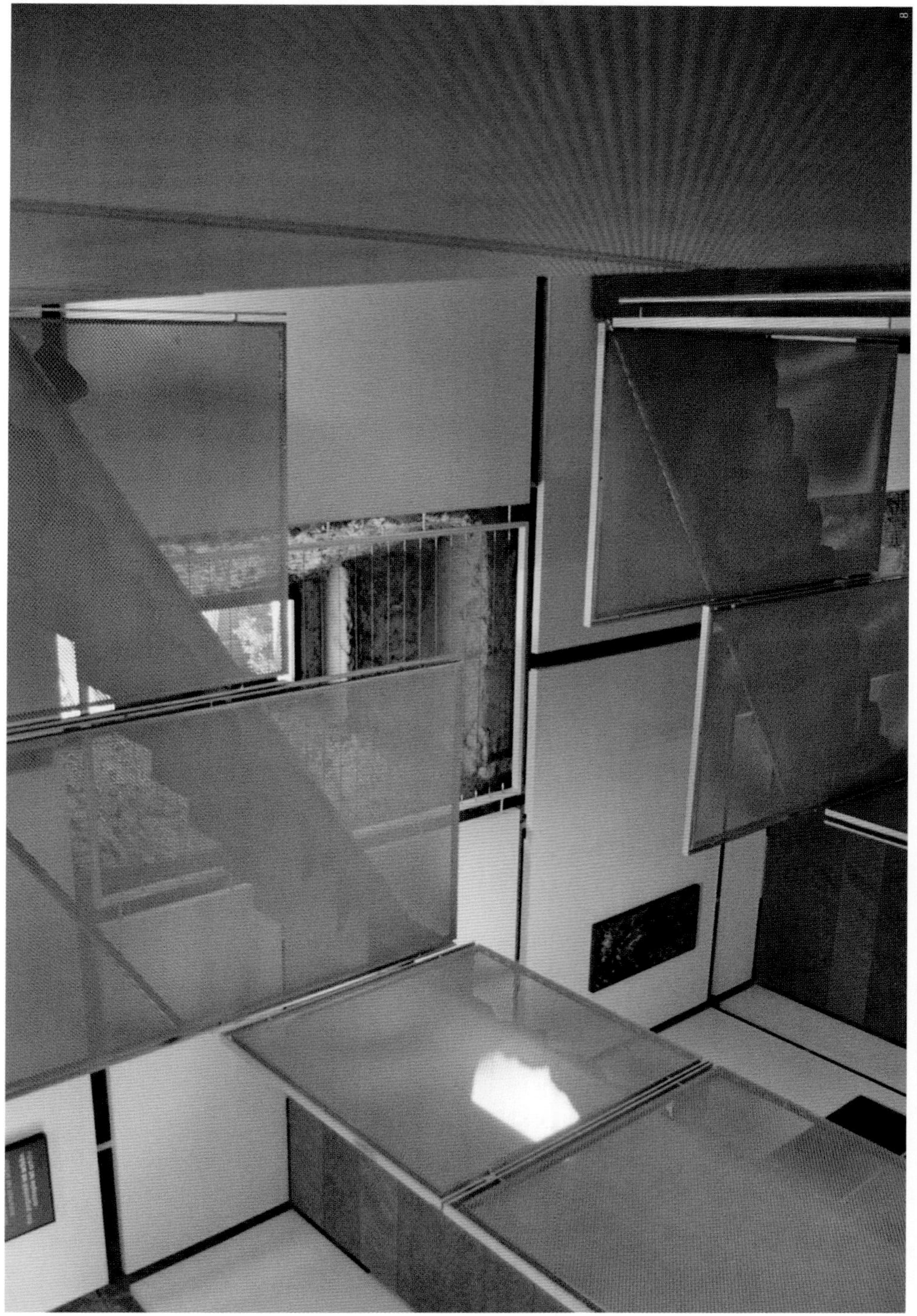

8

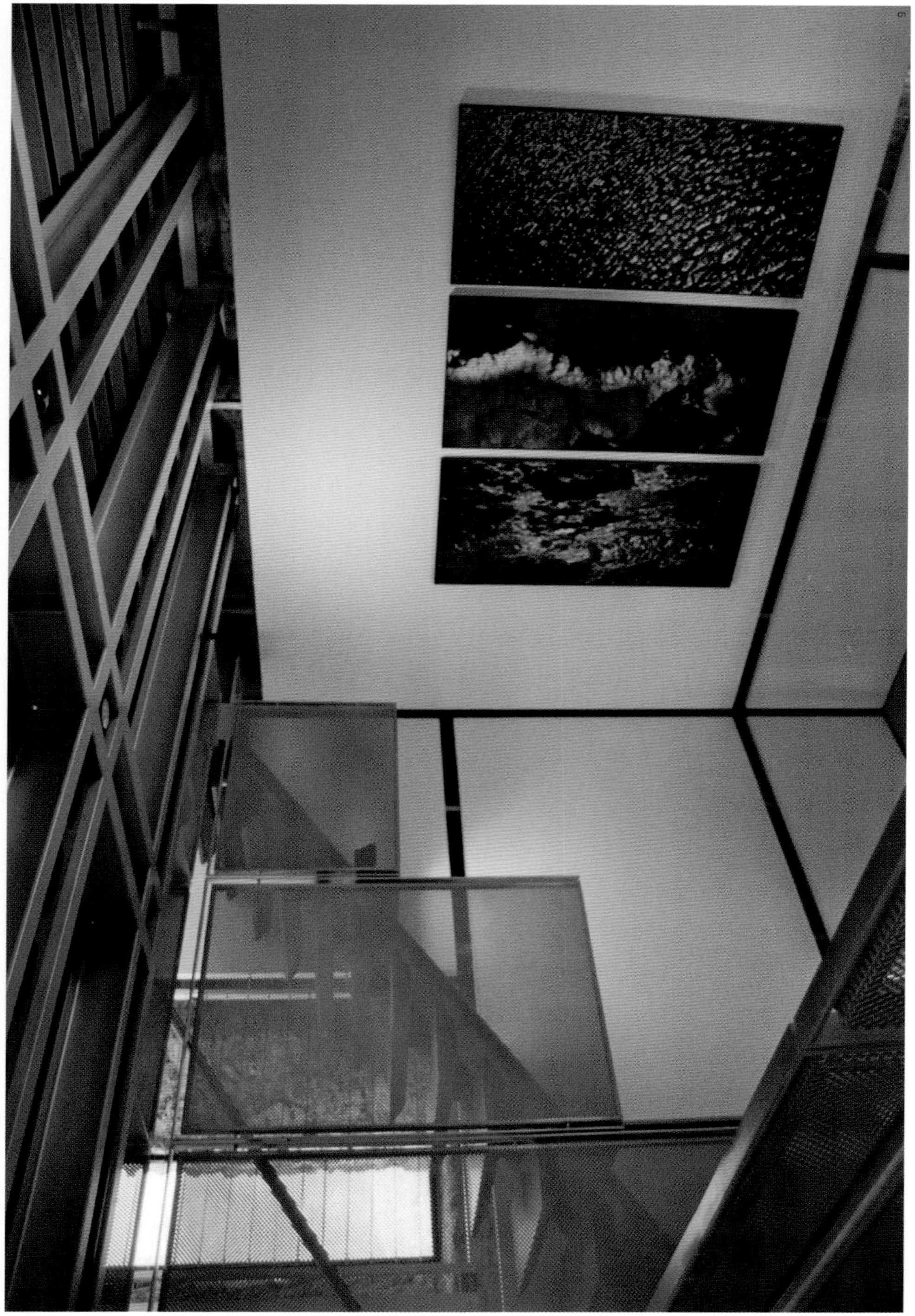

9

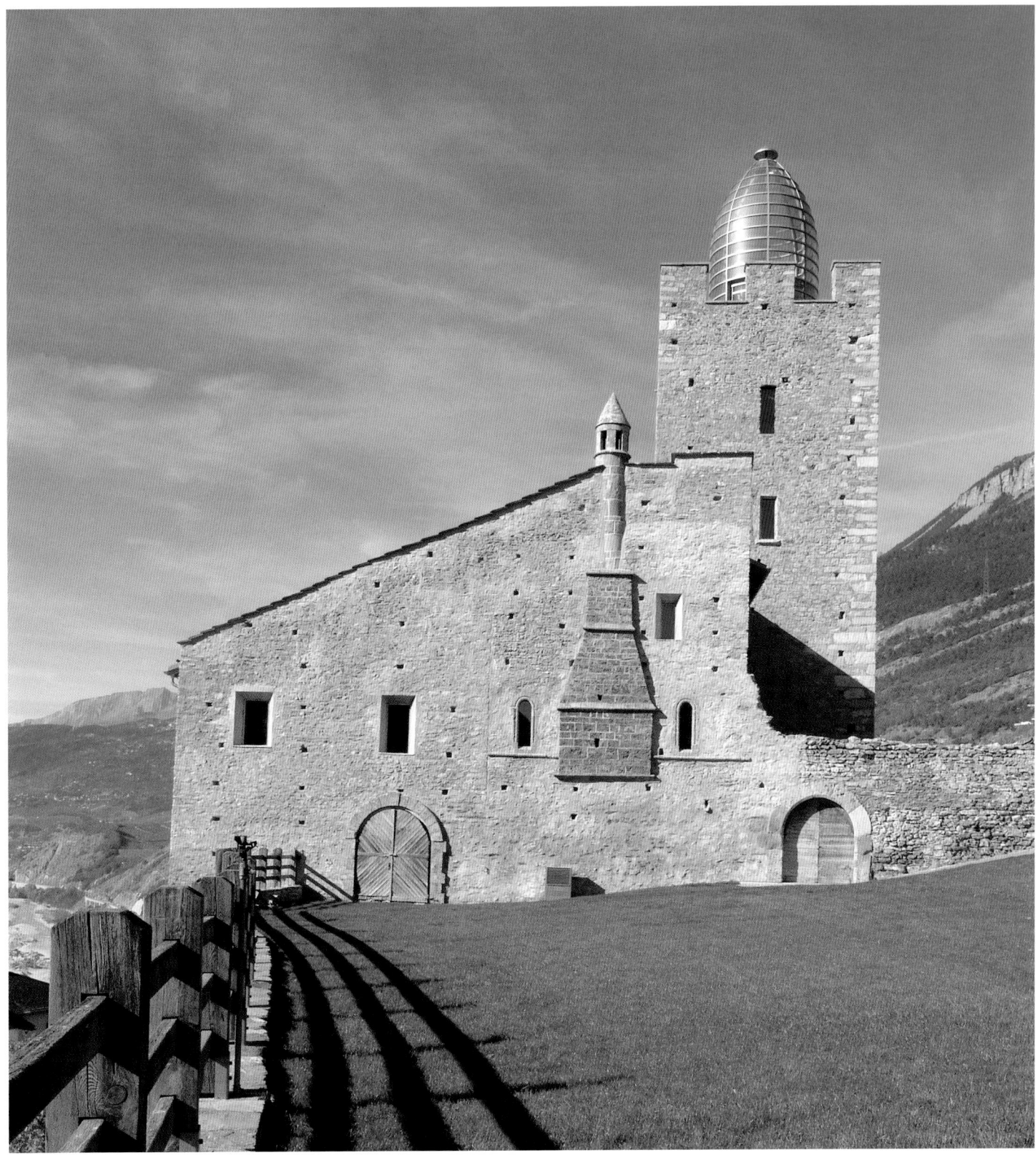

7. 屋顶外景
8.9. 室内实景
10. 建筑实景

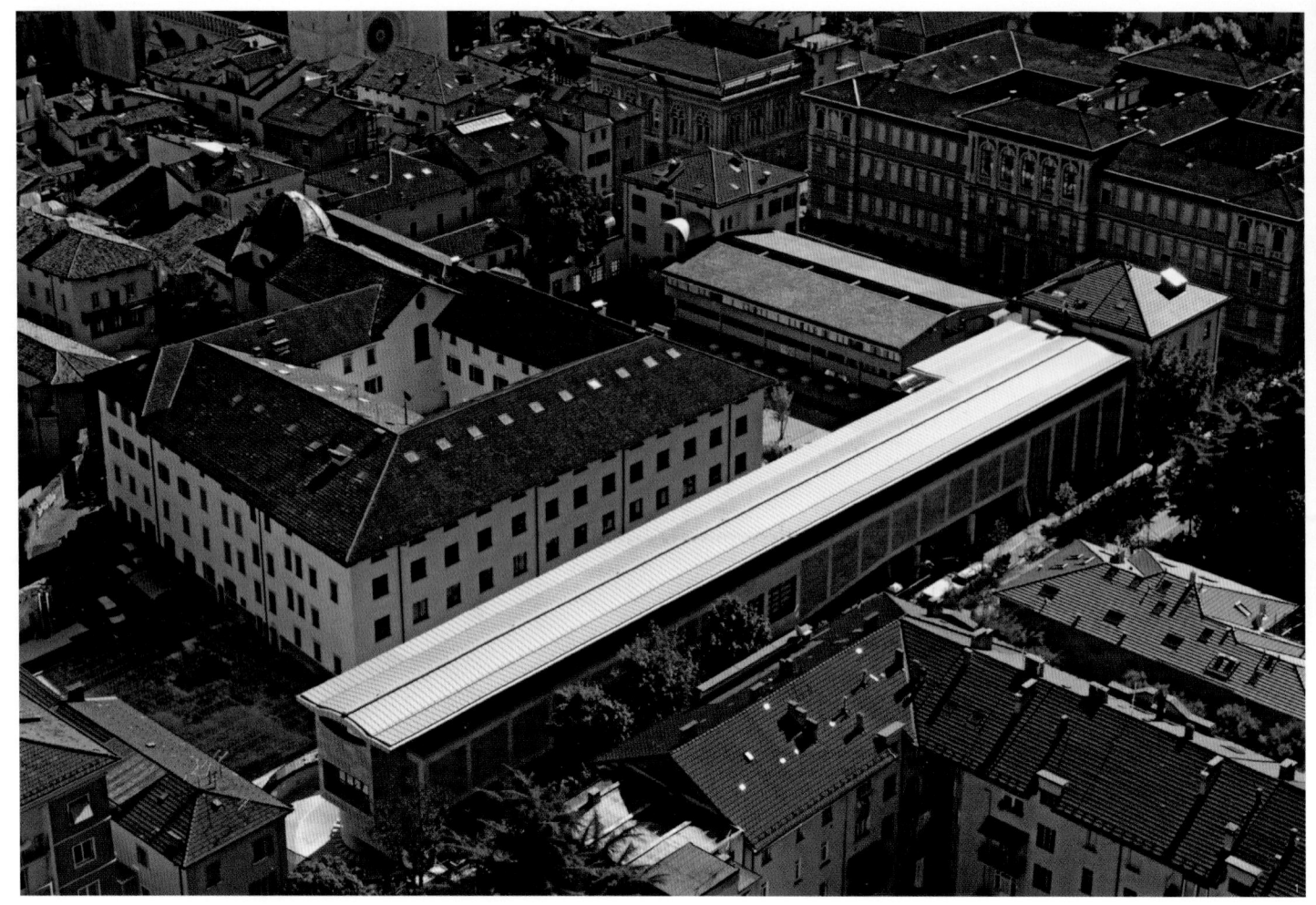

1. 鸟瞰图
2. 前视图

特兰托大学法律系扩建
TRENTO UNIVERSITY LAW FACULTY

意大利 特兰托
Trento, Italy 1999-2006

新扩建补充了特兰托大学法学院配套所需的教室、办公室和阅览室。教室位于地上二层及地下一层。一层是大前厅，也可以容纳阅览和临时展陈等功能。新建筑以理想化的形式重构了沿罗斯米尼路的建筑立面。很久以前，此处因建筑拆除而造成了断缺，现在，它又恢复了老城边界步行道的重要的连续性。

设计为安排和改善重要的考古发现提出了可行的干预手段：通过一个顶棚及其上的两排天窗将自然光线引入到遗址区域。

项目概况

设计时间：1999	Project: 1999
建造时间：2000—2006	Construction: 2000-2006
业主：特兰托大学	Client: University of Trento
合作建筑师：艾米里奥·皮兹	Partner: Emilio Pizzi
建筑面积：4 500m²	Useful surface: 4,500 m²

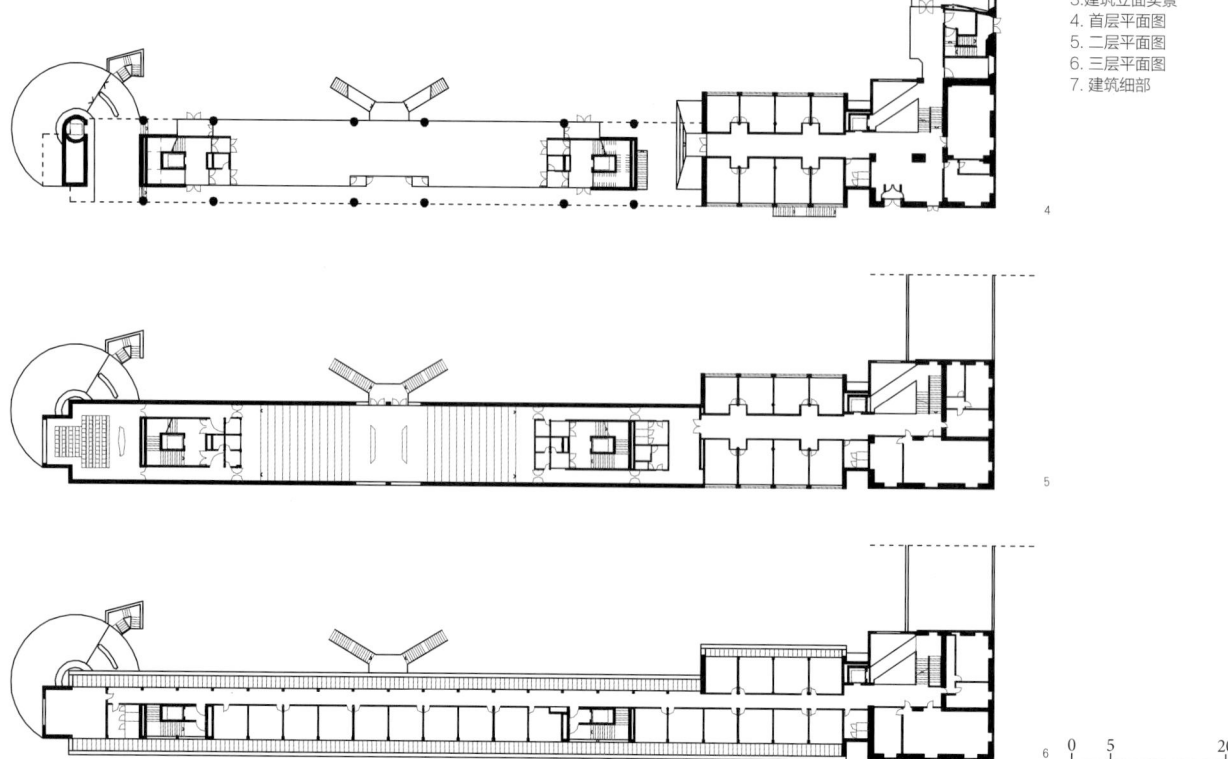

3.建筑立面实景
4.首层平面图
5.二层平面图
6.三层平面图
7.建筑细部

4

5

6 0 5 20

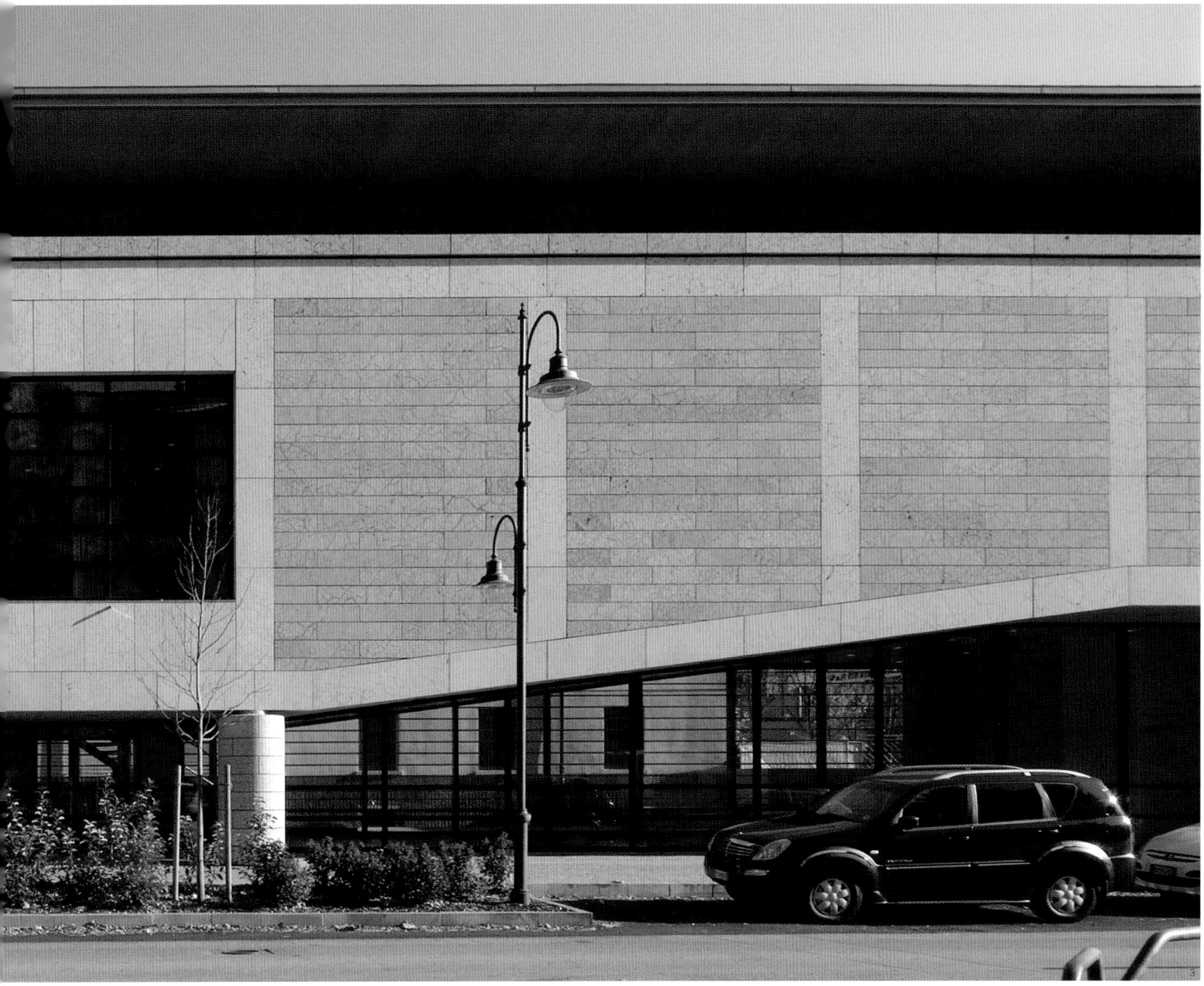

3

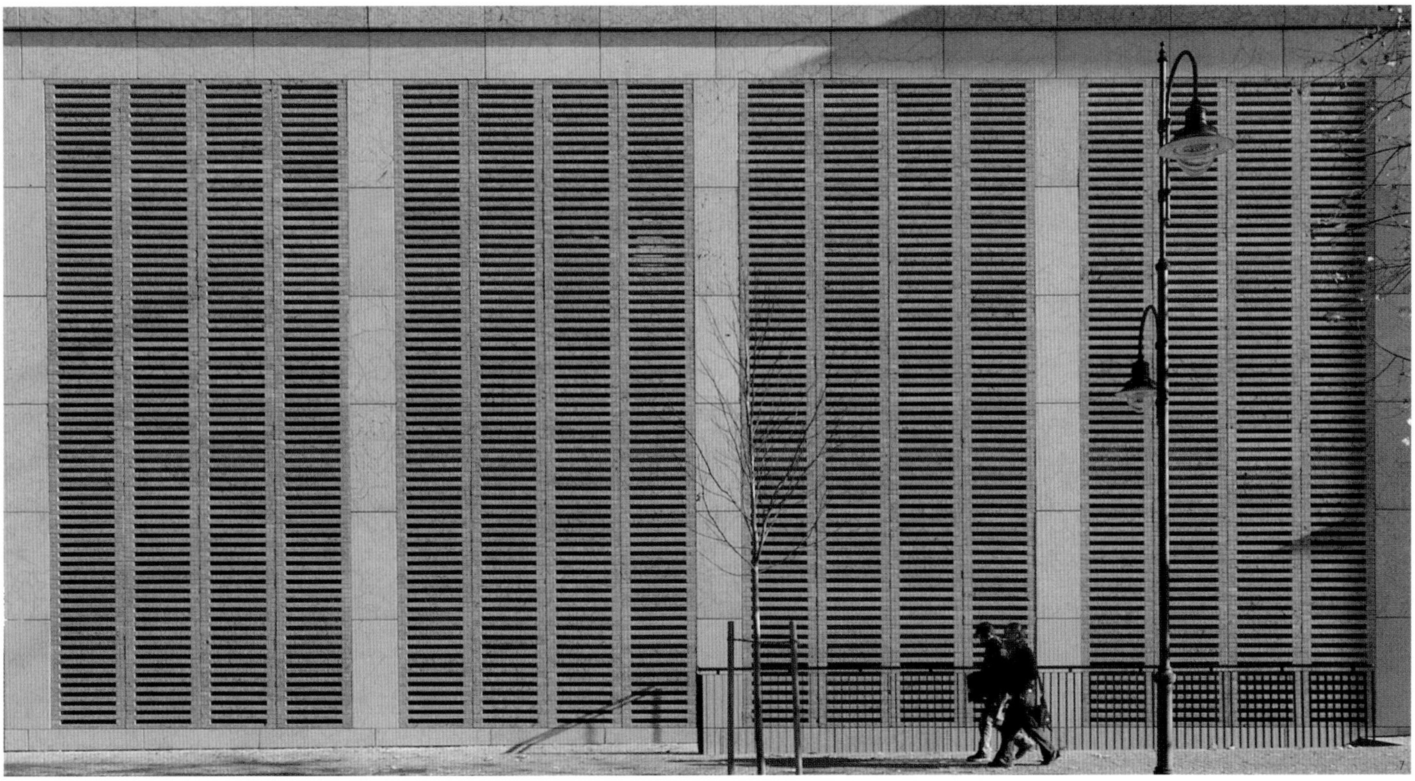

7

8.9. 建筑实景

延伸阅读

- F. Slanzi, Rinasce Trento una città per cantiere, "Luoghi dell'Infinito" 107, May 2007, pp. 40-47.
- P. Ruttico, Ampliamento Università degli Studi a Trento – Mario Botta, "Arketipo Il Sole 24 Ore", September 2010, pp. 52-55.
- M. Sichera, Tra memoria, natura e artificio / From memory to nature and artifice, "OFARCH", 2011, 117, pp. 40-41.

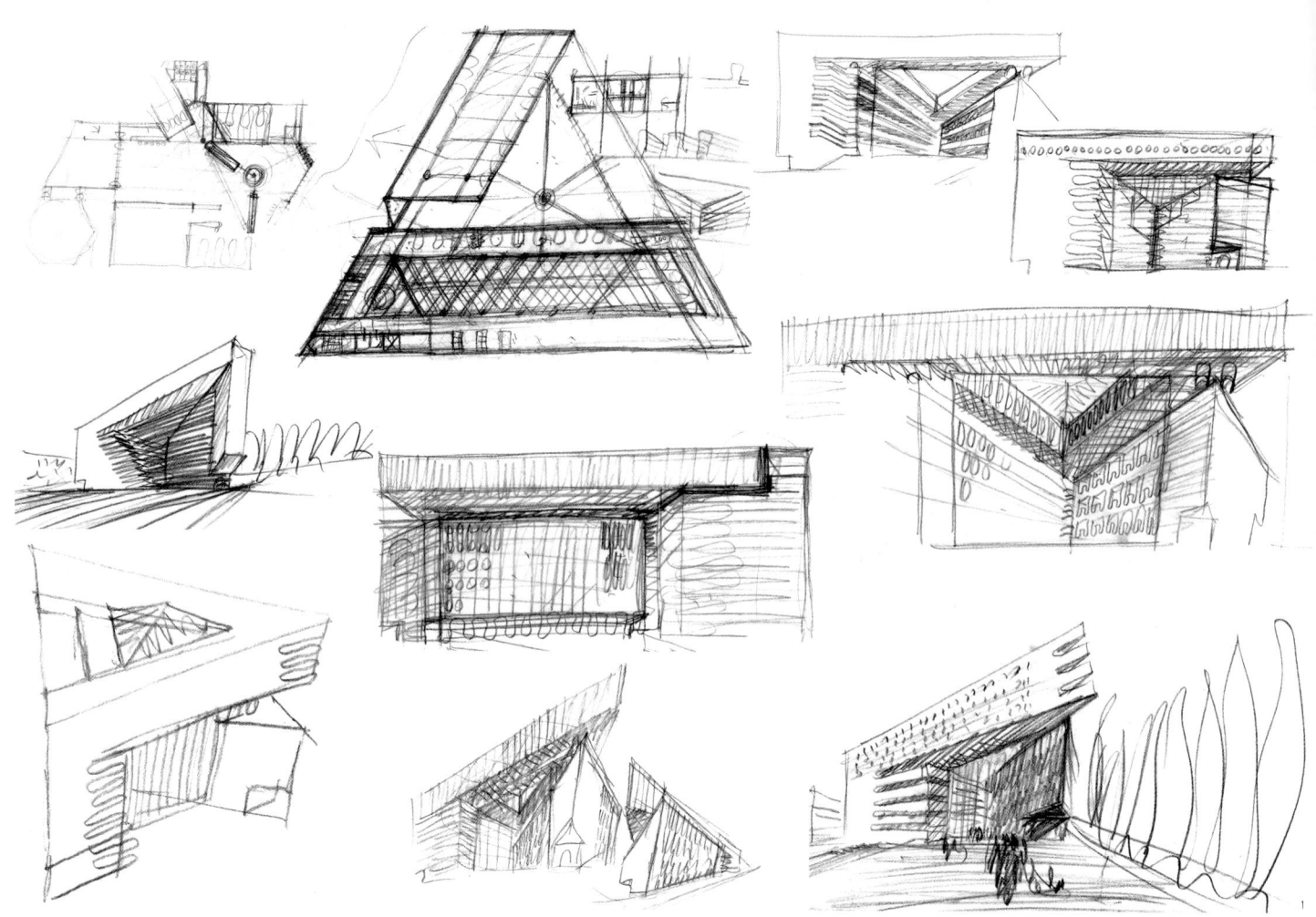

1. 手绘草图
2. 建筑模型

特兰托新中心图书馆
TRENTO NEW CENTRAL LIBRARY

意大利 特兰托
Trento, Italy 1999

　　新图书馆的选址是靠近河边的一个区域，这是一个标志着城市边界的位置。这块平坦的区域目前是公共停车场。铁路线将老城和20世纪沿河扩张的新市区明显地分隔开来，尽管新图书馆在铁路所达区域之外，这片基地仍与大教堂有着直接的联系。该项目想要实现一个理想，通过重建历史城市道路系统，将新图书馆与不远处整个分散的大学功能密切联系起来。新建筑作为最后的城市元素被放置在河边。设想中，图书馆作为一个端点元素与市中心会形成一种理想化的互动。由此，建筑临河一面封闭，主要面向大教堂和其他机构。

　　有一种针对介入手段的建议是去构建一个对城市中开放的转角。玻璃表面，面向城市，这样可以引入中庭空间，阅读区域可垂直布置，而书架则有序排列其后，以形成一个开放的盒子。更重要的是，在新公共广场升起的立面，与人行道系统紧密相连，由此将沿着人行道布置的学校建筑朝着通往大教堂和市中心的方向联系起来。

项目概况
设计时间：1999
业主：特兰托大学
建筑面积：17 443m²
地上体积：39 757m³

Project: 1999
Client: University of Trento
Useful surface: 17,443m²
Volume above ground: 39,757m³

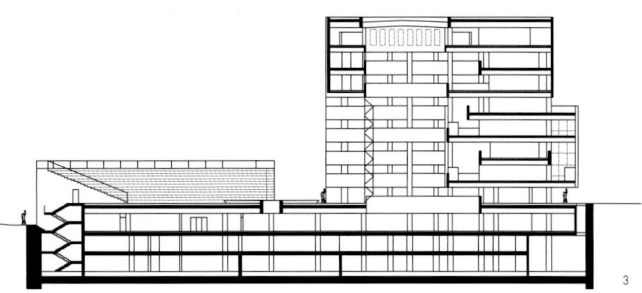

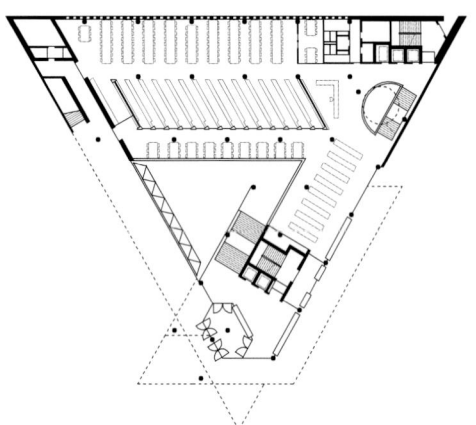

4

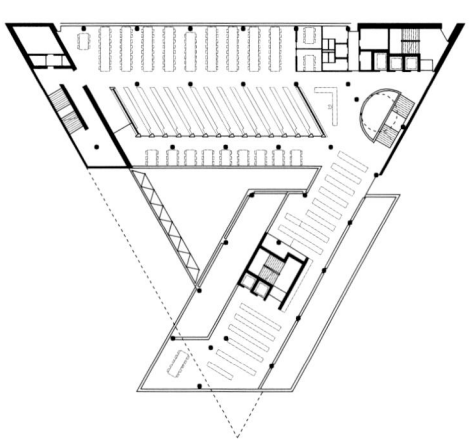

5

0   5   10

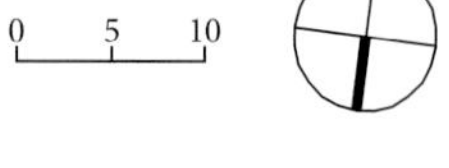

3. 横向截面图
4. 首层平面图
5. 三层平面图
6. 建筑实景

延伸阅读

- F. Slanzi, Rinasce Trento una città per cantiere, "Luoghi dell,Infinito" 107, May 2007, pp. 40-47.
- P. Ruttico, Ampliamento Università degli Studi a Trento – Mario Botta, "Arketipo Il Sole 24 Ore", September 2010, pp. 52-55.
- M. Sichera, Tra memoria, natura e artificio / From memory to nature and artifice, "OFARCH", 2011, 117, pp. 40-41.

MARIO BOTTA

马里奥·博塔全建筑 1960-2015

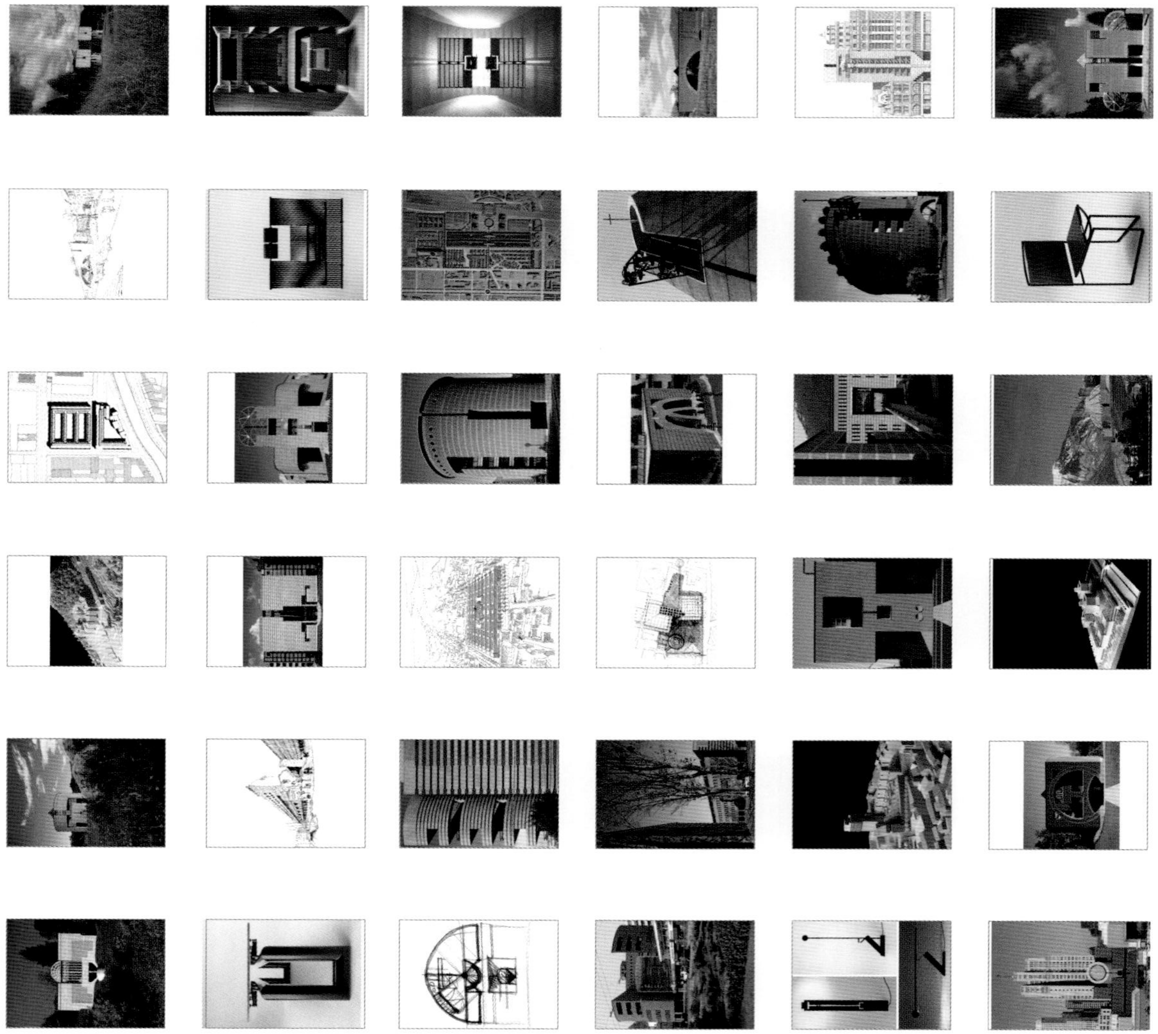

2000–2014

1990–1999

1980–1989

1960–1979

MARIO BOTTA

马里奥·博塔全建筑 1960–2015

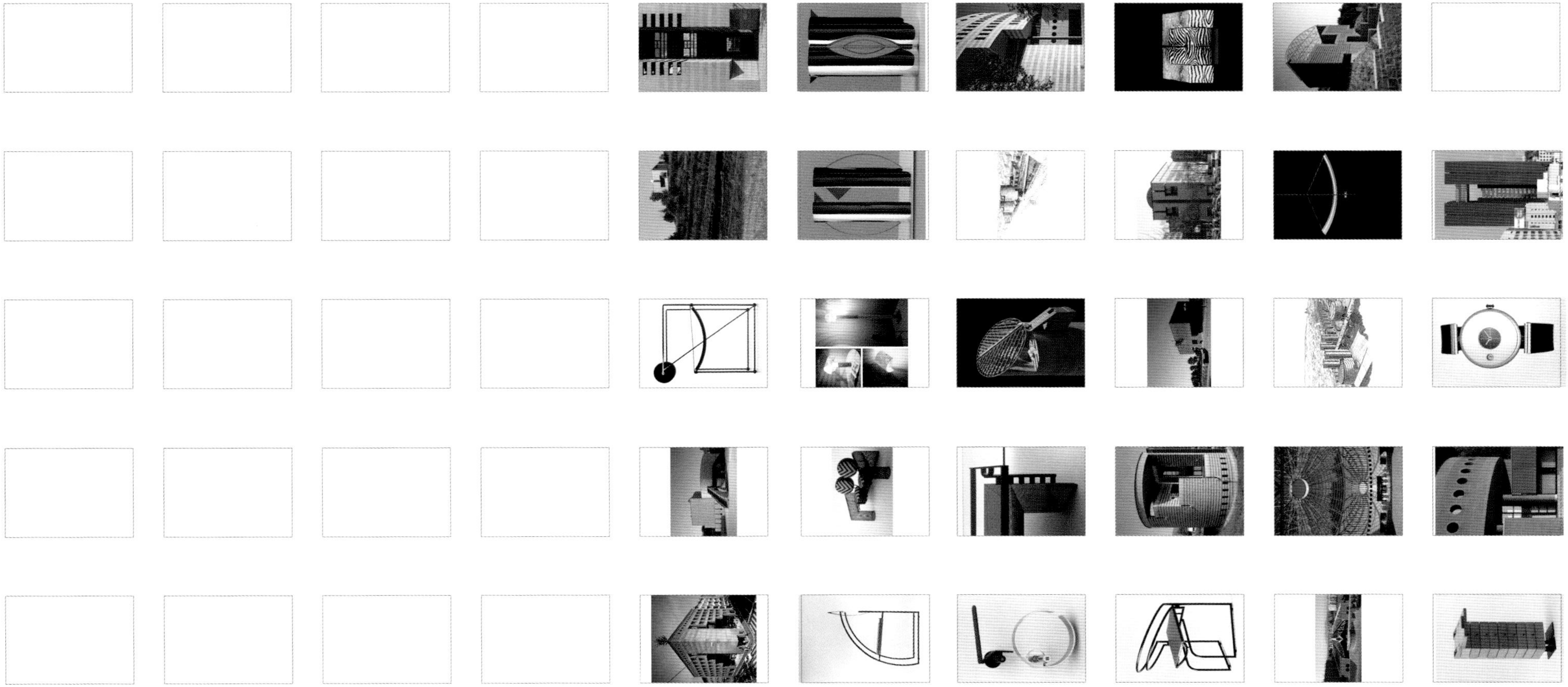

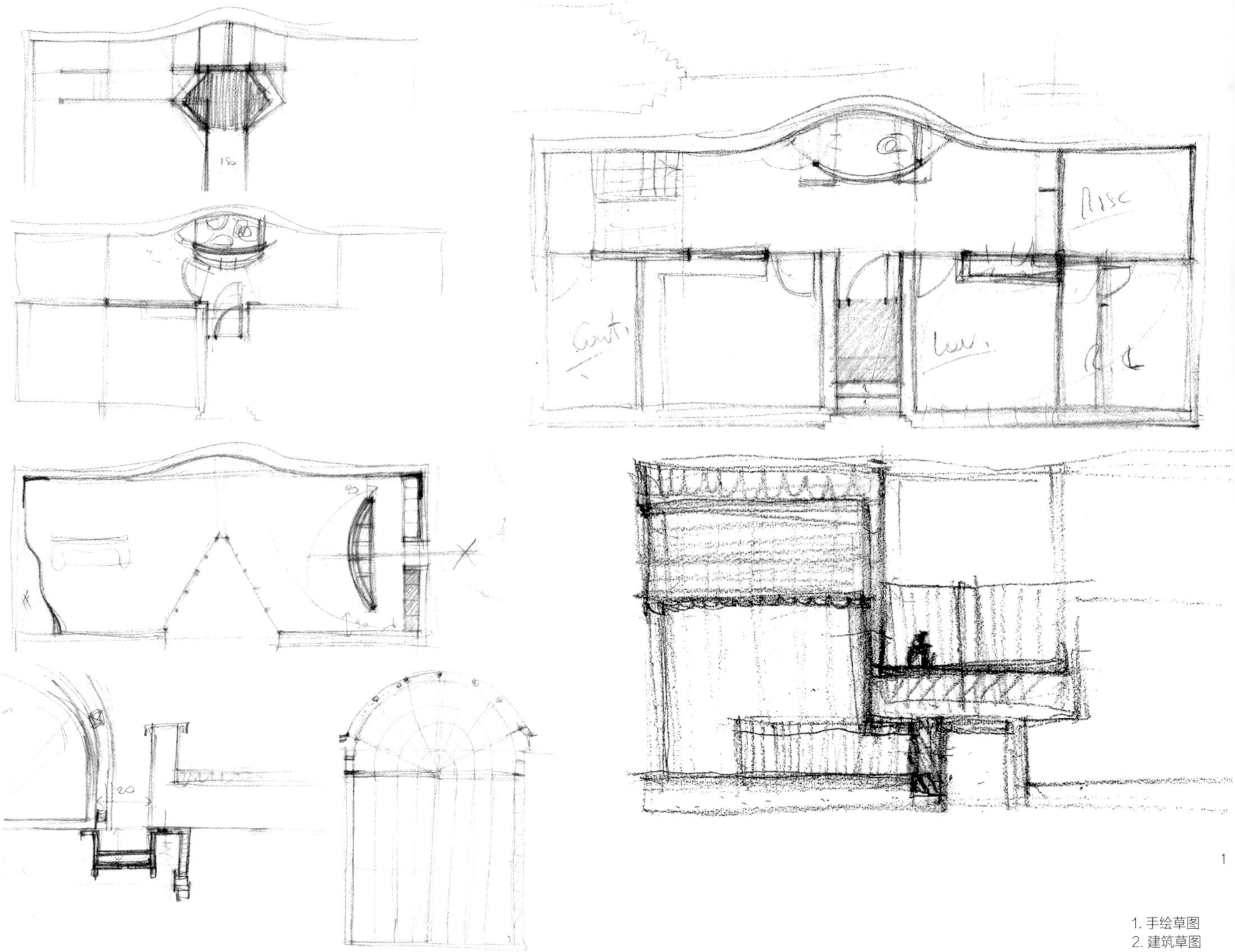

1. 手绘草图
2. 建筑草图
3. 建筑全景

维加内洛独栋住宅
SINGLE-FAMILY HOUSE

瑞士 维加内洛
Viganello, Switzerland 1980-1981

住宅坐落在面向卢加诺市的山坡上。山下有一条从公路通向住宅的步道，几级踏步从一个小型的圆形休息台引向三角形的主入口，入口内一根柱子贯通上、下层的楼板。

混凝土砖呈45°角斜砌成正立面的实墙，开有一扇带玻璃拱顶的可移动大玻璃窗。宽敞的拱廊成为建筑的中心，分布在3层中的不同功能空间围绕着它组织：首层是门厅和辅助空间，二层是起居空间，三层则是睡眠区。

项目概况

设计时间：1980		Project: 1980	
建造时间：1980—1981		Construction: 1980-1981	
业主：茜勒瓦娜和汉斯皮特·法夫里		Client: Silvana and Hanspeter Pfäffli	
基地面积：1 050m²		Site area: 1,050m²	
建筑面积：225m²		Useful surface: 225m²	
建筑体积：1 000m³		Volume: 1,000m³	

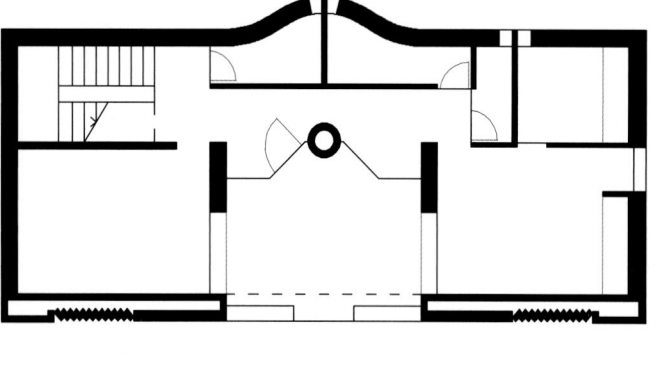

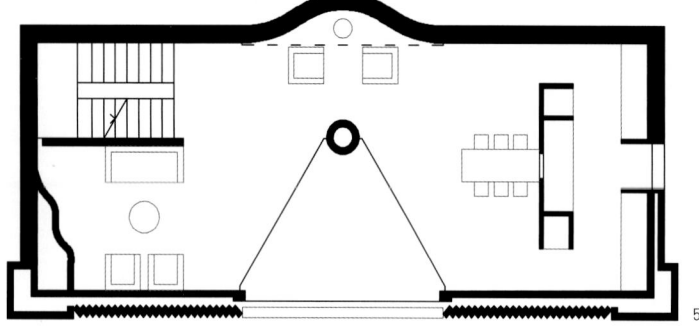

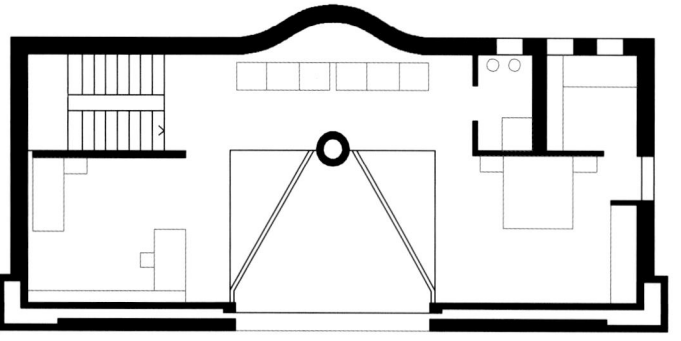

0 1   5

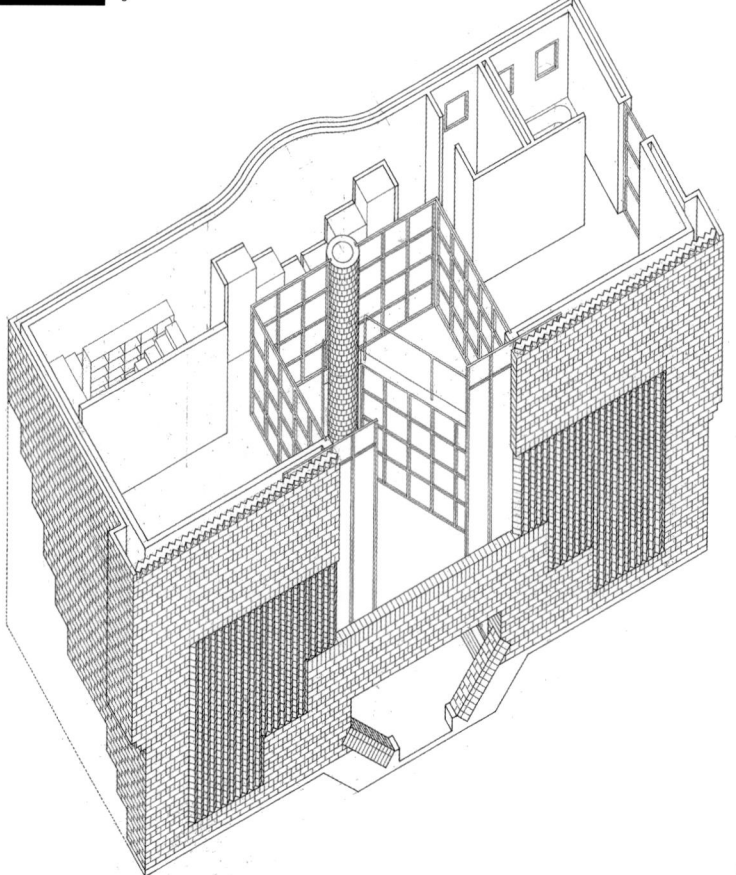

7

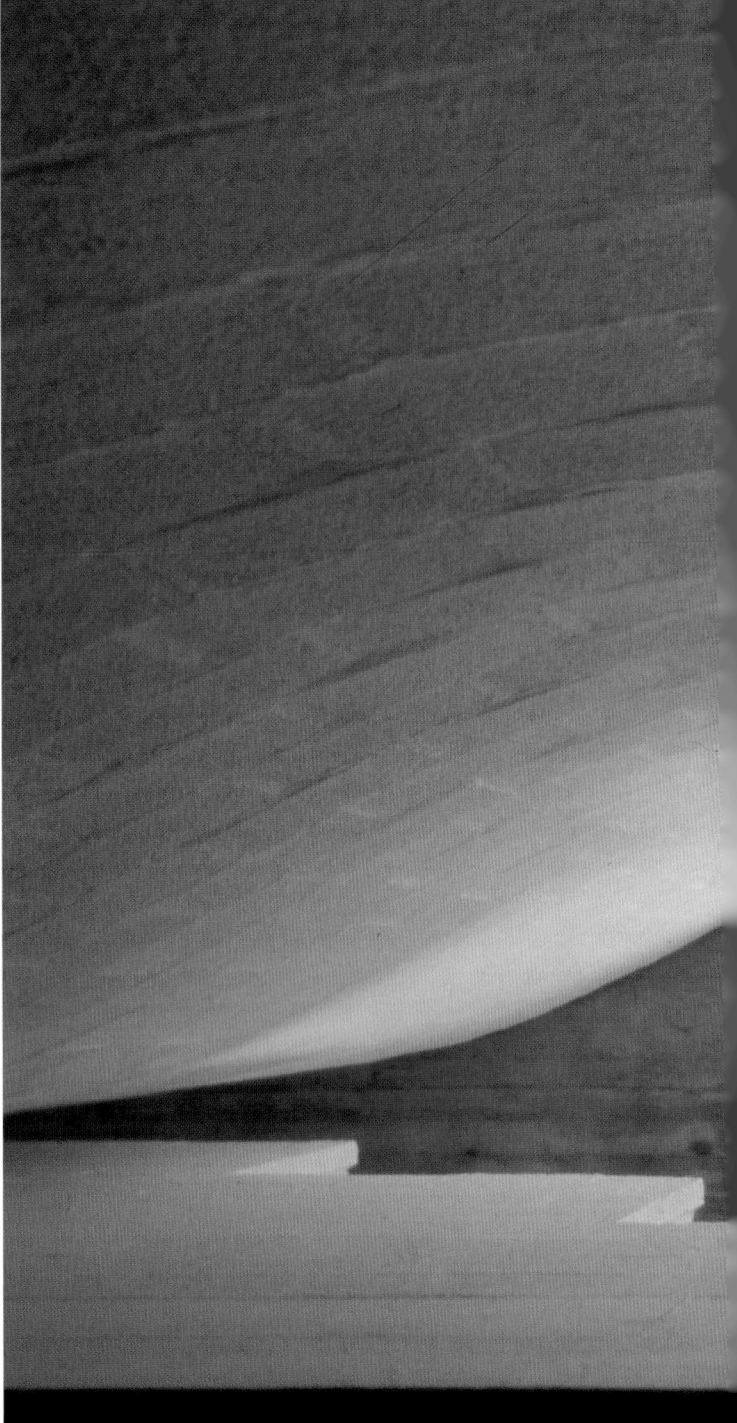

9~11. 室内实景

延伸阅读

- V. Pasca, Una villa dal cuore di vetro, "Casa Vogue", 1982, 136, pp.194-201.
- P. Buchanan, Oh Rats! Rationalism and Modernism, "The Architectural Review ar", 1983, 1034, pp.19-21.
- T. Carloni, Architetto del muro e non del trilite, "Lotus international", 1983, 37, pp.34-46.
- P. Disch-C.Negrini, La ricerca recente di Mario Botta, "Rivista Tecnica", 1984, 7-8, pp.26, 34-75.
- Architekturgeschichte des 20. Jahrhunderts, edited by J. Joedicke, Karl Krämer Verlag, Stuttgart + Zürich 1998, pp. 212-214.

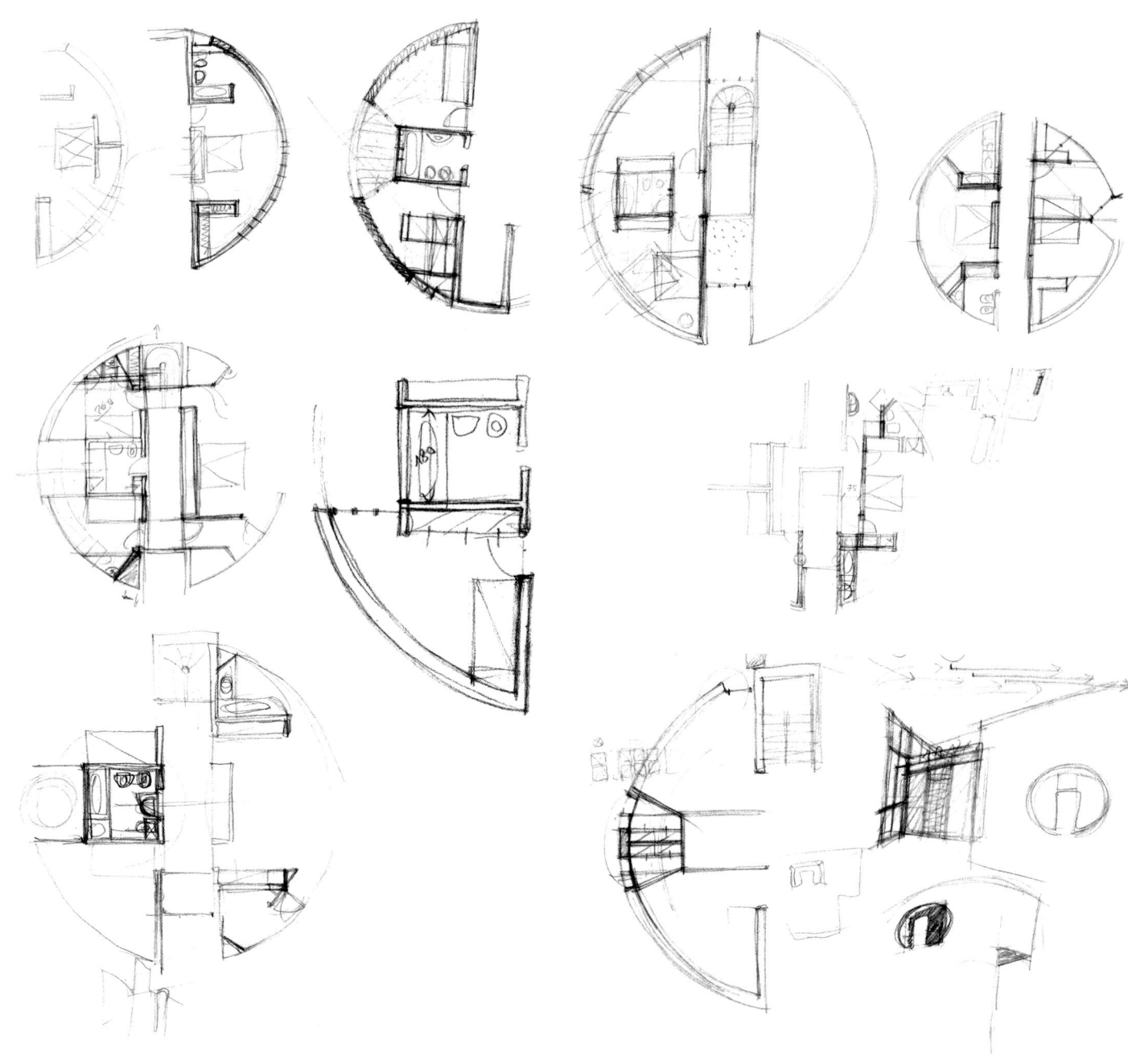

1

斯塔比奥圆形独栋住宅
SINGLE-FAMILY HOUSE

瑞士 斯塔比奥
Stabio, Switzerland 1980-1981

　　建筑采用圆形平面，因此没有真正的正立面。一条深深的凹槽标示出南北轴线，确定了建筑在峡谷中的朝向。南面，凹槽把天窗与两大侧开口联在一起；北面，圆柱般升起的楼梯间打断了连续的圆形外墙。建筑分为4层：设备及服务房间设于地下；一层为门廊和入口空间；三层为起居室，四层布置为卧室。

项目概况

设计时间：1980
建造时间：1980—1981
业主：莉莉安娜奥维迪奥·美第奇
基地面积：700m²
使用面积：295m²
空间体积：1 400m³

Project: 1980
Construction: 1980-1981
Client: Liliana and Ovidio Medici
Site area: 700m²
Useful surface: 295m²
Volume: 1,400m³

3. 剖立面图
4. 剖面图
5. 首层平面图
6. 二层平面图
7. 三层平面图
8. 建筑实景

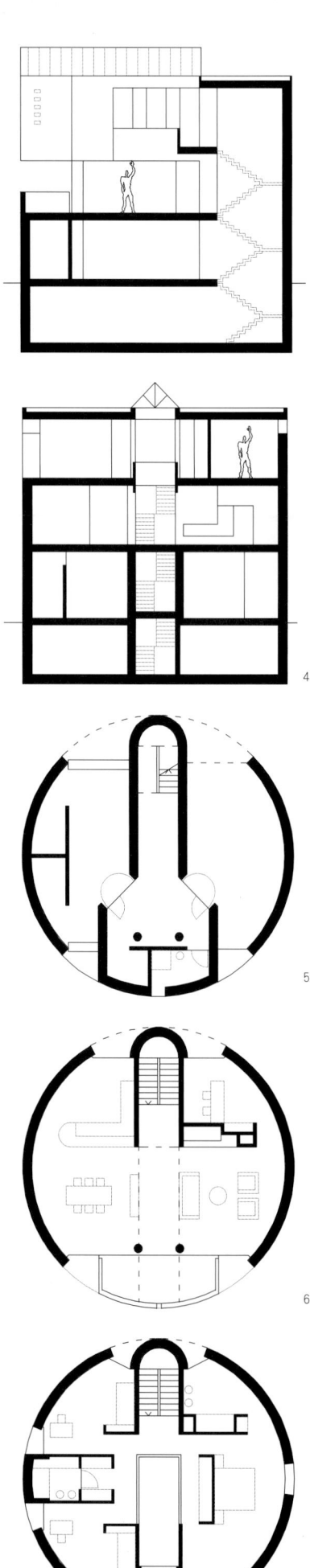

3

4

5

6

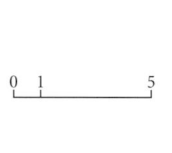

7

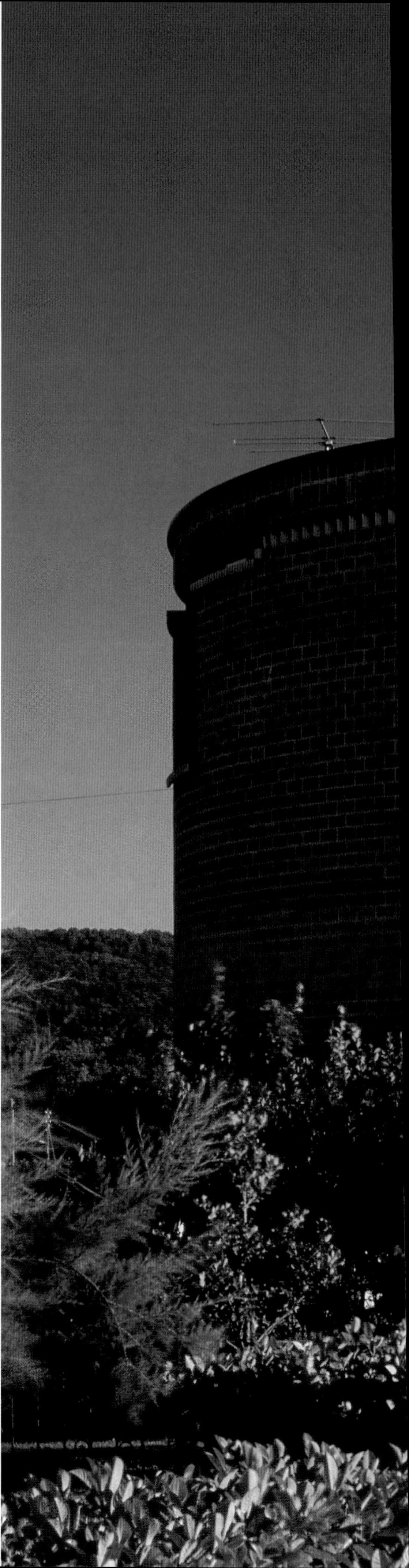

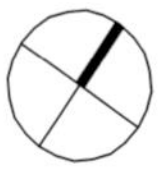

- A. Sartoris, Mario Botta, trasfigurazione della geometria, "Futurismo-Oggi", 1981, 9-10, pp. 3-4 [republished in R. Trevisiol, 1982, pp. 84-85].
- S. Casciani, La casa rotonda, "Domus", 1982, 626, pp. 32-35.
- U. Conrads, Questioned about first sketches, "Daidalos. Berlin Architectural Journal", 1982, 5, pp. 35-40.
- P. Nicolin, La firma dell'architetto, "Interni", 1982, 323, pp. 2-3.
- Casa a Stabio, "Rivista Tecnica", 2, February 1982, pp. 34-37.
- Casa unifamiliare. Stabio/TI, "AS. Architettura Svizzera", 1982, 50, pp. 7-10.
- L. Dimitriu, Casa Rotonda, "House & Garden", 1983, 9, pp. 140-147.
- H. Adam, Casa Rotonda (Haus Medici) in Stabio, Tessin, "Detail", December 2000, pp. 1486-1488.
- Casa rotonda, Ticino, Switzerland, "World Architecture", 2001, pp. 78-79.

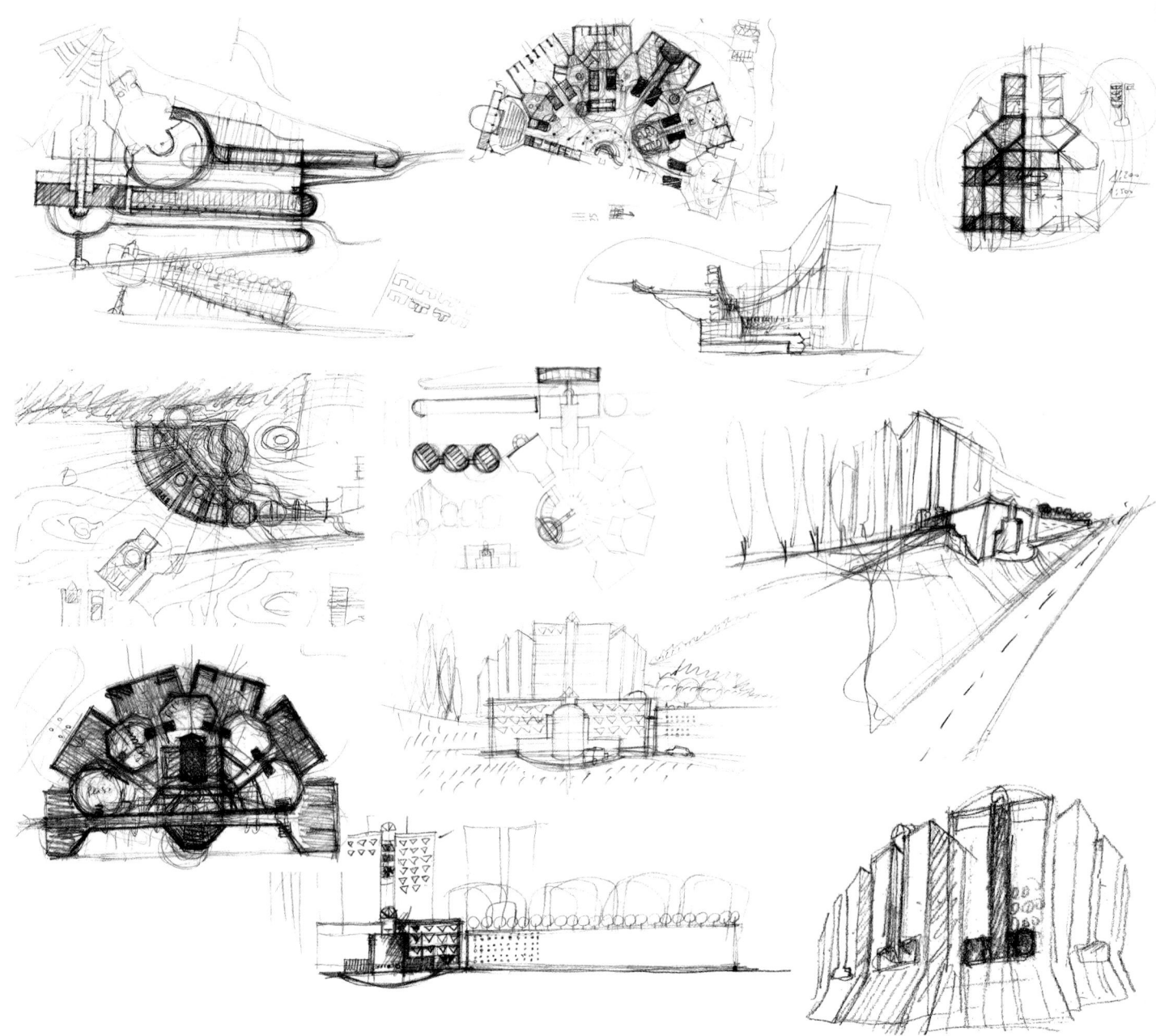

阿格拉养老院
NURSING HOME

瑞士 阿格拉
Agra, Switzerland 1980

这个项目由六个简洁的塔楼组成，塔楼立面上有三角形的窗洞。塔楼布置在朝南的山腰上，形似一个巨大的半圆棱堡。外表上，它很像一座乡间的古堡；而内部的设计则为各个不同功能互动提供了众多的机会。一个顶部采光的大厅塑造了内部巨大的空间，这个空间呈扇形，是由不同朝向的6个居住体块围合出中庭，体块中的居住形式各不相同。在每个塔楼的底部，餐饮、商店、医疗及教堂等设施从中央大厅延伸开来。在6座塔楼组成的半圆之外，还有一个稍矮的建筑体块建在山坡上，它的主要功能是服务、停车及员工住房。在其上方，一个内部广场向山谷延伸，广场可以用作人们聚会的场所，并定义出辅助用房的入口。这座为老年人安居及护理而设计的建筑，提供一个接触大自然及欣赏周边美景理想的场所。

项目概况
竞赛时间：1980
业主：安利可股份公司
基地面积：400 000m²
使用面积：36 000m²
空间体积：150 000m³

Competition project: 1980
Client: Anliker AG
Site area: 400,000m²
Useful area: 36,000m²
Volume: 150,000m³

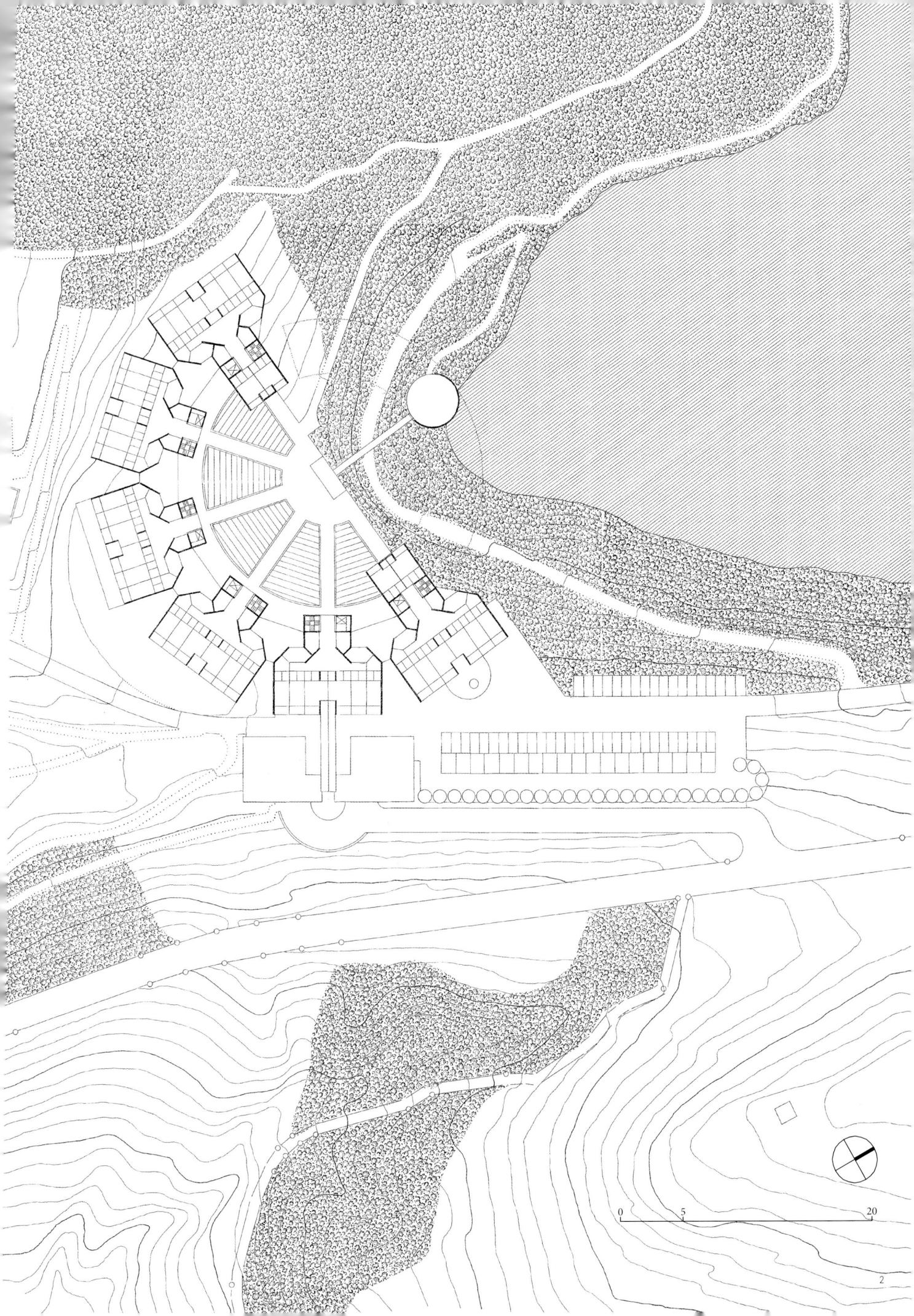

0 5   20

2

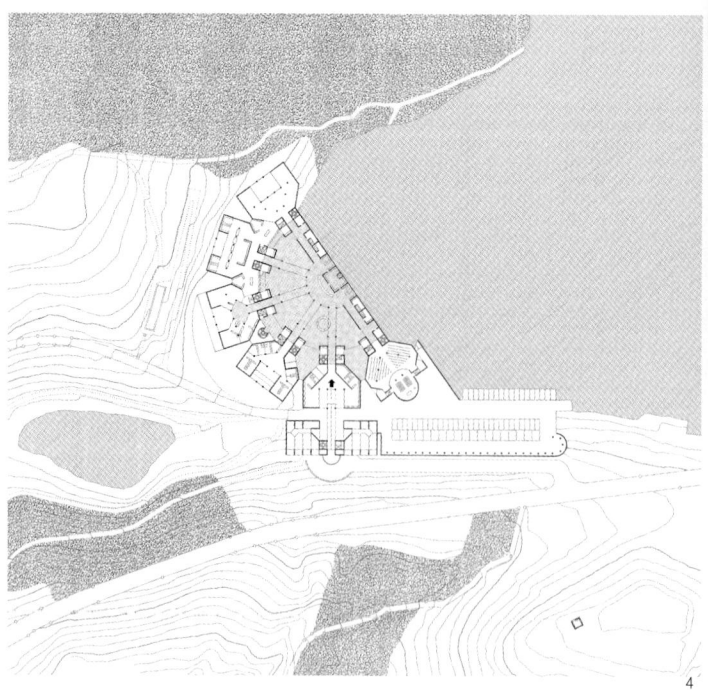

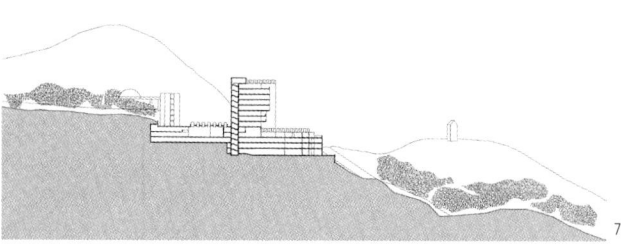

0   5   20

3. 地下一层平面图
4. 一层平面图
5. 二层平面图
6. 展厅层平面图
7. 剖面图
8. 剖面图
9. 模型
10. 轴测图

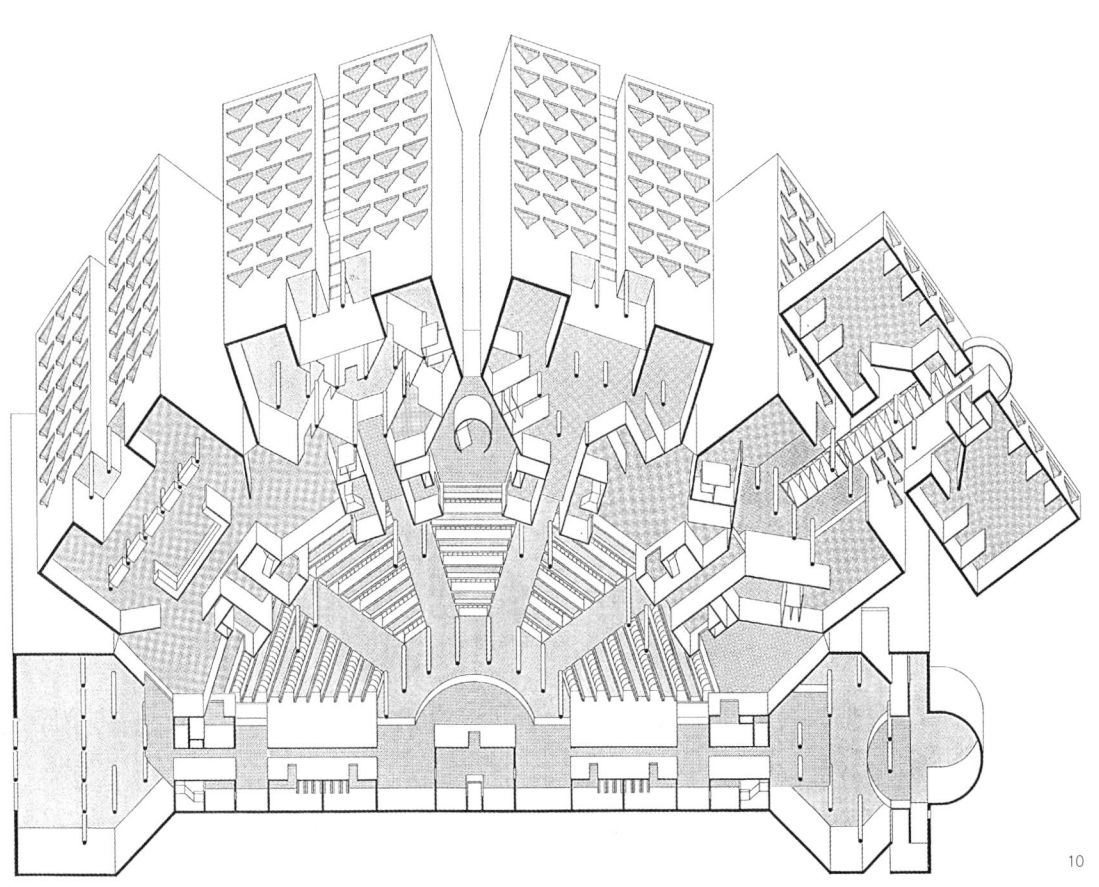

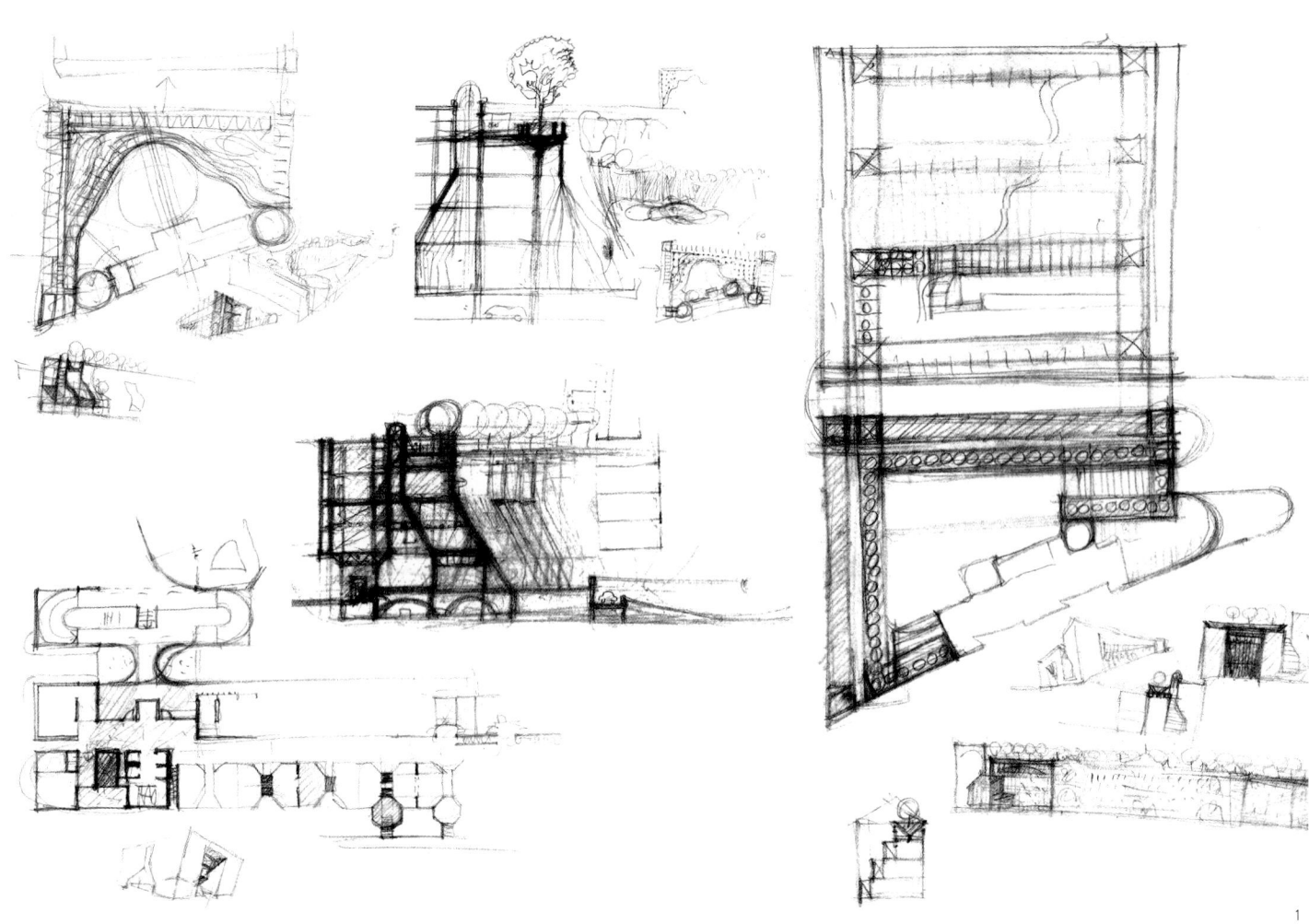

1. 手绘草图
2. 总平面图

柏林科学中心
SCIENCE PARK

德国 柏林
Berlin, Germany 1980

　　该项目所在的地块东临密斯·凡·德罗设计的国家新美术馆，西接国家保险公司办公楼，南靠兰德威尔运河，北向蒂尔加藤（Tiergarten）。该街区以独立的地标建筑为特色，如马特伊教堂、汉斯·夏隆的爱乐音乐厅和国家图书馆等。

　　设计要求通过重新配置城市街区系统，回归其原有的拓扑结构，对损坏了的历史城市肌理进行修复。科学中心位于现有建筑的转角，为秘书处所在地。建筑开敞的一侧朝向着一个以天窗采光的走廊。老建筑与新办公楼翼部之间的连接部分面向运河，形成一个很大的入口。在另一端，面向国家美术馆的新建翼部向后退让，形成一个很大的入口广场，由此也建立了与室内空间的关系。临街的一楼是公共活动区域，比如图书馆和咖啡厅，标识出了承载新老建筑连接的通道，其平屋顶提供了一条林荫步道。建筑师的另一个干预在住宅部分，按照城市街区的周边式布局原则，住宅围绕三个内庭院分布，两个设置复式住宅的侧翼则限定了庭院的边界。

项目概况
竞赛时间：1980
业主：柏林国际建筑展（IBA）
基地面积：6 000m²
使用面积：16 000m²
空间体积：70 000m³

Competition project: 1980
Client: International Bauaustellung Berlin (IBA)
Site area: 6,000m²
Useful area: 16,000m²
Volume: 70,000m³

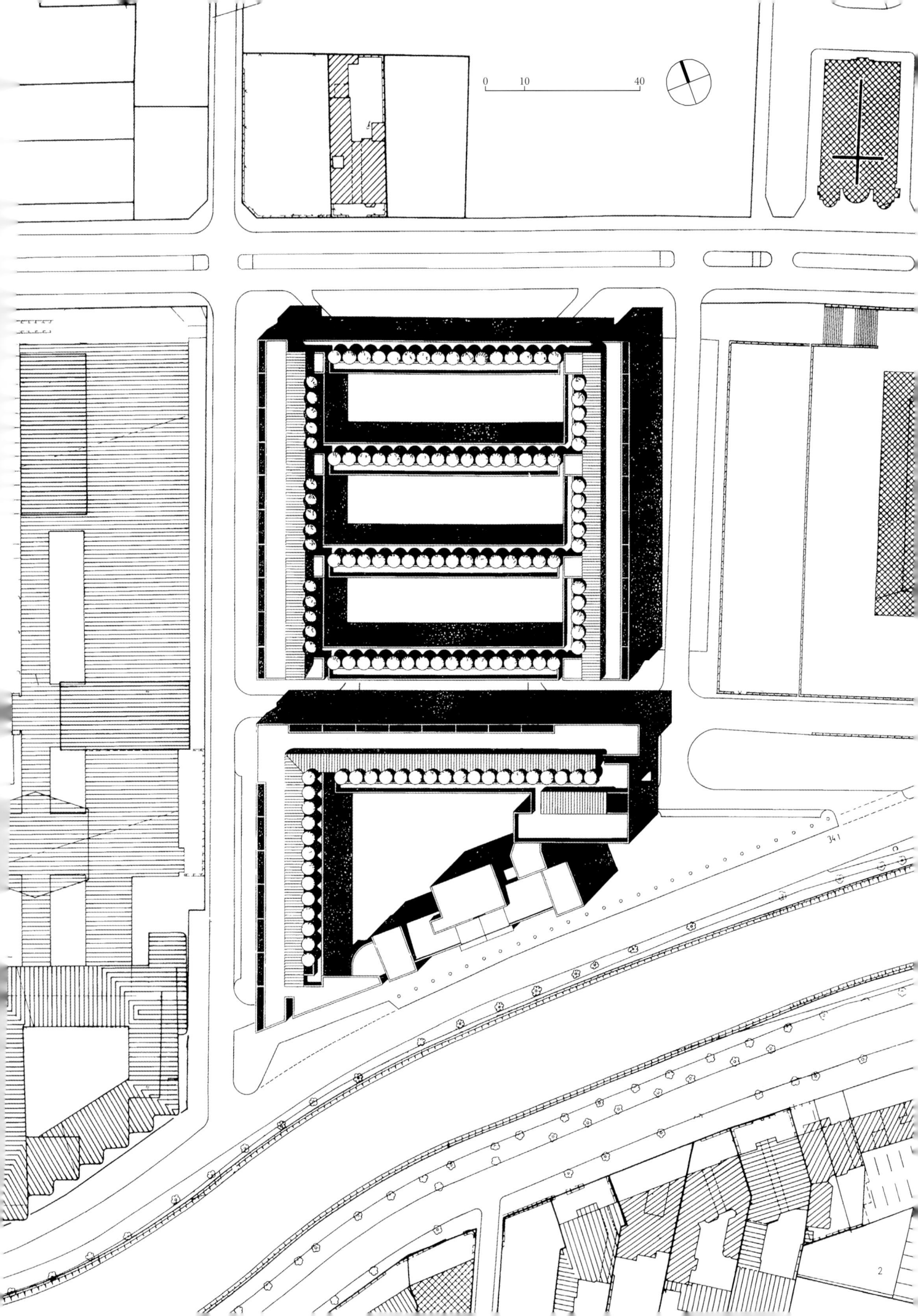

0   10   40

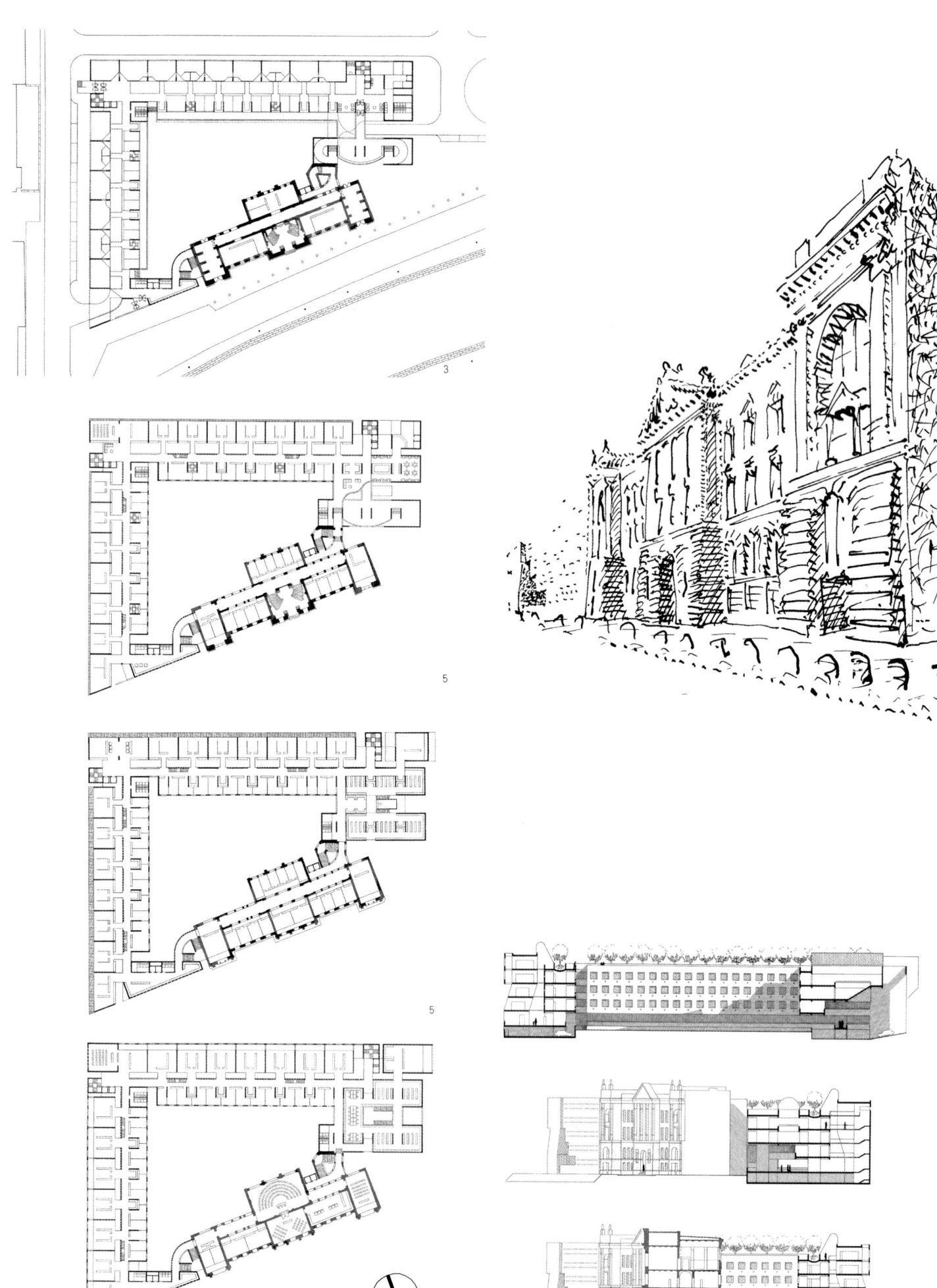

3

5

5

0 5 20

6

8

7

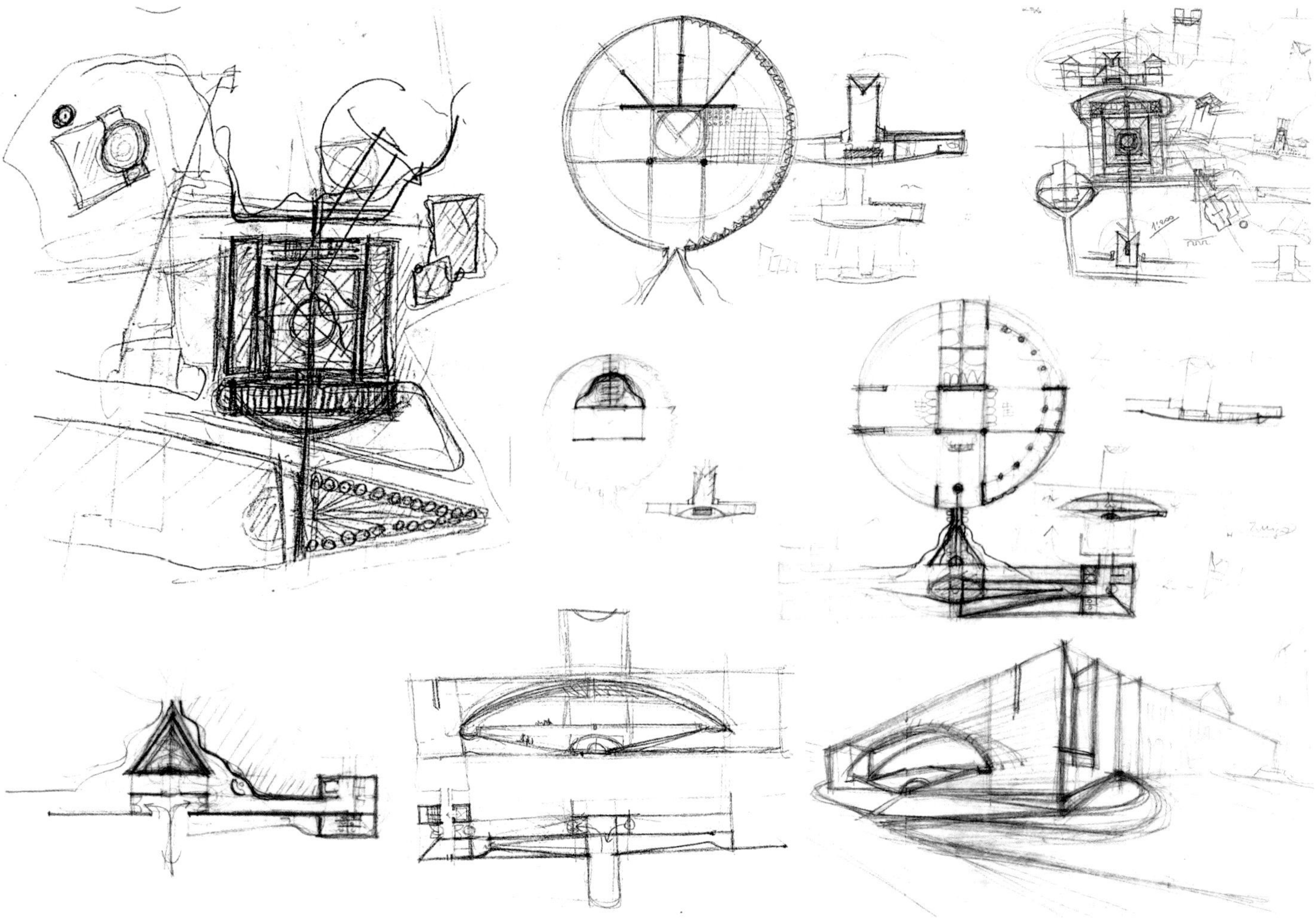

1

1. 手绘草图
2. 造型设计研究图
3. 基地平面图

毕加索博物馆
PICASSO MUSEUM

西班牙 格尔尼卡
Guernica, Spain 1981

这是个为安放毕加索画作而建立的博物馆，它的基地位于德拉联盟广场一侧，城市生活的中心地带，市政厅及大教堂都在那里。受毕加索艺术对土地敬畏的启发，这个设计要求建筑的很大一部分低于地面标高。

中心空间由一个弧形且被分隔的表面所限定，分为72间预备研究室。这些房间靠后墙一侧，为巨大的《格尔尼卡》画作留出空间，画作仅由顶部的一个天窗采光来照明。

剩下的地下空间用作大礼堂，并有单独的楼梯。

建筑师在屋顶设计了一个升高的庭院，围绕其周围的是一个暂用作学校的U形平面的新古典主义建筑。按照设计需要把这座建筑改造成服务于贝尔尼克社区的多功能场所：礼堂、临时展厅、办公及服务空间。一道长长的入口墙限定了开口区域，一个拱形的洞口开在在两个相连系的垂直元素之间。从街道可以直接进入博物馆，同时两侧的楼梯可导向地下区域。

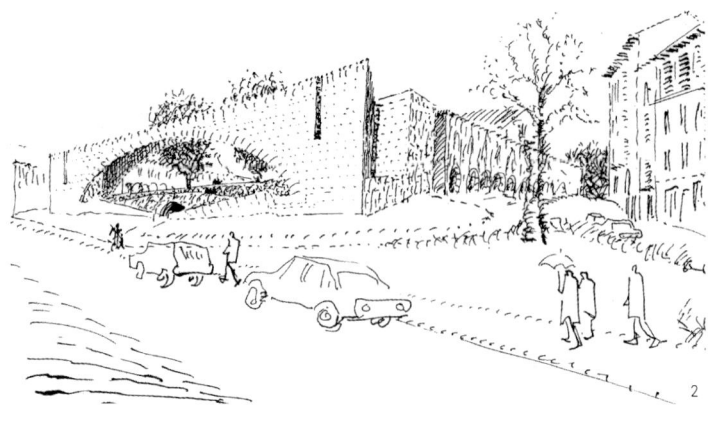

2

项目概况

竞赛时间：1981	Competition project: 1981
业主：比斯开议会	Client: Juntas Generales del Senorio de Vizcaya
基地面积：2 500m²	Site area: 2,500m²
使用面积：1 700m²	Useful area: 1,700m²
空间体积：11 000m³	Volume: 11,000m³

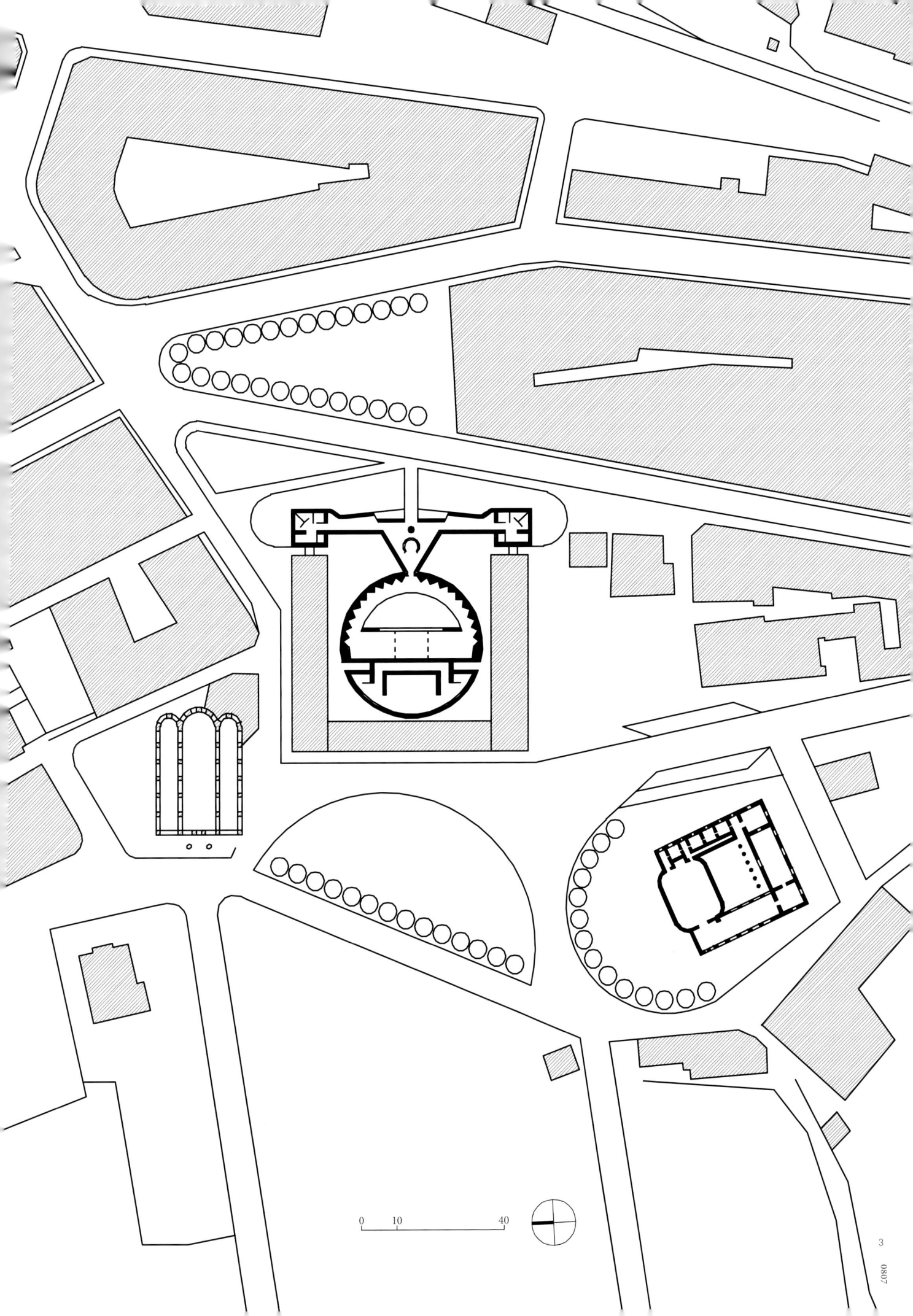

0   10   40

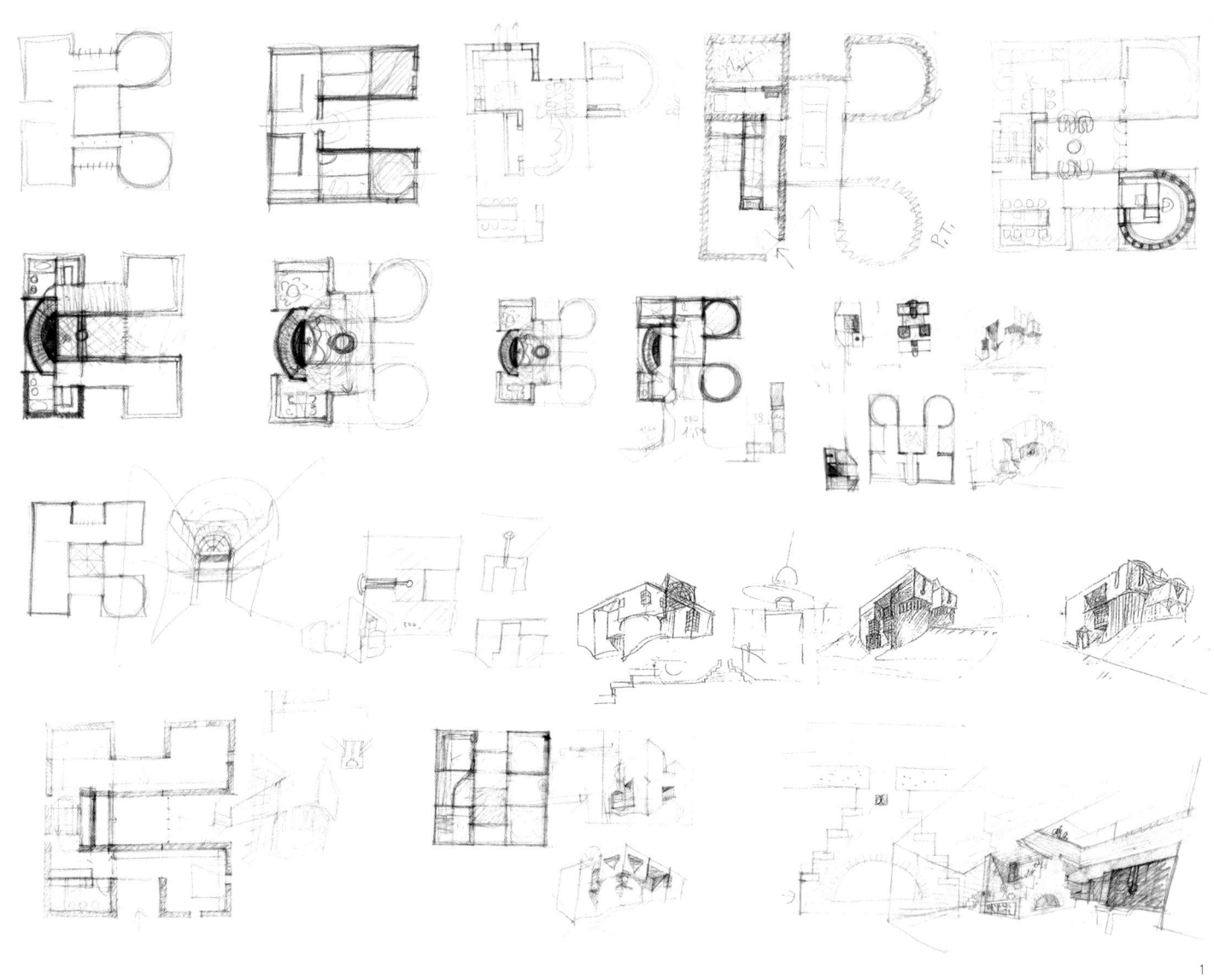

1. 2. 手绘草图
3. 建筑全景

欧瑞哥利奥独栋住宅
SINGLE-FAMILY HOUSE

瑞士 欧瑞哥利奥
Origlio, Switzerland 1981-1982

这栋住宅的布局设在两条正交的轴线上。东西向的轴线引入了室外山谷的景色，而南北向的轴线则标识出起居室与花园的关系；两层通高的起居室位于两条轴线的交叉点上，其内有一个带有某种室内立面特征的烟囱。

住宅北侧与入口相呼应的封闭墙面、楼梯、服务空间及南侧两个圆形转角空间共同塑造出了建筑体量。底部的两个圆柱体到了上部即转变为两个作为卧室的立方体。外窗深凹入墙面，圆柱体上部的竖向凹槽与悬挑的立方体上的小方窗形成强烈对比。建筑顶部的天窗为建筑朝向花园的空间提供了遮蔽。

项目概况

设计时间：1981—1982
建造时间：1982
业主：莱那多·德劳兰兹
基地面积：800m²
建筑面积：300m²
空间体积：1 000m³

Project: 1981-1982
Construction: 1982
Client: Renato Delorenzi
Site area: 800 m²
Useful surface: 300 m²
Volume: 1,000 m³

3

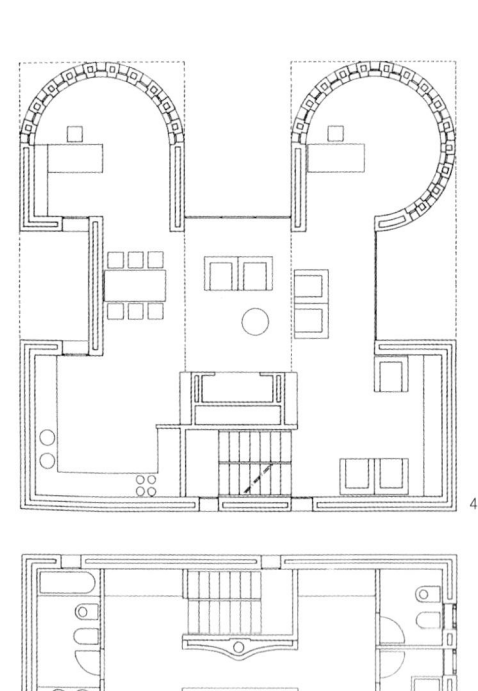

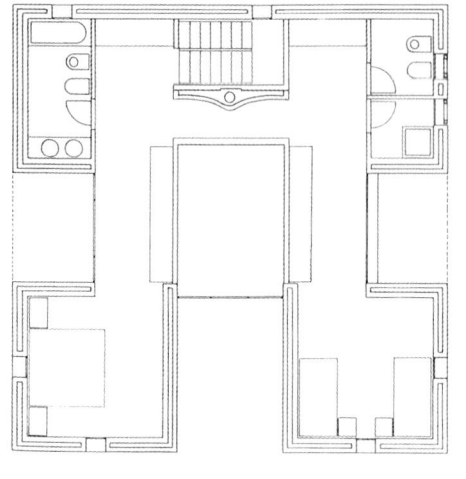

0 1 5

5

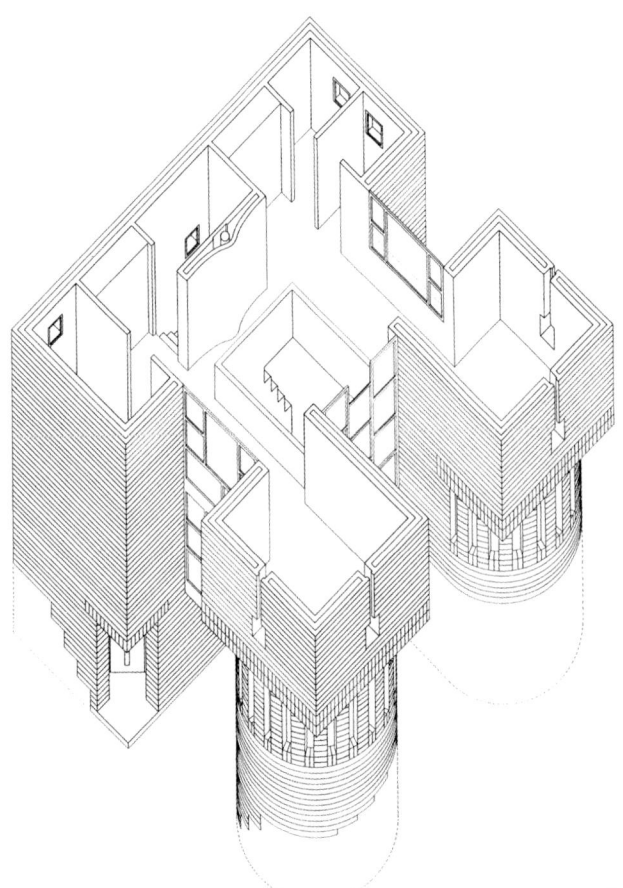

4

6

7

8

9

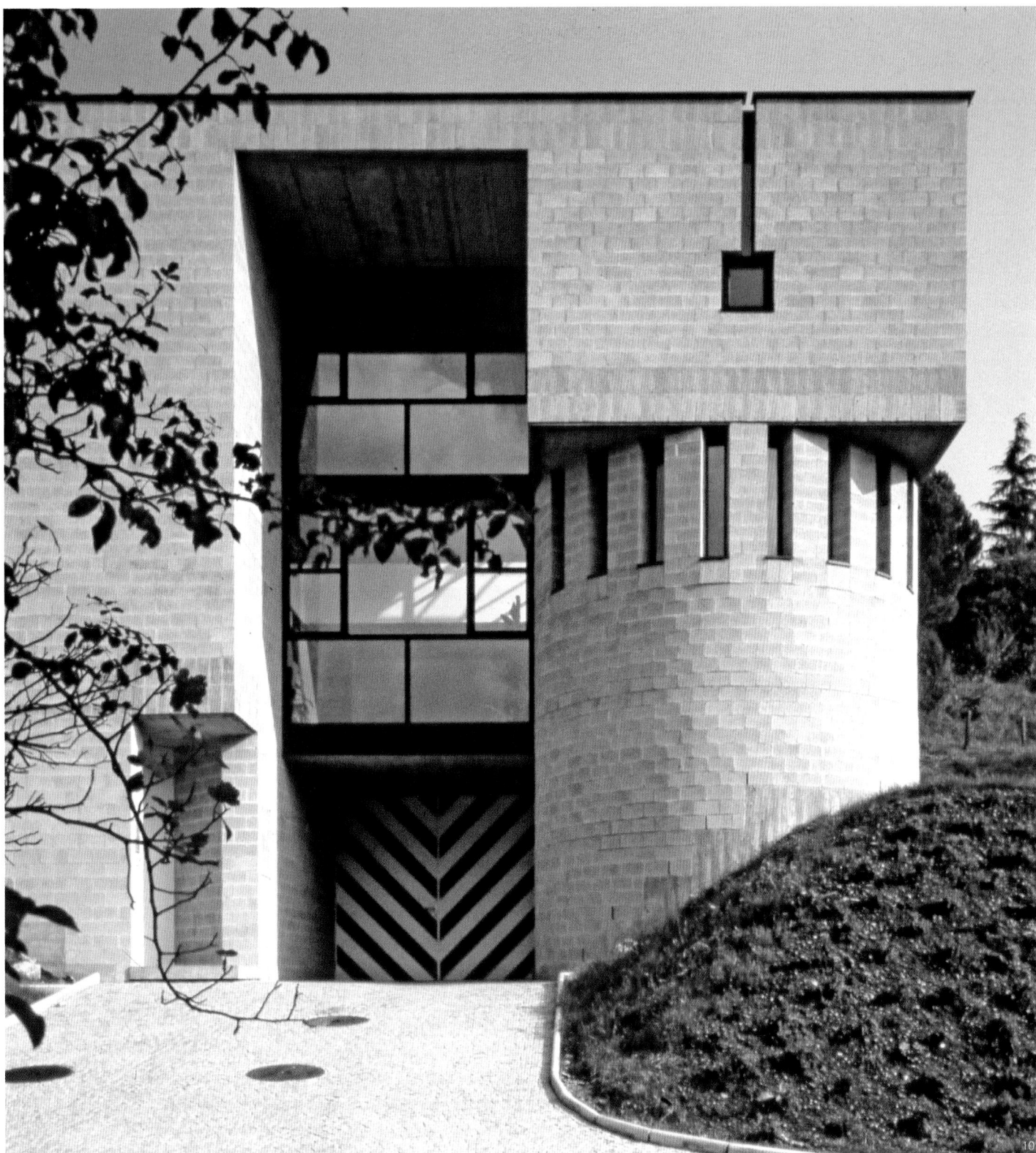

4. 首层平面图
5. 二层平面图
6. 轴测图
7~9. 室内实景
10. 侧面实景

延伸阅读

- P. Buchanan, Oh Rats! Rationalism and Modernism, "The Architectural Review ar", 1983, 1034, pp.19-21.
- P. de Monbrison, Regards sur l'architecture et le design, "Vogue", 1983, 642, pp.268-272.
- E. von Stein, Organische Einheiten, "Kölner Stadt Anzeiger", 9 September 1983.

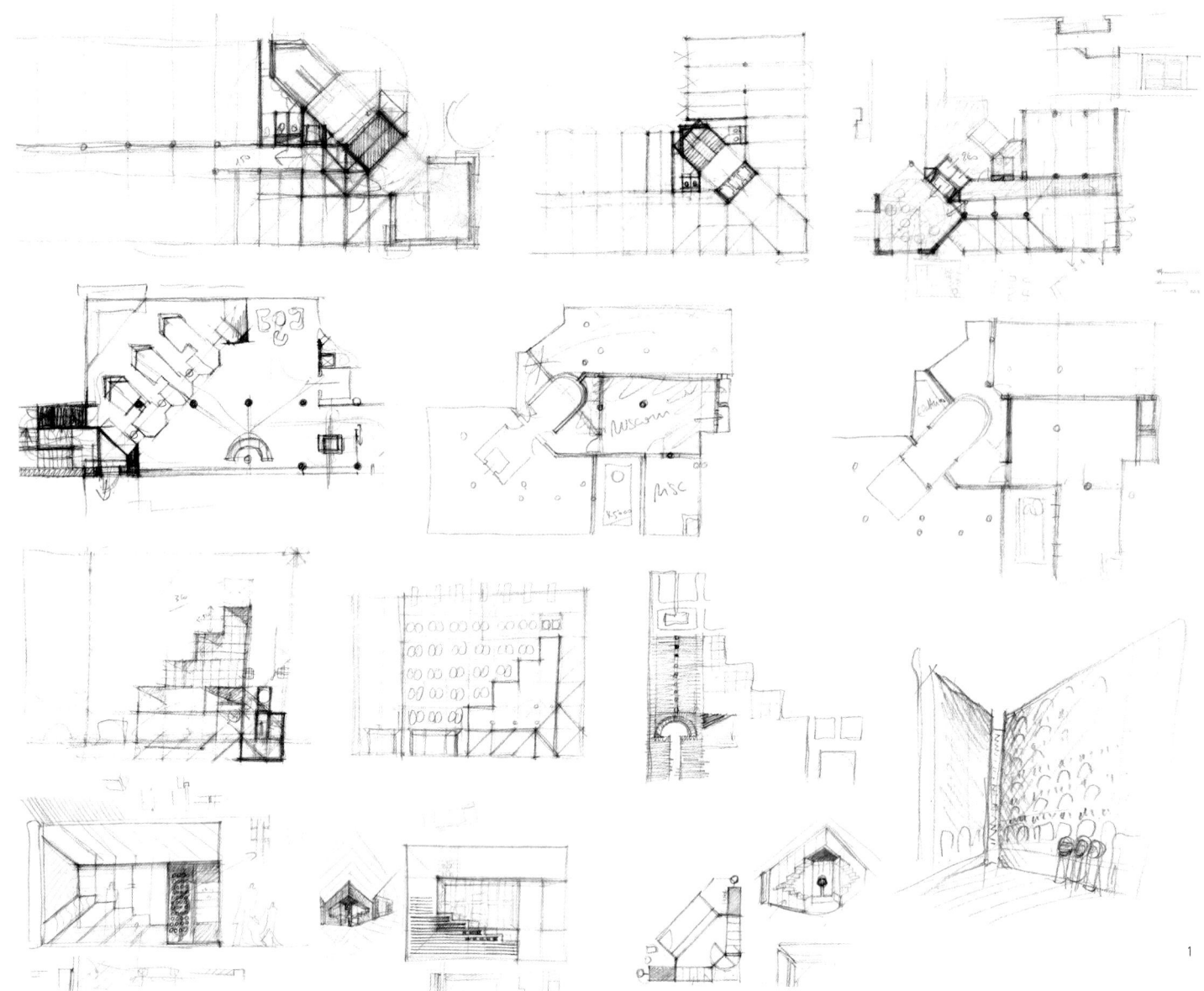

郎西拉一号大楼
BUILDING RANSILA 1

瑞士 卢加诺
Lugano, Switzerland 1981-1985

　　该项目位于卢加诺历史悠久的20世纪中心城区两条重要道路的拐角处。它由两翼组成，其相交处形成转角塔楼，角楼的顶部有一棵树作为标志物。

　　这栋建筑墙体的厚度体现了建筑的力量感。同时，那些内退于外墙边线的对窗形式使建筑的力量感得到了强化。侧翼的连续玻璃外墙与厚重的转角塔楼的砖构又形成了鲜明对比。角楼内容纳着辅助服务及垂直交通体系；办公室分布在建筑的两翼当中。在建筑的首层，沿门廊排列着各商铺的入口。

项目概况

设计时间：1981	Project: 1981
建造时间：1982—1985	Construction: 1982-1985
业主：费迪娜	Client: Fidinam
基地面积：850m²	Site area: 850m²
建筑面积：4 000m²	Useful surface: 4,000m²
空间体积：20 000m³	Volume: 20,000m³

Via Pretorio
9

Bata

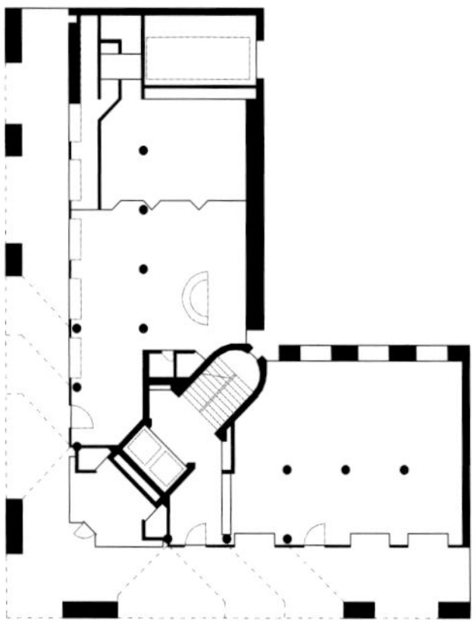

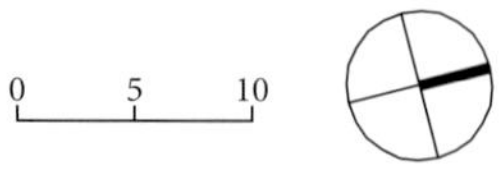

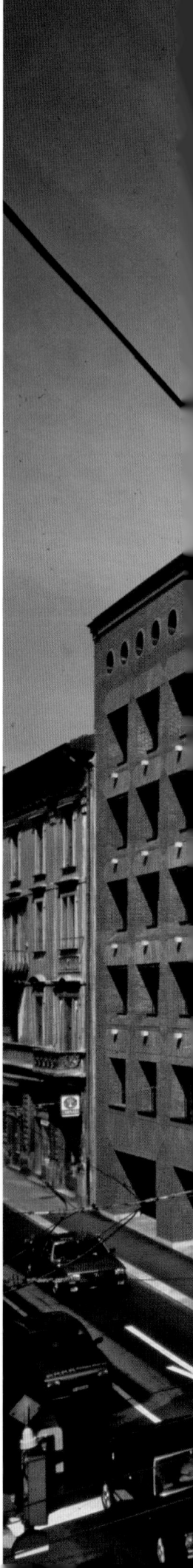

3. 首层平面图
4. 二层平面图
5. 七层平面图
6. 建筑轴测图
7. 建筑全景

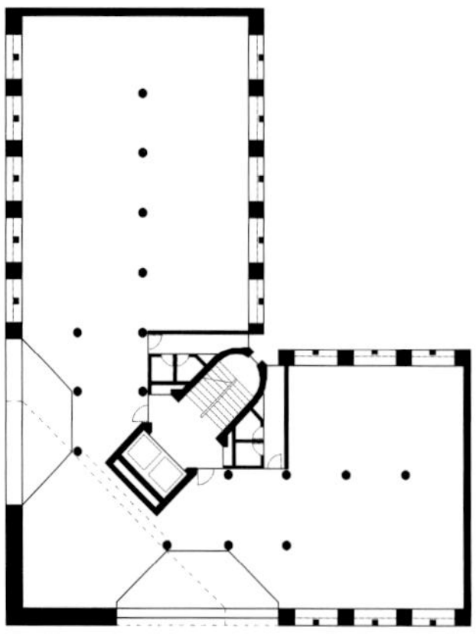

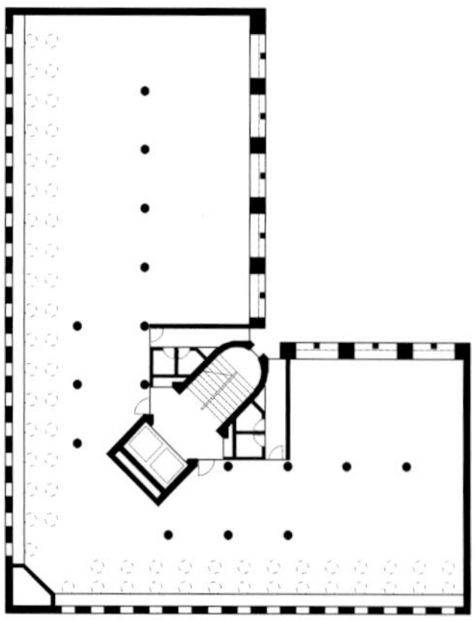

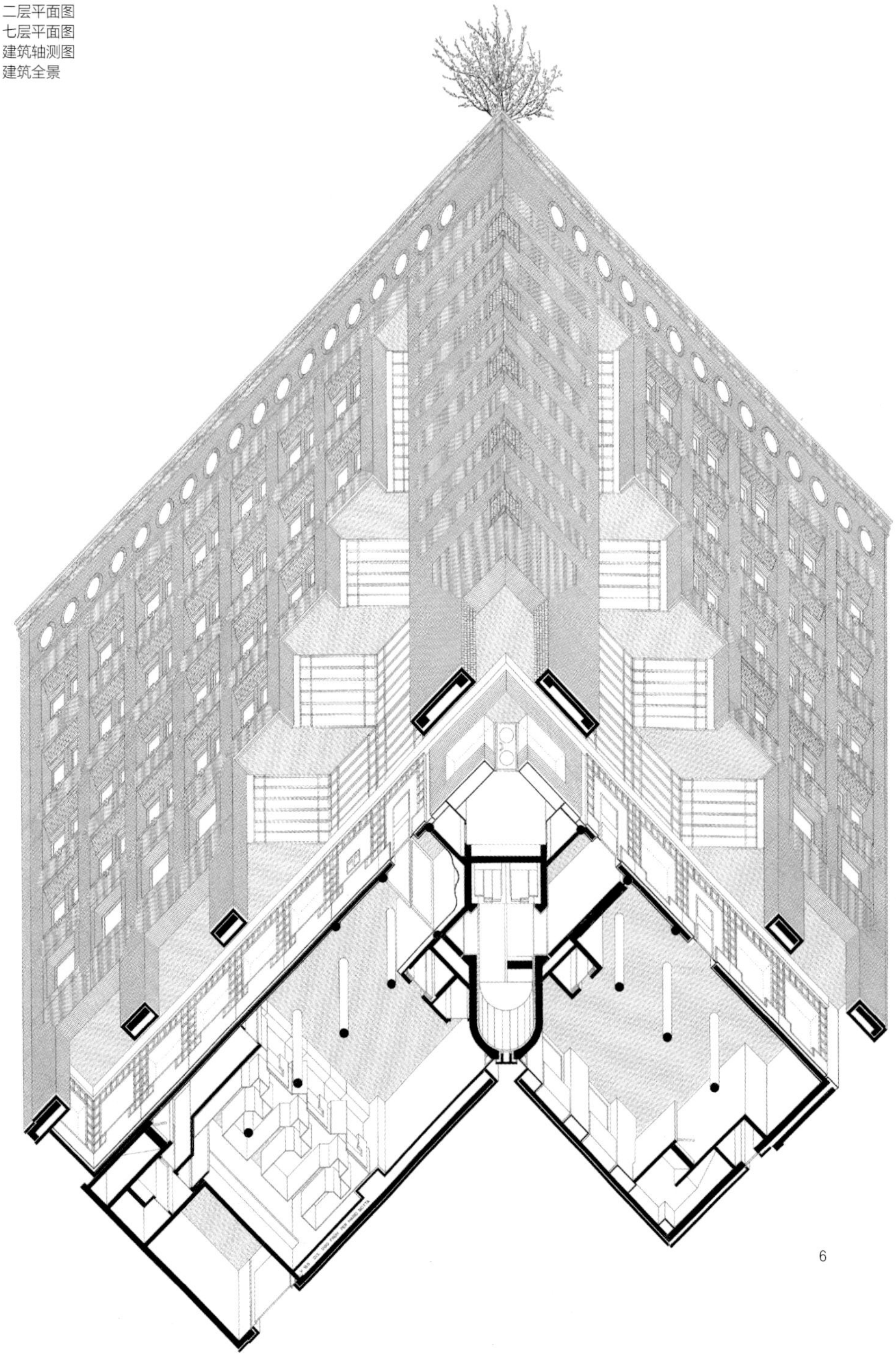

0 5 10

3

4

5

6

延伸阅读

- V. Anselmi, Intervista a Mario Botta, in Il Mestiere di Architetto, a cura di V. Anselmi-D. Diolaiti, exhibition catalogue, CLUVA, Venice 1984, pp.6-31.
- S. Boidi, Un edificio per la città, "Costruire", 1985, 11, pp. 130 – 135.
- P. Fumagalli, Der Backstein als Ornament, "Werk, Bauen + Wohnen", 1985, 11, pp. 34-41.
- K. D. Stein, A tree grows in Lugano, "Architectural Record", July 1986, pp. 132-137.
- F. Purini, Le voci di dentro, "Lotus International", 1986, 48/49, pp. 66-77.
- D. Vitale, Bauweise, Konvention und Formalismus, "Archithese", 1986, 1, pp. 27-33.

- R. Roda, Il Palazzo Ransila a Lugano, "Modulo", 1988, 141, 576-585.
- P/A Technics The Many Faces of Brick, "Progressive Architecture", 1988, 7, pp. 102-107.
- Edificio Ransila I, Lugano, "Summa", 1988, 25, pp. 76-83.
- Ransila 1 Building in M. Fuchigami, Europe: The Contemporary Architecture, Guide Vol. II, Toto Shuppan, Tokyo 1999, pag. 276.
- Building Ransila I, Lugano, Switzerland, «World Architecture» [China], 2001, 9, pp. 40-41.

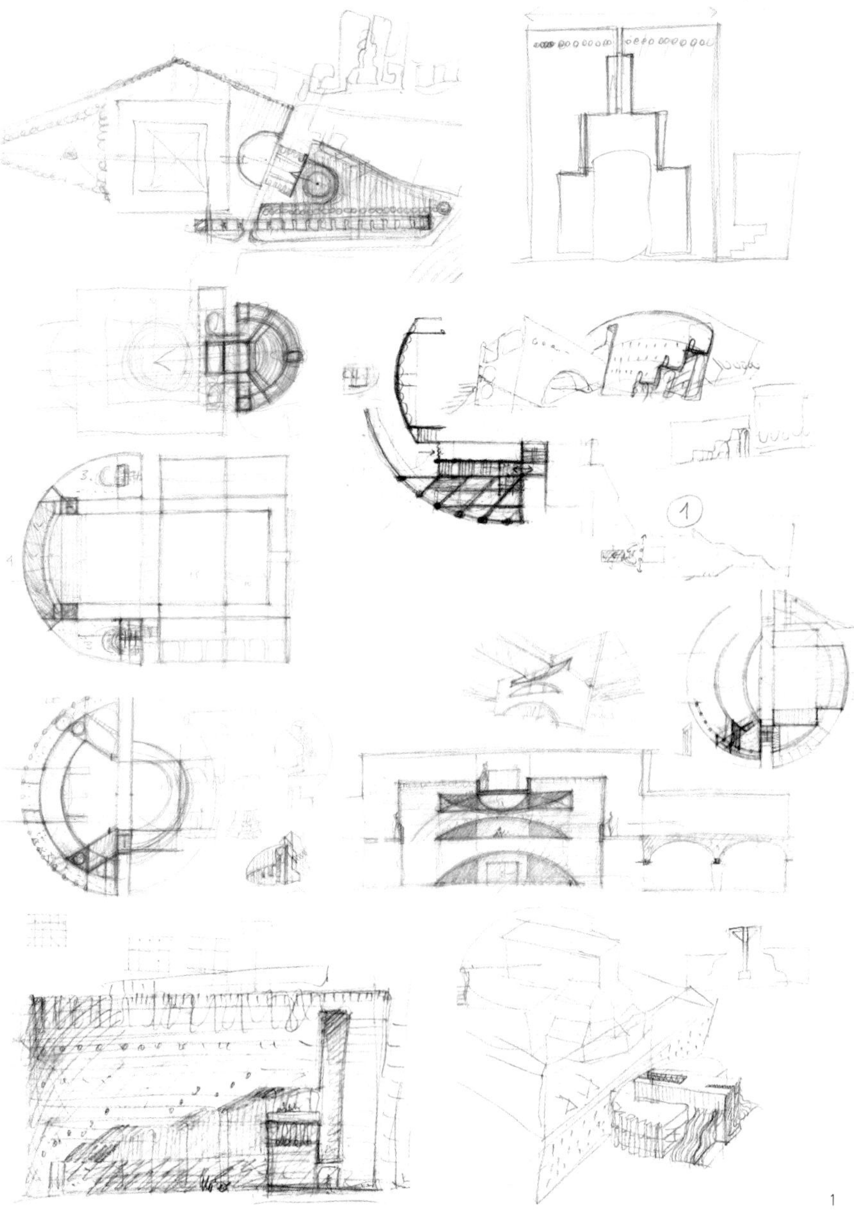

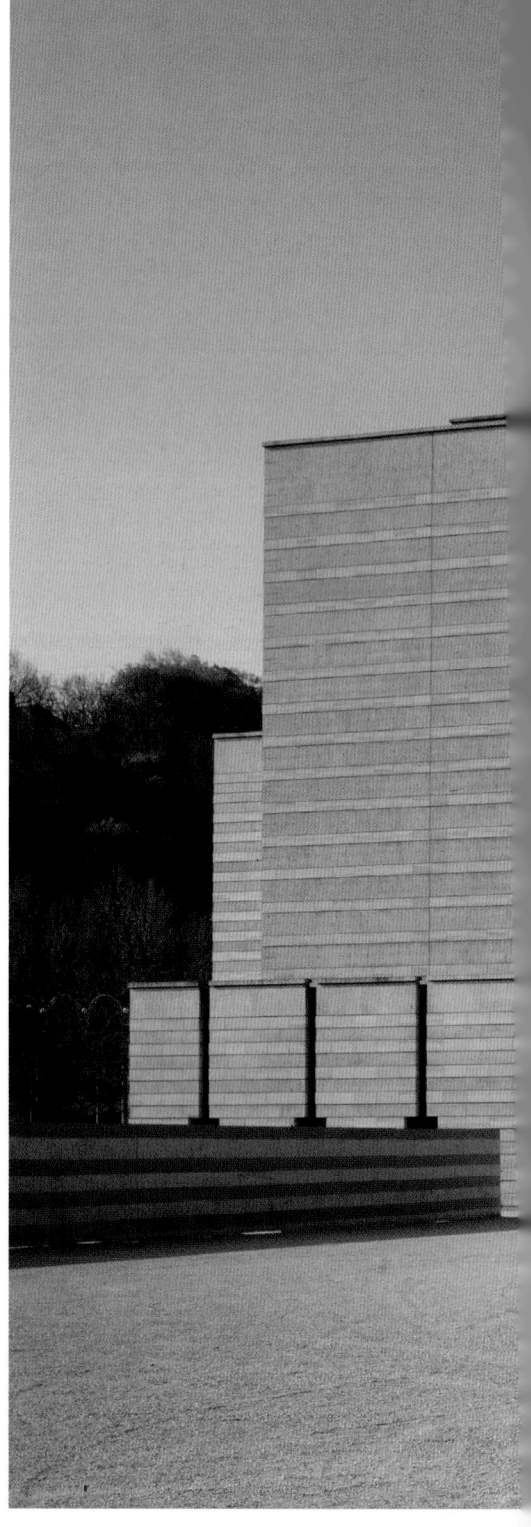

玛热克斯剧院和文化中心
THEATER AND CULTURAL CENTRE ANDRÉ MALRAUX

法国 昌伯瑞
Chambéry, France 1982-1987

　　该项目源自一个建筑设计竞赛，竞赛内容包括修复一座19世纪拿破仑时期军营及新建一个多功能综合体。新建体量位于作为外部门厅的现存立方体外部。综合体将不同的功能组织在三个体量中：技术用房和舞台塔设置在平行六面体内；拿破仑时期的立方体东翼设行政管理用房和剧院前厅；剧院作为整个建筑布局的核心则设在圆形体量内。

　　新建部分与军营体量存在对立的难题，建筑师的解决方法是让新旧两部分共享旧建筑的外墙，以一个玻璃连廊作为两部分的衔接。这种处理强调了原有建筑的平面和新剧院的弧面相遇所产生的透视的张力。

项目概况

竞赛时间：1982
建造时间：1983−1987
业主：昌伯瑞市
基地面积：7 600m²
建筑面积：9 800m²
建筑体积：82 000m³

Competition project: 1982
Construction: 1983-1987
Client: City of Chambéry
Site area: 7,600 m²
Useful surface: 9,800 m²
Volume: 82,000 m³

1

1. 手绘草图
2. 建筑全景

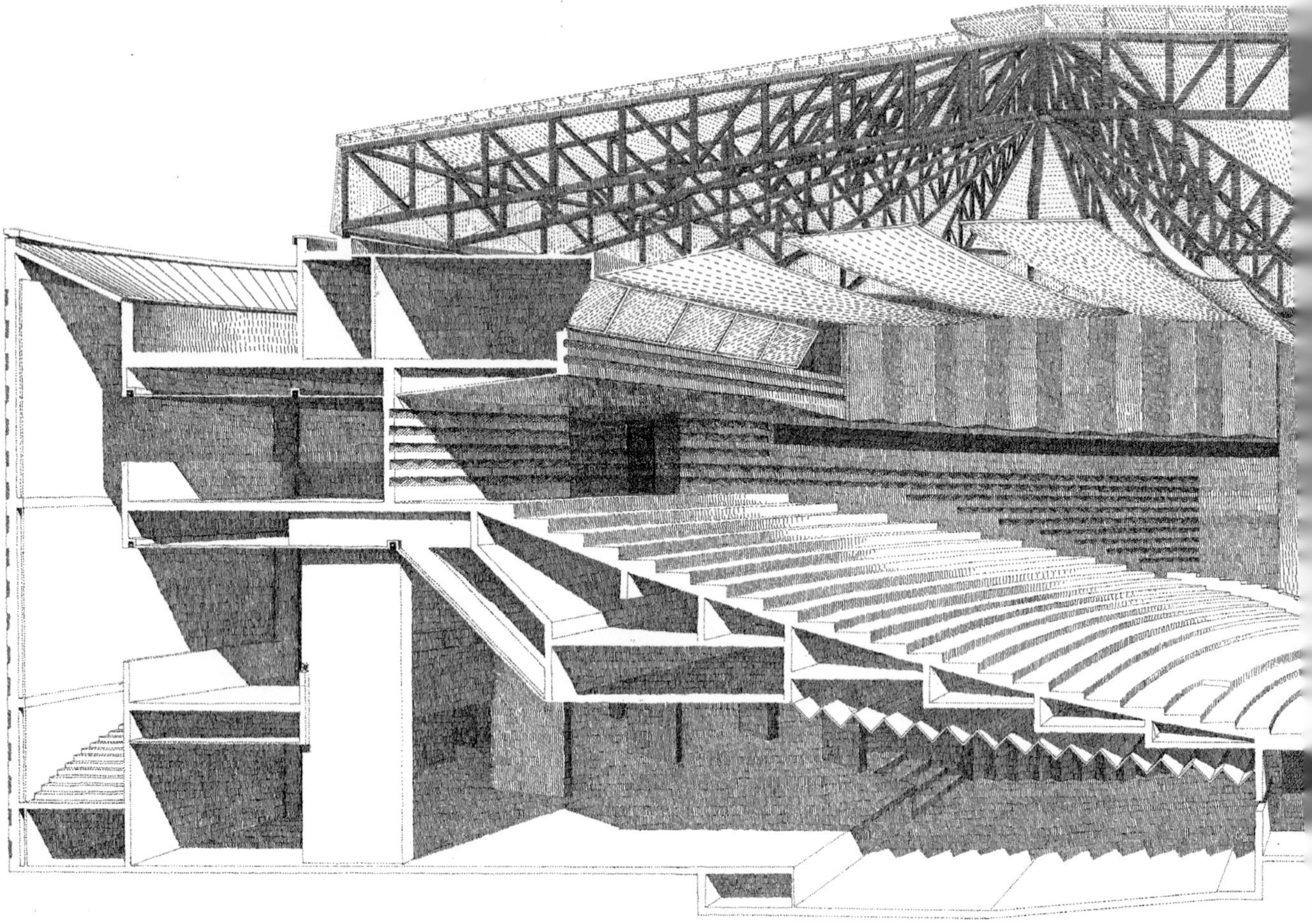

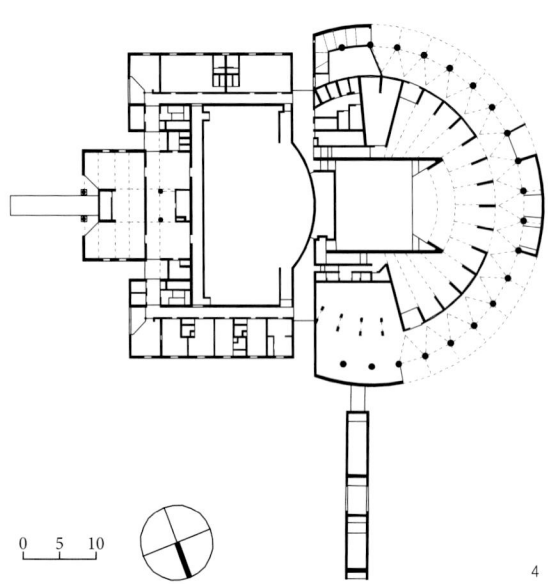

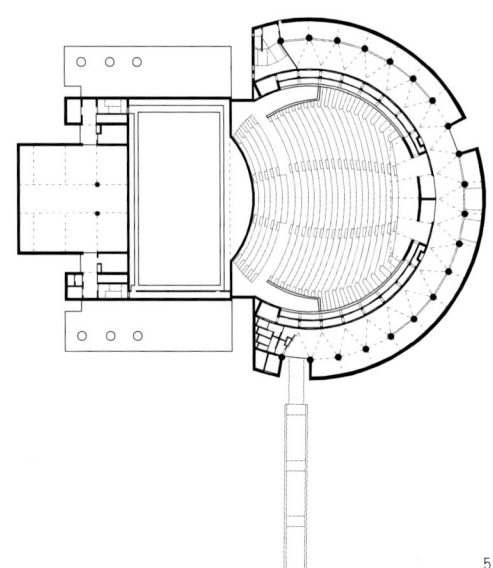

0   5   10

4

5

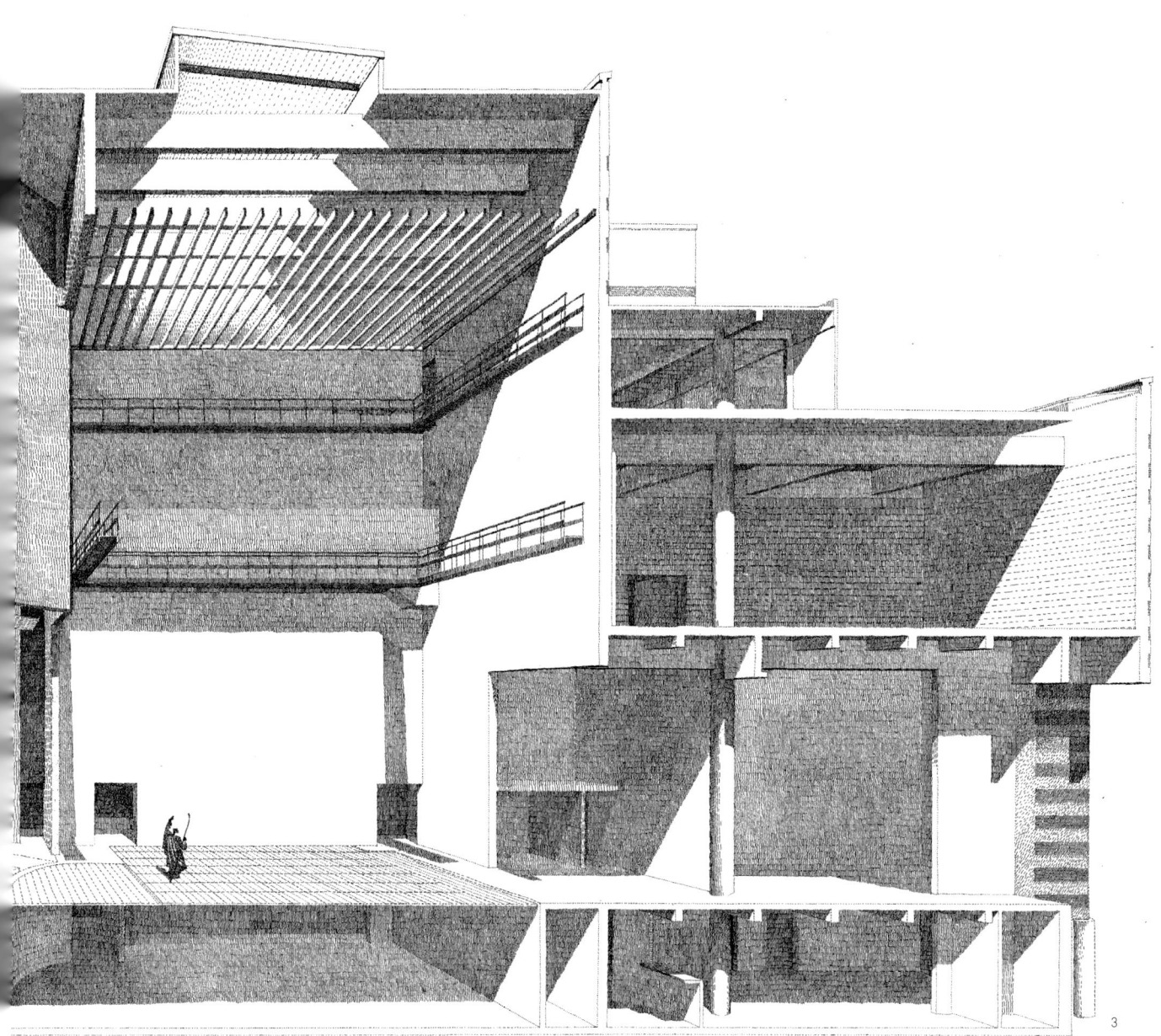

3

3. 剖切透视图
4. 首层平面图
5. 二层平面图
6. 建筑全景

7.8. 室内实景

7

8

延伸阅读

- M. Bédarida, La casa della cultura di Chambéry, "Lotus international", 1984, 43, pp.71-74.
- E. Ranzani, Teatro a Chambéry-le-Bas, "Domus", 1988, 690, pp. 30-41.
- D. Smetana, Authentic Modernity, "Progressive Architecture", 1988, 6, pp. 81-90.
- Centro Cultural en Chambéry Le Bas. Francia 1984-88, "Arquitectura", 1988, 273, pp. 88-101.
- M. Barda, A logica do espaço, "AU Arquitectura Urbanismo", 23, April/May 1989, pp.60-68.
- André Malraux Cultural Center in Chambéry, "a+u Architecture and Urbanism", 1989, 220, pp. 141-156.
- Teatro e Casa della cultura André Malraux Chambéry, Francia, 1984-1987 in Teatri Architetture 1980-2005, edited by Marino Narpozzi, Federico Motta Editore, Milan 2006, pp. 45-51.

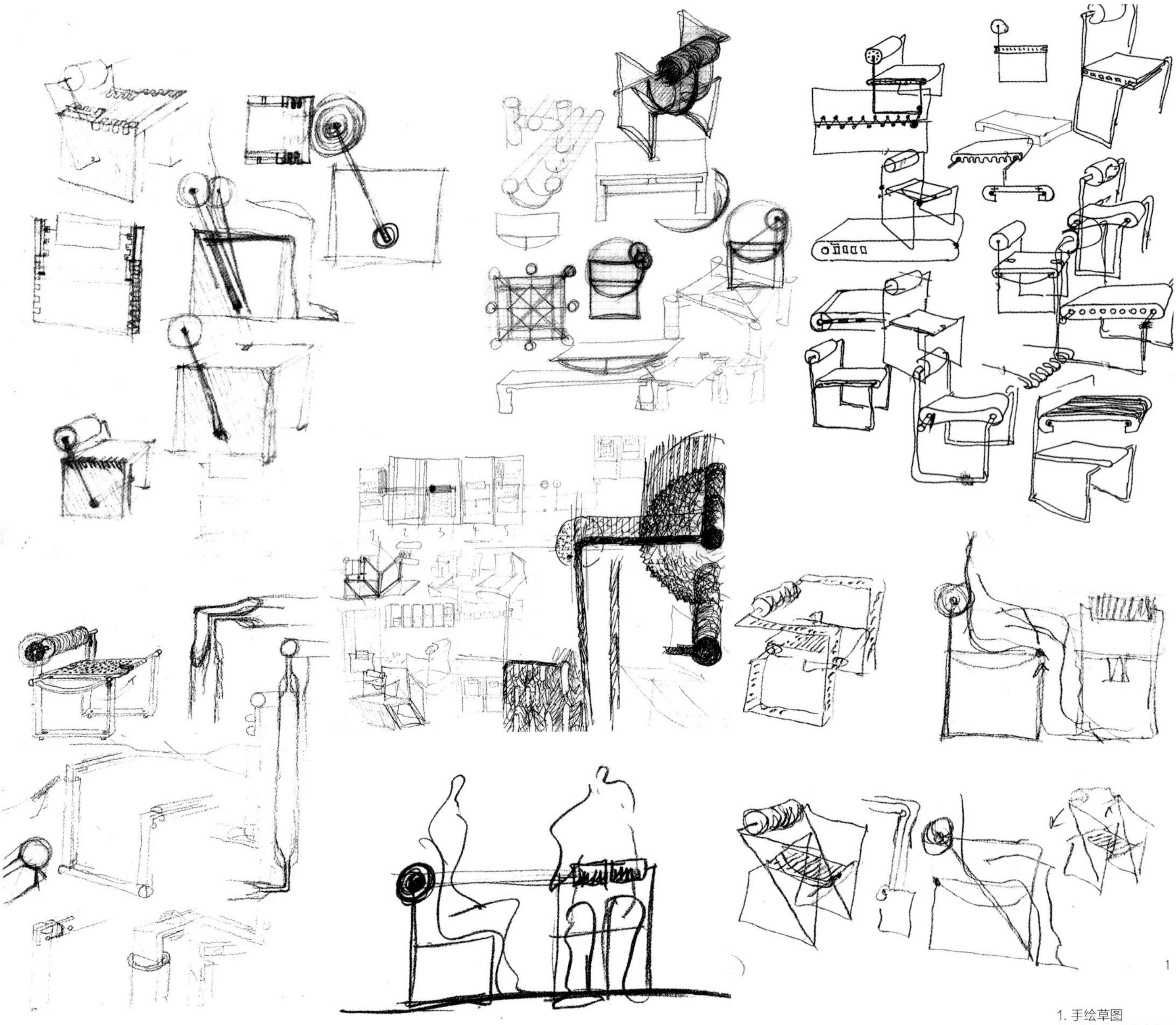

1

1. 手绘草图
2. “1号”实体展示
3. “2号”实体展示

座椅“一号”和“二号”

CHAIRS ‘PRIMA’ AND ‘SECONDA’

1982

这两把座椅的设计源自同一几何原理。结构上的前后反转构成椅子“一号” 与“二号”之间的区别。在椅子“二号”中，垂直的元素延伸和扶手的增加使其成为一把小型扶手椅。

项目概况
设计时间：1982
生产时间：自1982
制造商：阿里亚斯家私
尺寸：48cm × 58cm，高72cm
重量：5kg
结构：银灰色或不透明的黑色环氧树脂涂层钢管
椅面：银灰色或亚黑开槽钢板
椅背：两个包裹黑色软质聚氨酯泡沫的可旋转圆柱体

Design: 1982
Production: since 1982;
Manufacturer: Alias SpA
Size: 48cm×58cm, 72cm H, ; Weight: 5 kg
Structure: steel tubing, metallic grey or opaque black epoxy resin coating
Seat: slotted steel plate, metallic grey or matt black
Back: two rotating cylindrical sections in soft black polyurethane foam

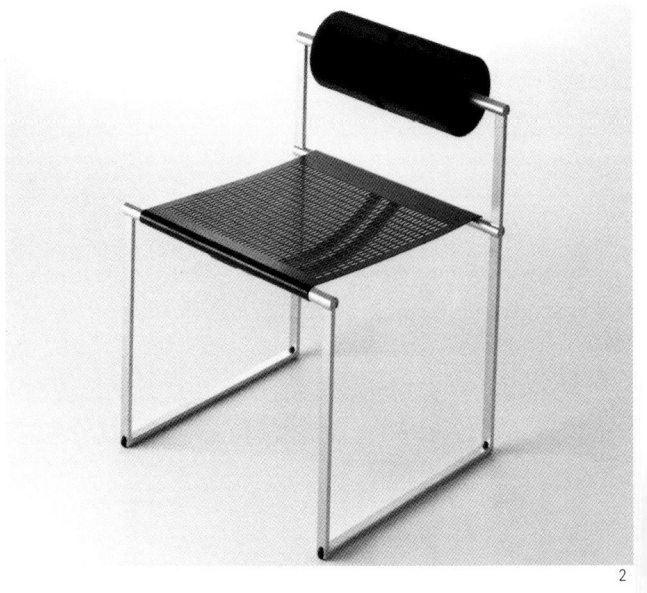

2

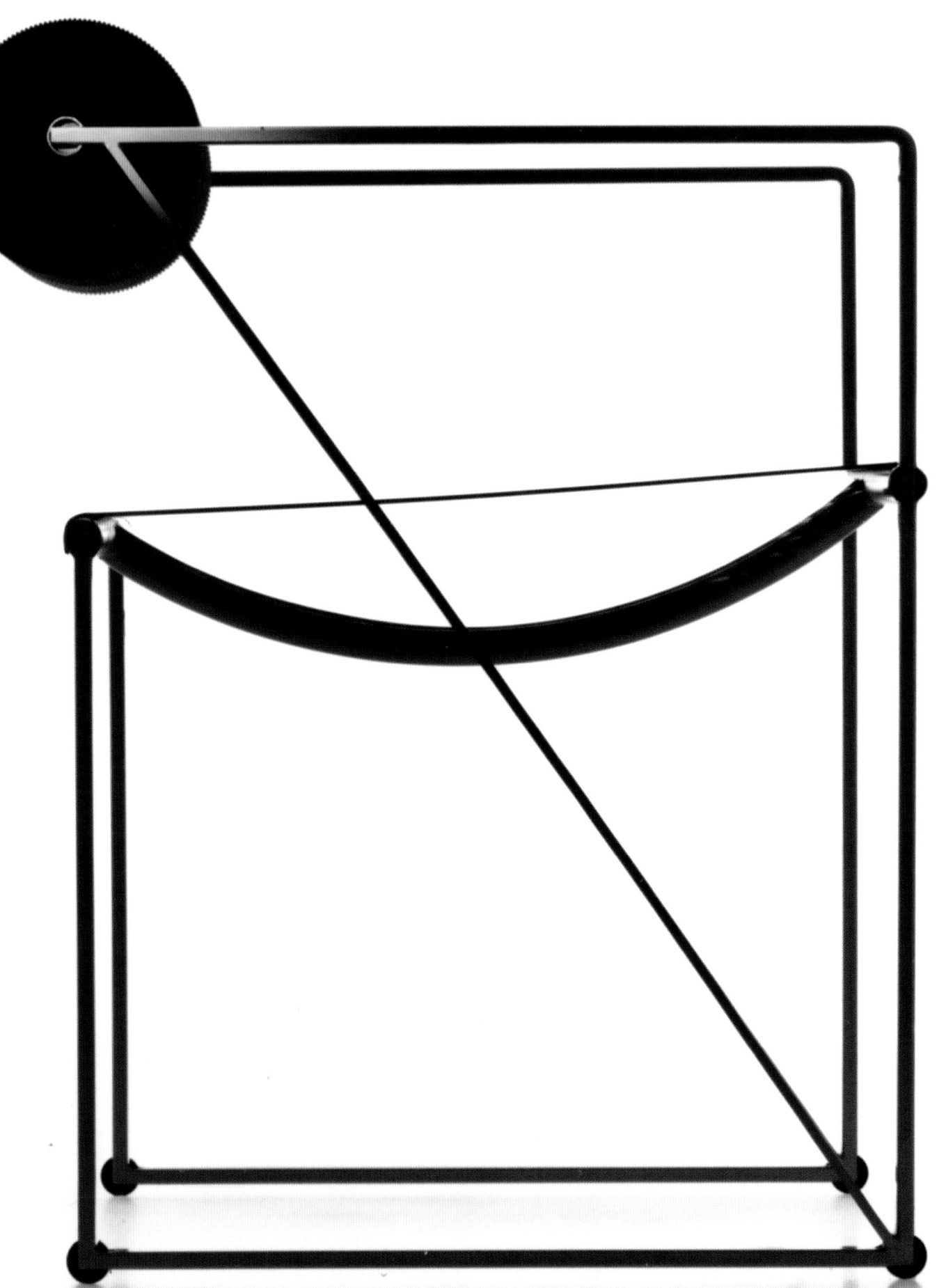

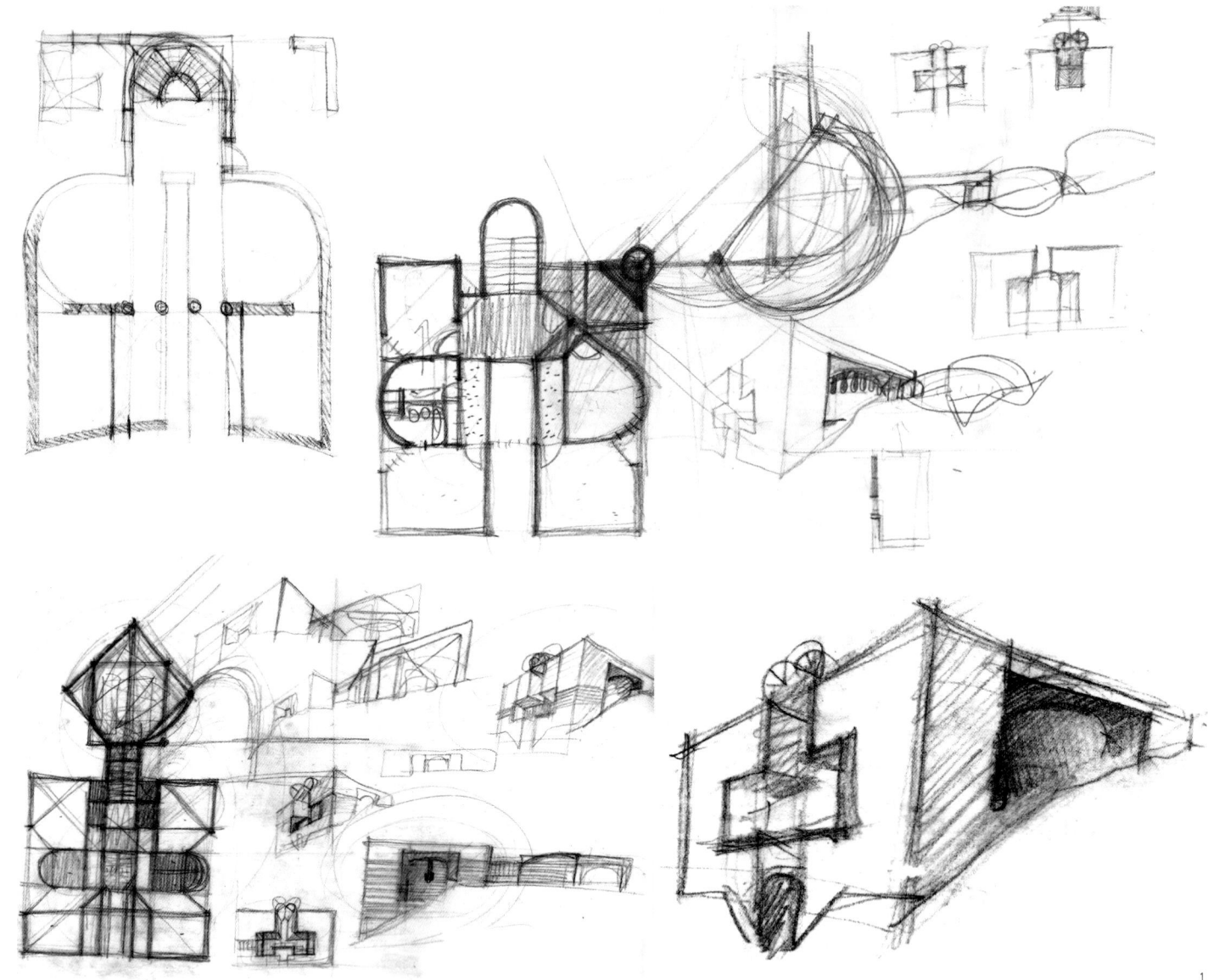

1. 手绘草图
2. 建筑全景

莫比奥·苏比利欧独栋住宅
SINGLE-FAMILY HOUSE

瑞士 莫比奥·苏比利欧
Morbio Superiore, Switzerland 1982-1983

　　该住宅坐落于山体与村庄之间的斜坡上，有一个内凹的南向主立面，银灰色的表皮呈现出很特别的肌理：一层平砖块与另一层45°的砖块交替砌筑。一道垂直的开口将主立面统一性一分为二，形成一个矩形的开口，顶端以天窗收束，为楼上两层提供采光。入口位于建筑背面，被圆弧形的服务空间所切割的三角形侧廊通向卧室。起居空间位于靠近山坡的一侧，带有一个凸向山体的露台。底层是服务空间和两个办公室，通过立面下部的圆窗采光。

项目概况

设计时间：1982
建造时间：1982—1983
业主：埃德蒙·普斯泰拉
基地面积：2 500m²
建筑面积：300m²
建筑体积：1 300m³

Project: 1982
Construction: 1982-1983
Client: Edmondo Pusterla
Site area: 2,500m²
Useful surface: 300m²
Volume: 1, 300m³

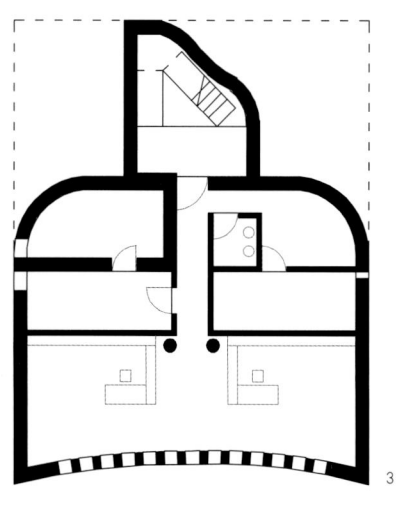
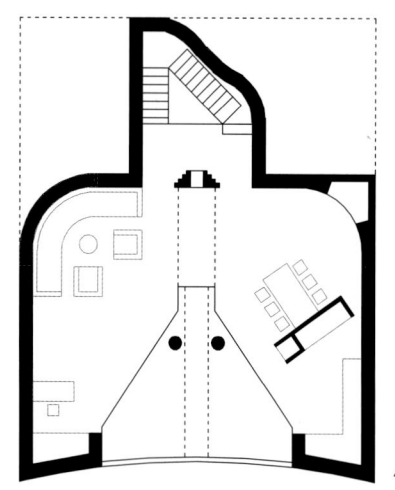
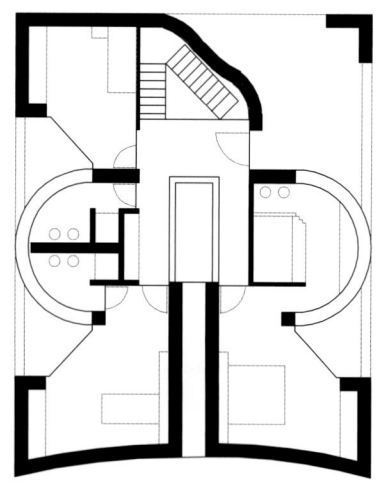

3

4

5

0 1   5

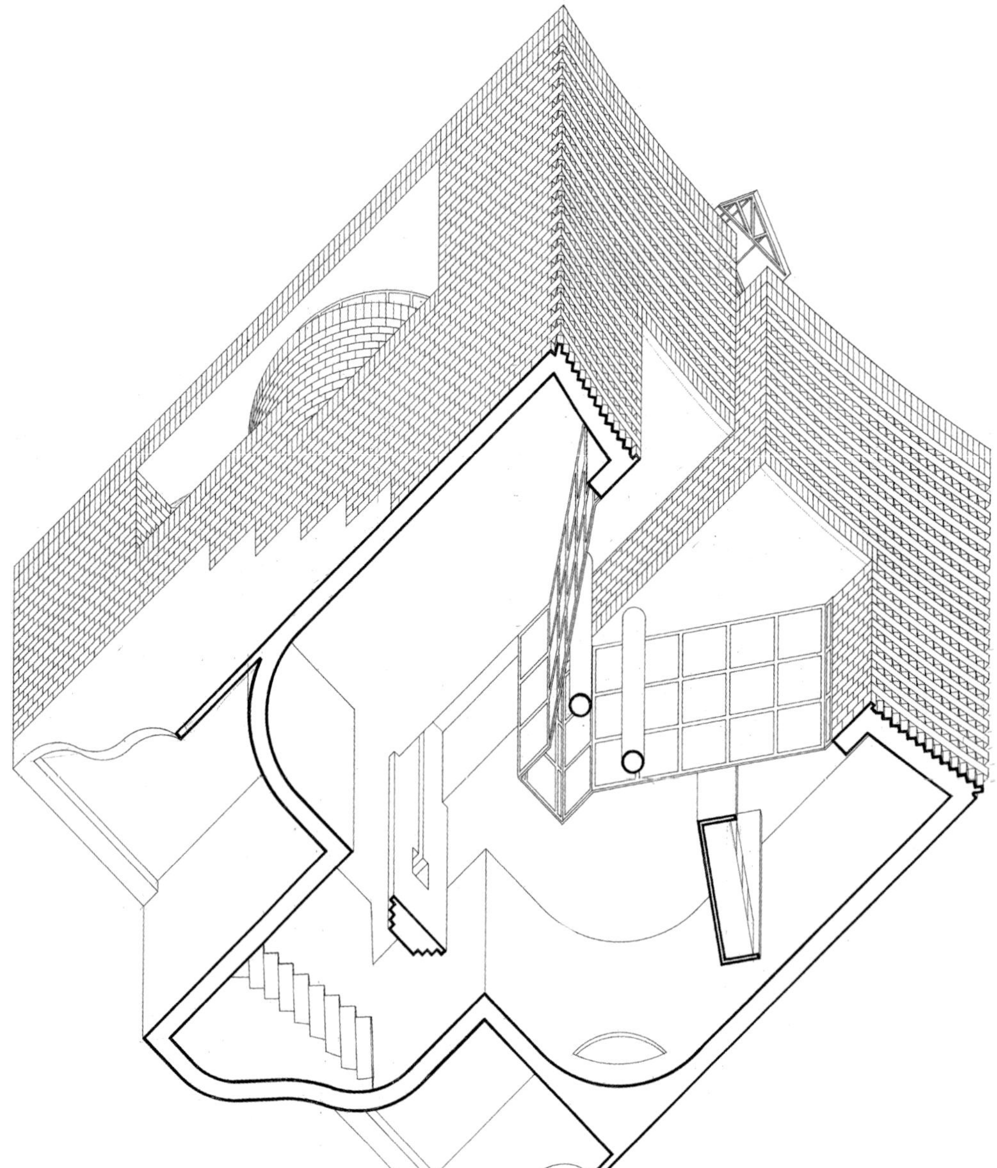

6

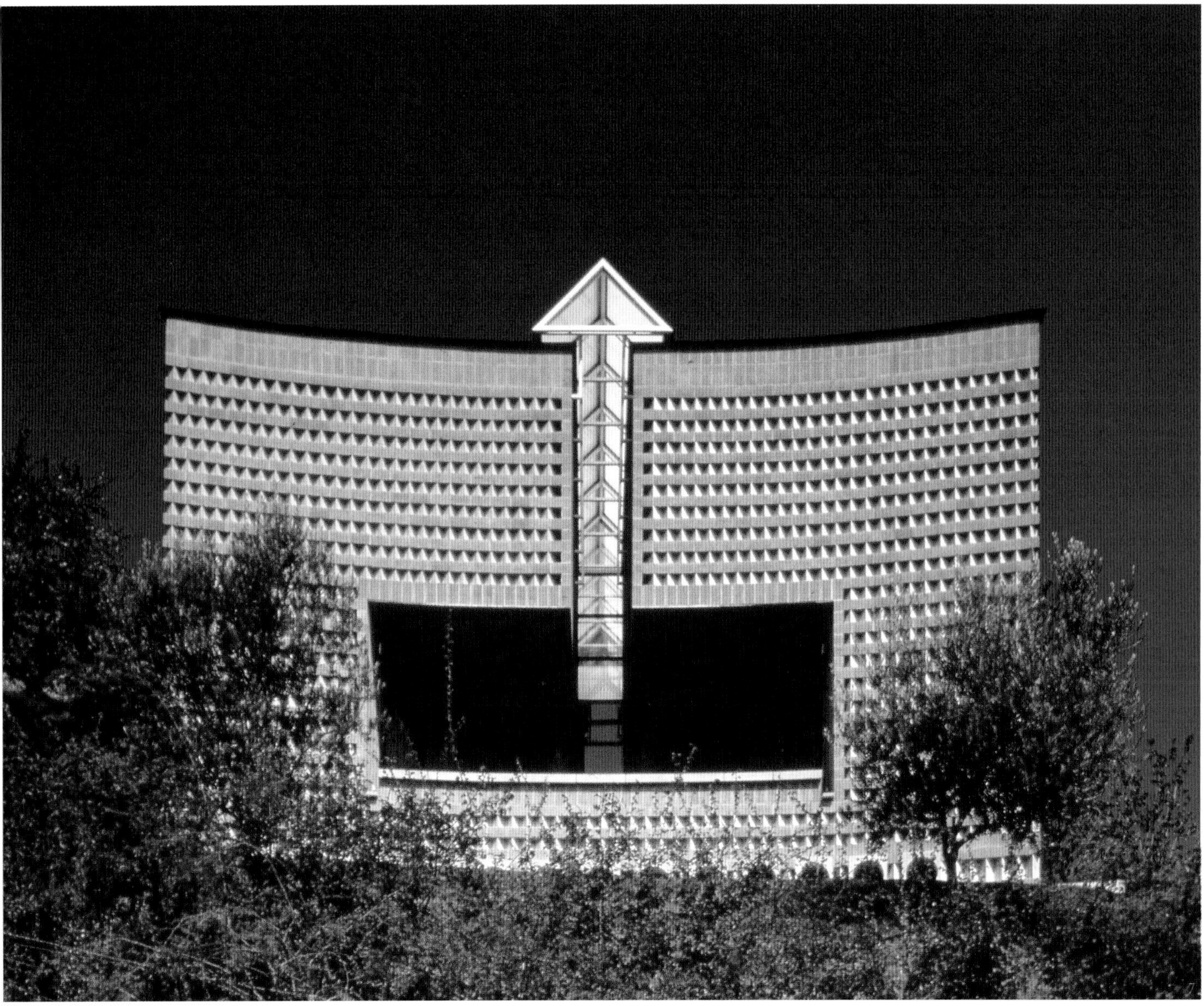

3. 首层平面图
4. 二层平面图
5. 三层平面图
6. 轴测图
7. 正立面实景
8. 建筑立面细部

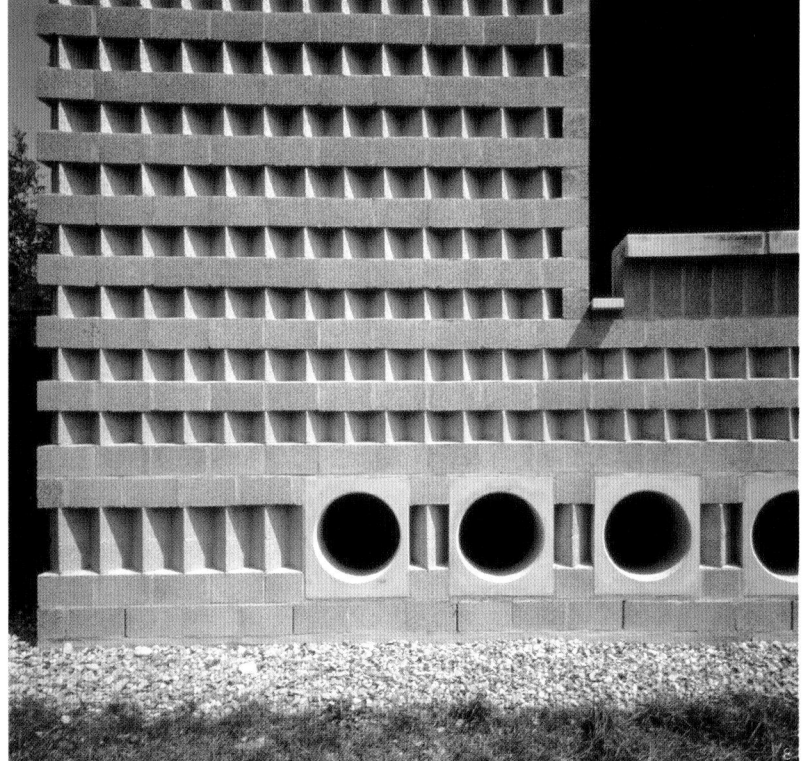

9. 室外实景
10. 室内实景

延伸阅读

- V. Pasca, La casa d'argento, "Casa Vogue", 1984, 158, pp.154-161.
- T. Carloni, Una Storia ancora da scrivere, "Acanto", 5, 31 December 2000, pp. 12-17.
- M. Daguerre, Artificiale per natura in Ville in Svizzera, Mondadori Electa, Milan, 2010, p. 12.

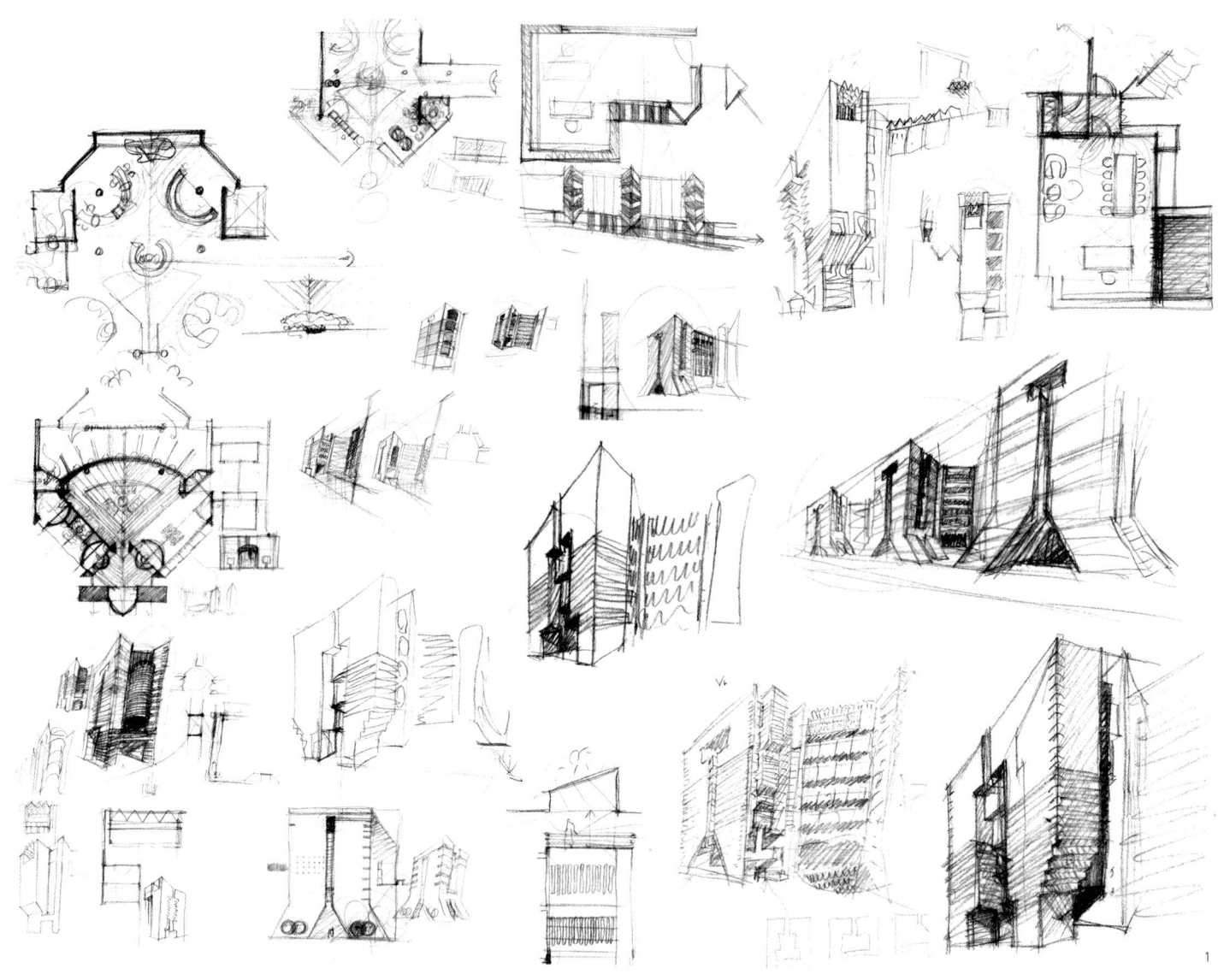

1. 手绘草图
2. 建筑立面细部

BSI银行大厦
BSI BANK (EX GOTTARDO BANK)

瑞士 卢加诺
Lugano, Switzerland 1982-1988

　　BSI银行大厦建于连接着卢加诺老城中心与20世纪城市新区的重要轴线上，建筑的体量由四个带垂直交通的块体构成。所有块体的转角都面向大街，形成外部庭院，并创造出虚实变替的空间节奏。

　　一条绿荫带将道路与部分覆盖的人行道分隔开，人行道通向银行办公室、多功能大厅及餐厅等不同功能的入口。四个体量各自包含着一个三角形的中庭，其三边限定出各个方向的走廊；中庭顶部倾洒下的自然光极大地丰富了空间效果。办公空间依靠玻璃外墙采光，由石材与水泥相交错构成的百叶突出了建筑立面特点。

项目概况

竞赛时间：1982
建造时间：1984—1988
业主：卢加诺，高塔勒多银行
基地面积：8 800m²
建筑面积：14 000m²
空间体积：114 000m³

Competition project: 1982
Construction: 1984-1988
Client: Banca del Gottardo Lugano
Site area : 8,800m²
Useful surface: 14,000m²
Volume: 114,000m³

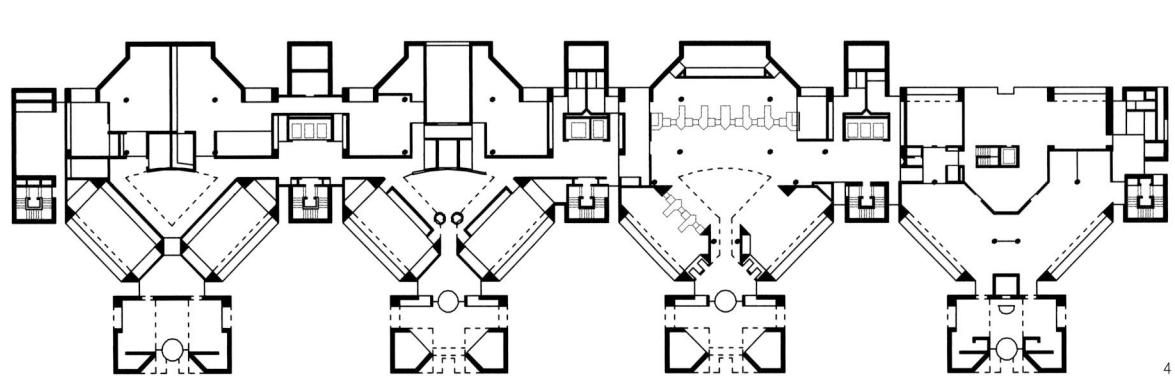

4

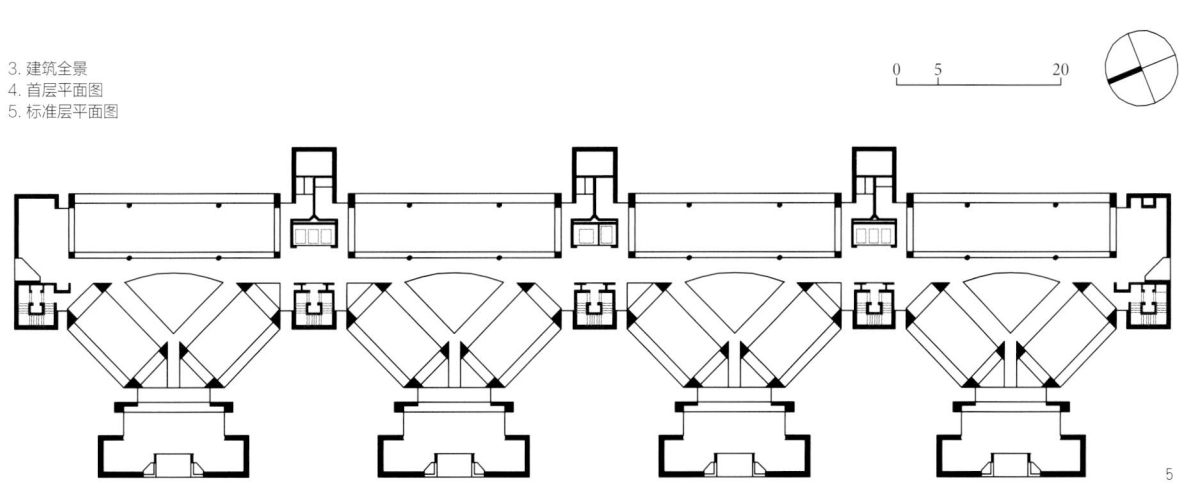

3. 建筑全景
4. 首层平面图
5. 标准层平面图

0　　5　　　　20

5

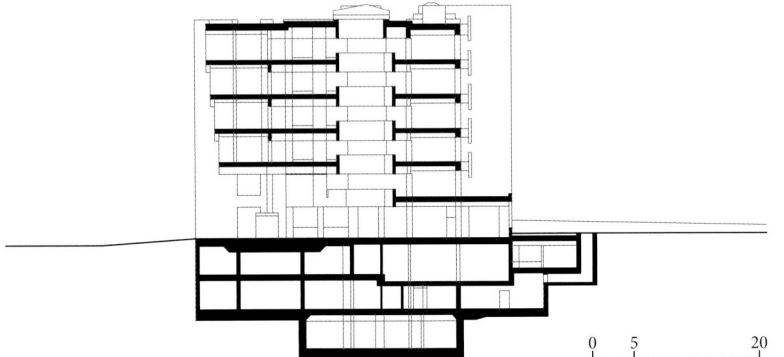

6. 银行外景
7. 剖面图
8. 室内实景

0   5   20
                        7

6

9. 建筑入口细部
10 . 天窗

延伸阅读

- Nuova sede della Banca del Gottardo a Lugano, "Rivista Tecnica", 1984, 7/8, pp. 32 - 35.
- P. Fumagalli, Vier Türme für eine Stadt, "Werk, Bauen+Wohnen", 1988, 11, pp. 4-11.
- S. Abercrombie, Banca del Gottardo, "Interior Design", August 1989, pp. 134-143.
- J.P. Le Dantec, Puissance et présence, "Architecture intérieure crée", April-May 1989, pp. 86-93.
- E. Pizzi, La Banca del Gottardo, "Modulo", 1989, 155, pp. 1135-1145.
- Eröffnung des neuen Hauptsitzes der Gotthard Bank, Lugano, "Modernes bauen", 1989, 10, pp. 59 - 66.
- Mario Botta Banca del Gottardo, Lugano, "Domus", 1989, 704, pp. 36-45.
- Banca del Gottardo, Lugano in La nuova architettura ticinese, edited by Frank Werner, Sabine Schneider, Electa Milan 1990, pp. 92-95.
- Banca del Gottardo inD. Meyhöfer, ContemporaryEuropeanArchitects 2, Vol. II,BenediktTaschenVerlag, Köln 1993, pp. 58-63.
- P. Koulermos, Mario Botta, 20th Century European Rationalism, Academy Editions, London 1995, pp. 106-119.
- Gotthard Bank, Lugano, Switzerland, "World Architecture" [China], 2001, 9, pp. 36-39.
- G. Foschi, Architetture della mente, "Arte", 390, February 2006, pp. 78-83.

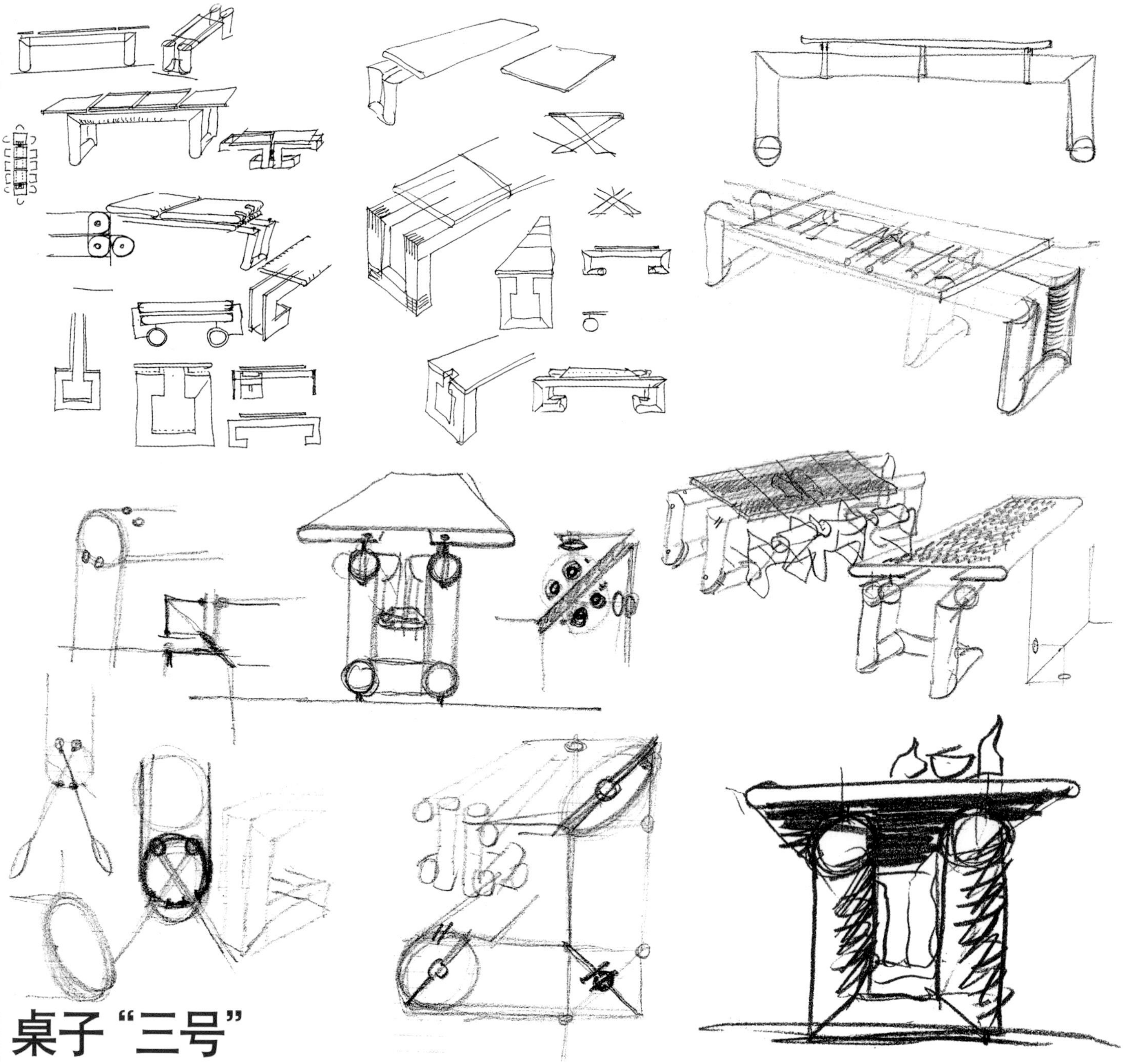

桌子 "三号"
TABLE 'TERZO'

1983

　　桌子是房间的一部分，它标识空间，界定场所。我设想这张桌板可以成为聚会的场所。我更推荐用具有丰富纹理的大理石（意大利的Breccia Medicea）做桌面，来为每个客人提供一种各自的"领土"。结构支撑为黑色钢管所构筑的原型。它有三种款式，分别是六人桌、八人桌及十二人桌，其下面的金属支撑结构不变。

——马里奥·博塔，1983

项目概况

设计时间：1983
生产时间：1983
制造商：阿里亚斯家私
尺寸：237cm×86cm×76cm（高），
　　桌面：189cm/237cm/299cm
结构与材料：钢管，覆亚黑环氧树脂涂层；12
　　根黑色支撑细钢管，配可调节螺丝
桌面：大理石"Breccia medicea"，维罗纳大
　　理石或灰色的Beola花岗岩。实心金属基座
　　（固定尺寸）支撑不同尺寸的石材桌面

Project: 1983
Production: 1983
Manufacturer: Alias S.p.A.
Size: 237cm×86cm×76cm H, top 189/237/299cm
Structure and materials: Steel tubing, matt black
　　epoxy resin coating; 12 small steel supports,
　　painted black, with adjusting screw
Top: "Breccia medicea", Verona marble or grey Beola.
　　The solid metal base (constant size) supports
　　stone tops of different sizes and materials

1. 手绘草图
2.3. 实体展示

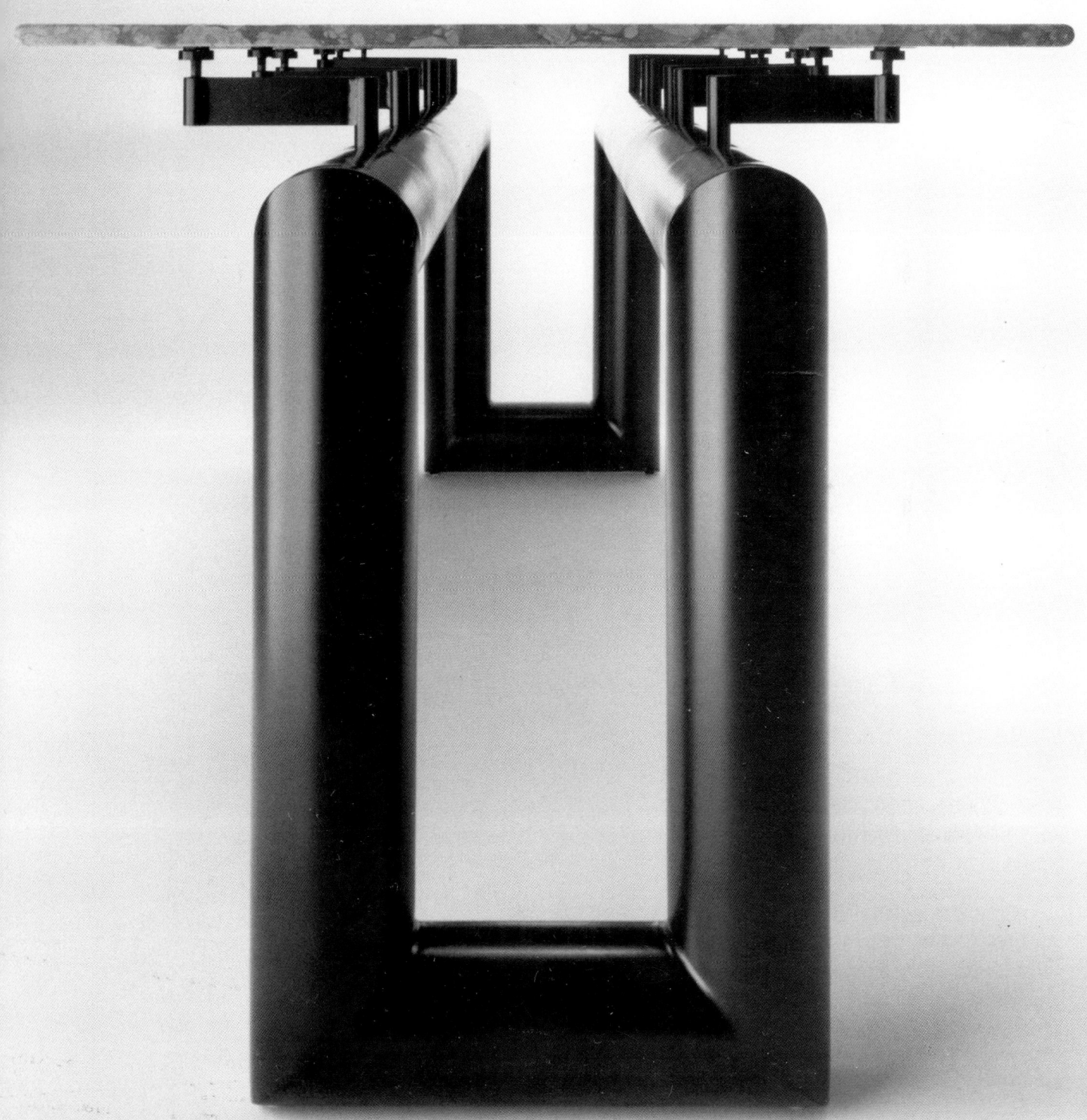

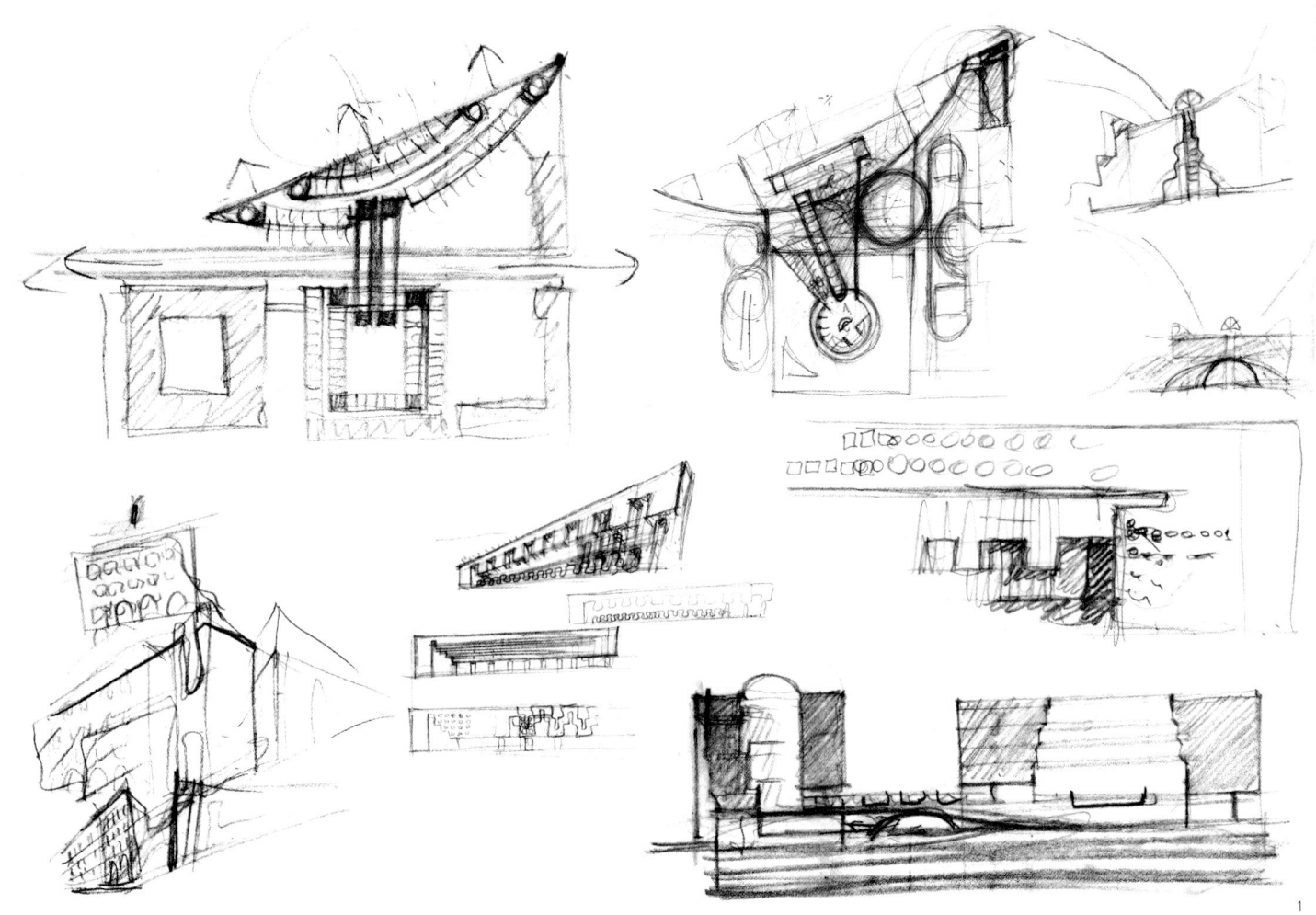

1. 手绘草图
2. 建筑模型
3. 建筑透视草图

西门子行政大楼
SIEMENS ADMINISTRATIVE BUILDING

德国 慕尼黑
Munich, Germany 1983

　　20世纪60年代，一条新建成的道路斜穿18世纪的旧城区。本设计坚持重现街区肌理的概念，同时反对交通工程师们武断的斜线。设计将建筑分解为两个不同的体量，与城市文脉形成对比。一个是18m高并带有中庭的立方体体块，巧妙地呼应了临近的建筑，并巩固了城市的正交肌理。另一个则为22m高的弧形体块，沿斜线切入，连续立面的厚度由此渐减。入口在两个体块之间的交叉点上；要穿过有顶的四边形中庭才能到达通往另一座建筑的坡道。面向街道的主立面犹如无声而寓意深刻的舞台背景，说明在一个被道路网撕裂的城市环境中，使用传统设计策略是不可能的。

项目概况

竞赛时间：1983
项目地点：耶格尔大街，卡迪那尔－德普夫纳大
　　　　　街，奥斯卡·冯·米勒·林
业主：慕尼黑西门子股份有限公司
基地面积：13 000m²
建筑面积：18 000m²
空间体积：90 000m³

Competition project: 1983
Place: area defined by the Jagerstrasse, the Kardinal-
　　　Dopfner Strasse and the Oskar- Von-Miller-Ring
Client: Siemens AG, Munich
Site area: 13,000m²
Useful surface: 18,000m²
Volume: 90,000m³

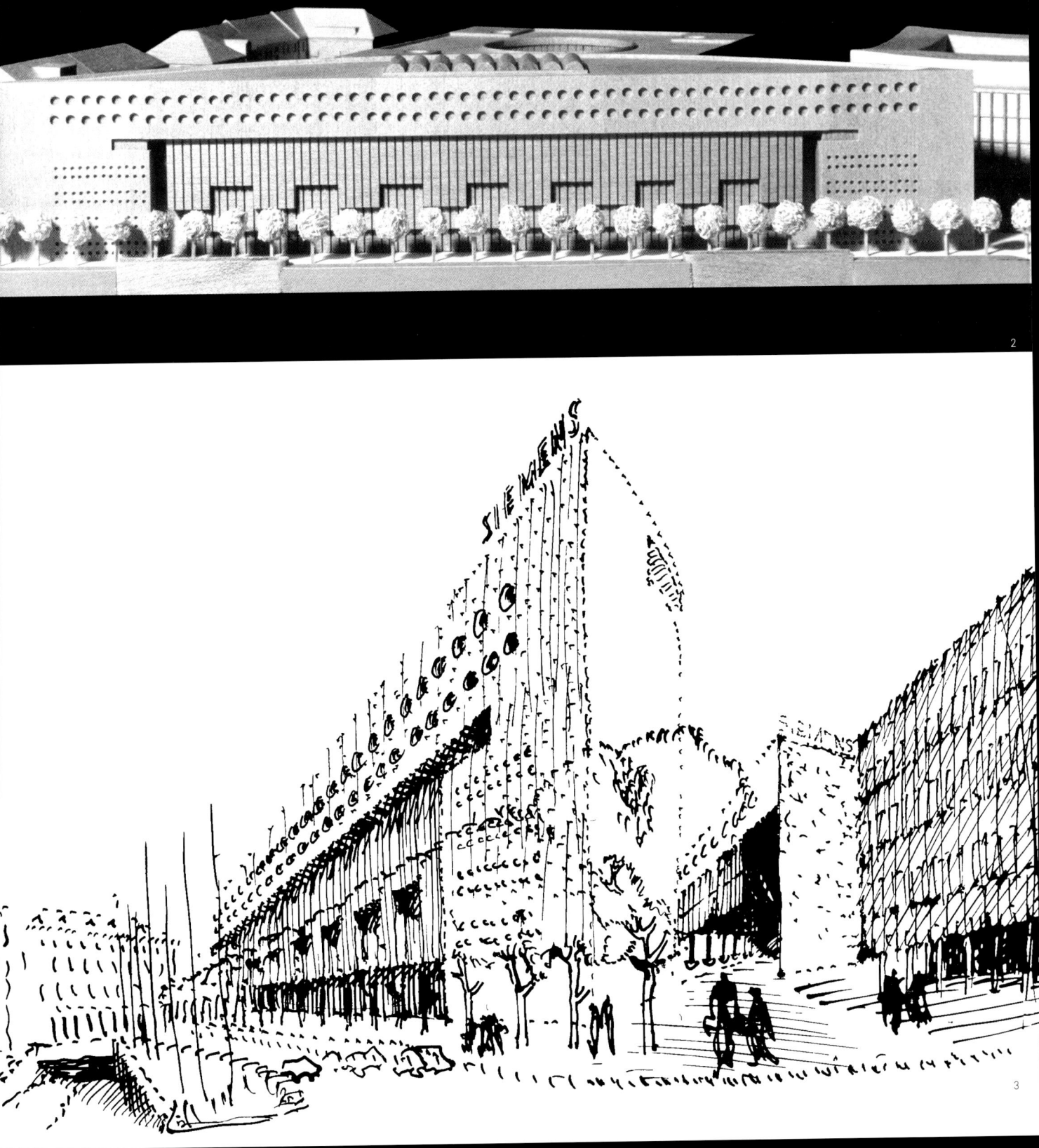

2

3

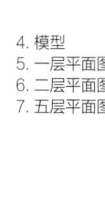

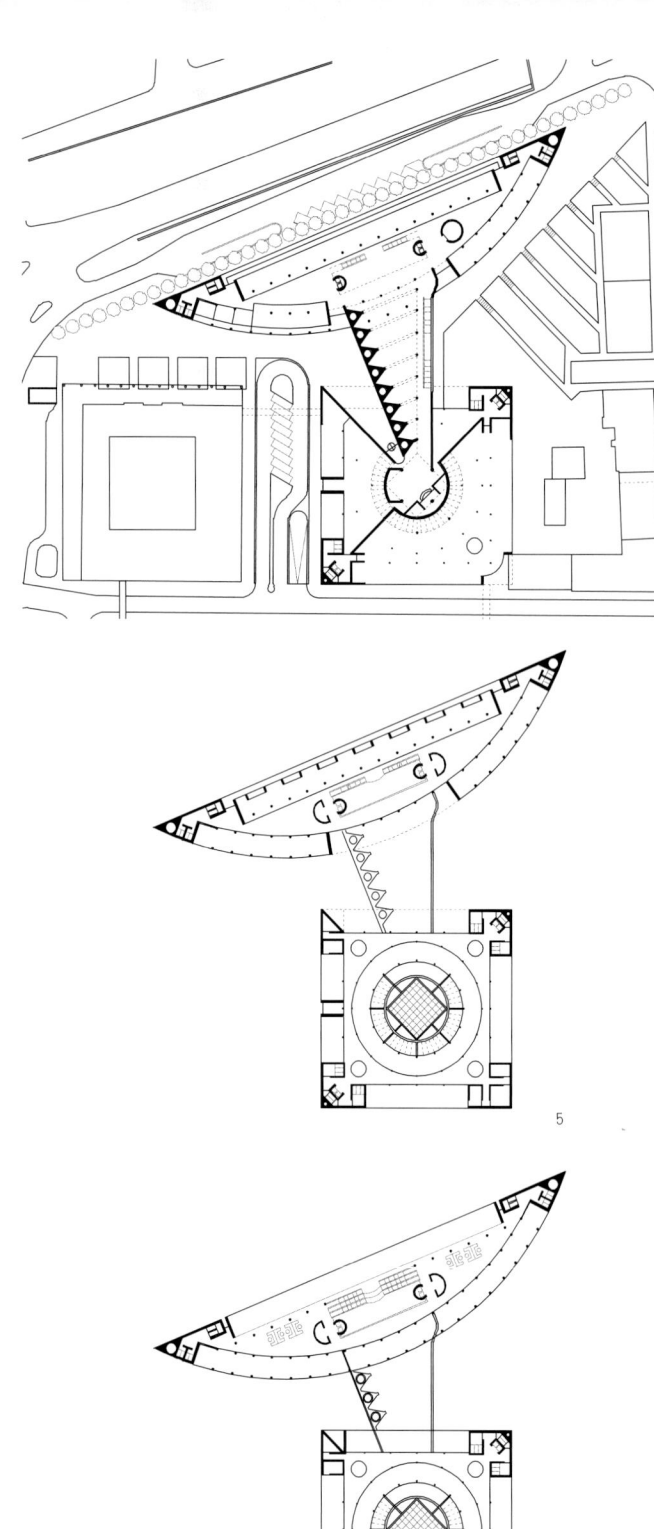

4

5

6

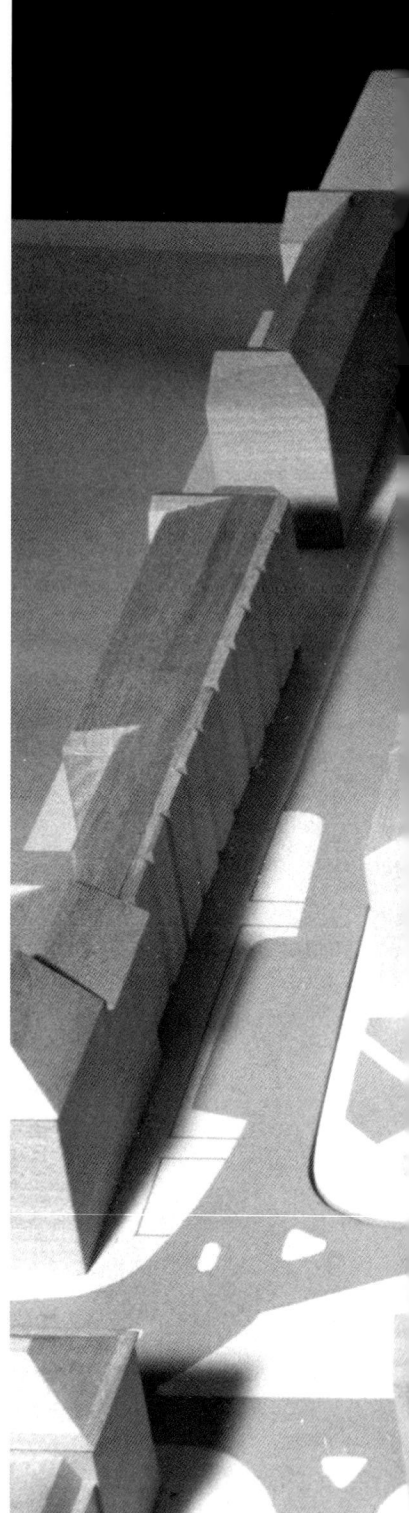

维勒班图书馆
VILLEURBANNE LIBRARY

法国 维勒班
Villeurbanne, France 1984-1988

　　该建筑坐落于有连续城市界面的埃米莱·佐拉大街旁。考虑到玻璃砖表皮同两侧建筑的连接，入口立面略向前突出。立面纵向的切口将墙体对称分隔，楼梯间设置在墙角处。

　　沿街立面采用的是交替的彩色条形石材，面向后院的圆柱体量也采用相同的方式。从沿街面上看，中心的圆柱体量与周围建筑相分离，以玻璃砖和钢材与其连接。建筑内部是一个中庭，从首层一直通至屋顶,形成了以同心圆环组成的采光井，围绕其周的是阅览室，图书管理员的办公桌设在旁边的玻璃体量中。

项目概况

竞赛时间：1984	Competition project: 1984
建造时间：1985—1988	Construction: 1985-1988
业主：维勒班市	Client: City of Villeurbanne
基地面积：5 400m²	Site area: 5,400m²
建筑面积：5 580m²	Useful surface: 5,580m²
建筑体积：18 000m³	Volume: 18,000m³

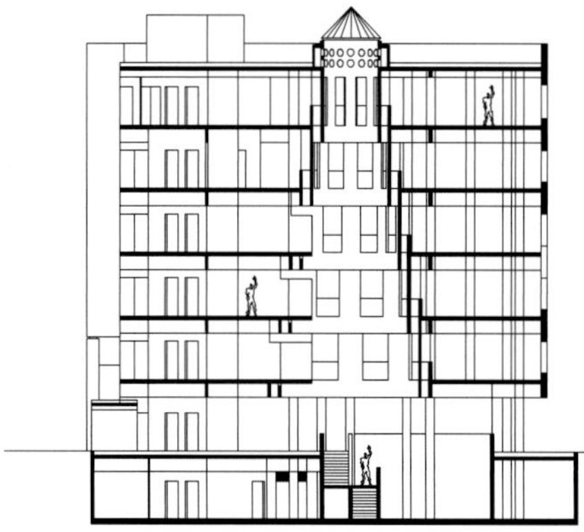

3.4. 剖面图
5. 一层平面图
6. 标准层平面图
7.8. 建筑外景

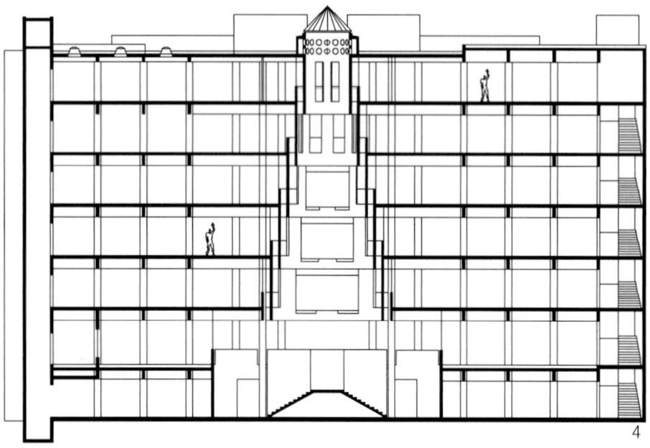

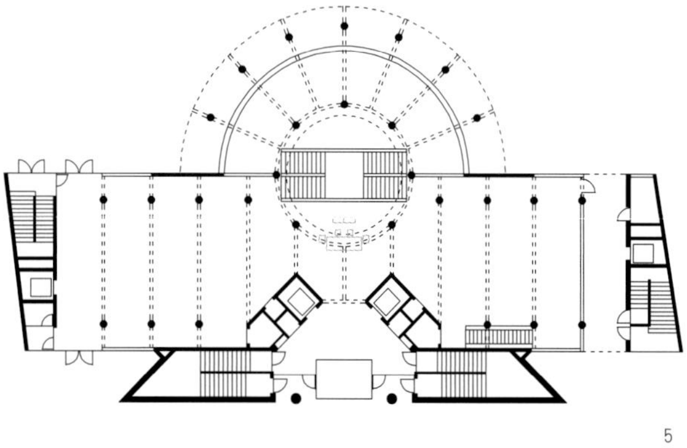

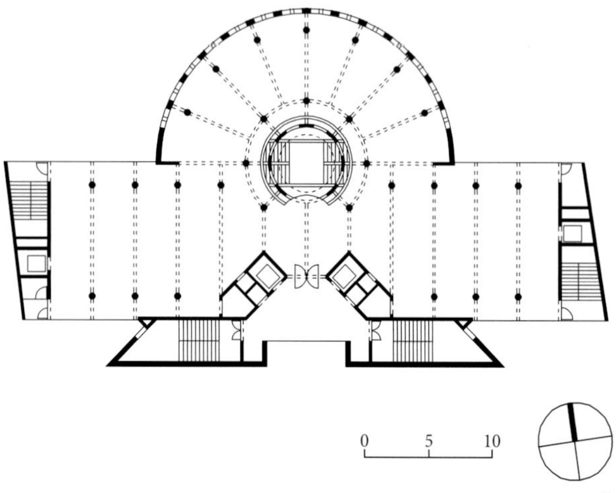

0   5   10

10

9. 立面细部
10. 室内实景

延伸阅读

- Competition for a Library at Villeurbanne, "GA Architect", 1984, 3, pp. 214-215.
- P. Disch, Un fronte urbano, "Rivista Tecnica", 1988, 9, pp. 30 - 35.
- P. Joffroy, Botta a livre ouvert, Botta à livre ouvert, "Architectes Architecture", 1988, 185, pp. 18-19.
- Bibliothèque multi-médias à Villeurbanne, "Construction moderne", 1988, 56, pp. 31 -35.
- Mario Botta Biblioteca a Villeurbanne, Francia, "Domus", 1988, 693, p. 3.
- Deux yeux pour voir, "AA. L'Architecture d'Aujourd'hui", 1988, 256, pp. 74 - 75.
- V. Mays, A monument for media, "Progressive Architecture", March 1989, pp. 98-105.
- A. Rochon, Une maison pour les livres, "Scenes Magazine" , January 1989, p. 8.
- Le petit beaubourg de Botta, "Passages" , January 1989, pp. 90-96.
- D. Hasol, Kitap, Görüntü ve Ses Evi / Villeurbanne, "Yapi", 1990, 106, pp. 55-63.
- M. Reig, Hendidura con cilindro, "Arquitectura Viva", 1990, 12, pp. 28-31.
- Biblioteca Municipale di Villeurbanne, in Biblioteche e Mediateche edited by S. Barbera, Gangemi Editore, Rome 1992, pp. 83-87.
- Villeurbanne Media Library, "Space Design", 1998, 31, pp. 60-63.
- Villeurbanne Mediateque in M. Fuchigami, Europe: The Contemporary Architecture, Guide Vol. I, Toto Shuppan, Tokyo 1998, p. 118.

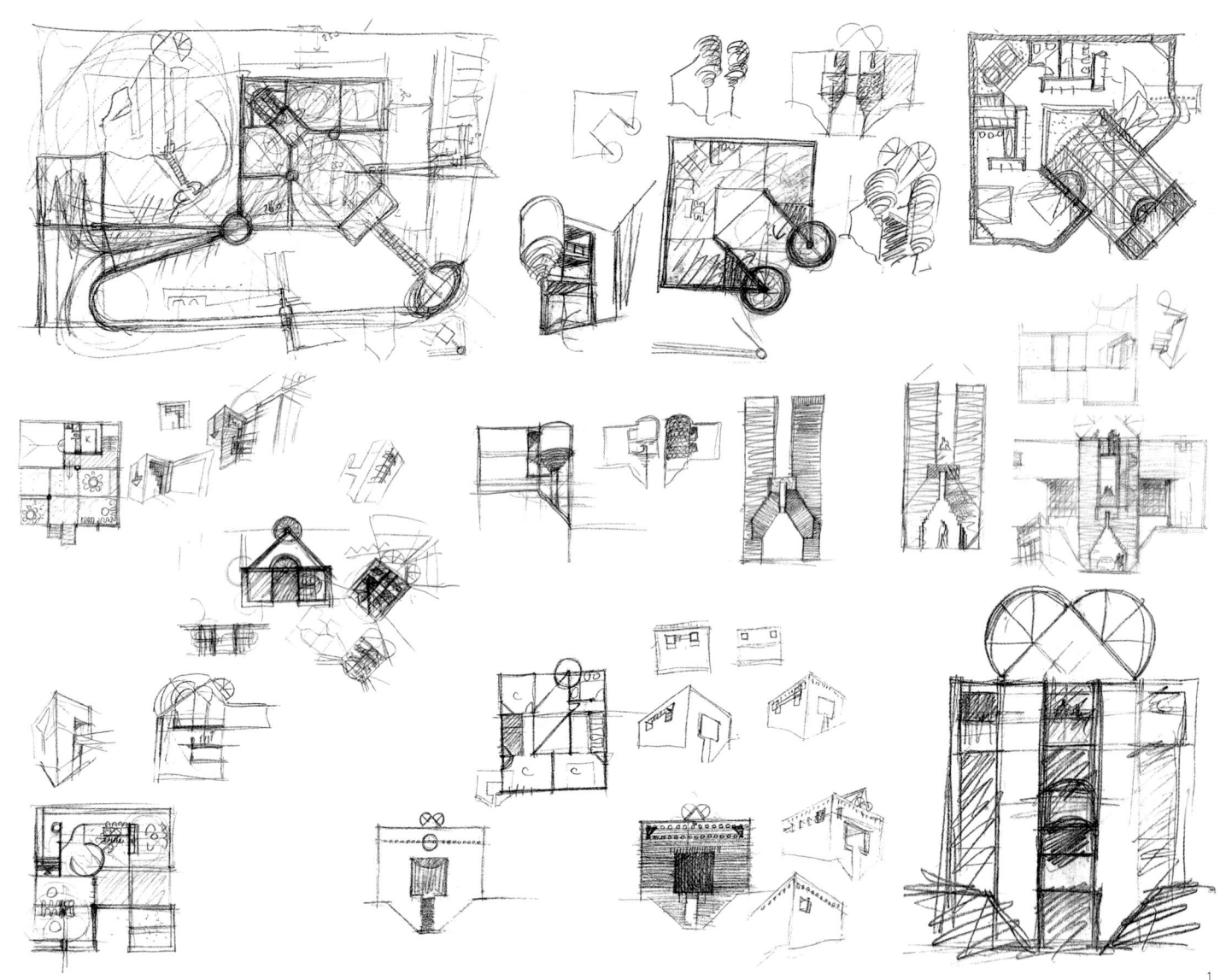

1. 手绘草图
2. 墙体细部

布莱刚佐纳独栋住宅
BREGANZONA SINGLE-FAMILY HOUSE

瑞士 布莱刚佐纳
Breganzona, Switzerland 1984-1988

　　该建筑位于卢加诺周边丘陵地带一处两条道路的交汇点。为解决用地的夹角问题，建筑以L形体量为主体，嵌在一个方形平面内。两道并排的墙体上拱起一对天窗，形成了一个高高的门廊，以作为内部与外部之间的过渡，并成为二层的露台及瞭望台。

　　建筑的3层空间由位于角部沿对角线方向的楼梯相联系。首层的主要功能是入口、书房及服务用房；二层是起居空间；三层是卧室区。混凝土砌块和白色的硅酸钙砖砌筑的条纹形式的墙体强调出了建筑的空间组织。

项目概况

设计时间：1984
建造时间：1986—1988
业主：索尼阿和利奥奈洛·简尼尼
基地面积：930m²
建筑面积：240m²
建筑体积：1 100m³

Project: 1984
Construction: 1986-1988
Client: Sonia and Lionello Genini
Site area: 930m²
Useful surface: 240m²
Volume: 1,100m³

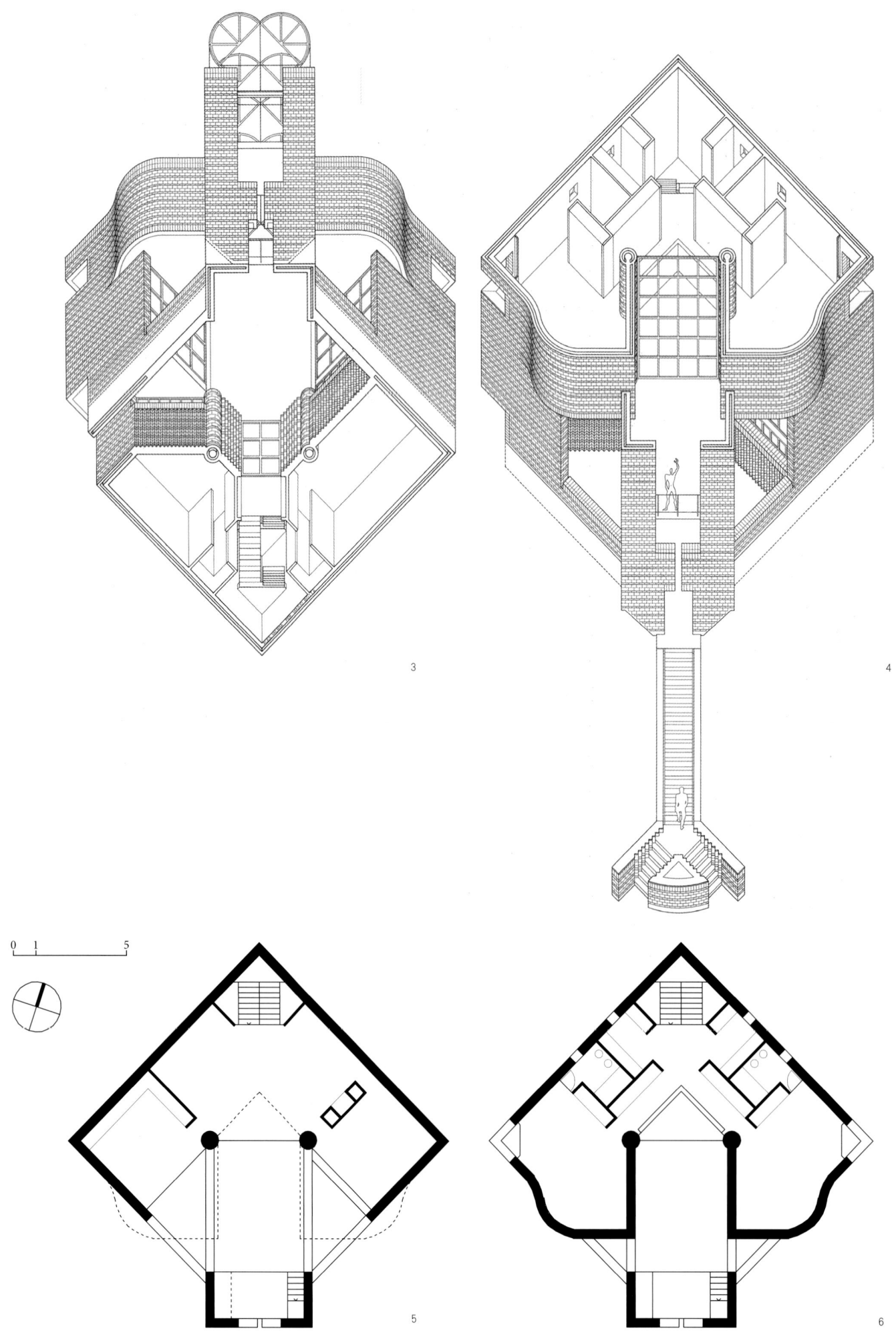

0980

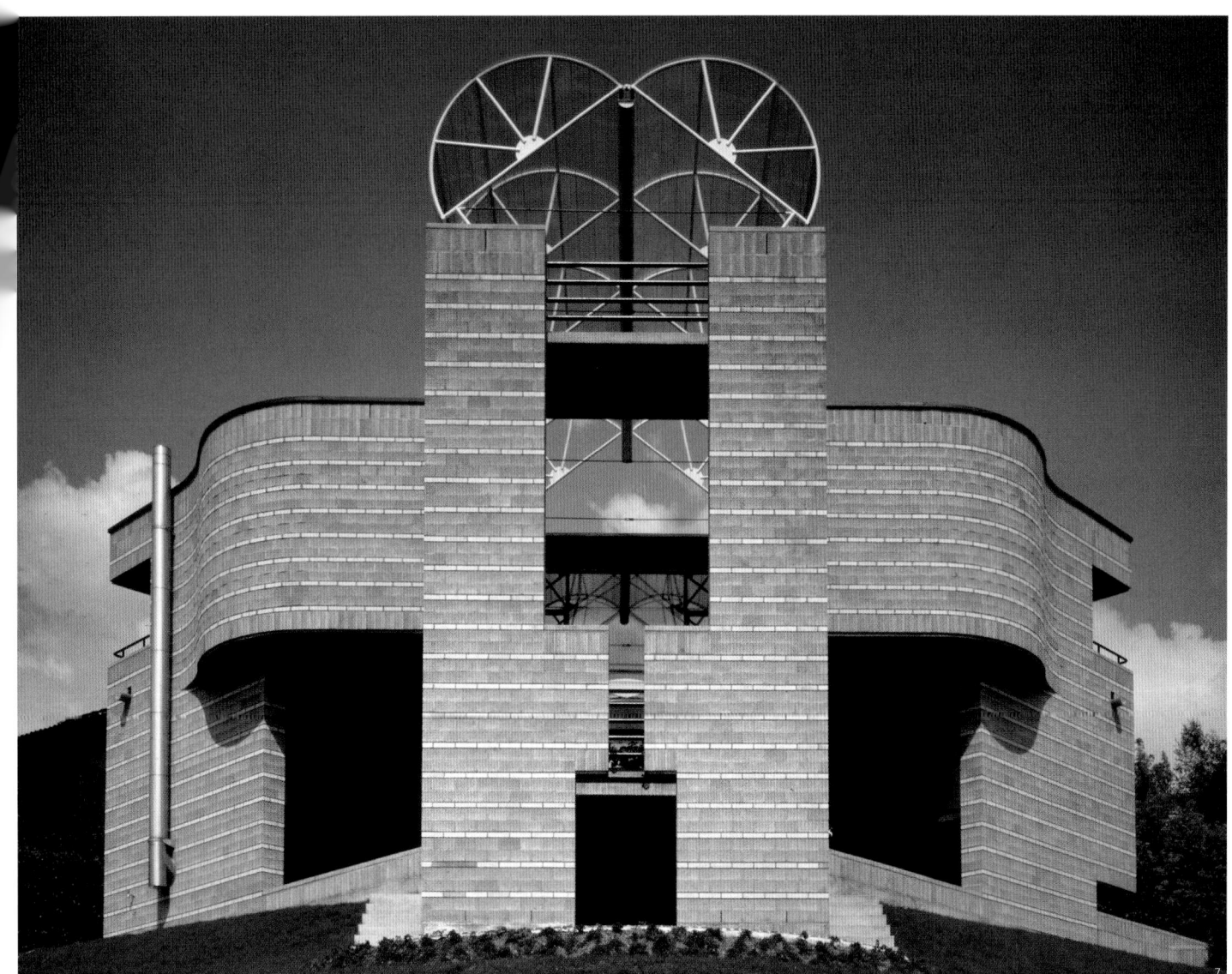

7

3.4. 轴测图
5. 二层平面图
6. 三层平面图
7. 正立面实景
8. 建筑全景

9. 室外露台
10. 室内实景

延伸阅读

- M. Linares Goméz del Pulgar, Mario Botta. Senza luce nessun spazio, "Periferia", 1988, 8-9, pp. 82-87.
- H. Rasch, Wie ein Fels in der Brandung des Mittelmasses, "Häuser", 1989, 4, pp. 40-44.
- M. Reig, Naturaleza demesticada, "Casa Vogue España", 1989, 3, pp. 90-97.
- Haus in Breganzona, "Detail", 1989, 2, pp. 147-150.
- Casa unifamiliare a Breganzona in La nuova architettura ticinese, edited by Frank Werner, Sabine Schneider, Electa Milan 1990, pp. 96-99.
- F. Moschini-L. Gazzaniga, Tra ragione e disseminazione, in "Frammenti-Interfacce- Intervalli, Paradigmi della frammentazione nell'arte svizzera", edited by V. Conti, Costa & Nolan, Genoa 1992, pp. 205-221.

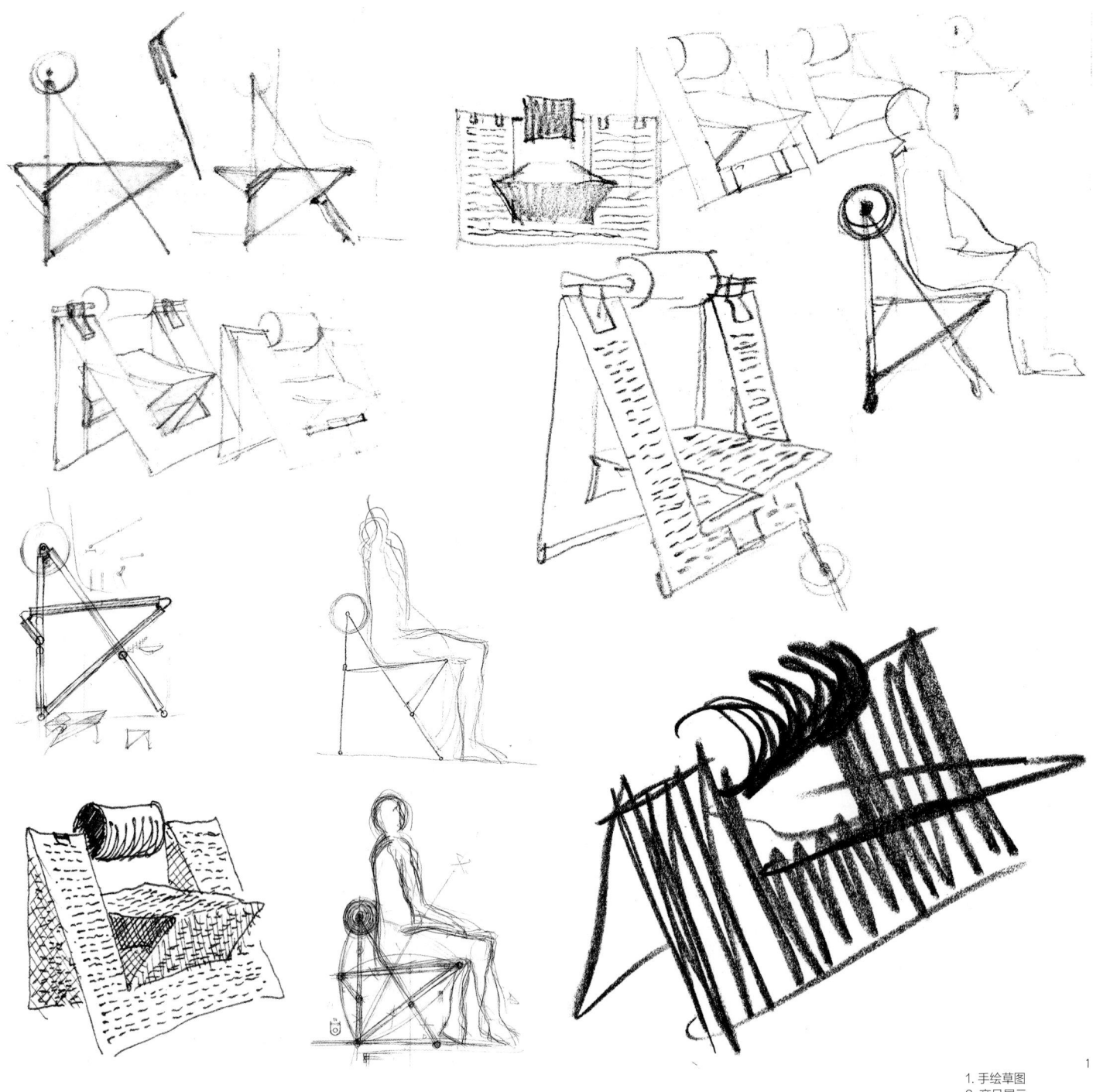

1. 手绘草图
2. 产品展示

座椅 "四号"
CHAIR 'QUARTA'

1984

在设计这件座椅时，我在追求一种有力而透明的建筑的形象和记忆。

我在寻找一种真实的"存在"，它应有种神奇的效果；它时隐时现，可以诱人亲近，也可以梦幻般遥远，如记忆中远方的回音。

我想要一个由光产生的实体，通过交替的铝管框架做出实虚变化。

此即作品之构想：其形象为其结构，结构亦是形象。

——马里奥·博塔，1984

项目概况

设计时间：1984
生产时间：自1984
制造商：阿里亚斯家私
尺寸：98cm×65cm，高67cm
结构：铝管和镀铬或黑色环氧粉末涂层的PVC垫片。椅背为黑色聚氨酯

Design: 1984
Production: since 1984
Manufacturer: Alias SpA
Size: 98cm×65cm, 67cm H,
Structure: aluminum tubing with PVC spacers finished in chromium plate or black epoxy powder coating. Back in black polyurethane

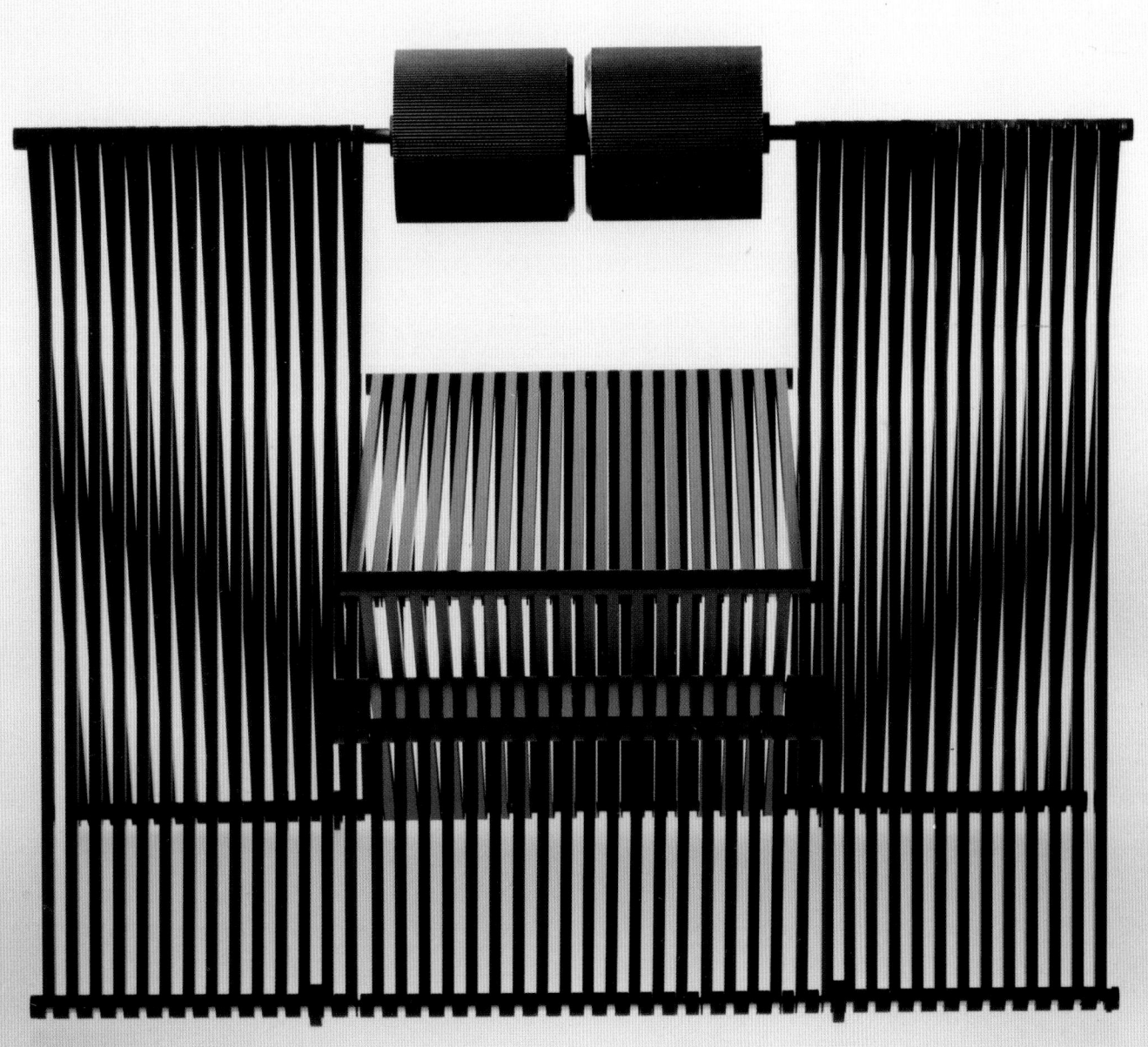

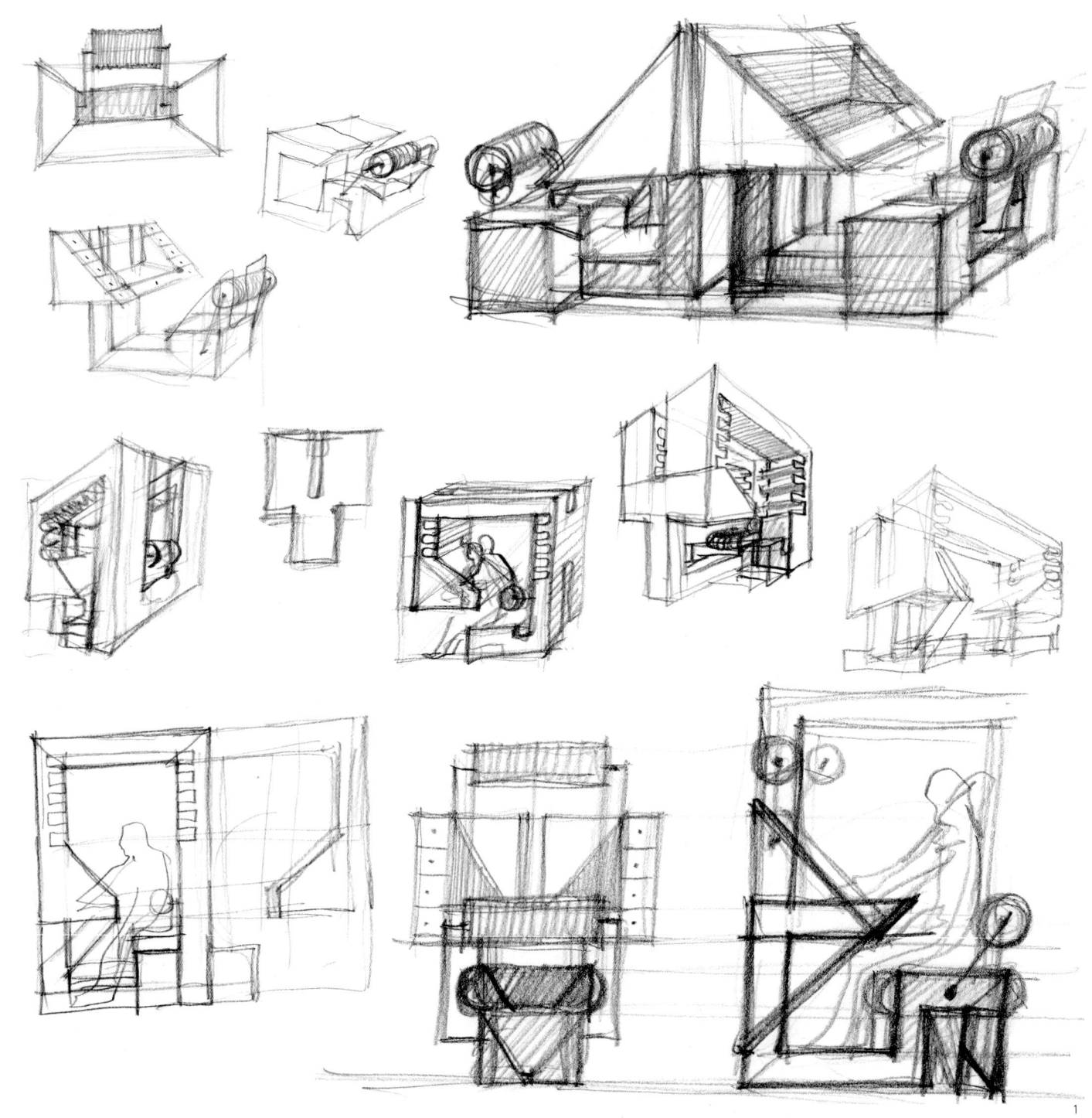

1. 手绘草图
2. 实体模型

"壳"装置设计
'GUSCIO' DESIGN FOR THE 17TH TRIENNALE DI MILANO

1985年米兰三年展参展作品
Triennale di Milano, Italy 1984-1985

　　"壳"（"Guscio"）是为主题为"亲和力"的展览而设计的。这个设计定义了一个基本空间，空间的边界由宽间距的木条构成，因而具有一定的通透性。空间主要是为了提供一个思考、学习和写作的场所，一个表达自我、交流情感的港湾。

项目概况
设计时间：1984—1985
生产时间：1985
展示：第十七届米兰三年展，1985年2月
制造商：弗拉泰利，利索内
尺寸：圆柱高226cm，直径226cm
材料：山毛榉板条

Project: 1984-1985
Production: 1985
Presentation: XVII Triennale di Milano, February 1985
Manufacturer: Fratelli Meani, Lissone
Dimensions: cylinder 226cm high and 226cm in diameter
Materials: spaced beech slats.

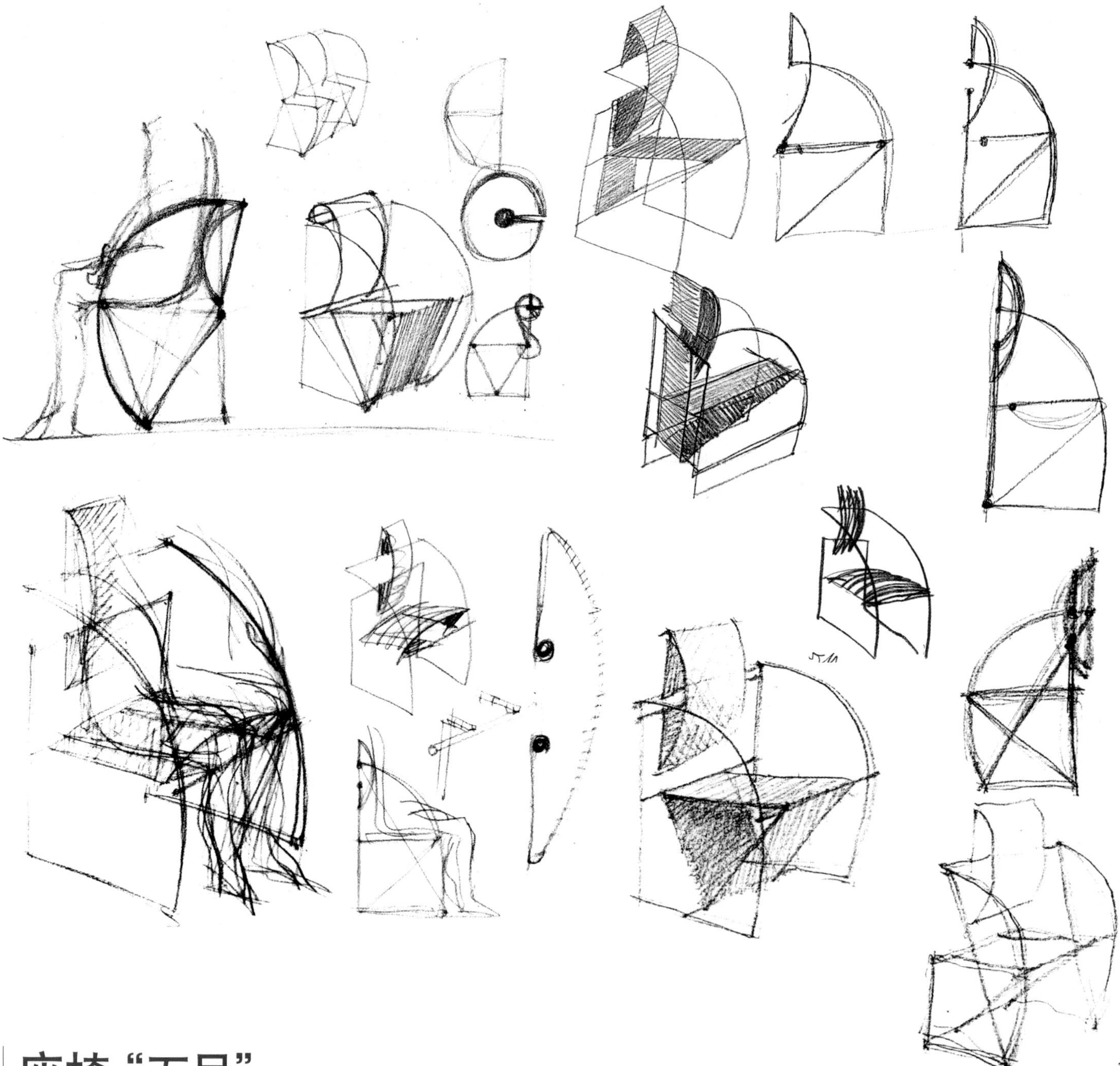

座椅"五号"
CHAIR 'QUINTA'

1985

椅子"五号"仅由一个细长的钢构架及其所支撑的弯曲的穿孔金属板椅面和椅背构成。我又设计了一把椅子，完全取决于我对它形式的控制。无疑，人们在使用椅子的时候也会用眼睛看。这种简约的设计及最简单的材料所不断激发出的无限魔力会给建筑师们带来愉悦。

——马里奥·博塔，1989

1. 手绘草图
2.3. 产品展示

项目概况

设计时间：1984
生产时间：1985
制造商：阿里亚斯家私
尺寸：45cm×52cm，高92cm
结构：直径14mm的喷漆钢管。
椅背与椅面：黑色或铜绿色喷漆金属板

Design: 1984
Production: since 1985
Manufacturer: Alias S.p.A.
Size: 45cm×52cm, 92cm H
Structure: painted steel tubing 14 mm in diameter.
Seat and back: sheet metal painted either black or verdigris

1

2

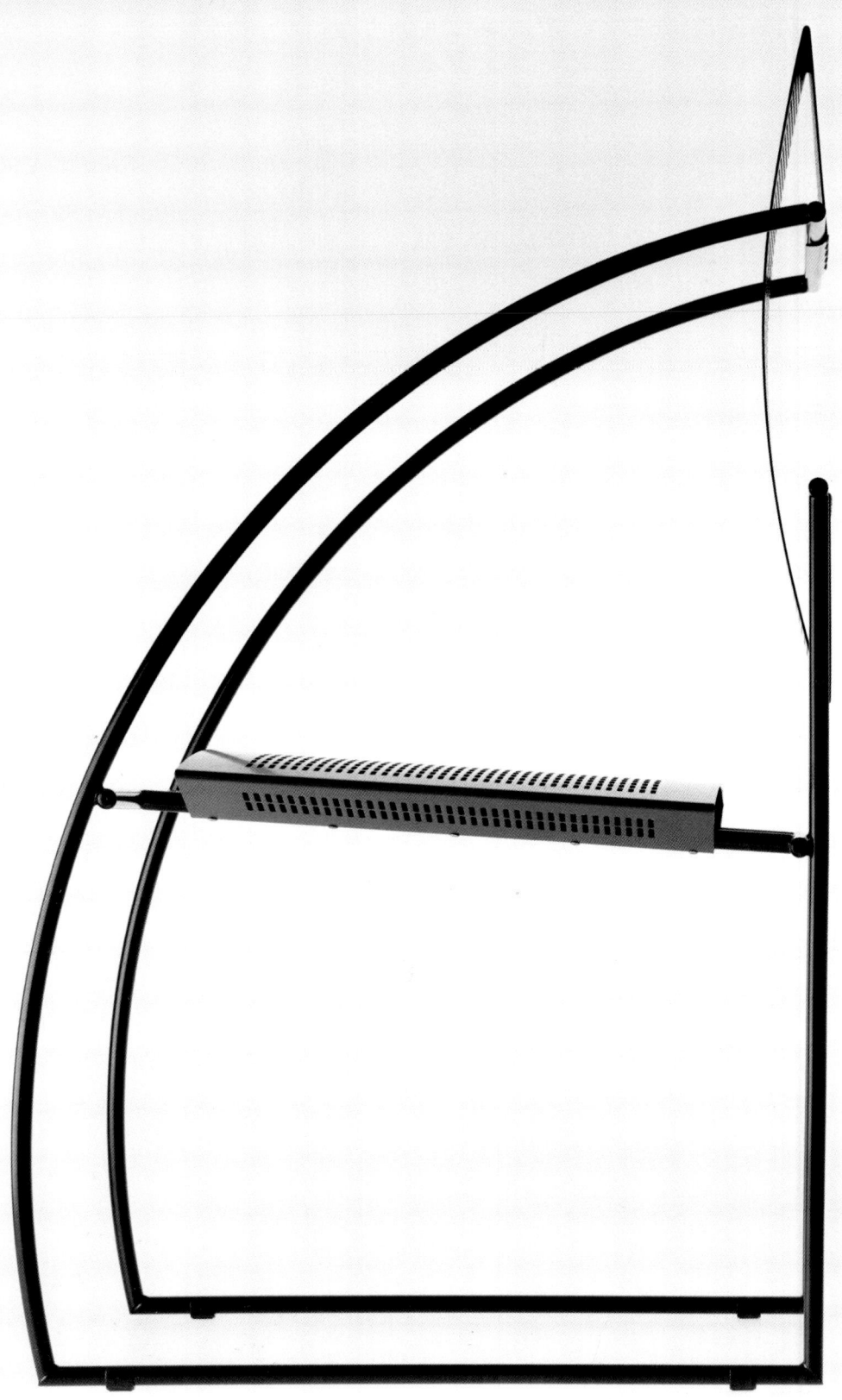

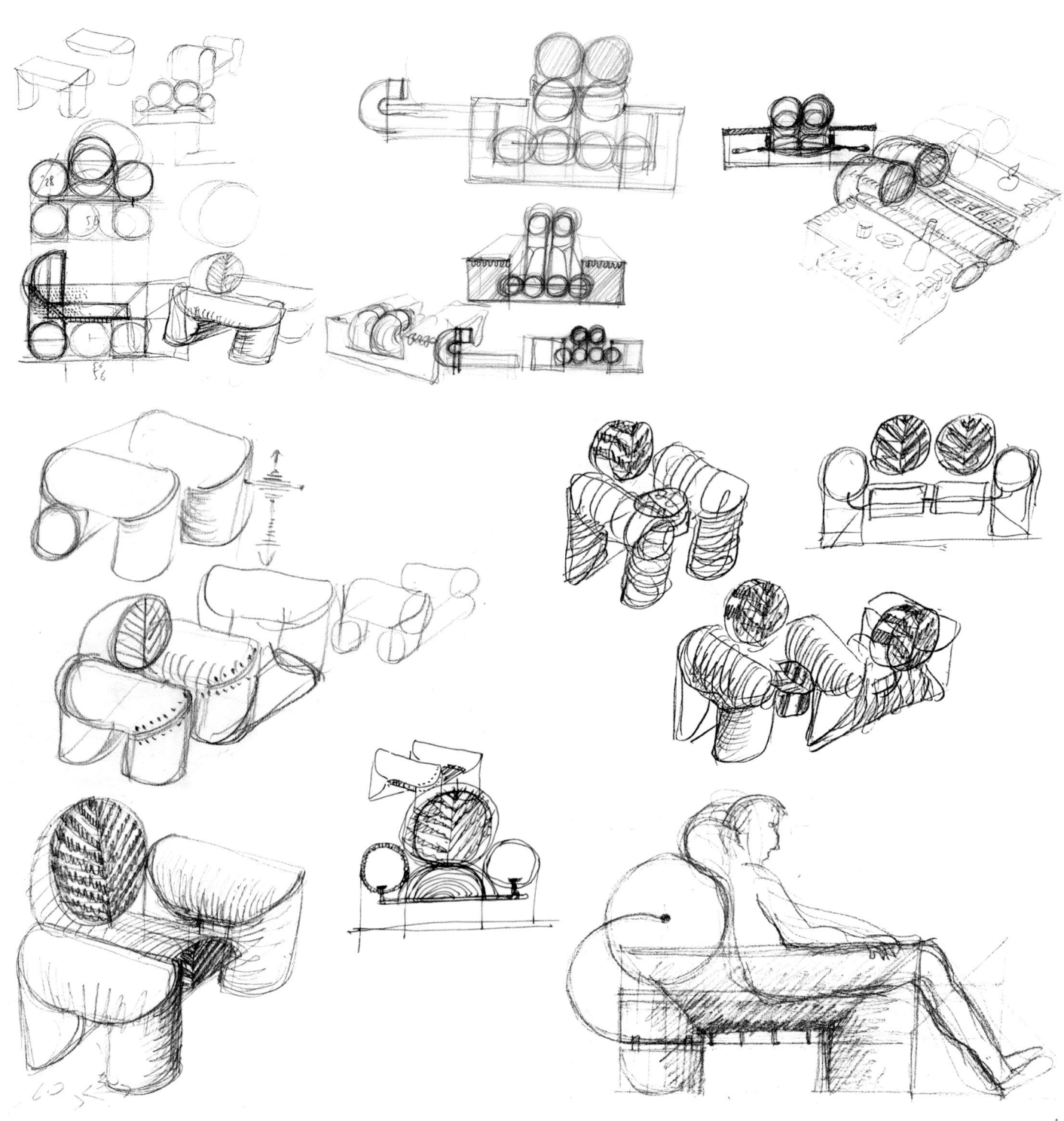

1. 手绘草图
2.3. 实体展示

扶手椅 六号
ARMCHAIR 'SESTA'

1985

　　沙发是用来拥抱并俘获使用者的空间。在该设计的不同阶段，构架变得越来越脱离实体感，直到最后剩下一个牢固的透明肌理。

　　该扶手沙发有三种款式：单人沙发（"王子"），双人沙发（"国王与王后"），以及面对面双人沙发（"东方与西方"）。

项目概况
设计时间：1985
生产时间：自1985
制造商：阿里亚斯家私
尺寸：100cm×100cm，高85cm
结构：穿孔金属板
椅面与椅背：聚氨酯泡沫塑料外包双色皮革

Design: 1985
Production: 1985
Manufacturer: Alias S.p.A.
Size: 100cm×100cm, 85cm H
Structure: perforated sheet metal.
Seat and back: polyurethane foam covered in two-tone leather

1. 手绘草图
2~4. 实体展示

将军灯具
LAMP 'SHOGUN'

1985

这系列灯具有三种款式：落地灯、台灯、壁灯。利用两个可以调节的旋转穿孔金属灯罩，"将军"可以提供无限变化的光线。

我不认为灯具应该消失。它是一个在黑暗中创造光明的物品，所以它应该被设计为带有功能的视觉艺术品，一个形象。这就是为什么我开始把灯具设计成人物。"将军"就是一个人，他有头、有身体和脚，以及肚脐。

项目概况
设计时间：1985
生产时间：1985（已停产）
制造商：雅特明特股份有限公司
尺寸：宽33cm，深16cm，
　　　支架高183/226cm
结构：白漆穿孔金属板，白漆铝制支架

Design: 1985
Production: 1985 (now out of production)
Manufacturer: ArtemideSpA
Size: width 33cm; depth 16cm; stem 183/226cm H
Structure: white painted perforated sheet metal; stem
　　　in aluminum painted white

2

3

4

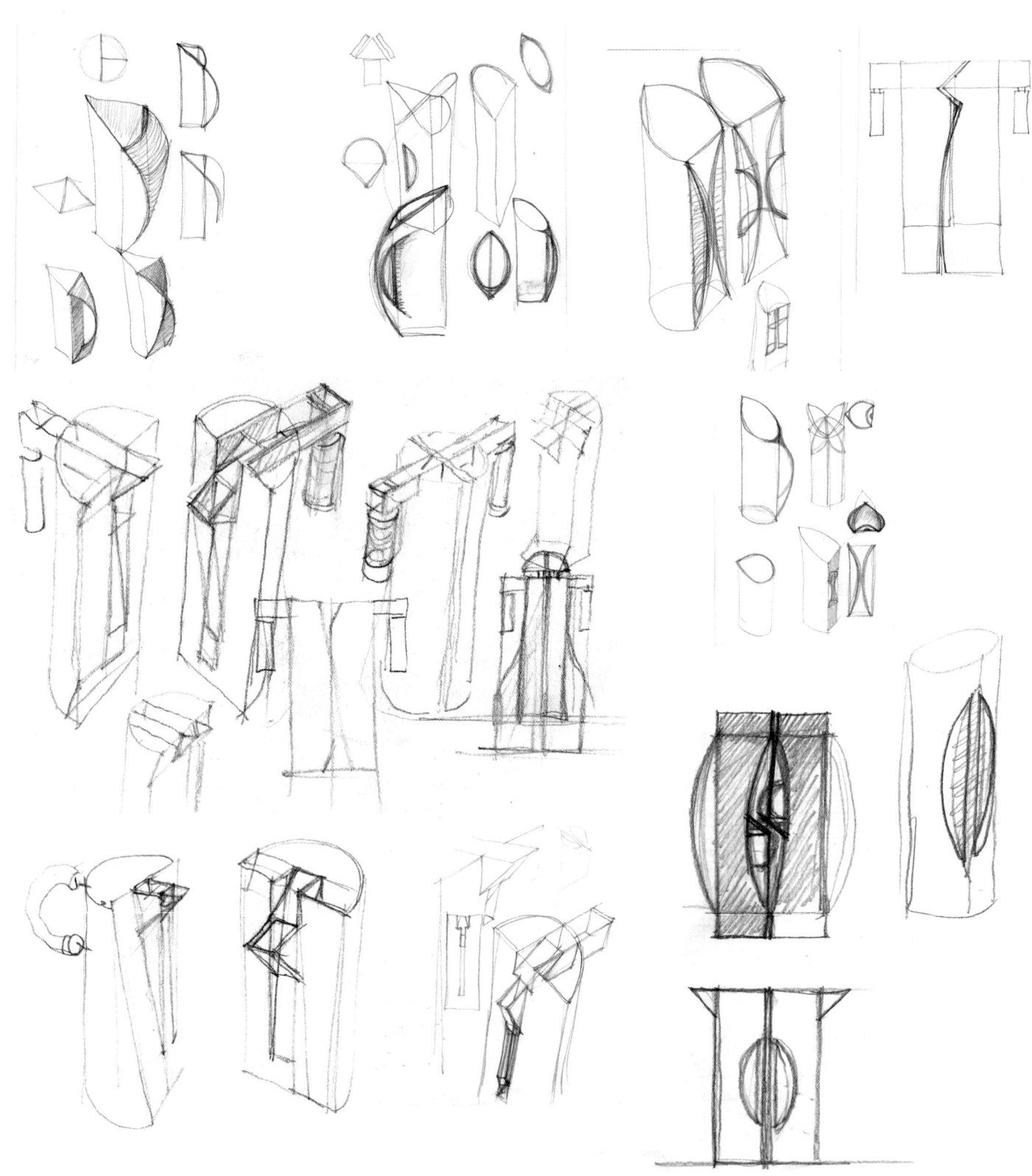

1. 手绘草图
2. 实体展示

穆纳里对壶 1
DOUBLE-CARAFE 1

1985

　　组合中每一个元素的形式都来自一个被截断的圆形平面，使得两部分
连接时像一对圆柱体相互穿插。

项目概况

设计时间：1985
生产时间：自1985
制造商：维琴察，克莱托·穆纳里
尺寸：高30cm，重1750g
材料：抛光银器

Project: 1985
Production: since 1985
Manufacturer: Cleto Munari, Vicenza
Dimensions: 30cm height, 1750g weight
Material: polished silver

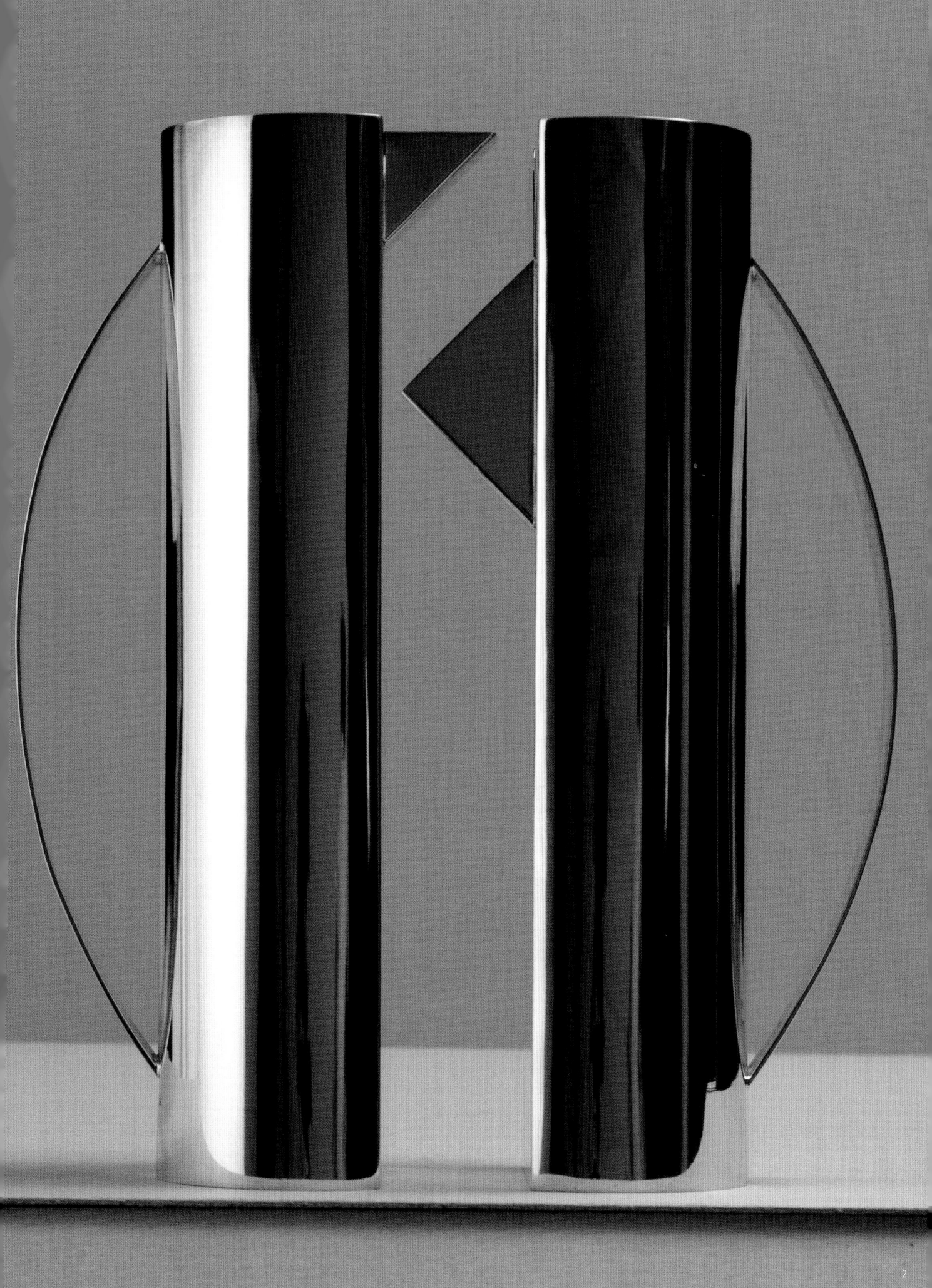

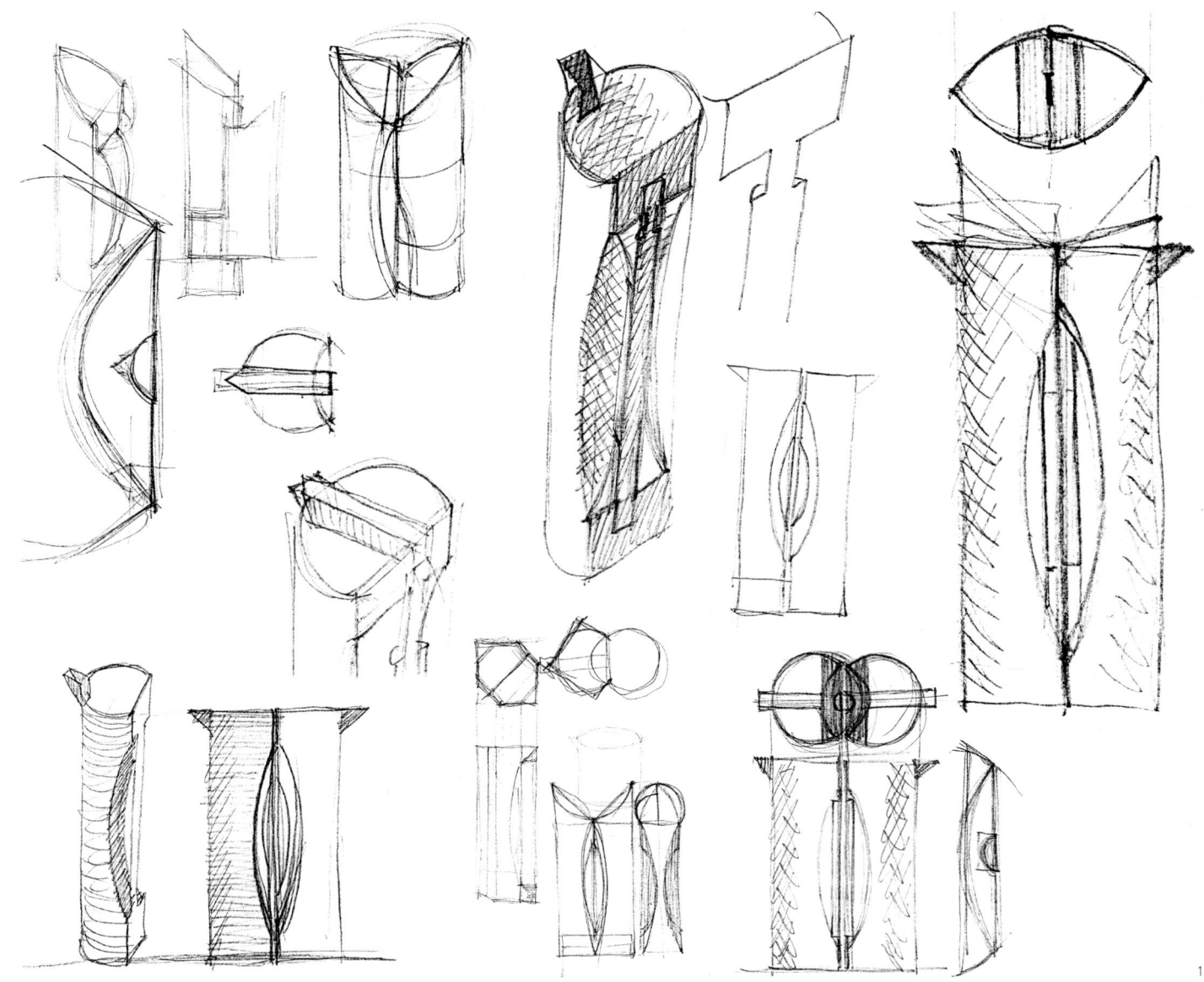

1

穆纳里对壶 2
DOUBLE CARAFE 2

1989

　　由同一款设计衍生而出的对壶。两个圆柱体块相对摆放，营造出一种几何趣味，随之间距离的变化又生出不同的空间形象。壶体与弧面相交的垂直面构成了理想的互动表面。沿垂直面凹陷的金属表面暗示出了对称的重叠，从而使壶体合二为一；犹如两水滴被表面的张力所结合，对壶融为一体，并沉浸在抛光银器的映射之中。两个参照正圆周的拱形为方便把握壶体而设计，它们似乎是能够打破组合魔咒的唯一元素。

项目概况

设计时间：1989
生产时间：自1989
制造商：维琴察，克莱托·穆纳里，
尺寸：高29cm，重1 950g
材料：抛光银器

Project: 1989
Production: since 1989
Manufacturer: Cleto Munari, Vicenza
Dimensions: 29cm height, 1,950g weight
Material: polished silver

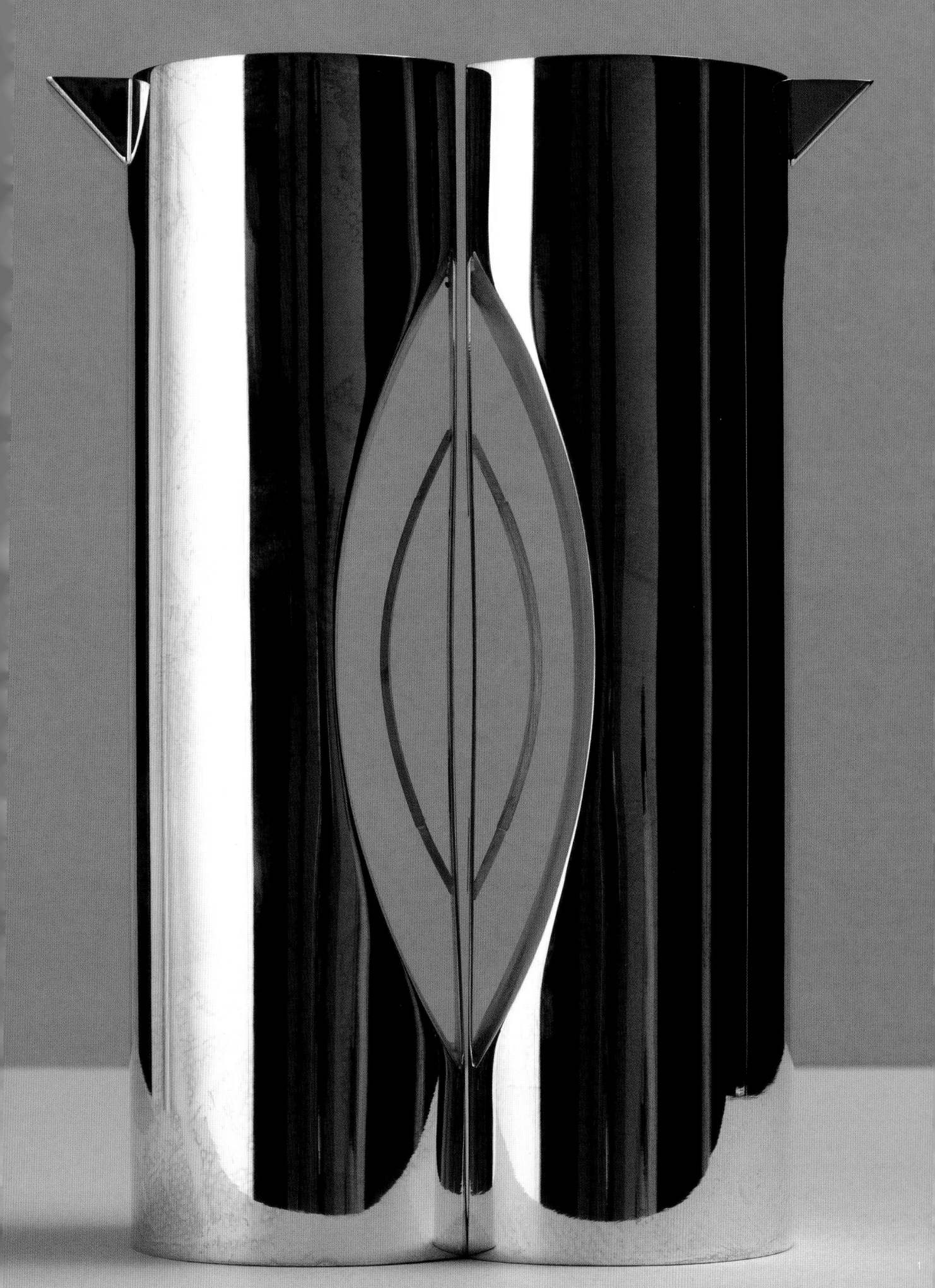

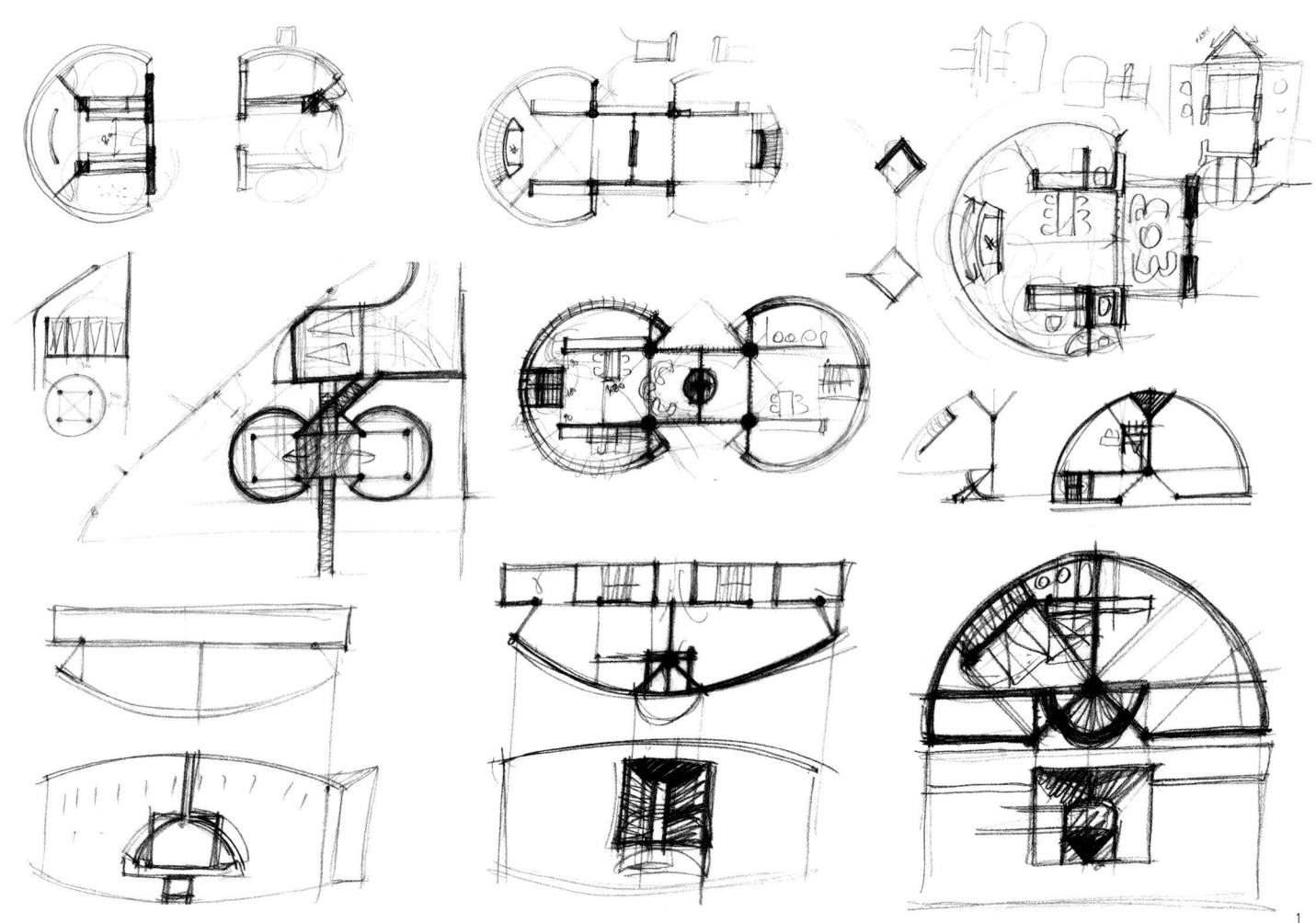

1. 手绘草图
2. 首层平面图
3. 二层平面图
4. 三层平面图

瑞士"双拼单身"公寓
'BI-SINGULAR' HOUSE

瑞士 波斯柯卢加耐
Bosco Luganese, Switzerland 1985

这座建筑位于经历城市化的新区之内,东侧是茂密的树林,南侧是嶙峋的山峦。这个项目将两个住宅集群放在两个毗连的圆形体块里,体块在二层的起居空间相连接。

建筑设计成3层。一个共用的首层门廊导向各自居所的底层,设有入口及服务空间。在二层,两个起居室连接在一起,形成了两个单元之间的桥梁。界墙上的推拉门为两个起居空间提供了一个直接的联系。两个顶层的卧室通过开向露台的大窗联系起来,露台位于起居室之上。最上面是连接着独立的观景楼的玻璃通道。

项目概况

竞赛时间:1985
业主:安吉利卡和阿尔博特·贾诺拉
基地面积:1 800m²
建筑面积:300m²
建筑体积:1 200m³

Project: 1985
Client: Angelica and Alberto Gianola
Site area: 1,800m²
Useful area: 300m²
Volume: 1,200m³

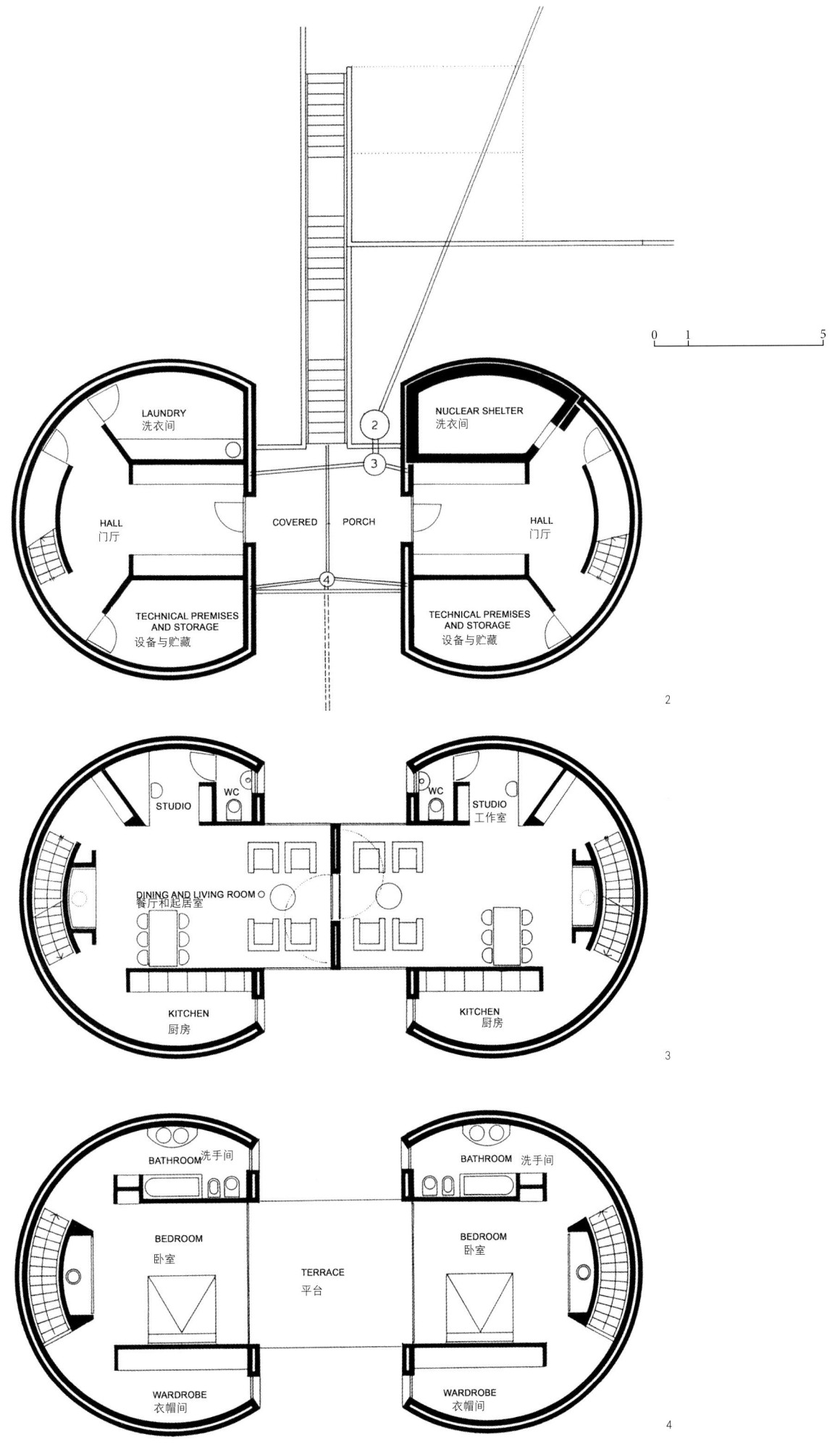

LAUNDRY
洗衣间

NUCLEAR SHELTER
洗衣间

② ③

HALL
门厅

COVERED   PORCH

HALL
门厅

④

TECHNICAL PREMISES
AND STORAGE
设备与贮藏

TECHNICAL PREMISES
AND STORAGE
设备与贮藏

2

STUDIO   WC

WC   STUDIO
工作室

DINING AND LIVING ROOM ○
餐厅和起居室

KITCHEN
厨房

KITCHEN
厨房

3

BATHROOM 洗手间

BATHROOM 洗手间

BEDROOM
卧室

TERRACE
平台

BEDROOM
卧室

WARDROBE
衣帽间

WARDROBE
衣帽间

4

0 1   5

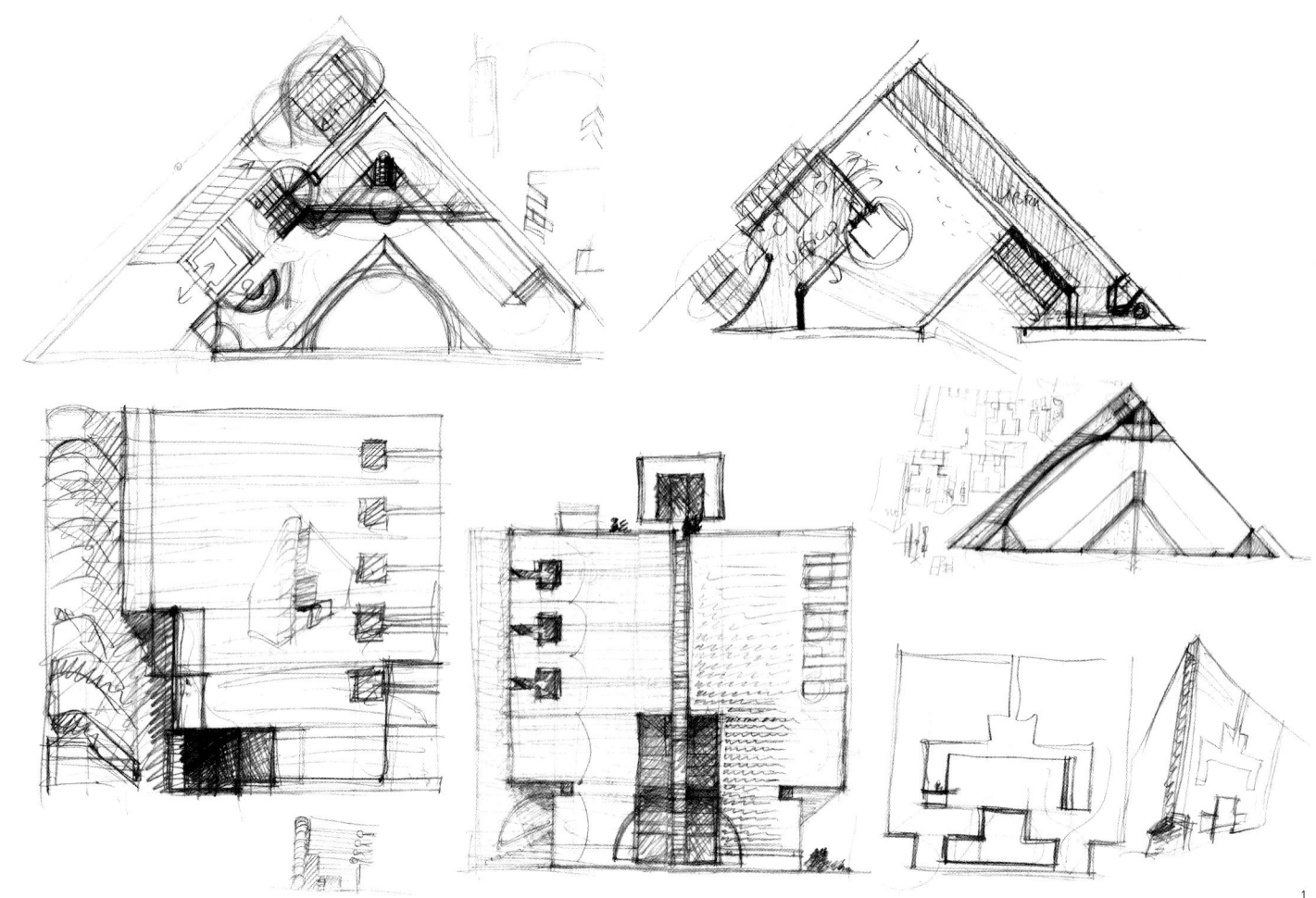

1. 手绘草图
2. 建筑细部
3. 建筑全景

WATERI-UM美术馆
ART GALLERY WATARI-UM

日本 东京
Tokyo, Japan 1985-1990

美术馆坐落在涉谷区一个人口稠密的地段。它占据了一块三角形基地，并需要应对三种不同的环境要素：一条主干道、一条支路和建筑后方一个体量较小的建筑。

建筑的主要立面由条状的黑色石材和清水混凝土相间构成，并有一条竖向的分缝将立面从中部切开，底部以长方形的开口结束。主入口位于建筑的一角，其前方是疏散楼梯被切割出的体量轮廓。楼梯被向外推，凸出建筑的体块，以此在侧墙上获得了展陈面。建筑顶部的体量是技术用房——一个开有圆形窗洞的混凝土圆柱。建筑地上5层，地下1层，由一个纵向楼梯连接。展览空间占据一到三层，尽管其尺度很小，由于布局清晰，实际看起来比较大。

项目概况

设计时间：1985—1988
建造时间：1988—1990
合作建筑师：株式会社竹中工作室
业主：亘浩
基地面积：157m²
建筑面积：627m²
建筑体积：3 650m³

Project: 1985-1988
Construction: 1988-1990
With: Takenaka Corporation
Client: Hiroshi Watari
Site area: 157m²
Useful surface: 627m²
Volume: 3,650m³

4. 剖面图
5. 首层平面图
6. 四层平面图
7. 六层平面图
8. 沿街建筑实景
9. 室内楼梯
10. 眺望城市空间

4

5

6

7

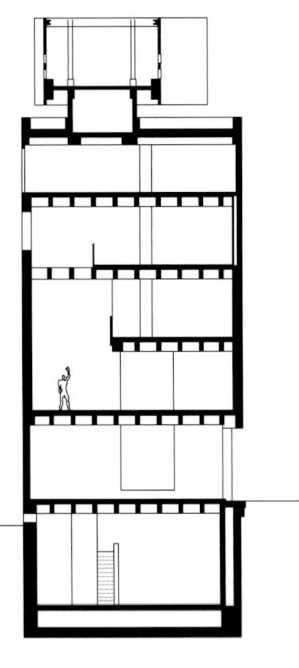

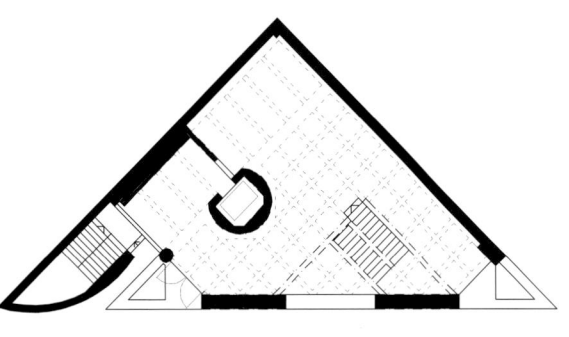

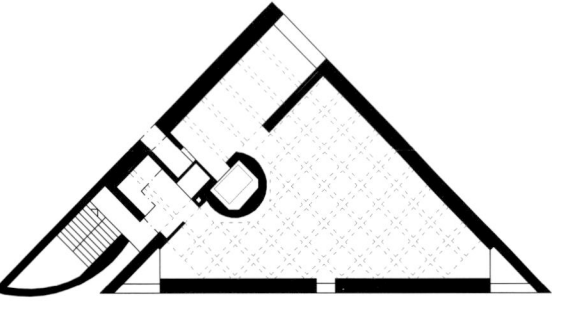

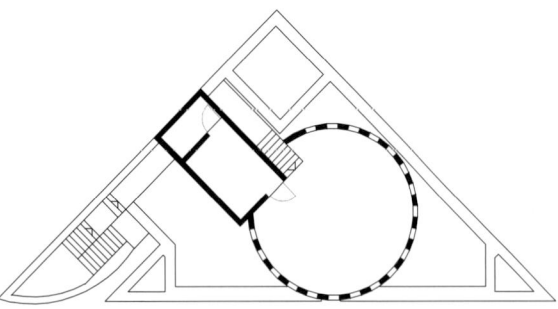

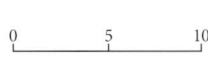

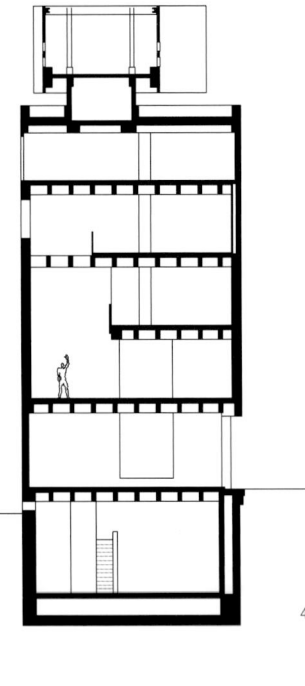

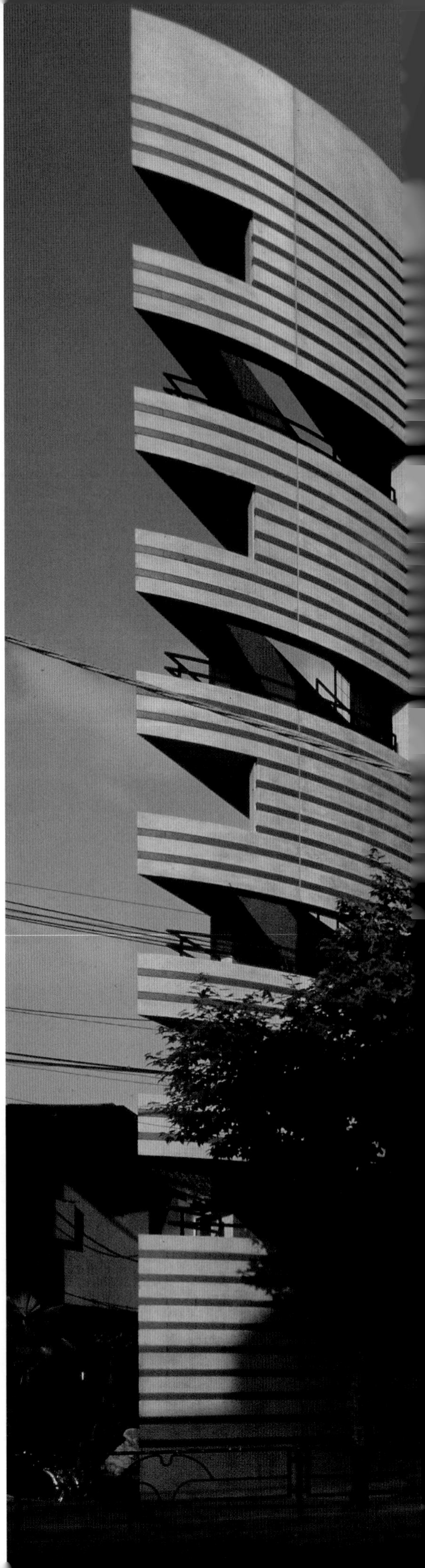

11. 室内实景
12. 楼梯

延伸阅读

- H. Szeemann, L'eco del triangolo: Botta a Tokyo, "Casabella", 1990, 574,
pp. 32-33.
- H. Szeemann, Museo Watari-um, "DiseñoInterior", 1991, 3, pp. 106-121.
- H. Watanabe, Mario Botta Watari-um, "GA Document", 1991, 30, pp. 92 - 99.
- Botta, Eisenmann, Gregotti, Hollein: musei, edited by P. Ciorra, Electa, Milan 1991, pp.
39-63.
- Mario Botta, Watari-um Gallery, Tokyo, "Architectural Design", 1991, 94, pp. 74-77.
- W. Bianchi, Casa e museo Watari-um, "L'Arca", 1991, 1, pp. 54-61.
- Tokyo, Museo Watari - um a Shibuya-ku, "Lotus", 1993, 76, pp. 69-77.
- Watari-Um Contemporary Art Gallery in "Sichtbeton Atlas", edited by Joachim Schulz,
Vieweg + Teubner, Wiesbaden 2009, pp. 262-267.

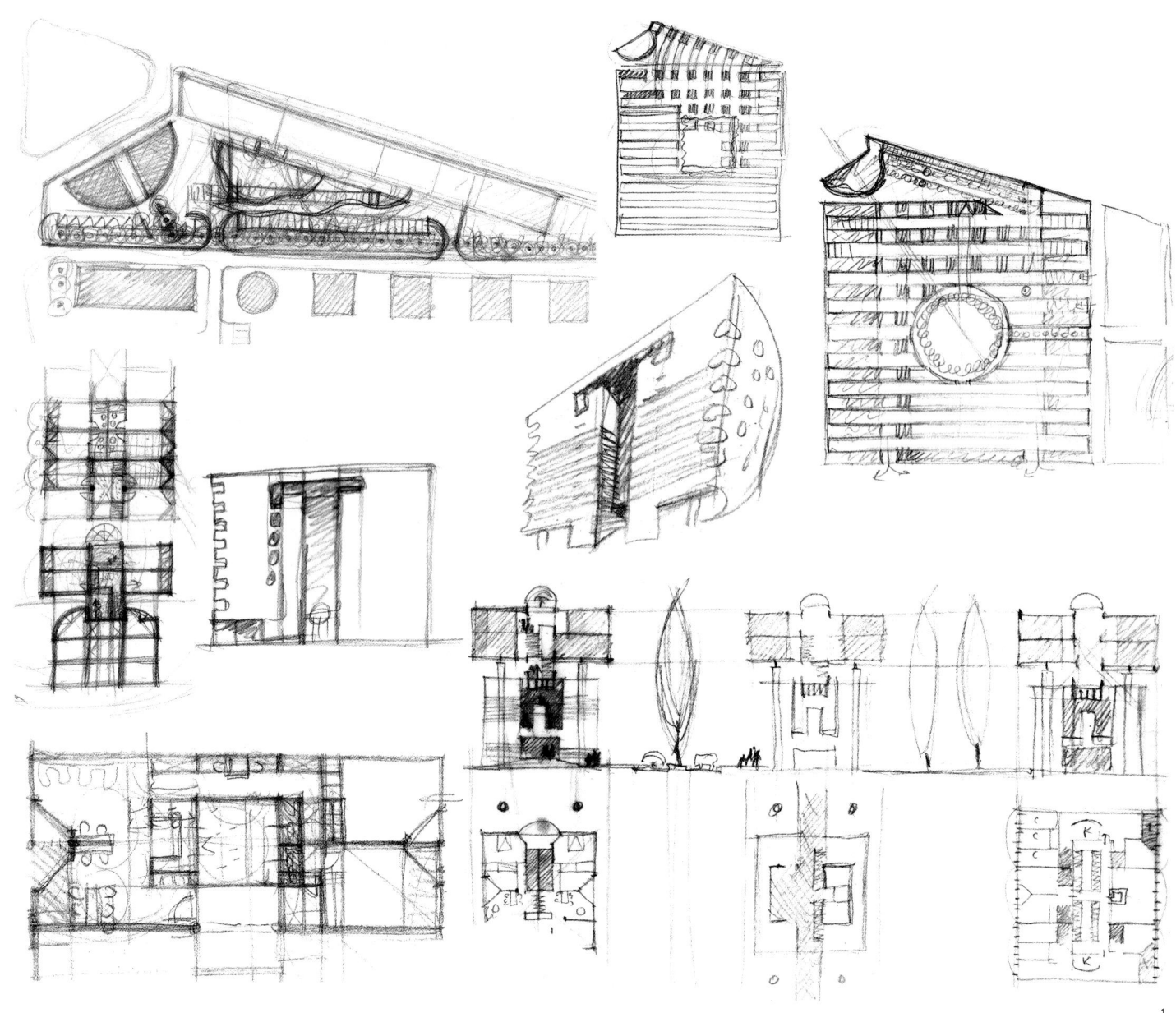

1. 手绘草图
2. 建筑透视图

前梵契·伍尼卡工业区住区开发
RESIDENTIAL DEVELOPMENT

意大利 都灵
Turin, Italy 1985

当前梵契·伍尼卡工厂迁走以后，城市出现大片的空白，暴露出城市在各个方面中正显现出来的衰退。这个再开发项目高于地面11m，希望通过一种前所未有的建筑手法创造出可以结合多种功能的新方式。它覆于城市20世纪的街道之上，并改造了其已被废弃的功能。绿树成荫的通道嵌在建筑群之中，为街道提供了绿化空间。它们的自然中心是一个圆形的中心广场，它打破了新体块的网格布局。稍高于地面的人行通道与步行小道将分散的楼梯连接起来，并为与公共空间紧密相联的公寓提供通道。这些居住空间，不论是布置在塔楼中的个人公寓，还是俯瞰塔楼的部分线形居所，都是由它们自身与整个综合体的紧密关系而确定的。在南北两侧，长长的建筑体块定义了再开发项目的边界，也为办公及商业活动提供了空间。

项目概况
合作建筑师：皮耶罗·玛乔拉，
　　　　菲利波·巴勒巴那，马里奥·戴廖
业主：都灵市
基地面积：90 000m²
建筑体积：265 000m³

With: Piero Maggiora, Filippo Barbano.
　　　Mario Deaglio
Competition project: 1985
Client: City of Turin
Site area: 90,000m²
Volume: 265,000m³

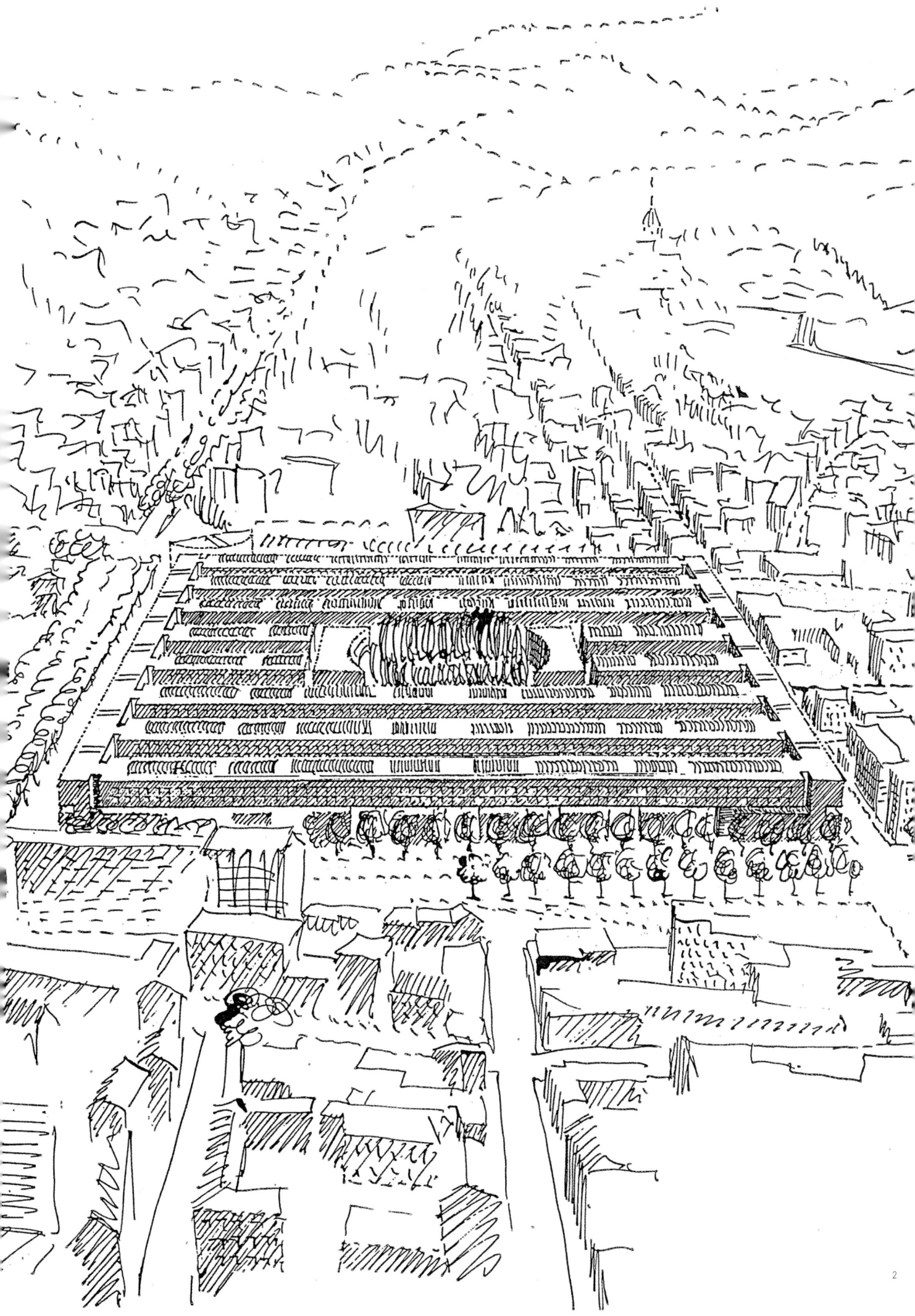

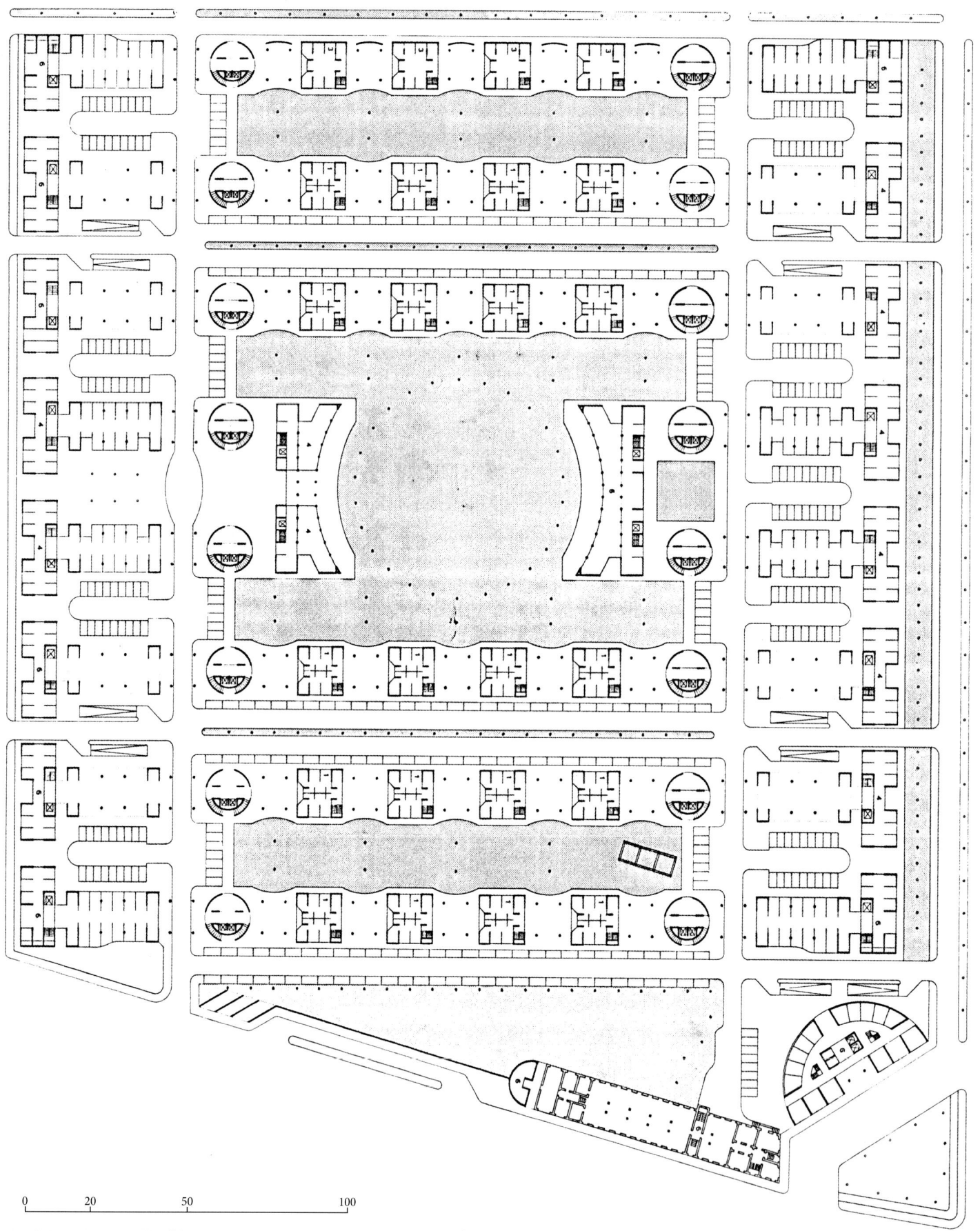

0   20   50   100

3

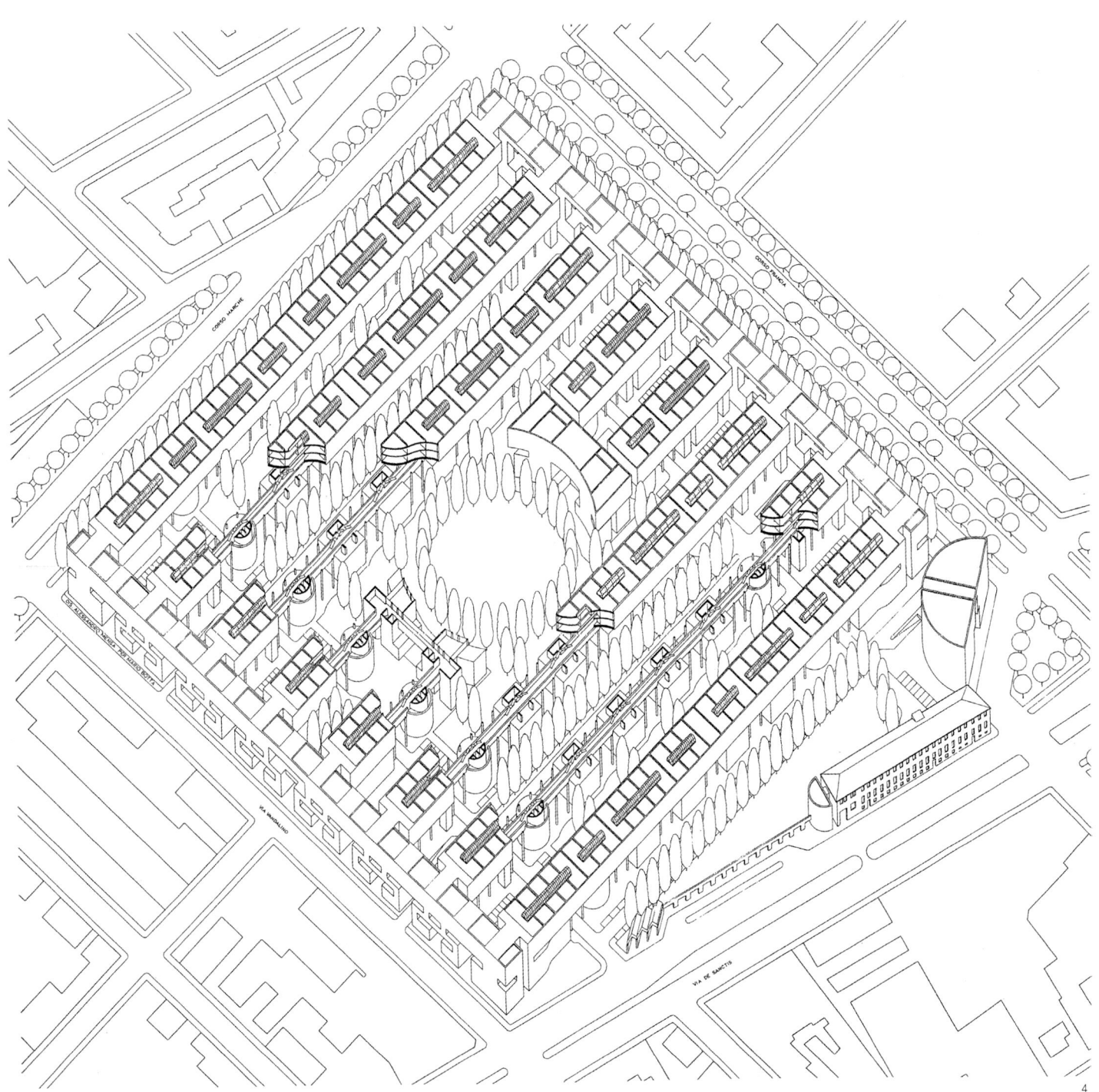

3. 首层平面图
4. 轴测图

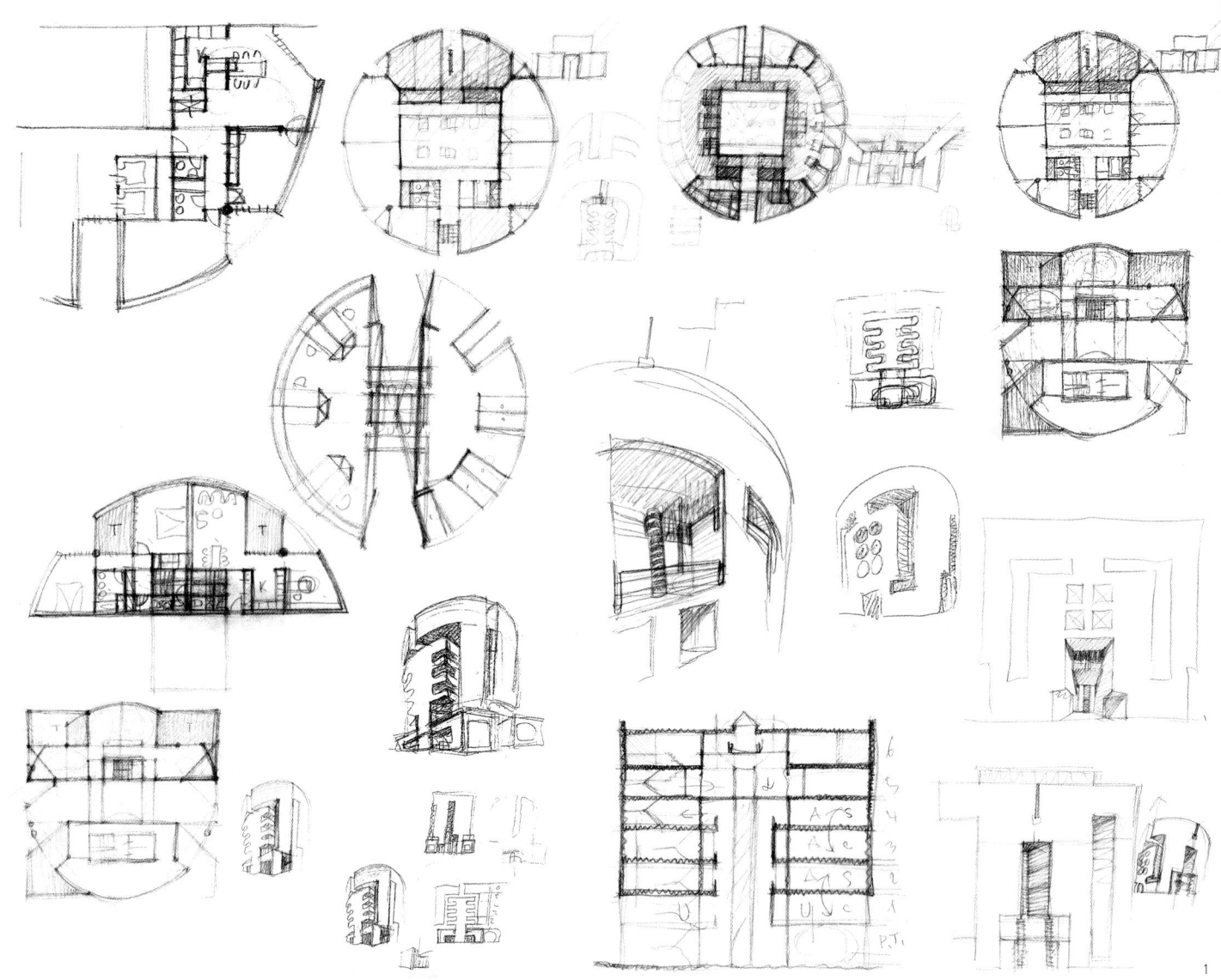

西亚尼大街住宅办公综合楼
RESIDENTIAL AND OFFICE BUILDING

瑞士 卢加诺
Lugano, Switzerland 1986-1990

博塔决定为自己设计一个工作室，在位于卢加诺城内开发区的用地上，他提出了一个类似城市别墅的设想。设计选择了圆柱形结构，其内部空间的组织极尽灵活性，同时，设计又决意使新建筑同周边的建筑相区分。宽敞的工作室设置在顶部的三层空间，工作区域利用一系列顶部开口采光。这个位于入口中庭之上环绕中央竖井的空间十分宽敞，立面上的一系列开窗及顶部带有破裂拱壳的宏大屋顶从外面暗示出了它的存在。

项目概况

设计时间：1986	Project: 1986
建造时间：1989—1990	Construction: 1989-1990
业主：马里奥·博塔，德拉·卡萨	Client: Maria Botta, Della Casa
基地面积：1 850m²	Site area: 1,850m²
建筑面积：2 274m²	Useful surface: 2,274m²
建筑体积：11 000m³	Volume: 11,000m³

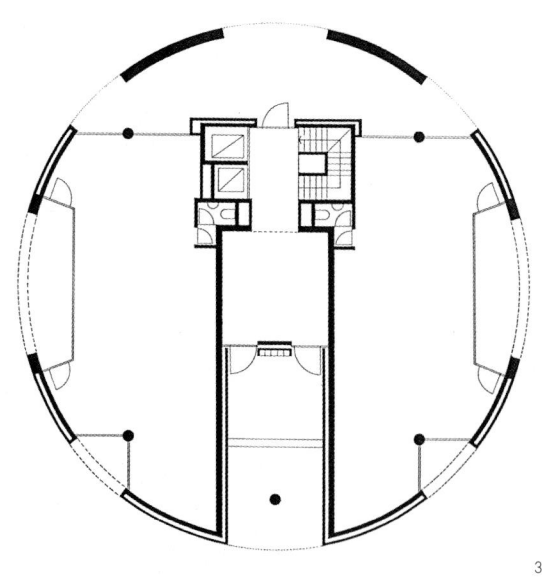

3

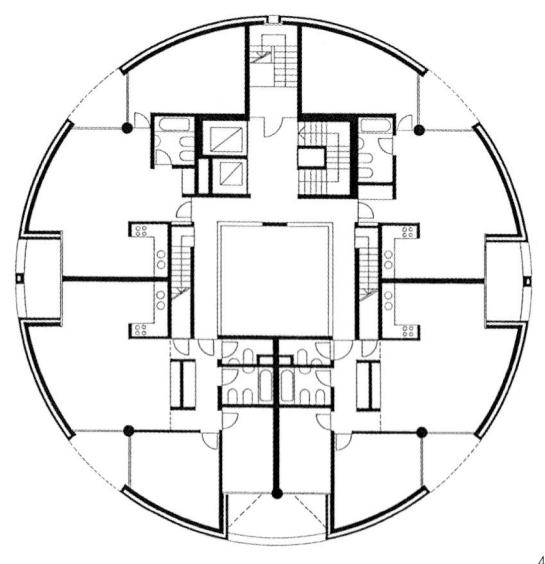

4

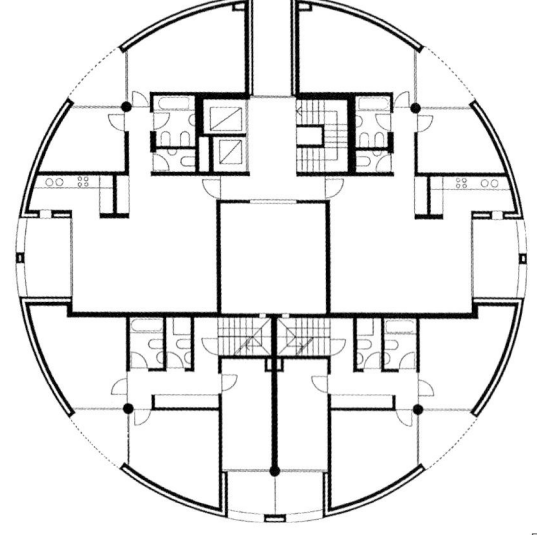

5

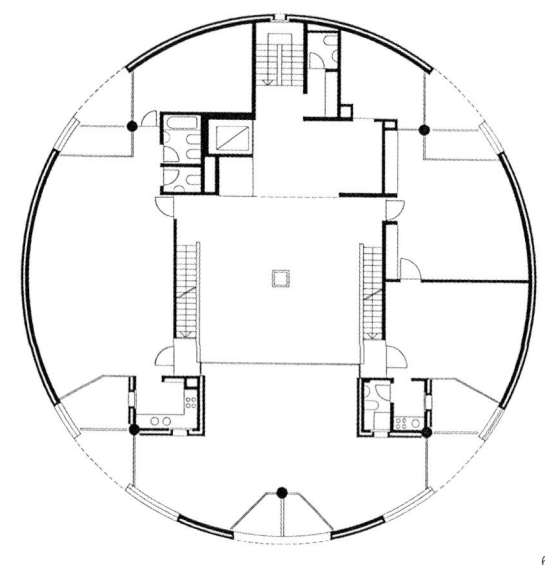

6

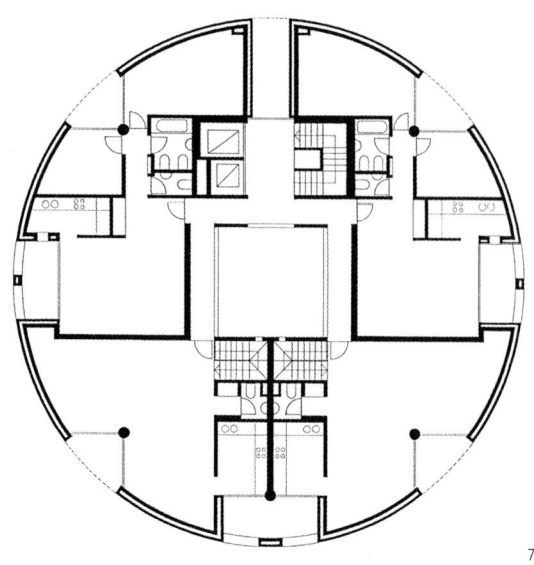

7

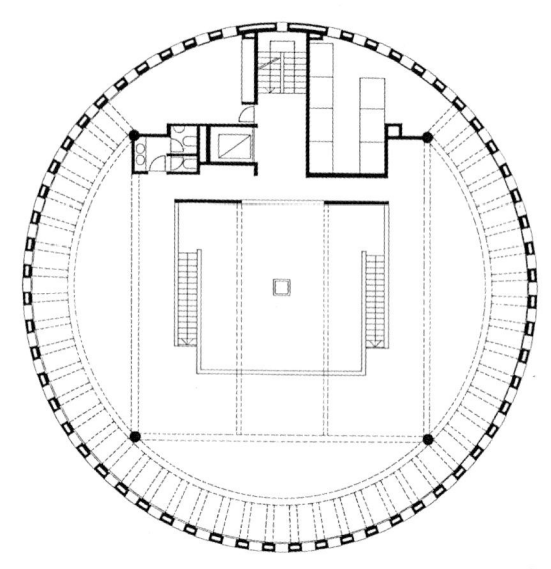

8

3. 首层平面图
4. 三层平面图
5. 四层平面图

6. 五层平面图
7. 六层平面图
8. 七层平面图
9. 立面细部

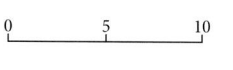

0   5   10

10. 室内实景

11.12. 室内实景

12

延伸阅读

- P. Fumagalli, Svizzera anni '90. Tre culture, tre architetture, "Abitare", 1990, 290, pp. 150-166.
- B. Loderer, Botta baut für Botta, "Hochparterre", 1990, 11, pp. 106-109.
- G. Cappellato, The Astonishing Cylinder, "a+u Architecture and Urbanism", 1991, 251, pp. 20-47.
- Mario Botta. Residential and Office Building in Via Ciani, Lugano, Switzerland, "GA Global Architecture Document", 1991, 30, pp. 100-107.
- E. L. Cohen, Studio Botta, "Interior Design", March 1992, pp. 106-110.
- L. Gazzaniga, Mario Botta. Studio dell'architetto, Lugano, "Domus", 1992, 737, pp. 54-59.
- A. Zabalbeascoa, The Architect's Office, Editorial Gustavo Gili, Barcelona 1996, pp. 34-39.

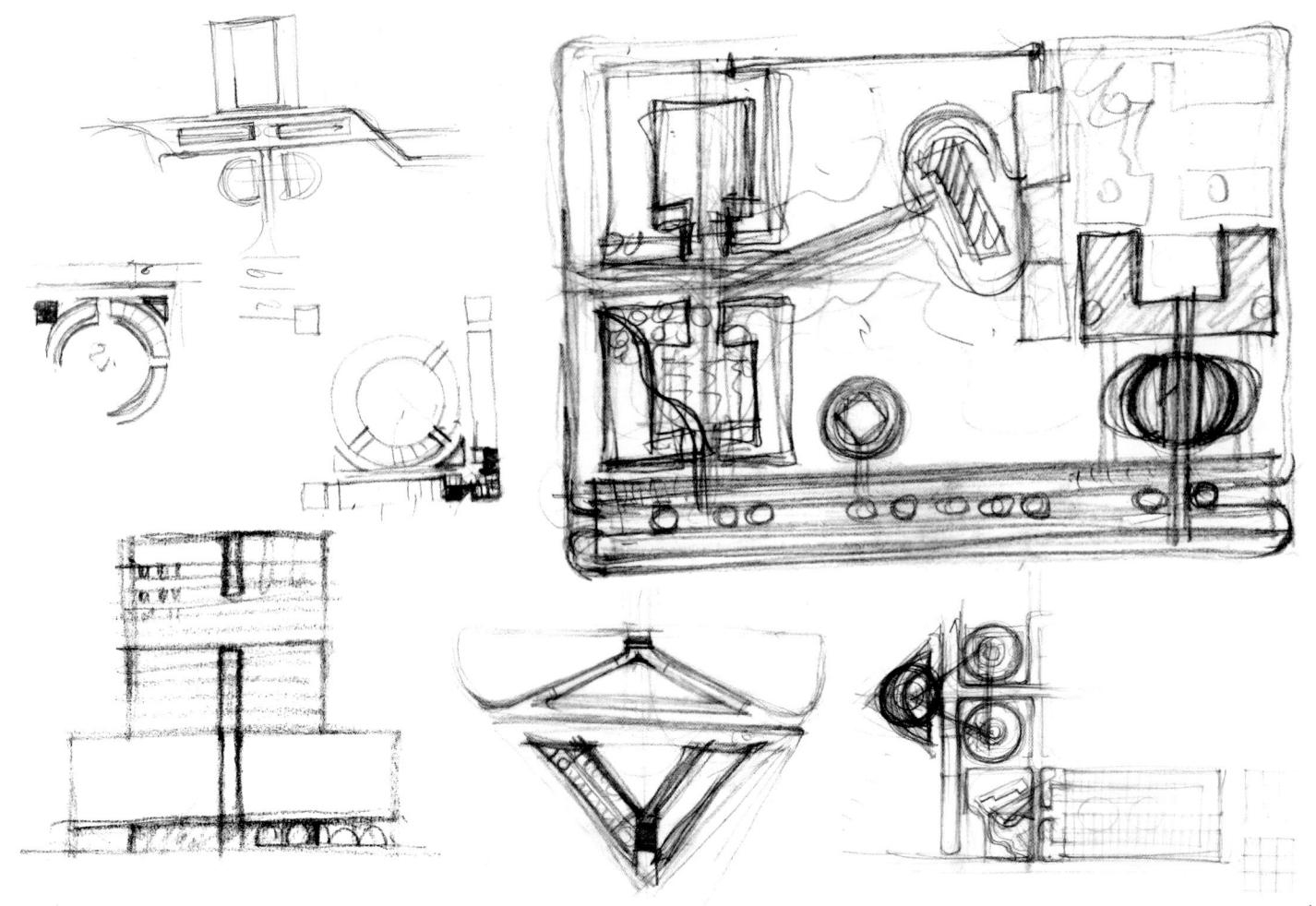

比可卡科学园区
SCIENCE PARK 'BICOCCA'

意大利 米兰
Milan, Italy 1986

　　橡胶巨头倍耐力轮胎公司的工厂,坐落在一片巨大的、可追溯到20世纪初期的工业区内。这个古老巨大的工业区以铁路为界并且向北延伸。在它的周围,米兰郊区按一种无序的方式发展着,除了两边的北向林荫大道蒙扎大道与台斯蒂大道,周边建筑物与道路几乎没有任何关联。这片土地一直从城市的历史肌理中割离出来,而且已经构成同外围地区之间形成相互关系的主要障碍。因此,倍耐力公司于1980年代举办了该地区的振兴发展策略的竞赛。这次竞赛为"城市生长与结构的不可操控"的反思提供了机会,同时要求建筑师提出新的模式。

　　马里奥·博塔的方案主要是为了解决一个问题:如何设计工业区,使其不再仅仅是一片毫无特色的建筑群。工厂设施定为园区中心的两座平行的长方体建筑,建筑下层布置研究实验室而楼上数层是公寓。一条马路从这些建筑物的中心横切过去,通向车站。另外两个区域,一个在改建的建筑物中;一个带有圆柱形体量的开放布局,形成一个较低密度的区域,但它们与中央的园区管理办公室有着紧密联系。

项目概况
竞赛时间: 1986
业主: 倍耐力工厂
基地面积: 714 000m²

Project: 1986 (competition by invitea-tion)
Client: Industria Pirelli
Site area: 714,000m²

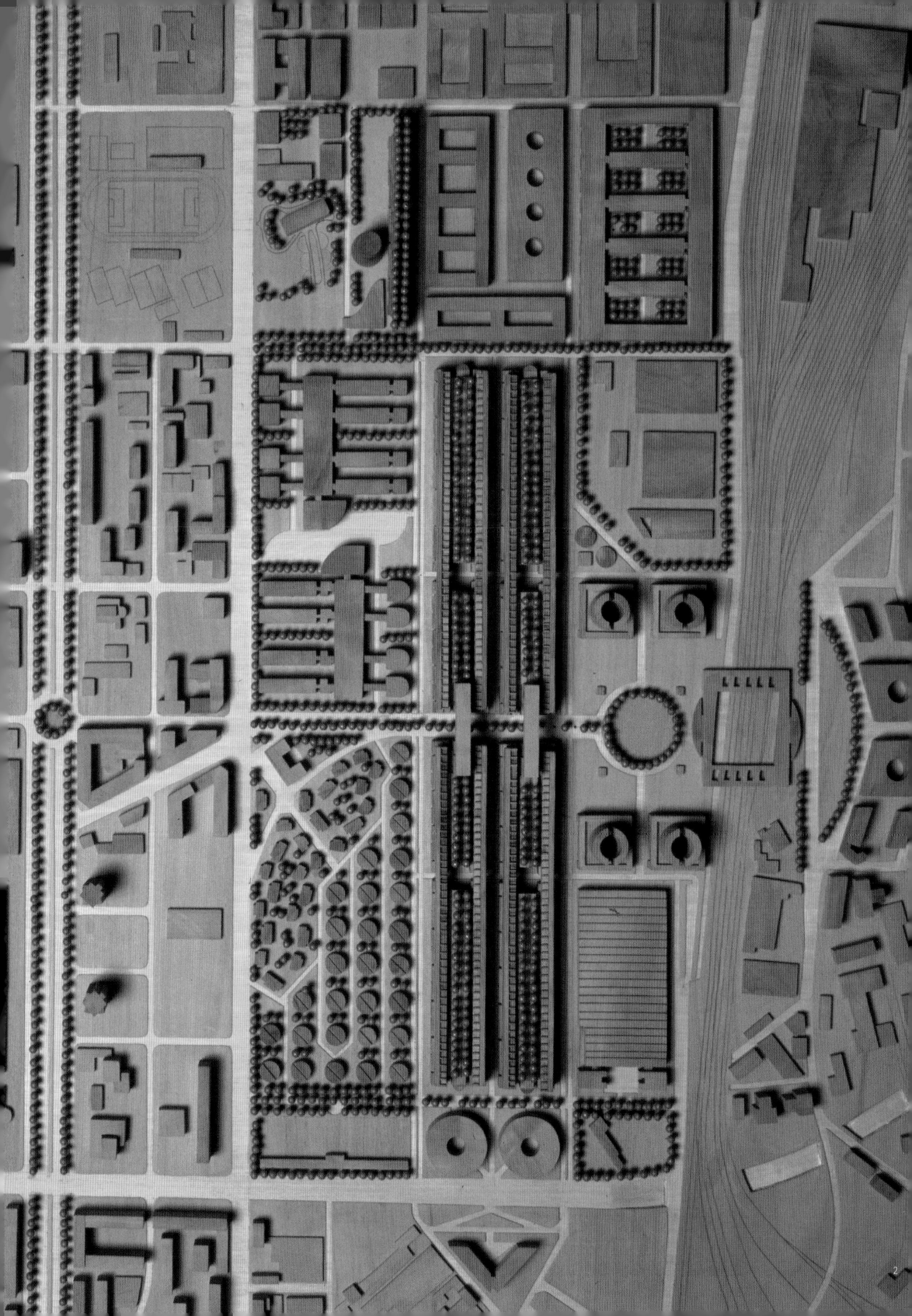

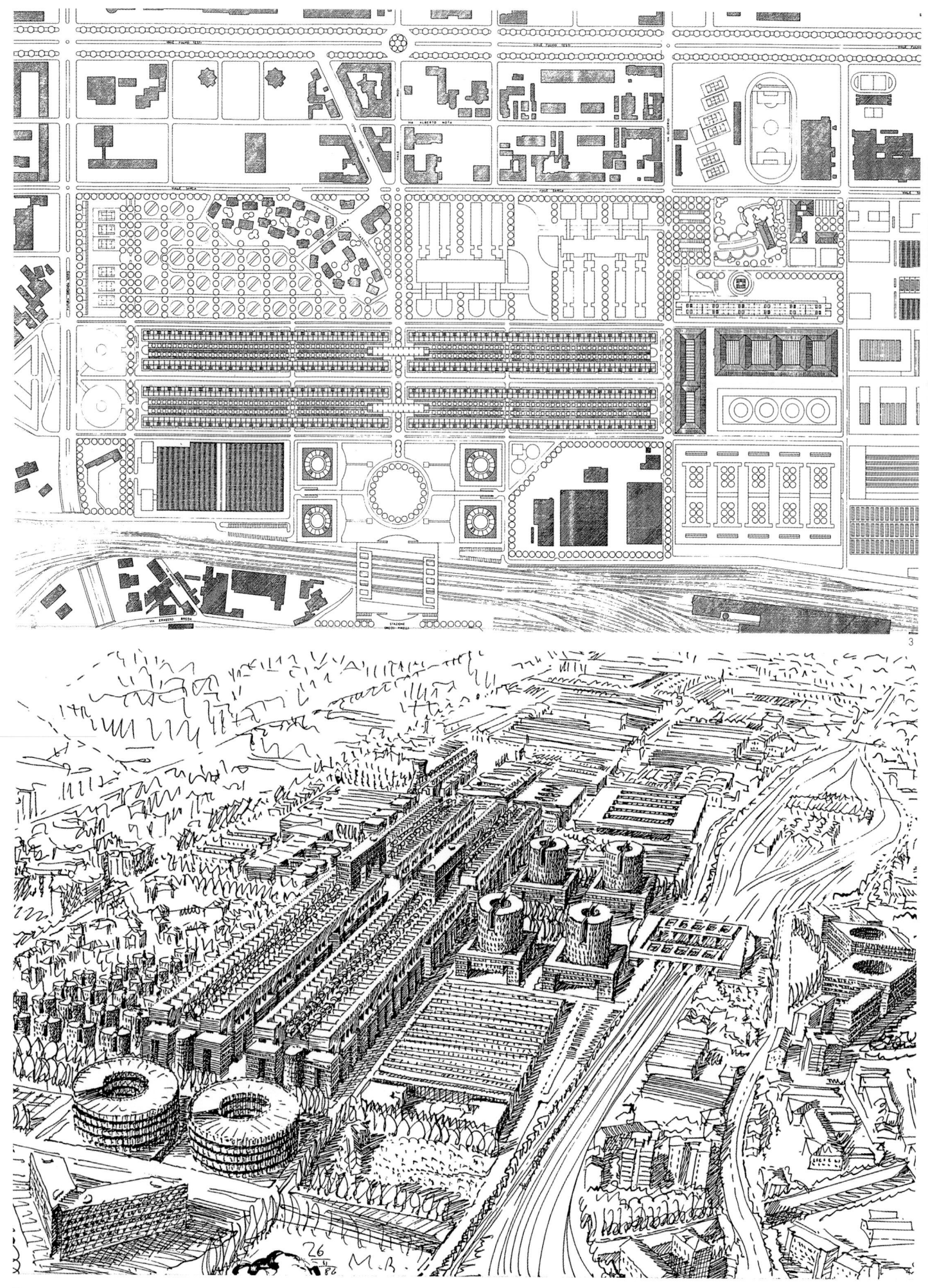

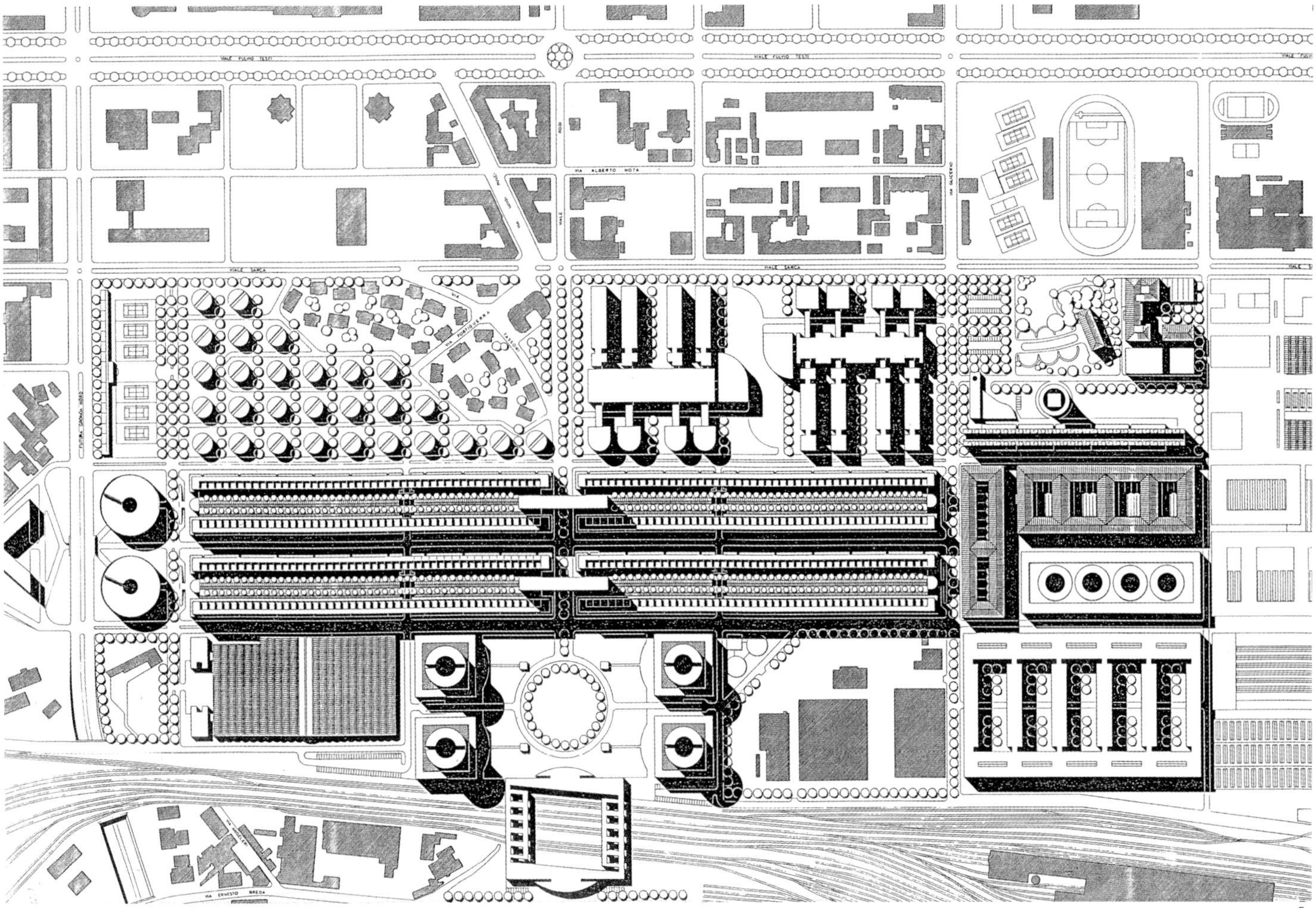
VIALE FULVIO TESTI
VIA ALBERTO NOTA
VIALE SARCA
VIA ERNESTO BREDA

5

6

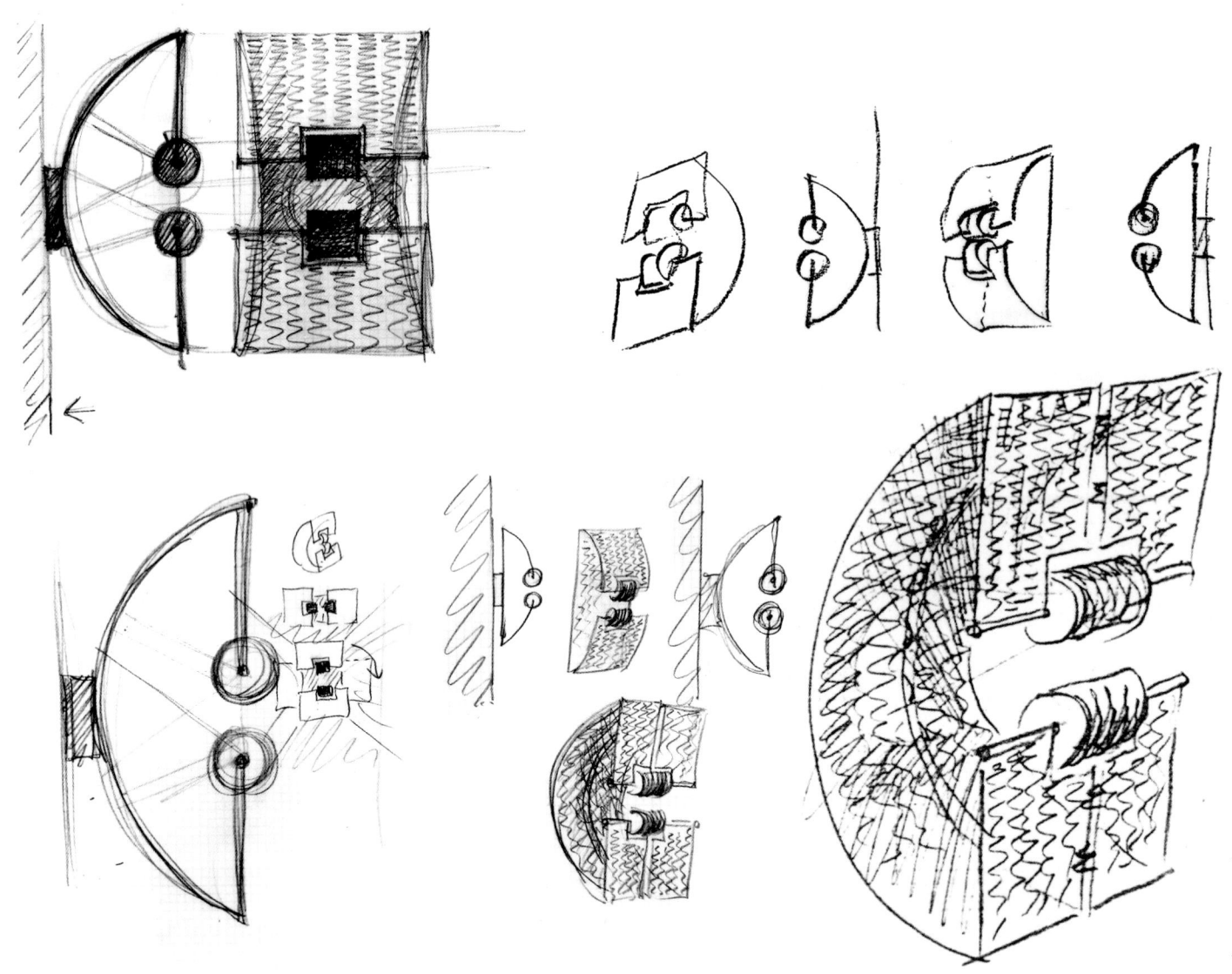

1. 手绘草图
2. 实体展示

菲迪亚壁灯
WALL LAMP — FIDIA

1986

这款灯具源自"将军"灯的设计，其特点是在前面突出的部分安装两个卤素灯泡。由此产生的间接光透过穿孔金属板时，即在墙壁上投射出光影图案。光源是两个50W的可以调节方向的卤素灯泡。

项目概况

设计时间：1986
生产时间：1987（已停产）
制造商：雅特明特股份有限公司
尺寸：26.5cm×21.5cm，高46cm
构成：白色喷漆弯曲穿孔金属板

Design: 1986
Production: 1987 (now out of production)
Manufacturer: Artemide SpA
Size: 26.5cm×21.5cm, 46cm H
Structure: bent, perforated steel sheet, painted white

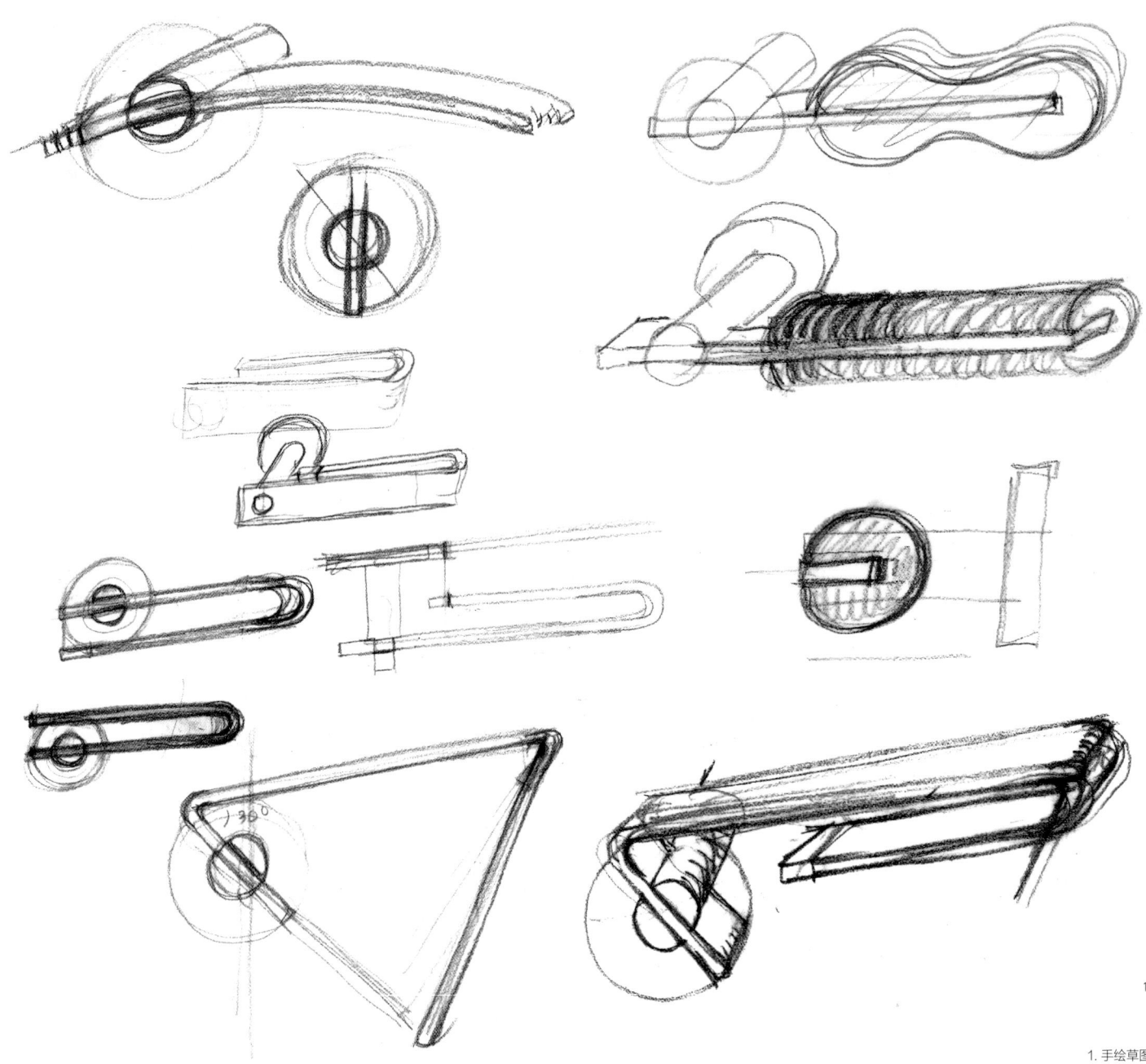

1

门把手
DOOR KNOBS

1986

    对这个简单的日常物品的构想关注门把简洁而细长的线条上。以门为背景，手柄和转轴之间的距离强调了二者明显的分离，及对机械的明显脱离，手柄的长度和倾斜度均为了更便于使用而定。在此，建筑师并没有试图依据人体工程学设计，而是确切地指示同这一传统物件直接接触，感受其简洁与延展。

项目概况
设计时间：1986
制造时间：自1987
制造商：FSB Braki—德国
尺寸：18cm×7cm（高）
结构：着色碳钢

Design: 1986
Production: since 1987
Manufacturer: FSB, Braki-Germany
Size: 18cm×7cm H.
Structure:stained blacksteel

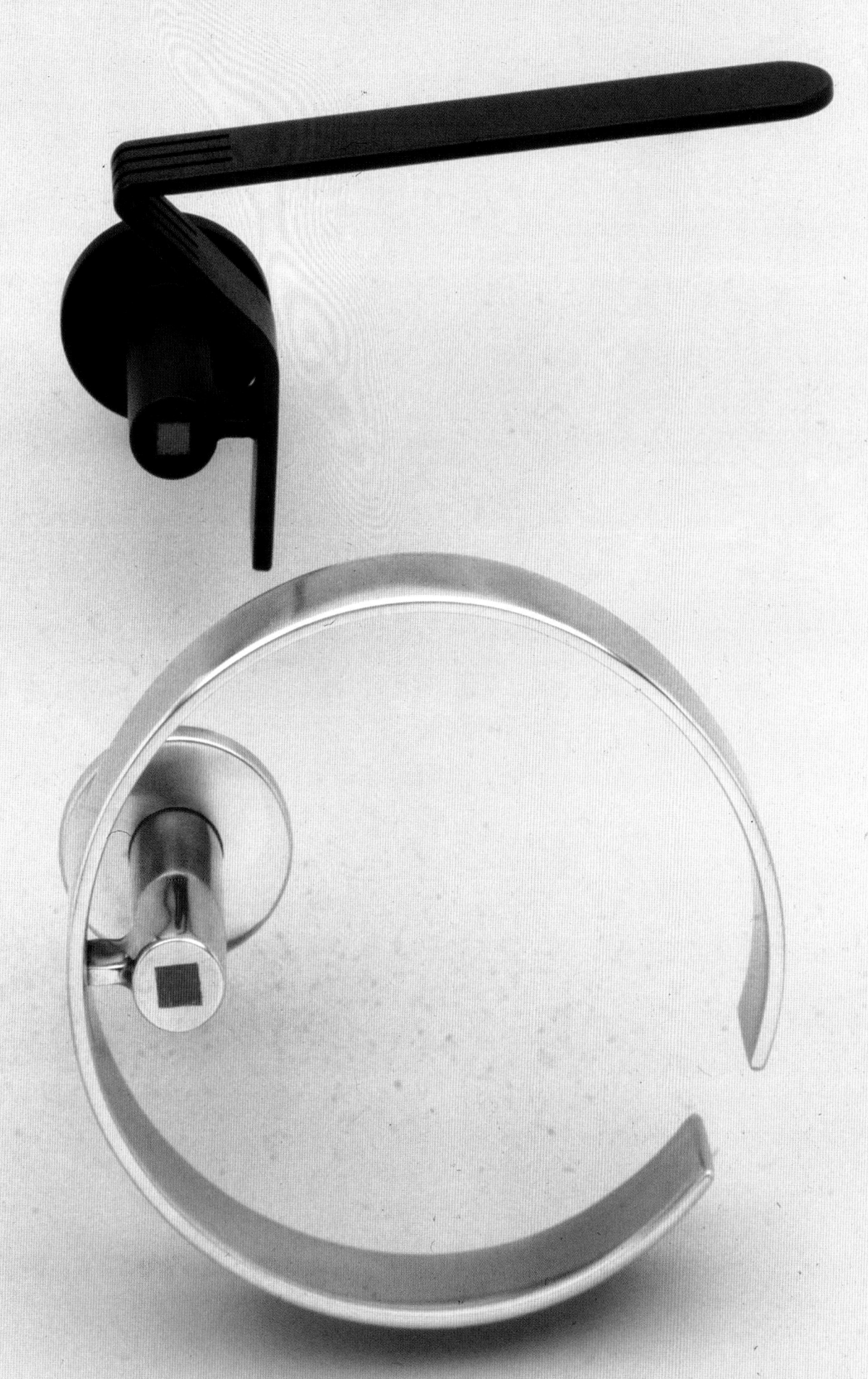

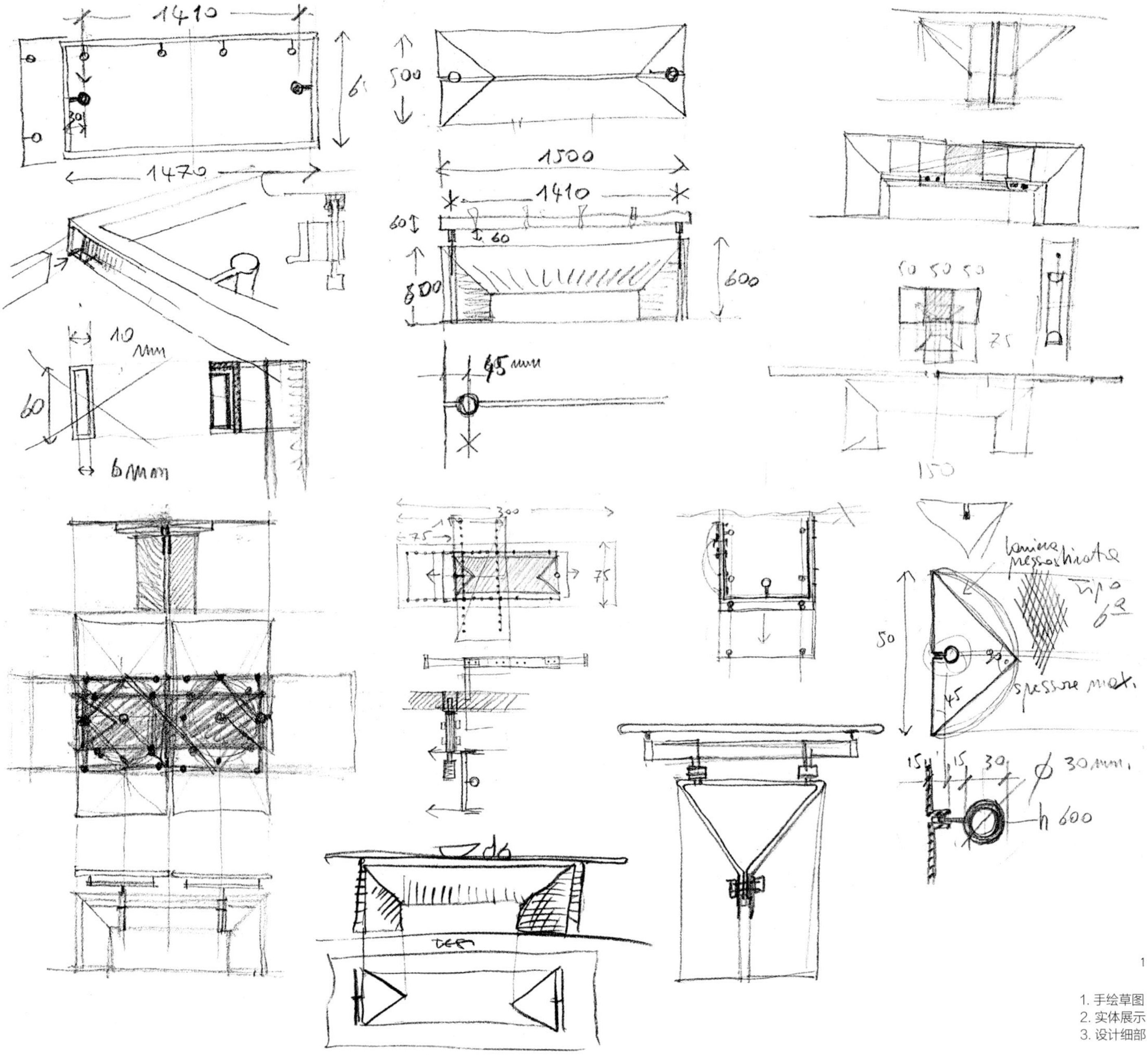

1

1. 手绘草图
2. 实体展示
3. 设计细部

桌子泰西
TABLE — TESI

1986

这件工艺品的设计源于对穿孔金属板所带来的光学振动的好奇。这个物件由其透明性及随人们的观察视角的移动而产生的视觉突变所成形。 退火玻璃桌面置于金属骨架上，通过两个细长的支撑与桌身连接。

项目概况
设计时间：1986
生产时间：自1987
制造商：阿利亚斯家私
尺寸：玻璃桌面180/240/300cm × 86cm，高74cm
结构与材料：钢管结构，黑色或银色的金属穿孔板，退火玻璃桌面

Project: 1986
Production: since 1987
Manufacturer: Alias S.p.A.
Size: length of glass top 180/240/300×86cm; 74cm H
Structure and materials: tubular steel structure, perforated black or silver metal sheet; annealed glass top

2

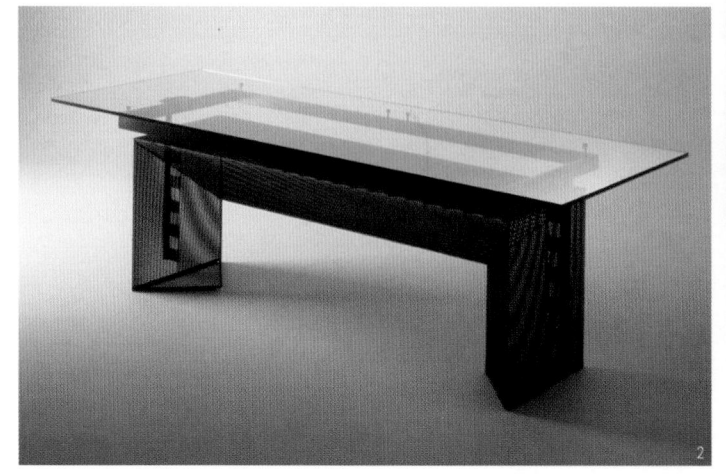

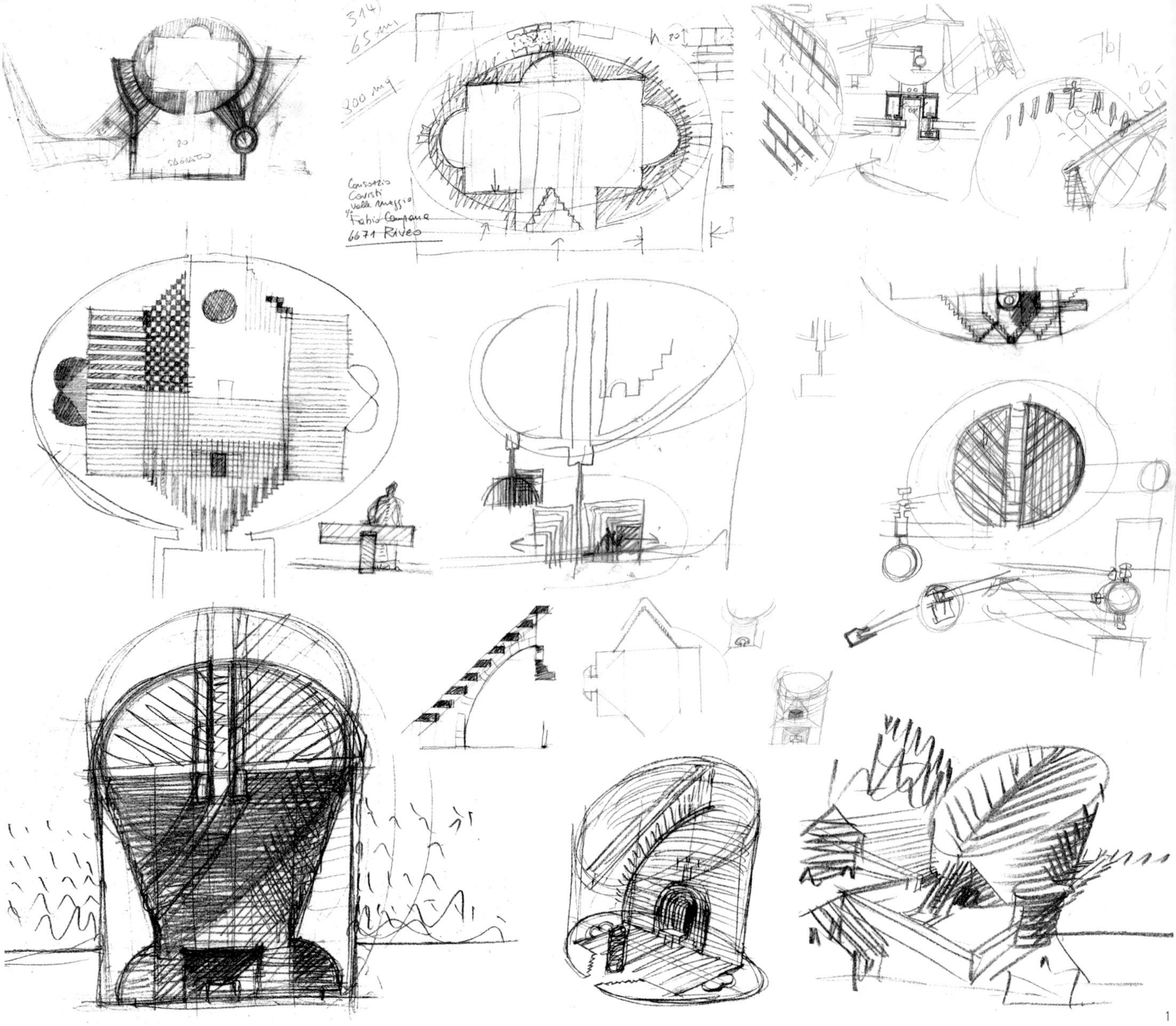

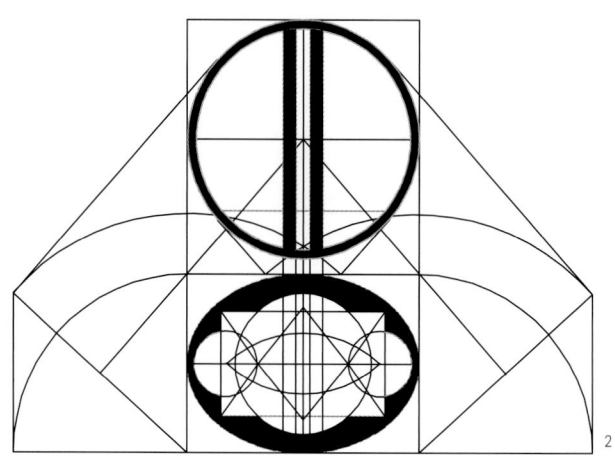

项目概况
设计时间：1986—1992
建造时间：1990—1996
工地监督：安路易吉·达齐奥
业主：蒙哥诺教堂重建协会
基地面积：178m²
建筑面积：123m²
建筑体积：1 590m³

Project: 1986-1992
Construction: 1990-1996
Site supervision: Gianluigi Dazio
Client: Mogno Church Reconstruction
　　　　Association
Site area: 178m²,
Useful surface: 123m²
Volume: 1,590m³

1. 手绘草图
2. 几何图解
3. 建筑全景

新蒙哥诺教堂
CHURCH SAN GIOVANNI BATTISTA

瑞士 提契诺 蒙哥诺
Mogno, Ticino, Switzerland 1986-1996/98

　　1986年的一场雪崩摧毁了位于马吉亚峡谷中的蒙哥诺村庄。在原有的17世纪的同名小教堂的位置上新建了圣乔瓦尼巴蒂斯教堂。新教堂的体量虽然延续了原建筑相对适度的尺度，但它呈现出全新的形式与风格。教堂风格传达出当代的维度，同时通过基本形体的相互作用：内切于外部椭圆的方形在建筑屋顶演变为一个圆形，建筑获得了一种古朴的含义。

　　厚重的石墙和轻质的玻璃屋面赋予了建筑足以抵抗未来可能出现的灾难的品质。

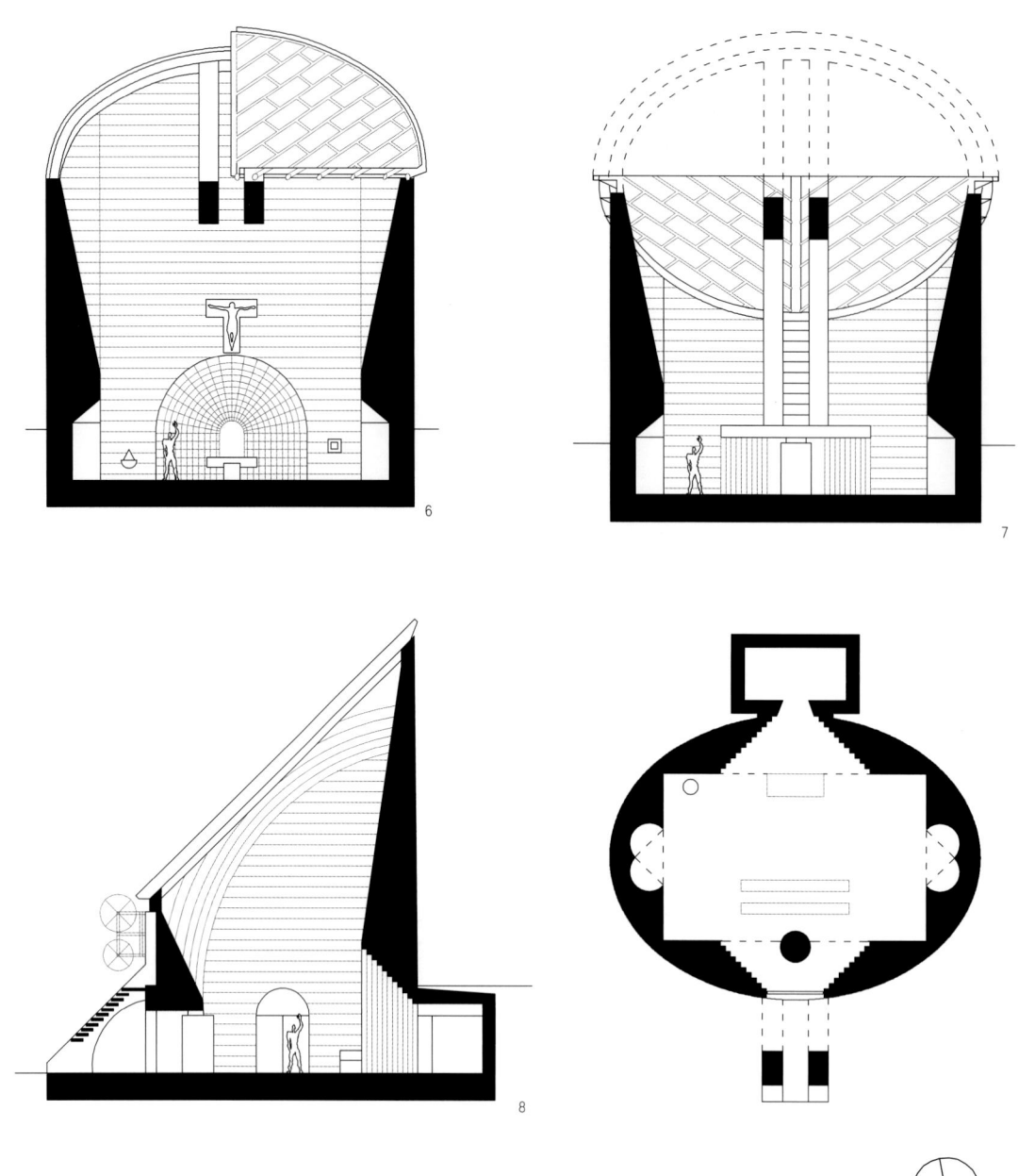

6. 剖面图
7. 圣坛剖面图
8. 入口剖面图
9. 首层平面图
10. 建筑模型
11. 建筑全景

0 1   5

12. 建筑与环境的关系

13. 天窗细部

14. 圣坛细部
15. 从圣坛视角观看入口空间

15

延伸阅读

- F. Dal Co', Mario Botta. Chiesa di S. Giovanni Battista, Mogno Fusio, Canton Ticino, "Domus", 694, May 1988, pp.38-45.
- J.F. Pousse, Prégnance des églises, "Téchniques et Architecture", 1988, 377, pp. 122-125.
- Mario Botta, Church in Mogno Ticino,"GA Global Architecture Documents", 1989, 22, pp. 38-39.
- Progetto per la ricostruzione di una chiesa a Mogno in "La nuova architettura ticinese", edited by Frank Werner, Sabine Schneider, Electa Milan 1990, pp. 100-101.
- Mario Botta progetto per una chiesa a Mogno/Projet pour une église Mogno, edited by Jean Petit, Fidia Edizioni d'Arte, Lugano 1992 [id. ed. English/German].
- R. Arnheim, Notes on religious architecture, "Languages of Design", Vol.1, 3, August 1993, pp.247-252.
- Mario Botta, Church Mogno, Ticino, Switzerland, "GA Document International 93", 1993, 36, pp. 19-21.
- P. De Amicis, Sintassi di geometria e storia, "Chiesa Oggi", 1994, 9, pp. 48-51.
- E. Heathcote, San Giovanni Battista – Mario Botta, "Church Building", March/April 2002, pp. 4-9.
- J. Dupré, Architecture of faith: an interview with Mario Botta, "Faith &Form", 2003, 2, pp. 5-11.
- G. Zois, La chiesa che catturò il cielo, Associazione ricostruzione chiesa di Mogno, 27 October 2006.

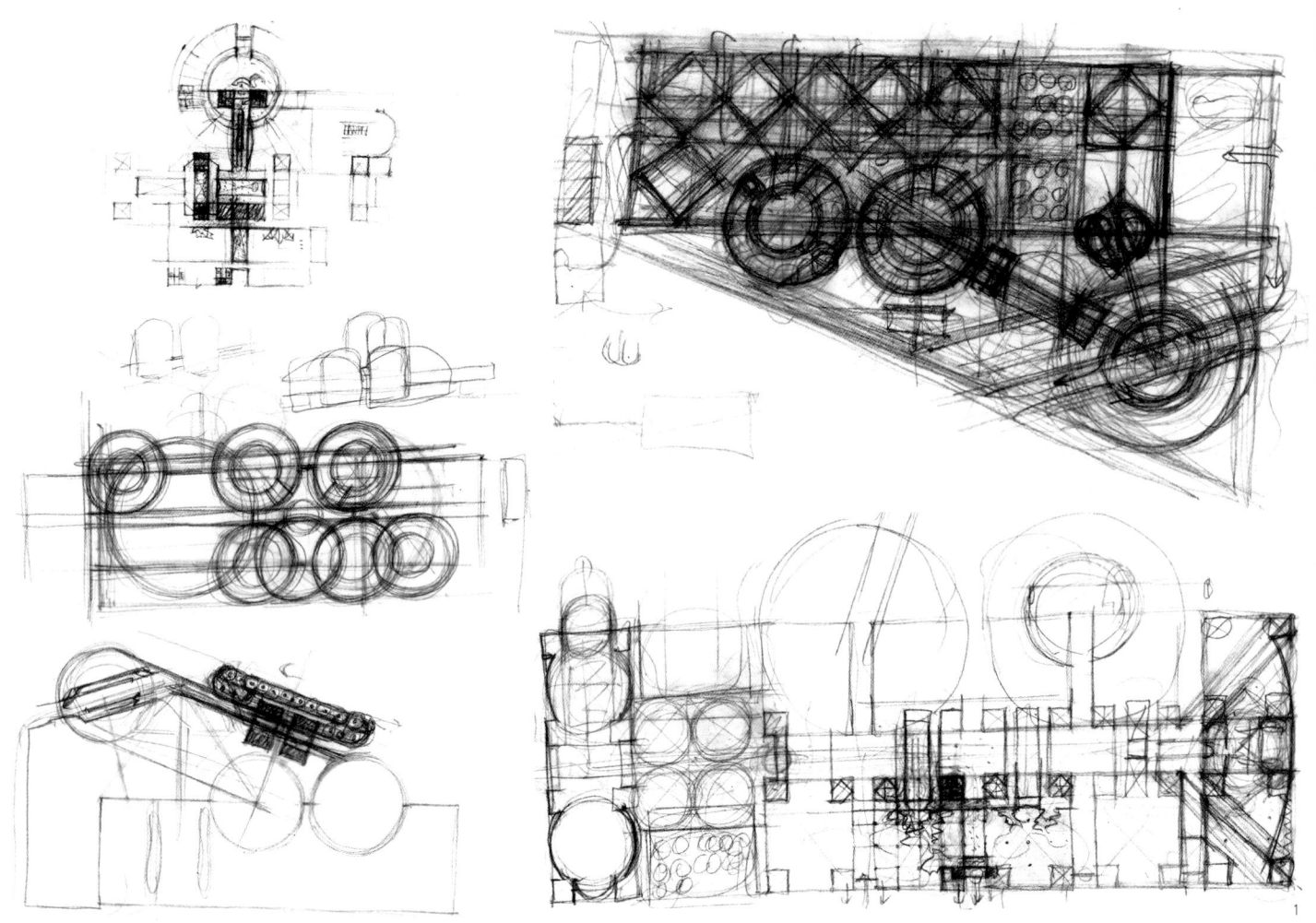

曼萨纳大楼
MANZANA DIAGONAL

西班牙 巴塞罗那
Barcelona, Spain 1986

　　基地位于对角线大道（Avinguda Diagonal）的一侧，拥有两个面对不同城市背景的长界面。这条承载着快速交通的大道将城市分割成两部分。一侧布置了单独的体量以充分利用交通大道；另一侧，俯瞰德黛米马塔街（Calle de Deui Mata），城市街区及体块式的结构嵌入在街道网格中，给巴塞罗那密集的城市交通设置了简洁紧凑的边界。此设计正回应于这两种截然不同的城市现状，并试图在这两个界面、使用和功能之间寻找一种联系。沿着对角线大道，建筑设计了两个圆柱形的高层，一个是酒店，另一个是大型购物中心。为了营造出一个强烈的视觉中心，两个体块靠得很近。它们之间的那条深深的窄缝，以及巨大的体块表面上的灯光照明更加强了这种效果。在首层，周边街道延伸形成了交通路径，坐落于单层体块之上的高耸的塔楼将这些路径的延续性重新组织成一个空间。

项目概况
竞赛时间：1986
业主：巴塞罗那及基地拥有者
基地面积：55 883m²
建筑面积：112 400m²
建筑体积：1 200 000m³
总体尺寸：圆柱直径68m，高60m

Competition project: 1986
Client: City of Barcelona and site owners
Site area: 55,883m²
Useful area: 112,400m²
Volume: 1,200,000m³
General dimensions: cylinder diameter 68meters; height 60meters

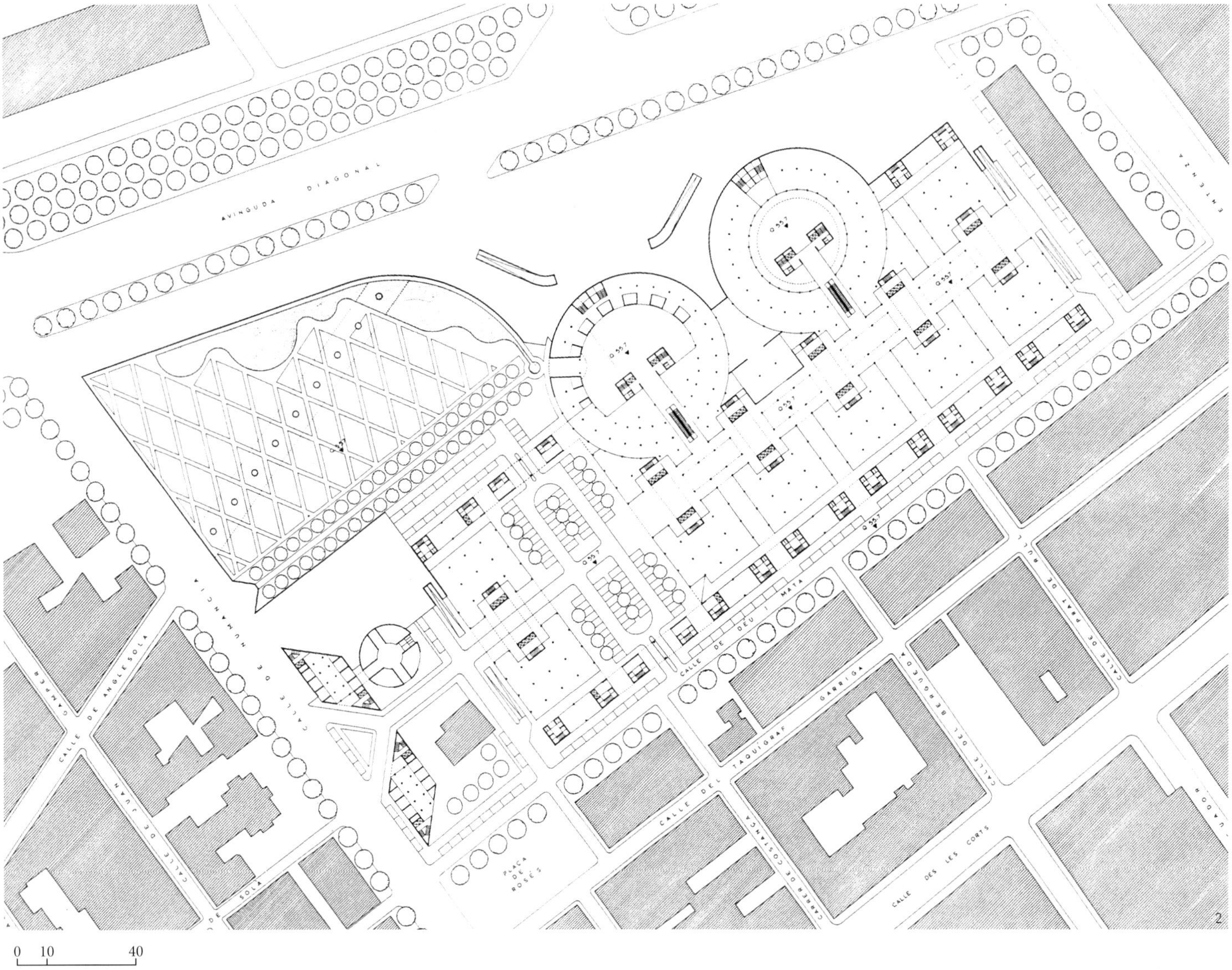
AVINGUDA DIAGONAL
CALLE DE NUMANCIA
CALLE DE ANGLESOLA
CALLE DE DÉU I MATA
CALLE DEL TAQUIGRAF GARRIGA
PLAÇA DE ROSES
CALLE DES LES CORTS
0 10 40

2

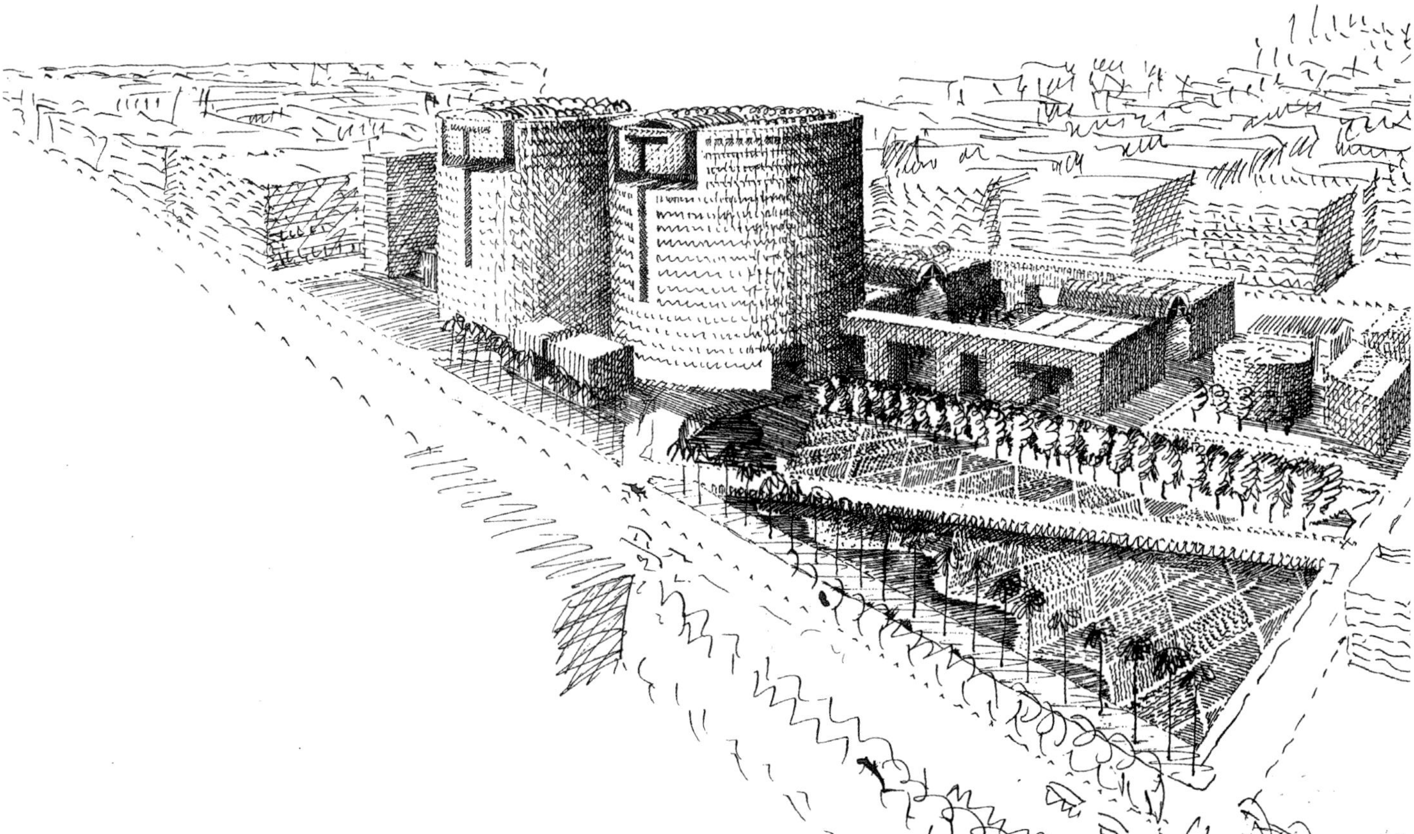

3

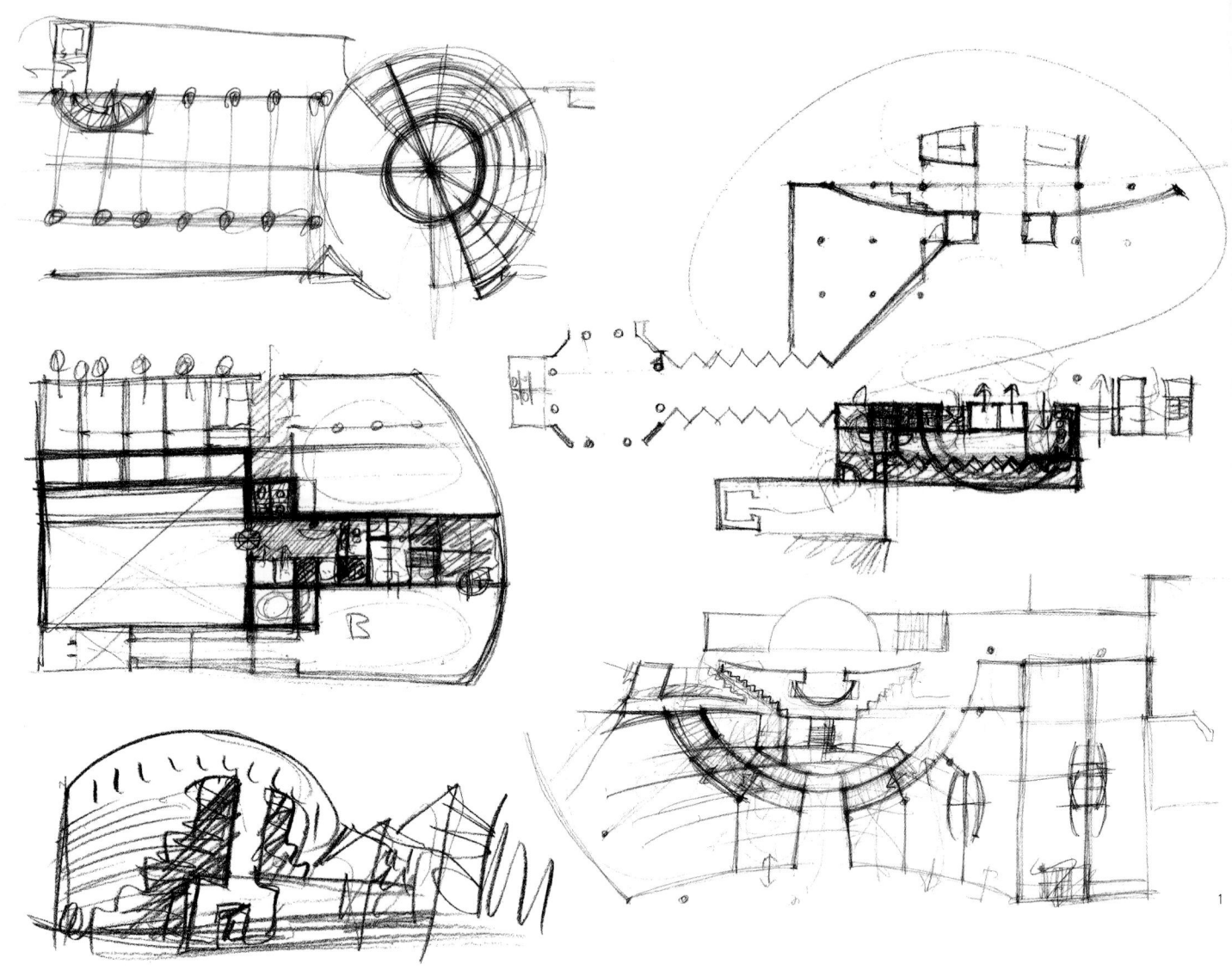

1. 手绘草图
2. 墙体细部

巴塞尔瑞士联邦银行大楼
UBS BANK

瑞士 巴塞尔
Basel, Switzerland 1986-1995

这座7层大楼坐落在具有连续街区的埃申夏本大街和非连续的、独栋住宅集中的圣雅戈布斯大街这两条重要道路的交汇处。建筑的主立面向外凸起，由色彩交替的水平横条石材覆面。它与一座用作餐厅的小别墅相连。

在街道的拐角处，圆柱体被切割形成倒置的阶梯状表面，垂直开口和石材覆面的处理更为加强了退台的效果。硕大的中央立柱及由边缘和阶梯元素构成的宽阔开孔标识出巨大的弧形主立面。室内空间在顶部逐渐缩小，天窗照亮每层俯瞰中庭的方形开孔并构成一种空间序列。

项目概况

竞赛时间：1986
建造时间：1989—1995
合作建筑师：巴塞尔，布柯哈特及合伙人设计公司
业主：苏黎世瑞士联邦银行
艺术家：菲利切·瓦里尼，毛利齐奥·纳努契
基地面积：3 847m²
建筑面积：8 700m²
建筑体积：92 700m³

Competition project: 1986
Construction: 1989-1995
Partner: Burkhardt+Partner, Basel
Client: UBS Zurich
Artists: Felice Varini, Maurizio Nannucci
Site area: 3,847m²
Useful surface: 8,700m²
Volume: 92,700m³

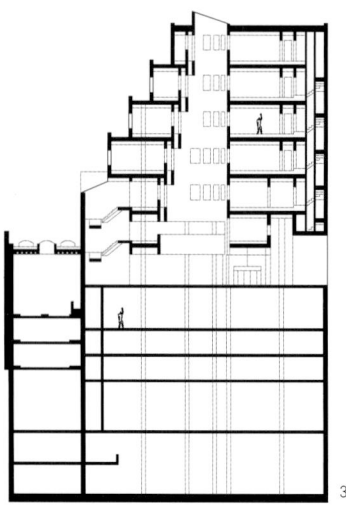

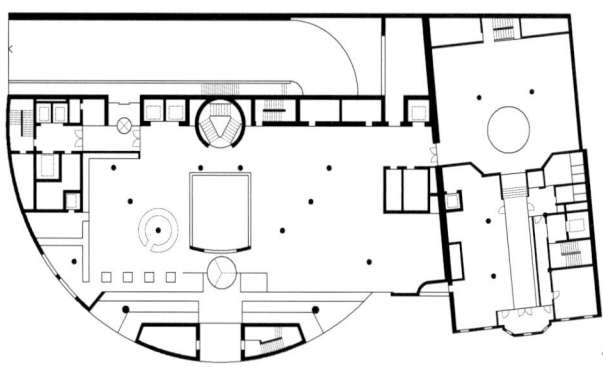

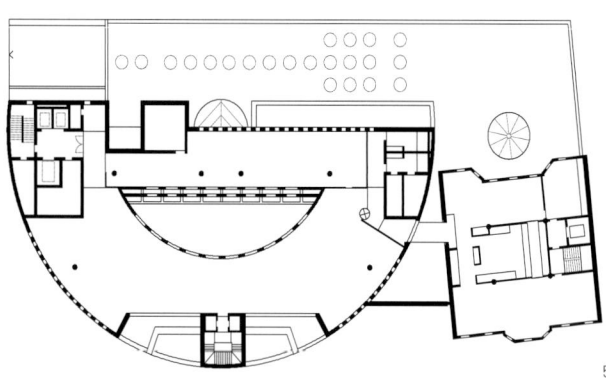

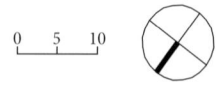

3. 剖面图
4. 首层平面图
5. 标准层平面图
6. 建筑实景

7. 立面处理
8. 建筑沿街实景
9. 室内天窗仰视

延伸阅读

- V. Isler, M. Mäder, Mario Botta -Bank am Aeschenplatz, Basel, Birkhäuser Verlag, Basel-Boston-Berlin 1995.
- Schweizerische Bankgesellschaft, Basel, "Bauwelt", 1995, 27, pp. 1513-1514.
- C. Humbel, Neubau Schweizerische Bankgesellschaft, Basel, Bau Info", 1996, 5, pp. 17-41.
- C. Humbel Schurrenberger, Der Franken rollt, B wie Basel", 1996, 10, pp. 46-51.
- E. Valeriani, Un concorso, un edificio: dieci anni dopo Mario Botta a Basilea, "Controspazio", 1996, 4, pp. 76-79.
- Bank building in Basel, Switzerland, "World Architecture", 2001, 9, pp. 46-48.
- E. Fumagalli, Avanguardie svizzere, "Luoghi dell'Infinito", 96, May 2006, pp. 32-41.

五洲中心大厦
CENTRO CINQUE CONTINENTI

瑞士 卢加诺
Lugano, Switzerland 1986-1992

这个砖表皮的圆柱形建筑坐落于卢加诺帕拉迪索的一处居民区中。由于前面设计了一个由玻璃与金属结构的顶棚所覆盖的巨大的方形广场，建筑得以向湖面开敞。广场的后方是另一个弧形的玻璃体块，设置有通向阳台的楼梯井。这座建筑由地上6层以及地下2层构成。一层的广场空间提供了进入不同商店的入口。建筑立面开洞的不同形式与尺度将底层3层的管理空间与上面数层的公寓区分开来。

项目概况

设计时间：1986	Project: 1986
建造时间：1989—1992	Construction: 1989-1992
合作建筑师：卢加诺,建筑师詹弗兰科·阿加齐	Partner: arch. Gianfranco Agazzi, Lugano
业主：罗尔夫·J·法斯宾德	Client: Rolf J. Fassbind
基地面积：2 865m²	Site area: 2,865m²
建筑面积：4 300m²	Useful surface: 4,300m²
建筑体积：13 000m³	Volume: 13,000m³

3. 剖面图
4. 首层平面图
5. 五层平面图
6. 轴测图
7. 建筑入口

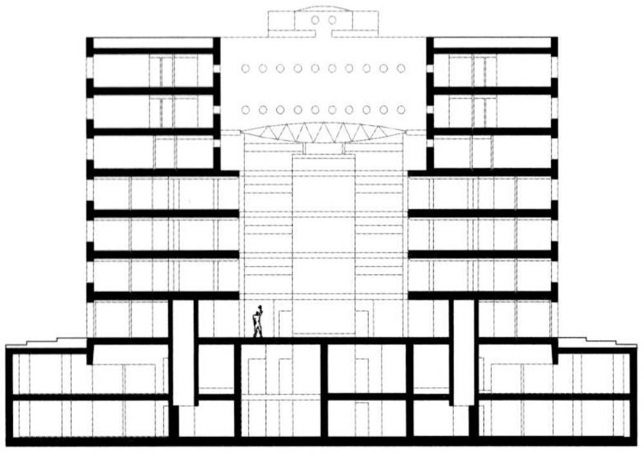
3

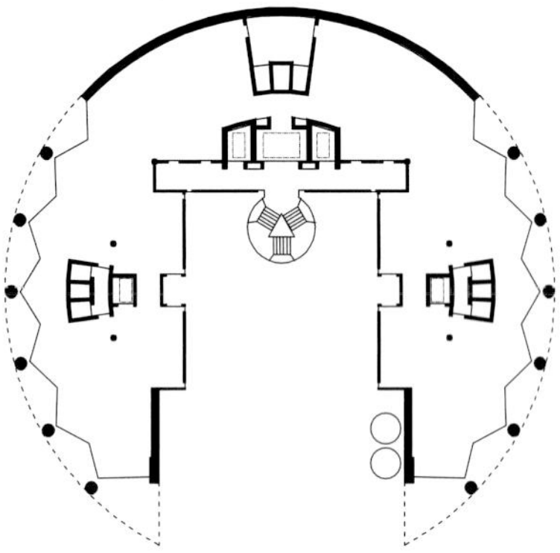
4

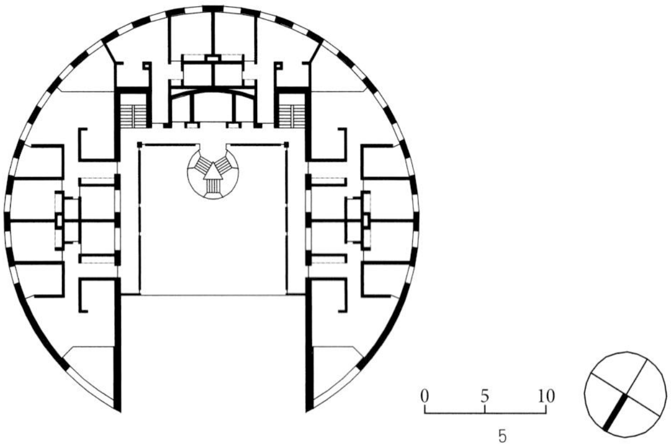

5

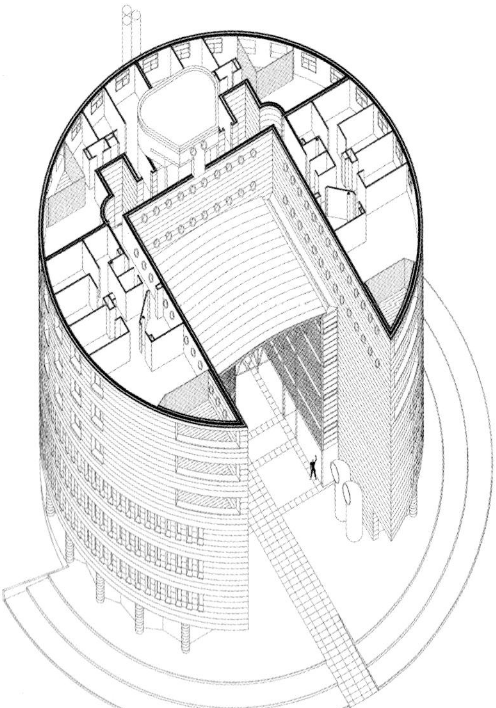
6

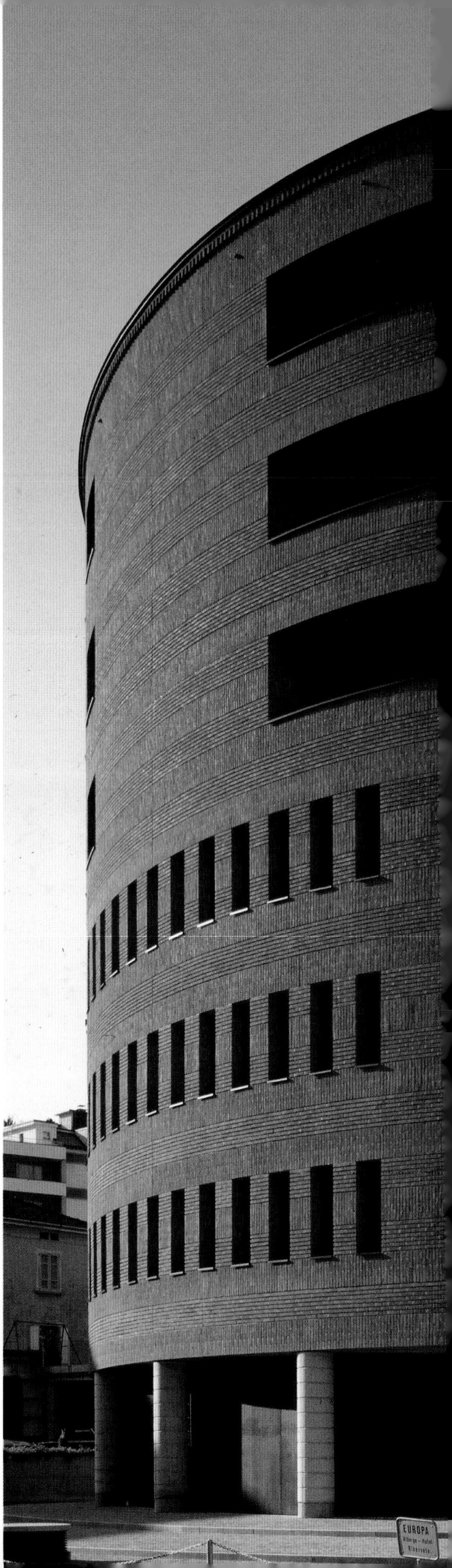

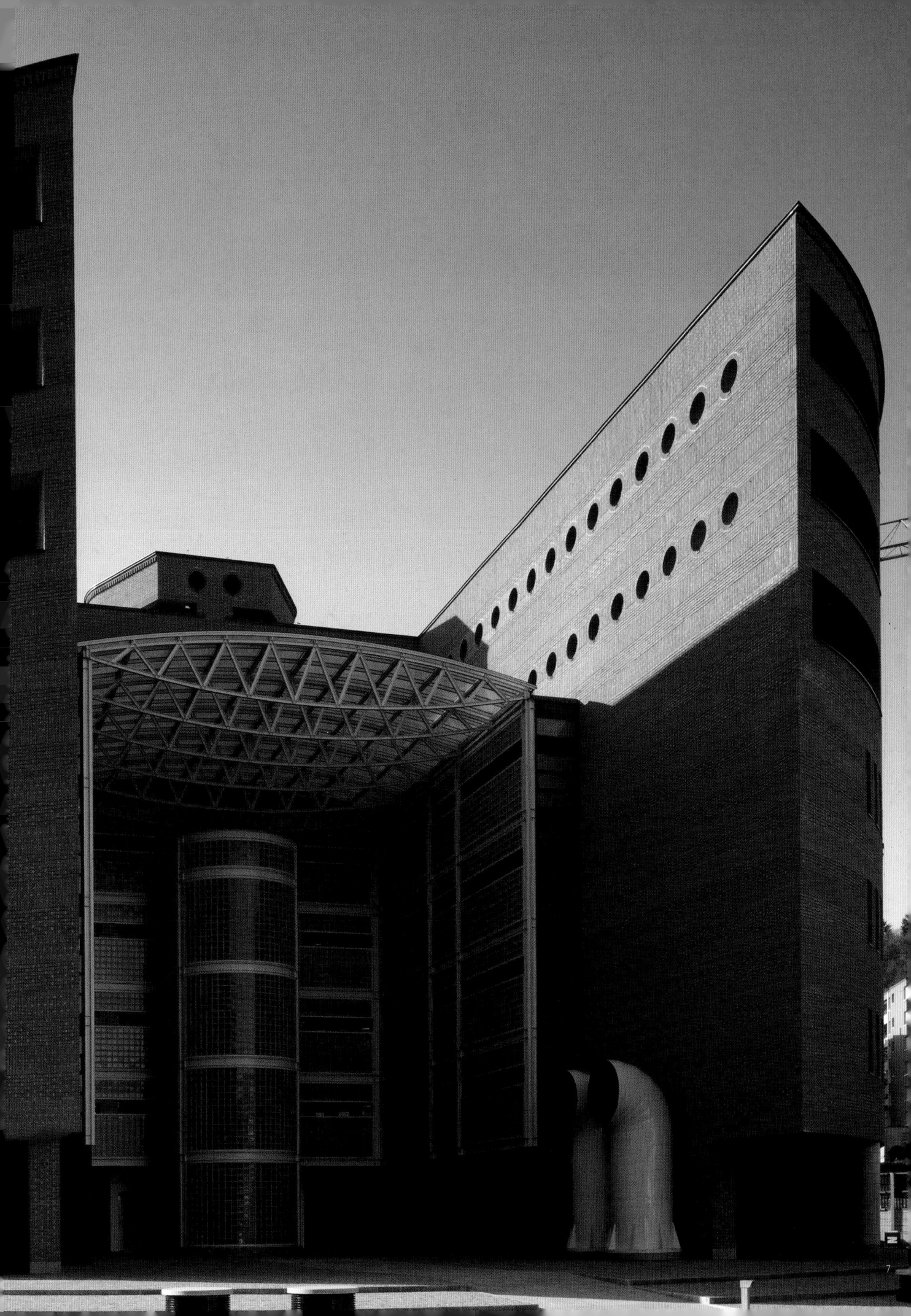

8. 入口空间广场
9. 室内楼梯
10. 顶棚细部
11.12. 室内实景

延伸阅读

- Commercial and residential Building Paradiso, Lugano, Switzerland,
"GA Document", 1992, 11, pp. 92-97.
- Commercial and residential building in D. Meyhöfer, "Contemporary European Architects 2", Vol. II, Benedikt Taschen Verlag, Cologne 1993, pp. 64-65.
- S. Polano, Under the Sign of Aries: New Direction in Mario Botta's Architectural Research, "A + U Architecture and Urbanism", 199, 279, pp. 50-53.
- Mario Botta: "Centro Cinque Continenti" in Lugano, "Architektur und Technik", 1993, 5, pp. 16-20.
- G. Gattamorta, L. Rivalta, Centro Cinque Continenti Lugano-Paradiso, "Costruire in Laterizio", 1994, 37, pp. 36-40.
- Five Continents Center, Lugano, "Korean Architects", 1994, 10, pp. 82-89.
- Cinque Continenti, "Controspazio", 1994, 6, pp. 12-15.

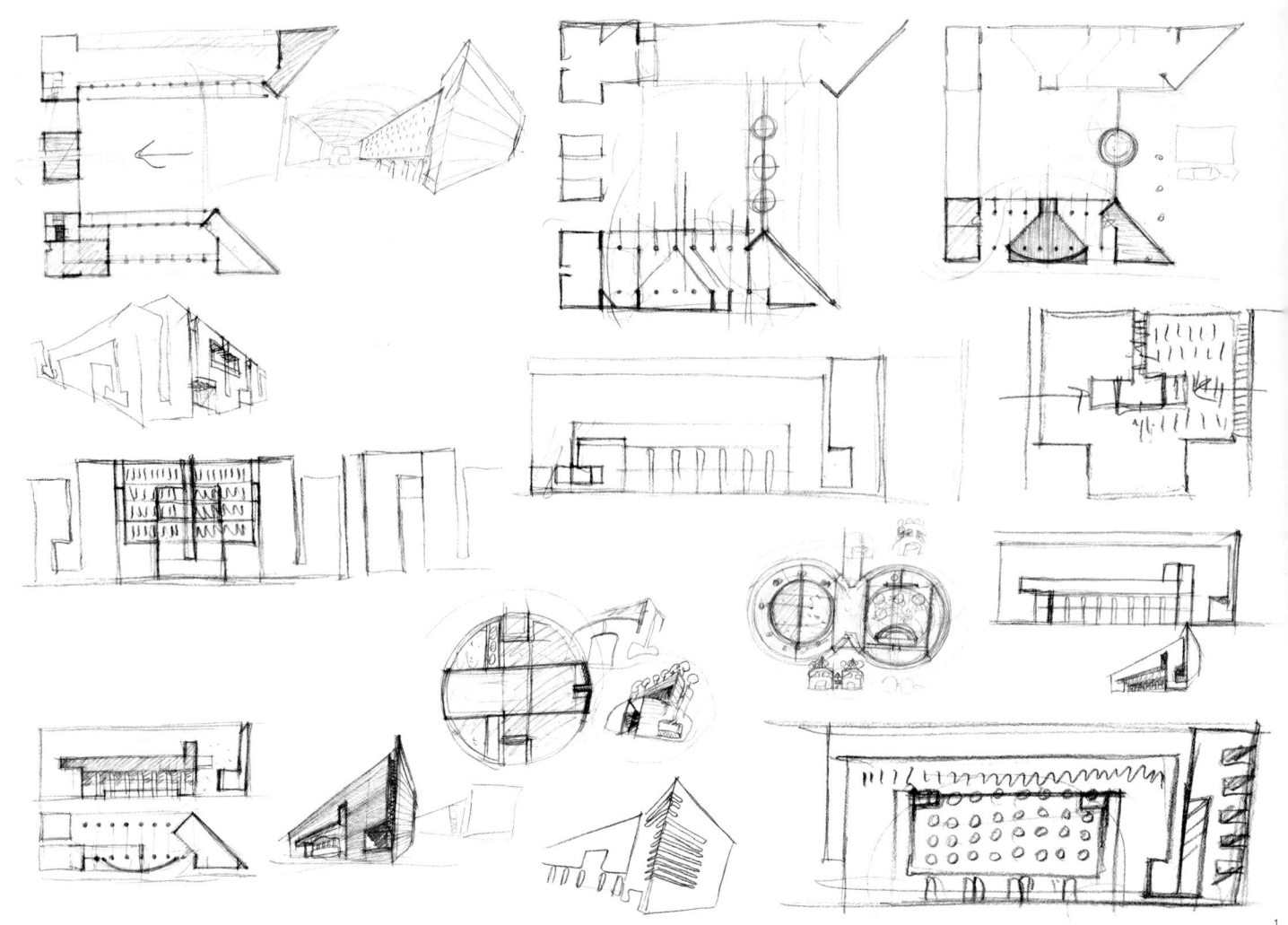

凯马图办公楼
OFFICE BUILDING CAIMATO

瑞士 卢加诺
Lugano, Switzerland 1986-1993

　　这座办公建筑坐落在卢加诺卡萨拉泰河的林荫岸边，建筑体量呈U形。对称的侧墙成45°角敞开，形成一个内院，其三角形的角部朝向河流和城市。北侧的连接体通过一个巨大的设置在整个体量对称轴线上的虚空间而得以开敞。一个低矮的弧形体块标志出地下车库的入口，并通过一架轻质金属桥连接到建筑的东翼上。

　　东西两侧为办公区，顶层后退，通过"阳台"可以俯瞰庭院。侧翼的底部设置有柱廊，但东翼紧凑，并朝向公寓体块封闭，而面向河流的西翼则为进入内部庭院提供了一条人行通道。

项目概况

设计时间：1986	Project: 1986
建造时间：1988—1993	Construction: 1988-1993
业主：卢加诺，菲蒂纳姆·卡依玛多	Client: Fidinam Lugano
基地面积：4 633m²	Site area: 4,633m²
建筑面积：12 150m²	Useful surface: 12,150m²
建筑体积：51 060m³	Volume: 51,060m³

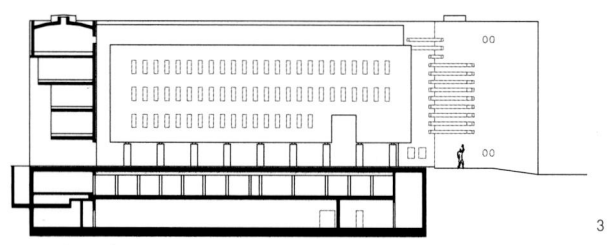

3

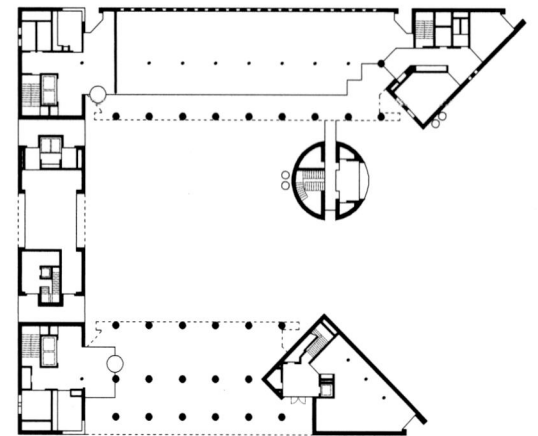

4

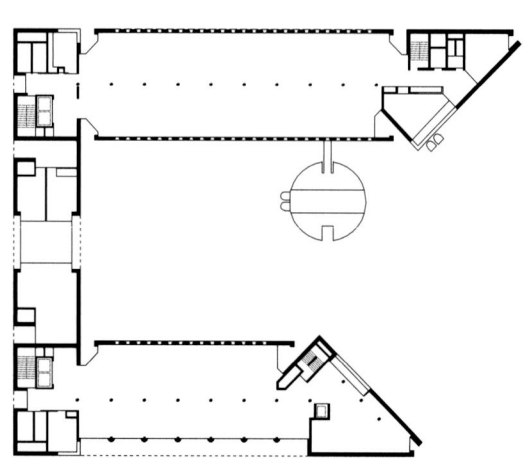

5

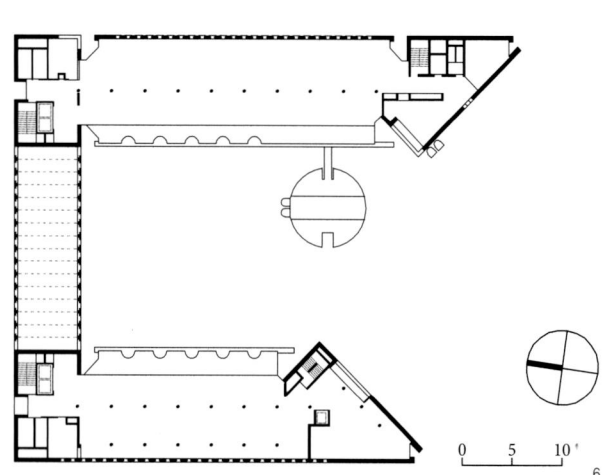

6

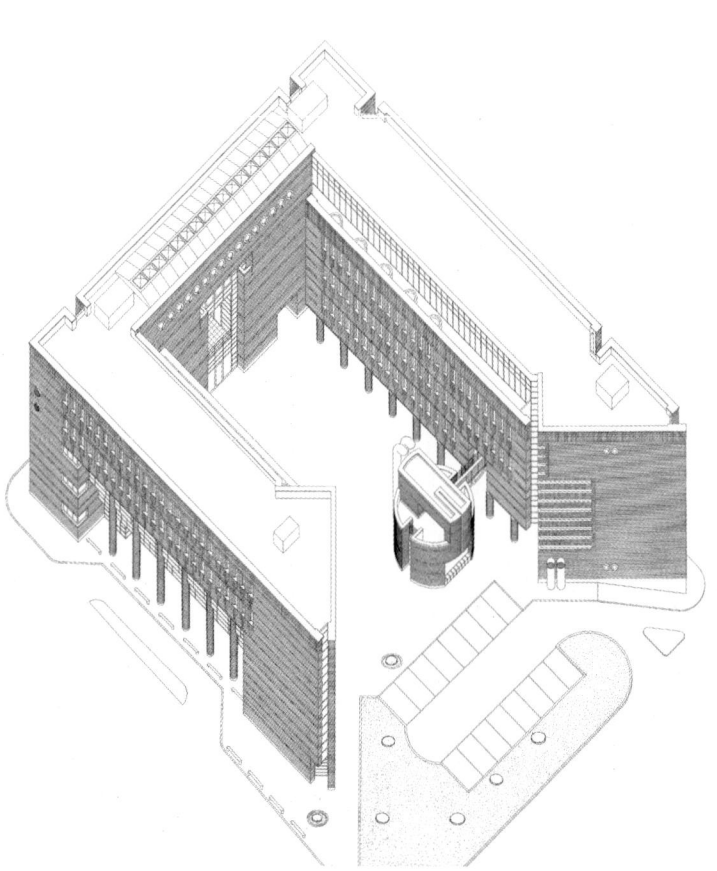

7

9. 建筑实景

9

延伸阅读

- E. Valeriani, Alcuni pensieri sull'architettura di Mario Botta, "Controspazio", 1994, 6, pp. 24-27.
- Mario Botta Caimato Office Block, "Document International", 1994, 40, pp. 96-103.
- Caimato Office Building, Lugano, "Korean Architects", 1994, 10, pp. 56-65.

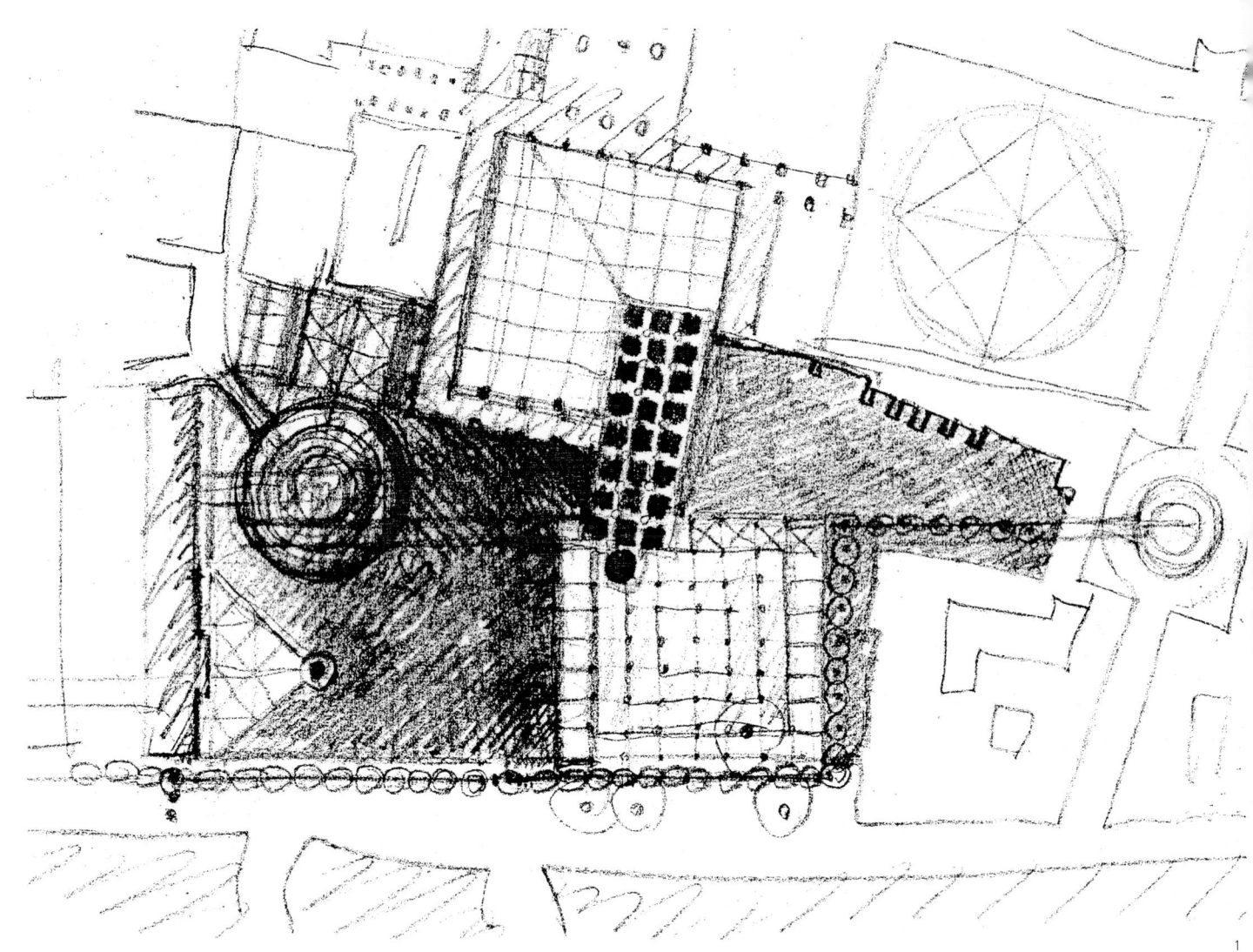

1. 手绘平面草图
2. 一层平面图
3. 建筑全景

皮洛塔花园露天广场
PIAZZALE DELLA PACE, 'GIARDINO DELLA PILOTTA'

意大利 帕尔马
Parma, Italy 1986/1996-2001

皮洛塔的历史建筑是帕尔马城市肌理的一部分，但它仍然处于一种未完成的状态。设计的基本思路是将这片区域转换成一个"经设计"的绿色空间，通过不同元素唤起对它不同历史时期的回忆。

设计包括五个不同元素："围场"，它的两排石质的线型定义出花园与周边的城市景观的边界；"水池"几乎完全再现教堂圣彼得殉难教堂的平面；"信徒纪念碑"仍置于其原本在广场平面上有所抬高的位置；还有新布置的斜向"威尔第纪念区"及延伸至加里波第大街的跑道的"皮洛塔庭院"。

项目概况
设计时间：1986—1996
建造时间：1998—2001
合作建筑师：乔治·奥尔西尼
业主：帕尔马市政府

Projects: 1986-1996
Construction: 1998-2001
Partner: architect Giorgio Orsini
Client: City of Parma

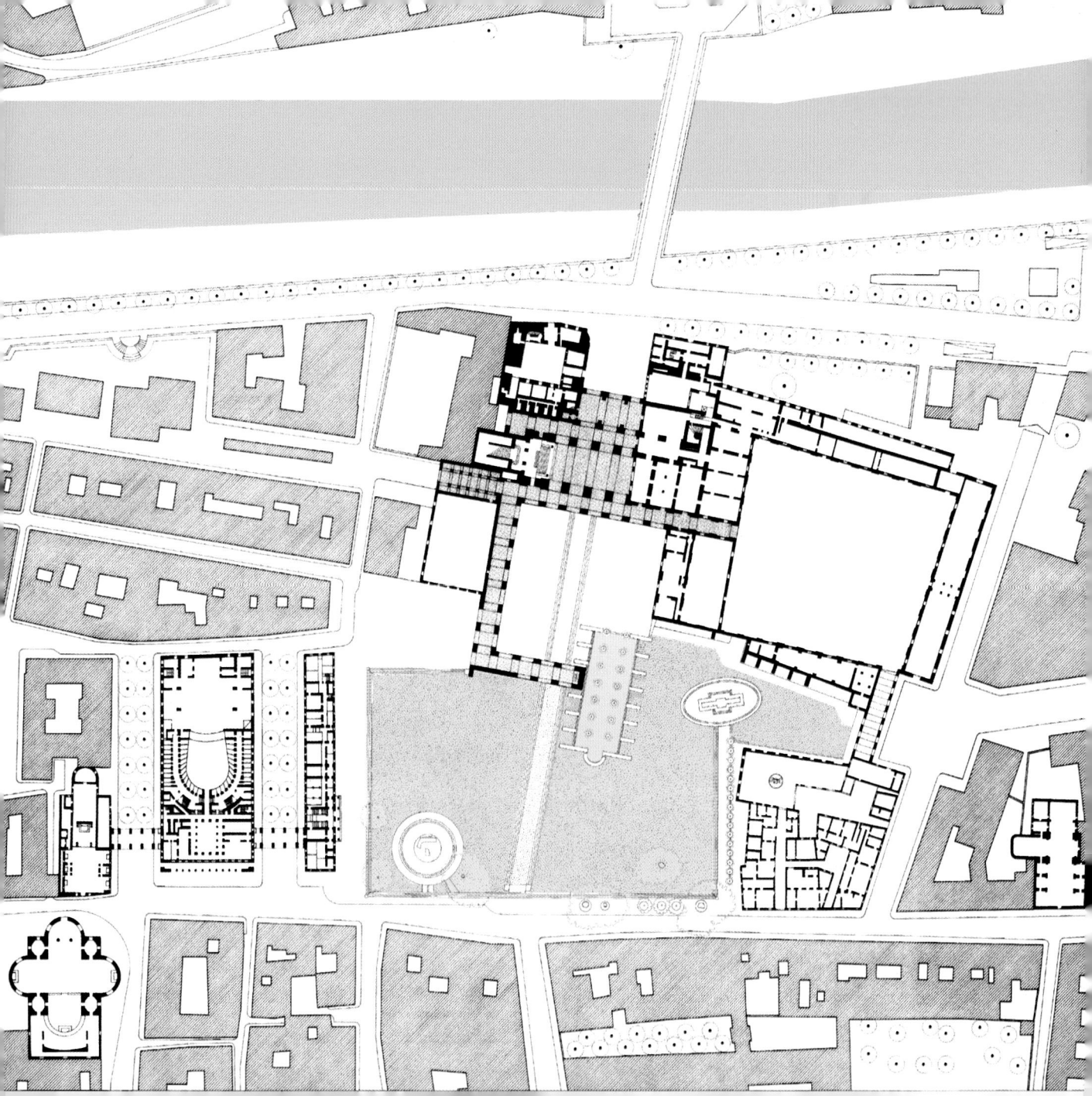

4. 广场实景

5. 秩序感极强的水景处理

5

延伸阅读

- S. Storchi, Mario Botta: progetto per la Pilotta, "Parametro", April 1987,
pp. 48-53, 64.
- Edifici pubblici per la piazza della Pilotta, Parma, "Domus", 1987, 683, pp. 45-50.
- Piazzale della Pace in Parma, "Baumeister", 1989, 2, pp. 27-28.
- G. Gresleri, Il diritto d'autore negato – Il caso di Parma, "Parametro", 2001, 232,
pp. 16-18.
-.Storchi, Recupero a Parma la piazza e il suo doppio, "Arkitekton", 2001, 2,
pp. 67-71.
- La riconquista dello spazio, «Folia», 2001, settembre/ottobre, pp. 4-7.
- P. Portoghesi, Scolpire lo spazio. Due architetture di Mario Botta/ Carving out space.
Twoarchitectures by Mario Botta, "Abitare la Terra", 2003, 5, pp. 24-25.
- C. Gavinelli, Il piazzale della Pace a Palazzo della Pilotta a Parmain "Luoghi della Pace,
Arte e architettura dopo Hiroshima", Editoriale Jaca Book, Milan, August 2010, pp. 157-
165.

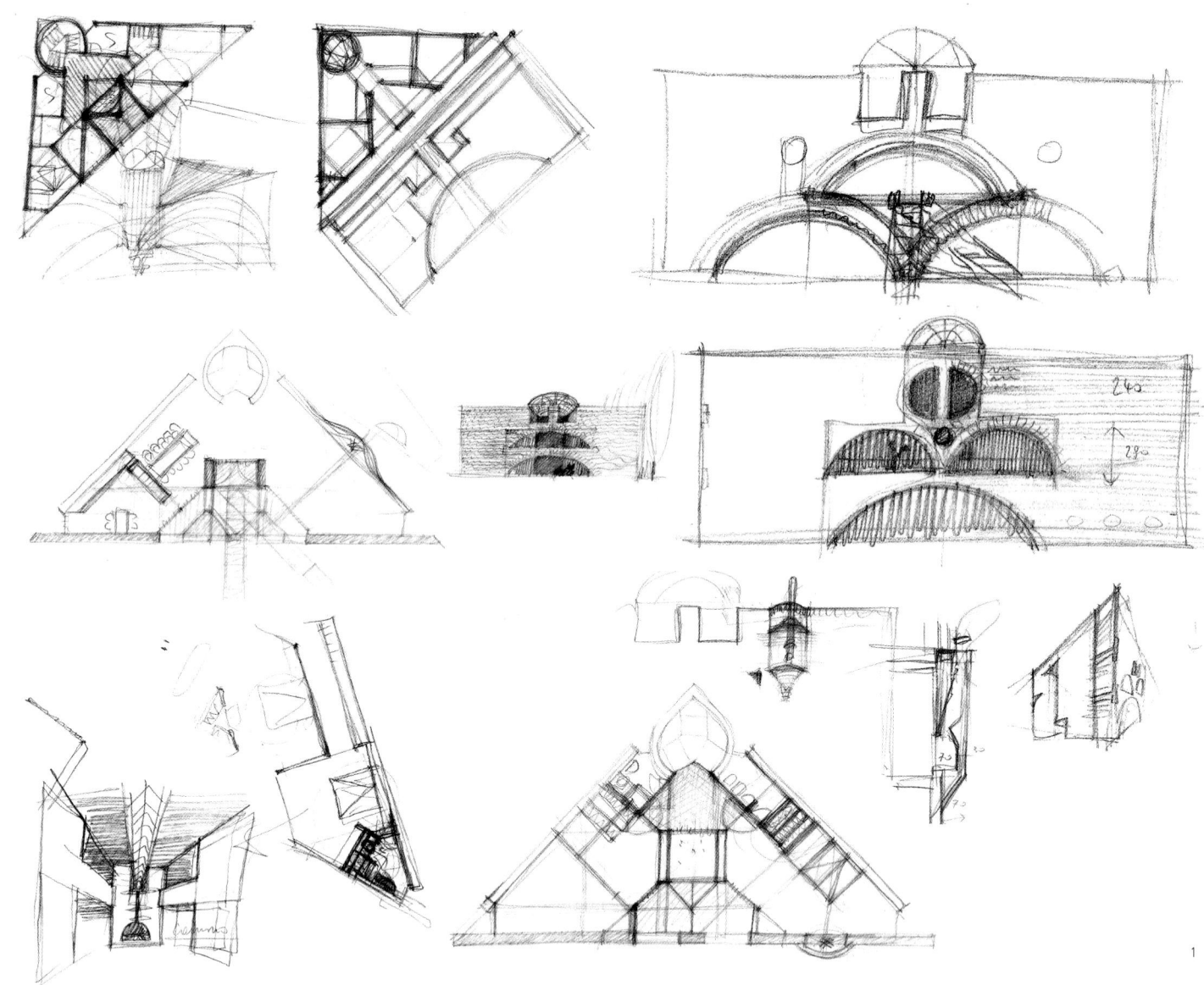

1. 手绘草图
2. 建筑入口细部

瓦卡罗独栋住宅
SINGLE-FAMILY HOUSE

瑞士
Vacallo, Switzerland 1986-1988

　　该建筑坐落于基亚索平原，为了保留前面大面积的草坪，建筑退到了基地的后侧。这座三角形住宅的最长边朝南，内部空间沿一条对称的中轴线组织起来。透明的玻璃天窗斜切建筑直到楼梯间，并且为两层高的中心空间提供了采光。该建筑最具有特色的就是主立面上相互交错的两个圆拱，它形成了一种双重立面，并构筑出一个通往所有主要房间的巨大门廊。住宅的短边，即西侧和东侧，与主立面脱离，并且没有开窗。住宅有两层：一层的起居空间、平台和二层的睡眠空间。

项目概况

设计时间：1986	Project: 1986
建造时间：1987—1988	Construction: 1987-1988 (date in full)
业主：乔治·阿尔菲里	Client: Giorgio Alfieri
基地面积：2 400m²	Site area: 2,400m²
建筑面积：310m²	Useful surface: 310m²
建筑体积：2 000m²	Volume: 2,000m³

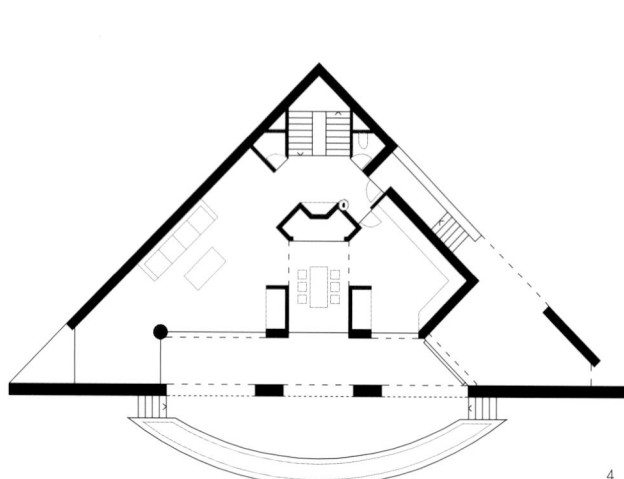

3. 建筑全景
4. 首层平面图
5. 二层平面图
6. 东北立面实景
7. 剖面图
8. 轴测图

0 1 5

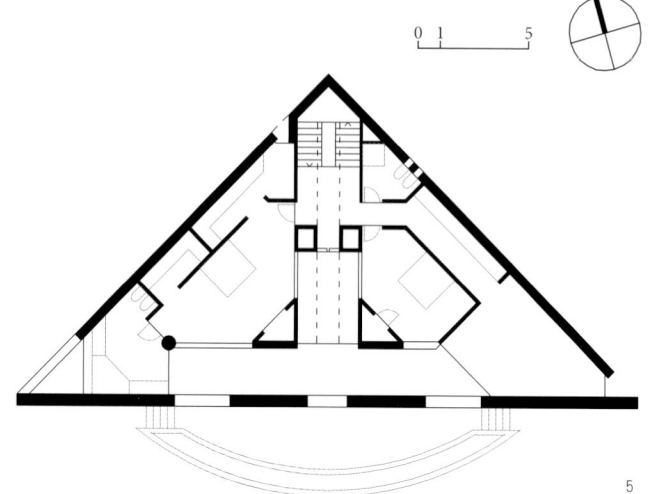

4

5

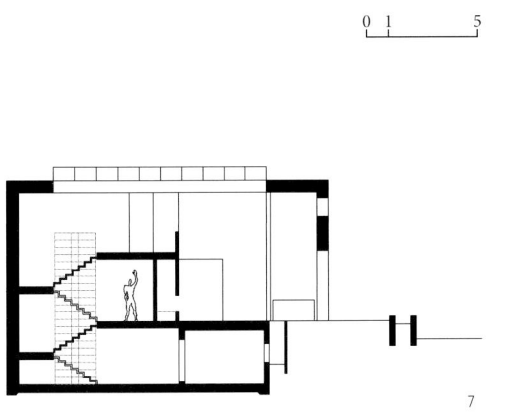

7

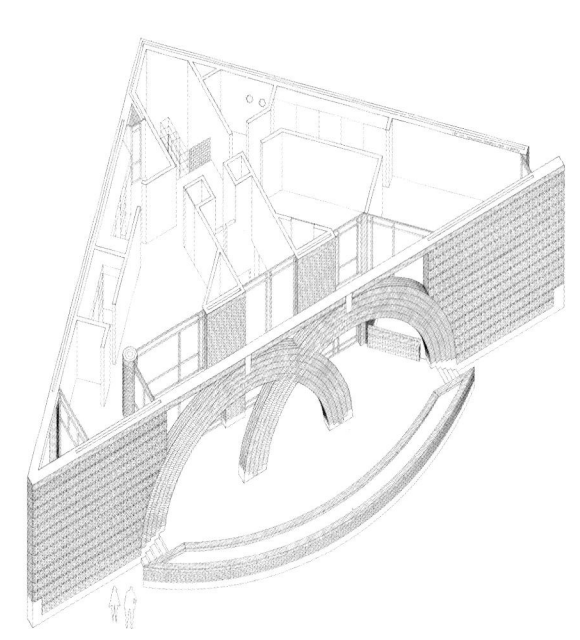

8

9. 正立面细部

10.11. 室内实景

延伸阅读

- L.Servadio, La configurazione primaria dello spazio, "Chiesa Oggi", 1993, 4, pp. 50-55.
- G. Cappellato, Geometrie per il sacro, "Ottagono", 1994, 110, pp. 69-73.
- G. Frediani, Le Chiese, Editori Laterza, Rome-Bari 1997, pp. 109-110, pp. 104-111.
- R. Hollenstein, Licht und Erdenschwere, "Werk, Bauen + Wohnen", 2005, 9, pp. 32-39.

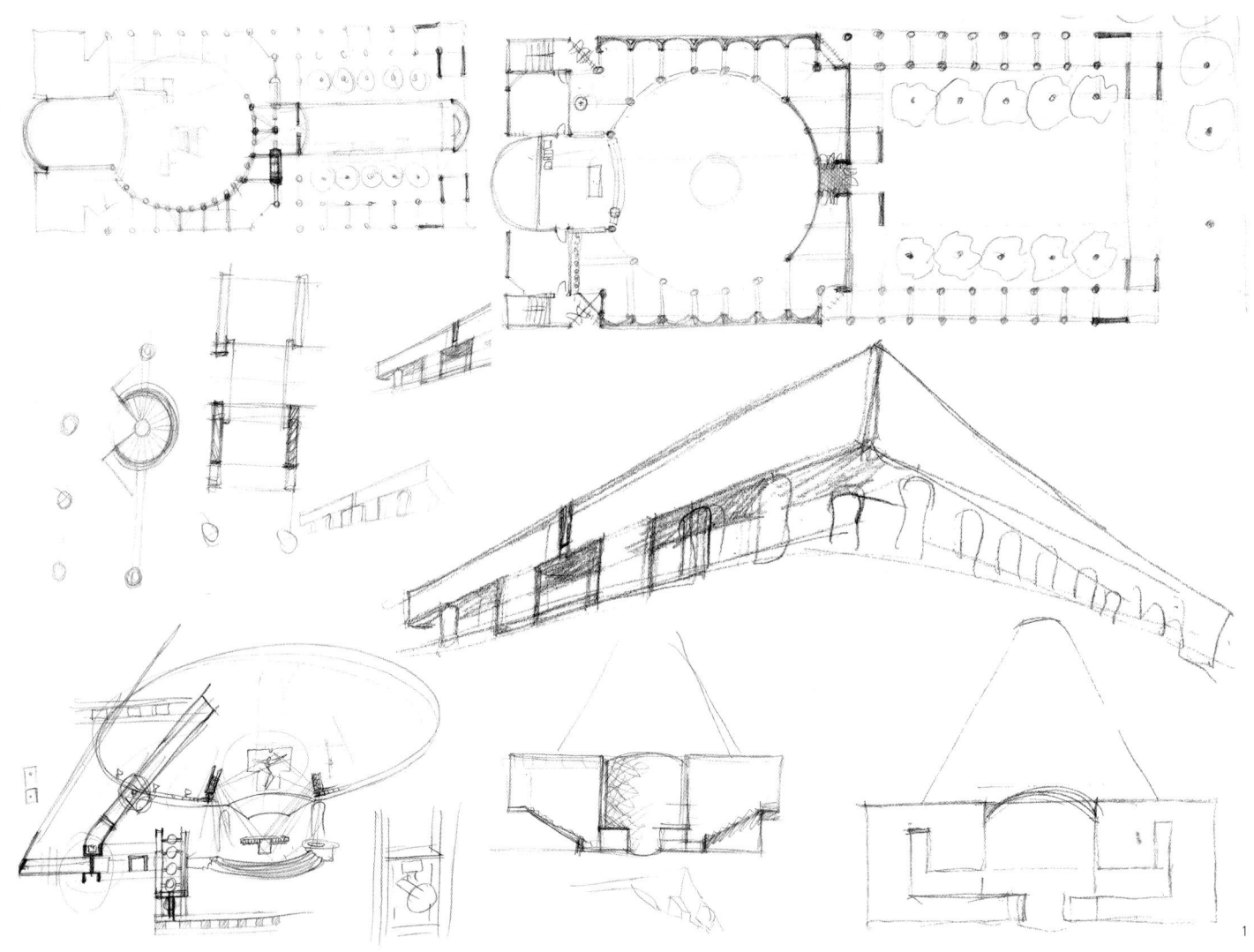

1. 手绘草图
2. 钟塔细部

奥德利柯小教堂
CHURCH BEATO ODORICO

意大利 波代诺内
Pordenone, Italy 1987-1992

　　教堂的特点是它的简单而统一的结构，一种城市性的"基座"围合了庭院、回廊、配套服务设施和教堂高处的截圆锥形结构。方形基座上的内切圆形成强烈的向心性。柱廊紧邻着回廊形的前院，营造出温馨的氛围，形成与周围环境之间的过滤空间。在四边环绕的拱廊上，均有垂直的缝隙，打断连续的墙体。建筑的外观形象突出了其与周边杂乱无章的环境相比的均质性的特点。

　　内部空间由中央锥体向周边低矮的裙房延续，与方形裙房空间相交并融合。

项目概况

设计时间：1987	Project: 1987
建造时间：1988—1992	Construction: 1988-1992
业主：波代诺内奥德利柯教区	Client: Parish of Beato Odorico di Pordenone
施工管理：皮耶罗·毕达宁（工程师），乔齐奥·拉芬	Construction management: Piero Beltrame, Giorgio Raffin
基地面积：3 800m²	Site area: 3,800m²
建筑面积：1 020m²	Useful surface: 1,020m²
建筑体积：8 800m³	Volume: 8,800m³

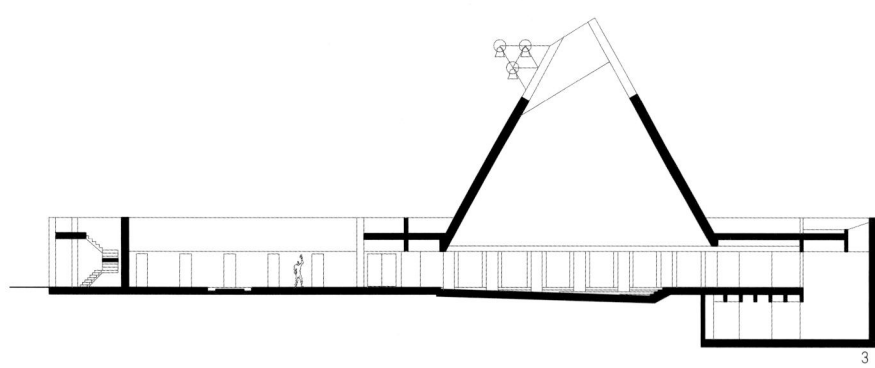

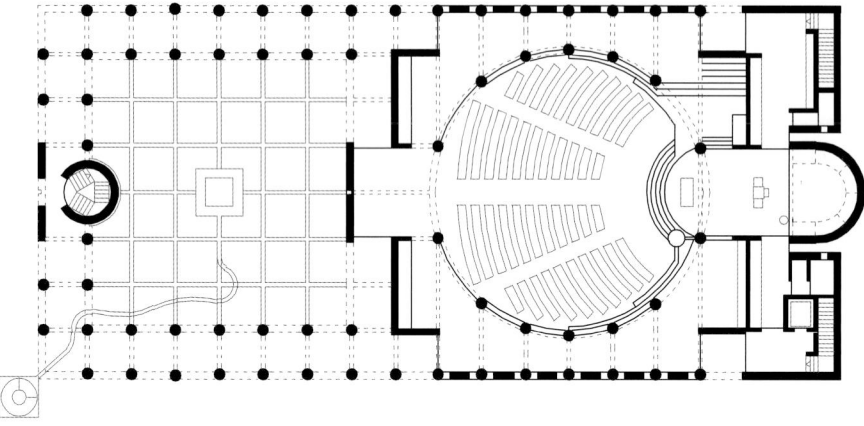

3. 剖面图
4. 首层平面图
5. 建筑实景
6. 建筑内院实景

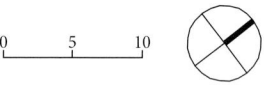

4

7.8. 建筑立面细部

9.10. 室内实景

延伸阅读

- L.Servadio, La configurazione primaria dello spazio, "Chiesa Oggi", 1993, 4, pp. 50-55.
- G. Cappellato, Geometrie per il sacro, "Ottagono", 1994, 110, pp. 69-73.
- G. Frediani, Le Chiese, Editori Laterza, Rome-Bari 1997 pp. 109-110, pp. 104-111.
- R. Hollenstein, Licht und Erdenschwere, "Werk, Bauen + Wohnen", 2005, 9, pp. 32-39.

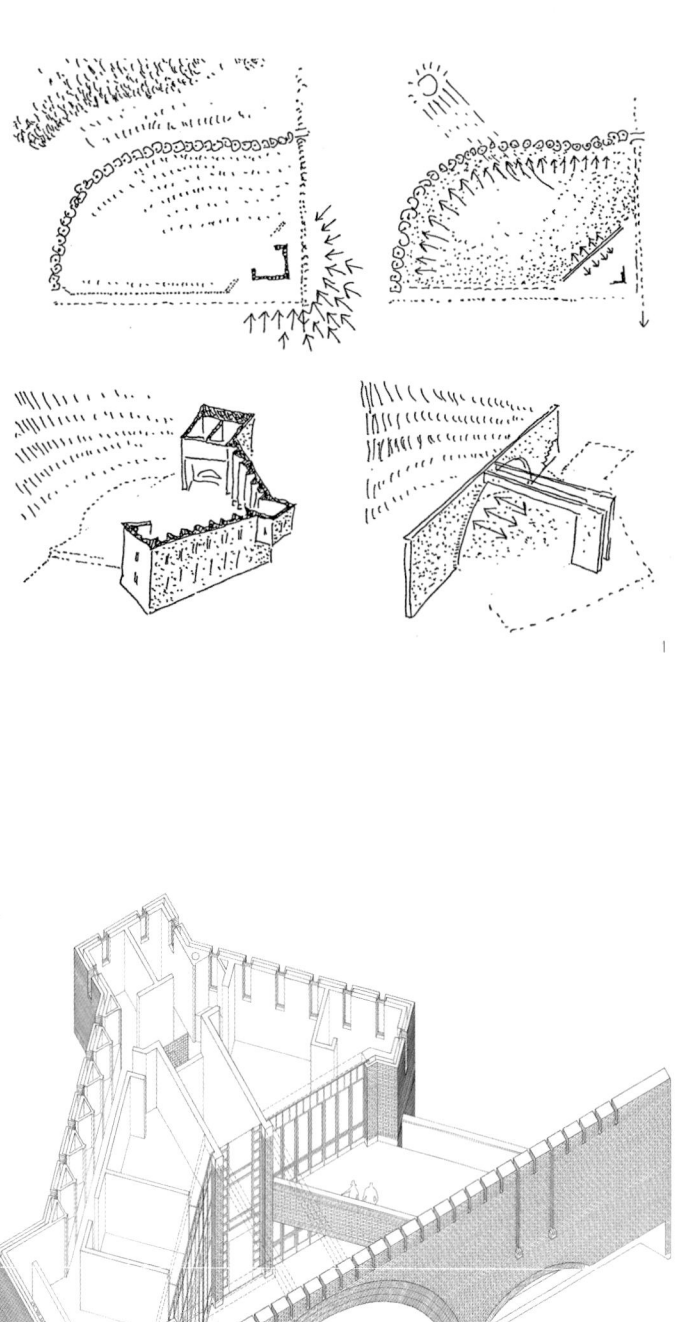

曼诺独立住宅
SINGLE-FAMILY HOUSE

瑞士 曼诺
Manno, Switzerland 1987-1990

这座三角形的住宅面对着基地的东北角。建筑的主立面以巨大的圆拱为特点，所有的活动、空间及洞口都围绕着它安排。两条正交的横梁贯穿整个建筑直到后部的墙体，定义了一个由天窗照亮的双层空间。另一面结束于车道的墙体，围合了外部空间。住宅由两层组成，底层为起居空间，二层为卧室。

1. 手绘草图
2. 轴测图
3. 建筑细部
4. 首层平面图
5. 二层平面图
6. 建筑实景

项目概况

中文		英文
设计时间：1974/1987		Project: 1974/1987
建造时间：1989-1990		Construction: 1989-1990
业主：多利斯，皮耶·菲利契·巴勒齐		Client: Doris and Pier Felice Barchi
基地面积：2 500m²		Site area: 2,500m²
建筑面积：380m²		Useful surface: 380m²
建筑体积：1 200m³		Volume: 1,200m³

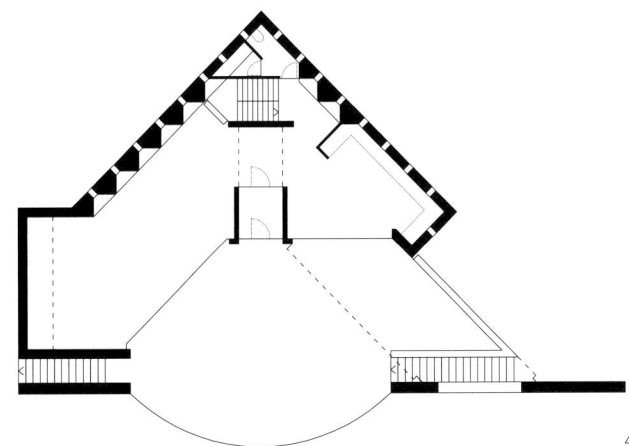

4

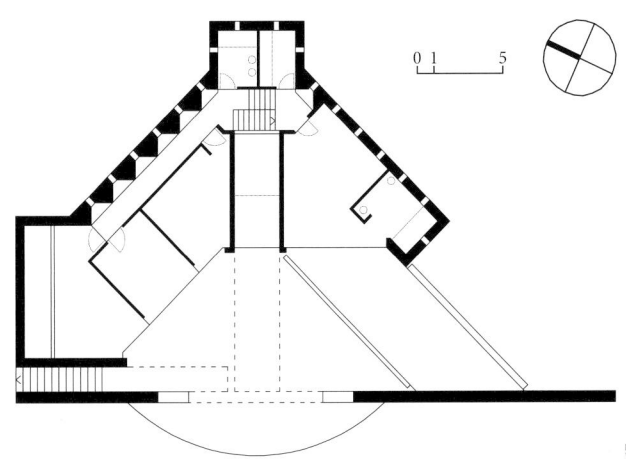

5

7

8

7. 东侧入口
8. 建筑与场地高差关系
9. 室内实景

延伸阅读

- Mario Botta. Single Family House in Manno, "GA Global Architecture Houses", 1990, 30,pp.46-67.
- G.F. Brambilla, Mario Botta. Tre opere recenti nel Canton Ticino, "Costruire in laterizio", 1992, 25, pp. 25-33.
- K. Wettstein, Wenig Möbel, viele Kinder, "Ideales Heim", 1995, pp. 24-32.
- Mario Botta, casa unifamiliare, Manno in "La villa del Novecento", edited by Lamberto Ippolito, Firenze University Press, Florence 2009, p. 132.

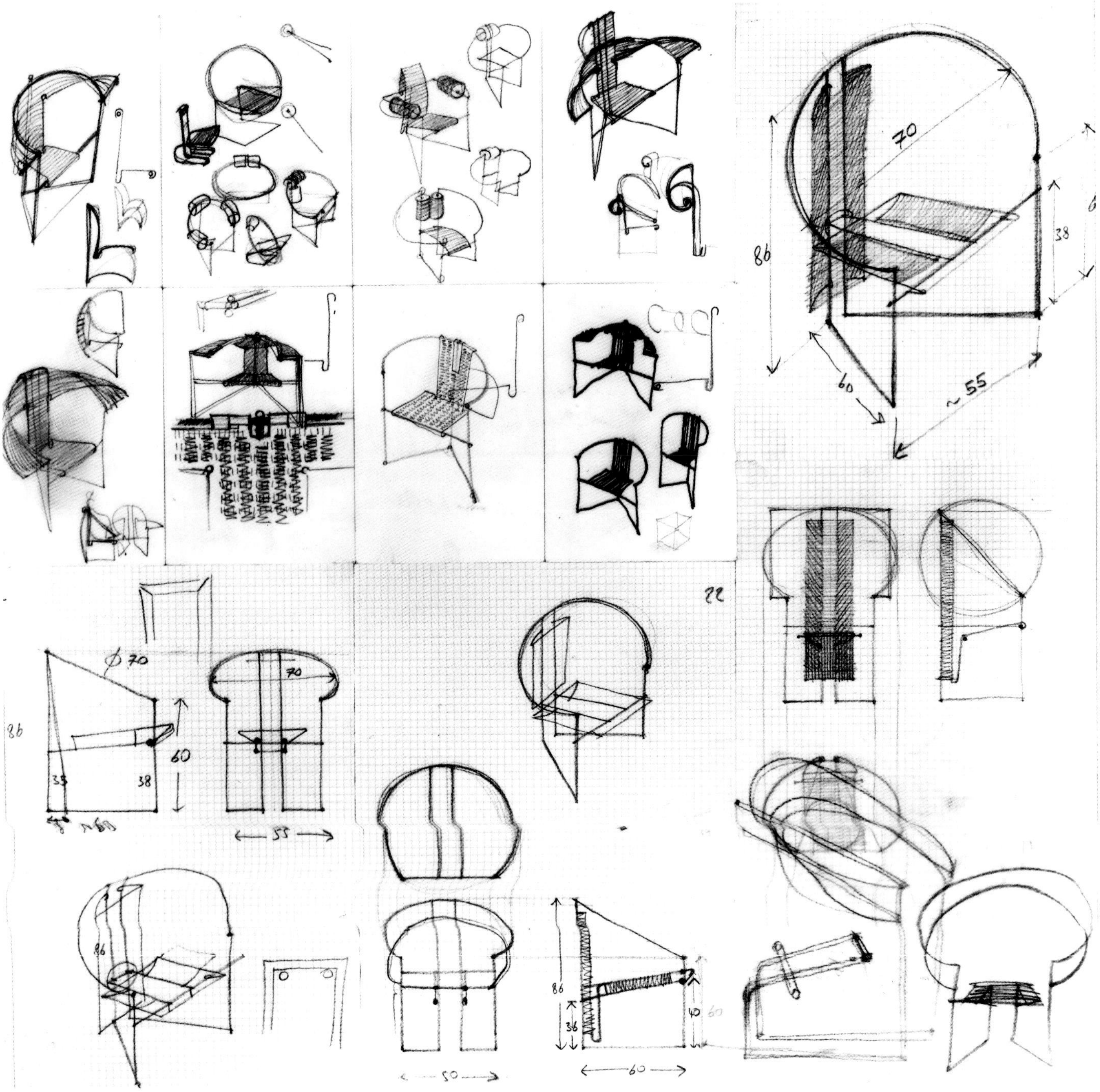

1.2. 手绘草图
3. 实体展示

圆形座椅
CHAIR 'LATONDA'

1987

项目概况
设计时间：1987
生产时间：自1987
制造商：阿里亚斯家私
尺寸：63cm×48cm，高47/77cm
结构：黑色或银色喷漆钢材。椅面
为黑色或铜绿色环氧涂层穿孔板或
者红色或黑色皮革

Design: 1987
Production: since 1987
Manufacturer: Alias SpA
Size: 63cm×48cm, 47/77cm H
Structure: painted steel in black or
silver. Epoxy-coated perforated sheet
seat in black or copper green; or in red
or black leather

座椅由弯曲的钢管骨架和穿孔板椅面构成。设计集之前各种座椅设计之大成。管状的钢框架与座椅的结构本质相一致。之前的座椅设计都是从剖面生成的，而此设计不同，它生成于平面。其圆形形式来自扶手与椅背所构成的非闭合圆弧。

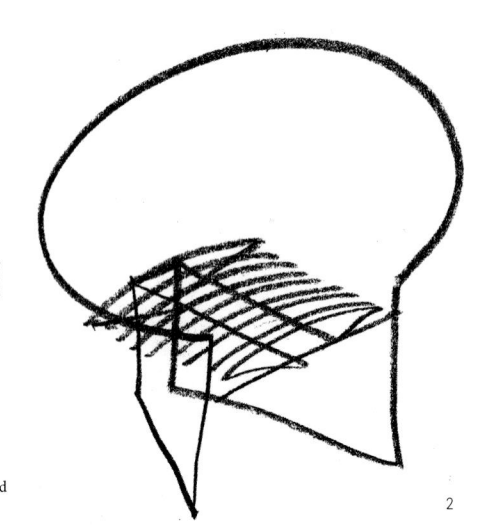

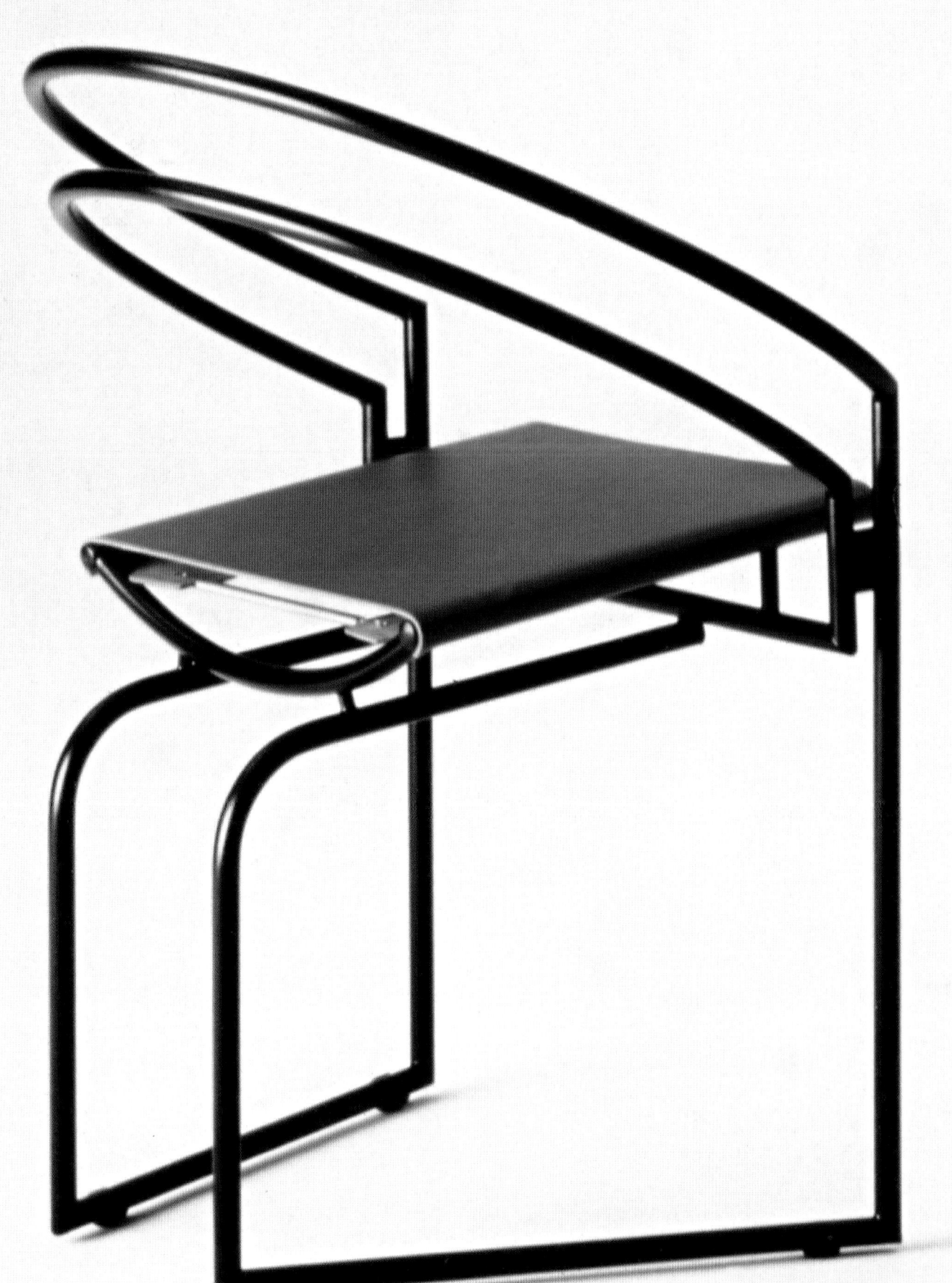

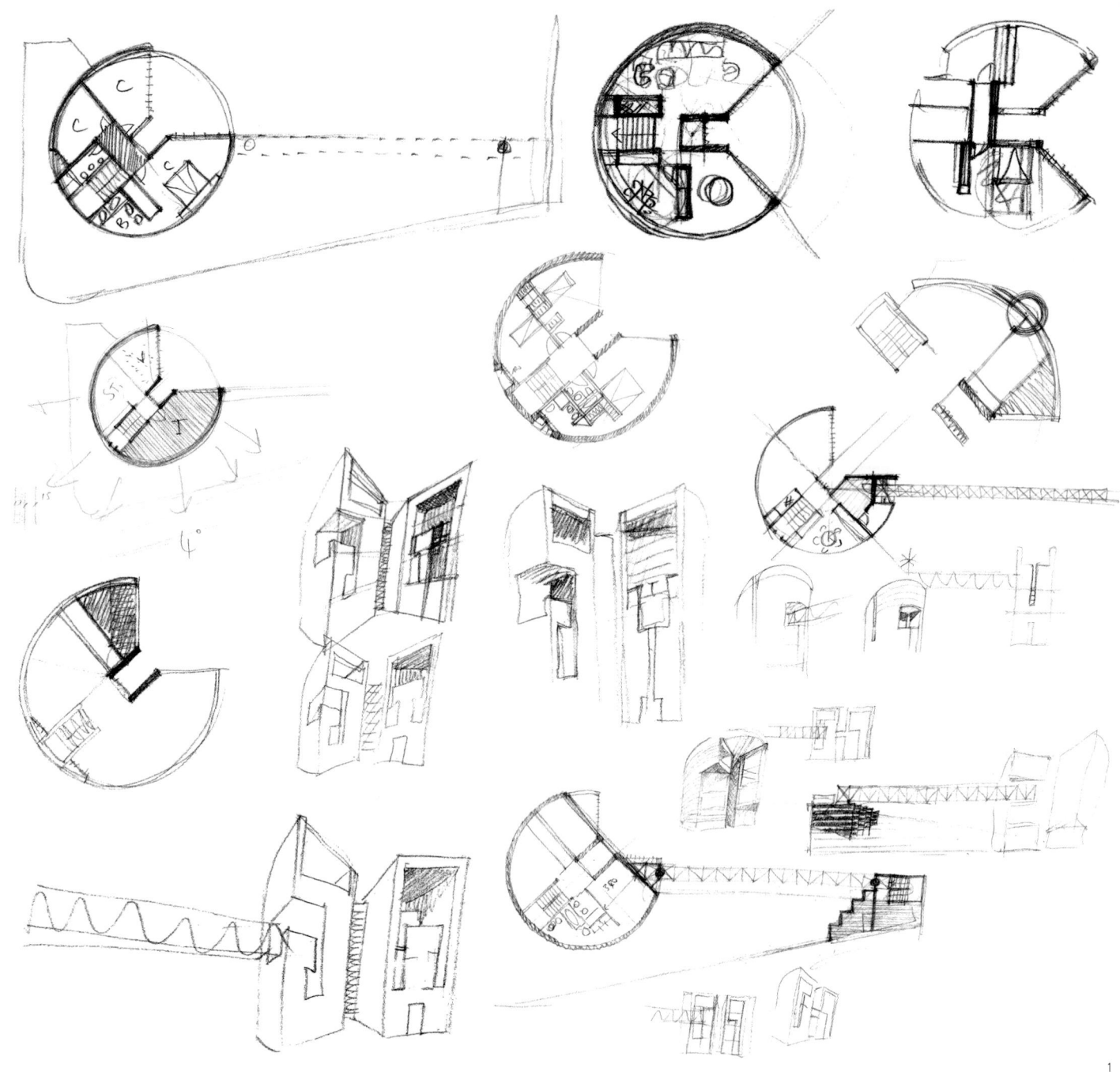

1. 手绘草图
2. 建筑细部

罗桑那独栋住宅
SINGLE-FAMILY HOUSE

瑞士 罗桑那
Losone, Switzerland 1987-1989

圆柱形的建筑体块朝东南向开口。主立面上两面分离的墙体上升至圆形的屋顶，并且形成向内延伸至楼梯旁区域的切口。南侧退台式的体量形成了露台，将室内延伸到室外，露台都覆盖在屋顶下。建筑有4层，睡眠休息区在二层，三层及四层为起居空间。

项目概况
设计时间：1987
建造时间：1988—1989
业主：罗伯塔和加布里埃莱·比安达
基地面积：1 075m²
建筑面积：220m²
建筑体积：960m³

Project: 1987
Construction: 1988-1989
Client: Roberta and Gabriele Bianda
Site area: 1,075m²
Useful surface: 220m²
Volume: 960m³

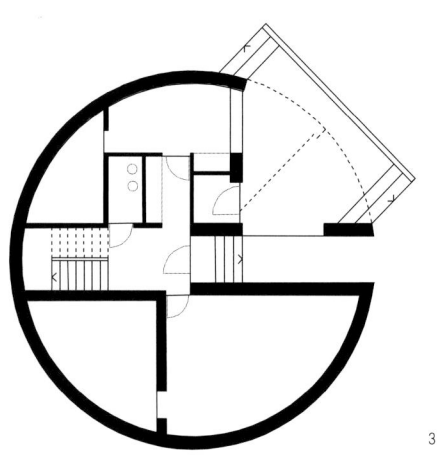

3

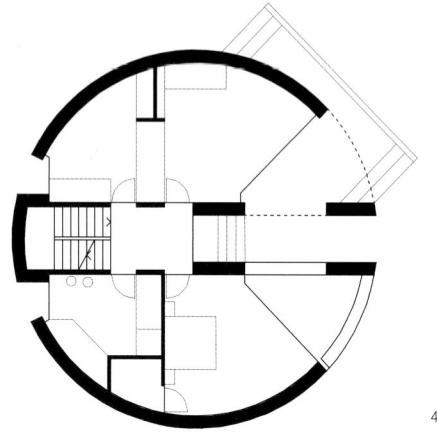

4

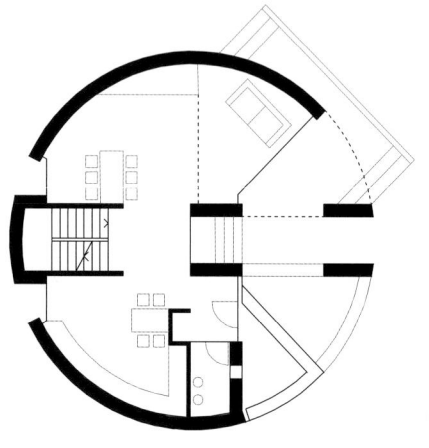

5

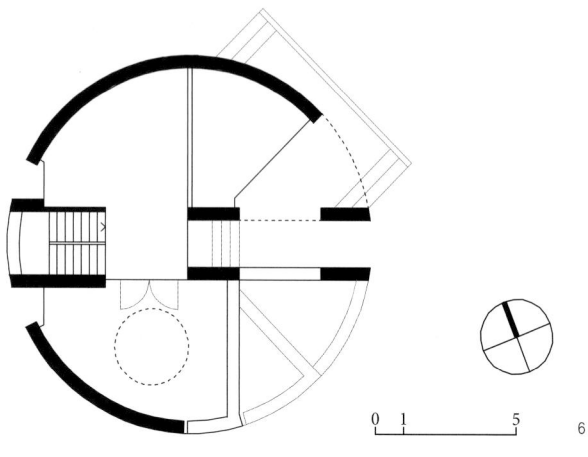

0 1 5

6

7

8

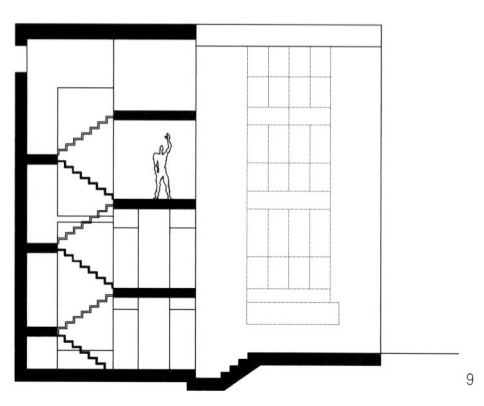

9

3. 地下一层平面图
4. 首层平面图
5. 二层平面图
6. 三层平面图
7. 建筑细部
8. 露台实景
9. 建筑剖面图
10. 建筑实景

11. 建筑实景
12. 室内实景

延伸阅读

- Casa unifamiliare a Losone, "Rivista Tecnica", 1990, 9, pp.23-25.
- Mario Botta, "Grafica Magazine", 1992, 5.
- Single-family House Losone, Ticino, Switzerland, "GA Houses", 1992, 12, pp. 30-35.
- S. Schmid, Genie auf schiefer Ebene, "Schweizer Illustrierte Privé", 1993, 1, pp. 11-19.
- M. Pisani, Mario Botta, architetto ticinese: opere recenti, "L'industria delle costruzioni", 1993, 9, pp. 12-15.
- J. Welsh, Modern House, Phaidon Press Limited, London 1995 pp. 156-161.
- The cylindrical House, Switzerland, "Albenaa Magazine", 2004, 162, pp. 64-67.

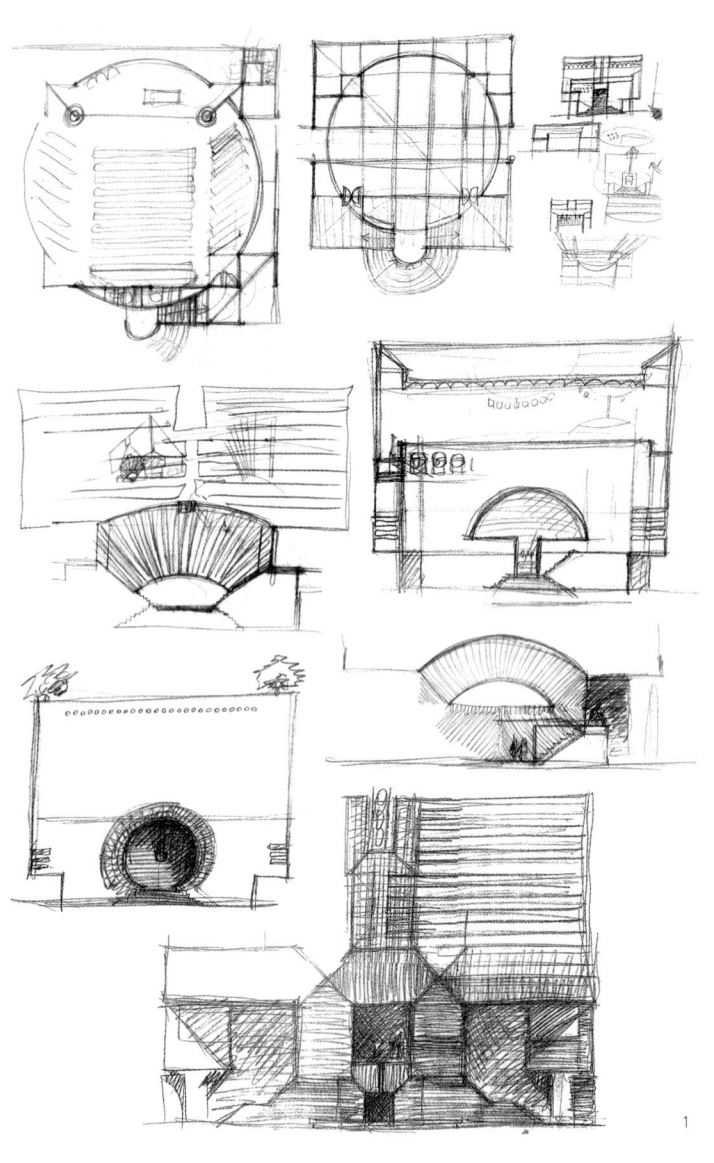

1. 手绘草图
2. 拱券细部

圣彼得教堂
CHURCH SAN PIETRO APOSTOLO

意大利 萨尔蒂拉纳
Sartirana, Italy 1987-1995

圣彼得教堂的构思是基于立方体与圆柱体相互穿插的几何结构。建筑的外形为棱柱体，而内部信众的空间设计为圆柱体。一个巨大的门，切入基本形的建筑体量，标示出由两旁楼梯得以到达的入口。

主立面的简洁形式被钟塔的切入所打破。建筑方形体量内的环柱形体从地面层升起，转变为一个二层高的妇女旁听席。从外表面分离出的屋顶，由一系列的花格镶板限定，这些花格重新创造下方的立方体空间。直接光源来自开在神坛后面的宽阔拱形玛瑙滤窗，间接光源来自第二层旁听席一侧的天窗。

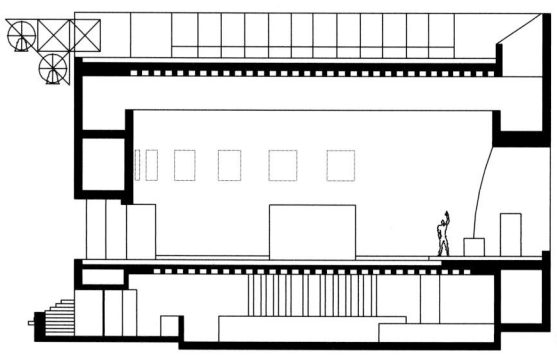

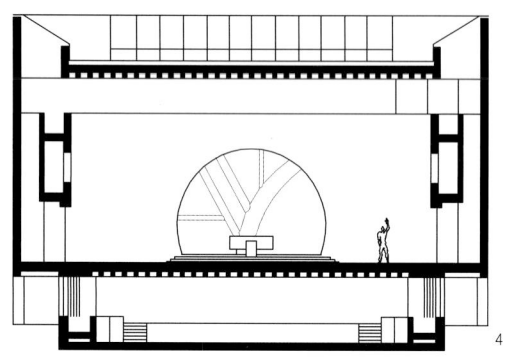

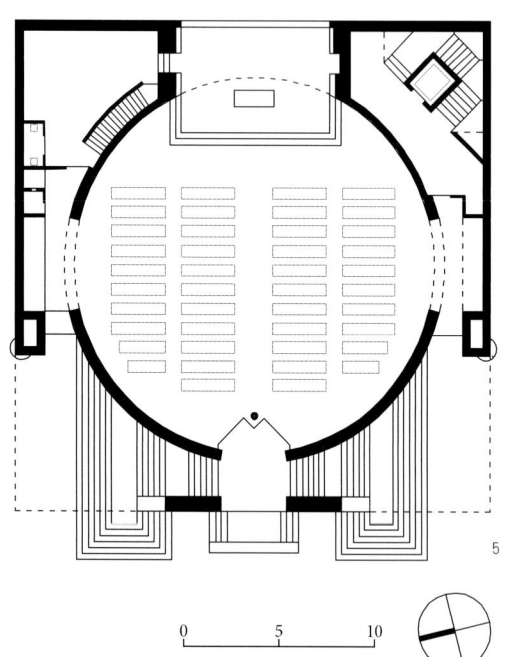

3. 横向剖面图
4. 纵向剖面图
5. 首层平面图
6. 建筑实景

0   5   10

项目概况
设计时间：1987/1992
建造时间：1992—1995
合作建筑师：建筑师法比亚诺·莱达里，安娜·布鲁纳·梵泰玛提
业主：圣彼得使徒教堂，萨勒提腊纳
基地面积：1 600m²
建筑面积：620m²
建筑体积：9 800m³

Project: 1987/1992
Construction: 1992-1995
Partner: arch. Fabiano Redaelli, Anna Bruna Vertemati
Client: Parish San Pietro Apostolo, Sartirana
Site area: 1,600m²
Useful surface: 620m²
Volume : 9,800m³

7

7.8. 建筑细部

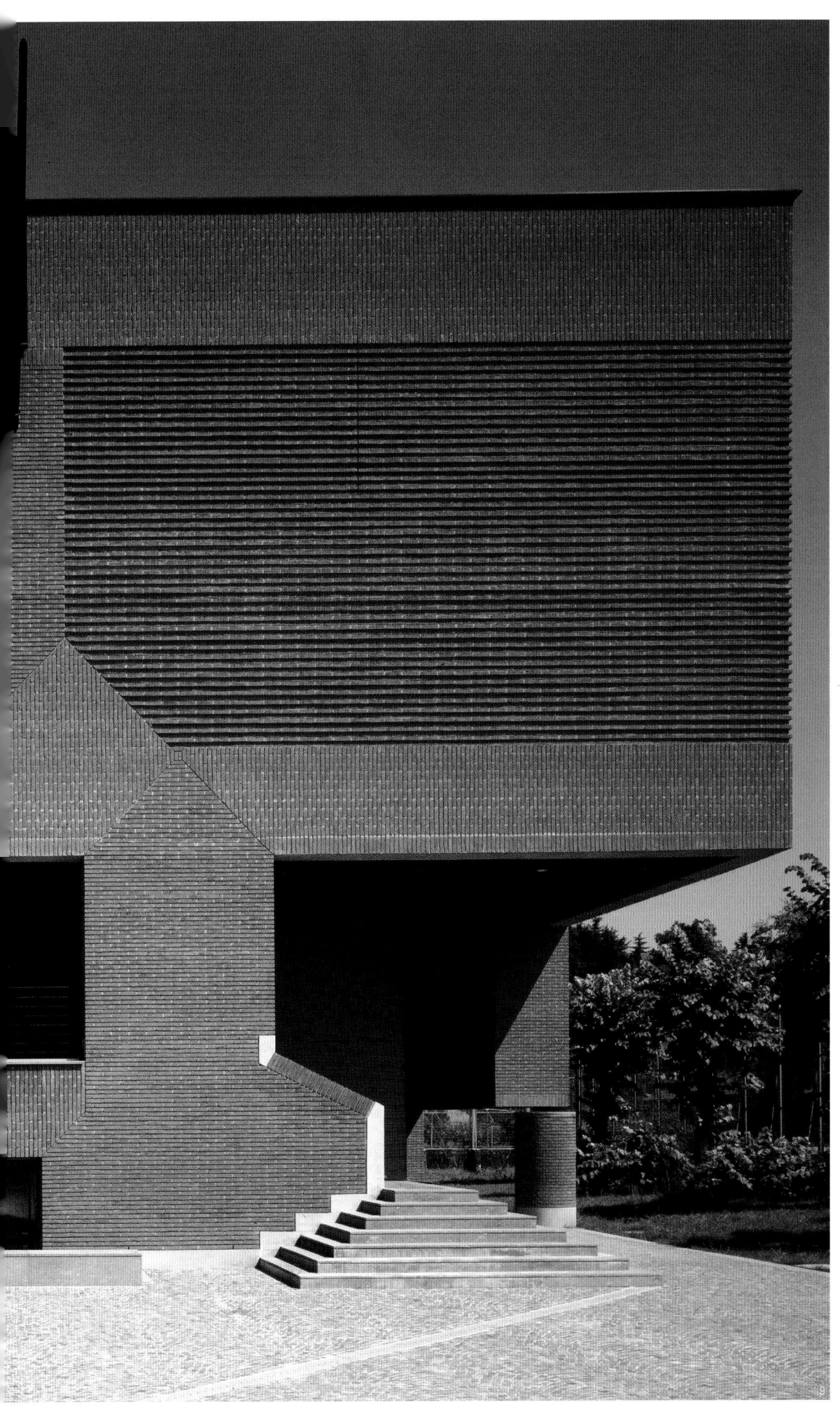

11.12. 妇女艺术展示空间实景

延伸阅读

- A. Cattorini Cattaneo, Un gioiello d'arte sacra moderna, "Il Segno", 1995, 11, pp. 46-49.
- E. Pizzi, La chiesa di Sartirana, "Ecclesia", 1995, 12, pp. 52-59.
- E. Valeriani, Cubo e cilindro. Una chiesa di Mario Botta a Sartirana di Merate, «Controspazio», 1996, 1, pp. 36-43.
- Contemporary architecture, Phaidon Press Limited, London 1998, pp, 136, 160.
- Church in Sartirana di Merate, «Korean Architects», 1999, 151, pp. 50-55.

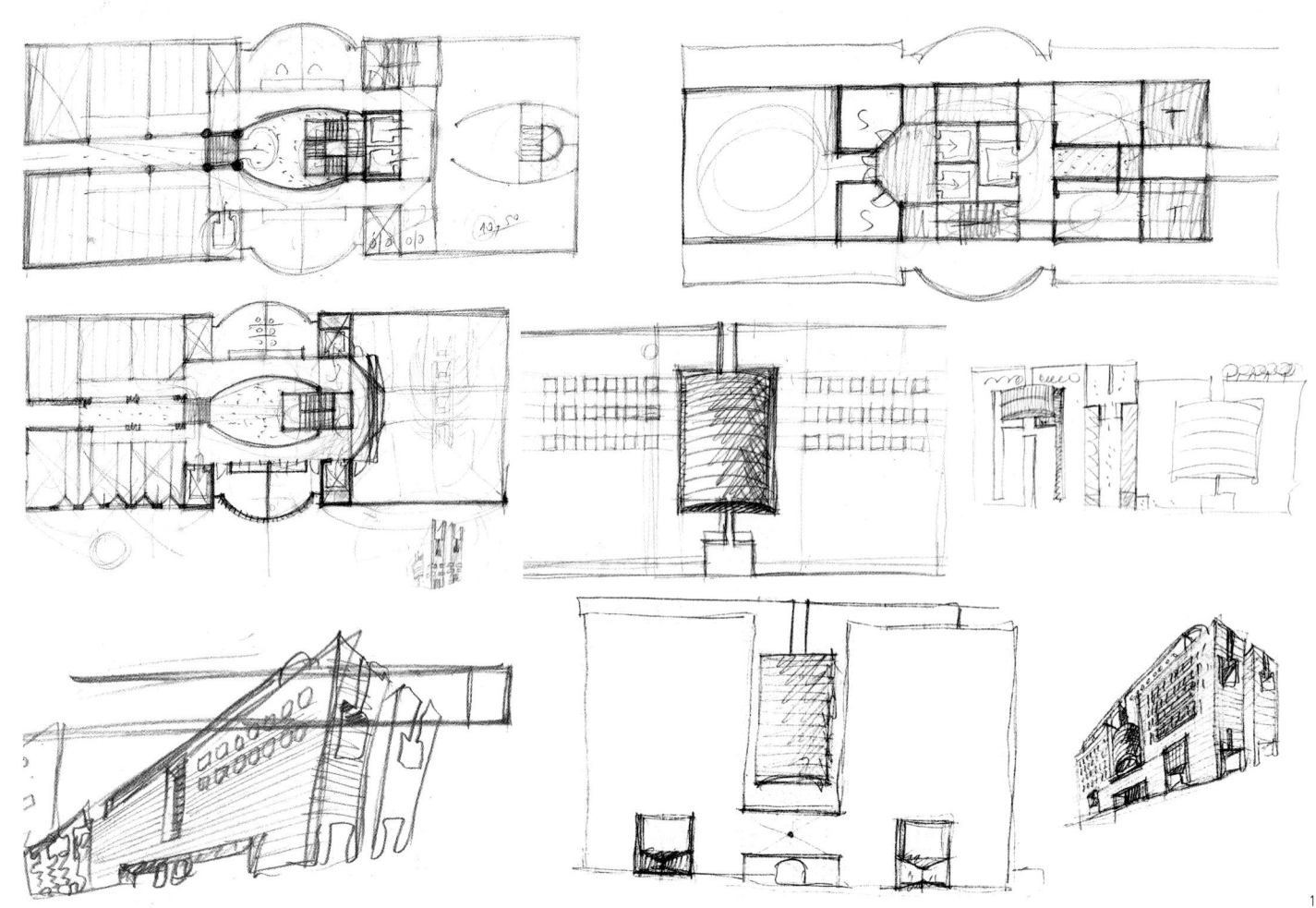

1. 手绘草图
2. 室内细部

布鲁塞尔朗伯银行大楼
BANK BRUXELLES LAMBERT

瑞士 日内瓦
Geneva, Switzerland 1987-1996

　　银行大楼位于朝向前主教公园的一块四边形地块的北端。建筑由天然石材覆面,地上7层,地下3层。由于建筑形体的宽度有限,使得建筑东西两面功能布局不同。在第六层和第七层上,供立面采光的竖向密缝分别变为圆形的洞口和屋顶的拱形天窗。一道切口从限定入口的双柱开始形成,打破了两侧立面的完整性。沿冯特奈大街的北向立面以两座双塔为特点,双塔之间有一条居中的缝隙空间并可以彼此联系。这种组织方式创造出了一个上至建筑物顶部的中心空间。从每层的中心空间分散出来的走道与在连续的幕墙外的直角相交的视野间建立了一系列的联系。

项目概况

设计时间:1987竞赛项目/1993	Project: 1987 competition project/1993
建造时间:1993—1996	Construction: 1993-1996
合作建筑师:建筑师乌尔斯·屈米	With: arch. Urs Tschumi
业主:BBL日内瓦	Client: BBL Geneva
基地面积:7 084m²	Site area: 7,084m²
建筑面积:656m²	Useful surface: 656m²
建筑体积:20 000m³	Volume: 20,000m³

3. 剖面图
4. 首层平面图
5. 六层平面图
6. 八层平面图
7. 建筑实景

3

4

5

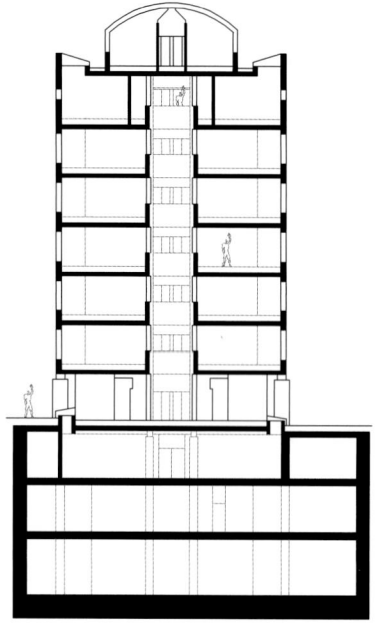

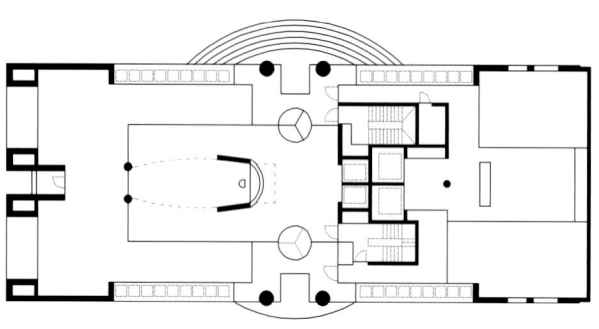

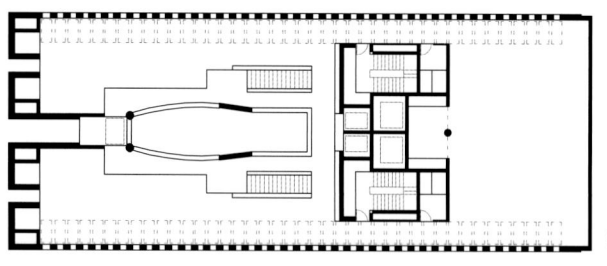

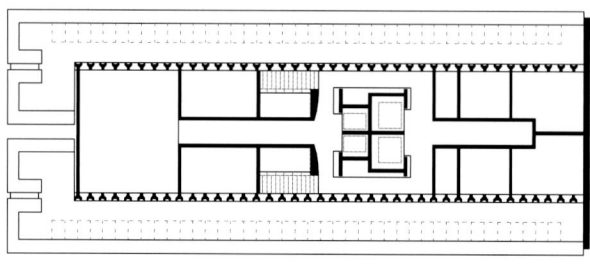

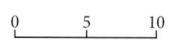

6

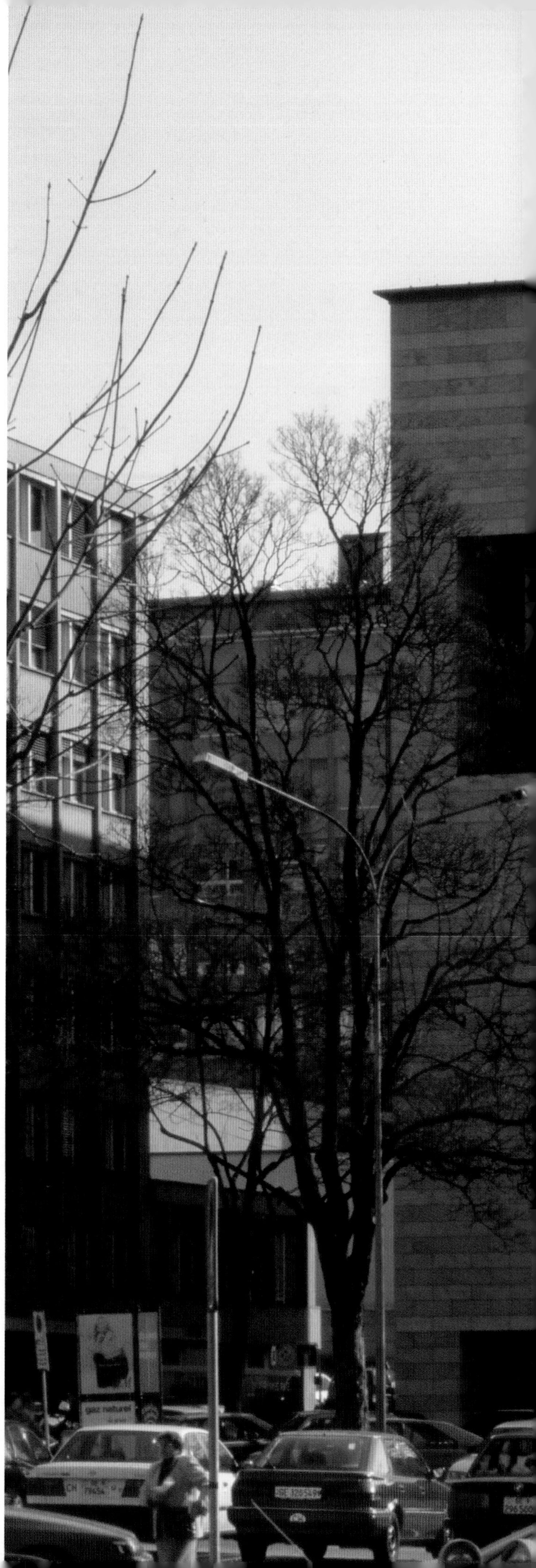

8~10. 室内实景

延伸阅读

- M. Champenois, La banque et l'architecte, "Le Monde", 28/29 April 1996.
- Banque Bruxelles Lambert in Genf, "Bauwelt", 1996, 18/19, p. 1052.
- Monumentale Geste Bruxelles Lambert Bank Genf, Schweiz in "Banken und Geldin-
stitute", edited by P. Lorenz, S. Isphording, Verlagsanstalt Alexander Koch, Leinfelden-
Echterdingen 2003, pp. 161-164.
- A. Eldevik et L. Zufferey, Interview de Mario Botta L'architecture reflète le travail de
l'homme, "Zschokke Vision" [special issue], Printlink, Wetzikon 2005, pp. 60-61.

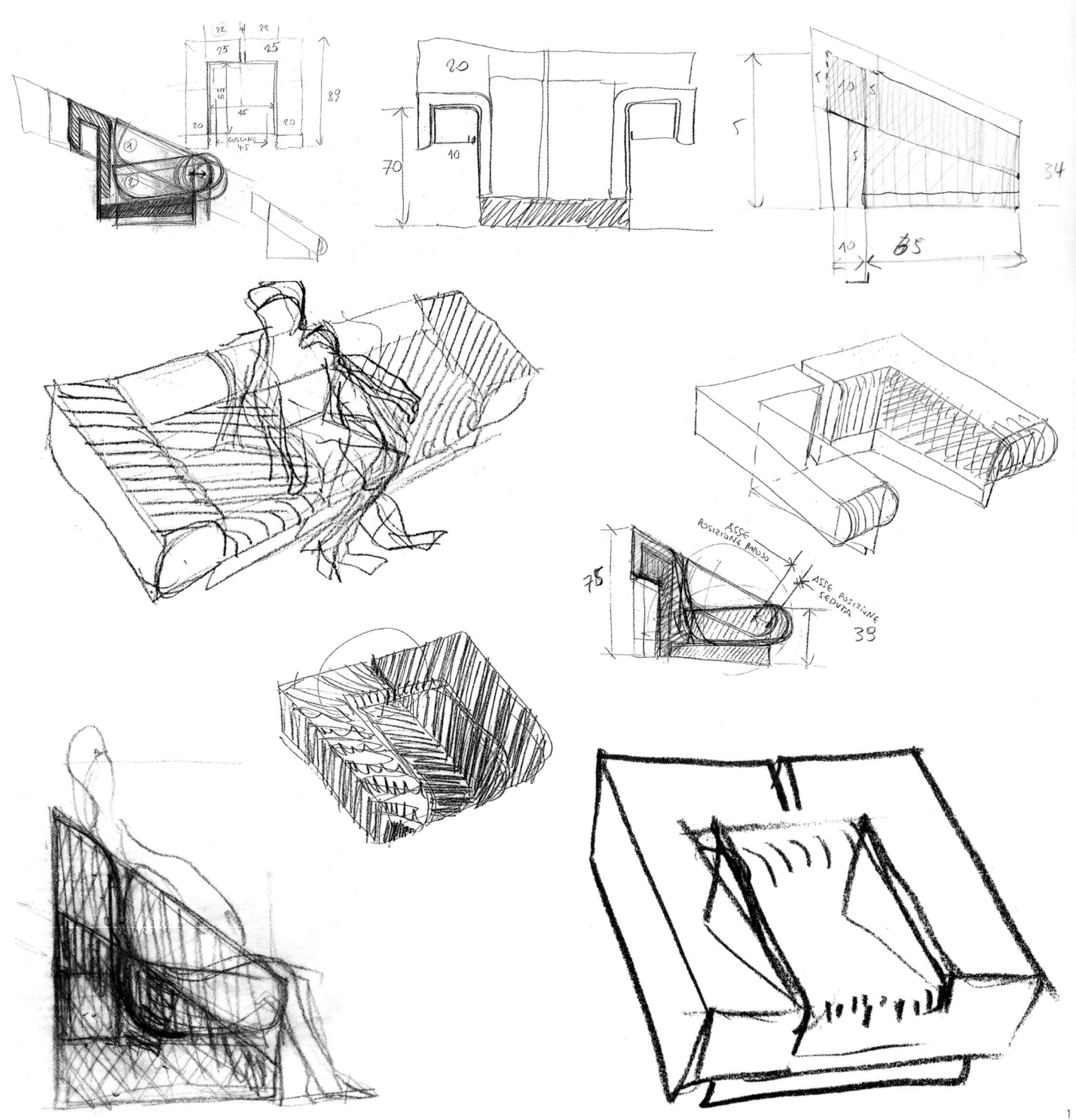

1. 手绘草图
2. 实体展示

倾斜单人沙发
ARMCHAIR · OBLIQUA

1987

设计师想要设计一个看似为"原始"物体的扶手椅，在空间中形成一个倾斜的平面。一个略带神秘感的物体，随时可以拥抱好奇的发现者，而又同时保持它的独立性。

项目概况
设计时间：1987
生产时间：1988
制造商：阿里亚斯家私
尺寸：88cm×88cm，高38/70cm
材料：基本框架为涂覆清漆的结构性
高密度聚氨酯。椅面、靠背以及扶手
可选聚氨酯织物、鹿皮或皮革。座椅
部分可移动

Design: 1987
Production: 1988
Manufacturer: Alias S.p.A.
Size: 88cm×88cm, 38/70cm H
Structure: basic frame of structural polyurethane,
pressed to high density and coated with polyure-
thane varnish. Seat, backrest, armrests in optional polyure-
thane fabric, shammy or leather. Movable seat part.

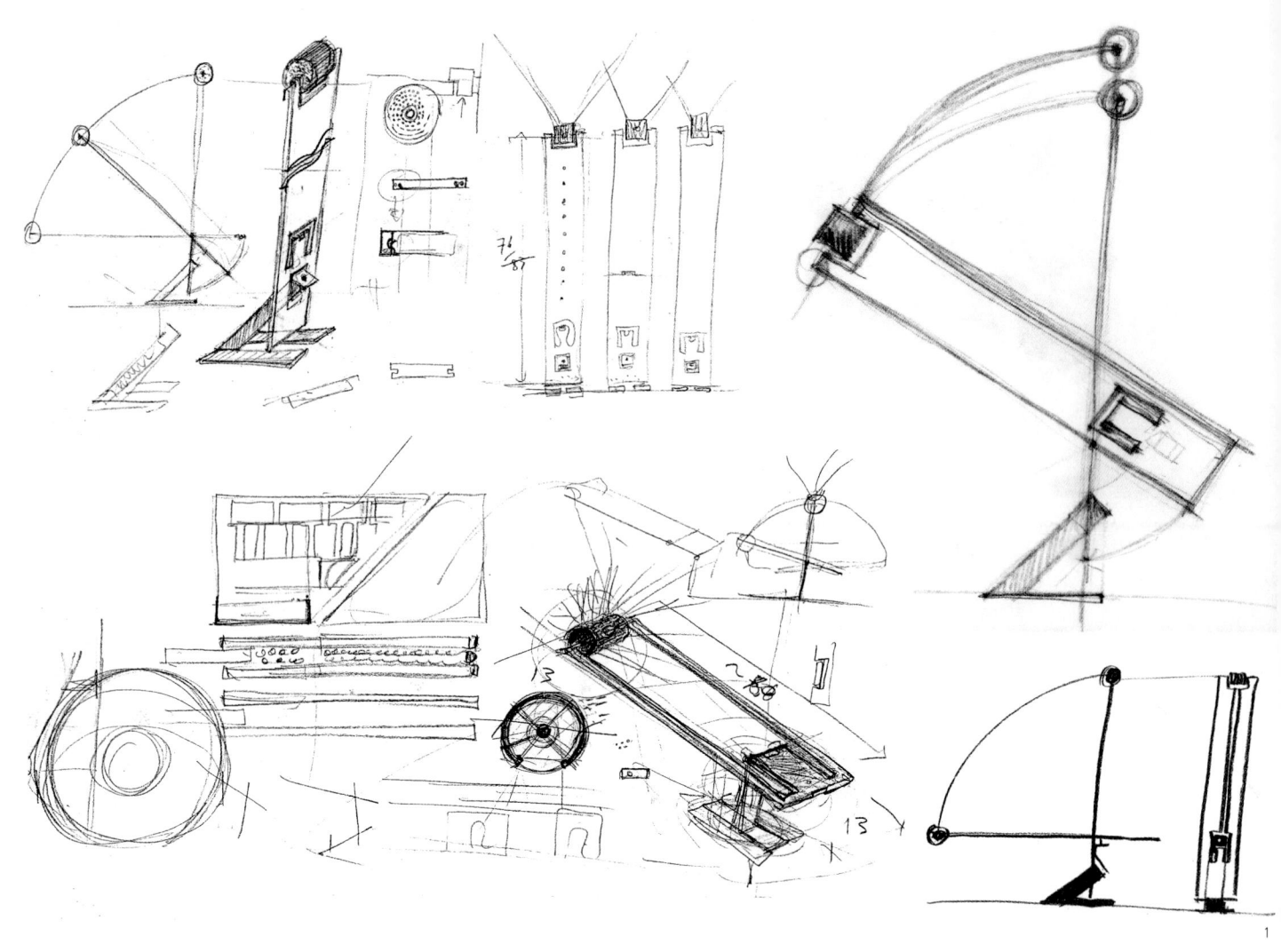

1. 手绘草图
2~4. 产品展示

MELANOS 灯具设计
LAMP 'MELANOS'

1986

这个有关节的扁平金属灯臂有一条从上到下的凹槽。初看起来，它似乎使人想起博塔建筑中的一个常见母题。然而，此处这条细缝却有着不同的涵义。它直接讲述着物品的实体存在，以及它的轻盈和透明。灯具精确的逻辑组成决定了它的每一个组成部分。当从不同垂直角度观察这个灯具时，它的变化是非常迷人的。有时，它的厚度会减至一条单线和一个圆点。从另一个角度，它又会变为一个牢固的狭长矩形来安置圆柱形的灯柱和斜棱柱形底座的复杂轮廓。

项目概况
设计时间：1986
生产时间：1987
制造商：雅特明特股份有限公司
尺寸：可调节灯臂长度85cm，最大高度86.5cm
构成：黑色压铸金属灯臂，黑色搪瓷钢板底座

Design: 1986
Production: 1987
Manufacturer: Artemide SpA
Size: adjustable arm 85cm, 86.5cm max. H
Structure: lamp arm in black die-cast metal;
            base in black enameled steel

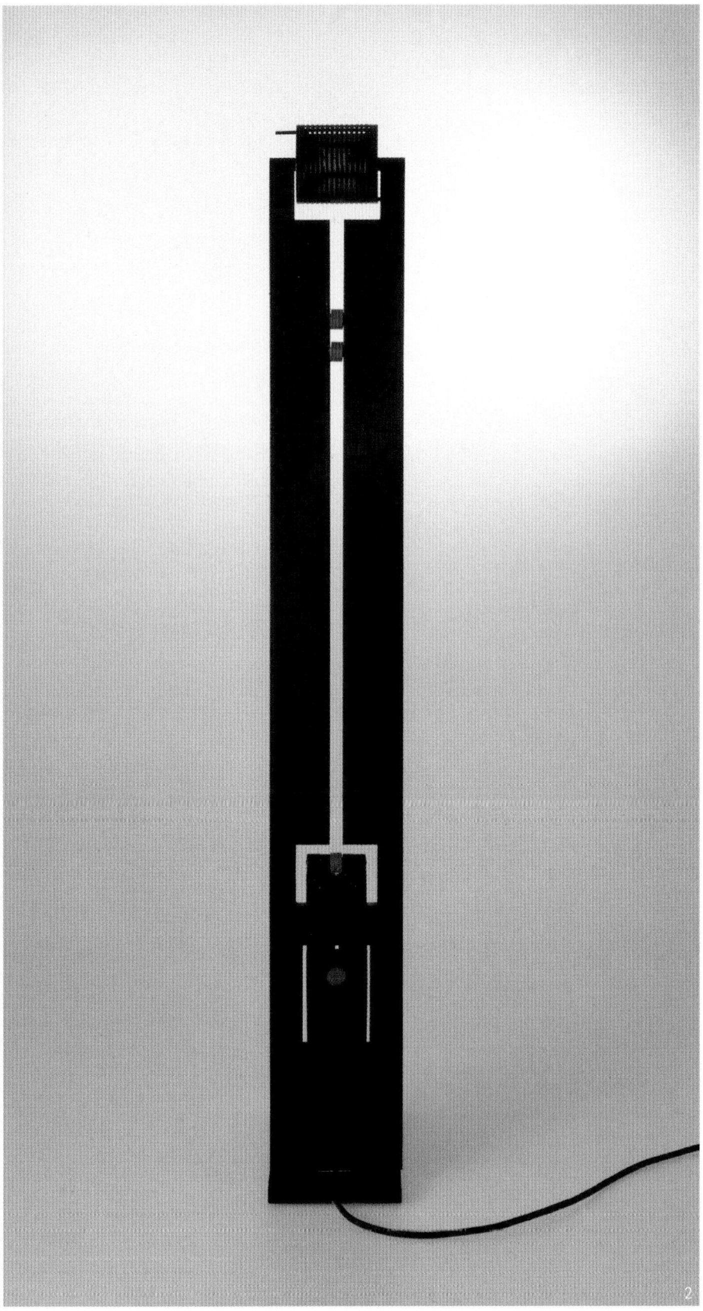

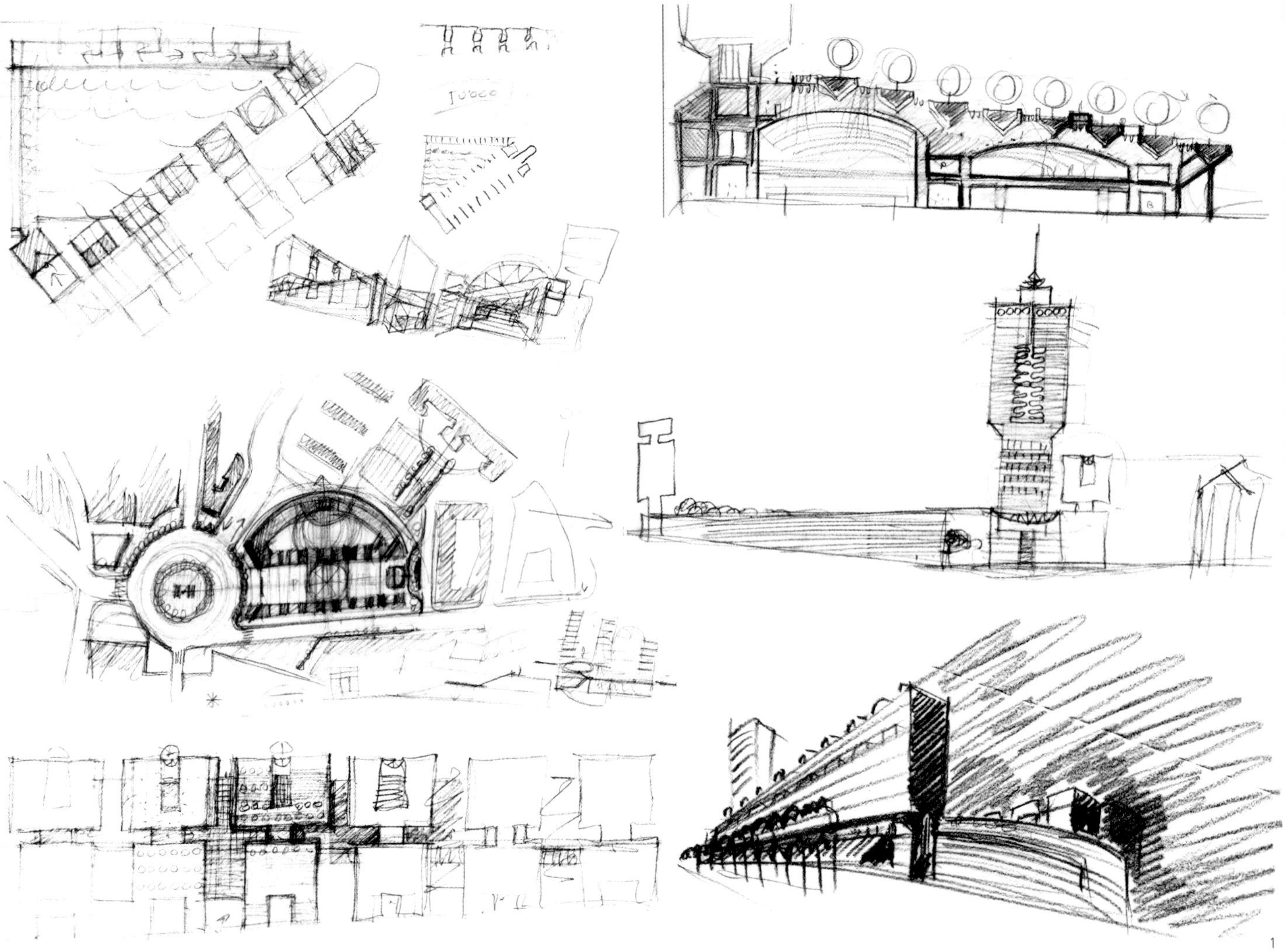

马赛凯旋门
PORTE D'AIX

法国 马赛
Marseilles, France 1988

1. 手绘草图
2. 会仪中心剖面图
3. 建筑模型

凯旋门在马赛这一城市街区的改造中具有显著的地位。凯旋门大厦的形象反映在那宽敞的城市走廊所产生的灰空间中，走廊沿着老建筑的轴线一直延伸到高塔。这一街区被场地上的建筑群充满并强化，同时它的沿街界面也得以界定。它包含会议中心的巨大空间及之上植有树木的绿色屋顶。在行人走廊中，一系列新的空间关系通过一个楼梯系统而生动起来：楼梯把首层的商业空间和办公区域的入口及酒店的垂直交通体系连系起来。种植了成排树木的倾斜屋面及由此通往盖得广场的林荫小径，为在这高楼林立的区域重新定义新的绿化空间埋下伏笔。

项目概况

合作建筑师：卡菲提	With: Aurelio Galfetti
竞赛时间：1988	Competition project: 1988
业主：马赛市	Client: City of Marseilles
基地面积：50 000m²	Site area: 50000m²
建筑面积：92 000m²	Useful area: 92,000m²,
其中：12 000m² 的专业面积，	of which 12,000m² professional,
11 000m² 居住面积，	11,000m² residential,
12 000m² 购物中心，	12,000m² shopping center,
22 000m² 酒店，	22,000m² hotel,
35 000m² 会议中心	35,000m² convention center

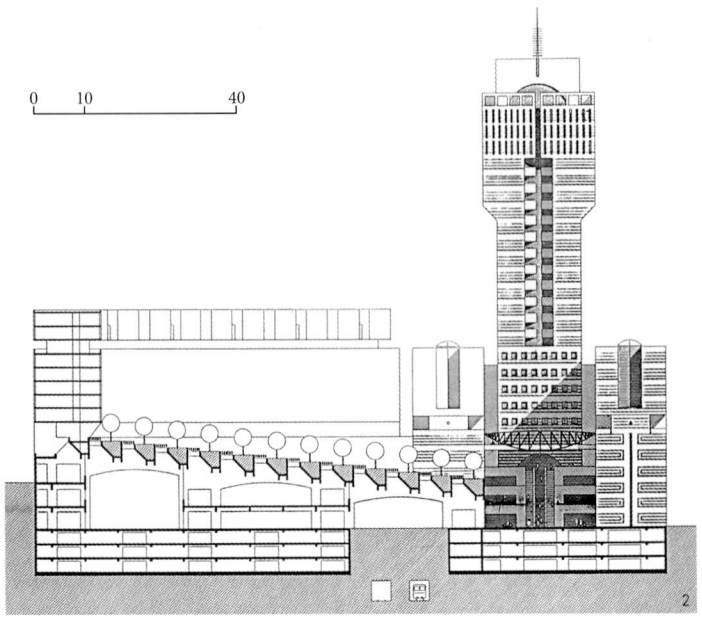

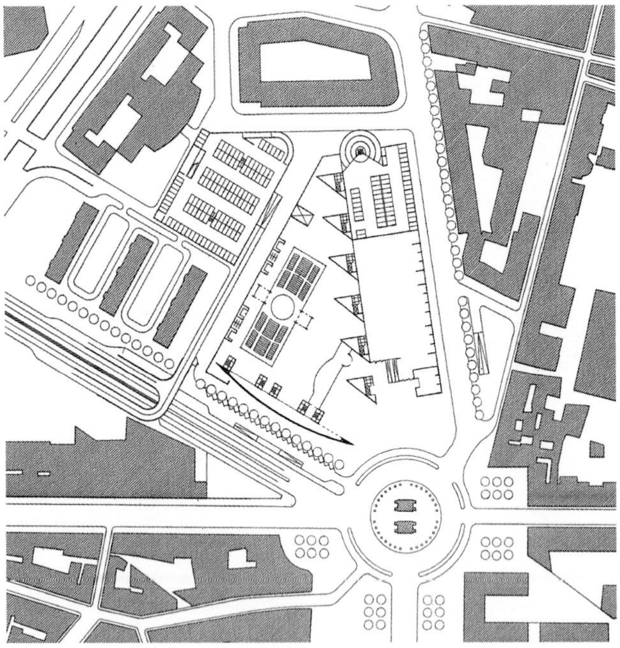

4

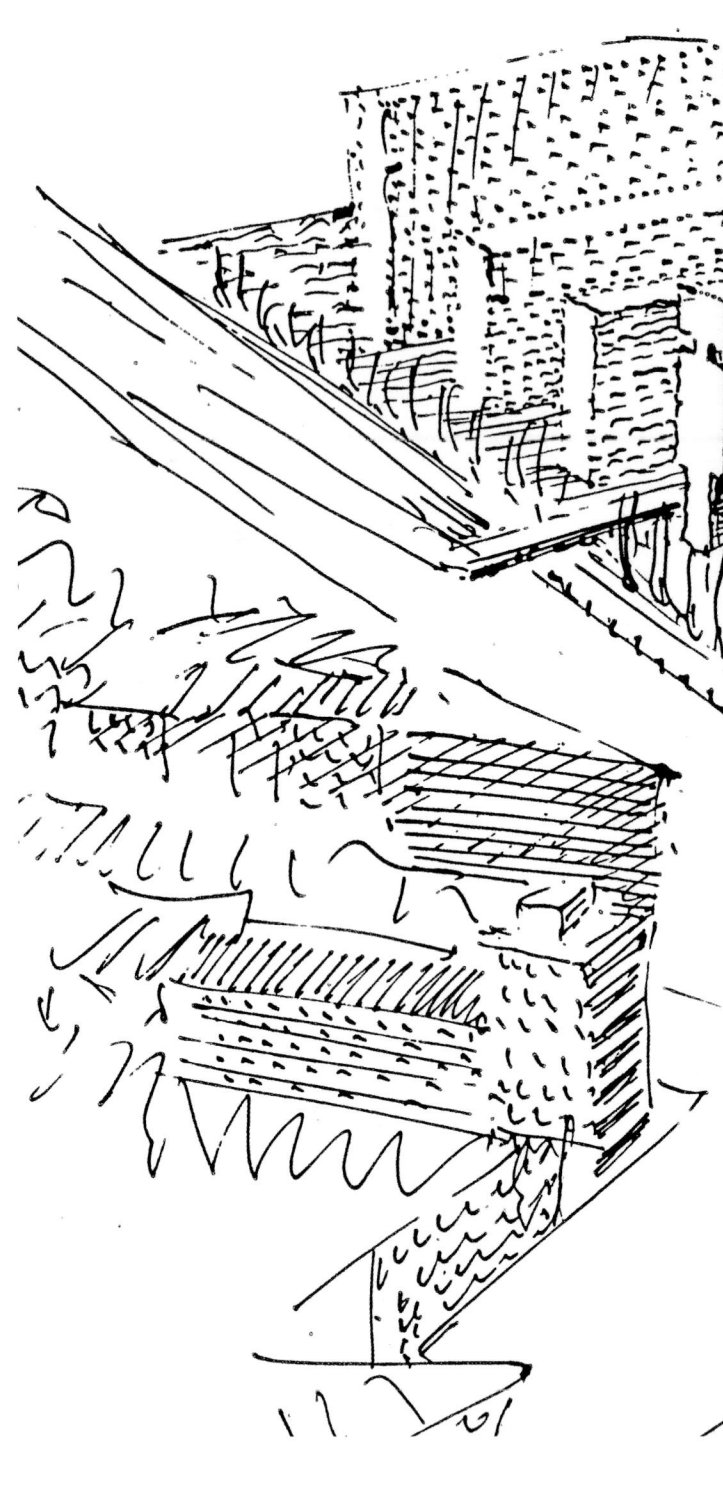

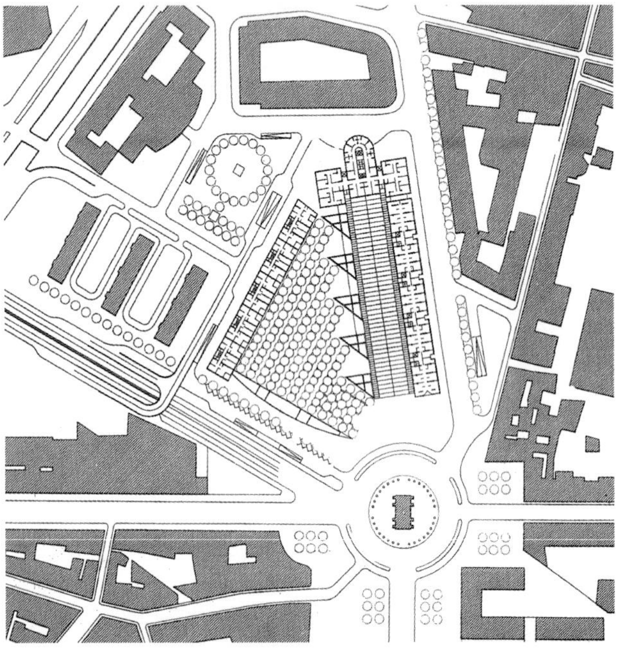

5

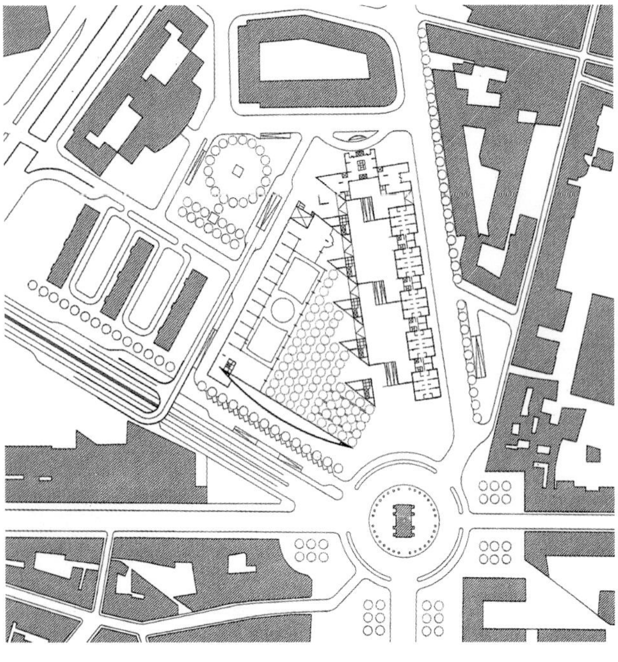

6

0 10 40

4. 会议中心入口层平面图
5. 人行通道层平面图
6. 林荫广场层平面图
7. 鸟瞰草图

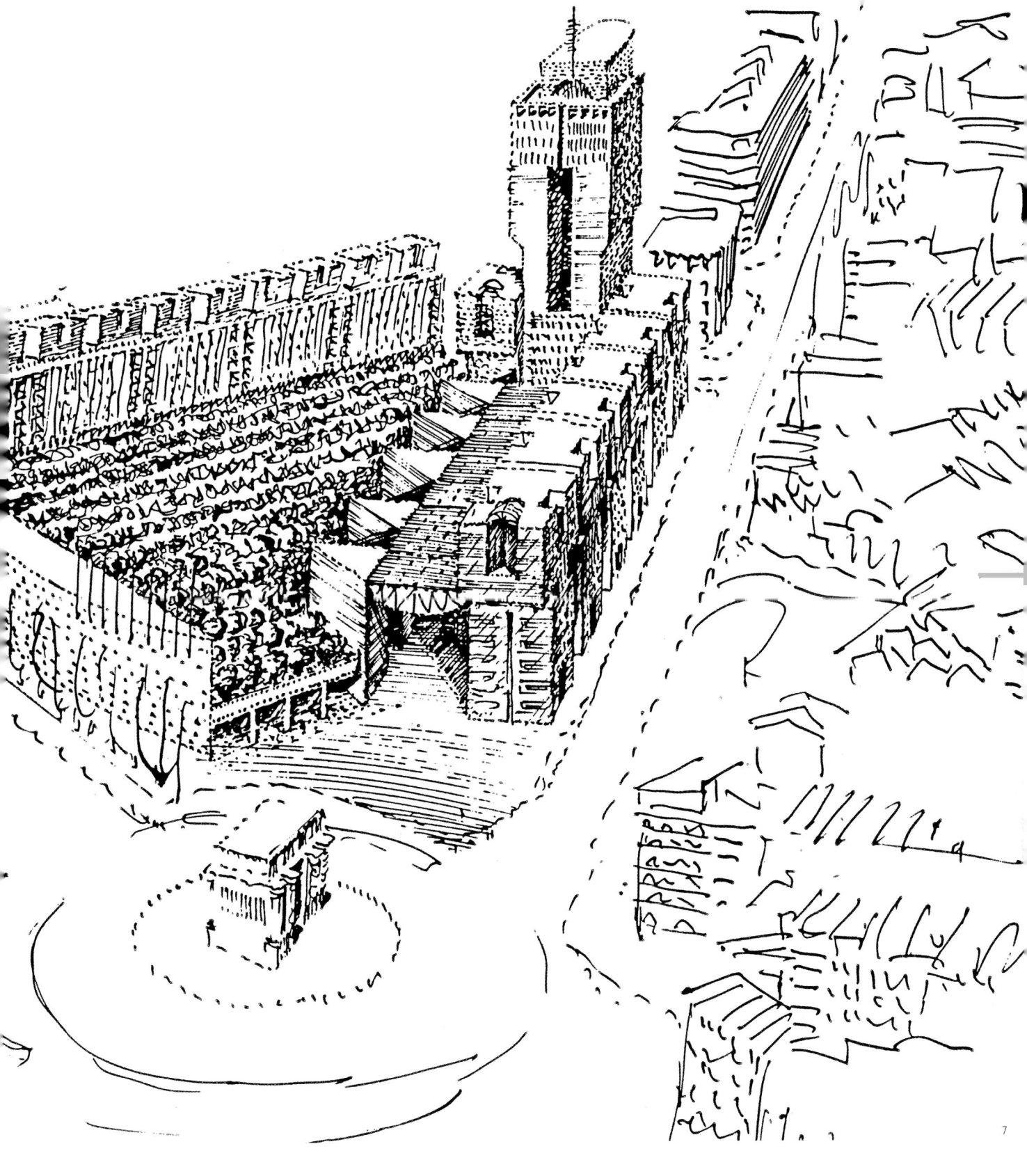

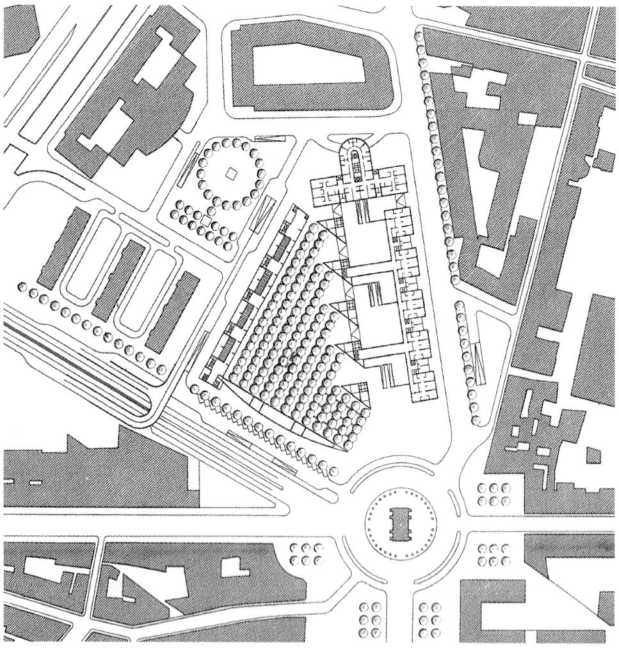

8

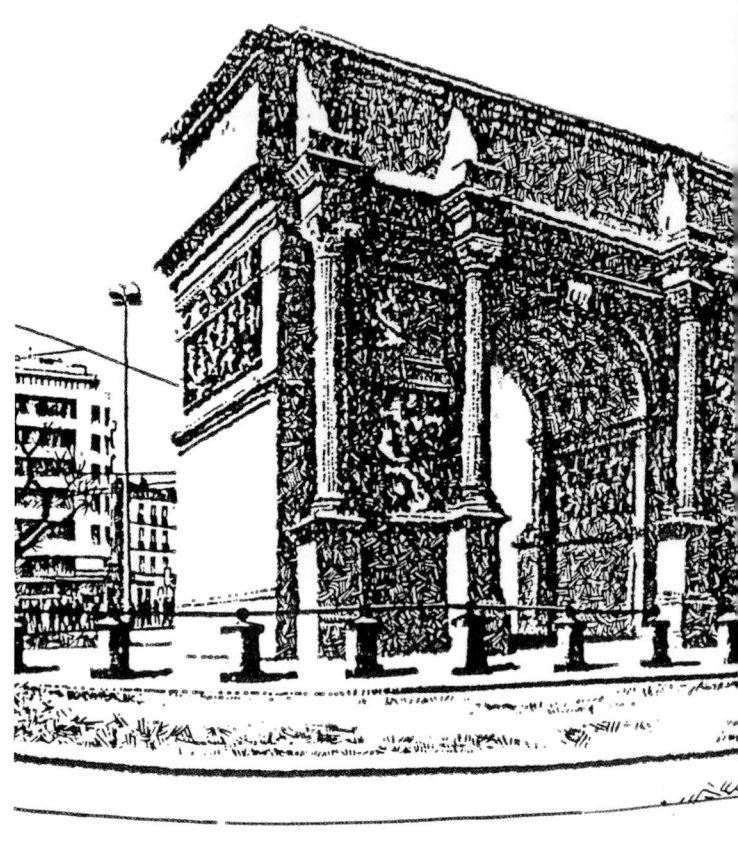

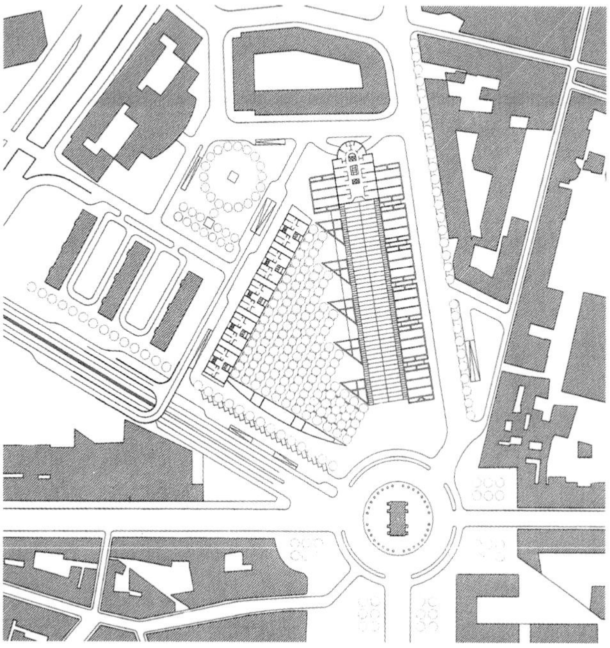

9

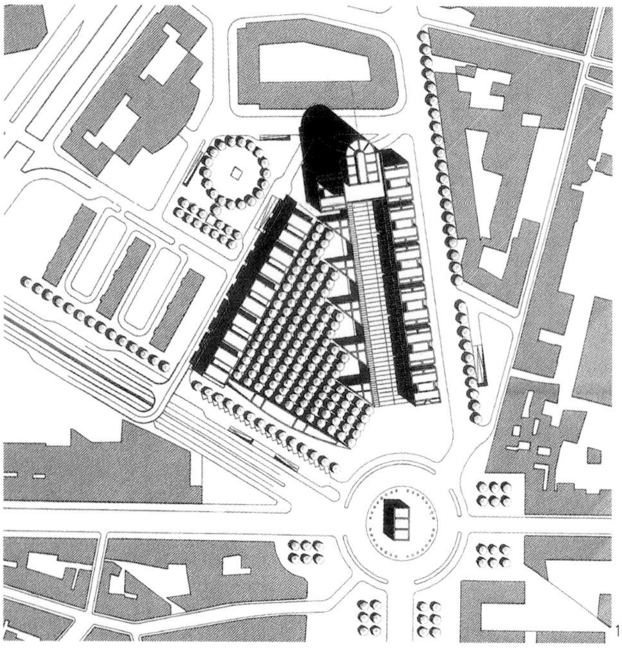

10

0 10 40

8. 办公室标准层平面图
9. 酒店标准层平面图
10. 屋顶平面图
11. 建筑草图

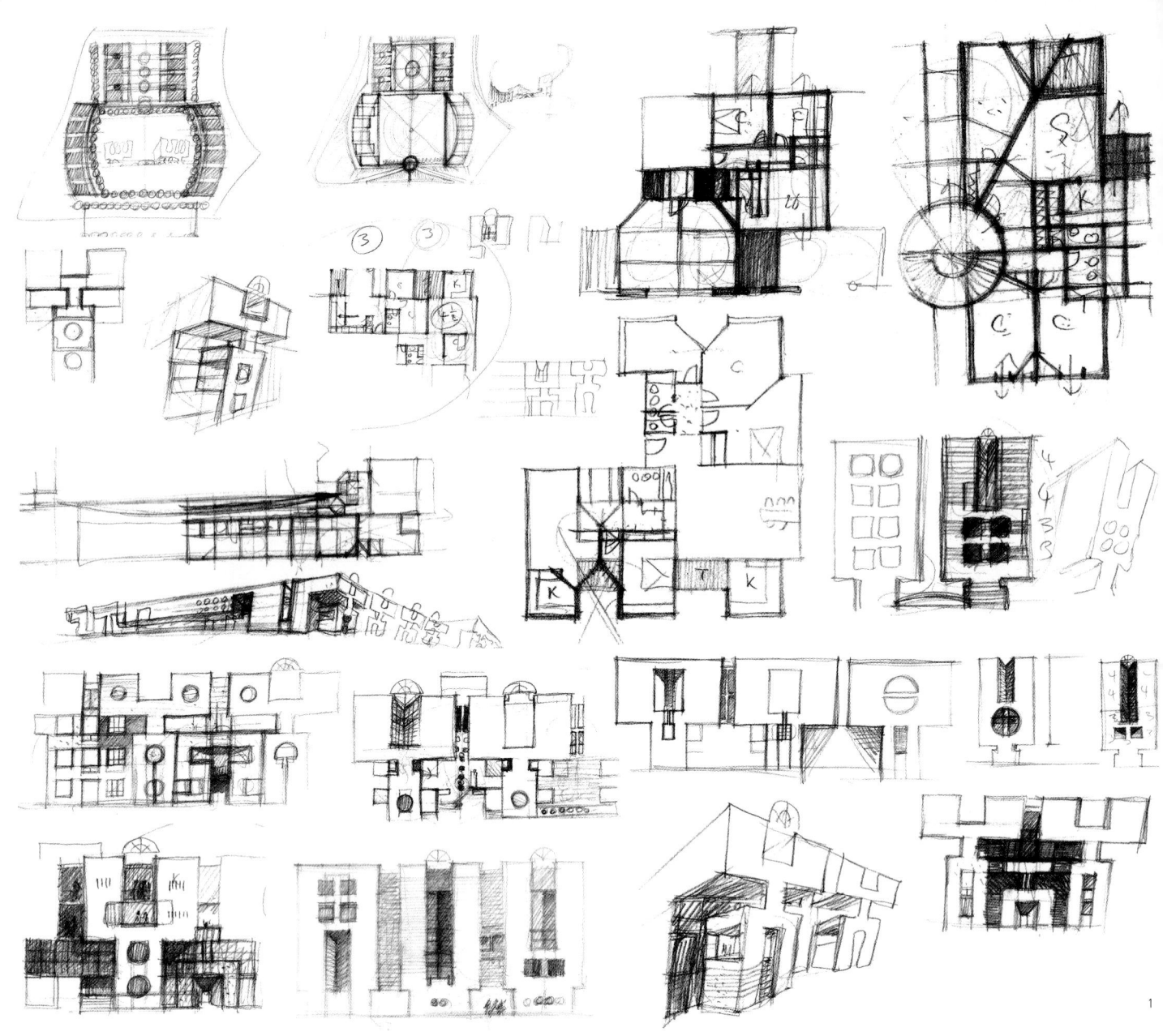

诺瓦扎诺公寓
RESIDENTIAL SETTLEMENT

瑞士 诺瓦扎诺
Novazzano, Switzerland 1988-1992

1. 手绘草图
2. 建筑细部

该建筑群是一个专为低收入家庭而开发的小型地产项目，规模约在100套住房。这些低成本的4层公寓楼，在基地的上部以U形的体块组织。建筑单元围合出铺砌的庭院，庭院下方是地下停车区域，而两个侧翼分别形成了另一个开放庭院的对边。

一座连桥连接了下面的院子和一个小型购物中心。建筑由后方的地面层进入。入口内是一个由垂直平面上的一串圆形开孔形成的带顶门廊，有着惊人的视觉效果。带门廊的体量形成了庭院的封闭的第三边，而第四边则完全敞开。建筑使用不同的颜色：外立面是三文鱼粉色，内凹的柱子是赭石色，中间的服务区域则是蓝色。

项目概况
设计时间：1988
建造时间：1989—1992
合作建筑师：费鲁吉欧·鲁比阿尼
业主：塞尔吉奥·蓬齐奥
基地面积：19 200m²
建筑面积：11 600m²
建筑体积：58 000m³

Project: 1988
Construction: 1989-1992
With: arch. Ferruccio Robbiani
Client: Sergio Ponzio
Site area: 19,200m²
Useful surface: 11,600m²
Volume: 58,000m³

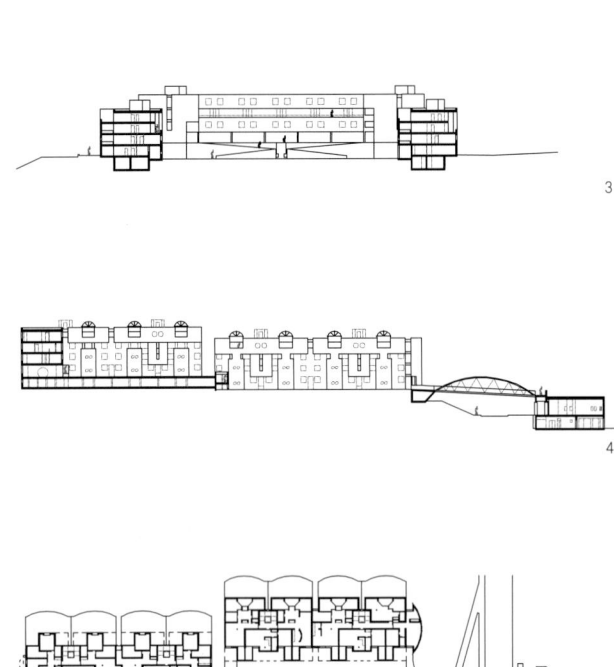

3

4

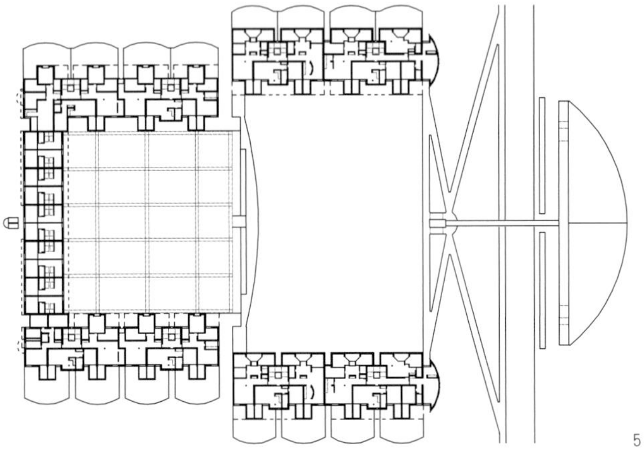

5

6

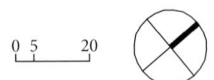

0 5   20

3.4. 剖面图
5. 二层 平面图
6. 四层平面图
7. 东立面实景
8. 建筑全景

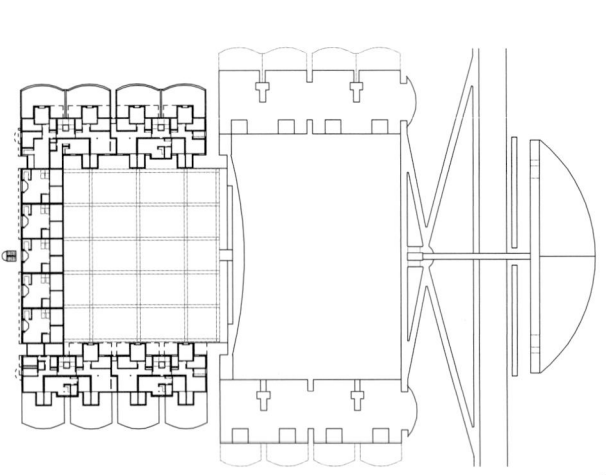

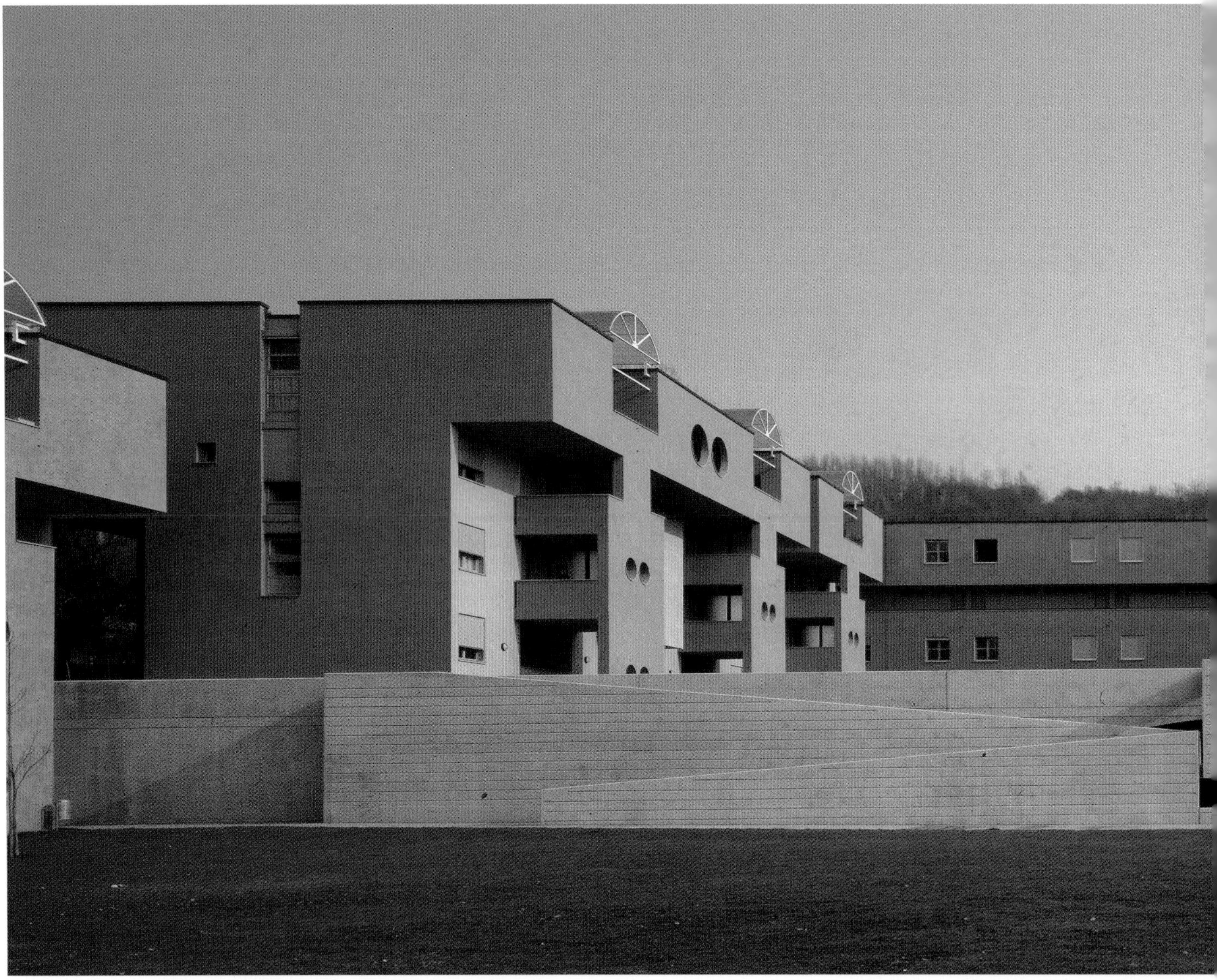

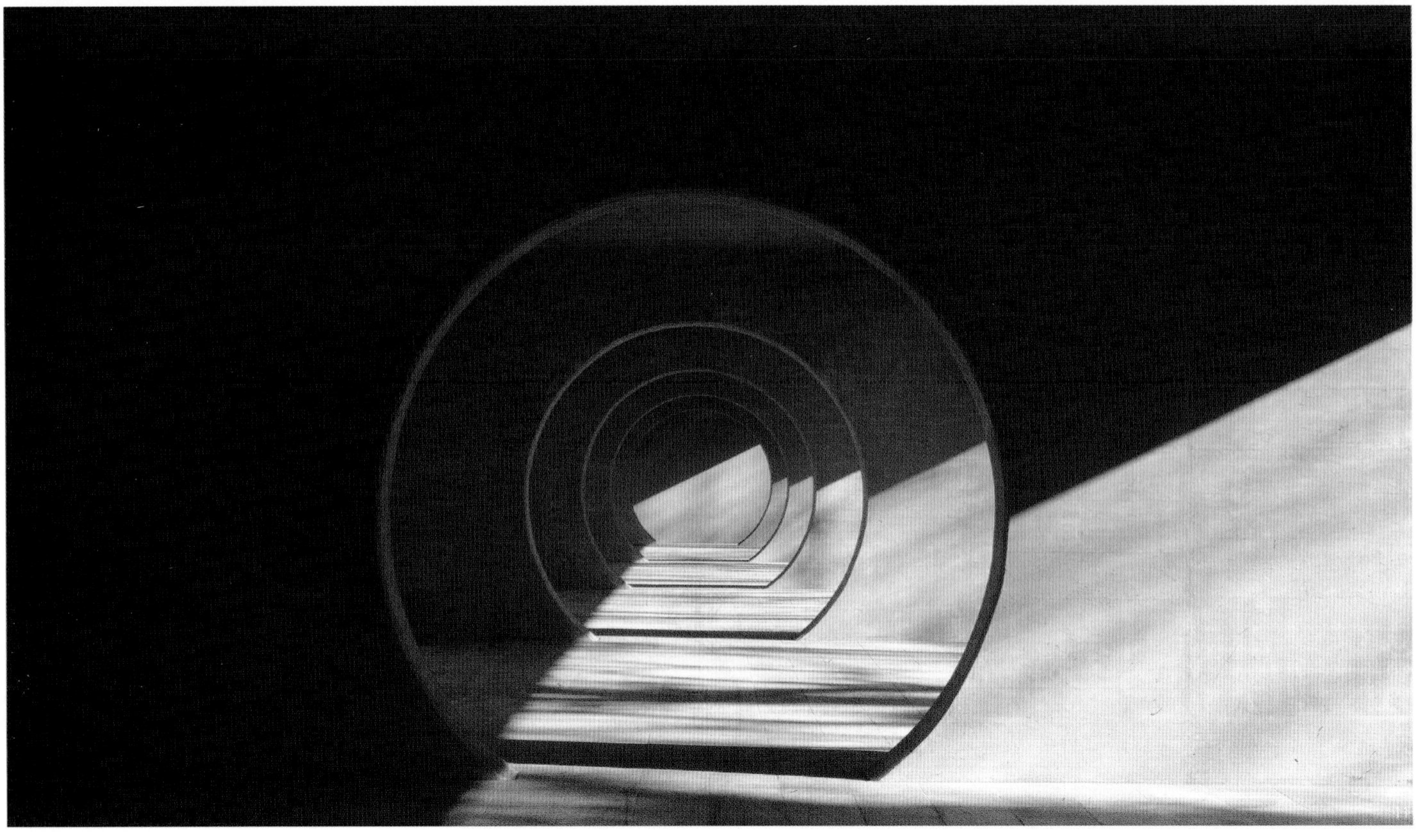

10

9. 建筑实景
10. 线形坡道将露天广场与草地连接在一起
11. 人行通道的空间序列

延伸阅读

- F. Irace, Mario Botta a Novazzano, "Abitare", 1994, 327, pp. 139-141.
- A. L. Nobre, Territorio sem fronteiras, "Arquitectura Urbanismo", 1994, 8/9, pp. 106-114.
- Insediamento residenziale a Novazzano, "Controspazio", 1994, 6, pp. 20-23.
- R. Curtat, Mario Botta, architecte de logement social, "L'Echo Illustré Magazine", 1996, 41, pp. 18-19.
- Housing in Novazzano, Ticino, "World Architecture", 2001, 9, pp. 74-77.
- Quartiere residenziale a Novazzano in "Territori europei dell'abitare 1990 2010" edited by Luisella Gelsomino, Ottorino Marinoni, Editrice Compositori Bologna 2009, pp. 108-109.

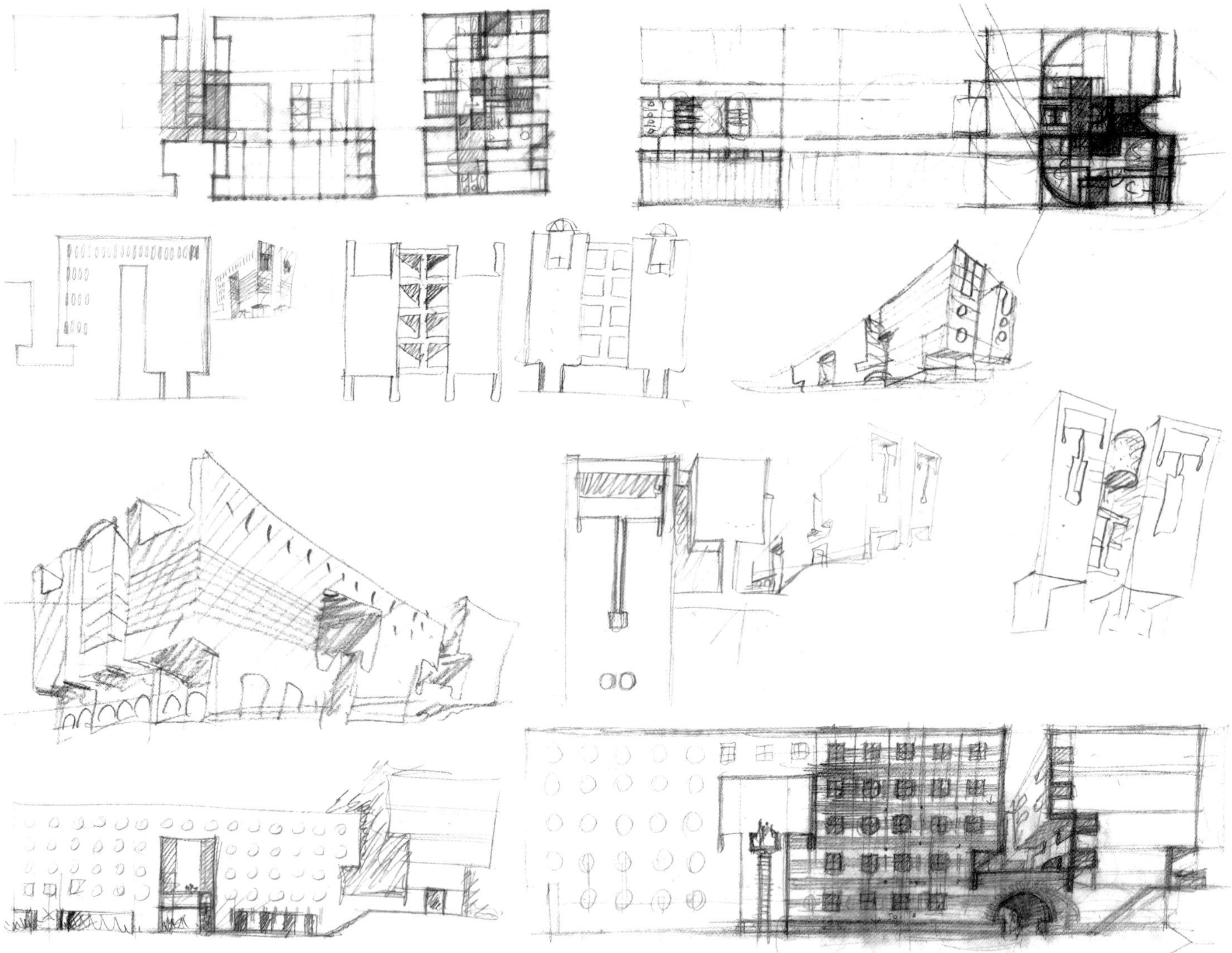

尼若拉综合大厦
ADMINISTRATIVE AND RESIDEN-
TIAL BUILDING IN VIA NIZZOLA

瑞士 贝林佐纳
Bellinzona, Switzerland 1988-1991

1. 手绘草图
2. 轴测图
3. 建筑实景

　　该项目的思路是通过将建筑建造在基地的一侧，即沿着尼曹拉大街，来维持现存的系列建筑（沿着通往市区公路边上的一系列20世纪的别墅及其附属公园）的特色。

　　管理办公用房占据了四层楼面，服务用房和楼梯位于中间区域；而五层楼面的南侧则是十个居住单元。位于一层的人行步道从大楼通到区域高速公路旁边。步道从体量中间巨大的开口内部延伸出来，充分利用了开口与实墙虚实对比，强调了绿白相间石材饰面及一系列纤细的竖向窗洞的变化。

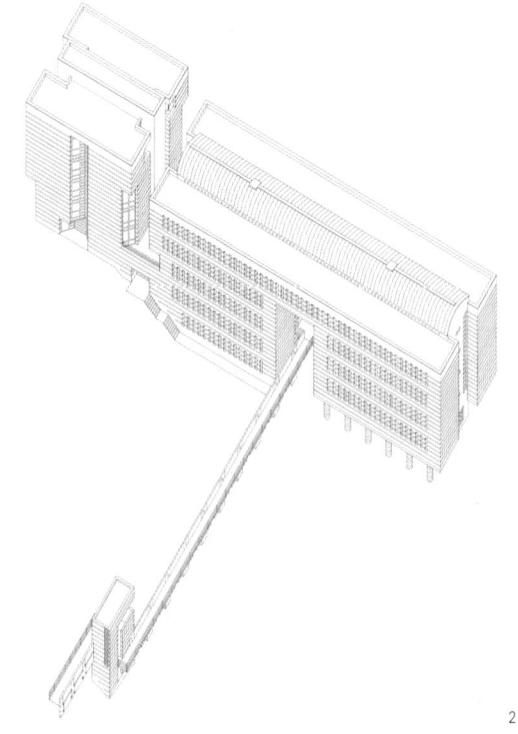

项目概况

项目时间：1988
建造时间：1989—1991
业主：安东尼尼&吉道西，贝林佐纳
基地面积：6 000m²　别墅 2 000m²
建筑面积：3 800m²
建筑体积：40 000m³

Project: 1988
Construction: 1989-1991
Client: Antonini + Ghidossi, Bellinzona
Site area: 6,000m², villa 2,000m²
Useful surface: 3,800m²
Volume: 40,000m³

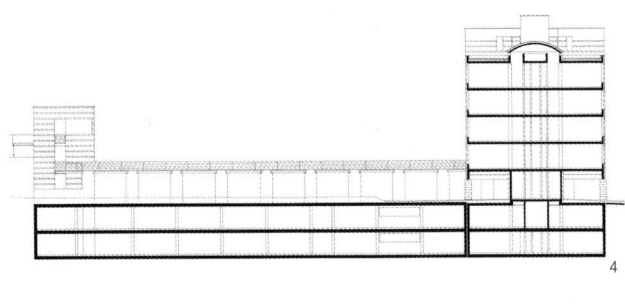

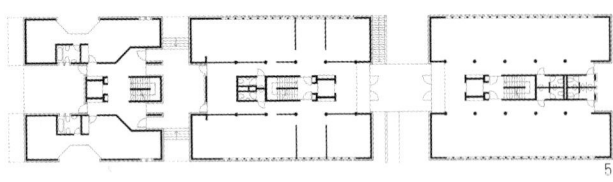

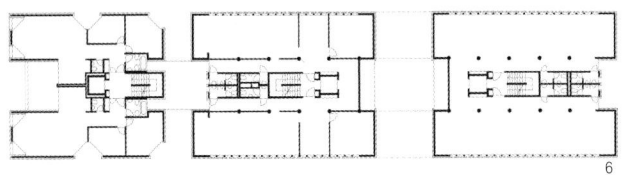

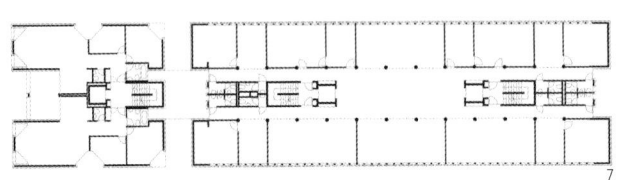

4. 剖面图
5. 入口层平面图
6. 二层平面图
7. 顶层平面图
8. 建筑全景

10. 建筑细部
11. 建筑实景

- Mario Botta. Schizzi di studio per l'edificio in Via Nizzola a Bellinzona, Spazio XXI-Arti
Grafiche A. Salvioni, Bellinzona 1991.
- Edificio per uffici e residenza a Bellinzona di Mario Botta, "Casabella", 1992, 592,
pp. 62-67.
- Administrative and Residential Building Via Nizzola, Bellinzona, Switzerland, "GA
Document", 1992, 35, pp. 98-104.
- Edificio amministrativo e residenziale – Bellinzona, "Marble Architectural Awards
1993" [catalogue], Tormena Industrie Grafiche, Genoa 1993, pp. 19-29.
- Office Building in Bellinzona, "Korean Architects", 1994, 10, pp. 74-81.

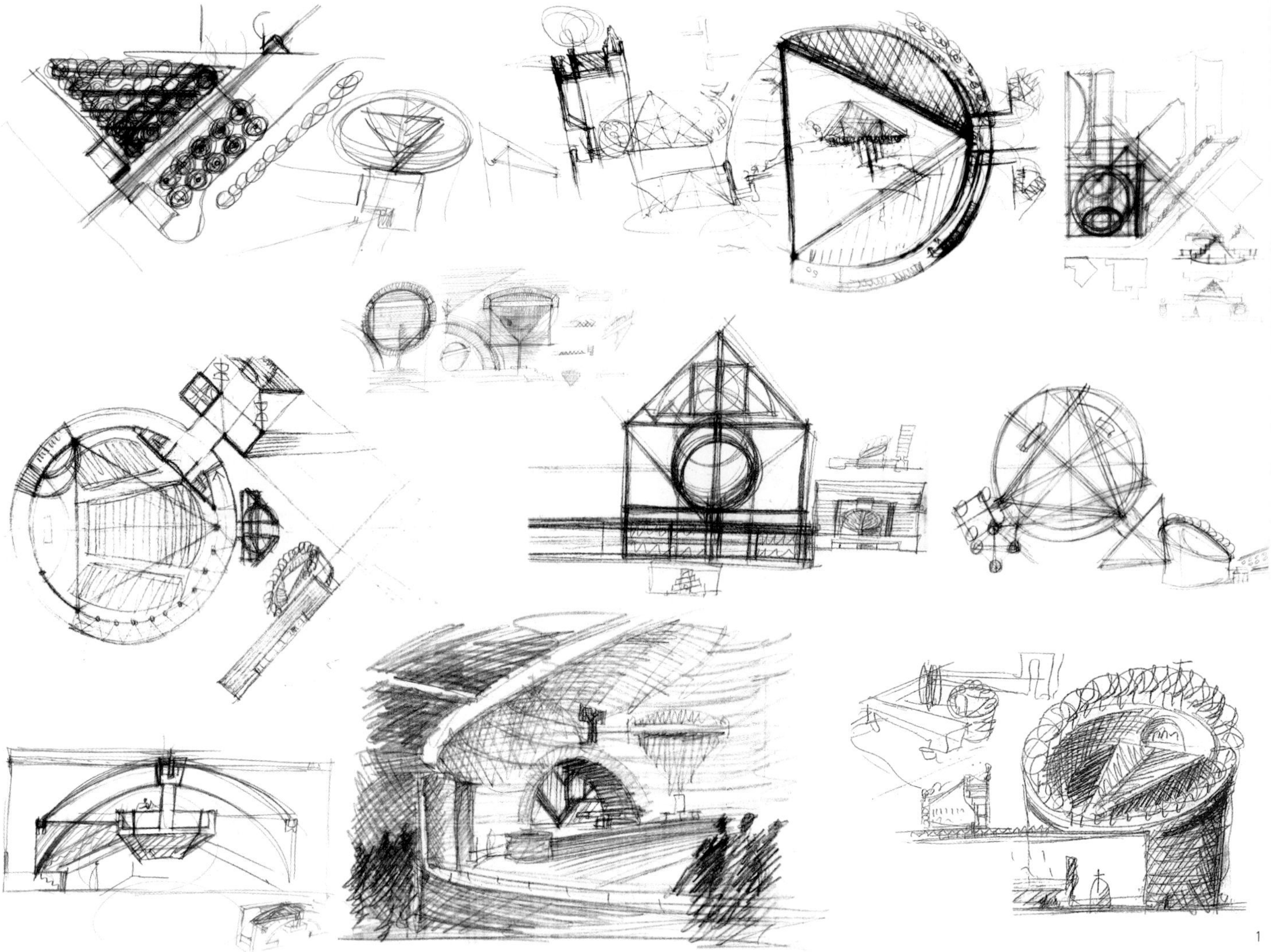

艾维复活大教堂
CATHEDRAL OF THE RESURRECTION

法国 艾维
Évry, France 1988-1995

1. 手绘草图
2. 剖切轴测图
3. 室内细部

　　博塔说："我在设计上帝之家时，怀揣着一种为人建造房子的希望。"这是一个简单均匀的结构，一个斜切的圆柱体。建筑的最上端俯瞰广场，最下面的部分则与一个住宅群毗邻。教堂通过圆环基座与三角形屋顶之间的玻璃衔接，向空中开放。

　　建筑的顶部植有树木，犹如一个绿色的光环悬于城市上空。在圆柱体上确定立面是不可能的，指示表明教堂朝向的是一个内接于圆的三角形的倾斜面。在建筑的内部，为信众所用的中央区和不同标高上的周边服务区之间的主次关系十分明显。圆柱体与一侧屋顶的线性的连接部分相交错，赋予了后殿特别的形态。

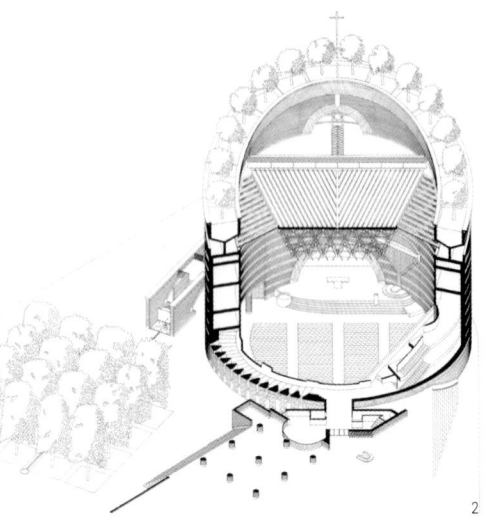

项目概况

设计时间：1988—1992
建造时间：1992—1995
项目管理：菲利普·塔尔博特合作公司
业主：提契萨纳 埃夫里 科索贝 埃索纳合作公司
基地面积：1 600m²
建筑面积：4 800m²
建筑体积：45 000m³

Project: 1988-1992
Construction: 1992 -1995
Project management: Philippe Talbot&Associés
Client: Associazione Diocesana Évry Corbeil Essonnes
Site area: 1,600m²
Useful surface: 4,800m²
Volume: 45,000m³

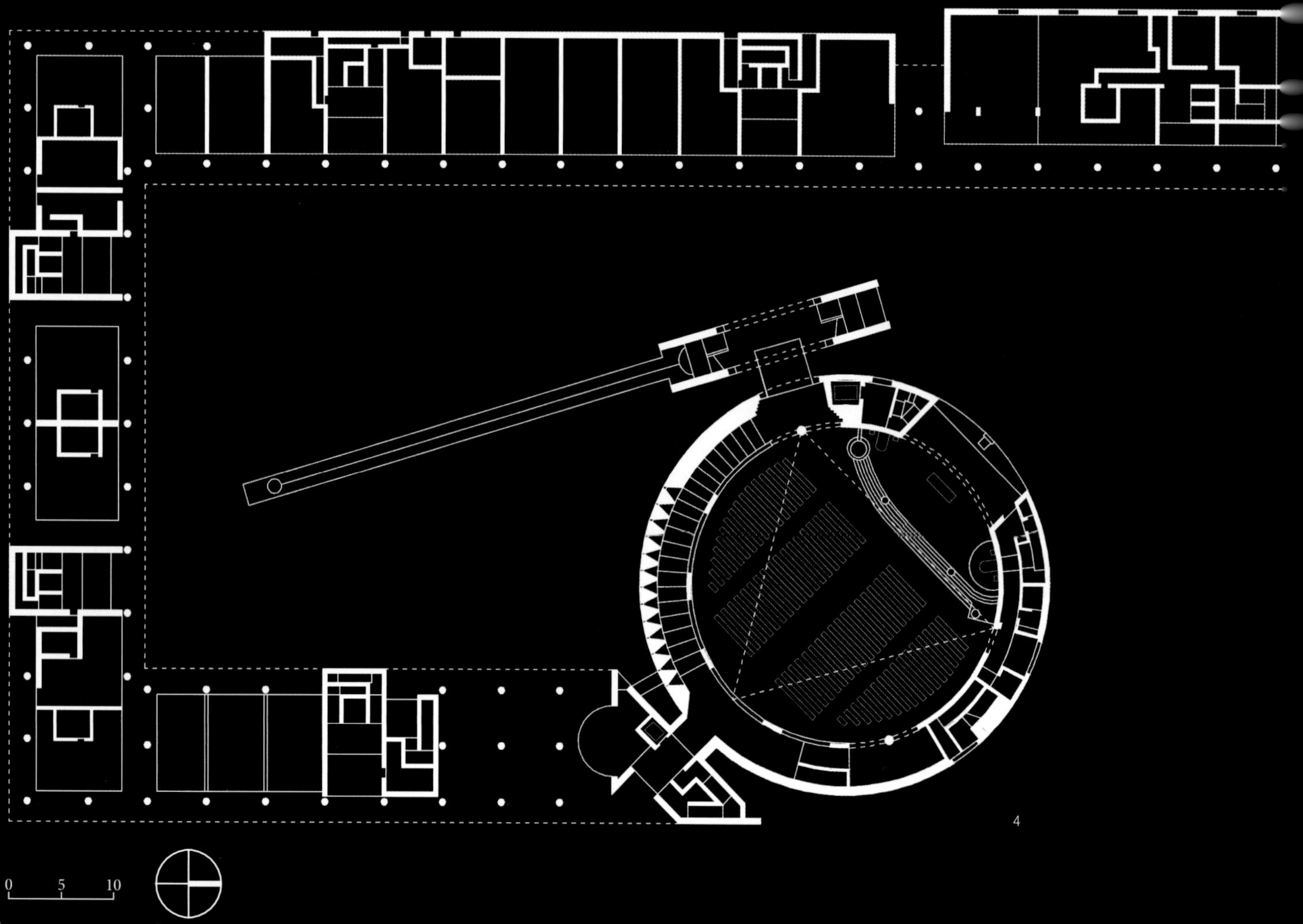

4

0   5   10

4. 首层平面图
5. 建筑模型

6. 入口东立面实景
7. 东侧实景
8. 西北侧实景

11. 引向主入口的主楼梯
12. 圣坛细部

延伸阅读

- J. C. Garcias, La cathédrale du XXIe siècle, "Art Sacré", [Edition spécial de Beaux Arts, Paris], February 1990, pp. 4 -13.
- F. Chaslin, La cattedrale di Evry, Francia / Evry cathedral, France, "Domus", July/August 1995, pp. 15 - 17.
- P. Jodidio, D'Evry et de byzance, "Connaissance des Arts", June 1995, pp. 104 - 107.
- J. F. Pousse, Mémoire vive, "Téchnique & Architecture", 1995, 421, pp. 18 -23.
- G. Gresleri, Il tetto del paradiso, "Chiesa Oggi", 1996, 18, pp. 48 - 55.
- N. Westphal, Entrées pour une cathédrale nouvelle, "Etudes", January 1996, pp. 79 - 87.
- Mario Botta. La cathédrale d'Evry, text by Nicolas Westphal, interview by Denyse Bertoni, Skira Editore, Milan 1996 [2nd edition 1999].

- Evry Cathedral in "Contemporary European Architects Vol. IV", edited by Philip Jodidio, Benedikt Taschen Verlag, Cologne 1996, p. 45, pp. 76-83.
- C. Hug, Entretien avec Mario Botta in "Evry", Editions Acatos, Lausanne 1997, pp. 137 - 140.
- Evry la cathédrale de la Résurrection, edited by E. Lavigne, Centre des monuments nationaux/Editions du patrimoine, Paris 2000.
- La cathédrale d'Evry, maison de Dieu, maison des hommes in "Mgr Herbulot, L'Espérance au risque d'un diocèse", Desclée de Brouwer, Paris 2003, pp. 89-102.
- Cathedral of the resurrection, Evry, France in "Cathedrals of the world", edited by Graziella Leyla Ciagà, White Star Publishers, Vercelli 2006, pp. 204-207.

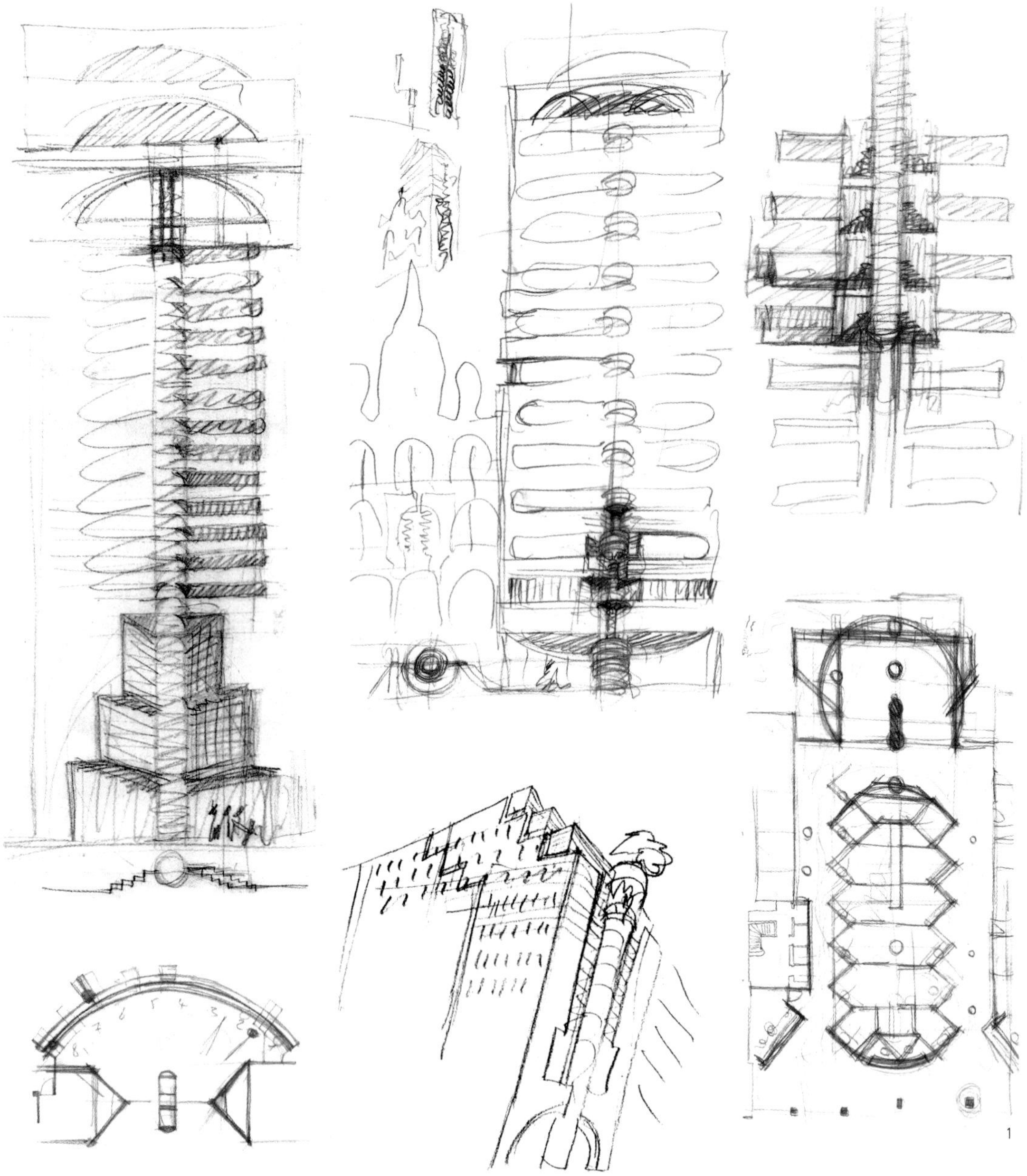

1. 手绘草图
2. 立面图

国家劳工银行立面改造

FAÇADE OF THE BANCA NAZIONALE DEL LAVORO

阿根廷 布宜诺斯艾利斯
Buenos Aires, Argentina 1988

　　这座12层的建筑坐落在罗里达街的中心，在两个典型的折衷主义建筑之间。整个建筑就像一个巨大的字母Y，中心穿过一根圆形的柱子。在柱子两侧，开有巨大斜玻璃窗的墙体同立面上其他的原素形成强烈的色彩反差。主立面顶部植有一棵象征"尖塔"的树，以浅灰、深灰相交替的条状花岗岩饰面。

项目概况

设计时间：1989
建造时间：1988—1989
合作建筑师：黑格·乌鲁贾，帕尔玛
项目地点：布宜诺斯艾利斯，阿根廷
业主：国家劳工银行
基地面积：现存建筑
楼面净面积：11 500m²

Project: 1988
Construction: 1988-1989
Partner architect: Haig Uluhogian, Parma
Place: Buenos Aires, Argentina
Client: Banca Nazionale del Lavoro
Site area: existing building
Net floor area: 11,500m²

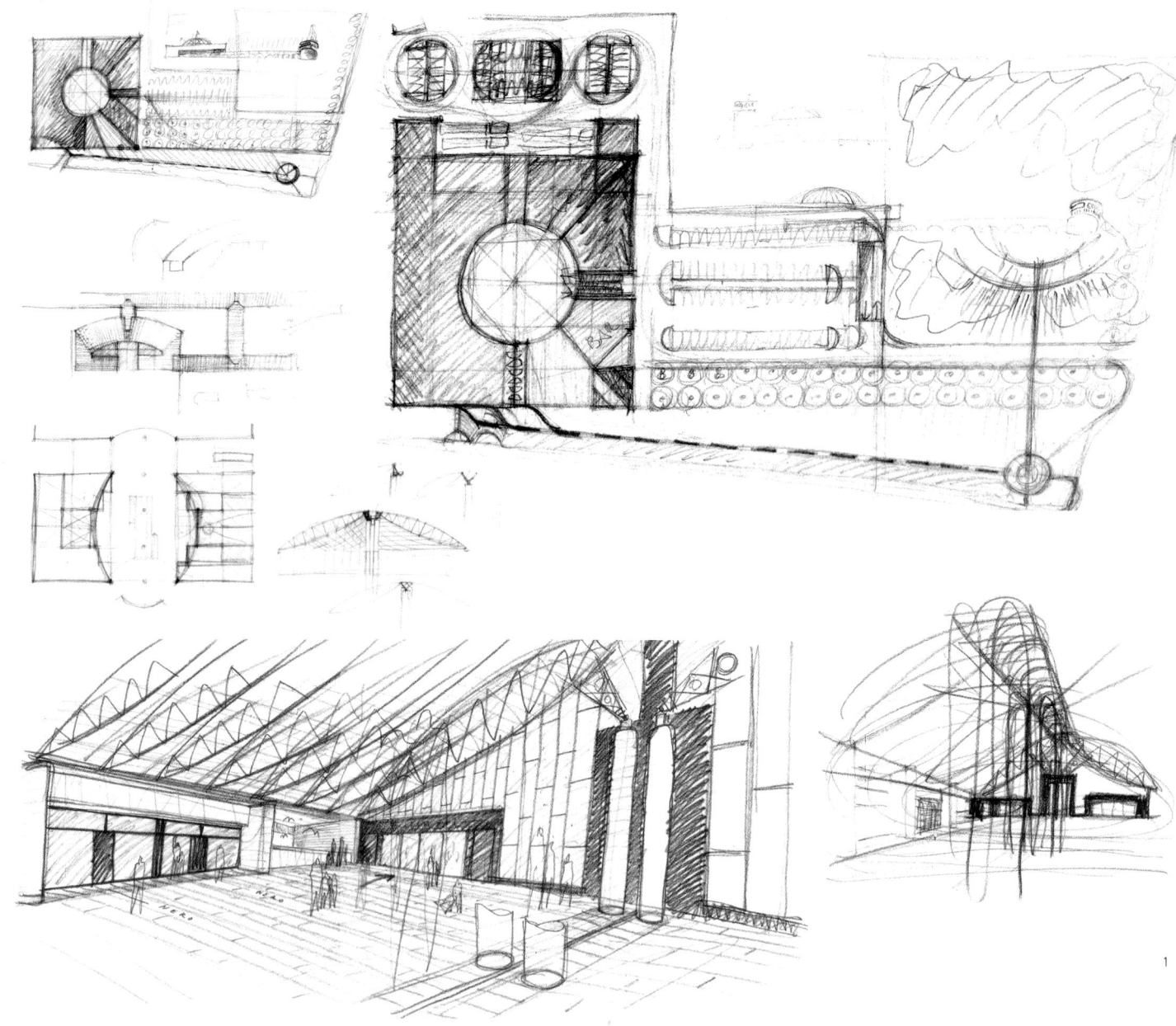

艾斯兰加购物中心
ESSELUNGA SHOPPING CENTER

意大利 佛罗伦萨
Florence, Italy 1988-1992

　　该设计的意图是要超越商业建筑通常唤起快速消费的联想。两个清水砖砌的建筑体量，以规则的重复性的大拱廊为模度，支撑着中央的大拱顶。金属管构架落在两侧长条形体量的砖墙上。屋顶由高柱支撑，中部的开口为下面巨大的空间提供采光。这个有顶的广场组成了城市结构与商业中心之间转换的重要元素。

项目概况

竞赛时间：1980
建造时间：1989–1992
业主：佛罗伦萨，艾斯兰加温泉浴场
基地面积：30 000m²，建筑用地18 000m²
建筑面积：5 600m²
建筑体积：17 100m³

Competition project: 1988
Construction: 1989-1992
Client: Esselunga S.p.A., Florence
Site area: 30000m², building land 18,000m²
Useful surface: 5,600m²
Volume: 17,100m³

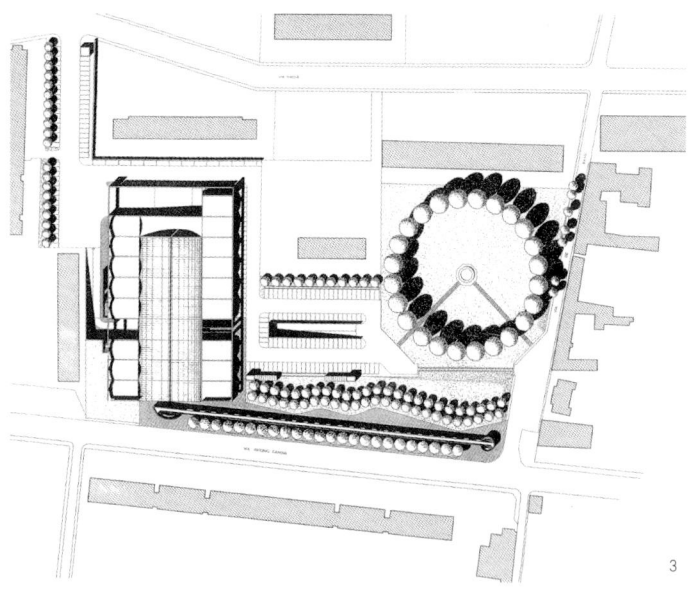

3

0 10   40

3. 总平面图
4. 建筑全景
5. 建筑实景

延伸阅读

- A. Campioli, Massivo e leggero, "Costruire in Laterizio", 1993, 36, pp. 568-571.
- C. Bindi, M. C. Torricelli, Centro commerciale Le Torri a Cintoia, Firenze, "Costruire in Laterizio", 1996, 54, pp. 266-271.
- Contemporary world architecture, Phaidon Press Limited, London 1998, p. 196.
- Mario Botta, Centro commerciale Viale Canova, Firenze in "L'architettura e i luoghi del commercio", edited by Cosimo Carlo Buccolieri, Edifir-Edizioni, Florence 2007, pp. 50-51.
- Centro commerciale Le Torri in "L'architettura in Toscana dal 1945 a oggi", Alinea Editrice s.r.l., Florence, July 2011, pp. 90-91.

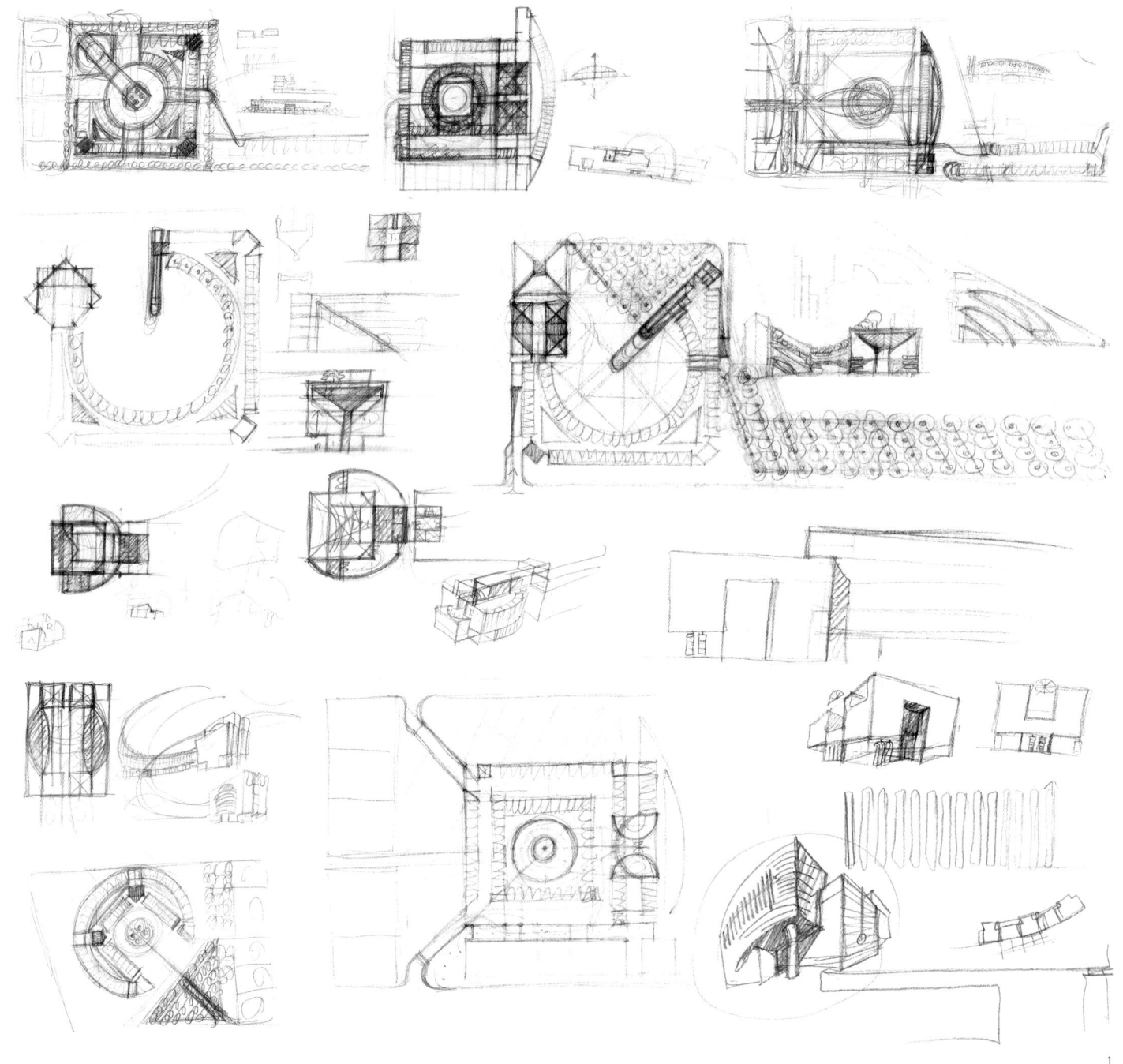

1. 手绘草图
2. 室内实景

瑞士电信中心
SWISSCOM CENTRE

瑞士 贝林佐纳
Bellinzona, Switzerland 1988-1998

　　这座体量庞大的红砖建筑，带有修复贝林佐纳"哥伦比亚"区破损的城市肌理的目的。建筑形成一个巨大的四边形，边长均为100m。它被成排的树木围绕，开口朝向城堡及老城中心的方向，从开口处可以看到弧形内墙限定出的内部庭院。在入口的尽端，一侧是贯通各层的楼梯，另一侧是对外开放的会厅、餐厅。办公空间沿外立面和面向庭院的立面分布，聚集在内部楼梯附近，弧线设计使这片区域更为宽敞。外立面比内侧庭院立面要高出一层。庭院被入口桥梁在对角线方向切割为对称的两部分空间。

项目概况

设计时间：1988		Project: 1988
建造时间：1992—1998		Construction: 1992-1998
业主：伯尔尼瑞士电信		Client: Swisscom Bern
基地面积：20 770m²		Site area: 20,770m²
建筑面积：27 800m²		Useful surface: 27,800m²
建筑体积：125 100m³		Volume: 125,100m³

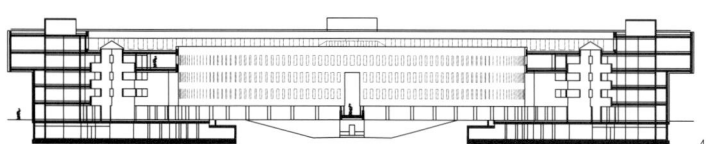

3. 建筑全景
4. 剖面图
5. 首层平面图
6. 二层平面图

4   0 5   20

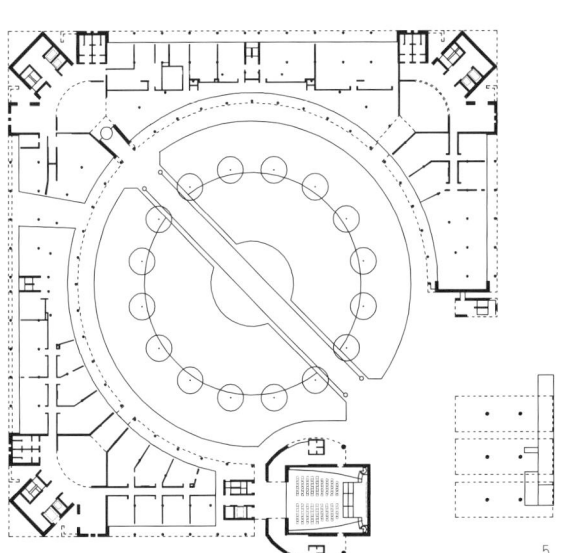

5

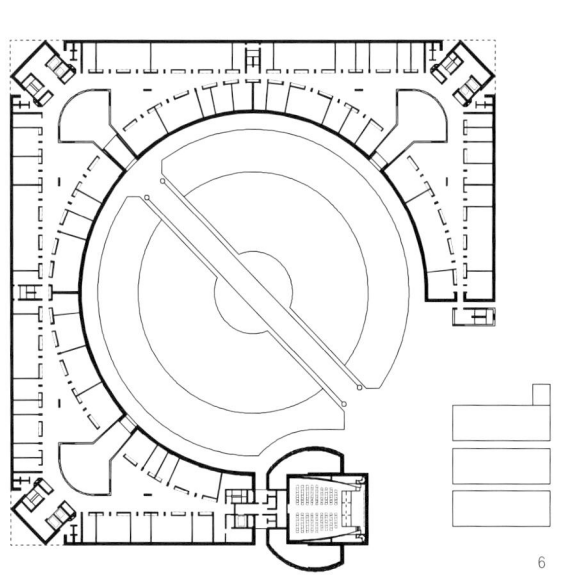

6

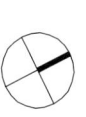

7. 建筑全景
8. 轴测图

8

9. 建筑细部
10. 建筑实景

延伸阅读

- G. Cappellato, Mario Botta: la forza della semplicità, «Costruire in Laterizio», 1999, 72, pp. 4-8.
- P. Jodidio, Mario Botta, Benedikt Taschen Verlag, Cologne, 1999, pp. 100-105.
- M. Pisani La sede di Swisscom a Bellinzona – una piazza, un cuore per la città in espansione, in "Mario Botta Centro Swisscom a Bellinzona", Skira Editore, Milan 2000, [published in Italian/English].
- Swisscom administration building, Ticino, Switzerland, "World Architecture", 2001, 9, pp. 49-51.

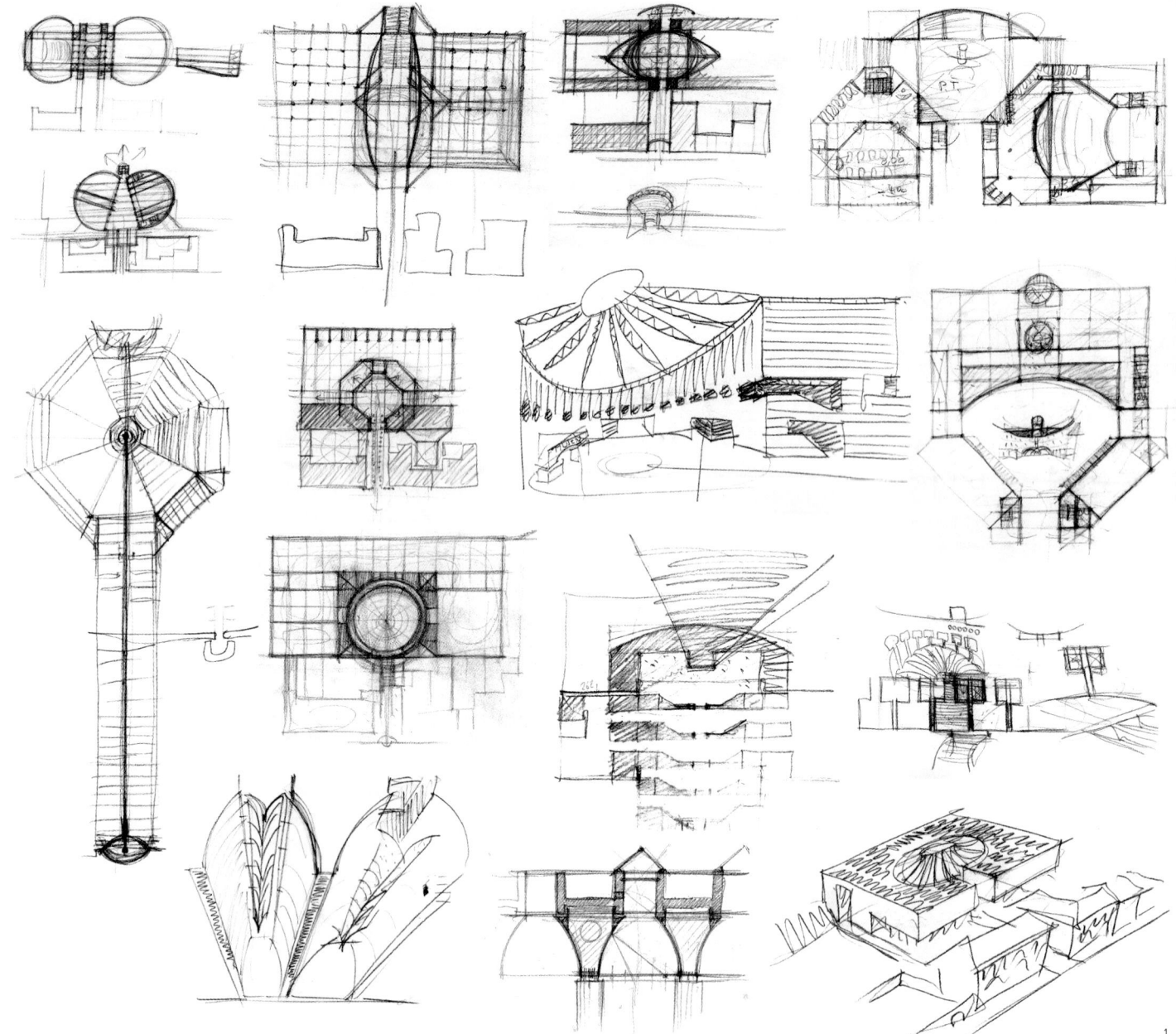

1. 手绘草图
2. 玻璃穹顶覆盖下的圆形广场

现代艺术博物馆
MART MUSEUM

意大利 罗韦雷托
Rovereto, Italy 1988-1996/2002

　　这座现代艺术博物馆震撼的体量并非一眼就能看尽，因为它有一部分藏匿于地下。建筑依循轴线式构图，沿两座历史建筑之间的小巷组织空间。小巷通向覆有玻璃穹窿的圆形广场，其他功能都围绕广场进行组织。从宽阔的广场可以进入到博物馆内。

　　巨大的展示空间位于建筑的一层，二层是小型展示空间。上两层画廊的交通围绕着中庭组织，而楼梯空间则位于同中庭外切正方形的角部。自然采光来自顶部一系列的天窗。建筑与城市联系的方式，公共空间到内部空间的转换及理解内部空间结构的能力在这座博物馆的设计中都是非常重要的。博物馆提供了关于现存空间关系的敏锐解释，其构图则是空间与形式间复杂的互动。

项目概况
设计时间: 1988-1992
建造时间: 1996-2002
合作建筑师: 朱利奥·安德雷奥利
业主: 罗韦雷托城, 特伦托自治省
基地面积: 29 000m²
建筑面积: 20 800m²
建筑体积: 140 000m³

Project: 1988-1992
Construction: 1996-2002
Partner: Eng. Giulio Andreolli
Client: City of Rovereto, autonomous province of Trento
Site area: 29,000m²
Useful surface: 20,800m²
Volume: 140,000m³

3

4

5

6

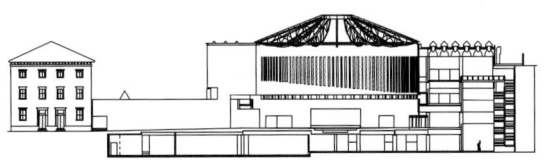

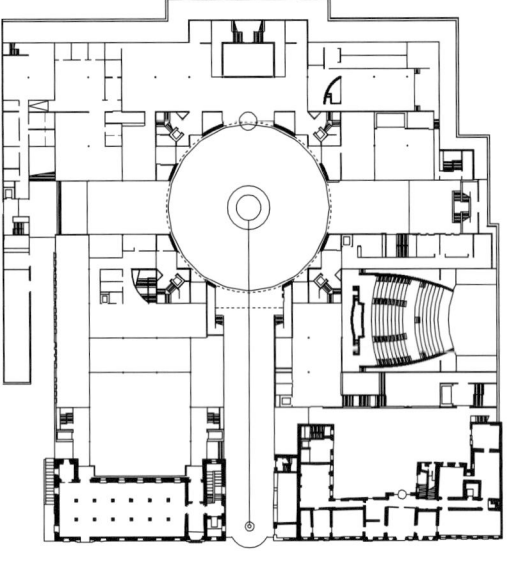

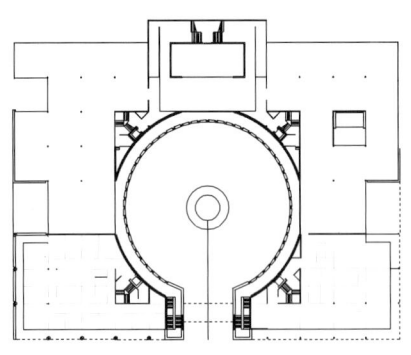

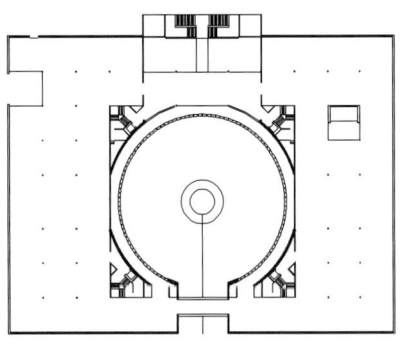

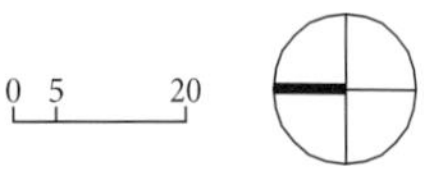

3. 剖面图
4. 首层平面图
5. 二层平面图
6. 三层平面图
7. 建筑入口

10.11. 室内实景

12. 室内实景
13. 玻璃穹顶

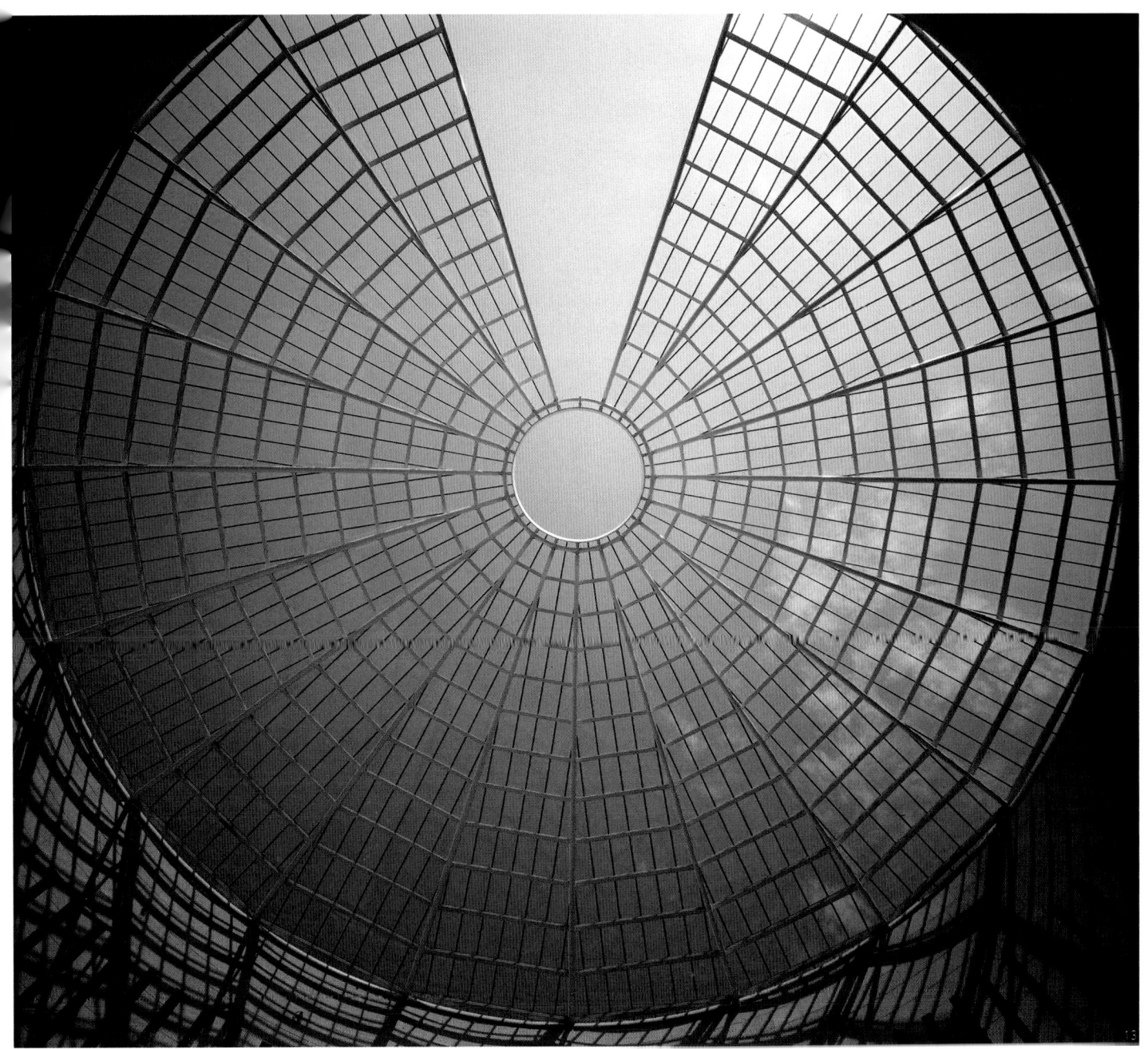

延伸阅读

- Mario Botta. Il museo di Arte Moderna e Contemporanea di Trento e Rovereto, with text by Gabriella Belli, dialogue between Fulvio Irace and Mario Botta, Skira Editore, Milan 1995.
- L. Blaisse, Beauté en touche, "Architecture Intérieure Crée", 2003, 308, pp. 96-101.
- F. Irace, Mart, Italia, "Abitare", 2003, 425, pp. 44-59.
- Mario Botta Museo di Arte Moderna e Contemporanea, "Casabella", 2003, 710, pp. 34-47.
- R. Conway Morris, In Italian hills, a new home for art, "International Herald Tribune", London, January 4, 2003.
- Mario Botta Mart Museo di Arte Moderna e Contemporanea di Trento e Rovereto, OP/1 Opera Progetto, Rivista Internazionale di Architettura Contemporanea, 2003.
- Modern and Contemporary Art Museum of Trento and Rovereto in "Museum Builders II",
edited by L. Hourston , John Wiley & Sons. Ltd, The Atrium, Chichester West Sussex 2004, pp. 115-123.
- T. Berlanda, Museo di arte moderna e contemporanea del Trentino, Rovereto/Trentino Museum of modern and contemporary art, Rovereto, "Rivista Tecnica", 17, February 2005, pp. 56-69.
- MART Museum of Modern and Contemporary Art with Giulio Andreolli in "Top Architects Europe", Archiworld, Korea 2006, pp. 200-207.
- MART, Museo di Arte Moderna e Contemporanea di Trento e Rovereto, Italien in Museen im 21. Jahrhundert Ideen Projekte Bauten [exhibition catalogue], edited by S. Greub und T. Greub, Prestel Verlag Munchen-Berlin-London-New York 2006, pp. 78-83 [also French edition].

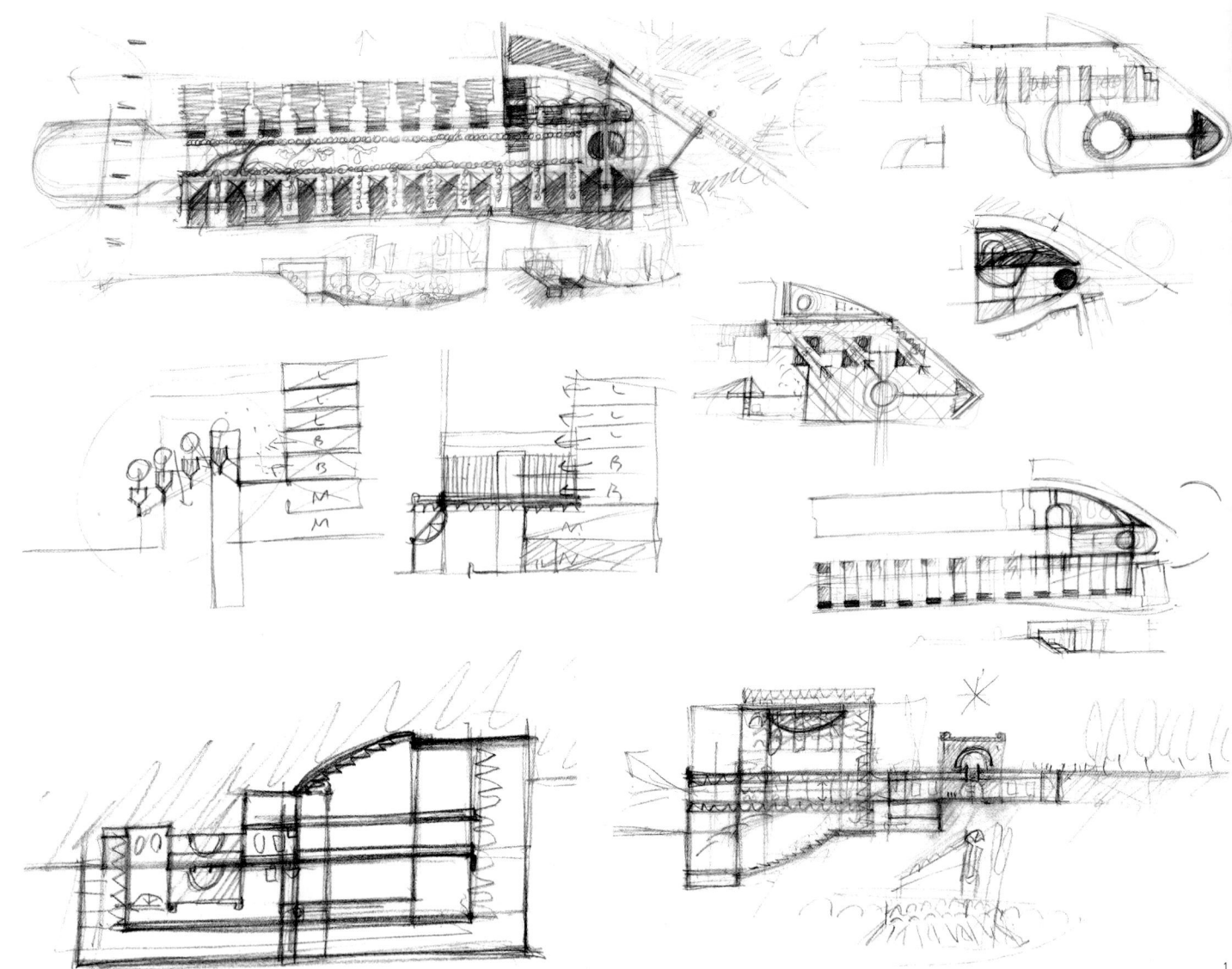

1. 手绘草图
2. 建筑模型

弗朗河河谷的城市更新
URBAN RENEWAL OF VALLÉE-DU-FLON

瑞士 洛桑
Lausanne, Switzerland 1988

　　这个项目旨在通过恢复古老的绿色空间系统，来复兴整个河谷区域——旧时属于弗朗河流域的一部分。蜿蜒向前发展的树阵与溪段相互交织，似乎将所有的建筑开发推向边缘。河流左岸是一系列塔楼，商务办公空间位于底层，之上是远眺日内瓦湖的居住单元。在河右岸，则主要是艺术家和手工艺人的使用空间。在两条地铁交汇的枢纽处耸立着两座圆柱形塔楼，同时也正是两列建筑序列的终点。它们分别是音乐厅和大学礼堂。

项目概况
合作建筑师：文森·芒加
竞赛时间：1988
业主：罗房地产有限公司
基地面积：20 000m²
建筑面积：130 000m²

With: Vincent Mangeat
Project: 1988
Client: Lo Immeubles SA
Site area: 20,000m²
Useful area: 130,000m²

2

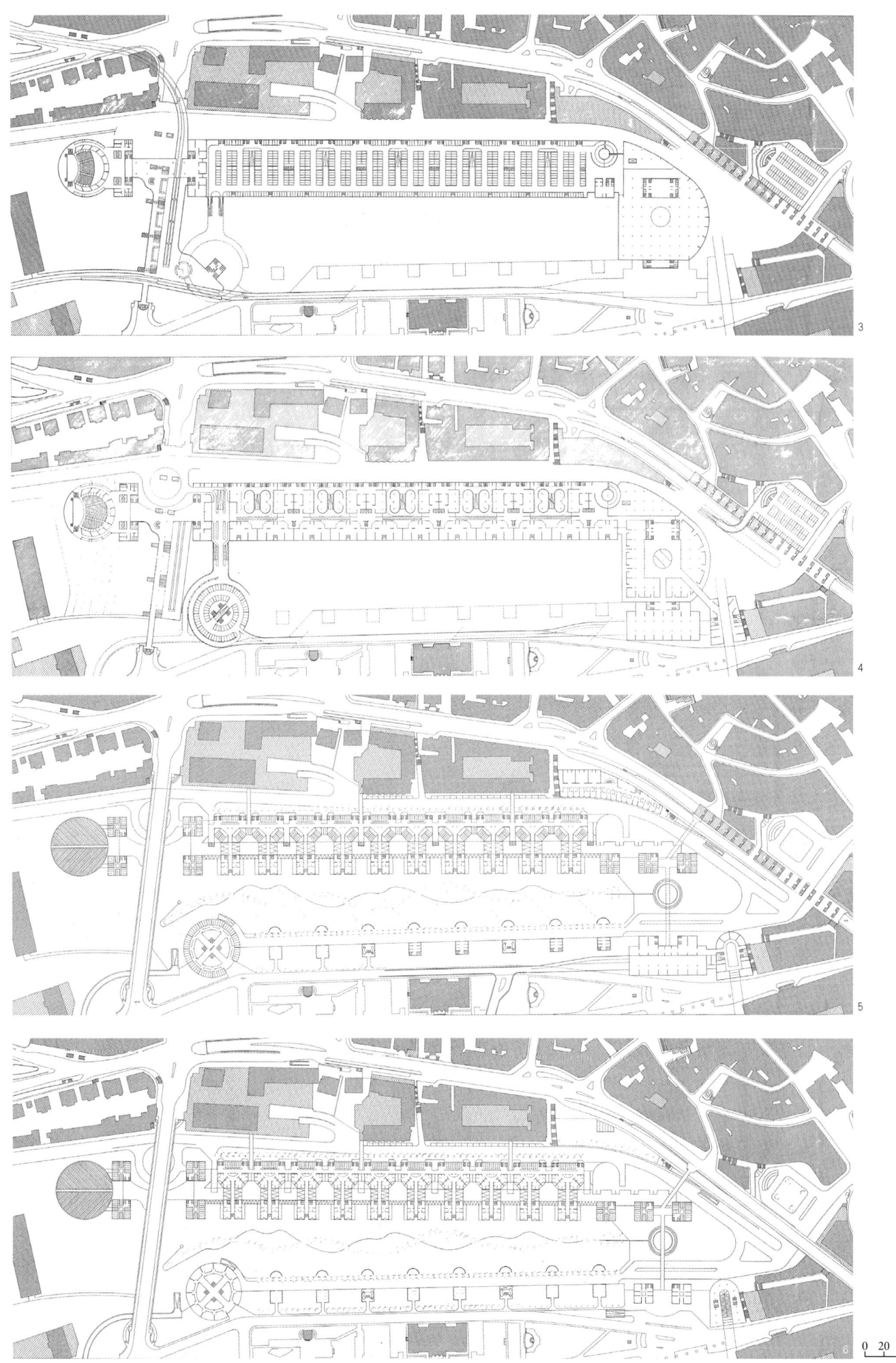

3

4

5

6

0 20   100

3. 地下二到三层平面图
4. 地下一层平面图
5. 首层平面图
6. 四层平面图
7. 透视图

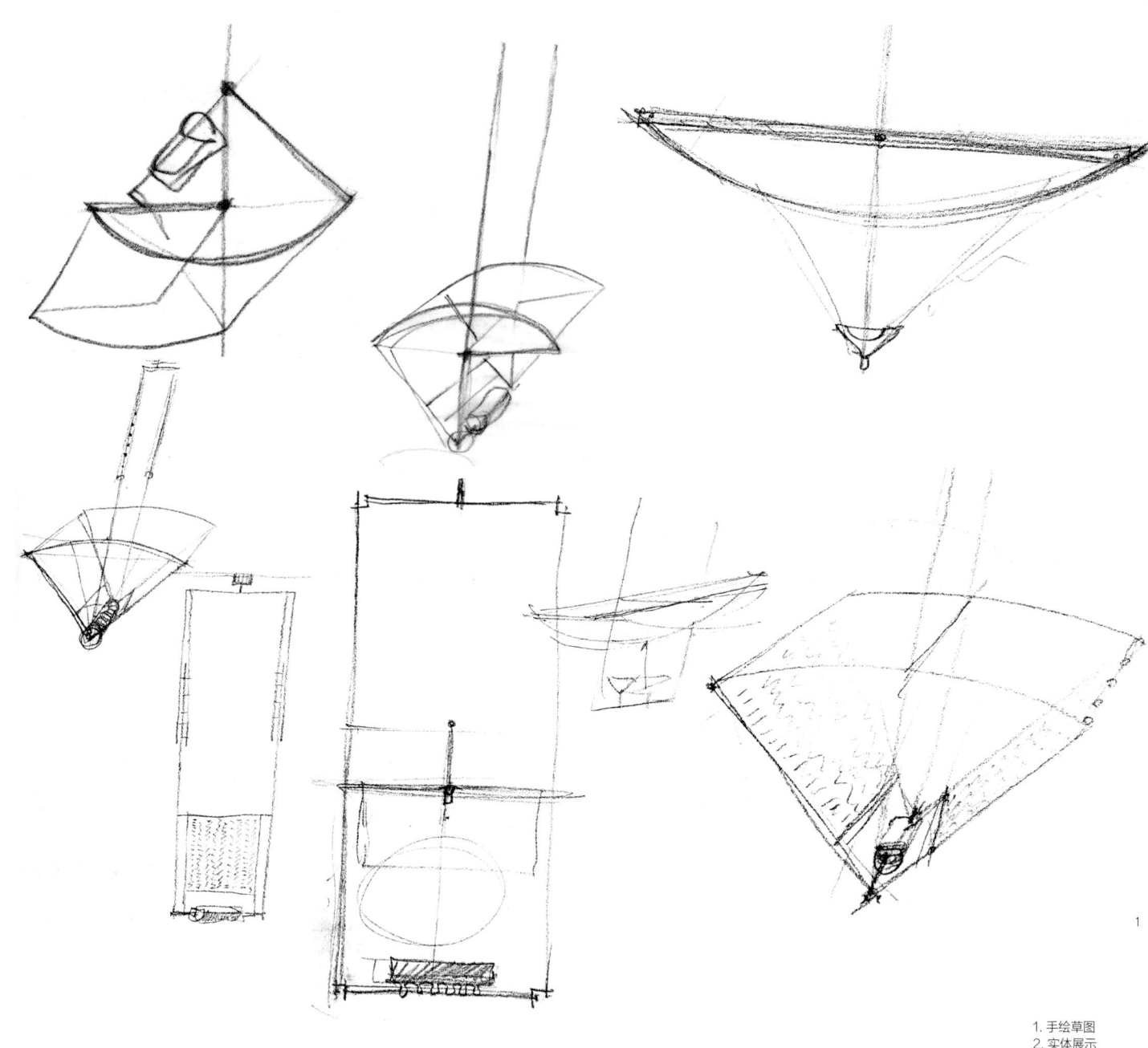

1. 手绘草图
2. 实体展示

ZEFIRO 灯具

LAMP 'ZEFIRO'

1988

　　黑漆管状钢架垂悬在天花板下一个透明的长方形中，钢架中心轻轻地架着一片白色穿孔金属板。在钢架底部的一个黑色的三角柱保持整个灯具的平衡，同时包含向上照射的卤素灯光源。开灯时，天花板洒满细小光点，犹如满天的繁星。它们在满溢着光的弧形光亮表面之上清晰可见。

项目概况

设计时间：1988
生产时间：1988
制造商：雅特明特有限责任公司
尺寸：90cm×92cm，高111cm
结构：黑色管状钢架;白色穿孔金属板

Design: 1988
Production: 1988
Manufacturer: Artemide SpA
Size: 90cm×92cm, 111cm H
Structure: black tubular steel frame; white perforated metal sheet

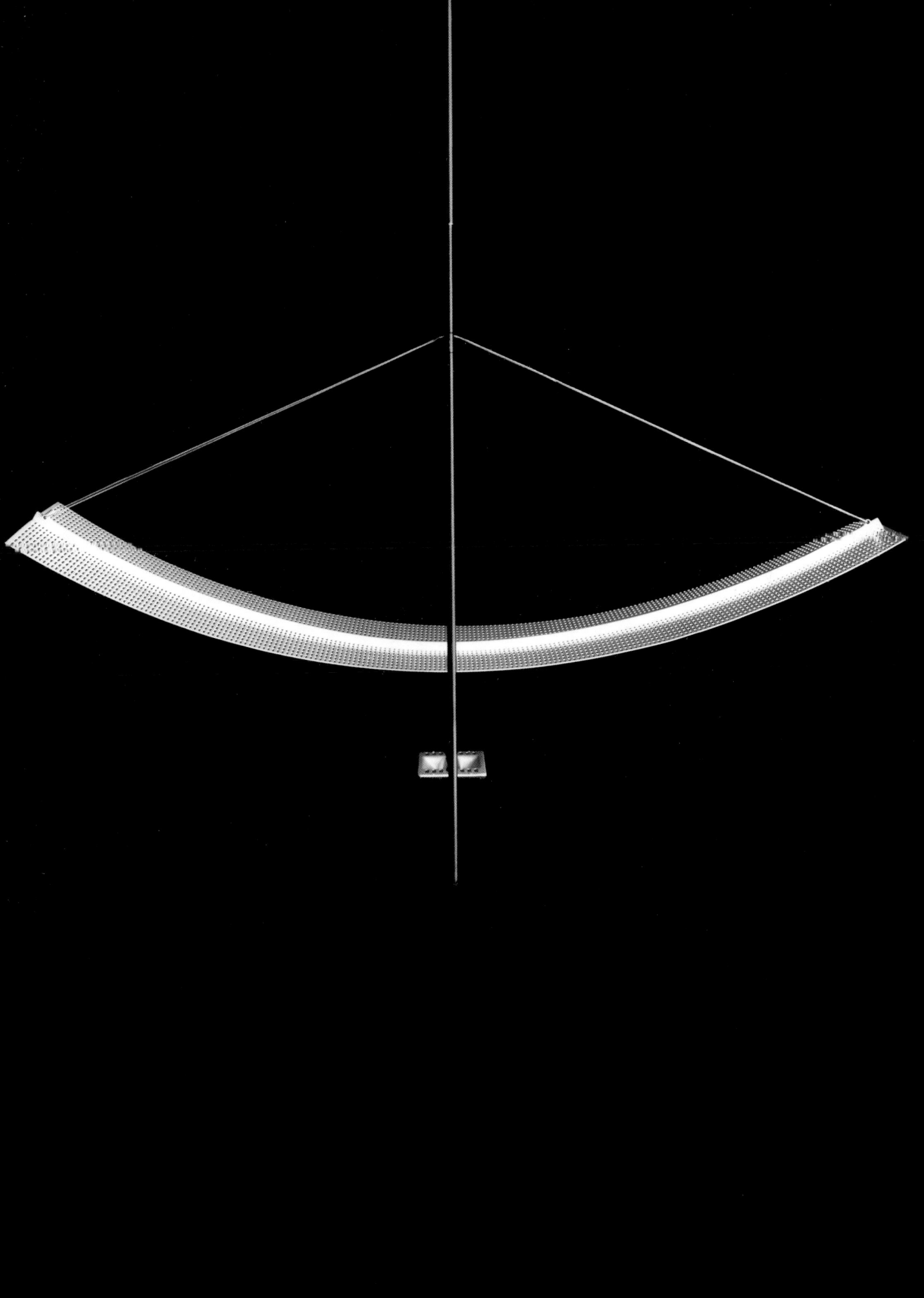

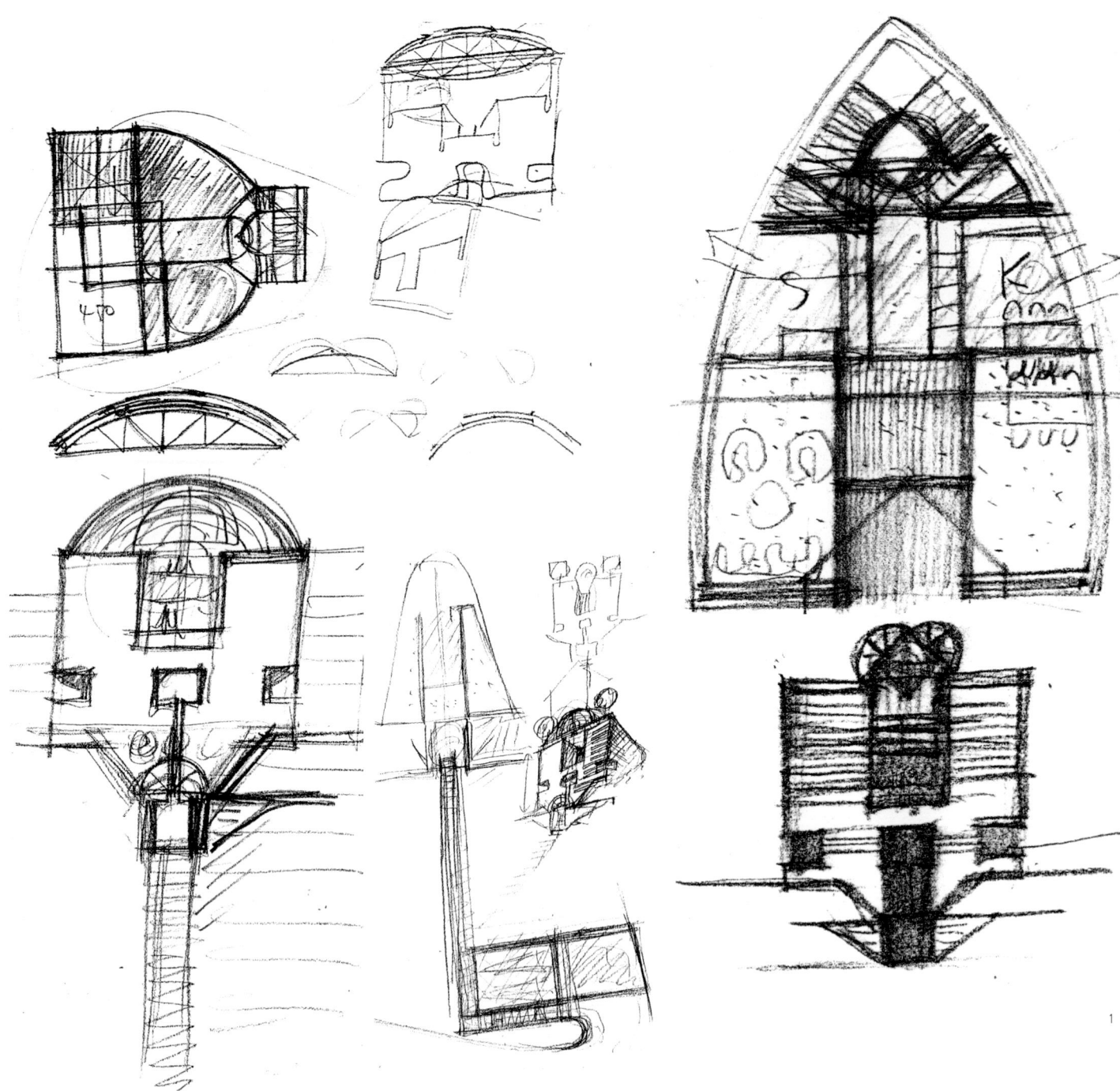

达罗独栋住宅
DARO SINGLE-FAMILY HOUSE

瑞士 达罗
Daro, Switzerland 1989-1992

住宅坐落在一个陡峭的山坡上，俯瞰贝林佐纳（Bellinzona）平原。面向山脉的一侧轮廓为楔形的。朝向西北的主立面上设有露台与窗洞，由两面支撑着巨大的玻璃顶棚墙体构成。住宅一共有4层：入口在首层，卧房在二层，起居室在三层，图书室位于起居室之上的四层。

项目概况

设计时间：1989	Project: 1989
建造时间：1990—1992	Construction: 1990-1992
业主：罗桑杰拉和克劳迪奥·马罗内	Client: Rosangela and Claudio Marone
基地面积：927m²	Site area: 927m²
建筑面积：230m²	Useful surface: 230m²
建筑体积：1 420m³	Volume: 1,420m³

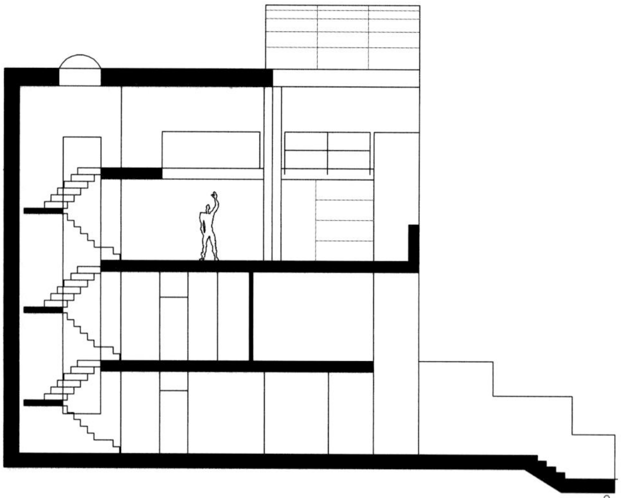

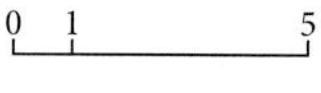

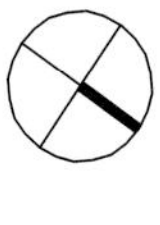

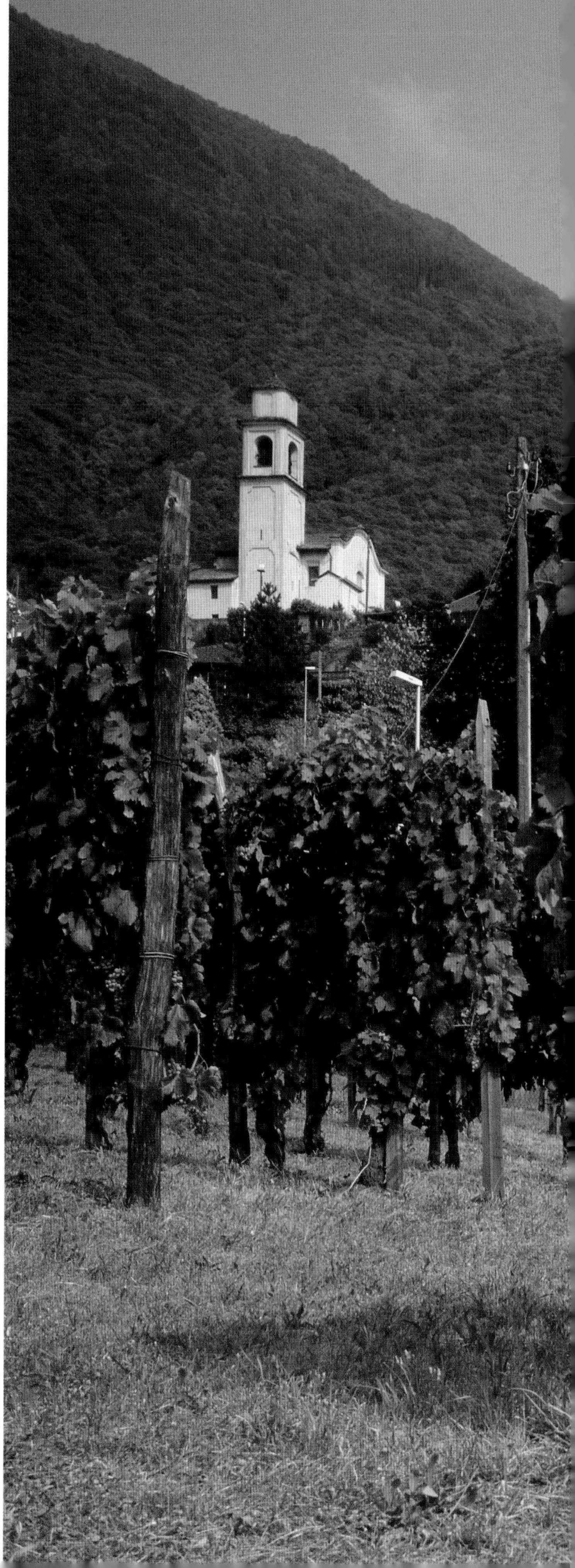

3. 剖面图
4. 首层平面图
5. 二层平面图
6. 三层平面图
7. 建筑实景

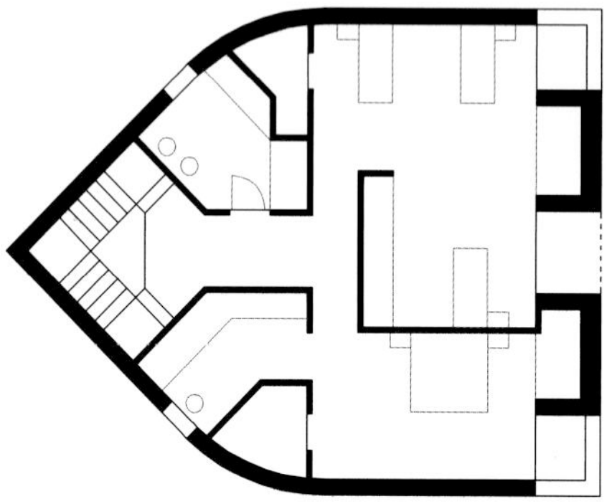

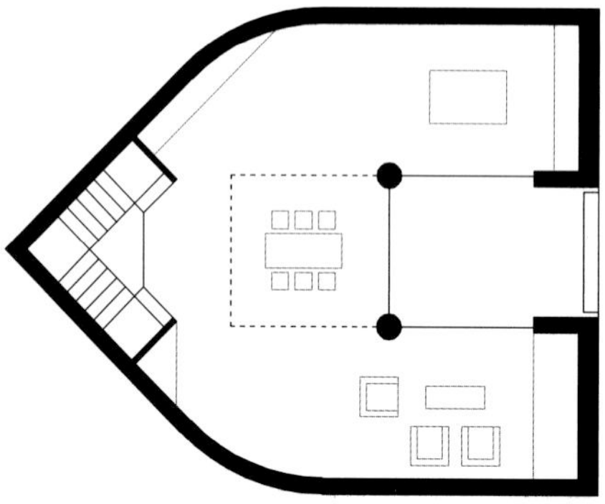

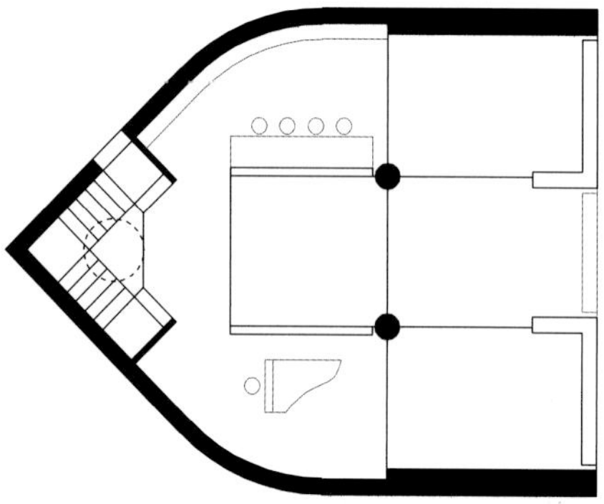

0 1   5

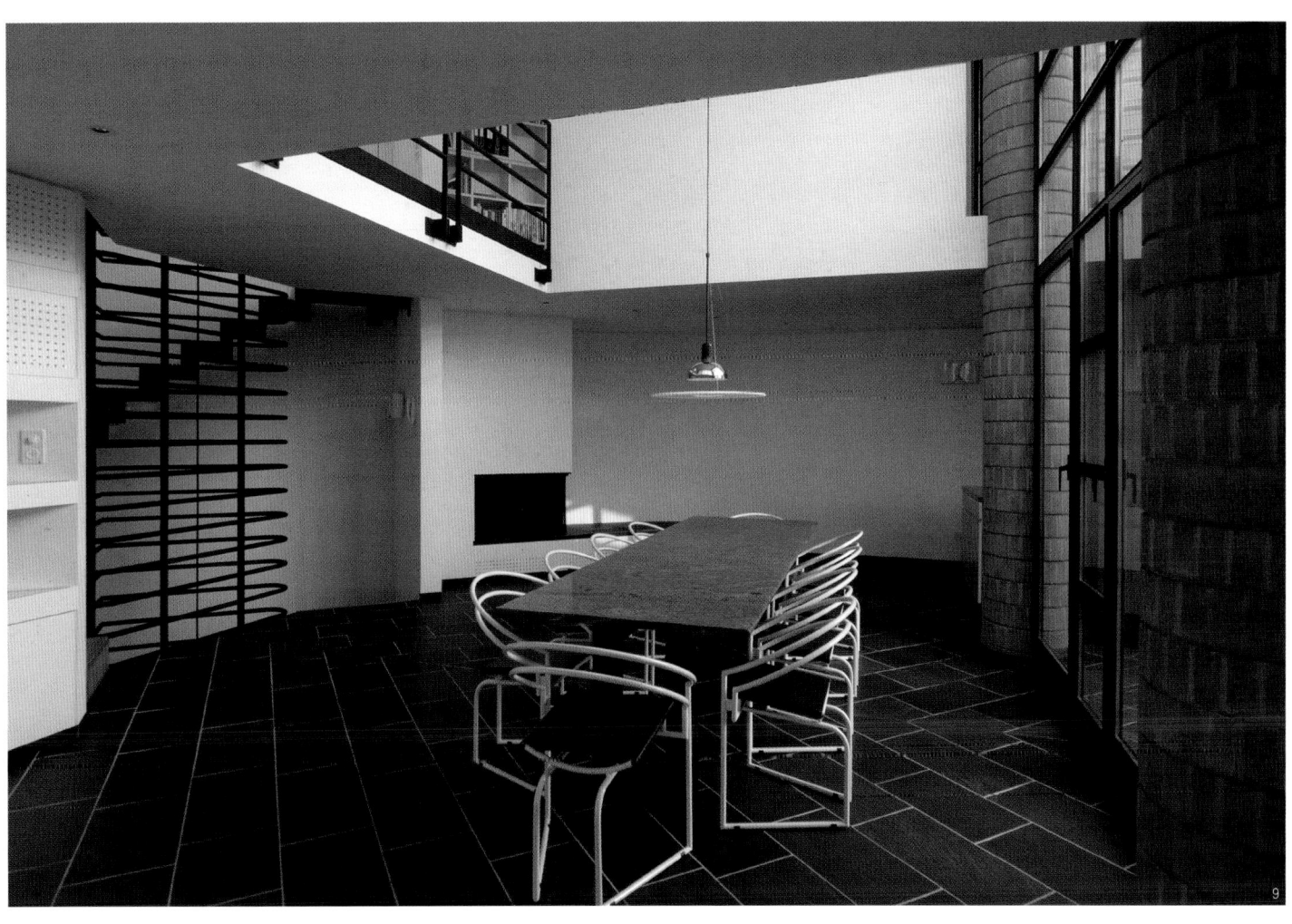

8.9. 室内实景

延伸阅读

- Single-family house Daro, Bellinzona, Switzerland, "GA Houses", 1992, 34, pp. 12-13.
- D. Meyhöfer, Daro House in "Contemporary European Architects 2", Vol. II., Benedikt Taschen Verlag, Cologne 1993, pp. 66-69.
- House in Daro, Bellinzona, "Korean Architects", 1994, 10, pp. 66-73.
- Casa monofamiliare a Daro, "Controspazio", 1994, 6, pp. 16-19.
- C. Broto, Houses, Link International, Barcelona 1996, pp. 130-135.
- House in Daro, "Maru Interior Design", Vol. 57, December 2006, pp. 68-69.

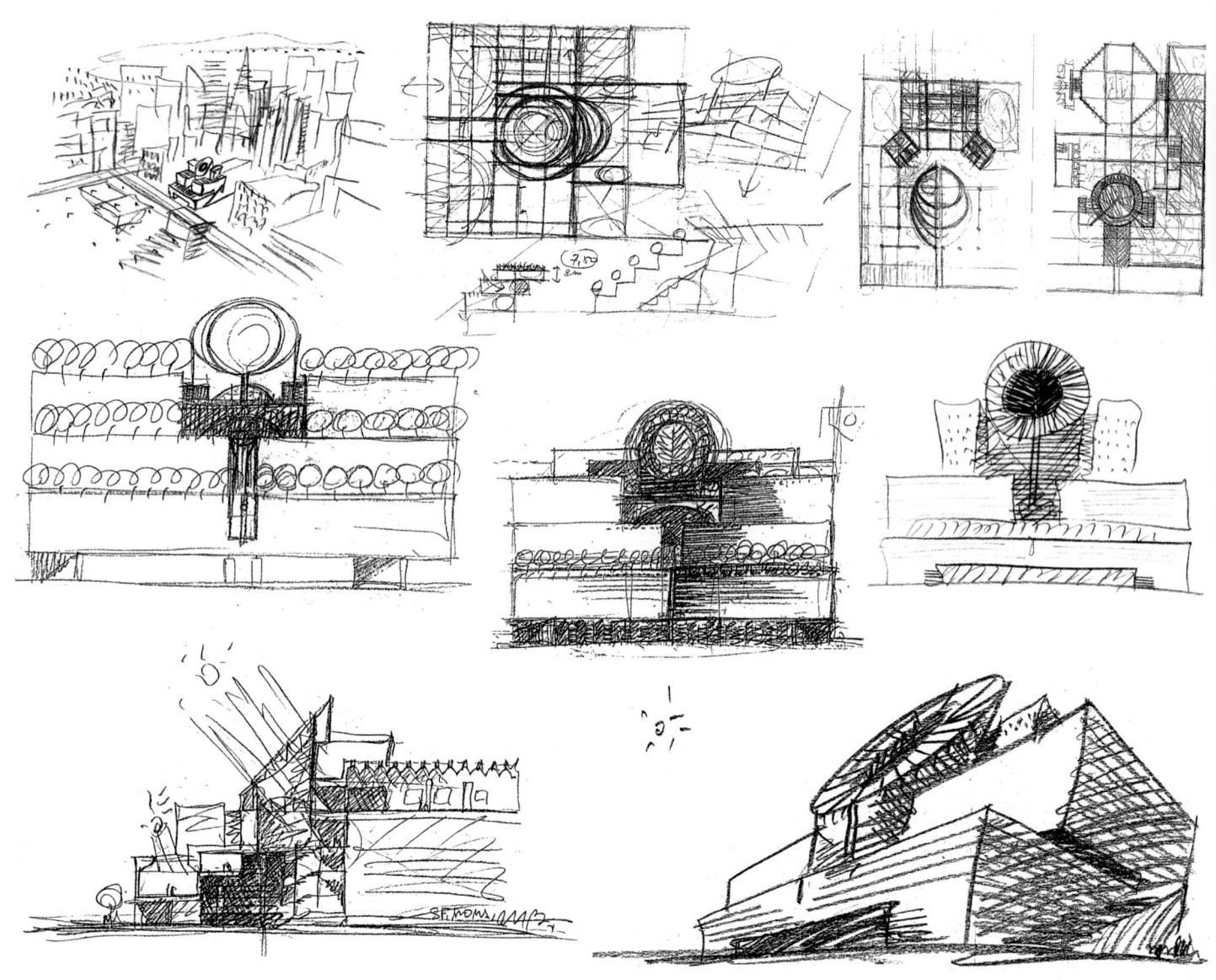

1. 手绘草图
2. 正立面实景

旧金山现代艺术博物馆
SAN FRANCISCO MOMA MUSEUM

美国 旧金山
San Francisco, USA 1989-1995

　　该建筑位于耶尔瓦布埃纳区，四周摩天大楼林立。与这些高楼的竖向张力相比，博物馆似乎牢牢固定在地上，它的矩形体量横向延展。建筑由钢结构形成，预制砖墙饰面。斜切圆柱体顶部是硕大的天窗，似面向城市的一只眼，为下方的大厅带来了自然光。博物馆地上5层，地下1层。首层有一个巨大的内部广场，配置图书馆、咖啡厅和会堂，展示空间位于之上的4层。与市区的"抽象"印象相比，该建筑体现出一种强烈的"具象"特点。

项目概况
设计时间：1989/1990—1992
建造时间：1992—1995
合作建筑师：旧金山，赫尔姆斯＆卡萨堡姆公司
业主：旧金山现代艺术博物馆
基地面积：5 575m²
建筑面积：18 500m²
建筑体积：100 000m³

Project: 1989/1990-1992
Construction: 1992-1995
Partner: Hellmuth, Obata & Kassabaum Inc.,
　　San Francisco
Client: San Francisco Museum of Modern Art
Site area: 5,575m²
Useful surface: 18,500m²
Volume: 100,000m³

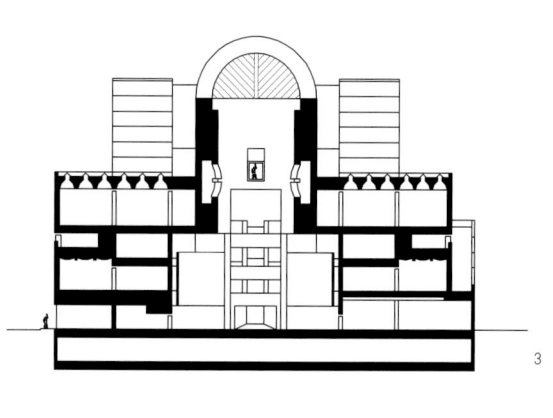

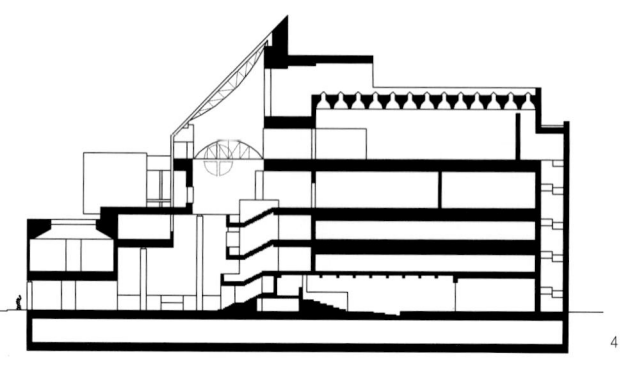

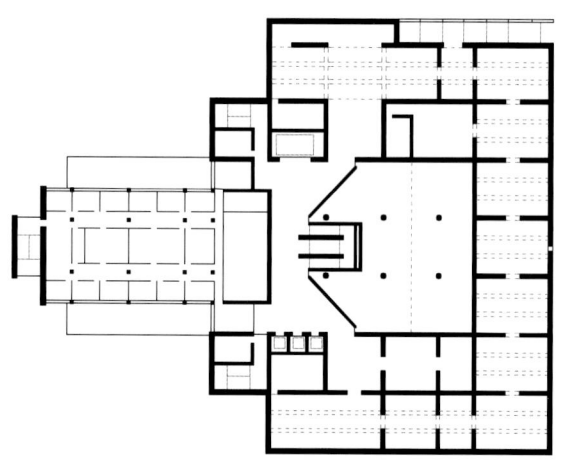

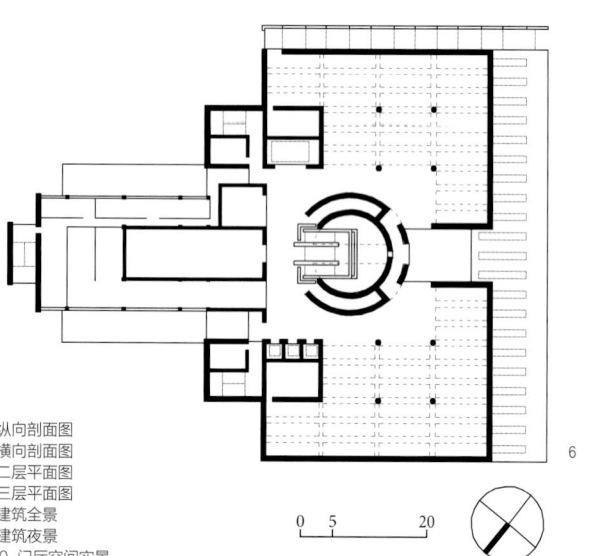

3. 纵向剖面图
4. 横向剖面图
5. 二层平面图
6. 三层平面图
7. 建筑全景
8. 建筑夜景
9.10. 门厅空间实景

0 5   20

13

11. 展示空间实景
12. 空中走廊与天窗
13.14. 展示空间实景

14

延伸阅读

- San Francisco Museum of Modern Art in "Towards a new museum" edited by V. Newhouse, The Monacelli Press, New York 1998, pp. 61-65 [German ed.: Wege zu einem neuen Museum, Verlag Gerd Hatje, Ostfildern-Ruit 1998].
- R. Bellini, Mario Botta, The Museum of Modern Art, San Francisco, "Critica d'Arte", 1992, 8, [extract from the review], pp. 1 - 16.
- J. Abrams, Mario Botta: il museo d'arte moderna di San Francisco, "Lotus International", 1995, 86, pp. 7 - 29.
- R. Hughes, A soaring well of Light, "Time", January 30, 1995, pag. 48.
- M. Kimmelman, In San Francisco, a New Home for Art, "The New York Times", January 14, 1995.
- M. Pisani, Museo d'Arte Moderna a San Francisco, "L'industria delle costruzioni", 1995, 283, pp. 24-31.
- E. Pizzi, Segno perenne nella città che muta, "Modulo", 1995, 215, pp. 800 - 812.

- S. Polano, Glosses on SFMOMA, Opera prima, "A + U Architecture and Urbanism", 1995, 302, pp. 18 - 33.
- A. Temko, Art and Soul, "San Francisco Focus", 1, January 1995, pp. 42-49.
- J.R. Lane, Envisioning a New Museum in "The making of a modern museum" , San Francisco Museum of Modern Art 1994, pp. 11-35.
- SFMOMA Iconic Monumentality in "Icons: magnets of meaning" [exhibition catalogue], edited by Aaron Betsky, San Francisco Museum of Modern Art Chronicle Books, San Francisco 1997, pp. 256-257, 260-269.
- K. Frampton, Mario Botta San Francisco Museum of Modern Art, in Musems for a New Millenium, edited by V. Magnago Lampugnani and A. Sachs [exhibition catalogue], Prestel Verlag, Munich-London-New York and Art Centre Basel 1999 pp. 76-83. [reprinted 2001, also Italian edition].

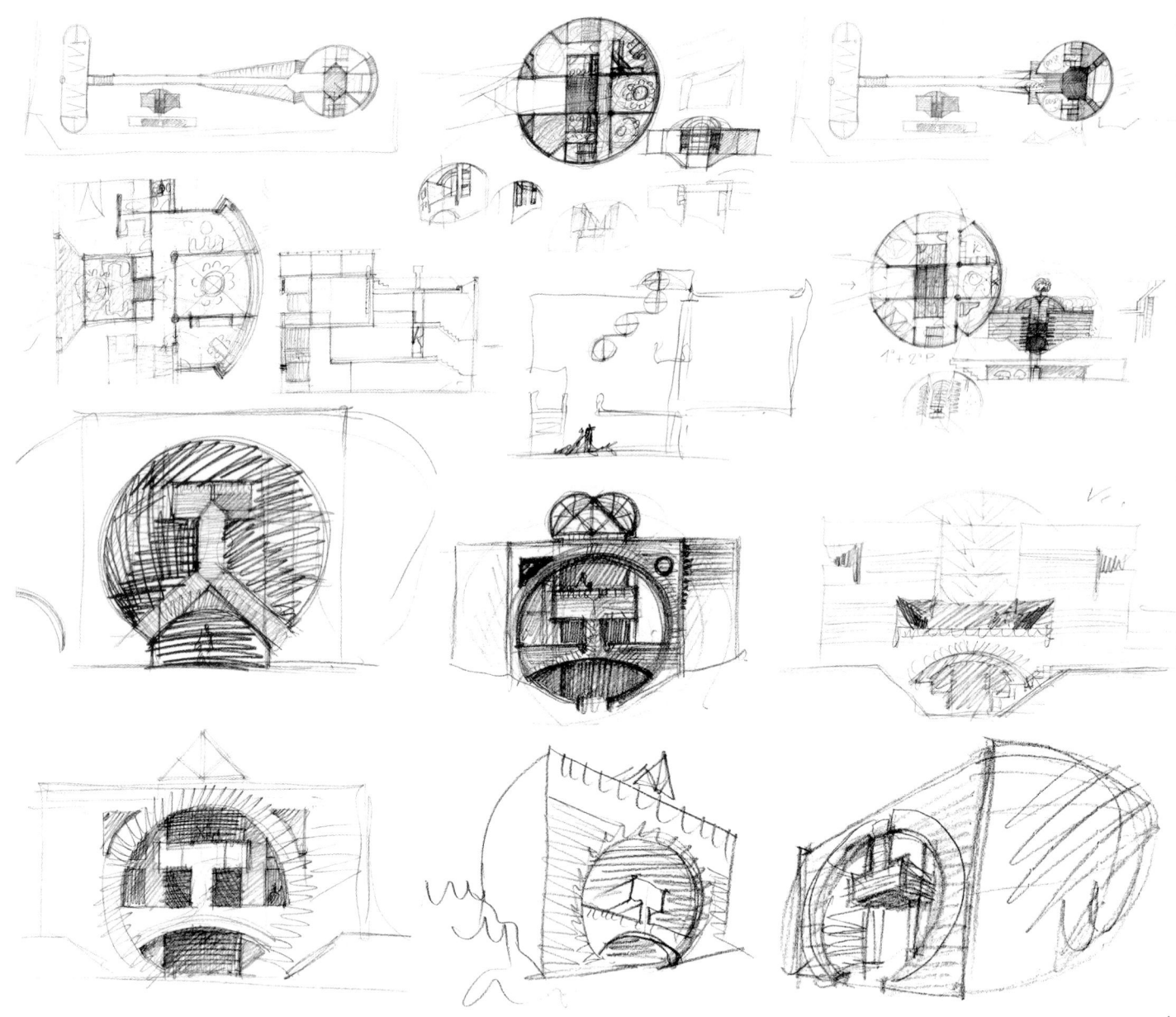

1. 手绘草图
2. 建筑细部

1

卡洛葛尼独栋住宅
COLOGNY SINGLE-FAMILY HOUSE

瑞士 卡洛葛尼
Cologny, Switzerland 1989-1993

　　这座建筑朝向日内瓦湖，圆柱形构造。方形的立面上向内切割了一个巨大的弧形砖拱，展示内部空间清晰表达而带来的超常的丰富性。建筑共有3层，首层是入口门廊、书房及服务用房。二层是起居区域，睡眠区域位于其上，该区域的交通路径可以俯瞰起居室的上空。住宅的各内部空间不断与这个虚空间对话，它额外定义出一个带顶的外部空间，同时也将不同层高上的房间自然地进行了延伸：首层的门廊空间、二层的阳台空间及三层明亮的露台。

项目概况

设计时间：1989
建造时间：1990—1993
业主：热拉尔和夏洛特·莫泽
基地面积：2 540m²
建筑面积：370m²
建筑体积：2 400m³

Project: 1989
Construction: 1990-1993
Client: Gérard and Charlotte Moser
Site area: 2,540m²
Useful surface: 370m²
Volume: 2,400m³

3

4

5

6

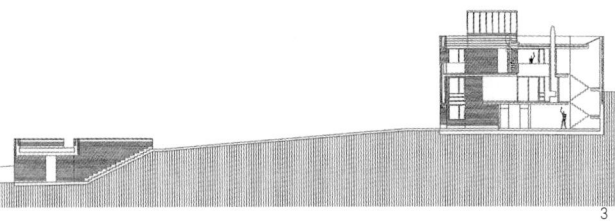

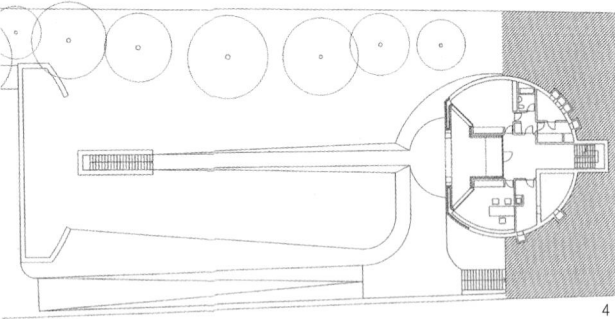

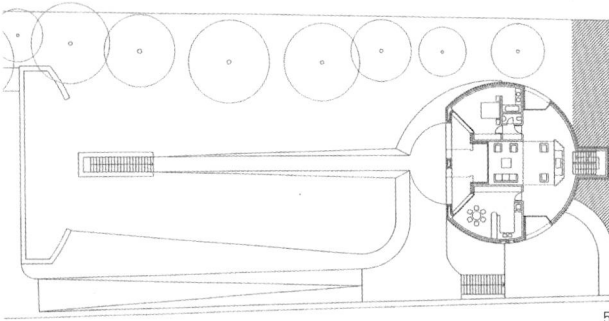

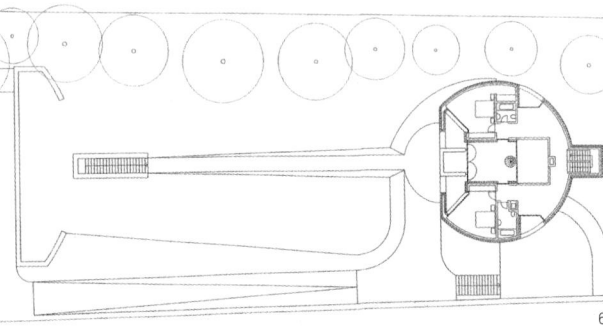

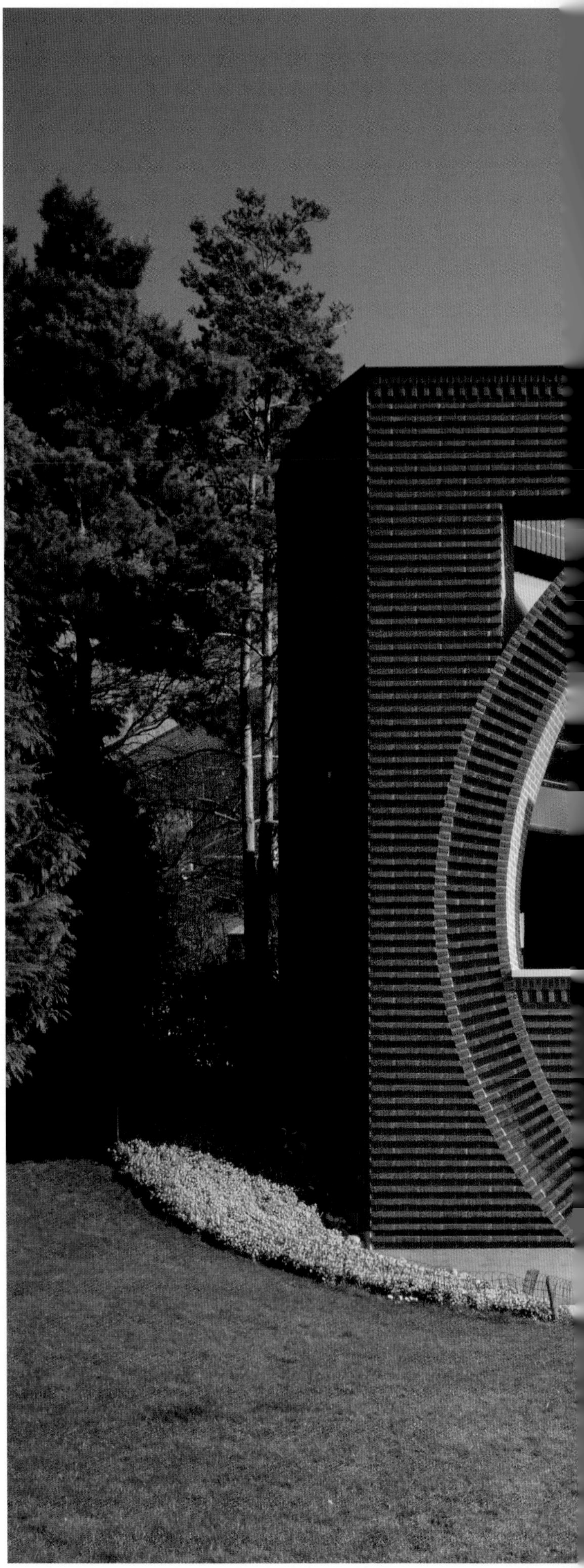

3. 剖面图
4. 首层平面图
5. 二层平面图
6. 三层平面图
7. 建筑立面实景

8

8. 入口空间
9. 室内细部

延伸阅读

- D. Bartels, Liebe zur Geometrie, "Handelsblatt" 4./5, February, 2000.
- R. Hornung, Vom Vogel-zum Ideenfänger, "Hochparterre", 14. December 2004.
- O. Bucher, Das so genannte Schöne An-und Einsichten, Ott Verlag, Bern 2006, pp. 160-161.

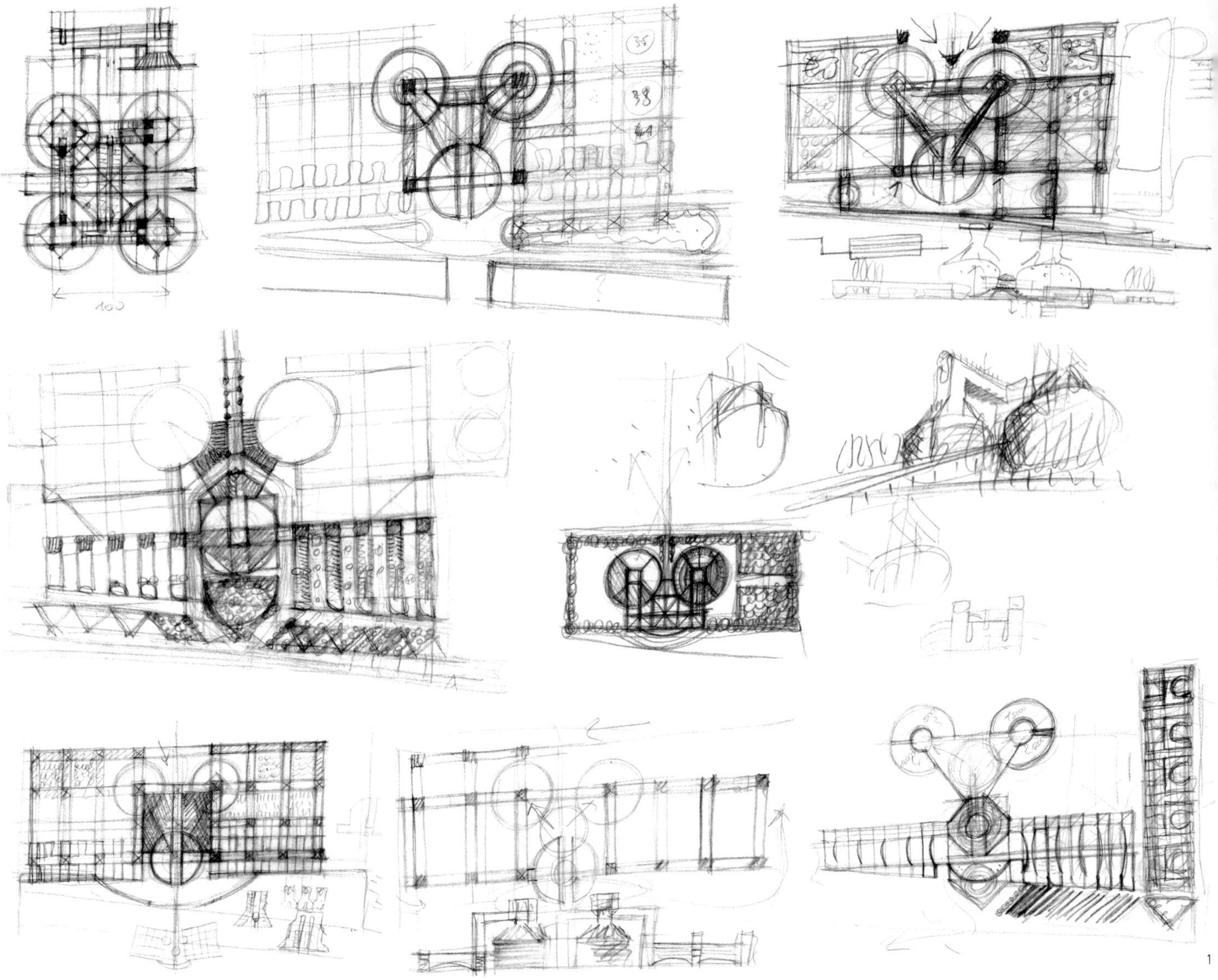

1

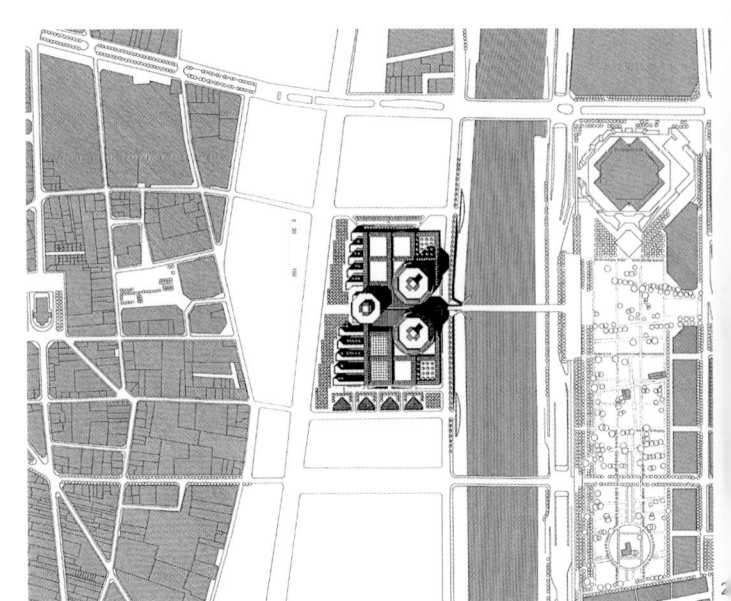

法国国家图书馆
FRENCH NATIONAL LIBRARY

1. 手绘草图
2. 总平面图
3. 建筑模型

法国 巴黎
Paris, France 1989

两个巨型塔楼容纳设计竞赛要求的4个图书馆。一座步行桥设在两座塔底座之间狭长的空间中，并将图书馆与塞纳河对岸的贝西公园联系起来。这恰好为建筑设计提供了一条理想的构成轴线，这条轴线从公园一直贯穿到第三座高塔，即位于两座高塔之间后部的会展中心。

一个巨大的玻璃覆盖的区域将建筑底层联系起来，并且提供了一种可以仰望塔楼的视角，同时也提供给商店、饭店、展览及休息区域充足的空间。完全机械化的藏书库布置在低矮的体块内，体块在朝塞纳河侧高度变低，顶部覆盖绿化。

项目概况

竞赛时间：1989
业主：巴黎城（市政工程）
基地面积：17 500m²
建筑面积：176 000m²

Competition project: 1989
Client: City of Paris (Public Works)
Site area: 17,500m²
Useful area: 176,000m²

2

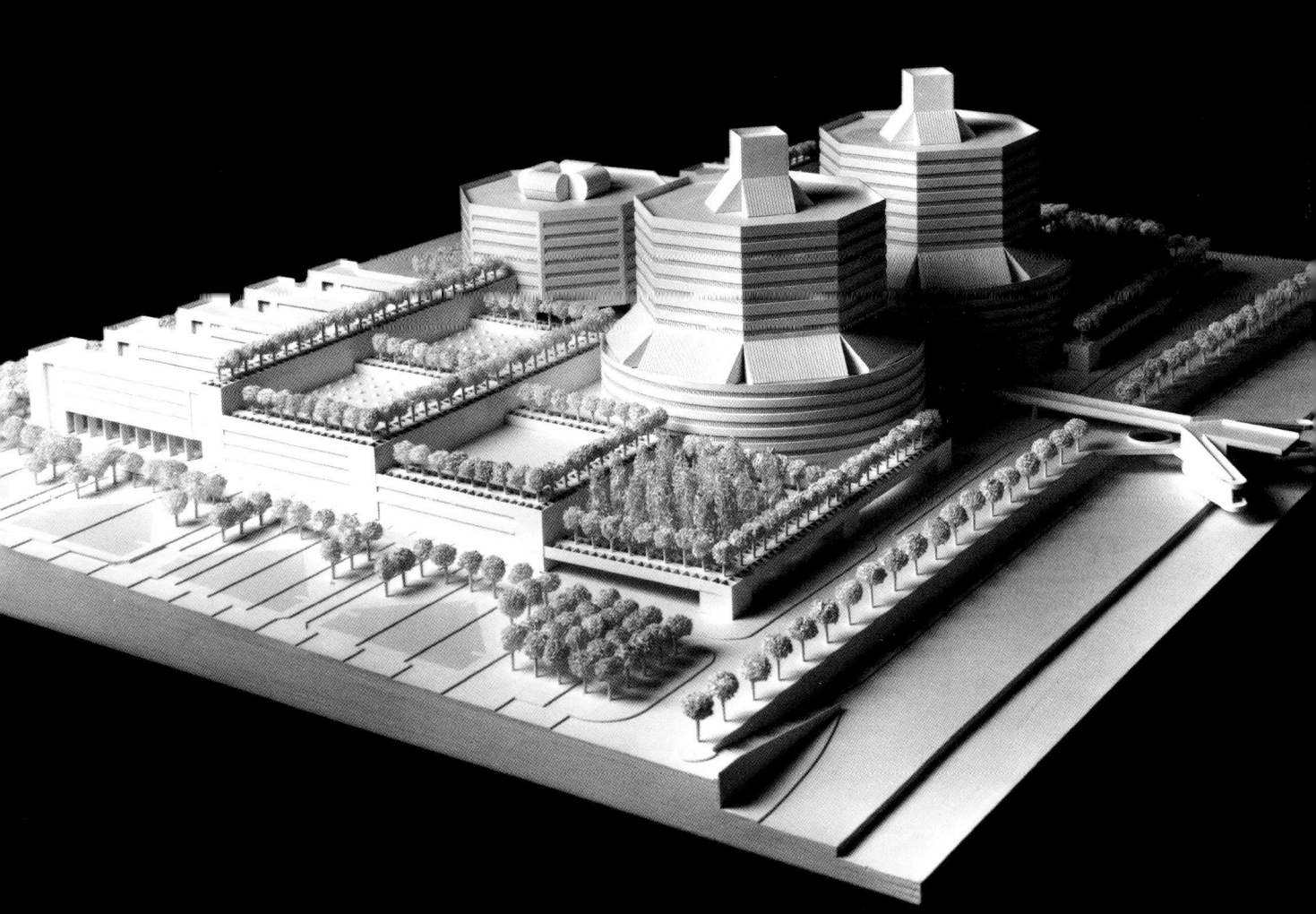

4. 首层平面图
5. 二层平面图
6. 七层平面图
7. 剖面图
8. 透视草图

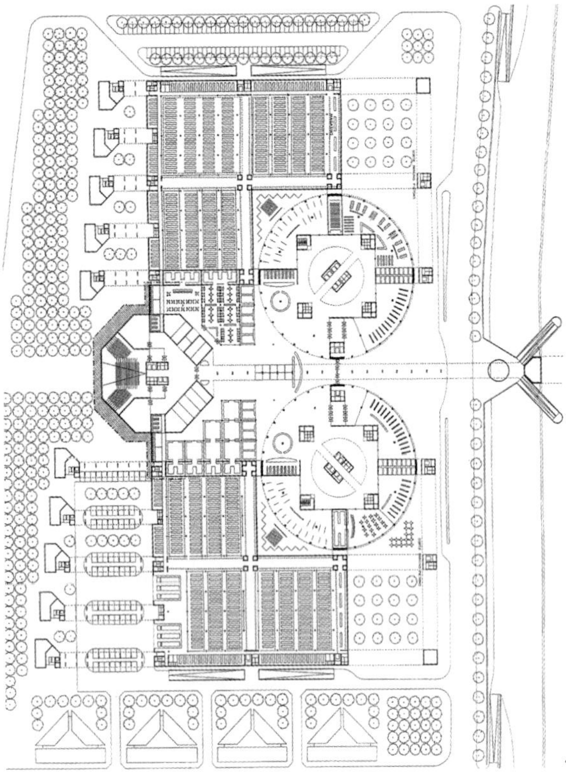

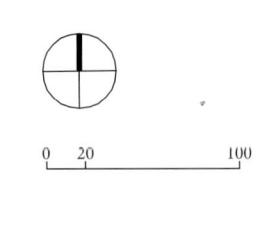

0 20   100

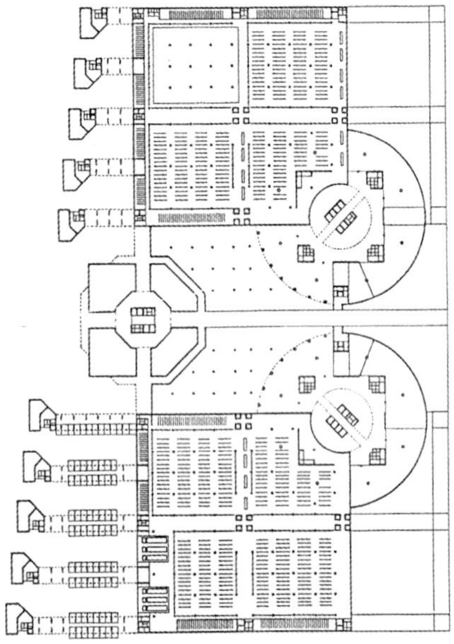

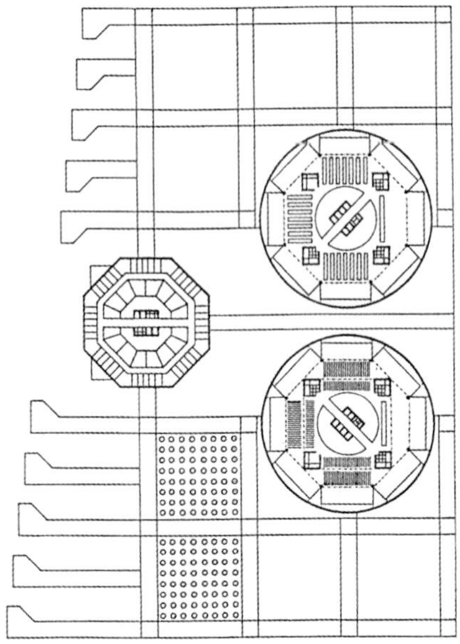

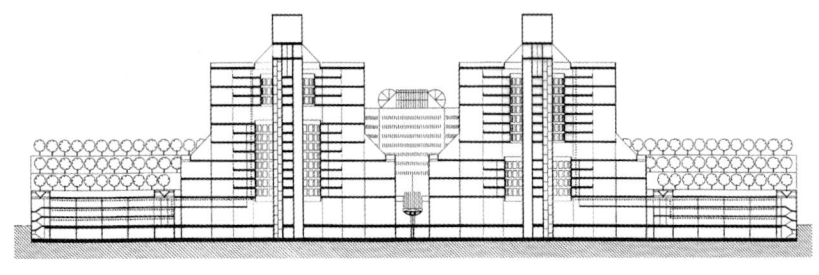

VII

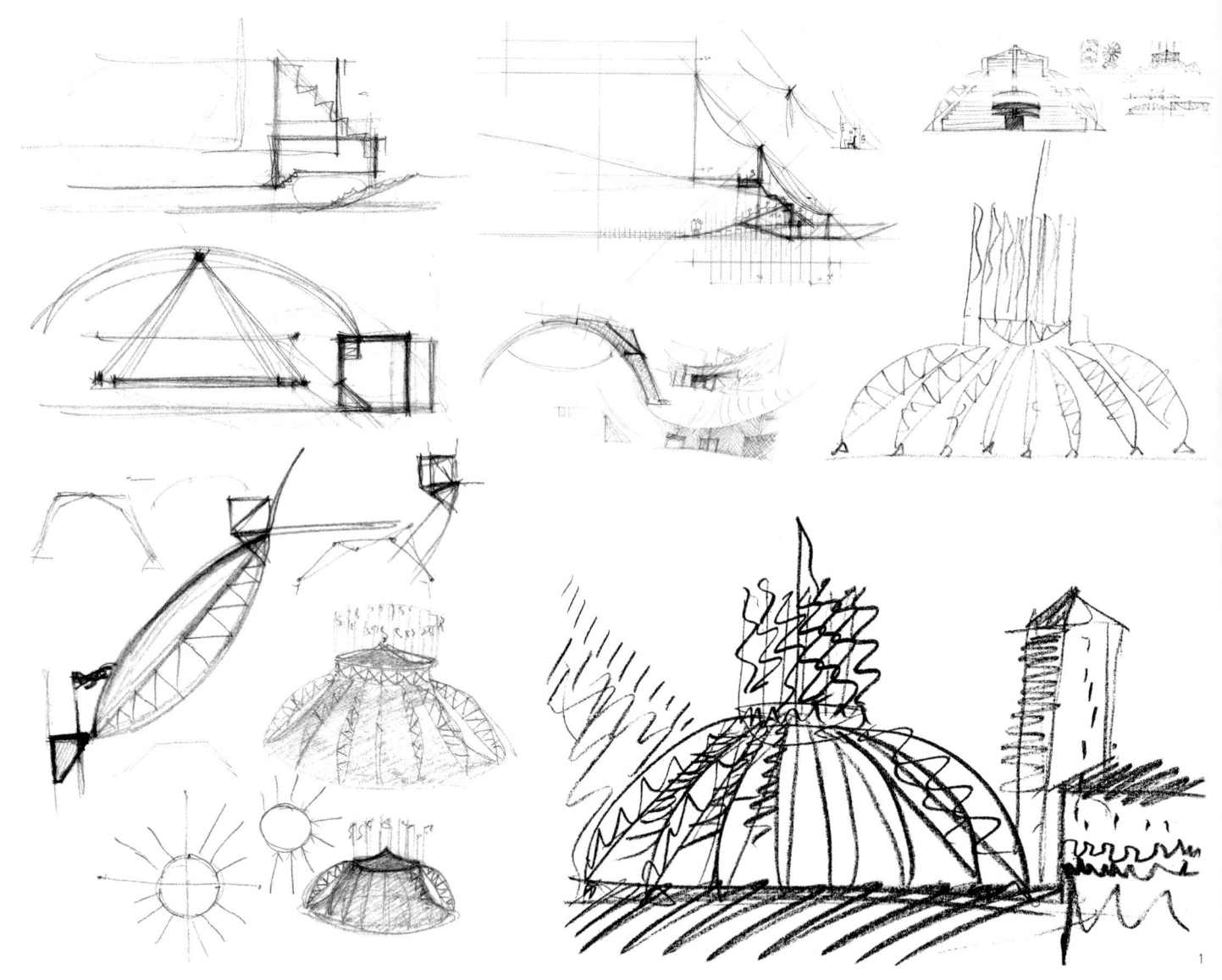

1. 手绘草图
2. 建筑实景
3. 平面图
4. 建筑模型

瑞士联邦700周年庆帐篷
ANNIVERSARY TENT

瑞士　贝林佐纳
Bellinzona, Switzerland 1989-1991

　　博塔说："我设想这座建筑能够在美景中展现出一种原始形象——圆顶塔，简单而精致，且既现代又古老，以足够抵抗脆弱的'现代'文化下令人费解的行话。它应该成为许多不同语境中的一个参照点。"巨大的帐篷是为庆祝瑞士联邦700周年大庆而设计的。它的半径超过40m，高约33m，内设约1 900座席。帐篷悬挂在13架由钢管制成的金属肋所构成的框架结构上，其顶峰飘扬着瑞士联盟各省的旗帜。在一年的时间里，帐篷在多座瑞士城市中建造。

项目概况
设计时间：1989
建造时间：1990–1991
业主：瑞士联邦内政与经济部
建筑面积：1 540m²
建筑体积：13 000m³

Project: 1989
Construction: 1990-1991
Client: Swiss Confederation, Federal
Interior and Economics Department
Useful surface: 1,540m²
Volume : 13,000m³

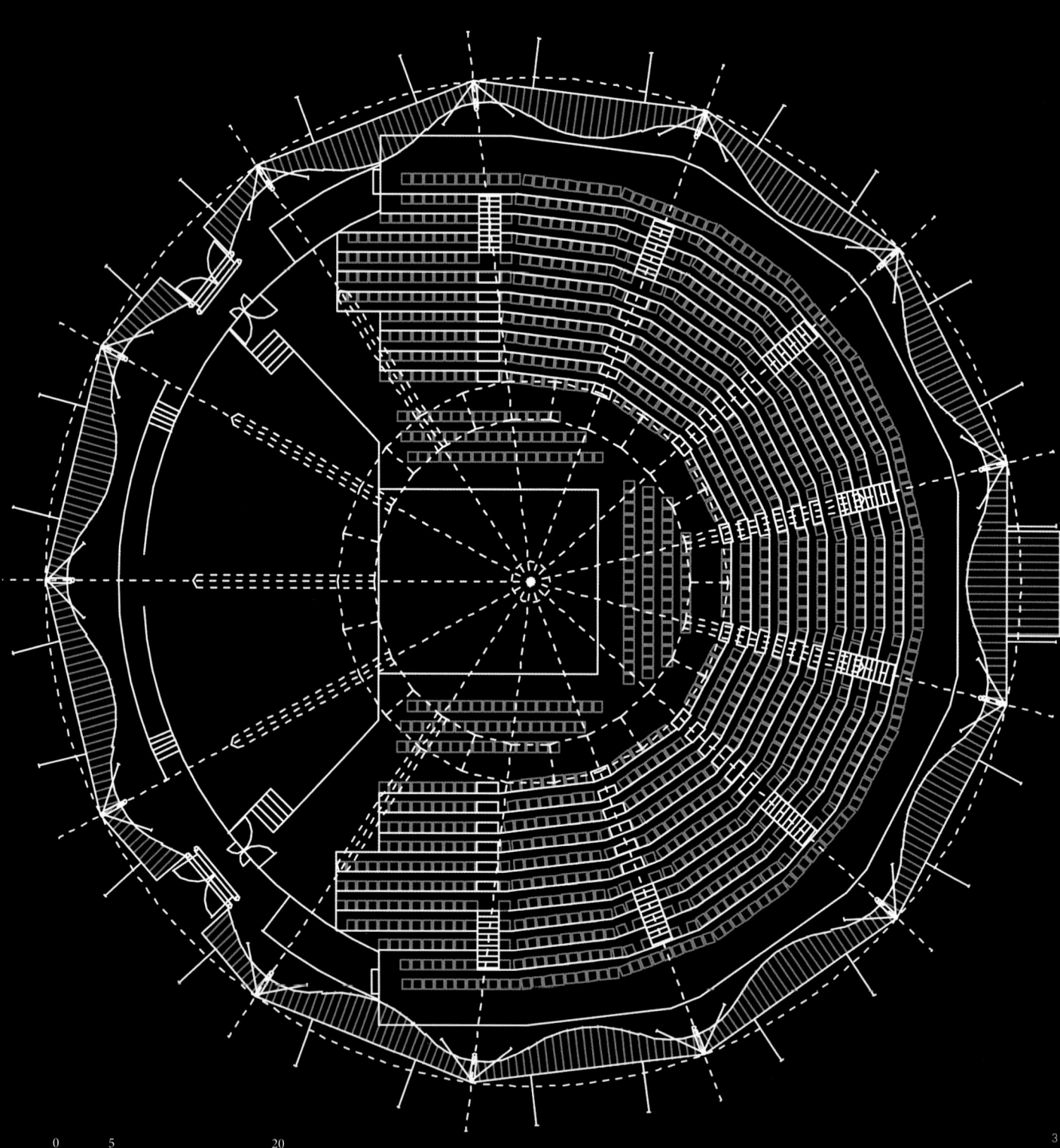

0 5   20

3

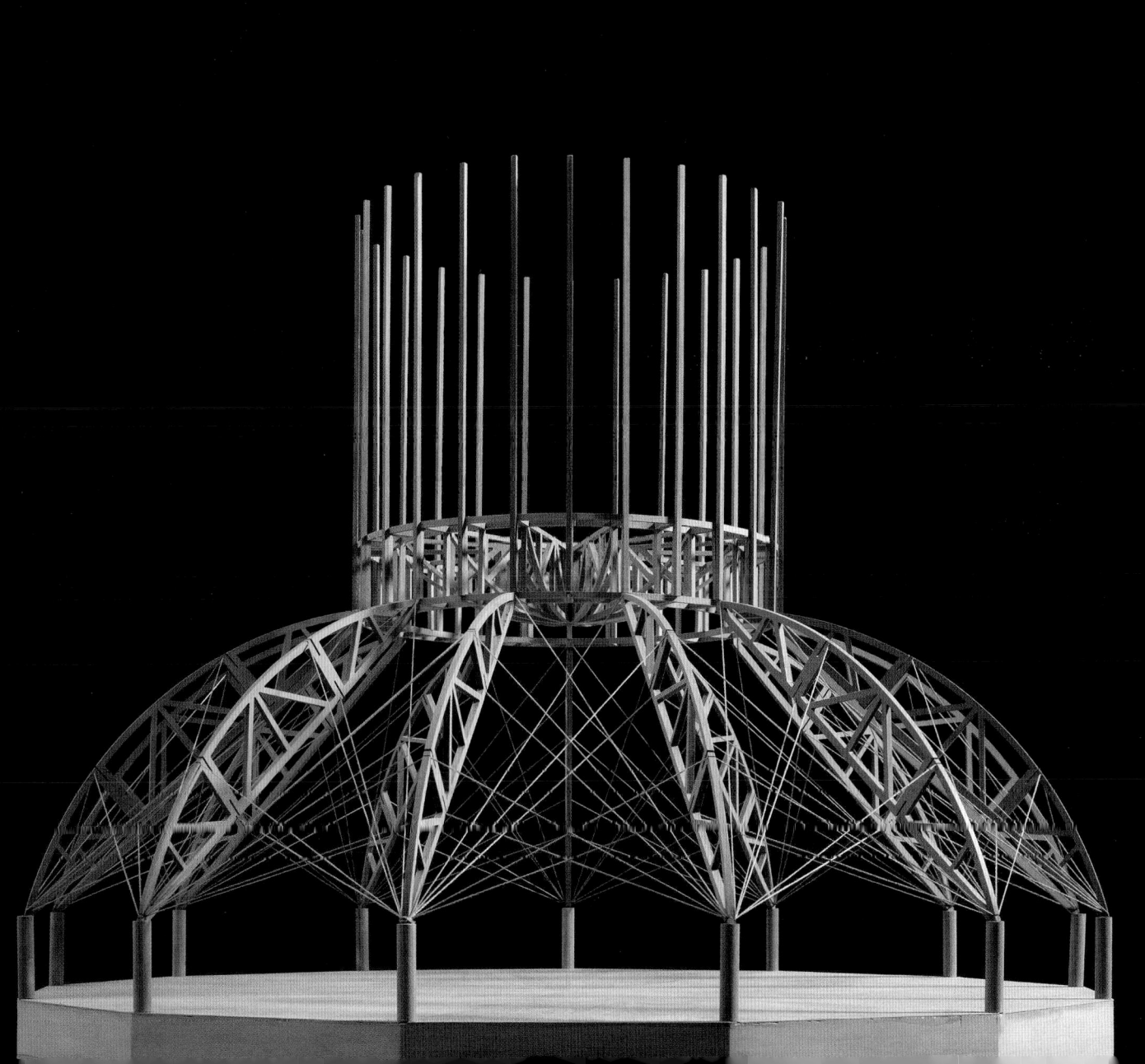

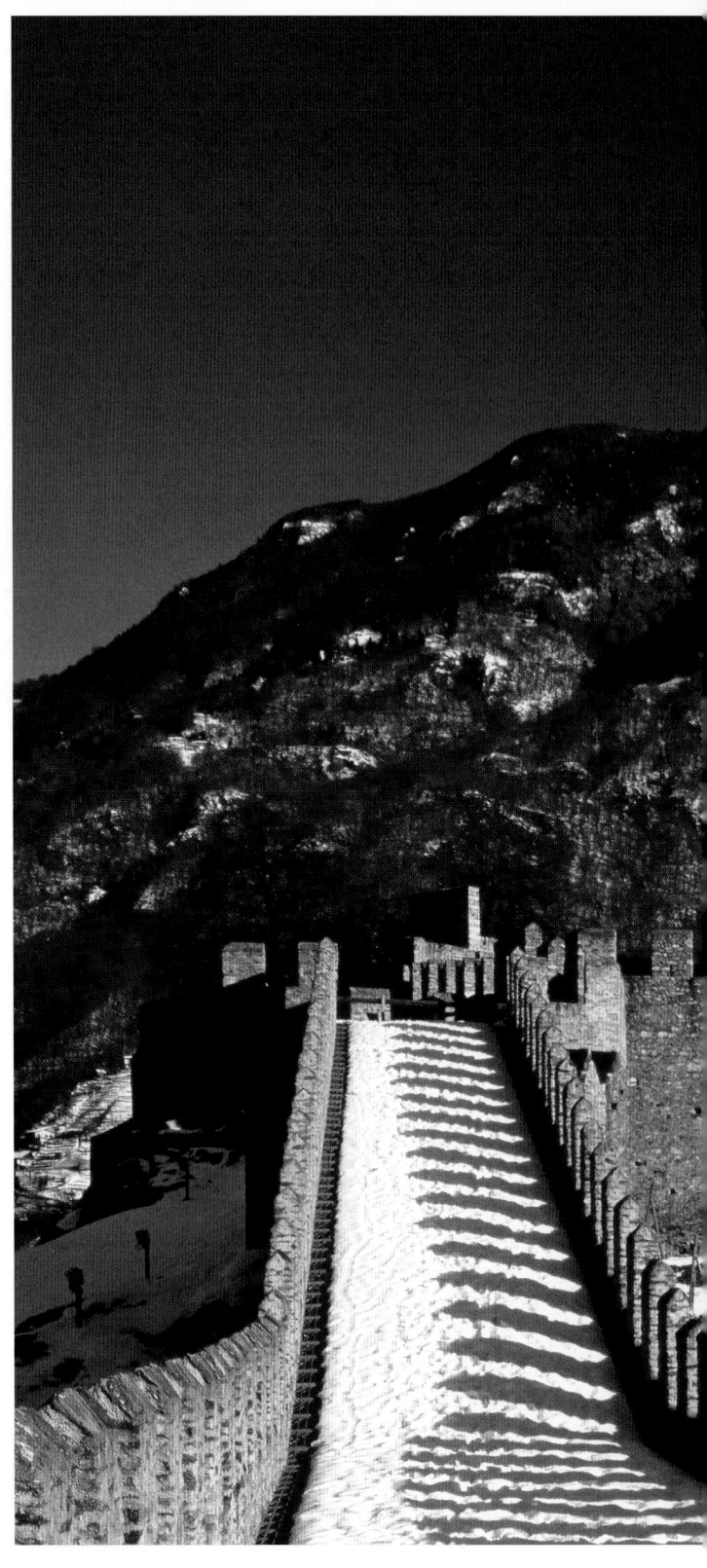

5. 瑞士联邦700周年庆帐篷
6. 帐篷在布鲁嫩
7. 帐篷在柏林

6

8. 建筑细部

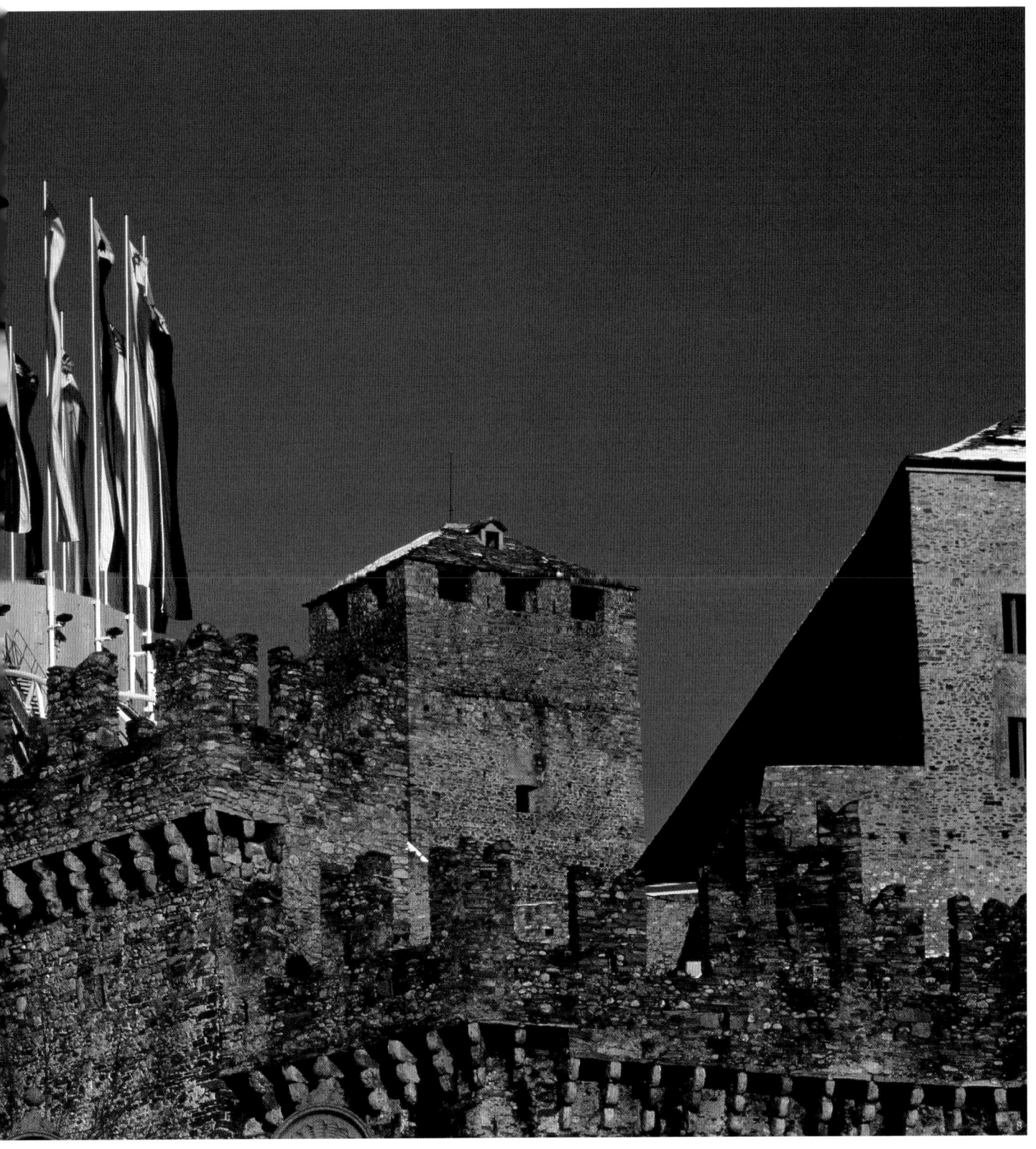

延伸阅读

- L. Bellinelli, Un fotografo, una tenda, "Rivista Tecnica", 1990, 12, pp. 7 – 12.
- V. Fagone, La tenda del Giubileo, "Abitare con Arte", 1991, 4, pp. 22-23.
- J. Gubler, La coupole tessinoise, morceau d'architecture des ingénieurs, "Chantiers", 1191, 6, pp. 41-46.
- E. von Guadecker, La carpa itinerante de Mario Botta, "Diseño Interior", 1991, 9, pp. 14-25.
- Mario Botta, Tent for the 700th Anniversary of Switzerland, "GA Document", 1991, 29, pp. 12-13.
- Das Zelt – Symbol und Zeichen, "Moebel Interior Design", 1991, 5, pp. 34 – 36.
- Tent for the 700th Anniversary of the Swiss Confederation, in "Connections" edited by A. J. Brookes, C. Grech, Butterworth-Heinemann Ltd., Oxford 1992, pp. 120-124.
- V. Silvestrini, La selezione degli elementi primari, "Lotus 5", 1993, 78, pp. 80-87.

1. 手绘草图
2. 实体展示

1

91号博塔椅
CHAIR - BOTTA '91

1989

　　设计构思生成于为庆祝瑞士联邦700周年建造室外帐篷之时，座椅设计回应了一系列的需要：必须易于叠放，易于保存，尤其还要易于成排摆放。除了满足这些实际的要求，它还在设计上有所突破。这实物可以看出，座椅居中设计的前腿与上部完美的几何形式形成了一种对话。

项目概况

设计时间：1989
生产时间：1990
制造商：阿里亚斯家私
尺寸：宽52cm，深53cm，高84cm
结构：黑色或镀铬钢管。椅面和椅背为真皮

Design: 1989
Production: 1990
Manufacturer: Alias SpA
Size: width 52cm, depth 53cm, 84cm H,
Structure: tubular steel with black or chrome finish.
Seat and back in natural leather

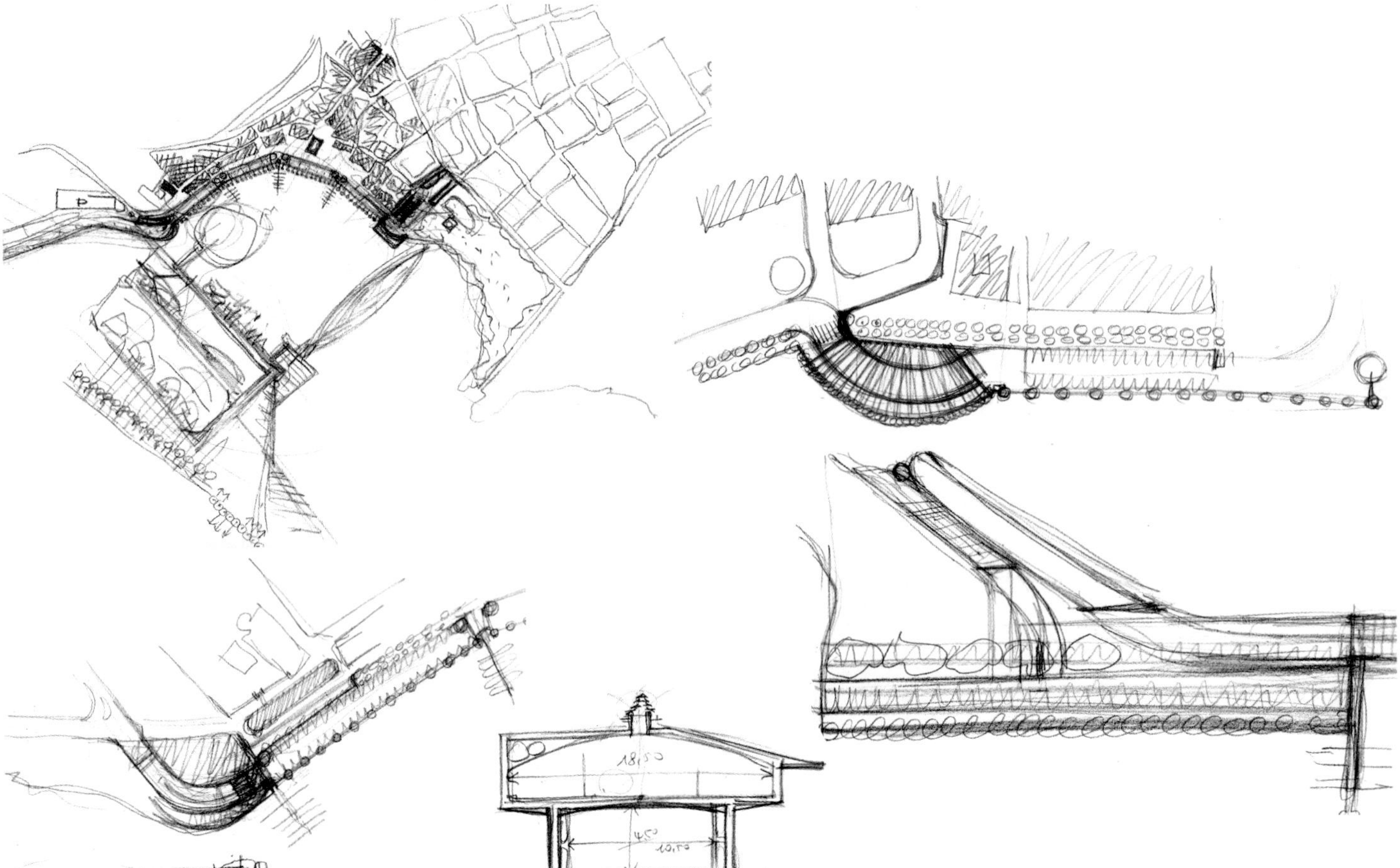

卢加诺湖滨空间设计
LUGANO DESIGN SCHEME LAKE SHORE

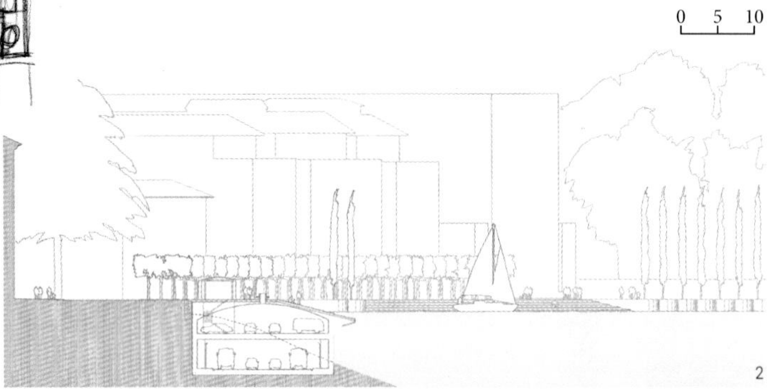

瑞士 卢加诺
Lugano, Switzerland 1989

该设计通过三个不同的操作来改变城市环境。该设计基于路网调整，特别是通过将现存的道路系统改道至地下来恢复河滨空间及城市的自然边界。未来还希望能够在此建造一个巨大的休闲中心，包括一个900座的圆形剧院、两个电影院，以及位于原先学校区域的多层地下停车场。停车场的屋顶形成了一个略低于街道标高的公共广场，广场周边是商业空间以及娱乐设施。

1. 手绘草图
2. 剖面图
3. 总平面图
4. 地下层平面图
5. 道路层平面图
6. 湖滨层平面图

0 5 10

0 100 200

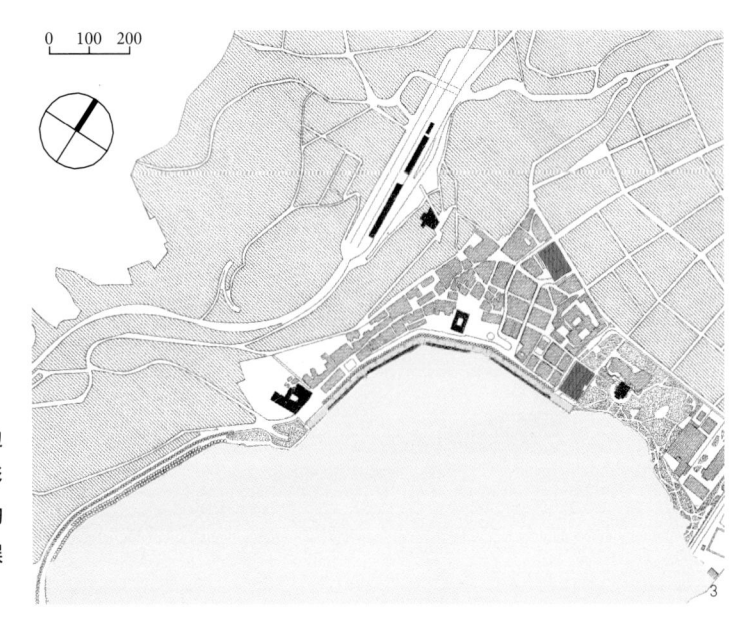

0 20   100

4

5

6

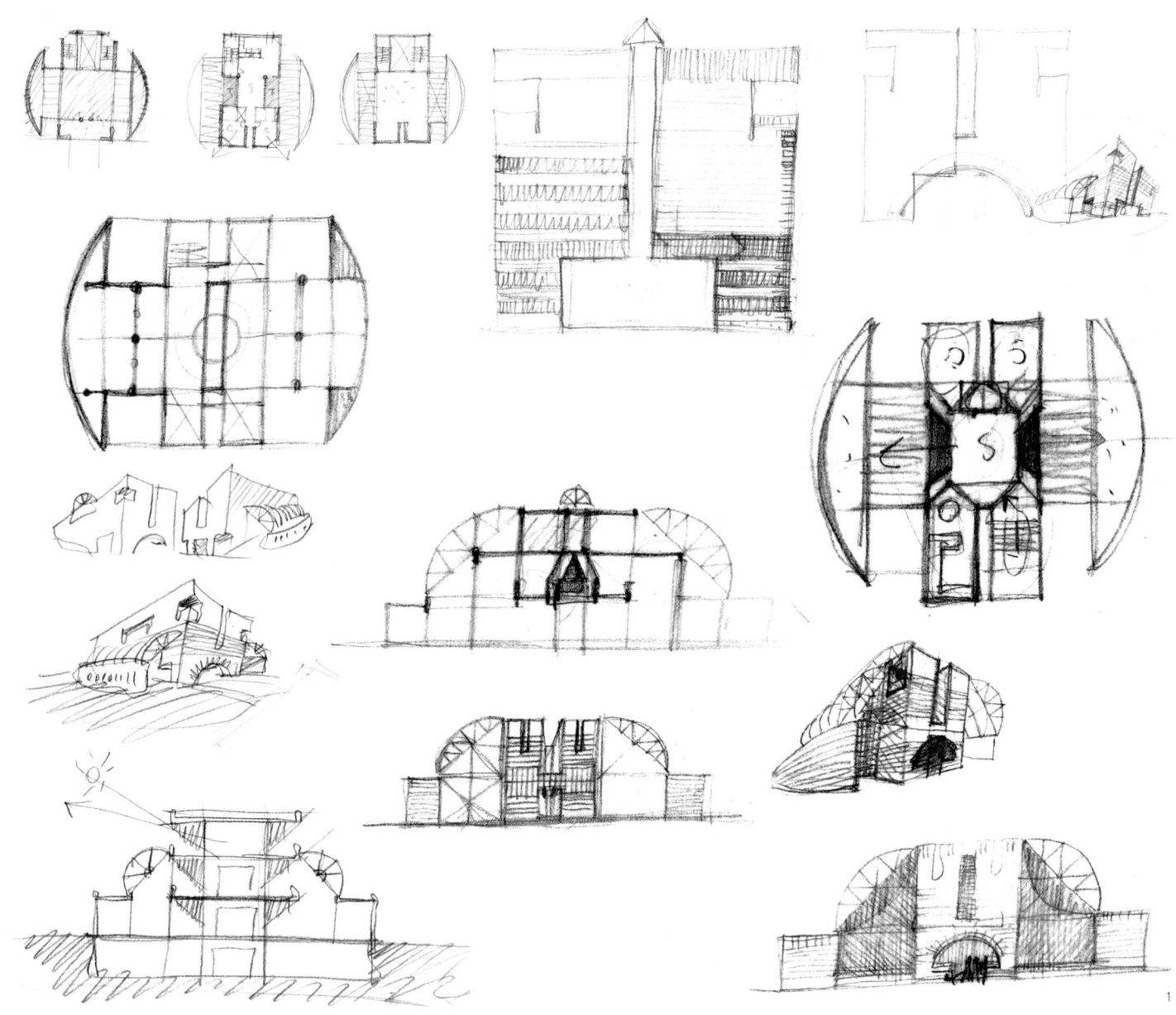

佐芬根独栋住宅及陈列室
ZOFINGEN SHOWROOM AND SINGLE-FAMILY HOUSE

瑞士 佐芬根
Zofingen, Switzerland 1989-1993

这幢建筑坐落于"世纪之交别墅区"前面的一块绿地上。建筑师强调对称性设计，一道竖缝从门廊一直通到天窗，延伸入场地，将建筑分为两个坚实的体块，位于角部的凉廊是两体块上仅有的洞口。两个半圆天窗将主体侧面与两个在花园里展开的低矮弧形体块连接起来。巨大的陈列室占据整个首层，并且通过一个悬挑的平台延伸到上部。三层是一个小公寓，光线从左右两侧的凉廊漫射进来，笼罩着中心的起居空间。

项目概况

设计时间：1989
建造时间：1991—1993
业主：宇利·弗劳西格
基地面积：1 776m²
楼面净面积：大约700m²
建筑体积：大约4 400m³

Project: 1989
Construction: 1991-1993
Client: Üli Frauchiger
Site area: 1,776m²
Net floor area: approx 700m²
Volume: approx. 4,400m³

3. 正立面实景
4. 入口细部
5. 首层平面图
6. 二层平面图
7. 三层平面图
8. 室内实景

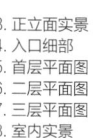

0 5 10

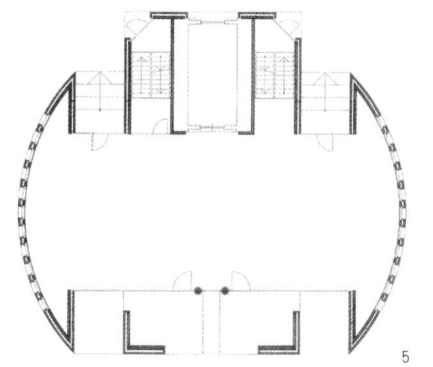

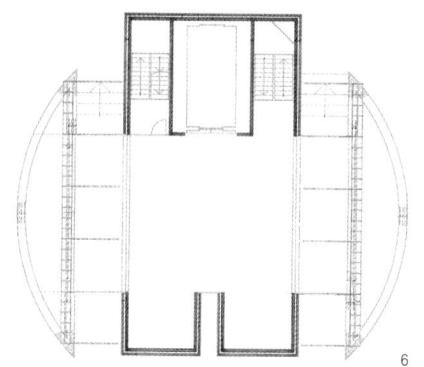

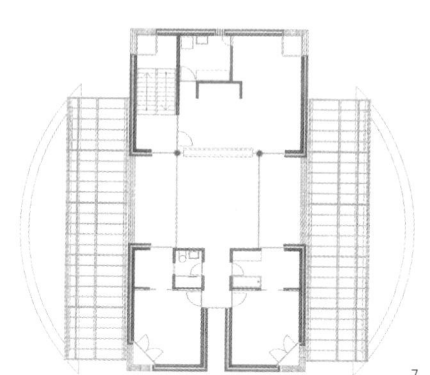

延伸阅读

- Mario Botta in Zofingen, "Raum und Wohnen", 1. November 1993, pp.18-19.
- C. Seyffer, Privatklinik? Zweifamilienhaus ? Firmensitz ?, "Privé", September 1994, pp. 26-33.
- Y. Tempelmann, Zum Beispiel Botta, "Mode Blatt", 4. April 1996, pp. 46-48.
- Ohne Licht kein Raum – sagt Mario Botta in "Bauen + Wirtschaft Architektur der Region im Spiegel", Wirtschafts-und Verlagsgesellschaft mbH, Aarau / Aargau 1998, p. 69.

"机器人"多屉橱柜
CHEST OF DRAWERS 'ROBOT'

1989

1. 手绘草图
2. 产品展示

这件家具由层叠的抽屉组成，抽屉之间以金属轴承连接。由于垂直支撑的金属件位于后部，每一个抽屉都是独立可移动的。这也使得整个柜子同时获得了多样和可变的几何形式。它亦可展开成为一个写字台。

项目概况
设计时间：1989
生产时间：1992
制造商：阿里亚斯家私
尺寸：35cm × 35cm，高121cm
材料：结构支撑为黑漆钢材，柜体为黑漆中等密度木材或天然梨木

Project: 1989
Production: 1992
Manufacturer: Alias S.p.A.
Dimensions: 35cm×35cm; 121cm H
Structure and materials: support structure in black painted steel, drawers in black painted medium density wood or natural pear wood.

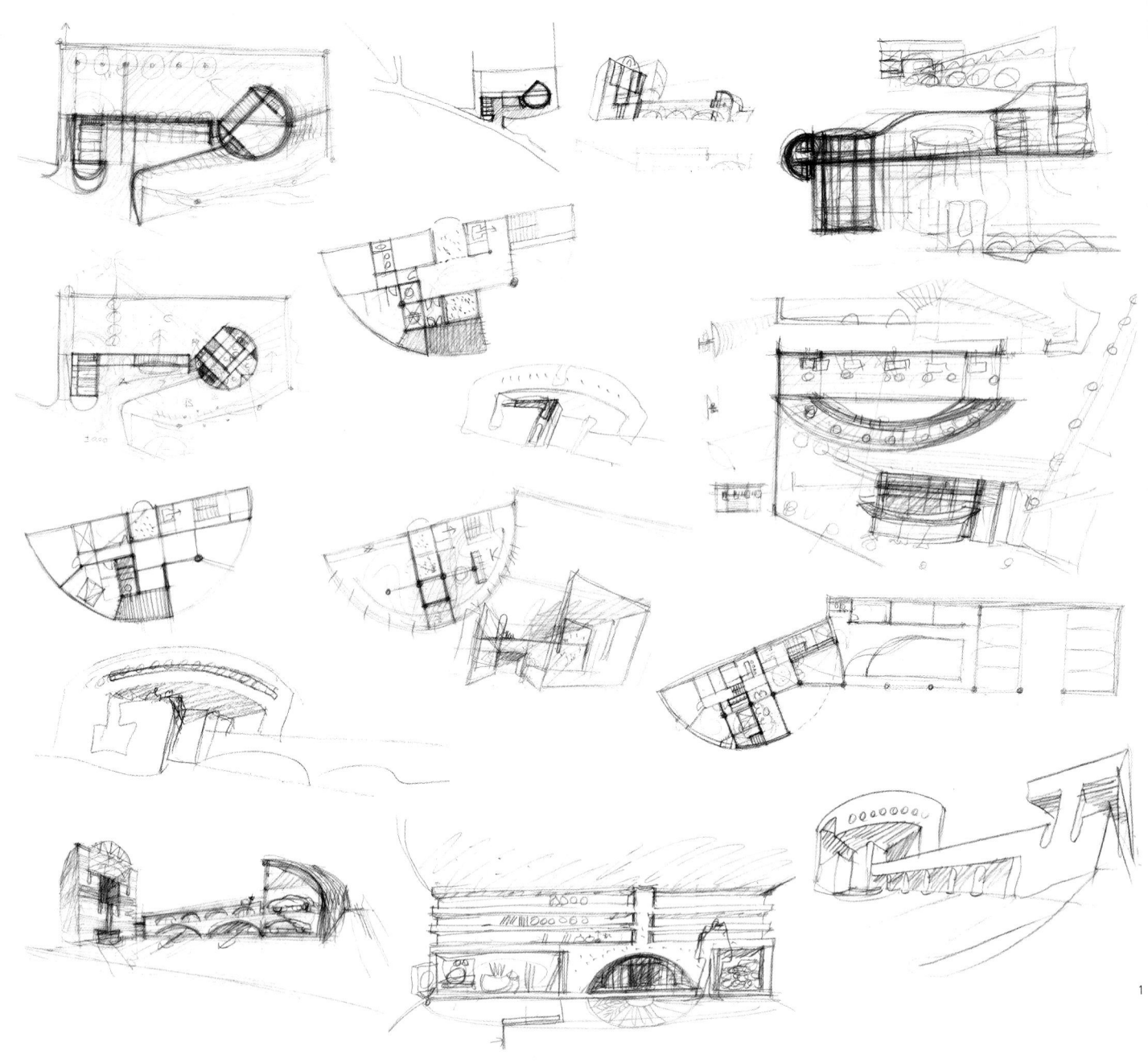

蒙塔尼奥拉独栋住宅
MONTAGNOLA SINGLE-FAMILY HOUSE

瑞士 蒙塔尼奥拉
Montagnola, Switzerland 1989-1994

这栋住宅坐落在一个小公园内，它由一个高高的半圆柱体和一个具有健身、游泳功能的直线型体块组成，一个整墙宽的窗将具有收藏功能的车库与其他功能分隔开。建筑的居住空间设在三层的半圆柱体内，卧室在较低的楼层；起居空间在顶层，这里可以从舷窗及嵌入式的凉廊远眺山谷的美景。

项目概况
设计时间：1989
建造时间：1991-1994
业主：乔治·布罗兹
建筑面积：3 666m²，使用面积670m²
建筑体积：住宅 2 760m³，
室内游泳池 2 085m³

Project: 1989
Construction: 1991-1994
Client: Giorgio Bronz
Site area: 3,666m², Useful area: 670m²
Volume: house 2,760m³,
indoor swimming pool 2,085m³

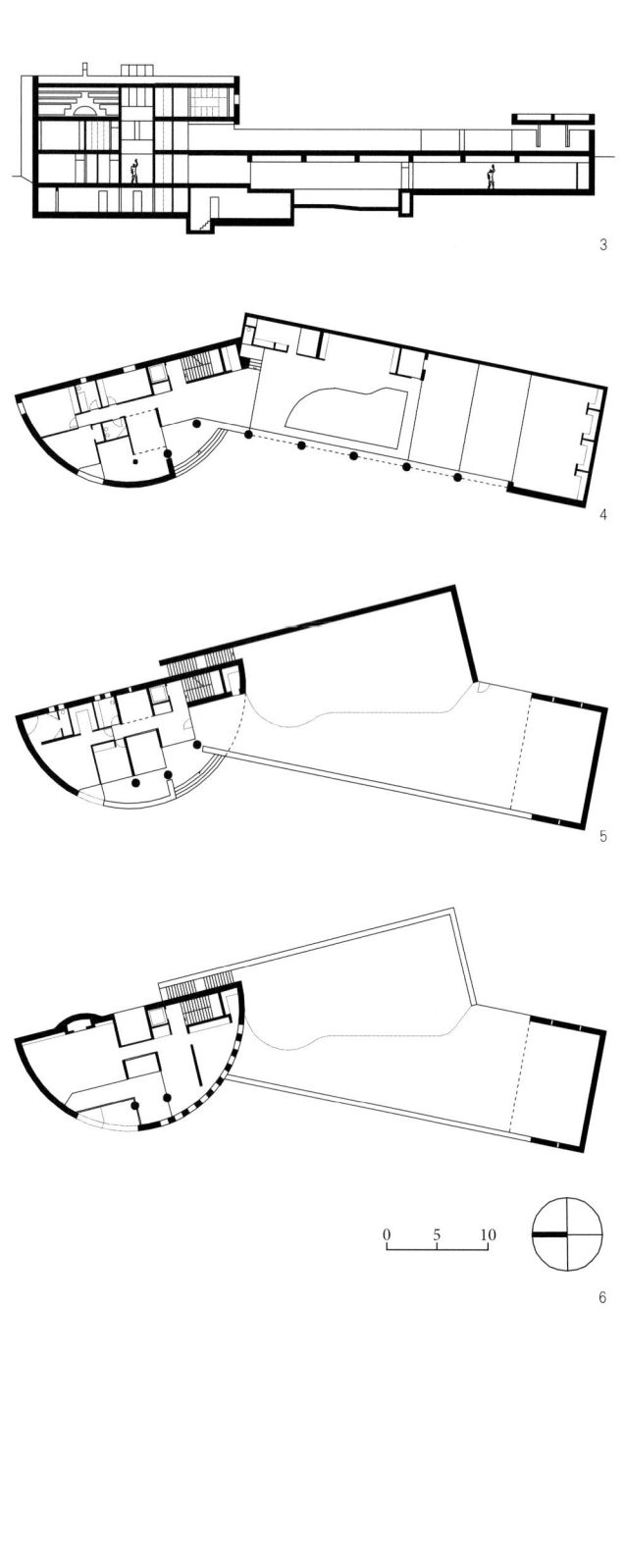

0 5 10

3. 剖面图
4. 首层平面图
5. 二层平面图
6. 三层平面图
7. 建筑实景

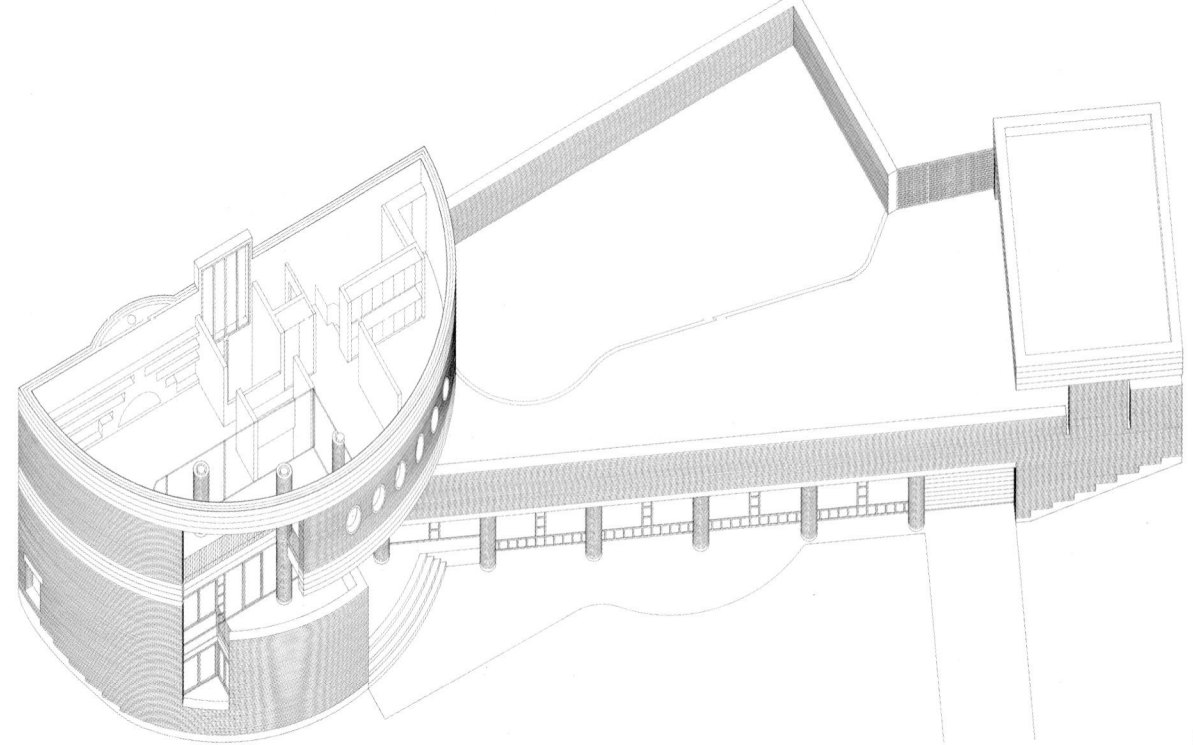

8. 西立面实景
9. 轴测图

9

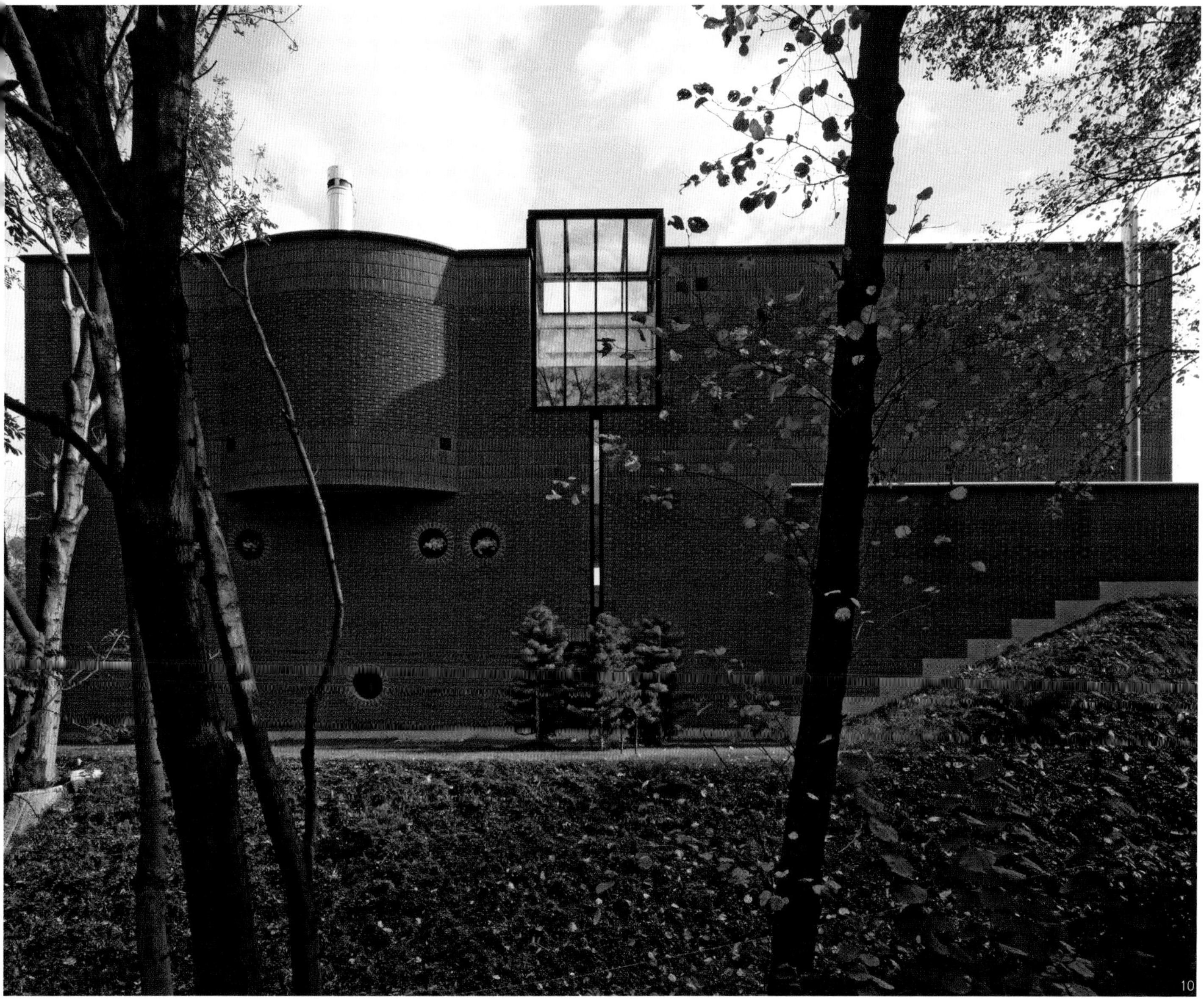

10. 建筑背立面实景

11. 起居室实景

12. 室内泳池

延伸阅读

- C. Broto, Houses, "Link International", Barcelona 1996, pp. 137-141.
- G. Giovannini, Mario Botta, "Architectural Digest", October 1996, pp. 184-189.
- Villa nel parco, in "Progetti di case & Ville", edited by Maurizio Corrado, De Vecchi Editore, Milan 1997, pp. 26-31.
- Private House in "Contemporary European Architects", Volume VI, edited by Philip Jodidio, Benedikt Taschen Verlag Cologne, 1998, pp. 54-61.
- G. Cappellato, Mario Botta: la forza della semplicità, "Costruire in Laterizio", 1999, 72, pp. 14-19.
- M. Biagi, Moderno baluardo, "Ville Giardini", 2000, 357, pp. 10-17.
- Casa a Montagnola in "Case nel mondo", edited by G. Polazzi, Federico Motta Editore, Milan 2003, pp. 32-41.
- G. Andreolli, Due case d'abitazione di Mario Botta, "Abitare Verona", 2003, 5, pp. 10-13.

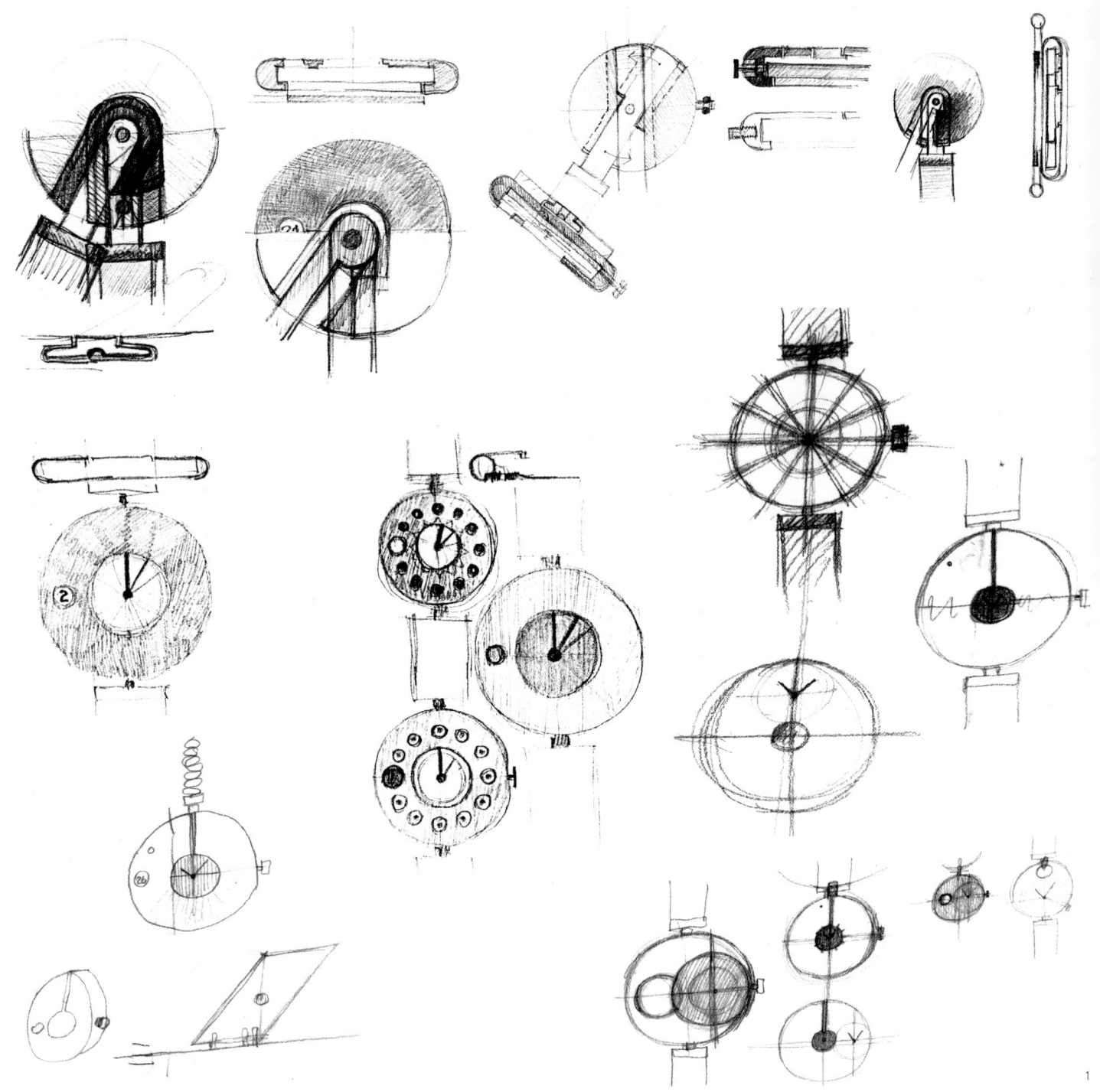

1.3. 手绘草图
2.4.5. 手表的不同使用模式

1

"目" 之表
WATCH - EYE

1989

钟表在其盘面上标识时间的流逝。它是一件自主性的建筑小品，拥有
自己的独立身份、空间及功能。它自成宇宙，其内包涵一个可自足的物体
的魅力。继而，我把日期显示与在中间的时间显示在表盘上区分开来，并
且做了一个精确、简洁、美观并感性的设计，我将之称为"目"。

——马里奥·博塔，1989

项目概况

设计时间：1989
生产时间：1990年
制造商：阿里亚斯家私
产品特点：钢质腕表
表带：黑色防水皮革或者黑色橡胶。
30m防水。石英机芯，平板玻璃

Project: 1989
Production: 1990
Manufacturer: Alias S.p.A.
Features: steel wrist watch.
Strap: waterproofed black leather or black rubber. Waterproof
up to 30 m depth. Quartz mechanism, plate glass.

2

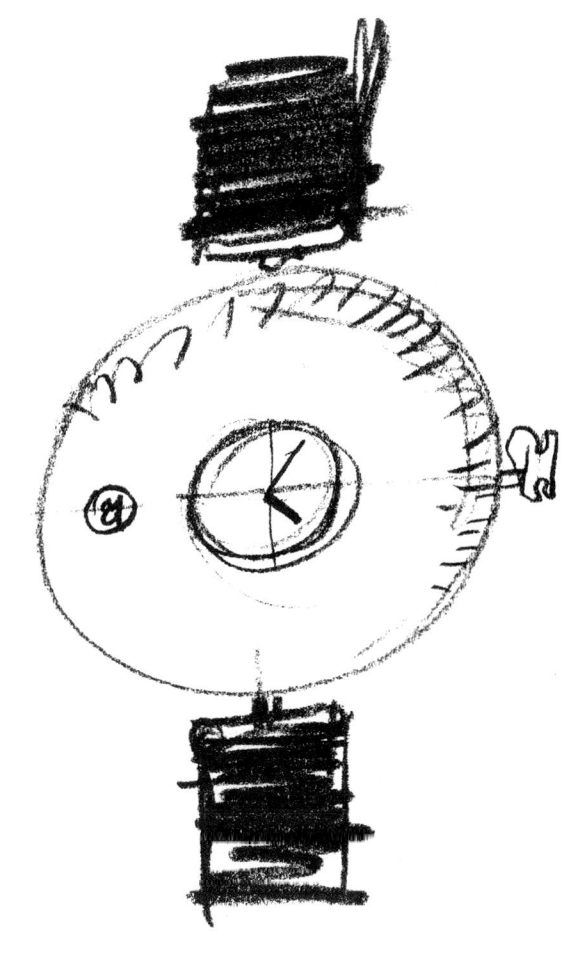

3

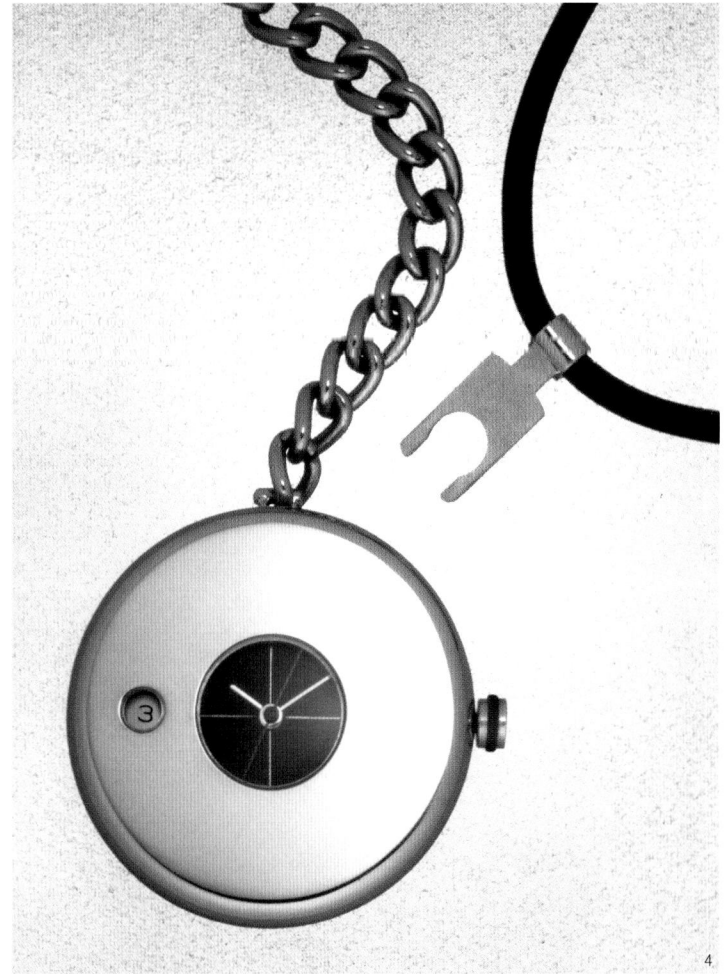

4

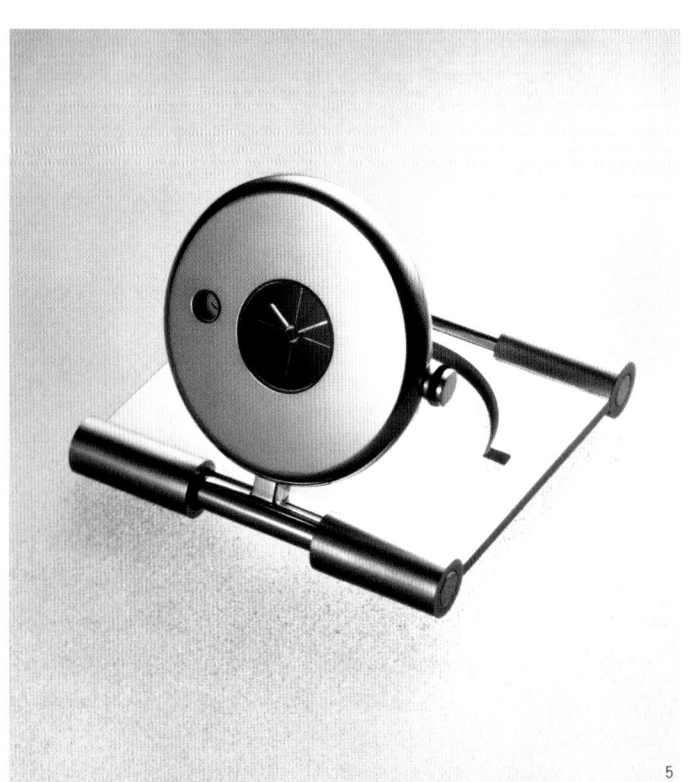

5

韩国首尔教宝大厦
KYOBO TOWER

韩国　首尔
Seoul, South Korea 1989-2003

1. 手绘草图
2. 建筑外景

　　教宝保险公司大楼位于首尔瑞草区的一个重要的十字路口，路口联系着城市的各个部分。该建筑由一个3层裙房和两个双子塔组成。位于建筑核心的中央大厅被设计成为一个内部广场，使环绕其周的3层裙房空间得以享受到来自玻璃天窗的自然光。两塔楼都是砖砌表面，通过竖向的切割被细分成数块，从而更强调了建筑的垂直走向。这种上升的立面趋势被水平带状的百叶窗所平衡。一条狭窄的玻璃走廊连接着两座塔楼，成为透明的建筑心脏。它提供了一种不寻常的景观，犹如一个可以从不同楼层欣赏的大花园。建筑镜头状的屋顶为宽阔的顶层露台提供了保护。

项目概况
设计时间：1989
建造时间：1999—2003
合作建筑师：首尔Chang-Jo 建筑有限公司
业主：教宝生命保险公司
基地面积：6 770m²
建筑面积：92 717m²
建筑体积：350 000m³

Project: 1989
Construction: 1999-2003
Partner architect: Chang-Jo Architects, Inc, Seoul
Client: Kyobo Life Insurance Co. Ltd.
Site area: 6,770m²
Net floor area: 92,717m²
Volume: 350,000m³

3. 剖面图
4. 首层平面图
5. 七层平面图
6. 二十三层平面图
7. 建筑全景
8.9. 建筑实景
10. 建筑夜景

3

4

5

6

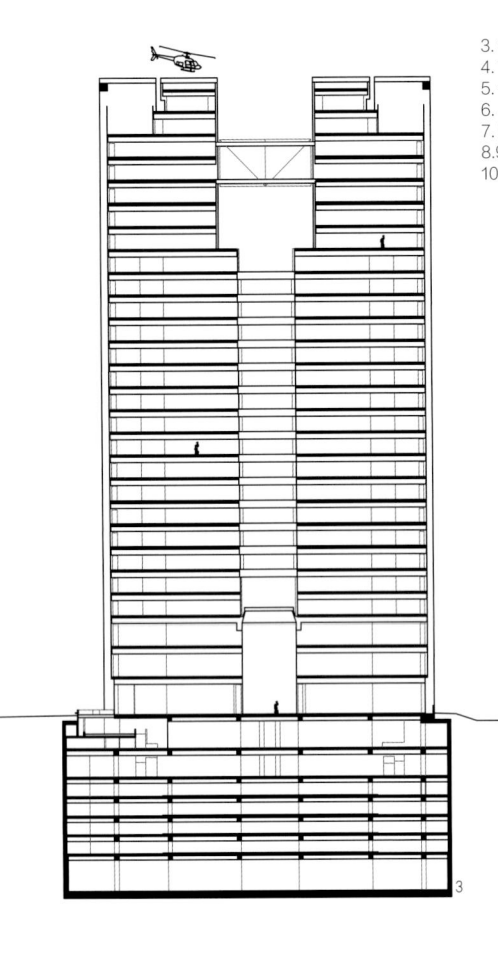

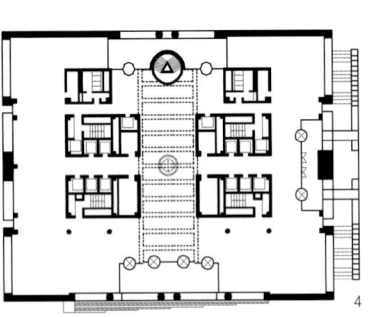

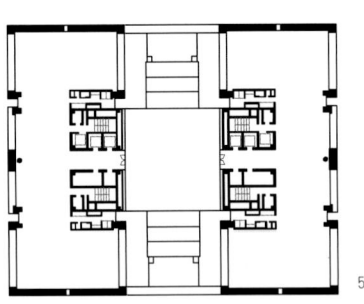

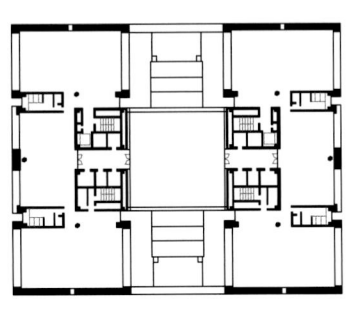

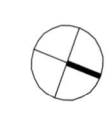

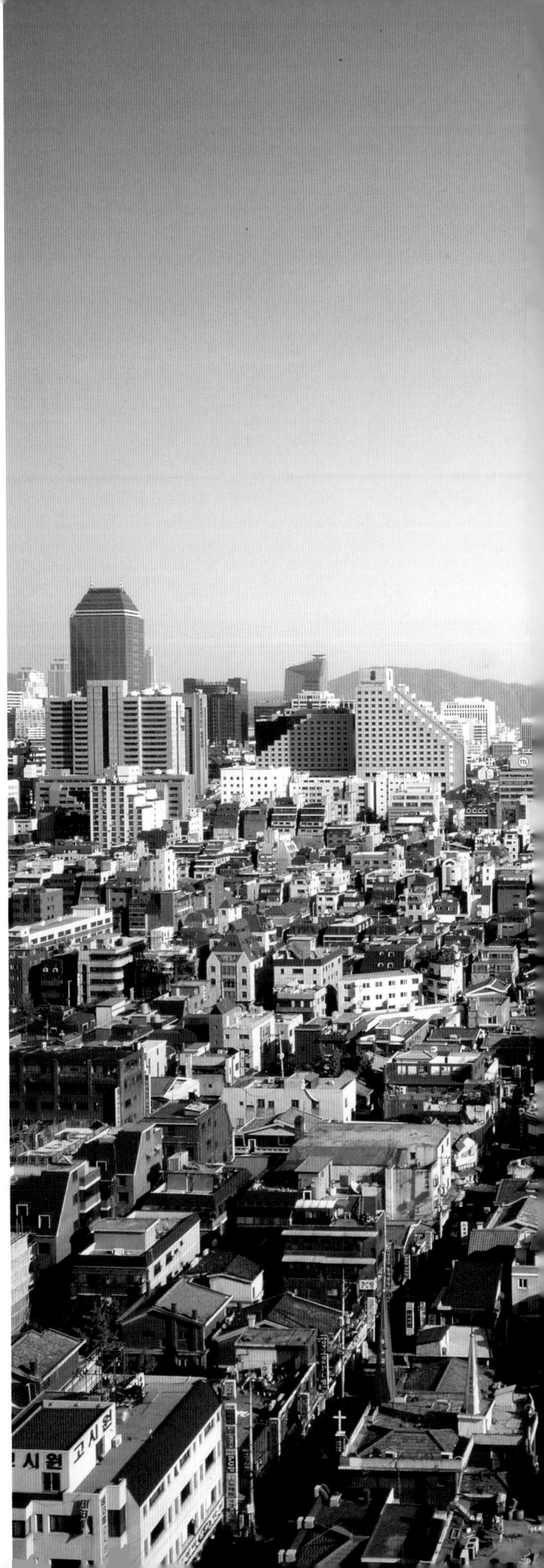

14

11~13. 室内实景
14. 手绘草图

延伸阅读

- Tower of Kyobo Life Insurance Co. Ltd., "Contemporary Architecture", 2003, 7, pp. 32-111.
- Kyobo Tower, "Archiworld", 2003, 98, pp. 58-95.
- Special Recognition Kyobo Tower, Seoul, Korea in The International Highrise Award 2004/ Internationaler Hochhaus Preis 2004, Stadt Frankfurt am Main 2004, pp. 46-53.
- M. C. Donati, Costruire in laterizio: rivoluzione o continuità dell'innovazione?, "Costruire in Laterizio", 103, January/February 2005, pp. 58-63.
- Kyobo Tower in "21 Master architects in the new millennium", Shanglin A & C Limited, Beijing 2005, pp. 22-29 [in Chinese language].
- M. Descombes, Mario Botta architecte figuratif, "L'Hebdo", 4, 26 January 2006, pp. 22-23.

- Kyobo Tower in "Eumake Architecture in Translation", Dalian University of Technology Press, Guangdong museum of art, Guangzhou-China 2007, pp. 290-303.
- J. Zhu, Mario Botta Kyobo, "Interior Architecture of China", January 2008, pp. 186-189.
- Kyobo Tower in Seoul, South Korea, "WAM World Architecture Masters", International Academy of Architecture, Magazine of Architecture and Design, Sofia – Bulgaria, 2008, 6, pp. 6-9.
- A. M. Prina, Architettura e identità, "Urban Design", 22, February 2009, pp. 26-29.

MARIO BOTTA

马里奥·博塔全建筑 1960-2015

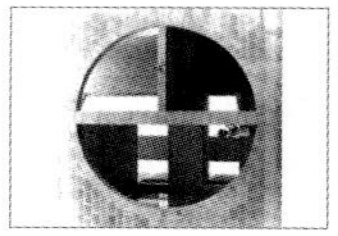
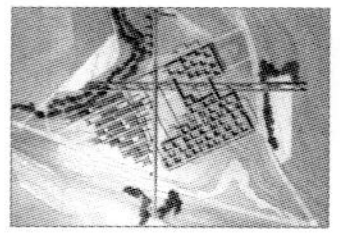
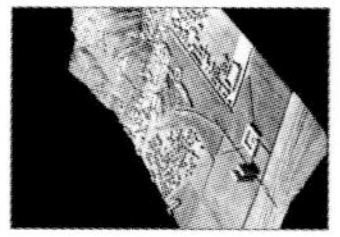
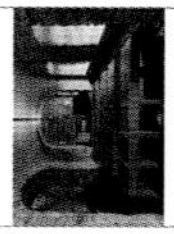
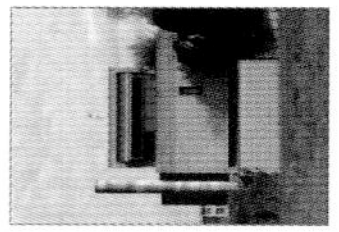
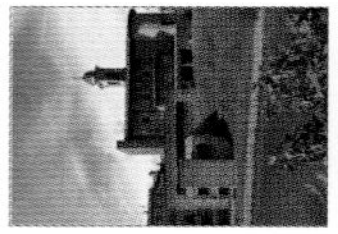
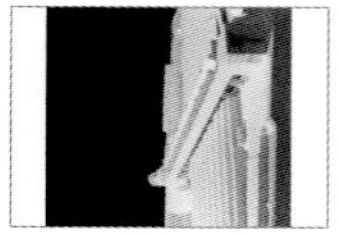
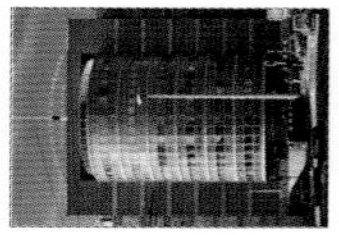
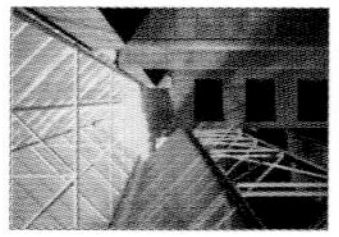
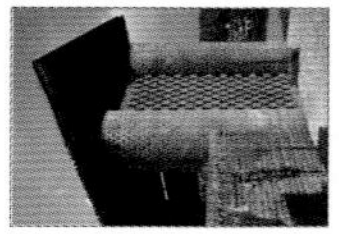
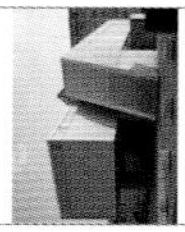
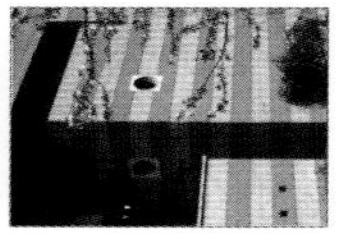

2000–2014 | 1990–1999 | 1980–1989 | 1960–1979

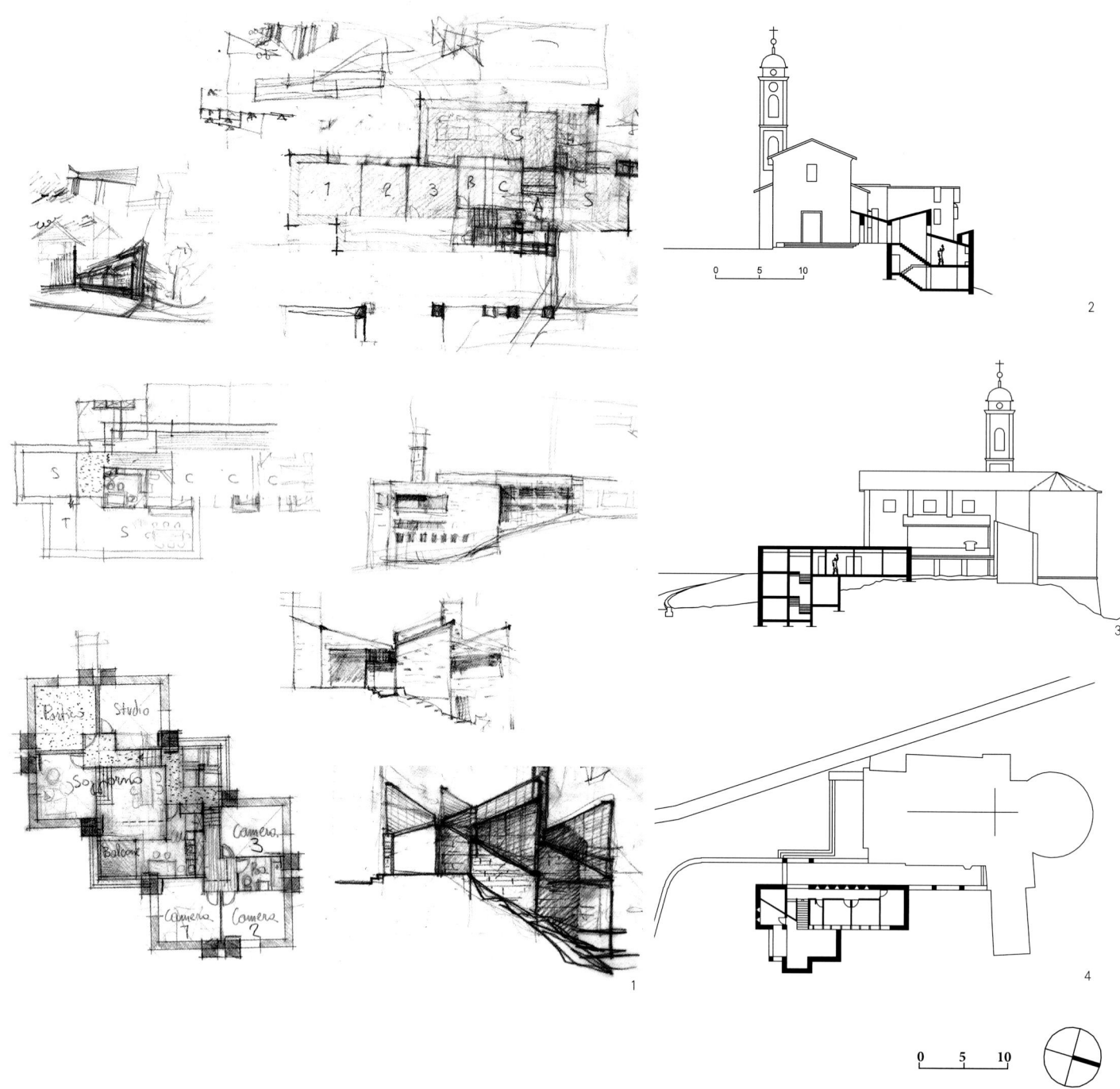

1. 手绘草图
2. 横向剖面图
3. 纵向剖面图
4. 底层平面图
5. 立面实景

杰内斯特雷里奥教区用房
GENESTRERIO PARISH HOUSE

瑞士 杰内斯特雷里奥
Genestrerio, Switzerland 1961-1963

由于拓宽了穿过杰内斯特雷里奥村庄的主要道路，原有教区用房被拆除，因此需要建造新建筑。新的教区用房背倚教堂，全由琢石建造而成。建筑师通过柱廊强调了与之相邻的教堂广场。建筑由精确规整的体量组成，两个相反的坡顶打破了规整，以斜坡呼应地形的起伏。体量中的空间处理为挑台、门廊和房间，主要的开口上方都设置有整跨的混凝土过梁。

项目概况

设计时间：1961	Project: 1961
建造时间：1962—1963	Construction: 1962-1963
顾问：蒂塔·卡洛尼	Consultant: Tita Carloni
业主：杰内斯特雷里奥教区	Client: Parish of Genestrerio
基地面积：750m²	Site area: 750m²
建筑面积：190m²	Useful surface: 190m²
建筑体积：900m³	Volume: 900m³

1. 手绘草图
2. 建筑实景

斯塔比奥独家住宅
STABIO SINGLE-FAMILY HOUSE

瑞士 斯塔比奥
Stabio, Switzerland 1965-1967

　　这栋住宅建在镇中心以北的一块长方形的地块上，连续的墙体限定出建筑与外部乡村的边界。该住宅被视为"居住的细胞"，它的北立面沿着用地的短边展开。连通住宅和花园之间的楼梯显示了这栋建筑与大自然之间的紧密联系，同时对于边界清晰的外墙起到了装饰的作用。

　　建筑中的一些特定元素，例如壁炉、室外楼梯和石造的工艺让人感受到勒·柯布西耶式的诗意。两道平行的墙体控制着室内的建筑空间，朝北一侧设有一条狭窄的开口，朝南一侧的开口相对宽些。与此相反，房子向东侧完全敞开，狭小的开口被大面积的玻璃取代。该住宅共3层：底层是带有游戏室的入口门廊，以及服务和储藏空间；二层是起居室、餐厅、卫生间、厨房和主卧室；顶层围绕着二层通高的中央吹拔空间，则是书房和儿童房，并通往朝西的露台。

项目概况
设计时间：1965
建造时间：1966—1967
业主：利诺·德拉·卡萨
基地面积：1 200m²
建筑面积：240m²
建筑体积：1 200m³

Project: 1965
Construction: 1966-1967
Client: Lino Della Casa
Site area: 1.200m²
Useful surface: 240m²
Volume: 1.200m³

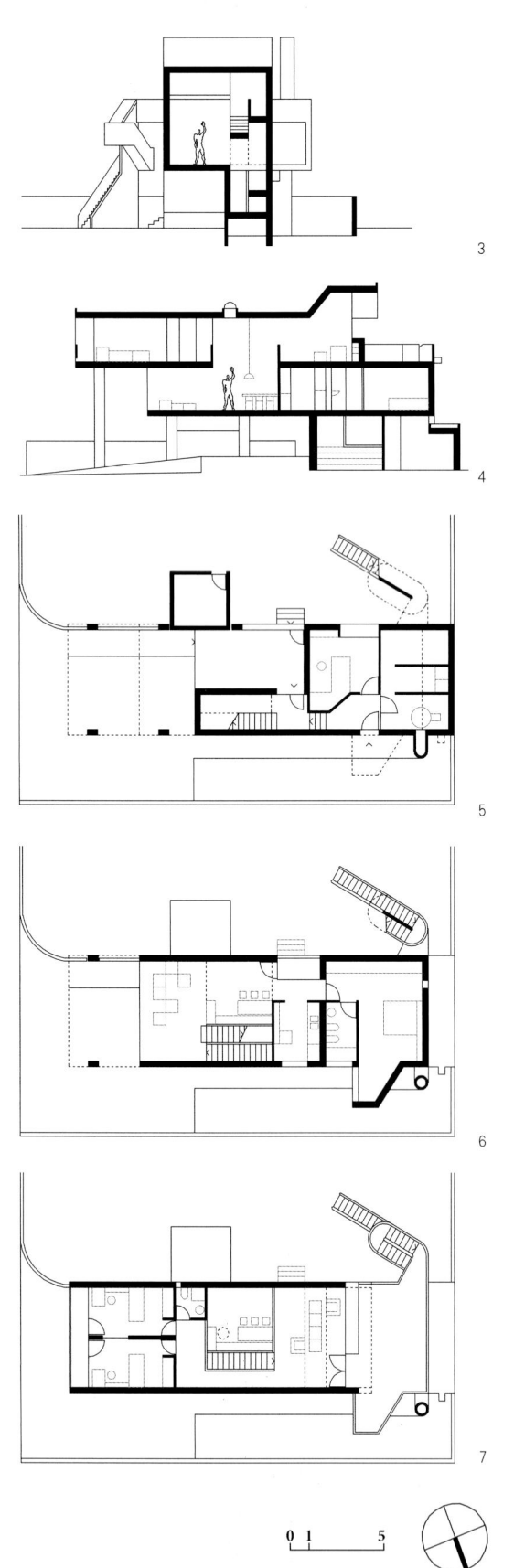

3

4

5

6

7

0 1   5

3. 底层平面图
4. 一层平面图
5. 二层平面图
6. 横向剖面图
7. 纵向剖面图
8. 建筑实景

8

延伸阅读

- B. Alfieri, Una casa nel Ticino, Lotus International, 1968, 5, pp. 188-199.
- G. Mazzariol, Un fiore per Le Corbusier, Werk, 1969, 4, p. 227.
- Meet the architect Mario Botta, GA Global Architect Houses, 1977, 3, pp. 60-93.
- Mario Botta. Architettura e progetti negli anni '70, edited by I. Rota, with text by E. Battisti, K. Frampton, [exhibition catalogue], Electa, Milan 1979.
- P. Nicolin, Mario Botta. Buildings and Projects 1961-1982, Electa-Rizzoli, New York 1984 [ed. German Mario Botta. Bauten und Projekte 1961-1982, Deutsche Verlagsanstalt, Stuttgart 1984; ed. Spanish Mario Botta. Obras y Proyectos, Editorial Gustavo Gili, Barcelona 1984].
- C. Norberg-Schulz, Mario Botta, GA Global Architecture Architect, 1984, 3 [monographical issue], pp. 8-20.

圣玛丽亚修道院小教堂
CHAPEL IN THE CONVENT
SANTA MARIA DEL BIGORIO

瑞士 比戈里奥
Bigorio, Switzerland 1966-1967

　　该项目的主要目的是保留翻新后场地的原有氛围。修道院下方的一个旧木棚用清理过的古老石墙和砖拱结构修复。地面重铺黑色沥青，光滑的表面与原有的不规则构成元素形成鲜明对比。新铺地面在墙体结构起拱的位置与墙面区分开来，从而限定了一个具有私密特性的空间。装饰简约但色彩华丽的凳子和灯饰从粗糙的墙壁与拱顶构成的背景中凸显出来。

项目概况

合作建筑师：蒂塔·卡洛尼
设计时间：1966
建造时间：1966–1967
业主：圣玛利亚修道院
建筑面积：大约 55m²
结构：现有的结构，砌石

With: Tita Carloni
Project: 1966
Construction: 1966-1967
Client: Convent Santa Maria dei Frati Cappuccini, Bigorio
Area of intervention: approx. 55m²
Structures: existing structure, in stone masonry

1. 室内实景

延伸阅读

- R. Friedrich, Einkehr bei Frau Roberto im Kloster Bigorio, Neue Zürcher Zeitung [Zürich], 29 March 2007.
- G. Pozzi, Santa Maria del Bigorio, Fontana Edizioni SA, Pregassona-Lugano 4 October 2008, pp. 70-71, p. 89.
- M. Botta, Quell'isola di quiete nel caos cittadino, Luoghi dell'Infinito, 136, January 2010, p. 5.

1. 毕业日（1969年7月31号）
2. 基地总平面图

威尼斯建筑大学毕业设计
IUAV GRADUATION THESIS

意大利 威尼斯
Venice, Italy 1969

　　在马里奥·博塔的毕业论文中，着重研究建筑如何影响一个城市的成长和发展。这个设计基于这样一个理念：在原有的框架和新建结构之间形成对比。其手法是将一片再生的空旷绿地作为分隔老城区与位于修建着维斯孔蒂和斯福尔扎防御工事的山脚下郊区的分界。绿地的对面，一条笔直的拱廊标识着城市的扩展边界，同时也是通往位于河道和高速公路之间新中心的路径。在大型四边形文化中心的内部设有一个露天的多功能厅。在文化中心西侧，两个巨大的高层单体间形成了一个朝向山谷的巨大开口。另一条人行步道把新结构和墙体系连接起来，以期与老城区建立一种稳固的联系，同时印证了桥作为墙体系的延续的观点。

项目概况
设计时间：1969
项目地点：威尼斯建筑大学
主题：贝林佐纳市区重建项目，瑞士
导师：卡罗·斯卡帕和朱赛佩·马扎里奥
基地面积：150 000m²
建筑体积：123 000m³

Project: 1969
Place: University of Venice (IUAV)
Theme: Urban reconstruction project of the city of Bellinzona, Switzerland
Supervisors: Carlo Scarpa and Giuseppe Mazzariol
Site area: 150,000m²
Volume: 123,000m³

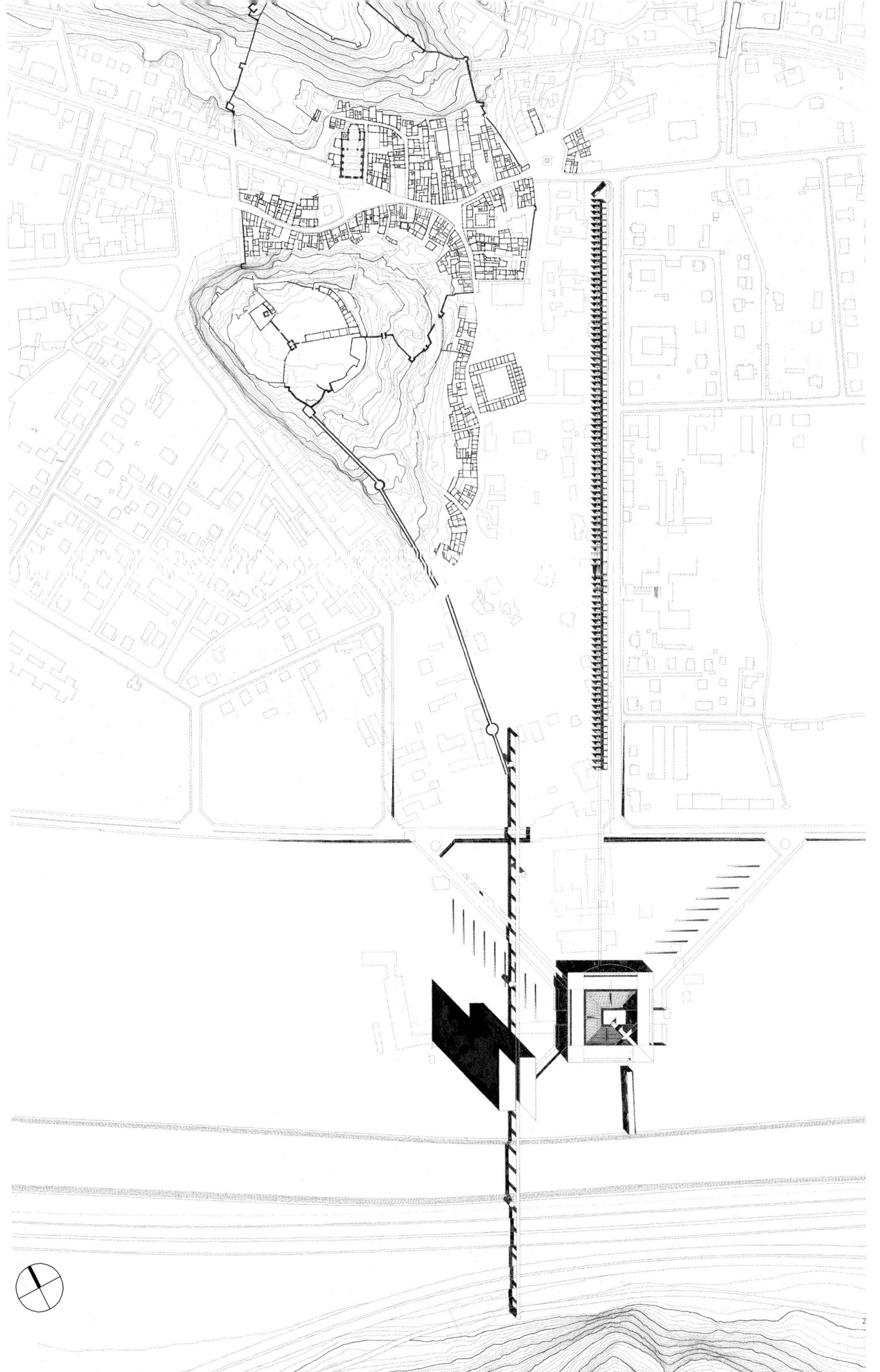

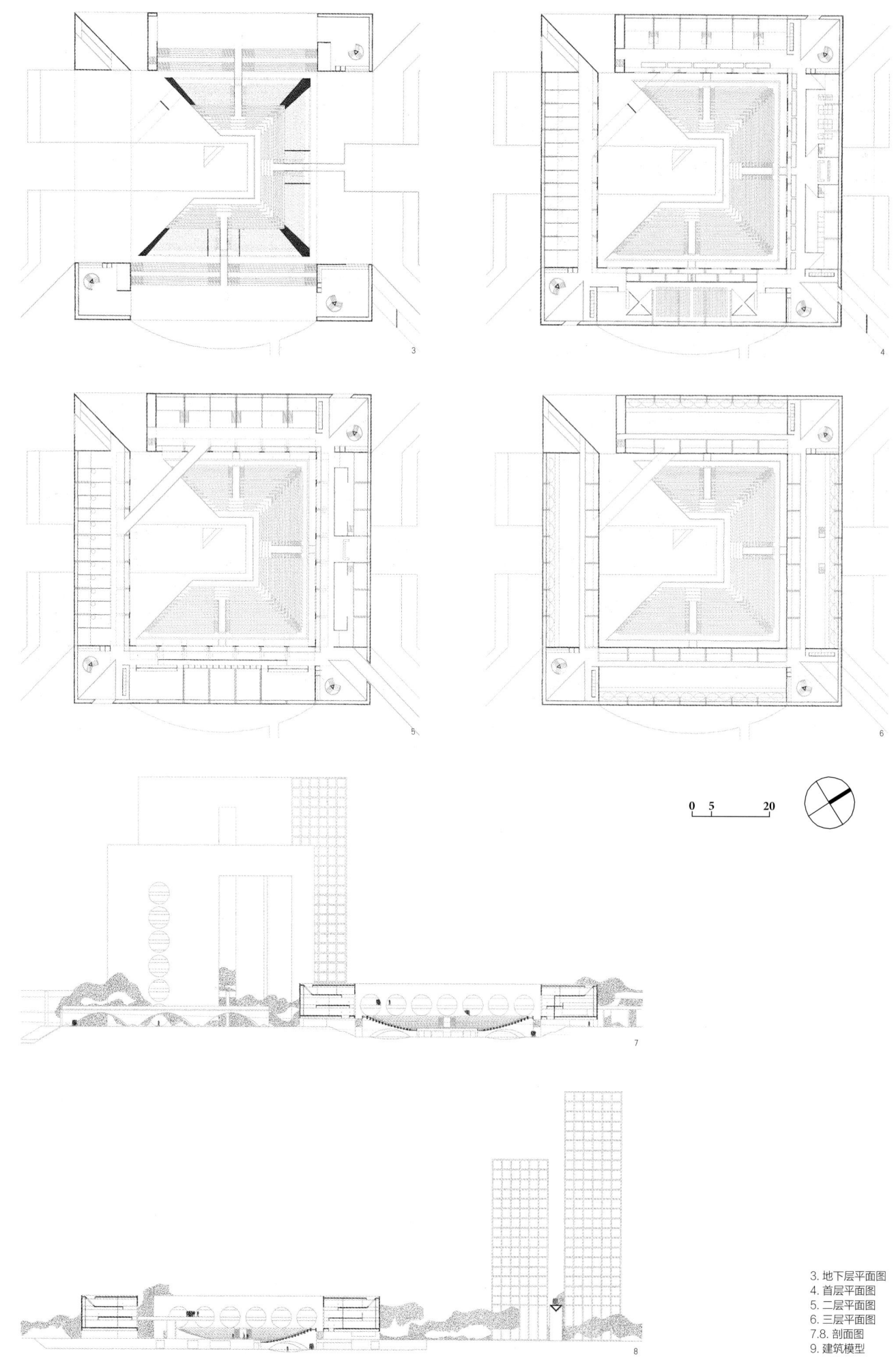

0 5 20

3. 地下层平面图
4. 首层平面图
5. 二层平面图
6. 三层平面图
7.8. 剖面图
9. 建筑模型

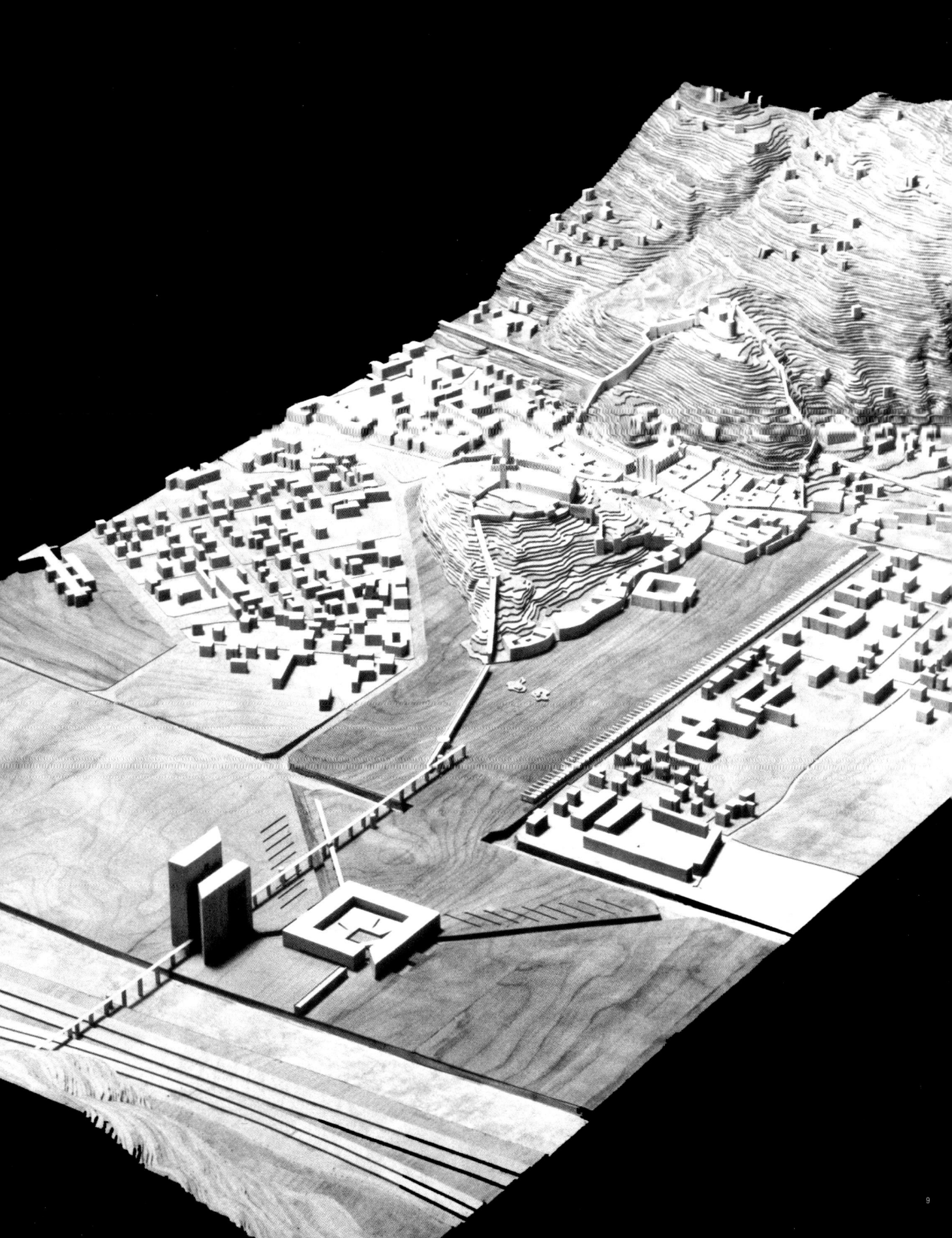

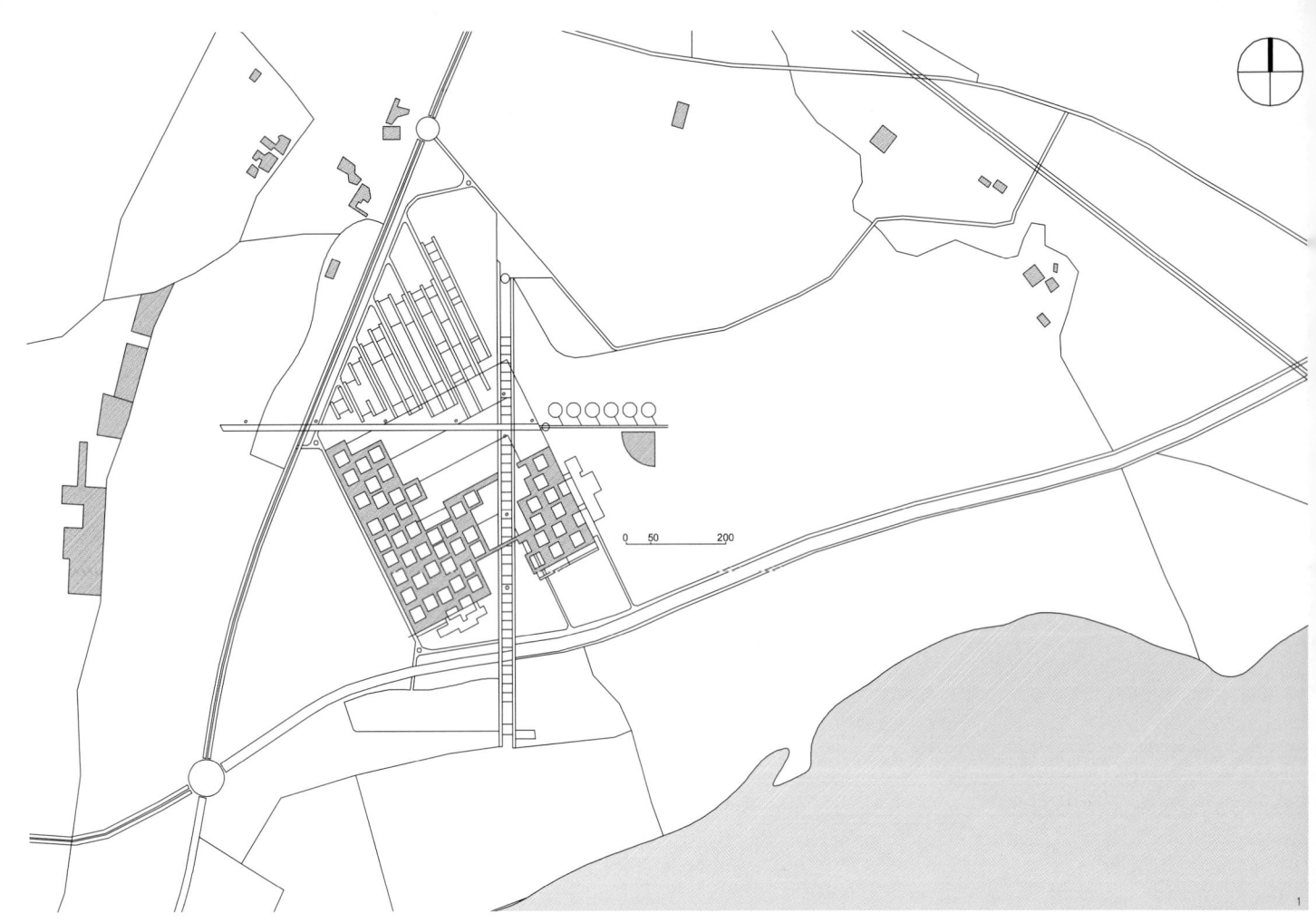

1. 基地总平面图
2. 鸟瞰模型

瑞士洛桑联邦理工学院规划
MASTER PLAN OF THE NEW POLYTECHNIC INSTITUTE

瑞士 洛桑
Lausanne, Switzerland 1970

　　该项目基地位于洛桑湖畔。学院中的一条南北轴线作为人行流线的主轴并连接外围停车区。这条主轴由两条平行的小路构成，在小路周围错落布置着学生和教员的宿舍。学院东西向的轴线在不同的层次上串联起不同的教学区域，在轴线尽端朝向校园的是圆柱形体量的大型礼堂和露天剧场。

　　校园的中央被广场围绕着；在由各专业学院构成的复杂网格空间中，却采用纵向的交通通路和院落空间进行空间组织。在功能分布方面，研究用房布置在底层，教室布置在上层，中间层是与南北轴线步行区域连通的开放空间。在校园的北区，是呈线性组织起来的实验室研究区。

项目概况

合作建筑师：蒂塔·卡洛尼，
　　　　　奥雷利奥·卡菲提，
　　　　　弗洛拉·吕沙，
　　　　　路基·诺茨
竞赛时间：1970
业主：洛桑联邦理工学院，
基地面积：约270 000m²
建筑面积：约200 000m²，
　　　　　服务于6 000名学生

With Tita Carloni, Aurelio
　　Galfetti, Flora Ruchat, Luigi
　　Snozzi
Competition project: 1970
Client: Federal Polytechnic
　　Institute, Lausanne
Site area: approx. 270,000m²
Useful surface: approx. 200,000m²
　　for 6000 students

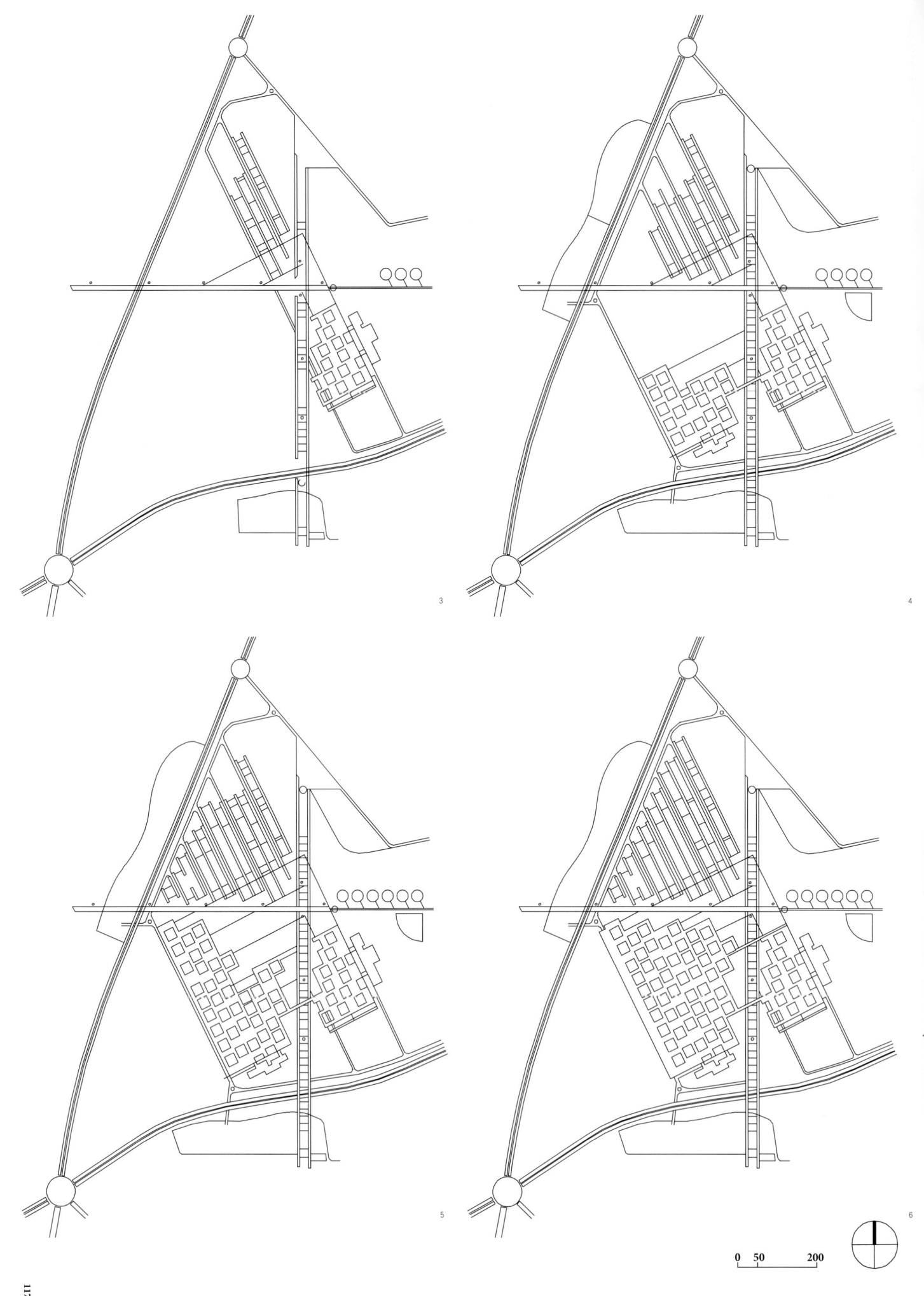

3

4

5

6

0 50   200

3. 第一阶段
4. 第二阶段
5. 第三阶段
6. 第四阶段
7. 建筑模型

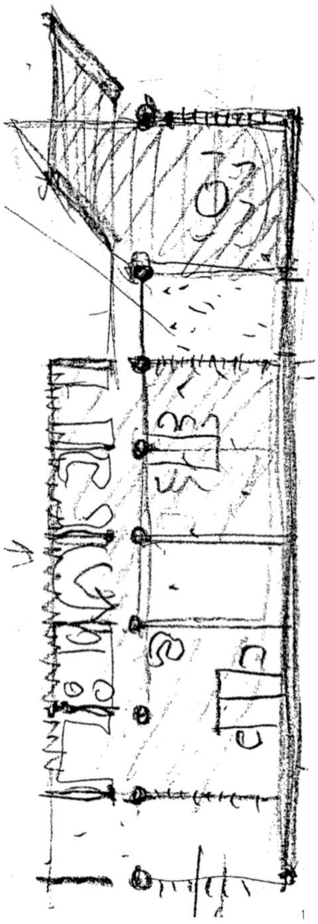

1~3. 手绘草图
4. 建筑细部

卡代纳佐独栋住宅
CADENAZZO SINGLE-FAMILY HOUSE

瑞士 卡代纳佐
Cadenazzo, Switzerland 1970-1971

　　房子坐落在切内里山的北坡上，沿南北中轴线布局，理想地实现室内空间与外部景观的有机结合。东侧的视野完全是封闭的，西侧则是一个等量分割的玻璃块墙。建筑构图由结构两个短边的末端决定的。末端上大大的圆形开孔建立起室外和两个敞廊空间的关系。室内空间的连续性贯穿3层：从门廊经过入口即进入起居室；二层是两个小游戏室和书房，可俯瞰下面的空间和架高的露台；最上层则是卧室。

项目概况

设计时间：1970	Project: 1970
建造时间：1970—1971	Construction: 1970-1971
业主：富尔维奥·卡恰	Client: Fulvio Caccia
基地面积：950m²	Site area: 950m²
建筑面积：270m²	Useful surface: 270m²
建筑体积：1 150m³	Volume: 1,150m³

4

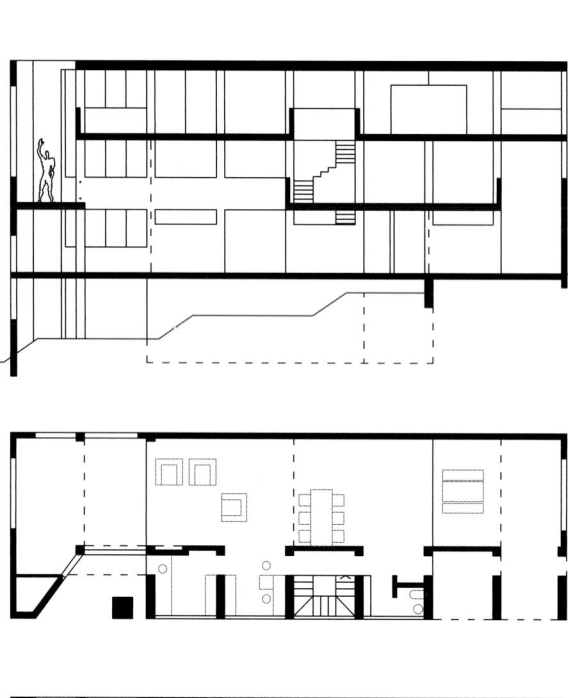

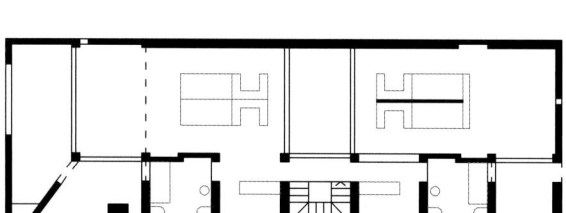

5. 首层平面图
6. 二层平面图
7. 三层平面图
8. 剖面图
9. 室内楼梯细部
10. 建筑外景

延伸阅读

- AA. L'architecture d'aujourd'hui. Habitat individuel, no. 163; August-September1972, pp. 71-73
- Toshi-Jutaku, Japan,1972,6;
- GA Global Architecture Houses, Japan, 1977,3; pp.82-89
- W. Blaser, Villa in Cadenazzo in Parallelen / Parallels Architektur aus der Schweiz – Parallelen mit der Architektur der Welt / Architecture in Switerland – Parallels with the World, Regent Lighting 2009, p. 86.

0　20　　　　100

佩鲁贾行政中心
PERUGIA OFFICE DISTRICT

意大利 佩鲁贾
Perugia, Italy 1971

　　行政中心位于市区北侧的自然开发区,跨越现有的铁路。博塔的方案完全遵循竞赛要求和规划方案。项目包括四个部分:行政区轴线主脊、对角线结构的市府办公区域、四边形的住宅区域及公园。

　　这条划分城市空间的"主要结构"(行政轴线主脊)与重建计划中周边区域的体量和空间比率形成对比。所需的功能都集中在一座规模宏大的长形建筑中,它沿着铁轨重塑了城市的秩序感。一条从山脚通向社会活动中心的东西向步行道形成了结构的巨型主脊。

　　与主建筑成60°夹角的两座建筑为市政府办公区,它们限定了公园的东侧界面。

　　正方形的建筑内为4层住宅,并与底下的公园相连。

项目概况

合作建筑师:路易吉·斯诺兹	Partner: Luigi Snozzi
竞赛项目:1971年,荣誉奖	Competition project: 1971, honorable mention
业主:佩鲁贾市政府	Client: Municipality of Perugia
基地面积:约150 000m²	Site area: approx.150,000m²
建筑面积:约180 000m²	Useful area: approx.180,000m²
建筑体积:约700 000m³	Volume: approx.700,000m³

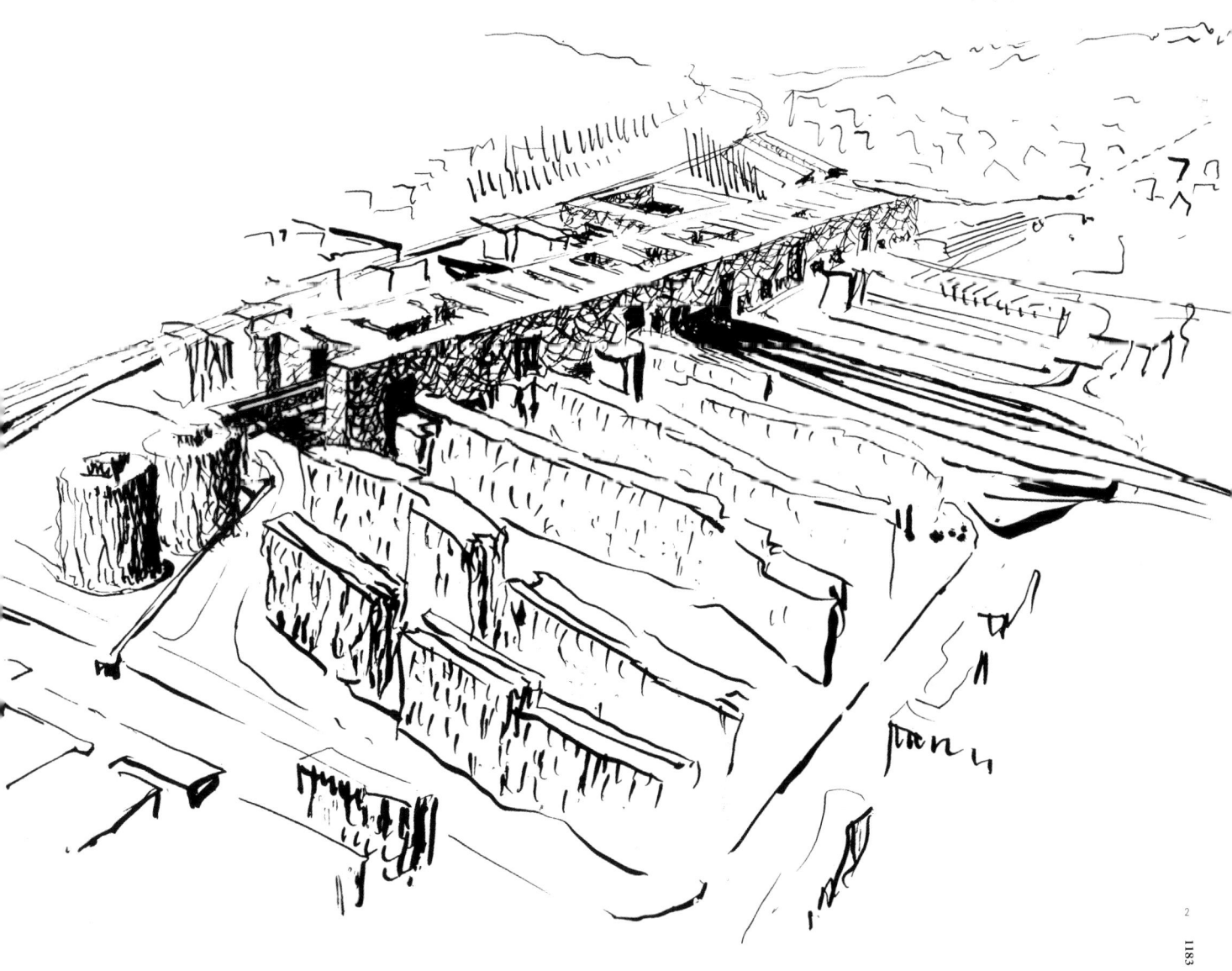

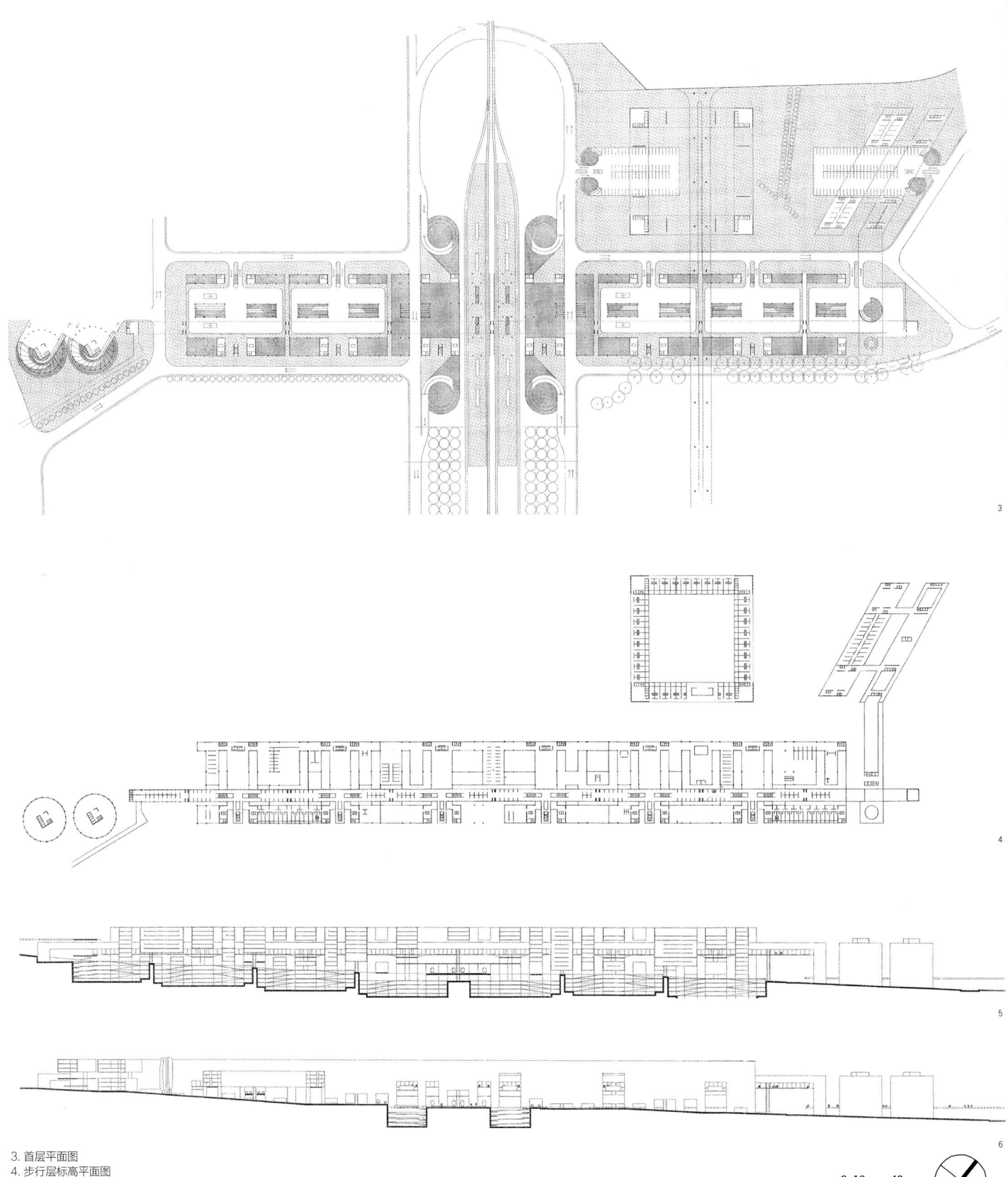

3. 首层平面图
4. 步行层标高平面图
5. 剖面图
6. 西北立面图
7. 建筑模型

0 10   40

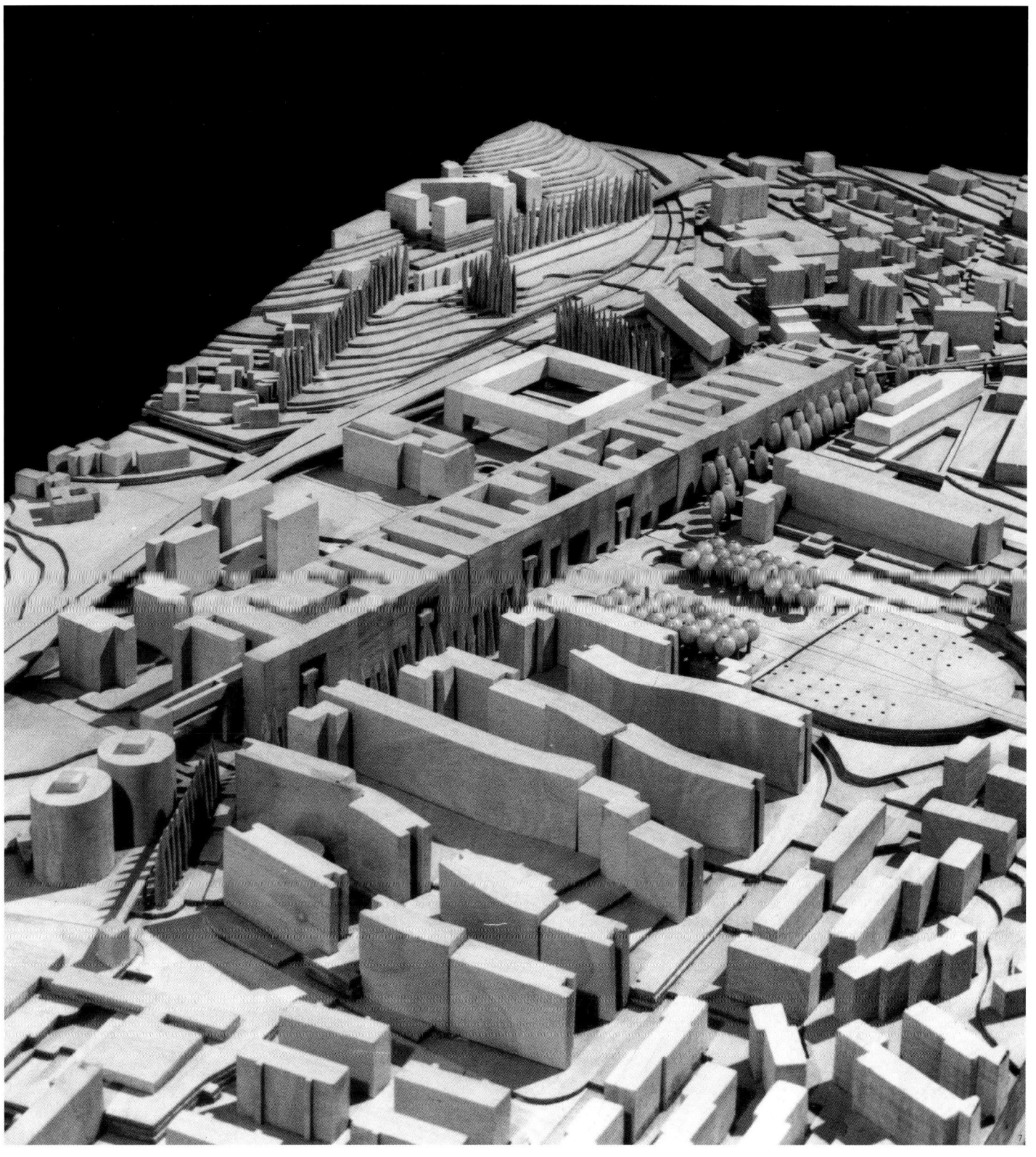

延伸阅读

- L'architettura. Cronache e storia, edited by Stefano Ray and Carlo Severati, XVIII, no.
202, Etas-Kompass, Milan, August 1972.
(issue dedicated to the international competition for the new office district of Perugia)
- AA. L'architecture d'aujourd'hui. Formalisme-réalisme, no. 90; April 1977, p. 70.

圣维塔莱河独栋住宅
RIVA SAN VITALE SINGLE-FAMILY HOUSE

瑞士 圣维塔莱河
Riva San Vitale, Switzerland 1971-1973

　　该建筑坐落在圣乔治山脚下的卢加诺湖畔。基地位于村庄旧中心的北面，乡村坡道的边缘。道路的北面是一片树林，勾勒出地平线。住宅建造在基地较低的部分，如塔般层层相叠，与外部的山峦背景形成一种辩证关系。一座红色的金属小桥通往住宅，强调了建筑相对于环境的独立性。这座住宅的基本塔形结构完全是虚拟的，只是由四个支撑房顶的角柱定义出来。

　　建筑内外空间的相互渗透定义出不同层高的平台。这些空间犹如连接建筑内部与周边自然景观之间的"过滤器"。

　　整幢房子使用简单常见的材料建造：墙壁使用双层的混凝土砖并仅在室内漆成白色，地板使用赤陶材料。

　　住宅的功能分配也保持了建筑的垂直维度：在建筑上部，相当于四层，是大厅、书房和通向下层的楼梯；三层是主卧；而儿童房则设在二层。这些空间部分敞开并与底层的起居空间相连。

项目概况
设计时间：1971
建造时间：1972—1973
业主：列昂京娜和卡罗·比安奇
基地面积：850m²
建筑面积：220m²
建筑体积：1 000m³

Project: 1971
Construction: 1972-1973
Client: Leontina and Carlo Bianchi
Site area: 850m²
Useful surface: 220m²
Volume: 1,000m³

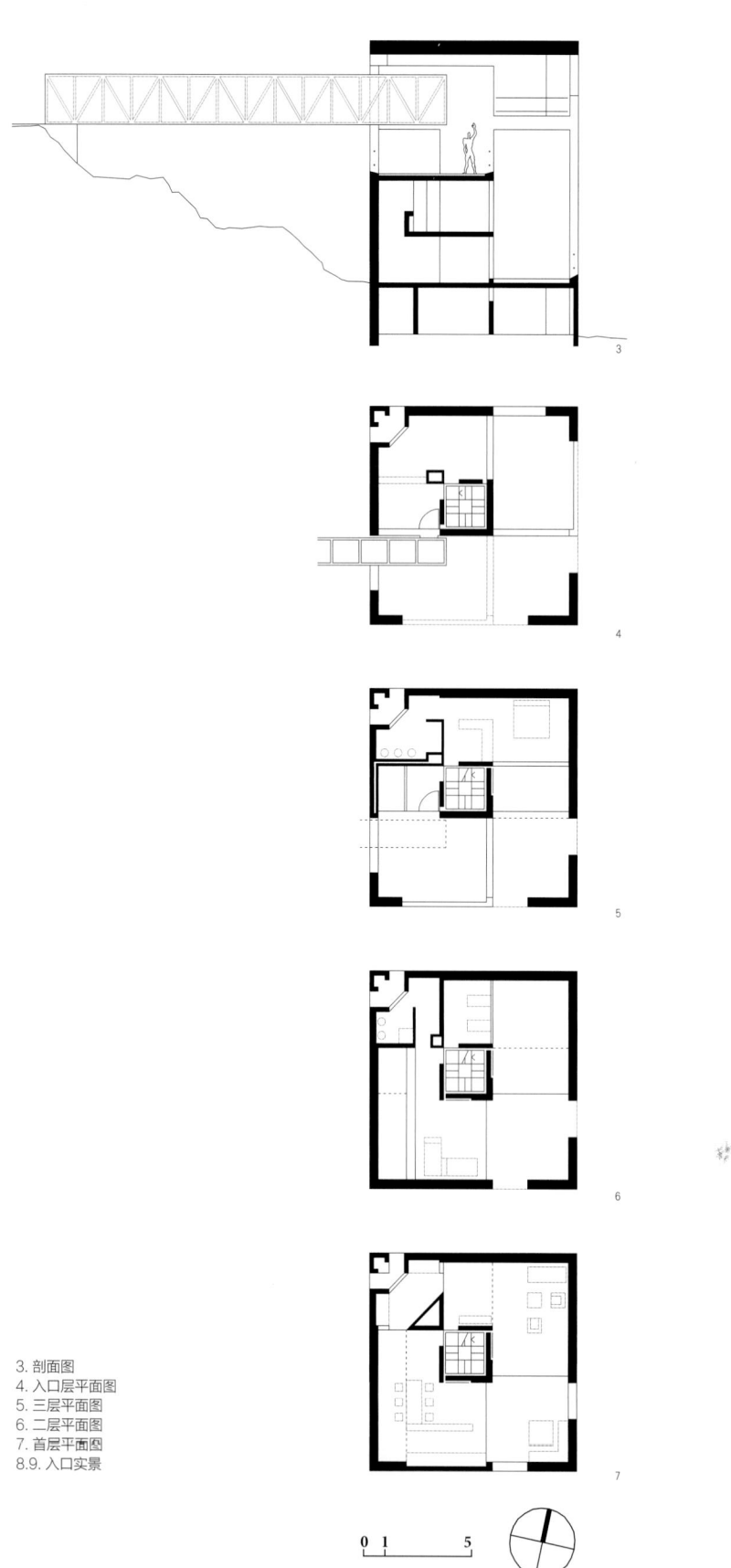

3. 剖面图
4. 入口层平面图
5. 三层平面图
6. 二层平面图
7. 首层平面图
8.9. 入口实景

0 1   5

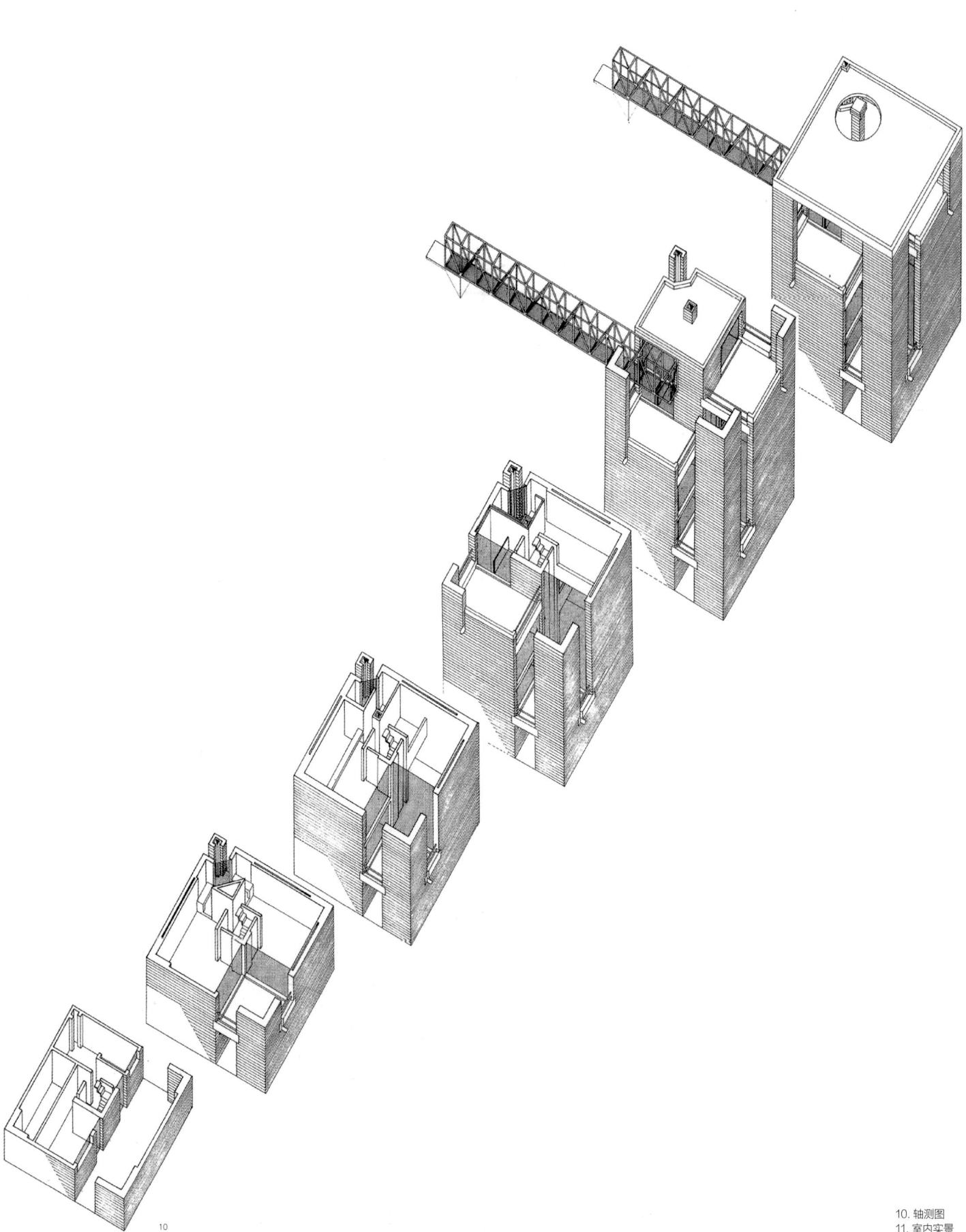

10

10. 轴测图
11. 室内实景

延伸阅读

- R. Pedio, Casa unifamiliare a Riva San Vitale, lago di Lugano, "L'Architettura cronache e storia", 1974, 223, pp. 34 – 38.
- Casa sul lago, "Domus", 1975, 544, pp. 37–39.
- Ticino Tower, "The Architectural Review", 1975, 941, pp. 60-61.
- House at Riva San Vitale, "Architecture and Urbanism", 1976, 69, pp. 142-50.
- Casa unifamiliare a Riva San Vitale, Ticino, "Lotus", 1976, 11, pp. 168-171.
- Casa unifamiliare a Riva San Vitale (Ticino–Svizzera), "Casabella", 1976, 414,

- One Family House at Riva San Vitale, in Mario Botta "A+U Extra Edition", 1986, September, pp.19-32.
- Casa Bianchi in "Il Secolo dell'architettura", edited by J. Glancey, Logos, Modena 2001, p. 235.
- Mario Botta Single Family House at Riva San Vitale, Switzerland, "GA Houses Special" [Masterpieces 1971-2000], 02, 2001, pp. 32-35.
- Mario Botta Bianchi House, Riva San Vitale in "20th Century World Architecture", Phaidon Press Limited, London-New York 2012, p. 394.

1. 手绘草图
2. 室内实景

莫比奥·英佛里奥里中学
MORBIO INFERIORE MIDDLE SCHOOL

瑞士 莫比奥·英佛里奥里
Morbio Inferiore, Switzerland 1972-1977

　　学校以线性形式伸展布置在毗邻基亚索镇和巴莱尔纳镇的山脚下。这个获奖的建筑方案为如何抗对无度的城市发展对环境带来的破坏提供了新思路。不同的建筑对应不同的功能，如教学楼、体育馆和门卫房。教学楼沿南北中轴线布置，重新规划了场地空间的边界，并与露天剧场相连，露天剧场是组成体育馆体量的关键所在。体育馆沿主轴线旋转30°，与城市街道平行。此建筑和门卫房标记出学校的入口，并与停车区形成了过渡。其中一侧设有3个室内运动场，由活动墙体隔开，也可以合为一个整体空间；体育馆的服务区位于入口门廊的上方。

　　4个教学单元组成一组，这样的8组构成了学校的基本统一性。每个单元分为3层：底层是门廊、不同部分的入口和教研室；二层是教室，一侧面向景观；最上层是实验室，实验室的采光来自顶部的小天窗和水平向的小窗子。中央廊道是整个建筑的主要元素，对整个空间序列的组织起着核心作用，并通过纵向天窗保证其内部的采光，它是一条两侧排列教室的长长的走廊，形成主要的交通空间。

项目概况

设计时间：1972（竞赛项目）	Project: 1972 competition project
建造时间：1972—1977	Construction: 1972-1977
业主：提契诺州	Client: Canton of Ticino
基地面积：28 800m²	Site area: 28,800m²
建筑面积：15 000m²	Useful surface: 15,000m²
建筑体积：68 500m³	Volume: 68,500m³

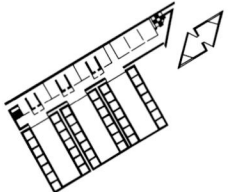

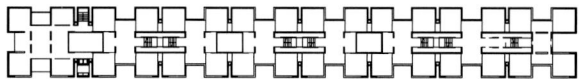

3

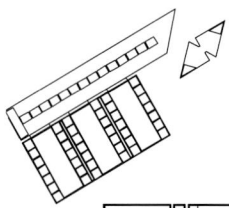

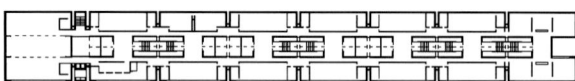

4

0 10   40

3. 首层平面图
4. 标准层平面图
5. 轴测图
6. 建筑全景
7. 剖轴测图

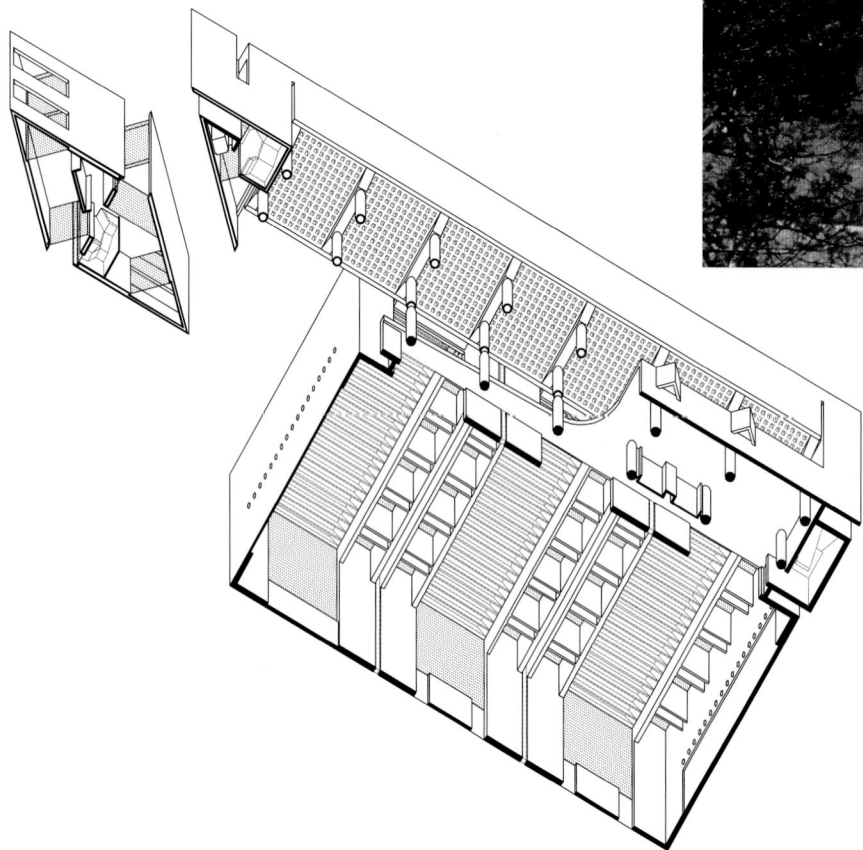

5

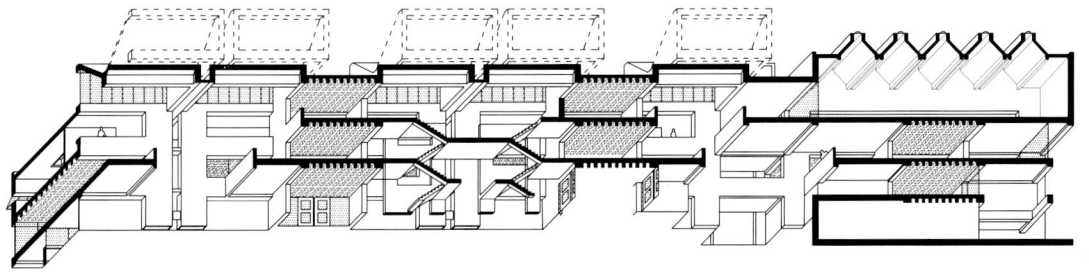

8. 西立面，石头雕塑

9. 剧场室内实景
10. 建筑入口

11. 东侧街景
12. 图书馆室内实景

延伸阅读

- AA. L'architecture d'aujourd'hui. Formalisme-réalisme, no. 90; April 1977, pp. 68-69
- U. Kultermann, Architecture in the Seventies, Washington University, St. Louis 1980, pp. 59-61.
- L. Kälin, La scuola. Lo spazio collettivo, "Interni", 1981, 309, pp. 6-13.
- A. Lüchinger, Mario Botta, in Id., "Strukturalismus in Architektur und Städtebau" Krämer Verlag, Stuttgart 1981, pp. 84-86.
- C. Negrini, La scuola media in Ticino: valutazioni di un decennio, "Rivista Tecnica", 1984, 9, pp. 38-41.
- P. Koulermos, Mario Botta in 20th Century European Rationalism, Academy Editions, London 1995, pp. 106-111.

- Scuola Media a Morbio Inferiore in "Architettura Contemporanea Svizzera", edited by Gianluca Gelmini, 24 Ore Motta Cultura – Architettura, Milan, May 2009, pp. 26-27.
- Ginnasio Cantonale di Morbio Inferiore in La costruzione delle scuole in Canton Ticino 1953-1984, edited by Fr. Graf, M. Cattaneo, P. Galliciotti, Accademia di architettura Mendrisio, Tipografia Cavalli, Tenero, July 2011, pp. 112-117.
- Mario Botta in Decorative and innovative use of concrete, Whittles Publishing, Dunbeath Caithness, Scotland 2012, pp. 217-223.
- Mario Botta Middle School, Chiasso in 20th Century World Architecture, Phaidon Press Limited, London-New York 2012, p. 395.

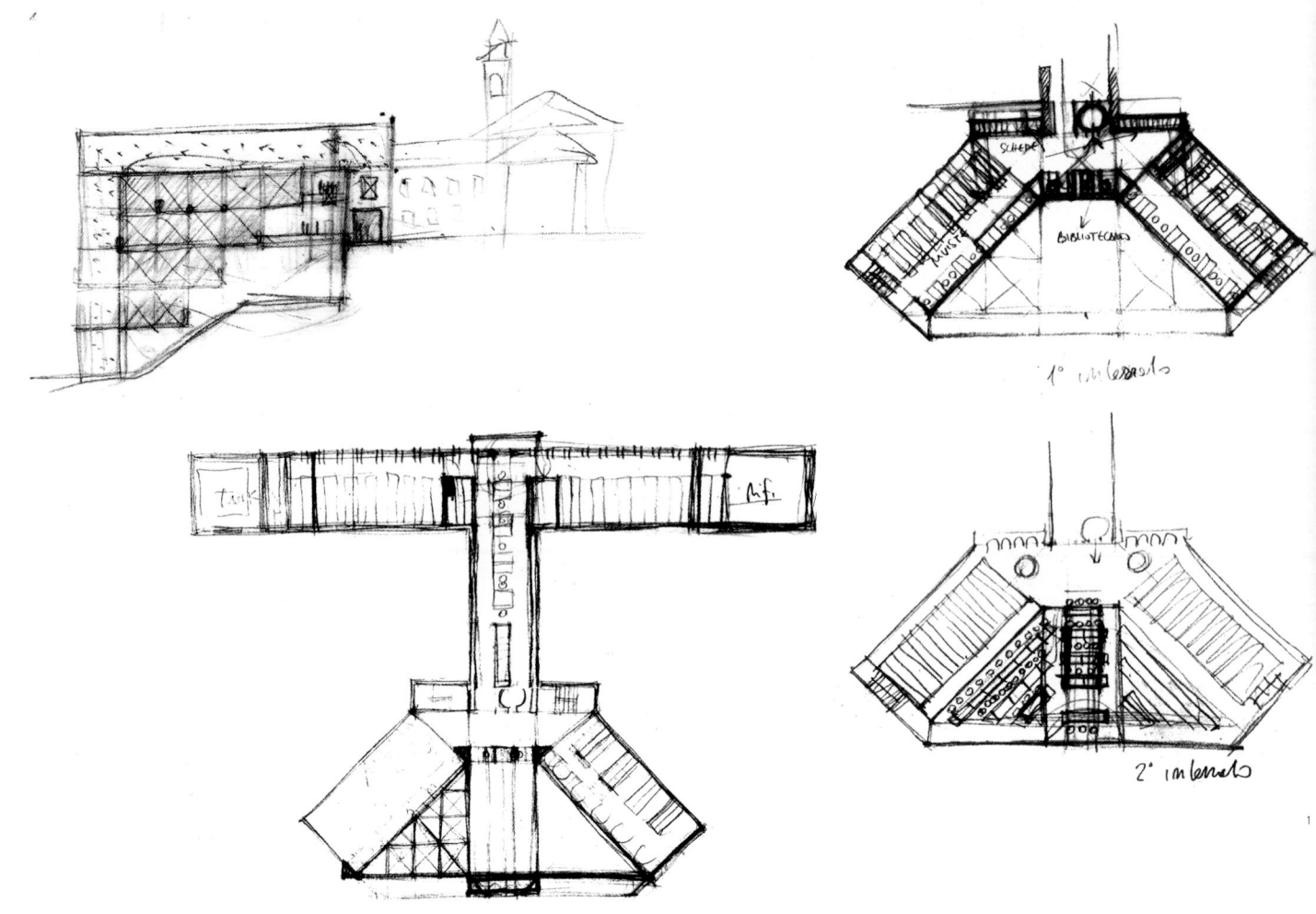

1. 手绘草图
2. 建筑细部

凯普新修道院图书馆
LIBRARY AT THE CAPUCHINS' CONVENT

瑞士 卢加诺
Lugano, Switzerland 1973-1979

　　这座17世纪修道院位于历史城区和火车站周边新区之间的山坡上。该项目的目标是复原整个建筑的整体特征，开设一个公共图书馆，修复19世纪建成的东翼，并拆除20世纪加建的部分，因为这部分与早期西北部分的设计风格并不协调。

　　项目初期的一系列方案建议在现存修道院旁边新建一栋建筑设置图书馆。但是最终采纳了一个不同的方案：一个下沉的结构，它不仅使原有的修道院设计得以保留，同时又凸显出这个独立的新结构的创意。位于地下的阅览室设在圣器收藏室和19世纪建筑的外壁之间。入口平台正对的中央空间2层通高，它被顶部的天窗照亮并向上与教堂建立了一个视觉上的联系。书库是位于修道院东侧地下的一个狭长的结构，它面向山谷，其屋顶设置了一条通往图书馆的道路。

项目概况

设计时间：1976
建造时间：1976—1979
业主：卡普金·夫里阿勒斯修道院
基地面积：7 200m²
建筑面积：900m²
建筑体积：3 800m³

Project: 1976
Construction: 1976-1979
Client: Monastery of the Capuchin Friars, Lugano
Site area: 7,200m²
Useful surface: 900m²
Volume: 3,800m³

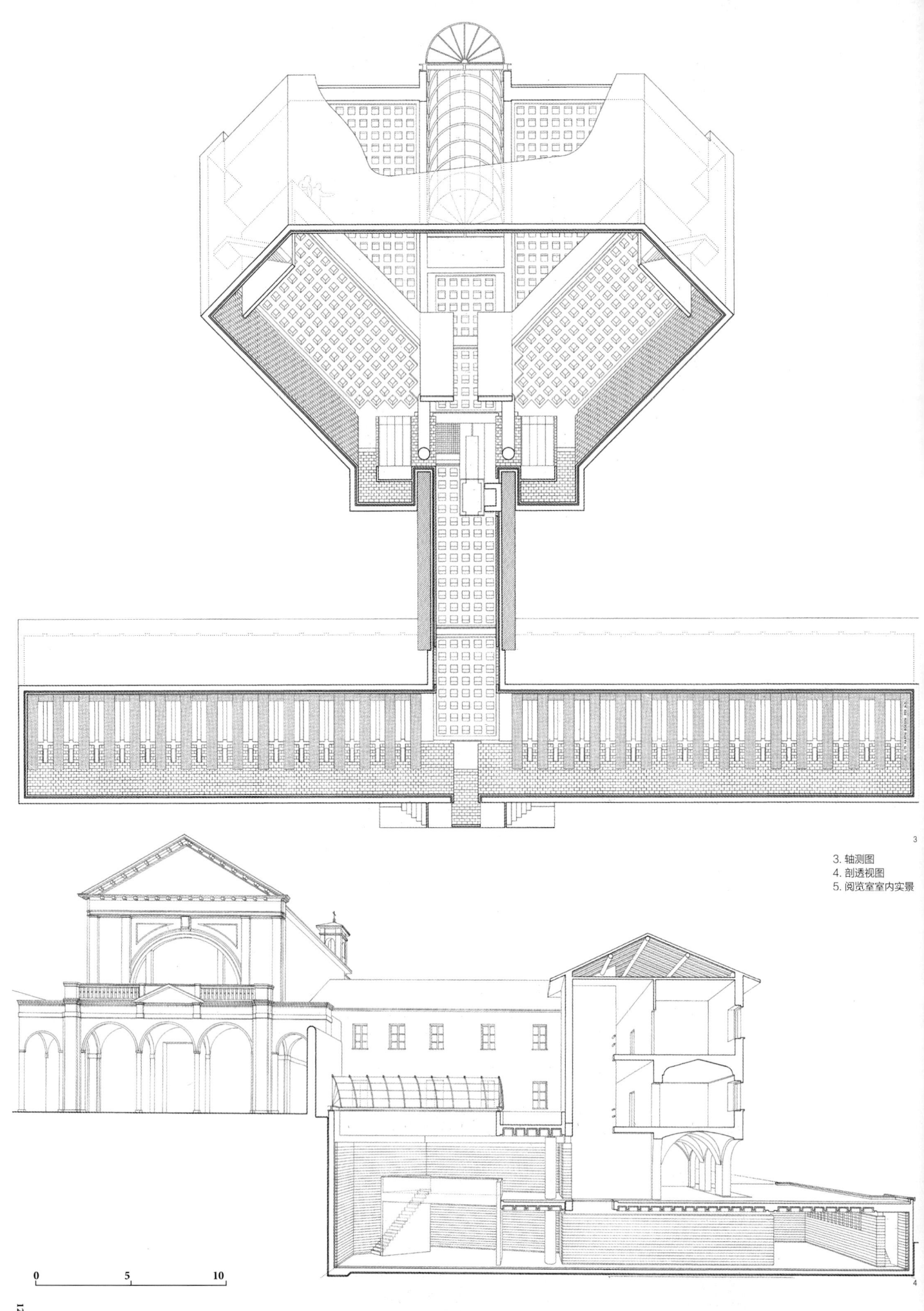

3. 轴测图
4. 剖透视图
5. 阅览室室内实景

0　　　5　　　10

6. 窗户细部
7. 剧院入口拱廊

8. 阅览室，中央有大量的天光

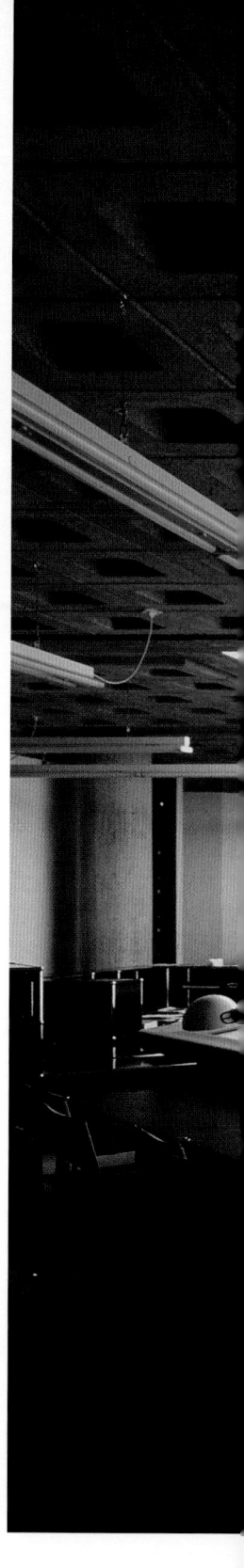

9. 窗
10. 阅览室实景

10

延伸阅读

- S. Cassarà, Biblioteca dei Cappuccini a Lugano, "Parametro", 1981, 99, pp.32-35.
- P. Fumagalli, Convento dei Cappuccini a Lugano. Nuova biblioteca, "Rivista Tecnica", 1981, 5, pp.47-52
- P. Nicolin, Un segno di profondità. Mario Botta: biblioteca a Lugano (Ticino), "Lotus International", 1981, 28, pp.9-14.
- G. Pozzi, Un dono prezioso dei cappuccini, "Cooperazione", 1 ottobre 1981, p.3.
- F. Lepori, Biblioteca Salita dei Frati di Lugano, "Messaggero", January/March 2008, p. 29

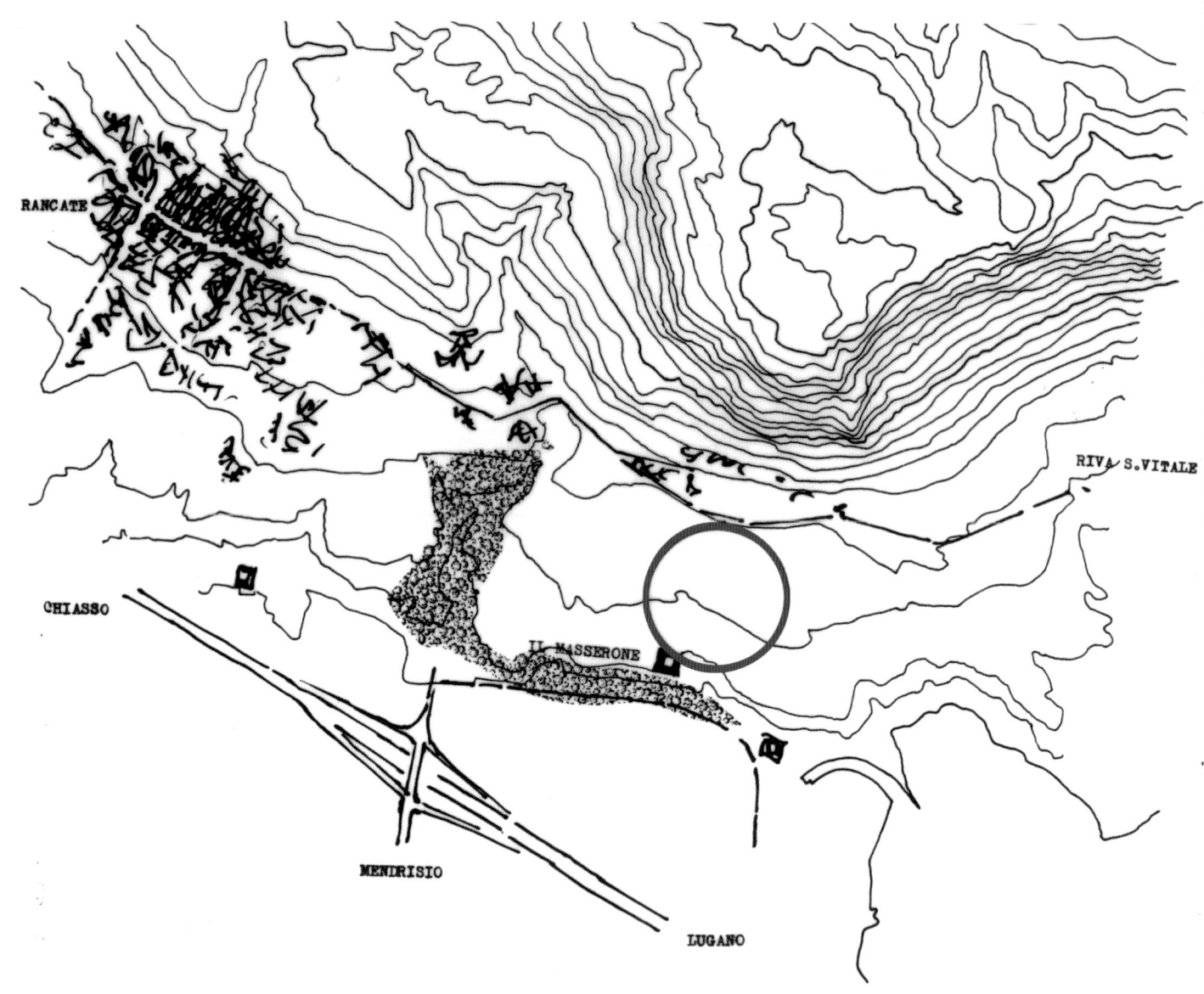

RANCATE

RIVA S.VITALE

CHIASSO

IL MASSERONE

MENDRISIO

LUGANO

1. 基地总平面图
2. 住宅体系图

瑞士住宅区规划
RESIDENTIAL COMPLEX

瑞士
Switzerland 1974

　　该住宅区位于圣乔治山的山坡上，在高速公路交汇处。方案设想通过开发连续的建筑体系以分期建造这一大型商住综合体。综合体内组织有整齐划一的隔墙和矗立其中的3层住宅楼及连接各个居住单元的通道。在中央广场上一个古老农场作为方案的历史环境背景和核心被保留下来，现已无功能作用，却成为步行交通的枢纽。该设计将传统的乡村形态转化成了一个全新的人文景观。

项目概况
合作建筑师：路易吉·斯诺兹
竞赛项目（受邀参加）：1974，第二名
业主：朗卡特农场公司
基地面积：约 65 000m²
建筑面积：约28 000m²
建筑体积：约 110 000m³
民居总数：312

Competition project (invitational):
1974, second place
Client: Società La Fattoria S.A., Rancate
Site area: approx. 65,000m²
Useful area: approx. 28,000m²
Volume: approx. 110,000m³
Total dwellings: 312

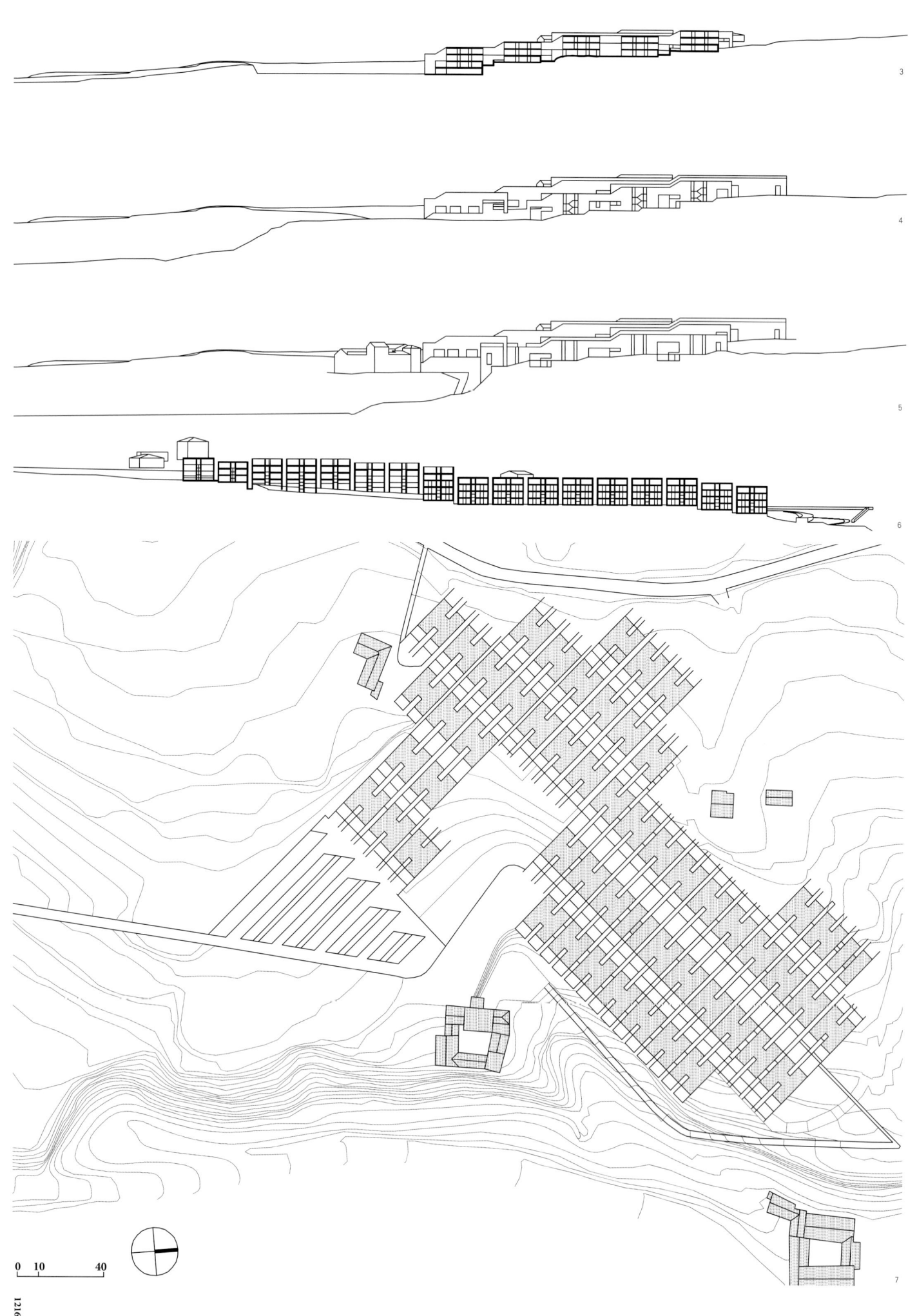

0   10   40

8

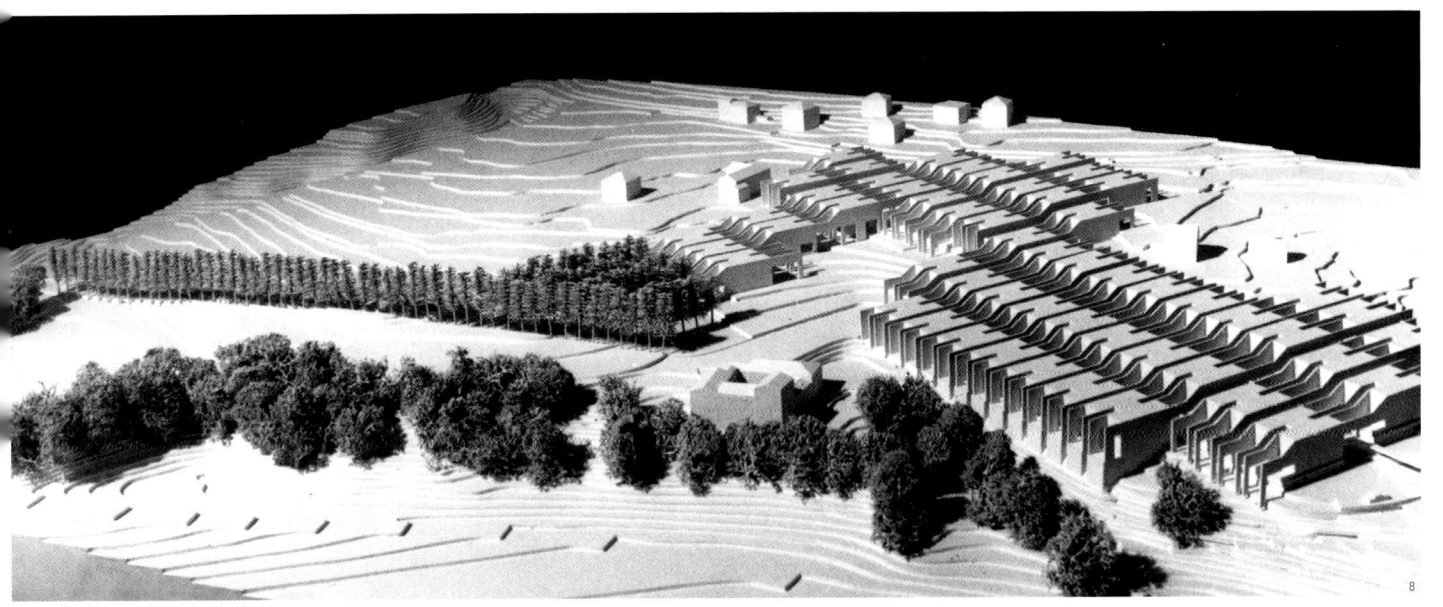

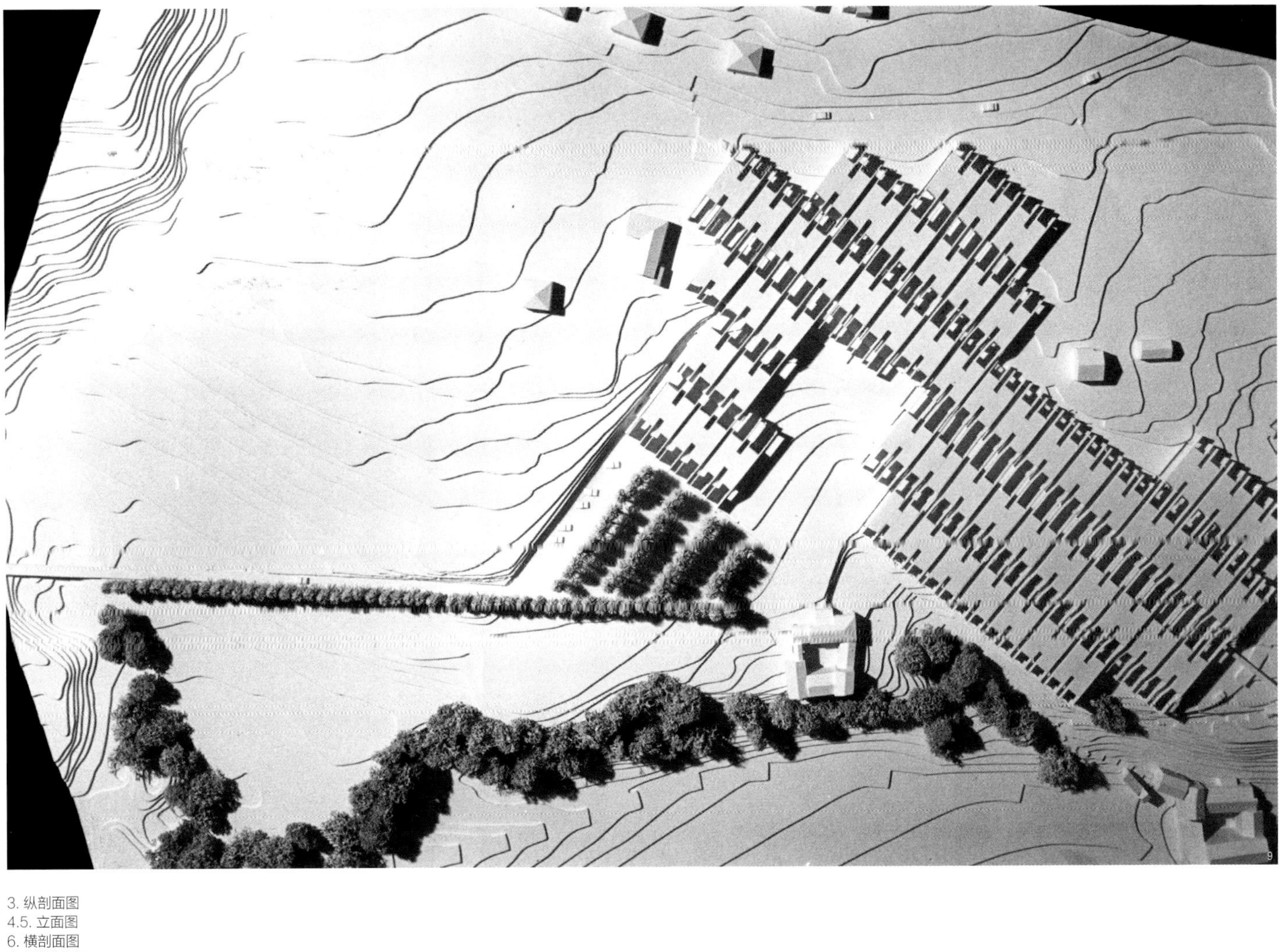
9

3. 纵剖面图
4.5. 立面图
6. 横剖面图
7. 屋顶平面图
8.9. 建筑模型

1. 手绘草图
2. 建筑细部

里格纳图独栋住宅
LIGORNETTO SINGLE-FAMILY HOUSE

瑞士 里格纳图
Ligornetto, Switzerland 1975-1976

  这幢住宅位于村庄的边缘，占据用地的一端。建筑被设想为一个独立而厚重的屏障，由两片墙体限定；建筑完整的体量在面向野外的一侧被立面中央一条狭长的垂直开口打破，而朝向村庄的一侧分成两个并排的体量。在不同标高上，两个体量之间为玻璃窗和阳台。

  几乎所有的房间都朝向中部的开放空间和花园。建筑有3层。门廊、入口和地下室设在底层；客厅、厨房和儿童房设在一层；主卧室和工作室设在顶层。西侧在门廊设有立面唯一的开洞，两个纵向的狭缝强调了位于两墙之间的壁炉。东侧的墙体被两间儿童房的阳台打断。建筑的墙体采用双侧混凝土砌块。

  建筑外立面的砌块形成灰红交替的水平条状饰面。条状饰面之间的缝隙略微后缩，使其更具立体感。这种水平条状饰面源于当地使用简单低廉材料的传统装饰。

项目概况

设计时间：1975	Project: 1975
建造时间：1975—1976	Construction: 1975-1976
业主：朱赛芘娜和达尼洛·比安基	Client: Giuseppina and Danilo Bianchi
基地面积：1 800m²	Site area: 1,800m²
建筑面积：180m²	Useful surface: 180m²
建筑体积：900m³	Volume: 900m³

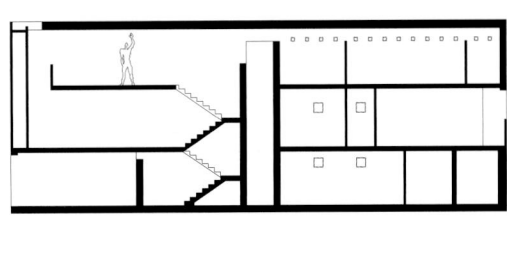

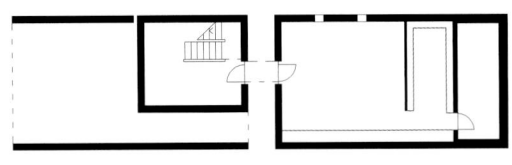

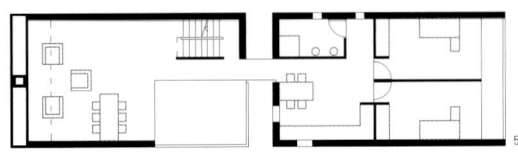

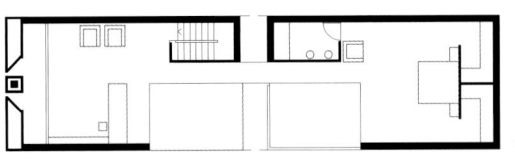

3. 剖面图
4. 首层平面图
5. 二层平面图
6. 三层平面图
7. 东北立面实景
8. 西南立面实景

0 1   5

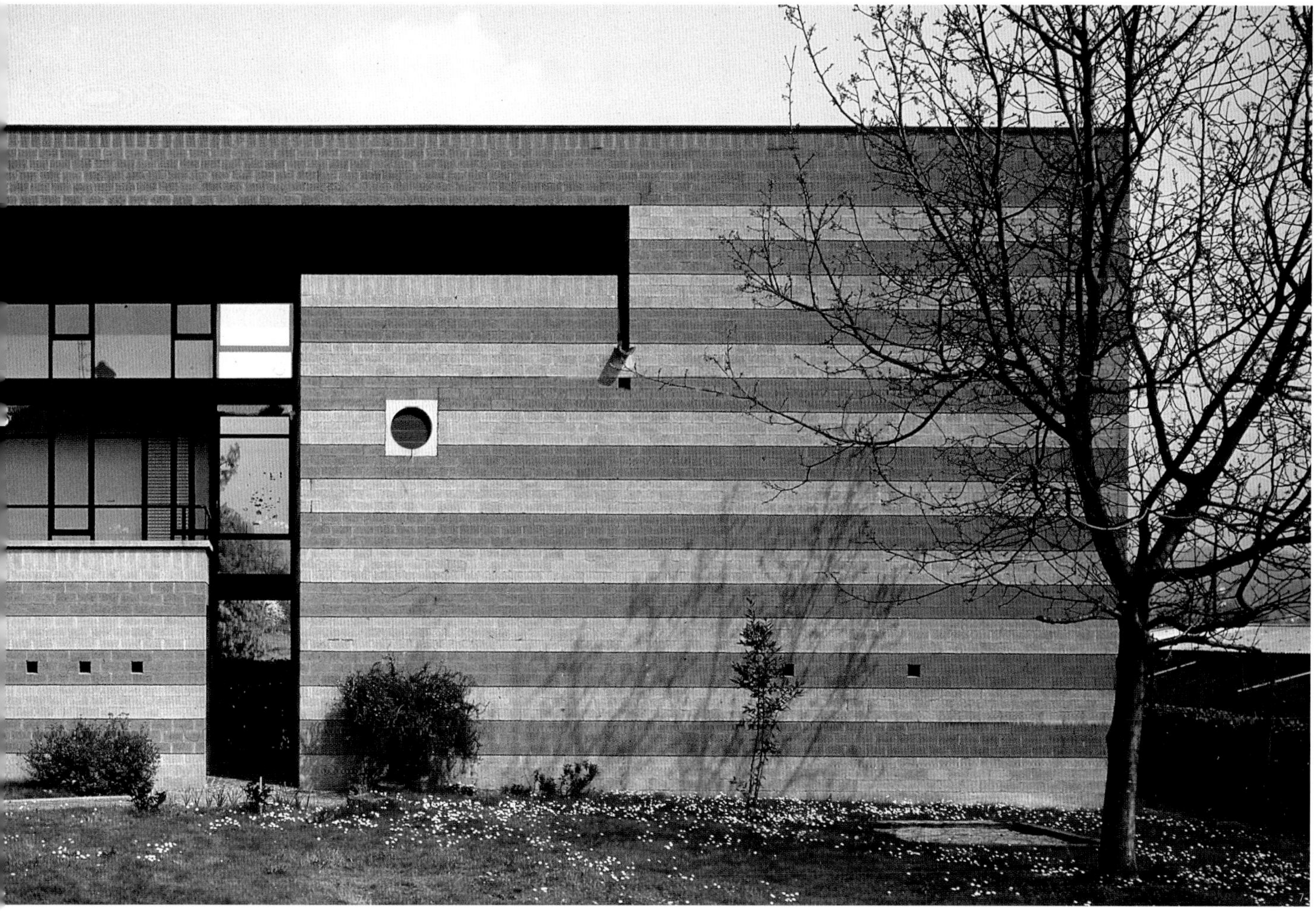

7

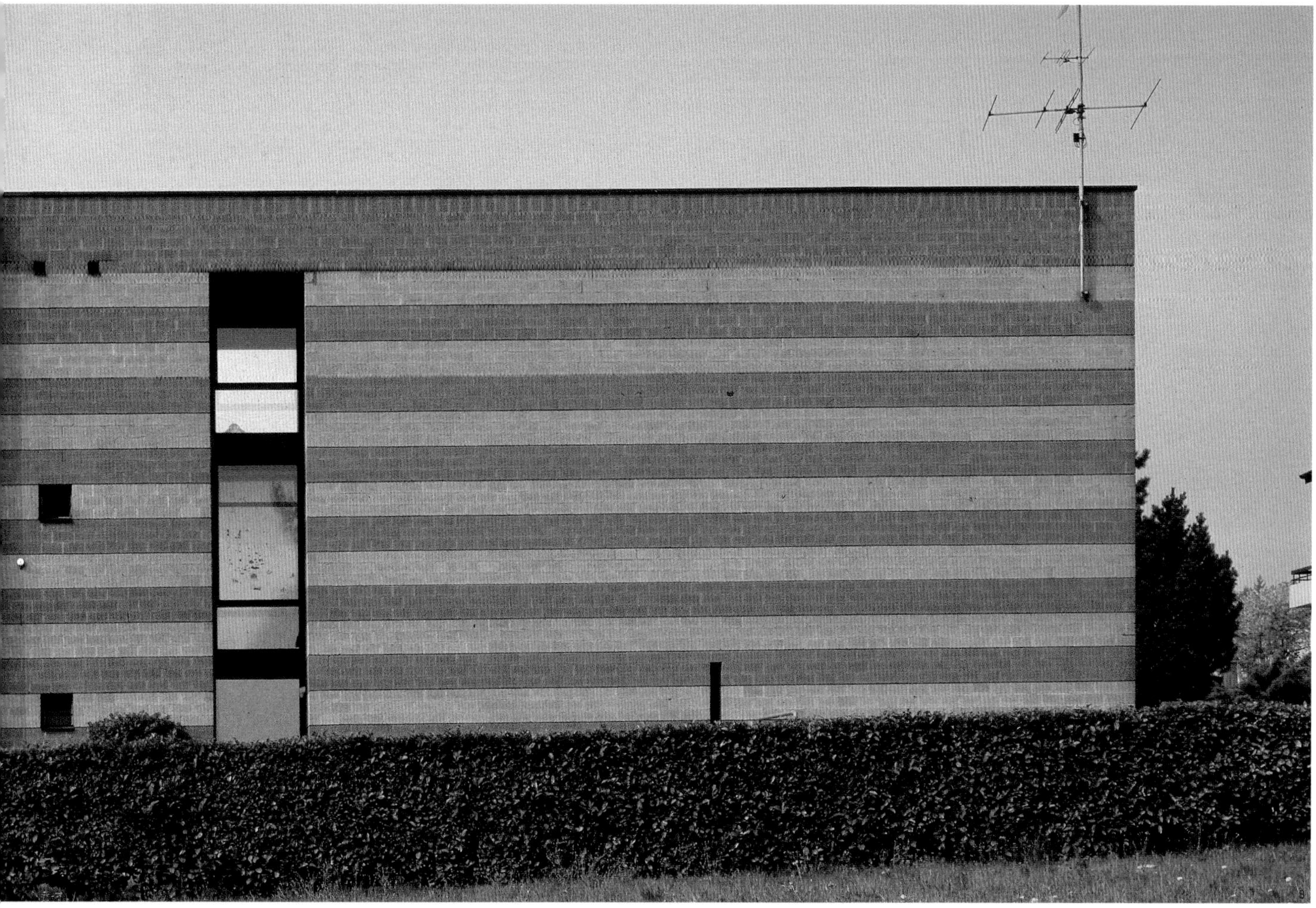

8

9. 建筑实景

延伸阅读

- GA Global Architecture Houses, Japan, 1977,3; pp.62-72
- E. Battisti, La misura del decoro. Un parametro alla natura, «Gran Bazaar», 1979, 3, pp. 74-78.
- D. Mackay, La casa unifamiliar, Casa en Ligornetto, Suiza 1975-76, in "The modern House", Editorial Gustavo Gili, Barcelona 1984, pp. 38-41.
- K. Kitayama, Casa a Ligornetto, «Toshi-Jutaku», 1985, 4, pp. 13-14.
- M. Daguerre, Artificiale per natura in Ville in Svizzera, Mondadori Electa, Milan 2010, p. 12.

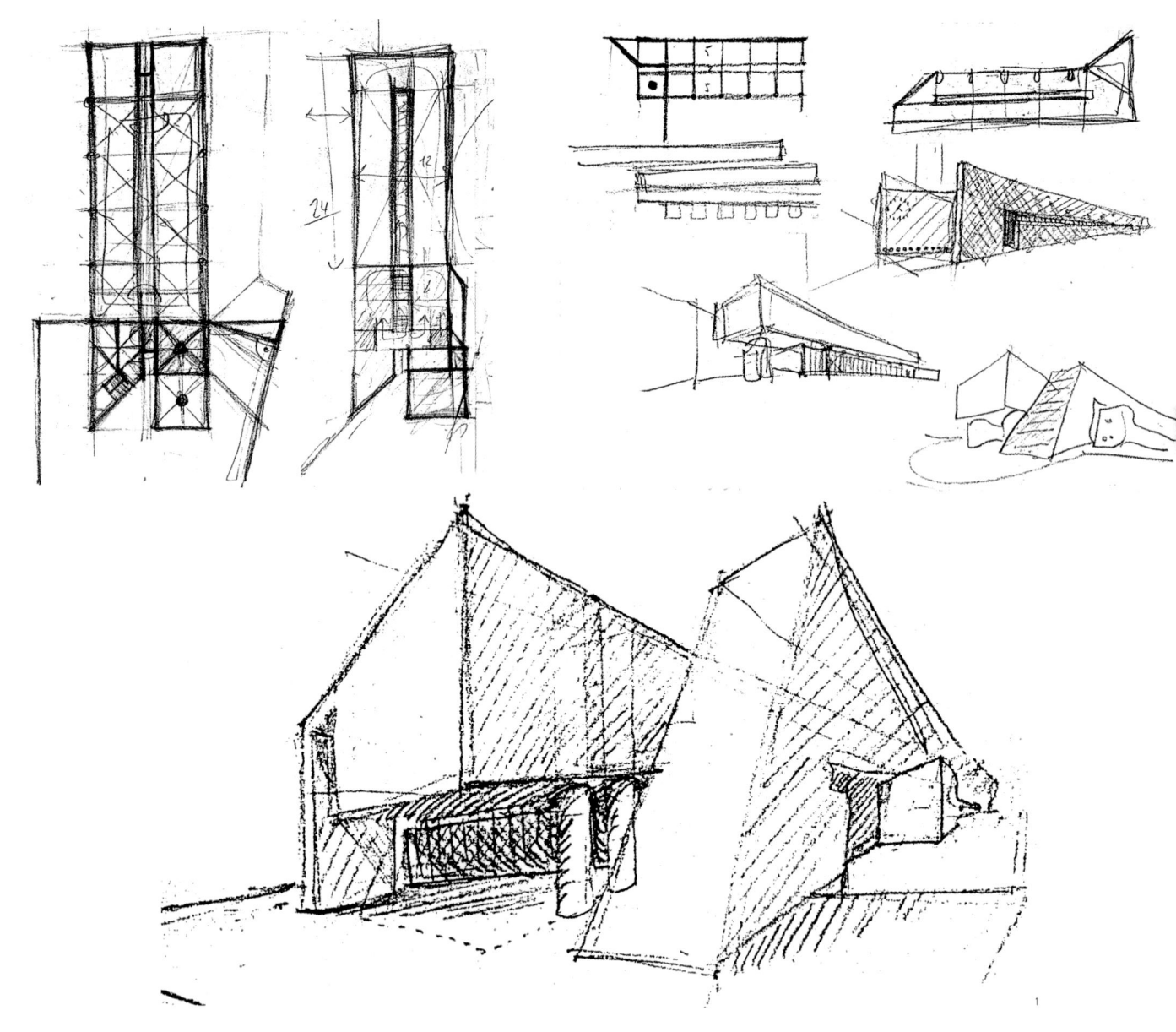

巴勒那公共体育馆
BALERNA PUBLIC GYMNASIUM

瑞士 巴勒那市
Balerna, Switzerland 1976-1978

建筑位于高密度街区的一块方形基地之中。建筑的结构清晰地勾勒出建筑的庞大体量。在临街一侧的建筑内部，空间被划分为两层：上层用作健身训练场所，并有挑台与体育馆的大空间直接连通；下层作为设备储藏区。地下层设有淋浴房和更衣室，可由建筑内部的楼梯通达，楼梯突出主体建筑的一侧。前端一条狭窄的天窗打破了建筑整体的连续性。

项目概况

竞赛项目：1976（一等奖）	Competition project: 1976 (1st prize)
建造时间：1976—1978	Construction: 1976-1978
业主：巴勒那市	Client: City of Balerna
基地面积：1 500m²	Site area: 1,500m²
建筑面积：500m²	Useful surface: 500m²
建筑体积：4 500m³	Volume: 4,500m³

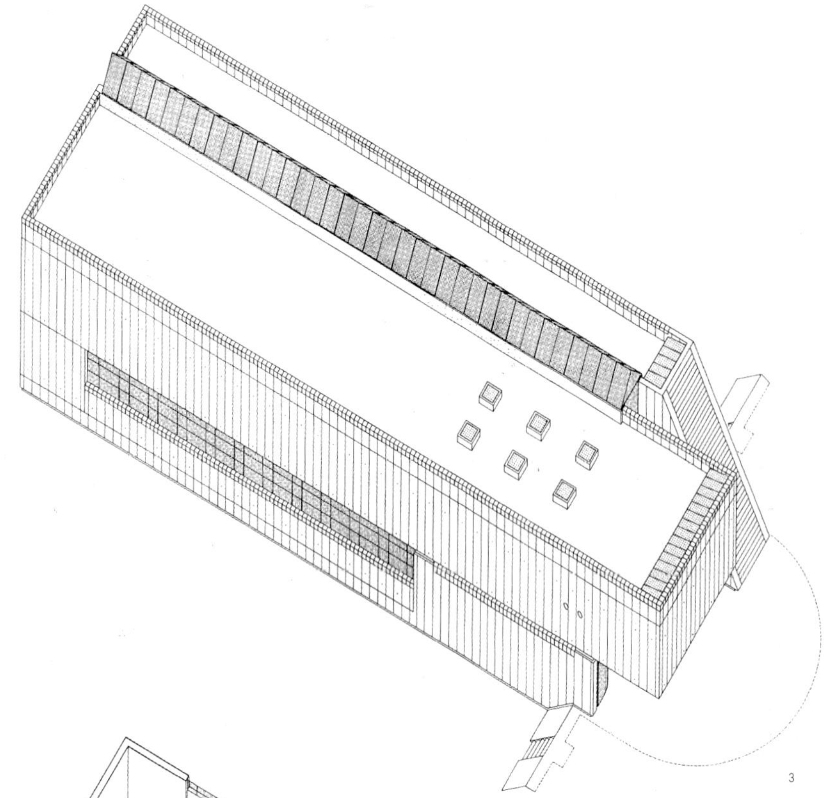

3.4. 轴测图
5. 建筑实景

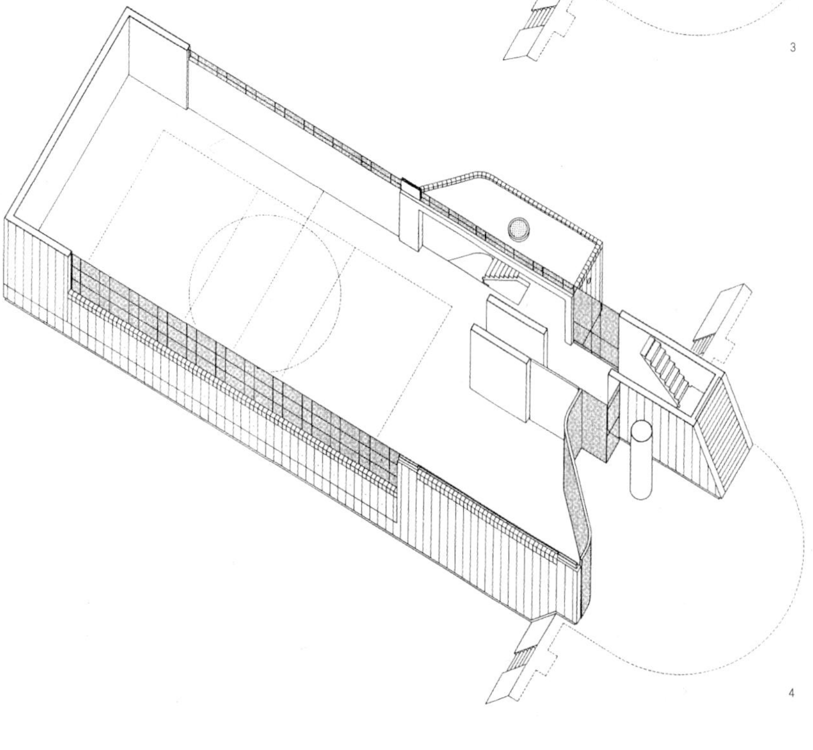

延伸阅读

- Mario Botta, Gesamtwerk, Band I, 1960-1985, edited by Emilio Pizzi,
Birkhäuser Verlag für Architektur, Basel-Boston-Berlin 1993;
[ed. English: Mario Botta, The Complete Works, volume 1 1960-1985],
[ed. Ital. Mario Botta, Opere complete, volume I, 1960-1985, Federico Motta Editore,
Milan 1993], pp. 52-53.

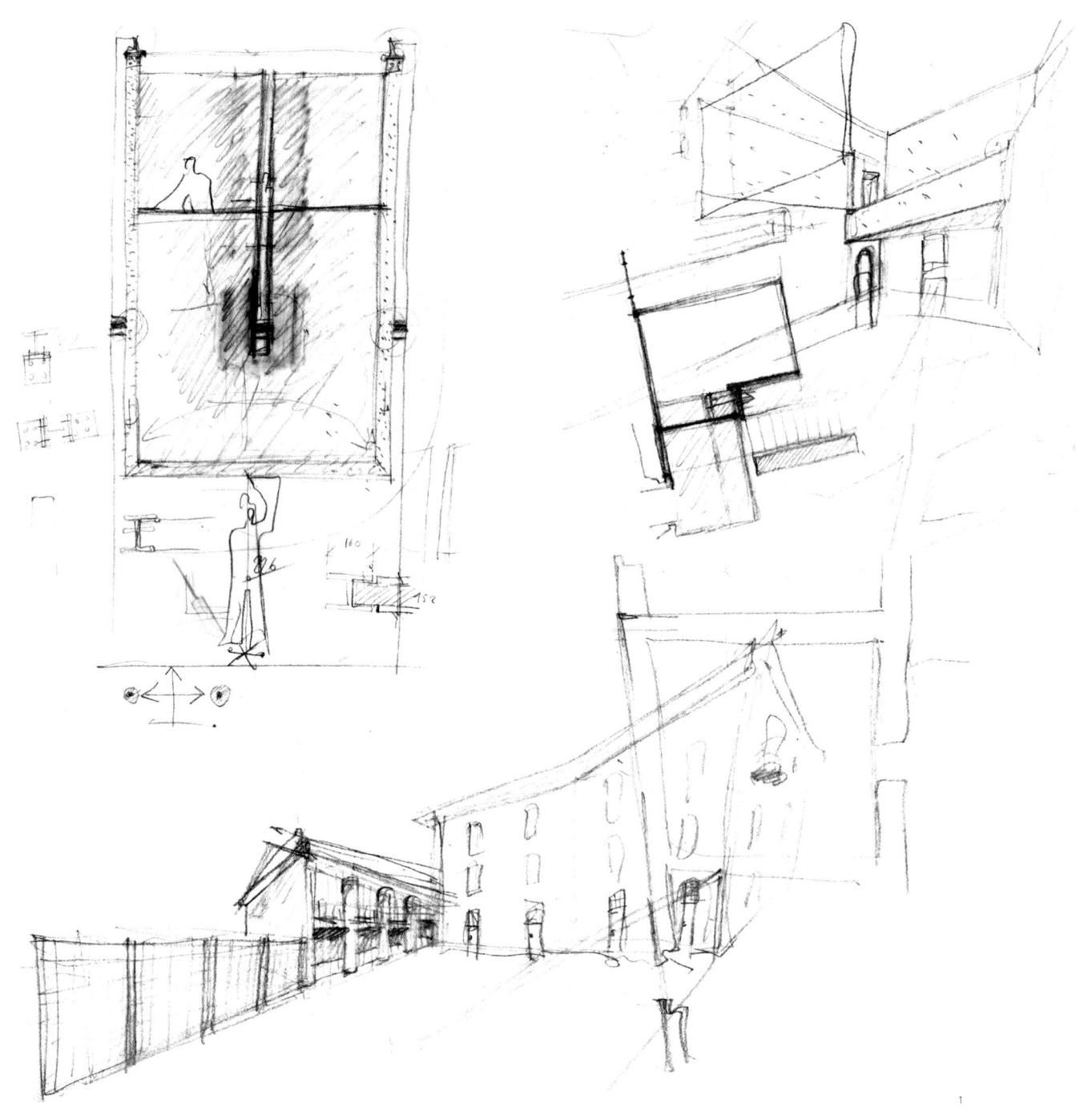

1. 手绘草图
2. 建筑细部

里哥瑞格那诺农场的翻新
LIGRIGNANO FARM RENOVATION

瑞士 里哥瑞格那诺
Ligrignano, Switzerland 1977-1978

　　庭院的整个西立面都进行了调整，新建了一面围墙来关闭原有的入口。建筑师拆除了沿该侧的一个老旧结构，由此恢复出一个新的开放空间。对牛棚—草料阁楼改造成新的入口时，也进行了类似的处理。

项目概况

设计时间：1977	Project: 1977
建造时间：1977—1978	Construction: 1977-1978
业主：洛伦扎和乔治·诺塞达	Client: Lorenza and Giorgio Noseda
基地面积：750 m²	Site area: 750 m²
建筑面积：310 m²	Useful surface: 310 m²
建筑体积：2500 m³	Volume: 2500 m³

1228

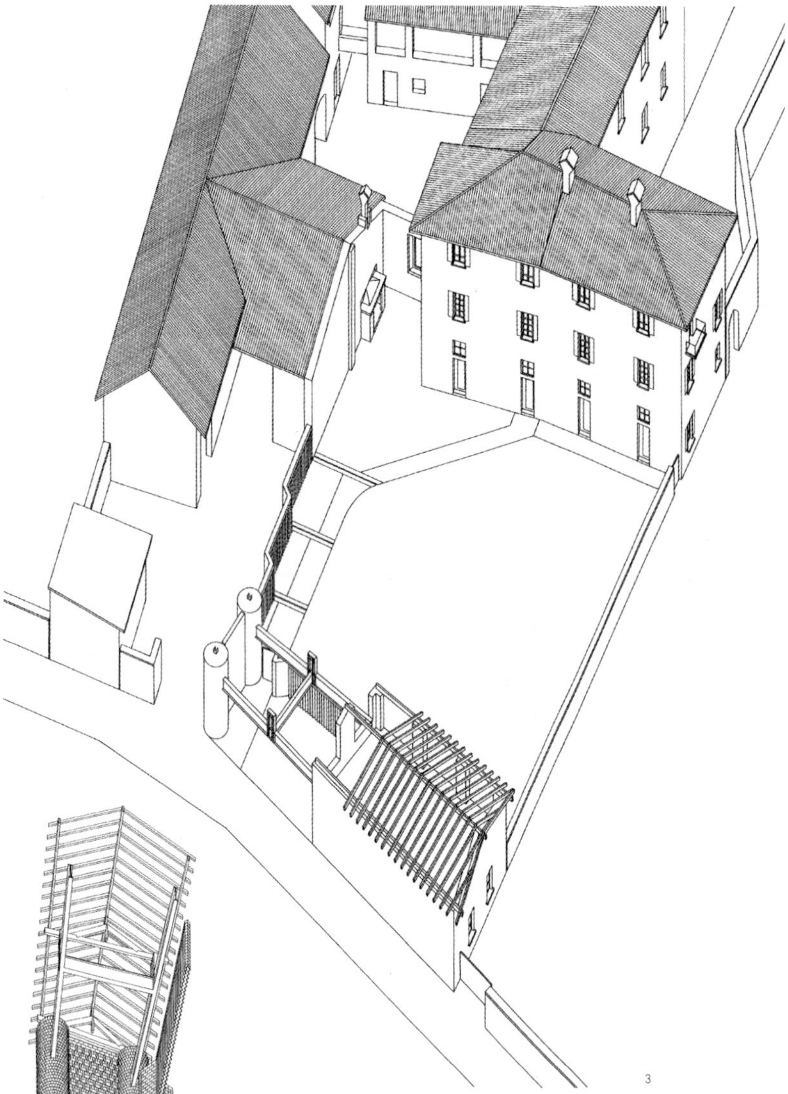

3.4. 轴测图
5. 建筑实景

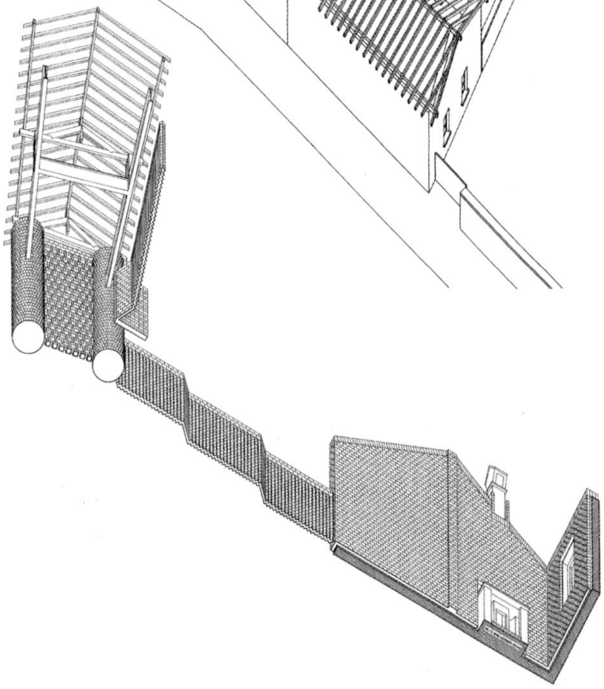

延伸阅读

- Mario Botta, Gesamtwerk, Band I, 1960-1985, edited by Emilio Pizzi,
Birkhäuser Verlag für Architektur, Basel-Boston-Berlin 1993;
[ed. English: Mario Botta, The Complete Works, volume 1 1960-1985],
[ed. Ital. Mario Botta, Opere complete, volume I, 1960-1985, Federico Motta Editore,
Milan 1993], pp. 60-63.

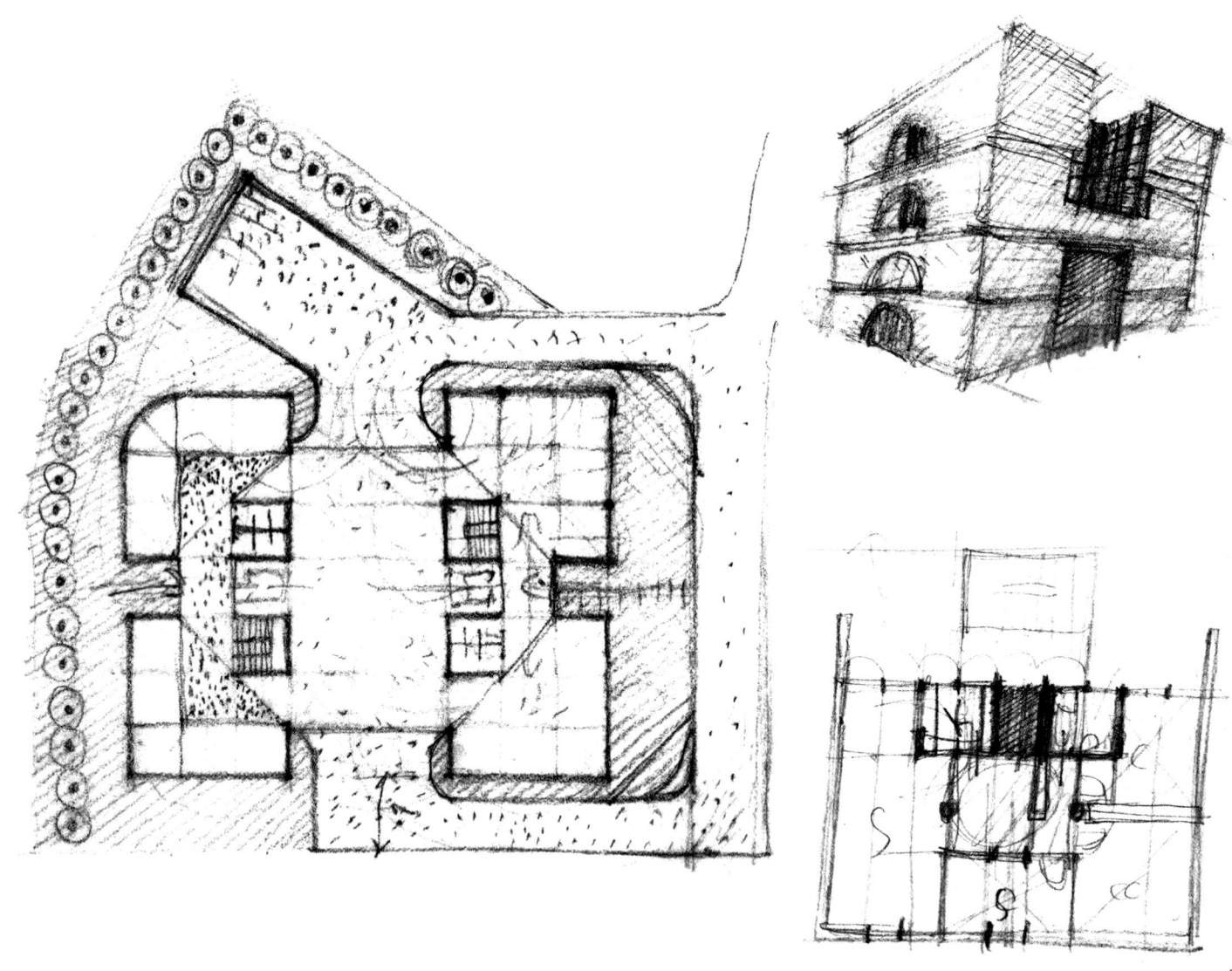

1. 手绘草图
2. 玻璃和钢结构细部

巴勒那手工艺中心
BALERNA CRAFT CENTRE

瑞士 巴勒那
Balerna, Switzerland 1977-1979

建筑的四个单元围绕着中央开敞空间展开，一、二层设置工场，三层办公室，顶层则是公寓。中庭既是公共交往空间，也是出入活动的通道。由金属构件组成的繁密网架支撑起中庭上方的玻璃天窗，并向下卷曲形成层叠的屋架，与外部自然环境直接相连。透过敞亮的中庭，这四个主体空间通过落地窗彼此遥遥相望；而在外墙，其中部的开洞形成一个个景观平台，平台的内部则围有两层高的曲面玻璃墙。

项目概况

设计时间：1977
建造时间：1977—1979
业主：巴勒那，克里维利&切耐卡股份公司
基地面积：2 800m²
建筑面积：2 500m²
建筑体积：14 000m³

Project: 1977
Construction: 1977-1979
Client: Crivelli and Cernecca S.p.A., Balerna
Site area: 2,800m²
Useful surface:2,500m²
Volume: 14,000m³

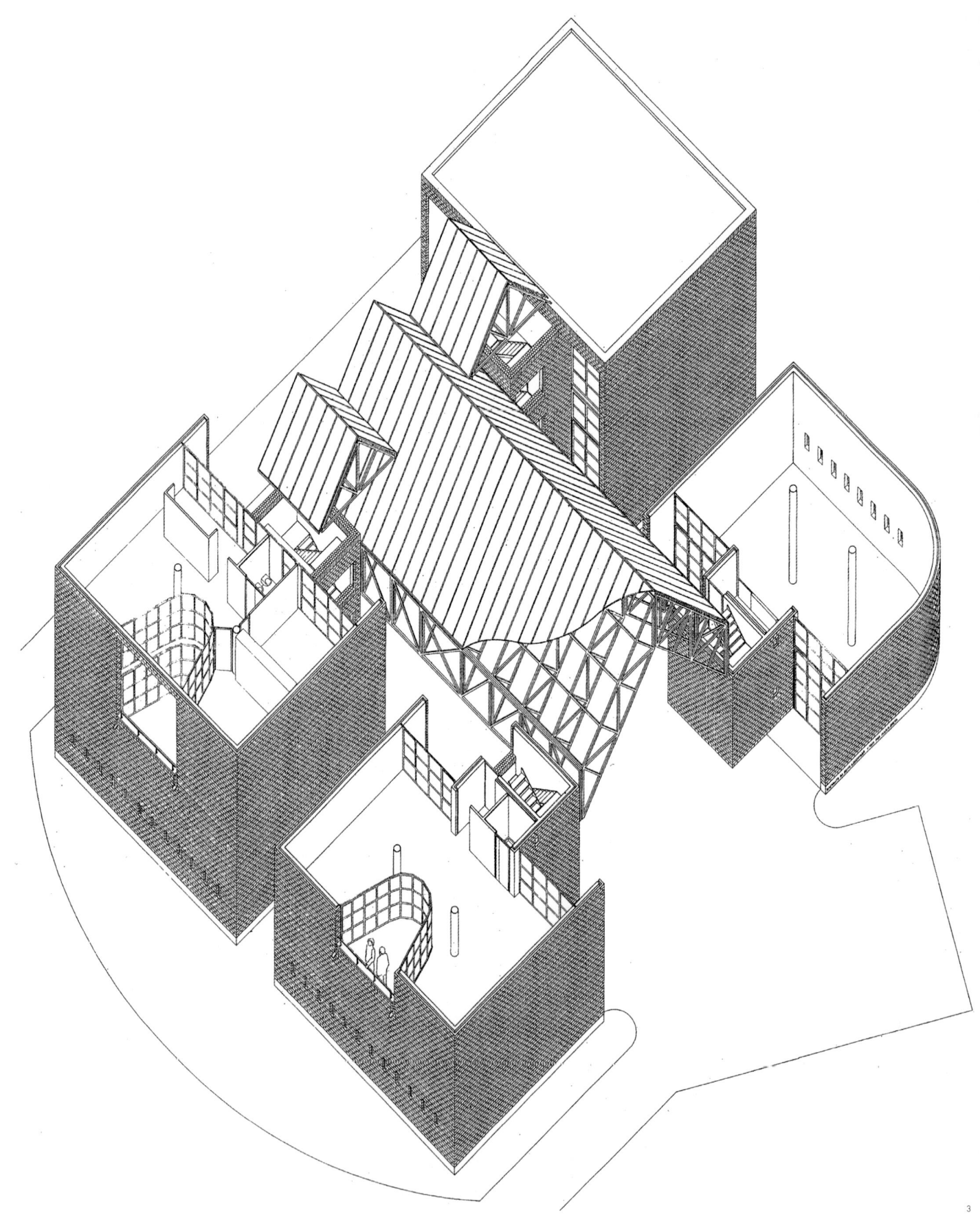

3. 轴测图
4. 立方体单元
5. 建筑全景

延伸阅读

- R. Trevisol, Een kasteel in Zwitzerland, "A Plus", 1980, 66, p. 3.
- M. Steinmann, Mario Botta: recherche patiente, "Archithese", 1980, 1, pp. 80-83.
- Laboratori e residenze artigiane a Balerna, "Lotus International", 1980, 25,pp. 43-47.
- Nel disordine del territorio un segno di riferimento, "Abitare", 1980, 184, pp. 50-59.
- Mario Botta. Craft Center at Balerna, "GA Global Architecture Document", 1980, 2, pp. 50-65.
- Handwerkzentrum in Balerna, "Baumeister", 1982, 2, pp. 159-161.
- J. Soldini, Una tipologia per laboratori e residenze artigiane: Balerna 1977-1979, architetturadi Mario Botta, "Cenobio", 1983, 1, pp.37-44.
- Y. Crettaz, Quand les usines se font belles, «L'Illustré», 1987, 48, pp. 49-59.
- P. Lorenz, Gewerbebau Industriebau, Verlagsanstalt Alexander Koch, Leinfelden Echterdingen 1991, pp. 148-150.

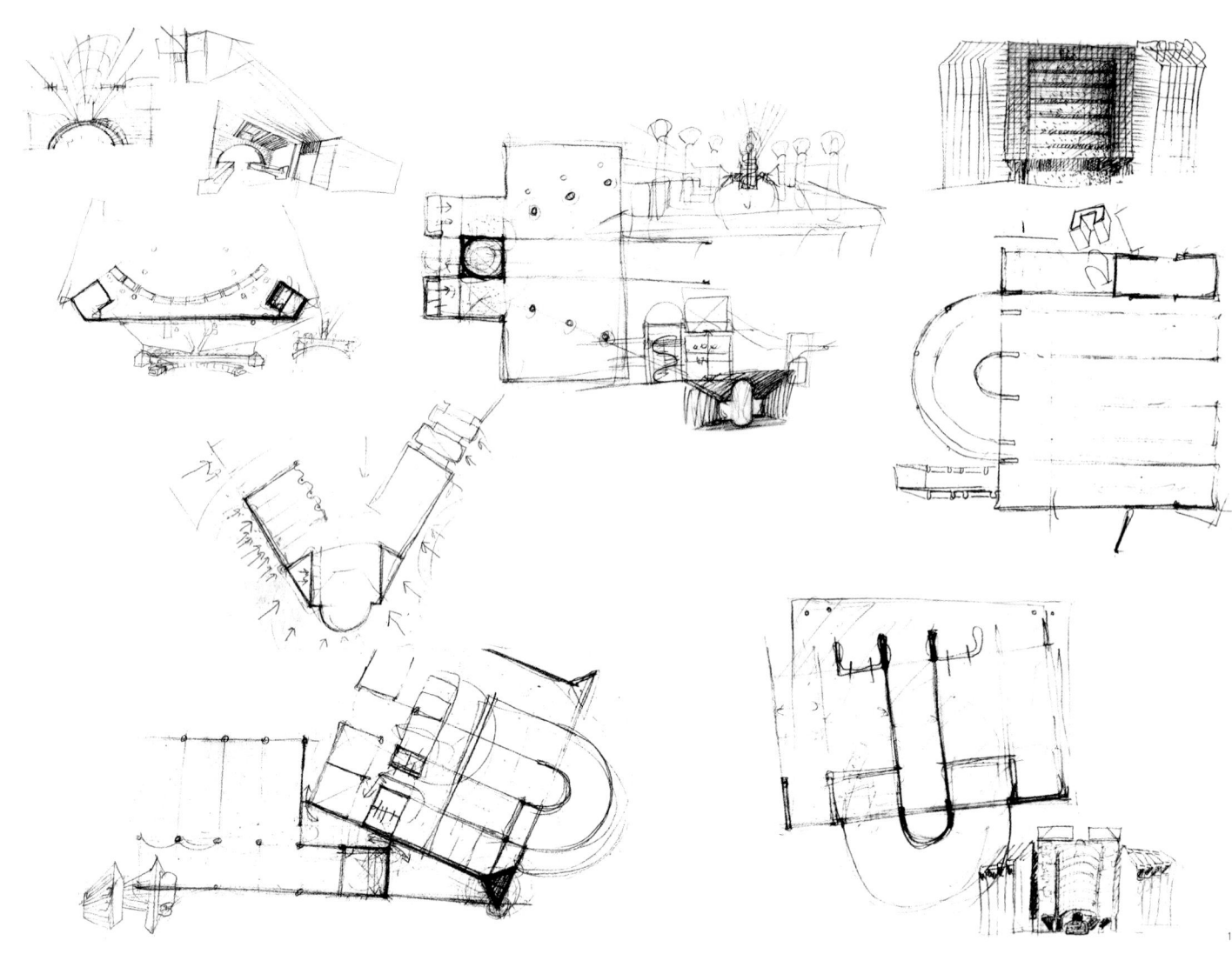

1. 手绘草图
2. 主要门厅

弗莱堡国家银行
STATE BANK

德国 弗莱堡
Freiburg, Germany 1977-1982

　　该建筑位于城中特别重要区域的一个三角形地块中，该地块夹在一条大道和一条街之间，大道和街交汇于火车站对面的广场。建筑包括沿街方向平行布置的两翼和一个中心圆柱体。

　　在两翼尽头有一个下沉的空间，标识着人行步道的起点，也是建筑的入口。建筑的一层，除了设在中央天窗采光的覆顶大厅中的银行营业部，还设有咖啡厅和餐馆。地下层包括一个停车场、银行服务区和一个迪斯科舞厅。在楼上内设办公室，顶层设有特殊服务功能的银行、一间会议室和一个宽敞的露台。

项目概况
建筑时间：1977（竞赛项目）
建造时间：1982
业主：弗莱堡国家银行
基地面积：18 000m²
建筑面积：18 500m²
建筑体积：64 000m³

Project: 1977 (competition project)
Construction: 1982
Client: State Bank, Freiburg
Site area: 1,800m²
Useful surface: 18,500m²
Volume: 64,000m³

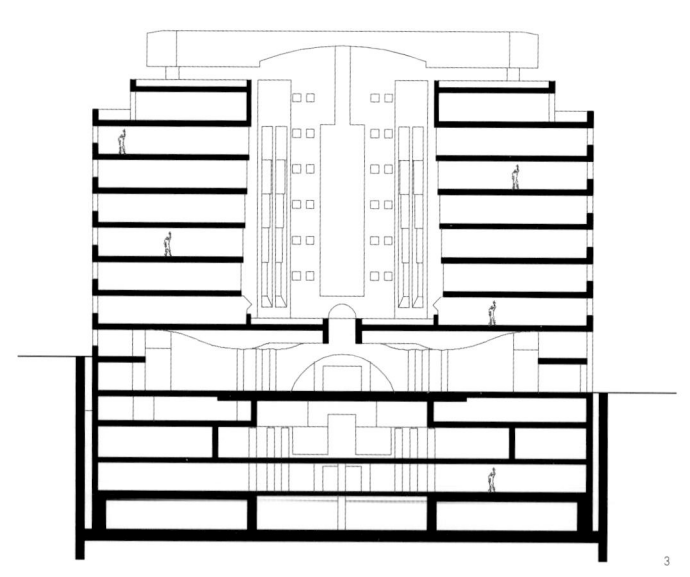

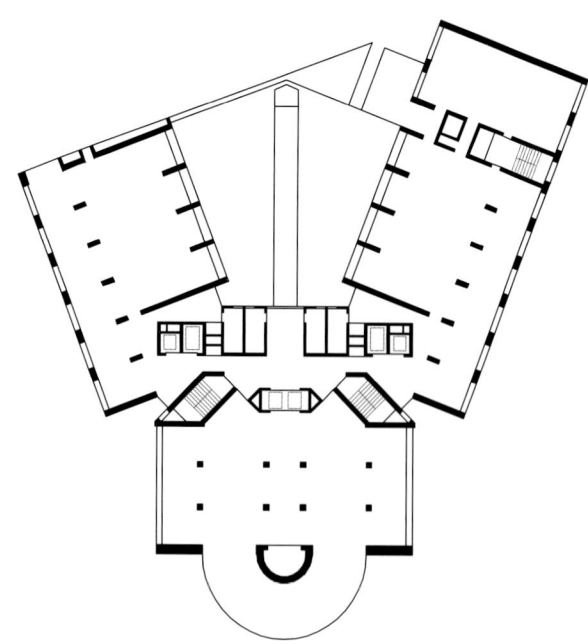

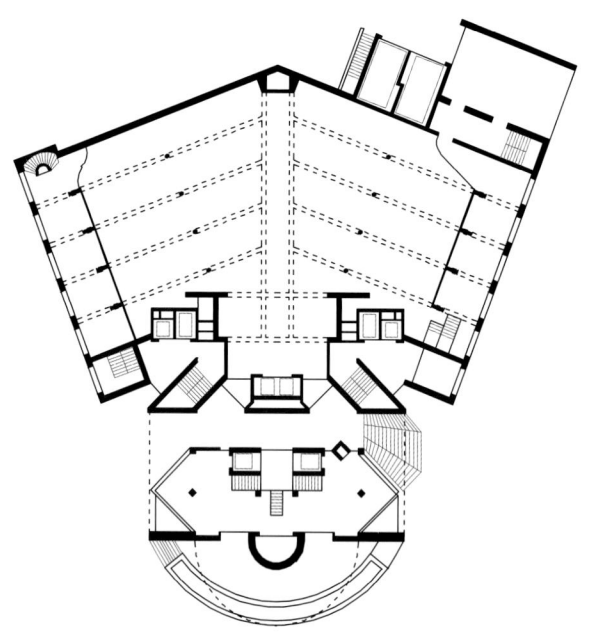

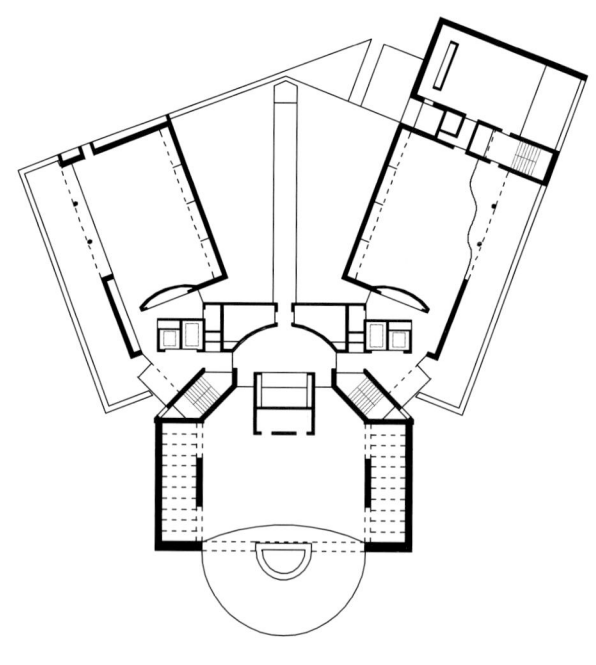

3

4

5

6

0 5 10

3. 剖面图
4. 首层平面图
5. 二层平面图
6. 三层平面图
7. 轴测图
8. 建筑全景

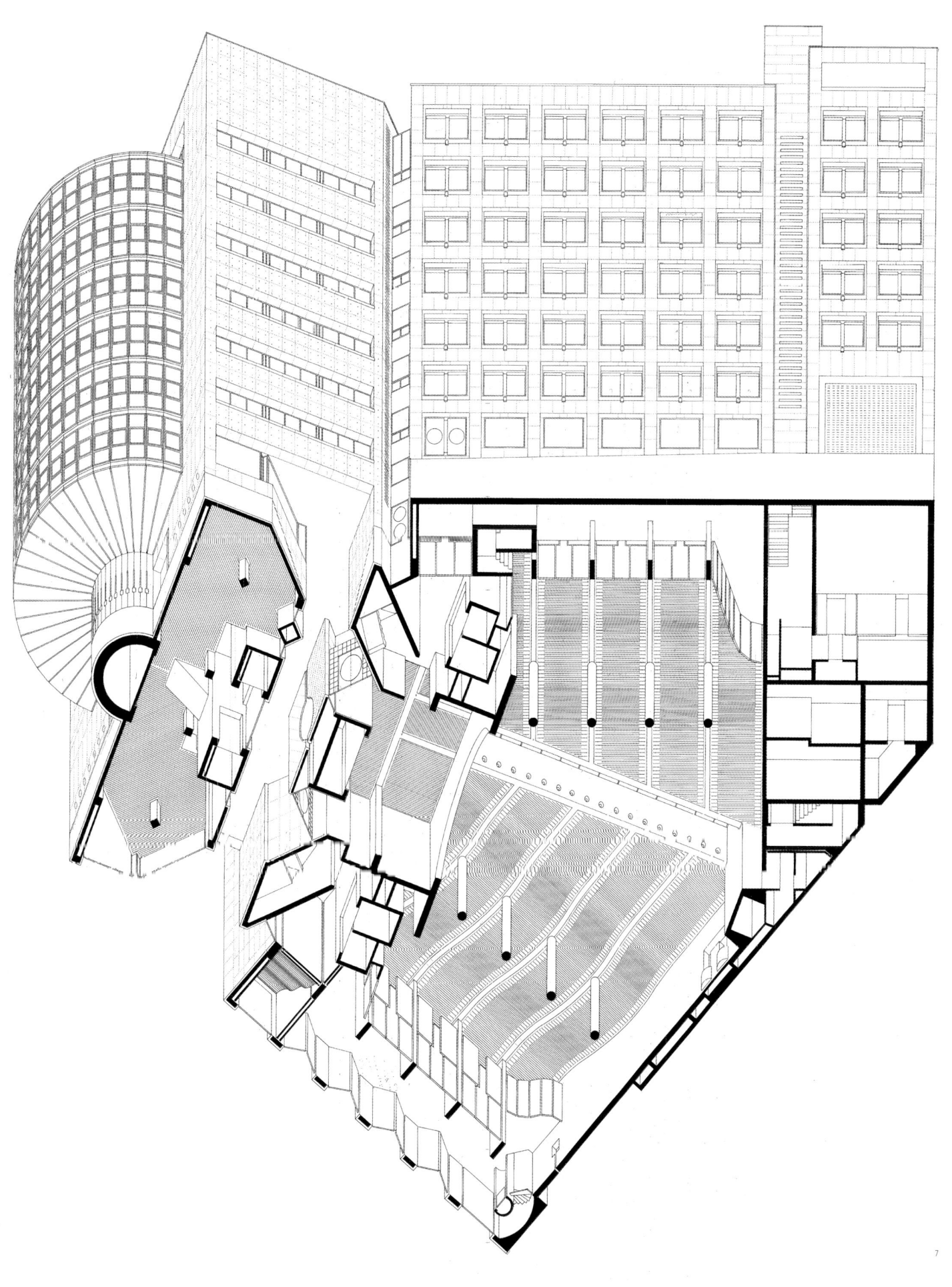

9

9. 综合体细部
10. 大厅室内实景
11. 餐厅细部
12. 会议室室内实景

延伸阅读

- U. Kultermann, Schweizerische Architektur, Die Architektur im 20. Jahrhundert, Du Mont Verlag, Köln, 1977, pp. 159-160.
- Banque de l'Etat de Fribourg-Staatsbank Freiburg, "Aktuelle Wettbewerbszene", 1977, 3-4, pp. 101-105.
- Banca a Friburgo, "Lotus International", 1977, 15, pp. 44-57.
- E ingriffe. Eine Typologie, "Werk-Architese", 1979, 25-26.
- P.A. Croset, Mario Botta. La Banca dello Stato di Friburgo, "Casabella", 1982, 484, pp .50-61.
- L. Dimitriu, Critique, "Progressive Architecture", 1982, 7, pp.62-63.
Friburgo la Banca dello Stato, "Abitare", 1982, 206, pp.74-77.
- O. Gmür, Neubau der Freiburger Staatsbank in Freiburg, "Archithese", 1983, 1, pp.55-62.
- P. Paulhans, Freiburger Staatsbank in Freiburg, "Baumeister", 1983, 6, pp.586-589.

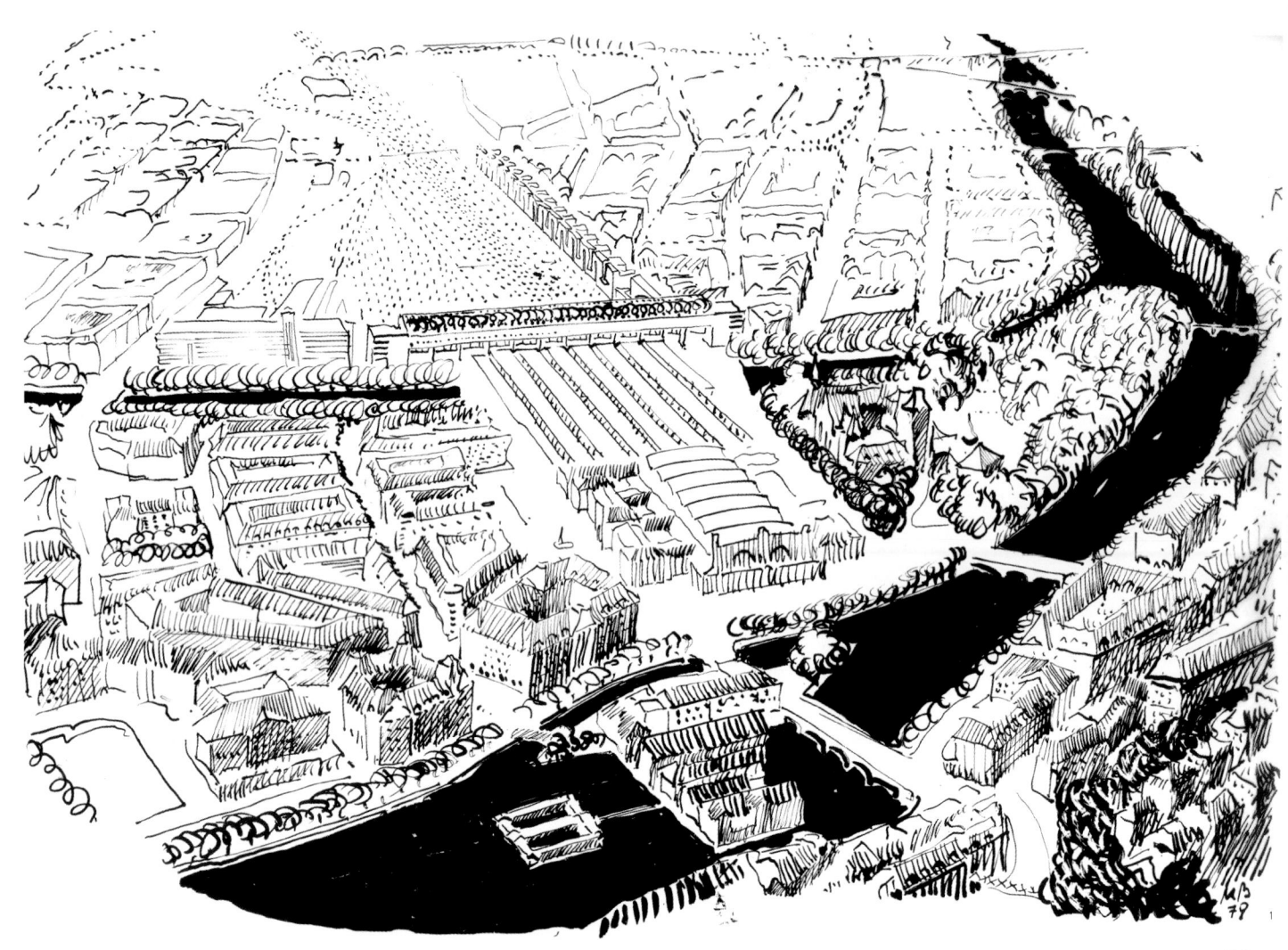

1. 手绘草图
2. 轴测图

苏黎世火车站扩建
EXPANSION OF ZURICH RAILWAY STATION

瑞士 苏黎世
Zurich, Switzerland 1978

　　这个项目致力于回答一个问题——"如何以建筑学的方式寻求城市历史发展问题的解决之道"。穿过城区的铁路形成了一个巨大裂缝，跨越裂缝的桥梁同时也使希尔河改观，在此它隐入铁轨下的地下河段。铁路边成排的树阵是现有的沿河林荫大道理想的延续。

　　新的建筑可以起到联系多种车站设施的功能。作为停车场和公交车站的多层广场本身就形成一个交通的节点，建筑内部有餐厅、商场等公共空间和服务空间。曹尔大街的车站是整个项目的重点，它紧邻轨道，车站后勤服务部门设在其中。建筑师利用一个新的墙体来重新定义了城市居住区与轨道设施之间的界限。

项目概况
合作建筑师：路易吉·斯诺兹
竞赛时间：1978
业　主：瑞士联邦铁路、邮政及电信服务，苏黎世
基地面积：40 000m²（桥）
　　　　　54 000m²（曹尔大街综合体）
　　　　　11 000m²（停车场）
建筑体积：164 000m³（桥）
　　　　　174 000m³（曹尔大街扩建）
　　　　　50 000m³（停车场）

with Luigi Snozzi
Competition project: 1978
Client: Swiss Federal Railways, Post and Telecommunications Service, City of Zurich
Site area: 40,000m² (bridge),
　　　　　54,000m² (complex along Zollstrasse),
　　　　　11,000m² (parking area)
Volume: 16,4000m³ (bridge),
　　　　174,000m³ (development along Zollstrasse),
　　　　50,000m³ (parking area)

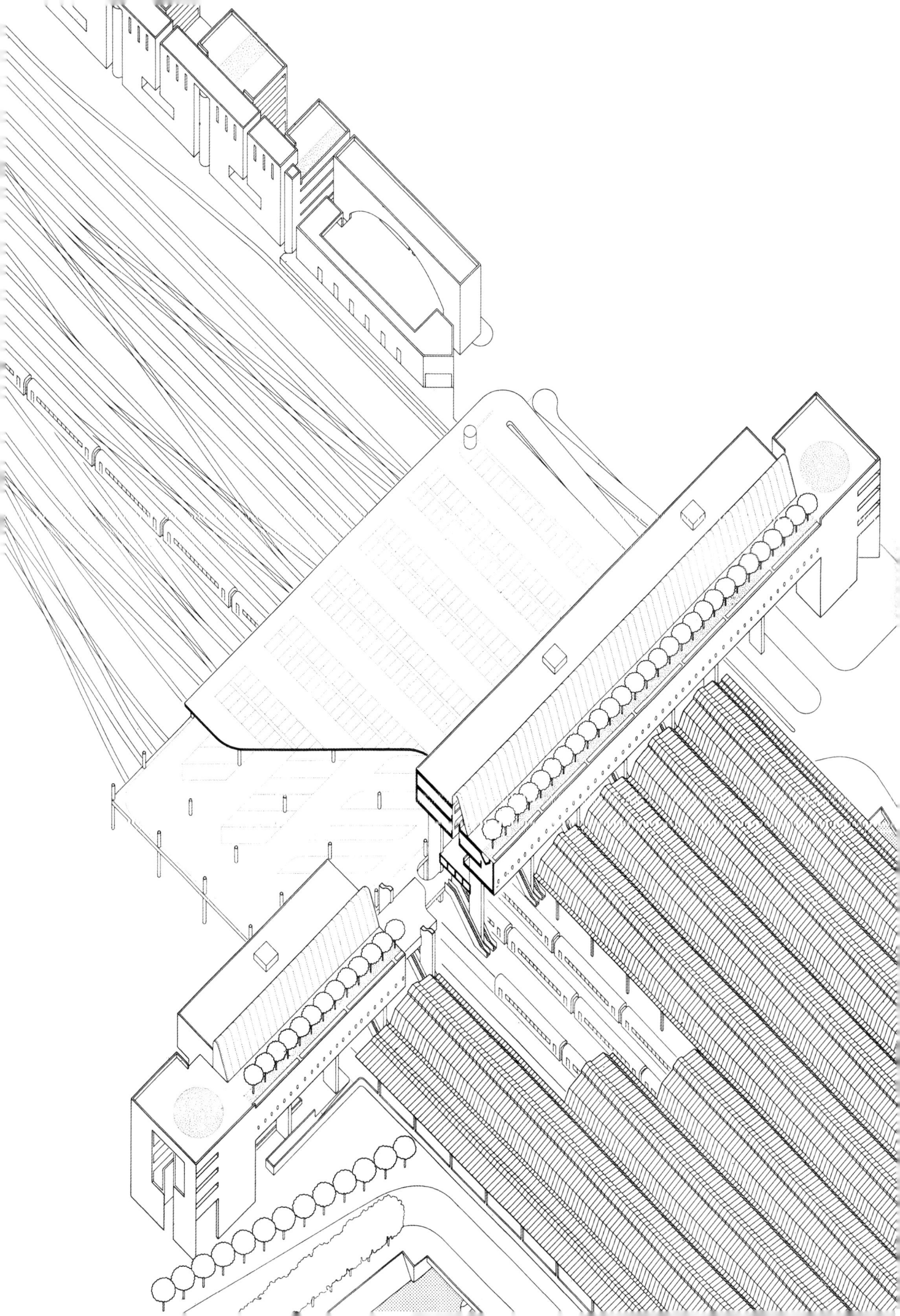

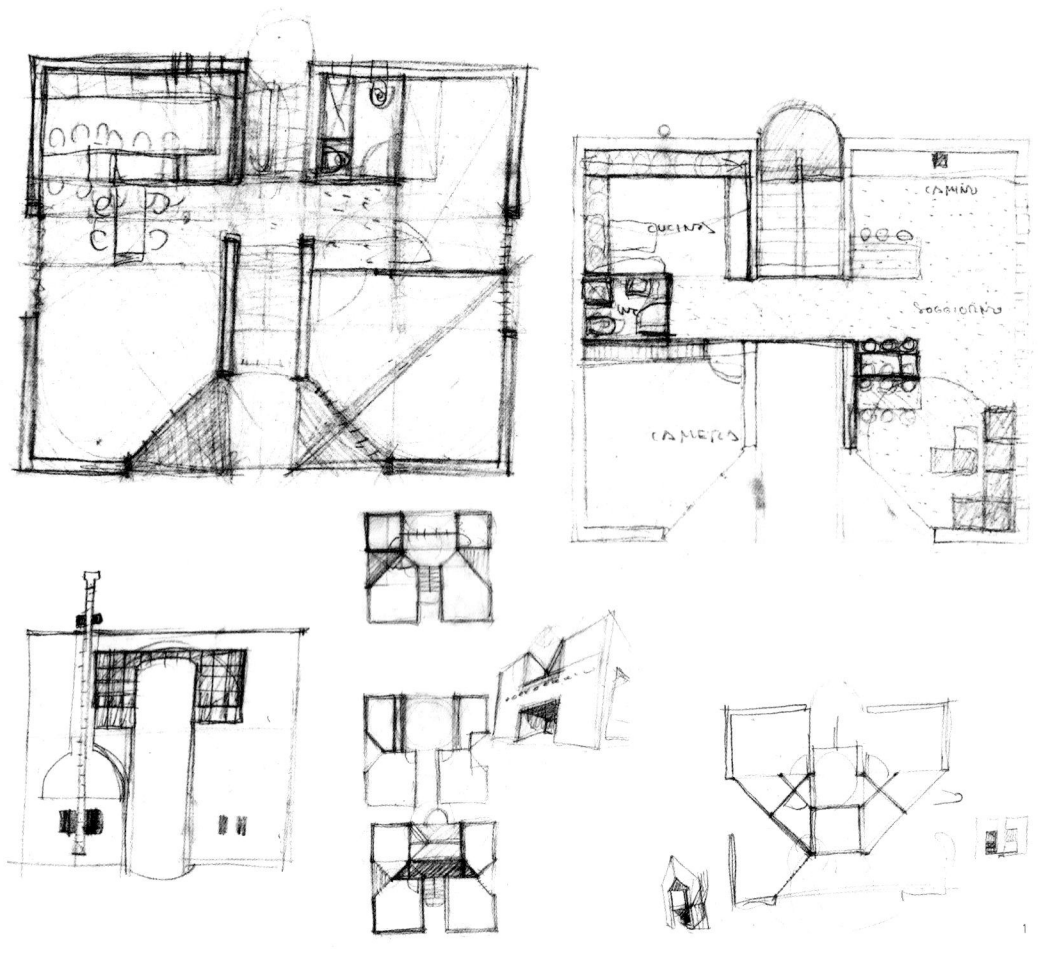

普瑞加桑纳独栋住宅
SINGLE-FAMILY HOUSE

瑞士 普瑞加桑纳
Pregassona, Switzerland 1979-1980

这座建筑建于卢加诺北部山坡上住宅区中一小块基地上。建筑正立面上的大进深开洞逐层向上收缩直至中央的顶部天窗，由此垂直发掘了建筑的体量。半圆柱形的楼梯位于建筑的轴线上，从北部突出于建筑立面之外，北立面后则是服务空间。门廊入口位于底层；二层布置起居室和朝南和西的餐厅；顶层设有书房和带有露台的卧室。建筑与外部空间的关系通过门廊、玻璃墙及三层的凉廊建立起来。门框和窗框的节奏则突出整个建筑的体积感，同室内空间的片段感形成对比。

项目概况

设计时间：1979
建造时间：1979—1980
业主：莉莉安娜，多明戈·桑皮耶特罗
基地面积：600m²
建筑面积：260m²
建筑体积：1 100m³

Project: 1979
Construction: 1979-1980
Client: Liliana & Domingo Sampietro
Site area: 600m²
Useful surface: 260m²
Volume: 1,100m³

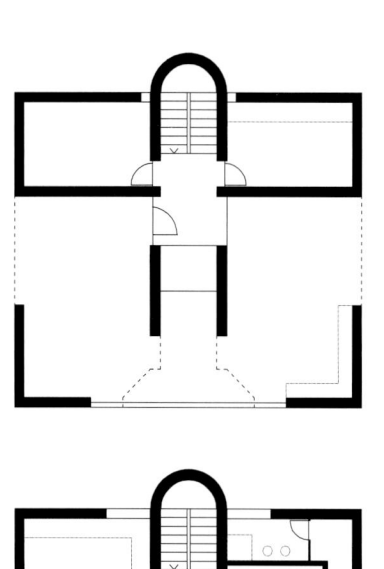

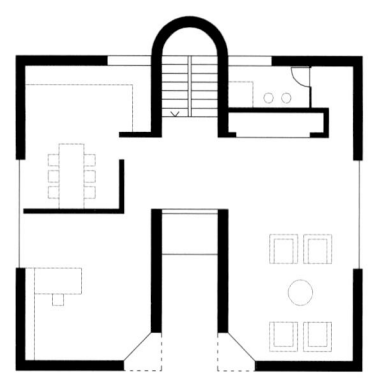

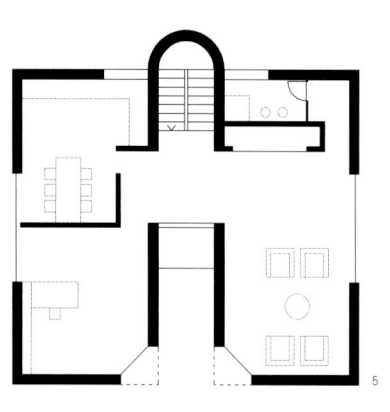

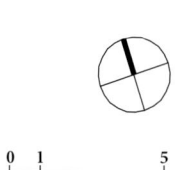

0 1   5

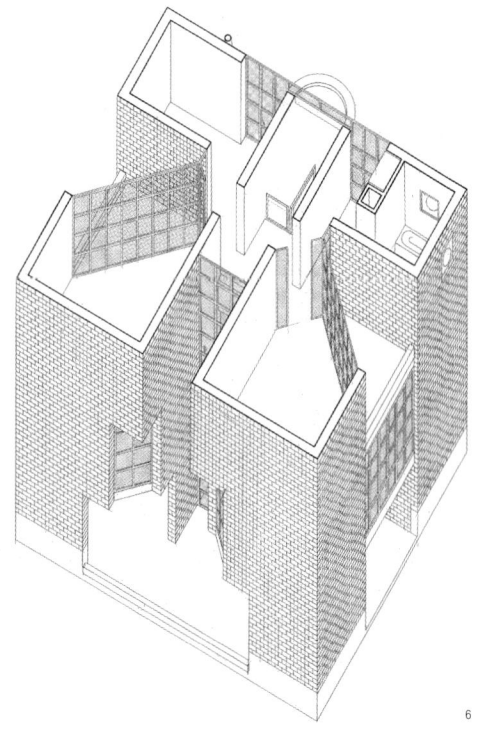

6

7

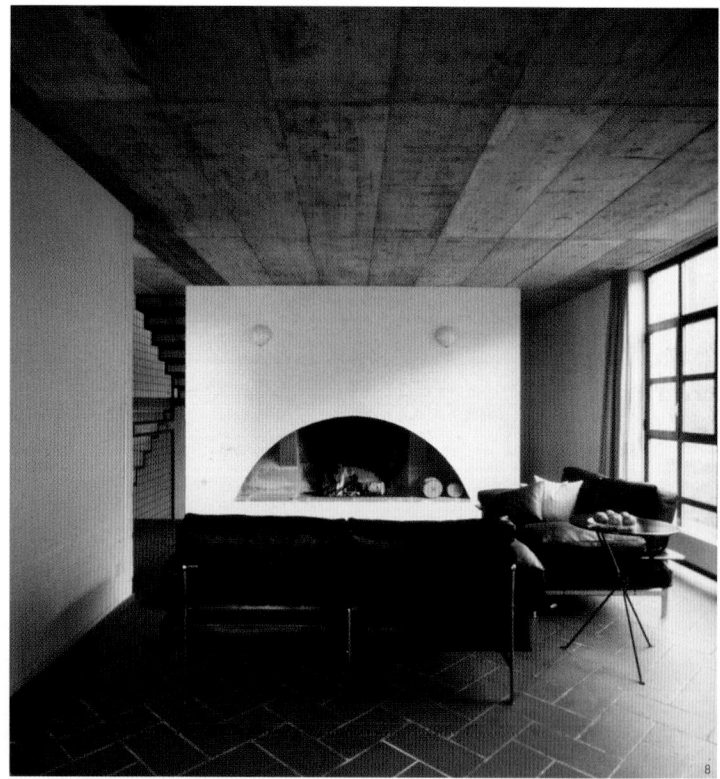

8

3. 首层平面图
4. 二层平面图
5. 三层平面图
6. 轴测图
7.8. 室内实景
9. 建筑实景

延伸阅读

- U. Jehle, Mario Botta: il passato come un amico, "Werk, Bauen+Wohnen", 1980, 3, p.5.
- J.M. Reiser, La nouvelle maison de l'architecte Mario Botta, "Charlie-Hebdo", 1980, 505, p.8.
- L. Rubino, Natura e volumi bloccati, "Ville Giardini", 1980, 149, pp.30-32 [republished in "Tuttoville" 1982, 72, pp. 30-32].
- M. Sisto, Una scultura per abitare, le sue luci, i suoi contrasti, "Casa Vogue", 1981, 117, pp.162-169.

1. 手绘草图
2. 建筑模型

瑞士巴塞尔城市更新项目
BASEL URBAN RENEWAL

瑞士 巴塞尔
Basel, Switzerland 1979

　　这个综合体所在的基地位于历史城区边缘的19世纪的花园，在中世纪的城区和占满了20世纪建筑的区域之间。竞赛要求的功能——住宅、停车场、社区服务用房——布置在围绕中央庭院组织的各种建筑中。方案试图重新塑造庭院，空间上通过在立面上切出的拱形入口来限定。庭院的南侧被一排复式住宅和从底层到三层的交通空间限定。庭院的另一侧是原有的和新建建筑，它们将基地的东北角封闭，提供社区服务功能。地下停车场的屋面成为广场的步行区域。

项目概况
竞赛时间：1979
业主：巴塞尔市政府
基地面积：约3 500m²
建筑面积：约6 500m²，加上7 500m² 车库
建筑体积：约 22 400m³，加20 000m³ 车库

Competition project: 1979
Client: City of Basel
Site area: approx. 3,500m²
Useful area: approx. 6,500m², plus 7,500m² garages
Volume: approx. 22,400m³, plus 20,000 m³ garages

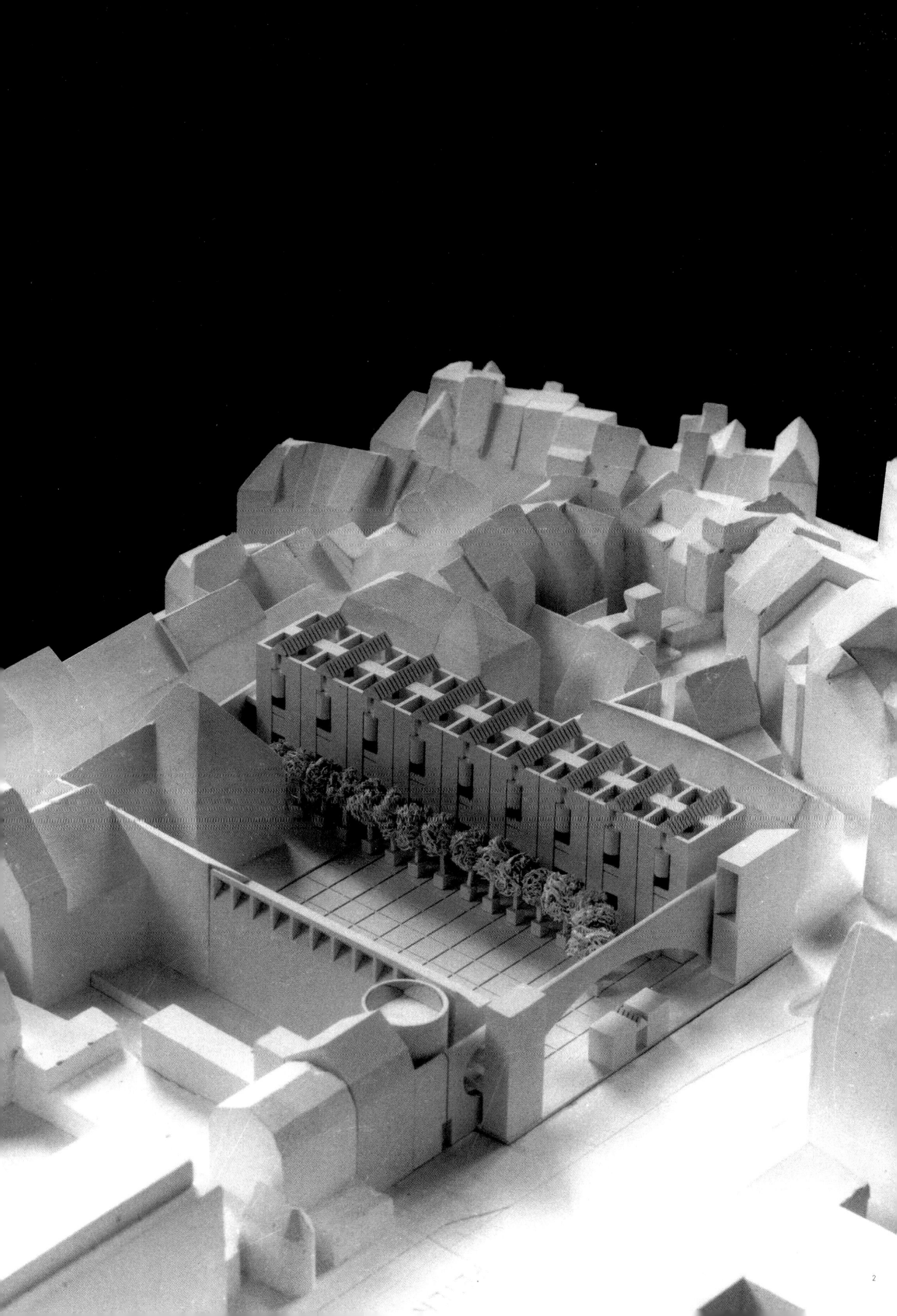

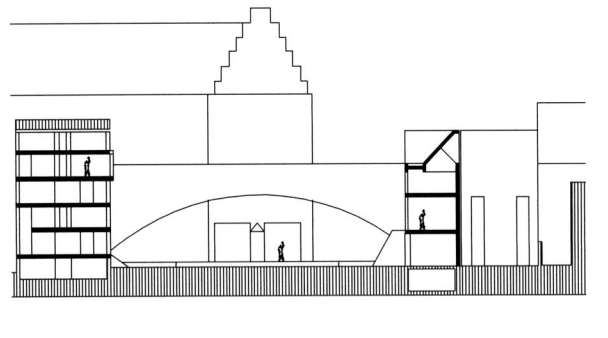

3

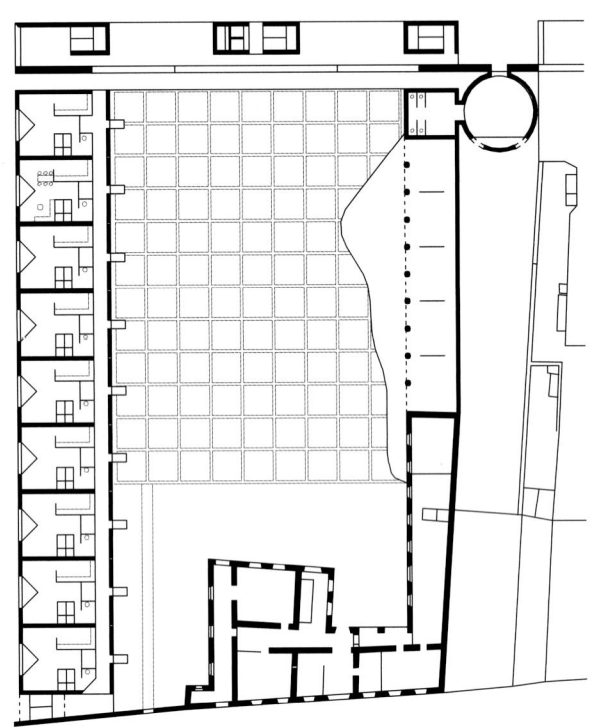

6

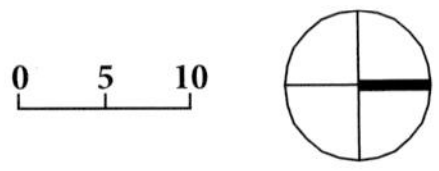

0   5   10

4

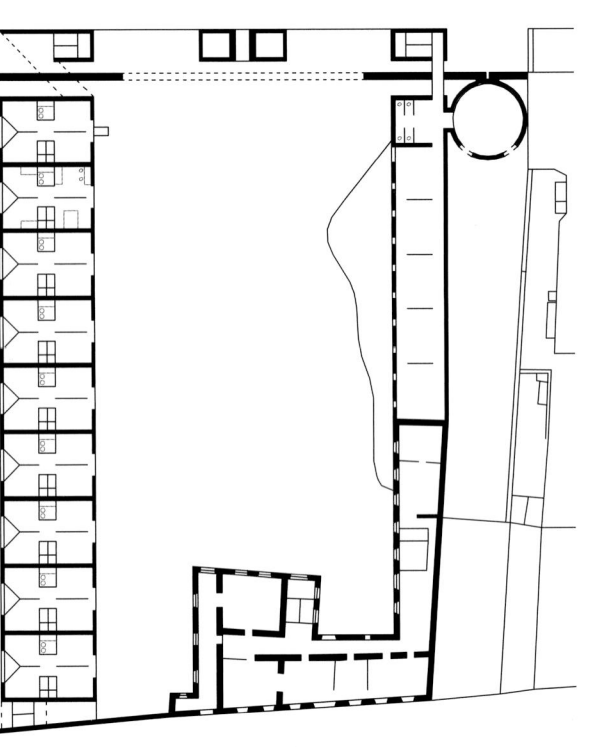

5

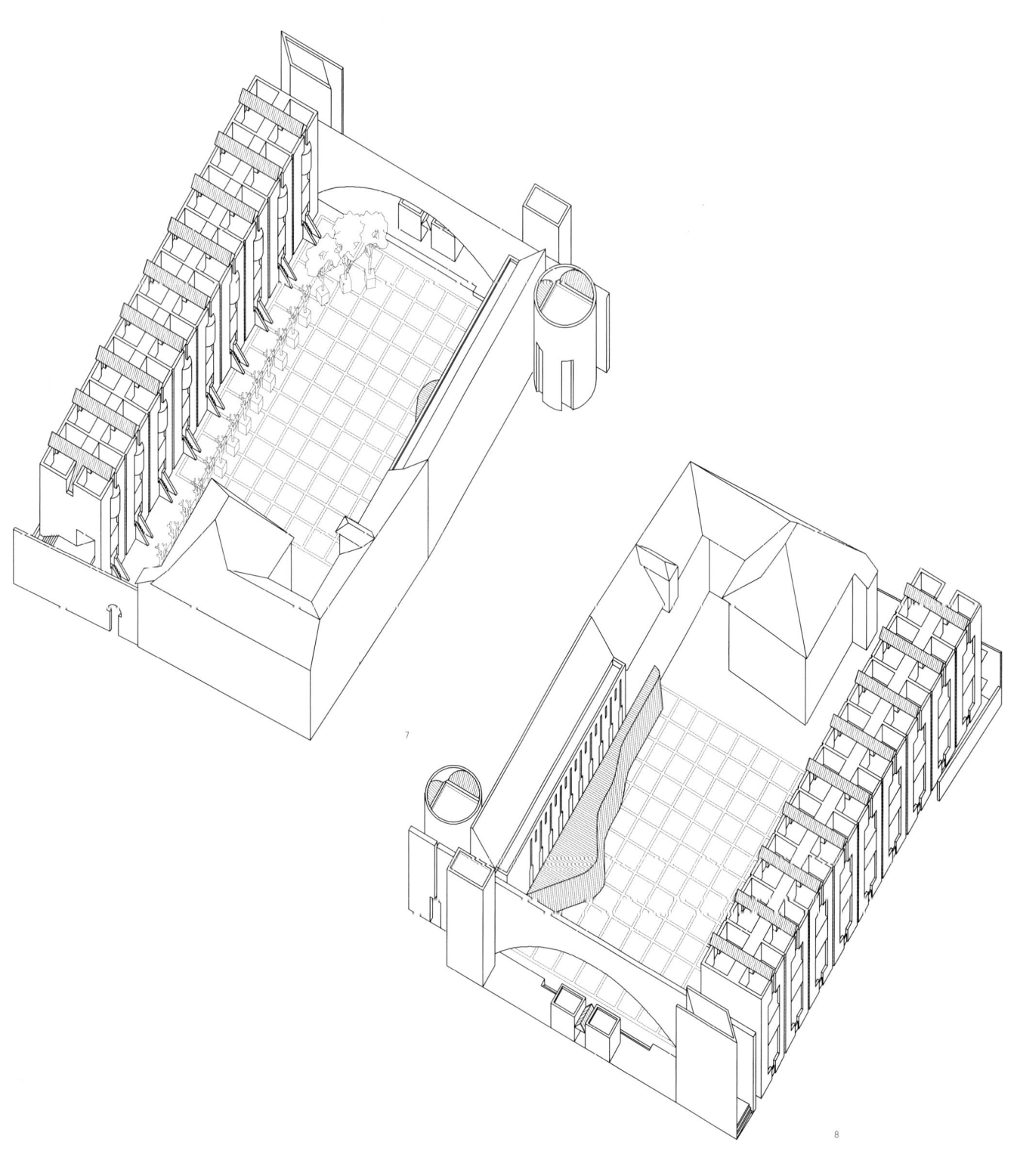

7

8

3. 总平面图
6. 剖面图
4. 一层平面图
5. 二层平面图
7.8. 轴测图

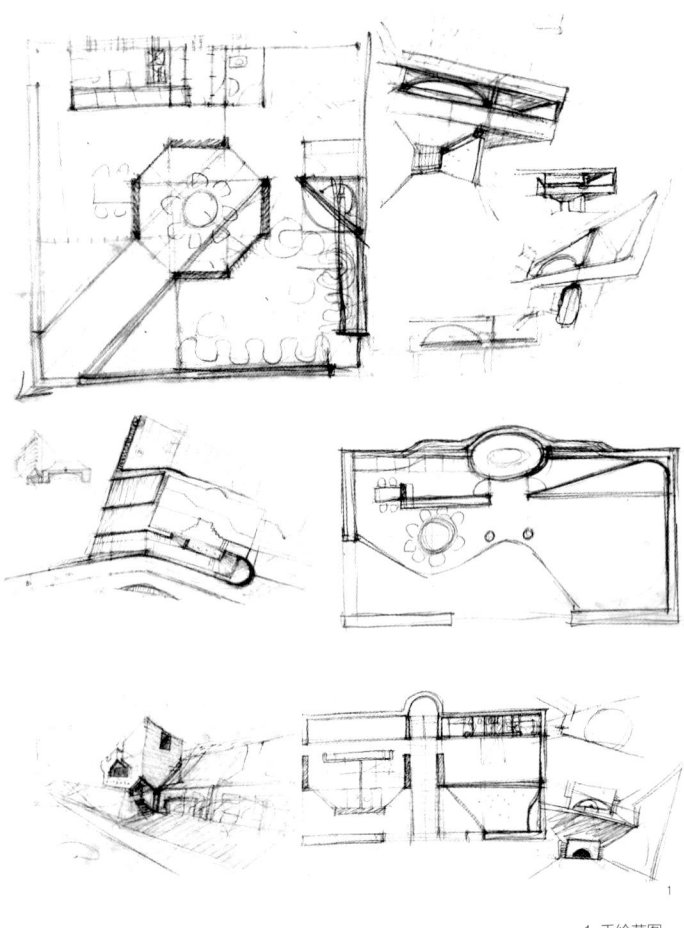

1. 手绘草图
2. 开敞的圆洞

麦萨哥诺独家住宅
MASSAGNO SINGLE-FAMILY HOUSE

瑞士 麦萨哥诺
Massagno, Switzerland 1979-1981

　　这栋住宅坐落在朝东的山坡上，它矗立于如画的风景之中，是峡谷唯一可见的建筑——其他建筑几乎都低于地面。东部的立面是独特的横向红灰相间的砖墙，而立面上圆形的开洞有机地连接了不同的内部空间。建筑的中轴呈现出一连串不同采光的场所：带有移窗的敞开凉廊可以形成小气候，犹如温室；后退的玻璃墙和建筑中部的天光照亮的天井；天窗在深邃的楼梯、开孔顶部形成的明亮光柱。

　　住宅内功能对称设置在3层中：地下室处的入口中庭，在建筑的外立面上形成了一个斜向45°的切角，旁边是服务区；露台和卧室设在顶层，俯瞰开阔的空间。后部的高台则设有服务用房，圆柱形楼梯突出于室外。

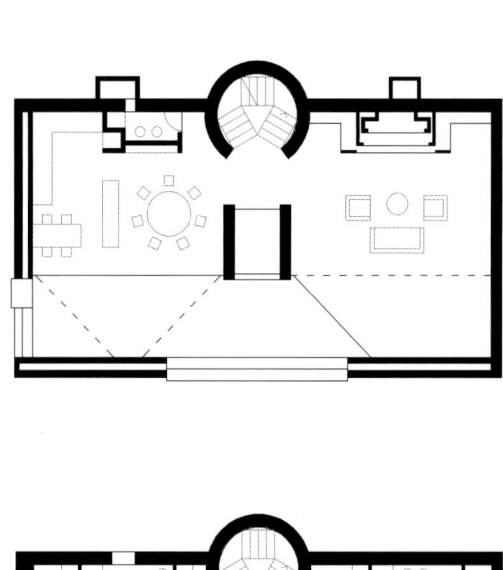

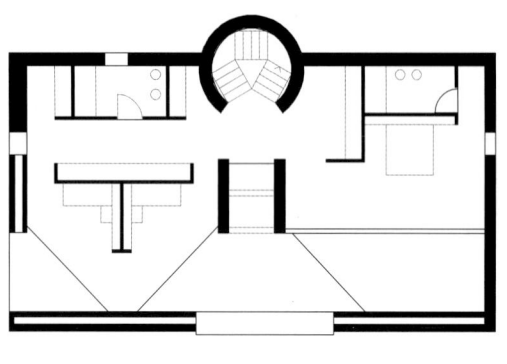

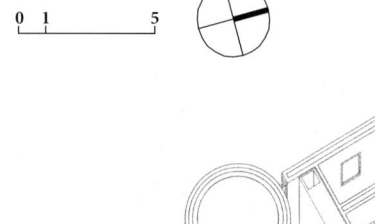

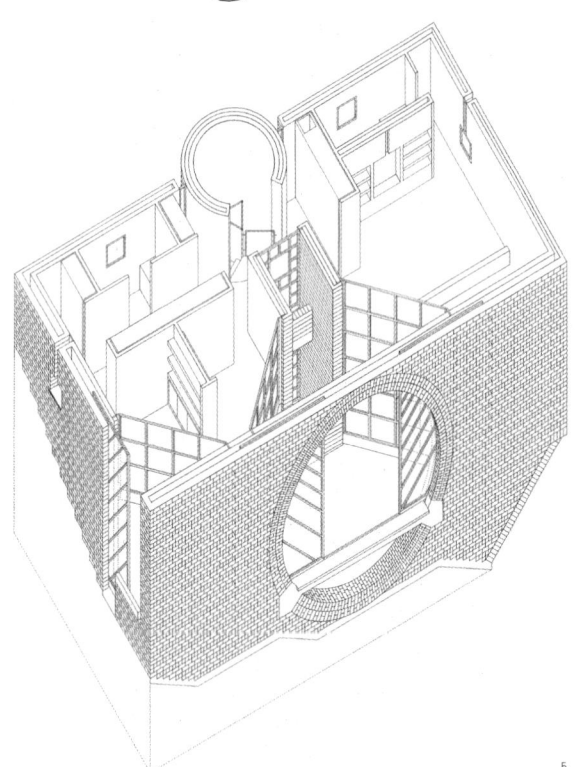

3
4

0　1　　　　5

5

3. 首层平面图
4. 二层平面图
5. 轴测图
6. 建筑全景

项目概况
设计时间: 1979
建造时间: 1980—1981
业主: 玛丽艾拉和赫利奥斯·罗比埃尼
基地面积: 620m²
建筑面积: 300m²
建筑体积: 1 300m³

Project: 1979
Construction: 1980-1981
Client: Mariella and Helios Robbiani
Site area: 620m²
Useful surface: 300m²
Volume: 1,300m³

7. 从室内望向城市
8. 楼梯
9. 楼梯细部

延伸阅读

- P. Arnell, Mario Botta: Trans-Alpine Rationalist, "Architectural Record", 1982, 6, pp. 98-107.
- P. Buchanan, Oh Rats! Rationalism ad Modernism, "The Architectural Reviewar", 1983,1034, pp. 19-21.
- T. Carloni, Architetto del muro e non del trilite, "Lotus International", 1983, 37,pp. 34-46.
- Forme elementari, "Interni", 1983, 332, p. 9.
- P. Disch-C. Negrini, La ricerca recente di Mario Botta, "Rivista Tecnica", 1984, 7-8, pag.26.
- K. W. Schmitt, Freiheit statt Zwang, "db deutsche bauzeitung", 1984, 4, pp. 42-45.

全作品年表

2000 - 2015

项目名称 | 页码

奥斯陆歌剧院 | 0030

项目地点： 挪威，奥斯陆
设计时间： 1999

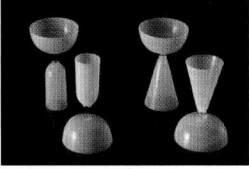

MUNARI玻璃制品设计 | 0034

2000

卡达达山的两栋度假别墅 | 0036

瑞士 卡达达山
2000

卢加诺中央巴士总站 | 0042

瑞士 卢加诺
2000

希腊国家民族保险大厦 | 0048

希腊 雅典
2001—2004

贝希特勒现代艺术博物馆 | 0054

美国 夏洛特（北卡罗莱纳州）
2000—2005

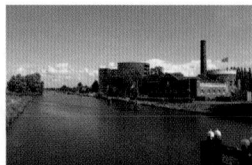

荷兰"远景"住宅 | 0066

荷兰 哈勒默梅尔
2001

圣容教堂 | 0074

意大利 都灵
2001

罗萨托儿所 | 0086

意大利 罗萨
2001

阿扎诺丧葬礼拜堂 | 0090

意大利 塞拉韦扎 阿扎诺
1999

BEIC图书馆 | 0096

意大利 米兰
2001

斯卡拉剧院翻新工程 | 0100

意大利 米兰
2001

"树干"花瓶 | 0108

2001

毕奥神父信徒接待中心 | 0110

意大利 皮耶特雷尔奇纳
2002

清华大学博物馆和艺术画廊 | 0114

中国 北京
2002

新圣母玛丽亚教堂 | 0118

意大利 泰拉诺瓦布拉乔利尼
2005—2007

马林斯基剧院 | 0124

俄罗斯 圣彼得堡
2003

ANCE总部 | 0128

意大利 莱科
2003

蒙塞利切喷泉 | 0132

意大利 蒙塞利切
2003

楚根·阿罗萨健康温泉中心 | 0136

瑞士 阿罗萨
2003

瑞吉山温泉广场及水疗中心
| 0148

瑞士 瑞吉卡特巴德
2004

活动剧场装置设计 | 0158

意大利 都灵
2004

钢笔设计 | 0160

2004

"贝洛!"桌子 | 0162

2004

里米尼礼堂设计 | 0164

意大利 里米尼
2001

前金巴利厂区整体改造项目
| 0168

意大利 塞斯托-圣乔凡尼(米兰)
2004

莫库凯托酒庄 | 0178

瑞士 卢加诺
2005

特雷莎修女小教堂 | 0184

瑞士 莫斯阿尔卑斯 特伯尔
2005

洛桑歌剧院 | 0188

瑞士 洛桑
2005

门德里西奥剧院 | 0190

瑞士 门德里西奥
2005/2010

马里奥·博塔建筑事务所新办
公楼 | 0192

瑞士 门德里西奥
2005

圆厅建筑:冰库改造 | 0198

意大利 维罗纳
2005

波扎家族丧葬礼拜堂 | 0200

意大利 维琴察
2005

AGORA会所 | 0204

韩国 济州岛
2006

弗耶尔酒庄 | 0212

法国 圣艾美隆
2005-2006

瑞士国家青年运动中心三期扩
建 | 0220

瑞士 特纳若
2006

"圣洛克"教区 | 0224

意大利 圣焦万尼泰亚蒂诺
2006

梅里德化石博物馆 | 0228

瑞士 梅里德
2006

壳体,米兰三年展——家具
展 | 0234

意大利 米兰
2007

佩比·弗吉酒庄 | 0236

法国 圣埃蒂安德利斯
2008／2012

意大利帕多瓦大学生物和生物
医学院 | 0238

意大利 帕多瓦
2007

巴登新温泉浴场 | 0248

瑞士 巴登
2009

康斯坦丁诺夫斯基会议中心
| 0252

俄罗斯 圣彼得堡
2007

衡山路十二号酒店 | 0256

中国 上海
2006

清华大学图书馆 | 0266

中国 北京
2008

大韩航空宋延东项目 | 0274

韩国 首尔
2008

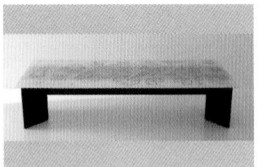

桌子 （"桥"） | 0276

2008

门德里西奥安全部队中心
| 0278

瑞士 门德里西奥
2008

马克杯 | 0282

2009

圣彼得堡滨水区设计 | 0284

俄罗斯 圣彼得堡
2008

"沙漏"坐凳 | 0288

2010

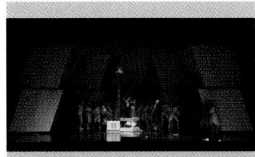

"西维利亚的理发师"舞台设
计 | 0290

瑞士 苏黎世
2009

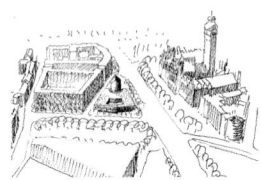

莱比锡教会和牧灵中心 | 0296

德国 莱比锡
2009

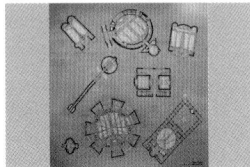

"安纳托利亚" 地毯 | 0298

2009

亨克办公楼 | 0300

比利时 亨克
2009

"橡木"拼贴 | 0304

2010

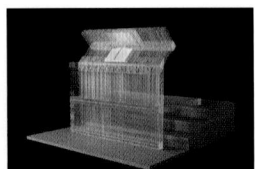

圣母百花大教堂讲道台 | 0306

意大利 佛罗伦萨
2012

千禧喷泉 | 0308

瑞士 圣布莱斯
2010

弗朗西斯卡·卡布里尼纪念
碑 | 0310

意大利 米兰
2010

大学校园 | 0312

瑞士 卢加诺
2011

石榴石教堂 | 0316

奥地利 齐勒 佩恩约克
2011-2012

圣母玫瑰巴西利卡大教堂 | 0324

韩国 南阳
2011

鲁迅美术学院 | 0328

中国 沈阳
2011

艾哈迈达巴德知识中心 | 0342

印度 艾哈迈达巴德
2011

SUPSI大学校园竞赛 | 0346

瑞士 门德里西奥
2013

南昌陶器博物馆 | 0350

中国 南昌
2012

韦塔餐厅 | 0358

瑞士 杰内罗索山
2013

吉内斯遗传药房显示器托架 | 0362

瑞士 巴塞尔
2013

SAMS STA校园设计竞赛 | 0364

瑞士 基亚索
2013

椅子莫雷拉托 | 0368

意大利 维罗纳
2013

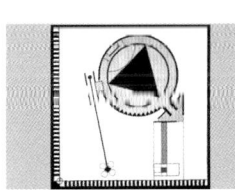

"洛杉矶主教堂" 地毯 | 0374

1990

特纳若国家青年运动中心 | 0376

瑞士 特纳若
1990/1993

圣塞巴斯蒂安文化中心 | 0386

西班牙 圣塞巴斯蒂安
1990

塔玛若山顶小教堂 | 0388

瑞士 塔玛若山
1990—1992

威尼斯电影宫 | 0402

意大利 威尼斯
1990

普罗温西亚日报总部大厦 | 0406

意大利 科莫
1990

坎皮奥内赌场 | 0410

意大利 坎皮奥内
1990/1998

La Forteza 办公及住宅综合楼 | 0420

荷兰 马斯垂克
1990—1995

枫多托斯工厂 | 0426

意大利 韦尔巴尼亚
1991

瑞士联邦宫扩建 | 0430

瑞士 伯尔尼
1991

门德里西奥办公与住宅综合楼 | 0436

瑞士 门德里西奥
1991

雷达埃利别墅 | 0446

意大利 柏纳瑞吉奥
1991/1997

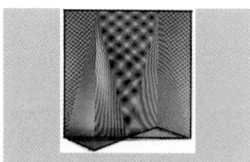

"尼拉·罗莎"屏风 | 0456

1992

维尔纳·王宾纬图书馆 | 0458

瑞士 艾因西德伦
1992

穆纳里花瓶 | 0464

1992

蒙特卡拉索公寓 | 0466

瑞士 蒙特卡拉索
1992

苏黎世歌剧院 | 0474

瑞士 苏黎世
1992

诺瓦扎诺老年之家 | 0478

瑞士 诺瓦扎诺
1992

杜伦玛特中心 | 0486

瑞士 纳沙泰尔
1992/95—1997

让·丁格力博物馆 | 0498

瑞士 巴塞尔
1993

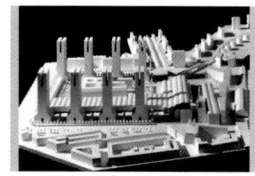

亚历山大广场城市设计 | 0508

德国 柏林
1993

基亚索降噪装置 | 0512

瑞士 基亚索
1993

美狄亚歌剧院舞台设计 | 0516

瑞士 苏黎世
1993—1994

奇塔德拉皮耶韦理科教育中学 | 0520

意大利 奇塔德拉皮耶韦
1993—1997

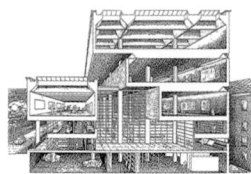

萨拉戈萨当代艺术画廊 | 0526

西班牙 萨拉戈萨
1993

奎恩图服务站 | 0530

瑞士 皮奥塔
1993

圣约翰二十三世教堂 | 0536

意大利 赛利亚特(贝加莫)
1994/2000

夏绿蒂·克尔椅子 | 0548

1994

卡的夫湾歌剧院 | 0550

大不列颠 卡的夫
1994

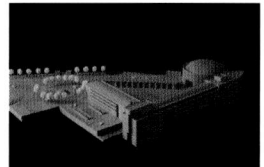

那慕尔国会大厦 | 0552

比利时 那慕尔
1994

特雷维索阿比安尼区域 | 0554

意大利 特雷维索
1994/2004

斯坦普利亚基金会 | 0568

意大利 威尼斯
1993/1995

"蒂拉博斯基"图书馆 | 0576

意大利 贝加莫
1995

伊波利托巴塞尔市立剧院舞台设计 | 0582

瑞士 巴塞尔市
1995

"诺亚方舟"雕塑公园 | 0586

以色列 耶路撒冷
1995—1998

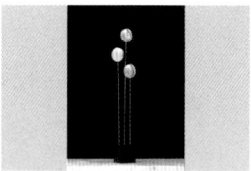

"花朵时间"手表 | 0598

1995

文森佐·维拉博物馆 | 0600

瑞士 利戈尔内托
1995

多特蒙德市图书馆 | 0606

德国 多特蒙德市
1995

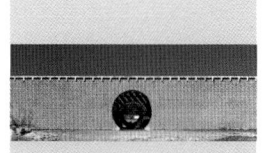

塔罗庭院入口 | 0614

意大利 维奇欧
1995

三星艺术博物馆 | 0616

韩国 首尔
1995—1997/2002

辛巴利斯特犹太教堂和犹太遗产中心 | 0624

以色列 特拉维夫
1996

"美洲峰会"纪念碑 | 0638

玻利维亚 圣克鲁斯塞拉利昂
1996

新德里TATA咨询服务办公楼 | 0652

印度 新德里
1996—1997

马里奥·博塔表 | 0664

1997/2007

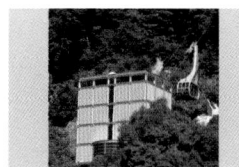

奥赛丽娜—卡达达索道站 | 0666

瑞士 洛迦诺
1997

马尔彭萨机场小教堂 | 0672

意大利 米兰
1997

希腊国家银行 | 0674

希腊 雅典
1998

马丁·博德默基金会图书馆和博物馆 | 0682

瑞士 科洛尼
1998

柯尼斯堡独栋住宅 | 0688

德国 柯尼斯堡
1998

13只花瓶 | 0692

1998

莫龙塔 | 0702

瑞士 马勒赖
1998

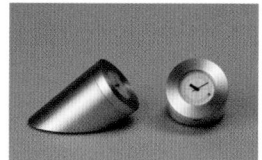

MONDAINE 手表 | 0706

1998 / 1995-1996 / 1998-1999

圣安东尼奥·阿巴特教堂立面 | 0708

瑞士 杰内斯特雷里奥
1999

新港 | 0712

荷兰 代芬特尔
1998/2006

波洛米尼的圣·卡尔利诺教堂木制模型 | 0718

瑞士 卢加诺湖
1999

米娅和图阿壶 | 0732

1997

佩特拉酒庄 | 0734

意大利 苏维雷特
1999

哈丁销售总部 | 0744

德国 明登
1999

海得拉巴"TATA咨询服务"办公楼 | 0752

印度 海得拉巴
1999

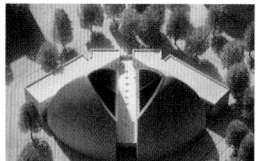

犹太社区中心 | 0760

德国 美因茨
1999

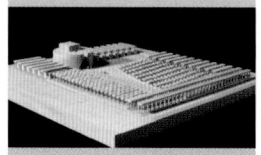

法赫德国王国家图书馆 | 0762

沙特阿拉伯 利雅得
1999

洛伊克城堡 | 0764

瑞士 洛伊克
1999

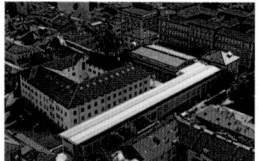

特兰托大学法律系扩建 | 0772

意大利 特兰托
1999

特兰托新中心图书馆 | 0778

意大利 特兰托
1999

维加内洛独栋住宅 | 0786

瑞士 维加内洛
1980

斯塔比奥圆形独栋住宅 | 0792

瑞士 斯塔比奥
1980

阿格拉养老院 | 0798

瑞士 阿格拉
1980

柏林科学中心 | 0802

德国 柏林
1980

毕加索博物馆 ｜ 0806

西班牙 格尔尼卡
1981

欧瑞哥利奥独栋住宅 ｜ 0808

瑞士 欧瑞哥利奥
1981-1982

郎西拉一号大楼 ｜ 0812

瑞士 卢加诺
1981

玛热克斯剧院和文化中心 ｜ 0818

法国 昌伯瑞
1982

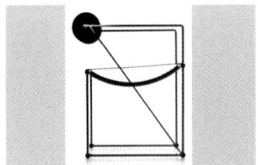

座椅"一号"和"二号" ｜ 0826

1982

莫比奥·苏比利欧独栋住宅
｜ 0828

瑞士 莫比奥·苏比利欧
1982

BSI银行大厦 ｜ 0834

瑞士 卢加诺
1982

桌子"三号" ｜ 0844

1983

西门子行政大楼 ｜ 0846

德国 慕尼黑
1983

维勒班图书馆 ｜ 0850

法国 维勒班
1984

布莱刚佐纳独栋住宅 ｜ 0858

瑞士 布莱刚佐纳
1984

座椅"四号" ｜ 0866

1984

"壳"装置设计 ｜ 0868

1984—1985

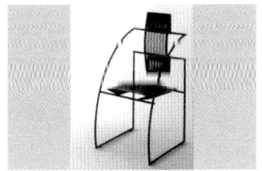

座椅"五号" ｜ 0871

1985

扶手椅"六号" ｜ 0872

1985

将军灯具 ｜ 0874

1985

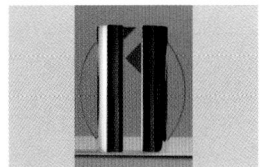

穆纳里对壶 I ｜ 0876

1985

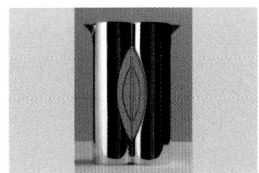

穆纳里对壶 II ｜ 0878

1989

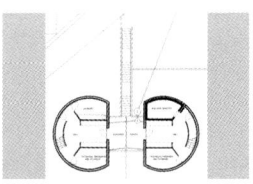

瑞士"双拼单身"公寓 ｜ 0880

瑞士 波斯柯卢加耐
1985

WATERI-UM美术馆 ｜ 0882

日本 东京
1985—1988

前梵契·伍尼卡工业区住区开发｜0892

意大利 都灵
1985

西亚尼大街住宅办公综合楼｜0896

瑞士 卢加诺
1986

比可卡科学园区｜0904

米兰 意大利
1986

菲迪亚壁灯｜0908

1986

门把手｜0910

1986

桌子泰西｜0912

1986

新蒙哥诺教堂｜0914

瑞士 提挈诺 蒙哥诺
1986—1992

曼萨纳大楼｜0928

西班牙 巴塞罗那
1986

巴塞尔瑞士联邦银行大楼｜0930

瑞士 巴塞尔
1986

五洲中心大厦｜0940

瑞士 卢加诺
1986

凯马图办公楼｜0950

瑞士 卢加诺
1986

皮洛塔花园露天广场｜0956

意大利 帕尔马
1986—1996

瓦卡罗独栋住宅｜0964

瑞士
1986

奥德利柯小教堂｜0972

意大利 波代诺内
1987

曼诺独立住宅｜0982

瑞士 曼诺
1987

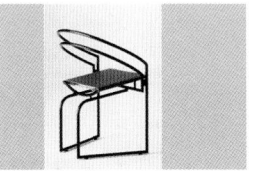

圆形座椅｜0988

1987

罗桑那独栋住宅｜0990

瑞士 罗桑那
1987

圣彼得教堂｜0996

意大利 萨尔蒂拉纳
1987/1992

布鲁塞尔朗伯银行大楼｜1008

瑞士 日内瓦
2001

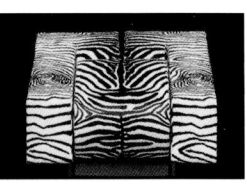

倾斜单人沙发｜1014

1987

MELANOS 灯具设计 | 1016

1986

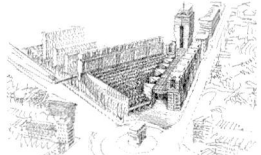

马赛凯旋门 | 1018

法国 马赛
1988

诺瓦扎诺公寓 | 1024

瑞士 诺瓦扎诺
1988

尼若拉综合大厦 | 1034

瑞士 贝林佐纳
1988

艾维复活大教堂 | 1042

法国 艾维
1988—1992

国家劳工银行立面改造 | 1054

阿根廷 布宜诺斯艾利斯
1989

艾斯兰加购物中心 | 1056

意大利 佛罗伦萨
1980

瑞士电信中心 | 1060

瑞士 贝林佐纳
1988

现代艺术博物馆 | 1068

意大利 罗韦雷托
1988-1992

弗朗河河谷的城市更新 | 1080

瑞士 洛桑
1988

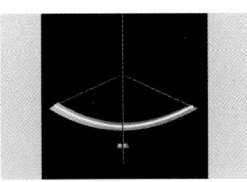

ZEFIRO 灯具 | 1084

1988

达罗独栋住宅 | 1086

瑞士 达罗
1989

旧金山现代艺术博物馆 | 1092

美国 旧金山
1989/1990—1992

卡洛葛尼独栋住宅 | 1106

瑞士 卡洛慕尼
1989

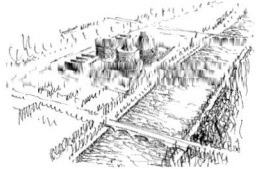

法国国家图书馆 | 1112

法国 巴黎
1989

瑞士联邦700周年庆帐篷 | 1116

瑞士 贝林佐纳
1989

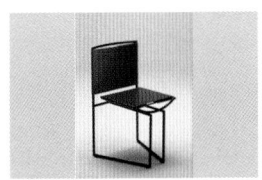

91号博塔椅 | 1126

1989

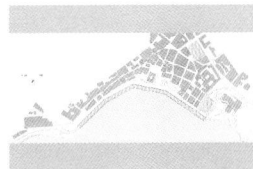

卢加诺湖滨空间设计 | 1128

瑞士 卢加诺
1989

佐芬根独栋住宅及陈列室 | 1130

瑞士 佐芬根
1989

"机器人"多屉橱柜 | 1134

1989

蒙塔尼奥拉独栋住宅 | 1136

瑞士 蒙塔尼奥拉
1989

目之表 | 1144

1989

韩国首尔教宝大厦 | 1146

韩国 首尔
1989

杰内斯特雷里奥教区用房 | 1162

瑞士 简耐斯特莱里奥
1961

斯塔比奥独家住宅 | 1164

瑞士 斯塔比奥
1965

圣玛丽亚修道院小教堂 | 1168

瑞士 比戈里奥
1966

威尼斯建筑大学毕业设计 | 1170

意大利 威尼斯
1969

瑞士洛桑联邦理工学院规划 | 1174

瑞士 洛桑
1970

卡代纳佐独栋住宅 | 1178

瑞士 卡代纳佐
1970

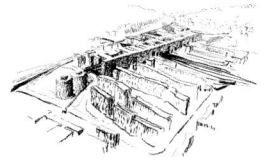

佩鲁贾行政中心 | 1182

意大利 佩鲁贾
1971

圣维塔莱河独栋住宅 | 1186

瑞士 圣维塔莱河
1971

莫比奥·英佛里奥里中学 | 1194

瑞士 莫比奥英佛里奥里
1972

凯普新修道院图书馆 | 1204

瑞士 卢加诺
1976

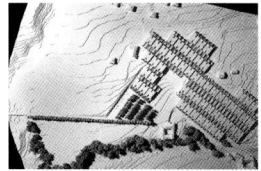

瑞士住宅区规划 | 1214

瑞士
1974

里格纳图独栋住宅 | 1218

瑞士 里格纳图
1975

巴勒那公共体育馆 | 1224

瑞士 巴勒那市
1976

里哥瑞格那诺农场的翻新 | 1228

瑞士 里哥瑞格那诺
1977

巴勒那手工艺中心 | 1232

瑞士 巴勒那
1977

弗里堡国家银行 | 1236

瑞士 弗里堡
1977

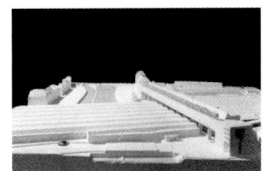

苏黎世火车站扩建 | 1244

瑞士 苏黎世
1978

普瑞加桑纳独栋住宅 | 1248

瑞士 普瑞加桑纳
1979

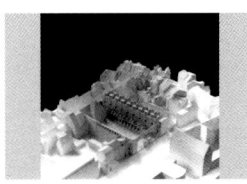

瑞士巴塞尔城市更新项目 | 1252

瑞士 巴塞尔
1979

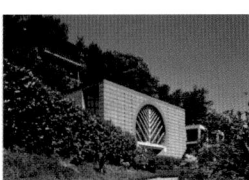

麦萨哥诺独家住宅 | 1256

瑞士 麦萨哥诺
1979

马里奥·博塔简历

1943	4月1日出生于瑞士提契诺州
1949—1958	于杰内斯特雷里奥（Genestrerio）和门德里西奥（Mendrisio）分别就读小学与初中
1958—1961	于瑞士卢加诺卡罗尼与卡门尼什建筑事务所（Carloni and Camenisch architets）做制图学徒
1961—1964	就读于意大利米兰艺术学院
1964—1969	就读意大利威尼斯建筑大学（IUAV）
1965	于威尼斯柯布西耶工作室参与实践
1969	于意大利威尼斯同路易斯·康并共事。毕业于意大利威尼斯建筑大学（IUAV）；其导师为卡洛·斯卡帕（Carlo Scarpa）
	与朱塞佩·马萨里奥（Giuseppe Mazzariol）
1969	于瑞士卢加诺开始个人建筑实践
1976	于瑞士洛桑联邦理工大学任客座教授
1987	于美国康乃狄克州纽黑文市的耶鲁大学建筑学院任客座教授
1982—1987	任瑞士联邦艺术委员会会员
1983	任瑞士洛桑联邦理工大学名誉教授
1996	在提契诺大学（USI）制定门德里西奥的新建筑学院的教学计划；自1996年起开始教学生涯
2002/2003	任门德里西奥建筑学院系主任
2011/2013	任门德里西奥建筑学院系主任

名誉会员

1983	德国建筑师联合会
1984	美国建筑师学会
1991	巴黎建筑学院（瑞士代表会员）
1993	米兰布拉雷美术学院
1994	墨西哥建筑师协会（墨西哥市）
1996	瑞士工程科学院
1997	保加利亚索菲亚国际建筑学会会员
1997	伦敦英国皇家建筑师协会荣誉院士
1999	意大利罗马圣卢卡学院外派通讯记者
1999	瑞士伯尔尼国际艺术哲学学院
2000	保加利亚索菲亚国际建筑学院
2002	意大利瓦雷泽伊苏布里亚大学杰罗拉莫·
	卡尔达诺高等研究院（Istituto di Studi Superiori dell'Insubria Gerolamo Cardano）
2003	瑞士提契诺州瑞士工程师与建筑师学会
2006	英国皇家建筑师协会国际奖
2009	苏黎世瑞士工程师与建筑师学会荣誉会员
2010	比利时建筑师协会会员
2012	意大利威尼斯科学、文学和艺术学院外国会员
2013	意大利罗马宗座美术学院、"Virtuosi al Pantheon"文学院会员

执教

1989	阿根廷布宜诺斯艾利斯高等研究所艺术与传播中心
1995	希腊赛萨洛尼卡亚里士多德大学建筑学院
1996	阿根廷科尔多瓦国立大学建筑学院
1997	阿根廷布宜诺斯艾利斯巴勒莫大学建筑学院
1998	罗马尼亚布加勒斯特建筑技术大学
2001	巴西若昂佩索阿帕拉伊巴联邦大学
2002	罗马尼亚布加勒斯特"伊万·民库"建筑与城市规划大学
2006	瑞士弗里堡大学神学院
2007	瑞士纽沙泰尔大学艺术系

获奖

1985	瑞士苏黎世混凝土建筑奖大奖赛
1986	芝加哥建筑奖
1988	巴黎文化及艺术勋章骑士勋位
1989	荷兰皇家组织砖建筑奖
1989	布宜诺斯艾利斯国际建筑评论委员会CICA奖，建筑国际双年展

1991 瑞士基亚索Iside e Cesare Lavezzari基金会1991年奖

1993 瑞士贝林佐那尼佐拉大街（Via Nizzola）办公和住宅建筑项目获欧洲大理石建筑奖

1995 旧金山现代艺术博物馆项目获加利福尼亚美国建筑师协会优秀设计奖

1995 意大利维罗纳国际大理石展国际石材建筑奖

1995 德国卡斯鲁厄欧洲文化奖

1996 瑞士达沃斯世界经济论坛水晶奖

1997 瑞士美国文化交流委员会（SACEC）奖

1997 旧金山现代艺术博物馆获美国大理石建筑奖

1999 瑞士蒙哥诺的圣乔瓦尼巴蒂斯塔教堂获欧洲大理石建筑奖

1999 巴黎法国国家荣誉军团骑士勋位

2000 墨西哥城第21届泛美建筑师大会"千年"奖

2000 意大利帕尔马皮洛塔花园露天广场获2000年古比奥奖

2002 特拉维夫辛巴利斯特犹太教堂和犹太遗产中心获中东大理石建筑奖

2002 意大利瓦雷泽艺术圈荣誉奖

2003 苏黎世2003年瑞士文化奖

2004 韩国首尔教宝大厦获第22届首尔年度建筑奖

2004 韩国首尔教宝大厦获国际高层建筑奖提名

2005 军官荣誉头衔，意大利共和国授勋

2005 瑞士特纳若全国青年运动中心项目由德国科隆奥林匹克国际委员会授予"IOC/IAKS"奖

2005 意大利阿尔巴庞贝地区"格林扎纳·卡弗"奖

2005 三星美术馆获首尔市政府颁发的公民建筑优秀设计奖

2005 高等军官荣誉头衔，意大利共和国授勋

2006 韩国首尔教宝大厦获保加利亚索菲亚国际建筑学会2005年IAA年度奖

2006 芝加哥雅典娜建筑与设计博物馆斯卡拉剧院翻新工程获米兰市政局颁发的国际建筑奖

2006 米兰Ambrogino d'Oro奖

2006 米兰斯卡拉剧院翻新工程获欧盟（荷兰海牙）"我们的欧洲"（Europa Nostra）文化遗产奖

2006 意大利赛利亚特(贝加莫)圣约翰二十三世教堂获设计荣誉奖

2007 意大利都灵圣沃尔托教堂(Santo Volto)获墙纸设计奖

2007 意大利基耶蒂圣乔瓦尼-泰阿蒂诺市政局授予荣誉公民

2007 芝加哥雅典娜建筑与设计博物馆，瑞士阿罗萨楚根大酒店温泉屋和意大利都灵圣沃尔托教堂获国际建筑奖

2007 意大利塞利亚特圣约翰二十三世教堂获欧洲大理石建筑奖

2007 意大利曼图亚维吉尔（Vergilius）奖

2009 瑞士阿罗萨楚根大酒店水疗中心获由德国科隆奥林匹克国际委员会办法的IOC/IAKS银奖

2010 获由马来西亚吉隆坡Architecture + Design & Spectrum 基金会颁发的全球贡献建筑金奖

2011 意大利那不勒斯艺术和文化研究中心2011年度Sebetia-Ter国际建筑奖

2011 莱科市"亚历山德罗·曼佐尼" 国际文学奖

2011 意大利罗马维托里奥·德西卡建筑奖

2012 意大利米兰"米尔塔·加巴尔迪"（Myrta Gabardi）国际奖

2013 意大利马库尼业加村圣贝尔纳多勋章

2013 衡山路十二号酒店获上海勘察设计协会"上海最佳作品"第一名

2014 西班牙潘普洛纳"哈维尔·卡瓦哈尔"（Javier Carvajal）国际建筑奖

2014 获由波兰凯尔采宗座文化委员会颁发的Per Artem Ad Deum奖章

2014 意大利卡帕尔比奥国际"卡帕尔比奥"国际奖建筑类

2014 "上海衡山路十二酒店"获由中国北京建筑装饰协会颁发的年度国际艺术设计成就奖

住宅与办公建筑

自 1965　瑞士提挈诺州大量家庭住宅

1986—1990　瑞士卢加诺西亚尼大街办公综合楼

　　　　　（马里奥·博塔建筑事务所前办公室）

1986—1992　瑞士卢加诺"五洲中心大厦"办公

　　　　　及住宅建筑

1988—1991　瑞士尼若拉综合大厦

1988—1993　瑞士诺瓦扎诺住宅综合体

1990—1999　荷兰马斯垂克办公及住宅综合楼

1992—1996　瑞士蒙特卡拉索公寓

1992—1997　瑞士诺瓦扎诺老年之家

1991/1997—2002　意大利柏纳瑞吉奥公寓

1998-2009　荷兰代芬特尔"新港"住宅和办公

　　　　　建筑

2000—2002　瑞士卡达达山两座度假别墅

2000—2008　荷兰哈勒默梅尔视野住宅建筑

行政／办公建筑

1977—1979　瑞士巴莱尔纳手工艺中心

1977—1981　瑞士弗赖堡国家银行

1981—1985　瑞士卢加诺郎西拉一号

1982—1988　瑞士卢加诺BIS银行大厦

1986—1993　瑞士卢加诺凯马图办公楼

1986—1995　瑞士巴塞尔UBS大楼

1987/1993—1996　瑞士日内瓦布鲁塞尔朗伯银

　　　　　行大楼

1988—1998　瑞士贝林佐纳电信公司

1990—1997　意大利科莫普罗温西亚日报总部大厦

1991—2003　韩国首尔教宝大厦

1996—2002　新德里"TATA咨询服务" 办公楼

1999—2001　德国哈丁销售总部

1998—2001　希腊国家银行

1999—2003　海得拉巴"TATA咨询服务"办公楼

2001—2006　希腊雅典国家民族保险大厦

2003—2008　意大利莱科全国建筑承包商协会总部

2005—2006　意大利米兰维莫德罗内办公大楼一期

2005—2009　意大利米兰塞斯托-圣乔凡尼市金巴

　　　　　利厂区

2008—2011　瑞士门德里西奥办公楼（马里奥·博

　　　　　塔建筑事务所新办公室）

公共建筑，城市构筑物

1972—1977　瑞士莫比奥英佛里奥里中学

1976—1978　瑞士巴勒尔那公共体育馆

1986/1996—2001　意大利帕尔马皮洛塔花园露

　　　　　天广场

1988—1992　意大利佛罗伦萨艾斯兰加购物中心

1990—1991　瑞士贝林佐纳瑞士联邦700周年庆

　　　　　帐篷

1990/1998—2001　瑞士国家青年运动中心

1991　意大利韦尔巴尼亚枫多托斯工厂

1991—1998　瑞士门德里西奥办公与住宅综合楼

1993—2000　意大利理科教育中学

1993—1998　瑞士皮奥塔奎恩图服务站

1993—2004　瑞士基亚索降噪装置

1996　玻利维亚圣克鲁斯"美洲国家首脑会议"

　　　　　纪念碑

1997—2000　瑞士洛迦诺奥赛丽娜—卡尔达达索道

1998—2001　瑞士莱迪亚布勒雷索道及"冰川

　　　　　3000"餐厅

1998—2004　瑞士马勒赖莫龙塔

1999—2003　意大利苏维雷托佩特拉酒庄

2000—2001　瑞士卢加诺中央巴士总站

2001—2004　意大利罗萨托儿所

2003—2006　瑞士阿罗萨楚根大酒店水疗中心

1990—2006　意大利卡西诺坎皮奥内赌场

2006—2008　韩国济州岛会所

2006—2013　国家青年运动中心三期扩建

2005—2009　法国圣艾利米翁弗耶尔酒庄

2005—2010　瑞士卢加诺莫库凯托酒庄

1994—2012　意大利特雷维索阿比安尼旧区更新

1999—2006　意大利特兰托大学法律系扩建

2004—2012　瑞士瑞吉山广场以及水疗中心

2006—2012　中国上海衡山路十二号酒店

2009—2013　比利时亨克办公楼

2010—2011　千禧喷泉（瑞士圣布莱斯）

2007—2014　意大利帕多瓦大学生物学和生物医

　　　　　学学院

文化建筑／博物馆

1985—1990　日本东京Watari-Um现代艺术画廊

1989—1995 美国旧金山现代艺术博物馆

1993—1996 瑞士巴塞尔让·丁格力博物馆

1992/1997—2000 杜伦玛特中心，瑞士纳沙泰尔

1988/1993—2002 意大利罗韦雷托当代艺术博
物馆

1995—2001 以色列"诺亚方舟"雕塑公园

1996 2003 意大利威尼斯斯坦普利亚基金会

1997—2003 瑞士科洛尼马丁·博德默基金会图
书馆和博物馆

1995—2004 韩国首尔三星美术馆

2000/2005—2009 美国北卡罗莱纳州夏洛特贝希
特勒现代艺术博物馆

2006—2012 瑞士圣乔治山梅里德化石博物馆

图书馆和剧院

1976—1979 瑞士卢加诺凯普新修道院图书馆

1982—1987 法国昌伯瑞玛热克斯剧院和文化中心

1984—1988 法国维勒班图书馆

1995—1999 德国多特蒙德市图书馆

1995—2004 意大利贝加莫"蒂拉博斯基"图书馆

2001—2004 意大利米兰斯卡拉剧院翻新工程

1992—2006 瑞士艾因西德伦维尔纳·王宾纬图
书馆

2008—2011 中国北京清华大学图书馆

宗教建筑

1986/1992—1995 瑞士提契诺新蒙哥诺教堂

1987—1992 意大利波代诺内奥德利柯小教堂

1987—1995 意大利萨尔蒂拉纳圣彼得教堂

1988—1995 法国艾维复活大教堂

1990—1995 瑞士塔玛若山顶小教堂

1994—2004 意大利赛利亚特（贝加莫）圣约翰
二十三世教堂

1996—1998 以色列特拉维夫辛巴利斯特犹太教
堂和犹太遗产中心

1999—2003 瑞士卢加诺湖圣卡尔利诺（2003年
拆除）

2001—2002 意大利塞拉韦扎阿扎诺丧葬礼拜堂

2001—2006 意大利都灵圣容教堂

2005—2010 意大利泰拉诺瓦布拉乔尼新圣母

玛丽亚教堂

2005—2011 意大利维琴察隆加拉公墓丧葬礼拜堂

2011—2013 奥地利齐勒佩恩约克"石榴石"教堂

国际设计竞赛（精选）

1970 瑞士洛桑理工学院规划

1971 意大利佩鲁贾行政中心

1978 瑞士苏黎世火车站扩建

1979 瑞士巴塞尔城市更新

1980 德国柏林科学中心

1981 西班牙格尔尼卡毕加索博物馆

1982 德国慕尼黑西门子行政大楼

1985 意大利都灵住区开发（前梵契·伍尼卡工
业区）

1986 西班牙巴塞罗那对角线街区曼萨纳大楼

1990 西班牙圣塞巴斯蒂安文化中心
威尼斯意大利德尔宫影院

1991 瑞士伯尔尼联邦皇宫扩建

1992 日本奈良文化中心

1993 西班牙萨拉戈萨当代艺术画廊

1994 比利时那慕尔国会大厦

1994 英国加的夫湾歌剧院

1996 德国柏林巴黎广场1号办公楼

1996 英国格拉斯哥市苏格兰新国家美术馆

1996 丹麦哥本哈根新国家和省份档案馆

1997 意大利圣母百花大教堂神父宅邸

1997 卢森堡新交响乐团

1998 意大利米兰理工大学

1999 葡萄牙法蒂玛新大教堂

1999 挪威奥斯陆新歌剧院

1999 沙特阿拉伯利雅得法德国王国家图书馆

1999 德国美因茨犹太教会堂

2000 法国斯特拉斯堡清真寺

2000 德国罗斯托克大学图书馆

2001 意大利米兰信息文化欧洲图书馆

2003 俄罗斯联邦圣彼得堡马林斯基剧院

2004 瑞士卢加诺科尔纳雷多区城市发展研究

2005 瑞士提契诺州阿斯科纳文化中心
瑞士洛桑市歌剧院
德国科隆中心清真寺

2006 亚历山大市新图书馆

2007 中国杭州西溪湿地博物馆

俄罗斯联邦圣彼得堡康斯坦丁诺夫斯基国

会中心

土耳其伊斯坦布尔左鲁中心

马来西亚柔佛标志公园

2008 俄罗斯联邦圣彼得堡欧洲堤防工程

2009 德国莱比锡新教堂及田园中心

2010 意大利佛罗伦萨圣母百花大教堂读经台

2011 瑞士卢加诺大学校园

2012 德国柏林佩特黑广场祈祷与传教之家

2012 瑞士门德里西奥SUPSI 大学校园

2014 中国济宁文化中心博物馆

2014 中国上海大学延长校区

在建工程

2002— 意大利佩斯卡拉住宅和行政大楼

2002— 中国北京清华大学博物馆

2005— 瑞士门德里西奥建筑剧院

2005— 意大利维罗纳的"圆厅建筑"(前 Maga-

zzini Generali 区域)

2006— 意大利圣乔瓦尼·泰亚迪诺的"圣罗科"

教堂和田园中心

2007— 中国杭州西溪湿地

2007— 中国广州白云区大一山庄

2008— 瑞士门德里西奥消防部门、地方警察、民

事保护总部

2009— 瑞士巴登温泉浴

2010— 中国无锡别墅

2011— 中国北京鲁迅艺术学院校园

2011— 印度艾哈曼德巴德知识中心

2012— 韩国首尔南洋圣母玫瑰堂

2012— 中国南昌陶瓷博物馆

2013— 瑞士赫内罗索山维塔餐厅

COLLABORATORS

1970-2015

Agazzi Gianfranco (1972/1985-1987)

Albinolo Andrea (2009-2011)

Albreiki Waleed (2010)

Anchora Donato (2001)

Andreani Nicola (2010-2011)

Andreolli Giulio (1987)

Andrey Sabine (2004-2007)

Annaloro Antonino (2000-2004)

Autieri Lorenzo (2014-)

Bächler Jean-Michel (1978-1979)

Bachmann Jonas (2007)

Bachry Hélène (1984-1985)

Bamberg Thomas (1988-1991)

Bandiera Francesco (1988)

Battistini Appien (2000-2001)

Begolli Kujtim (2001-2002)

Bellini Fermo (1990-2014)

Bellorini Andreina (1985-1986)

Beres Platane (1986)

Beretta Marino (1986-1988)

Bernasconi Giorgio (1972-1973)

Bernegger Emilio (1972-1973)

Bertoni Riccardo(1981)

Beusch Gabrielle(1986-1987)

Bianchi Silvana (1975/1978)

Bicho Duarte Vaz Pinto João (since 2013)

Biondi Alessandro (2003-2005)

Blouin Francis (1994-1997)

Blumer Riccardo(1984-1988)

Bonderer Sara (1998-1999)

Bonini Marco(1987-1997)

Borgye Xavier (since 2011)

Borri Silvio (1992-1993)

Bösch Martin (1975-1980)

Boschetti Lorenza (1990-1994)

Boschetti Patrick (1988-1989)

Bösch-Hutter Elisabeth (1976-1981)

Botta Giuditta (Mario Botta's daughter-since 1996)

Botta Guido (since 1989)

Botta Maria (Mario Botta's wife-since 1970)

Botta Tobia (Mario Botta's son-since 1998)

Botta Tommaso (Mario Botta's son-since 1998)

Bottinelli Alessandro (1974)

Brackrock Tim (1995-1996)

Brauen Ueli (1985-1986)

Bressan Emanuele (since 2010)

Brunstein Sophia (2013-2014)

Bütti Andrea (1973-1974)

Büttiker Urs (1983-1984)

Caldelari Giuliano (1980-1985)

Camenisch Giancarlo (1970-1971)

Campisano Mara Belen (2004-2006)

Campopiano Juan Manuel (2009-2010)

Cantoni Sandro (1971-1972)

Caramaschi Andrea (1990-1996)

Castagnetta Botta Eleonora (since 2005)

Catella Gianni (1987-1988/1994-1995)

Cazzaniga Raimondo (1982-1984)

Chartiel Jean-Michel (2000)

Cho Dana (1996)

Coletti Ezequiel (1999)

Colombo Claudia (1982)

Cortat Sabine (1990-1992)

Crivelli Roberto (1973)

Crivelli-Looser Marianne (1971)

Croci-Gerosa Patrizia (1991-1998)

Daneshgar Moghaddam Golrang (2002-2003)

D'Azzo Marco (1984-1985)

De Filippi Filippo (1993-1995)

Della Casa Paolo (1993-1998)

De Prà David (2008-2012)

Di Bernardo Elisiana (since 2005)

Duci Roberto (2006-2007)

Duda Emilia Maria (2004)

Eisenhut Daniele (1984-2010)

Falconi Carlo (1992-2014)

Felicioni Andrea (1990-1991)

Fenaroli Antonella (1992-1993)

Ferrari Pietro (1987-1988)

Ferrari Marta (1985-1986)

Ferrario Luca (since 2013)

Ferrier Marcel (1980)

Filippini Sonja (1989)

Floriani Filippo Paolo (since 2009)

Flückiger Urs-Peter (1991-1995)

Fontana Luigi (1985)

Früh Ugo (1985-2000)

Furuya Nobuaki (1986-1987)

Gaggini Isabella (1986)

Galli Valerio (1973)

Gehring Daniel Pierre (1979-1980)

Geller Alice (1997-98)

Gellera Fabrizio (1978)

Gemin Mario (1990-1993)

Giannotti Monica (since 2014-)

Gilardi Mauro (1971)

Giovannini Piero (2012-2013/since 2014)

Gonthier Alain (1978-1979)

Goy Michael (2002)

Grassi-Maffi Monica (since 1983)

Groh Claude Michel (1982-1986)

Han Man Won (1990-1994)

Hegi Thomas (1987-1991)

Heras Carlos Maria (1985-1988)

Höhn Thierry(1978-1979)

Hunziker Rudy (1972-1979)

Kaczura Wojciech (1989)

Kappeler Sinue (2011-2012)

Kaun Anne (1989)

Keller Bruno (1974)

Koch Julia Maria (1999-2001)

Konrad Christine (1985)

Koyoshi Yasuhiko (1991-1992)

Kress Laurie Mae (1987-1988)

Külling Urs (1981-1986)

Lazzati Mirko (1998-2000)

Lazzareschi Sergiusti Giovanni (2012-2013)

Leuzinger Remo (1977-1979)

Liegeois-Dorthu Mariette (1990-1994)

Lo Riso Claudio (1979-1989)

Lorenz-Meyer Ferrari Juliane (1989-1992)

Liu Chang (2013)

Macocchi Athos (1970-1972)

Macullo Davide (1990-2009)

Maggiolini Niccolò Carlo Maria (2011-2012)

Marinzoli Alessandra (1992-1995)

Margraf Stephanie (2011-2012)

Marzullo Giancarlo (2002-2004)

Mazzola Lorenza (1987-1993)

Medri Guido (1996-1997)

Melegoni Adolfo (1993-1998)

Mensa Alessandro (1985-1987)

Melzi Federico (2009-2010)

Meozzi Vanni (2005-2006)

Meroni Francesco (since 2011)

Merzaghi Paolo (1984-1996)

Meshale Anna (since 1987)

Meyer Indra (2006-2007)

Mina Daniela (1981-1982)

Molteni Francesca (2009-2010)

Monnier Sandrine (1989)

Moreni Massimo (1985-2010)

Moretti Valentina (2003)

Mornata Marco (since 2011)

Moscardi Alice (2007-2008)

Müller Küffer Ursula (1991-1992)

Nasincein Maria Carla (1988-1990)

Negrini Claudio (1973)

Orsi Claudio (2005-2013)

Orsini Giorgio (1983)

Ostinelli Elio (1973-1974)

Ottolenghi Roberta (1991-1995)

Pachoud Daniel (1994-1998)

Palavisini Laura (2001-2002)

Pecora Viviana (2006-2007)

Pelis Marco (since 2007)

Pellandini Paola (since 1988)

Pelle Oliver (1997)

Pelli Maurizio (1979-2013)

Pelli Olivia (1998)

Perea Ana Alicia (1999-2000)

Perret Jacques (1982-1983)

Petraglio Etienne (2010)

Pfister Nicola (1988-2000)

Piattini Ira (1992-1993)

Pico Estrada Bernabe (2003-2004)

Pietrini Guido (1994-1995)

Pina-Blouin Paola (1996-2005)

Plummer Robert (1994-1995)

Pochon Jean-Pierre (1978)

Poliac Raluca (2001-2002)

Porta Alain (1981-1982)

Pozzi Daniele Pietro (2009-2010)

Pozzi Paolo (1992-1995)

Qehajaj Adhurim (2000-2001)

Ranieri Drew (1979-1980)

Realini Juliana (2011-2012)

Redaelli Ivo (1997-2009)

Robbiani Ferruccio (1973-1985)

Rosselli Luigi (1979-1980)

Rossinelli Silvia (since 1992)

Rovelli Ida (1971)

Rucigai-Vehovar Mateja (1982-1983)

Ruffieux Jean-Marc (1979-1981)

Rusconi Letizia (2003-2009)

Ryser Eric (1980-1981)

Sakurai Taro (2005-2006)

Sakurai Yoshio (1993)

Salvadé Nicola (since 1997)

Salvadé Simone (1988-2001)

Sangiorgio Marco (1991-1992)

Sano Mitsunori (1999-2000)

Sassi Valeria (1999)

Saurwein Emanuele (2002-2002)

Scala Antonello (since 1989)

Schiavio Andrea (2011-2012)

Schmid Moreno (1976)

Schönbächler Daniela (1990-1992)

Schranz Caroline (1989/1991)

Schwitter Carlo (1987-1994)

Sepiurka Mariana (1999)

Serena Riccardo (1971-1972)

Sestranetz Raphaelle (1991-1992)

Sganzini-Nerfin Dominique (1987-1991)

Shah Snehal (1984-1985)

Sieber Adrian (1979)

Sokolov Alexandre (1999-2004)

Soldini Danilo (1990-2001)

Soldini Nicola (1979/1980/1981)

Spada Chiara (1992-1993)

Spring David (2002-2003)

Staub Peter (1998-1999)

Steger Monica (1990-1996)

Stömer Michaela (1989)

Strozzi Marco (1998-2012)

Tami Luca (1974-1976)

Tarchini Fabio (1977)

Tavelli Natalie (1993-1994)

Tejedor-Linares Mercedes (1987-1988)

Teodori Costantino (2006-2007)

Thomke Sybille (1992)

Toletti Tiziano (2013-2014)

Torriani Anna (1975)

Trebeljahr Cathrin (1986-1987)

Trevisiol Emilio Antonio (2013-2014)

Trifan Constantin (2003-2004)

Tüscher Anne (1995-1995)

Urfer Thomas (1977-1982/1983-1984)

Varnier Tiziano (1990-1992)

Verda Gianmaria (1981)

Vidoni Pier Luigi (1982)

Villa Maximilian (2012-2013)

Viscardi Ares (1989-1991)

Vivarelli Veronica (2007-2008)

Von Allmen-Bosco Monique (1988-1990)

Weckerle Thomas (1988)

Zecchino Renato (1998)

Enrico Cano：P0537, P0539, P0540, P0541, P0542-0543, P0544, P0545, P0546-0547, P0555, P0556-0557, P0558-0559, P0560-0561, P0562-0563, P0564, P0566, P0567, P0577, P0578-0579, P0580, P0581, P0588-0589 图 8, P0601, P0602, P0603, P0604, P0605, P0653, P0654-0655, P0656-0657, P0658 图 9, P0658-0659, P0660-0661, P0662, P0663, P0689, P0690-0691, P0700, P0701, P0773, P0774-0775, P0776-0777, P1163, P1168-1169, P0822-0823, P0824, P0824-0825, P0835, P0836-0837, P0838-0839, P0840-0841, P0842, P0843P0877, P0879, P0897, P0915, P0919, P0920-0921, P0922-0923, P0924-0925, P0951, P0953, P0954-0955, P0965, P0996-0997, P0998-0999, P1000, P1001, P1002-1003, P1004-1005, P1006, P1007, P1009, P1010-1011, P1012-1013, P1013, P1025, P1032, P1040, P1041, P1044-1045, P1066, P1069, P1070-1071, P1074-1075, P1076, P1078, P1079, P1107, P1108-1109, P1110, P1119, P0377, P0379, P0380-0381, P0382, P0383, P0384-0385, P0388, P0389, P0390-0391, P0392-0393, P0394-0395, P0396, P0397, P0398-0399, P0400, P0401, P0407, P0408-0409, P0409, P0413, P0437, P0438-0439, P0440-0441, P0442-0443, P0444, P0445, P0448-0449 图 7, P0452-0453, P0454-0455, P0455 图 13, P0459, P0460-0461, P0462, P0462-0463, P0467, P0468-0469, P0470-0471, P0472, P0473, P0513, P0514-0515, P0531, P0534-0535, P0709, P0710-0711, P0713, P0714-0715, P0716-0717, P0719, P0732-0733, P0735, P0736, P0736-0737, P0738-0739, P0740-0741, P0742-0743, P0750, P0750-0751, P0753, P0754-0755, P0756-0757, P0758, P0759, P0779, P0780-0781, P0034, P0037, P0038-0039, P0040-0041, P0043, P0044-0045, P0046-0047, P0046, P0058, P0060, P0061, P0062-0063, P0064, P0065, P0067, P0068-0069, P0070-0071, P0072-0073, P0075, P0076, P0076-0077, P0078-0079, P0080-0081, P0082, P0083 图 11 图 13 图 14, P0084-0085, P0087, P0088, P0089, P0092 图 5, P0108, P0119, P0120-0121, P0122, P0123, P0129, P0130-0131, P0133, P0134, P0134-0135, P0142-0143, P0144, P0145, P0148, P0149, P0150-0151, P0152-0153, P0154, P0155, P0156-0157, P0165, P0166, P0167, P0169, P0170-0171, P0172-0173, P0174-0175, P0176-0177, P0179, P0180-0181, P0182-0183, P0193, P0194-0195, P0196, P0197, P0199, P0201, P0202-0203, P0213, P0214-0215, P0216-0217, P0218, P0219, P0220-0221, P0222-0223, P0225, P0227, P0229, P0230-0231, P0232-0233, P0234, P0235, P0239, P0240-0241, P0242-0243, P0244-0245, P0246-0247, P0283, P0291, P0292-0293, P0294-0295, P0310, P0311, P0317, P0318-0319, P0320-0321, P0322, P0323, P0102-0103, P0109, P0479, P0480-0481, P0482-0483, P0484, P0622 图 11, P0857, P1165

Pino Musi：P0625, P0626-0627, P0628-0629, P0630-0631, P0632-0633, P0634, P0635, P0636-0637, P0639, P0640, P0641, P0642-0643, P0644-0645, P0646-0647, P0648-0649, P0650-0651, P0667, P0668, P0669, P0670-0671, P0675, P0676-0677, P0678-0679, P0680-0681, P0683, P0684-0685 上, P0684-0685 下, P0686-0687, P0721, P0723, P0725, P0726-0727, P0728-0729, P0730, P0731, P0742, P0049, P0050-0051, P0052, P0053, P0091, P0092, P0093, P0094, P0095, P0101, P0104-0105, P0106-0107, P0138-0139, P0147, P0818-0819, P0829, P0851, P0852-0853, P0854-0855, P0856, P0859, P0861, P0862-0863, P0864, P0865, P0883, P0884-0885, P0886-0887, P0888, P0889, P0890, P0891, P0899, P0902, P0903, P0926, P0927, P0931, P0932-0933, P0934, P0935, P0936-0937, P0938, P0939, P0941, P0942-0943, P0944, P0945, P0946-0947, P0947, P0948-0949, P0958-0959, P0960-0961, P0962-0963, P0966, P0967, P0968-0969, P0970, P0971, P0973, P0974-0975, P0976-0977, P0978, P0979, P0980, P0981, P0982-0983, P0984-0985, P0986, P0987, P0991, P0992, P0993, P0994, P0995, P1026-1027, P1028-1029, P1030-1031, P1032-1033, P1035, P1036-1037, P1038-1039, P1043, P1046-1047, P1048, P1049, P1050, P1051, P1052-1053, P1053, P1057, P1058, P1058-1059, P1061, P1062-1063, P1064-1065, P1067, P1072-1073, P1077, P1087, P1088-1089, P1090, P1091, P1093, P1094-1095, P1098, P1099, P1104, P1105, P1147, P1153, P1155, P1156, P0411, P0414-0415, P0416-0417, P0418, P0419, P0427, P0428-0429, P0447, P0448-0449 图 8, P0450-0451, P0455 图 12, P0456, P0457, P0475, P0476, P0476-0477, P0487, P0488-0489, P0490-0491, P0492-0493, P0494-0495, P0496, P0497, P0499, P0500-0501, P0502-0503, P0504-0505, P0506-0507, P0517, P0518-0519, P0521, P0522-0523, P0524-0525, P0524, P0587, P0588-0589 图 7, P0590, P0590-0591, P0592-0593, P0594, P0594-0595, P0596-0597, P583, P584-585

Alo Zanetta： P1189, P1190-1191, P1193, P1180, P1180-1181, P1195, P1196-1197, P1198-1199, P1200-1201, P1201, P1202, P1203, P1205, P1207, P1208, P1209, P1210-1211, P1212, P1213, P1219, P1221, P1222-1223, P1225, P1227, P1229, P1230-1231, P1233, P1235, P1237, P1240-1241, P1242, P1243, P1250, P1251, P1256-1257, P1259, P1260, P1261, P0789, P0790, P0790-0791, P0793, P0795, P0796, P0797, P0809, P0810, P0811, P0831 图 7, P0900-0901, P1117, P1120-1121, P1122, P1123, P1124-1125,

Alessi：P1145

Arjen Schmitz：P0421, P0422-0423, P0424-0425

Carlo Schmidt：P0764, P0765, P0766, P0767, P0768-0769, P0770, P0771

Horm：P0162, P0163, P0548, P0549

Lantal textiles：P0374, P0375,

Luca Coscarelli：P0615

Marco D'Anna：P1137, P1138-1139, P1140, P1141, P1142, P1143, P0098-0099, P1187, P0464, P0465, P0626, P0763, P0111, P0112-0113, P0694 图 4 图 5, P0694-0695, P0696 图 9 图 10, P0533, P0673,

我作为建筑学人和媒体人，与马里奥·博塔先生已交往20多年了，可以两本书的出版时间为界分为两个阶段。从最早发表第一篇关于博塔先生的论文"乡土与现代主义的结合——世界建筑新秀M.博塔及其作品"（《时代建筑》1989年第3期），到指导硕士研究生（朱广宇）对博塔先生的建筑思想及作品的深入研究（1998年），及1999年和2002年两次前往瑞士深度考察博塔先生的作品及同博塔先生会面，再到历经多年编撰研究专著——《马里奥·博塔》的出版（大连理工大学出版社，2002年），可以说是第一阶段。

《马里奥·博塔》自出版以来在中国建筑界一直发挥着积极的作用。随着博塔先生在国际、国内影响力的迅速提升，有不少中国业主邀请他担纲设计，也部分促成了我与博塔先生持续的互动关系。2006年我受业主委托，邀请博塔先生参与"杭州西溪湿地博物馆"的设计投标；第二年，在同样性质的邀请设计投标中，博塔先生赢得"上海衡山路12号精品酒店"的设计，并于2012年建成。在博塔先生创办并担任主席的瑞士BSI国际建筑奖（BSI Swiss Architectural Award）中，我曾受邀担任第一届评委（2007年）和第二届提名专家（2009年），推动了中国当代建筑师进入世界建筑舞台的步伐。2012年，"方大设计"与《时代建筑》等机构在同济大学大礼堂举办"马里奥·博塔专题研讨会"，博塔先生面对几千人的听众作专题演讲和讨论。正是在那次聚会上，受刚出版的《安藤忠雄全建筑（1970-2012）》（马卫东主编，同济大学出版社出版，2012年）的启发，我与博塔先生商定了《马里奥·博塔全建筑（1960-2015）》编写出版的意向。随后，马里奥·博塔事务所和《时代建筑》编辑部两个团队开始了艰辛而比原设想更漫长的研究写作、项目选择、资料整理、翻译校对、文字编辑、版式设计与制作等图书编撰工作。期间，《时代建筑》曾组织中国建筑师再次对瑞士当代建筑和博塔先生的作品进行考察，我本人亲自带队，博塔先生邀请全体考察团成员30多人在瑞士门德里西奥郊野餐厅的乡间午餐至今仍余味无穷。历经近4年的工作，《马里奥·博塔全建筑（1960-2015）》终于可以付梓了，这是第二阶段标志性的事件与成就。

《马里奥·博塔全建筑（1960-2015）》是同济大学出版社"国家'十二五'重点图书"、"世界顶级建筑师全建筑"系列第2辑。全书共1300多页，收录了马里奥·博塔建筑事务所221个代表性作品，是至今有关马里奥·博塔的国际出版物中最丰富齐全的一部巨著。

在编著过程中，我们得到了马里奥·博塔先生热情的支持，马里奥·博塔建筑事务所的同事们也与我们积极配合，尤其是博塔先生的助手埃利西艾娜·迪·贝尔纳多女士（Elisiana Di Bernardo）的细致工作，为我们提供了准确地解读马里奥·博塔建筑的研究资料，也为读者接近马里奥·博塔先生的设计作品提供了多种可能性。另外，著名学者布鲁诺·佩德雷蒂（Bruno Pedretti）、朱利亚诺·格雷斯莱里（Giuliano Gresleri）、伊蕾娜·萨克拉利多（Irena Sakellaridou）在百忙之中专门为本书撰写了评述文章，我们相信这些评论能够帮助读者更深入地理解马里奥·博塔独特的设计，在此由衷地对他们表示感谢！

　　本书能顺利出版得益于许多人的共同努力和帮助。首先要感谢我的恩师罗小未教授，她的学术追求与国际视野一直是我做好一切工作的动力。感谢郑时龄院士以其对意大利语区文化的深厚理解，一直支持本人的博塔研究与相关工作；感谢伍江副校长参与博塔建筑专题研讨并支持本书的编撰工作。我们建筑与城市规划学院是一个学术研究基地，为国际交往提供了丰富而深厚的大舞台，感谢院系领导们的全力支持。感谢本书主编之一的戴春博士，从图书内容策划到编辑工作统筹与执行，以及相关活动组织等方面所做的工作；感谢本书策划之一的徐洁老师，负责从图书策划到出版的相关运作工作；也特别感谢我的学生们——在读的或已毕业的，为本书所做的文字整理等工作，他们是苏杭、陈海霞、李迅、刘琳君、贾婷婷、宋正正、施梦婷、蒲旻昊；感谢翟飞、刘畅和王月伶老师等对文章的校对工作；感谢周子怡对本书地名的校对工作。感谢《时代建筑》编辑部的同事——王秋婷、周希冉、徐希、黄数敏、顾金华、杨勇、王小龙、金凡、任大任，在既繁琐又辛苦的编辑过程中，大家齐心协力，历经反复修改和确认，研究与编撰成果才得以呈现；感谢同济大学出版社的同仁——江岱、由爱华、姚烨铭、荆华、吕炜、常科实、武蔚、徐逢乔、李晓敏、孙宗霄等，在图书编辑出版印刷过程中的精心工作；感谢本书编委会及相关共同主编单位——瑞士驻上海总领事馆、上海复旦规划建筑设计研究院、上海方大建筑设计事务所、大小建筑师事务所等对本书的大力支持。

　　根据目前的设想，博塔先生将于2016年春来上海参加本书的新书发布会和专题演讲；同时我们在尝试博塔先生能参与更多的中国项目的设计。似乎第三阶段帷幕已在徐徐拉开。

支文军

《时代建筑》杂志主编

同济大学出版社社长

内容提要

马里奥·博塔是世界著名建筑师，不仅是提契诺学派的代表，还是瑞士三大建筑学院之一的提契诺大学门德里西奥建筑学院的创办人，肯尼思·弗兰姆普顿在他的专著《现代建筑：一部批判的历史》中将其作品列为批判的地域主义的典型代表。《马里奥·博塔全建筑1960-2015》是国家"十二五"重点图书，《世界顶级建筑师全建筑》系列丛书第二辑。该书不仅以每十年为一个历史阶段，对博塔最具代表性的221个作品用详实的资料加以介绍，而且还邀请意大利、瑞士的学者在现代建筑发展的历史脉络中，对博塔的建筑实践进行了完整和系统的研究，有助于读者以全局的、历史的视野去审视这位建筑大师的思想与实践。

马里奥·博塔全建筑 1960-2015

主 编
支文军 戴春

出品人
支文军

责任编辑
由爱华 姚烨铭

责任校对
徐春莲

装帧设计
顾金华 杨勇 王小龙

出版： 同济大学出版社 www.tongjipress.com.cn
（地址：上海市赤峰路2号 邮编：200092
电话：021-65985622）
印刷： 上海当纳利印刷有限公司
开本： 889mm×1194mm 1/16
印张： 81
字数： 2592000
版次： 2015年10月第1版，2015年10月第1次印刷
书号： ISBN 978-7-5608-6017-6
定价： 1280.00元

图书在版编目（CIP）数据

马里奥·博塔全建筑 1960～2015 / 支文军，戴春主编. —— 上海 ：同济大学出版社，2015.10
（世界顶级建筑师全建筑）
ISBN 978-7-5608-6017-6

Ⅰ．①马… Ⅱ．①支… ②戴… Ⅲ．①建筑设计－作品集－瑞士－现代 Ⅳ．①TU206

中国版本图书馆CIP数据核字(2015)第226001号